Gesamtverzeichnis des deutschsprachigen Schrifttums (GV) 1700 – 1910

Bearbeitet unter der Leitung von
Hilmar Schmuck und Willi Gorzny

Bibliographische und redaktionelle Beratung:
Hans Popst und Rainer Schöller

142

Stud - Sv

K · G · Saur München · New York · London · Paris 1985

CIP-Kurztitelaufnahme der Deutschen Bibliothek

Gesamtverzeichnis des deutschsprachigen Schrifttums :
(GV). – München, New York, London, Paris : Saur.
Bd. 1 – 6 bearb. unter d. Leitung von Peter Geils
u. Willi Gorzny.
ISBN 3-598-30000-X

1700 – 1910 / bearb. unter d. Leitung von Hilmar
Schmuck u. Willi Gorzny. Bibliograph. u. red.
Beratung: Hans Popst u. Rainer Schöller

NE: Schmuck, Hilmar [Bearb.]

142. Stud - Sv. - 1985.

Techn. Realisierung und Druck: Norbert Gärtner, Mainz-Kastel
Binden: Karl Schaumann, Darmstadt
Printed in the Federal Republic of Germany
ISBN 3-598-30000-X (Gesamtwerk)

Studach, J. Lorenz, Die Edda oder skandinavische Mythologie. Nürnberg 1829

Studach, J. L., Saemund's Edda des Weisen etc., s. Saemund.

Studach, J. L., die Urreligion oder das entdeckte Uralphabet. 1. Heft. (Vorrede oder Schlüssel zu den german. Runen u. Zahlnamen, begleitet von lith. mythologischen Fig. der Grundzahlen.) Stockholm 856. Bonnier. gr. 8. (2 Bl., 185 S. u. 4 lith. Taf.) n. 1 ℛ 24 ngr.

Studach, J. L., die Urreligion oder das entdeckte Uralphabet. II. (Heft). Stockholm 859. Bonnier. gr. 8. (XII, 208 S.) n. 2 ℛ

Studach, (J. L.) schwedische Volksharfe; mit einer Beilage Norrdnallcdern u. Melodien. gr. 12. Stockholm 826, (Stralsund, Löffler.)

Stud Book, the General, containing Pedigrees of Race Horses, &c. &c. From the earliest Accounts to the Year 1826 inclusive. In four Volumes. gr. 8. Brussels 839. Muquardt. n. 14⅔ ℛ

Stude, Alexander

Stude u. **Reichel**, Bericht üb. die am 9., 10. u. 11. Febr. 1893 in Berlin vorgenommenen Prüfungen feuersicherer Baukonstruktionen. Im Auftrage des Preisgerichts bearb. Lex.-8. (III, 42 S. m. 13 Taf.) Berlin 893. J. Springer. n. 3. —

Stude, ein Mahnwort an Jedermann über Feuersicherheit u. Feuerschutz im Theater. gr. 8. (24 S.) Bremen 882. Schünemann. n. — 60

Stude, Alex., Mittheilungen über Blitzschläge, s. Abhandlungen, hrsg. vom naturwissenschaftl. Verein zu Bremen.

Stude, *Johann Heinrich* Hermann [aus Berlin]: Zur Differentialdiagnose der progressiven neurotischen Muskelatrophie ... Berlin, Buchdr. v. G. Schade, *1892*; 30 S., 1 Bl. 8.
Berlin, Med. Fak., Inaug.-Diss. v. 23. Juli 1892

Studemann, F. F., quaestiones Ammianeae. Landsberg. 4. 14 p.
Schul-/Univ.-Schrift 1864

Studemund, Wilhelm. Ein Lebensabriss, s. Cohn, Leop.

Studemund, Chr. Fr., († d. 16. Juli 1819.) s. Gesangbuch, Mecklenburg.

Studemund, Fr. Chr. Peter

— sechs Gebete, bei Gelegenheit d. öffentl. Vorträge an den verfloss. Festtagen gehalten u. als Zugabe zu d. Zeitreden &c. 8. Schwerin 816.

Studemunds sen., und Studemunds jun., Predigten an den beyden Tagen des 300jährigen Jubelfestes der Reformation. 8. (Rostock, Stiller in Comm.) 818.

— drei Zeitreden, gehalten zum Besten der armen Dömitzer. 8. Schwerin 815.

Studemund, Friedrich

— Mecklenburg. Sagen. 1s u. 2s Hft. 8. Parchim 821, 822. (Stiller in Rostock). 1 ℛ 11 gr

Studemund, Fror., Mecklenburgische Sagen. Gesammelt, bearb. u. hrsg. 2. verb. u. verm. Aufl. br. 8. (VIII u. 304 S. m. 2 Stahlst.) Schwerin 848, Kürschner (jetzt: Hildebrand). n. 1 ℛ

Studemund, Friedr., mecklenburgische Sagen. Gesammelt, bearb. und hrsg. 2. Aufl. (VIII und 304 S.) 1848. und (3.) verb. und verm. Aufl. 8. (304 S. und 2 Kpfrt.) Schwerin 850, [Hildebrand.]

Studemund, G., s. Studemund, Wilhelm

Studemund, Gtthrd. Wlh. Hnr., de summo bono Socratico. Commentatio ex lege Stipendii Sassiani conscripta. 4. Rostock 804.

[F.] Die Stellung des Christen zum Luxus. Von P. **Studemund**. *Stuttgart: Ch. Belser 1898.* (38 S.) 1 Bd 8.
= Zeitfragen d. christlichen Volkslebens. Bd 23. H. 3. [98. 5690

— Dass., s.a. Zeitfragen des christlichen Volkslebens.

Studemund, Vollrath Ad. Bernhard

— Predigt am Tage d. Dankfestes für die glückl. Rückkehr unseres Fürstenhauses gehalten. 8. Schwerin 807.

— sieben Predigten, veranlaßt durch d. neuesten Zeitereignisse. 8. Schwerin 815.

Studemund, Vollrath Ad. Bhrd., vom Religionseifer. Ein Versuch. 8. Rostock 792.

— s. Fr. Chr. P. Studemund, Predigten.

Studemund, Wilhelm

Studemund, W., analecta Liviana, s.: Mommsen, Th.

Studemund, G., s.: Anecdota varia graeca et latina

Studemund, Guilelmus: De canticis Plautinis. Halis (1864: Rosenthal in Berlin). 94 S. 8°
Halle-Wittenberg, Phil. Diss. v. 8 Febr 1864
Geb Stettin 3.7 1843. V.
Im Buchhandel Halle (Berlin Peiser) 1864. 96 S 8°

Studemund, Guil., de canticis Plautinis. Dissertatio inauguralis. Lex.-8. (III und 96 S.) Halle 864. (Berlin, Peiser.) *

Studemund, W., De codicibus aliquot Italicis ad Hephaestionem pertinentibus. 1881.

Studemund, Wilh., s.: Collectio librorum iuris anteiustiniani.

—— s. Commentationes in honorem Guilelmi Studemund.

Index lectionum .. per aestatem a. 1887 a. d. XVI m. Apr. hab. — Praemissa est Menandri et Philistionis comparatio cum appendicibus edita a Guilelmo **Studemund**. *Vratislaviae*, typ. off. univ. (W. Friedrich) (1887), 55 S 4°

—— s. Damocratis poetae medici fragmenta selecta.

Studemund, W., Ueber die Editio princeps der Terenz-Scholien des Codex Bembinus. S.-A. 1868 26 S.

— emendationes Plautinae. gr. 4. (15 S.) Gryphiswaldiae 871. (Berlin, Calvary & Co.) n. 1. 20

Studemund, Wilh., das Evangelium des Matthäus, s.: Wort, das, des Heils.

Universitati Bononiensi octavorum saecularium diem festum m. Jun. a. 1888 sollemniter celebranti gratulatur universitas Vratislaviensis Viadrina. Adiecta sunt Pseudo-Castoris excerpta rhetorica edita a Guilelmo **Studemund**. Vratislaviae, typis offic. univ., 1888; 26 S. 4°

Index lectionum in universitate litt. Vratislaviensi per hiem. a. 1888 89 a d. XV. m Oct. hab Praemissa sunt Damocratis poetae medici fragmenta selecta edente Guilelmo **Studemund**. *Vratislaviae*, typ. off. univ. (W. Friedrich) (1888). 16 S 4°

— gibt es e. Gott?, s.: Lehr u. Wehr für's deutsche Volk. 1. Hft.

Studemund, Wilh., ist das Christentum Wahrheit? Eine Verteidigg. des Christentums f. das Volk. (V, 102 S.) 8. Leipzig 903. H. G. Wallmann. n. — 75

Index lectionum in universitate litt Vratislaviensi per hiem a. 1889 –90 a d. XV. m. Oct. hab. Praemissa est Guilelmi **Studemund** commentatio de Theognideorum memoria libris manu scriptis servata. *Vratislaviae*, typ. off univ (W Friedrich) (1889); 53 S 4°

Studemund, W., De Theognideorum memoria libris manu scriptis servata. Pr. 1890. 40 S. 4°. 1.50

Studemund, W., Mittheil. antiquar. Inhalts a. d. Palimpsesten d. Gaius. S.-A. 1869. 12 S. 4°. —.90

Studemund, W., Zum Mosaik des Monnus. Gel. 1890. 5 S. 4°.

— Jasper v. Oertzen, s.: Für Feste u. Freunde der inneren Mission.

Studemund, W., s.: Pseudo-Castoris excerpta rhetorica.

Studemund, W., Pseudo Plutarchus de metro heroico. S.-A. 8 S.

— Rede, zum Gedächtniß Sr. Maj. d. hochsel. Kaisers u. Königs Friedrich III. in der Aula Leopoldina der Kgl. Universität Breslau am 24. Juni 1888 geh. gr. 8. (20 S.) Breslau 888. Koebner. n. — 60

Studemund, W., Ueb. die Sprüche der sieben Weisen in den Codices Parisini 2720 u. 1773. S-A. 1886. 22 S. —.80

Studemund, Wilh., s.: Studien auf dem Gebiete d archaischen Lateins.

— De actae Stichi Plautinae tempore. S.-A. 1877. 25 S. 4°.

— s.a. Tractatus Harleianus qui dicitur de metris.

Index lectionum in universitate litt. Vratislaviensi per hiem a 1887 88 a d XV m. Oct hab. Praemissus est tractatus Harleianus qui dicitur de metris editus a Guilelmo **Studemund**. *Vratislaviae*, typ off univ (W. Friedrich) (1887); 43 S. 4°

Studemund, Wilh., der moderne Unglaube in den unteren Ständen. gr. 8. (109 S.) Schwerin 901. F. Bahn. n. 1.60

Studemund, W., u. L. Cohn, Verzeichniss d. griech. Handschriften, s.: Handschriften-Verzeichnisse, die, d. kgl. Bibliothek zu Berlin, Bd. 11.

— — s. Verzeichnis der griechischen Handschriften der Königlichen Bibliothek zu Berlin.

Studemund, W., De vidularia Plautina. Pr. 1870. 26 S. 4°. 1.50

Studemund, Guilelm., commentatio de vidularia Plautina. Gryphiswaldiae 870. (Berlin, Calvary & Co.) gr. 4. (26 S.) n. 12 ngr

— Was erwarten wir v. den Töchtern der gebildeten Stände, s.a. Schriften der Frauenhülfe. 5.

Studemund, Wilhelm: Was erwarten wir von den Töchtern der gebildeten Stände? Vortrag, auf dem v. d. kirchl. Frauenhülfe in Mecklenburg veranstalteten Bibel- u. Instruktionskursus f. weibl. Liebestätigkeit. — Potsdam: Stiftungsverl. 1908. 21 S. 8° (Schriften d. Frauenhülfe. 5.) **1: No 4529/4-5**

Studemund, Guil Alb(ert) (geb Halle a S 15 3 1825) De cretinismo Berolini (1850) (29 S) 8°
Berlin, Med Diss v 23 März 1850

Studencki, Matthaeus (geb 1805) De quadam linguae infantis neonati abnormitate, adhuc nondum observata Berolini (1834) (18 S) 4°
Berlin, Med Diss v 29 Mai 1834

Studeni, Attilio, aus Gorizia (Oesterreich, Küstenland)': Aus dem pharmakologischen Institut der Universität Zürich. Untersuchungen über die physiologische Ausscheidung der Jodpräparate durch den menschlichen Harn. Zür.-Oberstrass Fischer u. Diggelmann Dr. 1897. 31 S. 8°.
Zürich. Med. Diss. [v. 16. Juli 1897].

Studenitz

— s. auch Studnitz.

v. Studenitz, C. W. W. S., s. Handbibliothek f. Officiere, 12r Bd.

Student [Sachl. Ordnungswort]

Student, der, s.a. Gabelsberger-Bibliothek. 17. Bd.

— der, oder der akademische Cursus eines Landprediger, s. Selbstbiographie.

Student, Der, oder Fragmente aus dem Tagebuche eines armen Studenten. Leipzig 1788. V: *Dillenius, Friedrich Wilhelm Jonathan.* (Ky) (MGT)

— der, oder Fragmente aus dem Tagebuche eines armen Studenten, (von F. W. J. Dillenius). 8. Leipz. 788. Schwickert. 12 gr

Student, Der. Stuttg. 1837. V: *Krebs, Johann Baptist.* (wolfstieg II, 891)

Student, Der; ein Zeitgemälde vom Verfasser des Trunkenboldes etc. Baltimore 1849. V: *Stelzig, Ignaz Alfred.* (Erman & Horn, Bibliographie d. dtsch. Universitäten. 1. Leipz. u. Berl. 1904.)

Student, Der. Ein Zeitgemälde vom Verfasser des Trunkenbolds etc. Baltimore 1849. V: *Stelzig, Ignaz Adolph.* (BGE VII[a], 473)

Student, Der. Ein Zeitgemälde von Abbé Ign. Alph. St., gewesenem Missionär in Amerika. 3. Aufl. Regensburg 1854. V: *Stelzig, Ignaz Alfred.* (Erman & Horn, Bibliogr. d. dtsch. Univ. 1. Leipz. u. Berl. 1904.)

Student, der. Ein Zeitgemälde von Ign. Alph. St. —. 3., durchges. und verb. Aufl. 8. (IV und 324 S.) Regensburg 854, Manz.

Student, der. Betrachtgn. u. Mitteilgn. üb. d. Studentenschaft. Stünd. Beilage zu der „Academ. Revue", Zeitschrift f. d. internat. Hochschulwesen. Winter-Sem. 1896/97. 6 Nrn. (Bog.) gr. 4. München, Academ. Verl. 3. —; einz. Nrn. — 50

Der angehende Student, ein komisch (!) Heldengedicht in 3 Gesängen. Magdeburg 1767. 8°. Selten!

Student. Ein armer St' auf der Walz s. H[utter], C[aspar].

Student, Ein armer, auf der Walz. Erinnerungen von K. H., stud. theol. zu Freiburg i. Br. Freiburg i. Br. 1906. V: *Hutter, Caspar.* (Bibliogr. Bull. d. Schweiz 1907.)

Der vom Teuffel besessene, durch Gottes Gnade aber wieder frey gemachte Student, oder Geschichte eines bekehrten Schriftgelehrten. Franckf. u. Lpz. 8°. O. M. V. 1749. G 4 b.

Student, Der vom Teufel besessene durch Gottes Gnade aber wider frey gemachte, oder Geschichte eines bekehrten Schriftgelehrten. Franckf. u. Lpzg. [1749]. V: *Kindermann, Balthasar.* (BGE VII[2], 471)

Student, Der Betende, Das ist: Allerhand Gebethe, deren sich ein jeder Studiosus bey mancherley Fällen . . . gebrauchen kan . . . Leipz. 1710—20. V: *Uhse, Erdmann.* (Erman & Horn, Bibliogr. d. dtsch. Universitäten. 1. Leipz. u. Berl. 1904.)

Student, der blinde, oder die Macht der Freundschaft u. Röschens Geschichte. 2 Bdchn. 8. Leipz. 804. Joachim. 2 ₰ 20 ℳ

Student, der, von Coimbra, s. Centazzi, G.

Student, Der deutsche. Trauerspiel. Lüneburg 1779. V: *Wagner.* (Pernwerth von Bärnstein, Adolph, Beiträge zur Geschichte und Literatur des deutschen Studententhums. Würzburg 1882.)

Student, der deutsche. Trspl. 8. Lüneb. 779. Herold u. W. 2 ℳ

Student, d. deutsche,. Trsp. 8. Luneb. Lemke. 779.

Student, Der deutsche, ein Beitrag zur Sittengeschichte des 19. Jahrh. . . . Stuttg. 1835. V: *Jäger, August.* (EE)

Student, Der deutsche. 1835. (IV, 3982.) — *August Jäger* ist *nicht* der Verf. Vgl. Euph 25 (1924), Heft 4, (DARP)

Student, der deutsche, ein Beitrag zur Sittengeschichte des 19ten Jahrhunderts. Von A. v. S. A. u. d. T.: Felix Schnabels Universitätsjahre. Mit Titelkupfer. gr. 16. Stuttgart 835. Balz. 1 5/12 ₰

Der Deutsche **Student**. Blaetter f. Modernes Studententum. Hrsg. . . . von Ferdinand Goebel. Jg. 1, H. 1. (Göttingen): F. Goebel 1908. 8° (08.181067

Student, der deutsche. Blätter f. modernes Studententum. Hrsg. im Auftrage des Bundes deutscher akadem. Freischaren v. Ferd. Goebel. Schriftleitung: Pet. Frdr. Gleiß. 1. Jahrg. Mai 1908—April 1909. 10 Hefte. (à ca. 16 S.) gr. 8. Göttingen. Berlin, Schwert-Verl. 2. 40

— der deutsche, fin de siècle. Offener Brief an Hrn. Professor Theobald Ziegler v. Sincerus (Feuchtwanger). (5. Tausd.) gr. 8. (23 S.) Leipzig 895. O. Borggold. n. — 40

Student, der deutsche, der Gegenwart, s. a. Flugschriften-Sammlung, Eckstein'sche.

Student, Der deutsche, der Gegenwart. Von dem Verfasser der Akademischen Carrière der Gegenwart. Berlin 1887. V: *Flach, Johannes.* (Erman & Horn, Bibliogr. d. dtsch. Univ. 1. Leipz. u. Berl. 1904.)

— der freie, u. das Duell. Das Duell u. die Ehrengerichtsfrage. Die Ehre u. ihr Schutz. Die Genugtuung m. der Waffe. Die Genugtuung der Duellgegner. Wie schützt der freie Student seine Ehre. Hrsg. vom Vorstand der deutschen freien Studentenschaft. (52 S.) gr. 8. Karlsruhe 904. G. Braun'sche Hofbuchdr. n. — 30

Student, Der frühzeitige, von Musenhold. Hamburg 1737. V: *Goetten, Gabr. Wilh.* (Rotermund, Gel. Hannover. Bremen 1823.)

Student, d. gelehrte, galante u. politische, nebst Sittenlehre. 8. 727.

Student, Der Göttinger. Oder Bemerkungen, Rathschläge und Belehrungen über Göttingen und das Studentenleben auf der Georgia Augusta. Göttingen 1813. V: *Wallis, Ludw.* (Loewe, Bibl. d. Hann. u. Braunschw. Gesch. Hann. 1908. S. 191.) (Erman & Horn, Bibliogr. d. dtsch. Universitäten. 1. Leipz. u. Berl. 1904.) (Russell IV, 935)

Student, Der Göttinger. Oder Bemerkungen, Rathschläge und Belehrungen über Göttingen und das Studenten-Leben auf der Georgia Augusta. Mit 8 Kupfern (Ansichten von G. und seiner Umgebung). Göttingen 1813. 8°. (3 Mk. Rich. Sieber, Berlin, c. 1888; 6 Kr. Rudolf Heger, Wien, 1902; 15 Mk. Gust. Fock, Lpz., 1911.)
Am Schluss findet sich ein alphabet. Verzeichniss von studentischen Ausdrücken aus der damaligen Zeit.
— — Dasselbe. (Anastat. Neudruck.) Mit 8 Kpfrn. Braunschweig 1813. Gr. 8°. (2 Mk. 80 Pfg. Taussig, 1903.)

Student, der Göttinger, od. Bemerkk. u. Belehrr. üb. d. Studentenleben in Göttingen. Mit 8 Kpf. gr. 8. Götting. 814. Vandenhöck u. R. 16 gr

Student, der jüdische. Organ des Bundes jüd. Corporationen. Red.: Heinr. Loewe. 1. Jahrg. April 1902—März 1903. 12 Nrn. gr. 8. (à ca. 16 S.) Berlin (N. W. 6, Marienstr. 18), Dr. H. Loewe. n.n. 3. 60

Der Jüdische **Student.** Monatsschrift d. Vereine Jüd. Studenten ⟨im Bunde Jüd. Corporationen⟩. Red.: Dr. Heinrich Löwe. Jg. 1 ⟨1902/03⟩. [Mehr nicht erschienen.] Berlin: (H. Löwe) 19(02–)03. (212 S.) 8°
Forts. s. u. d. T.: Der Jüdische Student. Vierteljahresschrift, 1904. 106. 5395

— **der jüdische.** Vierteljahrsschrift der Vereine jüd. Studenten (im Bunde jüd. Corporationen). Red.: Emil Cohn. 1. Jahrg. April 1904 - März 1905. 4 Nrn. (122 S.) gr. 8. Berlin. Köln, Jüd. Verlag. 2.—
Erscheint nicht mehr.

Der junge Student, zu Leipzig 1764 ans Licht gestellt. Leipzig 1764. 8°
Hrsg.: Joh. Gottfr. Hunger, Franz Gotthold Hartwig und Karl Gotthelf Lessing.

— der Leipziger, vor 100 Jahren, v. Anselmus Rabiosus d. Jüng. (Geo. Frd. Rebmann), s. a. Neudrucke, Leipziger.

Neudrucke, Leipziger Hrsg von G. Wustmann, Bdchn. 1, titulo: „Der Leipziger Student vor 100 Jahren". Leipzig, Verlag der C. Hinrichs'schen Buchhandlung. 1897. 8°.

Der allzeit Lustige Student. Frankf. 1756. 8°.
Wiener Cat. (1774) verbotener Bücher. — Höchst selten!

— **u. Offizier.** Erwiderung auf die Flugschrift des Herrn R. Wild-Queisner. Von M. H. 8. (16 S.) Bonn 887. Schulbuchhandlung. —50

— in seinen Probejahren, in lustigen Begebenheiten vorgestellt. 8. Frkft. u. Lpz. 739.

Student (Der sozialistische). Red.: Berth. Heymann. Jhrg. 1, 1897. 12 Nrn. gr. 8°. Berlin, H. Baake in Komm. Jhrg. 2, Dec. 1897—Nov. 1898. 9 Nrn. gr. 8°. Berlin, Verl. d. sozialist. Monatshefte.

— **der socialistische.** Red.: Berth. Heymann. 1. Jahrg. 1897. 12 Nrn. (Bog.) gr. 8. Berlin, Verl. d. socialist. Monatshefte. n. 1. 20

— dasselbe. Red.: Otto Holz. 2. Jahrg. Decbr. 1897 —Novbr. 1898. 12 Nrn. (à 2 Bog.) gr. 8. Ebd. 1. 20; einz. Nrn. — 10
Kann auch vierteljährlich bezogen werden.

Student, der, u. die Stecknadel. Eine Doppelbiographie in vier Novellen. 2 Thle. 8. (33 B.) Leipzig 831, Kollmann.

Student (Der) der Theologie und die soziale Bewegung unserer Tage. gr. 8°. Leipzig, Akad. Buchhdlg., 1897.

— der, der Theologie u. d. sociale Bewegg. uns. Tage. gr. 8. (10 S.) Leipzig 897. F. Jansa. n. — 20

Student (Der) der Theologie und die soziale Bewegung unserer Tage. gr. 8°. Leipzig, Akad. Buchhdlg., 1907.

Student, Der tugend- und lasterhafte, poetisch und moralisch entworfen . . . Frankf. u. Leipz. [Nürnberg] 1764. V: *Mink, Heinr. Emanuel.* (ML) (Ky) (BGE) (will)

— **der tugend- u. lasterhafte, poet. u. moral. entworfen, (v. H. E. Mink), in 30 Kupf. vorgestellt. gr. 8. Nürnb. 764. Winterschmidt. 16 gr**

Student, der, von Ulm, ein Opfer mittelalterlicher Gerechtigkeit. Schauerliches Sittengemälde aus reichsstädt. Vergangenheit. 1.—4. Aufl. 8. (62 S. mit 1 eingedr. Holzschn.) Reutlingen 869—75, Enßlin und Laiblin.

Student, der, von Ulm, ein Opfer mittelalterlicher Gerechtigkeit. Schauerliches Sittengemälde aus reichsstädt. Vergangenheit. 5. Aufl. gr. 16. (62 S.) Reutlingen 876, Enßlin und Laiblin's Verlagsh.

Student, der, von Ulm. Von W. J. 12. (62 S.) Stuttgart 880. Metzler's Verl. in Comm. n. — 50

Student, Der verfürte und wieder gebesserte, oder der Triumph der Tugend über das Laster. Ein prosaisches Lstsp. in fünf Aufz. Frankfurt und Leipzig 1770. V: *Hoffmann, Johann Michael.* (Mn) »Hofmann« (Hoff)

— d. verliebte u. galante, unt. d. Leben d. Marchesens Perez de Cebauschens vorgestellet. 8. Lübeck. 741.

Der Wiener **Student.** Jg. 1848, Nr. 1–13. Wien: Schmidbauer u. Holzwarth 1848.
Red.: Rülhe u. Waldeck.

STUDENT. Der wohlbelesene und in vielen Wissenschaften erfahrene deutsche -, oder: Das Buch für alle Kinder, auch für Erwachsene und Studierte zum Nutzen und Vergnügen ... o. V. Wien 1790-1792. 3 Abt. in 3 vol.

Student, Der in seiner Jugend wollüstige und verkehrte endlich aber durch die Gnade Gottes wider bekehrte und fromme. Leipzig o. J. [ca. 1720]. V: *Kindermann, Balthasar.* (BGE VII[3], 471)

Der in seiner Jugend wollüstige und verkehrte, endlich aber durch die Gnade Gottes wieder bekehrte und fromme Student. Leipzig, Georg Christoph Wintzer. O. J. (c. 1720). 12°.
Anzeige des Verlegers.

Student, Der vorher wollüstige und verstandlose durch Gottes Erleuchtung aber bekehrte. Frkfrt. 1749. V: *Kindermann, Balthasar.* (BGE VII³, 471)

Der vorher wollüstige und verstandlose, durch Gottes Erleuchtung aber bekehrte Student. Frft., Gsellius, 1749. 8°.
So im Cat. Vandenhöck II. 686.

Student [Schlagwort]

Student, Gebirge, s.: Oesterreich-Ungarn. Freytag, G.

Student [Verfasser]

Student, Max, Gerichts-Assessor zu Berlin: Streitfragen bei der Lehre vom Mundraub. Langensalza 1906: J. Beltz. (40 S.) 8° [J.]
Rostock, Jur. Fak., Ref. Wachenfeld, Diss. v. 15. April 1906
[Geb. 25. Sept. 75 Niebusch, Kr. Freistadt, Nied.-Schles.; Wohnort: Berlin; Staatsangeh.: Preußen; Vorbildung: Gymn. Meseritz Reife M. 95; Studium: Jena 1, Tübingen 2, Berlin 4 S.; Rig. 7. Dez. 05.]

Studenten, des christlichen, Beruf. Vortrag, geh. in Eisenach auf der IX. deutschen christl. Studenten-Konferenz „zur Vertiefg. christl. Lebens u. zur Anregg. christl. Werkes unter der studier. Jugend" v. e. Studenten. 8. (23 S.) Frankfurt a/M. 899. Bonn, J. Schergens. n. — 15

An die deutschen Studenten. Flugschriften im Zusammenhange mit d. Christl. Studenten-Kongress. H. 1. Göttingen: Vandenhoeck & Ruprecht 1895. 8°

Studenten, Die, von Gerolstein. Einaktige Operette... [Wien 1867.] V(Text): *Haffner, Carl.* (Erman & Horn, Bibliogr. d. dtsch. Univ. 1. Leipz. u. Berl. 1904.)

Studenten, Heidelberger, aus Würtemberg von 1550. [Stuttg. 1886.] V: *Hartmann, Julius.* (Heyd)

Studenten, Aus Württemberg stammende, in Bologna. 1491—1500. [Stuttgart 1878.] V: *Hartmann, Julius.* (Heyd)

Studenten u. Studententhum. Ein Wort üb. Landsmannschaften, an seine Mitbrüder u. zur Beruhigung f. deren Angehörige, v. e. Goldfuchs J. G. A. S. 8. (3 B.) Leipzig 831, Klein.

Studenten-Album. Scenen und Darstellungen aus dem Leben deutscher Studenten. 2 Liefgn. Bonn (855, 57.) Matz. qu. Fol. (15 lith. Bl. u. lith. Titel in Farbendr.) 1.: n. 3 ₰.; 2.: n. 2 ₰.

STUDENTEN-ALBUM. Scenen und Darstellungen aus dem Leben deutscher Studenten. 2 Lfrgn. Bonn 1856—58. Gr. qu.-Fol. Selten!
P. E. Richter, Bibl. geogr. Germaniae. Lpz. 1896. S. 790.

Studenten-Album. Scenen und Darstellungen aus dem Leben deutscher Studenten. 2. Lfg. qu. gr. Fol. (10 Stnt.) Bonn 858, Matz. *
1. Lfg. Ebendas. 1855. * 3 Thlr.

Studenten-Almanach, Berliner. (Semester-Kalender.) Winter-Sem. 1906/07. 15. Ausg. Unentbehrliches Handbuch für die Herren Professoren, Dozenten u. Studierenden der Berliner u. Charlottenburger Hochschulen. (300 S. m. Abbildgn.) kl. 8. Berlin, W. Süsserott. — 20

Wiener Studenten-Almanach ⟨Semester-Kalender⟩. Unentbehrl. Handbuch f. d. Prof. u. Studierenden d. Wiener Hochschulen. Unter Benutzung amtl. Quellen bearb. von Dr. H[anns] Bohatta. Ausg. 1—4. Berlin: Berl. Verl.-Anst. 'Apollo 1901—03. 4 Bde 8°
1. Winter-Semester 1901/02. 1901. 2. S.-S. 1902. 1902.
3. W.-S. 1902/03. 1902. 4. S.-S. 1903. 1903.

Studenten- und Volksbewegung, Allgemeine, in München am 8. 9. 10. 11. 12. Febr. 1848. Mit dem Bildniss der Lola Montez, Gräfin v. Landsfeld. (München 1848.) 4°. 4 S. (5 Mk. H. Hugendubel, c. 1902; 5 Mk. Gust. Fock, 1909; 2 Mk. 50 Pfg. Th. Ackermann, 1913.)

Studenten-Bibliothek. Hrsg. v. Sekretariat soz. Studentenarbeit. H. 1. M.-Gladbach: Sekretariat 1910. 8° [10. 9327

Studenten-Bibliothek. Hrsg. vom Sekretariat sozialer Studentenarbeit. 1. u. 2. Heft. kl. 8. M. Gladbach, Volksvereins-Verlag. à — 40
Dahl, Joh., studentische Gemeinschaftsarbeit. 1.—3. Taus. (52 S.) 910. (Heft 2.)
Sonnenschein, Carl, die sozialstudentische Bewegung. 8. Aufl. 5.—7. Taus. (50 S.) 910. (Heft 1.)

Studenten-Bibliothec --- , Curieuse // Studenten- // BIBLIOTHEC, // worinnen gezeiget wird, // was vor Bücher // Ein Studiosus Philosophiae und // Politices, Theologiae, Juris und // Medicinae // nöthig habe, und sich bekannt ma- //chen müsse. // Fünffte Edition, // Aufs neue vermehret und verbessert, // und mit nöthigen Registern versehen. // Leipzig, // Verlegts Jacob Schuster. // 1721. - 8 Blatt (nicht paginiert) Titelkupfer, Titelblatt und Vorrede. - 332 S. und noch 10 Blatt (nicht paginiert) Register.
B. S. T. 8°.61.

Studentenblätter, soziale. Hrsg. vom Sekretariat sozialer Studentenarbeit. Red.: Carl Sonnenschein. 1. u. 2. Jahrg. 1909 u. 1910. à 8 Nrn. (196 u. 216 S. m. Abb.) 8. M. Gladbach, Volksvereins-Verlag. à Jahrg. 1.50; geb. 1.80

STUDENTENBRIEFE. Erstes (einz.) Semester. Briefe u. Lieder eines alten Burschen u. eines krassen Fuchses. Jena 1842. 8°. (1 Mk. 50 Pfg., br., unbeschn., Strobel, Jena, c. 1902.)

Studenten-Briefe. I. Semester. Briefe u. Lieder eines alten Burschen u. eines krassen Fuchses. 8. (4½ B.) Jena 842, Frommann. Thlr.

Studenten-Calender . . . , s. Studenten-Kalender . . .

Studenten-Conferenz . . . , s. Studenten-Konferenz . . .

Studentenflugblatt, Soziales. Hrsg. u. verlegt vom Sekretariat sozialer Studentenarbeit. Nr 1 ff. M.-Gladbach 1909 ff. 8°.
Nr 1—5, 1909.

Volkshochschule. Sammlung Mühlberger. Gut Griechisch. Als Ms. gedruckt. Eigentum d. Verf.: Heinrich **Studentenfreund.** *Augsburg: Volkshochschule (1903).* (196 S.) 8° [Umschlagt. J.] [03. 13493 2

Studenten-Führer, Oesterreichischer. Die Organisation der österreichischen Mittelschulen . . . Mähr.-Ostrau [1883—85]. V: *Reuper, Jul.* (EB)

Studenten-Führer, österreichischer. Die Organisation der österreich. Mittelschulen, Special-Lehranstalten u. Hochschulen, sowie die aus dem Besuche derselben entspring. Begünstiggn. u. Berechtiggn. Zur Orientirg. f. die studier. Jugend übersichtlich dargestellt v. e. Schulmanne. gr. 8. (143 S. m. 2 Tab.) Mähr.-Ostrau 883. Prokisch. n. 1. 50

Studentenfutter. Kleine humorist. Balladen. Nach vorhandenen Stoffen frei bearb. v. Ellwee. 12. (40 S.) Berlin 889. Waldmann. n. 1. —

(F) Die deutschen Studenten- und Schülerherbergen. 1884—1908. 8°. (91 S.) K 1.20
Wien: Mickl 1908.

Studentenjahre, Goethe's, (1765 bis 1771) ... [Leipzig] 1844. V: *Oelckers, Theodor.* (BRÜ V, 178) (KY) (Zeitschr. f. Büch. N. F. 15, 1923, S. 123)

Studentenjahre, Goethe's. (1765—71). Novellistische Schilderungen aus dem Leben des Dichters. [Leipzig 1846?] V: *Gläser.* (Wenzel, Aus Weimars goldenen Tagen. 1859.) (Erman & Horn, Bibliogr. d. dtsch. Universitäten. 1. Leipz. u. Berl. 1904.) Neue Ausgabe. Leipzig [1910]. H: *Pfau, Carl Fr.* (EB)

Goethes **Studentenjahre** ⟨1765–1771⟩. Novellistische Schilderungen aus d. Leben d. Dichters. Neue Ausg. Leipzig: Excelsior-Verl. [1910]. IV, 340 S. 8° [10. 13524

Studenten-Kalender: s. a Czuberka.

Studenten-Kalender, Fromme's, für Hochschulen für das Studienjahr 1882—83. XX. Jahrg. Redig. v. Dr. Carl Czuberka. Taschenformat. (224 S. mit Notizbuch) in Lwd. geb. 1 fl. 40 kr.
Wien: Fromme 1882.

—— Fromme's österreichischer, für Hochschulen für die Studienj. 1881/82 und 1882/83. 19. und 20. Jahrg. von Karl Czuberka. Mit Benützung amtl. Quellen. 16. (229, 112; 221, 111 S.) Ebendas. geb. à Jahrg. * 2 80
Fortsetzung u. d. T.: Hochschulen-Kalender, österreichischer.

Studenten-Kalender, Fromme's österr., für Mittel-, Fach- u. Bürgerschulen f. d. Studienjahr 1881/1882. Redig. v. Dr. Carl Czuberka. 8. II. Jahrg. (111 S. mit Notizbuch) in Halbleinen geb. 50 kr., in Leinen geb. 80 kr.
Wien: Fromme 1881.

—— Fromme's österreichischer, für Mittelschulen, Fach- und Bürgerschulen für die Studienj. 1882/83 und 1883/84. Mit Benützung amtl. Quellen. Redig. von Karl Czuberka. 3. und 4. Jahrg. 16. (236; 236 S. mit dem Holzschn.-Portr. des Reg.-R. Dr. Alois Pokorny.) Ebendas. cart. à Jahrg. *M* 1.; geb. à Jahrg.

—— dass. — Für das Studienj. 1884/85. Mit Benützung amtl. Quellen. Redig. von Joh. Dassenbacher. 5. Jahrg. Mit dem (Holzschn.-)Portr. des Hofr. Dr. Karl Schenkl. 16. (238 S.) Ebendas. cart. *M* 1.; geb.

Studenten-Kalender, Fromme's österreichischer, für Mittelschulen, Fach- und Bürgerschulen für das Studienj. 1885/86. Redig. von Joh. Dassenbacher. 6. Jahrg. 16. (230 S. mit dem Holzschn.-Portr. von Math. Ritter v. Wretschko.) Wien 885, Fromme. cart. *M* 1.—; geb.

Studenten-Kalender, Fromme's österreichischer, f. Mittelschulen, Fach- u. Bürgerschulen f. d. Studienj. 1886/87. Red. v. J. Dassenbacher. 7. Jahrg. Mit dem Portr. d. G. Curtius. 16. (135 u. 111 S.) Wien, Fromme. geb. in Halbleinw. n. 1. —; in Leinw. 1. 60

—— dass. — für das Studienj. 1887/88. 8. Jahrg. 16. (166, 111 S. mit dem Portr. von Paul Gautsch v. Frankenthurn.) Ebendas. 887. geb. in Halbleinw. geb. in Leinw.

—— dass. — für das Studienj. 1888/89. 9. Jahrg. 16. (153, 111 S. mit dem Portr. Sr. Kaiserl. Hoh. des Kronprinzen Rudolf.) Ebendas. 888. geb. in Halbleinw. geb. in Leinw.

Studenten-Kalender, Fromme's österreichischer, für Mittelschulen, Fach- und Bürgerschulen für das Studienjahr 1889/90. X. Jahrgang. Redigirt von Joh. E. Dassenbacher. Mit Porträt des Dr. Hermann Bonitz. (173 S. und Tages-Notizbuch.) In Halbleinwand —.50
— Derselbe in Leinwand 80
Wien: Fromme 1889.

Studenten-Kalender, Fromme's österreichischer, f. Mittelschulen f. d. J. 1890/91. 11. Jahrg. Red. v. Joh. Dassenbacher. 16. (XII, 190 S. u. Tagebuch.) Wien 890. Fromme. geb. in Halbleinw. 1. —; in Leinw. 1. 60

Fromme's Oesterr. Studenten-Kalender für Mittelschulen, Fach- und Bürgerschulen für 1891/92. Redigirt von Joh. Dassenbacher. XII. Jahrg. (VIII, 199 S. u. Notizbl.) Kl.-8. Cart. m. Bleist. —.50
— Derselbe. Leinwdbd. m. Bleist. —.80
Wien: Fromme 1891.

Studentenkalender, Fromme's österreichischer, für Mittelschulen, Fach- und Bürgerschulen für das Studienjahr 1892/93. XIII. Jahrgang Redigirt von Johann E. Dassenbacher. 16. (184 S. und Tagesnotizbuch.) In Halbleinwand —.50
— — Derselbe in Leinwand —.80
Wien: Fromme 1892.

Studentenkalender, Fromme's österreichischer, für Mittelschulen, Fach- und Bürgerschulen, für das Studienjahr 1893/94. XIV. Jahrgang Redigirt von Johann E. Dassenbacher. 16 (212 S. und Tagesnotizbuch.) In Halbleinwand —.50
— — Derselbe in Leinwand —.80
Wien: Fromme 1893.

Studenten-Kalender, Fromme's österreichischer, f. Mittelschulen, Fach- u. Bürgerschulen f. d. Studienj. 1894/95. Red. v. Joh. Dassenbacher. 15. Jahrg. 16. (VIII, 184 S. u. Tagebuch.) Wien, C. Fromme. Geb. in Halbleinw. n. 1. —; in Leinw. n. 1. 60

Studentenkalender, Fromme's österreichischer, für Mittelschulen, Fach- und Bürgerschulen, für das Studienjahr 1896/97. XVII. Jahrgang. Redigirt von Johann E. Dassenbacher. 16. (210 S. u. Notizbuch.) In Halbleinwand —.50
— — Derselbe in Leinwand —.80
Wien: Fromme 1896.

Studentenkalender, Fromme's österreichischer, für Mittelschulen, Fach- und Bürgerschulen, für das Studienjahr 1897/98. XVIII. Jahrgang. Redigirt von Johann E. Dassenbacher. 16. (VIII, 222 S. und Tagesnotizbuch.) In Halbleinwand —.50
— — Derselbe in Leinwand * —.80
Wien: Fromme 1897.

Studenten-Kalender, Fromme's österreichischer, f. Mittelschulen, Fach- u. Bürgerschulen f. d. Studienj. 1898/99. Red. v. Joh. Dassenbacher. 19. Jahrg. 16. (VIII, 194 S. u. Notizbuch.) Wien, C. Fromme. Kart. n. 1. —; geb. in Leinw. 1.60

Fromme's Österreichischer Studenten-Kalender für Mittelschulen, Fach- und Bürgerschulen für das Studienjahr 1899/1900. Redigiert von Johann Dassenbacher. XX. Jahrgang. Wien. [1899.] Fromme. 16°. VIII, 190 S. und Tagebuch. Cart. fl. —.50. geb. * fl. —.80

Studenten-Kalender, Fromme's österreich., f. Mittelschulen, Fach- u. Bürgerschulen f. d. Studienj. 1900—1901. Red. v. Joh. Dassenbacher. 21. Jahrg. 16. (VIII, 192 S. m. 1 Taf. u. 1 farb. Karte u. Notizbuch.) Wien, C. Fromme. Kart. n. 1. —; geb. in Leinw. 1.60
Fortsetzung s.: Fromme.

Fromme's Österreichischer Studenten-Kalender für Mittelschulen, Fach- und Bürgerschulen für das Studienjahr 1901/1902. Redigiert von Johann Dassenbacher. XXII. Jahrgang. Wien. [1901.] Fromme 16°. XIII, 200 S., mit 1 Karte und Tagebuch. Cart. K 1.—, geb. * K 1.60

Fromme's Oesterr. Studenten-Kalender für Mittelschulen, Fach- und Bürgerschulen. Für das Studienjahr 1902/1903. 23. Jahrg. 16°. (VIII, 216 S. mit 1 Karte) * K 1.—, geb. K 1.60
Wien. Fromme 1902.

Fromme's österreichischer Studentenkalender für Mittelschulen, Fach- und Bürgerschulen Für das Studienjahr 1903/04. XXIV. Jahrg. 16°. (VIII, 208 S.) K 1.—, geb. K 1.60
Wien: Fromme 1903.

Frommes österr. Studentenkalender für Mittelschulen. Fach- und Bürgerschulen. 1904/1905. 25. Jahrg. 16°. (238 S.) * K 1.—, in Leinwand geb. mit Tasche und Bleistift K 1 60
Wien: Fromme 1904.

Fromme's österreichischer Studentenkalender für Mittelschulen, Fach- und Bürgerschulen. 1905/06. 26. Jahrg. 16°. (244 S.) * K 1.—, geb. K 1 60
Wien: Fromme 1905.

Fromme's Österreichischer Studentenkalender für Mittelschulen, Fach- und Bürgerschulen. Für das Studienjahr 1906/1907. 16°. (284 S.) Halbleinwand * K 1.—, Leinwand * K 1.—
Wien. Fromme 1906.

Fromme's Österreichischer Studentenkalender für Mittelschulen 1907/1908. Halbleinw. geb. K 1.—, Leinw. geb. K 1.60
Wien: Fromme 1907.

Fromme's österr. Studentenkalender für Mittelschulen und höhere Fachschulen für das Studienjahr 1908/1909. XXIX. Jahrg. 8°. (128 S.) K 1.—, geb. K 1.40
Wien: Fromme 1908.

Fromme's österr. Studentenkalender für Mittelschulen und höhere Fachschulen für das Studienjahr 1909 1910 XXX. Jahrg. 8°. (136 S.) Halblwd geb. K 1. , Lwd. geb. K 1.40
Wien: Fromme 1909.

– – 1910/11. Ebd. 1910. 136 S. 8°

Künstners österr. Studentenkalender für das Jahr 1905/1906. 8°. (210 S.) geb. K 1 20
Böhmisch-Leipa: Künstner 1905.

(F) **Künstners österr. Studentenkalender** für das Schuljahr 1905/1906. 8°. (210 S.) geb. K 1.20
Böhmisch-Leipa: Künstner 1905.

Künstner's österreichischer Studentenkalender für das Schuljahr 1907/1908. 8. Jahrg. 8°. (220 S.) K 1.—, geb. K 1.20
Böhmisch-Leipa: Künstner 1907.

Studenten-Kalender, oesterreichischer, s.a. Czuberka, Karl.

—— **österreichischer, für die Studienjahre 1867 und 1868. 4. und 5. Jahrg. Für Studirende sämmtl. Lehranstalten in Oesterreich. Mit Benützung amtl. Quellen hrsg. von Carl Czuberka. 16. (VI und 277 S., VI und 280 S.) Wien 867, Fromme. geb. à Jahrg.**

— — **6. Jahrg.** 1869. Ebend. 16. (VI, 280 S.) geb. n. 24 ngr.

Studenten-Kalender, österreichischer, für die Studienj. 1876—1878. 13.—15. Jahrg. Für Studierende sämmtl. Lehranstalten in Oesterreich. Redig. von Karl Czuberka. 16. (349; VIII, 334; 225 S.) Wien, Fromme. geb. à Jahrg. *

—— dass. — für die Studienj. 1878/79 und 1879/80. 16. und 17. Jahrg. Mit Benützung amtl. Quellen. 16. (218, 109; 345 S.) Ebendas. geb. à Jahrg. *

Studenten-Kalender, österreichischer, für Hochschulen für das Studienj. 1880/81. 18. Jahrg. Redig. von Karl Czuberka. Mit Benützung amtl. Quellen. 16. (228, 116 S.) Wien, Fromme. geb.

Studenten-Kalender, österreichischer, u. **Jubiläums-Almanach zur 500jähr. Jubelfeier der Wiener Universität für das Studienjahr 1865.** hersg. von Carl Czuberka. 2. Jahrg. Wien 864. Fromme. 16. (327 S.) geb. n 20 ngr.

— — und Jubiläums-Almanach zur 500jährigen Jubelfeier der Wiener Universität für das Studienjahr 1865, herausg. von Carl Czuberka. 2. Jahrg. Wien, Tendler & Co. in Comm. 16. (327 S.) n. 20 ngr.

—— österreichischer, für Mittelschulen, Fach- und Bürgerschulen für die Studienj. 1880/81 und 1881/82. Redig. von Karl Czuberka. 1. und 2. Jahrg. Mit Benützung amtl. Quellen. 16. (221; 222 S.) Ebendas. cart. à Jahrg. geb. à Jahrg.

—— **österreichischer, und Notizbuch für das Studienjahr 1866. Für Studierende sämmtl. Lehranstalten in Oesterreich. Mit Benutzung amtl. Quellen hrsg. von Carl Czuberka. 3. Jahrg. 16. (280 S.) Wien 865, (Tendler und Comp.) geb. ***

Studenten-Kalender, österreichischer, und Tagebuch für das Studienjahr 1864. Von Karl Czuberka. 1. Jahrg. 16. (XX und 370 S.) Wien 863, (Lechner's Universitäts-Buchh.) geb.

— **Präger deutscher,** f. d. J. 1872. 16. (196 S.) Prag, Calve. geb. n. 2. —

Studenten-Calender, Schweizer. Zürich 1889—90. H: *Günther, Reinhold.* (Erman & Horn, Bibliogr. d. dtsch. Univ. 1. Leipz. u. Berl. 1904. S. 12.)

—— **schweizer.** Hrsg. v. R. G. 1889/90. 8. (136 S.) Zür., C. Schmidt. geb. * 1 60

Studenten-Kochbuch, v. der Verf. v. Kingsdorf u. Kulomin. 8. (III, 38 S.) Oschersleben 875. Köppel. — 60

Studentenconferenz. 6. Allg. Süddeutsche Christliche St'-K' in Freudenstadt i. Schwarzwald. Pfingsten 1908 (*Umschlag: Freudenstadter St'-K' 1908). (Referate von Stadtpfarrer H Dipper, Stuttgart ..., Professor D. [Adolf] Schlatter, Tübingen ... [und] Pfarrer [Ludwig] Mühlhäusser, Basel.) 92 S. 8. Basel, Basler Missionsbuchh., 1908. [fr. 1. 50]

Die Berichte der 1.—5. Christlichen Studenten-Konferenz sind nicht gedruckt worden.

Studenten-Conferenz, die 1. christliche, d. deutschen Schweiz in Aarau am 23./24. III. 1897. gr. 8. (III, 15; 9 u. 10 S.) Basel 897. A Geering. n. — 80

Studenten-Konferenz, die zweite Christliche, d. deutschen Schweiz in Aarau 14. — 16. April 1898. In-8°. 38 S. Basel, Ad. Geering. 1898. — 50

Studentenkonferenz, die dritte christliche, der deutschen Schweiz in Aarau vom 6.—8. April 1899. Gr. 8°. 44 S. Zürich u. Winterthur, Dépôt der evangelischen Gesellschaft. 1899. — 80

Studentenkonferenz, die IV. christl, der deutschen Schweiz in Aarau, vom 15.—17. März 1900. 8°. 27 S. Aarau, H. R. Sauerländer & Co. 1900.

Die fünfte Christliche Studentenkonferenz der Deutschen Schweiz in Aarau vom 14.-16. März 1901. IV + 50 S. 8. Aarau, H. R. Sauerländer & Co. [fr. —. 90]

Die sechste Christliche Studentenkonferenz der Deutschen Schweiz in Aarau vom 17.—19. März 1902. IV + 54 S. 8. Aarau, H. R. Sauerländer & Co. [fr. —. 90]

Studentenkonferenz, die 7. christliche, der deutschen Schweiz in Aarau, vom 19.—21. III. 1903. (18 S.) gr. 8. Bern (Münzrain 3) 903. Generalsekretariat, O. Lauterburg. n.n. — 20

Die VII. christliche Studenten-Konferenz der deutschen Schweiz (in) Aarau 19. bis 21. März 1903. IV + 18 S. 8. Verlag der Konferenz (Generalsekretariat, Bern; [Druck] J. Fischer-Lehmann, Bern, [1903]). [fr. —. 25]

— die IX. u. X. christl. Aarau 1905 u. 1906. (80 u. 74 S.) 8. Bern 905. 906. A. Francke. à n. 1. —
Ueber die VIII. Konferenz ist ein Bericht nicht erschienen.

Studenten-Konferenz, die XI.—XIV. christliche. Aarau. 8. Bern, A. Francke. 4. 60
XI. 1907. Den 14. bis den 16. III. (80 S.) 907. 1. 20
XII. 1908. Den 24. bis 26. III. (?2 S.) 908. 1. 20
XIII. 1909. Den 22. bis den 24. III. (103 S.) 909. 1. 20
XIV. 1910. Den 14. bis den 16. III. (82 S.) 910. 1. —

Studentenconferenz. 7. Christliche St'-K' für Süddeutschland in Freudenstadt i. Schwarzwald. Pfingsten 1910 (*Umschlag: Freudenstädter St'-K' 1910). ([Referate von] Professor D. [Adolf] Schlatter, Tübingen, Direktor Huppenbauer, Freudenstadt ... [und] Inspektor Trittelvitz, Bethel-Bielefeld.) 108 S. 8. Basel, Basler Missionsbuchh., 1910. [fr. 1. 75]

Studenten-Konferenz, die 2., zur Vertiefung christlichen Lebens u. zur Anregung christlichen Werkes in Niesky [Schlesien] vom 7. bis 10. Aug. 1891. gr. 8. (X, 90 S.) Lpz. 892, Akadem. Buchh. * — 80

– Die 3., . . . , s. Verlauf der 3. Studenten-Konferenz.

— die 4., in Frankfurt a/M. — Bockenheim vom 11. bis 14. Aug. 1893. 8. (II, 80 S.) Bonn 894. (J. Schergens.) n. — 50

— die VI., zur Vertiefung christlichen Lebens u. Anregg. christl. Werks in Groß-Almenrode bei Cassel v. 8.—11. Aug. 1895. 8. (139 S.) Berlin 896. (Deutsche evang. Buch- u. Tractat-Gesellschaft.) n. 1. —

— die X., zur Vertiefung christl. Lebens u. zur Anregung christl. Werkes unter der studier. Jugend. Eisenach, 9.—13. VIII. 1900. 8. (18 S.) Frankfurt a/M. 900. Bonn, J. Schergens. — 25

Studentenkorporationen, die katholischen, s. a. Broschüren, Frankfurter zeitgem., 18. Bd., 7. Hft.

[F.] Die katholischen Studentenkorporationen. Bedeutg u. Aufgaben ders. in d. Gegenwart. Von e. deutschen Katholiken. *Frankfurt a. M.: P. Kreuer 1897.* (48 S.) 8.
= Broschüren, Frankfurter zeitgemässe. N. F. Bd 18. H. 7. (98. 2240

Studentencorps, die Heidelberger, ihre letzten Erlebnisse u. schließliche Unterdrückung durch den engern Senat der Universität im Juli 1856. Heidelberg 856. Bangel u. Schmitt. gr. 8. (23 S.) n. 4 *ngr.*

Politischer Studenten-Kourier. Nr. 1–108. Wien: Höfel 1848.
Red.: A. Buchheim u. O. Falke.

Studentenleben, in tugend- u. lasterhaften Abschilderungen. gr. 8. Nürnb. 764. Felssecker. 10 gl.

Heidelberger Studentenleben einst und jetzt. 36 Bilder nach Naturaufnahmen. Handzeichnungen und Kupferstichen unter .. Benutzung der Sammlung ... Alb. Mays mit erläutern dem Texte. Heidelberg, Bangel & Schmidt 1886.
36 Bl.; 36 Taf. 8°.

Studentenleben, Heidelberger, einst und jetzt. 36 (Lichtdr.-) Bilder nach Naturaufnahmen, Handzeichnungen und Kupferstichen unter vorzugsweiser Benutzung der Sammlung des Hrn. Alb. Mays mit erläut. Texte. qu. 4. (42 Bl. Text.) Heidelberg 886, Petters. geb. mit Goldschn. **

Studentenleben, das, von heute. Betrachtungen und Wünsche. gr. 8. (14 S.) Leipzig 879, (Glaser und Garte.) *

Studentenleben, Modernes. Eine satirisch-didaktische Humoreske in miserabeln, dem Gegenstande angemessenen, Knittelversen . . . Berlin 1861. V: *Hopf, A.* (Erman & Horn, Bibliogr. d. dtsch. Univ. 1. Leipz. u. Berl. 1904.)

STUDENTENLEBEN, Das vergnügte. (Liebesroman.) Leipzig, Müller, 1741. 8°. Aeusserst selten!
Cat. Monath II. Nürnb. 1783. 8. p. 628, unter „Liebesgeschichte".

Studentenleben, Vernünftiges, welches zeiget, Was sowol ein Candidatus Academiae, als auch ein würcklicher Studiosus, bey dem Anfang, Fortgang und Ende seiner Academischen Jahre zu thun und zu lassen hat. Jena 1726. V: *Apinus, Sigismund Jacob.* (Erman & Horn, Bibliogr. d. dtsch. Universitäten. 1. Leipz. u. Berl. 1904.)

STUDENTEN-LEBEN, Vernünftiges, welches zeiget was sowol ein Candidatus Academiae, als auch ein würcklicher Studiosus, bey dem Anfang, Fortgang und Ende seiner Academischen Jahre zu thun und zu lassen hat. Mit Titelkpfr. Jena, bey J. M. Kaltenbrunner, 1726. 8°. 5 Bll. u. 225 S. (9 Mk., Ppbd. d. Zeit, Max Perl's Berliner März-Auct. 1909, no. 1052.)

Studenten-Lexicon. Halle 1781. V: *Kindlebn (Kindleben), Christian Wilhelm.* (ML)

Studentenliebe und Corporalskabale. München 1855.

Studenten- u. Kandidaten-Liebschaften, über, s. C. G. Winkler.

Studentenlieder. Aus den hinterlassenen Papieren eines unglücklichen Philosophen Florido genannt . . . [Halle] 1781. H: *Kindlebn (Kindleben), Christian Wilhelm.* (BGE) (Ky) (ML) (GGr)

Studenten-Lieder. Wien [ca. 1900]. H: *Petersilie, Erich.* (EB)

Alte u. neue Studentenlieder. Mit Bildern (hübschen Holzschnitten) v. Ludwig Richter u. Singweisen v. A. E. Marschner. O. O. u. J. (Leipzig 1840). 4°. (4 Mk., stockfl. Expl., Fr. Strobel, Jena, c. 1890.)

Alte und neue Studenten-Lieder mit Bildern und Singweisen. Herausg. von Franz Pocci. Landshut. (1844.) kl. 4o.

Studenten-Lieder, Alte und neue, mit Bildern und Singweisen. [Leipzig 1844.] V: *Richter, Ludwig & A. E. Marschner.* (CLZür Forts. III)

Studenten-Lieder, alte u. neue. Mit Bildern u. Singweisen. Herausgeg. von L. Richter u. A. E. Marschner. 8. Leipzig 844, Mayer. n. 1/3 ß

Studenten-Lieder, alte u. neue, mit Bildern u. Singweisen. Hrsg. v. Frz. Pocci. 16. (3 7/8 B. m. Holzschn.) Landshut 845, v. Vogel'sche Vrlgsh. *

Studenten-, Soldaten- und Volks-Lieder, (157) alte und neue. Mit Bildern und Singweisen hrsg. von L. Richter, A. E. Marschner, F. Pocci und A. Jürgens. 8. (205 S.) Leipzig 847, G. Mayer. **

Studenten-Lieder, deutsche, s. Keil, Rob. und Rich.

Studenten Lieder, deutsche. Mit Bildern (in eingedr. Holzschn.) und Singweisen. Illustrirt von Frz. Pocci und Ludw. Richter. Hrsg. von Geo. Scherer. br. 8. (IV und 170 S.) Leipzig 856, G. Mayer. *

Studenten-Lieder, deutsche, des 17. und 18. Jahrhunderts. Nach alten Handschriften gesammelt und mit einleitenden Bemerkungen über die Geschichte des deutschen Studentenliedes versehen von Rob. Keil und Rich. Keil. gr. 16. (III und 234 S.) Lahr 861, Schauenburg und Comp. *

Studentenliederbuch, s.: Universal-Bibliothek.

Studenten-Liederbuch, neues, zusammengestellt von einem bemoosten Haupt. 2. Ausg., mit Angabe der Singweisen. 16. (190 S.) Wien 870, Wenedikt. cart.

Studentenmoral, Die, eine Satire. Jena 1753. V: *Troschel, Christian Ludwig.* (MGT)

Studenten-Musen-Almanach für das Jahr 1842. Enthaltend Gedichte von im Jahre 1841 in Breslau Studierender. 16. Breslau 841, Freund. geb. 1 ß

Studenten-Musen-Almanach f. d. J. 1842. Enth. Gedichte v. im J. 1841 in Breslau Studierender. 16. (13 B. u. Ttl. in Gold- u. Farbendr.) Breslau 841, [Trewendt.]

STUDENTENPOESIE, gesammlet und seinen academischen Brüdern gewidmet von *C. H. D. P.* Probe 1. (einz.?). O. O. (Giessen u. Marburg, Krieger sen.) 1780. 4°.
Noch kein Expl. nachgewiesen.

Studentenpoesie, gesammelt u. seinen akadem. Brüdern gewidmet von Chr. D. P. aus ***. 1e Probe. 4. Marb. 781. Krieger. 4 gl

Studenten-Pracht oder der Zobtner Commers. Mit 1 Steindruck. 8. Breslau 834. Aderholz. 1/3 ß

Studentenruf. Wien 859. Wallishausser'sche Buchhdlg. gr. 8. (32 S.) n. 5 ngr.

Studentenschaft, Die deutsche. Eine academische Zeitstudie. Zugleich Entgegnung auf die neuesten Flugschriften der Corpsstudenten und Burschenschafter. Würzburg 1869. V: *Curti, Carl Theodor.* (Erman & Horn, Bibliogr. d. dtsch. Univ. 1. Leipz. u. Berl. 1904.)

Studentenschaft, die deutsche. Eine academ. Zeitstudie. Zugleich Entgegnung auf die neuesten Flugschriften der Corpsstudenten und Burschenschafter. gr. 8. (28 S.) Würzburg 869, Stuber. *

Studentenschaft, die deutsche, und das deutsche Vaterland von Germanicus. 8. (24 S.) Berlin 885, Eckstein Nachf. *
Vgl.: Dieckmann, Fr., Antwort.

Studentenschaft, unabhängige. Organ f. allgemeine student. Interessen. Unter Mitwirkg. d. Komitees. Red.: C. Klein. 1. Hft. gr. 8. (16 S.) Berlin 893. F. Dümmler's Verl. n. — 20

Studenten-Schlittenfahrt, Die, zu Rostock . . . Rostock 1792. V: *Babst, Diederich Georg.* (ML) (Ky) (GGr)

Studenten-Schlittenfahrt zu Rostock, in einem Schreiben an seinen ehemal. Freund, einen Hofmeister auf d. Lande, v. dem Unbekannten B. (Dieder. G. Babst). Rostock 792.

Studentenschulden, über. Als Anhang der Schrift: Das wichtige Gesetz über Einführung kürzerer Verjährungsfristen. Für Hausbesitzer, Kapitalisten, Kaufleute, Gewerbetreibende u. Geschäftsleute jeder Art. 8. Halle 839. Kümmel. 1/12 ß

Studentenspiegel, deutscher, s. Beiträge zu einer Reform des deutschen Studentenlebens.

Studentenspiegel, Deutscher. Als Beitrag zu einer innern, von den Studenten selbst ausgehenden Reform des akademischen Lebens und Studiums. 2. Ausg. Jena 1859. V: *Scheidler, Carl Hermann.* (Erman & Horn, Bibliogr. d. dtsch. Univ. 1. Leipz. u. Berl. 1904.) (Ky)

Studentenspiel, ein angenehmes u. unterhalt. Spiel. Nürnb. (Leipz. J. B. G. Fleischer.) 811.

Studentensprache, allgemeine deutsche. Herausg. von A. H. 2. verm. Aufl. Jena 860. Döbereiner. 16. (56 S.) 5 ngr.

Studentensprache, Basler. Eine Jubiläumsgabe für die Universität Basel dargebracht vom deutschen Seminar in Basel. Basel 1910. H: *Meier, John.* (Ebert BJb I, S. 101)

Studentensprache. Basler St'. Eine Jubiläumsgabe für die Universität Basel, dargebracht vom Deutschen Seminar in Basel. (Vorwort [von] John Meier.) XXXII + 52 S. 8. Basel, Georg & Co., 1910. [fr. 2. —]

Studentensprache und Studentenlied in Halle vor 100 Jahren. Neudruck des Idiotikon der Burschensprache von 1795 und der Studentenlieder von 1781. Halle a. S. 1894. H: *Burdach, Conrad.* (Stadtbibl. Frankf. a. M. Kat. der Neueren Bestände.)

Studentensprache und Studentlied in Halle vor hundert Jahren. Neudruck des »Idiotikon der Burschensprache« von 1795 (1) u. der »Studentenlieder« von 1781 (2). Eine Jubiläumsgabe für die Universität Halle Wittenberg dargebracht vom deutschen Abend in Halle. (Hrsg. von Konrad Burdach.) Halle a. S. 1894. V (1): *Augustin, Christian Friedrich Bernhard.* (2): *Kindleben, Christian Wilhelm.* (BGE III[3], 19)

Studentensprache u. Studentenlied in Halle vor 100 Jahren. Neudr. des „Idiotikon der Burschensprache" v. 1795 u. der „Studentenlieder" v. 1781. Eine Jubiläumsgabe f. die Universität Halle-Wittenberg, dargebracht vom Deutschen Abend in Halle. 8. (XLIII, 118 u. VIII, 127 S.) Halle 894. M. Niemeyer. n. 3. —

Studentenstiftungen in Böhmen, die auch mancher Familie im Auslande zu statten kommen könnten . . . Prag u. Wien 1787. V: *Riegger, Joseph Anton Stephan Ritter von.* (ML) (Ky)

Studentenstiftungen in Böhmen, die auch manchen Familien im Auslande zu statten kommen dürften rc., (v. Jos. Ant. v. Riegger). gr. 8. Prag 787. Schönfeld. 10 gr

Studentenstreiche, (v. Chr. Aug. Fischer), s. Althing.

Studentenstreiche. Dresden 1807. V: *Fischer, G. Friedrich.* (MGT)

Studentensteiche, von F. Althing. 8. Dresden, Beger. 808.

Studentenstreiche. Posse in 1 Akt. gr. 16. (22 S.) Glarus 874. J. Vogel. — 60

Studentenstreiche. 3. Aufl. Aarau 1910 s.a.(Völker, [F]).

Studentenstreiche. Posse in 1 Akt. 3. Aufl. (22 S.) 8. Aarau 910. H. R. Sauerländer & Co. — 60

Studentenstreit, der, od. die neuest. unruhigen Ereignisse auf der Universität zu Göttingen im Juli u. Aug. 1818. Mit Kpf. 8. Dresd. 818. (Arnold). 4 gr

Studentenstreit, der, oder die neuesten unruhigen Ereignisse auf der Universität zu Göttingen im July und August 1818. Mit Kupfern. 8. Dresden, (Arnold.) 819. -

Studenten - Struwelpeter, Heidelberger. Von C. H. S. . . . Heidelberg 1887. V: *Stratz, Carl Heinrich.* (Erman & Horn, Bibliogr. d. dtsch. Univ. Leipz. u. Berl. 1904.)

Studenten-Struwelpeter, Heidelberger. Von C. H. S. 8. (24 S. mit 10 in den Text gedr. Illustr.) Heidelberg 887, Petters. *

Studententeuffel, der, das ist: getrewliche Abkonterfeyung des aller erschröcklichsten Teuffels, so jetzo die Erde besäwet. Nebst etzlichen anderen Teuffeln. Durch Richardum Jowirim Privatdoctum. 8. (104 S.) Leipzig 888, O. Wigand.

Studententhum, das gegenwärtige deutsche, seine Parteien und die Grundzüge seiner Entwickelung. Dargelegt in der Form einer Erwiderung auf die Schrift: „Was sind und wollen die Corps?" gr. 8. (32 S.) Göttingen 869, (Deuerlich'sche Buchh.) *

Studententhum, modernes. Eine satirisch-didaktische Humoreske in miserabeln, dem Gegenstande angemessenen Knittelversen vom Verf. mehrerer unbekannter Werke, ci-devant Buchfier. Berlin 861. H. Müller. (Fahlisch.) 16. (35 S.) n. 5 ngr.

Studentenverein: Schweizerischer Studentenverein. Monatsschrift v. Monatrosen.

STUDENTEN-WITZE von fidelen deutschen Musensöhnen gerissen, gesammelt, herausgegeben und allen burschikosen Häusern gewidmet, von einem Bruder Studio. Zwei Bändchen, jedes von einem Schock. Mit 1 Kupfer. Hersfeld, Industrie-Compf., 1829—30 Gr. 12⁰. 4 + 4 Bogen. Mit 1 Steindruck (bei 2). (1⅓ Rthl.) (1 Mk. 50 Pfg., Leihbiblbd., G. Priewe, 1895; jetzt theurer!)
A. G. Schmidt, Gallerie etc.; Harpf's (Königsb. i. Pr.) Leihbibl.-Cat. no. 19,800—1.

Studenten-Witze von fidelen teutschen Musensöhnen gerissen, gesammelt, hrsg. u. allen burschikosen Häusern gewid. von ein. Bruder Studio. 1. Schock. 2. Aufl. gr. 12. (4 B.) Cassel 839, Luckhardt'sche Buchh.

Studenten-Witze von fidelen deutschen Musensöhnen gerissen, gesammelt, hrsg. u. allen burschikosen Häusern gewidmet von einem Bruder Studio. gr. 16. (48 S.) München 877. Unflad. n. 1. —

Studentenwohnungen, Göttinger. Eine Wanderung durch das alte Göttingen. Göttingen 1887. V: *Mejer, Otto.* (Erman & Horn, Bibliogr. d. dtsch. Univ. 2. Leipz. u. Berl. 1904.)

Studentenwohnungen, Göttinger. Eine Wanderung durch das alte Göttingen. gr. 8. (10 S.) Göttingen 887, Spielmeyer. *

Studenten-Zeitung.

— Central-Organ für die Studirenden Deutschlands. Red.: Max Baumgart. 1. Jahrg. Octbr.—Decbr. 1881. 13 Nrn. (à 1½—2 B.) Fol. Berlin, S. Schwartz. n. 1. 20

— dasselbe. 2. Jahrg. 1882. 52 Nrn. (à 1½—2 B.) Fol. Ebend. n. 4. 80

Studenten-Zeitung. Central-Organ f. die Studirenden Deutschlands. Red.: M. Baumgart. 3. Jahrg. 1883. 52 Nrn. (à 1½—2 B.) Fol. Berlin, S. Schwartz. n. 6. —
Fortsetzung davon:
Deutsche Studenten-Zeitung.

—— dass. — Redact.: Conr. Küster. 4. Jahrg. 1884. 52 Nrn. (à Nr. 1½—2 Bog.) Fol. Berlin, (Asschenfeldt.) *

Studenten-Zeitung, allgemeine deutsche. Red.: Max Baumgart. 1. Jahrg. 1880. 52 Nrn. (à 1—1½ B.) Fol. Berlin, Ihring & Fahrenholtz. 12. —
Fortges. u.d.T.: Studenten-Zeitung.

— deutsche. Central-Organ f. die Studirenden Deutschlands. Red.: Conr. Küster u. G. Wolff. 4—6. Jahrg. 1884—1886. à 52 Nrn. (à 1½—2 B.) Berlin, Asschenfeldt. à Jahrg. n. 6. —
Vorh. u.d.T.: Studenten-Zeitung.

Studenten-Zeitung, deutsche. Central-Organ für die Studirenden und Studirten Deutschlands. Hrsgbr.: Conr. Küster. Redig. von Eug. Wolff. 2. Jahrg. 1885. 52 Nrn. (à Nr. 1½—2 Bog.) gr. 4. Berlin, Schwartz. *

—— dass. — Central-Organ für die deutschen Studirenden und Studierten. Hrsgbr.: Conr. Küster. Geleitet i. V. von Leo Berg. 3. Jahrg. 1886. 52 Nrn. (à Nr. 1½—2 Bog.) gr. 4. Ebendas. *

Studenten-Zeitung, deutsche. Central-Organ f. die deutschen Studenten u. Studierten. Hrsg. u. Red.: J. Bohl. 4. Jahrg. 1887. 26 Nrn. (B.) gr. 4. Berlin, Conrad. n. 4. —
Erschien nicht weiter.

Wiener Studentenzeitung. Nr. 1–34. Wien 1848. Red.: P. Löve.

Students library. Nr. 3 u. 5. kl. 8. Dresden, L. Ehlermann. Geb. à — 80
Benedix, Roder., a happy family. Comedy in 3 acts, translated from the German by R. J. Morich. (92 S.) 907. (Nr. 5.)
Schiller, Frdr., the nephew as uncle. A comedy in 3 acts. Translated from the German by G. Shirley Harris. 2. ed., revised by Ph. Hangen. (67 S.) 900. (Nr. 3.)

Students Miscellany, the, a new select collection of various pieces in prose and verses, 2 Vol. 8. Flensb. Korte. (Christiani, Schleswig.) 779.

Students Series for School, College, and Home. Edited by Ludw. Herrig, s. Bulwer, Edward. — Carlyle, Thomas. — Dickens, Charles, Sketches. — Christmas Carol. — Eliot, George. — Franklin, Benjamin. — Freemann, Edw. Aug. — Harte, Bret. — Hughes, Thomas. — Longfellow, H. W. — Macaulay, Lord, History of England. — Lord Clive. — Rankes History of the Popes. — Warren Hastings. — Mac Carthy, Justin. — Scott, Walter, Talisman. — Tales of a Grandfather. — Shakespeare, William. — Stanhope, Earl. — Tennyson, Lord. — Thackeray, W. M.

Students' Tauchnitz edition, s. Ewing, Jul. Hor. Jackanapes; the brownies and the land of lost toys. — Franklin, Benj. Autobiography. — Macaulay, Thom. Bab. The rebellions of Argyle and Monmouth. — Montgomery, Flor. Misunderstood. — Shakespeare, W. Julius Caesar. — Stanhope. The seven years war. — Yonge, Charlotte. The little duke.

Studeny, Lambertus, O. Cist., ritus celebrandi missam secundum missale cisterciense. 12. (VII, 159 S.) Wien 900. (H. Kirsch.) n. 1. 60

Studer, Gottlieb. Zu s. Gedächtnis, s. Dübi, H.

Studer, . Das Bürger-Fest in Mänedorf an dem Tage der Eidleistung, samt der Rede an das Volk. Gehalten von Bürger St' von Luzern, geweihet allen... Bürgern von M'. Den 16. August 1798. [Mit 1 Vignette.] 8. Helvetien, im ersten Jahr der schweizerischen Einheit [1798].

Studer, . Die neue Vendee, oder Beschreibung der schrecklichen Auftritte in dem Distrikt Stans nid dem Wald, welche den 8ten und 9ten Herbstmonat [1798] sich ereigneten. 8. 1798.
Ausg. A: o. O. — Ausg. B: Zürich.

Studer's, A., schweizer Bienenfreund, s. a. Bienenfreund, schweizer.

Studer's, A., schweizer Bienenfreund. Red.: Ulr. Studer. 3. Jahrg. Dezbr. 1890—Novbr. 1891. 12 Nrn. (à 1—1½ B. m. Abbildgn.) gr. 8. Niederried. (Leipzig, H. Voigt.) n. 2. 40

Studer's, A., schweizer Bienenfreund. Organ f. rationelle Bienenzucht. Redact.: Ulr. Studer. 3. u. 4. Jahrg. 1891 u. 1892. à Jahrg. 12 Nrn. (à Nr. 1½—2½ Bog. m. Abbildgn.) Nebst Gratis-Beilage: Die Korb-Bienenzucht. 1. u. 2. Jahrg. à 12 Nrn. (à Nr. ½ Bog. m. Abbildgn.) gr. 8. Niederried. (Lpz., H. Voigt.) à Jahrg. * 2 — Korb-Bienenzucht allein à Jahrg. * — 80

Siuder, Arnold [med. pract. von Winterthur]: Hæmatologische Arbeiten unter Leitung von Privatdozent Dr. Nægeli, Zürich. Ueber das Verhalten der weissen Blutzellen unter Einwirkung von Typhus- und Colitoxinen. Zürich 1903. 42 S. 8°.
Zürich. Med. Diss. 1902 1903.

Studer, Arnold. Über das Verhalten der weissen Blutzellen unter Einwirkung von Typhus- und Colitoxinen. Diss. Med. Univ. Zürich. *Kopftitel:* Hæmatologische Arbeiten unter Leitung von Privatdozent Dr. (Otto) Nægeli, Zürich. 42 S. 8. Zürich, Berichthaus, 1903.

Studer, Arthur, von Olten [Kt. Solothurn]: Butylirung des Anilins. [S. 10—31 auch in: Liebig's Annalen der Chemie u. Pharm., Bd 211. S. 234—248]. Hottingen-Zür. H. Zürcher Dr. 1881. 31 S. 8°.
Zürich. Phil. Diss. [v. 27. Jan. 1882].

Studer, Arthur [von Olten]: Das Grundbuch nach solothurnischem Recht. Solothurn 1900. 80 S. 8°.
Bern. Jur. Diss. 1899/1900.

Studer, B., s. Studer, Bernhard

— s. Studer-Steinhäuslin, Bernhard

Studer, Bernh., Dr., Ad climatologiam agri Bernensis spectantia. (Schulprogramm-Abhandlung.) Bern 1837.

Studer B.: Anfangsgründe d. mathematischen Geographie, ein Lehrbuch f. höhere Gymnasien u. Realschulen. Bern, Chur u. Leipz. 1836. 178 S. 2 Tvl.

Studer, B., Anfangsgründe d. mathemat. Geographie, e. Lehrb. f. höh. Gymnasien u. Realschulen. 1. Aufl. (11½ B. u. 2 Stnt.) 836. 1 Thlr., 2., verb. A. gr. 8. (11½ B. u. 2 Stnt.) Bern 842, Dalp.

Studer, Anfangsgründe der mathem. Geographie. 2. Aufl. Chur, Bonn u. Leipzig 1842. 8°.

Studer, Bernhard. Beiträge zur geognostischen Kenntniss einiger Theile der südlichen Alpen. 1829.

(Studer, Bernh[ard].) Beiträge zur Klimatologie von Bern. ([Progr.] Gymn. Bern.) 4. (Berne 1837.)

Studer, B[ernhard]. Beyträge zu einer Monographie der Molasse, oder Geognostische Untersuchungen über die Steinarten und Petrefacten, die zwischen den Alpen und dem Jura gefunden werden; mit besonderer Rücksicht auf den Canton Bern und die angrenzenden Theile von Freyburg, Luzern und Solothurn. Mit zwey lithographirten Blättern [Tafeln]. 8. Bern 1825.

Studer, B., Beitrr. zu e. Monographie der Molasse, od. geognost. Untersuchung über die Steinarten u. Petrefacten, die zwischen den Alpen u. dem Jura gefunden werden etc. Mit 2 Steintaf. gr. 8. Bern 825. Jenni. 2 ℛ

Studer, Bernhard. Bericht über die geologische Karte der Schweiz. 1873. 4. Auch franz.

– Geologische Beschreibung von Mittel-Bündten, s. Escher von der Linth, Arnold

—— et Escher (A.), Carte géologique de la Suisse. Erläuterungen von J. M. Ziegler. Zürich 1852. Nebst Sammlung absoluter Höhen der Schweiz von Ziegler. Zürich 1853. 4.

—— et A. Escher de la Linth, Carte géologique de la Suisse. D'après leurs propres observations et les communications de leurs amis. Dressée sur la carte géographique de la Suisse de M. J. M. Ziegler. Lithogr. und ill. Imp.-Fol. Avec un index complet des noms et des notices historiques et statistiques. hoch 4. (XII und 72 S.) Winterthur 853. (Berlin, D. Reimer.) *

Studer, B., et A. Escher v. der Linth, Carte géologique de la Suisse. 2. édit. revue et corrigée d'après les publications récentes et les communications des auteurs et de von Fritsch, Gilleron, Jaccard etc. Reduction 1:380,000. Kpfrst. u. color. Winterthur 867. Wurster & Co. Imp.-Fol. Mit Erläuterungen zur neuen Karte der Schweiz sammt Register für diese u. die Hypsometrie der Schweiz. (X, 131 S. mit deutschem u. französ. Text in hoch 4.) Auf Leinw. u. in engl. Carton. n. 6 ℛ 20 ngr.

Studer, B., und A. Escher v. der Linth, Carte géologique de la Suisse. 1 : 760,000. Réduction de la grande carte géologique, 2me édit., des mêmes auteurs. Fol. Winterthur 872, Wurster und Comp. * 3 60

Studer, Bernhard s. Desor, E[douard]. Agassiz'... geologische Alpenreisen.... Frankfurt am Main 1847

Studer, Bernhard. Einleitung in das Studium der Physik und Elemente der Mechanik. Bern 1859.

Studer, B., Einleitung in das Studium der Physik und Elemente der Mechanik. gr. 8. (VII und 178 S. mit 2 Stat. in qu. 4.) Zürich 859, Schulthess. *

Studer, B[ernhard]. Erläuterungen zur zweiten Ausgabe der Geologischen Karte der Schweiz von B. St' und A[rnold] Escher [von der Linth]. 8. Winterthur 1869.

Die Gebirgsmasse von Davos in Graubündten. 1836. 4.

Studer, B[ernhard]. Die Gebirgsmasse von Davos. Ein Vortrag. gehalten in der geologischen Section der Versammlung der Allgemeinen Schweizerischen Naturforschenden Gesellschaft in Solothurn, den 27. July 1836. [Mit 4 Tafeln.] ⟨SA.⟩ 4. Neuchâtel 1837.

Studer. Bernhard. Zur Geologie der Berner-Alpen.

Studer (B.), Geologie der westlichen Schweizer Alpen. Heidelberg und Leipzig 1834. 8. Nebst Atlas in 4.

Studer, B., Geologie der westlichen Schweizer-Alpen. Ein Versuch. Mit einem geologischen Atlas. Lex.-8. Heidelberg 834, Groos. n. 4 ℛ

Studer. Bernhard. Zur Geologie des Ralliger Gebirges. 1871.

Studer, B[ernhard]. Zur Geologie der Hochalpen. [SA.] 8. [Bern 1855.]

Studer, B., Geologie der Schweiz. I. Bd.: Mittelzone und südl. Nebenzone der Alpen. 8. (VI und 485 S. mit Gebirgsdurchschnitten in eingedr. Holzschn. und 1 lithogr. und ill. geolog. Uebersichtskarte in Fol.) Bern 851. Zürich, Schulthess. *

Studer, B., Geologie der Schweiz. 2. Bd.: Nördliche Nebenzone der Alpen. Jura und Hügelland. Mit Gebirgsdurchschnitten (in eingedr. Holzschn.) 8. (VII und 497 S.) Bern 853. Zürich, Schulthess. *
1. Bd. Ebendas. 1851. * 3 Thlr.

Studer. Bernhard. Geologisches vom Aargletscher. 1874.

Studer. Bernhard. Geologisches aus dem Emmenthal. 1865.

Studer, B[ernhard]. Geschichte der Physischen Geographie der Schweiz bis 1815. 8. Bern, Zürich 1863.

Studer, B., Geschichte der physischen Geographie der Schweiz bis 1815. gr. 8. (IX und 696 S.) Zürich 863, Schulthess. *

Studer, B., Glauben und Wissen, eine Rede, gehalten vor einem gemischten Publikum den 8. Febr. 1856. Bern. (Zürich, Schultheß.) 8. (35 S.) 6 ngr.

Studer, Bernhard. Gneiss und Granit der Alpen. 1872.

Studer, Bernhard. Die Gotthardbahn. 1873.

Studer, B[ernhard]. Die Gotthard-Bahn. Vortrag von Prof. B. St' in der Berner Naturforschenden Gesellschaft. [A.] 4. [Gotha 1874.]

—— s. Gutachten. Geologisches G'.... Bern 1866.

—— Index der Petrographie und Stratigraphie der Schweiz und ihrer Umgebungen. gr. 8. (V, 272 S.) Bern 872, Dalp'sche Buchh.

Studer, B. u. Escher v. d. Linth. Geol. Karte der Schweiz 1 : 380,000. Neu rev. Ausg. 1893. 75 × 100 cm. Zürich, Geogr. Inst. von J. Meier. Aufgez. m. Register. 15 —

Studer, Bernhard. Zur Kenntniss der Kalkgebirge von Lauterbrunnen und Grindelwald. 1859.

Studer, Bernhard [jun., Apotheker von Bern]: Ueber das amerikanische Colophonium. Bern 1903. 129 S. 8°. [24. VII. 03.]
Bern. Phil. Diss. 1903/1904.

Studer, Bernhard jun. **Über das amerikanische Colophonium.** Diss. Phil. Bern. 129 S. 8. **Bern, Stämpfli & Cie., 1903.**

Studer, B[ernhard]. Über die natürliche Lage von Bern. Programm auf die fünfundzwanzigste Stiftungsfeier der Hochschule Bern. 15. November 1859. [Mit 1 Tafel.] 4. Bern 1859.

Studer, B[ernhard]. Lehrbuch der physikalischen Geographie und Geologie. 2 Capitel. 8. Bern, Chur und Leipzig 1844–1847.
Capitel 1, enthaltend: Die Erde im Verhältniss zur Schwere. Mit Abbildungen und vier lithographirten Tafeln.
Capitel 2, enthaltend: Die Erde im Verhaltniss zur Wärme. Mit Abb' und vier lith' Tafeln.

Studer, B., Lehrbuch der physikal. Geographie u. Geologie. 2. Capitel, enth.: Die Erde im Verhältniss zur Wärme. Mit Abbild. (in eingedr. Holzschn.) u. 4 lith. Taf. gr. 8. (VIII u. 526 S.) Bern 847, Dalp. n. $3^1/_3$ ℛ (1 u. 2: n. $6^5/_6$ ℛ)

Studer. Bernhard. Der Meteorstein von Walkringen. 1872.

(St[uder], B[ernhard].) Necrolog von Friedrich Meyer aus Bern, geboren... 1806, gestorben den 5. Juni 1841. [SA.] 8. [Zürich 1841.]

(Studer, Bernhard.) Nekrolog über Herrn Friedrich Meyer (aus Bern, 1806–1841). [A.] 4. [Bern 1880.]

Studer, B[ernhard]. Orographie der Schweizer Alpen. ⟨Nebst Karte, s. Tafel 13.⟩ [A.] 4. (Gotha 1869.)

— das Panorama von Bern. Schilderung der in Berns Umgebungen sichtbaren Gebirge. Mit einer vom Eichplatz in der Enge aufgenommenen (lith.) Alpenansicht. 8. (IV u. 252 S.) Bern 850, Walthard in Comm. 1 ₰

— Ideale Profile zur Erläuterung der Geologie der westlichen Schweizer-Alpen. qu. Fol. Ebd. 835. 5/12 ₰

(——) ideale Profile zur Erläuterung d. Geologie d. westl. Schweizer-Alpen. 1 ill. Blatt. qu. Fol. Bern 836, Dalp.

Studer, [Bernhard]. Ueber die Stelle der Geologie in der Reihe der Naturwissenschaften. [A.] 8. ([Heidelberg] 1831.)

— s. Studer, Gll., topograph. Mittheilungen.

Studer, B., System der Mineralien nach G. Rose. hoch 4. (12 S.) Bern 868, Huber und Comp. *

Studer, Bernhard, u. Arnold Escher von der Linth: Geologische Uebersichtskarte der Schweiz. (Reduction der grossen geolog. Karte der Schweiz.) Winterthur 1856. 2°

Studer, B[ernhard Friedrich]. Beiträge zur Geschichte der stadtbern. Apotheken. von B. St', sen. … . 8. Bern 1895.

Studer, C. Moderne Schriften für Architekten, Zeichner, Decorationsmaler, Lithographen, Goldarbeiter, Graveure etc. 30 Taf. Gr. quer-in-8°. Winterthur, Caspar Studer. 1890. 3 60

Studer, Carl, s. Studer, Karl

Studer, Caspar Arnold, s. Studer, Kaspar Arnold

Studer, Dietland. Meine kleinen Schriftsteller. Schüleraufsätze für die Mittelstufe der Volksschule. Zusammengestellt von D' St'… . XIV + 158 S. 8. Aarau, H. R. Sauerländer & Co., 1906. [geb. fr. 2. 50]

Studer, Dietland. Meine kleinen Schriftsteller. Schüleraufsätze für die Volksschule. 2., erweiterte Aufl. XII + 164 S. 8. Aarau, H. R. Sauerländer & Co., 1910. [geb. fr. 2. 80]

— Deutsche Sprachschule f. Berner, s.: Greyerz, Otto v.

— Der kleine Sprachschüler. Ein Berater der „Kleinen Schriftsteller". Lehrerausg. m. Vorwort. (X, 44 S.) 8. Aarau 907. H. R. Sauerländer & Co. — 80

— dasselbe. Schülerausg. (IV, 44 S.) 8. Ebd. 907. Kart. — 80

Studer, Dietland, und Greyerz, Otto von. Der kleine Sprachschüler. Deutsche Sprachübungen für die Mittelstufe der Volksschule. 2., veränderte Aufl. (*Umschlag:* Ausgabe). VI + 92 S. 8. Aarau, H. R. Sauerländer & Co., 1908. [geb. fr. 1. 80]

Studer, Dietland. Bei den Stadtkindern. Schüleraufsätzchen aus dem Stadtleben. VIII + 60 S. 8. Aarau, H. R. Sauerländer & Co., 1909. [geb. fr. 1. 60]

Studer, E., Die Schule für Bauhandwerker am zürch. Technikum. Winterthur, Technikum 1879.
Progr.

Studer, Eduard, med. prakt. in Flawil [Kt. St. Gallen, v. Diessenhofen, Kt. Thurgau]: Beitrag zur Frage der künstlichen Frühgeburt. Flawil A. Koppelstätter Dr. 1897. 80 S. mit 11 Tabellen. 8°.
Zürich, Med. Diss. [v. 23. Sept. 1897].

(Studer, F[ranz].) Zur Entwicklung der stadtbernischen Krippen. Ansprache, gehalten an der 2. Jahresversammlung des Schweizerischen Zentral-Krippenvereins, den 22. Oktober 1909, in Bern. [Illustriert. SA. aus: Krippenbericht. Mitteilungen des Sch' Z'-K', Jahrg. 4, Nr. 13, November 1909.] 9 S. 8. [Bern, Stämpfli & Cie.]

Studer, Frz., s. Vorträge, geh. am Instruktionskurse f. innere Mission in Bern.

[Studer, Friedrich.] Das Verhältniswahlsystem. Eine leichtfassliche Erklärung des Systems und kurze Zusammenstellung seiner Vorzüge und der Einwände gegen den Proporz. Hrg. vom Schweizerischen Aktionskomitee für den Nationalratsproporz. 16 S. 8. [Töss, Walter & Gremminger, 1910.] fr. —. 05

Studer, G.: Beschreibung eines vollständigen Apparats zu ökonomischen Vermessungen, s. Studer, Johann Gotthelf

– Die Berner Chronik des Conrad Justinger, s. Studer, Gottlieb Ludwig

Studer, G. Karte der südlichen Wallisthäler. 1 : 100 000. Winterthur 1853. 1 Bl. L. Fl.

Studer, G., Panorama vom Mänlichen [Berner Oberland] 2345 m. Gezeichnet von W. Benteli. 4 Bl. Chromolithogr. qu. Fol. Bern 875, Dalp'sche Buchh. *

Studer, G. F., zwei Tage in Thun. 12. Bern 822. Jenni. 5 Gr

Studer, Gottlieb

—— s. a. Bergfahrten. Berg- und Gletscher-Fahrten … . Zürich

Studer, G., M. Ulrich, J. J. Weilenmann, Berg- und Gletscher-Fahrten in den Hochalpen der Schweiz. 8. (VIII und 366 S. mit 8 lithogr. Abbild.) Zürich 859, Schulthess. *

Studer, G., M. Ulrich, J. J. Weilenmann, Berg- und Gletscher-Fahrten in den Hochalpen der Schweiz. Mit 8 (lith.) Abbildgn. Zürich 861. Schulthess. 8. (VIII, 336 S.) n. 1 ₰ 10 ngr.

Studer, G., M. Ulrich, J. J. Weilenmann, H. Zeller, Berg- und Gletscher-Fahrten in den Hochalpen der Schweiz. 2. Sammlung. 8. (VII und 348 S. mit 8 lithogr. Abbild.) Zürich 863, Schulthess. *
1. Sammlung. Ebendas. 1859. * 1 Thlr. 10 Ngr.

(Studer, G[ottlieb].) Die Besteigung des Rinderhorns. Ein Gedicht, vorgetragen am Familienfeste, vom 23. Februar 1855. (Den sämmtlichen Familiengliedern zur Erinnerung gewidmet.) 8. Bern 1855.

Studer, G[ottlieb]. Die Besteigung des Mont Velan im Sommer 1856. [Mit 1 Panorama.] SA. 8. Bern 1857.

Studer, Gottlieb: Das Dominikaner-Kloster in Bern, s. Howald, Karl

Studer, Gottlieb s. Durheim, Carl Jacob, und Studer, Gottlieb

Studer, G[ottlieb]. Ueber Eis und Schnee. Die höchsten Gipfel der Schweiz und die Geschichte ihrer Besteigung. 4 Abtheilungen. [Umschläge illustriert.] 8. Bern 1869–1883.
Abtheilung 1: Berner-Alpen. 1869.
Abtheilung 2: Walliser-Alpen. 1870.
Abtheilung 3: Bernina. 1871.
([Abtheilung =] Band 4:) Supplementband. 1883.

Studer, G., über Eis und Schnee. Die höchsten Gipfel der Schweiz und die Geschichte ihrer Besteigung. 1.—3. Abthl. 8. Ebendas. 869. à Abthl. *M 3. *

Inhalt:
Abthl. 1. Berner-Alpen. (IV, 300 S.)
» 2. Walliser-Alpen. (IV, 330 S.)
» 3. Bernina. (V, 302 S.)

Studer, G., über Eis und Schnee. Die höchsten Gipfel der Schweiz und die Geschichte ihrer Besteigung. Suppl.-Bd. 8. (XI, 392 S.) Bern 883, [Dalp'sche Buchh.] Schmid, Francke und Comp. *M 5.; geb. in Leinw. *
1.—3. Bd. Ebendas. 1869—71. *M 5.; geb. in 1 Leinwbd. *M 6,20.

Studer. Gottlieb. Über Eis und Schnee. Die höchsten Gipfel der Schweiz und die Geschichte ihrer Besteigung. 2. Aufl., umgearbeitet und ergänzt von A[dolf] Wäber und Dr. H[einrich] Dübi. S. A. C. 3 Abteilungen [= 3 Bände]. [Umschläge illustriert.] 8. Bern 1896–1899.
[Band 1.] Abteilung 1: Nordalpen. [Mit biographischer Einleitung und 1 Porträt-Tafel.] (4 Lieferungen.) 1896.
[Band 2.] Abt. 2: Südalpen .... (6 Lieferungen.) 1898.
[Band 3.] Abt. 2: Südalpen (Schluss) .... – Abt. 3: Ostalpen .... samt Nachtragen und Berichtigungen. (6 Lieferungen.) 1899.

Studer, Glieb., üb. Eis u. Schnee. D. höchsten Gipfel d. Schweiz u. d. Geschichte ihrer Besteigg. 2. Aufl., umgearb. u. ergänzt v. A. Wäber u. H. Dübi. I. Abtlg.: Nordalpen. 4 Lfgn. 8. (535 S. m. 1 Bildn.) Bern 896. Schmid & Francke. à Lfg. n. 1.— (1. Abtlg. kplt.: n. 5.—; geb. in Leinw. n. 7.—)

— dasselbe. II. Abtlg.: Südalpen. A. Mont-Blanc-Gebiet. B. Walliser Alpen. 6 Lfgn. 8. (VII, 580 S.) Ebd. 898. à Lfg. n. 1.— (II. Bd. geb. n. 7.—)

Studer, Glieb., über Eis u. Schnee. Die höchsten Gipfel der Schweiz u. die Geschichte ihrer Besteigg. 2. Aufl., umgearb. u. ergänzt v. A. Wäber u. H. Dübi. III. Bd. 6 Lfgn. II. Abtlg.: Südalpen (Schluss). C. Lepontische Alpen. D. Adula-Alpen. III. Abtlg.: Ostalpen. A. Südrhätische Alpen. B. Albula-Alpen. C. Silvetta-Alpen, samt Nachträgen u. Berichtiggn. 8. (XII, 508 S.) Bern 899. A. Francke. n. 6.—; geb. n. 7.—; (kplt. geb. n. 21.—)

Studer, Gottlieb. Einige Gebirgsausflüge. [Mit 1 Tafel.] (S.A.) 8. Bern 1863.

— Glauben und Schauen, eine theologische Beilage zu dem Vortrage über Wissen u. Glauben. Ebend. 856. 8. (32 S.) 6 ngr.

Studer. G[ottlieb]. Der alte Gletscherpass zwischen Wallis und Grindelwald. [Mit 1 Figur. SA.] 8. [Bern 1880.]

Studer, Gottlieb. Topographische Mittheilungen aus dem Alpengebirge. Eingeführt von Professor Bernhard Studer. Mit Atlas von Berg-Profilen. (1. [einzige] Sammlung:) Die Eiswüsten und selten betretenen Hochalpen und Bergspitzen des Kantons Bern und angrenzender Gegenden. [2 Theile.] 8. Bern und St. Gallen.
[Theil 1: Text. Mit 1 Vignette.] – [Theil 2:] Atlas ....
[1. Ausg.] 1843. – 2. Ausg. 1844
Fortsetzung s. Berner Taschenbuch. Jahrg 3, S. 86 ff. Bern (1853).

Studer, Gli., topographische Mittheilungen aus dem Alpengebirge. Eingeführt von Prof. Bernh. Studer. Mit Atlas von Berg-Profilen. (8 Blätt.) I. Die Eiswüsten u. selten betretenen Hochalpen u. Bergspitzen des Kantons Bern u. angrenzender Gegenden. 2. Ausg. 8. Bern u. St. Gallen 843, Huber u. Co. In Futteral n. $2^1/_4$ rf

Studer, Gtlieb., das Panorama von Bern. Schilderung der in Berns Umgebungen sichtbaren Gebirge. 8. (IV und 252 S. mit 1 vom Eichplatz in der Enge aufgenommenen lithogr. Alpenansicht.) Bern 850, (Walthard'sche Buchh.)

Studer, Gottlieb. Pontresina und Engelberg. Aufzeichnungen aus den Jahren 1826—1863. Festgabe der Sektion Bern des S. A. C. an die Theilnehmer des Clubfestes in Bern, 21.—23. September 1907. [Mit 3 Tafeln.] 64 S. 8. Bern, A. Francke, 1907. [in Carton fr. 1.80]

Studer, Gli. Ldw., das Buch der Richter grammatisch u. historisch erklärt. gr. 8. Bern u. Chur 835. Dalp. 2 rf
32 B.

Studer, Gli. Ldw., das Buch der Richter grammatisch u. historisch erklärt. 2. verb. Ausg. gr. 8. Bern u. Chur 842, Dalp. 2 rf

Studer, Gottlieb Ludwig (Theol.). Die Berner Chronik des Conr. Justinger. Bern 1870.

Studer, Gottlieb Ludwig (Theol.). Die Chronik des Mathias von Neuenburg. Zürich 1867.

—— s. Justinger, Conr., die Berner Chronik.

Studer, Glob. Ludw., das Buch Hiob, für Geistliche und gebildete Laien übersetzt und krit. erläutert. gr. 8. (VIII, 232 S.) Bremen 881, Heinsius. *
geb. *

Studer, Guido, appr. Arzt aus Neuenburg (Baden): Ueber einen Fall von Decubitalgeschwür des Pharynx in Folge einer Exostose des 7ten Halswirbels. Würzburg 1898: A. Boegler. (21 S.) 8°
Würzburg, Med. Diss. v. 1898

Studer, H., kurze Abhandlung üb. Holzersparniß durch künstl. Feuerleitung u. darauf Bezug habende Einrichtung. Eine popul. Beschreib. d. Verbrennungsprozesses, d. Wärmeleitungs- u. Wärmeausstrahlungs-Vermögens verschied. Körper. gr. 8. ($1^1/_2$ B. u. 2 B. Abbildn.) Zürich 838, Orell, Füßli u. Comp.

Studer, H. Anleitung über Holzersparniss durch künstliche Feuerleitung. Zürich 1838.

Studer, H., Berechtigung u. Ausführbarkeit der proportionalen Vertretung bei unseren politischen Wahlen, s.: Hagenbach-Bischoff.

Studer, H., Till-Eulenspiegel im Lande des Tell. 1. u. 2. verm. Aufl. 12. (15 bezw. 16 S.) Zürich 900. C. Schmidt. n. — 40

Studer, H. Excursionskarte des Berner Oberlandes 1 : 200000. Bern, Schmid, Francke & Co. 1895. geb. — 60; aufg. 1 —

Studer, H., staatliche Monopol-Wuth. D. Schwerenöther in d. Schweiz. gr. 8. (8 S.) Zürich 898. C. Schmidt. n. — 20

Studer, H., was wir in Texas wollen, s. Auswanderung nach Hoch-Texas.

Studer, Hans, statische Berechnung des grossen Bogens am Wiesener Viadukt, s.: Saluz, P., die Bahnlinie Davos-Filisur.

Studer, Henri, um den Gotthard herum. Militärische Fragmente, polem. Reminiscenzen. 8. (31 S. m. 3 Karten.) Zürich 894. (A. Raustein.) n. 1. 60

Die elektrische Traktion mit Einphasen-Wechselstrom auf der Linie Seebach-Wettingen. Von Ing. Hugo Studer, Zürich. Zürich: [Rascher 1908]. 71 S. 4°
(Aus: Schweizerische Bauzeitung. Bd 51.)

Studer, J., das Vater unser. Ein kalligraph. u. hübsch verziertes Blatt, lithogr. von Joh. Tritschler. Imp.-Fol. St. Gallen 833. Huber u. Comp. n. $1^2/_3$ rf

Studer, J. G., Physikalische Geographie. Bern, Chur u. Leipzig 1847. 2 Bde. 8°.

Studer, J. J., kurzgefaßte prakt. Mittheilungen zur Beförderung der Seidenzucht in der Schweiz. Mit 4 Taf. Abbild. gr. 8. Aarau 846, Christen. n. $^1/_2$ rf

Studer, J. J., kurzgefaßte praktische Mittheilungen zur Beförderung der Seidezucht in der Schweiz. 2. (Titel-)Ausg. gr. 8. (IV und 96 S. mit 5 Stnt. Abbildungen in 4. und qu. gr. 4.) Aarau (846)60, Christen.

Studer, Jh. Gtthlf., Beschreib. e. vollständ. Apparats zu ökonom. Vermessungen. Mit 2 Kpf. 8. Leipz. 801. Göschen. 18 Gr.

— Beschreib. der verschied. Zeichen- u. vorzügl. beim Bergbau nöthigen Vermessungs-Instrumente. Mit 8 Kpf. 8. Dresd. 810. Arnold. 2 Thlr.

Studer, J. G., Beschreibung der verschied. Zeichnen- u. vorzüglich beim Bergbau nöthigen Vermessungs-Instrumente. Mit 8 Kpftfln. Dresden 1811. kl. 8°.

Studer, Johann Jakob (Dresden) A. S. 164/22

De furto ferarum eiusque poena praesertim in terris Saxonicis dissertatio. Präs. Ernst Gottfried Klügel. Wittenberg (Charisius) 26. III. 1782. 24 S.

Gew.: Friedrich Wilhelm von Ferber. 33965

Studer, J[ohannes]. Die Vermittlung von Hotel- und Wirtschaftspersonal in der Schweiz. Referat von J. St' ..., gehalten an der III. Verbands-Versammlung Schweizerischer Arbeitsämter ..., den 24. Oktober 1909 in Freiburg. [SA. aus: Protokoll der III. Verbandsv' schweizer. Arb' ....] 24 S. 8. [Zürich, Siegfried & Co., 1910.] [fr. 1. —]

Studer, Jul., die Geschichte der Kirchengemeinde Bäretswil im Kanton Zürich. Urkundlich dargestellt. br. 8. (XI, 280 S. m. e. lith. Karte in Fol. u. e. Chromolith.) Zürich 870. Höhr in Comm. n. 2. 70

Studer, Julius. Die Edeln von Landenberg. Geschichte eines Adelsgeschlechtes der Ostschweiz. Dargestellt von J' St', Pfarrer.... Mit 1 Siegeltafel, 2 farbigen Wappentafeln [1 Ansichtstafel] und 14 Textillustrationen nebst einer Separatbeilage: 13 Stammbäume. XII + 365 S. 8. Zürich, Schulthess & Co., 1904. [fr. 8. —]

Studer, Jul., schweizer Ortsnamen. Ein historisch-etymolog. Versuch. 4 Lfgn. gr. 8. (288 S.) Zürich 896. F. Schultheß. n. 3. 60; kplt. geb. in Leinw. n. 4. 20
1. u. 2. à n. 1. —. — 3. 4. n. 1. 60.

Studer, Julius. Walliser und Walser. Eine deutsche Sprachverschiebung in den Alpen. [SA.] 8. Zürich 1886.

Studer, Jul., Walliser u. Walser. Eine deutsche Sprachverschiebg. in den Alpen. 8. (56 S.) Zürich 886. (Schultheß.) n. 1. —

Studer, K., d. Höhen-Luftkurort Todtmoos (bad. Schwarzwald) u. s. Umgebung. Führer durch das Wiesenthal, Wehrathal, Murgthal, Albthal, Steinathal, Schlüchtthal, auf d. Feldberg u. Belchen. Illustr. v. L. Seufert. 2. Aufl. 8. (112 S. m. 4 Karten.) Freiburg i/B. 896. (G. Ragoczy.) n.n. 1. 50

Studer, Karl

Studer, Carl [pract. Arzt aus Thun]: Ueber Blutung und Verblutung bei der Geburt. Thun 1896. 33 S. 8°.
Basel, Med. Diss. 1896/97.

Studer, Karl [app. Arzt aus Neuenburg a. Rh.]: Klinisch-statistische Notizen über die Fälle von Typhus abdominalis, welche vom 1. Jan. 1882 bis 31. Dec. 1887 auf der medicinischen Klinik zu Freiburg i. B. vorgekommen sind ... (Aus: Deutsches Arch. f. klin. Med. Bd 49.) Leipzig, Druck v. J. B. Hirschfeld, 1892; 29 S. 8.
Freiburg i. B., Med. Fak., Inaug.-Diss. v. 1892

Studer, Kaspar Arnold

Studer, Casp[ar] Arnold, von Winterthur [Kt. Zürich]: Ueber den Begriff der Regeneration. Zürich 1849: Zürcher u. Furrer. 26 S., 1 Bl. 8°
Zürich, Med. Diss. v. 7. Juli 1849.

Studer, Max, prakt. Arzt aus St. Gallen: Aus dem pathologischen Institut der Universität Zürich. Über einen Fall von Osteom nach Trauma. Zür. Orell Füssli Dr. 1896. 28 S., 1 Bl. 8°.
Zürich, Med. Diss. [v. 25. Febr. 1896].

Studer, Nic. (geb. Freiburg in d. Schweiz 1809): De aëris sub operationibus chirurgicis in venas introitu. Berolini (1838). (27 S.) 8°
Berlin, Med. Diss. v. 26. Mai 1838

Studer, P. J., Sammlung ähnlichlautender Wörter u. deren Anwendung in Sätzen. Ein Hilfsbuch zur stillen Selbstbeschäftigung in Volksschulen sowie auch für häusliche Arbeiten. 1. Aufl. 1866. u. 2. Aufl. Langensalza 867. Schulbuchh. von Greßler. 8. (IV, 80 S.) 7½ ngr.

Studer, P. J., Sammlung ähnlichlautender Wörter und deren Anwendung in Sätzen. Ein Hülfsbuch zur stillen Selbstbeschäftigung in Volksschulen sowie auch für häusl. Arbeiten. 3. Aufl. 8. (IV, 80 S.) Langensalza 872, Schulbuchh. von Greßler.

Studer, P. J., Sammlung ähnlichlautender Wörter und deren Anwendung in Sätzen. Ein Hülfsbuch zur stillen Selbstbeschäftigung in Volksschulen, sowie auch für häusl. Arbeiten. 4. und 5. Aufl. 8. (IV, 80 S.) Langensalza 875,79, Schulbuchh. von Greßler.

Studer, P. J., Sammlung ähnlichlautender Wörter u. deren Anwendung in Sätzen. Ein Hilfsbuch zur stillen Selbstbeschäftigung in Volksschulen, sowie auch für häusliche Arbeiten. 6., nach der neuen Rechtschreibung umgearb. Aufl. 8. (IV, 88 S.) Langensalza 881. Schulbuchh. — 75

Studer, Samuel

— s. K. L. v. Haller, Brief an seine Familie.

— an meine lieben Mitbürger, besond. d. untern Gemeinden der Stadt Bern üb. d. 26. Artikel der Helvet. Constitution. 8. Bern 798.

(Studer, S[amuel] Z [1757–1834].) An seine lieben Mitbürger, besonders der untern Gemeinde der Stadt Bern, über den 26. Art. der neuen Helvetischen Constitution, die Geistlichen betreffend. (Geschrieben in Bern, den 27. März 1798.) 8. *o. O.*

Studer, S[amuel] Z. Predigt auf den Hinscheid des sel. Hrn. Dav[id] Müslin, gewesenen ersten Pfarrers an der Hauptkirche in Bern, gehalten den 25. Wintermonat 1821. 8. Bern 1821.

Studer, Sam., Predigt auf den Hinschied des sel. Hrn. Dav. Müslin, gewes. Pfarrers am Münster zu Bern, gehalt. d. 25. Nov. 1821. 8. Bern 821. Jenni 24 Gr.

Studer, S., Religion für Kinder, in einer Sammlung biblischer Sprüche mit erläut. Liederversen. gr. 12. Bern 840. Huber u. Comp. (Körber.) n. 1/6 Thlr.

Studer, S., Säcular-Predigt üb. Sprüchw. 23, 23. Gehalt. am 3. Reformationsfeste d. Bernerschen Kirche, d. 1. Brachm. 1828. gr. 8. (1½ B.) Bern 829, Haller. (?)

— Säcular-Predigt über Sprüchwörter 23, 23. Gehalten am 3n Reformationsfeste der Berner'schen Kirche, d. 1. Brachm. 1828. gr. 8. Bern, Haller. (Leipz., Schmidt). 4 Gr.

Studer, T., Observationes criticae in Petronii coenam Trimalchionis. Pr. 1889. 18 S. 4°.

Studer, Theodor F[ranz]. II. Assistenzarzt der Univ.-Augenklinik in Bern: (Aus der Berner Universitäts-Augenklinik. Direktor: Prof. Dr. Siegrist.) Ueber Netzhaut-Pigmentirung nach resectio optico-ciliaris beim Menschen. Mit 8 Tafeln. Wiesbaden 1905. 36 S. 8°. S.-A. a. d. Archiv f. Augenheilkunde Bd. 53. [28. VI. 05.]
Bern. Med. Diss. 1905/1906.

Studer, Theodor F[ranz]. **Ueber Netzhaut-Pigmentirung nach Resectio optico-ciliaris beim Menschen. Diss. Med. Bern.** Mit 8 Tafeln. ([Sep.-Abdr. aus:] Archiv für Augenheilkunde, [Band] 53.) 35 S. 8. Wiesbaden, J. F. Bergmann, 1905.

Studer, Theodor F[ranz]. Ueber Netzhautpigmentirung nach Resectio optico-ciliaris beim Menschen. ⟨Hierzu die Tafeln A—H.⟩ Separat-Abdruck aus dem Archiv für Augenheilkunde... . Band 53. Heft 3/4. ⟨1905.⟩ III S. + S. 206—238. 8. Wiesbaden, J. F. Bergmann.

Ausg. B. — Ausg. A: Diss. Med. Bern

Studer, Th[eophil]. Ueber die statistische Aufnahme der Farbe der Haut und der Augen im Kanton Bern. (Mit 4 Tafeln.) SA. 8. Bern 1880.

Studer, Th[eophil]. Ein Ausflug auf der Insel Kerguelen. SA. 8. Bern [1881].

Studer, Th., s.: Bericht üb. die wissenschaftlichen Leistungen in der Naturgeschichte der niederen Thiere.

Studer, Th., zwei neue Brachyuren aus der miocaenen Molasse. gr. 4. (10 S. m. 1 Taf.) Zürich 898. (Berlin, R. Friedländer & Sohn. — Basel, Georg & Co.) n.n. 4. —
Sonderabdr. a.: „Abhandlgn. d. schweiz. paläont. Gesellsch."

Zwei neue Brachyuren aus der miocaenen Molasse von Dr. Th[éophile] Studer, Prof. in Bern. Zürich 1898: Zürcher & Furrer. (9 S.) 4°
(Abhandlungen d. Schweizerischen paläontologischen Gesellschaft. Vol. 25, 1.)

— Bryozoa, s. Bibliographie d. schweizer. Landeskde.

Studer, Th., catalogue des oiseaux de la Suisse, s.: Fatio, V.

— u. E. **Bannwarth,** Crania helvetica antiqua. Die bis jetzt in den Pfahlbauten der Stein- u. Bronzezeit in der Schweiz gefundenen menschl. Schädelreste, auf 117 Lichtdr.-Taf. abgebildet u. beschrieben. gr. 4. (VIII, 55 S.) Leipzig 894. J. A. Barth. In Mappe. n. 80. —

— **Die Entwicklung der Federn. Inaug.-Diss. Bern 73.**

Studer, Th., voir: *Fatio, V.*

— **Fauna helvetica, s.: Bibliographie der schweizerischen Landeskunde. IV. 6.**

Studer, Theophil, Edmund v. Fellenberg, s.a. Neujahrsblatt, hrsg. vom historischen Verein des Kantons Bern. 1903.

Studer, Theophil. Edmund von Fellenberg. Ein Lebensbild. [Mit 1 Porträt und 1 Porträt-Tafel.] 19 S. 4. Bern, K. J Wyss, 1902. [fr 1.50]
Neujahrsblatt hrg. vom Historischen Verein des Kantons Bern für 1903.

Studer, Theophil. Über Foraminiferen aus den alpinen Kreiden. 1869.

Ueber neue Funde von Grypotherium Listaei Amegh. in der Eberhardtshöhle von Ultima Esperanza. Von Dr. Th[eophil] **Studer**, Prof. in Bern. Mit 3 Taf. Zürich: Gesellsch. 1906. (17 S.) 4°
= **Denkschriften**, Neue, d. allgem. schweiz. Gesellschaft f. d. gesammten Naturwissensch. Bd 40, [1.] [07. 6104

Studer, Th[eophil]. Ueber neue Funde von Grypotherium Listaei Amegh. in der Eberhardtshöhle von Ultima Esperanza. Mit drei Tafeln. II + 18 S. 4. Zürich, ... gedruckt von Zürcher & Furrer; Basel, Genève und Lyon, Komm. Georg & Co., 1905. [fr. 2. 50]
(Neue Denkschriften der allgemeinen schweizerischen Gesellschaft für die gesamten Naturwissenschaften.... Bd. 40, Abh. 1.)

Studer, Th[eophil]. Über einen Hund aus der paläolithischen Zeit Russlands. Canis Poutiatini. Von Prof. Th. St' in Bern. ⟨Mit 2 Tafeln.⟩ ⟨Sonderabdruck aus dem «Zoologischen Anzeiger» Bd. 29. No. 1 vom 6. Juni 1905.⟩ S. 24-35. 8. (Leipzig, Wilhelm Engelmann.)

— die praehistorischen **Hunde** in ihrer Beziehung zu den gegenwärtig lebenden **Rassen.** gr. 4. (137 S. m. 9 Taf. u. 9 Bl. Erklärgn.) Zürich 901. (Basel, Georg & Co. — Berlin, R. Friedländer & Sohn.) n.n. 16.—
Sonderabdr. a.: „Abhandlgn. d. schweiz. paläont. Gesellsch."

Studer, Th[eophil]. Die praehistorischen Hunde in ihrer Beziehung zu den gegenwärtig lebenden Rassen. ([Mit] 9 Tafeln [nebst Tafelerklärungen und 18 Textabbildungen].) II + 137 S. 4. Zürich, Zürcher & Furrer, 1901.
Abhandlungen der schweizerischen paläontologischen Gesellschaft. Vol. 28. 1901. ([N°] 1.)

Studer, Th[eophil]. Zwei grosse Hunderassen aus der Steinzeit der Pfahlbauten. [Mit 3 Tafeln.] SA. 8. Bern 1893.

— **Isopodon,** gesammelt während der Reise S. M. S. Gazelle um die Erde 1874—76. Mit 2 (lith.) Taf. gr. 4. (28 S.) Berlin 884. (G. Reimer.) cart. n. 2. 50
Sonderabdr. aus: Abh. d. k. preuß. Akad. der Wissenschaften zu Berlin.

Studer, Theophil. Über südamerikanische Caniden des Naturhistorischen Museums in Bern. [Mit 3 Tafeln.] **Separat-Abdruck aus den Mitteilungen der Naturforschenden Gesellschaft in Bern** [aus dem Jahre] 1905. II + 36 S. 8. Bern, K. J. Wyss, 1905. [fr. 1. 50]

Katalog der schweizerischen Vögel. Bearbeitet im Auftrag des eidg. Departements für Industrie und Landwirthschaft. (Abtheilung Forstwesen), von Dr. *Th. Studer* u. Dr. *V. Fatio.* I. Lieferung: Tagraubvögel. Mit 7 Kartenbeilagen. In-8°, 100 S. Bern, Schmid, Francke & Cie.
1889. 4 —

Studer, Th[eophil]. & Fatio, V[ictor]. Katalog der schweizerischen Vögel und ihrer Verbreitungsgebiete = Catalogue distributif des oiseaux... = Catalogo degli uccelli.... Ausgearbeitet auf Grund des Kataloges der in der Schweiz beobachteten Vögel, mit Fragenschema der Eidg. Kommission. 3. Aufl. Mit einer Karte. 8. Bern & Genf 1892.
Eidg. Departement für Industrie und Landwirthschaft.... Eidg. ornithologische Kommission....

— u. V. **Fatio,** Katalog d. schweizerischen Vögel u. ihrer Verbreitungsgebiete. Ausgearbeitet auf Grund d. Kataloges d. in d. Schweiz beobacht. Vögel m. Fragenschema der Eidg. Kommission. 3. Aufl. (In deutscher, französ. u. italen. Sprache.) gr. 8. (69 S. m. 1 Karte.) Bern u. Genf 892. (Basel, Georg & Co.) Kart. n. 2. 50

— u. V. **Fatio, Katalog der schweizerischen Vögel, bearb. im Auftrag des eidgen. Departements f. Industrie u. Landwirtschaft (Abteilg. Forstwesen) unter Mitwirkg zahlreicher Beobachter in verschiedenen Kantonen. 1. u. 2. Lfg. gr. 8. Bern 894. (Schmid, Francke & Co.)** à n.n. 3. —
1. Tagraubvögel, m. 7 Kartenbeilagen. (S. 1—100.)
2. Eulen u. Spaltschnäbler. Mit 4 Kartenbeilagen. (S. 101 - 193.)

Studer, Th[eophil], und Fatio, V[ictor]. Katalog der Schweizerischen Vögel bearb. im Auftrag des Eidg. Departements des Innern ⟨Abteilung Forstwesen⟩ von Dr. Th. Studer und Dr. V. Fatio, unter Mitwirkung zahlreicher Beobachter in verschiedenen Kantonen. Liefg. 3: Incessores, Coraces, Scansores, Captores part. (**Umschlag:* Sitzfüssler, Krähen, Klettervögel und Fänger ⟨part.⟩). Mit 2 Kartenbeilagen. VIII S. + S. 193—418. 8. Bern und Genf (**Umschlag:* Bern, Stämpfli & Cie.,) 1901. [fr. 5. —]

(Erscheint in jährlichen Lieferungen in zwanglosen Heften.)

Studer, Th[eophil], und Fatio, V[ictor]. Katalog der Schweizerischen Vögel.... [Mit illustriertem Umschlag.] Liefg. 4 u. 5.... 8. Bern und Genf 1907—1908.

(Erscheint in jährlichen Lieferungen in zwanglosen Heften.)

K' der Sch' V', bearb. im Auftrag des Eidg. Departements des Innern ⟨Abteilung Forstwesen⟩ von Dr. Th. St' und Dr. V. F' †, unter Mitwirkung zahlreicher Beobachter in verschiedenen Kantonen. Liefg. 4: Captores part. fin. ⟨Accentoridae, Troglodytidae, Cinclidae, Paridae⟩, Cantores part. (**Umschlag:* Braunellen, Schlüpfer, Wasserstare, Meisen). Bearb. von Gustav von Burg. [Mit 2 Karten.] XVI S. + S. 419—603. B' und G' (**Umschlag:* B', Buchdr. Stämpfli & Cie.,) 1907 [fr. 4. 50]

K' der Sch' V' von Dr. Th. St' und Dr. V. F' †, bearb. im A' des Eidg. Dep' des I' ⟨Abt' Forstw'⟩ von G[ustav] von Burg, unter Mitw' z' B' in allen Kant'. Liefg. 5: Captores ⟨Paridae fin.⟩. Cantores ⟨Sylvidae part.⟩ (**Umschlag:* Goldhähnchen, Laubsänger). [Mit 1 Karte.] IV S. + S. 603—743. B' und G' (**Umschlag:* B', Buchdr. Stämpfli & Cie., Komm. A. Francke,) 1908. [fr. 3. 50]

Studer, Th[eophil], und Fatio, V[ictor]. Katalog der Schweizerischen Vögel .... [Mit illustriertem Umschlag.] Liefg. 6 u. 7 und 8 .... 8. Bern und Genf 1909—1911.

(Erscheint in jährlichen Lieferungen.)

K' der Sch' V' von Dr. Th. St' und Dr. V. F', bearb. im Auftrag des Eidg. Departements des Innern ⟨Abteilung Forstwesen⟩ von G[ustav] von Burg, unter Mitwirkung zahlreicher Beobachter in allen Kantonen. Liefg. 6: Calamoherpinæ (**Umschlag:* Rohrsänger). VIII S. + S. 743—886. B' und G' (**Umschlag:* B', Buchdr. Stämpfli & Cie., Komm. A. Francke,) 1909. [fr. 3 50]

K' der Sch' V' von Dr. Th. St' und Dr. V. F', bearb. im A' des Eidg. Dep' des I' ⟨Inspektion für Forstwesen, Jagd und Fischerei⟩ von G[ustav] von Burg, unter Mitw' z' B' in allen Kant'. Liefg. 7 und 8: Sylviidae, Turdidae, Monticolidae (**Umschlag:* Grasmücken, Drosseln, Steindrosseln). [Mit 3 Karten.] X S. + S. 887—1286. B' und G' (**Umschlag:* Basel, Buchdr. R. G. Zbinden; Komm. A. Francke, Bern,) 1911. [fr. 9. —]

Studer, Th., u. V. **Fatio, Katalog der schweizerischen Vögel, bearb. im Auftrag des eidg. Departements des Innern (Abteilg. Forstwesen) unter Mitwirkg. zahlr. Beobachter in allen Kantonen. 4.—6. Lfg. gr. 8. Bern (A. Francke).** nn 4. 50

4. Captores part. fin. (Accentoridae, Troglodytidae, Cinclidae. Paridae), Cantores part. (Braunellen, Schlüpfer, Wasserstare, Meisen.) Bearb. von Gust. v. Burg. (XV u. S. 419—603 m. 2 farb. Karten.) 907.
5. Captores (Paridae fin.), Cantores (Sylvidae part.). (IV u. S. 603—743 m. 1 farb. Karte.) 908.
6. Calamo herpinae. (VII u. S. 743—886.) 908.

— s. Keller, Ferdinand. Pfahlbauten. 7. Bericht. Zürich 1876

— das Kesslerloch, s.: Nüesch, Jak.

Studer, Th[eophil]. Die Knochenreste aus der Höhle zum Kesslerloch bei Thayngen. [Mit 2 Tafeln.] Separat-Abzug aus: Nüesch, [Jacob,] das Kesslerloch, eine Höhle aus paläolithischer Zeit, neue Grabungen u. Funde. Denkschriften der Schweiz. Naturforschenden Gesellschaft, Band 39, 2. Hälfte. II + 39 S. 4. Zürich, Zürcher & Furrer; Basel..., Komm. Georg & Co., 1904.

Studer, Th[eophil]. Pleistocaene Knochenreste aus einer palaeolithischen Station in den Steinbrüchen von Veyrier am Salève. SA. 8. [Bern 1897.]

Studer, Th., üb. zwei fossile dekapode Krebse aus den Molasseablagerungen d. Belpberges. [Aus: „Abhandlgn. d. schweiz. paläontolog. Gesellsch."] gr. 4. (8 S. m. 1 Taf. u. 1 Bl. Erklärgn.) Zürich 892. (Berlin. R. Friedländer & Sohn.) n.n. 4. —

Ueber zwei fossile dekapode Krebse aus den Molasseablagerungen des Belpberges v. Dr. Th[eophil] **Studer,** Prof. in Bern. *Zürich: Dr. v. Zürcher & Furrer 1892.* (8 S., 1 Taf. m. 1 Erl.-Bl.) 4.
= **Abhandlungen** d. Schweizerischen paläontolog. Gesellschaft. Vol. 19, [No] 3. [98. 1690

— G. Amstein u. A. Brot, Mollusken, s.: Bibliographie d. schweizer. Landeskunde, Fasc. IV.

— s. Nüesch, Jacob. Das Schweizersbild.... Zürich.

Studer. Theophil. Max Perty. Grabrede. Bern 1884.

— üb. Säugethierreste aus glacialen Ablagerungen d. bernischen Mittellandes. Ueber die Arctomysreste aus dem Diluvium der Umgegend v. Bern. [Aus: „Mittheilgn. der naturforsch. Gesellsch. in Bern".] gr. 8. (17 S.) Bern 888. Wyss. n. — 40

— die Säugetierreste aus d. marinen Ablagergn. v. Brüttelen. [Aus: „Abhandlgn. d. schweizer. paläont. Gesellsch."] gr. 4. (47 S. m. 3 Taf.) Zürich 896. (Berlin, R. Friedländer & Sohn. — Basel, Georg & Co.) n.n. 5. 60

Studer, Th. Die Säugetierreste aus den marinen Molasse-Ablagerungen von Brüttelen. Mit 3 Taf. Gr. in-4°. 47 S. Zürich (Basel u. Genf, Georg & Co.). 1896. 7 —
*** Sonderabdruck aus d. „Abhandlungen der schweiz. paläontolog. Gesellschaft". Bd. 22.

Die Säugetierreste aus den marinen Molasseablagerungen von Brüttelen v. Dr. Th[eophil] **Studer,** Prof. an d. Univ. Bern. *Zürich: Dr. v. Zürcher & Furrer 1896.* (1 Bl., 47 S., 3 Taf.) 4.
= **Abhandlungen** d. Schweizerischen paläontolog. Gesellschaft. Vol. 22, [No] 1. [98. 8699

Studer, Th[eophil]. Nachtrag zu der tertiären Säugetierfauna von Brüttelen. [4 S.] 4. Zürich, Zürcher & Furrer, 1904.

Abhandlungen der schweizerischen paläontologischen Gesellschaft. Vol. 31. 1904. (Basel und Genf, Georg & Cie. ... [No] 3.)

Studer, Th[eophil]. Ueber den Deutschen Schäferhund und einige kynologische Fragen. [Mit 9 Tafeln.] Separat-Abdruck aus den »Mitteilungen der Naturforschenden Gesellschaft in Bern.« 1903. II + 39 S. 8. Bern, K. J. Wyss, 1903.

— Spongien u. Hydroiden, s. Bibliographie d. schweizer. Landeskde.

Studer, Th., Prof. Ueber den Steinkern des Gehirnraums einer Sirenoide. Gr. in-4°, 20 S., mit 1 Doppel- und 1 einfachen Tafel. Basel, Genf, Lyon, H. Georg. 1887. 7 —
*** Separatabdr. aus den „Abhandlungen der Schweizer Paläontolog. Gesellschaft", Bd XIV.

— üb. den Steinkern d. Gehirnraumes e. Sirenoide aus dem Muschelsandstein v. Würenlos (Kt. Aargau), nebst Bemerkgn. üb. die Gattg. Halianassa H. v. Meyer u. die Bildg. d. Muschelsandsteins. [Aus: „Abhandlgn. d. schweiz. paläontolog. Gesellsch."] gr. 4. (22 S. m. 2 Taf.) Zürich 887. (Berlin, Friedländer & Sohn.) n.n. 5. 60

Die Tierreste aus den pleistocaenen Ablagerungen des Schweizersbildes bei Schaffhausen. Von Dr. Th[eophil] **Studer,** Prof. in Bern. M. 3 Taf. *(Basel: Commiss. v. H. Georg;) Zürich: Dr. v. Zürcher & Furrer (1896).* (36 S., 1 Bl., 3 Taf.) 4.
= **Denkschriften,** Neue, d. allg. schweiz. Gesellschaft f. d. gesammten Naturwissenschaften. Bd 35. (Abth. 1.) [97. 6236

Studer, Th[eophil]. Die Tierreste aus den pleistocaenen Ablagerungen des Schweizersbildes bei Schaffhausen. Mit 3 Tafeln. (Separat-Abzug aus den Denkschriften der Schweiz. Naturforschenden Gesellschaft, Band 35: Nüesch, [Jacob,] das Schweizersbild .... 2. vermehrte und verbesserte Aufl.) II S. + S. 121—158. 4. Zürich, Zürcher & Furrer; (Basel..., Komm. Georg & Co., 1901).

Studer, Th[eophil]. Die Thierwelt in den Pfahlbauten des Bielersee's. Mit 5 Tafeln. SA. 8. Bern 1883.

—— Übersicht über die Ophiuriden, welche während der Reise S. M. S. Gazelle um die Erde 1874—1876 gesammelt wurden. gr. 4. (37 S. mit 3 lithogr. Taf.) (Ebendas.) 883.
Sonderabdr. aus: Abh. d. k. preuß. Akad. der Wissenschaften zu Berlin.

—— **Verzeichniss der während der Reise S. M. S. Gazelle um die Erde 1874—1876 gesammelten Asteriden und Euryaliden.** gr. 4. (64 S. mit 5 lithogr. Taf.) (Ebendas.) 884. cart. *

—— **Verzeichniss der Crustaceen, welche während der Reise S. M. S. Gazelle an der Westküste von Afrika, Ascension und dem Cap der guten Hoffnung gesammelt wurden.** gr. 4. (31 S. mit 2 lithogr. Taf.) (Ebendas.) 883. cart. *
aus: Abhandlungen der k. preuss. Akademie der Wissenschaften zu Berlin, besonders abgedruckt.

— **U.** Der Verein schweizerischer Bienenfreunde. Zur Feier seines 25jährigen Bestehens. Separat-Abdr. aus der „Schweiz. Bienenzeitung". In-8°, 20 S. Aarau, H. R. Sauerländer. 1886.

Studer, Ulrich. Illustrierter Erzähler vom Brienzersee. Vierteljahresschrift zur Belehrung und Aufklärung des Volkes. ⟨«Indianergeschichten aus dem Berner Oberland».⟩ Nr. 1. Anfang Oktober 1901. Redaktion, Verlag und Expedition: Ulrich Studer, Niederried und Iseltwald. II + 143 S. 8. Abt.: Vierteljährlich fr. 2. —

Studer, Urs Victor Joseph. Rede von der Schweizer-Freyheit, den 2ten Heumonat 1792 ... zu Basel gehalten .... 8. Basel 1793.

Studer, Werner, prakt. Arzt, aus Winterthur: Ueber Pseudoleukämie. Nach Beobachtungen auf der Züricher medizinischen Klinik. ⟨Aus der medizinischen Universitätsklinik in Zürich. Direktor Prof. Eichhorst.⟩ Zürich 1908. II + 96 S. 8°. [29. VI. 08.]
Zürich. Med. Diss. 1907/08.

Studer, Werner. Ueber Pseudoleukämie. Nach Beobachtungen auf der Züricher medizinischen Klinik. Diss. Med. Univ. Zürich. *Kopftitel:* Aus der medizinischen Universitätsklinik in Zürich. Direktor: Prof. Dr. H[ermann] Eichhorst. II + 96 S. 8. Zürich, W. Coradi-Maag, 1908.

St[uder]-L[enzinger], I[da]. Ospedaletti. 8. Bern 1892.

Studer-Steinhäuslin, Bernhard

Studer jun., B. Beiträge zur Kenntniss der schweizerischen Pilze. a) Wallis. Mit e. Nachtrag v. Ed. Fischer. gr. 8. (13 S. m. 2 Taf.) Bern 890, Wyss. * 1 —
Aus: Mitteilgn. der naturforsch. Gesellsch. zu Bern, besonders abgedruckt.

Studer jun., B., Beiträge zur Kenntnis der schweizerischen Pilze. b. Wallis. [Aus: „Mitteilgn. der naturforsch. Gesellsch. in Bern".] gr. 8. (7 S. m. 1 farb. Taf.) Bern 895. K. J. Wyss. n. — 60
(a u. b: n. 1. 60)

Studer[-Steinhäuslin], B[ernhard]. Pharmacopoeae Helvetiae IV Extractum, continens praecepta medicaminum Galenicor. hoc libro recepta auctoritate Societatis Pharmaceuticae Helveticae elaboravit B. St' II. II + 48 p. 8. Berna, Neukomm & Zimmermann, 1909. [fr. 2. 50]

Studer, B. Leuba's Pilztafeln. Beschrieben u. erläutert. gr. 8. (60 S.) Bern 892, Schmid, Francke u. Comp. * — 80

Studer, B. Planches chromolithographiées représentant les champignons comestibles et vénéneux par *M. Leuba*. Traduct. de la brochure explicative de B. S. par *F. Roux*. In-8°. 76 p. Bern, Schmid, Francke & Cie. 1893. 1 —

Studer, B., die wichtigsten Speisepilze, nach der Natur gemalt und beschrieben. 8. (24 S. mit 11 Chromolithogr.) Bern 887, Schmid, Francke und Comp. cart. *

—— Die wichtigsten Speisepilze, nach der Natur gemalt u. beschrieben. 2. durchgeseh. u. verb. Aufl. gr. 8. (24 S. m. 11 farb. Taf.) Ebd. 892. * 1 20

Studer-Steinhäuslin, B[ernhard]. Die wichtigsten Speisepilze der Schweiz, nach der Natur gemalt und beschrieben von B. St'-St'.... 3. durchgesehene und vermehrte (*Umschlag:* 3., verm' und verbesserte) Aufl. Mit 12 Tafeln in naturgetreuem Farbendruck. 24 S. 8. Bern, A. Francke, 1906. [cart. fr. 2. 50]

— **s.:** Vergiftung durch die Speiselorchel in Folge v. Ptomainbildung.

Studer-Steinhänslin. B., siehe: *Wochenschrift.* schweizer.

Studer-Trechsel, F., siehe: *Trechsel, Fr.*

Studer-Trechsel. F[ranz]. Zur Erinnerung an Herrn Friedrich Studer-Lenzinger, gestorben den 1. Mai 1890 in Ospedaletti. Leichenrede gehalten ... zu Bern den 11. Mai 1890. [Mit Portrat-Tafel.] 8. Bern.

Studerus, Leopold. Benediktus-Büchlein oder Regel- und Gebetbüchlein für Verehrer und Oblaten des hl. Benediktus. Von P. L' St'.... [Mit Illustrationen und 1 Tafel.] 256 S. 8. Einsiedeln *etc.*, Benziger & Co. A. G., 1904. [geb. fr. 1. — u. 1. 90]

Studerus, Leop. Die feierliche Einweihung e. Kirche, Friedhof- u. Glockenweihe in ihren Gebeten u. Ceremonien, nebst Meß- u. Vesperandacht. 16. (126 S. m. 28 Illustr.) Einsiedeln 889, Benziger u. Comp. geb. 1 —

— Laudate pueri Dominum. Unterrichts- und Gebetbüchlein für Ministranten und Sacristane. Mit 1 Stahlstich. In-8°. 352 S. Einsiedeln, Benziger & Co. 1889. Leinw. 1 —

Studerus, Leop., s.: Officium parvum beatae Mariae Virginis.

(F) **In d'Studl.** [Christliche Schul- und Vereinsbühne. Bd. 104.] 8°. (15 S.) K —.24
Linz: Kath. Preßverein 1909.

Studia ... adversis perfugium ac solatium praebent
v. Giornale scritto da un avvocato italiano nel primo semestre del 1781.

Studia, Litterarum bonarum, tanquam imperiis infesta, perperam proscripta. Gottingae 1794. V: *Heyne, Christian Gottlob.* (MGT)

Studia Nicolaitana. Dem scheidenden Rektor Hrn. Thdr. Vogel dargebracht v. dem Lehrerkollegium der Nikolaischule zu Leipzig. gr. 8. (XI, 145 S.) Leipzig 884. Giesecke & Devrient. n. 4. 20

Studia syriaca seu collectio documentorum hactenus ineditorum ex codicibus syriacis. Primo publicavit, latine vertit notisque illustravit Ignat. Ephraem II Rahmani. (IV, 72 u. 55 S.) gr. 8. Beirut 904. (Rom, Loescher & Co.) n.n. 8. —

Studie üb. d. Angelo-Swiss Condensed Milk Co. Cham. gr. 8. (22 S.) Zürich 894. E. Leemann. n. — 80

Studie üb. den Angriff. Von F. S. (56 S.) gr. 8. Wien 903. L. W. Seidel & Sohn. n. 1. —

— applicatorische, üb. d. Infanterie-Angriff, nebst durchgef. Beispiel m. e. auf 7 Bataillons, 2 Batterien u. 1 Escadron verstärkten Infanterie-Brigade. Mit 6 Skizzen-Beilagen u. e. Uebersicht des Munitionsverbrauches u. d. Gefechtsdauer. gr. 8. (V, 83 S.) Wien 895. L. W. Seidel & Sohn. n. 2. 40

— über den Einfluss e. eventuellen Eindämmung des Tullnerbeckens auf die Stromverhältnisse der Donau, s.a. Beiträge zur Hydrographie Oesterreichs. 5. Hft.

Studie über den Einfluß einer eventuellen Eindämmung des Tullnerbeckens auf die Stromverhältniße der Donau. (Vorr.: Ernst Lauda, Oberbaurat.) *Wien: W. Braumüller in Komm. 1903.* (92 S., 21 Taf.) 2°(4°)
— Beiträge z. Hydrographie Österreichs. H. 5. [03. 7410]

— über den Einfluss der Eindämmung des Marchfeldes auf die Stromverhältnisse der Donau, s.a. Beiträge zur Hydrographie Oesterreichs. 6. Hft.

Studie über den Einfluß der Eindämmung des Marchfeldes auf die Stromverhältniße der Donau. (Vorr.: Ernst Lauda, Oberbaurat.) *Wien: W. Braumüller in Komm. 1903.* (49 S., 12 Taf.) 2°(4°)
— Beiträge z. Hydrographie Österreichs. H. 6. [03. 7...]

— üb. d. schweizer. Eisenbahnfragen, s.a. Zeitfragen, schweizer.

Studie über schweizerische Eisenbahnfragen. Zürich 1895. V: *Wild-Wirth, H.* (Berl 1915, S. 1360)

Studie über schweizerische Eisenbahnfragen. Mit 8 graph. Tfln. Gr. in-8°. 90 S. Zürich, Art. Inst. Orell Füssli. 1895. 3 50
*** Schweizer Zeitfragen, Heft 27.

Studie über die Feldausrüstung der Infanterie. Unter Berücksichtigung der österreichischen, russischen, deutschen, französischen, englischen, italienischen, eidgenössischen und bulgarischen Infanterie. Gr. in-8°, IV und 200 S. mit Illustr. Hannover, Helwingsche Verlagsbuchhandlung. 1888. 4 —

Studie üb. den Feldzug des Feldmarschalls Grafen v. Radetzky 1848. (39 S. m. 1 Karte.) gr. 8. Wien 907. (L. W. Seidel & Sohn.) 2. 40

Studie über den Festungskrieg. 1. u. 2. Thl. gr. 8. Berlin 880. 81. Mittler & Sohn. à n. 1. 50
1. Die Vertheidigung. Mit (lith.) Skizzen. (V, 52 S.)
2. Der Angriff. Mit 5 Skizzen (2 Steintaf.). (VI, 42 S.)

Studie, eine, über Oesterreichs Finanzfrage. — Analyse der Strache'schen Brochüre: „Die Valuta in Oesterreich." — Ideen, wie eine allgemeine Metall-Circulation und ein geordnetes Geldwesen in Oesterreich zu ermöglichen wäre. gr. 8. (VIII und 100 S.) Wien 861, Gerold's Sohn. *

Studie zur Gesetzes-Novelle betreffend das Zürcherische Notariatswesen 1905. 31 S. 8. Zürich, Cäsar Schmidt, [1905]. fr. 1. —

Studie, Kirchengeschichtliche, über das Staatskirchenthum und die Grenzen seiner Berechtigung. [1873?] V: *Ecklin, Ch.* (?). (BSCHWL V, 10e α, S. 6)

— üb. die durch die alkalischen Sulfate verursachten Korrosionen der Backsteinmauern. Diese Abhandlung wurde dem III. internationalen Kongress zur Prüfg. der Baumaterialien in Budapest 1901 von der Baudirektion der italien. Gesellschaft f. die südl. Bahnen (Betrieb des adriat. Netzes) vorgelegt. (Von Giovanni Salemi-Pace.) (Deutsch u. französisch.) (12 S. m. 2 Taf.) hoch 4. Stuttgart 902. Freiburg i. B., J. Bielefeld.
Sonderabdruck aus: „Baumaterialienkunde". n. 2. —

(B) — üb. d. durch d. alkal. Sulfate verursachten Korrosionen. 902. (KBL 34.) Erh. Pr. 3. —

Studie, eine kritische, über Karl Gutzkow's Zauberer von Rom. gr. 8. (III und 67 S.) Göttingen 862. Wigand.

Studie über die Nikolsburger Manöver. Mit Krt. Wien 1876. 91 S.

Studie, Statistische, über die die Frequenz an den beiden Staatsgymnasien unserer Stadt [Graz]. Graz 1884. V: *Attems, Heinrich Graf.* (EB)

— statistische, üb. die Zivilstaatsbediensteten nach dem Stande vom 30. VI. 1901. Verf. im Departement für Privatversicherg. des k. k. Ministeriums des Innern (43 S.) Lex.-8. Wien 904. (Hof- u. Staatsdruckerei.) n. 1. —

Studie üb. d. Umbau u. d. Einrichtg v. Güter- z. Sanitätswaggons. Wien 1875.

— volkstümliche, üb. die Frage des Zollgebietes v. „Practicus". (Uebersetzung aus dem Ung., vom Verf. selbst besorgt.) (29 S.) gr. 8. Wien 905. W. Frick. n. 1. —

Studien, herausg. v. C. Daub u. F. Creuzer, s.a. C. Daub.

Studien. Herausgegeben von C. Daub und F. Creuzer. Mit Kupfern. Heidelb. 805–11. 6 Bände. 8. B. I. 2 rthl. B. II. 2 rthl. 12 gr. B. III. 2 St. 2 rthl. B. IV. St. I. 20 gr. St. II. 1 rthl. 4 gr. B. V. St. I. 1 rthl. 6 gr. St. II. 1 rthl. 10 gr. B. VI. St. I. 1 rthl. 6 gr. St. II. 1 rthl.

Studien. Ein Beitrag zur neuesten Dramaturgie oder über Müllners Schuld, Uhland's Ernst und Kotzebues Rehbock. München, Lentner. 1818. V: *Aurbacher, Ludwig.* Vgl. Heidelb. Jahrbb. 1827, v. Schaden, Gel. München 1834, S. 4, letzte Zeile (als: »Studien, dramaturgische. 8. München 1818. Lentner«, ohne Anonymitätsvermerk zitiert). (DARP)

— ein Beitr. zur neuest. Dramaturgie, od. üb. Müllners Schuld, Uhland's Ernst u. Kotzebue's Rehbock. 8. Münch. 818. Lentner. 8 gr.

Studien, der Abfassung eines neuen Landes-Katechismus für die Herzogth. Schleswig u. Holstein gewidmet, u. herausgegeben von J. P. C. Bröker. 1. Heft. gr. 8. Altona 814, Schlüter. 1/3 rthl.

Studien zur Alkoholfrage. 1.—4. Hft. 8. Weimar, W. Bode. n. 5. 50
1. Das gothenburgische System in Schweden. Von Wilh. Bode. Mit 5 Illustr. (32 S.) 901. n. — 80
2. Das staatliche Verbot des Getränkehandels in Amerika. Von Wilh. Bode. (40 S.) 901. n. — 80
3. Englische Gasthäuser nach Gothenburger System. Von Jos. Rowntree u. Arth. Sherwell. Deutsche Bearbeitg. v. Wilh. Plessing. Mit 5 Illustr. (4, 92 S.) 902. n. 1. 50
4. Schule u. Alkoholfrage. Von Wilh. Bode. (IV, 183 S.) 902. n. 2. 40

Studien zur Alkoholfrage. Hrsg. v. Wilh. Bode. 5. Heft. 8. Leipzig, R. G. Th. Scheffer. n. — 80
Die norwegische Ordnung des Schankwesens u. Getränkehandels. Von Wilh. Bode. (55 S.) 906.

Studien, die allgemeinen, an den Universitäten und Lyceen. Bemerkungen über die Festrede zur Jahresfeier der Stiftung der Ludwig-Maximilians-Universität in München am 26. Juni 1862. (Aus dem „Pastoral-Blatt der Erzdiözese Bamberg" abgedr.) Bamberg 863. Buchner in Comm. Lex.-8. (28 S.) n. 5 ngr.

Studien zum germanischen Alliterationsvers. Hrsg. v. Max Kaluza. 1.—3. Hft. gr. 8. Berlin 894. Weimar, E. Felber. n. 8. 80
1. Der altenglische Vers. Eine metr. Untersuchg. v. Max Kaluza 1. Thl. Kritik der bisher. Theorien. (XI, 96 S.) n. 2. 40
2. — dasselbe. 2. Thl. Die Metrik des Beowulfliedes. (IX, 102 S.) n. 2. 40
3. Die Metrik der sog. Caedmonschen Dichtungen m. Berücksicht. der Verfasserfrage. Von Frdr. Graz. (VIII, 109 S.) n. 4. —

— zum germanischen Alliterationsvers. Hrsg. von Max Kaluza. 4. Hft. gr. 8. Berlin, E. Felber. n. 3. —
Die alliterierende Langzeile in der mittelenglischen Romanze Sir Gawayn and the green knight. Von Bruno Kuhnke. (88 S.) 900.
1.—3. Hft. 894. n. 8. 80.

— alsatische. 1.—5. Hft. gr. 8. Strassburg i/E. K. J. Trübner, Verl. n. 10. 50
1. Laut- u. Flexionslehre d. Mundart d. mittleren Zornthales im Elsass v. Hans Lienhart. (VIII, 74 S.) 891. n. 2. —
2. Laut- u. Flexionslehre der Strassburger Mundart in Arnolds Pfingstmontag. Von Adf. Sütterlin. (IX, 106 S.) 892. n. 2. 50
3. Kritische Bemerkungen zu Fischarts Übersetzung v. Rabelais' Gargantua v. J. J. A. A. Frantzen. (86 S.) 892. n. 2. 50
4. Hieronymus Boner. Leben, Werke u. Sprache. Ein Beitrag zur elsäss. Litteraturgeschichte v. Gust. Wethly. (VIII, 71 S.) 892. n. 2. —
5. Die mundartlichen Elemente in den elsässischen Urkunden des Strassburger Urkundenbuches v. Erwin Haendcke. (VII, 48 S.) 894. n. 1. 50

Studien, altdeutsche, s. Jänicke, Osc.

Studien, altitalische. Hrsg. v. Carl Pauli. 1—4. Hft. gr. 8. Hannover, Hahn. n. 27. —
1. Mit 1 lith. Taf. (VIII, 72 S.) 883. n. 3. —. — 2. Mit 5 lith. Taf. (148 S.) 883. n. 8. —. — 3. Mit 1 lith. Taf. (VII, 199 S.) 884. n. 8. —. — 4. (VIII, 176 S.) 885. n. 8. —

Studien, altitalische. Hrsg. v. C. Pauli. 5. Hft. Mit 2 Taf. gr. 8. (IV, 161 S.) Hannover 887. Hahn. n. 8. (1 5.: n. 35.)

—— anatomische. Hrsg. von C. Hasse. 1. Bd. 4 Hefte. gr. 8. Leipzig, Engelmann. *
Inhalt:
Heft. 1. 1. Hasse, C., die Cupula terminalis der Cyprinoiden. — 2. Rieländer, Untersuchungen über die Nerven der Musculi serrati postici. Mit Taf. I. — 3. Ketel, H., Beiträge zur Entwickelungsgeschichte und Anatomie des Pharynx. Mit Taf. II. III. — 4. Hasse, C., und W. Schwarck, Studien zur vergleichenden Anatomie der Wirbelsäule, insbesondere der Menschen und der Säugethiere. Mit Taf. IV—VII. — 5. Kunkel, A., die Lageveränderung der pharyngealen Tubenmündung während der Entwicklung. Mit Taf. VIII. (S. 1—188 mit 8 Taf.) 870. *ℳ 9.
» 2. 6. Hasse, C., zur Morphologie des Labyrinthes der Vögel. Mit Taf. IX. X. — 7. Hasse, C., das Gehörorgan der Schildkröten. Mit Taf. XI—XV. — 8. Clason, E., die Morphologie des Gehörorgans der Eidechsen. Mit Taf. XVI. XVII. — 9. Hasse, C., das knöcherne Labyrinth der Frösche. Mit Taf. XVIII. (S. 189—416 mit 10 Taf.) 871. *ℳ 9.
» 3. 10. Hasse, C., das Gehörorgan der Fische. Mit Taf. XIX—XXII. — 11. Ketel, H., über das Gehörorgan der Cyclostomen. Mit Taf. XXIII. XXIV. — 12. Hasse, C., die Entwicklung des atlas und epistropheus des Menschen und der Säugethiere. Mit Taf. XXV. — 13. Schwarck, W., Beiträge zur Entwicklung der Wirbelsäule bei den Vögeln. Mit Taf. XXVI. (S. 417—582 mit 8 Taf.) 872. *ℳ 9.
» 4. 14. Hasse, C., Beobachtungen über die Schwimmblase der Fische. Mit Taf. XXVII. XXVIII. — 15. Hasse, C., über den Bau des Gehörorgans von Siredon pisciformis und über die vergleichende Anatomie des Kiefersuspensorium. Mit Taf. XXIX. — 16. Hasse, C., die Morphologie des Gehörorgans von Coluber natrix. Mit Taf. XXX. — 17. Hasse, C., das Gehörorgan der Crocodile nebst weiteren vergleichenden anatomischen Bemerkungen über das mittlere Ohr der Wirbelthiere und dessen Annexe. Mit Taf. XXXI—XXXIII. — 18. Carl, Aug., Beiträge zur Morphologie des utriculus, sacculus und ihren Anhängen bei den Säugethieren. Mit Taf. XXXIV. — 19. Hasse, C., die Lymphbahnen des inneren Ohres der Wirbelthiere. Mit Taf. XXXV. XXXVI. (VI, S. 583—816 mit 10 Taf.) 873. *ℳ 10.

—— dass. — Suppl. zu Bd. 1: Hasse, C., die vergleichende Morphologie und Histologie des häutigen Gehörorganes der Wirbelthiere. Nebst Bemerkungen zur vergleichenden Physiologie. gr. 8. (95 S. mit 2 lithogr. Taf.) Ebendas. 873. *

— apologetische. Hrsg. v. d. Leo-Gesellschaft. I. Bd., 1. u. 2. Hft. gr. 8. Wien, Mayer & Co. à n. 2. 20
1. Christus u. Buddha in ihrem himml. Vorleben. Von W. Ph. Englert. (VII, 124 S.) 898.
2. Die immerwährende Philosophie. E. Skizze. Von Ernst Commer. (VII, 128 S.) 899.

— apologetische. Hrsg von der Leo-Gesellschaft. I. Bd. 3. u. 4. Hft. gr. 8. Wien, Mayer & Co. à n. 2. 20
3. Das Reich des Geistes u. des Stoffes. Von Alois Otten. (VIII, 100 S.) 899.
4. Die Unsterblichkeit der Seele, bewiesen aus dem höheren Erkennen u. Wollen. Ein Beitrag zur Apologetik u. Würdigg. der Thomistischen Philosophie. Von Ph. Kneib. (VIII, 135 S.) 900.

— archäologische, zum christl. Altertum u. Mittelalter, hrsg. v. Johs. Ficker. 1.—4. Hft. gr. 8. Freiburg i/B. Tübingen, J. C. B. Mohr. n. 18. 60
1. Ein Familienbild aus d. Priscillakatakombe m. d. ältesten Hochzeitsdarstellung der christlichen Kunst. Von Otto Mitius. (VI, 28 S. m. 3 Abb.) 895. n. 1. —
2. Die altchristl. Elfenbeinplastik v. Geo. Stuhlfauth. (IV, 211 S. m. 8 Abb. u. 5 Taf.) 896. n. 7. —
3. D. Engel in d. altchristl. Kunst. Von Geo. Stuhlfauth. M. 2 Abb. (VIII, 264 S.) 897. n. 7. —
4. Jonas auf d. Denkmälern d. christl. Altertums. Von Otto Mitius. Mit 2 Taf. u. 3 Abb. im Text. (VII, 144 S.) 897. n. 3. 60

— archäologische, zum christlichen Altertum u. Mittelalter, hrsg. v. Johs. Ficker. 5. Hft. gr. 8. Freiburg i/B. Tübingen, J. C. B. Mohr. n. 3.60; (1—5. n. 22.20)
Die altchristlichen Goldgläser. Ein Beitrag zur altchristl. Kunst- u. Kulturgeschichte. Von Herm. Vopel. Mit 9 Abbildgn. im Text. (X, 116 S.) 899.
Fortsetzung s.: Studien über christl. Denkmäler.

— architektonische. Hersg. vom Architekten-Verein am königl. Polytechnikum in Stuttgart. 1—3. Heft. Stuttgart 870. Wittwer. gr. Fol. Jedes Hft. (6 autograph. Taff.) n. 20 ngr.

— architectonische. Hrsg. vom Architecten-Verein am kgl. Polytechnikum in Stuttgart. 4—12. Hft. gr. Fol. (à 6 autogr. Taf.) Stuttgart 871. 72. Wittwer. à n. 2. —

— dasselbe. 13—33. Hft. gr. Fol. (à 6 autogr. Taf.) Ebend. 872—76. à n. 2. 40

Studien, architektonische. Hrsg. vom Architekten-Verein am königl. Polytechnikum in Stuttgart. 34—54. Hft. gr. Fol. (à 6 autogr. Taf.) Stuttgart 877—82. Wittwer. à n. 2. 40

— architektonische, hrsg. vom Architekten-Verein am kgl. Polytechnikum in Stuttgart. 55—64. Hft. gr. Fol. (à 6 autogr. Taf.) Stuttgart 883—86. Wittwer. à n. 2. 40

— architektonische, hrsg. vom Architekten-Verein am kgl. Polytechnikum in Stuttgart. 65.—67. Hft. gr. Fol. (à 6 autogr. Taf.) Stuttgart 887—889. Wittwer. à Hft. n. 2. 40

— architektonische, hrsg. vom Architekten-Verein am Kgl. Polytechnikum in Stuttgart. 68. Hft. gr. Fol. (6 autogr. Taf.) Stuttgart 891. K. Wittwer's Verl. n. 2. 40

— architekton. Neue Folge. Entwürfe v. Studier. d. kgl. techn. Hochschule zu Stuttgart. Hrsg. unt. Leitg. v. S. Neckelmann. Fol. (25 Lichtdr.-Taf. m. 1 Bl. Text.) Stuttgart 897. K. Wittwer. In Mappe n. 16. —

— architektonische, neue Folge II, gefertigt unter Leitg. v. H. Jassoy. Fol. (28 [1 farb.] Lichtdr.-Taf.) Stuttgart (901). K. Wittwer. In Mappe n. 16. —

— architektonische, entworfen v. Studier. a. d. kgl. techn. Hochschule zu Berlin, hrsg. v. akadem. Architektenverein Berlin, Mitglied des Verbandes akadem. Architektenvereine deutscher Sprache. 1. Jahrg. 1898. 4 Hfte. gr. 4. (à Hft. 15 Lichtdr.-Taf. m. 2 Bl. Text.) Leipzig, Baumgärtner. à n. 4. 50

— dasselbe, aus dem Atelier des Geheimen Baurat Professor Dr. Paul Wallot an der königl. Akademie der bildenden Künste zu Dresden. 3. Jahrg. gr. Fol. (15 Taf.) Leipzig (902). Gilbers. In Mappe n. 15. —

— architektonische, aus dem Atelier des Geheimen Baurat Professor Dr. Paul Wallot an der königl. sächs. Akademie der bildenden Künste zu Dresden. (Neue [Titel-]Ausg. v.: Entwürfe der Studierenden aus dem Atelier des usw. Wallot.) 1. u. 2. Jahrg. Fol. Dresden [Gewerbe-Buchh.]. Holze & Pahl. In Mappe 40.—
1. (25 Lichtdr.-Taf.) [899.] (902. 903.) n. 21. —
2. (19 Lichtdr.-Taf.) [900.] (903.) n. 19. —
Fortsetzg., s.: Entwürfe, architektonische.

—— für antike Architectur. 6 (lithogr.) Bl. qu. gr. Fol. Leipzig 854, E. H. Mayer. *

— assyriologische u. archaeologische. Hermann V. Hilprecht zu seinem 25. Doktorjubiläum u. seinem 50. Geburtstage (28. VII.) gewidmet v. seinen Kollegen, Freunden u. Verehrern. (XIV, 457 S. m. 76 Abbildgn. u. 85 Taf.) Lex. 8. Leipzig 909. J. C. Hinrichs' Verl. Geb. in Leinw. nn 20. —

— atlantische. Von Deutschen in Amerika. 1. u. 2. Jahrg. 1853 u. 54. à 4 Bde. à 3 Hefte (à 5 Bgn.). Göttingen, Wigand. gr. 8. Jeder Bd. 1 *Thlr.* 15 *ngr.*

—— atlantische. Von in Amerika lebenden Deutschen. 1853 und 1854. oder 1—7. Bd. Lex.-8. Göttingen, Wigand.

—— dass. — 8. Bd. 3 Hefte. (à ca. 80 S.) Lex.-8. Ebds. 856. 1 15

— balneologische u. ärztliche Erfahrungen aus Wiesbaden. Unter Mitwirkg. v. F. Blumenfeld, R. Friedlaender, O. Hezel u. a. hrsg. v. Emil Pfeiffer. Neue Folge. (XV, 94 S.) gr. 8. Wiesbaden 909. J. F. Bergmann. 1. 60

— balneologische, üb. Wiesbaden. Unter Mitwirkg. v. Fachmännern hrsg. v. Emil Pfeiffer. Mit e. Vorworte v. E. Seitz. gr. 8. (XXIV, 73 S.) Wiesbaden 883. Bergmann. n. 2. 50

Studien, Baltische. . . .

Stettin 1832ff. H: *Böhmer, Wilh.*, dann *Ludw. Theod. Giesebrecht* & *Hermann Büttner*. (BrMm)

BALTISCHE STUDIEN. Herausgegeben von der Gesellschaft für Pommersche Geschichte und Alterthumskunde.
Heft 1. Mit 2 lithographirten Tafeln und 1 Karte. Stettin 1832. Bei Friedrich Heinrich Morin. 8°.
Jahrg. 2. Heft 1. ib. 1833. Auf Kosten und im Selbstverlag der Gesellschaft. Gedruckt bei F. Hessenland.
Jahrg. 2. Heft 2. (Mit 1 Tafel.) ib. 1834. — — A. u. d. T.: PHILIPP HAINHOFERs Reise-Tagebuch, enthaltend Schilderungen aus Franken, Sachsen, der Mark Brandenburg und Pommern im Jahr 1617. Mit 1 lithographirten Abbildung. ib. 1834. Gedruckt bei F. Hessenland.
Jahrg. 3. Heft 1-2 — Jahrg. 6. Heft 1-2. (Mit 1 Tafel und 1 Tabelle.) ib. 1835—1839. Auf Kosten und im Verlage der Gesellschaft. In Comm. der Nicolai'schen Buchhandlung.
Jahrg. 7. Heft 1—2. (Mit 1 Tafel.) ib. 1840—1841. Auf Kosten und im Verlage der Gesellschaft. In Comm. der Buchhandlung von Becker und Altendorff.
Jahrg. 8. Heft 1. (Mit 1 Tafel.) ib. 1840. — — A. u. d. T.: F. KUGLER. Pommersche Kunstgeschichte. Nach den erhaltenen Monumenten dargestellt. (Mit 1 Tafel.) ib. 1840. — —
Jahrg. 8. Heft 2 — Jahrg. 9. Heft 1-2. ib. 1842—1843. Auf Kosten und im Verlage der Gesellschaft. In Comm. der Buchhandlung Windolff & Striese in Königsberg i. N.
Jahrg. 10. Heft 1-2 — Jahrg. 18. Heft 1.*) (Mit Tafeln.) ib. 1844—1860. Auf Kosten und im Verlage der Gesellschaft.
Jahrg. 19. Heft 1-2 — Jahrg. 25. Heft 1-2. (Mit Tafeln.) ib. 1861—1875. — Jahrg. 26—27. (Mit Tafeln.) ib. 1876—1877. In Komm. bei Th. von der Nahmer.
Jahrg. 28—30. (Mit Tafeln und genealogischen Tabellen.) ib. 1878—1880. Auf Kosten und im Verlage der Gesellschaft.
Jahrg. 31—34. (Mit Tafeln.) ib. 1881—1884. Verlag von Herrcke & Lebeling.

BALTISCHE STUDIEN. Herausgegeben von der Gesellschaft für Pommersche Geschichte und Alterthumskunde.
Jahrg. 35—36. (Mit Tafeln.) Stettin, 1885—1886. Herrcke & Lebeling. 8°.

BALTISCHE STUDIEN. Herausgegeben von der Gesellschaft für Pommersche Geschichte und Altert(h)umskunde.
Jahrg. 37. (Mit Tafeln.) Stettin. 1887. Druck von F. Hessenland. 8°. — 38. (Mit 1 Tafel.) ib. 1888. — Darin mit bes. Titelbl.: Dr. Johannes Bugenhagens Briefwechsel. Im Auftrage der Gesellschaft für pommersche Geschichte und Alterthumskunde gesammelt und herausgegeben durch O. VOGT. (Mit 1 Tafel.) ib. 1888. In Komm. bei Léon Saunier. — 39. (Mit 1 Tafel.) ib. 1889. Druck von F. Hessenland. — 40—43. ib. 1890—1893. In Comm. bei Léon. Saunier. — 44—45. ib. 1894—1895. Druck von F. Hessenland. — 46. ib. 1896. Druck von Herrcke & Lebeling.
Folge 1. Ergänzungsband. Greifswald 1898. Julius Abel. — A. u. d. T.: EDMUND LANGE, Die Greifswalder Sammlung Vitae Pomeranorum. Alphabetisch nach Geschlechtern verzeichnet. ib. 1898. —
Neue Folge. Bd. I—V. (Mit Tafeln.) ib. 1897—1901. Druck von Herrcke & Lebeling. In Komm. bei Léon Saunier. — Bd. VI. (Mit Tafeln.) ib. 1902. —. — Bd. VII. ib. 1903. —. (—). Bd. VIII. (Mit Tafeln.) ib. 1904. —. (—) Bd. IX. ib. 1905. —. (—). Bd. X. ib. 1906. —. (—). Bd. XI. (Mit Tafeln.) ib. 1907. —. (—). Bd. XII. (Mit Tafeln.) ib. 1908. —. (—). Bd. XIII. ib. 1909. —. (—). Bd. XIV. (Mit Tafeln.) ib. 1910 —. (—). Bd. XV. (Mit 6 Tafeln.) ib. 1911. Druck von Herrcke & Lebeling. — Bd. XVI. (Mit 9 Tafeln.) ib. 1912. — Bd. XVII. (Mit 9 Tafeln.) ib. 1913. Kommissionsverlag von Léon Sauniers Buchhandlung. — Bd. XVIII. (Mit 13 Tafeln.) ib. 1914. —

INHALTSVERZEICHNISS zu den Baltischen Studien Bd. I—XLVI. Stettin. 1902. Druck von Herrcke & Lebeling. 8°.

— Baltische, herausg. von der Gesellschaft für Pommersche Geschichte u. Alterthumskunde. 1r Bd. Mit 2 Steintaf. u. 1 Karte. gr. 8. Stettin 832. Morin. 1 *Thlr.* — 2r—5r Bd. à 2 Hefte. Ebd. 833 - 35. (Gutberlet.) à Hft. ¾ *Thlr.* — 6r Bd. 1s u. 2s Hft. gr. 8. Stettin 839. (Becker u. Altendorff.) n. 1½ *Thlr.* — 7r Bd. 1s Hft. gr. 8. Ebd. 840. ¾ *Thlr.* — 8r Bd. 1s Hft. A. u. d. T.: Pommersche Kunstgeschichte. Nach den erhaltenen Monumenten dargestellt von F. Kugler. Mit 1 Ansicht. gr. 8. Ebd. 840. ¾ *Thlr.*

Studien, baltische, hrsg. v. d. Gesellsch. f. pommersche Geschichte u. Alterthumskunde. 2—8. Jahrg. à 2 Hfte. M. Stnt. gr. 8. Stettin 833—40, (Nicolai'sche Buchh.) à H. *
Der 8. Jahrg. 1. H. — A. u. d. T.: Pommersche Kunstgeschichte. N. d. erhalt. Monumenten dargest. v. F. Kugler. (18¼ B. u. 1 Ansicht.) 840.
1. Jahrg. Ebendas. 1832. * 1 Thlr. 12 Gr.

Studien, Baltische. Herausgeg. von der Gesellschaft für Pommersche Geschichte u. Alterthumskunde. 7. Bd. 2s u. 8. Bd. 2s u. 9. Bd. (Jahrg.) 1s u. 2s Heft. gr. 8. Königsberg in d. N. 842, 43, Windolff u. Striese. à ¾ *Thlr.*

— Baltische. Hrsg. von der Gesellschaft für Pommersche Geschichte u. Alterthumskunde. 10—13. Jahrg. à 2 Hfte. gr. 8. (à ca. 192 S.) Stettin 844—47. (Königsberg i. d. N., Windolff & Striese.) à Hft. ¾ *Thlr.*

— baltische. Hrsg. von der Gesellschaft für pommersche Geschichte u. Alterthumskunde. 22. Jahrg. Stettin 868. (Saunier.) gr. 8. (III, 353 S.) n. 1 *Thlr.* 20 *ngr.*

—— dass. — 23. und 24. Jahrg. gr. 8. (VI, 276 S. mit 1 Stnt. in qu. Fol.) (Ebendas.) 869,72. à Jahrg. **

—— dass. — 25. Jahrg. 1. und 2. Heft. gr. 8. (175; 173 S.) Ebendas. 874. à Heft ** *M.* 2.25. **

— baltische. Hrsg. von der Gesellschaft für pommersche Geschichte und Alterthumskunde. 26. Jahrg. gr. 8. (408 und 64 S. mit 1 lithogr. Karte in qu. Fol.) Stettin 876, (Herrcke und Lebeling.) *

— baltische. Hrsg. von der Gesellschaft für Pommersche Geschichte u. Alterthumskunde. 27. Jahrg. gr. 8. (268 u. 39. Jahresbericht 104 S. m. lith. Beilagen.) Stettin 877. Herrcke & Lebeling. n.n. 4. 50

— dass. — 28. Jahrg. 5 Hefte. gr. 8. (588 S. mit 2 lithogr. Taf.) (Ebendas.) 877,78. *

— dass. — 29. Jahrg. 4 Hefte. gr. 8. (504 S. mit 1 lithogr. Taf.) (Ebendas.) 879. *

— baltische. Hrsg. von der Gesellschaft für Pommer'sche Geschichte und Alterthumskunde. 30.—32. Jahrg. 1880—1882. à Jahrg. 4 Hefte. gr. 8. (à Heft ca. 112 S.) Stettin, Herrcke und Lebeling. à Jahrg. *

— baltische. Hrsg. v. der Gesellschaft f. pommersche Geschichte u. Alterthumskunde. Red.: v. Bülow. 33—35. Jahrg. 1883—1885. à 4 Hfte. gr. 8. (à Hft. 112 S.) Stettin, Herrcke & Lebeling. à Jahrg. n. 6. —

— dass. — Redact.: M. Wehrmann. 36. Jahrg. 4 Hefte. gr. 8. (399 S. mit 1 Taf.) Stettin 886, (Saunier.) *

— baltische. Hrsg. v. der Gesellschaft f. Pommersche Geschichte u. Alterthumskunde. 37.—40. Jahrg. gr. 8. (IV, 507; IV, 683; 636; III, 500 S.) Danzig 887—890. Saunier. à Jahrg. n. 6. —

— baltische. Hrsg. v. der Gesellschaft f. pommersche Geschichte u. Alterthumskunde. 41.—43. Jahrg. gr. 8. (III, 335, III, 306 u. III, 264 S.) Stettin 891—893. (L. Saunier.) à Jahrg. n. 6. —

baltische. Hrsg. v. d. Gesellschaft f. pommersche Geschichte u. Alterthumskunde. 44.—46. Jahrg. gr. 8. (III, 378 S. m. 2 Taf. u. 1 Bl. Erläutergn.; IX, 634 S. u. III, 241 S. m. 5 Taf.) Stettin 894—896. (L. Saunier.) à n. 6. —

— dasselbe. Neue Folge. 1. Bd. Red.: M. Wehrmann. gr. 8. (II, 315 S.) Ebd. 897. n. 6. —

— dasselbe. 1. Folge. Ergänzungsbd. gr. 8. Greifswald 898. J. Abel. n. 6. —
Die Greifswalder Sammlung Vitae Pomeranorum. Alphabet. nach Geschlechtern verzeichnet. Von Edm. Lange. (XIX, 406 S.) 898.

— baltische. Hrsg. v. der Gesellschaft f. pommersche Geschichte u. Alterthumskunde. Neue Folge. II.—V. Bd. Red.: M. Wehrmann. gr. 8. Stettin (L. Saunier). à Bd. n. 6. —
II. (III, 176 S. m. Abbildgn. u. 3 Taf.) 898.
III. (III, 208 u. XII S. m. Abbildgn.) 899.
IV. (III, 192; XVI u. 32 S. m. Abbildgn. u. 6 Taf.) 900.
V. (III, 250 u. XXIII S. m. Abbildgn. u. 5 Taf.) 901.

— baltische. Hrsg. v. der Gesellschaft f. pommersche Geschichte u. Altertumskunde. Neue Folge. VI.—IX. Bd. gr. 8. Stettin (L. Saunier). à n. 6. —
VI. Red.: M. Wehrmann. (III, 185 u. XXVII S. m. Abbildgn. u. 8 Taf., nebst Inhaltsverzeichniß zu Bd. I—XLVI: VI, 68 S.) 902.
VII. Red.: Mart. Wehrmann u. Otto Heinemann. (III, 260 u. XII S.) 903.
VIII. Red.: Mart. Wehrmann. (III, 170 u. XIV S. m. Abbildgn. u. 8 Taf.) 904.
IX. Red.: Mart. Wehrmann. (III, 235 u. VII S.) 905.

— baltische. Hrsg. v. der Gesellschaft f. pommersche Geschichte u. Altertumskunde. Neue Folge. X.—XIII. Bd. Red.: M. Wehrmann. (III, 197, XI u. V, 102 S.; III, 219 u. XVII S. m. 4 Taf.; III, 217 u. XX S. m. 3 Taf. u. III, 212 u. XII S. m. 8 Taf.) gr. 8. Stettin 906—09. L. Saunier. à Bd. 6. —

Berliner **Studien** für classische Philologie und Archaeologie. (1. 2: Hrsg. von Ferdinand Ascherson; N. F.: hrsg. von Prof. Dr. Oscar Seyffert.) Bd 1–16; N. F. Bd. 1–3, H. 1. [Mehr nicht erschienen.] Berlin: S. Calvary & Co. (N. F. Bd. 3, 1: Leipzig: O. R. Reisland) 1884–98. 51 Bde 8°

1. 1884 [H. 1] — Gemoll, Wilhelm: Untersuchungen über d. Quellen, d. Verfasser u. d. Abfassungszeit d. Geoponica.
[2] — Kuhnert, Ernestus: De cura statuarum apud Graecos.
[3] — Weissenborn, H[erm.]: Die irrationalen Quadratwurzeln bei Archimedes u. Heron.
[4] — Horawitz, Adalbert: Griech. Studien. Beiträge z. Gesch. des Griechischen in Deutschland. St. 1. [Mehr nicht erschienen.]
[5] — Cauer, Fridericus: De fabulis graecis ad Romam conditam pertinentibus.
[6] — Wagler, Paulus Reinholdus: De Aetna poemate quaestiones criticae.
[7] — Cohn, Leopoldus: De Heraclide Milesio grammatico scripsit, fragmenta collegit, disposuit, illustravit.
[8] — Leidenroth, F. B[ernhard]: Indicis grammatici ad scholia Veneta A exceptis locis Herodiani specimen.
2. 1885. [H. 1] — Soltau, Wilhelm: Die Gültigkeit d. Plebiscite.
[2] — Grundmann, Hermannus Riccardus: Quid in elocutione Arriani Herodoto debeatur.
[3] — Illing, Carolus Aemilius: De antidosi.
[4] — Peine, Selmar: De ornamentis triumphalibus.
[5] — Schmidt, Ioannes: Ulixes posthomericus. P. 1. [Mehr nicht erschienen.]
3. H. 1. 7, H. 1 — Stein, Ludwig: Die Psychologie der Stoa. Bd 1. 2. 1886–88.
3, 2 — Kaempf, Guilelmus: De pronominum personalium usu et collocatione apud poetas scaenicos Romanorum. 1886.
3, 3 — Pecz, Wilhelm: Beiträge z. vergleich. Tropik d. Poesie. Th. 1. Systemat. Darstellung d. Tropen d. Aeschylus, Sophocles u. Euripides. [Mehr nicht erschienen.] 1886.
4. 1886. H. 1 — Cassel, Paulus: Zoroaster, s. Name u. s. Zeit. Eine iran. Glosse.
2 — Corippus, Flavius Cresconius: Quae supersunt. Recensuit Michael Petschenig.
3 — Brey, Ernst: De Septem fabulae stasimo altero.
5. 1886. H. 1 — Langen, P[eter]: Plautin. Studien.
5, H. 2 — Puschmann, Theodor: Nachträge zu Alexander Trallianus. Fragmente aus Philumenus u. Philagrius nebst e. bisher noch ungedr. Abhandl. über Augenkrankheiten.
3 — Junghahn, E[mil] A[ugust]: Studien zu Thukydides. Neue Folge.
6, 1 — Gasquy, Armand: De Fabio Planciade Fulgentio, Virgilii interprete. 1887.
2 — Streit, W[ilhelm]: Zur Geschichte d. 2. Punischen Krieges in Italien nach d. Schlacht von Cannae. 1887.
6, 3 — Hölzer, Volkmar: Beiträge zu e. Theorie d. latein. Semasiologie. 1889.
7. 1888. H. 2 — [Vergilius Maro, Publius: Aeneis. Ausz.] Des Aeneas Irrfahrt von Troja nach Karthago. Uebertragung d. 1. u. 3. Buches d. Vergilischen Aeneis in Oktaven nebst Einl. Von Karl Troost.
3 — Holzapfel, Ludwig: Beiträge z. griech. Geschichte.
8, 1 — Maisel, Ioannes: Observationes in Cassium Dionem. 1888.
8, 2 — Gudeman, Alfred: De Heroidum Ovidii codice Planudeo quae supersunt. 1888.
3 — Schultz, Otto: Die Ortsgottheiten in d. griech. u. röm. Kunst. 1889.
9. 1889. H. 1 — Schoeffer, Valerianus de: De Deli insulae rebus.
2 — Troost, Karl: Inhalt u. Echtheit d. Platon. Dialoge auf Grund logischer Analyse.
3 — Heisterbergk, B[ernhard]: Fragen d. ältesten Geschichte Siciliens.
10, 1 — Tacitus, Cornelius: De vita et moribus Iulii Agricolae liber. Ad fidem codicum ed. A. E. Schoene. 1889.
10, 2. 12, 1 — Goerres, Gottfried: Studien z. griech. Mythologie. Folge 1. 2. 1889–90.
10, 3 — Soltau, Friederich: Zur Erklärung der in Punischer Sprache gehalt. Reden d. Karthag. Hanno im 5. Akt d. Komödie Poenulus von Plautus. 1889.
11. 1890. H. 1 — Dingeldein, Otto: Haben d. Theatermasken d. Alten d. Stimme verstärkt?
2 — Maximianus [Etruscus, Cornelius]: Elegiae. Ad fidem cod. Eton. rec. et em. M[ichael] Petschenig.
3 — Prášek, J[ustin] V.: Medien u. das Haus d. Kyaxares.
12, 2 — Stern, E[rnst] v.: Das Hannibalische Truppenverzeichnis bei Livius ⟨XXI, C. 22⟩. 1891.
3 — Troost, Karl: Zenonis Citiensis de rebus phys. doctrinae fundamentum ex adiectis fragmentis. 1891.
13, 1 — Freudenthal, Max: Die Erkenntnislehre Philos von Alexandria. 1891.
2 — Wagler, Paul: Die Eiche in alter u. neuer Zeit. Eine mythol.-kulturgeschichtl. Studie. T. 2. 1891.
[T. 1 — Programm d. Kgl. Gymn. zu Wurzen. 1891, Beil.]
3 — Blümner, Hugo: Die Farbenbezeichnungen bei d. römischen Dichtern. 1892.
14, 1 — Kornemann, Ernst: De civibus romanis in provinciis imperii consistentibus. 1892.
[2] — Werner, Julius: Quaestiones Babrianae. 1892.
3 — Weissenborn, H[erm.]: Die Berechnung d. Kreis-Umfanges bei Archimedes u. Leonardo Pisano. 1894.
15. 1894. H. 1 — Burmeister, Fridericus: De fontibus Vellei Paterculi.
2 — Stern, E[rnst] v.: Zur Entstehung u. ursprüngl. Bedeutung d. Ephorats in Sparta.
3 — Schwarz, Wilhelm: Der Schoinos bei d. Aegyptern, Griechen u. Römern. Eine metrolog. u. geogr. Untersuchung.
16, 1 — Iwanowitsch, Georg: Opiniones Homeri et tragicorum graecorum de inferis. 1894.
2 — Sehrwald, Konrad: Der Apollonmythus u. s. Bedeutung. 1895.
3 — Dieckmann, Oscar: De Granii Liciniani fontibus et auctoritate. 1896.
4 — Hodermann, Maximilianus: Quaestionum oeconomicarum specimen. 1896.
16, 5 — Heisterbergk, B[ernhard]: Die Bestellung d. Beamten durch d. Los. 1896.
N. F. Bd 1, H. 1–4 — Valerius Flaccus Setinus Balbus, C.: Argonauticon libri VIII. Enarravit P[eter] Langen. P. 1. 2.
2, 1 — Oehler, Raimund: Der letzte Feldzug d. Barkiden Hasdrubal u. d. Schlacht am Metaurus . . . Mit Beiträgen von F[riedrich] Hultsch u. V. Pittaluga. 1897.
2–4 — Dyroff, Adolf: Die Ethik d. alten Stoa. 1897.
3, 1 — Froehde, Osk.: Beiträge z. Technik d. alten attischen Komödie. 1898. [illegible]

—— Berliner, für klassische Philologie und Archaeologie, hrsg. von Ferd. Ascherson. 1. Bd. 2 Hälften. gr. 8. (X, 783 S.) Berlin, Calvary und Comp. *

1. Hälfte. (S. I—X, 1—356.) 883. *M 7.50.

Inhalt:

Gemoll, Wilh., Untersuchungen über die Quellen, den Verfasser und die Abfassungszeit der Geoponica. (S. I—X, 1—280.) Einzelpr. *M 8.—. — Kuhnert, Ernestus, de cura statuarum apud Graecos. (S. 281—356.) Einzelpr. *M 2.40.

2. Hälfte. (S. 357—783.) 884. *M 11.50.

Inhalt:

Weissenborn, Heinr., die irrationalen Quadratwurzeln bei Archimedes und Heron. (S. 357—408.) Einzelpr. *M 3.60. — Horawitz, Adalb., griechische Studien. I.: Beiträge zur Geschichte des Griechischen in Deutschland. (S. 409—450.) Einzelpr. *M 2.—. — Cauer, Friedr., de fabulis graecis ad Romam conditam pertinentibus. (S. 451—490.) Einzelpr. *M 2.—. — Wagler, P. R., de Aetna poemate quaestiones criticae. (S. 491—602.) Einzelpr. *M 4.—. — Cohn, Leop., de Heraclide Milesio Grammatico scripsit, fragmenta collegit, disposuit, illustravit L. C. (S. 603—718.) Einzelpr. *M 4.—. — Leidenroth, F. B., Indicis grammatici ad Scholia Veneta A exceptis locis Herodiani specimen. (S. 720—783.) Einzelpr. *M 3.—.

— dasselbe. 2. Bd. gr. 8. (XII, 490 S.) Ebend. 884. 85. n. 17. —

—— dass. — 2. Bd. 2 Hälften. gr. 8. (XII, 490 S.) Ebendas. *

1. Hälfte. (S. I—XII, 1—268.) 884. *M 8.—.

Inhalt:

Soltau, Wilh., die Gültigkeit der Plebiscite. (S. I—XII, 1—177.) Einzelpr. *M 7.—. — Grundmann, H. Riccardus, quid in elocutione Arriani Herodoto debeatur. (S. 177—268.) Einzelpr. *M 3.—.

2. Hälfte. (S. 269—490.) 885. *M 9.—.

Inhalt:

Illing, C. Ae., de antidosi. (S. 269—307.) Einzelpr. *M 1.80. — Peine, S., de ornamentis triumphalibus. (S. 309—397.) Einzelpr. *M 3.50. — Schmidt, I., ulixes Posthomericus. Particula prima. (S. 399—490.) Einzelpr. *M 4.50.

—— dass. — 3. Bd. 3 Hefte. gr. 8. (XXVI, 412 S.) Ebendas. 886. *

Inhalt:

Heft 1. Stein, Ludw., die Psychologie der Stoa. 1. Bd.: Metaphysisch-Anthropolog. Theil. (XII, 216 S.) Einzelpr. *M 7.—.
» 2. Kämpf, Wilh., de pronominum personalium usu et collocatione apud poetas scaenicos Romanorum. (II, 40 S.) Einzelpr. *M 1.60.
» 3. Pecz, Wilh., die Tropen des Aeschylus, Sophokles und Euripides. (XII, 156 S.) Einzelpr. *M 6.80.

—— dass. — 4. Bd. 3 Hefte. gr. 8. (XXIV, 314 S.) Ebendas. 886. *

Inhalt:

Heft 1. Cassel, Paulus, Zoroaster, sein Name und seine Zeit. Eine iran. Glosse. (VI, 24 S.) Einzelpr. *M 1.20.
» 2. Petschenig, Michael, Flavii Cresconii Corippi Africani grammatici opera. (XII, 260 S.) Einzelpr. *M 9.60.
» 3. Brey, Ernst, de Septem fabulae Aeschyleae stasimo altero. (IV, 30 S.) Einzelpr. *M 1.20.

— Berliner, f. classische Philologie u. Archäologie. 5. Bd. 3 Hfte. gr. 8. Berlin 886. Calvary & Co. Susbscr.-Pr. n. 18. —

1. Plautinische Studien. Von P. Langen. (VIII, 400 S.) Einzelpr. n. 13. —
2. Nachträge zu Alexander Trallianus. Von Th. Puschmann. (190 S.) Einzelpr. n. 6. 60
3. Studien zu Thukydides. Von E. A. Junghahn. (96 S.) Einzelpr. n. 3. 60

—— dass. — 5. Bd. 3 Hefte. gr. 8. (VIII, 687 S.) Ebendas. 887. *

Inhalt:

Heft 1. Langen, P., Plautinische Studien. (VIII, 400 S.) Einzelpr. *M 13.—.
» 2. Puschmann, Thdr., Nachträge zu Alexander Trallianus. (190 S.) Einzelpr. *M 6.60.
» 3. Junghahn, E. A., Studien zu Thukydides. Neue Folge. (96 S.) Einzelpr. *M 3.60.

— dasselbe. 6. Bd. 3 Hfte. gr. 8. Ebd. 887—889. Subscr.-Pr. n. 8. —

1. De Fabio Planciade Fulgentio, Virgilii interprete. Von A. Gasquy. (44 S.) Einzelpr. n. 1. 60
2. Zur Geschichte des zweiten punischen Krieges in Italien nach der Schlacht von Cannae. Von W. Streit. (67 S.) Einzelpr. n. 2. —
3. Beiträge zu einer Theorie der lateinischen Semasiologie. Von Volkmar Hölzer. (VII, 194 S.) Einzelpr. n. 6. 50

—— dass. — 6. Bd. 3 Hefte. gr. 8. (VII, 295 S.) Ebendas. 889. *

Inhalt:

Heft 1. Gasquy, Armand, de Fabio Planciade Fulgentio, Virgilii interprete. (44 S.) Einzelpr. *M 1.60.
» 2. Streit, W., zur Geschichte des zweiten Punischen Krieges in Italien nach der Schlacht von Cannae. (67 S.) Einzelpr. *M 2.—.
» 3. Hölzer, Volkmar, Beiträge zu einer Theorie der lateinischen Semasiologie. (VII, 194 S.) Einzelpr. *M 6.50.

Studien, Berliner, für klassische Philologie und Archaeologie, hrsg. von Ferd. Ascherson. 7. Bd. 3 Hefte. gr. 8. (XXVIII, 562 S.) Berlin 888, Calvary und Comp. *

Inhalt:

Heft 1. Stein, Ludw., die Erkenntnisstheorie der Stoa. [2. Bd. der Psychologie.] Vorangeht: Umriss der Geschichte der griechischen Erkenntnisstheorie bis auf Aristoteles. (VIII, 389 S.) Einzelpr. *M 12.—.
» 2. Troost, Karl, des Aeneas Irrfahrt von Troja nach Karthago. Ep. Dichtung aus der Zeit des Augustus. Uebertragung des 1. und 3. Buches der Vergilischen Aeneis in Oktaven, nebst Einleitung. Den reiferen Schülern höherer Lehranstalten und Freunden des Dichters gewidmet. (XX, 80 S.) Einzelpr. *M 3.20.
» 3. Holzapfel, Ludw., Beiträge zur griechischen Geschichte. (92 S.) Einzelpr. *M 2.50.

— dasselbe. 8. Bd. 3 Hfte. gr. 8. Ebd. 888. Subscr.-Pr. n. 6. —

1. Observationes in Cassium Dionem. Scripsit Jos. Maisel. (24 S.) Einzelpr. n. 1. 50
2. De Heroidum Ovidii codice Planudeo quae supersunt. Recensuit Alfr. Gudeman. (90 S.) Einzelpr. n. 3. —
3. Die Ortsgottheiten in der griechischen u. römischen Kunst. Von Otto Schultz. (84 S.) Einzelpreis n. 3. —

—— dass. — 8. Bd. 3 Hefte. gr. 8. (198 S.) Ebendas. 889. *

Inhalt:

Heft 1. Maisel, Jos., observationes in Cassium Dionem. (24 S.) 888. Einzelpr. *M 1.50.
» 2. Gudeman, Alfr., de Heroidum Ovidii codice Planudeo quae supersunt. (90 S.) 888. Einzelpr. *M 3.—.
» 3. Schultz, Otto, die Ortsgottheiten in der griechischen und römischen Kunst. (84 S.) 889. Einzelpr. *M 3.—.

— dasselbe. 9. Bd. 3 Hfte. gr. 8. Ebd. 889. Subscr.-Pr. n. 11. 20

1. De Deli insulae rebus, scripsit Valerianus de Schoeffer. (VIII, 245 S.) Einzelpr. n. 8. —
2. Inhalt u. Echtheit der Platonischen Dialoge auf Grund logischer Analyse. Von K. Troost. (48 S.) Einzelpr. n. 2. —
3. Fragen der ältesten Geschichte Siciliens. Von B. Heisterbergk. (VII, 106 S.) Einzelpr. n. 4. —

— dasselbe. 10. Bd. 3 Hfte. gr. 8. Ebd. 889. Subscr.-Pr. n. 9. —

1. Taciti de vita et moribus Julii Agricolae liber. Ad fidem codicum ed. A. E. Schoene. (47 S.) Einzelpr. n. 2. —
2. Studien zur griechischen Mythologie. Von Gfr. Görres. 1. Folge. (246 S.) Einzelpr. n. 8. —
3. Zur Erklärung der in punischer Sprache gehaltenen Reden d. Karthaginensers Hanno im 5. Akt der Komödie Poenulus v. Plautus. Ein Beitrag zur scythisch-phönizisch-pun. Sprachkunde v. Frdr. Soltau. (27 S.) Einzelpr. n. 1. 20

— dasselbe. 11. Bd. 3 Hfte. gr. 8. Ebd. 890. Subscr.-Pr. n. 5. 20

1. Haben die Theatermasken der Alten die Stimme verstärkt? Eine Untersuchg. v. Otto Dingeldein. (46 S.) Einzelpr. n. 1. 50
2. Maximiani elegiae. Ad fidem codicis Etonensis rec. et emendavit M. Petschenig. (40 S.) Einzelpr. n. 1. 50
3. Medien u. das Haus d. Kyaxares. Von J. V. Prášek. (110 S.) Einzelpr. n. 3. 50

— Berliner, f. classische Philologie u. Archäologie. 12. Bd. 3 Hfte. gr. 8. Berlin, S. Calvary & Co. Subskr.-Pr. n. 10. 80; Einzelpr. n. 13. 50

1. Studien zur griechischen Mythologie. Von Gfr. Görres. 2. Folge. (285 S.) 891. Einzelpr. n. 9. — (1 u. 2.: n. 17. —)
2. Das Hannibalische Truppenverzeichnis bei Livius [XXI, C. 22]. Von E. v. Stern. (37 S.) 891. Einzelpr. n. 1. 50
3. Zenonis Citiensis de rebus physicis doctrinae fundamentum ex adiectis fragmentis constituit Karl Troost. (87 S.) 891. Einzelpr. n. 3. —

— dasselbe. 13. Bd. 3 Hfte. gr. 8. Ebd. Subskr.-Pr. n. 11. 20; Einzelpr. n. 13. 90

1. Die Erkenntnislehre Philos v. Alexandria. Von Max Freudenthal. (78 S.) 891. Einzelpr. n. 2. 40
2. Die Eiche in alter u. neuer Zeit. Eine mythologisch-kulturgeschichtl. Studie v. Paul Wagler. 2. Tl. (128 S.) 891. Einzelpr. n. 4. —. (Der 1. Tl. erschien als Gymnasial-Programm u. kam nicht in den Handel.)
3. Die Farbenbezeichnungen bei den römischen Dichtern. Von Hugo Blümner. (IX, 231 S.) 892. Einzelpr. n. 7. 50

— dasselbe. 14. Bd. 3 Hfte. gr. 8. Ebd.
Subskr.-Pr. n. 5. 60; Einzelpr. n. 7. —

1. De civibus romanis in provinciis imperii consistentibus scripsit Ernst Kornemann. (116 S.) 891. Einzelpr. n. 4.—
2. Quaestiones Babrianae. Scripsit Jul. Werner. (27 S.) 891. Einzelpr. n. 1. 50
3. Die Berechnung d. Kreis-Umfanges bei Archimedes u. Leonardi Pisano v. H. Weissenborn. (32 S.) 894. Einzelpr. n. 1. 50

— dasselbe. 15. Bd. 3 Hfte. gr. 8. Ebd.
Subskr.-Pr. n. 6. 80; Einzelpr. n. 8. 50

1. De fontibus Vellei Paterculi. Scripsit Frdr. Burmeister. (83 S.) 894. Einzelpr. n. 2. 50
2. Zur Entstehung u. ursprünglichen Bedeutung d. Ephorats in Sparta von E. v. Stern. (V, 62 S.) 894. Einzelpr. n. 2. —
3. Der Schoinos bei den Aegyptern, Griechen u. Römern. Eine metrolog. u. geograph. Untersuchg. v. Wilh. Schwarz. (IX, 126 S.) 894. Einzelpr. n. 4. —

Studien, Berliner, f. classische Philologie u. Archäologie. 16. Bd. 1. Hft. gr. 8. Berlin 894. S. Calvary & Co. Subskr.-Pr. n. 2. 40; Einzelpr. n. 3. —
Opiniones Homeri et tragicorum graecorum de inferis. Per comparationem excussae. Scripsit Geo. Iwanowitsch. (105 S.)

— Berliner, f. classische Philologie u. Archäologie. 16. Bd. 2.—5. Hft. gr 8. Berlin. Leipzig, O. R. Reisland. Einzelpr. n. 9. 30; Subskr.-Pr. n. 7. 50 (16. Bd. kplt.: Einzelpreis n. 12. 30; Subskr.-Pr. n. 9. 90)

2. Der Apollonmythus u. s. Deutung. Von Konr. Sehrwald. (36 S.) 895. Einzelpr. n. 1. 20; Subskr.-Pr. n. 1. —
3. De Granii Liciniani fontibus et auctoritate scripsit Osc. Dieckmann. (94 S.) 896. Einzelpr. n. 3. —; Subskr.-Pr. n. 2. 40
4. Quaestionum oeconomicarum specimen. Scripsit Max. Hodermann. (61 S.) 896. Einzelpr. n. 1. 60; Subskr.-Pr. n. 1. 30
5. Die Bestellg. d. Beamten durch das Los. Histor. Untersuchg. v. B. Heisterbergk. (III, VIII, 119 S.) 896. Einzelpr. n. 3. 50; Subskr.-Pr. n. 2. 80

— dasselbe, hrsg. v. Osc. Seyffert. Neue Folge. 1. Bd. 4 Hfte. gr. 8. Ebd. Einzelpr. n. 15. —; Subskr.-Pr. n. 12. —
C. Valeri Flacci Setini Balbi argonauticon libri octo, enarravit P. Langen. 2 partes. (572 S.) 896. 97.

— dasselbe. Neue Folge. 2. Bd. 4 Hfte. gr. 8. Ebd.
Einzelpr. n. 15. 50; Subskr.-Pr. n. 12. 40

1. Der letzte Feldzug d. Barkiden Hasdrubal u. d. Schlacht am Metaurus. E. historisch-topograph. Studie. Von Raim. Oehler. Mit Beiträgen v. F. Hultsch u. V. Pittaluga, 1 Plane d. Schlacht in 1:25,000 u. 1 Uebersichtskarte in 1:200,000. (82 S.) 897. Einzelpr. n. 3. —; Subskr.-Pr. n. 2. 40

2.—4. Die Ethik d. alten Stoa. Untersucht von Adf. Dyroff. (XVI, 410 S.) 897. Einzelpr. n. 12. 50; Subskr.-Pr. n. 10. —

Studien, Berliner, f. classische Philologie u. Archäologie. Neue Folge. 3. Bd., 1. Hft. gr. 8. Leipzig 898. O. R. Reisland. n. 6. —
Beiträge zur Technik d. alten attischen Komödie. Von Osk. Froehde. (VIII, 215 S.)

Studien, Berner, zur Philosophie und ihrer Geschichte, s.a. unter dem jeweiligen Verfasser der einzelnen Stücke.

— Berner, zur Philosophie u. ihrer Geschichte. Hrsg. von Ludw. Stein. I.—XII. Bd. gr. 8. Bern, C. Sturzenegger. n. 20. 25

I. Herder u. Kant. Von Anna Tumarkin. (110 S.) 896. n. 1. 75
II. Der Zusammenhang von Willensfreiheit, Gewissen, Belohnung u. Strafe. Von J. I. Niemirower. (99 S.) 896. n. 1. 75
III. Zur Charakteristik d. Methode u. Hauptrichtgn. d. Philosophie d. Geschichte. Von Ch. Rappoport. (III, 106 S.) 896. n. 1. 75
IV. Der Begriff d. Entwicklg. bei Nicolaus v. Kues. Von O. Kästner. (III, 50 S.) 896. n. 1. 75
V. Die Weltanschauung Calderons. Von Geo. Ortiz. (67 S.) 897. n. 1. 75
VI. Zur Geschichte d. Entwicklungsbegriffs. Von L. Mariupolsky. (VIII, 120 S.) 897. n. 1. 75
VII. Die Erkenntnistheorie Maimons in ihrem Verhältnis zu Cartesius, Leibnitz, Hume u. Kant. Von S. Rubin. (57 S.) 897. n. 1. 75
VIII. Der ältere Pythagoreismus. Eine krit. Studie. Von Wilh. Bauer. (VIII, 232 S.) 897. n. 1. 75
IX. Ueb. d. Zusammenhang zwischen Ethik u. Aesthetik. Von J. Berdyczewski. (57 S.) 877. n. 1. 75
X. Der Seelenbegriff im alten Testament. Von Simon Rosenblüth. (62 S.) 898. n. 1. 75
XI. Pestalozzi als Philosoph. Von Chrn. Rothenberger. (86 S.) 898. n. 1. 75
XII. Zu Fichtes Lehre vom Nicht-Ich. Von Osc. Bensow. (41 S.) 898. n. 1. —

— Berner, zur Philosophie u. ihrer Geschichte. Hrsg. v. Ludw. Stein. XIII.—XXXII. Bd. gr. 8. Bern, Scheitlin, Spring & Co. n. 31. 25

XIII. Friedrich Eduard Benekes Leben u. Philosophie. Auf Grund neuer Quellen kritisch dargestellt. Von Otto Gramzow. (VII, 284 S.) 899. n. 2. 50
XIV. Die Staatslehre auf kantischer Grundlage. Von Mor. Lefkovits. (74 S.) 899. n. 1. 75
XV. Das Problem der Kausalität bei Spinoza. Von Jerzy Zulawski. (IV, 79 S.) 899. n. 1. 75
XVI. Alfred Fouillées psychischer Monismus. Von Mme. Dorothée Pasmanik. (86 S.) 899. n. 1. 75
XVII. Nietzsche's Stellung zu d. Grundfragen d. Ethik, genetisch dargestellt. Von Geo. A. Tienes. (50 S.) 899. n. 1. 75
XVIII. Philosophie der Geschichte, Völkerpsychologie u. Sociologie in ihren gegenseitigen Beziehungen. Von Lazarus Schweiger. (IV, 78 S.) 899. n. 1. 75
XIX. Das Wesen der Anschauung. Ein Beitrag zur psycholog. Terminologie. Von Ulr. Diem. (IV, 147 S.) 899. n. 1. 50
XX. Die Theorie des Milieu. Von Eugénie Dutoit. (IV, 136 S.) 899. n. 2. —
XXI. Beiträge zur Geschichte u. Kritik der neukantischen Philosophie. Von Frz. Lindheimer. 1. Reihe: Hermann Cohen. (IV, 104 S.) 900. n. 2. —
XXII. Renouvier u. der französische Neu-Kriticismus. Von Maurice Ascher. (IV, 55 S.) 900. n. 1. 50
XXIII. Zur sociologischen Methodenlehre m. besond. Rücksicht auf Herbert Spencer. Von Felicie Nossig-Prochnik. (III, 107 S.) 900. n. 1. 50
XXIV. Lotze u. Wundt. Eine vergleich. philosoph. Studie. Von A. Lichtenstein (Lichtstein). (III, 80 u. II S.) 900. n. 1.—
XXV. Wesen u. Geschichte der Theorie vom Mikro- u. Makrokosmos. Von Adf. Meyer. (IV, 122 S.) (900.) n. 1. 50
XXVI. Zur Vorgeschichte des modernen philosophischen Socialismus in Deutschland. Zur Geschichte der Philosophie u. Socialphilosophie des Junghegelianismus. Von Dav. Koigen. (XIII, 319 S.) 901. n. 3. —
XXVII. Die Philosophie Condillacs. Von Wera Saltykow. (III, 73 S.) 901. n. 1. —
XXVIII. Zur Geschichte u. Entwickelung der organischen Methode der Sociologie. Von Edm. Wilh. Quarch. (III, 68 S.) 901. n. 1. —
XXIX. Schelling u. Spencer. Eine log. Kontinuität. Von Lázár Rôth. (III, 63 S.) 901. n. 1. —
XXX. Die philosophiegeschichtlichen Voraussetzungen der Energetik. Von K. Tscheuschner. (48 S.) 901. n. 1. —
XXXI. Die Lehre von den eingeborenen Ideen bei Descartes u. Locke. Ein Beitrag zur Geschichte des Apriori. Von Fritz Otto Rose. (III, 34 S.) 901. n. 1. —
XXXII. Karl Menger u. die österreichische Schule der Nationalökonomie. Eine krit. Untersuchg. der Hauptlehren. Von Salomea Perlmutter. (III, 81 S.) 902) n. 1. —

I—XII jetzt Ebd. 896—898. n. 20. 25.

— Berner, zur Philosophie u. ihrer Geschichte. Hrsg. v. Ludw. Stein. 33.—49. Bd. gr. 8. Bern, Scheitlin, Spring & Co. n. 22. 50

Bamberger, Js., die sozialpädagogischen Strömungen der Gegenwart. Dargestellt u. kritisch beurteilt. (III, 95 S.) 906. (43. Bd.) n. 1. 50
Flink, Carl Otto, Schopenhauers Seelenwanderungslehre u. ihre Quellen. (III, 106 S.) 906 (49. Bd.) n. 1. 50
Friedmann, P., Darstellung u. Kritik der naturalistischen Weltanschauung Heinrich Czolbes. (77 S.) 905. (42. Bd.) n. 1. 50
Hofe, Joh. v., J. G. Fichtes religiöse Mystik nach ihren Ursprüngen untersucht. (III, 63 S.) 904. (35. Bd.) n. 1. —
Klein, Herrm., Individual- u. Sozialethik in ihren gegenseitigen Beziehungen. (80 S.) 904. (37. Bd.) n. 1. 50
Lehmann, Gottbard, die intellektuelle Anschauung bei Schopenhauer. Dargestellt u. kritisch beurteilt. (III, 38 S.) 906. (44. Bd.) n. 1. —
Manoloff, Philipp, Willensunfreiheit u. Erziehungsmöglichkeit (Spinoza, Leibniz, Schopenhauer). (II, 74 S.) 904. (38. Bd.) n. 1. 50
Michalcescu, Jon, Darlegung u. Kritik der Religionsphilosophie Sabatiers. (92 S.) 903. (34. Bd.) n. 1. 50
Odier, Henri, Essai d'analyse psychologique de mécanisme du langage dans la compréhension. (VI, 112 S.) 905. (41. Bd.) n. 1. 50
Pototzky, Hans, die Politik u. die Dichtung. (70 S.) 906. (46. Bd.) n. 1. —
Schapira, A., erkenntnistheoret. Strömungen der Gegenwart. Schuppe, Wundt u. Sigwart als Erkenntnistheoretiker. (III, 84 S.) 904. (39. Bd.) n. 1. 50
Seliger, Jos., das sociale Verhalten des menschlichen Individuums zur menschl. Gattung. (II, 72 S.) 903. (36. Bd.) n. 1. —

Sinnreich, J., der transcendentale Realismus od. Correlativismus unserer Tage. (IV, 72 S.) 905. (40. Bd.) n. 1. 50
Syrkin, Nachman, Empfindung u. Vorstellung. (II, 86 S. m. 1 Fig.) 903. (33. Bd.) n. 1. 50
Tramer, Mor., die Entdeckung u. Begründung der Differential- u. Integralrechnung durch Leibniz im Zusammenhange m. seinen Anschauungen in Logik u. Erkenntnistheorie — Fragen aus der Funktionentheorie. — Monade u. Differential bei Leibniz. (III, 135 S.) 906. (47. Bd.) n. 1. 50
Tschauscheff, Slavi P., das Kausalproblem bei Kant u. Schopenhauer. (58 S.) 906. (45. Bd.) n. 1. —
Žmave, Joh., Elemente der allgemeinen Arbeitstheorie. Beiträge zur Grundlegg. e. neuen Wirtschafts- u. Rechtsphilosophie. (75 S.) 906. (48. Bd.) n. 1. —
Bd. 1—32 Ebd. 896—902. n. 51. 50.

— Berner, zur Philosophie u. ihrer Geschichte. Hrsg. v. Ludw. Stein. 50.—72. Bd. gr. 8. Bern, Scheitlein & Co. 27. 50
Cholodenko (Holodenko), Dav., die teleologische Betrachtung in der modernen Biologie (Reinke, Driesch, Cossmann). (III, 63 S.) 909. (Bd. 68.) 1. —
Dochmann, Abraham, F. W. Ostwalds Energetik. I. Tl. (59 S.) 908. (Bd. 62.) 1. —
Ettinger, Sam., das Verbrecherproblem in anthropolog. u. soziologischer Beleuchtung. Ein historisch-krit. Beitrag zur Kriminal-Soziologie. 1. Tl. (VIII, 218 S.) 909. (Bd. 63.) 3. —
Fränkel, F., Buckle u. seine Geschichtsphilosophie. (II, 113 S.) 906. (Bd. 50.) 1. 50
Gamper, Jak., Paul Vital Ignaz Troxlers Leben u. Philosophie. (IV, 96 S.) 907. (Bd. 56.) 1. —
Glücksohn, Moses, Fichtes Staats- u. Wirtschaftslehre. 1. Tl. Die Staatslehre. (91 S.) 910. (Bd. 70.) 1. —
Gottselig, Leop., die Logik Salomon Maimons. (II, 41 S.) 908. (Bd. 61.) 1. —
Gurland-Eljaschoff, Esther, erkenntnistheoretische Studien auf antipsychologischer Grundlage. 1. Tl. Die Voraussetzgn. des modernen Psychologismus u. der Ausgangspunkt Kants. (105 S.) 910. (Bd. 71.) 1. —
Gutmann, S. Hirsch, J. G. Fichtes Sozialpädagogik. (III, 100 S.) 907. (Bd. 51.) 1. 50
Hoffmann, Karl, die Umbildung der Kantischen Lehre vom Genie in Schellings System des transzententalen Idealismus. (68 S.) 907. (Bd. 53.) 1. —
Horovitz, Aurelie, Beiträge zu Lessings Philosophie. (III, 89 S.) 907. (Bd. 55.) 1. —
Jungmann, Karl, die Weltentstehungslehre des Descartes. (III, 51 S.) 907. (Bd. 54.) 1. —
Khostikian, Missak, David der Philosoph. (VI, 80 S.) 907. (Bd. 58.) 1. —
Kohn, P. Jac., der Positivismus v. Ernst Laas. I. Tl.: Erkenntnistheorie. II. Tl.: Ethik. (II, 86 S.) 907. (Bd. 57.) 1. —
Krynska, Salomea, Entwicklung u. Fortschritt nach Condorcet u. A. Comte. (VIII, 80 S.) 908. (Bd. 67.) 1. —
Kupperberg, M. B., zur Philosophie des Bewussten. Prolegomena: Der Aufbau der realen u. idealen Welt u. die allgemeine Struktur des objektiven Erkennens. (VII, 72 S.) 909. (Bd. 69.) 1. —
Levy, A., die dritte Dimension. Eine philosoph. Erörterg. (III, 149 S.) 908. (Bd. 60.) 2. —
Navon, H., Montaignes Lebensanschauung u. ihre Nachwirkung. (66 S.) 908. (Bd. 64.) 1. —
Rehburg, Max, die neuere naturphilosoph. Bewegung. (80 S.) 908. (Bd. 66.) 1. —
Sparlinsky, G., Schopenhauers Verhältnis zur Geschichte. (48 S.) 910. (Bd. 72.) 1. —
Stanischitsch, Alexa, üb. den Ursprung der Zadruga. Eine soziolog. Untersuchg. (72 S.) 907. (Bd. 59.) 1. —
Weissfeld, M., Kants Gesellschaftslehre. (III, 136 S.) 907. (Bd. 52.) 1. 50
Zitron, Frau Elisab., Jean Marie Guyaus Moral- u. Religionsphilosophie. (III. 82 S.) 908. (Bd. 65.) 1. —
1.—49. Bd. Ebd. 896—906. 74.—.

Studien über den heutigen Beruf der deutschen Freimaurerlogen. [Von Rich. Bartolomäus, Georg Jeiteles, Otto Neumann, Heinr. Wanner d. Ältern.] **Ergebnis** eines Preisausschreibens des Vereins deutscher Freimaurer. Berlin: Wunder 1908. IV, 151 S. 8°
cf. Bbl. 22 (1908) S. 674—676 (A. v. Reitzenstein?); Brh. 5 (1908) S. 235 (W. Kunis); H. 19 (1908) No 44 (F. Zimmer); S. 15 (1908) S. 109—110 (F. Rackhorst); DrL. 39 (1908—1909) S. 110—111 (G. v. Gersdorff), 299—313 (F. A. Matthes); HL. 42 (1908 bis 1909) S. 125—128 (K. Wahlstedt); ML. 37 (1908—1909) S. 75—76 (J. Bluhm); Z. 39 (1908—1909) S. 112 (H. Glücksmann); H. 20 (1909) Nr 1—4, 7, 10—14; L. 32 (1909) S. 6—8, 23—26 (F. W. Schröder); Al. 36 (1910) S. 78 (H. Keller); Bh. 53 (1910) S. 400.

Studien üb. d. Beteilig. Deutsch-Osterreichs an d. Weltausst. in Paris 1867. Wien 1867

—— über die Betheiligung Deutsch-Oesterreichs an der Weltausstellung in Paris 1867. 8. (IV, 225 S. mit 1 Ansicht und 2 Plänen in Holzschn., in 8., qu. 4. und Fol.) Wien 868, Hilberg.

— in der Bhagavad Gîtâ, Yoga der Unterscheidung v. The Dreamer. Autoris. Uebersetzg. aus dem Engl. O. H. (130 S.) 8. Leipzig (904). Th. Grieben. n. 2. 40

— über die Bhagavad Gîtâ. (3. Folge.) Der Pfad zur Einweihg. v. The Dreamer. Autoris. deutsche Uebersetzg. von A. v. Ulrich. (VIII, 155 S.) 8. Leipzig 906. M. Altmann. n. 2. 50; geb. n. 3. 50

— bibliographische, zur Buchdruckergeschichte Deutschlands, hrsg. v. K. Schorbach u. M. Spirgatis. I. gr. 4. Strassburg 888. Trübner, Verl. cart. n.n. 40. —
Heinrich Knoblochtzer in Strassburg [1477—1484]. Bibliographische Untersuchg. v. K. Schorbach u. M. Spirgatis. Mit 75 Lichtdr.-Taf. (XI, 75 S.)
[Mehr nicht erschienen.]

— biblische, von Geistlichen des Königreichs Sachsen, herausgeg. von J. E. R. Käuffer. 1.—4. Jahrg. Mit 1 Steindrucktafel u. 1 Karte. gr. 8. Dresden u. Leipzig 842—46, Arnoldische Buchh. à 1 ß

— biblische. (Von L. J. Mandelstamm.) 2 Bde. Berlin 863. (Adolf & Co.) gr. 8. (XI, 868 S.) n. 5 ß

Studien, biblische. (Von L. J. Mandelstamm.) 2 Bde. gr. 8. (XI und 868 S.) Berlin 863, (Sohn.) * 5 Thlr. geb. *

— biblische. Unt. Mitwirkg. v. W. Fell, J. Felten, W. Gerber, G. Hoberg, N. Peters, A. Schäfer, P. Vetter hrsg. v. O. Bardenhewer. 1. Bd. 5 Hfte. gr. 8. Freiburg i/B., Herder. n. 10. 60
1. Der Name Maria. Geschichte d. Deutg. desselben. Von O. Bardenhewer. (X, 160 S.) 895. n. 2. 50
2. Das Alter d. Menschengeschlechts nach d. hl. Schrift, d. Profangeschichte u. d. Vorgeschichte. Von P. Schanz. (XI, 100 S.) 896. n. 1. 60
3. Die Selbstvertheidigg. d. hl. Paulus im Galaterbriefe (1, 11 bis 2, 21). Von J. Belser. (VII, 149 S.) 896. n. 3. —
4, 5. Die prophetische Inspiration. Biblisch-patrist. Studie v. Frz. Leitner. (IX, 195 S.) 896. n. 3. 50

— dasselbe. 2. Bd. 4 Hfte. gr. 8. Ebd. 897. n. 10. —
1. St. Paulus u. St. Jacobus über die Rechtfertigung. Von Bernh. Bartmann. (IX, 163 S.) n. 3. 20
2, 3. Die alexandrin. Übersetzg. d. Buches Daniel u. ihr Verhältnis zum massoreth. Text. Von Aug. Bludau. (XII, 218 S.) n. 4. 50
4. Die Metrik des Buches Job. Von Paul Vetter. (III, X u. 82 S.) n. 2. 30

— dasselbe. 3. Bd. 4 Hfte. gr. 8. Ebd. 898. n. 12. 50

1. Die Lage des Berges Sion. Von Karl Rückert. Mit 1 Plan. (VII, 104 S.) n. 2. 80
2. Nochmals d. bibl. Schöpfungsbericht. Von Fr. v. Hummelauer, S. J. (IX, 132 S.) n. 2. 80
3. Die sahidisch-koptische Uebersetzg. d. Buches Ecclesiasticus auf ihren wahren Werth f. d. Textkritik untersucht. Von Norbert Peters. (XI, 69 S.) n. 2. 30
4. D. Prophet Amos nach d. Grundtexte erklärt. (III, VII, 169 S.) n. 4. 60

— biblische. Unter Mitwirkg. v. W. Fell, J. Felten, G. Hoberg etc. hrsg. von O. Bardenhewer. IV. Bd. 4 Hfte. gr. 8. Freiburg i/B., Herder. n. 12. —

1. Die Adventsperikopen. Exegetisch-homiletisch erklärt. Von Paul Wilh. Keppler. 1. u. 2., unveränd. Aufl. (à V, 143 S.) 899. n. 2. 40
2. 3. Die Propheten-Catenen nach römischen Handschriften. Von M. Faulhaber. (XV, 219 S.) 899. n. 6. —
4. Paulus u. die Gemeinde v. Korinth. Auf Grund d. beiden Korintherbriefe. Von Ign. Rohr. (XI, 157 S.) 899. n. 3. 60

— dasselbe. V. Bd. 5 Hfte. gr. 8. Ebd. n. 13. 80

1. Streifzüge durch d. biblische Flora. Von Leop. Fonck, S. J. (XIV, 167 S.) 900. n. 4. —
2. 3. Die Wiederherstellung des jüdischen Gemeinwesens nach dem babylonischen Exil. Von Johs. Nikel. (XV, 228 S.) 900. n. 5. 40
4. 5. Barhebräus u. seine Scholien zur hl. Schrift. Von Joh. Göttsberger. (XI, 183 S.) 900. n. 4. 40

— dasselbe. VI. Bd. 5 Hfte. gr. 8. Ebd. n. 12. —

1. 2. Vom Münchener Gelehrten-Kongresse. Biblische Vorträge, hrsg. v. O. Bardenhewer. (VII, 200 S.) 901. n. 4. 50
3. 4. Die griechischen Danielzusätze u. ihre kanonische Geltung. Von Casp. Julius. (XI, 183 S.) 901. n. 4. —
5. Die Eschatologie des Buches Job. unter Berücksicht. der vorexil. Prophetie dargestellt. Von Jak. Royer. (VIII, 156 S.) 901. n. 3. 50

— dasselbe. VII. Bd. 5 Hfte. gr. 8. Ebd. n. 12. 20

1.—3. Abraham. Studien üb. die Anfänge des hebr. Volkes. Von Paul Dornstetter. (XI, 279 S.) 902. n. 6. —
4. Die Einheit der Apokalypse gegen die neuesten Hypothesen der Bibelkritik verteidigt. Von Matthias Kohlhofer. (VIII, 143 S.) 902. n. 3. —
5. Die beiden ersten Erasmus-Ausgaben des Neuen Testaments u. ihre Gegner. Von Aug. Bludau. (VII, 145 S.) 902. n. 3. 20

— biblische. Unter Mitwirkg. v. W. Fell, J. Felten, G. Hoberg u. a. hrsg. v. O. Bardenhewer. VIII. Bd. 4 Hefte. gr. 8. Freiburg i/B., Herder. n. 10. 90

1. Die Irrlehrer im ersten Johannesbrief. Von Alois Wurm. (XII, 159 S.) 903. n. 3. 50
2. Der Pharao des Auszuges. Eine exeget. Studie zu Exodus 1–15. Von Karl Miketta. (VIII, 120 S.) 903. n. 2. 60
3. Die chronologischen Fragen in den Büchern Esra-Nehemia. Von Jos. Fischer. (X, 98 S.) 903. n. 2. 40
4. Die Briefe zu Beginn des zweiten Makkabäerbuches (1, 1 bis 2, 18). Von Heinr. Herkenne. (VII, 103 S.) 904. n. 2. 40

— dasselbe. IX. Bd. 5 Hefte. gr. 8. Ebd. n. 13. 40

1.—3. Das Buch Job. Als stroph. Kunstwerk nachgewiesen, übers. u. erklärt. Von Jos. Hontheim, S. J. (VII, 355 S.) 904. n. 8. —
4. Exegetisches zur Inspirationsfrage. Mit besond. Rücksicht auf das Alte Testament. Von Frz. v. Hummelauer, S. J. (X, 129 S.) 904. n. 3. —
5. Der zweite Brief des Apostelfürsten Petrus, geprüft auf seine Echtheit. Von Karl Henkel. (IX, 89 S.) 904. n. 2. 40

Studien, biblische. Unter Mitwirkg. v. W. Fell, J. Felten, G. Hoberg u. a. hrsg. v. O. Bardenhewer. X. Bd. 5 Hefte. gr. 8. Freiburg i/B., Herdor. n. 14. —

1.—3. Der Jakobusbrief u. sein Verfasser in Schrift u. Ueberlieferung. Von Max Meinertz. (XVI, 323 S.) 905. n. 7. —
4. Moses u. der Pentateuch. Von Gottfr. Hoberg. (XIV, 124 S.) 905. n. 2. 80
5. Mariä Verkündigung. Ein Kommentar zu Lukas 1, 26 bis 38. Von Otto Bardenhewer. (VIII, 179 S.) 905. n. 4. 20

— dasselbe. Unter Mitwirkg. v. M. Faulhaber, W. Fell, J. Felten u. a. hrsg. v. Otto Bardenhewer. XI. Bd. 5 Hefte. gr. 8. Ebd. n. 14. 80

1. 2. Der Judasbrief. Seine Echtheit, Abfassungszeit u. Leser. Ein Beitrag zur Einleitg. in die kathol. Briefe. Von Frdr. Maier. (XVI, 188 S.) 906. n. 4. 40
3. Hrabanus Maurus. Ein Beitrag zur Geschichte der mittelalterl. Exegese. Von Joh. Bapt. Hablitzel. (VII, 105 S.) 906. n. 2. 60
4. Das Alte Testament in der Mischna. Von Geo. Aicher. (XVII, 181 S.) 906. n. 4. 60
5. Ezechias u. Senacherib. Exegetische Studie. Von M. Theresia Breme, O. Urs. (XII, 133 S.) 906. n. 3. 20

— biblische. Unter Mitwirkg. von J. v. Belser, M. Faulhaber, J. Felten u. a. hrsg. v. O. Bardenhewer. XII. u. XIII. Bd. à 5 Hefte; XIV. Bd. 6 Hefte u. XV. Bd. 1.—5. Heft. gr. 8. Freiburg i/B., Herder. 63. 70

Dennefeld, Ludw., der alttestamentliche Kanon der antiochenischen Schule. Gekrönte Preisschrift. (VI, 93 S.) 909. (XIV. Bd. 4. Heft.) 2. 60

Fuchs, Aloys, textkritische Untersuchungen zum hebräischen Ekklesiastikus. Das Plus des hebr. Textes des Ekklesiastikus gegenüber der griech. Übersetzg. Untersucht v. F. (V, XI, 124 S.) 907. (XII. Bd. 5. Heft.) 3. 80

Heer, Jos. Mich., die Stammbäume Jesu nach Matthäus u. Lukas. Ihre ursprüngl. Bedeutg. u. Textgestalt u. ihre Quellen. Eine exegetisch-krit. Studie. (VIII, 225 S. m. 1 Taf.) 910. (XV. Bd. 1. 2. Heft.) 6. —

Hejcl, Joh., das alttestamentliche Zinsverbot im Lichte der ethnologischen Jurisprudenz sowie des altorientalischen Zinswesens. (VIII, 98 S.) 907. (XII. Bd. 4. Heft.) 2. 80

Homanner, Wilh., die Dauer der öffentlichen Wirksamkeit Jesu. Eine patristisch-exeget. Studie. (VII, 123 S.) 908. (XIII. Bd. 3. Heft.) 3. —

Hontheim, Jos., S. J., das Hohelied. Übers. u. erklärt. (VII, 111 S.) 908. (XIII. Bd. 4. Heft.) 2. 80

Höpfl, Hildebrand, O. S. B., Kardinal Wilhelm Sirlets Annotationen zum Neuen Testament. Eine Verteidigg. der Vulgata gegen Valla u. Erasmus. Nach ungedr. Quellen bearb. (X, 126 S.) 908. (XIII. Bd. 2. Heft.) 3.40

Lippl, Jos., das Buch des Propheten Sophonias. Erkl. (XVI, 140 S.) 910. (XV. Bd. 3. Heft.) 4. 40

Mader, Evaristus, S. D. S., die Menschenopfer d. alten Hebräer u. der benachbarten Völker. Ein Beitrag zur alttestamentl. Religionsgeschichte. (XIX, 188 S.) 909. (XIV. Bd. 5. 6. Heft.) 5. 60

Posselt, Wenzel, der Verfasser der Eliu-Reden (Job Kap. 32—37). Eine krit. Untersuchg. (XI, 111 S.) 909. (XIV. Bd. 3. Heft.) 3. —

Schade, Ludw., die Inspirationslehre des hl. Hieronymus. (III, XV, 223 S.) 910. (XV. Bd. 4. 5. Heft.) 6. —

Schulz, Alfons, Doppelberichte im Pentateuch. Ein Beitrag zur Einleitg. in das Alte Testament. (VII, 96 S.) 908. (XIII. Bd. 1. Heft.) 2. 80

Tillmann, Fritz, der Menschensohn. Jesu Selbstzeugnis f. seine messian. Würde. Eine biblisch-theologische Untersuchung. (VII, 181 S.) 907. (XII. Bd. 1. 2. Heft.) 4. 50

— Die Wiederkunft Christi nach den Paulin. Briefen. (VIII, 205 S.) 909. (XIV. Bd. 1. 2. Heft.) 5. 60

Vogels, Heinr. Jos., St. Augustins Schrift De consensu evangelistarum unter vornehmlicher Berücksichtigg. ihrer harmonistischen Anschauungen. Eine biblisch-patrist. Studie. (V, VII, 148 S.) 908. (XIII. Bd. 5. Heft.) 4. —

Vogt, Pet., S. J., der Stammbaum Christi bei den hl. Evangelisten Matthäus u. Lukas. Eine historisch-exegetische Untersuchg. (XX, 121 S.) 907. (XII. Bd. 3. Heft.) 3. 60

Studien f. Blumenzeichner, zum systematischen Unterricht entworfen, von H. Mücke. gr. Fol. Breslau, Max. 816.

— Bonner. Aufsätze aus der Altertumswissenschaft. Reinhard Kekulé zur Erinnerg. an seine Lehrthätigkeit in Bonn gewidmet v. seinen Schülern. Lex.-8. (IV, 260 S. m. eingedr. Abbildgn. u. 12 z. Thl. farb. Taf.) Berlin 890. Spemann. n. 20. —

— Bonner, zur englischen Philologie. Hrsg. v. K. D. Bülbring. 1.—3. Heft. gr. 8. Bonn, P. Hanstein. 20. —

Carpenter, H. C. A., die Deklination in der nordhumbrischen Evangelienübersetzung der Lindisfarner Handschrift. (XIV, 320 S.) 910. (Heft 2.) 10. —

Mutschmann, Heinr., a phonology of the North-Eastern. Scotch dialect on an historical basis. (X, 88 S.) 909. (Heft 1.) 3. —

Price, H. T., B. A., a history of Ablaut in the strong verbs from Caxton to the end of the Elizabethan period. (XVI, 200 S.) 910. (Heft 3.) 7. —

— von Booten u. Landschaften an der Meeresküste, f. Landschafts- u. Marinemaler, nach St. Prout. qu. 4. Münch. 820. Zeller. 1 ß 8 ℛ

Breslauer Studien. Festschrift d. Ver. f. Gesch. u. Alterthum Schlesiens z. 25jähr. Amtsjub. s. Vicepräses Hermann Markgraf. Breslau: E. Wohlfahrth 1901. (224 S.) 8°
(Zeitschrift d. Vereins f. Geschichte u. Alterthum Schlesiens. Bd 36, H. 2.)

— Breslauer, zur Geschichte, hrsg. v. Conr. Cichorius, Frz. Kampers, Geo. Kaufmann u. Geo. Frdr. Preuss. 1.—3. Heft. gr. 8. Breslau, Trewendt & Granier. 10. —

Ludwig, Vict., üb. Friedrich Wilhelm IV. Stellung z. preuss. Verfassungsfrage. (VIII, 105 S.) 907. (Heft 1.) 3. —

Teuber, Geo., Beiträge zur Geschichte der Eroberung Britanniens durch die Römer. (V, 88 S. m. 1 Karte.) 909. (Heft 3.) 2. 50

Thierse, Paul, der nationale Gedanke u. d. Kaiseridee bei den schlesischen Humanisten. (XI, 188 S.) 908. (Heft 2.) 4. 50

Studien aus dem Collegium Sapientiae zu Freiburg im Breisgau. 1.—8. Bd. gr. 8. Freiburg i/B. (Geschäftsstelle d. Charitas-Verbandes f. d. kath. Deutschland). n. 21.70

1. Fürstbischof Jakob Fugger von Konstanz (1604—1626) u. die katholische Reform d. Diözese im ersten Viertel des 17. Jahrh. Von Konst. Holl. Mit e. Heliograv. des Fürstbischofs Jakob Fugger. (XII, 295 S.) 898. n. 3. 60
2. Die Handwerker u. die Kreditgenossenschaften. Ein Beitrag zur Handwerkerorganisation. Von Ant Retzbach. (VIII, 133 S.) 899. n.n. 2. —
3. Untersuchungen über die Sullanische Verfassung. Von Jos. Lengle. (VIII, 72 S.) 899. 1. 50
4. Der Einfluß der deutschen protestantischen Regierungen auf die Bischofswahlen. Von A. Rösch. (VIII, 269 S.) 900. n. 3.—
5. Der Animismus od. Ursprung u Entwicklg. der Religion aus dem Seelen-, Ahnen- u. Geisterkult. Ein krit. Beitrag zur vergleich. Religionswissenschaft. Von Aloys Borchert. (XVI, 239 S.) 900. n. 2. 80
6. Wahl u. Krönung der deutschen Kaiser u. Könige in Italien (Lombardei). Von Aug. Kroener. (VII, 191 S.) 901. n. 2. 20
7. König Sigismunds Kirchenpolitik vom Tode Bonifaz' IX. bis zur Berufung des Konstanzer Konzils (1404—1413). Von Emil Goeller. (VIII, 227 S.) 902. n. 3. —
8. Ursprung u. Entfaltung der habsburgischen Rechte im Oberelsaß, besonders in der ehemal. Herrschaft Landser. Von Jos. Schmidlin. (VII, 244 S. m. 1 farb. Karte.) 902. n. 3. 60

—— über Dalmatien und Oesterreich's Politik. Von einem österreich. Offizier. gr. 8. (24 S.) Graz 869, (Verlag Leykam-Josefsthal.) *

Studien u. Darstellungen aus dem Gebiete der Geschichte. Im Auftrage der Görres-Gesellschaft u. in Verbindg. m. der Red. des histor. Jahrbuches hrsg. von Herm. Grauert. I. Bd. 3 Hfte. gr. 8. Freiburg i/B., Herder. n. 5. —

1. Die 'Sammlung der hinterlassenen politischen Schriften des Prinzen Eugen v. Savoyen'. Eine Fälschung des 19. Jahrh. Von Bruno Böhm. (VIII, 114 S.) 900. n. 2. —

2. 3. Alexander der Große u. die Idee des Weltimperiums in Prophetie u. Sage. Grundlinien, Materialien u. Forschgn. Von Frz. Kampers. (XI, 192 S.) 901. n. 3. —

— dasselbe. II. Bd. 1. Hft. gr. 8. Ebd. n. 1. 50

Wolfgang v. Salm, Bischof v. Passau (1540—1555). Ein Beitrag zur Geschichte des 16. Jahrh. Von Rob. Reichenberger. (VII, 84 S.) 902.

— u. **Darstellungen** aus dem Gebiete der Geschichte. Im Auftrage der Görres-Gesellschaft u. in Verbindg. m. der Red. des histor. Jahrbuches hrsg. v. Herm. Grauert. II. Bd. 2. u. 3. Heft. gr. 8. Freiburg i/B., Herder. n. 3. 40 (II. Bd. vollständig: n. 4. 90)

2. 3. Die wirtschaftliche Bedeutung der bayerischen Klöster in der Zeit der Agilulfinger. Von Max Fastlinger. (XII, 182 S.) 903.

— — dasselbe, III. Bd. 4 Hefte. gr. 8. Ebd. n. 6. 60

1. 2. Die ursprüngliche Templerregel. Kritisch untersucht u. hrsg. Von Gust. Schnürer. (VIII, 157 S.) 903. n. 2. 80

3. 4. Papst Bonifatius IX. (1389—1404) u. seine Beziehungen zur deutschen Kirche. Von Max Jansen. (V, XI, 214 S.) 904. n. 3. 80

— — dasselbe, IV. Bd. 3 Hefte. gr. 8. Ebd. n. 6. 20

1. Christoph Gewold. Ein Beitrag zur Gelehrtengeschichte der Gegenreformation u. zur Geschichte des Kampfes um die pfälz. Kur. Von Ant. Dürrwächter. (VIII, 134 S.) 904. n. 2. 60

2. 3. Die geschichtsphilosophische u. kirchenpolitische Weltanschauung Ottos v. Freising. Ein Beitrag zur mittelalterlichen Geistesgeschichte. Von Jos. Schmidlin. (VII, XII, 168 S.) 906. n. 3. 60

— — dasselbe, V. Bd. 3 Hefte. gr. 8. Ebd. n. 8. —

1. Kardinal Giordano Orsini († 1438). Ein Lebensbild aus der Zeit der großen Konzilien u. des Humanismus. Von Erich König. (XII, 123 S.) 906. n. 3. —

2. 3. Die Jesuiten u. die Friedensfrage in der Zeit vom Prager Frieden bis zum Nürnberger Friedensexekutionshauptprozeß 1635—1650. Von Ludw. Steinberger. (XXIII, 215 S.) 906. n. 5. —

— u. **Darstellungen** aus dem Gebiete der Geschichte. Im Auftrage der Görres-Gesellschaft u. in Verbindg. m. der Red. des histor. Jahrbuches hrsg. v. Herm. Grauert. VI. u. VII. Bd. à 3 Hefte. gr. 8. Freiburg i/B., Herder. 19. 40

Creutzberg, Heinr. Aug., Karl v. Miltitz. 1490—1529. Sein Leben u. seine geschichtl. Bedeutg. (VIII, 123 S.) 907. (VI. Bd. 1. Heft.) 2. 80

Meyer, Herm., Lupold v. Bebenburg. Studien zu seinen Schriften. Ein Beitrag zur Geschichte der staatsrechtlichen u. kirchenpolit. Ideen u. der Publizistik im 14. Jahrh. (XIV, 240 S.) 909. (VII. Bd. 1. 2. Heft.) 5. 60

Stauber, Rich., die Schedelsche Bibliothek. Ein Beitrag zur Geschichte der Ausbreitung der italien. Renaissance, des deutschen Humanismus u. der medizin. Literatur. Nach dem Tode des Verf. hrsg. v. Otto Hartig. (XVI, 277 S.) 908. (VI. Bd. 2. 3. Heft.) 8. —

Veit, Andr. Ludw., kirchliche Reformbestrebungen im ehemal. Erzstift Mainz unter Erzbischof Johann Philipp v. Schönborn. 1647—1673. Unter Benützg. bisher ungedruckter archival. Dokumente dargestellt. (XIV, 119 S.) 910. (VII. Bd. 3. Heft.) 3. —

Demokratische Studien. Unter Mitwirkung von L. Bamberger, Karl Grün, Moritz Hartmann, Friedrich Kapp, F. Lassalle, Michelet, H. B. Oppenheim, L. Simon, Adolf Stahr, Carl Vogt u. a. hrsg. von Ludwig Walesrode. Hamburg, O. Meißner 1860. VII 487 S. 8.

—— dass. — 1861. Unter Mitwirkung von L. Bamberger, Mor. Hartmann, Friedr. Kapp, F. Lassalle rc. hrsg. von Ludw. Walesrode. gr. 8. (XII und 554 S.) Ebendas. *

— demotische. Hrsg. v. Wilh. Spiegelberg. 3. u. 4. Heft. 33×25,5 cm. Leipzig, J. C. Hinrichs' Verl. 65. —

Spiegelberg, Wilh., der Sagenkreis des Königs Petubastis. Nach dem Strassburger demot. Papyros sowie den Wiener u. Pariser Bruchstücken hrsg. (80 S. u. 102 autogr. S. m. 22 Taf.) 910. (3. Heft.) 45. —

Totenbuch, das demotische, der Pariser Nationalbibliothek (Papyrus des Pamonthes). Unter Mitwirkg. v. W. Spiegelberg hrsg. v. Frz. Lexa. (XV, 37 S. in Autogr. m. 6 Taf.) 910. (4. Heft.) 20. —

Vergl.: Spiegelberg, Wilh.

— üb. christliche Denkmäler. Hrsg. v. Johs. Ficker. Neue Folge der archäolog. Studien zum christl. Altertum u. Mittelalter. 1. Hft. gr. 8. Leipzig, Dieterich. n. 3.20

Gebet u. Bild in frühchristlicher Zeit. Von Karl Michel. (X, 127 S.) 902. n. 3. 20

— über christliche Denkmäler. Hrsg. v. Johs. Ficker. Neue Folge der archäolog. Studien zum christl. Altertum u. Mittelalter. 2. u. 3. Heft. gr. 8. Leipzig, Dieterich. à n. 4. —

2. Die frühchristlichen Darstellungen der Kreuzigung Christi. Von Johs. Reil. Mit 6 Taf. (IX, 128 S.) 904.

3. Das geograph. Mosaik v. Madaba. Die älteste Karte des hl. Landes. Ein Beitrag zu ihrer Erklärung. Von Adf. Jacoby. Mit 1 Plane der Karte u. 4 Abbildgn. (IX, 110 S.) 905.

— über christliche Denkmäler. Hrsg. v. Johs. Ficker. Neue Folge d. archäolog. Studien z. christl. Altertum u. Mittelalter. 4.—10. Heft. gr. 8. Leipzig, Dieterich. 44. —

Dammann, Walt. H., die St. Michaeliskirche zu Hamburg u. ihre Erbauer. Ein Beitrag zur Geschichte der neueren protestant. Kirchenbaukunst. Mit 20 Abb. (VI, 207 S.) 909. (7. 8. Heft.) 6. —; geb. 7. 50

Guyer, Sam., die christlichen Denkmäler des ersten Jahrtausends in d. Schweiz. Mit 31 Abb. (XIII, 115 S.) 907. (4. Heft.) 5. —

Reil, Johs., die altchristlichen Bildzyklen des Lebens Jesu. (VIII, 150 S. m. 1 Fig.) 910. (10. Heft.) 5. —

Rott, Hans, kleinasiatische Denkmäler aus Pisidien, Pamphylien, Kappadokien u. Lykien. Darstellender Tl. Nebst Beiträgen v. K. Michel, L. Messerschmidt u. W. Weber. Mit 6 Taf., 130 Abb. im Text u. e. archäolog. Karte v. Kleinasien. Mit Unterstützg. d. Cunitz-Stiftg. in Strassburg. (XIV, 393 S.) 908. (5. 6. Heft). 25. —

Schönewolf, Otto, die Darstellung der Auferstehung Christi, ihre Entstehung u. ihre ältesten Denkmäler. Hrsg. v. Johs. Ficker. Mit 2 Taf. u. 1 Abb. im Text. (XII, 88 S.) 909. (9. Heft.) 3. —

1.—3. Heft. Ebd. 902—06. 11.20.

— dermatologische. Hrsg. v. P. G. Unna. 1. u. 2. Hft. gr. 8. Hamburg 886. Voss. n. 6. 60
1. Die Lepra-Bacillen in ihrem Verhältnis zum Hautgewebe v. P. G. Unna. Mit 1 chromolith. Taf. Zur Morphologie d. Mikroorganismus der Lepra v. Adph. Lutz. Mit 1 Abbildg. in Holzschn. (100 S.) n. 5. —
2. Ichthyol u. Resorcin als Repräsentanten der Gruppe reduzierender Heilmittel v. P. G. Unna. (85 S.) n. 1. 60

— dermatologische. Hrsg. v. P. G. Unna. 3.—7. Hft. gr. 8. Hamburg 887. 888. Voss. n. 18. 40 (1—7.: n. 25. —)
3. Beiträge zur Anatomie u. Pathogenese der Urticaria simplex u. pigmentosa. Zur Kenntnis d. elastischen Gewebes der Haut. Von P. G. Unna. Mit 3 chromolith. Taf. (63 S.) n. 5. —
4. Die Rosaniline u. Pararosaniline. Eine bakteriolog. Farbenstudie v. P. G. Unna. (VIII, 73 S.) n. 2. —
5. Zur Lehre v. den Erythemen. Von Polotebnoff. Mit 9 Holzschn. im Text. (V, 177 S.) n. 6. —
6. Über e. kombiniertes Universalverfahren, Spaltpilze im tierischen Gewebe nachzuweisen. Zur patholog. Anatomie der Lepra. Beitrag zu den Pilzbefunden bei Mykosis fungoides. Von H. Kühne. Mit 2 lith. Taf. (39 S.) n. 3. —
7. Über die schwarze Haarzunge. Von Fr. Brosin. Mit 2 Abbildgn. auf 1 Taf. (65 S.) n. 2. 40

Studien, dermatologische. Hrsg. v. P. G. Unna. 2. Reihe. 1.—4. Hft. gr. 8. Hamburg 889. 890. Voss. n. 7. 60
1. Ueber Seifen. Mit besond. Berücksicht. u. Angabe v. neuen medizin. Seifen. Von P. J. Eichhoff. (60 S.) n. 1. 60
2. Zwei vergessene Arbeiten aus der klassischen Periode d. Hautanatomie. Neu hrsg. v. P. G. Unna. [Mikroskopisch-anatomische Untersuchungen zum Studium der Epidermis u. Cutis der Palma manus v. E. Oehl. — Zur Funktion der Knäueldrüsen v. G. Meissner.] (96 S.) n. 2. —
3. Neue Studien üb. Syphilide v. P. Tommasoli u. P. G. Unna. (91 S.) n. 2. —
4. Beobachtungen u. Ideen üb. Hypertrichose v. Geyl. (64 S. m. 2 Taf.) n. 2. —

— dermatologische. Hrsg. v. P. G. Unna. 2. Reihe. 5. u. 6. Hft. (Der ganzen Reihe 12. u. 13. Hft.) gr. 8. Hamburg, L. Voss. n. 6. —
5. Über die Beziehungen d. Ekzems zu Störungen d. Nervensystems. Von L. Duncan Bulkley. — Psoriasis. Von A. G. Polotebnoff. Deutsch v. Emil Kroug. (V, 142 S. m. 8 Holzschn.) 891. n. 4. —
6. Beitrag zur Würdigung der medikamentösen Seifen unter Zugrundelegung v. Seifen in flüssiger u. weicher Form v. F. Bussi. (VII, 76 S.) 891. n. 2. —

— dasselbe. Der ganzen Reihe 14.—18. Hft. gr. 8. Ebd. n. 18. 20
14. Topographie d. elastischen Gewebes innerhalb der Haut d. Erwachsenen. Von Ludw. Zenthoefer. (25 S. m. 2 farb. Taf.) 892. n. 2. 40
15. Schema e. neuen Klassifikation der Hautkrankheiten. Über autotoxische Keratodermiten. (Parakeratosen Auspitz u. Unna.) Studie v. Pierleone Tommasoli. (XVIII, 161 S.) 893. n. 4. —
16. Die Zaraath (Lepra) der hebräischen Bibel. Einleitung in die Geschichte d. Aussatzes. Von G. N. Münch. (VIII, 167 S. m. 2 Lichtdr.-Taf.) n. 6. —
17. Ein dermatologisches System auf pathologisch-anatomischer (Hebra'scher) Basis. Von S. Jessner. (66 S.) 893. n. 1. 80
18. Schwund u. Regeneration des elastischen Gewebes der Haut unter verschiedenen pathologischen Verhältnissen. I. Von Kurt Passarge. II. Von Rud. Krösing. (106 S. m. 2 farb. u. 2 Lichtdr.-Taf.) 894. n. 4. —

— dermatologische. Hrsg. v. P. G. Unna. Der ganzen Reihe 19. Heft. gr. 8. Hamburg, L. Voss. n. 6. —; f. Abnehmer der Monatshefte f. prakt. Dermatologie als Ergänzungsheft 1903, I n. 4 50
Die feinere Architektur der primären Hautcarcinome u. insbesondere die bei ihnen obwaltenden verschiedenen Beziehungen zwischen Epithelwucherung u. Bindegewebswiderstand. Von Cornelius Beck u. Edm. Krompecher. Mit 4 Taf. Gekrönte Preisschrift. (112 S.) 903.

—— dass. — s. Monatshefte f. praktische Dermatologie.

Dermatologische **Studien**, dem Hamburger Dermatologen P[aul] G[erson] Unna gewidmet von Freunden und Schülern zum sechzigsten Geburtstage. Mit 1 Portr., Abb. u. Taf. T. 1. 2. Hamburg & Leipzig: Voss 1910. 8°
[Rückent.:] Unna-Festschrift.
(Dermatologische Studien. Bd 20. 21.) [11. 10441

— in arabischen Dichtern. I. u. II. Hft. gr. 8. Berlin, Mayer & Müller. n. 4. 80
I. L. Abel's neue Mu'allaqât-Ausgabe, nachgeprüft v. Geo. Jacob. (IV, 80 S.) 893. n. 2. 80
II. Noten zum Verständnis der Mu'allaqât v. Geo. Jacob. (S. 81—123.) 894. n. 1. 60

Studien in arabischen Dichtern. III. Hft. gr. 8. Berlin 895. Mayer & Müller. n. 5. — (I—III: n. 9. 30)
Das Leben d. vorislâm. Beduinen, nach d. Quellen geschild. v. Geo. Jacob. (XI, 179 S.)

— dasselbe, Fortsetzg., s.: Jacob, Geo.

Studien im Diciplinar-Wesen der Preussischen Justiz-Verwaltung. Von einem ehemaligen Richter. Berlin 1872. V: *Bernau*. (KGBerlin I, 1685)

Dorpater juristische **Studien**. Hrsg. von Ed. Osenbrüggen. Dorpat 1849.
[Inhalt:]
1. **Haken**, Ottom.: Die intellectuelle Urheberschaft der Verbrechen an einem Rechtsfall erörtert. (1848.)
2. **Brunnow**, O. Baron v.: Versuch über den Begriff der Injurie oder das That- und Willensmoment bei der Injurie. (1848.)
3. **Stoffregen**, Reinh. v.: Erörterung eines Rechtsfalls, den zweimaligen Verkauf derselben Sache betr. (1848.)
4. **Meykow**, Ottom.: Die Lehre des röm. Rechts von dem Eigenthumserwerb durch Specification. (1846.)

—— dorpater juristische, hrsg. von Ed. Osenbrüggen. gr. 8. (VII und 183 S.) Dorpat 849, Gläser.

Dorpater Juristische **Studien**. Hrsg. von Dr. J[ohannes] Engelmann, Prof., Dorpat, Dr. C[arl] Erdmann, Prof., Dorpat, u. Dr. W. v. Rohland, Prof., Freiburg im Br. Bd 1–4. Dorpat: E. J. Karow in Komm. 1893–96. 4 Bde 8° [J.]
1. 1893. 2. 3. 1894. 4. 1896. [07. 6776

— Dorpater juristische. Hrsg. v. J. Engelmann, C. Erdmann, W. v. Rohland. 1. Bd. gr. 8. (III, 320 S.) Jurjew (Dorpat) 893. (E. J. Karow.) n.n. 5. —

— dasselbe. 2. Bd. 2 Hfte. gr. 8. (III, 333 S.) Ebd. 893. n. 5. —

— dasselbe. 3. Bd. 3 Hfte. gr. 8. (VIII, 403 S.) Ebd. 894. n. 7. —

— Dorpater juristische. Hrsg. v. J. Engelmann, C. Erdmann, W. v. Rohland. 4. Bd. 2 Hfte. gr. 8. (III, 485 S.) Jurjew (Dorpat) 895. 96. (E. J. Karow.) n. 3. —

Studien zur alttestamentlichen Einleitung u. Geschichte. 1. u. 2. Hft. gr. 8. München, J. J. Lentner. n. 3. 20
1. Das Buch der Könige (Reg. III. IV.). Untersuchung seiner Bestandteile u. seines litterar. u. geschichtlichen Charakters. Von Carl Holzhey. (63 S.) 899. n. 1. 40
2. Die Bücher Ezra u. Nehemia. Untersuchungen ihres litterar. u. geschichtl. Charakters. Von Carl Holzhey. (68 S.) 902 n. 1. 80

— zur alttestamentlichen Einleitung u. Geschichte. Hrsg. v. Carl Holzhey. 3. Heft. gr. 8. München, J. J. Lentner. n. 2. — (1.—3.: 5. 20)
Ehe- u. Familienrecht der Hebräer. Von Thad. Engert. (VII, 108 S.) 905.

—— über die heutigen Eisenbahnen im Kriegsfalle. Von Miles Ferrarius. gr. 8. (VII, 55 S.) Wien 892, Hartleben. * 1 20

— über die Eisenbahn-Reform in Oesterreich v. V. K. gr. 8. (50 S.) Wien 875. Hölzel in Comm. n. 1. 20

—— englische. Hrsg. von Eug. Kölbing. 1. Bd. 3 Hefte. gr. 8. Heilbronn 877, Gebr. Henninger. [1. und 2. Heft. (S. 1—366.) * ℳ 11,50.; 3. Heft. (VI, S. 367—546.) * ℳ 5,50.] *

—— dass. — 2. Bd. 2 Hefte. gr. 8. Ebendas. [1. Heft. (S. 1—294.) 878. * ℳ 9.; 2. Heft. (VI, S. 295—539.) 879. * ℳ 8.] *

—— dass. — 3. Bd. 3 Hefte. gr. 8. Ebendas. [1. Heft. (S. 1—208.) 879. * ℳ 6,50.; 2. Heft. (S. 209—408.) 880. * ℳ 6.; 3. Heft. (IV, S. 409—543.) 880. * ℳ 4,50.] *

—— englische. Organ für engl. philologie unter mitberücksicht. des engl. unterrichtes auf höheren schulen. Hrsg. von Eug. Kölbing. 4. Bd. 3 Hefte. gr. 8. Heilbronn, Gebr. Henninger. Abonnementspr. *

Inhalt:

Heft 1. Stengel, E., bilden die ersten 126 Sonetten Shakespeare's einen Sonettencyclus, und welches ist die ursprüngliche Reihenfolge derselben? — Boyle, R., Shakespeare und die beiden edlen Vettern. — Sattler, W., zur englischen Grammatik. IV. — Stratmann, F. H., Verbesserungen zu altenglischen Schriftstellern. — Stratmann, F. H., Notizen zur mittelenglischen Lautlehre. — Wendt, G., die Behandlung der englischen Präpositionen auf der Realschule I. O. (S. 1—195.) 881. * ℳ 7.

» 2. Kaluza, M., über das Verhältniss des mittelengl. alliterirenden Gedichtes „William of Palerne" zu seiner französ. Vorlage. — Fischer, H., zur Geschichte der Aussprache des Englischen. — Stratmann, F. H., zur mittelengl. Grammatik. — Thum, R., Anmerkungen zu Macaulay's History. II. (S. 197—372.) 881. * ℳ 6,40.

Heft 3. Bobertag, F., zu John Dryden. — Thum, R., Anmerkungen zu Macaulay's History. III. — Münch, W., die Frage des englischen Aufsatzes in Realprima. (S. 373—514.) 881. * ℳ 4.

—— dass. — Organ für engl. philologie unter mitberücksicht. des engl. unterrichtes auf höheren schulen. Hrsg. von Eug. Kölbing. 5. Bd. 2 Hefte. gr. 8. Heilbronn, Gebr. Henninger. Abonnementspr. *

Inhalt:

Heft 1. Regel, H. M., über George Chapman's Homerübersetzung. — Breymann, H., Marlowe's Doctor Faustus und Herr J. H. Albers. — Walter, M., Beiträge zu Ralph Royster Doyster. — Boyle, R., Beaumont, Fletcher and Massinger. — Treutler, H., die Otinelsage im Mittelalter. — Kölbing, E., kleine Beiträge zur Erklärung und Textkritik engl. Dichter. III. (S. 1—294.) 881. * ℳ 10.

» 2. Regel, H. M., über George Chapman's Homerübersetzung (Schluss). — Goodlet, John, Shakspeare's debt to John Lilly. — Boyle, R., Pericles. — Stratmann, F. H., kleine Beiträge zur mittelengl. Grammatik. — Stratmann, F. H., zum mittelengl. Wörterbuche. — Stratmann, F. H., Verbesserungen zu engl. Schriftstellern. — Kölbing, E., zu Dame Siriz. — Wendt, G., die Behandlung der engl. Präpositionen auf der Realschule I. O. (Fortsetzung). (X, S. 295—494.) 882. * ℳ 7.

— dasselbe. 5. Bd. gr. 8. (1. Hft. 294 S.) Ebend. 882. n. 15. —

—— dass. — 6. Bd. 3 Hefte. gr. 8. Ebendas. 883. Abonnementspr. *

Inhalt:

Heft 1. Sarrazin, G., über die Quellen des Orrmulum. — Sattler, W., zur engl. Grammatik. V. — Thum, R., Anmerkungen zu Macaulay's History. IV. — Sarrazin, G., zur Etymologie von „bad". (S. 1—162.) * ℳ 5,50.

» 2. Hoffmann, A., der bildliche Ausdruck im Beówulf und in der Edda. — Wendt, G., die Behandlung der engl. Präpositionen auf der Realschule I. O. (Schluss). (S. 163—310.) * ℳ 5.

» 3. Elze, K., Last notes on Mucedorus. — Kluge, F., zu altengl. Dichtungen. I. Der Seefahrer. — Kares, Otto, Hermeneutische und phraseologische Anmerkungen zu Tom Browns schooldays. I. — Krummacher, M., Notizen über den Sprachgebrauch Carlyle's. — Thum, R., Anmerkungen zu Macaulay's History. V. — Elze, K., Notes on „The tempest". — Stratmann, F. H., Etymologisches. — Kölbing, E., Collationen. I—IV. — Sattler, W., zur engl. Grammatik. VI. — Powel, York, A few notes on Sir Tristrem. (VIII, S. 311—479.) * ℳ 6.

—— dass. — 7. Bd. 3 Hefte. gr. 8. Ebendas. Abonnementspr. *

Inhalt:

Heft 1. Gierth, F., über die älteste mittelengl. Version der Assumptio Mariae. — Brandes, H., über die Quelle der mittelengl. Versionen der Paulusvision. — Brink, B. ten, Barewe, bare, bere. — Boyle, R., Beaumont, Fletcher and Massinger. — Fleay, F. G., Neglected facts on Hamlet. — Powell, York, Notes on Death and Liffe. — Kölbing, E., kleine Publikationen aus der Auchinlecks-Hs. I. II. (S. 1—238.) 883. * ℳ 8,20.

» 2. Schönbach, A., Beiträge zur Charakteristik Nathaniel Hawthorne's. — Horstmann, C., Informacio Alredi abbatis Monasterij de Rieualle ad sororem suam inclusam: Translata de Latino in Anglicum per Thomam N., aus Ms. Vernon fol. a—k. — Kölbing, E., Collationen. V. VI. (S. 239—386.) 884. * ℳ 5.

» 3. Kares, Otto, Anmerkungen zu Tom Brown's Schooldays. II. — Ullmann, J., Studien zu R. Rolle de Hampole. (X, S. 387—502.) 884. * ℳ 4.

—— dass. — 8. Bd. 3 Hefte. gr. 8. Ebendas. Abonnementspr. *

Inhalt:

Heft 1. Thum, R., Anmerkungen zu Macaulay's History. VI. — Sattler, W., zur engl. Grammatik. VI. — Boyle, R., Beaumont, Fletcher and Massinger (Fortsetzung). — Kluge, F., Fragment eines angelsächsischen Briefes. — Sarrazin, G., Vocaldisimilation im Mittelenglischen. — Sarrazin, G., zur Etymologie von bad. — Kribel, G., Studien zu Richard Rolle de Hampole. II. — Kölbing, E., kleine Publikationen aus der Auchinleck-Hs. III. (S. 1—208.) 884. * ℳ 7.

» 2. Hoofe, A., Lautuntersuchungen zu Osbern Bokenams Legenden. — Horstmann, C., Mittheilungen aus Ms. Vernon. — Horstmann, C., 1. La estorie del Euangelie. 2. A dispitison betwene a god man and the deuel. 3. The pope Trendal. — Rathschläge für eine Orientreise. — Klinghardt, H., Questions by-twene the maister of Oxenford and his clerke. — Die Lautphysiologie in der Schule. I. II. (S. 209—426.) 885. * ℳ 7,40.

Heft 3. Schwartz, M., kleine Publikationen aus der Auchinleck-Hs. IV. — Zupitza, Julius, zur Etymologie von ne, merry. — Kluge, F., zu altengl. Dichtungen. — Kluge, F., englische Etymologien. (X, S. 427—511.) 885. * ℳ 3.

—— englische. Organ für englische philologie unter mitberücksicht. des engl. unterrichtes auf höheren schulen. Hrsg. von Eugen Kölbing. 9. Bd. 3 Hefte. gr. 8. Heilbronn, Gebr. Henninger. * 15 —

Inhalt:

Heft 1. Smith, L. Toulmin, S. Patrik's Purgatory, and the Knight, Sir Owen. (From a Manuscript of the 15th century.) — Fleay, F. G., on the chronology of the plays of Fletcher and Massinger. — Kluge, F., zum altenglischen Sprachschatz. Excerpte aus der Interlinearversion von Beda's Liber Scintillarum. — Kölbing, E., kleine Publikationen aus der Auchinleck-Hs. V. Ueber die sieben Todsünden. VI. Das Vater Unser. VII. Psalm L. — Breul, Karl, the boke of Curtesy. (S. 1—200.) 885. * ℳ 6.80.

» 2. Herford, C. H., on the Glass of Government. — Boyle, R., Beaumont, Fletcher and Massinger. (Continuation.) — Varnhagen, H., die Erzählung von der Wiege. (Chaucer's Reve's Tale.) — Elze, K., Notes and Conjectural Emendations on „Antony and Cleopatra" and „Pericles". — Schröer, A., de consuetudine monachorum. (S. 201—390.) 886. * ℳ 6.40.

» 3. Thum, R., Anmerkungen zu Macaulay's History. VII. — Kölbing, E., kleine Publikationen aus der Auchinleck-Hs. VIII. Die Feinde des Menschen. (XI, S. 391—506.) 886. ℳ 4.—.

—— dass. — 10. Bd. 3 Hefte. gr. 8. Ebendas. * 15 —

Inhalt:

Heft 1. Horstmann, C., Mappula Angliae, von Osbern Bokenham. (Uebersetzung aus Higden's Polycr. I. Cap. S. 39 fg.) MS. Harl. 4011, fol. 144. — Zupitza, Julius, zum Lay le Freine. — Klinghardt, H., Techmer's und Sweet's Vorschläge zur Reform des Unterrichts im Englischen. — Kellner, Leon, die Quelle von Marlowe's „Jew of Malta". (S. 1—214.) 886. * ℳ 7.20.

Heft 2. Adler, M., und M. Kaluza, Studien zu Richard Rolle de Hampole. III. Ueber die Richard Rolle de Hampole zugeschriebene Paraphrase der sieben Busspsalmen. — Sattler, W., zur englischen Grammatik. VII. Plural. (S. 215—372.) 887. * ℳ 5.40.

» 3. Koeppel, E., die Fragmente von Barbour's Trojanerkrieg. — Boyle, R., Beaumont, Fletcher and Massinger. (Cont.) — Jespersen, O., der neue Sprachunterricht. (XII, S. 373—533.) 887. * ℳ 5.40.

— englische. Organ für englische philologie unter mitberücksichtigung des engl. unterrichtes auf höheren schulen. Hrsg. v. Eug. Kölbing. 11. Bd. 3 Hfte. gr. 8. [Heilbronn.] Leipzig, Reisland. n. 15. —

1. Krause, F., kleine Publikationen aus der Auchinleck-Hs. IX. The King of Tars. — Napier, A., altenglische Glossen. — Krummacher, M., Sprache u. Stil v. Carlyle's „Friedrich II." — Wendt, G., Irland im 19. Jahrhundert. (S. 1—216.) 887. n. 7. 20

2. Elze, K., Notes on „Othello". — Kaluza, M., zum Handschriftenverhältniss u. zur Textkritik des Cursor Mundi. — Klinghardt, H., australischer Volkscharakter. (S. 217—400.) 888. n. 6. 20

3. Zupitza, J., Cantus beati Godrici. — Krummacher, M., Sprache u. Stil in Carlyle's „Friedrich II." (Forts.) — Swoboda, W., der VI. Congress der Société Nationale des Professeurs de Français en Angleterre. (X, S. 401—553.) 888. n. 5. —

— dasselbe. 12. Bd. 3 Hfte. gr. 8. Ebd. n. 15. —
1. Willenberg, G., die Quellen v. Osbern Bokenham's Legenden. — Krummacher, M., Sprache u. Stil in Carlyle's „Friedrich II.“ (Schluss.) — Jameson, J. F., historical writing in the United States, 1783—1861. (S. 1—160.) 888. n. 5. 50
2. Brandl, A., über einige historische Anspielungen in den Chaucer-Dichtungen. — Else, K., Notes on K. Richard II. — Franz, W., die Dialektsprache bei Ch. Dickens. — Breul, K., das wissenschaftliche Studium der neueren Sprachen in Cambridge. — Heymann, W., über die Lehre vom bestimmten Artikel im Englischen. (S. 161—322.) 888. n. 5. 50
3. Caro, J., kleine publicationen aus der Auchinleck-hs. X. Horn Childe and Maiden Rimnild. — Sattler, W., zur engl. Grammatik. VII. Plural. — Swoboda, W., Aneignung eines „wortvorraths“ in einer fremden (besond. der engl.) Sprache. (VIII u. S. 323—486.) 889. n. 5. 70

— dasselbe. 13. Bd. 3 Hfte. gr. 8. Ebd. n. 15. —
1. Kittredge, G. Lyman, supposed historical allusions in the squire's tale. — Napier, A., altenglische glossen zu Isidor's Contra Judaeos. — Fleay, F. G., annals of the career of Nathaniel Field. — Leonhardt, B., Bonduca. — Weinthaler, F., einiges aus der schulpraxis, ein beitrag zur modernen sprachunterrichtsfrage. (S. 1—164.) 889. n. 5. 70
2. Kupferschmidt, M., üb. das handschriftenverhältniss der Winchester-annalen. — Kellner, L., Sir Clyomon and Sir Clamydes, ein romant. schauspiel des 16. jahrhunderts. — Jameson, J. F., historical writing in the United States, since 1861. (S. 165—330.) 889. n. 5. 70
3. Zupitza, J., die romanze von Athelston. I. II. — Holzhausen, P., Dryden's heroisches drama. — Wendt, G., das englische haus der gemeinen. (VIII u. S. 331—530.) 889. n. 6. 60

— dasselbe. 14. Bd. 3 Hfte. gr. 8. Ebd. n. 15. —
1. Kellner, L., zur textkritik von Chaucer's Boethius. — Oliphant, E. F., the works of Beaumont and Fletcher. — Klinghardt, H., die genetische erklärg. d. sprachl. ausdrucksformen im unterricht. (S. 1—164.) 890. n. 5. 70
2. Kalusa, M., kleinere publicationen aus me. handschriften. — Lauchert, F., der einfluss des Physiologus auf den euphuismus. — Swoboda, W., die methode Toussaint-Langenscheidt. (S. 165—330.) 890. n. 5. 50
3. Zupitza, J., die romanze von Athelston. III. Epilegomena. — Fischer, R., zur frage nach der autorschaft von „Sir Clyomon and Sir Clamydes“. — White, H. S., recent american historical publications. (VI u. S. 331—482.) 890. n. 5. 50

— dasselbe. 15. Bd. 1. u. 2. Hft. gr. 8. Ebd.
pro 15. Bd. cplt.: n. 15. —
1. Zupitza, J., zu Torrent of Portugal. — Holzhausen, F., üb. Dryden's heroisches drama. (Forts.) — Koeppel, E., üb. die echtheit der Edmund Spenser zugeschriebenen „Visions of Petrarch“ and „Visions of Bellay“. — Wendt, A., dativ und accusativ im Englischen. (S. 1—160.) 891. n. 5. 50
2. Jentsch, F., die mittelenglische romanze Richard Coeur de Lion u. ihre quellen. — Kölbing, E., Collationen. — Sarrazin, G., der verfasser von „Soliman and Perseda“. — Thum, R., anmerkungen zu Macaulay's history. VIII. (S. 161—320.) 891. n. 5. 50

— englische. Organ f. englische philologie unter mitberücksicht. d. engl. unterrichtes auf höheren schulen. Hrsg. v. Eug. Kölbing. 15.—20. Bd. à 3 Hfte. gr. 8. (à Hft. ca. 176 S.) Leipzig 891—894. O. R. Reisland. à Bd. n.n. 15. —

— englische. Organ für engl. philologie unter mitberücksicht. des engl. unterrichtes auf höh. schulen. Hrsg. v. Eug. Kölbing. 21.—25. Bd. à 3 Hfte. (à ca. 200 S.) gr. 8. Leipzig 895—898. O. R. Reisland. à Bd. n.n. 15. —

— englische. Organ f. engl. philologie unter mitberücksicht. des engl. unterrichtes auf höheren schulen. Hrsg. v. Eug. Kölbing. 26. Bd. 3 Hfte. gr. 8. (XI, 474 S.) Leipzig 899. O. R. Reisland. n.n. 15. —

— dasselbe. Gegründet v. Eug. Kölbing. Hrsg. v. Johs. Hoops. 27.—31. Bd. à 3 Hfte. gr. 8. (VIII, 472; VII, 480; IX, 472; X, 476 u. X, 454 S.) Ebd. 900—902. à Bd. n.n. 15. —

— dasselbe. Generalregister zu Bd. 1—25, zusammengestellt v. Arth. Kölbing. gr. 8. (III, 244 S.) Ebd. 902. n. 8. —

— englische. Organ f. engl. philologie unt. mitberücksicht. des englischen unterrichts auf höheren schulen. Gegründet von Eug. Kölbing. Hrsg. v. Johs. Hoops. 32.—37. Bd. à 3 Hefte. (32. Bd. X, 454 S.) gr. 8. Leipzig 903—906. O. R. Reisland. à Bd. n.n. 15. —

— englische. Organ f. engl. philologie unter mitberücksicht. des engl. unterrichts auf höheren schulen. Gegründet v. Eug. Kölbing. Hrsg. v. Johs. Hoops. 38. u. 39. Bd. à 3 Hefte. (à ca. 160 S.) gr. 8. Leipzig 907. 08. O. R. Reisland. à Bd. nn 15. —

— über die fortschreitende Entwicklung der Infanterie-Taktik mit spezieller Berücksicht. der preuß. Armee. Von einem preuß. Offizier. Berlin 868. Mittler & Sohn. gr. 8. (65 S.) n. 10 ngr.

— über Entwicklungsgeschichte der Tiere. Hrsg. v. Emil Selenka. Nach seinem Tode auf Grund des Nachlasses fortgeführt von A. A. W. Hubrecht, H. Strahl u. F. Keibel. 11.—14. Heft. hoch 4. Wiesbaden, C. W. Kreidel. In Mappe n. 78. 20
11. Menschenaffen (Anthropomorphae). Studien über Entwicklg. u. Schädelbau. 6. Lfg. Die diluvialen menschl. Kiefer Belgiens u. ihre pithekoiden Eigenschaften. Von Otto Walkhoff. Mit 24 Abbildgn. im Text. (S. 373 bis 415.) 903. n. 11. —
12. Dasselbe. 7. Lfg. Primaten-Placenten. Von Hans Strahl. Mit 58 Abbildgn. im Text. (S. 417—491.) 903. n. 18. 60
13. Dasselbe. 8. Lfg. Ueber die Placenta der Schwanzaffen. Von H. Strahl u. H. Happe. Mit 66 Abbildgn. auf den Taf. XIII—LV. (S. 493—551.) 905. n. 30. —
14. Dasselbe. 9. Lfg. Die äussere Körperform u. der Entwicklungsgrad der Organe bei Affenembryonen. Von Frz. Keibel. Mit 87 Abbildgn. im Text. (S. 553—617.) 906. n. 18. 60
Die früheren Hefte erschienen u. d. T.: Selenka, E., Studien etc.

— über die Entwickelungsmechanik des Primatenskelettes m. besond. Berücksicht. der Anthropologie u. Descendenzlehre. Hrsg. v. Otto Walkhoff. 1. u. 2. Lfg. 4. Wiesbaden, C. W. Kreidel. In Mappe n. 68. 60
1. Das Femur des Menschen u. der Anthropomorphen in seiner funktionellen Gestaltung. Von Otto Walkhoff. Mit 39 Abbildgn. auf 8 Lichtdr.-Taf. (XIII, 58 S. m. 8 Bl. Erklärgn.) 904. n. 18. 60
2. Der diluviale Mensch v. Krapina in Kroatien. Ein Beitrag zur Paläoanthropologie. Von Karl Gorjanović-Kramberger. Mit 53 Abbildgn. u. XIV Lichtdr.-Taf. (XI u. S. 59—277 m. 14 Bl. Erklärgn.) 906. n. 50. —

Studien und Entwürfe, ausgeführt in der Kunstschule zu Nürnberg. Photographien. 2 Bde. Nürnberg. Fol.

— u. Entwürfe älterer Meister im städt. Museum zu Leipzig. 35 Blätter in farb. Nachbildg. d. Originale. M. Text v. Jul. Vogel. M. 2 Zierleisten v. Max Klinger u. Otto Greiner. gr. Fol. (III, 8 S.) Leipzig 895. K. W. Hiersemann. In Leinw.-Mappe n. 130. —; geb. in Ganzldr. n. 150. —

— u. Entwürfe zur Wiener Stadtregulierung, s. a. Architekt, der. 3. Suppl.-Hft.

Studien und Entwürfe zur Wiener Stadtregulierung. Verfasst im Regulierungsbureau des Wiener Stadtbbauamtes. Besprochen von F. v. Feldegg. [Der Architekt. V. Jahrgang. Supplementheft Nr. 3.] Wien. 1899. Schroll & Co. Fol. 8 S. mit 8 Tafeln. fl. 3.—

— zur Erläuterung des bürgerlichen Rechts, hrsg. v. Rud. Leonhard. 1.—9. Hft. gr. 8. Breslau, M. u. H. Marcus. n. 31. 60

1. Das neue Gesetzbuch als Wendepunkt der Privatrechts-Wissenschaft. Von Rud. Leonhard. (VIII, 65 S.) 900. n. 2. —
2. Die Bedeutung der Anfechtbarkeit f. Dritte. Ein Beitrag zur Lehre vom Rechtsgeschäft. Von Mart. Bruck. (VII, 98 S.) 900. n. 3. —
3. Die Haftung f. die Vereinsorgane nach § 31 B.G.B. Von Fritz Klingmüller. (V, 56 S.) 900. n. 1.60
4. Der gerichtliche Schutz gegen Besitzverlust nach römischem u. neuerem deutschen Recht. Von Max Gaertner. (X, 198 S.) 901. n. 5. 40
5. Das Anwendungsgebiet der Vorschriften für die Rechtsgeschäfte. Ein Beitrag zur Lehre vom Rechtsgeschäft. Von Alfr. Manigk. (XIII, 404 S.) 901. n. 10.—
6. Der Begriff des Rechtsgrundes. Seine Herleitg. u. Anwendg. Von Fritz Klingmüller. (VIII, 117 S.) 901. n. 3. 20
7. Der Eingriff in fremde Rechte als Grund des Bereicherungsanspruchs. Von Rud. Freund. (VII, 68 S.) 902. n. 2.—
8. Die rechtliche Natur der Miete im deutschen bürgerlichen Recht. Von Alb. Hesse. (IX, 38 S.) 902. n. 1.20
9. Die rechtliche Wirkung der Vormerkung nach Reichsrecht. Von Wilh. Othmer. (IX, 116 S.) 902. n. 3. 20

— zur Erläuterung des bürgerlichen Rechts, hrsg. v. Rud. Leonhard. 10.—20. Heft. gr. 8. Breslau, M. & H. Marcus. n. 42. —

Brie, Gerb., die richterliche Haftung bei Urteilen (§ 839 Abs. 2 BGB.) (VIII, 76 S.) 906. (Hft. 16.) n. 2. —
Bruck, Eberh. Frdr., bedingungsfeindliche Rechtsgeschäfte. Ein Beitrag zur Lehre von der Unzulässigkeit v. Bedingg. u. Zeitbestimmg. (XII, 182 S.) 904. (Hft. 13.) n. 5. —
Hein, Wolfg., die Verleitung zum Vertragsbruch nach bürgerlichem Recht. Ein krit. Beitrag zur Lehre v. der Kausalität im Rechtssinn u. zur Bestimmung des Begriffs der guten Sitten. (VI, 133 S.) 906. (Hft. 18.) n. 3. 60
Horn, Rich., die Eigentümerhypothek. Eine Studie nach deutschem Zivilrecht. (VIII, 198 S.) 906. (Hft. 19.) n. 5. 60
Maschke, Rich., die Persönlichkeitsrechte des römischen Iniuriensystems. Eine Vorstudie f. das Recht des bürgerl. Gesetzbuchs. (VII, 103 S.) 903. (Hft. 10.) n. 3. —
Meumann, Glieb. Aug., Prolegomena zu e. System des Vermögensrechts. 1. Abtlg. (VII, 208 S.) 903. (Hft. 12.) n. 6. —
Saleilles, Raymond, Einführung in das Studium des deutschen bürgerlichen Rechts, übers. u. hrsg. v. Rud. Leonhard. (VIII, 125 S.) 905. (Hft. 14.) n. 3. 60
Simon, Paul, die rechtliche Natur der sachenrechtlichen Einigung. Zugleich e. Beitrag zur Lehre v. den Verfügungsbeschränkgn. (VIII, 160 S.) 907. (Hft. 20.) n. 4. —
Stimmen des Auslands über die Zukunft der Rechtswissenschaft, hrsg. von Rud. Leonhard. (V, 112 S.) 906. (Hft. 17.) n. 3. —
Thal, Alfr., die Vereinigung von Recht u. Verbindlichkeit beim Pfandrecht an Forderungen. (VIII, 188 S.) 905. (Hft. 15.) n. 5. —
Westmann, S., die Rechtsstellung des aus mehreren Personen bestehenden Vorstandes e. rechtsfähigen Vereins nach dem B.G.B. Ein Beitrag z. Theorie d. jurist. Person (V, 89 S.) 903. (Hft. 11.) n. 1. 20

Hft. 1—9. Ebd. 900—902. n. 31.60.

Studien z. Erläuterung d. bürgerlichen Rechts, hrsg. v. Rud. Leonhard u. Frz. Leonhard. 21.—33. Heft. gr. 8. Breslau, M. & H. Marcus. 51. 80

Bruck, Eberh. Frdr., die Schenkung auf den Todesfall im griechischen u. römischen Recht, zugleich e. Beitrag zur Geschichte des Testaments. 1. Tl. Das griech. Recht bis zum Beginn der hellenist. Epoche. (XIV, 162 S.) 909. (Heft 31.) 5. —
Fraenkel, Alfr., der Schutz der Ehre nach bürgerl. Recht. (VII, 109 S.) 908. (Heft (27.) 3. —
Heilborn, Ernst, die rechtsgestaltende Kraft der Sachverbindung. (VIII, 130 S.) 909. (Heft 30.) 3. 60
Herzog, Herm., zum Begriffe der „guten Sitten" im bürgerlichen Gesetzbuche. Auf Grund e. Untersuchg. des Verhältnisses v. Sitte, Recht u. Moral. (IX, 168 S.) 910. (Heft 33.) 5. —
Last, Adf., Anspruchkonkurrenz u. Gesamtschuldverhältnis. Ein Beitrag zur Lehre v. der mittelbaren Verteidigg. nach gemeinen, österreich. u. deutsch. Recht. (X, 267 S.) 908. (Heft 26.) 7. 20
Leonhard, Rud., der Irrtum als Ursache nichtiger Verträge. 2. verb. Aufl. 1. Tl. Vertragsbestandteile u. Irrtum. (XII, 283 S.) 907. (Heft 22.) 6. —
— dasselbe. 2. Tl. Irrtumsfälle in den röm. Rechtsquellen. (VI, 191 S.) 907. (Heft 23.) 4. —
Lesser, Mart., der Inhalt der Leistungspflicht. Beiträge zur Lehre v. den Schuldverhältnissen nach bürgerl. Recht. (VI, 130 S.) 909. (Heft 29.) 3. 60
Lilienthal, Frz. v., das Kündigungsrecht des Ehemannes aus § 1358 BGB. (VII, 82 S.) 908. (Heft 28.) 2. —
Moeller, Ernst v., Andreas Alciat (1492—1550). Ein Beitrag zur Entstehungsgeschichte der modernen Jurisprudenz. (VIII, 145 S.) 907. (Heft 25.) 4. —
Pringsheim, Fritz, die Rechtsstellung des Erwerbers e. Erbteils. (Zur Auslegg. v. § 2033 Abs. 1, BGB.) (V, 105 S.) 910. (Heft 32.) 3. 20
Schulz, Fritz, Rückgriff u. Weitergriff. Studien zur gesetzl. u. notwend. Zession. (VII, 135 S.) 907. (Heft 21.) 3. 60
Seydel, Max, der Fruchterwerb auf Grund des Gestattungsgeschäftes nach §§ 956, 957 BGB. (VIII, 52 S.) 907. (Heft 24.) 1. 60

1.—20. Heft. Ebd. 900—906. 73.60.

Studien und Erlebnisse eines reisenden Prinzen. Aus d. Arabischen. Leipzig 1863. V: *Pfeiffer, Julius.* (Baer 737/1881)

Studien und Erlebnisse eines reisenden Prinzen. Aus dem Arabischen des Fer Fir Fep Isulju. 3 Bde. Leipzig 863. Kollmann. 8. (6 Bl., 1031 S.) n. 5 ℳ

— u. **Erlebnisse** e. reisenden Prinzen. Aus dem Arab. d. Fer Fir Fep Isulju. 2. Aufl. 3 Bde. 8. (V, 316; 335 u. 380 S.) Leipzig 876. Kollmann. n. 10. —

— über das Etappenwesen. Auf Grund persönl. Erfahrgn. v. e. Offizier der königl. bayer. General-Etappen-Inspektion im Feldzuge 1870—71. gr. 8. (III, 39 S. m. 1 eingedr. Holzschn.) Nördlingen 872. Beck. n. 1. —

— exegetische, in Verbind. mit mehreren Gelehrten, herausgeg. von G. B. Winer. 1s Bdchn. gr. 8. Leipz. 827, Hartmann.

Studien zur Förderung des gewerblichen Rechtsschutzes. Josef Kohler als Festgabe z. 60. Geburtstage zugeeignet von deutschen Praktikern. Berlin 1909.

[Inhalt:]

1. Allgemeine Fragen.
   1. **Lobe**, [Ad.]: Ausschlußrecht u. Persönlichkeitsrecht.
   2. **Kent**, Paul: Wechselbeziehungen zwischen den gewerbl. Schutzgesetzen.
   3. **Finger**, [Chr.]: Einstweilige Verfügungen in Sachen des Urheberrechts u. des gewerbl. Rechtschutzes.
2. Patentrecht.
   4. **Herse**, E[rnst]: Patentkategorien.
   5. **Isay**, Herm.: Die Anordnung als Gegenstand der Erfindung.
   6. **Wirth**, R.: Die begriffliche Auffassung der Maschine.
   7. **Tolksdorf**, B[enno]: Bedeutung u. Umfang des Zusatzpatentes.
   8. **Ephraim**, Jul.: Versuche als offenkundige Vorbenutzung.
   9. **Hüfner**, Karl: Zusatzanmeldung.
   10. **Dunkhase**, W[ilh.]: Die Beschwerde des Patentsuchers.
   11. **Seligsohn**, A[rn.]: Bilden formelle Mängel im Erteilungsverfahren einen Nichtigkeitsgrund?
   12. **Alexander-Katz**, Rich.: Inwieweit ist die Zivilprozeßordnung auf den Prozeß wegen Nichtigerklärung u. Zurücknahme von Patenten anwendbar?
   13. **Seligsohn**, Mart.: Die ausschließliche Lizenz im Konkurse des Lizenznehmers.
   14. **Damme**, F[el.]: Technische Erfindung u. Technik des Erfindens.
3. Waarenzeichenrecht.
   15. **Kloeppel**, E[dm.]: Eintragungsprinzip u. Vorbenutzung im Warenzeichenrecht.
   16. **Freund**, G. S[iegfr.]: Über die Wortmarke.
   17. **Rathenau**, [Fritz]: Zur Frage des Wortzeichenschutzes für Arzneimittel.
4. Urheberrecht.
   18. **Osterrieth**, Alb.: Zum Ausbau des Urheberrechts.
   19. **Wassermann**, Mart.: Der musikalische Vortrag als Rechtsobjekt.
   20. **Mintz**, M[ax.]: Der Urheberrechtsschutz für technische Schöpfungen.
5. Internationaler Rechtsschutz.
   21. **Katz**, Edw.: Aufgaben der internationalen Union.
   22. **du Bois-Reymond**, A[lard]: Das Weltpatent.
   23. **Röthlisberger**, E[rnst]: Die Ergebnisse der Berliner Urheberrechtskonferenz von 1908 im Lichte Kohlerscher Forschung.

— zur **Förderung** des gewerblichen Rechtsschutzes. Joseph Kohler als Festgabe zum 60. Geburtstage zugeeignet v. deutschen Praktikern. (VIII, 508 S.) gr. 8. Berlin 909. C. Heymann. 10. —

— u. **Forschungen** zur Kunstgeschichte, hrsg. v. Aug. Schmarsow. I. gr. 8. Leipzig 894. K. W. Hiersemann. n. 3. —
Baldassare Peruzzis Antheil an dem malerischen Schmucke der Villa Farnesina. Nebst e. Anh.: „Il taccuino di Baldassare Peruzzi" in der Communalbibliothek zu Siena. Ein Versuch v. Art. Weese. (V, 90 S.)

— u. **Forschungen** z. Menschen- u. Völkerkunde, unter wissenschaftlicher Leitung v. Geo. Buschan. I—VII. gr. 8. Stuttgart, Strecker & Schröder. 29. 40
Eickhoff, Heinr., die Kultur der Pueblos in Arizona u. New Mexico. Mit 1 Karte. (VIII, 78 S.) 908. (IV.) 3. 60
Friederici, Geo., die Schiffahrt der Indianer. (VII, 130 S. m. Abbildgn.) 907. (I.) 4. —
Kiekebusch, Alb., der Einfluss der römischen Kultur auf die germanische im Spiegel der Hügelgräber des Niederrheins. Nebst e. Anh.: Die absolute Chronologie der Augenfibel. (IV, 92 S.) 908. (III.) 3. 60
Kohlbrugge, J. H. F., die morphologische Abstammg. des Menschen. Kritische Studien üb. die neueren Hypothesen. (102 S.) 908. (II.) 3. 60
Lasch, Rich., der Eid. Seine Entstehg. u. Beziehg. zu Glaube u. Brauch der Naturvölker. Eine ethnolog. Studie. (III, 147 S.) 908. (V.) 5. —
Schmidt. Pat. W., S. V. D., die Stellung d. Pygmäenvölker in der Entwicklungsgeschichte des Menschen. (IX, 315 S.) 910. (VI. VII.) 9. 60

—— und Forschungen, veranlaßt durch meine Reisen im Hohen Norden, s. a. Nordenskiöld, Ad. Erik Frhr. v.

— u. Forschungen, veranlaßt durch meine Reisen im hohen Norden. Hrsg. von Adf. Erik Frhrn. v. Nordenskiöld. Ein populär-wissenschaftl. Supplement zu Die Umsegelung Asiens u. Europas auf der Vega. Autoris. deutsche Ausg. Mit üb. 200 Abbildgn., 8 Taf. u. Karten. gr. 8. (IX, 521 S.) Leipzig 885. Brockhaus. n. 24. —; geb. n. 26. —

Studien und Skizzen, forststatorische. Mit 9 (lith.) Taf. (in Fol.) Leipzig 863. Körstner. (Felix.) gr. 8. (79 S.) 25 ngr.

Französische **Studien**. Hrsg. von G[ustav] Körting u. E[duard] Koschwitz. Bd 1–7. N. F. H. 1. 2. [Mehr nicht erschienen]. Heilbronn: Gebr. Henninger (N. F.: Berlin: W. Gronau) 1881–97. 9 Bde 8°
1. 1881.
2 = Mahrenholtz, R[ichard]: Molière's Leben u. Werke v. Standpunkt d. heut. Forschung. 1881.
3. 1882. H. 1 = Schoppe, Joseph: Über Metrum u. Assonanz d. Chanson de geste 'Amis et Amiles'.
2 = Goerlich, Ewald: Die südwestl. Dialecte der langue d'oïl. Poitou, Aunis, Saintonge u. Angoumois.
3 = Schlickum, Julius: Die Wortstellung in d. altfranz. Dichtung 'Aucassin et Nicolete.'
4 = Klapperich, Joseph: Hist. Entwickelung d. syntakt. Verhältnisse d. Bedingungssätze im Altfranz.
5 = Müller, Konrad: Die Assonanzen im Girart von Rossillon.
6 = Behrens, Dietrich: Unorgan. Lautvertretung innerhalb d. formalen Entwickelung d. franz. Verbalstammes.
7 = Völcker, Bernhard: Die Wortstellung in d. ältesten franz. Sprachdenkmälern.
4. H. 1 = Uthoff, Johannes: Nivelle de la Chaussée's Leben u. Werke. 1883.
2 = Jäger, Julius: Die Quantität d. betonten Vocale im Neufranz. 1883.
3 = Bornemann, Wilhelm: Boileau-Despréaux im Urtheile s. Zeitgenossen Jean Desmarets de Saint-Sorlin. 1883.
4 = Schumann, Wilhelm: Vokalismus u. Konsonantismus d. Cambridger Psalters. 1883.
5 = Mushacke, Wilhelm: Geschichtl. Entwicklung d. Mundart von Montpellier (Languedoc). 1884.
5. H. 1 = Haase, A[lbert]: Zur Syntax Robert Garniers. 1885.
2 = Behrens, Dietrich: Beiträge z. Geschichte d. franz. Sprache in England. 1. Zur Lautlehre d. franz. Lehnwörter im Mittelengl. 1886.
3 = Görlich, Ewald: Die nordwestl. Dialekte d. langue d'oïl. Bretagne, Anjou, Maine, Touraine. 1886.
4 = Horning, Adolf: Die ostfranz. Grenzdialekte zwischen Metz u. Belfort. 1887.
6, 1 = Mackel, Emil: Die german. Elemente in d. franz. u. provenzal. Sprache. 1887.
2 = Mann, Max Friedrich: Der Bestiaire Divin d. Guillaume le Clerc. 1888.
3 u. 7, 2 = Vising, Johan: Die realen Tempora d. Vergangenheit im Franz. u. d. übrigen roman. Sprachen.
1. Lat. Portugies. Span. Ital. 1888. 2. Franz. Allgemeines. 1889.
7, 1 = Goerlich, Ewald: Der burgund. Dialekt im 13. u. 14. Jh. 1889.
N. Folge. 1 = Behrens, Dietrich: Bibliographie d. patois gallo-romans. 2. éd. rev. et augm. par l'auteur, trad. en franç. par Eugène Rabiet. 1893.
2 = Betz, Louis P.: Die franz. Litteratur im Urteile H. Heine's. 1897. [06. 6035

— französische. Hrsg. von G. Körting u. E Koschwitz. 1. Bd. 3 Hfte. gr. 8. Ebend. 881. n. 15. —
1. (126 S.) Einzelpr. n. 4. 50. — 2. (S. 127—260.) Einzelpr. n. 4. 80. — 3. (S. 261—468.) Einzelpr. n. 7. 20
cf.: Grosse, Rud., der Stil d. Crestien v. Troies, welches nicht mehr einzeln abgegeben wird.

— dasselbe. 2. Bd. u. 3. Bd. 7 Hfte. gr. 8. Ebend. 881. 82. n. 29. 70
II. Molières Leben u. Werke vom Standpunkte der heutigen Forschung von R. Mahrenholtz. (VII, 398 S.) n. 12. —
III. 1. Ueber Metrum u. Assonanz der Chanson de geste „Amis et amiles". Von Jos. Schoppe. (39 S.) n. 1. 40
2. Die südwestlichen Dialecte des Langue d'oïl. Poitou, Aunis, Saintonge u. Angoumois. Von Ewald Görlich. (135 S.) n. 4. 80
3. Die Wortstellung in der altfranzösischen Dichtung „Aucassin et Nicolete". Von Jul. Schlickum. (45 S.) n. 1. 60
4. Historische Entwickelung der syntaktischen Verhältnisse der Bedingungssätze im Altfranzösischen. Von Jos. Klapperich. (65 S.) n. 2. 30
5. Die Assonanzen im Girart von Rossillon. Nach allen erreichbaren Handschriften bearb. von Konr. Müller. (68 S.) n. 2. 40
6. Unorganische Lautvertretung innerhalb der formalen Entwickelung des französischen Verbalstammes. Von Dietr. Behrens. (92 S.) n. 3. 20
7. Die Wortstellung in den ältesten französischen Sprachdenkmälern. Von Bernh. Völcker. (IV, 56 S.) n. 2. —

— französische. Hrsg. v. G. Körting u. E. Koschwitz. 4. Bd. 5 Hfte. gr. 8. Ebend. 883.
Subscr.-Pr. n. 13. —; Einzelpr. n. 17. 80
1. Nivelle de la Chaussée's Leben u. Werke. Ein Beitrag zur Litteraturgeschichte d. 18. Jahrh. u. insbesondere zur Entwickelungsgeschichte der „Comedie larmoyante". Von Johs. Uthoff. (II, 67 S.) n. 2. 40
2. Die Quantität der betonten Vocale im Neufranzösischen. Von Jul. Jäger. (IV, 68 S.) n. 2. 40
3. Boileau-Despreaux im Urtheile seines Zeitgenossen Jean Desmarets de Saint-Sorlin. Von Wilh. Bornemann. (148 S.) n. 5. —
4. Vokalismus u. Konsonantismus d. Cambridger Psalters. Mit e. Anh.: Nachträge zur Flexionslehre desselben Denkmals. Von Wilh. Schumann. (II, 69 S.) n. 2. 40
5. Geschichtliche Entwicklung der Mundart von Montpellier [Languedoc] v. Wilh. Mushacke. (166 S.) n. 5. 60

— dasselbe. 5. Bd. 1—3. Hft. gr. 8. Ebend. 886. n. 14. 60
1. Zur Syntax Robert Garniers v. A. Haase. (100 S.) n. 3. 40
2. Beiträge zur Geschichte der französischen Sprache in England. Von Dietr. Behrens. 1. Zur Lautlehre der französ. Lehnwörter im Mittelenglischen. (223 S.) n. 7. 60
3. Die nordwestlichen Dialekte der Langue d'Oïl. Bretagne, Anjou, Maine, Touraine. Von Ewald Görlich. (104 S.) n. 3. 60

Studien, französische. Hrsg. v. G. Körting u. E. Koschwitz. 5. Bd. 4. Hft. gr. 8. [Heilbronn.] Leipzig 887. Reisland. n. 4. 40 (5. Bd. cplt.: n. 19. —)
Die ostfranzösischen Grenzdialekte zwischen Metz u. Belfort. Von A. Horning. Mit 1 Karte. (122 S.)

— dasselbe. 6. Bd. 3 Hfte. gr. 8. Ebd. 887. 888.
Subscr.-Pr. n. 15. —
1. Die germanischen Elemente in der französischen u. provenzalischen Sprache. Von E. Mackel. (200 S.) n. 6. 80
2. Der Bestiaire divin de Guillaume Le Clerc. Von M. F. Mann. (IV, 106 S.) n. 3. 60
3. Die realen Tempora der Vergangenheit im Französischen u. den übrigen romanischen Sprachen. Eine syntaktisch-stilist. Studie v. J. Vising. I. Latein — Portugiesisch — Spanisch — Italienisch. (VII, 228 S.) n. 7. 40

— dasselbe. 7. Bd. 1. u. 2. Hft. gr. 8. Ebd. 889. n. 8. 60
1. Der burgundische Dialekt im 13. u. 14. Jahrh. Von E. Goerlich. (160 S.) n. 5. —
2. Die realen Tempora der Vergangenheit im Französischen u. den übrigen roman. Sprachen. Von J. Vising. II. Französisch. — Allgemeines. (113 S.) n. 3. 60
Mehr erschien von „Französische Studien" nicht.

— dasselbe. Neue Folge. 1. Hft. gr. 8. Berlin 893. W. Gronau. n. 6. —
Bibliographie des patois gallo-romans par Dietr. Behrens. 2. éd., revue et augmentée par l'auteur, traduite en français par Eugène Rabiet. (VIII, 255 S.)

— französische. Hrsg. v. G. Körting u. E. Koschwitz. Neue Folge. II. Hft. gr. 8. Berlin 897. W. Gronau. n. 2. — (I. u. II.: n. 8. —)
Die französ. Litteratur im Urteile Heinrich Heine's. Von Louis P. Betz. (VIII, 67 S.)

Studien. Freiburger Historische St'. Hrg. unter Leitung von (= Études historiques de Fribourg. Publiées sous la direction de) Alb[ert] Büchi, Joh[ann] Pet[er] Kirsch, P[ierre] Mandonnet, H[einrich] Reinhardt, G(ust[av]) Schnürer, F(ranz) Steffens, Professoren an der Universität Freiburg i. d. Schweiz. (Heft) 1.... 8. Freiburg ⟨Schweiz⟩, ⟨Otto Gschwend⟩, 1905. [fr. 2. 50]
s.a. Hoffmann, Eberhard.

Studien. Freiburger Historische St'. Hrg. (*Umschlag: Veröffentlicht) unter Leitung von (= Études Historiques de Fribourg. Publiées sous la direction de) Alb(ert) Büchi, Joh[ann] Pet[er] Kirsch, P[ierre] Mandonnet, H[einrich] Reinhardt, G(ustav) Schnürer, Franz Steffens, Jacques Zeiller, Professoren an der Universität Freiburg in der Schweiz. (Fasc.) 2.... 8. Freiburg ⟨Schweiz⟩, ⟨Otto Gschwend⟩, 1906. (fr. 3. 50)
s.a. Schnürer, Gustav. und Ulivi, Diomedes.

— Freiburger historische. Hrsg. unter Leitg. v. Alb. Büchi, Joh. Pet. Kirsch, P. Mandonnet, H. Reinhardt, G. Schnürer, Frz. Steffens, Jacques Zeiller. I u. II. gr. 8. Freiburg (Schweiz), Universitäts-Buchh. n. 5. —
I. Das Konverseninstitut des Cisterzienserordens in seinem Ursprung u. seiner Organisation. Von Eberh. Hoffmann. (XII, 104 S.) 905. n. 2. —
II. Fragmentum, das, Fantuzzianum, neu hrsg. u. kritisch untersucht. Ein Beitrag zur Geschichte der Entstehg. des Kirchenstaates v. Gust. Schnürer u. Diomedes Ulivi. Mit 2 Kpfr.-Autotyp. (VIII, 128 S.) 906. n. 3. —

Studien. Freiburger Historische St'. Hrg. (*Umschlag: Veröffentlicht) unter Leitung von (= Études Historiques de Fribourg. Publiées sous la direction de) Alb[ert] Büchi, Joh[ann] Pet[er] Kirsch, P[ierre] Mandonnet, G(ustav) Schnürer, Franz Steffens, Jacques Zeiller, Professoren an der Universität Freiburg in der Schweiz. (Fasc.) 3.... 8. Freiburg ⟨Schweiz⟩, ⟨Otto Gschwend⟩, 1907. (fr. 7. 50)
s.a. Egger, Bonaventura.

Studien. Freiburger Historische Studien. Hrg. (*Umschlag: Veröffentlicht) unter Leitung von (= Études Historiques de Fribourg. Publiées sous la direction de) Alb[ert] Büchi, Joh[ann] Pet[er] Kirsch, P[ierre] Mandonnet, G(ustav) Schnürer, Franz Steffens, Jacques Zeiller, Professoren an der Universität Freiburg in der Schweiz. (Fasc.) 4.... 8. Freiburg ⟨Schweiz⟩, ⟨Otto Gschwend⟩, 1907. [fr. 3. 75]
s.a. Fischer, Hermann.

Studien. Freiburger Historische St'.... (Fasc.) 5 s.a. Études Historiques de Fribourg....

— Freiburger historische. Veröffentlicht unter Leitg. v. Alb. Büchi, Joh. Pet. Kirsch, P. Mandonnet, Gust. Schnürer, Frz. Steffens, Jacques Zeiller. (Mit deutschem u. französ. Titel.) III—V. gr. 8. Freiburg (Schweiz), Universitäts-Buchh. 11. 40
Castella, Gaston, Buchez historien. Sa théorie du progrès, dans la philosophie de l'histoire. (VI, 91 S.) 909. (V.) 2. 40
Egger, Pat. Bonaventura, O. S. B., Geschichte der Cluniazenser-Klöster in der Westschweiz bis zum Auftreten der Cisterzienser. (XIV, 252 S.) 907. (III.) 6. —
Fischer, Herm., der hl. Franziskus v. Assisi während der J. 1219—1221. Chronologisch-histor. Untersuchgn. (VIII, 144 S.) 907. (IV.) 3. —
I. u. II. Ebd. 905. 06. 5.—.

Studien. Freiburger Historische St'. Hrg. (*Umschlag: Veröffentlicht) unter Leitung von (= Études Historiques de Fribourg. Publiées sous la direction de) Alb[ert] Büchi, Joh[ann] Pet[er] Kirsch, P[ierre] Mandonnet, G(ustav) Schnürer, Franz Steffens, Jacques Zeiller.... (Fasc.) 6.... 8. Freiburg ⟨Schweiz⟩, ⟨Otto Gschwend⟩, 1910.
s. Rüegg, Joseph Ferdinand.

— Freiburger theologische. Unter Mitwirkg. der Professoren der theolog. Fakultät hrsg. v. Gottfr. Hoberg u. Geo. Pfeilschifter. 1. u. 2. Heft. gr. 8. Freiburg i/B., Herder. 7. —
Krebs, Engelb., der Logos als Heiland im 1. Jahrh. Ein religions- u. dogmengeschichtl. Beitrag zur Erlösungslehre. Mit e. Anh.: Poimandres u. Johannes. Kritisches Referat üb. Reitzensteins religionsgeschichtl. Logosstudien. (XX, 184 S.) 910. (2. Heft.) 4. —
Schulte, Joh. Chrysostomus. O. M. Cap., P. Martin v. Cochem 1634—1712. Sein Leben u. seine Schriften, nach den Quellen dargestellt. (XV, 207 S.) 910. (1. Heft.) 3.—; geb. in Leinw. 3.60

— zur Fugger-Geschichte. Hrsg. v. Max Jansen. 1. u. 2. Heft. gr. 8. Leipzig, Duncker & Humblot. à 5.—
Jansen, Max, die Anfänge der Fugger (bis 1494). (X, 200 S.) 907. (Heft 1.)
Lill, Geo., Hans Fugger (1531—1598) u. die Kunst. Ein Beitrag zur Geschichte der Spätrenaissance in Süddeutschland. Mit 1 Titelbild u. 26 Tafelbildern. (X, 189 S.) 908. (Heft 2.)

Studien für die neuern Gartenkünstler. Leipzig 1802. V: *Ludwig*, *Chn Frdr.* (Ky) (Engoec)

Studien f. d. neuern Gartenkünstler (v. Christ. Friedr. Ludwig). Mit 4 Kpf. gr. 4. Leipzig, 1802. (H. Fritzsche.) (1. —) — 12⅓

— für die neuern Gartenkünstler, (v. Chr. Fr. Ludwig). Mit 4 Kpf. gr. 4. Leipz. 802. Leo. 1 ₰

—— gastronomische. br. 8. (IV und 127 S.) Dresden 853, Kuntze. *

— im Gebiete d. böhm. Kreideformation, s.: Archiv d. naturwissenschaftl. Landesdurchforschg. v. Böhmen.

—— der evangelisch-protestantischen Geistlichen des Großherzogthums Baden. In deren Auftrag und in Gemeinschaft mit Fr. Bechtel, K. W. Doll und Fr. W. Schmidt redig. von Emil Zittel. 1.—5. Jahrg. 1875—1879. à Jahrg. 4 Hefte. gr. 8. (à Heft ca. 70 S.) Karlsruhe, Braun'sche Hofbuchh. à Jahrg. *

—— der evangelisch-protestantischen Geistlichen des Großherzogth. Baden. In deren Auftrag und in Gemeinschaft mit Fr. Bechtel, K. W. Doll und Fr. W. Schmidt redig. von Emil Zittel. 6. und 7. Jahrg. 1880 und 1881. à Jahrg. 4 Hefte. gr. 8. (à Heft ca. 80 S.) Karlsruhe, Braun'sche Hofbuchh. à Jahrg. *
Nicht weiter erschienen.

— d. evangel. Geistlichkeit, s.a. Klaiber.

—— der evangel. Geistlichkeit Wirtembergs. Hrsg. v. Chrstph. Benj. Klaiber. 1. Bd. 3 Hfte. gr. 8. (48½ B. u. 1 Tab.) Stuttgart 827—29, [Brodhag.] à H.

—— dies., hrsg. v. dems. 2—6. Bd. à 2 Hfte. gr. 8. Stuttgart, [Beck u. Fränkel.] [2. (24¼ B.) 830., 3. (24¼ B.) 831., 4. (23½ B.) 832., 5. (24¼ B.) 833., 6. (25¼ B.) 834, 7. (23½ B.) 835. à Hft. 20 Gr.]

—— der evangel. Geistlichkeit Würtembergs. 8. Bd. Hrsg. v. Chrstph. Benj. Klaiber. — 9—14. Bd. fortges. v. C. H. Stirm. à 2 Hfte. gr. 8. 8—10. Bd. Stuttgart, Beck u. Fränkel; 11—14. Bd. Belser'sche Buchh. [8. (26¾ B.), 9. (25½ B.) 836., 10. (22½ B.) 838., 11. (22 B.) 839., 12. (21½ B.) 840., 13. (21¼ B.) 841., 14. (21¾ B.) 842. à II. ⅚ Thlr.]
Vgl. 8. Bd. 2. Abthl. S. 307. — Hier muss es heissen: 2—7. Bd., Preis: 10 Thlr.

—— der evangelischen Geistlichkeit Würtembergs. Hrsg. v. C. H. Stirm. 15—18. Bd. à 2 Hfte. gr. 8. Stuttgart 843, Belser'sche Buchh. [15. (26 B.) 843., 16. (19¾ B.) 44., 17. (21½ B.) 45., 18. (19 B.) 846. à Hft. * 25 Ngr.] * 6 20

—— der evangelischen Geistlichkeit Würtembergs. Hrsg. von C. H. Stirm. 19. und 20. (letzter) Bd. à 2 Hefte. gr. 8. Stuttgart, Belser'sche Buchh. [19. (357 S.) * 1 Thlr. 10 Ngr., 20. (356 S.) 848. * 1 Thlr. 20 Ngr.] *

— über die heutige Geltung d. römischen Rechts. I. Zur Lehre v. den Rechtsquellen insbesondere üb. die Natur der Sache als Rechtsquellen u. üb. das Gewohnheitsrecht. Von Frz. Adickes. gr. 8. (VII, 81 S.) Kassel 872. Wigand. n. 1. 50

—— geologische, in der Republik Columbia, s. Reiss, W., u. A. Stübel. Reisen in Süd-Amerika.

— geologische, in den Küstenländern des griechischen Archipels von A. Bittner, L. Burgerstein, F. Calvert, Fr. Heger, V. Hilber, M. Neumayr u. Fr. Teller. [Aus: „Denkschr. d. k. Akad. d. Wiss."] Mit 15 (lith. u. chromolith.) Taf., 5 (chromolith.) Karten (in Imp.-Fol.) u. 14 (eingedr.) Holzschn. Imp.-4. (415 S.) Wien 880. Gerold's Sohn in Comm. n. 35. —

— geologische, aus Südböhmen, s.: Archiv f. naturwissenschaftliche Landesdurchforschung v. Böhmen.

— germanistische. Supplement zur Germania. Hrsg. v. Karl Bartsch. 1. u. 2. Bd. gr. 8. Wien 872. 75. Gerold's Sohn. n. 20. —

1. (III, 316 S.) n. 8. — 2. (316 S.) n. 12. —

—— gesammelte, zur Kunstgeschichte. Eine Festgabe für Ant. Springer. gr. 4. (VII, 267 S. mit eingedr. Fig. und 13 Taf.) Leipzig 885, Seemann. cart. *

Inhalt:

Duhn, F. v., Paul v. Limburg's Paradies. — Ficker, J., die Bedeutung der altchristl. Dichtungen für die Bildwerke. — Brockhaus, H., Leonardo da Bissucio. — Seidlitz, W. v., Bernardo Zenale. — Lange, K., zu Perugino's Jugendentwickelung. — Schreiber, Th., über die Kunsttraktate des Giulio Mancini. — Bode, M., zur Apokalypse Dürer's und Cranach's. — Lessing, J., der Silberschatz des Königl. Schlosses zu Berlin. — Lichtwark, A., das Modelbuch des Peter Quentel. — Wallau, H., Aesthetik der Druckschrift. — Oeri, J., das Kellerische Todesbild von Hans Baldung. — Muther, R., Hans Schäufelein. — Rahn, J. R., die Glasgemälde im Gotischen Hause zu Wörlitz. — Springer, J., zwei Zeichnungen des Martin van Heemskerk. — Dürr, A., ein halbvergessenes Werk von Schwind. — Blümner, H., zum westlichen Giebelfelde des Parthenon. — Benndorf, O., über eine Statue des Polyklet.

— zur elsässischen Geschichte u. Geschichtsschreibung im Mittelalter. I. gr. 8. Strassburg 878. Trübner. n. 2. —

Bellum Waltherianum. Strassburger Habilitationsschrift von Wilh. Wiegand. (94 S.)

Studien (5: Neue Studien) zur Geschichte des menschlichen Geschlechtslebens. 1—[7 nebst] Erg.Bd. Berlin & Leipzig (2 u. Erg.Bd: Charlottenburg): H. Barsdorf; (3.4: Berlin: M. Lilienthal) 1900—03. 8 Bde 8°

1 = Dühren, Eugen [d.i. Iwan Bloch]: Der Marquis de Sade u. s. Zeit. Ein Beitrag z. Cultur- u. Sittengesch. d. 18. Jhs ... 2. Aufl. 1900.

2—4 = Dühren, Eugen [d.i. Iwan Bloch]: Das Geschlechtsleben in England mit bes. Bez. auf London. T. 1—3.

1. Die beiden Erscheinungsformen d. Sexuallebens. Die Ehe u. d. Prostitution. 1901.

2. 3. Der Einfluß äußerer Faktoren auf d. Geschlechtsleben in England. 1903.

5 = Laurent, Emil, u. Paul Nagour: Okkultismus u. Liebe. Studien z. Gesch. d. sexuellen Verirrungen. Autor. deutsche Ausg. von Dr. G. H. Berndt. 1903.

[6] = Rau, Hans: Die Grausamkeit mit bes. Bezugn. auf sexuelle Faktoren. 1903.

[7] = Fuchs, Hanns: Richard Wagner u. d. Homosexualität. Unter bes. Berücks. d. sexuellen Anomalien seiner Gestalten. 1—4. Taus. 1903.

Erg.Bd = Hagen, Albert: Die sexuelle Osphresiologie. Die Beziehungen d. Geruchssinnes u. d. Gerüche z. meschl. Geschlechtsthätigkeit. 1901.

Studien zur Geschichte d. menschlichen Geschlechtslebens. I u. II. gr. 8. Berlin, H. Barsdorf. n. 20. —

I. Der Marquis de Sade u. seine Zeit. Ein Beitrag zur Kultur- u. Sittengeschichte des 18. Jahrh. Mit besond. Beziehg. auf die Lehre v. der Psychopathia sexualis. Von Eug. Dühren (Iwan Bloch). 3., vollständig durchgeseh. u. bedeutend verm. Aufl. (X, 537 S.) 901. n. 10. —; geb. 11. —; Luxusausg. gr. 4. n. 20. —

2. Aufl. (VI, 502 S.) 900. n. 8. —; geb. n. 9. —.

II. Das Geschlechtsleben in England. Mit besond. Beziehg. auf London. Von Eug. Dühren. I. Die beiden Erscheinungsformen des Sexuallebens. Die Ehe u. die Prostitution. (VIII, 445 S.) 901. n. 10. —; Liebhaber-Ausgabe. gr. 4. n. 20. —

— dasselbe. III. u. IV. Thl. gr. 8. Berlin, M. Lilienthal. à n. 10. —; geb. in Leinw. à n. 11. 50

III. Das Geschlechtsleben in England. Mit besond. Beziehung auf London. Von Eug. Dühren. II. Der Einfluss äusserer Faktoren auf das Geschlechtsleben in England. (VII, VIII, 451 S.) 903.

IV. Dasselbe. III. Der Einfluss äusserer Faktoren auf das Geschlechtsleben in England. (Fortsetzung und Schluss.) (XII, 536 S.) 903.

— dasselbe. V. Thl. gr. 8. Berlin 903. H. Barsdorf. 7. 50; geb. in Leinw. 9. —

Okkultismus u. Liebe. Studien zur Geschichte der sexuellen Verirrgn. Von Emil Laurent u. Paul Nagour. Autoris. deutsche Ausg. v. G. H. Berndt. (VIII, 360 S.)

— dasselbe. Ergänzungsbd. gr. 8. Ebd. n. 7. —; geb. 8. —

Die sexuelle Osphresiologie. Die Beziehgn. des Geruchssinnes u. der Gerüche zur menschl. Geschlechtsthätigkeit. Von Alb. Hagen. (IV, 290 S.) 900.

— dasselbe. Ergänzungsbd. 8. Ebd. n. 7. —; geb. in Leinw. n. 8. —

Die sexuelle Osphresiologie. Die Beziehgn. des Geruchssinnes u. der Gerüche zur menschl. Geschlechtsthätigkeit. Von Alb. Hagen. 2. Aufl. (IV, 288 S.) 906.

— zur Geschichte des menschlichen Geschlechtslebens. I. gr. 8. Berlin, H. Barsdorf. n. 10. —; geb. in Leinw. n. 11. 50

Der Marquis de Sade u. seine Zeit. Ein Beitrag zur Kultur- u. Sittengeschichte des 18. Jahrh. Mit besond. Beziehung auf die Lehre von der Psychopathia sexualis. Von Eug. Dühren (Iwan Bloch). 4. Aufl. (XI, 538 S.) 906.

Studien zur Geschichte und Kultur des Altertums. Im Auftr. ... d. Görresgesellsch. hrsg. von Dr. E[ngelbert] Drerup, Univ.-Prof., Dr. H(ubert) Grimme u. Dr. J. P. Kirsch, Univ.-Prof. Bd 1, H. 1. Paderborn: F. Schöningh 1907. 8° [08. 2193 4

Studien zur Geschichte u. Kultur des Altertums. Im Auftrage u. m. Unterstützg. der Görresgesellsch. hrsg. v. E. Drerup, H. Grimme u. J. P. Kirsch. I. u. II. Bd. à 5 Hefte; III. Bd. 6 Hefte u. IV. Bd. 1. u. 2. Heft. gr. 8. Paderborn, F. Schöningh. 51. 40

Abele, Thdr. Ant., der Senat unter Augustus. (VIII, 78 S.) 907. (I. Bd. 2. Heft.) 2. 40

Baumstark, Ant., Festbrevier u. Kirchenjahr der syrischen Jakobiten. Eine liturgiegeschichtl. Vorarbeit auf Grund hsl. Studien in Jerusalem u. Damaskus, der syr. Hsskataloge v. Berlin, Cambridge, London, Oxford, Paris u. Rom u. des unierten Mossuler Festbrevierdruckes. (XII, 308 S.) 910. (III. Bd. 3.—5. Heft.) 8. —

Dölger, Frz. Jos., der Exorzismus im altchristlichen Taufritual. Eine religionsgeschichtl. Studie. (XII, 175 S.) 909. (III. Bd. 1. 2. Heft.) 5. —

Drerup, Engelb., [Ἡρώδου] περὶ πολιτείας. Ein polit. Pamphlet aus Athen 404 v. Chr. (124 S.) 908. (II. Bd. 1. Heft.) 3. 20

Francotte, Henri, la polis grecque. Recherches sur la formation et l'organisation des cités, des ligues et des confédérations dans la Grèce ancienne. (VIII, 252 S.) 907. (I. Bd. 3. 4. Heft.) 6. 60

Germann, Pet., die sogenannten Sententiae Varronis. (99 S.) 910. (III. Bd. 6. Heft.) 2. 80

Grimme, Hub., das israelitische Pfingstfest u. der Plejadenkult. Eine Studie. Mit 3 Taf. (VIII, 124 S.) 907. (I. Bd. 1. Heft.) 3. 60

Kirsch, J. P., die hl. Cäcilia in der römischen Kirche des Altertums. (VII, 77 S. m. 1 Taf.) 910. (IV. Bd. 2. Heft.) 2. 80

Landersdorfer, Sim., O. S. B., altbabylonische Privatbriefe, transkribiert, übers. u. kommentiert, nebst e. Einleitg. u. 4 Registern. (XII, 143 S.) 908. (II. Bd. 2. Heft.) 5. —

Nagl, Mat. Assunta, galla Placidia. (VI, 68 S.) 908. (II. Bd. 3. Heft.) 2. —
Schweikert, Ernst, Cruquius u. der Codex Divaei des Horaz. — Patin, Alois, der Aufbau der Ars poetica des Horaz. (41 S.) 910. (IV. Bd. 1. Heft.) 2. 80
Stangl, Thom., Pseudoasconiana. Textgestaltung u. Sprache der anonymen Scholien zu Ciceros vier ersten Verrinen, auf Grund der erstmals verwerteten ältesten Handschriften untersucht. (202 S.) 909. (II. Bd. 4. 5. Heft.) 5. 20
Weber, Hans, attisches Prozessrecht in den attischen Seebundsstaaten. (66 S.) 908. (I. Bd. 5. Heft.) 2. —

— zur Geschichte der Medizin, hrsg. v. der Puschmann-Stiftg. an der Universität Leipzig. Red.: Karl Sudhoff. 1.—8. Heft. Lex. 8. Leipzig, J. A. Barth. 77. —
Rabl, Carl, Geschichte der Anatomie an der Universität Leipzig. Mit 10 Taf. (IV, 126 S.) 909. (Heft 7.) 7. —
Sudhoff, Karl, Ärztliches aus griechischen Papyrus-Urkunden. Bausteine zu e. medizin. Kulturgeschichte des Hellenismus, gesammelt u. bearb. Mit 6 Taf. in Lichtdr. (XV, 296 S.) 909. (Heft 5. 6.) 16. —
— Ein Beitrag zur Geschichte der Anatomie im Mittelalter, speziell der anatomischen Graphik nach Handschriften des 9.—15. Jahrh., am 7. VIII. 1908 der Sektion f. Geschichte der Naturwissenschaften des II. internationalen Kongresses f. historische Wissenschaften zu Berlin vorgelegt. Mit 3 Abbildgn. im Text u. 24 Taf. (VII, 94 S.) 908. (Heft 4.) 10. —
— Die medizinische Fakultät zu Leipzig im 1. Jahrh. der Universität. Jubiläumsstudien. Mit 16 Taf. (VIII, 212 S.) 909. (Heft 8.) 10. —
— Deutsche medizinische Inkunabeln. Bibliographisch-literar. Untersuchgn. Mit 40 Abbildgn. im Text. (XXIV, 278 S.) 908. (Heft 2. 3.) 16. —
— Tradition u. Naturbeobachtung in den Illustrationen medizinischer Handschriften u. Frühdrucke vornehmlich des 15. Jahrh. Untersuchungen. Mit 37 Abbildgn. im Text u. 24 Taf. (VIII, 92 S.) 907. (Heft 1.) 12. —

— zur Geschichte des Melodramas, s.: Publikationen der internation. Musikgesellschaft. 1. Beiheft.

Studien zur Geschichte der Musik in Böhmen. 1—4. Prag '01—04.

— zur Geschichte der Musik in Böhmen. II—IV. gr. 8. Prag (J. G. Calve). n. 2. 30
II. Studien zur Geschichte der Musik in Böhmen. Von Rich. Batka. [Erweit. Sonderabdr. aus: „Mittlgn. des Ver. z. Gesch. d. Deutschen in Böhmen".] (32 S.) 904. n. — 60
III. Johann Friedrich Kittl. Ein Beitrag zur Musikgeschichte Prags. Von Ernst Rychnovsky. I. [Erweit. Sonderabdr. aus: „Mittlgn. d. Ver. z. Gesch. d. Deutschen in Böhmen".] (46 S.) 904. n. — 80
IV. Dasselbe. II. [Aus: „Mittlgn. d. Ver. f. Gesch. d. Deutschen in Böhmen".] (72 S.) 904. n. — 90

Studien zur niederrheinischen Geschichte. Festschrift zur Feier des Einzugs in das neue Schulgebäude des Königlichen Gymnasiums (30. Juni 1906). 2 Bl., 62 S., 1 Abb. 8.
Progr. Kgl. Gymn. *Düsseldorf* 1906 (541).

1. Asbach, Jul[ius]: Zur Charakteristik Karl Wilhelm Kortüms. Mit einem Porträt. S. 1—13. 2. Bone, Karl: Zwei illuminierte Manuskripte der Bibliothek des Königl. Gymnasiums zu Düsseldorf. S. 14—24. 3. Willemsen, Heinr[ich]: Die Handschriften der Gymnasialbibliothek. S. 25 bis 35. 4. Peters, Rudolf: Beitrag zur Kenntnis des Bergischen Schulwesens unter der französischen Herrschaft. S. 36—43. 5. Berdolet, [Friedrich]: Eine Sühneurkunde des 16. Jahrhunderts. S. 44—46. 6. Mosler, [Hans]: Zur Geschichte des Mülheimer Zolles. S. 47—62.

Studien zur Geschichte d. neueren Protestantismus hrsg. v. Heinr. Hoffmann u. Leop. Zscharnack. 1.—5. Heft. gr. 8. Giessen, A. Töpelmann. 24. 10
Bauer, Johs., Schleiermacher als patriotischer Prediger. Ein Beitrag zur Geschichte der nationalen Erhebung vor 100 Jahren. Mit e. Anh. v. bisher ungedr. Predigtentwürfen Schleiermachers. (XII, 364 S.) 908. (Heft 4.) 10. —
Bornhausen, Karl, die Ethik Pascals. (VIII, 171 S.) 907. (Heft 2.) 4. —
Mulert, Herm., Schleiermacher-Studien. I. Schleiermachers geschichtsphilosoph. Ansichten in ihrer Bedeutg. f. seine Theologie. (VII, 92 S.) 907. (Heft 3.) 2. 50
Stephan, Horst, Luther in den Wandlungen seiner Kirche. (IV, 136 S.) 907. (Heft 1.) 2. 60; geb. n 3. 50
Wendland, Walt., die Religiosität u. die kirchenpolit. Grundsätze Friedrich Wilhelms III. in ihrer Bedeutung f. die Geschichte der kirchl. Restauration. (VII, 188 S.) 909. (Heft 5.) 5. —

— dasselbe. 1.—3. Quellenheft. gr. 8. Ebd. 5. 40
Schleiermacher's Sendschreiben üb. seine Glaubenslehre an Lücke, neu hrsg. u. m. e. Einleitg. u. Anmerkgn. verseh. v. Herm. Mulert. (68 S.) 908. (Heft 2.) 1. 40
Spalding's Bestimmung des Menschen (1748) u. Wert der Andacht (1755). Mit Einleitg. neu hrsg. v. Horst Stephan. (44 S.) 908. (Heft 1.) 1. —
Toland's, John, christianity not mysterious (Christentum ohne Geheimnis) 1696. Übers. v. W. Lunde. Eingeleitet u. unter Beifügung v. Leibnizens Annotatiunculae 1701 hrsg. v. Leop. Zscharnack. (VII, 148 S.) 908. (Heft 3.) 3. —

— zur Geschichte d. Theologie u. d. Kirche. I. Bd., 1.—4. Hft., II. Bd., 1. Hft. u. III. Bd. 1.—5 Hft. gr. 8. Leipzig, Dieterich's Verlag. n. 21. 95
I. 1. Die Apokalypse Abrahams. Das Testament der vierzig Märtyrer, hrsg. v. Nathanael Bonwetsch. (95 S.) 897. n. 2. 80
2. Das Homiliarium Karls d. Grossen, auf s. ursprüngliche Gestalt hin untersucht. Von Friedr. Wiegand. (V, 96 S.) 897. n. 2. —
3. Das Verhältnis der römischen Kirche zu d. kleinasiat. vor d. nicaen. Konzil. Antrittsvorlesg. Von M. A. Berendts. (26 S.) 898. n. — 60
4. Studien zu e. kritischen Sichtg. d. südgallischen Predigtliteratur d. 5. u. 6. Jahrh. 1. Tl.: Der handschriftl. bezeugte Nachlass d. Faustus v. Reji. Von Wilh. Bergmann. (VIII, 331 S.) 898. n. 7. —
II, 1. Die Bekehrung Johannes Calvins. Von A. Lang. (VI, 57 S.) 897. n. 1. 35
III, 1. Beiträge zur Geschichte d. christolog. Dogmas im 11. u. 12. Jahrh. Von Otto Baltzer. (VII, 78 S.) 898. n. 1. 60
2. Anonymi Byzantini de caelo et infernis epistula. Ed. L. Radermacher. (30 S.) 898. n. 1. —
3. Das nicänisch-konstantinopolitan. Symbol. Von Johs. Kunze. (72 S.) 898. n. 1. 60
4. Die Quellen d. Kirchenhistorikers Socrates Scholasticus. Von Frz. Geppert. (134 S.) 898. n. 3. —
5. Gerhardi, D. Joa, homiliae XXXVI seu meditationes breves diebus dominicis atque festis accomodatae. E manuscriptis Gerhardinis ab illustrissima bibliotheca gothana asservatis primum ed. Geo. Berbig. (VIII, 43 S.) 898. n. 1. —

— zur Geschichte der Theologie u. der Kirche, hrsg. v. N. Bonwetsch u. R. Seeberg. II. Bd. 2. Hft.; III. Bd. 6. Hft.; IV. Bd. 1. u. 2. Hft.; V. Bd.; VI. Bd. 1.—4. Hft.; VII. Bd. 1.—3. Hft.; VIII. Bd. 1.—3. Hft. u. IX. Bd. 1. u. 2. Hft. gr. 8. Leipzig, Dieterich. n. 79. 10
II. 2. Der Evangelienkommentar Martin Butzers u. die Grundzüge seiner Theologie. Von A. Lang. (X, 471 S.) 900. n. 10.—
III. 6. Die theolog. Litteratur der griech. Kirche im 16. Jahrh. Von D. Ph. Meyer. Mit e. allgemeinen Einleitg. (XI, 179 S.) 899. n. 4. —
IV. 1. Erzbischof Odilbert v. Mailand üb. die Taufe. Ein Beitrag zur Geschichte der Taufliturgie im Zeitalter Karls des Grossen. Von Frdr. Wiegand. (V, 68 S.) 899. n. 1. 50
2. Die Stellung des apostolischen Symbols im kirchlichen Leben des Mittelalters. Von Frdr. Wiegand. I. Symbol u. Katechumenat. (VIII, 364 S.) 899. n. 7. 50
V. Die Theologie des Johannes Duns Scotus. Eine dogmengeschichtl. Untersuchung. Von Rhold. Seeberg. (VI, 705 S.) 900. n. 12. —
VI. 1. Der Toleranzbegriff Lockes u. Pufendorfs. Ein Beitrag zur Geschichte der Gewissensfreiheit. Von Frdr. Lezius. (115 S.) 900. n. 2. 50
2. Tyconius-Studien. Ein Beitrag zur Kirchen- u. Dogmengeschichte des 4. Jahrh. Von Traug. Hahn. (VII, 116 S.) 900. n. 2. 50
3. Hieronymus. Eine biograph. Studie zur alten Kirchengeschichte. Von Geo. Grützmacher. 1. Hälfte: Sein Leben u. seine Schriften bis zum J. 385. (VIII, 298 S.) 901. n. 6. —; geb. n. n. 7. 50
4. Meditatio futurae vitae. Ihr Begriff u. ihre herrsch. Stellg. im System Calvins. Ein Beitrag zum Verständnis v. dessen Institutio. Von Mart. Schulze. (89 S.) 901. n. 2. —
VII. 1. Johannes a Lasco u. der Sacramentsstreit. Ein Beitrag zur Geschichte der Reformationszeit. Von Kruske. (XI, 216 S.) 901. n. 4. 50
2. Die Augsburger Reformation in den J. 1533/34. Von Karl Wolfart. (VII, 159 S.) 901. n. 3. 50
3. Die Entwicklung des Religionsbegriffs bei Schleiermacher. Von Eug. Huber. (X, 315 S.) 901. n. 6. —
VIII. 1. Die Fälschungen Erzbischof Lanfranks von Canterbury. Von Heinr. Boehmer. (VIII, 175 S.) 902. n. 4. —
2. Zur Geschichte der evangelischen Beichte. I. Die kathol. Beichtpraxis bei Beginn der Reformation u. Luthers Stellg. dazu in den Anfängen seiner Wirksamkeit. Von E. Fischer. (VII, 216 S.) 902. n. 4. 50
3. Die Sentenzen des Petrus Lombardus. Ihre Quellen u. ihre dogmengeschichtl. Bedeutung. Von Otto Baltzer. (VIII, 164 S.) 902. n. 4. 50
IX. 1. Das römische Inquisitionsverfahren in Deutschland bis zu d. Hexenprozessen. Von Paul Flade. (X, 122 S.) 902. n. 2. 50
2. Johannes Scotus Erigena u. dessen Gewährsmänner in seinem Werke De divisione naturae libri V. Von Johs. Dräseke. (V, 67 S.) 902. n. 1. 60
I.; II. 1. u. III. 1.—5. Ebd. 897. 898. n. 21. 95.
Bei Abnahme e. Bds. tritt e. Preisermässigung v. 20% ein.

— zur Geschichte der Theologie u. der Kirche, hrsg. v. N. Bonwetsch u. R. Seeberg. IX. Bd. 3. u. 4. Heft. gr. 8. Leipzig, Dieterich. n. 9. 50

3. Die ersten Wanderprediger Frankreichs. Studien zur Geschichte des Mönchtums. Von Johs. v. Walter. 1. Tl. Robert v. Arbrissel. (IX, 195 S.) 903. n. 5.—
4. Zur Geschichte d. evangelischen Beichte. Von E. Fischer. II. Niedergang u. Neubelebung des Beichtinstituts in Wittenberg in den Anfängen der Reformation. (VII, 252 S.) 903. n. 4.50 I u. II in 1 Bd.: n. 9. —)

— zur Geschichte der Theologie u. der Kirche, hrsg. v. N. Bonwetsch u. R. Seeberg. X. Bd. gr. 8. Berlin, Trowitzsch & Sohn. 14. —

X. 1. Hälfte. Hieronymus. Eine biographische Studie zur alten Kirchengeschichte. Von Geo. Grützmacher. 2. Bd. Sein Leben u. seine Schriften von 385—400. (VIII, 270 S.) 907. 7. —
2. Hälfte. Dasselbe. 3. Bd. Sein Leben u. seine Schriften von 400 bis 420. (VIII, 293 S.) 908. 7. —

— geschichtliche. Hrsg. v. Armin Tille. I. Bd. 1.—3. Hft. gr. 8. Gotha, F. A. Perthes. n. 8. 40

1. Die Kaiserwahl Karls VI. (1711.) Von Johs. Ziekursch. (XIII, 187 S.) 902. n. 3. 60
2. Die Wirtschaftspolitik des schlesischen Kommerzkollegs 1716—1740. Von Siegfr. Tschierschky. (VIII, 132 S.) 902. n. 2. 40
3. Russisch-französische Politik 1689—1717. Von Matthäus Vassileff. (IX, 108 S.) 902. n. 2. 40

— zu dem Gesetz zur Erläuterung einiger Artikel des Strafgesetz-Buchs, s. Gerichtszeitung, allgemeine.

— über Gesundheit u. Krankheit. [Aus dem Naturarzt.] (Von Alfr. von Seefeld.) Berlin 869. Grieben. gr. 8. (IV, 56 S.) n. 5 ngr.

— gewerkschaftliche, in England (v. A. Stegerwald), s. a. Schriften usw. der christlichen Gewerkschaften Deutschlands.

Studien, Gewerkschaftliche,

in England. Cöln 1906. V: *Stegerwald, Adam.* (berl)

— Gießener, auf dem Gebiet der Geschichte. I. u. II. Mit einem Vorwort von W. Oncken. gr. 8. Gießen 881. Ricker. n. 10. —

I. Maria Stuart, Darley, Bothwell. Von Ernst Bekker. (XI, 387 S. m. 1 lith. Karte.) n. 8. —
II. Hardenberg u. das Geheime Kabinet Friedrich Wilhelms III. vom Potsdamer Vertrag bis zur Schlacht von Jena. Von Frdr. Noack. (X, 94 S.) n. 2. —

— Gießener, auf dem Gebiet der Geschichte. III. gr. 8. Gießen 885. Ricker. n. 1. 80 (I—III.: n. 11. 80)

Beiträge zur neueren Geschichte. I. Zum Zeitalter Friedrichs d. Großen. II. Ein angeblicher Brief d. Frhrn. vom Stein. III. Zur Maria-Stuart-Frage. Von Wilh. Oncken. (VI, 90 S.)

— Gießener, auf dem Gebiet der Geschichte. IV. V. gr. 8. Gießen 887. Ricker. n. 5. 50 (I—V.: n. 17. 30)

IV. Beiträge zur englischen Geschichte im Zeitalter Elisabeth's. Von E. Bekker. (VIII, 108 S.) 887. n. 2. 50
V. Elisabeth u. Leicester. Beiträge zur Geschichte Englands in den J. 1560—1562. Von E. Bekker. (VII, 131 S.) n. 3. —

—— Gießener, auf dem Gebiet der Geschichte. V. gr. 8. Gießen 890, Ricker. * 3 —

Bekker, Ernst. Elisabeth u. Leicester. Beiträge zur Geschichte Englands in den J. 1560 bis 1562. (VII, 131 S.)
I.—IV. Ebd. 1881—87. * 14 30.

— Gießener, auf dem Gebiet der Geschichte. VI. gr. 8. Gießen 894. J. Ricker. n. 2. 80 (I—VI.: n. 20. 10)

Die Denkwürdigkeiten der Markgräfin Friederike Sophie Wilhelmine v. Bayreuth u. die englisch-preußische Heiratsverhandlung v. 1730 v. Karl Bernbeck. Mit e. Vorwort v. Wilh. Oncken. (X, 104 S.) 894. n. 2. 80

— Gießener, auf d. Gebiete der Geschichte. 7.—9. Hft. gr. 8. Gießen, J. Ricker. n. 8. 20 (1.—9.: n. 28. 30)

7. I. Die schleswig-holstein. Frage, ihre Vorgeschichte u. Entwicklg. bis zur Erhebung d. Herzogtümer gegen Dänemark. (Am 24. Apr. 1848.) M. e. Stammtaf. d. Oldenburger. — II. Der Kampf bei Eckernförde u. d. koburg. Legende. (Am 5. Apr. 1849.) M. 1 Textskizze. Von Ernst Emil Lohr. (111 S.) 895. n. 3. —
8. Friedrich d. Große als Kolonisator v. Heinr. Berger. Mit e. Vorwort v. W. Oncken. Im Anh. 2 Taf. u. 1 Uebersichtskarte. (VIII, 111 S.) 896. n. 4. —
9. Friedrichs d. Großen Annäherg. an England im J. 1755 u. d. Sendg. d. Herzogs v. Nivernais nach Berlin. Von Adam Heußel. (VIII, 43 S.) 897. n. 1. 20

— Gießener, auf dem Gebiete der Geschichte. Hrsg. v. W. Oncken. X. Hft. gr. 8. Gießen, J. Ricker. n. 1. 80

Beiträge zur englischen Geschichte im Zeitalter Elisabeths. Von Ernst Bekker. (VII, 74 S.) 899. n. 1. 80
1.—9. Hft. Ebd. 881—897. n. 28. 30.

Studien über das Glück in der Ehe. Von Eug. v. Mannesherz. 8. (VIII, 163 S.) München 879. Fritsch. n. 2. —

—— göttinger. 1845. gr. 8. (27⅛ B., 2 Stnt. u. 1 Karte.) Göttingen 846, Vandenhoeck u. Ruprecht. *

—— göttinger. 1847. 1. Abthl.: Mathematische und naturwissenschaftl. Abhandlungen. Redig. von Aug. Bernh. Krische. (2 Lfgn.) gr. 8. (924 S. und 5 Kpfrt.) Göttingen 847, Vandenhoeck und Ruprecht. *

—— dass. — 1847. 2. Abthl.: Philosophische, philolog. und histor. Abhandlungen. Redig. von Aug. Bernh. Krische. (2 Lfgn.) gr. 8. (1159 S. mit 2 Stnt. in qu. 4. und 2 Tab. in qu. Fol. und 4.) Ebds. 847. *

— zur griechischen u. lateinischen Grammatik. Hrsg. v. Geo. Curtius. 8. Bd. gr. 8. (466 S.) Leipzig 875. Hirzel. n. 9. —

Früher Erschienenes vgl.: Curtius, G.

— dasselbe. Hrsg. v. Geo. Curtius u. Karl Brugman. 9. Bd. 1. Hft. gr. 8. (198 S.) Ebend. 876. n. 4. — (I—IX. 1.: n. 71. —)

— zur griechischen u. lateinischen Grammatik. Hrsg. von Geo. Curtius u. Karl Brugman. 9. Bd. 2. Hft. gr. 8. (S. 199—471.) Leipzig 876. Hirzel. n. 5. — (9. Bd. cplt.: n. 9. —)

—— dass. — 10. Bd. 2 Hefte. gr. 8. Ebendas. [1. Heft. (S. 1—256.) 877. * ℳ 5.; 2. Heft. (S. 257—438.) 878. * ℳ 4.] *

—— grammatische. Eine Sammlung sprachwissenschaftl. Monographien. In zwangloser Folge. 1. Thl.: Der Conjunctiv Perfecti und das Futurum exactum im älteren Latein. Von Ed. Lübbert. gr. 8. (II und 104 S.) Breslau 867, Hirt's Verlag. -

—— grammatische. Eine Sammlung sprachwissenschaftl. Monographien. In zwangloser Folge. 2. Thl.: Die Syntax von Quom und die Entwickelung der relativen Tempora im älteren Latein. Von Ed. Lüdders. gr. 8. (XIV, 252 S.) Breslau 870, Hirt's Verlag.

1. Thl. Ebendas. 1867. ℳ 2,25.

— Grazer, zur deutschen Philologie. Hrsg. v. Ant. E. Schönbach u. Bernh. Seuffert. 1.—5. Hft. gr. 8. Graz, Styria. n.n. 14. —

1. Die religiösen Anschauungen Wolframs v. Eschenbach. Bearb. v. Ant. Sattler. (XI, 112 S.) 895. n.n. 3. 30
2. Diu vrône botschaft ze der christenheit. Untersuchgn. u. Text v. Rob. Priebsch. (X, 75 S.) 895. n.n. 1. 70
3. Flemings Verhältnis zur römischen Dichtg. Untersucht v. Steph. Tropsch. (X, 144 S.) 895. n. 4. —
4. Prior in Deutschland. Von Spiridion Wukadinović. (X, 72 S.) 895. n.n. 1. 70
5. Altschwäbische Liebesbriefe. E. Studie zur Geschichte d. Liebespoesie. Von Alb. Ritter. (VII, 118 S.) 897. n. 3. 30

— Grazer, zur deutschen Philologie. Hrsg. v. Ant. E. Schönbach u. Bernh. Seuffert. VI. Hft. gr. 8. Graz, Styria. n. 5. —
Ludwig Tiecks Genoveva. Als romant Dichtung betrachtet. Von Joh. Ranftl. (XII, 258 S.) 899.
1.—5. Hft. Ebd. 895—897. n.n. 14. —.

— Greifswalder. Theolog. Abhandlungen, Hermann Cremer z. 25jähr. Professorenjubiläum dargebracht v. Samuel Oettli, Frdr. Giesebrecht, Adf. Schlatter, Otto Zöckler, Vict. Schultze, Johs. Haussleiter, Johs. Dalmer, Wilh. Lütgert, Erich Schaeder, Ernst Cremer, Frdr. Lezius, Mart. v. Nathusius. gr. 8. (III, 356 S.) Gütersloh 895. C. Bertelsmann. n. 6. —; geb. n. 7. —

— griechische, Hermann Lipsius zum 60. Geburtstag dargebracht. gr. 8. (III, 187 S.) Leipzig 894. B. G. Teubner. n. 6. —

— zur Hamburgischen Handelsgeschichte. III. Heft. Lex.-8. Berlin, Puttkammer & Mühlbrecht. n. 3. 60
Die Entwicklung des Hamburger Warenhandels v. der Entstehung des Deutschen Reiches bis zum Ende des 19. Jahrh. (1871—1900.) Von C. T. Freytag. Mit (11) Tabellen. (XIII, 105 S.) 906.

— zur operativen Heilung des Stotterns. Mit 4 Taf. Abbild. Abgedr. aus dem 88. Hefte der „Chirurg. Kupfertafeln" von Dr. Rob. Froriep. gr. 8. Weimar 843, Landes-Industrie-Comptoir. 1/2 ₰

Becker, A., Studien zur Heimatkunde von Niederösterreich. Gr.-8°. (125 S.) K 3.—
Wien: Deuticke 1910.

— historische. Hrsg. von W. Arndt, C. v. Noorden, G. Voigt etc. 1—8. Hft. gr. 8. Leipzig 880—82. Veit & Co. n. 22. 20
1. Das Königtum Günthers von Schwarzburg. Ein Beitrag zur Reichsgeschichte des XIV. Jahrh. von Karl Janson. Eingeleitet von J. Weizsäcker. (VII, 146 S.) n. 3. 60
2. Wido v. Ferrara de scismate Hildebrandi. Ein Beitrag zur Geschichte des Investiturstreites von Konr. Panzer. Eingeleitet von W. Maurenbrecher. (IV, 64 S.) n. 1. 80
3. Erzbischof Arno von Mainz 1021—1031. Von Rich. Müller. Eingeleitet von R. Pauli. (VI, 62 S.) n. 1. 80
4. Die Fortsetzer Hermann's von Reichenau. Ein Beitrag zur Quellengeschichte des XI. Jahrh. von Paul Meyer. Eingeleitet von C. v. Noorden. (V, 60 S.) n. 1. 60
5. Das Königsgericht zur Zeit der Merowinger u. Karolinger. Von Vict. Barchewitz. Eingeleitet von W. Arndt. (V, 102 S.) n. 2. 80
6. Der Reichstag unter den Hohenstaufen. Ein Beitrag zur deutschen Verfassungsgeschichte von Carl Wacker. Eingeleitet von W. Arndt. (V, 112 S.) n. 3. —
7. Politische Geschichte Genuas u. Pisas im XII. Jahrh. Nebst einem Exkurs zur Kritik der Annales Pisani. Von Otto Langer. Eingeleitet von C. v. Noorden. (VII, 216 S.) n. 5. 60
8. Die Schlacht bei Reutlingen 14. Mai 1377. Von Jos. Jacobsen. Eingeleitet von J. Weizsäcker. (VI, 70 S.) n. 2. —

— historische. Hrsg. v. W. Arndt, C. v. Noorden u. G. Voigt etc. 9—15. Hft. gr. 8. Leipzig, Veit & Co. n. 25. 60
9. Der deutsche Reichstag in den J. 1273—1378. Ein Beitrag zur deutschen Verfassungsgeschichte v. Herm. Ehrenberg. Eingeleitet v. W. Arndt. (VIII, 136 S.) 883. n. 3. 60
10. Die territoriale Politik d. Erzbischofs Philipp I. v. Köln [1167—1191]. Ein Beitrag zur Geschichte d. XII. Jahrh. v. Herm. Hecker. Eingeleitet v. C. Varrentrapp. (VIII, 128 S.) 883. n. 3. —
11. Die Entstehung d. ausschliesslichen Wahlrechts der Domkapitel. Mit besond. Rücksicht auf Deutschland. Von Geo. v. Below. Eingeleitet v. M. Ritter. (VII, 51 S.) 883. n. 1. 60
12. Der deutsche Reichstag in den J. 911—1125. Ein Beitrag zur deutschen Verfassungsgeschichte v. Paul Guba. Eingeleitet v. W. Arndt. (V, 132 S.) 884. n. 3. —
13. Landgraf Philipp v. Hessen u. die Pack'schen Händel. Mit archival. Beilagen. Von Hilar Schwarz. Eingeleitet v. W. Maurenbrecher. (VII, 166 S.) 884. n. 4. 60
14. Beiträge zur Kritik der Histoire de mon temps Friedrichs d. Grossen. Von H. Disselnkötter. Eingeleitet v. W. Maurenbrecher. (VIII, 139 S.) 885. n. 3. 80
15. Das Königtum Wilhelms v. Holland. Von Otto Hintze. Eingeleitet v. J. Weizsäcker. (VIII, 220 S.) 885. n. 6. —

— historische, veröffentl. v. E. Ebering. I.—XI. Hft. gr. 8. Berlin, E. Ebering n. 60. 80
I. D. französische Legislative u. d. Ursprung d. Revolutionskriege 1791—1792, m. e. Anh. polit. Briefe aus d. Wiener k. u. k. Haus-, Hof- u. Staatsarchiv, v. Hans Glagau. (XIII, 363 S.) 896. n. 6. —
II. Die polit. Beziehgn. Kaiser Ludwigs d. Baiern zu Frankreich in d. J. 1314—1337 v. Geo. Sievers. (VI, 206 S.) 896. n. 4. —
III. Die Schlacht v. Hastings v. Wilh. Spatz. (VII, 69 S.) 896. n. 1. 80
IV. Ludwigs des Heiligen Kreuzzug nach Tunis 1270 u. die Politik Karls I. von Sizilien. Von Rich. Sternfeld. (XXXII, 394 S.) 896. n. 8. —
V. Studien zur Geschichte Papst Nikolaus' IV. Von Otto Schiff. (V, 84 S.) 897. n. 2. 40
VI. Geschichte Manfreds vom Tode Friedrichs II. bis zu s. Krönung (1250—1258). Von Aug. Karst. (XIV, 184 S.) 897. n. 4. —
VII. Kaiserin Mathilde, Mutter Heinrichs v. Anjou, u. d. Zeitalter d. Anarchie in England. Von Osk. Rössler. (XIII, 443 S.) 897. n. 8. —
VIII. Zur Geschichte des XII. u. XIII. Jahrhunderts. Diplomatische Forschgn. Von Paul Scheffer-Boichorst. (XI, 419 S.) 897. n. 10. —
IX. Castruccio Castracani, Herzog v. Lucca. Von Frdr. Winkler. (140 S.) 897. n. 3. 60
X. Oesterreich u. d. Anfänge d. Befreiungskrieges v. 1813. Vom Abschluss der Allianz m. Frankreich bis zum Eintritt in die Koalition. Von Frdr. Luckwaldt. (XVI, 407 S.) 898. n. 8. —
XI. Abt Suger v. Saint-Denis 1081—1151. Von Otto Cartellieri. (XV, 191 S.) 898. n. 5. —

— historische. Veröffentlicht von E. Ebering. 12. – 35. Hft. gr. 8. Berlin, E. Ebering. n. 114. 10

Inhaltsübersicht in alphabetischer Ordnung:

Chone, H., die Handelsbeziehungen Kaiser Friedrichs II. zu den Seestädten Venedig, Pisa, Genua. (VII, 134 S.) 902. (Hft. 32.) 3. 60
Christmann, Curt, Melanchthons Haltung im schmalkaldischen Kriege. (VIII, 160 S.) 902. (Hft. 31.) n. 4. —
Fehling, Ferd., Kaiser Friedrich II. u. die römischen Cardinäle in den J. 1227 bis 1239. (79 S.) 901. (Hft. 21.) n. 2. 40
Gerber, Paul, die Schlacht bei Leuthen. (VII, 108 S. m. Skizzen.) 901. (Hft. 28.) n. 3. 20
Hansing, Karl, Hardenberg u. die 3. Koalition. (VII, 111 S.) 899. (Hft. 12.) n. 3. —
Hasenclever, Adf., die Politik der Schmalkaldener vor Ausbruch des schmalkaldischen Krieges. (XV, 255 S.) 901. (Hft. 23.) n. 7. —
Hessel, Karl, „De regno Italiae libri viginti" von Carlo Sigonio. Eine quellenkrit. Untersuchung. (93 S.) 900. (Hft. 13.) n. 2. 40
Koch, Geo., Manegold v. Lautenbach u. die Lehre von der Volkssouveränität unter Heinrich IV. (159 S.) 902. (Hft. 34.) n. 4. 40
Krabbo, Herm., die Besetzung der deutschen Bistümer unter der Regierung Kaiser Friedrichs II. [1212—1250]. 1. Tl. (175 S.) 901. (Hft. 25.) n. 4. 80
Kunze, Johs., zur Kunde des deutschen Privatlebens in der Zeit der salischen Kaiser. (125 S.) 902. (Hft. 30.) n. 3. 60
Müller, Ernst, das Itinerar Kaiser Heinrichs III. (1039 bis 1056) m. besond. Berücksicht. seiner Urkunden. (VIII, 133 S.) 901. (Hft. 26.) n. 3. 60
Niemeier, Alfr., Untersuchungen üb. die Beziehungen Albrechts I zu Bonifaz VIII. (XI, 174 S.) 900. (Hft. 19.) n. 5. —
Ommen, Heinr., die Kriegführung des Erzherzogs Carl. (VII, 134 S.) 900. (Hft. 16.) n. 4. —
Salzer, Ernst, über die Anfänge der Signorie in Oberitalien. Ein Beitrag zur italien. Verfassungsgeschichte. (XVI, 304 S.) 900. (Hft. 14.) n. 8. —
Schmeidler, Bernh., der dux u. das comune Venetiarum von 1141—1229. Beiträge zur Verfassungsgeschichte Venedigs, vornehmlich im 12. Jahrh. (95 S.) 902. (Hft. 35.) n. 2. 80
Schrohe, Heinr., der Kampf der Gegenkönige Ludwig u. Friedrich um das Reich bis zur Entscheidungsschlacht bei Mühldorf. Nebst Exkursen zur Reichsgeschichte der J. 1292—1322. (XIV, 296 S.) 902. (Hft. 29.) n. 8. —

Schütte, Ludw., der Apenninenpass des Monto Bardone u. die deutschen Kaiser. Mit 1 Karte. (VII, 137 S.) 901. (Hft. 27.) n. 4. —
Simon, Kurt, Erzherzog Johann bei Wagram. Eine quellenkrit. Untersuchg. üb. die Verspätg. des Erzherzogs Johann bei Wagram. (39 S.) 900. (Hft. 15.) n. 1. 50
Süssheim, K., Preussens Politik in Ansbach-Bayreuth 1791—1806. (VII, 480 S.) 902. (Hft. 33.) n. 11. 20
Taube, Frdr. Wilh., Ludwig der Aeltere als Markgraf v. Brandenburg (1323—1351). (147 S. m. 1 Stammtaf.) 900. (Hft. 18.) n. 4. —
Tsenoff, Gantscho, wer hat Moskau im J. 1812 in Brand gesteckt? (112 S.) 900. (Hft. 17.) n. 3. 60
Weber, Hans, der Kampf zwischen Papst Innocenz IV. u. Kaiser Friedrich II. bis zur Flucht des Papstes nach Lyon. (95 S.) 900. (Hft. 20.) n. 2. 80
Weicker, Bernh., die Stellung der Kurfürsten zur Wahl Karls V. im J. 1519. (XV, 410 u. XVI S.) 901. (Hft. 22.) n. 11. 20
Wendland, Wilh., Versuche e. allgemeinen Volksbewaffnung in Süddeutschland während der J. 1791 bis 1794. (VIII, 223 S.) 901. (Hft. 24.) n. 6. —

Studien, historische. Veröffentlicht v. E. Ebering. 36. bis 54. Heft. gr. 8. Berlin, E. Ebering. n. 95. 90
Batteiger, Jak., der Pietismus in Bayreuth. (164 S.) 903. (Hft. 38.) n. 4. 50
Dettmering, Wilh., Beiträge zur älteren Zunftgeschichte der Stadt Strassburg. (138 S.) 9 3. (Hft. 40.) n. 3. 60
Fellner, Rob., die fränkische Ritterschaft von 1495—1524. Mit e. Einleitung. Hauptsächlich nach Quellen aus dem Hochstift Würzburg. (312 S.) 905. (Hft. 50.) n. 8. —
Graebert, Karl, Erasmus v. Manteuffel, der letzte kathol. Bischof v. Kammin (1521—1544.) (75 S.) (Hft. 37.) n. 2. 40
Grabner, Adph., zur Geschichte des 2. Nürnberger Reichsregiments 1521 - 1523. (XI, 104 S.) 903. (Hft. 41.) n. 3. —
Heil, Aug., die politischen Beziehungen zwischen Otto dem Grossen u. Ludwig IV. v. Frankreich (936—954). (110 S.) 904. (Hft. 46.) n. 3 —
Keller, Erich, Alexander der Grosse nach der Schlacht bei Issos bis zu seiner Rückkehr aus Aegypten. (73 S.) 904. (Hft 48.) n. 2. —
Krabbo, Herm., die ostdeutschen Bistümer, besonders ihre Besetzg. unt. Kaiser Friedrich II. (X, 148 S.) 906. (Hft. 53.) n. 4. —
Lehmann, Jos., Johann ohne Land. Beiträge zu seiner Charakteristik. (259 S.) 904. (Hft. 45.) n. 6. 80
Meyer, Christian, Preussens innere Politik in Ansbach u. Bayreuth in den J. 1792—1797. Enth. die Denkschrift des Staatsministers Karl August v. Hardenberg. (210 S.) 904. (Hft 49.) n. 6. —
Pfeiffer, Ernst, die Revuereisen Friedrichs des Grossen besonders die schlesischen nach 1763 u. der Zustand Schlesiens von 1763—1786. (187 S) 904. (Hft. 44.) n. 4. 80
Platzhoff, Walt., die Theorie von der Mordbefugnis der Obrigkeit im XVI. Jahrh. (106 S.) 906. (Hft. 54.) n. 2. 80
Roloff, Gust., Probleme aus der griechischen Kriegsgeschichte. (VIII, 142 S.) 903. (Hft. 39.) n. 4. 80
Scheffer-Boichhorst, Paul, gesammelte Schriften. 1. Bd. Kirchengeschichtliche Forschgn. Mit dem Bildnis des Verf. u. e. Schilderg. seines Lebens. (VIII, 307 S.) 903. (Hft. 42.) n. 7. 50
— dasselbe, 2. Bd. Ausgewählte Aufsätze u. Besprechungen. Mit e. Verzeichnis der Veröffentlichgn. des Verf. u. einer Uebersicht v. Regestenbeiträgen. (VIII, 439 S.) 905. (Hft. 43.) n. 7 50
Schmidt, Erich, deutsche Volkskunde im Zeitalter des Humanismus u. der Reformation. (Diss.) (168 S.) 904. (Hft. 47.) n. 3. —
Schütze, Paul, die Entstehung des Rechtssatzes: Stadtluft macht frei. (VIII, 116 S.) 903. (Hft. 36.) n. 3. 20
Sternfeld, Rich., der Kardinal Johann Gaëtan Orsini (Papst Nikolaus III.) 1244—1277. Ein Beitrag zur Geschichte der röm. Kurie im 13. Jahrh. (XXIII, 376 S. m. Stammtaf.) 905. (Hft. 52.) n. 10. —
Wolf, Gust., aus Kurköln im 16. Jahrh. (VIII, 341 S.) 905. (Hft. 51.) n. 9. —

— historische. Veröffentlicht v. E. Ebering. 55.—87. Heft. gr. 8. Berlin, E. Ebering. 205. 30
Andres, Hans, die Einführung des konstitutionellen Systems im Grossherzogt. Hessen. (XV, 279 S.) 908. (64. Heft.) 7. 50
Bahrs, Kurt, Friedrich Buchholz, e. preussischer Publizist 1768—1843. (102 S.) 907. (57. Heft.) 3. 20
Becker, Otto, die Verfassungspolitik der französischen Regierung bei Beginn der grossen Revolution. (Vom Ausbruch des Ständekampfes im Septbr. 1788 bis zum Eintritt der ersten Stände in die Assemblée nationale am 27. VI. 1789). (XX, 275 S.) 910. (86. Heft.) 7. 50
Bettin, Hans, Heinrich II. v. Champagne. Seine Kreuzfahrt u. Wirksamkeit im hl. Lande (1190—1197). (151 S. m. 1 Stammtaf.) 910. (85. Heft.) 4. —
Bock, Rich., die Glaubwürdigkeit der Nachrichten Bonithos v. Sutri im liber ad amicum u. deren Verwertung in der neueren Geschichtsschreibung. (195 S.) 909. (73. Heft.) 5. —
Brader, Dav., Bonifaz v. Montferrat bis zum Antritt der Kreuzfahrt (1202). (XVI, 263 S. m. 5 Stammtaf. u. 1 Karte.) 907. (55. Heft.) 6. —

Dukmeyer, Frdr., Korb's Diarium itineris in Moscoviam u. Quellen, die es ergänzen. Beiträge zur moskowitisch-russ., österreichisch-kaiserl. u. brandenburgisch-preuss. Geschichte aus der Zeit Peters des Grossen. (VIII, 462 S.) 909. (70. Heft.) 12. —
— dasselbe. 2. Bd. (VIII, 356 S.) 910. (80. Heft.) 9. 20
Gerlich, Fritz, das Testament Heinrichs VI. Versuch e. Widerlegg. (114 S.) 907. (59. Heft.) 3. 20
Grotefend, Siegfr., die Erwerbspolitik Kaiser Karls IV. Zugleich e. Beitrag zur polit. Geographie des deutschen Reiches im 14. Jahrh. (VIII, 128 S.) 909. (66. Heft.) 3. 60
Günter, Heinr., die Habsburger-Liga 1625—1635. Briefe u. Akten aus dem General-Archiv zu Simancas. (XVI, 487 S.) 908. (62. Heft.) 14. 50
Hägermann, Gust., die Erklärungen der Menschen- u. Bürgerrechte in den ersten amerikanischen Staatsverfassungen. (163 S.) 910. (78. Heft.) 4. 20
Heineken, Herm., der Salzhandel Lüneburgs m. Lübeck bis zum Anfang des 15. Jahrh. (150 S.) 908. (63. Heft.) 3. 80
Hessel, Alfr., Geschichte der Stadt Bologna von 1116—1280. (XVI, 541 S. m. 1 Karte.) 910. (76. Heft.) 14. 50
Hofordnung, die, Kurfürst Joachims II. v. Brandenburg, neu hrsg. u. durch Untersuchgn. üb. Hofhalt u. Verwaltg. unter Joachim II. erläutert v. Mart. Hass. (238 S.) 910. (87. Heft.) 6. 40
Hösl, Ig., Kardinal Jacobus Gaietani Stefaneschi. Ein Beitrag zur Literatur- u. Kirchengeschichte des beginn. 14. Jahrh. (VII, 139 S.) 908. (61. Heft.) 4. —
Jordan, Erich, Friedrich Wilhelm IV. u. der preuss. Adel bei Umwandlung der 1. Kammer in das Herrenhaus. 1850—1854. (322 S.) 909. (71. Heft.) 8. 40
Israël, Frdr., Adam Adami u. seine Arcana pacis Westphalicae. (XVI, 279 S.) 909. (69. Heft.) 7. 50
Kirchner, Max, die deutschen Kaiserinnen in der Zeit von Konrad I. bis zum Tode Lothars v. Supplinburg. (VII, 198 S.) 910. (79. Heft.) 5. 50
Knetsch, Gust., die landständische Verfassung u. reichsritterschaftliche Bewegung im Kurstaate Trier, vornehmlich im XVI. Jahrh. (184 S.) 909. (75. Heft.) 4. 80
Lemcke, Geo., Beiträge zur Geschichte König Richards v. Cornwall. (104 S.) 909. (65. Heft.) 2. 80
Liebmann, Hans, deutsches Land u. Volk nach italien. Berichterstattern der Reformationszeit. (VII, 243 S.) 910. (81. Heft.) 6. 50
Lüttich, Rud., Ungarnzüge in Europa im 10. Jahrh. (174 S.) 910. (84. Heft.) 4. 50
Martini, Rich., die Trierer Bischofswahlen vom Beginn des 10. bis zum Ausgang des 12. Jahrh. (VII, 102 S.) 909. (72. Heft.) 2. 80
Moeller, Ernst v., Aymar du Rivail, der erste Rechtshistoriker. (80 S.) 907. (56. Heft.) 2. 80
Müller, Heinr., der letzte Kampf der Reichsritterschaft um ihre Selbständigkeit (1790—1815). (214 S.) 910. (77. Heft.) 6. —
Promnitz, Kurt, Bismarcks Eintritt in das Ministerium. (258 S.) 908. (60. Heft.) 6. —
Riess, Ludw., die Politik Pauls IV. u. seiner Nepoten. Eine weltgeschichtl. Krisis des 16. Jahrh. (XVI, 496 S.) 909. (67. Heft.) 12. 80
Schneller, Adelh., der Brüssler Friede v. 1516. (93 S.) 910. (83. Heft.) 2. 50
Schoene, Curt, die politischen Beziehungen zwischen Deutschland u. Frankreich in den J. 953—980. (142 S.) 910. (83. Heft.) 3. 80
Théremin, Wilh., Beitrag zur öffentlichen Meinung üb. Kirche u. Staat in der städtischen Geschichtsschreibung Deutschlands von 1349—1415. (VII, 152 S.) 909. (68. Heft.) 4. —
Wischnitzer, Markus, die Universität Göttingen u. die Entwicklung der liberalen Ideen in Russland im ersten Viertel des 19. Jahrh. (223 S.) 907. (58. Heft.) 6. —
Wolff, Rich., die Reichspolitik Bischof Wilhelm III. v. Strassburg, Grafen v. Honstein. 1506—1541. Ein Beitrag zur Reichsgeschichte im Zeitalter Maximilians I. u. Karls V. (8, 395 S.) 909. (74. Heft.) 10. —

Studien, historische. Hrsg. v. Rich. Fester. 1. Heft. gr. 8. Halle 910. M. Niemeyer. 4. —
Karl V. u. die deutschen Reichsstände von 1546—1555. Von Fritz Hartung. (VII, 176 S.)

Historische Studien aus dem pharmakologischen Institute der kaiserlichen Universität Dorpat. Herausgegeben von R. Kobert.
Vol. I. Grünfeld, A. Verzeichniss der von der medicinischen Facultät zu Dorpat seit ihrer Gründung veröffentlichten Schriften. 1889.
Vol. II. Abu-Mansur Muwaffak. Pharmakologische Grundsätze. (Liber fundamentorum Pharmacologiae) übersetzt und mit Erklärungen versehen von Abdul-Chalig Achundow. 1890.
Vol. III. 1893.
3 vols. Halle, 1889–93.

Studien, historische, aus dem pharmakologischen Institute der kaiserl. Universität Dorpat. Hrsg. v. R. Kobert. I. II. gr. 8. Halle a/S. 889. Tausch & Grosse. n. 15. —
I. (IX, 266 S.) 889. n. 8. —. — II. (IX, 181 S.) 890. n. 7. —

— historische, aus dem pharmakologischen Institute der kaiserl. Universität Dorpat. Hrsg. v. Rud. Kobert. III u. IV. gr. 8. Halle, Tausch & Grosse. n. 30. — (I–IV.: n. 45. —)
III. (VIII, 481 S.) 893. n. 18. —. — IV. (X, 296 S.) 894. n. 12. —

— historische, aus d. pharmakologischen Institute d. kaiserl. Universität Dorpat. Hrsg. v. Rud. Kobert. V. gr. 8. (XV, 323 S.) Halle 896. Tausch & Grosse. n. 12. — (I.—V.: n. 57. —)

HISTORISCHE STUDIEN UND SKIZZEN zu Naturwissenschaft, Industrie und Medizin am Niederrhein. Der 70. Versammlung der deutschen Naturforscher und Ärzte gewidmet von dem naturwissenschaftlichen Verein, dem Architekten- und Ingenieur-Verein, dem Geschichts-Verein und dem Verein der Ärzte Düsseldorfs. Düsseldorf 1898. Bergisch-Rheinische Verlags-Anstalt und Druckerei (G. Müller). 8°.

Historische Studien und Skizzen zu Naturwissenschaft, Industrie und Medizin am Niederrhein . . . (Festschrift d. 70. Versammlg d. deutschen Naturforscher u. Ärzte dargeboten v. den wiss. Ver. Düsseldorfs. Hrsg.: Dr. Carl Sudhoff.) Düsseldorf: G. Müller 1898. (4 Bl., 134 S., 1 Bl., 170 S.)
1 Bd 4⁰(8⁰)

Studien, Historisch-Politische, über die ungarische Frage und ihre Lösung . . . Wien 1861. V: *Inkey Pallini, Eduard Baron.* (EB)

Studien, historisch-politische, über die ungarische Frage und ihre Lösung, von In. 8. (112 S.) Wien, Auer. 1861. 80 kr.

—— historisch-politische, über die ungarische Frage und ihre Lösung. Von In. gr. 8. (112 S.) Wien 861. Leipzig, R. Hoffmann. *

Studien, Historisch-politische, und kritische Fragmente aus den Jahren 1848 bis 53. Wien 1854. V: *Hohenbühel gen. Heufler zu Rasen, Ludwig Freih. von.* (Ky)

— historisch-politische, und kritische Fragmente aus den Jahren 1848 bis 1853. Beiträge zur Geographie und Geschichte von Oesterreich. Von einem Tiroler. (Von Ludw. v. Heufler.) Wien 854. Gerold. 8. (XII, 2 Bl., 285 S.)
n. 1 ℛ. 20 ngr.

Studien, Hogarthsche, für Unerfahrene, Lüsterne und Kenner. . . . 1. Bdch. 1785. Cöln a. Rh. [Leipzig] 1805. V: *Kaffka (Engelmann), Johann Christoph.* (BGE) (Wr) (Ky) (GGr) (Adel)

Studien, Hogarthsche, f. Unerfahrne, Lüsterne u. Kenner ꝛc. 1s Bdchn. m. K. 8. Cöln, Hammer. (Rein in Lpz.) 805.

Studien, Hogarthsche, für Unerfahrne, Lüsterne u. Kenner. Aus d. Portefeuille eines Veteranen, (von Jh. Cph. Kaffka). 8. Mitau 805. (Leipz., Rein). 1 ℛ 12 gr

Studien, Die humanistischen, in ihrer Behandlungsweise nach comparativ-genetischer Methode . . . Berlin 1901. V: *Bastian, Adolph.* (Berl)

Studien, die humanistischen, in ihrer Behandlungsweise nach comparativ-genetischer Methode auf naturwissenschaftlicher Unterlage. Prolegomena zu e. ethn. Psychologie. (Von A. Bastian.) gr. 8. (V, 186 S.) Berlin 901. F. Dümmler's Verlag. n. 3. —

Studien, hyperboreisch-röm., f. Archäologie. Mit Beiträgen v. K. O. Müller, Th. Panofka, Otto B. v. Stackelberg, F. G. Welcker. Hrsg. v. Ed. Gerhard. 1. Thl. gr. 8. (21 B. u. 1 Bl. Stammtaf. gr. Fol.) Berlin 833, Duncker u. Humblot.

Studien, hyperboreisch-römische, f. Archäologie. Mit Beiträgen von K. O. Müller, Th. Panofka etc. Hrsg. von Ed. Gerhard. 2. Thl. A. u. d. T.: Archäologischer Nachlass aus Rom. Von Ed. Gerhard u. dessen Freunden. gr. 8. (X u. 322 S.) Berlin 852, G. Reimer. 1⅓ ℛ (1. Bd. Berlin 833, Duncker & Humblot. 2 ℛ)

Indische Studien. Zeitschrift (2ff.: Beiträge) f. d. Kunde d. ind. Alterthums. Im Ver. mit mehreren Gelehrten hrsg. von Dr. Albrecht Weber. Bd 1–18. Berlin: F. Dümmler (9ff.: Leipzig: F. A. Brockhaus) 1850–98. 18 Bde 8°

—— indische. Zeitschrift für die Kunde des indischen Alterthums. Im Vereine mit mehreren Gelehrten hrsg. von Albr. Weber. 1. Bd. (3 Hefte.) gr. 8. (VIII und 484 S.) Berlin 849 — 50, Dümmler's Verlag. (à Heft * 1 Thlr. 10 Ngr.) *

—— dass. — Hrsg. von Dems. 2. Bd. 1. und 2. Heft. gr. 8. (S. 1—320.) Ebds. 851. à Heft * 1 Thlr. 10 Ngr. *

Studien, indische. Beiträge für die Kunde des indischen Alterthums. Im Vereine mit mehreren Gelehrten hrsg. von Albr. Weber. 2. Bd. 3. Heft. gr. 8. (IV und S. 321 — 484.) Berlin 853, Dümmler's Verlag. *

—— dass. — Hrsg. von Dems. 3. Bd. (3 Hefte.) gr. 8. (IV und 488 S.) Ebds. 853—55. *
1. und 2. Bd. 1. und 2. Heft. Ebendas. 1849—51. * 6 Thlr. 20 Ngr.

—— indische. Beiträge für die Kunde des indischen Alterthums. Im Vereine mit mehreren Gelehrten hrsg. von Albr. Weber. 4. Bd. 3 Hefte und 5. Bd. 1. Heft. gr. 8. (4. Bd. IV und 472 S., 5. Bd. 1. Heft. 176 S.) Berlin 857—61, Dümmler's Verlagsh. à Heft * 1 Thlr. 10 Ngr. *

—— indische. Beiträge für die Kunde des indischen Alterthums. Im Vereine mit mehreren Gelehrten hrsg. von Albr. Weber. Mit Unterstützung der deutschen morgenländ. Gesellschaft. 5. Bd. 2. und 3. Heft. gr. 8. (IV und S. 177—476.) Berlin 862, Dümmler's Verlag. *

—— dass. — 6. Bd.: Die Hymnen des Rigveda. Hrsg. von Th. Aufrecht. 1. Thl. gr. 8. (463 S.) Ebendas. 861. *
1—3. Bd. Ebendas. 1849—56. * 12 Thlr.

— — 7. Bd. Die Hymnen des Rig-Veda. Hersg. von Th. Aufrecht. 2. Thl. Ebend. 863. gr. 8. (IX, 478 S.) n. 4 ℛ

— — 8. Bd. Ueber die Metrik der Inder. 2 Abhandlungen von A. Weber. Ebend. 863. gr. 8. (XII, 481 S.) n. 4 ℛ

— — 9. u. 10. Bd. à 3 Hefte. Leipzig 865—68. Brockhaus. gr. 8. (III, 482 S.; III, 490 S.) Jeder Bd. n. 4 ℛ

— indische. Beiträge f. die Kunde d. indischen Alterthums. Im Vereine m. mehreren Gelehrten hrsg. v. Albr. Weber. Mit Unterstützg. der deutschen morgenländ. Gesellschaft. 11. u. 12. Bd. Die Taittirêya-Samhitâ. 2 Thle. gr. 8. (XII, 416 u. VI, 405 S.) Leipzig 871. 72. Brockhaus. à n. 12. —

— dasselbe. 13. u. 14. Bd. gr. 8. (à ca. IV, 502 S.) Ebend. 873. 75. à n. 15. —

Studien, indische. Beiträge für die Kunde des indischen Alterthums. Im Verein mit mehreren Gelehrten hrsg. von Albr. Weber. Mit Unterstützung der Deutschen Morgenländischen Gesellschaft. 15. Bd. gr. 8. (484 S.) Leipzig 878. Brockhaus. n. 15. —

Studien, indische, Beiträge f. die Kunde d. ind. Alterthums. Im Vereine m. mehreren Gelehrten hrsg. v. Albr. Weber. Mit Unterstützg. der deutschen morgenländ. Gesellschaft. 16. u. 17. Bd. gr. 8. (à ca. 480 S.) Leipzig 883. 84. Brockhaus. à n. 15. —

— indische. Beiträge f. d. Kunde d. ind. Alterthums. Im Vereine m. mehr. Gelehrten hrsg. v. Albr. Weber. Mit Unterstützung d. deutschen morgenländ. Gesellschaft. 18. Bd. gr. 8. (V, 544 S.) Leipzig 898. F. A. Brockhaus. n. 15. —

— für Infanterie-Manöver im Großen oder Anleitungen für die taktischen Uebungen der Infanterie. Mit 25 Plänen. hoch 4. Regensburg 843, Pustet. n. 1 1/6 ₰

— über ausgeführte Ingenieurbauwerke. I. Excursions-Bericht der Hörer der Ingenieurwissenschaften am k. k. deutschen polytechnischen Institute zu Prag. Unter Leitung von Frdr. Steiner zusammengestellt von den Hörern des IV. Jahrganges. Mit 13 autogr. Taf. gr. 8. (47 S.) Prag 879. Dominicus. n. 2. 80

— über ausgeführte Ingenieurbauwerke. gr. 8. (47 S. m. 13 Taf.) Prag 879. Berlin, W. u. S. Loewenthal. n. 2. 80

Studien kriegswissenschaftlichen Inhalts. Oldenburg 1865. V: *Jaehns, M.* (PrGbBK 18)

— kriegswissenschaftlichen Inhalts. Oldenburg 865. Schulze'sche Buchh. gr. 8. (VIII, 140 S. mit eingedr. Holzschn.) n. 20 ngr.

—— aus dem Institute für experimentelle Pathologie in Wien aus dem J. 1869, hrsg. von S. Stricker. 1. Heft. gr. 8. (XIII, 110 S. mit 4 eingedr. Holzschn. und 2 lithogr. Taf. in 4.) Wien 870, Braumüller. *

—— des physiologischen Instituts zu Amsterdam hrsg. von A. Heynsius. gr. 8. (130 S.) Leipzig 861, C. F. Winter'sche Verlagsh. *

—— des physiologischen Instituts zu Breslau. Hrsg. von C. B. Reichert. gr. 4. (IV und 160 S. mit 4 Kpfrt., wovon 3 in Stahlst. und 1 lithogr.) Leipzig 858, Engelmann. *

— des physiologischen Instituts zu Breslau. Herausg. von Rud. Heidenhain. 1. Heft. Mit 1 lith. Taf. — 2. Heft. Mit 2 lith. Taf. Leipzig 861, 63. Breitkopf & Härtel. gr. 8. (3 Bl., 202 S.; 2 Bl., 168 S.) Jedes Heft 1 ₰

— des physiologischen Instituts zu Breslau. Hersg. von Rud. Heidenhain. 3. u. 4. Heft. Leipzig, Breitkopf & Härtel. gr. 8. [3. Heft. (133 S. mit 2 Steintaff.) 865. 27 ngr., 4. Heft. (IV, 251 S. mit eingedr. Holzschn. u. 4 Steintaff., wovon 2 in Buntdr.) 868. 2 ₰.] 2 ₰ 27 ngr.

Studien über die Judenfrage. Von einem Geächteten. Lemberg 1880. V: *Treter Ritt. von Lubomir, Miecislaus.* (Kat. d. Bibl. d. dttch. Reichstages. Berlin 1882.)

— über die Judenfrage. Von einem Geächteten. 1—3. Hft. gr. 8. Lemberg 880. Seyfarth & Czajkowski. n. 2. —
1. (40 S.) n. — 80. — 2. (22 S.) n. — 40. — 3. (40 S.) n. — 80

Studien und Critiken, Juristische. Civilrecht. I. [Halle a. S. 1876.] V: *Wunderlich, Agathon.* (Stadtbibl. Frankfurt a. M. Kat. der Neueren Bestände.)

Studien, Juristische, an der Wiener Universität in den ersten Vierziger Jahren . . . Wien 1883. V: *Härdtl, Joseph Freiherr von.* (Erman & Horn, Bibliogr. d. dtsch. Univ. 2. Leipz. u. Berl. 1904.)

— jurist.-philolog., 1s Hft. A. u. d. T.: über Dominium. Ein Titel aus Ulpians Fragmenten. Uebers. u. hrsgg. v. Fr. Ballhorn, gen. Rosen. gr. 8. Lemgo 822. Meyer. 1 ₰

— kartographische. I. gr. 8. Wien, Artaria & Co. n. 1. 50
Schattenplastik u. Farbenplastik. Beiträge zur Geschichte u. Theorie der Geländedarstellung. Von Karl Peucker. Mit 2 Bildnissen u. 5 Fig. im Text. (III, 129 S.) 898.
[Mehr nicht erschienen.]

— im Leipziger Karzer. Orig.-Skizze v. R. — Jetzt u. vor 200 Jahren. Eine bierolog. Studie v. R. 8. (32 S.) Heiligenstadt 885. Brunn's Wwe. n. — 30

— katholische. Religion, Geschichte, Wissenschaft, Kunst, Socialpolitik. Herausg. von M. Huttler. 1. Bd. 6 Hefte u. 2. Bd. 1—3. Heft. Augsburg 865—70. Kranzfelder'sche Buchh. (1. Bd. 564 S. u. 2. Bd. XXIII u. S. 1—257.) n. 3 ₰ 1 ngr.

—— katholische. Religion, Geschichte, Wissenschaft, Kunst, Socialpolitik. Hrsg. von M. Hutteler. 2. Bd. 2. und 3. Heft. gr. 8. Augsburg, Kranzfelder'sche Buchh. * 2 40
Inhalt:
Heft 2. Das Industrial Partnership-System. Ein Versuch zur Lösung der Arbeiterfrage. (XV, 64 S.) 867. * 80 Pf.
" 3. Das Verhältniß der katholischen Kirche in Amerika zum Staate. Pierre Duval: Der Katholicismus in Amerika. — G. de Chabrol: Die religiöse Gesetzgebung in den Vereinigten Staaten von Nordamerika. [Aus dem „Correspondent" übersetzt.] (VIII, 117 S.) 870. * M 1.60.
1. Bd. und 2. Bd. 1. Heft. Ebendas. 1865—67. * M 7.

Studien, katholische. 1. Jahrg. 1875. 12 Hfte. gr. 8. Würzburg, Woerl. à Hft. — 75
1. Der Clerus u. seine Mission im „Culturkampf". Von A. Birle. (36 S.)
2. Die Benediktiner in Amerika. Von Frz. Züricher. (37 S.)
3. Zur spanischen Frage. Historisch-polit. Skizzen v. Rhold. Baumstark. (72 S.)
4. Das Jubeljahr der Kirche in seiner Bedeutung f. die Gegenwart, dargestellt v. Peter Müller. (42 S.)
5. Die sibyllinischen Weissagungen, ihr Ursprung u. ihr Zusammenhang m. den afterprophet. Darstellgn. christl. Zeit. Von H. Lüken. (52 S.)
6. Der eucharistische Consekrationsmoment. Eine dogmatisch-liturg. Studie v. Jos. Thdr. Franz. 1. Thl. Der Consekrationsmoment im Speisesaal zu Jerusalem. (93 S.)
7. Eine Gallerie berühmter Päpste. Von Frz. v. Andlaw. (71 S.)
8. Die bayerischen Schulschwestern. Nach e. Aufsatze d. sel. A. Niedermaler bearb. v. Chrysostomus Stangl. (39 S.)
9. Die Herrschaft der Päpste auf staatlichem Gebiete u. ihre erste Erschütterung durch Philipp den Schönen v. Frankreich. Von Thd. Edelblut. (32 S.)
10. Natur u. Früchte d. liberalen Schulwesens v. Frdr. Kösterus. (52 S.)
11. Zwei Todtenstädte, Pompeji u. die römischen Katakomben. Eine Parallele v. Rud. Schetters. (34 S.)
12. Sind Menschen- u. Thierseele einander gleich? Eine nöth. Antwort auf e. unnöth. Frage. Von M. Schuler. (30 S.)

— dasselbe. 2. Jahrg. 1876. 1—3. Hft. gr. 8. Ebend. pro 12 Hfte. 9. —
1. Aus Montalembert's Jugendleben. Von Ferd. Speil. (37 S.)
2. Die Pläne der Ultramontanen. Von Wilh. Molitor. (29 S.)
3. Piemonts Unterhandlungen mit dem heiligen Stuhle im 18. Jahrh. Von J. Hergenröther. (103 S.)

— katholische. 2. Jahrg. 1876. 4—12. Hft. gr. 8. Würzburg, Woerl. à — 75
4. Pater Abraham a St. Clara. Von Eug. Schnell. (106 S.)
5. Die Hypothese Darwins, mit Berücksichtigung neuer Darstellungen geprüft von G. Frhr. v. Hertling. (75 S.)
6. 7. Die Jungfrau von Orleans, Johanna d'Arc. Ein Lebensbild von Amara George-Kaufmann. (149 S.)
8. Der christliche Communismus in den Reductionen von Paraguay. Ein Culturbild aus dem vorigen Jahrhundert von A. Kobler. (54 S.)
9. Die Majestät des Gesetzes u. der unbedingte Gehorsam. Die Macht des Gewissens u. der passive Widerstand. Eine Zeitfrage, untersucht von Fr. Becker. (36 S.)
10—12. Die Freiheit des Unterrichtes eine Forderung der Vernunft, der Gerechtigkeit u. des Gewissens. Eine Stimme aus Oesterreich von C. Mair. (243 S.)

— dass. — 3. Jahrg. [1877.] 12 Hefte. gr. 8. Ebendas.
Inhalt:
Heft 1. Scholz, A., die Keilschrift-Urkunden und die Genesis. (91 S.) ℳ 1,20.
„ 2. Münzenberger, E. F. A., die Kirchengesetzgebung der französischen Revolution vom J. 1790. (69 S.) ℳ 1.
„ 3. Groß v. Trockau, Aug. Joh., die Epen der Erlösung. Literarische Skizze. (46 S.) 60 Pf.
„ 4. Kösterus, Friedr., Frauenbildung im Mittelalter. Eine naturhistorische Studie. (39 S.) 60 Pf.
„ 5. Brischar, Karl, Athanasius Kircher. Ein Lebensbild. (91 S.) ℳ 1.20.
„ 6. Widder, der Culturkampf vor dem Forum der Wissenschaft. (43 S.) 70 Pf.
„ 7. George-Kaufmann, Amara, das Kloster Solesmes in Frankreich und Dom Prosper Guéranger. (53 S.) 70 Pf.
„ 8. Schütz, Ludw., die Unfreiheit und Freiheit des menschlichen Willens. Vom naturwissenschaftlichen Standpunkte betrachtet. (84 S.) ℳ 1.
„ 9. Sickinger, C., Savonarola. Sein Leben und seine Zeit. Eine historische Studie. (86 S.) ℳ 1.
„ 10. Mertens, Heinr. Jos., die Einführung des Christenthums in England. (63 S.) 80 Pf.
„ 11. Vogelsang, v., Betrachtungen über die Gesetze. Nach einem Manuscript des Grafen Breda. (46 S.) 60 Pf.
„ 12. Bertbold, Carl, die Forschungsreisen des französ. Missionärs und Naturforschers Armand David. (58 S.) 80 Pf.

— dass. — 4. Jahrg. [1878.] 12 Hefte. gr. 8. Ebendas. 9 —
Inhalt:
Heft 1. 2. Scholz, A., die Aegyptologie und die Bücher Mosis. (139 S. mit 2 lithogr. Karten) ℳ 2,40.
„ 3. 4. Hergenröther, Jos., Kardinal Manning. Ein Lebensbild aus dem Ende des vorigen und dem Anfange des jetzigen Jahrhunderts. (110 S.) ℳ 2.40.
„ 5. Wirthmüller, Joh. Bapt., über das Sittengesetz. (70 S.) 80 Pf.
„ 6. Schanz, Paul, Galileo Galilei und sein Prozeß. (68 S.) 80 Pf.
„ 7. Hergenröther, Ph., die Sonntagsheiligung vom religiösen, socialen, und hygienischen Standpunkte. (83 S.) ℳ 1.
Heft 8. 9. Denthoven, Ludw., Christoph Columbus. Eine biograph. Skizze nach den neuesten Quellen. (119 S.) ℳ 1,50.
„ 10. 11. Fischer, Engelb. Lor., die Urgeschichte des Menschen und die Bibel. Nach der heutigen anthropolog. Forschung. (99 S.) ℳ 1,20.
„ 12. Berthold, Carl, über die Schönheit der Natur in christlicher Anschauung. (70 S.) 90 Pf.

— dass. — 5. Jahrg. [1879.] 12 Hefte. gr. 8. Ebendas. 9 —
Inhalt:
Heft 1—3. Brischar, Karl, P. Adam Contzen S. J., ein Irenifer und National-Oekonom des 17. Jahrhunderts. Eine culturhistor. Studie. (174 S.) ℳ 2,25.
„ 4—6. Detimer, Jos., Der Sachsenführer Widukind nach Geschichte und Sage. (155 S.) ℳ 2.
„ 7. 8. Renninger, J., die Grundlage christlicher Politik. (97 S.) ℳ 1,30.
„ 9. 10. Bellesheim, Alph., Giuseppe Cardinal Mezzofanti. Ein Lebensbild aus der Kirchengeschichte des 18. und 19. Jahrhunderts. (111 S.) ℳ 1,40.
„ 11. Führich, Jos. Ritter v., die Kunst und ihre Formen. Aus dem Nachlasse. (94 S.) ℳ 1,30.
„ 12. Keiter, Heinr., Ida Gräfin Hahn-Hahn. Ein Lebens- und Literaturbild. (79 S.) ℳ 1,20.

— katholische. 6. Jahrg. 1.—9. Heft. gr. 8. Würzburg Woerl. *
Inhalt:
Heft 1. 2. Dippel, Jos., der neue Spiritismus. In seinem Wesen aufgezeigt und nach seinem Werthe geprüft. (127 S.) 881. *ℳ 1,70.
„ 3. 4. Schneid, Math., die Philosophie des heil. Thomas von Aquin und ihre Bedeutung für die Gegenwart. Zugleich eine Rechtfertigung der Encyclika „Aeterna Patris". (112 S.) 881. ℳ 1,40.
„ 5. 6. Hoffmann, Johs., Streiflichter auf den heutigen Protestantismus. (VI, 139 S.) 882. ℳ 1,80.
„ 7. Schlecht, J. Th., die Poesie des Sozialismus. Ein Beitrag zur deutschen Literaturgeschichte im letzten Jahrzehnt. (VI, 70 S.) 883. *ℳ 1.
„ 8. 9. Dippel, Jos., der neuere Pessimismus. Aus seinen Hauptquellen dargestellt und kritisch beleuchtet. (III, 140 S.) 884. ℳ 1,80.

— katholische. 6. Bd. 10. Heft. gr. 8. (94 S.) Würzburg 885, Woerl. *
Inhalt:
Cardauns, H., Maria Stuart von der Ermordung Riccio's bis zur Flucht nach England (1566—1568). Aufzeichnungen ihres Secretärs Claudon Nau. Nach der französ. Orig.-Ausg. des P. J. Stevenson übers. und erläutert.
1.—9. Heft. Ebendas. 1881—84. *ℳ 7.70.

— katholische. 2. Jahrg. 1876. 4. Hft. gr. 8. Würzburg 895. München, R. Abt. 1. 20
Pater Abraham a. St. Clara. Von Eug. Schnell. (106 S.)

Studien über Katholizismus, Protestantismus und Gewissensfreiheit in Deutschland. Schaffhausen 1857. V: *Klopp, Onno.* (Biogr. Jahrb. 8, 122) (SWKl) (Gla I, 2, 747)

— über Katholizismus, Protestantismus und Gewissensfreiheit in Deutschland. gr. 8. (VII und 472 S.) Schaffhausen 857, Hurter'sche Buchh.

— Kieler, zur englischen Philologie. Hrsg. v. F. Holthausen. 1.—4. Hft. gr. 8. Heidelberg, C. Winter. n. 13.60
1. Die Pronomina im Frühmittelenglischen. Laut- u. Flexionslehre. Von Otto Diehn. (100 S.) 901. n. 2. 80
2. The life and death of Jack Straw. Ein Beitrag zur Geschichte des elisabethan. Dramas. Von Hugo Schütt. (V, 160 S.) 901. n. 4. 40
3. Zur Quellenfrage v. Shakespeares Lustspiel „Much ado about nothing". Von Frits Holleck-Weithmann. (III, 92 S.) 902 n. 2. 40
4. Studien zur Hornsage. Mit besond. Berücksicht. der anglonormann. Dichtg. vom wackern Ritter Horn u. m. e. Hornbibliographie versehen. Ein Beitrag z. Litteraturgeschichte des Mittelalters. Von Otto Hartenstein. (III, 152 S.) 902. n. 4. —

Studien, Kieler, zur englischen Philologie. Hrsg. v. F. Holthausen. 5. Heft. gr. 8. Heidelberg, C. Winter, Verl. n. 2. 80 (1—5.: n. 16. 40)
Die Frage in der altenglischen Dichtung. Eine syntaktische Studie. Von Otto Henk. (IV, 110 S.) 904.

— dasselbe. Neue Folge. 1.—3. Heft. 8. Kiel, R. Cordes. n. 9. 50
1. Die Bildung der schwachen Verba im Altenglischen. Von Claus Schuldt. (95 S.) 905. n. 2. 50
2. Die Bildung des Adjektivs im Altenglischen. Von Eduard Schön. (110 S.) 905. n. 3. —
3. Das Präfix uz- besonders im Altenglischen m. e. Anh. üb. das präfixierte westgerm. 'ō- ('ā-) Ein Beitrag zur german. Wortbildungslehre. Von Wilh. Lehmann. (VIII, 193 S.) 906. n. 4 —

Studien, Kieler, zur englischen Philologie. Hrsg. v. F. Holthausen. Neue Folge. 4. Heft. 8. Kiel, R. Cordes. Subskr. Pr. nn 3.—; Einzelpr. 4. —
Samuel Richardsons Belesenheit. Eine literar. Untersuchg. Von Erich Poetzsche. (XIV, 107 S.) 908.
N. F. 1.—3. Heft. Ebd. 905. 06. 9.50; Einzelpr. 12.50.

— Kieler philologische: Ueber den Ursprung des Alphabetes u. über die Vocalbezeichnung im alten Testamente. Von Justus Olshausen. — Phrynichos, Aischylos u. die Trilogie. Eine Abhandlung von Jh. Gust. Droysen. — Die Gemälde des Polygnotos in der Lesche zu Delphi erläutert von Otto Jahn. — Beitrag zu genaueren Zeitbestimmungen der Hellenischen Geschichten von der 63. bis zur 72. Olympiade. Von J. M. Schultz. — Das altrömische Parricidium. Eine Abhandlung von Ed. Osenbrüggen. — Topographie von Athen. Mit 1 Plan. Von P. W. Forchhammer. — Die Heldensage der Griechen nach ihrer nationalen Geltung. Von Gregor Wilh. Nitzsch. gr. 8. Kiel 841, Schwers'sche B. 2¾ ℛ

— zur schlesischen Kirchengeschichte, s. a. Darstellungen u. Quellen zur schlesischen Geschichte. 3.

Studien zur schlesischen Kirchengeschichte. Georg Kard. Kopp gewidmet v. Verein f. Geschichte Schlesiens. Breslau: E. Wohlfahrth 1907. (279 S.) 8°
(Darstellungen u. Quellen z. Schles. Geschichte. Bd 3.)

— kirchengeschichtliche. Hermann Reuter zum 70. Geburtstag gewidmet v. Th. Brieger, P. Tschackert, Th. Kolde, F. Loofs u. K. Mirbt. Mit e. Beigabe v. A. Reuter. gr. 8. Leipzig 887. Hinrichs' Verl. n. 8. —
1. Die Handschriften der lateinischen Übersetzung d. Irenaeus u. ihre Kapiteleilung. Von F. Loofs. (S. 1—93.)
2. Die Absetzung Heinrich IV. durch Gregor VII. in der Publicistik jener Zeit. Von C. Mirbt. (S. 95—144.)
3. Georg v. Polentz, Bischof v. Samland. Ein Charakterbild. Unter Benutzg. vieler archival. Quellen entworfen v. P. Tschackert. Mit e. Auswahl ungedruckter Briefe d. Bischofs. (S. 145—194.)
4. Beiträge zur Reformationsgeschichte: Wie wurde Cochleus zum Gegner Luther's? Das 2. Breve Adrian's an Friedrich den Weisen vom J. 1522. Zum Prozess d. Johann Denk u. „der drei gottlosen Maler v. Nürnberg". Nürnberg u. Luther vor dem Reichstage zu Augsburg. Von Th. Kolde. (S. 195—263.)
5. Die Torgauer Artikel. Ein Beitrag zur Entstehungsgeschichte der Augsburgischen Confession. Von Thdr. Brieger. (S. 265—320.)
Beigabe: Zu dem augustinischen Fragment de arte rhetorica. Von A. Reuter. (S. 321—351.)

— dasselbe. 2. wohlf. Ausg. gr. 8. (VIII, 351 S.) Ebd. 890. n. 5. —

— kirchengeschichtliche. Hrsg. v. Knöpfler, Schrörs, Sdralek. I. Bd. 4 Hfte. gr. 8. Münster i/W., H. Schöningh. Subskr.-Pr. n. 10. 40; Einzelpr. n. 13. 40
1. Papst Benedikt XI. Eine Monographie v. Paul Funke. (VIII, 151 S.) 891. n. 2. 60
2. Wolfenbüttler Fragmente. Analekten zur Kirchengeschichte d. Mittelalters aus Wolfenbüttler Handschriften v. Max Sdralek. Mit 2 Taf. in Lichtdr. (X, 191 S.) 891. Subskr.-Pr. n. 3. 40; Einzelpr. n. 4. 60
3. 4. Amalar v. Metz. Sein Leben u. seine Schriften. Ein Beitrag zur theolog. Litteraturgeschichte u. zur Geschichte der latein. Liturgie im Mittelalter. Von Rhard. Mönchemeier. (XII, 266 S.) 893. Subskr.-Pr. n. 4. 40; Einzelpr. n. 6. 20

— dasselbe. II. Bd. 1. u. 2. Hft. gr. 8. Ebd. 893. Subskr.-Pr. n. 6. 40; Einzelpr. n. 8. 80
1. Pauls v. Bernried vita Gregorii VII. papae. Ein Beitrag zur Kenntnis der Quellen u. Anschaugn. aus der Zeit d. gregorian. Kirchenstreites. Von Jos. Greving. (VIII, 172 S.) 893. Subskr.-Pr. n. 3. —; Einzelpr. n. 4. 20
2. Hieronymus als Litterarhistoriker. Eine quellenkrit. Untersuchg. der Schrift d. hl. Hieronymus „De viris illustribus" von Stanisl. v. Sychowski. (VIII, 198 S.) 894. Subskr.-Pr. n. 3. 40; Einzelpr. n. 4. 60

— kirchengeschichtliche. Hrsg. von Knöpfler, Schrörs, Sdralek. II. Bd. 3. u 4. Hft. gr. 8. Münster 894. H. Schöningh. Subskr.-Pr. n. 5. 40; Einzelpr. n. 7. 40 (1.—4.: Subskr.-Pr. n. 11. 80; Einzelpr. n. 16. 20)
3. Die Anthropologie des hl. Irenaeus. Eine dogmenhistor. Studie v. Ernst Klebba. (VIII, 191 S.) Subskr.-Pr. n. 3. 20; Einzelpr. n. 4. 40
4. Die Finanzverwaltung d. Kardinalkollegiums im XIII. u. XIV. Jahrh. Von Joh. Pet. Kirsch. (VII, 138 S.) Subskr.-Pr. n. 2. 20; Einzelpr. n. 3. —

— dasselbe. III. Bd. 4 Hfte. gr. 8. Ebd. Subskr.-Pr. n. 11. 80; Einzelpr. n. 15. 80
1. 2. Der Ostgotenkönig Theoderich der Grosse u. die kathol. Kirche v. Geo. Pfeilschifter. (VIII, 271 S.) 896. Subskr.-Pr. n. 4. 80; Einzelpr. n. 6. 40
3. Ulrich v. Cluny. Ein biograph. Beitrag zur Geschichte der Cluniacenser im 11. Jahrh. Von Ernst Hauviller. (VIII, 86 S.) 896. Subskr.-Pr. n. 1. 80; Einzelpr. n. 2. 40
4. Bruno, Bischof v. Segni, Abt v. Monte-Cassino (1049—1123). Sein Leben u. s. Schriften. E. Beitrag z. Kirchengeschichte im Zeitalter d. Investiturstreites u. zur theolog. Litteraturgeschichte d. Mittelalters. Von Bernh. Gigalski. (XI, 295 S.) 898. Subskr.-Pr. n. 5. 20; Einzelpr. n. 7. —

— dasselbe. IV. Bd. 1.—3. Hft. gr. 8. Ebd. 898. Subskr.-Pr. n. 8. 20; Einzelpr. n. 11. 40
1. Gennadius als Litterarhistoriker. E. quellenkrit. Untersuchung d. Schrift d. Gennadius v. Marseille „De viris illustribus". Von Bruno Czapla. (VI, 216 S.) Subskr.-Pr. n. 3. 60; Einzelpr. n. 4. 80
2. Isidor u. Ildefons als Litterarhistoriker. E. quellenkrit. Untersuchg. d. Schriften „De viris illustribus" des Isidor v. Sevilla u. des Ildefons v. Toledo. Von Gust. v. Dzialowski. (VI, 160 S.) Subskr.-Pr. n. 2. 60; Einzelpr. n. 3. 80
3. De sancta Nicaena synodo. Syrische Texte des Maruta v. Maipherkat, nach e. Handschrift der Propaganda zu Rom übers. Von Osc. Braun. (128 S.) Subkr.-Pr. n. 2. —; Einzelpr. n. 2. 80

— kirchengeschichtliche. Hrsg. von Knöpfler, Schrörs, Sdralek. IV. Bd. 4. Hft. gr. 8. Münster, H. Schöningh. Subskr.-Pr. n. 2. 20; Einzelpr. n. 2. 80; (IV. Bd. kplt. 10. 40; bezw. n. 14. 20)
Papst Johannes XXI. Eine Monographie. Von D. Rich. Stapper. (VIII, 128 S.) 898.

— dasselbe. V. Bd. 4 Hfte. gr. 8. Ebd. Subskr.-Pr. n. 12. 60; Einzelpr. n. 17. 40
1. Der Stifter des Carthäuser-Ordens, der hl. Bruno aus Köln. Eine Monographie. Von Herm. Löbbel. (X, 246 S.) 899. n. 4. —; bezw. n. 5. 60
2. Zur Dogmengeschichte des Semipelagianismus. Von Frdr. Wörter. I. Der Lehrinhalt der Schrift De vocatione omnium gentium. — II. Die Lehre des Faustus v. Riez. — III. Die Lehre des Fulgentius v. Ruspe. (VII, 155 S.) 899. n. 2. 60; bezw. n. 3. 60
3. Der hl. Theodor v. Studion. Sein Leben u. Wirken. Ein Beitrag zur byzantin. Mönchsgeschichte. Von G. A. Schneider. (111 S.) 900. n. 2. —; bezw. n. 2. 60
4. Reichseinteilung u. kirchliche Hierarchie des Orients bis zum Ausgange des 4. Jahrh. Ein Beitrag zur Rechts- u. Verfassungsgeschichte der Kirche. Von Konr. Lübeck. (VII, 239 S.) 901. n. 4. —; bezw. n. 5. 60

— kirchengeschichtliche. Hrsg. v. Knöpfler, Schrörs, Sdralek. VI. Bd. 4 Hefte. gr. 8. Münster, H. Schöningh. Subskr.-Pr. n. 12. 80; Einzelpr. n. 17. 80
1. 2. Papst Nikolaus III. Eine Monographie. Von Augustin Demski. (XII, 364 S.) 903. Subskr.-Pr. n. 6. —; Einzelpr. n. 8. 40
3. Grundlagen u. Voraussetzungen der Satisfaktionstheorie des hl. Anselm v. Canterbury. Eine Monographie. Von Bernh. Funke. (VIII, 166 S.) 903. Subskr.-Pr. n. 2. 80; Einzelpr. n. 3. 80
4. Papst Clemens IV. Eine Monographie. 1. Tl.: Das Vorleben des Papstes u. sein Legationsregister. Von Jos. Heidemann. (VIII, 248 S.) 903. Subskr.-Pr. n. 4. —; Einzelpr. n. 5. 60

Studien, Die classischen,

in ihrem Verhältnis zur christlichen Bildung . . . Einsiedeln 1859. V: *Brandes, Carl.* (Cat. d. Stadtbibl. Zürich. Zürich 1864—97.)

— kleine. Wissenswertes aus allen Lebensgebieten. Hrsg. v. [J. Bacmeister u.] A. Schupp. 1.—7. Hft. 12. [Erfurt u. Leipzig.] München, Aug. Schupp. n. 2. 60
1. Die Behandlung der Tonkunst am Ausgange d. 19. Jahrh. Thatsachen, Aussprüche u. Erfahrgn. zur Beachtg. f. alle Musikfreunde. Von Ant. Huber. (27 S.) 891. n. — 50
2. Henrik Ibsen. Ein Essay v. Thdr. Odinga. (16 S.) 892. n. — 20
3. Moderne Wege zum Wohlstand. Skizzen aus dem amerikan. Leben v. Ph. Berges. (64 S.) 892. n. — 50
4. Die Entdeckung Amerikas durch die Normannen im 10. u. 11. Jahrh. Von H. Röttinger. (24 S.) 892. n. — 30
5. Volksschauspiele in Bayern. Von Adf. May. 1.—3. Aufl. (22 S.) 892. n. — 30
6. Patentiertes Betrügen. Ein Sittlichkeitsverbrechen. Der Fluch der Arbeit. 3 Essays v. E. Horsten. (III, 23 S.) 894. n. — 30
7. Kutte u. Purpur. Von E. Horsten. (54 S.) 894. n. — 50
Das ursprüngl. 6. Hft.: Mene tekel! Eine Entdeckungsreise nach Europa. Von Arnold v. d. Passer, wurde ausgeschieden. 2. Aufl. hiervon s.: Passer, Arnold v. d. (S. 293.)

— kleine. Wissenswertes aus allen Lebensgebieten. Hrsg. v. A. Schupp. 8.—28. Hft. 8. Leipzig. München, A. Schupp. n. 7. 30 (1.—28.: n. 9. 90)

Inhaltsübersicht in alphabet. Ordnung:
Arens, Frdr., die electrischen Erscheinungen u. ihre Gesetze. (3 S. m. Fig.) 895. (Hft. 8.) n. — 30
— die Erzeugg. d. Elektrizität. E. popul. Darstellg. d. verschied. Hervorbringungsarten der Elektrizität. (II, 45 S. m. Abb.) 895. (Hft. 11.) n. — 50

Crescini, Vinzenzo, Torquato Tasso. Autor. deutsche Uebersetzg. v. Carl Bolhoevener. [Aus: „Beilage z. Allg. Zeitg."] (32 S.) 896. (Hft. 17.) n. — 30
Döll, Fritz, Wind u. Wetter. M. e. Vorworte v. Frdr. Arens. (III, 61 S.) 896. (Hft. 18.) n. — 50
Dilvell, Fritz, Shakespeare-Studien. (I.) (Hamlet — Romeo u. Julia.) (IV, 88 S.) 897. (Hft. 26.) n. — 60
Faust, Kuno, Jugendquälerei. Im Namen der Unmündigen verf. (26 S.) 896. (Hft. 23.) n. — 30
— „Menschenopfer unerhört". Bedenken gegen den Religions-Unterricht. (21 S.) 895. (Hft. 16.) n. — 30
Greinz, Rud. Heinr., das Gymnasium od. die systemat. Verdummung d. Jugend. 3.—10. Aufl. (46 S.) 895. (Hft. 14.) n. — 50
Hermann, G. A., der Handelsreformer. 1. Tl.: Die Reform der Verkaufsweise. (19 S.) 898. (Hft. 27.) n. — 30
— Dasselbe. 2. Tl.: Schutz d. Schwachen! (17 S.) 898. (Hft. 28.) n. — 30
Hoffs, Frdr. van, d. ungarische Volksdichter Alexander Petöfi. M. Uebersetzungsproben von u. nach Heinr. Melas. Nach e. im wissenschaftl. Verein zu Trier geh. Vortrag. (31 S.) 895. (Hft. 9.) n. — 30
Hillbrock, Adb., eine Erinnerg. an Hoffmann v. Fallersleben. (24 S.) 896. (Hft. 20.) n. — 30
— zum Würfelspiel. (16 S.) 896. (Hft. 21.) n. — 30
Jacobi, Eugenie, Freiheitsgedanken. (29 S.) 895. (Hft. 10.) n. — 30
Klimpert, Rich., Nutzen u. Geschichte d. Volksbades. Erweit. Vortrag zur Beförderung d. Gesundheitspflege. (58 S.) 895. (Hft. 15.) n. — 30
Paasch, Rich., Krankheitsvererbung u. Ehe. (10 S.) 896. (Hft. 22.) n. — 20
Saal, E. M. vom, das Badeleben im alten Rom. E. kulturgeschichtl. Studie. (29 S.) 895. (Hft. 12.) n. — 30
Schäfer-Dittmar, Wilh., Nora. E. Lebensgeschichte. (37 S.) 895. (Hft. 13.) n. — 30
Uchtmann, Heinr., die Kartoffel. Allgemein verständl. dargestellt. (53 S.) 896. (Hft. 24.) n. — 50
Ulrich, Wilh., der Kulturkampf im 11. Jahrh. Eine histor. Studie. (26 S.) 896. (Hft. 25.) n. — 30
Velten, Ludw., Pro et contra. Dramaturgische Studien. Ueber d. Begriff d. „Tragischen" im Drama. — Alte u. neue Komödie. — Das „Theater d. Modernen". (20 S.) 896. (Hft. 19.) n. — 30

— kleine. Wissenswertes aus allen Lebensgebieten. Hrsg. v. A. Schupp. 29. u. 30. Hft. 8. München, A. Schupp. n. 1. 10
29. Moderne Jugend. Zeitgemäße Studien. Von Carl Buschhorn. 7. Aufl. (26 S.) 899. n. — 50
30. Der Verrat des Judas Ischariot — e. Sage. Von G. Marquardt. (56 S.) (900.) n. — 60

— klinische, aus der hydriatischen Abtheilung der allgemeinen Poliklinik in Wien, hrsg. v. W. Winternitz. 1.—3. Hft. gr. 8. Wien, Deuticke. n. 5. 50
1. Zur Pathologie u. Hydrotherapie der Cholera. Von W. Winternitz, unter Mitwirkg. v. L. Schweinburg, J. Pollak u. J. Utschik. (III, 60 S.) 887. n. 1. 50
2. Zur Pathologie u. Hydrotherapie der Lungenphthise. Von W. Winternitz, unter Mitwirkg. v. K. Pick, E. Löwy, J. Utschik, L. Schweinburg, J. Pollak, A. Winternitz u. O. Pospischil. (94 S.) 887. n. 2. —
3. Zur Pathologie u. Hydrotherapie d. Fiebers. Von W. Winternitz, unter Mitwirkg. v. L. Schweinburg, A. Winternitz, J. Pollak u. O. Pospischil. (78 S.) 888. n. 2. —

Studien, klinische, aus d. hydriatischen Abtheilung der allgemeinen Poliklinik in Wien, herausg. von Prof. Dr. Wilh. Winternitz. 1. Hft. gr. 8°. Wien, Toeplitz & Deuticke. fl. —.90.
Inhalt: Zur Pathologie und Hydrotherapie der Cholera. Von Prof. Dr. Wilh. Winternitz unter Mitwirkung von DD. L. Schweinburg, J. Pollak und J. Utschik. (III, 60 S.)
— — 2. Heft. gr. 8°. Ebd. fl. 1.20.
Inhalt: Winternitz, z. Pathologie u. Hydrotherapie d. Lungenphthise. (94 S.)
1887.

— klinische u. experimentelle. Aus d. Laboratorium von Prof. v. Basch. 1. Bd.: Beiträge zur Pathologie d. Kreislaufs. Lungenödem. Cardiale Dyspnoe. gr. 8. (V, 221 S. m. Fig.) Berl. 891, A. Hirschwald. * 6 —

— dass. — 2. Bd. gr. 8. (V, 168 S. m. Fig.) Ebd. 892. * 4 —

Studien, klinische u. experimentelle. Aus d. Laboratorium von v. Basch. III. Bd. gr. 8. (III, 240 S. m. Fig.) Berlin 896. A. Hirschwald. n. 7. —
(I—III.: n. 17. —)

Studien über die Klöster des Mittelalters. Aus dem Engl. übersetzt von Andreas Kobler. Regensburg 1867. V: *Digby, Kenelm Henry.* (EB)

— über die Klöster des Mittelalters. Aus dem Engl. übers. von A. Kobler. Regensburg 867. Pustet. gr. 8. (VIII, 680 S.) 2 *ℛ* 10 *ngr.*

— Königsberger. Historisch-philologische Untersuchungen. 1. Heft. gr. 8. (242 S.) Königsberg 887, Hübner und Matz. *
Inhalt:
Die Abhandlungen auch einzeln; s.: Bezzenberger, Adalbert, dispositio imperfecti. — Cornill, Carl Heinr., zur Quellenkritik der Bücher Samuelis. — Hahn, F. G., die Klassiker der Erdkunde. — Hirschfeld, Gust., über die griechischen Grabschriften etc. — Ludwich, Arthur, Streifzüge in entlegenere Gebiete der griech. Litteraturgeschichte. — Müller, Aug., das Lied der Deborah. — Prutz, Hans, Forschungen zur Geschichte des Tempelherrenordens.

Sturien über das österreichische Conkordat vom 18. August 1855. Wien, 1856. Druck und Verlag von Friedrich Manz (241 S. 8.)

Studien über das österreichische Concordat vom 18. Aug. 1855. 3. Aufl. Wien 1856. V: *Fessler, Jos.* (Kat. der ständ. Bibl. Stuttgart 1907. S. 79.) (Bibliothek der ev. Landeskirche Siebenbürgen. Hermannstadt 1889.)

Studien über das österreichische Konkordat vom 18. August 1855. Dritte vermehrte Auflage. Wien, 1856. Druck und Verlag von Friedrich Manz. (267 S. 8.)

Studien zur Kriegsgeschichte und Taktik. Hrg. vom Grossen Generalstabe, Kriegsgeschichtliche Abtheilung I. Band 1. — *A. u. d. T.:* Heeresbewegungen im Kriege 1870—1871. Hrg. vom — — Abtheilung I. Mit 17 Karten in Steindruck (in einem besonderen Umschlage) sowie 6 Textskizzen. X + 288 S. 8. Berlin, Ernst Siegfried Mittler & Sohn, 1901. [br. M. 13.50, geb. M. 16. —]

Darin S. 81—208 und Anlagen S. 246—287: Kap. 4. Operationen im südöstlichen Frankreich ([mit 6] Karten), *S. 165—200:* h) Der Rückzug auf Pontarlier und der Uebertritt auf Schweizer Gebiet.

— zur Kriegsgeschichte u. Taktik. Hrsg. vom Großen Generalstabe, kriegsgeschichtl. Abteilg. I. 2.—4. Bd. Lex.-8. Berlin, E. S. Mittler & Sohn. n. 42. —; geb. n.n. 52. 50
2. Abbrechen, das, v. Gefechten. Mit 25 Karten in Steindr. (X, 279 S.) 903. n. 16. —; geb. m. Kartenmappe n.n. 19. —
3. Schlachterfolg, der, m. welchen Mitteln wurde er erstrebt? Mit e. Atlas, enth. 65 Skizzen in Steindr. (X, 318 S.) 903. n. 16. —; geb. n.n. 20. —
4. Festung, die, in den Kriegen Napoleons u. der Neuzeit. Mit 1 Atlas, enth. 29 Skizzen in Steindr. (u. V S. Text.) (VII, 335 S.) 905. n. 10. —; geb. n.n. 13. 50

Studien zur Kriegsgeschichte u. Taktik. Hrsg. v. Großen Generalstabe, kriegsgeschichtl. Abteilung I. 5. Bd. Lex. 8. Berlin, E. S. Mittler & Sohn. 22. —; geb. 26. —
5. August, der 18., 1870. Mit 1 Kartentasche, enth. 41 Skizzen in Steindr., sowie 2 Karten u. 1 Plan. (XVI, 597 S.) 906. 1.—4. Bd. Ebd. 901—05. 55.50; geb. 68. 50.

Kriegsgeschichtliche **Studien** hrsg. v. eidgen. Generalstabsbureau. 1. 2 (in 1 Bd). H. 3. Bern 1895—99: Michel & Büchler [auf d. Umschl. aufgestempelt: F. Semminger; 3: Haller]. 2 Bde 8°
1. Die Freiheitskämpfe d. Appenzeller (Gefecht am Speicher 1403, am Hauptlisberg u. am Stooss 1405). 1895.
2. Kriegsgeschichtliches aus d. Tiroler Krieg 1499. (Schlacht an d. Calven.) 1895.
3. Mit 4 Kartenskizzen. 1899. [07. 333

— kriegsgeschichtliche, hrsg. vom eidgen. Generalstabsbureau. I. Die Freiheitskämpfe d. Appenzeller. (Gefechte am Speicher 1403, am Hauptlisberg u. am Stooss 1405.) — II. Kriegsgeschichtl. aus d. Tiroler Krieg 1499. (Schlacht an der Calven.) gr. 8. (54 S.) m. 2 Karten.) Bern 896. (F. Semminger.) n. 1. —

— kriegsgeschichtliche, hrsg. v. eidgen. Generalstabsbureau. 3. Hft. gr. 8. (123 S. m. 4 Kartenskizzen.) Bern 899. Haller'sche Buchdr. n. 2. —

—— und **Kritiken** d. deutschen **Journalistik**. 1—3. Hft. gr. 8. Hanau, König. [1. (8 B.), 2. (7¼ B.) 838., 3. (8½ B.) 839. à ½ Thlr.]

Studien und Kritiken zur lateinischen Syntax. I. Pr. 1901. 53 S.

Kritische **Studien**. Hrsg. von Theodor Wolff-Thüring. No 1. [Mehr nicht erschienen.] Berlin: R. Schröder 1903. (47 S.) 8° [F.]

— **kritische**. Von Plein-Air. (Japanische Kunst. — Die Impressionisten. — Die modernen Stilisten. — G. Klimt. — Unmoralische Kunstwerke. — Anonyme Kritik. Ein Gespräch.) (76 S.) Lex.-8. Wien 904. A. Schroll & Co. n. 1. 65
Sonderabdruck aus: „Wiener Sonn- u. Montags-Zeitg."

Ⓥ — **kritische**. 904. (KBL 34.) Jetzt: Wien, H. Heller & Co.

— **kritische**, zur schlesischen **Geschichte**. Hrsg. vom oberschles. Geschichtsverein. 1. Heft. gr. 8. Groß-Strehlitz 906. A. Wilpert. n. 2. —
Die Anfänge des St. Marienstifts der Augustiner Chorherrn auf dem Breslauer Sande. Von Wilh. Schulte. (122 S.)

Studien, Culturhistorische, unter Rückbeziehung auf den Buddhismus. 1. Berlin 1900. V: *Bastian, Adolph.* (Berl)

Studien aus **Kunst** u. Geschichte. Friedrich Schneider zum 70. Geburtstage gewidmet v. seinen Freunden u. Verehrern. Mit Friedrich Schneiders Portr. nach e. Radierg. v. Pet. Halm, 18 Taf. in Lichtdr. u. 25 in Autotyp. u. a. (XXVII, 584 S.) Fol. Freiburg i/B. 906. Herder. Geb. in Leinw. n. 50. —

Studien zur deutschen Kunstgeschichte, s.a. unter dem jeweiligen Verfasser der einzelnen Stücke.

Studien zur deutschen **Kunstgeschichte**. 1.—4. Hft. gr. 8. Strassburg, J. H. E. Heitz. n. 11. —
1. Verzeichniss der Gemälde des Hans Baldung gen. Grien, zusammengestellt von Gabr. v. Térey. (51 S. m. 2 Lichtdrucken.) 893. n. 2. 50
2. Die Sculpturen d. Strassburger Münsters. 1. Thl.: Die älteren Sculpturen bis 1789. Von Ernst Meyer-Altona. (III, 81 S. m. 35 Abbildgn.) 894. n. 3. —
3. Einleitende Erörterungen zu e. Geschichte der deutschen Handschriften-Illustration im späteren Mittelalter v. Rud. Kautzsch. (87 S.) 894. n. 2. 50
4. Der Übergangsstil im Elsass. Ein Beitrag zur Baugeschichte des Mittelalters v. Ernst Polaczek. (VIII, 108 S. m. 8 Lichtdr.-Taf.) 894. n. 3. —

— zur deutschen **Kunstgeschichte**. 5.—13. Hft. gr. 8. Strassburg, J. H. E. Heitz. n. 56. 50
(1.—13.: n. 67. 50)
5. D. bild. Künste am Hof Herzog Albrechts V. v. Bayern v. Max Gg. Zimmermann. (IV, 132 S. m. 9 Autotyp.) 895. n. 5. —
6. Der Meister d. Bergmann'schen Officin u. Albrecht Dürers Beziehgn. zur Basler Buchillustration. Ein Beitrag zur Geschichte d. deutschen Holzschnittes v. Werner Weisbach. M. 14 Zinkätzgn. u. 1 Lichtdr. (III, 69 S.) 896. n. 5. —
7. Die Holzschnitte d. Kölner Bibel v. 1479 v. Rud. Kautzsch. M. 2 Lichtdr.-Taf. (XV, 80 S.) 896. n. 4. —
8. Die Basler Buchillustration des XV. Jahrh. von Werner Weisbach. (III, 76 S. m. 23 Zinkätzgn.) 896. n. 6. —
9. E. thüring-sächs. Malerschule des 13. Jahrh. Von Arth. Haseloff. M. zahlr. Abb. (auf 49 Taf.) (379 S.) 897. n. 15. —
10. Die Bamberger Domsculpturen. E. Beitrag zur Geschichte d. deutschen Plastik d. XIII. Jahrh. Von Art. Weese. M. 33 Autotypien. (175 S.) 897. n. 6. —
11. Ueber d. Humor bei d. deutschen Kupferstechern u. Holzschnittkünstlern des 16. Jahrh. Von Rhold. Frhr. von Lichtenberg. M. 17 Taf. (92 S.) 897. n. 3. 50
12. Studien zur Elfenbeinplastik der Barockzeit. Von Chrn. Scherer. M. 16 Abb. im Text u. 10 Taf. (X, 139 S.) 897. n. 8. —
13. Tobias Stimmers Malereien an d. astronom. Münsteruhr zu Strassburg. Von A. Stolberg. M. 3 Netzätzgn. im Text u. 5 Kupferlichtdr. in Mappe. (X, 32 S.) 898. n. 4. —

— zur deutschen **Kunstgeschichte**. 14.—40 Hft. gr. 8. Strassburg, J. H. E. Heitz. n. 208. 50
Inhaltsübersicht in alphabetischer Ordnung:
Behncke, W., Albert v. Soest, e. Kunsthandwerker des XVI. Jahrh. in Lüneburg. Mit 33 Abbildgn. im Text u. 10 Lichtdr.-Taf. (VII, 112 S.) 901. (Hft. 28.) n. 8. —
Beringer, Jos. Aug., Peter A. v. Verschaffelt, sein Leben u. sein Werk. Aus den Quellen dargestellt. Mit 2 Abbildgn. im Text u. 29 Lichtdr.-Taf. (VII, 139 S.) 902. (Hft. 40.) n. 10. —
Bredt, Ernst Wilh., der Handschriftenschmuck Augsburgs im XV. Jahrh. Mit 14 Taf. (VII, 96 S.) 900. (Hft. 25.) n. 6. —
Buchner, Otto, die mittelalterliche Grabplastik in Nord-Thüringen m. besond. Berücksicht. der Erfurter Denkmäler. Mit 23 Abbildgn. im Text u. 17 Lichtdr.-Taf. (XI, 180 S.) 902. (Hft. 37.) n. 10. —
Frankenburger, Max, Beiträge zur Geschichte Wenzel Jamnitzers u. seiner Familie. Auf Grund archival. Quellen hrsg. (VIII, 95 S.) 901. (Hft. 30.) n. 4. —
Gabelentz, Hans v. der, z. Geschichte der oberdeutschen Miniaturmalerei im XVI. Jahrh. Mit 12 Lichtdr.-Taf. (III, 75 S.) 899. (Hft. 15.) n. 4. —
Haack, Frdr., Friedrich Herlin, sein Leben u. seine Werke. Nach d. Habilitationsschrift umgearb. Ausg. Mit 15 Lichtdr.-Taf. (XI, 96 S.) 900. (Hft. 26.) n. 6. —
Haendcke, Berth., die Chronologie d. Landschaften Albrecht Dürers. Mit 2 Lichtdr.-Taf. (40 S.) 899. (Hft. 19.) n. 2. —
Hofmann, Frdr. H., die Kunst am Hofe der Markgrafen v. Brandenburg. Fränkische Linie. Mit 4 Textabbildgn. u. 13 Taf. (XIV, 271 S.) 901. (Hft. 32.) n. 12. —
Lindner, Arth., d. Basler Galluspforte u. andere romanische Bildwerke der Schweiz. Mit XXV Textillustr. u. X Taf. (116 S.) 899. (Hft. 17.) n. 4. —
Mantuani, Jos., Tuotilo u. die Elfenbeinschnitzerei am „Evangelium Longum" (-Cod. Nr. 53) zu St. Gallen. Eine Untersuchg. Mit 2 Taf. in Lichtdr. (50 S.) 900. (Hft. 24.) n. 3. —
Moriz-Eichborn, Kurt, der Skulpturencyklus in der Vorhalle des Freiburger Münsters u. seine Stellung in der Plastik des Oberrheins. Mit 60 Abbildgn. im Text u. auf (23) Blättern. (XVI, 439 S.) 899. (Hft. 16.) n. 10. —
Pauli, Gust., Hans Sebald Beham. Ein krit. Verzeichniss seiner Kupferstiche, Radirgn. u. Holzschnitte. Mit 36 Taf. (VII, 521 S.) 901. (Hft. 33.) n.n. 35. —
Peltzer, Alfr., deutsche Mystik u. deutsche Kunst. (VII, 244 S.) 899. (Hft. 21.) n. 8. —
Pückler-Limpurg, Siegfr. Graf, Martin Schaffner. Mit 11 Abbildgn. (Taf.) (74 S.) 899. (Hft 20.) n. 3. —
Rapke, Karl, die Perspektive u. Architektur auf d. Dürer'schen Handzeichngn., Holzschnitten, Kupferstichen u. Gemälden. Mit 10 Lichtdr.-Taf. (IV, 88 S.) 902. (Hft. 39) n. 4. —
Scherer, Valent., die Ornamentik bei Albrecht Dürer. Mit 11 Lichtdr.-Taf. (VII, 140 S.) 902. (Hft. 38.) n. 4. —
Schmerber, Hugo, Studie über das deutsche Schloss u. Bürgerhaus im 17. u. 18. Jahrh. Mit 14 Abbildgn. (VII, 144 S.) 902. (Hft. 35.) n. 6. —
Schweitzer, Herm., die mittelalterlichen Grabdenkmäler m. figürlichen Darstellungen in den Neckargegenden von Heidelberg bis Heilbronn. Aufgenommen u. beschrieben. Mit 21 Autotyp. u. 6 Lichtdr.-Taf. (72 S.) 899. (Hft. 14.) n. 4. —
Simon, Karl, Studien zum romanischen Wohnbau in Deutschland. Mit 1 Taf. u. 6 Doppeltaf. (VIII, 280 S.) 902. (Hft. 36.) n. 14. —
Stolberg, A., Tobias Stimmer. Sein Leben u. seine Werke m. Beiträgen zur Geschichte der deutschen Glasmalerei im 16. Jahrh. Mit 20 Lichtdr.-Taf. (VIII, 149 S.) 901. (Hft. 31.) n. 8. —
Suida, Wilh., die Genredarstellungen Albrecht Dürers. (VII, 124 S.) 900. (Hft. 27.) n. 3. 50
Tönnies, Ed., Leben u. Werke des Würzburger Bildschnitzers Tilmann Riemenschneider 1468—1531. Mit 39 Abbildgn. (VI, 292 S.) 900. (Hft. 22.) n. 10. —
Ulbrich, Ant., die Wallfahrtskirche in Heiligelinde. Ein Beitrag zur Kunstgeschichte des XVII. u. XVIII. Jahrh. in Ostpreussen. Mit 6 Lichtdr.-Taf. (III, 95 S.) 901. (Hft. 29.) n. 7. —
Vogelsang, Willem, holländische Miniaturen des späteren Mittelalters. Mit 24 Abbildgn. u. 9 Lichtdr.-Taf. (115 S.) 899. (Hft. 18.) n. 6. —
Weber, Paul, Beiträge zu Dürers Weltanschauung. Eine Studie üb. d. drei Stiche Ritter Tod u. Teufel, Melancholie u. Hieronymus im Gehäus. Mit 4 Lichtdr.-Taf. u. 7 Textbildern. (V, 110 S.) 900. (Hft. 23.) n. 5. —
Weigmann, Otto Alb., eine Bamberger Baumeisterfamilie um die Wende des 17. Jahrh. Ein Beitrag zur Geschichte der Dientzenhofer. Mit 28 Abbildgn. im Text u. 32 Lichtdruck-Taf. (XI, 204 S.) 902. (Hft. 34.) n. 12. —
Hft. 1—13 Ebd. 893—898. n. 67. 50.

— zur deutschen **Kunstgeschichte**. 41.—75. Heft. gr. 8. Strassburg, J. H. E. Heitz. n. 251. —
Baumgarten, Fritz, der Freiburger Hochaltar. Kunstgeschichtlich gewürdigt. Mit 5 Bildertaf. u. 17 Abbildgn. im Text. (VI, 72 S.) 904. (Hft. 49.) n. 5. —
Bock, Frz., die Werke des Mathias Grünewald. Mit 31 Lichtdruck-Taf. (VIII, 178 S.) 904. (Hft. 54.) n. 12. —
Bogner, H., das Arkadenmotiv im Obergeschoss des Aachener Münsters u. seine Vorgänger. Mit 3 Taf. (30 S.) 906. (Hft. 70.) n. 2. 50
— die Grundrissdispositionen der Aachener Pfalzkapelle u. ihre Vorgänger. Mit 6 Taf. (36 S.) 906. (Hft. 73.) n. 3. —
— die Grundrissdispositionen der zweischiffigen Zentralbauten von der ältesten Zeit bis zur Mitte des 9. Jahrh. Mit 7 Taf. (36 S.) 906. (Hft. 72.) n. 3. —
Brinckmann, A. E., Baumstilisierungen in der mittelalterlichen Malerei. Mit 9 Taf. (VII, 54 S.) 906. (Hft. 69.) n. 4. —

Bruck, Rob., Friedrich der Weise als Förderer der Kunst. Mit 41 Lichtdr.-Taf. u. 5 Textabbildgn. (VIII, 336 S.) 903. (Hft 45.) n. 20. —

Damrich, Johs., ein Künstlerdreiblatt des XIII. Jahrh. aus Kloster Scheyern. Mit 22 Abbildgn. in Lichtdr. (auf 11 Taf.) (III, 89 S.) 904. (Hft 52.) n. 6. —

Escher, Konr., Untersuchungen zur Geschichte der Wand- u. Deckenmalerei in der Schweiz vom IX. bis zum Anfang des XVI. Jahrh. Mit 11 Taf. (VIII, 159 S.) 906. (Hft. 71.) n. 8. —

Geisberg, Max, das älteste gestochene deutsche Kartenspiel vom Meister der Spielkarten (vor 1446). Mit 68 Abb. in Lichtdr. (auf 33 Taf.). (56 S.) 905. (Hft. 66.) n. 10. —

— der Meister der Berliner Passion u. Israhel van Meckenem. Studien zur Geschichte der westfälischen Kupferstecher im 15. Jahrh. Mit 6 Taf. (VII, 135 S.) 903. (Hft. 42.) n. 8. —

— Verzeichnis der Kupferstiche Israhels van Meckenem † 1503. Mit 9 Taf. (VII, 314 S.) 905. (Hft. 58.) n. 22. —

Gramm, Jos., spätmittelalterliche Wandgemälde im Konstanzer Münster. Ein Beitrag zur Entwicklungsgeschichte der Malerei am Oberrhein. Mit 20 Taf. u. 4 Abbildgn. im Text. (XII, 141 S.) 905. (Hft. 59.) n. 6. —

Haack, Frdr., Hans Schüchlin, der Schöpfer des Tiefenbronner Hochaltars. Mit 4 Lichtdr.-Taf. (36 S.) 905. (Hft. 62.) n. 2. 50

Janitsch, Jul., das Bildnis Sebastian Brants v. Albrecht Dürer. Mit 3 Lichtdr.-Taf. u. 2 Abbildgn. im Text. (18 S.) 906. (Hft. 74.) n. 2. —

Jung, Wilh., die Klosterkirche zu Zinna im Mittelalter. Ein Beitrag zur Baugeschichte der Zisterzienser. Mit 6 Taf., 1 Schaubild u. 9 in den Text gedr. Abbildgn. (IV, 98 S.) 904. (Hft. 56.) n. 5. —

Kautzsch, Rud., die Holzschnitte zum Ritter vom Turn (Basel 1493). Mit e Einleitg. Mit 48 Zinkätzgn. (24 S. u. 88 Bl.) 903. (Hft. 44.) n. 4. —

Kehrer, Hugo, die „Heiligen drei Könige" in der Legende u. in der deutschen bildenden Kunst bis Albrecht Dürer. Mit 4 Autotyp. u. 11 Lichtdr.-Taf. (IX, 132 S.) 904. (Hft. 53.) n. 8. —

Kossmann, B., der Ostpalast, sogenannter „Otto Heinrichsbau", zu Heidelberg. Mit 4 Taf. (VIII, 58 S.) 904. (Hft. 51.) n. 4. —

Lorenz, Ludw., die Mariendarstellungen Albrecht Dürers. (IV, 86 S.) 904. (Hft. 55.) n. 3. 50

Peltzer, Alfr., Albrecht Dürer u. Friedrich II. v. der Pfalz. Mit 8 Lichtdr.-Taf. (54 S. m. 1 Abbildg.) 905. (Hft. 61.) n. 3. —

Pückler-Limpurg, Siegfr. Graf, die Nürnberger Bildnerkunst um die Wende des 14. u. 15. Jahrh. Mit 5 Autotyp. u. 7 Lichtdr.-Taf. (XI, 180 S.) 904. (Hft. 48.) n. 8. —

Raspe, Thdr., die Nürnberger Miniaturmalerei bis 1515. Mit 10 Lichtdr.-Taf. u. 1 Textabbildg. (IV, 78 S.) 905. (Hft. 60.) n. 5. —

Roth, Vict., Geschichte der deutschen Baukunst in Siebenbürgen. Mit 93 Abbildgn. auf 24 Lichtdr.-Taf. (VIII, 127 S.) 905. (Hft. 64.) n. 10. —

— Geschichte der deutschen Plastik in Siebenbürgen. Mit 74 Abbildgn. auf 30 Lichtdr.-Taf. (XIV, 178 S.) 906. (Hft. 75.) n. 12. —

Röttinger, Heinr., Hans Weiditz der Petrarkameister. Mit 5 Abbildgn. im Texte, 29 Taf. in Strichätzg. u. 2 Taf. in Lichtdr. (XII, 113 S.) 904. (Hft. 50.) n. 8. —

Schapire, Rosa, Johann Ludwig Ernst Morgenstern. Ein Beitrag zu Frankfurts Kunstgeschichte im XVIII. Jahrh. Mit 2 Lichtdr.-Taf. (III, 73 S.) 904. (Hft. 57.) n. 2. 50

Schmidt, Paul, Maulbronn. Die baugeschichtl. Entwicklg. des Klosters im 12. u. 13. Jahrh. u. sein Einfluss auf die schwäb. u. fränk. Architektur. Mit 11 Taf. u. 1 Uebersichtskarte. (XV, 128 S.) 903. (Hft. 47.) n. 8. —

Schubert-Soldern, Fortunat v., von Jan van Eyk bis Hieronymus Bosch. Ein Beitrag zur Geschichte der niederländ. Landschaftsmalerei. (VII, 111 S.) 903. (Hft. 46.) n. 6. —

Schulze-Kolbitz, Otto, das Schloss zu Aschaffenburg. Mit 29 Taf. (VIII, 148 S.) 905. (Hft. 65.) n. 10. —

Sepp, Herm., Bibliographie d. bayerischen Kunstgeschichte bis Ende 1905. (IX, 346 S.) 906. (Hft. 67.) n. 12. —

Siebert, Karl, Georg Cornicelius, sein Leben u. seine Werke. Mit 30 Taf. (XII, 199 S.) 905. (Hft. 63.) n. 10. —

Singer, Hans Wolfg., Versuch e. Dürer-Bibliographie. (XVI, 98 S.) 903. (Hft. 41.) n. 6. —

Waldmann, E., Lanzen, Stangen u. Fahnen als Hilfsmittel der Komposition in den graphischen Frühwerken des Albrecht Dürer. Mit 15 Lichtdr.-Taf. (VIII, 70 S.) 906. (Hft. 68.) n. 6. —

Wiegand, Otto, Adolf Dauer. Ein Augsburger Künstler am Ende des XV. u. zu Beginn des XVI. Jahrh. Mit 15 Lichtdr.-Taf. (VIII, 105 S.) 903. (Hft. 43.) n. 6. —

Hft. 1—40. Ebd. 893—902. n. 276. —.

— zur deutschen Kunstgeschichte. 76.—133. Heft. Lex. 8. Strassburg, J. H. E. Heitz. 478. —

Baum, Jul., die Bauwerke des Elias Holl. Mit 51 Abb. auf 33 Taf. (X, 132 S.) 908. (93. Heft.) 10. —

Baumeister, Engelb., Rokoko-Kirchen Oberbayerns. Mit 31 Taf. in Lichtdr. (78 S.) 907. (92. Heft.) 10. —

Beth, Ign., die Baumzeichng. in der deutschen Graphik des XV. u. XVI. Jahrh. Ein Beitrag zur Geschichte der deutschen Landschaftsdarstellg. Mit 112 Abbildgn. (auf 30 Taf.) v. Baumtypen. (XI, 177 S.) 910. (130. Heft.) 12. —

Brinckmann, Alb., die praktische Bedeutung der Ornamentstiche f. die deutsche Frührenaissance. Mit 25 Taf. (X, 98 S.) 907. (90. Heft.) 10. —

Büchler, Karl, das Römerbad Badenweiler. Eine erläut. Studie. Mit 1 Plan in Lith. u. 24 Abbildgn. (im Text u. auf 7 Taf.) (VIII, 112 S.) 909. (115. Heft.) 3. —

Demmler, Thdr., die Grabdenkmäler des württemberg. Fürstenhauses u. ihre Meister im XVI. Jahrh. (XXI, 248 u. XXXIX S. m. 30 Lichtdr.-Taf.) 910. (129. Heft.) 14. —

Dibelius, Frz., die Bernwardstür zu Hildesheim. Mit 3 Abbildgn. im Text u. 16 Taf. (VIII, 152 S.) 907. (81. Heft.) 8. —

Eckardt, Ant., die Baukunst in Salzburg während des XVII. Jahrh. (X, 153 S. m. 10 Abbildgn. u. 20 Lichtdr.-Taf.) 910. (127. Heft.) 8. —

Eichholz, P., das älteste deutsche Wohnhaus. Ein Steinbau des IX. Jahrh. Mit 46 Abbildgn. im Text. (50 S.) 907. (84. Heft.) 4. —

Escherisch, Mela, die Schule v. Köln. (VIII, 153 S.) 907. (89. Heft.) 6. —

Fortlage, Arnold, Anton de Peters. Ein köln. Künstler des XVIII. Jahrh. (IX, 69 S. m. 33 Lichtdr.-Taf.) 910. (122. Heft.) 6. —

Frölicher, Elsa, die Porträtkunst Hans Holbein's des Jüngeren u. ihr Einfluss auf die schweizer. Bildnismalerei im XVI. Jahrh. Mit 27 Lichtdr.-Taf. (XII, 85 S.) 909. (117. Heft.) 8. —

Gebhardt, Carl, die Anfänge der Tafelmalerei in Nürnberg. Mit 34 Lichtdr.-Taf. (IX, 203 S.) 908. (103. Heft.) 14. —

Geisberg, Max, das Kartenspiel der kgl. Staats- u. Altertümer-Sammlung in Stuttgart. (48 S. m. 1 Abbild. u. 49 Lichtdr.-Taf.) 910. (132. Heft.) 16. —

— Die Münsterischen Wiedertäufer u. Aldegrever. Eine ikonograph. u. numismat. Studie. Mit 18 Taf. u. 9 Hochätzgn. (VIII, 78 S.) 907. (76. Heft.) 12. —

— Die Prachtharnische des Goldschmiedes Heinrich Cnoep aus Münster i. W. Eine Studie. Mit 14 Taf. u. 1 Hochätzg. (59 S.) 907. (85. Heft.) 7. —

Gröll, Erich, der Ulmer Bildschnitzer Jörg Syrlin d. Ä. u. seine Schule. Ein Beitrag zur Geschichte der schwäb. Plastik am Ausgang des Mittelalters. (VII, 88 S. m. 13 Lichtdr.-Taf.) 910. (121. Heft.) 4. 50

Hahr, Aug., die Architektenfamilie Pahr, eine f. die Renaissancekunst Schlesiens, Mecklenburgs u. Schwedens bedeutende Künstlerfamilie. Mit 46 Abbildgn. im Text. (IX, 132 S.) 908. (97. Heft.) 7. —

Hess, Wilh., Johann Georg Nesstfell. Ein Beitrag zur Geschichte des Kunsthandwerkes u. der physikal. Technik des 13. Jahrh. in den ehemal. Hochstiftern Würzburg u. Bamberg. Mit 14 Abbildgn. im Texte u. 13 Lichtdr.-Taf. (XVI, 106 S.) 908. (98. Heft.) 8. —

Hieber, Herm., Johann Adam Seupel, e. deutscher Bildnisstecher im Zeitalter des Barocks. (42 S.) 907. (88. Heft.) 2. 50

Hildebrandt, Hans, die Architektur bei Albrecht Altdorfer. Mit 23 Abb. auf 17 Lichtdr.-Taf. (VII, 114 S.) 908. (99. Heft.) 8. —

Hinrichs, Walth. Th., Carl Gotthard Langhans, e. schlesischer Baumeister 1733—1808. Mit 32 Taf. (VI, 88 S.) 909. (116. Heft.) 8. —

Höhn, Heinr., Studien zur Entwickelung der Münchener Landschaftsmalerei vom Ende des 18. u. vom Anfang des 19. Jahrh. (XI, 282 S.) 908. (108. Heft.) 14. —

Humann, Geo., die Beziehungen der Handschriftornamentik zur romanischen Baukunst. 96 Fig. im Text. (99 S.) 907. (86. Heft.) 6. —

— Zur Geschichte der karolingischen Baukunst. (57 S. m. 34 Fig.) 909. (120. Heft.) 4. 50

Jacobi, Frz., Studien zur Geschichte der bayerischen Miniatur des XIV. Jahrh. Mit 14 Abb. auf 7 Lichtdr.-Taf. (V, 64 S.) 908. (102. Heft.) 4. —

Josten, Hanns Heinz, neue Studien zur Evangelienhandschrift Nr. 18 („des hl. Bernward Evangelienbuch") im Domschatze zu Hildesheim. Beiträge zur Geschichte der Buchmalerei im früheren Mittelalter. Mit 1 Textabbildg. nach Zeichng. u. 16 Lichtdr. nach Orig.-Aufnahmen des Verf. Erweiterte Ausg. der Greifswalder Diss. 1909. (XIII, 93 S.) 909. (109. Heft.) 6. —

Kaufmann, Paul, Johann Martin Niederee, e. rhein. Künstlerbild. Mit 23 Abb. in Autotyp. (IX, 95 S.) 908. (105. Heft.) 5. 50

Killermann, Seb., A. Dürers Pflanzen- u. Tierzeichnungen u. ihre Bedeutung f. die Naturgeschichte. (X, 121 S. m. 22 Taf.) 910. (119. Heft.) 10. —

Kutter, Paul, Joachim v. Sandrart als Künstler, nebst Versuch e. Katalogs seiner noch vorhandenen Arbeiten. Mit 7 Lichtdr.-Taf. (XI, 148 S.) 907. (83. Heft.) 8. —

Leidinger, Geo., 40 Metallschnitte des XV. Jahrh. aus Münchener Privatbesitz. Hrsg. u. m. e. Einleitg. versehen. (48 S. m. 20 Taf.) 908. (95. Heft.) 8. —

Lübbecke, Fried., die gotische Kölner Plastik. (XIII, 126 S. m. 44 Lichtdr.-Taf.) 910. (133. Heft.) 12. —

Ludwig, Heinr., über Erziehung zur Kunstübung u. zum Kunstgenuss. Mit e. Lebensabriss des Verf. aus dem Nachlass hrsg. (VII, 167 S.) 907. (78. Heft.) 6. —

— Schriften zur Kunst u. Kunstwissenschaft. 1. Ueber Darstellungsmittel der Malerei. 2. Ueber Kunstwissenschaft u. Kunst. Aus dem Nachlass hrsg. (XII, 122 S.) 907. (80. Heft.) 4. 50

Maier, Aug. Rich., Niclaus Gerhaert v. Leiden, e. Niederländer Plastiker des 15. Jahrh. Seine Werke am Oberrhein u. in Österreich. (IX, 103 S. m. 20 Lichtdr.-Taf.) 910. (131. Heft.) 6. —

Major, Emil, Urs Graf. Ein Beitrag zur Geschichte der Goldschmiedekunst im 16. Jahrh. Mit 25 Taf. u. 18 Abbildgn. im Text. (XIV, 188 S.) 907. (77. Heft.) 15. —

Marignan, A., Étude sur le manuscript de l'Hortus deliciarium. (83 S.) 910. (125. Heft.) 3. 50

May, Ernst v., Hans Blum v. Lohr am Main. Ein Bautheoretiker der deutschen Renaissance. (VII, 85 S. m. 2 Abb.) 910. (124. Heft.) 3. —

Molsdorf, Wilh., die Bedeutung Kölns f. den Metallschnitt des XV. Jahrh. Mit 10 Abbildgn. im Text u. 15 Taf. (57 S.) 909. (114. Heft.) 7. —
Müller, Frz. L., die Ästhetik Albrecht Dürers. (VII, 77 S.) 910. (123. Heft.) 2. 50
Naumann, Hans, die Holzschnitte des Meisters vom Amsterdamer Kabinett zum Spiegel menschlicher Behaltnis. (Gedruckt zu Speier bei Peter Drach.) Mit e. Einleitg. üb. ihre Vorgeschichte. Mit 274 Zinkätzgn. (79 S.) 910. (126. Heft.) 20. —
Rauch, Christian, die Trauts. Studien u. Beiträge zur Geschichte der Nürnberger Malerei. Mit 30 Taf. (VIII, 116 S.) 907. (79. Heft.) 10. —
Reiners, Herib., die rheinischen Chorgestühle der Frühgotik. Ein Kapitel der Rezeption der Gotik in Deutschland. Mit 29 Lichtdr.-Taf. (X, 90 S.) 909. (113. Heft.) 8. —
Rentsch, Eug., der Humor bei Rembrandt. (54 S.) 909. (110. Heft.) 2. —
Roch, Wolfg., Philipp Otto Runges Kunstanschauung (dargestellt nach seinen „hinterlassenen Schriften") u. ihr Verhältnis zur Frühromantik. (VIII, 248 S.) 909. (111. Heft.) 8. —
Roth, Vict., Geschichte des deutschen Kunstgewerbes in Siebenbürgen. Mit 75 Abbildgn. auf 33 Lichtdr.-Taf. (XV, 280 S.) 908. (104. Heft.) 16. —
Scheuber, Jos., die mittelalterlichen Chorstühle in der Schweiz. (VIII, 127 S. m. 11 Lichtdr.-Taf.) 910. (128. Heft.) 6. —
Schreiber, W. L., Basels Bedeutung f. die Geschichte der Blockbücher. Mit 5 Abb. (IX, 49 S.) 909. (106. Heft.) 4. —
— u. Paul Heitz, die deutschen „Accipies" u. Magister cum discipulis-Holzschnitte als Hilfsmittel zur Inkunabel-Bestimmung. Mit 77 Abbildgn. (Taf.). (71 S.) 908. (100. Heft.) 10. —
Schulz, Fritz Traug., die St. Georgenkirche in Kraftshof. Mit 35 Abbildgn. auf 21 Taf. (VII, 67 S.) 909. (107. Heft.) 8. —
— Die Rundkapelle zu Altenfurt bei Nürnberg, e. Bauwerk des XII. Jahrh. Eine geschichtl. u. bauwissenschaftl. Untersuchg. Mit 12 Abbildgn. (auf 8 Taf.). (58 S.) 908. (94. Heft.) 5. —
Schuette, Marie, der schwäbische Schnitzaltar. Mit 82 (Umschlag: 81) Lichtdr.-Taf. in Mappe. (XIV, 280 S.) 907. (91. Heft.) 25. —
Sitte, Alfr., kunsthistorische Regesten aus den Haushaltungsbüchern der Güter-Gemeinschaft der Geizkofler u. des Reichspfennigmeisters Zacharias Geizkofler 1576–1610. (Ein Beitrag zur Kunstgeschichte Augsburgs.) (59 S.) 908. (101. Heft.) 3. —
Springer, Jaro, Sebastian Brants Bildnisse. Mit 2 Lichtdr.-Taf. u. 3 Abb. im Text. (26 S.) 906. (87. Heft.) 2. 50
Stadler, Frz. J., Hans Multscher u. seine Werkstatt. Ihre Stellg. in der Geschichte der schwäb. Kunst. Mit 13 Lichtdr. Taf. (VII, 218 S.) 907. (82. Heft.) 14. —
Waldmann, E., die gotischen Skulpturen am Rathaus zu Bremen u. ihr Zusammenhang m. kölnischer Kunst. Mit 29 Taf. (IX, 59 S.) 908. (96. Heft.) 7.—; geb. 8. 50
Wallerstein, Vict., die Raumbehandlung in der oberdeutschen u. niederländischen Tafelmalerei der 1. Hälfte des XV. Jahrh. Eine stilgeschichtl. Studie. Mit 20 Lichtdr.-Taf. (VI, 109 S.) 909. (118. Heft.) 8. —
Zottmann, Ludw., zur Kunst v. Elias Greiter dem Älteren, seinen Söhnen u. Mitarbeitern. Ein Beitrag zur Geschichte der bayr. Lokalkunst. Mit 44 Abbildgn. auf 32 Lichtdr.-Taf. (V, 77 S.) 909. (112. Heft.) 10. —
1.—75. Heft. Ebd. 893—906. 527.—.

Studien, kunstgeschichtliche, veröffentlicht v. Emil Ebering. 1. Heft. gr. 8. Berlin, E. Ebering. 6.—; geb. n 7. 25
Schwäbische Monumentalbrunnen. Von Hans Vollmer. (142 S. m. Fig. u. 32 Taf.) 906.

Kunstgeschichtliche **Studien** ... Unter Mitw. von Fachgenossen hrsg. von Th[eodor] v. Frimmel. Bd 1. (München & Leipzig: G. Müller 1906.) 8°
= **Frimmel**: Kleine Galleriestudien. Folge 4. [c4. 980

Studien, kunstgeschichtliche. Der Galleriestudien IV. Folge. Unter Mitwirkung v. Fachgenossen hrsg. von Th. v. Frimmel. I. u. II. Bd. gr. 8. München, G. Müller. à n. 15. —; geb. à n. 18. —
I. Das Leben der niederländischen u. deutschen Maler. Von Carel van Mander. (Holländischer) Textabdr. nach der Ausg. v. 1617. Uebersetzung u. Anmerkgn. v. Hans Floerke. I. Bd. Mit 20 Bildertaf. (460 S.) 906.
II. Dasselbe. II. Bd. Mit 20 Bildertaf. (492 S.) 906.

— kunstwissenschaftliche. Hrsg. in Verbindg. m. den Monatsheften f. Kunstwissenschaft. 1.—4. Bd Lex. 8. Leipzig, Klinkhardt & Biermann. 37.—; geb. in Leinw. 41. 50
Mundt, Alb., die Erztaufen Norddeutschlands von der Mitte des XIII. bis zur Mitte des XIV. Jahrh. Ein Beitrag zur Geschichte des deutschen Erzgusses. (VIII, 90 S. m. 87 Taf.) 908. (Bd. 3.) 9.—; geb. 10. —
Sirén, Osvald, Giottino u. seine Stellung in der gleichzeitigen florentinischen Malerei. (VIII, 108 S. m. 28 Taf.) 908. (Bd. 1.) 9.—; geb. 10. —
Vogel, Jul., Bramante u. Raffael. Ein Beitrag zur Geschichte der Renaissance in Rom. (VIII, 114 S. m. 6 Taf.) 910. (Bd. 4.) 5.—; geb. 6. 50
Zimmermann, Max Gg., niederländische Bilder des XVII. Jahrh. in der Sammlung Hölscher-Stumpf. (63 S. m. Abbildgn. u. 27 Taf.) 908. (Bd. 2.) 14.—; geb. 15. —

—— landschaftliche, aus dem Nachlasse des Hofmalers Ernst Fries so wie ausgeführte Landschaften nach Handzeichnungen neuerer Meister. 1—3. Heft. (à 4 lithogr. Bl. in Tondr.) gr. Fol. Heidelberg 854, Meder. à Heft * 1 Thlr. 6 Ngr. *

— im Landschaft-Zeichnen. 1s Hft. (12 lithogr. Blätter.) qu. 8. Aachen 834. Cremer. n. 5/12 ℛ

— dass. 2s u. 3s Hft. (à 12 lith. Bl.) qu. Lex.-8. Ebd. 834. à n. 1/2 ℛ

—— zum Landschaft-Zeichnen. 1. Hft. gr. 8. (32 lith. Bl.) Berlin 846, Winckelmann u. Söhne.

— — für Landschaftszeichner. qu. Fol. Breslau, Max und Comp. 817. -

—— für Landschaftszeichner. 12 (lithogr.) Bl. qu. gr. 8. Leipzig 854, E. H. Mayer.

— landwirtschaftliche. In Verbindg. m. Frhr. v. der Goltz, Kirchner, Zürn hrsg. v. Frz. Kral. I. Bd. 1. Hft. gr. 8. Berlin 895. E. Velten & Co. n. 2. —
Untersuchgn. üb. physiolog. Unterschiede edler u. schwerer Pferde. Von Rud. Endlich. (94 S.)

— auf dem Gebiete d. Archaischen Lateins. Hrsg. v. W. Studemund. 1. Bd. Studia in priscos scriptores latinos collata. Vol. 1. Fasc. 1. gr. 8. (VIII, 316 S.) Berlin 873. Weidmann. n. 6. —

— auf dem Gebiete d. archaischen Lateins, hrsg. v. W. Studemund. A. u. d. T.: Studia in priscos scriptores latinos collata, ed. G. S. I. Bd. 2. Hft. gr. 8. (S. 317—643.) Berlin 890. Weidmann. n. 7. — (1. u. 2.: n. 10. —)

— auf dem Gebiete d. archaischen Lateins, hrsg. v. Wilh. Studemund. A. u. d. T.: Studia in priscos scriptores latinos collata, ed. Guil. S. II. Bd. gr. 8. (VII, 436 S.) Berlin 891. Weidmann. n. 9. — (I u. II.: n. 19. —)

— Leipziger, aus dem Gebiet der Geschichte. Hrsg. v. W. Arndt, K. Lamprecht, E. Marcks. 1. Bd. 1. Hft. gr. 8. Leipzig 894. Duncker & Humblot. n. 3. 80
Die Kölner Konföderation vom J. 1367 u. die schonischen Pfandschaften. Hansisch-dän. Geschichte 1367—1385. Von Ernst Rob. Daenell. (XIV, 174 S.)

— Leipziger, aus d. Gebiet d. Geschichte. Hrsg. v. K. Lamprecht u. E. Marcks. I. Bd. 2.—4. Hft. gr. 8. Leipzig 895. Duncker & Humblot. n. 10. 20 (I. Bd. kplt.: n. 14. —)
2. Die Wettiner u. Kaiser Karl IV. E. Beitrag z. Geschichte d. wettin. Politik 1364—1379. Von Herm. Ahrens. (XI, 103 S.) n. 2. 60
3. Willigis v. Mainz. E. Beitrag zur Geschichte d. Deutschen Reichs u. der deutschen Kirche in der sächs. Kaiserzeit. Von Heinr. Böhmer. (IX, 206 S.) n. 4. 40
4. Deutsche Reisende d. 16. Jahrh. Von Vikt. Hantzsch. (III, VII, 140 S.) n. 3. 20

— dasselbe. Hrsg. v. G. Buchholz, K. Lamprecht, E. Marcks, G. Seeliger. II. Bd. 4 Hfte. gr. 8. Ebd. 896. n. 14. —
1. Die Mainz-Frankfurter Marktschiffahrt im Mittelalter. Von Rich. Bettgenhaeuser. (VII, 105 S.) n. 2. 60
2. Die rhein. Gemeinden Erpel u. Unkel u. ihre Entwickelung im 14. u. 15. Jahrh. Von Heinr. Sieveking. (V, 70 S.) n. 1. 80
3. Johann Pupper v. Goch. Von Otto Clemen. (X, 290 S.) n. 6. 40
4. Beiträge zur Geschichte der Hoheitsrechte des deutschen Königs zur Zeit d. ersten Staufer (1138—1197). Von Rich. Scholz. (III, VII, 127 S.) n. 3. 20

— dasselbe. III. Bd. 1. Hft. gr. 8. Ebd. 897. n. 3. 40
Beiträge zur mittelalterl. Topographie, Rechtsgeschichte u. Socialstatistik d. Stadt Köln, insbes. d. Immunität Unterlau. Von Hans Bungers. Mit 1 Steintaf. (X, 125 S.)
Von Bd. III sind weitere Hefte noch nicht erschienen.

— Leipziger, aus dem Gebiet der Geschichte. Hrsg. v. G. Buchholz, K. Lamprecht, E. Marcks, G. Seeliger. III. Bd. 2. Hft. gr. 8. Leipzig, Duncker & Humblot. n. 10. 80; (III. Bd. kplt. n. 14. 20)
Studien zur Geschichte des niederländischen Aufstandes. Von Ernst Marx. (XV, 482 S.) 902.

— dasselbe. IV. Bd. 4 Hfte. gr. 8. Ebd. n. 13. 60
1. Das sächs. Amt Freiberg u. s. Verwaltg. um d. Mitte d. 15. Jahrh., dargestellt an der Hand v. Freiberger Münzmeisterpapieren aus den J. 1445—1459. Von Hans Beschorner. (VII, 136 S.) 897. n. 3. 20
2. D. sächs. Amt Wittenberg im Anfang d. 16. Jahrh., dargestellt auf Grund e. Erbbuches vom J. 1513. Von Otto Oppermann. (VII, 120 S.) 897. n. 2. 80
3. Geschichte des kursächs. Salzwesens bis 1586. Von Otto Fürsen. (XII, 144 S.) 897. n. 3. 60
4. Politik Sachsens 1801 bis 1803. Ein Beitrag z. Geschichte d. Auflösg. des hl. röm. Reichs. Von Fritz Friedrich. (XI, 175 S.) 898. n. 4. —

— dasselbe. 5. Bd. 1. u 2. Hft. gr. 8. Ebd. 898. n. 3. 60
1. Geschichte d. Clanverfassung in den schottischen Hochlanden. Von Alex. Conrady. (V, 79 S.) n. 2. —
2. Das Herrscherideal d. Mittelalters u. Kaiser Friedrich I. Von Alfr. Kühne. (VII, 63 S.) n. 1. 60

— dasselbe. V. Bd., 3. u. 4. Hft. gr. 8. Leipzig, B. G. Teubner. Subskr.-Pr. n. 11. 20; Einzelpr. n. 12. 80
3. Die sächsische Baumwollenindustrie am Ende des vorigen Jahrhunderts u. während der Kontinentalsperre. Von Albin König. (X, 370 S.) 899. Subskr.-Pr. n. 8. 40; Einzelpr. n. 9. 60
4. Über die Blutrache bei den vorislamischen Arabern und Mohammeds Stellung zu ihr. Von Otto Procksch. (VII, 91 S.) 899. Subskr.-Pr. n. 2. 80; Einzelpr. n. 3. 20

Studien, Leipziger, aus dem Gebiete der Geschichte. Hrsg. v. G. Buchholz, K. Lamprecht, E. Marcks, G. Seeliger. VI. Bd. 4 Hfte. gr. 8. Leipzig, B. G. Teubner. Subskr.-Pr. n. 16. 40; Einzelpr. n. 19. 40
1. Hungersnöte im Mittelalter. Ein Beitrag zur deutschen Wirtschaftsgeschichte des 8. bis 13. Jahrh. Von Fritz Curschmann. (VII, 217 S.) 900. n. 7. —
2. Otto v. Freising als Geschichtsphilosoph u. Kirchenpolitiker. Von Just. Hashagen. (V, 101 S.) 900. Subskr.-Pr. n. 2. 80; Einzelpr. n. 3. 20
3. Untersuchungen z. Besiedelungs- u. Wirtschaftsgeschichte des thüringischen Osterlandes in der Zeit des früheren Mittelalters. Von Heinr. Leo. Mit 1 lith. Taf. (V, 93 S.) 900. Subskr.-Pr. n. 2. 80; Einzelpr. n. 3. 20
4. Die wirtschaftliche u. soziale Gliederung vornehmlich der ländlichen Bevölkerung im meissnisch-erzgebirg. Kreise Kursachsens. Auf Grund e. Landsteuerregisters aus der 2. Hälfte des XVI. Jahrh. dargestellt. Von Otto Hötzsch. Mit 52 Tab. (VIII, 130 S.) 900. Subskr.-Pr. n. 4. 80; Einzelpr. n. 6. —

— dasselbe. VII. Bd. 4 Hfte. gr. 8. Ebd. Subskr.-Pr. 14. 40; Einzelpr. n. 16. 60
1. Naumburg a. S. im Zeitalter der Reformation. Ein Beitrag zur Geschichte der Stadt u. des Bistums. Von Ernst Hoffmann. Mit e. Stadtplan. (XVI, 175 S.) 900. Subskr.-Pr. n. 5. —; Einzelpr. n. 6. —
2. Danziger Verfassungskämpfe unter polnischer Herrschaft. Von Salka Goldmann. (VIII, 121 S.) 901. Subskr.-Pr. n. 3. 60; Einzelpr. n. 4. —
3. Wilhelm v. Humboldts geschichtliche Weltanschauung im Lichte des klassischen Subjektivismus der Denker und Dichter v. Königsberg, Jena u. Weimar. Von Otto Kittel. (VIII, 139 S.) 901. Subskr.-Pr. n. 3. 80; Einzelpr. n. 4. 20
4. Die historische Forschungsmethode Johann Jakob Maskovs. Von Woldem. Goerlitz. (V, 70 S.) 901. Subskr.-Pr. n. 2. —; Einzelpr. n. 2. 40

— dasselbe. VIII. Bd. 4 Hfte. gr. 8. Ebd. Subskr.-Pr. n. 16. 20; Einzelpr. n. 19. 60
1. Die Belehnungen der deutschen geistlichen Fürsten. Von Rob. Boerger. (VIII, 152 S.) 901. Subskr.-Pr. n. 3. 60; Einzelpr. n. 4. 80
2. Leopold v. Rankes Bildungsjahre u. Geschichtsauffassung. Von Wahan Nalbandian. (X, 103 S.) 901. Subskr.-Pr. n. 3. —; Einzelpr. n. 3. 40
3. Symbole u. Wappen des alten Deutschen Reiches. Von Erich Gritzner. (VIII, 132 S.) 902. Subskr.-Pr. n. 3. 40; Einzelpr. n. 4. 20
4. Verwaltungsorganisation u. Ämterwesen der Stadt Leipzig bis 1627. Von Walth. Rachel. (III, XIV, 226 S.) 902. Subskr.-Pr. n. 6. 20; Einzelpr. n. 7. 20

— dasselbe. IX. Bd. 1.—3. Hft. gr. 8. Ebd. Subskr.-Pr. n. 13. 40; Einzelpr. n. 15. 20
1. Der Kampf um Schottland u. die Gesandtschaftsreise Sir Francis Walsinghams im J. 1583. Von Karl Stählin. (X, 170 S.) 902. Subskr.-Pr. n. 4. 60; Einzelpr. n. 5. 20
2. Untersuchungen üb. die Frage der Frei- u. Reichsstädte. Von Arno Mart. Ehrentraut. (VIII, 172 S.) 902. Subskr.-Pr. n. 4. 20; Einzelpr. n. 4. 80
3. Hof- u. Zentralverwaltung der Wettiner in der Zeit einheitlicher Herrschaft üb. die meissnisch-thüringischen Lande 1248—1379. Von H. B. Meyer. (XII, 151 S.) 902. Subskr.-Pr. n. 4. 60; Einzelpr. n. 5. 40

— Leipziger, aus dem Gebiet der Geschichte. Hrsg. v. G. Buchholz, K. Lamprecht, G. Seeliger. IX. Bd. 4. Heft. gr. 8. Leipzig, B. G. Teubner. Subskr.-Pr. n. 3. —; Einzelpr. n. 3. 60; (IX. Bd. vollständig: n. 16. 40; bezw. n. 19. —).
Jakob Wegelin als Geschichtstheoretiker. Von Herm. Bock. (VI, 115 S.) 902.

— Leipziger, zur classischen Philologie. Hrsg. von G. Curtius, L. Lange, O. Ribbeck, H. Lipsius. 1. Bd. gr. 8. (388 S. m. 1 lith. Schrifttaf.) Leipzig 878. 79. Hirzel. n. 10. —

— dasselbe. 2. Bd. gr. 8. (V, 298 S.) Ebend. 879. 80. n. 7. 50

— dasselbe. 3. Bd. 2 Hfte. gr. 8. (V, 328 S.) Ebend. 880. n. 7. 80

— dasselbe. 4. Bd. 2 Hfte. gr. 8. (320 S.) Ebend, 881. n. 8. —

— Leipziger, zur classischen Philologie, hrsg. v. G. Curtius, L. Lange, O. Ribbeck, H. Lipsius, C. Wachsmuth, E. Rohde. 5. Bd. gr. 8. (III, 428 S.) Leipzig 882. Hirzel. n. 8. —

— dasselbe. 6. Bd. gr. 8. (V, 331 S.) Ebend. 883. n. 7. 90

— dasselbe. 7. Bd. gr. 8. (III, 415 S.) Ebend. 884. n. 8. —

— dasselbe. 8. Bd. gr. 8. (V, 390 S.) Ebend. 885. n. 9. —

—— dass. — hrsg. von O. Ribbeck, H. Lipsius, C. Wachsmuth, E. Rohde. 9. Bd. 2 Hefte. gr. 8. (342 S.) Ebendas. *
Inhalt:
Heft 1. Buresch, Carolus, Consolationum a Graecis Romanisque scriptarum historia critica. (S. 1—170.) 886. *ℳ 4.—.
» 2. Cichorius, Conradus, de fastis consularibus antiquissimis. — Schwedler, Georgius, de rebus Tegeaticis. — Ribbeck, O., Apinae tricaeque. (S. 171—342.) 887. *ℳ 5.—.

—— dass. — hrsg. von O. Ribbeck, H. Lipsius, C. Wachsmuth. 10. Bd. gr. 8. (III, 327 S.) Ebendas. 887. *
Inhalt:
Unger, Joannes, de censibus provinciarum Romanarum. — Weber, Ernestus, de Dione Chrysostomo Cynicarum sectatore. — Wachsmuth, Curt, über eine Hauptquelle für die Geschichte des achäischen Bundes. — Bischoff, Ernst, Beiträge zur Kenntniss nichtattischer Tagesnamen. — Immisch, Otto, de pronominis interrogativi τις liberiore quodam usu. — Cichorius, Conrad, Gargilius Martialis und die Maurenkriege unter Gallienus.

—— dass. — 11. Bd. 2 Hefte. gr. 8. (V, 357 S.) Ebendas.

Inhalt:

Heft 1. Lüdecke, Maximilianus, de fontibus quibus usus Arrianus Anabasin composuit. — Weber, Robertus, de dioscuridis περὶ των 'Ομήρῳ νόμων libello. — Wachsmuth, C., zu Ciceros Schrift de republica. (S. 1—206.) 888. *ℳ 5.—.
» 2. Hartlich, Paulus, de exhortationum a Graecis Romanisque scriptarum historia et indole. — Wachsmuth, C., zu Seneca's Apocolocyntoxis. — Lipsius, J. H., zu Demosthenes. (V, S. 207—357.) 889. *ℳ 4.—.

— dasselbe. 11. Bd. Suppl.-Bd. gr. 8. (350 S.) Ebd. 889. n. 8. —
Strabonis ἱστορικῶν ὑπομνημάτων fragmenta collegit et enarravit adjectis quaestionibus Strabonianis Paulus Otto.

— dasselbe. 12. Bd. 2 Hfte. gr. 8. (V, 386 S.) Ebd. 890. n. 10. —

— dasselbe. 13. Bd. 1. Hft. gr. 8. (248 S. m. 2 Tab.) Ebd. 890. n. 7. —

— Leipziger, zur classischen Philologie. Hrsg. v. O. Ribbeck, H. Lipsius, C. Wachsmuth. 13. Bd. 2. Hft. gr. 8. (V u. S. 249—418.) Leipzig 891. S. Hirzel. n. 5. — (13. Bd. kplt.: n. 12. —

— dasselbe. 14. Bd. 2 Hfte. gr. 8. Ebd. à Hft. n. 5. —
1. De Hecataei Milesii fragmentis quae ad Hispaniam et Galliam pertinent. Scripsit Fel. Atenstaedt. (171 S.) 891.
2. (V u. S. 173—355.) Ebd.

— dasselbe. 15. Bd. 2 Hfte. gr. 8. (V, 467 S. m. 2 farb. Karten u. 4 Lichtdr.-Taf.) Ebd. 893. 894. à Hft. n. 7. —

— dasselbe. 16. Bd. gr. 8. (III, 171 S.) Ebd. 894. n. 6. —

— Leipziger, zur classischen Philologie, hrsg. v. O. Ribbeck, H. Lipsius, C. Wachsmuth. 17. Bd. 2 Hfte. gr. 8. (V, 412 S.) Leipzig 895. 96. S. Hirzel. n. 13. —

— dasselbe. 18. Bd. 2 Hfte. gr. 8 (III, 324 S.) Ebd. 897. 98. n. 12. —

— Leipziger, zur classischen Philologie. Hrsg. v. H. Lipsius, C. Wachsmuth, F. Marx. 19. u. 20. Bd. gr. 8. (V, 313 S. m. 1 Fig. u. III, 214 S.) Leipzig 899. 902. S. Hirzel. à n. 10. —
Erscheinen nicht mehr.

— Leipziger semitistische, hrsg. v. Aug. Fischer u. Heinr. Zimmern. I. Bd. 6 Hefte. gr. 8. Leipzig, J. C. Hinrichs' Verl. n. 18. —; geb. n.n. 20. 50
1. Becherwahrsagung bei den Babyloniern. Nach zwei Keilschrifttexten aus d. Hammurabi-Zeit. Von Johs. Hunger. (III, 80 S.) 903. n. 2. 80
2. Altbabylonische Rechtsurkunden a. d. Zeit d. Hammurabi-Dynastie. Von Sam. Daiches. (IV, 100 S.) 903. n. 3. 20
3. Ibn Ginnî's Kitâb al-Muġtasab. Hrsg. u. m. e. Einleitg. u. Anmerkgn. versehen v. Edg. Pröbster. (XXII, 64 S.) 904. n. 2. 70
4. Maltesische Studien. Eine Sammlg. prosaischer u. poet. Texte in maltes. Sprache, nebst Erläutergn. Von Hans Stumme. (IV, 124 S.) 904. n. 4. —
5. Maltesische Märchen, Gedichte u. Rätsel in deutscher Uebersetzung. Von Hans Stumme. (XVI, 102 S.) 904. n. 3. 50
6. Gebete u. Hymnen an Nergal. Von Jos. Böllenrücher. (III, 52 S.) 904. n. 1. 80

— dasselbe. II. Bd. 1. u. 2. Heft. gr. 8. Ebd. n. 5. 80
1. Assyrisch-babylonische Briefe kultischen Inhalts aus d. Sargonidenzeit. Von Emil Behrens. (III, 124 S.) 906. n. 4. —
2. Bilder u. Symbole babylonisch-assyrischer Götter. Von Karl Frank. Nebst e. Beitrag üb. die Göttersymbole des Nazimaruttaš-Kudurru v. H. Zimmern. Mit 8 Abbildgn. (IV, 44 S.) 906. n. 1. 80

— Leipziger semitistische. Hrsg. v. A. Fischer u. H. Zimmern. II. Bd. 3.—6. Heft; III. Bd. 1., 3. u. 6. Heft; IV. Bd. 1. Hälfte u. V. Bd. 1.—3. Heft. gr. 8. Leipzig, J. C. Hinrichs' Verl. 38. 20
Böhl, Frz. M. Th., die Sprache der Amarnabriefe m. besond. Berücksicht. der Kanaanismen. (IV, 96 S.) 909. (V. Bd. 2. Heft.) 3. —
Frank, Karl, babylonische Beschwörungsreliefs. Ein Beitrag zur Erklärg. der sog. Hadesreliefs. Mit 5 Abb. im Text u. 4 Taf. (VI, 94 S.) 908. (III. Bd. 3. Heft.) 3. 50
Hehn, Johs., Siebenzahl u. Sabbat bei d. Babyloniern u. im Alten Testament. Eine religionsgeschichtliche Studie. (III, 132 S.) 907. (II. Bd. 5. Heft.) 4. —
Ilg, B., u. H. Stumme, maltesische Volkslieder, im Urtext m. deutscher Übersetzung hrsg. (77 S.) 909. (III. Bd. 6. Heft.) 2. 50
Klauber, Ernst, assyrisches Beamtentum nach Briefen aus der Sargonidenzeit. (VI, 128 S.) 910. (V. Bd. 3. Heft.) 4. 20
Perry, E. Guthrie, Hymnen u. Gebete an Sin. Mit 4 Taf. in Autogr. (VI, 50 S.) 907. (II. Bd. 4. Heft.) 2. —
Ram, Hersch, Qiṣṣat Mâr Êlîjâ (die Legende vom hl. Elias). Als Beitrag zur Kenntnis der arab. Vulgär-Dialekte Mesopotamiens nach Fol. 1—18a Kod. Sachau 15 kgl. Biblioth. Berlin hrsg., übers. u. m. e. Schriftlehre versehen. (VII, 40 S.) 907. (II. Bd. 3. Heft.) 2. —
Roberts, Robt., B. A., das Familien-, Sklaven- u. Erbrecht im Qorân. (III, IV, 56 S.) 908. (II. Bd. 6. Heft.) 2.20
Schneider, Herm., zwei Aufsätze zur Religionsgesch. Vorderasiens. (Die Entwicklg. der Jahureligion u. der Mosesagen in Israel u. Juda. — Die Entwicklung des Gilgameschepos.) Mit 2 Abbildgn. (III, 84 S.) 909. (V. Bd. 1. Heft.) 1. 80
Schrank, Walth., babylonische Sühnriten, besonders m. Rücksicht auf Priester u. Büsser untersucht. (XII, 112 S.) 908. (III. Bd. 1. Heft.) 4. —
Weissbach, F. H., Beiträge zur Kunde des Irak-Arabischen. 1. Hälfte. Prosa-Texte. (208 S.) 908. (IV. Bd. 1. Hälfte.) 9. —
Heft 2, 4 u. 5 des III. Bds. u. die 2. Hälfte des IV. Bds. sind noch nicht erschienen.

Studien zur humanistischen Litteratur Italiens. H. [1]—III. *Halle a. S.: M. Niemeyer 1896—98.* 8. [98. 8531

Studien, zur humanist. Litteratur Italiens. Nr. 2 u. 3. gr. 8. Halle 897. M. Niemeyer. n. 4. —
(1.—3.: n. 8. —)
2. Andreas Dactius aus Florenz. E. biograph. Versuch. Von Wilh. Rüdiger. (VI, 70 S.) n. 2. 40
3. Marcellus Virgilius Adrianus aus Florenz. E. Beitrag zur Kenntnis s. Lebens u. s. Wirkens. Von Wilh. Rüdiger. (V, 65 S.) n. 1. 60
Nr. 1 wurde u. d. Einzeltitel: Rüdiger, W., Petrus Victorius aus Florenz 896 aufgenommen.

— zur Litteraturgeschichte. Michael Bernays gewidmet v. Schülern u. Freunden. gr. 8. (VII, 330 S.) Hamburg 893. L. Voss. n. 8. —; geb. n. 10. —

Studien zur niederdeutschen Literaturgeschichte. H. 1. Altona-Ottensen: Ch. Adolff 1907. 8° [?.] [08. 1844

Studien zur vergleichenden Litteraturgeschichte. Hrsg. v. Max Koch. 1.—3. Bd. à 4 Hfte. gr. 8. (II, 516; II, 518 u. II, 514 S.) Berlin 901—903. A. Duncker. à Bd. n. 14. —

— zur vergleichenden Literaturgeschichte. Hrsg. v. Max Koch. 4.—6. Bd. à 4 Hefte. (à Bd. 512 S.) gr. 8. Berlin 904—906. A. Duncker. à n. 14. —

— dasselbe. 5. Bd. Ergänzungsheft. Zur ersten Hundertjahrfeier v. Schillers Todestag am 9. V. (IV, 413 S.) gr. 8. Ebd. 905. n. 7. 50

— zur vergleichenden Literaturgeschichte. Hrsg. v. Max Koch. 7.—9. Bd. à 4 Hefte. (IV, 512; IV, 512 u. IV, 516 S.) gr. 8. Berlin 907—09. Weimar, A. Duncker Verl. à Bd. 14. —
Erscheint nicht mehr.

⊙ Liturgische **Studien** und Stimmen über eine Kirchen-Agende von schleswig-holsteinischen Geistlichen; hrgg. v. Nicolaus Nielsen. H. 1. Schleswig. 1842. 8°

— liturgische, u. Stimmen über eine Kirchen-Agende von Schleswig-Holsteinischen Geistlichen; herausgegeben von N. Nielsen. 1. Heft. gr. 8. Schleswig 842. (Bruhn.) n. 2/3 ℔

— malerische. Eine Reise um d. Welt in 200 farb. Photographien nach Naturaufnahmen. 1. Bd. qu. gr. 4. (104 Taf. m 2 S. Text.) Leipzig 898. K. F. Koehler. Geb. in Leinw. n. 10. —

— malerische. Eine Reise um die Welt in 200 farb. Photographien nach Naturaufnahmen. 2. (Schluss-)Bd. qu. gr. 4. (96 Taf. m. 40 S. Text.) Leipzig 899. K. F. Koehler. Geb. in Leinw. n. 10. —
Ausgabe in Lieferungen u. d. T.:

Studien, malerische, aus Persien, Aegypten, Türkei, Italien, Algerien, Tunis, Madagaskar, Russland, Indien. Annam, Tonkin, China, Japan, Pacific-Ocean. Sammlg. von 200 kolor. Photographien. 1.—17. Lfg. qu. gr. 4. (à 8 Taf.) Leipzig 898. K. F. Koehler. à Lfg. n. — 60

— malerische, aus Persien, Aegypten, Türkei, Italien, Algerien, Tunis, Madagaskar, Russland, Indien, Annam, Tonkin, China, Japan, Pacific-Ocean. Sammlung von 200 kolor. Photographien. 18—26. (Schluss-)Lfg. qu. gr. 4. (à 8 Taf.) Ebd. 899. à n. — 60

— aus dem Manövrir-Reglement für die k. k. Fusstruppen. In 24 Stnt. bildlich dargestellt und mit erläuterndem Texte versehen von W. v. K. 8. (44 S.) Wien 865, Braumüller. cart. *

— Marburger, zur englischen Philologie. 1.—3. Hft. gr. 8. Marburg, N. G. Elwert's Verl. n. 5. 60
1. Die „Epistolae Ho-Elianae". Ein Beitrag zur engl. Litteraturgeschichte. Von Geo. Jürgens. (87 S.) 901. n. 2. —
2. Beiträge zur Technik der Erzählung in den Romanen Walter Scotts. Von Kurt Gaebel. (71 S.) 901. n. 1. 60
3. Die Wortstellung bei Bunyan. Von Hans Snoek. (88 S.) 902. n. 2. —

— Marburger, zur englischen Philologie. 4.—12. Heft. gr. 8. Marburg. N. G. Elwert's Verl. n. 20. 90
Bernigau, Karl, Orthographie u. Aussprache in Richard Stanyhursts englischer Uebersetzung der Aeneide (1582). (VIII, 114 S.) 04. (Hft. 8.) n. 3. —
Butchart, Stewart F., sind die Gedichte „Poem on pastoral poetry" u. „Verses on the destruction of Drumlanrig Woods" v. Robert Burns? (60 S.) 903. (Hft. 6.) n. 1. —
Chalmers, Wm. P., charakteristische Eigenschaften v. R. L. Stevensons Stil. (57 S.) 903. (Hft. 4.) n. 1. 40
Dalrymple, Cochrane Maxton, Kiplings Prosa. (103 S.) 905. (Hft. 9.) n. 2. 50
Dellit, Otto, über lateinische Elemente im Mittelenglischen. Beiträge zur Geschichte des engl. Wortschatzes (VIII, 101 S.) 906. (Hft. 11.) n. 2. 50
Fischer, Jul., das „Interlude of the Four Elements". Mit e. Einleitg. neu hrsg. (VII, 86 S.) 903. (Hft. 5.) n. 2. —
Hauck, Eduard, systematische Lautlehre Bullokars (Vokalismus) (VII, 104 S.) 906. (Hft. 12.) n. 2. 80
Löwe, Ernst, Beiträge zur Metrik Rudyard Kipling's. (VII, 103 S.) 906. (Hft. 10.) n. 2. 50
Neumann, Geo., die Orthographie der Paston letters von 1422—1461. Ein Beitrag zur Geschichte der engl. Orthographie. (126 S.) 904. (Hft. 7.) n. 3. 20
Hft. 1—3 Ebd. 901. 902. n. 5. 60.

— mathematische, für die Zwecke der Schule. 2—4. Heft. gr. 8. Halle, Berner. *
Inhalt:
Heft 2. Ueber einen merkwürdigen Punkt im Dreiecke. Eine mathemat. Aufgabe für Schüler zur Uebung im trigonometr. Rechnen. Behandelt von Gust. Emsmann. (33 S. mit 1 Stnt.) 854. * 7½ Ngr.
- 3. Die durchgeschriebenen Kreise und die Kreisternionspunkte des Dreiecks. Von C. Hellwig. (III und 35 S. mit 1 Stnt. in qu. Fol.) 855. * 12 Ngr.
- 4. Funfzehn geometrische Aufgaben nebst ihren ausführlich erörterten Lösungen. Von Gust. Emsmann. (98 S. mit 2 Stnt. in qu. Fol.) 855. * 18 Ngr.
Das 1. Heft bildet: Wiegand, A., ein mathemat. Thema aus der Scule. Ebendas. 1854. * 5 Ngr.

— medicinische, über Salicylsäure u. Salicylate. Nach franz. u. engl. Bericht übers. v. M. Wittich. Hrsg. durch Frdr. v. Heyden. 8. (VIII, 111 S.) Leipzig 878. Barth. n. 2. —

— metaphysische, hrsg. vom metaphys. Verlag. 1.—4. Hft. gr. 8. Berlin-Zehlendorf 897. Berlin, Kritik-Verlag. n. 2. 40
1. Die psychische Seite des Vegetarismus. Von Leop. Salzer. Autor. Uebersetzg. aus dem Engl. von Ludw. Deinhard. [Aus: „Metaphys. Rundschau".] (20 S.) n. — 20
2. Die Aura. Von C. W. Leadbeater. M. e. Nachworte von H. S. Olcott. Deutsch v. Ludw. Deinhard. [Aus: „Metaphysische Rundschau".] (15 S.) n. — 20
3. Der Sonnenstoff als Zukunftslicht u. Kraftquelle. Eine physikal. Entdeckg. Von A. C. Tannert. (43 S.) n. 1. —
4. Die neue metaphys. Lehre in ihrer prakt. Anwendung. Von P. Braun. In 3 Abtlgn. (28 S.) n. 1. —

— metaphysische. Hrsg. v. Paul Zillmann. 1. Hft. gr. 8. Zehlendorf, P. Zillmann. n. — 50
Die Psyche d. Ganglieusystems als Quelle d. mediumist. u. verw. Erscheinungen. Von Alb. Kniepf. [Aus: „Neue metaphys. Rundschau".] (23 S.) 897.

— metaphysische. Hrsg. v. Paul Zillmann. 3.—6. Heft. gr. 8. Gross-Lichterfelde, P. Zillmann. 2. 50
Maack, Ferd., das sichtbare Newton'sche Spektrum als Ausgangspunkt f. dynamosophische Betrachtungen. 3. Beitrag zum Neo-Okkultismus. [Aus: „Neue metaphys. Rundschau".] (31 S. m. 1 Taf.) (897.) (Heft 3.) — 50
Schwarz, A., der Stammbaum des Menschen. Tafeln zum Verständnis der theosoph. Entwicklungslehre, zusammengestellt nach Annie Besants „Pedigree of man". Uebers. aus dem Theosophist. (24 S. m. 1 Taf.) 908. (Heft 5.) — 75
Zillmann, Paul, die neue Hochschule f. animalischen (Heil-)Magnetismus in Deutschland. 2. gänzlich veränd. u. verm. Aufl. 5. Taus. [Aus: „Neue metaphys. Rundschau".] (16 S.) (898.) (Heft 4.) — 60; erm. Pr. — 50
— Zur Metaphysik des Klavierspieles. Das Geheimnis des vollendeten Klavierspieles, nach den Lehren des Frederic Horace Clark in seiner „Liszt-Offenbarg." entwickelt. Mit dem Portr. v. Frederic Horace Clark. (24 S.) 908. (Heft 6.) — 75

Militärrechtliche **Studien.** Festschrift zum 1. Oktober 1910. Herausgeber: Eduard Steidle. Mannh. u. Lpz. 1910.

— militärrechtliche. Festschrift zum 1. X. 1910. Hrsg.: E. Steidle. (VIII S. u. 292 Sp.) Lex. 8. Mannheim 910. J. Bensheimer's Verl. 7. —

— mineralogische. Eine Sammlung wissenschaftl. Monographien. In zwangloser Folge. 1. Thl.: Die Mineral-Species nach den für das specifische Gewicht derselben angenommenen und gefundenen Werthen. Ein Hülfsbuch zur bestimm. Mineralogie von Mart. Websky. hoch 4. (VI, 170 S.) Breslau 868, Hirt's Verlag. *

Studien, Mineralogische, über das Gebirge am Niederrhein . . . Frankf. a. M. 1808. V: *Nose, Carl Wilh.* (NN) (Ky)

— mineralog., üb. die Gebirge am Niederrhein; aus d. Handschrift e. Privatisir. (Nose) hrsgg. v. J. J. Nöggerath. gr. 8. Frkf. a. M. 808. Hermann. 1 ℔ Hbg. Pr. 12 ℊ

— missionswissenschaftliche. Festschrift zum 70. Geburtstag des Herrn Prof. D. Dr. Gustav Warneck v. K. Axenfeld, G. Müller, C. Paul, J. Richter, P. Richter, E. Strümpfel, J. Warneck. (VII, 262 S.) gr. 8. Berlin 904. M. Warneck. n. 4. 50

— u. **Mittheilungen** aus dem Benedictiner- u. Cistorzienser-Orden, m. besond. Berücksicht. der Ordensgeschichte u. Statistik. Zur bleib. Erinnerg. an das Ordens-Jubiläum begründet u. hrsg. v. Mitgliedern, Freunden u. Gönnern d. Benedictiner-Ordens. Haupt-Red.: Maurus Kinter. 4—7. Jahrg. 1883—1886. à 4 Hfte. gr. 8. (à Hft. ca. 229 S.) Würzburg, Woerl. à Jahrg. n. n. 7. —
Vorh. u. d. T.: Wissenschaftliche Studien aus dem Benedictiner-Orden.

— u. **Mittheilungen** aus dem Benedictiner- u. dem Cistercienser-Orden. Haupt-Red.: M. Kinter. 8.—11. Jahrg. 1887—1890. à 4 Hfte. gr. 8. (à Hft. ca. 180 S.) Brünn. (Würzburg, Woerl.) à Jahrg. n.n. 7. —

— u. **Mittheilungen** aus dem Benedictiner- u. dem Cistercienser-Orden m. besond. Berücksicht. der Ordensgeschichte u. Statistik. Zur bleib. Erinnerg. an das Ordensjubiläum gegründet u. hrsg. v. Maurus Kinter. 12. Jahrg. 1891. 4 Hfte. (à ca. 10 Bog.) gr. 8. Brünn. (Würzburg, Woerl.) n.n. 7. —

— — dasselbe. 13. Jahrg. 1892. 4 Hfte. (à ca. 10 Bog.) gr. 8. Stift Raigern b/Brünn, Administration. n.n. 10. —

— u. **Mittheilungen** aus d. Benedictiner- u. d. Cistercienser-Orden m. bes. Berücksicht. d. Ordensgeschichte u. Statistik. Zur bleib. Erinnerg. an d. Ordens-Jubiläum gegründ. u. hrsg. Red.: Maurus Kinter, O. S. B. 17.—19. Jahrg. 1896—1898. à 4 Hfte. (à ca. 12 Bog.) gr. 8. Stift Raigern b/Brünn, Administration. à Jahrg. n. 8. —

— u. **Mittheilungen** aus dem Benedictiner- u. dem Cistercienser-Orden m. besond. Berücksicht. d. Ordensgeschichte u. Statistik. Zur bleib. Erinnerg. an das Ordens-Jubiläum gegründet u. hrsg. Red.: Maurus Kinter, O. S. B. 20.—23. Jahrg. 1899—1902. à 4 Hfte. gr. 8. (III, 738; VI, 694; III, 692 u. IX, 748 S.) Stift Raigern b/Brünn, Administration. (Nur direkt.) à Jahrg. n. 8. —

— u. **Mitteilungen** aus dem Benediktiner- u. dem Cistercienser-Orden m. besond. Berücksicht. d. Ordensgeschichte u. Statistik. Zur bleib. Erinnerg. an das Ordens-Jubiläum gegründet u. hrsg. Red.: Maurus Kinter. O. S. B. 24.—27. Jahrg. 1903—1906. à 4 Hefte. (24.—26. Jhrg. 786, 920 u. 736 S.) gr. 8. Stift Raigern b/Brünn, Administration. (Nur direkt.) à Jhrg. n. 8. —

Studien u. Mitteilungen aus dem Benediktiner- u. d. Cistercienser-Orden m. besond. Berücksicht. der Ordensgeschichte u. Statistik. Zur bleib. Erinnerg. an das Ordens-Jubiläum gegründet u. hrsg. Red.: P. Maurus Kinter, O. S. B. 28.—31. Jahrg. 1907—1910. à 4 Hefte. (VIII, 743; VIII, 773; VIII, 695 u. VIII, 740 S.) gr. 8. Stift Raigern b/Brünn, Administration. (Nur direkt.) à Jahrg. 8. —

— — dasselbe. General-Register zu den ersten 27 Bdn. (1880—1906). Auf Veranlassg. der Red. unter Mitw. v. Mitbrüdern hrsg. v. Bernh. Ponschab, O. S. B. (IX, 210 S.) gr. 8. Ebd. 7. —

Studien und Mitteilungen aus dem kirchengeschichtlichen Seminar der theologischen Fakultät der k. k. Universität in Wien. (Hrsg.: Prof. Cölestin Wolfsgruber.) 1. Wien: Mayer & Co. 1908. 8° [08. 18433]

— — aus dem kirchengeschichtlichen Seminar der theologischen Fakultät der k. k. Universität in Wien. 1.—4. Heft. gr. 8. Wien, Mayer & Co. 11. —
- Asslaber, Pet., die persönlichen Beziehungen der drei grossen Kirchenlehrer Ambrosius, Hieronymus u. Augustinus. (VI, 134 S.) 908. (3. Heft.) 2. 50
- Chrysostomus-Jubiläumsfeier, die, 1908. (V, 95 S. m. 1 Taf.) 908. (1. Heft.) 2. —
- Eigl, Leop., Walahfrid Strabo. Ein Mönchs- u. Dichterleben. (IV, 63 S.) 908. (2. Heft.) 1. 50
- Tomek, Ernst, Studien zur Reform der deutschen Klöster im XI. Jahrh. I. Tl.: Die Frühreform. (XXIII, 363 S.) 910. (4. Heft.) 5. —

Studien über das Molkereiwesen. Reiseskizzen aus Dänemark, Schweden und Finnland von C. Petersen u. a. Danzig 1875

Studien, Münchener archäologische. Dem Andenken Ad. Furtwänglers gewidmet. (VIII, 504 S. m. 96 Abb. u. 16 Taf.) Lex. 8. München 909. C. H. Beck. Geb. in Halbleinw. 25. —

Studien, Münchener geographische. Hrsg. v. Siegm. Günther. 1.—6. Stück. gr. 8. München, Th. Ackermann. n. 10. 60
1. Zur Klimatographie v. Kamerun. Von Mich. Hübler. (IV, 88 S.) 896. n. 1. 40
2. Conrad Celtis in s. Beziehgn. z. Geographie. Von Thdr. Geiger. (40 S.) 896. n. — 60
3. Über d. geograph. Verbreitg. u. Natur d. Erdpyramiden. Von Chrn. Kittler. (56 S. m. Abb.) 897. n. 1. —
4. Die Entwickelg. d. physikal. Geographie der Nordpolarländer bis auf Cooks Zeiten. Von Heinr. Weber. (V, 250 S.) 898. n. 4. —
5. Goethe u. die physikalische Geographie. Von Rhard. Hederich. (VI, 66 S.) 898. n. 1. 20
6. Kepler als Geograph. Eine historisch-geograph. Abhandlg. Von Rud. Pixis. (VII, 142 S.) 899. n. 2. 40

— Münchener geographische, hrsg. v. Siegm. Günther. 7.—12. Stück. gr. 8. München, Th. Ackermann. n. 13. —
7. Philipp Friedrich v. Dietrich. Ein Beitrag zur Geschichte der Vulkanologie. Von Ernst Kugler. Gekrönte Preisschrift. (88 S.) 899. n. 1. 40
8. Der Erschütterungsbezirk des grossen Erdbebens zu Lissabon. Ein Beitrag zur Geschichte der Erdbeben. Von Hans Woerle. Mit 2 Karten. (VI, 149 S.) 900. n. 3. 60
9. Kräuselungsmarken u. Dünen. Von Ernst Bertololy. (III, 189 S. m. Fig.) 900. n. 3. —
10. Johann Jacob Scheuchzer, der Begründer der physischen Geographie des Hochgebirges. Von Frz. Xav. Hoeherl. (VIII, 108 S.) 901. n. 1. 80
11. Leibniz in seiner Stellung zur tellurischen Physik. Beitrag zur Würdigg. v. Leibniz in geophysikal. Hinsicht. Von Frdr. Schmöger. (VI, 83 S.) 901. n. 1. 40
12. Franz Joseph Hugi in seiner Bedeutung f. die Erforschung der Gletscher. Von Alb. Krebbiel. Mit 2 Karten. (V, 91 S.) 902. n. 1. 80

1.—6. Stück. Ebd. 896—899. n. 10. 60.

Studien, Münchener geographische, hrsg. von Siegmund Günther. 13.—20. Stück. gr. 8. München, Th. Ackermann. n. 19. 40
- Benl, Osk., frühere u. spätere Hypothesen über die regelmässige Anordng. d. Erdgebirge nach bestimmten Himmelsrichtungen. (VIII, 52 S.) 905. (17. Stück.) n. 1. 20
- Ebner, Eduard, geographische Hinweise u. Anklänge in Plutarchs Schrift „De facie in orbe lunae". (101 S.) 906. (19. Stück.) n. 2. —
- Geidel, Heinr., Alfred der Grosse als Geograph. (VII, 105 S.) 904. (15. Stück.) n. 2. 20
- Goll, Frdr., die Erdbeben Chiles. Ein Verzeichnis der Erdbeben u. Vulkanausbrüche in Chile bis zum Ende des J. 1879 nebst einigen allgemeinen Bemerkgn. zu diesen Erdbeben. (VII, 107 S. m. 1 Taf.) 903. (14. Stück.) n. 3. 20
- Reindl, Jos., die schwarzen Flüsse Südamerikas. Hydrographische Studie auf geologisch-orograph., physikal. u. biolog. Grundlage. (IX, 138 S. m. 1 Karte.) 903. (13. Stück.) n. 2. 40
- Simmer, Hans, der aktive Vulkanismus auf dem afrikanischen Festlande u. den afrikanischen Inseln. (II, 218 S.) 906. (18. Stück.) n. 4. —
- Stechele, Bernh., die „Steinströme" der Falklandinseln. (VIII, 100 S. m. 10 Fig.) 906. (20. Stück.) n. 2. —
- Vollkommer, Max, die Quellen Bourguignon d'Anvilles f. seine kritische Karte von Afrika. Gekrönte Preisschrift. (VIII, 124 S.) 904. (16. Stück.) n. 2. 40

1.—12. Stück Ebd. 896—902. n. 23. 60.

— Münchener geographische. Hrsg. v. Siegm. Günther. 21.—26. Stück. gr. 8. München, Th. Ackermann. 16.60
- Deuerling, Osw., die Pflanzenbarren d. afrikanischen Flüsse m. Berücksicht. d. wichtigsten pflanzlichen Verlandungserscheinungen. (VIII, 253 S. m. 12 Vollbildern u. 3 Taf.) 910. (Stück 24.) 5. 40
- Dirscherl, Karl, die Anfänge e. wissenschaftlichen Seenkunde. (81 S. m. 5 Fig.) 911. (Stück 25.) 2. 40
- Herpich, Hans, d. Eisverhältnisse in d. südbayerischen Seen. (VI, 89 S. m. 10 Fig., 2 Tab. u. 3 Kurventaf.) 911. (Stück 26.) 4. —
- Heydenreich, Alfr., Karl Ernst v. Baer als Geograph. Mit 3 Kärtchen. (90 S.) 909. (Stück 23.) 2. —
- Hoffmann, Imman., d. Anschauungen d. Kirchenväter üb. Meteorologie. Ein Beitrag zur Geschichte der Meteorologie. (X, 96 S.) 907. (Stück 22.) 2. —
- Weyrauther, Max, Konrad Peutinger u. Wilibald Pirckheimer in ihren Beziehungen z. Geographie. Eine geschichtl. Parallele. (VIII, 45 S.) 907. (Stück 21.) — 80

1.—20. Stück. Ebd. 896—906. 43.—.

— Münchener volkswirtschaftliche. Hrsg. v. Lujo Brentano u. Walth. Lotz. 1.—3. Stück. gr. 8. Stuttgart, J. G. Cotta Nachf. n. 22. —
1. Die Schuhmacherei in Bayern. Ein Beitrag zur Kenntnis unserer gewerbl. Betriebsformen. Von Ernst Francke. (XII, 250 S.) 893. n. 5. —
2. Die venetianische Seidenindustrie u. ihre Organisation bis zum Ausgang d. Mittelalters. Von Romolo Graf Broglio d'Ajana. (VII, 59 S.) 893. n. 2. —
3. Ueber die Grenzen der Weiterbildung des fabrikmässigen Grossbetriebes in Deutschland. Von Ludw. Sinzheimer. (IX, 197 S.) 893. n. 4. —

4. Indiens Silberwährung. Eine wirtschaftsgeschichtliche Studie v. Karl Ellstaetter. (XII, 128 S. m. 1 graph. Fig.) 894. n. 3. —
5. Das Schneidergewerbe in München. Ein Beitrag zur Kenntnis des Kampfes der gewerbl. Betriebsformen. Von Gust. Herzberg. (X, 135 S.) 894. n. 3. —
6. Die englischen Bergwerksgesetze. Ihre Geschichte von ihren Anfängen bis zur Gegenwart. Von F. Spencer Baldwin. (XIV, 258 S.) 894. n. 5. —

— Münchener volkswirtschaftliche. Hrsg. von Lujo Brentano u. Walth. Lotz. 7.—29. Stück. gr. 8. Stuttgart, J. G. Cotta Nachf. n. 92. 20
(1.—29.: n. 114. 20)

Inhaltsübersicht in alphabetischer Ordnung:

Allmers, Rob., die Unfreiheit d. Friesen zwischen Weser u. Jade. Eine wirtschaftsgeschichtl. Studie. (XI, 132 S.) 896. (19. Stück.) n. 3. —
Apostol, Paul, das Artjél. Eine wirtschaftsgeschichtl. Studie. (XIV, 151 S.) 898. (25. Stück.) n. 3. 60
Arnold, Phpp., das Münchener Bäckergewerbe. E. techn., wirtschaftl. u. soziale Studie. (VIII, 100 S.) 895. (7. Stück.) n. 2. 40
Baicoianu, Const. J., Geschichte d. rumän. Zollpolitik seit d. 14. Jahrh. bis 1874. (X, 250 S.) 896. (14. Stück.) n. 5. —
Böhm, Otto, die Kornhäuser. Eine Studie üb. d. Organisation d. Getreideverkaufes in Amerika, Indien u. Russland, sow. in ein. deutschen Staaten. (VII, 96 S.) 898. (26. Stück.) n. 2. 40
Bonn, Mor. Jul., Spaniens Niedergang währ. d. Preisrevolution d. 16. Jahrh. Ein induktiver Versuch z. Geschichte d. Quantitätstheorie. (VIII, 199 S.) 896. (12. Stück.) n. 4. —
Cahn, Ernst, d. Schlafstellenwesen in d. deutschen Grossstädten u. s. Reform. Mit besond. Berücksicht d. Stadt München. (XIV, 122 S.) 898. (28. Stück.) n. 3. —
Damianoff, Athanasius D., d. Zehentregulierg. in Bayern. (V, 56 S.) 896. (17. Stück.) n. 2. —
Drill, Rob., soll Deutschland seinen ganzen Getreidebedarf selbst produzieren? Eine wirtschaftspolit. Studie. (VIII, 118 S.) 895. (9. Stück.) n. 2. 40
Fick, Ludw., die bäuerl. Erbfolge im rechtsrhein Bayern. Nach amtl. Quellen dargest. Mit e. Vorwort v. Lujo Brentano. (XLII, 314 S.) 895. (8. Stück.) n. 7. —
Fisk, George M., d. handelspolit. u. sonst. völkerrechtl. Beziehgn. zwischen Deutschland u. d. Verein. Staaten v. Amerika. Eine historisch-statist. Studie. (XIV, 254 S.) 897. (20. Stück.) n. 5. 60
Goldstein, J., Deutschlands Sodaindustrie in Vergangenheit u. Gegenwart. Ein krit. Beitrag zur Geschichte der deutschen Zollpolitik. Mit e. Vorwort v. Walth. Lotz. (XII, 108 S.) 896. (13. Stück.) n. 2. 40
Holländer, Ludw., d. Lage d. deutschen Mühlenindustrie unt. d. Einfluss d. Handelspolitik 1879—1897. (VIII, 98 S.) 898. (29. Stück.) n. 2. 40
Kuczynski, R., d. Zug nach d. Stadt. Statist. Studien über Vorgänge der Bevölkerungsbewegung im Deutschen Reiche. (XII, 284 S.) 897. (24. Stück.) n. 6. —
Lewy, Alex., zur Genesis d. heut. agrar. Ideen in Preussen. (VI, 141 S.) 898. (27. Stück.) n. 3. —
Münsterberg, Osc., Japans auswärt. Handel von 1542 bis 1854. Bearb. nach Quellenberichten. (XXXVIII, 312 S.) 896. (10. Stück.) n. 7. —
Pfleger, Frz. Jos. u. Ludw. Gschwindt, Börsenreform in Deutschland. E. Darstellg. d. Ergebnisse d. deutschen Börsenenquete. Mit e. Vorwort v. Walth. Lotz. 1. Abschnitt: Allgemeiner Tl. (IX, 90 S.) 896. (15. Stück.) n. 2. 40
— — Dasselbe. 2. Abschn.: Die Produktenbörse nach den Erhebgn. d. Börsenenquetekommission. Bearb. v. F. J. Pfleger. (VI, 139 S.) 896. (16. Stück.) n. 4. —
Pfleger, Frz. Jos., u. Ludw. Gschwindt, Börsenreform in Deutschland. E. Darstellg. d. Ergebnisse d. deutschen Börsenenquete. 3. Abschn.: Die Effektenbörse nach den Erhebungen d. Börsenenquetekommission. Bearb. v. L. Gschwindt. Mit Anh.: Reichsbörsengesetz vom 22. VI. 1896. (VIII, 247 S.) 897. (22. Stück.) n. 5. — (1.—3.: n. 11. 40)
Prager, Max, die Währungsfrage in den Verein. Staaten v. Nordamerika. E. wirtschaftsgeschichtl. Studie. (XV, 476 S. m. 1 graph. Taf.) 897. (23. Stück.) n. 10. —
Schweyer, Frz., Schöffau, eine Gemeinde im bayr. Voralpenland, in ihren wirtschaftl. u. sozialen Verhältnissen dargest. (VII, 171 S.) 896. (18. Stück.) n. 3. 60
Thurneyssen, Fritz, das Münchener Schreinergewerbe. E. wirtschaftl. u. soziale Studie. (IX, 163 S.) 897. (21. Stück.) n. 3. 60
Vopelius, Ed., Entwickelungsgeschichte d. Glasindustrie Bayerns (nach s. heutigen Umfang) bis 1806. (XII, 96 S.) 895. (11. Stück.) n. 2. 40

— Münchener volkswirtschaftliche. Hrsg. v. Lujo Brentano u. Walth. Lotz. 30.—56. Stück. gr. 8. Stuttgart, J. G. Cotta Nachf. n. 117. 80

Inhaltsübersicht in alphabetischer Ordnung:

Aal, Arth., das preuss. Rentengut. Seine Vorgeschichte u. seine Gestaltg. in Gesetzgebg. u. Praxis. (VIII, 170 S.) 901. (43. Stück.) n. 4. —
Adler, Paul, die Lage der Handlungsgehülfen gemäss den Erhebungen der Kommission für Arbeiterstatistik. (XVI, 197 S.) 900. (39. Stück.) n. 4. —
Boch, Roger v., Geschichte der Töpferarbeiter v. Staffordshire im 19. Jahrh. (XII, 332 S.) 899. (31. Stück.) n. 7. —
Bonn, Max J., die Vorgänge am Edelmetallmarkte in den J. 1870—1873. (VI, 128 S.) 900. (40. Stück.) n. 3. —
Brentano, Lujo, u. Rob. Kuczynski, die heutige Grundlage der deutschen Wehrkraft. (XXXVI, 132 S.) 900. (35. Stück.) n. 3. 50
Busching, Paul, die Entwickelung der handelspolitischen Beziehungen zwischen England u. seinen Kolonien bis zum J. 1860. Mit Anh.: Tabellarische Uebersicht üb. den Kolonialhandel 1826—1900. (IX, 244 S. m. 4 Tab.) 902. (48. Stück.) n. 7. —
Chlapowo Chlapowski, Alfr. v., die belgische Landwirtschaft im 19. Jahrh. (X, 184 S.) 900. (37. Stück.) n. 4. —
Engel, Aug., die westfälische Gemeinde Eversberg. Eine wirtschaftl. Untersuchg. (VIII, 144 S.) 902. (55. Stück.) n. 3. —
Friedrich, Arth., Schlesiens Industrie unter dem Einflusse der Caprivischen Handelspolitik 1889—1900. (VII, 192 S.) 902. (46. Stück.) n. 4. 50
Fukuda, Tokuzo, die gesellschaftliche u. wirtschaftliche Entwickelung in Japan. (X, 190 S.) 900. (42. Stück.) n. 4. —
Haacke, Heinr., Handel u. Industrie der Prov. Sachsen 1889—1899 unter dem Einfluss der deutschen Handelspolitik. (X, 152 S.) 901. (45. Stück.) n. 4. —
Hallgarten, Rob., die kommunale Besteuerung des unverdienten Wertzuwachses in England. (X, 206 S.) 899. (32. Stück.) n. 4. 80
Herold, Rob., der Schweizerische Bund u. die Eisenbahnen bis zur Jahrhundertwende. Der allmähl. Sieg, zentralist. Tendenzen u. die Durchführg. der Verstaatlichg. Mit 1 kartograph. (farb.) Beilage. (VIII, 372 S.) 902. (49. Stück.) n. 8. —
Jonas, Steph., handelspolitische Interessen der deutschen Ostseestädte 1890—1900. Eine Untersuchg. üb. die Wirkg. d. deutschen Handels- u. Verkehrspolitik auf Getreidehandel, Mühlenindustrie, Holzhandel u. Reederei in den grössten deutschen Ostseestädten. (VII, 92 S.) 902. (53. Stück.) n. 2. —
Jörgens, Max, finanzielle Trustgesellschaften. (XII, 160 S.) 902. (54. Stück.) n. 3. 60
Kustermann, Rob., das Mühlengewerbe im rechtsrheinischen Bayern. (X, 74 S.) 898. (30. Stück.) n. 2. —
Levy, Herm., die Not der englischen Landwirte zur Zeit der hohen Getreidezölle. (V, 132 S.) 902. (56. Stück.) n. 3. —
List, Alfr., die Interessen der deutschen Landwirtschaft im deutsch-russischen Handelsvertrag vom 10. II./29. I. 1894 m. besond. Berücksicht. des Brotgetreidebaues. (VI, 197 S.) 900. (34. Stück.) n. 4. —
Maass, Ludf., der Einfluss der Maschine auf das Schreinergewerbe in Deutschland. Ein Beitrag zur Kenntnis des Kampfes der gewerbl. Betriebsformen. (X, 122 S.) 901. (44. Stück.) n. 3. —
Meyer, Alfr., die deutschen Börsensteuern 1881—1900. Ihre Geschichte u. ihr Einfluss auf das Bankgeschäft. (XII, 74 S). 902. (52. Stück.) n. 2. —
Mombert, Paul, die deutschen Stadtgemeinden u. ihre Arbeiter. (X, 261 S.) 902. (50. Stück.) n. 6. —
Renauld Edler v. Kellenbach, Jos. Ritter v., der Bergbau u. die Hüttenindustrie von Oberschlesien 1884—1897. Eine Untersuchg. üb. die Wirkgn. der staatl. Eisenbahntarifpolitik u. des Wasserverkehrs. Mit e. Anh. graph. Darstellgn. u. e. Karte der Prov. Schlesien. Preisgekrönt 1899 durch die staatswirtschaftl. Fakultät d. Universität München. (XIX, 428 S.) 900. (38. Stück.) n. 9 —
Riehn, Rhold., das Konsumvereinswesen in Deutschland. Seine volkswirtschaftl. u. soziale Bedeutg. Mit e. Vorwort v. Lujo Brentano. (XVI, 131 S.) 902. (51. Stück.) n. 3. —
Schmelzle, Hans, der Staatshaushalt des Herzogt. Bayern im 18. Jahrh., m. Berücksicht. der wirtschaftl., polit. u. sozialen Verhältnisse des Landes dargestellt. Von der staatswirtschaftl. Fakultät München 1897 preisgekrönt. (XIX, 425 S.) 900. (41. Stück.) n. 9. —
Steffens-Frauweiler, Hans Frhr. v., der Agrarsozialismus in Belgien. (V, 105 S.) 900. (36. Stück.) n. 2. 40
Trefz, Fritz, das Wirtsgewerbe in München. Eine wirtschaftl. u. soziale Studie. (X, 240 S.) 899. (33. Stück.) n. 5. —
Vogelstein, Thdr., die Industrie der Rheinprovinz 1888—1900. Ein Beitrag zur Frage der Handelspolitik u. der Kartelle. Mit e. Vorbemerkg. v. Walth. Lotz. (X, 112 S.) 902. (47. Stück.) n. 3. —
1.—29. Hft. Ebd. 893—898. n. 114. 20.

— Münchener volkswirtschaftliche. Hrsg. v. Lujo Brentano u. Walth. Lotz. 57.—81. Stück. gr. 8. Stuttgart, J. G. Cotta Nachf. n. 111. 10

Bajkić, Wellimir J., die französische Handelspolitik 1892 bis 1902. (XVI, 498 S.) 904. (63. Stück.) n. 10. —
Bosenick, Alfr., über die Arbeitsleistung beim Steinkohlenbergbau in Preussen. Eine Studie aus der Betriebsgeschichte e. kapitalist. Unternehmungszweigs. (IX, 170 S.) 906. (75 Stück) n. 4. 20
Bothe, M., die indische Währungsreform seit 1893. (XII, 292 S.) 904. (67. Stück.) n. 6. —
Buff, Siegfr., das Kontokorrentgeschäft im deutschen Bankgewerbe. (XII, 126 S.) 904. (61. Stück.) n. 2. 80
Collas, Constantin, der Staatsbankrott u. seine Abwicklung. (X, 64 S.) 904. (68. Stück.) n. 1. 50
Cords, Th. M., die Bedeutung der Binnenschiffahrt f. die deutsche Seeschiffahrt. Eine Studie üb. Deutschlands Seeverkehr in seiner Abhängigkeit von der Binnenschiffahrt im Zeitraum 1890—1903. (VIII, 429 S.) 906. (81. Stück.) n. 9. 20
Ehrenberg, Hans, die Eisenhüttentechnik u. der deutsche Hüttenarbeiter. (IX, 204 S.) 906. (80. Stück.) n. 4. 50
Ginsberg, Edgar, die deutsche Branntweinbesteuerung 1887—1902 u. ihre wirtschaftlichen Wirkungen. (VIII, 93 S.) 903. (57. Stück.) n. 2. —
Glaser, Frdr., die Franziskanische Bewegung. Ein Beitrag zur Geschichte sozialer Reformideen im Mittelalter. (X, 166 S.) 903. (59. Stück.) n. 4. —
Halpern, Geo., die jüdischen Arbeiter in London. (VIII, 84 S.) 903. (60. Stück.) n. 1. 50

Heymann, Hans Gideon, die gemischten Werke im deutschen Grosseisengewerbe. Ein Beitrag zur Frage der Konzentration der Industrie. (XII, 342 S.) 904. (65. Stück.) n. 7. —
Heynen, Rhard., zur Entstehung des Kapitalismus in Venedig. (VII, 129 S.) 905. (71. Stück.) n. 3. —
Hilsenbeck, Wilh., die Deckung der Kosten des Kriegs in Südafrika von 1899—1902 auf Seite Englands. (VIII, 100 S.) 904. (66. Stück.) n. 2. 40
Hüglin, Alb., der Tarifvertrag zwischen Arbeitgeber u. Arbeitnehmer. (XII, 278 S.) 906. (76. Stück.) n. 6. —
Katz, Eug., Landarbeiter u. Landwirtschaft in Oberhessen. (XVI, 184 S.) 904 (64. Stück.) n. 4. –
Kimmich, Karl, die Ursachen des niedrigen Kursstandes deutscher Staatsanleihen. Eine Untersuchg. über engl., französ. u deutschen Staatskredit. (XI, 359 S.) 906. (77. Stück.) n. 8. —
Koch, Frdr., der Londoner Goldverkehr. Eine volkswirtschaftl. Studie. (VIII, 118 S.) 905. (73. Stück.) n. 2. 50
Nitzsche, Max, die handelspolitische Reaktion in Deutschland. Eine historisch-polit. Studie. (X, 210 S.) 905. (72. Stück.) n. 5. 80
Oexmann, Heinr., Barzahlung u. Kreditverkehr in Handel u. Gewerbe im rheinisch-westfälischen Industriebezirk. (X, 67 S.) 906. (78. Stück.) n. 1. 80
Pieper, Lor., die Lage der Bergarbeiter im Ruhrrevier. (XII, 266 S.) 903. (58. Stück.) n. 5. —
Salz, Arth., Beiträge zur Geschichte u. Kritik der Lohnfondstheorie (VII, 201 S.) 905 (70. Stück.) n. 4. 50
Trzciński, Jul. v., russisch-polnische u. galizische Wanderarbeit im Grossherzogt. Posen. (XII, 145 S.) 906. (79. Stück.) n. 3. 20
Wallich, Paul, die Konzentration im deutschen Bankwesen. Ein Beitrag zur Geschichte der gegenwärt. Wirtschaftsorganisation. (VIII, 173 S.) 905. (74. Stück.) n. 4. —
Waltz, Wilh., vom Reinertrag in der Landwirtschaft. Eine historisch-krit. Studie. (X, 121 S.) 904. (69. Stück.) n. 2. 40
Wismüller, Frz. X., Geschichte der Teilung der Gemeinländereien in Bayern. Preisgekrönt von der Ludwig-Maximilians-Universität München. (X, 258 S.) 904. (62. Stück.) n. 6. —

1.—56. Stück. Ebd. 893—902. n. 232. —.

Studien, Münchener **volkswirtschaftliche.** Hrsg. v. Lujo Brentano u. Walth. Lotz. 82.—104. u. 106. Stück. gr. 8. Stuttgart, J. G. Cotta Nachf. 81. 40

Abel, Ferd., das Mühlengewerbe in Nassau-Hadamar u. Diez. (VIII, 256 S.) 910. (Stück 102.) 5. —
Baschwitz, Kurt, die Organisation der städtischen Haus- u. Grundbesitzer in Deutschland. Ihre Entwicklg., ihr Wesen u. ihr Wirken. Eine krit. Untersuchg. (XIII, 206 S.) 909. (Stück 88.) 4. 80
Buschkiel, Alfr. H., das Kassen- u. Zahlungswesen der staatlichen u. kommunalen Behörden im Königr. Sachsen u. seine jüngste Entwicklung. Eine Untersuchg. üb. die Wechselbeziehgn. zwischen Banken u. öffentl. Kassen. (VII, 95 S.) 909. (Stück 89.) 2. 80
Buschkiel, Rhard., die Rentabilität der sächsischen Staatseisenbahnen. (VIII, 81 S.) 909. (Stück 93.) 2. —
Dörner, Max, kommunale Submissions-Politik. Die Vergebg. öffentl. Arbeiten in Mannheim. Bearb. nach amtl. Material. (VII, 90 S.) 908. (Stück 85.) 2. 50
Feuchtwanger, Siegb., staatliche Submissionspolitik in Bayern. (X, 160 S.) 910. (Stück 98.) 3. 50
Goldschmidt, Conr., Bäckereigewerbe u. Konsum-Vereine. Eine Untersuchg. (VIII, 96 S.) 910. (Stück 101.) 2.50
Hegemann, Werner, Mexikos Übergang zur Goldwährung. Ein Beitrag zur Geschichte des mexikan. Geldwesens (1867—1906). (XII, 189 S.) 908. (Stück 86.) 4. 50
Held, Max, das Arbeitsverhältnis im Nürnberger Handwerk von der Einverleibung der Stadt in Bayern bis zur Einführung der Gewerbefreiheit. (VII, 100 S.) 909. (Stück 97.) 2. 50
Hennicke, Alfr., die Entwicklung der spanischen Währung von 1868—1906. (VII, 128 S. m. 1 Taf.) 907. (Stück 83.) 3. —
Hertz, W. G., die Besteuerung der Ausländer in der engl. Einkommen-Steuer. (X, 100 S.) 910. (Stück 99.) 2. —
Krakenberger, Walt., das Kassen- u. Zahlungswesen des Staates u. der Kommunen im Königr. Bayern. Unter besond. Berücksicht. der Tätigkeit v. Banken im Dienste der behördl. Kassenverwaltg. (V, 153 S.) 909. (Stück 96.) 3. 50
Kriwtschenko, G., die ländlichen Kreditgenossenschaften in Russland. (IX, 124 S.) 910. (Stück 100.) 3. —
Löhner, Otto, Bauarbeiterschutz u. Baupolizei in Bayern. (X, 140 S.) 907. (Stück 84.) 3. 50
Müller, Ernst, die Rentabilität der grossh. badischen Staatseisenbahnen. (VIII, 68 S. m. 1 Taf.) 909. (Stück 94.) 1. 80
Nieder, Ludw., die Arbeitsleistung der Saar-Bergleute in den kgl. preussischen Steinkohlengruben bei Saarbrücken seit dem J. 1888. Kritischer Beitrag zur Messg. u. Beurteilg. der Bergarbeiterleistg. (X, 97 S.) 909. (Stück 90.) 2. 50
Otto, Rose, über Fabrikarbeit verheirateter Frauen. (X, 299 S.) 910. (Stück 104.) 6. 50
Roeder, Fritz, die Naturalienbeschaffung f. den Verpflegungsbedarf des bayerischen Heeres. Ein Beitrag zur staatl. Submissionspolitik. Nach amtl. Quellen bearb. (XII, 178 S.) 909. (Stück 92.) 4. 50
Rosenberg, Paul M., die deutsche Korsettindustrie. Eine volkswirtschaftl. Studie. (IX, 131 S.) 909. (Stück 95.) 3. 50
Rosenhaupt, Karl, die Nürnberg-Fürther Metallspielwarenindustrie in geschichtlicher u. sozialpolitischer Beleuchtung. (X, 219 S.) 907. (Stück 82.) 4. 80
Schönberg, L., die Technik des Finanzhaushalts der deutschen Städte im Mittelalter. (XIV, 199 S.) 910. (Stück 103.) 4. 20
Simon, Harry Arth., die Banken u. der Hamburger Überseehandel. Studien zur Frage der Zahlungsabwicklg. u. Kreditgewährg. (XI, 130 S.) 909. (Stück 91.) 3. —
Todorovits, Milan A., einheitliche Zollgebiete. Deren Entstehg. u. deren Wirkgn. Ein Beitrag zur Lehre v. der Zolleinigg. (XIV, 142 S.) 908. (Stück 87.) 3. —
Voigt, Ludw., Luigi Fontana-Russos handelspolitische Theorien. (VII, 96 S.) 910. (Stück 106.) 2. 50

105 ist noch nicht erschienen.
1.—81. Stück Ebd. 893—908. 343. 10.

— **musikalische.** I—X. gr. 8. Leipzig. Berlin, H. Seemann Nachf. n. 29. 40

I. Präludien u. Studien. Gesammelte Aufsätze zur Aesthetik, Theorie u. Geschichte der Musik. Von Hugo Riemann. 1. Bd. (VII, 239 S.) Frankfurt a/M. 895. n. 5.—; geb. n. 6.50
II. Dasselbe. 2. Bd. (V, 234 S.) (900.) n. 3. —; geb. n. 4. —
III. Richard Wagner in Zürich. (1849—1858.) Von Hans Bélart. 1. Bd.: Richard Wagner's Wirken im Interesse Zürichs u. seine gesell. u. familiären Beziehgn. daselbst. (IV, 78 S.) 900. n. 2. —
IV. Dasselbe. 2. Bd. (IV, 49 S.) 901. n. 2. —; (1 u. 2 in 1 Leinw.-Bd. n. 5. —)
V. Richard Wagner u. Leipzig (1813—1833). Von Eug. Segnitz. (80 S.) 901. n. 2. —
VI. Musikalische Skizzen. Von Rich. Heuberger. (III, 95 S.) 901. n. 2.40; geb. n. 3. 20
VII. Präludien u. Studien. Gesammelte Aufsätze z. Aesthetik, Theorie u. Geschichte der Musik. Von Hugo Riemann. 3. Bd. (228 S.) (901.) n. 4. —; geb. n. 5. —
VIII. Franz Liszt u. Rom. Von Eug. Segnitz. (74 S.) 901. n. 2.—
IX. Musik u. Weltanschauung. Die böhm. Altmeisterschule Czernohorskys u. ihr Einfluss auf den Wiener Classicismus. Mit besond. Berücksicht. Franz Tumas. Eine kunst- u. kulturgeschichtl. Studie. Von Otto Schmid. (XV, 117 S.) 901. n. 2. —
X. Die Entstehung der kom. Oper. Von Nicola d'Arienzo. Autoris. Uebersetzg. v. Ferd. Lugscheider. (157 S.) 902. n. 5. —; geb. n. 6. 50

— **musikwissenschaftliche**, veröffentlicht von E. Ebering. 1. Hft. gr. 8. Berlin, E. Ebering. n. 5. —

Telemann als Opernkomponist. Ein Beitrag zur Geschichte der Hamburger Oper. Von Curt Ottzenn. Mit e. Bande Noten-Beilagen. (48 S.) gr. 4. (88 S.) 902.

— **musikwissenschaftliche**, veröffentlicht von E. Ebering. 2. u. 3. Heft. gr. 8. Berlin, E. Ebering. n. 8. 80

2. Johann Friedrich Reichardt, sein Leben u. seine Stellg. in der Geschichte des deutschen Liedes. Von Walth. Pauli. (VII, 228 S.) 903. n. 6. —
3. Die aristotelischen Musikprobleme. Von Gerh. Tischer. (100 S.) 903. n. 2. 80

— **dasselbe.** 4. Heft. gr. 8. Berlin [E. Ebering]. Leipzig, Breitkopf & Härtel. n. 6. —; geb. n. 7. 50

4. Die Musik als Unterrichtsgegenstand in den evangelischen Lateinschulen des 16. Jahrh. Ein Beitrag zur Geschichte des Schulgesanges. Von Frdr. Sannemann. (166 S.) 904.

— **naturwissenschaftliche.** Veröffentlicht v. Emil Ebering. 1. Heft. gr. 8. Berlin, E. Ebering. n. 7. 50

Ueber den gegenwärtigen Stand der Frage nach e. mechan. Erklärung der elektr. Erscheinungen. Von Hans Witte. Mit 14 Fig. u. 1 Taf. (XII, 282 S.) 906.

Studien, Neue, zur Geschichte des menschlichen Geschlechtslebens, s. Studien zur Geschichte...

Neue **Studien** zur Geschichte der Theologie und der Kirche, hrsg. von N[athanael] Bonwetsch u. R[einhold] Seeberg. Stück 1. Berlin: Trowitzsch & Sohn 1907. 8° [07. 9613

— neue, zur Geschichte der **Theologie** u. d. Kirche. Hrsg. von N. Bonwetsch u. R. Seeberg. 1.—8. Stück. gr. 8. Ebd. 40. 20

Beyerhaus, Gisb., Studien zur Staatsanschauung Calvins m. besond. Berücksicht. seines Souveränitätsbegriffs. (XVI, 162 S.) 910. (7. Stück.) 5. 60
Bruckner, Alb., die vier Bücher Julians v. Aeclanum an Turbantius. Ein Beitrag zur Charakteristik Julians u. Augustins. (VII, 116 S.) 910. (8. Stück.) 3. 80
Engdahl, Rich., Beiträge zur Kenntnis der byzantin. Liturgie. Texte u. Studien. (VIII, 149 S.) 908. (5. Stück.) 6. —
Kalkoff, Paul, W. Capito im Dienste Erzbischof Albrechts v. Mainz. Quellen u. Forschgn. zu den entscheid. Jahren d. Reformation (1519—1523). (VII, 151 S.) 907. (1. Stück.) 4. 80

Kvačala, J., Thomas Campanella, e. Reformer d. ausgehenden Renaissance. (XVI, 154 S.) 909. (6. Stück.) 5.20
Loeschcke, Gerh., die Vaterunser-Erklärung d. Theophilus v. Antiochien. Eine Quellenuntersuchg. zu den Vaterunser-Erklärgn. des Tertullian, Cyprian, Chromatius u. Hieronymus. (51 S.) 908. (4. Stück.) 2. —
Schwen, Paul, Afrahat, seine Person u. sein Verständnis des Christentums. Ein Beitrag z. Geschichte der Kirche im Osten. (VIII, 153 S.) 907. (2. Stück.) 4. 80
Thimme, Wilh., Augustins geistige Entwickelung in den ersten Jahren nach seiner „Bekehrung", 386—391. (V, 255 S.) 908. (3. Stück.) 8. —

— neue volkswirthschaftliche, üb. Constantinopel u. das anliegende Gebiet. Hrsg. v. Oriental. Museum in Wien. gr. 8. (VI, 116 u. Anh. XLII S.) Wien 882. Verl. d. Oriental. Museums. n. 4. —

—— neuphilologische. Hrsg. von Gust. Körting. 4 Hefte. gr. 8. Paderborn, F. Schöningh. *

Inhalt:

Heft 1. Goossens, Heinr., über Sage, Quelle und Komposition des Chevalier au lyon des Crestien de Troyes. (S. 1—62.) 883. Einzelpr. *ℳ 1.
» 2. Fischer, Clem., der altfranzösische Roman de Troie des Benoit de Sainte-More als Vorbild für die mittelhochdeutschen Trojadichtungen des Herbort von Fritslâr und des Konrad von Würzburg. (S. 63–142.) 883. Einzelpr. *ℳ 1,20.
» 3. Prehn, Aug., Komposition und Quellen der Rätsel des Exeterbuches. (S. 143–285.) 883. Einzelpr. *ℳ 1,60.
» 4. Schürmann, Jos., Darstellung der Syntax in Cynewulfs Elene. (S. 287—398.) 884. Einzelpr. *ℳ 1,35.

—— neuphilologische. Hrsg. von Gust. Körting. 5. Heft: Neucatalanische Studien von Eberh. Vogel. gr. 8. (194 S.) Paderborn 886, F. Schöningh. *
1.—4. Heft. Ebendas. 1883,84. *ℳ 5.15.

—— neuphilologische. Hrsg. v. Gust. Körting. 6. Heft. gr. 8. Paderb. 891, F. Schöningh. * 2 40
Friedwagner, Math. Ueber die Sprache des altfranzösischen Heldengedichts Huon de Bordeaux. (113 S.)
1.—5. Heft. Ebd. 1883—86. * 8 15.

— neuphilologische. Hrsg. v. Gust. Körting. 7. Hft. gr. 8. Paderborn, F. Schöningh. n. 1. 60
Die Stellung des attributiven Adjektivs im Französischen. Von Thdr. Schöningh. (IV, 64 S.) 889.
1.—6. Hft. Ebd. 883—891. n. 10. 55.

— u. Kritiken, neutestamentliche. Hrsg. v. G. Volkmar. 1. Hft. gr. 8. Zürich 889. Schröter & Meyer. n. 1. —
Die Echtheit der Paulinischen Hauptbriefe, gegen Steck's Umsturzversuch vertheidigt v. R. Lindemann. (VII, 56 S.)

NORDALBINGISCHE STUDIEN. NEUES ARCHIV DER SCHLESWIG-HOLSTEIN-LAUENBURGISCHEN GESELLSCHAFT FÜR VATERLÄNDISCHE GESCHICHTE.
Bd. 1—6. (Mit 3 Karten und 1 genealogischen Tabelle.) Kiel 1844—1854. In Comm. der Universitätsbuchhandlung, später: Akademischen Buchhandlung. 8°.

Vorh. u.d.T.: Archiv für Staats- und Kirchengeschichte.

Fortges. u.d.T. Jahrbücher für die Landeskunde der Herzogtümer Schleswig, Holstein u. Lauenburg.

—— nordalbingsche. Neues Archiv der schleswig-holstein-lauenburgischen Gesellschaft für vaterländ. Geschichte. 1—3. Bd. u. 4. Bd. 1. Hft. gr. 8. Kiel, (Academische Buchh.) [1. Bd. (27 B. u. 1 Karte.) 844. 2. Bd. (25⅛ B.) 45., 3. (20 B. 1 Karte u. 1 Tab.) 46, 47., 4. 1. Hft. (12½ B.) 47. à Hft. ** 1 Thlr.] **

—— nordalbingische. Neues Archiv der schleswig-holstein-lauenburgischen Gesellschaft für vaterländ. Geschichte. 4. Bd. 2. Heft, 5. Bd. (2 Hefte) und 6. Bd. 1. Heft. gr. 8. Kiel, (Academische Buchhandlung.) [4. Bd. 2. Heft. (XIV und S. 301—374.) 847., 5. Bd. (X, 320 und Anh. 40 S.) 848—50., 6. Bd. 1. Heft. (VIII und 240 S.) 851. à Heft ** 1 Thlr.] **
1—3. Bd. und 4. Bd. 1. Heft. Ebendas. 1844—47. ** 7 Thlr.

—— nordalbingische. Neues Archiv der schleswig-holstein-lauenburgischen Gesellschaft für vaterländ. Geschichte. 6. Bd. 2. Heft. gr. 8. (IV S. und S. 241—329 mit: Verzeichniss der Handschriften der kieler Universitätsbibliothek welche die Herzogth. Schleswig und Holstein betreffen von H. Ratjen. 2. Bd.: Zur speciellen Geschichte und zu dem Rechte der Herzogthümer. XLI und S. 41—444.) Kiel 854, (Akademische Buchh.) **
1—6. Bd. 1. Heft. Ebendas. 1844—51. ** 11 Thlr.

—— nordalbingische. Neues Archiv der schleswig-holstein-lauenburgischen Gesellschaft für vaterländische Geschichte. Neue (Titel-)Ausg. ohne die Beilagen zum Handschriften-Verzeichniss. 6 Bde. gr. 8. (LVIII und 1877 S. mit 3 lithogr. Karten, wovon 2 ill., in qu. gr. 4. und gr. Fol. und 1 Tab. in qu. Imp.-Fol.) Kiel (844—54)58, (Akademische Buchh.) *

Nürnberger Studien, s. Eckert, G. M.

— orientalische. Theodor Nöldeke zum 70. Geburtstag (2. III. 1906) gewidmet v. Freunden u. Schülern u. in ihrem Auftrag hrsg. v. Carl Bezold. Mit dem Bildnis Th. Nöldeke's, 1 Taf. n. 12 Abbildgn. 2 Bde. (LIV, 1187 S.) Lex.-8. Giessen 906. A. Töpelmann. n.n. 40. —; geb. in Halbldr. n.n. 46. —

Hieraus einzeln:
Baudissin, Wolf Wilh. Graf, Esmun-Asklepios. (27 S.) 1. —
Becker, C. H., die Kanzel im Kultus des alten Islam. (21 S.) — 80
Bezold, C., das arabisch-äthiopische Testamentum Adami. (20 S.) — 80
Fischer, Aug., eine Qorân-Interpolation. (23 S.) — 90
Löw, Imman., Aramäische Fischnamen. Hjelt, Arth., Pflanzennamen aus dem Hexaëmeron Jacob's v. Edessa. (22 u. 10 S.) 1. —
Macdonald, Duncan B., The story of the Fisherman and the Jinni, transcribed from Galland's Ms. of „The thousand and one nights". (27 S.) 1. 10
Niese, Benedictus, eine Urkunde aus der Makkabäerzeit. (13 S.) — 60
Rothstein, J. Wilh., ein Specimen criticum zum hebräisch. Texte des Sirachbuches. (26 S.) 1. —
Sellin, E., das israelitische Ephod. Eine Studie zur bibl. Archäologie. (19 S.) — 80
Spiegelberg, Wilh., ägyptisches Sprachgut in den aus Aegypten stammenden aramäischen Urkunden der Perserzeit. (23 S.) — 90
Yahuda, A. S., Bagdadische Sprichwörter. (18 S.) — 70

Studien. Zur Orientirung über die Angelegenheiten der Presse . . . Hamburg 1820. V: *Rühle von Lilienstern, Joh. Jac. Otto Aug.* (Hitzig) (Koner) (MGT) (Ky) (Cb) (Wa)

— — Zur Orientirung über die Angelegenheiten der Presse, herausgeg. von (Rühle von Lilienstern.) 2 Abtheil. gr. 8. Hamburg, Perthes und Besser. 820.

— pädagogische, hrsg. v. Wilh. Rein. 1—10. Hft. gr. 8. Eisenach 876. Bacmeister. n. 12. 85

1. Herbarts Regierung, Unterricht u. Zucht, dargestellt u. in ihrem Verhältniß zu einander besprochen v. Wilh. Rein. 2. Aufl. (III, 45 S.) n. 1. —
2. Betrachtungen üb. Methode u. Methodik v. Wilh. Rein. (IV, 30 S.) n. — 75
3. Gegenwart u. Zukunft der höheren Mädchenschule. Von Wilh. Buchner. (84 S.) n. — 60
4. Ueber Geschichts-Unterricht. Von K. F. Eberhardt. (32 S.) n. — 60
5. Die Fortbildung der Kantischen Ethik durch Herbart. Eine v. der philosoph. Facultät in Leipzig gekrönte Preisschrift. Von Karl S. Just. (39 S.) n. — 60
6. Zur Pädagogik d. Mittelalters. Von Karl. S. Just. (48 S.) n. 1. 20
7. Die Simultanschule. Ihr Wesen, ihre Aufgabe, ihre Bedeutg. f. die Kultur u. ihre Organisation. Nebst ausführl. Lehrplane u. detaillirter Schulordng. f. mehrklass. Simultanschulen. Gekrönte Preisschrift. Von Gust. Fröhlich. (VIII, 80 S.) n. 1. 50
8. Das deutsche Schulwesen nach seiner historischen Entwickelung u. den Forderungen der Gegenwart. Vom Standpunkte der Staats- u. Gemeindeverwaltg. sowie der Nationalökonomie dargestellt u. beleuchtet. Von H. A. Mascher. (XI, 188 S.) n. 4. —
9. Herder als Pädagog. Von Ed. Morres. (60 S.) n. 1. 50
10. Die Seminar-Vorbildung. Von Otto Boodstein. (32 S.) n. — 80

— pädagogische. Hrsg. von Wilh. Rein. 11—18. Hft. gr. 8. Wien 877. Pichler's Wwe. & Sohn. n. 8. 95
11. Der geographische Unterricht besonders auf höheren Schulen. Von J. W. Otto Richter. (V, 50 S.) n. 1. 20
12. Gymnasium u. Kunst. Ein Versuch die ästhetische Erziehung zu fördern durch Berücksichtigung der bildenden Künste im Unterrichte der höheren Schulen. Von Rud. Menge. (IV, 39 S.) n. 1. —
13. Die gewerbliche Bildungsfrage u. der industrielle Rückgang. Von Karl Bücher. (VI, 66 S.) n. 1. 35
14. Die Geschichte der Pädagogik im Seminarunterrichte. Eine historisch-methodologische Abhandlung von J. Chr. Gottl. Schumann. (76 S.) n. 1. 60
15. Humanismus u. Realismus. Von Ludw. Ballauff. (25 S.) n. — 60
16. Welcher Antheil gebührt Staat, Schule u. Haus an dem Werke der Jugenderziehung? Ein Beitrag zur Verständigung über Prinzipien der Erziehung mit Rücksicht auf das demnächst zur Berathung kommende preußische Unterrichtsgesetz. Von Gust. Radtke. (IX, 46 S.) n. 1. 20
17. Die Lehre von der Schuldisciplin. Von J. Böhm. (40 S.) n. 1. —
18. Die Erziehungsschule. Eine kurze Einführung in die wissenschaftliche Pädagogik. Gekrönte Preisschrift. Von Gust. Fröhlich. (VI. 42 S.) n. 1. —

— dasselbe. 19—23. Hft. gr. 8. Eisenach 878. Dresden, Bleyl & Kämmerer. n. 5. 30
19. Das Freihandzeichnen im Seminar. Von Wilh. Rein. (22 S.) n. — 75
20. Das erste Schuljahr. Ein theoretisch-praktischer Lehrgang für Lehrer u. Lehrerinnen, sowie zum Gebrauche in Seminarien. Bearb. von W. Rein, A. Pickel u. E. Scheller. (IV, 141 S.) n. 1. 80
21. Der französische Unterricht in der Mittelschule, der höheren Bürger- u. höheren Mädchenschule. Von A. Gericke. (30 S.) n. — 75
22. Gestaltung der Zucht u. des Lebens einer erziehenden Schule, sowie des vereinten Wirkens von Eltern mit Lehrern. Gekrönte Preisschrift von G. Fröhlich. Zugleich 2. Thl. der „Erziehungsschule", des 18. Heftes der pädagogischen Studien. (52 S.) n. 1. —
23. Das zweite Schuljahr. Ein theoretisch-praktischer Lehrgang für Lehrer u. Lehrerinnen, sowie zum Gebrauche in Seminarien. Bearb. von W. Rein, A. Pickel u. E. Scheller. (80 S.) n. 1. —

— dasselbe. Neue Folge. Hrsg. von W. Rein. 1—3. Jahrg. 1880—1882. à 4 Hfte. gr. 8. (à Hft. ca. 48 S.) Ebend. à Jahrg. n. 3. 60; einzelne Hefte à n. 1. —

—— dass. — 19.—23. Heft. gr. 8. [Kassel, Bacmeister.] Dresden, Bleyl und Kaemmerer. *

Inhalt:

Heft 19. Rein, Wilh., das Freihandzeichnen im Seminar. (22 S.) 878. * 75 Pf.

» 20. —— A. Pickel und E. Scheller, das erste Schuljahr. Ein theoret.-prakt. Lehrgang für Lehrer und Lehrerinnen, sowie zum Gebrauche in Seminarien. (IV, 141 S.) 878. *ℳ 1,80.

» 21. Gericke, A., der französische Unterricht in der Mittelschule, der höheren Bürger- und höheren Mädchenschule. (30 S.) 878. * 75 Pf.

Heft 22. Fröhlich, G., Gestaltung der Zucht und des Lebens einer erziehenden Schule, sowie des vereinten Wirkens von Eltern mit Lehrern. Gekrönte Preisschrift. Zugleich 2. Thl. der „Erziehungsschule", des 18. Heftes der Pädagog. Studien. (52 S.) 878. *ℳ 1.

» 23. Rein, W., A. Pickel und E. Scheller, das zweite Schuljahr. Ein theoretisch-prakt. Lehrgang für Lehrer und Lehrerinnen, sowie zum Gebrauche in Seminarien. (80 S.) 879. *ℳ 1.

Studien, pädagogische. Hrsg. von Wilh. Rein. 1. Hft. gr. 8. Wien 881. Pichler's Wwe. & Sohn. n. 1. —
Herbart's Regierung, Unterricht u. Zucht, dargestellt u. in ihrem Verhältnis zu einander besprochen von W. Rein. 35. Aufl. (IV, 62 S.)

—— dass. — Neue Folge. Hrsg. von W. Rein. 1. und 2. Jahrg. 1880 und 1881. à Jahrg. 4 Hefte. gr. 8. (à Heft 48 S.) [Leipzig, Pfeil.] Dresden, Bleyl und Kaemmerer. à Jahrg. *

—— dass. — Jahrg. 1882—1884. à Jahrg. 4 Hefte. gr. 8. (à Heft 56 S.) Dresden, Bleyl und Kaemmerer. à Jahrg. *

—— pädagogische. Neue Folge. Hrsg. von W. Rein. Jahrg. 1885. 4 Hefte. gr. 8. (à Heft ca. 48 S.) Dresden, Bleyl und Kaemmerer. *
Einzeln à Heft *

— dasselbe. Jahrg. 1886. 4 Hfte. gr. 8. (1. Hft. 64 S.) Ebend. n. 4. —

— pädagogische. Neue Folge. Hrsg. v. W. Rein. Jahrg. 1887—1891. à 4 Hfte. gr. 8. (à Hft. ca. 64 S.) Dresden, Bleyl & Kaemmerer. à Jahrg. n. 4. —

— pädagogische. Neue Folge. Hrsg. v. W. Rein. 14. Jahrg. 1892. 4 Hfte. gr. 8. (à Hft. 64 S.) Dresden, Bleyl & Kaemmerer. n. 4. —

— dasselbe. Neue Folge. Gegründet v. W. Rein. 15. u. 16. Jahrg. Hrsg. unter Mitwirkg. v. E. Ackermann, E. Barth, A. Bliedner etc. v. Thdr. Klähr. à Jahrg. 4 Hfte. gr. 8. (à Hft. 64 S.) Ebd. 893. 894. à Jahrg. n. 4. —; einzelne Hfte. n. 1. 20

- pädagogische. Neue Folge. Gegründet von W. Rein. XVII. u. XVIII. Jahrg. Hrsg. unt. Mitwirkg. von E. Ackermann, Barchudarian, E. Barth etc. von Thdr. Klähr. à 4 Hfte. (à ca. 4 Bog.) gr. 8. Dresden, Bleyl & Kaemmerer. à Jahrg. n. 4. —; einz. Hfte. n. 1. 20

— dasselbe. XIX. Jahrg. Hrsg. unt. Mitwirkg. v. E. Ackermann, Barchudarian, E. Barth etc. von Thdr. Klähr u., v. Hft. 5 an, M. Schilling. 6 Hfte. (à ca. 3 Bog.) gr. 8. Ebd.. n. 4. —; einz. Hfte. n. — 90

Studien, pädagogische. Neue Folge. Gegründet v. W. Rein. XX. Jahrg. Hrsg. unter Mitwirkg. v. E. Ackermann, Barchudarian, E. Barth etc. v. M. Schilling. 6 Hfte. gr. 8. (IV, 324 S.) Dresden 899. Bleyl & Kaemmerer. n. 4. —

— dasselbe. XXI.—XXIII. Jahrg. à 6 Hfte. gr. 8. (IV, 448; IV, 464 u. IV, 448 S.) Ebd. 900—902. à Jahrg. n. 6. —

— pädagogische. 24.—27. Jahrg. Hrsg. v. M. Schilling. à 6 Hefte. (IV, 452; IV, 448; IV, 448 u. IV, 448 S.) gr. 8. Dresden 903—906. Bleyl & Kaemmerer. à Jhrg. n. 6. —

— pädagogische. Neue Folge. Gegründet v. W. Rein. 28.—31. Jahrg. Hrsg. v. M. Schilling. à 6 Hefte. (IV, 448; IV, 456; IV, 472 u. IV, 440 S.) gr. 8. Dresden-Blasewitz 907—10. Bleyl & Kaemmerer. à Jahrg. 6. —

Studien, pädagogische. Eine Sammlg. wicht. u. zeitgemäßer Abhandlgn., Vorträge etc. f. Erziehg. u. Unterricht. Hrsg. v. L. Mittenzwey. 21., 171. u. 182.—184. Hft. gr. 8. Leipzig. Siegismund & Volkening. n. 9. 50
21. Johann Heinrich Pestalozzi. Nach seinem Leben u. aus seinen Schriften dargestellt. Von L. W. Seyffarth. Neue u. nach den neuesten Forschgn. bericht. Ausg. (8. Aufl.) (XII, 256 S.) 904. n. 3. —; geb. in Leinw. n. 3. 80; in Halbfrz. n. 4. 20
171. Lehrplan f. e. achtklassige mittlere Volksschule. Bearb. vom Lehrerkollegium der XII. Bürgerschule zu Leipzig unter dem Vorsitz seines Direktors L. Mittenzwey. 2. Aufl. (XV, 228 S.) 905. n. 3. —; geb. n. 3. 80
182. Nationale Jugenderziehung od. die obligatorische Fortbildungsschule als notwendige Konsequenz der sozialen Entwicklung. Von H. Iversen. (19 S.) 903. n. — 50
183. Des Lehrers ärztlicher Beruf. Geschrieben zur Verhütg. u. Bekämpfg. der Volkskrankheiten durch rechte Lehre u. Pflege in Schule, Haus u. Leben. Von L. Mittenzwey. (XII, 146 S.) 903. n. 2. 40
184. Der Zeichenunterricht in seiner neuen Gestalt. Eine method. u. prakt. Darbietung. Von A. Meerkatz. (24 S.) (903.) n. — 60

Erschienen früher ohne Sammeltitel.

— pädagogische. Abhandlungen, Vorträge usw. f. Erziehg. u. Unterricht. Hrsg. v. L. Mittenzwey. 185.—190. Heft. 8. Leipzig, Siegismund & Volkening. Subskr.-Pr. 3.75; Einzelpr. 4. 80
Fischer, B., Einführung in die deutsche Druckschrift. Ein Hilfsmittel beim ersten Leseunterrichte. (15 S.) 908. (Heft 186.) Subskr.-Pr. —25; Einzelpr. — 30
Gleisberg, Rob., Morphologie, Biologie, Systematik. Ein Wort zur Reform des naturgeschichtl. Unterrichts. (32 S.) 908. (Heft 188.) Subskr.-Pr. —45; Einzelpr. — 60
Hesse, Ferd., Ziele u. Wege zur Vervollkommnung des Menschengeschlechts. Gedanken u. Anreggn. f. alle aufricht. Menschenfreunde. (IV, 60 S.) (908.) (Heft 185.) Subskr.-Pr. —75; Einzelpr. 1. —
Heyser, G., Veranschaulichung im Rechnen. Beitrag zur Neugestaltg. des Rechenunterrichts. (IV, 84 S.) (910.) (Heft 190.) Subskr.-Pr. 1.20; Einzelpr. 1. 50
Schmittat, H., der Aufsatzunterricht in der Gegenwart. Welcher Wert kommt den selbständ. schriftl. Übgn. in der Volksschule zu u. wie sind sie fruchtbar zu gestalten? (16 S.) (909.) (Heft 187.) Subskr.-Pr. —30; Einzelpr. — 40
Zinck, Paul, Volkskunde u. Geschichtsunterricht. Mit e. Anh. üb. die Beziehgn. der Volkskunde zu den übr. Unterrichtsfächern. (48 S.) (908.) (Heft 189.) Subskr.-Pr. — 80; Einzelpr. 1. —

— pädagogische, für Eltern, Lehrer u. Erzieher. 2. Hft. gr. 8. (82 S.) Leipzig 882. Siegismund & Volkening. n. 1. —; cart. n. 1. 20
1. Heft s. Sammelmappe, pädagogische.

— pädagogische, f. Eltern, Lehrer u. Erzieher. 3—5. Hft. gr. 8. Leipzig, Siegismund & Volkening. n. 3. 50 (1—5.: n. 6. —)
3. (77 S.) 883. n. 1. —. — 4. (132 S.) 884. n. 1. 50. — 5. (80 S.) 886. n. 1. —

— pädagogische, f. Eltern, Lehrer u. Erzieher. 6.—19. Hft. gr. 8. Leipzig 887—890. Siegismund & Volkening. n. 15. 30 (1—19.: n. 21. 30)
6. (77 S.) n. 1. —. — 7. (80 S.) n. 1. —. — 8. (96 S.) n. 1. 20. — 9. (96 S.) n. 1. 20. — 10. (70 S.) n. 1. 20. — 11. (68 S.) n. 1. —. — 12. (72 S.) n. 1. —. — 13. (70 S.) n. 1. —. — 14. (76 S.) n. 1. —. — 15. (72 S.) n. 1. —; cart. n. 1. 20. — 16. (80 S.) n. 1. —. — 17. (80 S.) n. 1. —; cart. n. 1. 20. — 18. (94 S.) n. 1. 50; cart. n. 1. 70. — 19. (94 S.) n. 1. 20; cart. n. 1. 40.

— pädagogische, f. Eltern, Lehrer u. Erzieher. 20. Hft. gr. 8. (102 S.) Leipzig 892. Siegismund & Volkening. n. 1. 50 (1—20.: n. 22. 80)

— pädagogische, f. Eltern, Lehrer u. Erzieher. 21.—24. Hft. gr. 8. (64, 64, 64 u. 63 S.) Leipzig 895—897. Sigismund & Volkening. à n. 1. —; kart. à n. 1. 20 (1.—24.: n. 26. 80)

— pädagogische, f. Eltern, Lehrer u. Erzieher. 25.—27. Hft. gr. 8. Leipzig, Siegismund & Volkening. n. 2. 85
25. (109 S.) (899.) n. 1. 50; kart. n. 1. 80
26. (46 S.) (899.) n. — 75; kart. n. — 95
27. (38 S.) (902.) n. — 60

— pädagogisch-psychologische. Hrsg.: Max Brahn. 1.—3. Jahrg. 1900—1902. à 12 Nrn. gr. 4. (à ca. 8 S. m. Abb.) Leipzig, E. Wunderlich. à Jahrg. n. 2. —

— pädagogisch-psychologische. Hrsg.: Max Brahn. 4.—7. Jahrg. 1903—1906. à 12 Nrn. (à Jahrg. 48 S.) gr. 4. Leipzig, E. Wunderlich. à Jhrg. n. 2. —

Studien, pädagogisch-psychologische. Hrsg.: Max Brahn. 8.—10. Jahrg. 1907—1909. à 12 Nrn. (à ca. 8 S.) gr. 8. Leipzig, E. Wunderlich. à Jahrg. 2. —

— dasselbe. Hrsg.: Rich. Seyfert. Beilage zur deutschen Schulpraxis. 11. Jahrg. 1910. 12 Nrn. (à ca. 4 S.) 32,5×24,5 cm. Ebd. 2. —

— zur Palaeographie u. Papyruskunde, hrsg. v. C. Wessely. I u. II. gr. 4. (S. 1—52 m. 1 Lichtdr.-Taf. u. LXXIV S. in Autogr.) Leipzig 901. 902. E. Avenarius. à n. 6. —

— zur Palaeographie u. Papyruskunde, hrsg. v. C. Wessely. III.—VI gr. 4. Leipzig, E. Avenarius. n.n. 60. —
III. (IV S. u. 136 S. in Autogr.) 904. n. 12. —
IV. (S. 58—147 m. 1 autogr. Taf.) 905. n. 6. —
V. Corpus papyrorum Hermopolitanorum. Von C. Wessely. I. Tl. (XXVI S. u. 86 autogr. Bl.) 905. n. 12. —
VI. Kolotes u. Menedemos, Texte u. Untersuchungen zur Philosophen- u. Literaturgeschichte. Von Wilh. Crönert. (IV, 184 S.) 906. n.n. 30. —

— zur Palaeographie u. Papyruskunde, hrsg. v. C. Wessely. VII—X. 35×27 cm. Leipzig, E. Avenarius. 32. —
Reich, N., demotische u. griechische Texte auf Mumientäfelchen in der Sammlung der Papyrus Erzherzog Rainer. (VI S. u. 88 S. in Autogr. m. 12 Taf.) 908. (VII.) 6. —
Wessely, Carl, griechische Papyrusurkunden kleineren Formats. Ein Supplement zu den Sammlgn. v. Ostraka u. Überresten griech. Tachygraphie. (2. Lfg.) (V S. u. S. 137—307 in Autogr.) 908. (VIII.) 8. — (1 u. 2: 20. —)
— Griechische Texte zur Topographie Ägyptens. Hrsg. m. e. Unterstützg. der kaiserl. Akademie der Wissenschaften in Wien. (IV, 183 S.) 910. (X.) 6. —
— Griechische u. koptische Texte theolog. Inhalts I. (IV, 181 S.) 909. (IX.) 12. —
I—VI. Ebd. 901—06. nn 72.—.

—— paläographische, üb. phöniz. u. punische Schrift. Hrsg. v. Wilh. Gesenius. gr. 8. (15 B. u. 6 Stnt.) Leipzig 835, Vogel.
Enth.: 1. Frz. Perez Bayer, üb. Schrift u. Sprachen d. Phönizier, u. d. Span. v. H. Hollmann, mit Anmerkn. v. W. Gesenius. 2. W. Gesenius üb. d. punisch-numid. Schrift, u. d. damit geschrieb. grösstenth. unerklärten Inschriften u. Münzlegenden.

— palaeontologische, üb. die Grenzschichten der Jura- u. Kreide-Formation im Gebiete d. Karpathen, Alpen u. Apenninen. 7. u. 8. Abth. Lex.-8. Stuttgart, E. Schweizerbart. n. 48. —
7. Die Korallen d. Stramberger Schichten. Von Maria M. Ogilvie. Mit Atlas (12 lith. Taf. in Fol. in Mappe). (IV u. S. 73—282.) 896. 97. n. 40. —
8. Die Spongien d. Stramberger Schichten. Von Osc. Zeise. Mit 3 (lith.) Taf. (IV u. S. 289—342.) 897. n. 8. —

— dasselbe, s. a.: Palaeontographica, II. Suppl.

— pasigraphische. Freunden der Pasigraphie zur Prüfung vorgelegt. 8. (31 S.) Wiesbaden 877. Kreidel in Comm. n. 1. 60

— über die Permschichten Böhmens, s.: Archiv der naturwiss. Landesdurchforschung v. Böhmen. XI. 6.

— für Pferdezeichner, Künstler u. Kunstfreunde. Gestochen von C. Frosch u. geordnet von Chr. J. Oldendorp. Leipz. 827. Lauffer. 1 ₰ 12 gr

— f. Pferdezieher, s. A. F. Winkler.

— zur deutschen Philologie. Festgabe, der germanist. Abteilg. der 47. Versammlg. deutscher Philologen u. Schulmänner in Halle zur Begrüssg. dargebracht v. Philipp Strauch, Arnold E. Berger, Frz. Saran. (III, 239 S.) gr. 8. Halle 903. M. Niemeyer. n. 6. —
Hieraus einzeln:
Berger, Arnold E., der junge Herder u. Winckelmann. (86 S.) n. 2. —
Saran, Frz., Melodik u. Rhythmik d. „Zueignung“ Goethes. (71 S.) n. 2. —
Schürebrand. Ein Traktat aus dem Kreise der Strassburger Gottesfreunde. Hrsg. v. Philipp Strauch. (82 S.) n. 2. —

— zur englischen Philologie, hrsg. v. Lor. Morsbach. I.—III. Hft. gr. 8. Halle, M. Niemeyer. n. 14. —

I. Studien zur Geschichte d. englischen Pronomens im XV. u. XVI. Jahrh. (Flexionslehre u. Syntax.) Von Heinr. Spies. (XIX, 311 S.) 897. n. 8. —

II. William Taylor v. Norwich. E. Studie üb. d. Einfluss d. neueren deutschen Litteratur in England. Von Geo. Herzfeld. (VIII, 71 S.) 897. n. 2. —

III. Word-Stress in English: A short treatise on the accentuation of words in Middle-English as compared with the stress in old and modern English. By Geo. J. Tamson. (XIII, 164 S.) 898. n. 4. —

— zur englischen Philologie. Hrsg. v. Lor. Morsbach. IV.—IX. u. XI. Hft. gr. 8. Halle, M. Niemeyer. n. 40.—

IV. Die Familie bei den Angelsachsen. Eine kultur- u. litterarhistor. Studie auf Grund gleichzeit. Quellen. Von Fritz Roeder. 1. Haupttl.: Mann u. Frau. Mit 1 Abbildg. (IX, 183 S.) 899. n. 6. —

V. Ueber Wortbildung bei Carlyle. Von Otto Schmeding. (XIII, 352 S.) 900. n. 10. —

VI. The devil and the vice in the English dramatic literature before Shakespeare. By L. W. Cushman. (XV, 148 S.) 900. n. 5. —

VII. Scandinavian loanwords in middle English. By Erik Björkman. 1. part. (VI, 191 S.) 900. n. 5. —

VIII. The influence of christianity on the vocabulary of Old English. By H. S. Mac Gillivray. Part. 1 (1st half). (XXVIII, 171 S.) 902. n. 6. —

IX. Studien üb. die stofflichen Beziehungen der englischen Komödie zur italienischen bis Lilly. Von Levin Ludw. Schücking. (V, 109 S.) 901. n. 3. —

XI. Scandinavian loan-words in Middle English. By Erik Björkman. Part. II. (S. 193—360.) 902. n. 5.—; (kplt. n. 11.—)

I.—III. Hft. Ebd. 897. 898. n. 14.—; Hft. X erscheint später.

— zur englischen Philologie Hrsg. v. Lor. Morsbach. (XII—XXV., XXVII. u. XXVIII. Heft. gr. 8. Halle, M. Niemeyer. n. 72. 40

Ausbüttel, Erich, das persönliche Geschlecht unpersönlicher Substantiva einschliesslich der Tiernamen im Mittel-Englischen seit dem Aussterben des grammatischen Geschlechts. (XVI, 135 S.) 904. (XIX.) n. 4. —

Bode, Emil, die Learsage vor Shakespeare m. Ausschluss des ältesten Dramas u. der Ballade. (150 S.) 904. (XVII.) n. 4. —

Boerner, Osk., die Sprache Robert Mannyngs of Brunne u. ihr Verhältnis zur neuenglischen Mundart. (X, 313 S.) 904. (XII.) n. 8. —

Burghardt, Ernst, über den Einfluss des Englischen auf das Anglonormannische. (XII, 112 S.) 906. (XXIV.) n. 3. 20

Erbe, Thdr., die Locrinesage u. die Quellen des Pseudo-Shakespeareschen Locrine. (VII, 73 S.) 904. (XVI.) n. 2.

Lekebusch, Jul., die Londoner Urkundensprache von 1430—1500. Ein Beitrag zur Entstehg. der neuengl. Schriftsprache. (VIII, 148 S.) 906. (XXIII.) n. 4. —

Luhmann, Adf., die Ueberlieferung von Lazamons Brut. Nebst e. Darstellung der betonten Vokale u. Diphthonge. (IX, 212 S.) 906. (XXII.) n. 6. —

Priess, Max, die Bedeutungen des abstrakten substantivierten Adjektiva u. des entsprechenden abstrakten Substantivs bei Shakespeare. (X, 57 S.) 906. (XXVIII.) n 1. 60

Regius-Psalter, der altenglische. Eine Interlinearversion in Hs. royal 2. B. 5 des Brit. Mus. Zum 1. Male vollständig hrsg. v. Fritz Roeder. (XXII, 305 S.) 904. (XVIII.) n. 10. —

Reichmann, Hugo, die Eigennamen im Orrmulum. (118 S.) 906 (XXV.) n. 3. —

Remus, Hans, die kirchlichen u. speziell-wissenschaftlichen romanischen Lehnworte Chaucers. (XII, 154 S.) 906. (XIV.) n. 4. 40

Schomburg, Elias Hugo, The taming of the shrew. Eine Studie zu Shakesperes Kunst. (VII, 128 S.) 904. (XX.) n. 3. 60

Schücking, Levin Ludw., Beowulfs Rückkehr. Eine krit. Studie. (75 S.) 905. (XXI.) n. 2. —

— die Grundzüge der Satzverknüpfung im Beowulf. II. Tl. (XXVIII, 149 S.) (XV.) n. 4. —

Siburg, Bruno, Schicksal u. Willensfreiheit bei Shakespeare Dargelegt an „Macbeth". (XVI, 128 S.) 906. (XXVII.) n. 3. 60

Wildhagen, Karl, der Psalter des Eadwine v. Canterbury. Die Sprache der altengl. Glosse; e. frühchristl. Psalterium die Grundlage. Mit 2 Abbildgn. (Taf.) (XV, 257 S. m. 2 Bl. Erklärgn.) 905. (XIII.) n. 9. —

I—IX u. XI Ebd. 897—903. n. 54. —; X u. XXVI erscheinen später.

— zur englischen Philologie. Hrsg. v. Lor. Morsbach. 10. 26. 29.—31. 33. 35.—43. Heft. gr. 8. Halle, M. Niemeyer. 70. 90

Björkmann, Erik, nordische Personennamen in England in alt- u. frühmittel-engl. Zeit. Ein Beitrag zur engl. Namenkunde. (XIII, 217 S.) 910. (Heft 37.) 7. —

Breier, W., Eule u. Nachtigall. Eine Untersuchg. der Überlieferg. u. der Sprache, der örtl. u. der zeitl. Entstehg. des me. Gedichts. (XII, 162 S.) 910. (Heft 39.) 5. —

Cornelius, Heinr., die altenglische Diphtongierung durch Palatale im Spiegel der mittelengl. Dialekte. (X, 202 S.) 907. (Heft 30.) 6. —

Eilers, Frdr., die Dehnung vor dehnenden Konsonantenverbindungen im Mittelenglischen m. Berücksicht. der neuengl. Mundarten. (VII, 212 S.) 907. (Heft 26.) 6. —

Frieshammer, Joh., die sprachl. Form der Chaucerschen Prosa. Ihr Verhältnis zur Reimtechnik des Dichters sowie zur Sprache der älteren Londoner Urkunden. (XXVI, 144 S.) 910. (Heft 42.) 5. —

Grau, Gust., Quellen u. Verwandtschaften der älteren germanischen Darstellungen des jüngsten Gerichtes. (XIII, 288 S.) 908. (Heft 31.) 10. —

Hackmann, Gottfr., Kürzung langer Tonvokale vor einfachen auslautenden Konsonanten in einsilbigen Wörtern im Alt-, Mittel- u. Neuenglischen. (XII, 196 S.) 908. (Heft 10.) 6. 50

Hoffmann, Paul, das grammatische Genus in Lazamons Brut. (71 S.) 909. (Heft 36.) 2. —

Meinck, Carl, über das örtliche u. zeitliche Kolorit in Shakespeares Römerdramen u. Ben Jonsons „Catiline". (XI, 75 S.) 910. (Heft 38.) 2. 40

Meyer, Wilh., Flexionslehre der ältesten schottischen Urkunden 1385—1440. (XIII, 102 S.) 907. (Heft 29.) 3. 60

Moore, J. L., Tudor-Stuart views on the growth status and destiny of the English language. (XII, 179 S.) 910. (Heft 41.) 6. —

Richter, Carl, chronologische Studien zur angelsächs. Literatur. Auf Grund sprachl.-metr. Kriterien. (XI, 101 S.) 910. (Heft 33.) 3. —

Rohde, Rich., das englische Faustbuch u. Marlowes Tragödie. (VIII, 63 S.) 910. (Heft 43.) 2. —

Vries, Herm. R. O. de, die Überlieferung v. Marlowe's Doctor Faustus. (XII, 89 S.) 909. (Heft 35.) 3. —

Zenke, Wilh., Synthesis u. Analysis des Verbums im Orrmulum. (IX, 109 S.) 910. (Heft 40.) 3. 40

1.—9. 11.—25. 27. u. 28. Heft. Ebd. 897—906. 126.40.

Philologische Studien. Festgabe f. Eduard Sievers z. 1. Okt. 1896. Halle a. S.: M. Niemeyer 1896. (VI, 441 S.) 1 Bd 8°

— philolog.-histor., auf d. Akadem. Gymnasium in Hamburg. Hrsg. v. Chr. Petersen. 1. Hft. gr. 8. (11¼ B.) Hamburg 832, [Perthes-Besser u. Mauke.]

— zur Philosophie u. Religion, hrsg. v. Remig. Stölzle. 1.—6. Heft. 8. Paderborn, F. Schöningh. 30. 80

Cotlarciuc, Nico., das Problem der immateriellen, geistigen Seelensubstanz. Ein Beitrag zur Rechtfertigg. u. Lösg. dieser Frage m. besond. Rücksicht auf den gegenwärt. Stand der Philosophie u. der Naturwissenschaften. (XI, 268 S.) 910. (Heft 6.) 6. —

Engert, Jos., Hermann Samuel Reimarus als Metaphysiker. Ein Beitrag zur Geschichte der Metaphysik. (VIII, 160 S.) 908. (Heft 2.) 3. —

Klotz, Philipp, Johann Michael Sailer als Moralphilosoph. Ein Beitrag zur Geschichte der christl. Ethik im XIX. Jahrh. (VIII, 174 S.) 909. (Heft 3.) 3. 40

Sattel, Geo., Martin Deutinger als Ethiker. Ein Beitrag zur Geschichte der christl. Ethik im 19. Jahrh. (VIII, 304 S.) 908. (Heft 1.) 5. 60

Sawicki, Frz., das Problem der Persönlichkeit u. des Übermenschen. (VIII, 446 S.) 909. (Heft 4.) 9. —

Staab, Karl, die Gottesbeweise in der katholischen deutschen Literatur von 1850—1900. Ein Beitrag zur Geschichte der Philosophie im 19. Jahrh. (VIII, 191 S.) 910. (Heft 5.) 3. 80

— philosophische, eine Zeitschrift für Philosophie u. speculative Theologie. In Verbindung mit mehreren Gelehrten hrsg. von J. U. Wirth. 1. Bd. 2 Hfte. gr. 8. (238 S.) Stuttgart 851. 52, Frz. Köhler. (à n. 5/6 ℛ︀) n. 1⅔ ℛ︀

— philosophische, herausg. von J. U. Wirth. 2. verm. Aufl. Stuttgart 854. Lindemann. gr. 8. (242 S.) n. 27 ngr.

— philosophische. Hrsg. von Wilh. Wundt. 1. Bd. 4 Hefte. gr. 8. Leipzig, Engelmann. à Heft * ℳ 4. *

Inhalt:

Heft 1. Wundt, Wilh., über psychologische Methoden. (S. 1—38.) — Friedrich, Max, über die Apperceptionsdauer bei einfachen und zusammengesetzten Vorstellungen. (S. 39—77.) — Kollert, Jul., Untersuchungen über den Zeitsinn. (S. 78—89.) — Wundt, Wilh., über die mathematische Induction. (S. 90—147.) 881.

» 2. Staude, O., der Begriff der Apperception in der neueren Psychologie. (S. 149—212.) — Trautscholdt, Mart., experimentelle Untersuchungen über die Association der Vorstellungen. (S. 213—250.) — Wundt, Wilh., über die Messung psychischer Vorgänge. (S. 251—260.) — Koenig, Edm., über den Substanzbegriff bei Locke und Hume. (S. 261—335.) 882.

» 3. Wundt, Wilh., zur Lehre vom Willen. (S. 337—378.) — Schmerler, Br., Untersuchungen über den Farbencontrast vermittelst rotirender Scheiben. (S. 379—416.) — Kraepelin, E., über die Einwirkung einiger medicamentöser Stoffe auf die Dauer einfacher psychischer Vorgänge. (S. 417—462.) — Wundt, Wilh., weitere Bemerkungen über psychische Messung. (S. 463—471.) 882.

» 4. Wundt, Wilh., die Logik der Chemie. (S. 473—494.) — Tischer, E., über die Unterscheidung von Schallstärken. (S. 495—542.) — Tischer, E., Bemerkungen über die Messung von Schallstärken, mit Berücksicht. psycho-physischer Versuche. (S. 543—555.) — Wundt, Wilh., über die Methode der Minimaländerungen. (S. 556—572.) — Kraepelin, E., über die Einwirkung einiger medicamentöser Stoffe auf die Dauer einfacher psychischer Vorgänge. 2. Abthl. (S. 573—605.) — Moldenhauer, W., Notiz über die einfache Reactionszeit einer Geruchsempfindung. (S. 606—614.) — Wundt, Wilh., Schlusswort zum ersten Bande. (III, S. 614—617.) 883.

— dasselbe. 2. Bd. gr. 8. (III, 657 S. m. 6 Steintaf.) Ebend. 883. 84. n. 17. —

—— dass. — 2. Bd. 4 Hefte. gr. 8. Ebendas. * 17 —

Inhalt:

Heft 1. Wundt, Wilh., über das Weber'sche Gesetz. (S. 1—36.) — Estel, V., neue Versuche über den Zeitsinn. (S. 37—65.) — Friedrich, M., zur Methodik der Apperceptionsversuche. (S. 66—72.) — Merkel, J., die zeitlichen Verhältnisse der Willensthätigkeit. (S. 73—127 mit 2 Taf.) — Kraepelin, E., zur Psychologie des Komischen. I. (S. 128—160.) 883. *ℳ 4.

» 2. Wundt, Wilh., zur Geschichte und Theorie der abstracten Begriffe. (S. 161—193.) — Körner, R., die logischen Grundlagen der Systematik der Organismen. (S. 194—265.) — Lange, L., über die wissenschaftliche Fassung der Galilei'schen Beharrungs-Gesetze. (S. 266—297.) — Wundt, Wilh., erfundene Empfindungen. (S. 298—305.) — Kraepelin, E., zur Frage der Gültigkeit des Weber'schen Gesetzes bei Lichtempfindungen. (S. 306—326.) 884. *ℳ 4.

» 3. Kraepelin, E., zur Psychologie des Komischen. II. (Schluss.) (S. 327—361.) — Dietze, G., Untersuchungen über den Umfang des Bewusstseins bei regelmässig auf einander folgenden Schalleindrücken. (S. 362—393 mit 2 Taf. und 1 Holzschn.) — Lorenz, G., die Methode der richtigen und falschen Fälle in ihrer Anwendung auf Schallempfindungen. (S. 394—474 mit 1 Taf.) — Estel, V., über die Frage des Weber'schen Gesetzes und Periodicitätsgesetzes im Gebiete des Zeitsinnes. (S. 475—482.) — Wundt, Wilh., zur Kritik des Serienbegriffs. (S. 483—494.) 884. *ℳ 5.

» 4. Wundt, Wilh., Kant's kosmologische Antinomien und das Problem der Unendlichkeit. (S. 495—538.) — Lange, L., nochmals über das Beharrungsgesetz. (S. 539—545.) — Mehner, M., zur Lehre vom Zeitsinn. (S. 546—602 mit 1 Taf.) — Tchisch, W. v., über die Zeitverhältnisse der Apperception einfacher und zusammengesetzter Vorstellungen, untersucht mit Hülfe der Complicationsmethode. (S. 603—635 mit 1 Holzschntaf.) — Cattell, J. M., über die Zeit der Erkennung und Benennung von Schriftzeichen, Bildern und Farben. (S. 635—650 mit 1 Holzschn.) — Kraepelin, E., Nachtrag zu der Arbeit über die Gültigkeit des Weber'schen Gesetzes bei Lichtempfindungen. (S. 651—654.) — Lorenz, G., Berichtigungen zu dem Aufsatze über die Methode der richtigen und falschen Fälle etc. (655—657.) 885. *ℳ 4.

Studien, philosophische. Hrsg. von Wilh. Wundt. 3. Bd. 4 Hefte. gr. 8. Leipzig, Engelmann. *

Inhalt:

Heft 1. Fechner, in Sachen des Zeitsinnes und der Methode der richtigen und falschen Fälle, gegen Estel und Lorenz. — Berger, über den Einfluss der Reizstärke auf die Dauer einfacher psychischer Vorgänge mit besonderer Rücksicht auf Lichtreize. (Mit Taf. I.) — Cattell, über die Trägheit der Netzhaut und des Sehcentrums. (Mit 4 Holzschn.) — Fischer, psychologische Analyse der stroboskopischen Erscheinungen. (Mit Taf. II.) — Nedich, die Lehre von der Quantification des Prädicats in der englischen Logik. (S. 1—194.) 885. *ℳ 5.—.

» 2. Wundt, über den Begriff des Gesetzes, mit Rücksicht auf die Frage der Ausnahmslosigkeit der Lautgesetze. — Selver, der Entwickelungsgang der Leibniz'schen Monadenlehre bis 1695. I. — Starke, die Messung von Schallstärken. (Mit Taf. III.) — Cattell, psychometrische Untersuchungen. I. (Mit 8 Holzschn.) 886. (S. 195—336.) *ℳ 4.—.

» 3. Lange, L., die geschichtliche Entwickelung des Bewegungsbegriffes und ihr voraussichtliches Endergebniss. I. — Selver, der Entwickelungsgang der Leibniz'schen Monadenlehre bis 1695. II. (Schluss.) — Cattell, psychometrische Untersuchungen. II. — Wundt, wer ist der Gesetzgeber der Naturgesetze? 886. (S. 337—496.) *ℳ 4.—.

» 4. Lehmann, über die Anwendung der Methode der mittleren Abstufungen auf den Lichtsinn. (Mit Taf. IV und 1 Holzschn.) — Wolfe, Untersuchungen über das Tongedächtniss. (Mit Taf. V.) — Köhler, über die hauptsächlichsten Versuche einer mathematischen Formulierung des psychophysischen Gesetzes von Weber. (Mit 2 Holzschn.) — Lange, L., die geschichtliche Entwickelung des Bewegungsbegriffes und ihr voraussichtliches Endergebniss. II. (Schluss.) 886. (S. 497—691.) *ℳ 5.—.

—— dass. — 4. Bd. 4 Hefte. gr. 8. Ebendas. à Heft *ℳ 4.—. *

Inhalt:

Heft 1. Wundt, über Ziele und Wege der Völkerpsychologie. — Neiglick, zur Psychophysik des Lichtsinns. (Mit Taf. I.) — Wundt, Bemerkungen zu vorstehendem Aufsatze. — Merkel, das psychophysische Grundgesetz in Bezug auf Schallstärken. I. (Mit Taf. II.) (S. 1—160.) 887.

» 2. Fechner, über die psychischen Massprincipien und das Weber'sche Gesetz. — Lehmann, über Photometrie mittelst rotirender Scheiben. (Mit 1 Holzschn.) — Cattell, psychometrische Untersuchungen. III. — Merkel, das psychophysische Grundgesetz in Bezug auf Schallstärken. II. (Schluss.) — Wundt, Selbstbeobachtung und innere Wahrnehmung. 887. (S. 161—310.)

» 3. Wundt, die Empfindung des Lichts und der Farben. (Mit 3 Holzschn.) — Lange, N., Beiträge zur Theorie der sinnlichen Aufmerksamkeit und der activen Apperception. (Mit 1 Holzschn.) — Glass, Kritisches und Experimentelles über den Zeitsinn. (Mit 1 Holzschn.) — Lange, L., ein Chronograph nebst Controlapparat für sehr genaue Zeitmessungen. (Mit 2 Holzschn.) 887. (S. 311—470.)

» 4. Wundt, zur Erinnerung an Gustav Theodor Fechner. — Lange, L., neue Experimente über den Vorgang der einfachen Reaction auf Sinneseindrücke. (Mit 4 Holzschn.) — Luft, über die Unterschiedsempfindlichkeit für Tonhöhen. — Merkel, die Abhängigkeit zwischen Reiz und Empfindung. I. (Mit Taf. III.) — Reichardt, Kant's Lehre von den synthetischen Urtheilen a priori in ihrer Bedeutung für die Mathematik. — Wundt, Berichtigung. 888. (S. 471—640.)

—— dass. — 5. Bd. 1. und 2. Heft. gr. 8. Ebendas. 888. à Heft *ℳ 4.—. *

Inhalt:

Heft 1. Wundt, über die Eintheilung der Wissenschaften. — Leitzmann, über Störungserscheinungen bei astronomischer Registrirung. I. (Mit Taf. I und II, sowie 3 Holzschn.) — Lehmann, über Wiedererkennen. (Mit 1 Holzschn.) — Berger, über den Einfluss der Uebung auf geistige Vorgänge. (S. 1—178.)

» 2. Külpe, die Lehre vom Willen in der neueren Psychologie. I. — Merkel, die Abhängigkeit zwischen Reiz und Empfindung. II. (Mit Taf. III und 1 Holzschn.) — Kirschmann, ein photometrischer Apparat zu psychophysischen Zwecken. (Mit 3 Holzschn.) — Heerwagen, statistische Untersuchungen über Träume und Schlaf. (Mit Taf. IV und 1 Holzschn.) — Herbart, Joh. Friedr., drei Briefe an Friedr. Aug. Carus. (S. 179—326.)

1. und 2. Bd. Ebendas. 1881—85. *ℳ 33.—.

—— philosophische, hrsg. v. Wilh. Wundt. 5. Bd. 3. u. 4. Heft. gr. 8. Lpz. 889, Engelmann. [3. Heft. (S. 327—497 m. 7 Holzschn.); 4. Heft. (III, S. 499—677 m. 1 Holzschn. u. 1 Taf.)] à Heft * 4 —; * 8 —

— dasselbe. 6. Bd. 1.—3. Hft. gr. 8. Ebd. 890. n. 14. —
1. (S. 1—166 m. 1 Taf. u. 2 Holzschn.) n. 5. —
2. 3. (S. 167—491 m. 11 Fig.) n. 9. —

— philosophische. Hrsg. v. Wilh. Wundt. 6. Bd. 4. Hft. gr. 8. (III u. S. 429—640.) Leipzig 891. W. Engelmann. n. 4. — (6. Bd. kplt.: n. 18. —)

— dasselbe. 7. Bd. 4 Hfte. gr. 8. (III, 636 S. m. 2 Taf.) Ebd. 891. 892. à Hft. n. 4. —

— dasselbe. 8. Bd. 4 Hfte. gr. 8. (III, 656 S. m. 13 Fig. u. 2 Taf.) Ebd. 892. à Hft. n. 4. —

— dasselbe. 9. Bd. 4 Hfte. gr. 8. (IV, 606 S. m. 18 Fig. u. 2 Taf.) Ebd. 893. 894. à Hft. n. 4. —

— dasselbe. 10. Bd. 4 Hfte. gr. 8. (IV, 631 S. m. 1 Taf.) Ebd. 894. à Hft. n. 4. —

— philosophische. Hrsg. v. Wilh. Wundt. 11. Bd. 4 Hfte. gr. 8. (IV, 620 S. m. 61 Fig.) Leipzig 895. W. Engelmann. à Hft. n. 4. —

— dasselbe. 12. Bd. 4 Hfte. gr. 8. (III, 628 S. m. 60 Fig.) Ebd. 895. 96. n. 15. —

— dasselbe. 13. Bd. 4 Hfte. gr. 8. (III, 619 S. m. 15 Fig.) Ebd. 896—898. à Hft. n. 4. —

— dasselbe. 14. Bd. 4 Hfte. gr. 8. (III, 639 S. m. 40 Fig.) Ebd. 898. à Hft. n. 4. —

Studien, philosophische. Hrsg. von Wilh. Wundt. 15.—20. Bd. gr. 8. Leipzig, W. Engelmann. n. 91. —
15. (III, 582 S. m. 33 Fig. u. 4 Taf.) 899. 900. n. 16. —
16. (III, 664 S. m. 11 Fig. u. 3 Taf.) 900. n. 16. —
17. (III, 673 S. m. 34 Fig. u. 3 Taf.) 901. n. 16. —
18. (III, 795 S. m. 37 Fig. u. 15 Taf.) 901—903. n. 25. —
19. Festschrift. Wilhelm Wundt zum 70. Geburtstage überreicht v. seinen Schülern. 1. Thl. Mit 2 Taf. u. 33 Fig. im Text. (IX, 615 S.) 902. n. 16. —
20. Dasselbe. 2. Thl. Mit 3 Taf. u. 57 Fig. im Text. (V, 712 S.) 902. n. 18. —; (Bd. 19 u. 20 Einzelpr. n. 45. —)
Erscheint nicht weiter.

Forts. s. u.d.T.: Archiv für die gesamte Psychologie.

— philosophische. Hrsg. v. Wilh. Wundt. Namen- u. Sachregister zu Bd. I—XX, bearb v. Hans Lindau. (IV, 172 S.) gr. 8. Leipzig 904. W. Engelmann. n. 10. —

— dasselbe, neue Folge, s.: Studien, psychologische.

Studien, Phonetische.

— dasselbe, s.a. Sprachen, die neueren.

— phonetische. Zeitschrift f. wissenschaftl. u. prakt. Phonetik m. besond. Rücksicht auf den Unterricht in der Aussprache. Unter Mitwirkg. v. T. H. de Beer, A. M. Bell, F. Beyer etc. hrsg. v. W. Vietor. 1. Bd. 3 Hfte. gr. 8. (IV, 307 S.) Marburg 887. 888. Elwert's Verl. n. 9. 50
1. n. 2. 80; 2. n. 3. 50; 3. n. 3. 20.

— dasselbe. Zeitschrift f. wissenschaftl. u. prakt. Phonetik m. besond. Rücksicht auf die phonet. Reform d. Sprachunterrichts. Unter Mitwirkg. von F. Araujo, O. Badke, J. Balassa etc. hrsg. v. W. Vietor. 2. Bd. 3 Hfte. gr. 8. (IV, 358 S.) Ebd. 888. 889. n. 11. 10
1. n. 3. 50; 2. n. 4. —; 3. n. 3. 60.

— dasselbe. 3. Bd. 3 Hfte. gr. 8. Ebd. 890. n. 12. 50; Einzelpr. n. 15. —
1. 2. (S. 1—250.) Einzelpr. à n. 4. 80. — 3. (V u. S. 251—380.) n. 5. 40

— dasselbe. 4. Bd. 1. Hft. gr. 8. (S. 1—146.) Ebd. 890. n. 4. 50

— phonetische. Zeitschrift f. wissenschaftl. u. prakt. Phonetik m. besond. Rücksicht auf die phonet. Reform d. Sprachunterrichts. Unter Mitwirkg. v. Ch. Altena, F. Araujo, O. Badke etc. hrsg. v. Wilh. Vietor. 4. Bd. 2. u. 3. Hft. gr. 8. (IV u. S. 147—402.) Marburg i/H. 891. N. G. Elwert's Verl. Subskr.-Pr. à n. 4. —; Einzelpr. à n. 4. 80 (4. Bd. kplt.: n. 12. 50)

— dasselbe. 5. u. 6. Bd. à 3 Hfte. gr. 8. (à Hft. ca. 128 S.) Ebd. 891—893. à Bd. n. 11. —

— phonetische, hrsg. v. Wilh. Vietor. General-Register zu Bd. I—VI v. Frz. Liesau. gr. 8. (16 S.) Marburg 897. N. G. Elwert's Verl. n. — 50

— physiologische, aus Instituten der Universität Budapest, red. v. Árpád Bokai, Ferd. Klug, Otto Pertik u. W. Goldzieher. [Ungar. Archiv f. Medizin, III. Bd. 2. Hft.] gr. 8. (III, 139 S. m. 2 Abbildgn. u. 2 Taf.) Wiesbaden 894. J. F. Borgmann. n. 5. —

Plautinische Studien. Pr. 1892. 16 S. 4°.

Studien, poetische, von F. M., s. Müller, F. (II.)

— poetische von F. M(üller). gr. 8. (VI u. 201 S. mit 1 Lith.) Potsdam 847, Riegel'sche Buchhandlung. n. 1 1/3 ₰

Studien der inneren Politik. Grünb. 1841. V: *Oppenheim*, *Heinrich Bernhard.* (Wa)

— Prager, aus dem Gebiete der classischen Alterthumswissenschaft, hrsg. m. Unterstützg. des k. k. Ministeriums f. Cultus u. Unterricht. 1.—4. Hft. gr. 8. Prag 894. H. Dominicus. n. 7. 80
1. Jos. Jöhring, de particularum ut ne quin quo minus apud L. Annaeum Senecam philosophum vi atque usu. (V, 59 S.) n. 1. 80
2. Gerundii et gerundivi apud Plautum et Cyprianum usum comparavit Roland. Herkenrath. (115 S.) n. 2. 50
3. Eine alte Regensburger Handschrift des sogenannten Homerus latinus v. Jos. Stiglmayr. (56 S. m. 2 Lichtdr.-Taf.) n. 2. —
4. Plato's Phaedrus u. die Sophistenrede des Isokrates v. Eug. Holzner. (50 S.) n. 1. 50
Bildet die Fortsetzung zu: Studien, Prager philologische.

Studien, Prager, aus d. Gebiete d. class. Alterthumswissenschaft, hrsg. m. Unterstützg. d. k. k. Ministeriums f. Cultus u. Unterricht. 5. Hft. gr. 8. Prag 895. J. G. Calve. n. 3. 60 (1—5: n. 11. 40)
Unsignierte Vasen des Amasis. E. Beitrag z. griech. Vasenkunde v. Ludw. Adamek. (51 S. m. 16 Fig. u. 2 Taf.)

— Prager deutsche. Hrsg. v. Carl v. Kraus u. Aug. Sauer. 1. Heft. gr. 8. Prag, C. Bellmann. n. 2. —
Adalbert Stifter u. die Romantik. Von Wilh. Kosch. (VIII, 123 S.) 905.

Studien, Prager deutsche. Hrsg. von Carl v. Kraus u. Aug. Sauer. 2.—16. Heft. gr. 8. Prag, C. Bellmann. 68. 45
Amann, Paul, Leopold Komperts literarische Anfänge. (103 S.) 907. (Heft 5.) 2. 80
Beiträge zu d. deutsch-slawischen Literaturbeziehgn. I. Spina, Frz., die alttschechische Schelmenzunft 'Frantova Práva'. Mit Unterstützg. d. Gesellschaft z. Förderg. deutscher Wissenschaft, Kunst u. Literatur in Böhmen. (XIII, 223 S. m. Titelbild.) 909. (Heft 13.) 6. —
Beywl, Cleophas, Reimwörterbuch zu Ulrichs Lanzelet. Hrsg. m. Unterstützg. der Gesellschaft zur Förderg. deutscher Wissenschaft, Kunst u. Literatur in Böhmen. (IV, 91 S.) 909. (Heft 15.) 3. 50
Binder, Rud. J., Johann Nepomuk Vogl u. die österreich. Ballade. (92 S.) 907. (Heft 6.) 2. 40
Gierach, Erich, z. Sprache v. Eilharts Tristrant. Lautlehre, Formenlehre u. Wortschatz nach den Reimen. Mit e. Anh.: Zur literar. Stellg. Eilharts. (X, 281 S. m. 1 Fig.) 908. (Heft 4.) 6.
Kalla, Ant., über d. Haager Liederhandschrift Nr. 721. (IX, 143 S.) 909. (Heft 14.) 4. —
Nadler, Jos., Eichendorffs Lyrik. Ihre Technik u. ihre Geschichte. Mit Unterstützg. d. Gesellschaft z. Förderg. deutscher Wissenschaft, Kunst u. Literatur in Böhmen. (VII, 242 S.) 908. (Heft 10.) 6. —
Pohnert, Ludw., Kritik u. Metrik v. Wolframs Titurel. (VI, 99 S.) 908. (Heft 12.) 2. 80
Sauer, Aug., Kleists Todeslitanei. (35 S.) 907. (Heft 7.) 1. 20
Schmidt, Ernst, zur Entstehungsgeschichte u. Verfasserfrage der Virginal. (63 S.) 906. (Heft 2.) 2. —
Untersuchungen u. Quellen zur german. u. roman. Philologie. Johann v. Kelle dargebracht v. seinen Kollegen u. Schülern. 1. Tl. Mit Unterstützg. d. Gesellschaft zur Förderg. deutscher Wissenschaft, Kunst u. Literatur in Böhmen. (VIII, 631 S.) 908. (Heft 8.) 12.—
— dasselbe. 2. Tl. Mit Unterstützg. der Gesellschaft z. Förderg. deutscher Wissenschaft, Kunst u. Literatur in Böhmen. (V, 345 S.) 908. (Heft 9.) 6. —
Wihan, Jos., Johann Joachim Christoph Bode als Vermittler englischer Geisteswerke in Deutschland. Mit Unterstützg. der Gesellschaft zur Förderg. deutscher Wissenschaft, Kunst u. Literatur in Böhmen. (VIII, 224 S.) 906. (Heft 3.) 4.—; erh. Pr. 4. 80
Zincke, Paul, die Entstehungsgeschichte v. Friedrich Hebbels „Maria Magdalena". Mit Unterstützg. d. Gesellschaft zur Förderg. deutscher Wissenschaft, Kunst u. Literatur in Böhmen. (VII, 100 S.) 910. (Heft 16.) 3. 75
— Friedrich Hebbels philosophische Jugendlyrik. (VIII, 105 S.) 908. (Heft 11.) 5. 20
1. Heft. Ebd. 905. Erh. Pr. 2.40.

Prager **Studien** aus dem Gebiete der Geschichtswissenschaft. Im Ver. m. d. andern Fachprof. hrsg. v. Ad[olf] Bachmann. H. 1—17. Prag 1898—1915.

— Prager, aus dem Gebiete der Geschichtswissenschaft. Im Vereine m. den anderen Fachprofessoren hrsg. v. Ad. Bachmann. Mit Unterstützg. des hohen Ministeriums f. Cultus u. Unterricht. 1.—8. Hft. gr. 8. Prag, Rohlíček & Sievers. n. 12. 20

1. Studien üb. das Handschriften-Verhältnis der Vita S. Severini des Abtes Eugippius. Von Rud. Schweizar. Mit e. Editionsprobe. (VI, 43 S.) 898. n. 1. —
2. Studien zu den Königsaaler Geschichtsquellen. Von Ant. Seibt. (53 S.) 898. n. 1. —
3. Der Verkehr üb. den Pass v. Pontebba-Pontafel u. den Predil im Alterthume u. Mittelalter. Von Osk. Wanka Edler v. Rodlow. (51 S.) 898. n. 1. —
4. Das östliche Germanien u. seine Verkehrswege in der Darstellung des Ptolemaeus. Ein Beitrag zur alten Geographie von Germanien. Von Ant. Gnirs. Mit e. Karte. (V, 43 S.) 898. n. 1. —
5. Der Abt v. Königsaal u. die Königin Elisabeth v. Böhmen (1310—1330). Eine quellenkrit. Studie. Von Thdr. Hoschek. (103 S.) 900. n. 1. 70
6. Zur Geschichte des Türkenkrieges von 1593—1606. Von Alfr. H. Loebl. I. Vorgeschichte. (VII, 136 S.) 899. n. 2. —
7. Die Brennerstrasse im Alterthum und Mittelalter. Von Osk. Wanka Edler v. Rodlow. (VII, 178 S.) 900. n. 2. 50
8. Die Hegemonie der Prager im Husitenkriege. Von Simon Binder. 1. Thl. (V, 153 S.) 901. n. 2. —

— Prager, aus dem Gebiete der Geschichtswissenschaft. Im Vereine m. den andern Fachprofessoren der Geschichte hrsg. v. Ad. Bachmann. Mit Unterstützung des hohen Ministeriums f. Kultus u. Unterricht. 9.—11. Heft. gr. 8. Prag, Rohlíček & Sievers. n. 6. —

9. Die Hegemonie der Prager im Husitenkriege. Von Simon Binder. 2. Tl. (V, 140 S.) 903. n. 2. —
10. Zur Geschichte des Türkenkrieges von 1593—1606. Von Alfr. H. Loebl. II. Tl. (Oesterreichs innere Zustände, das 2. Kriegsjahr, die Hilfsaktion.) (152 S.) 904. n. 2. —
11. Kritische Untersuchungen über die im Manifest Kaiser Friedrichs II. vom J. 1236 gegen Friedrich II. v. Oesterreich vorgebrachten Anklagen. Von Florian Thiel. (VIII, 144 S.) 905. n. 2. —

Heft 1—8. Ebd. 898—901. n. 12. 20.

— Prager, aus d. Gebiete der Geschichtswissenschaft. Im Vereine m. den anderen Fachprofessoren d. Geschichte hrsg. v. Ad. Bachmann u. E. Werunsky. Mit Unterstützg. des hohen Ministeriums f. Kultus u. Unterricht. 12.—14. Heft. 8. Prag, Rohlíček & Sievers. 5. —

Bloch, Frz., die Entwicklung des königl. Heimfallrechtes im böhmisch-mährischen Landrecht. (V, 75 S.) 909. (Heft 14.) 1. —
Wostry, Wilh., König Albrecht II. (1437—1439.) I. (III, 180 S.) 906. (Heft 12.) 2. —
— dasselbe. II. (198 S.) 907. (Heft 13.) 2. —
1.—11. Heft. Ebd. 898—906. 18.20.

— Prager philologische, m. Unterstützg. d. k. k. Unterrichtsministeriums hrsg. v. O. Keller. 1. u. 2. Hft. gr. 8. Prag, Dominicus. n. 2. 10

1. Assimilation in den Compositis bei Plautus u. Terentius. Von J. Dorsch. (III, 60 S.) 887. n. — 90
2. Jos. Thüssing, de temporum et modorum in enuntiatis pendentibus apud C. Plinium Secundum usu. Fasc. I. (67 S.) 890. n. 1. 20

— Prager philologische. Mit Unterstützg. d. k. k. Unterrichtsministeriums hrsg. v. Otto Keller. 3. Hft. gr. 8. Prag 891. H. Dominicus. n. 1. 40 (1—3.: n. 3. 50)

Ant. Ludewig, quomodo Plinius maior, Seneca philosophus, Curtius Rufus, Quintilianus, Cornelius Tacitus, Plinius minor particula quidem usi sint. Fasc. I. (76 S.)
Fortsetzg., s.: Studien, Prager, aus dem Gebiete der classischen Alterthumswissenschaft.

Studien, Prager philosophische, s. Studien, Prager philologische.

Studien, Preussische, zur österreichischen Reform-Acte. Berlin 1863. V: *Wöniger, Aug. Theod.* (Tübz 11, 16)

— preußische, zur österreichischen Reform-Acte des deutschen Bundes. 1. u. 2. Aufl. Berlin 863. Mittler's Sortbdlg. (Bath.) Lex.-8. (IV, 63 S.) n. 10 ngr

STUDIEN, Priapische, aus der Mappe eines kunstliebenden Klosterbruders. 12 Photographien. 1876. 8°.

—— psychiatrische, aus der Klinik von Leidesdorf. gr. 8. (V, 282 S. mit 2 Holzschntaf.) Wien 877, Braumüller. *

Studien, psychische. Monatliche Zeitschrift vorzüglich der Untersuchg. der wenig bekannten Phänomene d. Seelenlebens gewidmet. Hrsg. u. red. v. Alex. Aksakow, unter freundl. Mitwirkg. mehrerer deutscher u. ausländ. Gelehrten. 1—3. Jahrg. 1874—1876 à 12 Hfte. gr. 8. (à Hft. 48 S.) Leipzig, Mutze. à Jahrg. n. 10. —

— psychische. Monatliche Zeitschrift, vorzüglich der Untersuchung der wenig gekannten Phänomene des Seelenlebens gewidmet. Hrsg. u. red. von Alex. Aksakow, unter freundlicher Mitwirkung mehrerer deutscher u. ausländischer Gelehrten. 4—9. Jahrg. 1877—1882. à 12 Hfte. (3 B.) gr. 8. Leipzig, Mutze. à Jahrg. n. 10. —

— psychische. Monatliche Zeitschrift, vorzüglich der Untersuchg. der wenig gekannten Phänomene d. Seelenlebens gewidmet. Hrsg. u. red. v. Alex. Aksakow, unter freundl. Mitwirkg. mehrerer deutscher u. ausländ. Gelehrten. 10—13. Jahrg. 1883—1886. à 12 Hfte. (3 B.) gr. 8. Leipzig, Mutze. à Jahrg. n. 10. —

— psychische. Monatliche Zeitschrift, vorzüglich der Untersuchg. der wenig gekannten Phänomene d. Seelenlebens gewidmet. Hrsg. u. red. v. A. Aksakow, unter freundl. Mitwirkg. mehrerer deutscher u. ausländ. Gelehrten. 14.—17. Jahrg. 1887—1890. à 12 Hfte. (3 B.) gr. 8. Leipzig, Mutze. à Jahrg. n. 10. —

— psychische. Monatliche Zeitschrift, vorzüglich der Untersuchg. der wenig gekannten Phänomene d. Seelenlebens gewidmet. Hrsg. u. red. v. Alex. Aksakow, unter freundl. Mitwirkg. mehrerer deutscher u. ausländ. Gelehrten. 18.—21. Jahrg. 1891—1894. à 12 Hfte. (à ca. 3 Bog.) gr. 8. Leipzig, O. Mutze. à Jahrg. n. 10. —

— psychische. Monatl. Zeitschrift, vorzügl. d. Untersuchg. d. wenig gekannten Phänomene d. Seelenlebens gewidmet. Hrsg. u. red. v. Alex. Aksakow, unter freundl. Mitwirkg. mehr. deutscher u. ausländ. Gelehrten. 22.—25. Jahrg. 1895—1898. à 12 Hfte. (à ca. 3 Bog.) gr. 8. Leipzig, O. Mutze. à Jahrg. n. 10. —

— psychische. Monatliche Zeitschrift, vorzüglich der Untersuchung der wenig gekannten Phänomene des Seelenlebens gewidmet. Neue Folge. Begründet von Alex. Aksakow. Red. v. Frdr. Maier unter freundl. Mitwirkg. mehrerer deutscher u. ausländ. Gelehrten. 26.—29. Jahrg. 1899—1902. à 12 Hfte. gr. 8. (VIII, 712; VIII, 780; VIII, 768 u. VIII, 776 S.) Leipzig, O. Mutze. à Jahrg. n. 10. —; geb. n. 12. —

Studien, psychische. Monatliche Zeitschrift vorzüglich der Untersuchg. d. wenig gekannten Phänomene des Seelenlebens gewidmet. Neue Folge. Begründet v. Alex. Aksakow. Red. v. Frdr. Maier unter freundl. Mitwirkg. mehrerer deutscher u. ausländ. Gelehrten. 30.—33. Jahrg. 1903—1906. à 12 Hefte. (VIII, 776; VIII, 776; VIII, 760 u. VI, 768 S. m. 7, 3, 5 u. 8 Taf.) gr. 8. Leipzig, O. Mutze. à Jhrg. n. 10. —

Die früh. Jahrgg. sind z. Tl. im Preise ermässigt.

— psychische. Monatl. Zeitschrift, vorzüglich der Untersuchg. der wenig gekannten Phänomene des Seelenlebens gewidmet. Begründet v. Alex. Aksakow. Red. v. Frdr. Maier. 34.—37. Jahrg. 1907—1910. à 12 Hefte. (750, 750, 752 u. 752 S.) gr. 8. Leipzig, O. Mutze. à Jahrg. 10. —

23.—37. Jahrg. erm. Pr. zusammen 85.—; einz. à 6.—

— psychologische, hrsg. v. F. Schumann. (Aus dem psycholog. Institut der Universität Berlin.) I. Abtlg.: Beiträge zur Analyse der Gesichtswahrnehmungen. 1. Heft. (VII, 160 S. m. Fig.) gr. 8. Leipzig 904. J. A. Barth. n. 5. —

— dasselbe. II. Abtlg.: Beiträge zur Psychologie der Zeitwahrnehmg. 1. Heft. (V, 166 S.) gr. 8. Ebd. 904. n. 5. —

— psychologische, hrsg. v. F. Schumann. I. Abteilg.: Beiträge zur Analyse der Gesichtswahrnehmungen. 2. u. 3. Heft. gr. 8. Leipzig, J. A. Barth. 13. —
2. Untersuchungen zur Psychologie des Lesens. (V, 223 S.) 908. 7. —
3. (V, 194 S.) 906. 6. —

— psychologische. Hrsg. v. Wilh. Wundt. Neue Folge der philosoph. Studien. I. Bd. 6 Hefte. (III, 497 S. m. 67 Fig. u. 2 Taf.) gr. 8. Leipzig 905. 906. W. Engelmann. n. 15. 40

— dasselbe. II. Bd. 1.—4. Heft. (S. 1—292 m. 62 Fig.) gr. 8. Ebd. 906. n. 12. —
Vgl.: Studien, philosophische.

— psychologische. Hrsg. v. Wilh. Wundt. Neue Folge der philosoph. Studien. 2. Bd. 5. u. 6. Heft u. 3.—6. Bd. à 6 Hefte. gr. 8. Leipzig, W. Engelmann. 99. 20
2. V. VI. (III u. S. 293—498 m. 17 Fig.) 907. 7.—; (2. Bd. kplt. 19.—)
3. (III, 546 S. m. 50 Fig. u. 1 Taf.) 907. 21. 40
4. (III, 530 S. m. 77 Fig. u. 3 Taf.) 908. 09. 30. —
5. (III, 420 S. m. 21 Fig.) 909. 10. 20. 40
6. (III, 454 S. m. 36 Fig. u. 1 Taf.) 910. 20. 40

— psychologische, in Briefen aus der Hölle, v. Bernardus Piscator (Bernh. Fischer). 1.—3. Aufl. (59 S.) gr. 8. Leipzig 906. Teutonia-Verlag. n. 2. —

— publizistische u. parlamentarische. Tagesfragen v. d. ausgezeichnetsten Staats-Männern der Gegenwart behandelt und mitgetheilt von Const. Wurzbach. 12. (VIII u. 167 S.) Wien 848, Gerold. 1/2 ₰

— u. **Quellen** zur Geschichte v. Wesel. Hrsg. m. Unterstützg. der Stadt. I u. II. Wesel, C. Kühler. 4. —
Kraus, Christian, Entwicklung des Weseler Stadthaushaltes von 1342—1390, dargestellt auf Grund d. Stadtrechngn. (VII, 86 S.) gr. 8. 908. (II.) 1. 50
Münker, Herb., die Weseler Schiffahrt vornehmlich zur Zeit des spanisch-niederländischen Krieges. Ein Beitrag zur Verkehrsgeschichte des Niederrheins. (XVI, 231 S.) 8. 908. (I.) 2. 50

— rechts- u. staatswissenschaftliche, veröffentlicht v. Emil Ebering. 1. Hft. gr. 8. Berlin 898. E. Ebering. n. 2. 40
Haftg. f. Hülfspersonen nach § 278 B.G.B. im Vergleich m. d. gemeinen u. Landesrecht. Von Arth. Nussbaum. (95 S.)

— rechts- u. staatswissenschaftliche, veröffentlicht v. Emil Ebering. 2.—17. Hft. gr. 8. Berlin, E. Ebering. n. 54. 20
2. Die Beihülfe zum Selbstmord u. die Tötung des Einwilligenden. Von Curt Guderian. (83 S.) 899. n. 2. 40
3. Die Lehre vom böswilligen Rechtsmissbrauch (Chikane) nach gemeinem Rechte u. nach dem Rechte des bürgerl. Gesetzbuchs. Von Rud. Blümner. (206 S.) 900. n. 5. —
4. Der Anspruch des Gläubigers auf die Vorteile, die der Schuldner aus der geschuldeten Sache gezogen hat oder hätte ziehen können (unter Berücksicht. des bürgerl. Gesetzbuches). Von Kurt Podewils. (134 S.) 900. n. 3. 60
5. Die Haftung des Acceptanten aus dem durch e. Stellvertreter vollzogenen Accept. Von Walt. Lehmann. (89 S.) 900. n. 2. 40
6. Der Betrug im Civilrecht. (Gemeines Civilrecht u. B.G.B.) Von Marie Raschke. (114 S.) 900. n. 3. —
7. Die gerichtliche Hinterlegung insbes. zum Zweck der Schuldbefreiung, nach gemeinem Recht u. B.G.B. Von Paul Mühsam. (134 S.) 900. n. 3. 60
8. Die direkte Besteuerung in Preussen u. Rumänien. Darstellung der Reformen der direkten Besteuerg. in Preussen (von 1810 bis zur Gegenwart) u. die relative Anwendung derselben auf das rumän. Steuerwesen. Mit e. Steuerreformentwurf. Von George D. Creanga. (237 S.) 900. n. 6. —
9. Vis maior u. Betriebsgefahr. Von Erich Volkmar. (94 S.) 900. n. 3. 60
10. Die Schlüsselgewalt der Ehefrau nach dem bisherigen deutschen Recht u. B.G.B. Von Kurt Rosenfeld. (103 S.) 900. n. 3. —
11. Die Gattungsschuld. Von Walt. Haver. (VII, 123 S.) 900. n. 3. 60
12. Die gewerbsmässige Heiratsvermittlung. Ihre Geschichte, Dogmatik u. Behandlg. im deutschen Reichsrecht. Von Ernst Schindler. (91 S.) 901. n. 2. 40
13. Die Schuldenhaftung des nichtrechtsfähigen Vereins nach bisherigem Recht u. dem Recht des bürgerl. Gesetzbuches. Von Wilh. Abrahamsohn. (X, 92 S.) 901. n. 2. 80
14. Klagenmehrheit bei e. Delikt. Von Rich. Kann. (84 S.) 901. n. 2. 40
15. Die japanische Seeschiffahrt. Von Rokuya Goto. (XV, 81 S.) 902. n. 2. 80
16. Beiträge zur Lehre v. der Erpressung. Von Rich. Thurow. (158 S.) 902. n. 4. —
17. Der öffentliche Weg. Versuch e. Darstellg. des Begriffes nach dem heutigen preuss. u. französ. Recht. Von M. v. Eschstruth. (XVI, 118 S.) 902. n. 3. 60
Hft. 1. Ebd. 898. n. 2. 40.

Studien, rechts- u. staatswissenschaftliche, veröffentlicht v. Emil Ebering. 18.—32. Heft. gr. 8. Berlin, E. Ebering. n. 70. 70
Alexander, Kurt, der Begriff der Unwirksamkeit im B. G. B. (VIII, 69 S.) 903. (Heft 18.) n. 2. 40
Bajonski, K., Kritik u. Reformen der deutschen Staatslotterien als Finanzregalien. (93 S.) 904. (Hft. 25.) n. 2. 80
Beradt, Mart., Miete u. Polizei. Ihre Kollision bei der Sperrung bezogener Mietwohngn. durch ungerechtfertigte polizeil Verfügung u. die dadurch bewirkte Unmöglichkeit der Erfüllung des Mietvertrages nach B. G. B. u. preuss. Recht (172 S.) 906. (Hft. 31.) n. 4. 50
Cohn, Ludw., gewerkschaftliche Organisations- u. Lohnkampfpolitik der deutschen Metallarbeiter. (87 S.) 904. (Hft. 22.) n. 2. 40
Gernsheim, Eug., die Ersetzungsbefugnis (facultas alternativa) im deutschen bürgerlichen Recht. (VII, 288 S.) 906. (Hft. 32.) n. 7. 50
Goldschmidt, Hans, die Nachlasspflegschaft des bürgerlichen Gesetzbuchs e. Pflegschaft über e. selbständiges Sondervermögen, zugleich der Versuch e. Grundlegung f. e. Lehre v. den Quasipersonen. (185 S.) 905. (Heft 29.) n. 4. 80
Gunz, Hugo, die rechtliche Natur des Treuhänders im Hypothekengesetz. (127 S.) 903. (Hft. 19.) n. 3. 60
Gunz, Jos., das Vollgiro zu Inkassozwecken. (257 S.) 903. (Hft. 20.) n. 6. 80
Hübener, Erh., die deutsche Wirtschaftskrisis v. 1873. (141 S.) 905. (Hft. 30.) n. 4. —
Jowanowitsch, Jowan U., Bergbau u. Bergbaupolitik in Serbien. Mit e. topograph. u. e. geolog. Uebersichtskarte v. Serbien. (212 S.) 904. (Hft. 24.) n. 9. —
Loewenthal, Max, J., das Untersuchungsrecht des internationalen Seerechts in Krieg u. Frieden. (186 S.) 905. (Hft. 28.) n. 4. 80
Luther, Hans, Thronstreitigkeiten u. Bundesrat. (104 S.) 904. (Hft. 26.) n. 2. 80
Margolin, S., Kapital u. Kapitalzins. Darstellung u. Kritik d. Böhm-Bawerk'schen Lehre. (179 S.) 904. (Hft. 23.) n. 4. 80
Steindamm, Jobs., die Besteuerung der Warenhäuser. (VIII, 157 S.) 903. (Hft. 21.) n. 4. 50
Warnack, Max, die Entwicklung des deutschen Banknotenwesens. (236 S.) 905. (Hft. 27.) n. 6. —
Hft. 1—17. Ebd. 898—902. n. 56. 60.

— rechts- u. staatswissenschaftliche, veröffentlicht v. Emil Ebering. 33.—39. u. 41. Heft. gr. 8. Berlin, E. Ebering. 45. 30
Friedmann, Walt., die Annahme e. Erbschaft, ihre rechtliche Natur u. ihre Rechtswirkungen in der Geschichte u. im Recht d. BGB. (160 S.) 909. (Heft 35.) 4. 50
Görnandt, Rud., der Landarbeiter m. eigener Wirtschaft in Nordwest- u. Ostdeutschland. (208 S.) 910. (Heft 41.) 5. 50
Hirschberg, Herb. Erich, der Zentralverein d. Bildhauer Deutschlands. Eine monograph. Studie aus d. Gewerkschaftsleben. (95 S.) 909. (Heft 36.) 2. 40
Koehne, Carl, das superficiarische Rechtsinstitut. Untersuchungen zu seiner Geschichte, Regelung u. wirtschaftl. Bedeutg. im Altertum. (VIII, 87 S.) 909. (Heft 37.) 2. 50
Loeffler, Fel., die gewerbliche u. private Pfandleihe nach geltendem Reichs- u. Landesrecht. Nebst dem Anh.: Die rechtl. Natur des Pfandscheines. Unter Beifügg. e. Zusammenstellg. der wichtigsten bundesstaatl. Gesetze u. Verordngn. üb. d. Pfandleihe. (VII, 216 S.) 908. (Heft 34.) 6. —
Mehlich, Kurt, Verteidigung u. Begünstigung. (VIII, 78 S.) 910. (Heft 39.) 2. 40
Pomtow, Walt., der ostdeutsche Weinbau, seine natürl., wirtschaftl. u. anbautechn. Grundlagen. (231 S. m. 1 Karte.) 910. (Heft 38.) 7. 50

Westerkamp, Wilh., Bürgschaft u. Schuldbeitritt. (XXVII, 557 S.) 908. (Heft 33.) 14. 50
1—32. Ebd. 898—908. 127. 30.—
Heft 40 ist noch nicht erschienen.

Studien zur Reform des österreichischen Civilprocesses. Innsbruck 1883. V: *Steiner, Johann.* (EB)

— zur Reform des österreichischen Civilprozesses. gr. 8. (III, 230 S.) Innsbruck 883. Wagner. n. 4. 40

— u. Texte, reformationsgeschichtliche. Hrsg. v. Jos. Greving. 1. Heft. gr. 8. Münster 906. Aschendorff. n. 4. 25
Johann Eck als junger Gelehrter. Eine literar- u. dogmengeschichtl. Untersuchung üb. seinen Chrysopassus praedestinationis a. d. J. 1514. Von Jos. Greving. (XIV, 174 S.)

— u. Texte, reformationsgeschichtliche. Hrsg. v. Jos. Greving. 2.—17. Heft. gr. 8. Münster, Aschendorff. 55. 05
Beichtbüchlein, drei, nach den zehn Geboten aus der Frühzeit der Buchdruckerkunst. Mit 1 Abb. Hrsg. v. Frz. Falk. (IV, 95 S.) 907. (Heft 2.) 2. 50
Deutsch, Jos., Kilian Leib, Prior v. Rebdorf. Ein Lebensbild aus dem Zeitalter der Reformation. (XV, 207 S.) 910. (Heft 15. 16.) 5. 60
Emser, Hieron., Joh. Cochläus, Joh. Mensing u. Petrus Rauch, Briefe an die Fürstin Margarete u. die Fürsten Johann u. Georg v. Anhalt, hrsg. v. Otto Clemen. (VIII, 67 S.) 907. (Heft 3.) 2. —
Greving, Jos., Johann Ecks Pfarrbuch f. U. L. Frau in Ingolstadt. Ein Beitrag zur Kenntnis der pfarrkirchl. Verhältnisse im 16. Jahrh. (Mit e. Grundriss.) (XIV, 254 S.) 908. (Heft 4. 5.) 6. 80
Hilling, Nikol., die römische Rota u. das Bist. Hildesheim am Ausgange des Mittelalters (1464—1513). Hildesheimische Prozessakten aus dem Archiv der Rota zu Rom. (VII, 140 S.) 908. (Heft 6.) 3. 60
Leib's, Kilian, Briefwechsel u. Diarien. Hrsg. v. Jos. Schlecht. (XXXVI, 156 S.) 909. (Heft 7.) 4. 80
Löhr, Jos., methodisch-kritische Beiträge zur Gesch. der Sittlichkeit des Klerus besonders der Erzdiözese Köln am Ausgang des Mittelalters. (VIII, 120 S.) 910. (Heft 17.) 3. 20
Schottenloher, Karl, Jakob Ziegler aus Landau an der Isar. Ein Gelehrtenleben aus der Zeit des Humanismus u. der Reformation. Mit 6 Federzeichngn. Mart. Richters, des Schreibgehilfen Zieglers. (XVI, 415 S. m. 6 Taf.) 910. (Heft 8—10.) 11. 25
Schweizer, Jos., Ambrosius Catharinus Politus (1484 bis 1553), e. Theologe des Reformationszeitalters. Sein Leben u. seine Schriften. (XVI, 308 S.) 910. (Heft 11. 12.) 8. 50
Wappler, Paul, die Stellung Kursachsens u. d. Landgrafen Philipp v. Hessen zur Täuferbewegung. (XI, 254 S.) 910. (Heft 13. 14.) 6. 80

Studien über Regeneration der Gewebe. Von A. Bockendahl, R. Drews, O. Möbius, E. Paulsen, J. Schaedel u. W. Flemming. Mit 2 (lith.) Taf. Aus dem anatom. Institut in Kiel. gr. 8. (V, 103 S.) Bonn 885. Cohen & Sohn. n. 4. —

Studien aus den Reglements für die k. k. Fusstruppen . . . Wien 1864. V: *Kocziczka, Edl. v. Freibergswall, Wenzel.* (KA)

—— aus den Reglements für die k. k. Fusstruppen. Bildliche Darstellung der Instructionen in 80 lithogr. Taf. 8. (9 S. Text.) Wien 864, Braumüller. cart. *

— zur Religionsunterrichtsfrage m. Berücksicht. d. Organisationsentwurfes f. Gymnasien. gr. 8. (32 S.) Wien 884. Hölder. n. — 80

— über die Reorganisation der schweizerischen Armee. [Aus: „Bremer Tagespost."] Begleitet v. e. Entwurfe f. die Militairorganisation der schweizer. Eidgenossenschaft v. *.*. gr. 8. (216 S. m. 18 Tabellen in 8., 4. u. Fol. u. e. chromolith. Karte in qu. Fol.) Bern 871. Fiala. n. 3. —

—— romanische. Hrsg. von Ed. Boehmer. 1. und 2. Heft. Lex.-8. Halle, Buchh. des Waisenhauses. [Strassburg, Trübner.] * 8 25
Inhalt:
Heft 1. Zu italien. Dichtern. (S. 1—162.) 871. *ℳ 3,75.
„ 2. Quaestiones grammaticae et etymologicae. (S. 163—308.) 872. *ℳ 4,50.

—— dass. — 3.—5. Heft. gr. 8. Strassburg, Trübner. * 11 —
Inhalt:
Heft 3. Romanische Texte: Engadinisch, Grolerisch, Altfranzösisch. (S. 309—440.) 873. *ℳ 4,50.
„ 4. Girbers de Metz par Jean de Flagy. Hrsg. von Edm. Stengel. (S. 441—552.) 874. *ℳ 4.
„ 5. Altfranzösisch. Italienische Volkslieder. (1. Bd. IV, S. 553—632.) 875. *ℳ 2,50.

—— romanische, hrsg. von Ed. Boehmer. 6.—12. Heft. gr. 8. [Strassburg, Trübner.] Bonn, Weber's Verlag. * 85 —
Inhalt:
Heft 6. Koschwitz, Ed., über die Chanson du voyage de Charlemagne à Jérusalem et à Constantinople. (2. Bd. S. 1—60.) 875. *ℳ 2.
„ 7. Vosgien; Rätoromanisch. — Lahm, Henri, Le Patois de La Baroche (Val d'Orbey). — Decurtins, Casp., Praulas surselvanas. — Boehmer, Ed., Churwälsche Sprichwörter; Prädicatscasus im Rätoromanischen. (2. Bd. S. 61—242.) 875. *ℳ 4,50.
„ 8. Foth, Karl, die Verschiebung lateinischer Tempora in den romanischen Sprachen. (2. Bd. S. 243—335.) 876. *ℳ 2.
„ 9. Gröber, Gust., die Liedersammlungen der Troubadours untersucht. (S. 337—676.) 877. *ℳ 10.
„ 10. Boehmer, Ed., Nonsbergisches; Greduerisches. — Settegast, Calendre und seine Kaiserchronik. — Boehmer, Ed., Abfassungszeit des Guillaume de Palerne; Catalanisches; Zum Boeci; Ritmo Cassinese; Zur Dino-Frage; Ueber zwei dem zwölften Jahrhundert zugeschriebene sizilische Texte, mit 1 Photogr. — Schmid, Johs., über zwei Manuscripte sizilianischer Gedichte des 16. Jahrhunderts. — Boehmer, Ed., zur sizilischen Aussprache; Die beiden U; Zu Juan de Valdés. — Hartmann, Mart., Boehmer, Ed., Koschwitz, Ed., zum Oxforder Roland. — Förster, Wend., Schicksale des lat. ŏ im Französischen. (3. Bd. S. 1—198.) 878. *ℳ 6.
„ 11. Morf, Heinr., die Wortstellung im altfranzösischen Rolandsliede. — Koschwitz, Ed., der altnordische Roland. Ins Deutsche übersetzt. — Boehmer, Ed., Klang, nicht Dauer; Gautier's Épopées françaises, 2. Ausg. (3. Bd. S. 199—372.) 878. *ℳ 4.
„ 12. Willenberg, Gotth., historische Untersuchung über den Conjunctiv Praesentis der ersten schwachen Conjugation im Französischen. — Stock, Herm., die Phonetik des „Roman de Troie" und der „Chronique des Ducs de Normandie". — Koschwitz, Ed., der Vocativ in den ältesten französ. Sprachdenkmälern. — Heiligbrodt, Rob., Fragment de Gormund et Isembard. Text nebst Einleitung, Anmerkungen und vollständigem Wortindex. — Boehmer, Ed., Wie klang o/u?; Dous; Tirolerisches; Eulalia; Klang, nicht Dauer. II. (3. Bd. S. 373—636.) 879. *ℳ 6,50.

—— dass. — 13. und 14. Heft. gr. 8. Bonn 879, Weber's Verlag. * 10 —
Inhalt:
Heft 13. Foerster, W., Galloitalische Predigten aus Cod. misc. lat. Taurinensis D. VI. 10. 12ten Jahrhunderts, mit 1 photolithogr. Taf.; Zu den altfranzösischen Predigten des h. Bernhard. — Boehmer, Ed., Sponsus, mystère des vierges sages et des vierges folles; Zur Clermonter Passion; Zu Dante's „de vulgari eloquentia". — Heiligbrodt, R., zur Sage von „Gormund und Isembard"; Synopsis der Tiradenfolge in den Hdsch. des Girart de Rossilhon. — Cihac, A. de, Sur les études roumaines de Mr. Hajdĕu. (4. Bd. S. 1—196.) *ℳ 6.
Heft 14. Vollmöller, Karl, der Cancionero Gayangos; Aus dem Oxforder Cancionero. — Horning, Ad., le pronom neutre il en langue d'oïl. — Harseim, Friedr., Vocalismus und Consonantismus im Oxforder Psalter. — Horning, Ad., Bris, Bricon. — Foerster, W., Nachtrag zu den galloitalischen Predigten. — Boehmer, Ed., zu Juan de Valdés. II.; Klang, nicht Dauer. III. (4. Bd. S. 197—350.) *ℳ 4.
1.—5. Heft. 1871—75. *ℳ 19,25.

—— romanische. Hrsg. von Ed. Boehmer. 15.—20. Heft. gr. 8. Bonn, Weber's Verlag. * 37 50
Inhalt:
Heft 15. Schwan, Ed., Philippe de Remi, Sire de Beaumanoir, und seine Werke. — Kupferschmidt, Max, die Havelocksage bei Gaimar und ihr Verhältnise zum Lai d'Havelok. — Cihac, A. de, le type homo-ille ille-bonus. — Cihac, A. de, meine Antwort an Hrn. Dr. M. Gaster. — Varnhagen, Hermann, Churwälsche Handschriften des British Museum. — Varnhagen, Hermann, altfranzösische Miscellen. — Boehmer, Ed., ein Brief von Cassiodoro de Reyna. — Boehmer, Ed., plenisonant, semisonant. — Boehmer, Ed., diakritische Bezeichnung der Vocalbuchstaben. (4. Bd. S. 351—492.) 879. *ℳ 4.
„ 16. Schmidt, Adolf, Guillaume, le clerc de Normandie, insbesondere seine Magdalenenlegende. — Uhlemann, Emil, über die anglonormannische Vie de Saint Auban in Bezug auf Quelle, Lautverhältnisse und Flexion. — Horning, Ad., du Z dans les mots mouillés en langue d'oïl. — Gartner, Th., die ladinischen Idiome in Ladinien, Gröden, Fassa, Buchenstein, Ampesso, von Johann Alton. — Boehmer, Ed., Beiblatt. Strassburger Erlebnisse. — Boehmer, Ed., neue Publicationen. (4. Bd. S. 493—652.) 880. *ℳ 4.
„ 17. Der Oxforder Girart 1. Bemerkungen von Wendelin Foerster. — Zweiter Nachtrag zu den Galloitalischen Predigten von Wendelin Foerster. — Der Londoner Girart mit Bemerkungen von J. Stürzinger. — Der Pariser Girart collationiert von P. Apfelstedt. (5. Bd. S. 1—259.) 880. *ℳ 10.

» 18. Schmits, Wilhelm, das Verso des Fragments von Valenciennes. — Rose, Hermann, über die Metrik der Chronik Fantosme's. — Wehrmann, Karl, Beiträge zur Lehre von den Partikeln der Beiordnung im Französischen. — Vogels, J., der syntaktische Gebrauch der Tempora und Modi bei Pierre de Larivey im Zusammenhang der historischen französischen Syntax. — Märtens, Paul, zur Lanzelotsage. Eine litterarhistorische Untersuchung. — Horning, Ad., l'8 à la première personne du singulier en français. — Boehmer, Ed., neue Publicationen. (5. Bd. III, S. 357—716 mit 4 autogr. Taf.) 880. *ℳ 12.
» 19. Valdés, Juan de, Dialogo de Mercurio y Caron. (6. Bd. S. 1—108.) 881. *ℳ 4.
» 20. Boehmer, Ed., Verzeichniss rätoromanischer Litteratur. (6. Bd. S. 109—218.) 883. *ℳ 3,50.

—— romanische. Hrsg. von Ed. Boehmer. 21. Heft. [6. Bd. 3. Heft: Rätisches. Verzeichniss rätorom. Litteratur. Ein engandin. Schauspiel von 1564 nach Gengenbach. Ein Ineditum von W. v. Humboldt und Mtth. Conradi.] gr. 8. (S. 219—338.) Bonn 885, Weber. * 4 —
1.—20. Heft. Ebendas. 1871—84. *ℳ 101.75.

Studien, romanische. Hrsg. v. Ed. Boehmer. 22. Hft. (6. Bd. 4. Hft.) gr. 8. Bonn 895. A. Marcus & E. Weber's Verlag. n. 5. — (1.—22.: n. 110. 50)
Juan de Valdés, diálogo de la lengua u. Refranes. (III, u. S. 339—508.) (6. Bd. kplt.: n. 16. 50)

— romanische, veröffentl. v. Emil Ebering. 1.—4. Hft. Berlin, E. Ebering. n. 14. —
1. Die neuprovenzalischen Sprichwörter d. jüngeren Cheltenhamer Liederhandschrift. Mit Einleitg. u. Uebersetzg. zum ersten Male hrsg. Von Alfr. Pillet. gr. 8. (131 S.) 897. n. 3. 60
2. Reimwörterbuch d. Trobadors. M. e. Einleitg. üb. alt. provenzal. Doppelformen. Von E. Erdmannsdörffer. 8. (VII, 199 S.) 897. n. 5. —
3. Die altprovenzalische Version der Disticha Catonis. Von Rud. Tobler. gr. 8. (104 S.) 897. n. 2. 40
4. Die enfances Vivien. Ihre Ueberlieferg. — Ihre cykl. Stellg. Von Wilh. Cloetta. gr. 8. (VIII, 96 S.) 898. n. 3. —

— romanische, veröffentlicht v. E. Ebering. 5. u. 6. Heft. gr. 8. Ebd. n. 8. —
5. Zur Vorgeschichte des altfranzösischen Rolandsliedes. (Ueber E im Rolandslied). Von Wilh. Tavernier. (230 S.) 903. n. 6. —
6. Der Chor in der französisch. Tragödie. Von Otto Reuter. (76 S.) 904. n. 2. —

Studien, romanische, veröffentl. v. Emil Ebering. 7.—10. Heft. gr. 8. Berlin, E. Ebering. 14. 90
Nonnenberg-Chun, Marie, der französ. Philhellenismus in den zwanziger Jahren des vor. Jahrhunderts. (234 S.) 909. (Heft 10.) 6. —
Sabersky, Heinr., das Verhältnis des Italieners zu seiner Landessprache aus De Amicis, l'idioma gentile. 2 Vorträge, geh. in der Gesellschaft f. das Studium der neueren Sprachen in Berlin. (81 S.) 909. (Heft 9.) 2. —
Schubert, Rich., Probleme der histor. franz. Formenlehre. 1. Tl. (XIII, 71 S.) 907. (Heft 7.) 2. 40
Wehowski, Else, die Sprache der Vida de la benaurada sancta Doucelina. Lautstand, Formen u. einige syntakt. Erscheingn.: Eine Studie zum Dialekt v. Marseille. (178 S.) 910. (Heft 8.) 4. 50

Studien, römische. Eine Sammlung wissenschaftl. Monographien im Gebiete der röm. Geschichte, Alterthümer und Rechtsgeschichte. In zwangloser Folge. 1. Thl.: Das alte römische Jahr und seine Tage. Eine chronologisch-rechtsgeschichtl. Untersuchung in zwei Büchern von Ph. E. Huschke. gr. 8. (X, 380 S.) Breslau 869, Hirt's Verlag. *

— Rostocker rechtswissenschaftliche, hrsg. von B. Matthiass u. H. Geffcken. I. Bd. 1. u. 2. Hft. gr. 8. Leipzig, A. Deichert Nachf. n. 4. —
1. Die Handlungsfähigkeit der Geisteskranken nach dem bürgerl. Gesetzbuche. Von Pet. Brunswig. (VIII, 152 S.) 902. n. 3. —
2. Der Bundesrat als Schiedsrichter zwischen deutschen Bundesstaaten. Von Alfr. Krick. (VIII, 48 S.) 903. n. 1. —

— Rostocker rechtswissenschaftliche, hrsg. v. B. Matthiass u. H. Geffcken. I. Bd. 3.—5. Heft. gr. 8. Leipzig, A. Deichert Nachf. n. 6. 55
(I. Bd. vollst.: n. 10. 55)
3. Die Vererbung e. Handelsgeschäftes. Von H. Stegemann. (VII, 134 S.) 903. n. 2 80
4. Die Pfandansprüche nach § 1227 des bürgerlichen Gesetzbuchs f. das Deutsche Reich. Von Erwin Schultz. (XI, 91 S.) 903. n. 2. 25
5. Die unterseeischen Telegraphenkabel in Kriegszeiten. Von Bruno Kraemer. (VIII, 64 S.) 903. n. 1. 50

— dasselbe. II. Bd. 7 Hefte. gr. 8. Ebd. n. 12. 25
1. Die Kontingentsherrlichkeit nach deutschem Reichsrecht. Von Alfr. Gau. (VI, 88 S.) 904. n. 2. —
2. Die Notverordnung nach deutschem Staatsrechte. Versuch e. Begriffsbestimmg. Von H. Hansel. (VIII, 62 S.) 904. n. 1. 50
3. Die Beamtenhaftpflicht nach § 839 B.G.B. Von Carl Meltz (VIII, 95 S.) 904. n. 2. —
4. Die indirekte Verpflichtung zur Leistung. Ein Beitrag zur Technik des bürgerl. Rechts. Von Gerh. Buchka. (V, 48 S.) 904. n. 1. —
5. Die Grundlagen der modernen condictio. Von Rich. Plessen. (VIII, 61 S.) 904. n. 1. 40
6. Die Voraussetzungen der Zwangsvollstreckung in das Eingebrachte u. das Gesamtgut. Ein Beitrag zur Erläuterg. der §§ 739—741 der CPO. Von H. Walsmann. (54 S.) 904. n. 1. 35
7. Das Seebeuterecht. Von Willy Röpcke. (X, 139 S.) 904. n. 3. —

— dasselbe. III. Bd. 1.—4. Heft. gr. 8. Ebd. n. 5. 80
1. Der Eigentumserwerb durch Einverleibung in e. Inventar. Von A. Sprenger. (X, 65 S.) 904. n. 1. 60
2. Der Konkurs der Aktiengesellschaft u. ihre Erneuerung. Von K. Bett. (XIII, 121 S.) 904. n. 2. 60
3. Merkmale u. Bedeutung des Eigenbesitzes. Dargelegt unter Berücksicht. der Entwicklg. des röm. u. deutschen Rechts. Von Jak. Auerbach. (X, 45 S.) 905. n. 1. —
4. Ueber § 866 Abs. 3 der Zivilprozessordnung. Von Albr. Kuhlmann. (V, 26 S.) 905. n. — 60

— Rostocker rechtswissenschaftliche, hrsg. v. B. Matthiass u. H. Geffcken. III. Bd. 5. Heft. gr. 8. Leipzig 907. A. Deichert Nachf. 3. —
Die Stellung der Ehefrau im Betrieb e. Erwerbsgeschäfts nach dem BGB. Von Geo. Hörle. (VIII, 151 S.)

Studien zum Ruhetagsgesetz. Ernste Gedanken ... s.[Segesser, Friedrich].

Studien zum Ruhetagsgesetz. Ernste Gedanken über Sonntagsheiligung und Sonntagsgesetze. (Allen Freunden der Sonntagsheiligung gewidmet.) Basel [1908]. V: *Segesser, Friedrich.* (BBullschw 8, 1908)

—— russische, zur Theologie und Geschichte. Hrsg. von J. M. Mor. Brühl. 1—3. Heft. gr. 8. Münster 857. 58, Theissing'sche Buchh. *
Inhalt:
Heft 1. Gagarin, J., das theologische Lehrsystem in der russischen Kirche. (64 S.) * 8 Ngr.
» 2. —— eine noch unbekannte Urkunde über die Vertreibung der Jesuiten aus Moskau im J. 1689. — Die Starowerzen, die russische Kirche und der Papst. Zwei Abhandlungen. (S. 65—207.) * 18 Ngr.
» 3. Verdière, katholische Anfänge der russischen Kirche bis zum 12. Jahrhundert. Eine Abhandlung. (S. 208—388.) * 20 Ngr.

Studien und Schilderungen aus China hrsg. von d. kath. Mission Süd-schantung. No 1. Jentschoufu: (Kath. Mission) 1906. 8° [07. 14143

Studien z. hess. Schulgeschichte [3ff.: Quellen und Studien zur hessischen Schul- und Universitätsgeschichte]. [1.] Darmstadt: Waitz 1902. 8°

Studien z. hessischen Schulgeschichte. H. 3ff. 1906, s. Quellen u. Studien z. hess. Schul- u. Universitätsgeschichte.

— schweizer, zur Geschichtswissenschaft. Hrsg. v. Baumgartner, Meyer v. Knonau, Oechsli, Tobler. I. u. II. Bd. à 3 Hefte u. III. Bd. 1. Heft. gr. 8. Zürich, Gebr. Leemann & Co. 33. 15
Brunner, E., der Kanton Zürich in der Mediationszeit (1803—1813). (266 S.) 909. (I. Bd. 1. Heft.) 5. 50
Frey, Walt., Beiträge zur Finanzgeschichte Zürichs im Mittelalter. (278 S.) (910.) (III. Bd. 1. Heft.) 5. 40
Kreis, H., die Grafsch. Baden im 18. Jahrh. (159 S. m. 1 Karte.) 909. (I. Bd. 2. Heft.) 3. 50
Mantel, Alfr., über die Veranlassung des Zwölfer- od. 2. Vilmergerkrieges. Die Toggenburgerwirren in den J. 1706—1712. (258 S.) 909. (I. Bd. 3. Heft.) 5. 50
Matzinger, A. W., zur Geschichte der niederen Vereinigung. I. Tl. — Der erste Bund. (284 S.) 910. (II. Bd. 5. Heft.) 4. 50
— dasselbe. II. Tl. — Der zweite Bund. (IV u. S. 285—592.) 910. (II. Bd. 3. Heft.) 4. 75
Zinsli, Philipp, politische Gedichte aus der Zeit der Bündner Wirren (1603—1639.) (253 S.) 910. (II. Bd. 1. Heft.) 4. —

Studien, semitische, hrsg. v. Carl Bezold. Ergänzungshefte zur Zeitschrift für Assyriologie. 15.—18. Hft. gr. 8. Berlin, E. Felber. n. 50. —
15—17. Glossarium latino-arabicum. Ex unico qui exstat codice Leidensi undecimo saeculo in Hispania conscripto nunc primum edidit, praefatione notisque instruxit, tabulam phototypicam adiecit Chrn. Freder. Seybold. (XX, 574 S.) 900. n. 40. —
18. Ibn Qutaiba's 'Ujûn al ahbâr. Nach den Handschriften zu Constantinopel u. St. Petersburg hrsg. von Carl Brockelmann. 1. Tl. Gedruckt m. Unterstütg. der Fleischer-stiftg. bei der deutschen morgenländ. Gesellschaft. (IV, 148 S.) 900. n. 10. —
1.—14. Hft. Ebd. 894—897. n. 138. —.

— semitistische. Ergänzungshefte zur Zeitschrift f. Assyriologie. Hrsg. v. Carl Bezold. 1.—3. Hft. gr. 8. Berlin 894. Weimar, E. Felber. n. 24. —
1. Fragmente aus dem Mugrib des Ibn Sa'îd. Hrsg. v. K. Vollers. I. Bericht üb. die Handschrift u. das Leben des Ahmed ibn Tûlûn v. Ibn Sa'îd nach Ibn ed-Dâjâ. (XXIV, 77 S.) n. 8. —
2. 3. The life of Rabban Hôrmîzd and the foundation of his monastery at Al-Kôsh. A metrical discourse by Wahlê, surnamed Sergius of Adhôrbâijân. The Syriac Text edited with glosses, etc., from a rare manuscript by E. A. Wallis Budge. (VIII, 168 S.) n. 16. —

— semitistische. Ergänzungshefte zur Zeitschrift f. Assyriologie. Hrsg. v. Carl Bezold. 4.—14. Hft. gr. 8. Weimar. Berlin, E. Felber. n. 114. — (1.—14.: n. 138. —)
4. 5. Die neu-aramäischen Handschriften d. kgl. Bibliothek zu Berlin in Auswahl hrsg., übers. u. erläut. v. Mark Lidzbarski. 1. Tl. (IV, 320 S.) 894. n. 20. —
6. 7. Dasselbe. 2. Tl. (II, 208 S. u. S. 321—488.) 895. n. 24. —
8. 9. Dasselbe. 3. Tl. (1. Bd. XIX u. S. 209—580 u. 2. Bd. XII S. m. 2 Schrifttaf.) 896. n. 26. — (kplt.: n. 70. —)
10. 11. Ibn al Atîr's (Magd Aldîn al Mubârak) Kunja-Wörterbuch, betitelt Kitâb al Murassa', hrsg. v. C. F. Seybold. (XVIII, 267 S.) 896. n. 30. —
12. Beiträge zur minäischen Epigraphik. Von J. H. Mordtmann. M. 22 in den Text gedr. Fcsms. (XIV, 127 S.) 897. n. 12. —
13. 14. Das arabische Strophengedicht. Von Mart. Hartmann. I. Das Muwaššah. (VIII, 258 S.) 897. n. 12. —

Studien über den Sicherheits-Dienst in verbundenen Waffen. Wien 1867. V: *Abendroth*, *Hnr. v.* (KA)

— über den Sicherheits-Dienst in verbundenen Waffen. Wien 867. Gerold's Sohn. gr. 8. (IV, 166 S.) 1 ⅓ ℔

Studien und Skizzen zur Geschichte der Reformation. Schaffhausen 1846. V: [Jarcke, Carl Ernst].

Studien und Skizzen zur Geschichte der Reformation. Schaffhausen 1846. V: *Jarcke*, *Carl Ernst.* (ADB)

— u. Skizzen zur Geschichte d. Reformation. Ein Beitrag zur Würdigung derselben, aus dem polit. u. socialen Gesichtspunkte. 1. Bd. gr. 8. Schaffhausen 846, Hurter'sche B. n. 2⅓ ℔

— u. Skizzen aus der inneren Mission u. ihren Grenzgebieten. Hrsg. v. Gliedern der evangelisch-luther. Kirche in Rußland. I u. II. gr. 8. Riga [L. Hoerschelmann]. Jonck & Poliewsky. n. 5. —; ermäß. Pr. n. 3.20
I. (VII, 134 S. m. 1 Bildn.) 899. n. 2. —; erm. Pr. n. 1.20
II. Die Trunksucht u. ihre Bekämpfung. Mit besond. Berücksicht. der Mäßigkeitsbewegg. u. der Krugsfrage in den balt. Ostseeprovinzen. Von Vict. Wittstock. (XI, 263 S.) 900. n. 3. —; erm. Pr. n. 2. —

— u. Skizzen aus der inneren Mission u. ihren Grenzgebieten. III. Bd. gr. 8. Riga 906. Jonck & Poliewsky. n. 2. —
Gesammelte Vorträge üb. innere Mission, im Verein m. anderen hrsg. Von Herm. Grüner. (V, 175 S.)

—— Sophokleische, 1. Hft. König Oedipus, deutsch v. Carl Ferd. Grain. gr. 8. (4½ B.) Leipzig 833, Reclam.

—— sociale. Abhilfe gegen den Nothstand der Armen in der Residenz. Schattenbilder der Neuzeit mit heller Beleuchtung ihres dunkeln Bestehens. Dornen des Lebens. Von T. N. 8. (20 S.) Wien 866, Wächter. *

— sociale. Abhilfe gegen den Nothstand der Armen in der Residenz. Schattenbilder der Neuzeit mit heller Beleuchtung ihres dunklen Bestehens. Dornen des Lebens. Von T. N. Wien 866. Wächter. 8. (20 S.) n. 4 ngr.

— zur Sozial-, Wirtschafts- u. Verwaltungsgeschichte, hrsg. v. Karl Grünberg. 1. Heft. gr. 8. Wien 905. C. Konegen. n. 6. —
Entwicklung u. Organisation der Brandschadenversicherung in Oesterreich 1700—1848. Von Max Leimdörfer. (XII, 247 S.)

— zur Sozial-, Wirtschafts- u. Verwaltungsgeschichte, hrsg. von Karl Grünberg. 2.—4. Heft. gr. 8. Wien, C. Konegen. 19. —
Cronbach, Else, das landwirtschaftl. Betriebsproblem in der deutschen Nationalökonomie bis zur Mitte des XIX. Jahrh. (XI, 338 S.) 907. (Heft 2.) 10. —
Deutsch, Helene, die Entwicklung d. Seidenindustrie in Österreich 1660—1840. (VIII, 210 S.) 909. (Heft 3.) 5. —
Hecht, Otto, die k. k. Spiegelfabrik zu Neuhaus in Niederösterreich 1701—1844. Ein Beitrag z. Geschichte des Merkantilismus. (IX, 166 S.) 909. (Heft 4.) 4. —
1. Heft. Ebd. 905. 6. —

—— und Kritiken, social-pädagogische. Von Jan Dan. Georgens, Jeanne Marie v. Gayette und Heinr. Deinhardt. 1. Bd.: Die Gegenwart der Volksschule. Kritik und Darstellung der volkspädagog. Fortschrittsversuche. Hrsg. von Georgens. 1. Heft. 2., unveränd. Abdr. und 2. Heft. 2., verm. Abdr. gr. 8. (233 S.) Wien 858, Typographisch-literarisch-artistische Anstalt. *
Ist nicht fortgesetzt worden.

— zur christlichen Sozialreform. Hrsg. v. Frz. Hemala u. Ant. Orel. 1. Heft. 8. Wien, A. Opitz Nachf. 2.60
Kapitalismus, Bodenreform u. christlicher Sozialismus. Von Ant. Orel. (264 S.) 909.

— sozialwissenschaftliche. Hrsg. v. H. Waentig. 1. Bd. gr. 8. Jena, G. Fischer. 4.50
Lorenz v. Stein u. die Gesellschaftslehre. Von Ernst Grünfeld. (XI, 257 S.) 910.

— aus der Special-Schule von Th. R. v. Hansen, hrsg. vom Vereine der Architekten an der k. k. Akademie der bildenden Künste in Wien. 12 Lfgn. Fol. Wien 878—80. Lehmann. à n. 3. — (cplt. in Mappe: n. 36. —)
1. Entwurf eines römischen Bades von A. Décsey. (Mit Kaiserpreis gekrönt.) (6 Steintaf.)
2. Entwurf einer griechisch-orientalischen Kirche von E. Stupannopulos. (6 Steintaf.)
3. Entwurf eines Rathhauses von J. Gollinger. (6 Steintaf.)
4. Entwurf einer Börse von J. Scheiringer. (6 Steintaf.)
5. Entwurf eines Palais von G. Reitmayer. (6 Steintaf.)
6. Entwurf zu einem Musikvereins-Gebäude von L. V. Pákey. (6 Steintaf.)
7. Entwurf zu einem Jagdschlosse von Jos. Höfler. Entwurf zu einem Garten-Pavillon von Jan Koula. (Concurrenz-Arbeiten.) (6 Steintaf.)
8. Entwurf zu einem Rathhause von Jacques Leyh. (6 Steintaf.)
9. Entwurf zu einem Wachhause von J. Petlik. Entwurf zu einem Altar (Concurrenz) von J. Bret. (6 Steintaf.)
10. 11. Skizze zu einem Cursalon mit Bädern von Jos. Höfler. Entwurf für ein Museum von Gedeon Majunke. (12 Steintaf.)
12. Reiseaufnahmen vom Jahre 1879. (6 Steintaf.)

—— dass. — 2. Lfg. 1.—11. Heft. Fol. (à Heft 6 lithogr. und Lichtdr.-Taf.) Wien, (Gerold und Comp.) à Heft ** *M* 3. **

Inhalt:

Heft 1. Schaffer, Jos., Entwurf zu einer Kunstakademie. 881.
» 2. Roleder, H., Entwurf eines Centralfriedhofes. 881.
» 3. Mirkovszky, G., Entwurf zu einem Künstlerhaus. — Sebek, P., Entwurf zu einer Villa. — Zobel, L., Brunnen. 881.
» 4. 5. Scheiringer, J., Entwurf zu einem Opernthеater. — Schaffer, Jos., Wandarm. — Pařik, Karl, Kanzel. 882.
» 6. Fellner v. Feldegg, F., Entwurf zu einer Kirche. — Chlebǒček, Jos., Plafond. 882.
» 7. 8. Chlebǒček, Jos., Entwurf zu einem Museum. — Pařik, Karl, Entwurf zu einer Kirche. — Mirkovszky, G., Kamin und Kandelaber. 882.
» 9. Horčička, Geo., Entwurf zu einem Justiz-Palast. — Chlebǒček, Jos., Entwurf zu einem Musikpavillon. 883.
» 10. 11. Herzberg, J., Entwurf zu einem römischen Bade. — Taugen, K. D., Entwurf zu einer Börse. — Ilkits, J. G., pompejanische Wandmalerei. 883.

—— staatswissenschaftliche. In Verbindung mit Baumstarck, Böhm v. Bawerk, Gust. Cohn etc. hrsg. von Ludw. Elster. 1. Bd. 6 Hefte. gr. 8. Jena 887, Fischer. *

Inhalt:

Heft 1. Schmidt, Conr., der natürliche Arbeitslohn. (87 S.) **M* 2.—.
» 2. Hansen, Johs., Untersuchungen über den Preis des Getreides mit besond. Rücksicht auf den Nährstoffgehalt desselben. (79 S. mit 3 lithogr. Taf.) **M* 2.—.
» 3. Kral, Frz., Geldwert und Preisbewegung im Deutschen Reiche 1871—1884. Mit einer Einleitung über die Methode der statist. Erhebung von Geldmenge und Geldbedarf von F. X. v. Neumann-Spallart. (VIII, 111 S.) **M* 2.40.
» 4. Gruber, Ign., die Haushaltung der arbeitenden Klassen. (VIII, 178 S.) **M* 3.—.
» 5. Metzler, Gust. Karl, statistische Untersuchungen über den Einfluss der Getreidepreise auf die Brotpreise und diese auf die Löhne. (VII, 42 S.) **M* 1.50.
» 6. Tesdorpf, W., Gewinnung, Verarbeitung und Handel des Bernsteins in Preussen von der Ordenszeit bis zur Gegenwart. Eine historisch-volkswirtschaftl. Studie. (VII, 147 S. mit 1 graph. Darstellung.) **M* 3.—.

—— dass. — 2. Bd. 5 Hefte. gr. 8. Ebendas. *

Inhalt:

Heft 1. Bechtle, Otto, die Gewerkvereine in der Schweiz. (79 S.) 887. **M* 2.—.
» 2. Leuschner, Karl, die landwirtschaftlichen und socialen Verhältnisse im westlichen Ungarn. Unter besond. Berücksicht. des Weissenburger, Tolnaer und Baranyer Komitats. (V, 107 S.) 888. **M* 2.50.
» 3. Dullo, A., Gebiet, Geschichte und Charakter des Seehandels der grössten deutschen Ostseeplätze seit der Mitte dieses Jahrhunderts. (XI, 158 S.) 888. **M* 3.—.
» 4. Bloeck, Rich., Untersuchungen über die Produktionskosten der Getreidekörner. (54 S.) 888. **M* 1.80.
» 5. Trüdinger, Otto, die Arbeiterwohnungsfrage und die Bestrebungen zur Lösung derselben. Von der staatswissenschaftl. Facultät der Eberhard-Karls-Universität zu Tübingen gekrönte Preisschrift. (VII, 233 S.) 888. **M* 4.50.

—— staatswissenschaftliche. In Verbindg. m. Böhm v. Bawerk, Gust. Cohn u. A. hrsg. v. Ludw. Elster. 2. Bd. 6. Heft. gr. 8. (80 S.) Jena 888, Fischer. * 2 —
Seelhorst, Conr. v. Der Roggen als Wertmass f. landwirtschaftliche Berechnungen.

—— dass. — 3. Bd. 7 Hefte. gr. 8. Ebd. * 17 20
1. Heil, Adf. Resultate d. Einschätzungen zur Einkommensteuer in Hessen, Sachsen u. Hamburg in Bezug auf die Entwickelung d. Mittelstandes. (IV, 63 S.) 888. * 2 —.
2. Köbner, O. Die Methode der letzten französischen Bodenbewertung. Ein Beitrag zum Katasterproblem. (VII, 79 S.) 889. * 2 —.
3. Schwab, John Christopher. Die Entwickelung der Vermögenssteuer im Staate New-York. (XI, 72 S.) 890. * 2 —.
4. Köttgen, Aug. Studien üb. Getreideverkehr u. Getreidepreise in Deutschland. (VII, 67 S.) 890. * 2 —.
5. Gerlach, Otto. Ueber d. Bedingungen wirtschaftlicher Thätigkeit. Kritische Erörtergn. zu den Wertlehren v. Marx, Knies, Schäffle u. Wieser. (VI, 87 S.) 890. * 2 40.
6. Düsing, C. Das Geschlechtsverhältniss der Geburten in Preussen. (V, 82 S. m. 2 Taf.) 890. * 1 80.
7. Lumm, Karl v. Die Entwickelung d. Bankwesens in Elsass-Lothringen seit der Annexion. (III, X, 273 S.) 891. * 5 —.

— dasselbe. 4. Bd. 6 Hfte. gr. 8. Ebd. n. 16. 50
1. Das Kreditwesen der Staaten u. Städte der nordamerikanischen Union in seiner historischen Entwickelung. Von Carl Copping Plehn. (VI, 93 S.) 891. n. 2. —
2. Die Nationalgüterveräusserung während der französischen Revolution m. besond. Berücksicht. d. Departement Seine u. Oise. Ein Beitrag zur sozialökonom. Geschichte der grossen Revolution. Auf Grund ungedr. Quellen. Von Boris Minzes. (VIII, 167 S.) 892. n. 4. —
3. Die Finanzverwaltung der Grafsch. Luxemburg im Beginn d. 14. Jahrh. Auf Grund d. Urbare aus den J. 1306—1317. Von Mart. Mohr. (VII, 62 S.) 892. n. 2. —
4. Die französische Wehrsteuer nach dem Gesetze vom 15. Juli 1889 v. Arth. Schott. (V, 128 S.) 892. n. 2. 50
5. Die Verstaatlichung der Steinkohlenbergwerke v. Karl Aug. Hückinghaus. (VII, 150 S.) 892. n. 3. —
6. Die mittlere Lebensdauer. Die Methoden ihrer Bestimmg. u. ihr Verhältnis zur Sterblichkeitsmessg. Von Ladisl. v. Bortkewitsch. (VI, 117 S.) 893. n. 3. —

Studien, staatswissenschaftliche. In Verbindg. m. Gust. Cohn, Eheberg, Helferich u. A. hrsg. v. Ludw. Elster. 5. Bd. 1. u. 2. Hft. gr. 8. Jena, G. Fischer. n. 4. 30
1. Über die Schwankungen in dem Bedarf an Handarbeit in der deutschen Landwirtschaft u. die Möglichkeit ihrer Ausgleichung. Von Geo. Meyer. (100 S.) 893. n. 2. 50
2. Zur Geschichte der volkswirtschaftlichen Ideen in England gegen Ausgang d. Mittelalters. Von Alb. Hahl. (VIII, 59 S.) 893. n. 1. 80

— staatswissenschaftliche. In Verbindg. m. Eheberg, v. Inama-Sternegg, Laspeyres u. a. hrsg. v. Ludw. Elster. 5. Bd. 3.—5 Hft. gr. 8. Jena, G. Fischer. n. 15. — (5. Bd. kplt.: n. 19. 30)
3. Die sogen. Lebensversicherg. Wirtschaftl. Studie v. Max Gebauer. (XI, 312 S.) 895. n. 6. 50
4. Ferdinand Lasalles sozialökonom. Anschauungen u. prakt. Vorschläge. Von Lampertus Otto Brandt. (V, 90 S.) 895. n. 2. —
5. Die Verbrechen in ihrem Zusammenhang m. d. wirtschaftl. u. sozialen Verhältnissen im Kanton Zürich v. Alb. Meyer. (VIII, 98 S.) 895. n. 4. —
6. Die Produktions- u. Preisentwickelung d. Rohprodukte der Textilindustrie seit 1850. Von Wilh. Schultze. (III, VIII, 107 S.) 896. n. 2. 50

— dasselbe. 6. Bd. 1.—6. Hft. gr. 8. Ebd. n. 15. 10
1. Beiträge zur Geschichte d. gewerbl. Arbeit in England währ. d. letzten 50 Jahre. Nach d. Erhebgn. der Royal Commission on Labour. Von Carl Alfr. Schmid. (VIII, 215 S.) 896. n. 4. 50
2. Johann Joachim Becher. Ein Beitrag zur Geschichte d. Nationalökonomik. Von R. v. Erdberg-Krczenciewski. (VII, 141 S.) 896. n. 3. —
3. Rubelkurs u. russische Getreideausfuhr. E. Währungsstudie v. Frz. Kantorowicz. (VII, 68 S. m. 4 eingedr. Kurven.) 896. n. 2. —
4. Der Wertgedanke, e. verhülltes Dogma d. Nationalökonomie. Krit. Studien zur Selbstbesinng. des Forschens im Bereiche d. sogen. Wertlehre. Von Frdr. Gottl. (76 S.) 897. n. 2. —
5. Familienfideikommisse. Von Paul Hager. (VII, 60 S.) 897. n. 1. 20
6. Ueber die Versicherung minderwertiger Leben. Von Max Kehm. (92 S.) 897. n. 2. 40

— staatswissenschaftliche. In Verbindg. m. Eheberg, v. Inama Sternegg, Laspeyres etc. hrsg. v. Ludw. Elster. 6. Bd. 7. Hft. gr. 8. Jena, G. Fischer. n. 4. —; (6. Bd. kplt. n. 19. 10)
Die Einkommenbesteuerung nichtphysischer (juristischer) Personen. Von D. Feitelberg. (IX, 191 S.) 900.

—— staatswissenschaftliche, f. Gesetzgebung, geist. Entwicklung, staatsbürgerl. Wohlfahrt u. persönl. Freiheit. Hrsg. v. Alex. Müller. gr. 8. (21 B.) Stuttgart 836, [Scheible, Rieger u. Sattler.] 1 18

– ständische, oder Stellung des Nationalvereins den Landesvertretungen gegenüber. Harburg 863. Frick. gr. 8. (16 S.) 3 ngr.

—— über die beträchtliche, seit zehn Jahren gestiegene Sterblichkeit in Graz. 8. (136 S.) Graz 870, Moser. *

— Strassburger. Zeitschrift für Geschichte, Sprache u. Literatur des Elsasses, hrsg. von Ernst Martin u. Wilh. Wiegand. 1—3. Hft. gr. 8. (VII, 300 S.) Strassburg 882. Trübner. n. 7. —

— Strassburger. Zeitschrift f. Geschichte, Sprache u. Litteratur d. Elsasses, hrsg. v. Ernst Martin u. Wilh. Wiegand. 1. Bd. 4. Hft. gr. 8. (III u. S. 301—482.) Strassburg 883. Trübner. n. 5. — (1. Bd. cplt.: n. 12. —)

—— Strassburger, Zeitschrift für Geschichte, Sprache und Litteratur des Elsasses, hrsg. von Ernst Martin und Wilh. Wiegand. 1. Bd. 4 Hefte. gr. 8. (VII, 482 S.) Strassburg 883, Trübner. *

Inhalt:

Preuss, R., stilistische Untersuchungen über Gottfried von Strassburg. — Martin, E., Urkundliches über die Meistersinger zu Strassburg. — Martin, E., abwechselnd bewirtschafteter Gemeindeacker. — Martin, E., Meister Hesse der Schreiber von Strassburg. — Martin, E., ein Minnelied. — Socin, A., die althochdeutsche Sprache im Elsass vor Otfried von Weissenburg. — Schulte, A., Closener und Königshofen. Beiträge zur Geschichte ihres Lebens und der Entstehung ihrer Chroniken. — Wiegand, Wilh., ein Urbar des Strassburger Bisthums aus dem 14. Jahrh. — Soltau, W., Jacob von Mainz. Matthias von Neuenburg oder Albertus Agentinensis. — Scherer, Wilh., Wolfhart Spangenberg. — Socin, A., Nachtrag zu den Ortsbestimmungen in den Weissenburger Urkunden. — Martin, E., Critic. — Martin, E., litterarhistorische Notizen. — Martin, E., und Wilh. Wiegand, Verzeichnis der in den Jahren 1870—1882 erschienenen Litteratur über das Elsass.

—— dass. — 2. Bd. 4 Hefte. gr. 8. (504 S. mit 4 Karten.) Strassburg 883,84, Trübner. *

Inhalt:

Thomas Murners Mühle von Schwindelsheim, hrsg. von Albrecht. — Baltzer, Martin, Ministerialität und Stadtregiment in Strassburg bis zum Jahre 1266. — Ruppert, Strassburger Adel in der Mortenau. I. die Erbin von Rorburg. — Schulte, A., Papst Leo IX. und die elsäss. Kirchen. — Soltau, W., Albert von Hohenberg als Chronist. Eine Entgegnung. — Finke, H., der Strassburger Electenprozess vor dem Konstanzer Konzil. I. II. III. — Mankel, W., die Mundart des Münsterthales. — Schricker, Aug., älteste Grenzen und Gaue im Elsass. Ein Beitrag zur Urgeschichte des Landes. — Knod, G., zur Schlettstadter Schulgeschichte. — Crueger, Joh., Briefe von Schöpflin und anderen Strassburger Gelehrten an Bodmer und Breitinger. — Ruppert, Strassburger Adel in der Mortenau. II. Die Liebenzeller. — Martin, E., zum heiligen Namenbuch von Konrad Dangkrotzheim.

— dasselbe. 3. Bd. 1. Hft. gr. 8. (146 S.) Ebend. 885. n. 3. —

—— dass. — 3. Bd. 4 Hefte. gr. 8. (III, 484 S.) Ebendas. *

Inhalt:

Heft 1. Flohr, M., Deutsche Glossen in dem Vocabular Niger Abbas. (Metzer Hs. 203.) — Socin, A., eine in Strassburg erschienene Anekdotensammlung in Versen. — Martin, E., Miscellen. (S. 1—146.) 886. *ℳ 3.—.

» 2. Plate, O., die Kunstausdrücke der Meistersinger. — Martin, E., kleinere Mitteilungen. (S. 147—242.) 887. *ℳ 2.—.

» 3. Seelig, Fritz, der elsässische Dichter Hans v. Bühel. — Roth, F. W. E., zwei Bibliothekskataloge saec. XI und XV der Abtei Murbach. S. O. B. (S. 243—344.) 887. *ℳ 2.—.

» 4. Poll, Max, die Fabeln von Gottlieb Conrad Pfeffel und ihre Quellen. — Martin, E., Wimpfelings Stylpho. (III, S. 345—484.) 888. *ℳ 3.—.

— Strassburger theologische. Hrsg. v. Alb. Ehrhard u. Eug. Müller. I. Bd. 5 Hfte. gr. 8. Freiburg i/B. Herder. n. 8. —

1. 2. Natur u. Wunder, ihr Gegensatz u. ihre Harmonie. Ein apologet. Versuch v. Eug. Müller. (XIX, 205 S.) 892. n. 2. 30
3. Der Augustiner Bartholomäus Arnoldi v. Usingen, Luthers Lehrer u. Gegner. Ein Lebensbild. Von Nic. Paulus. (XVI, 136 S.) 893. n. 1. 80
4. 5. Die altchristliche Literatur u. ihre Erforschung seit 1880. Allgemeine Übersicht u. 1 Literaturbericht (1880—1884). Von Alb. Ehrhard. (XIX, 239 S.) 894. n. 3. 40

— dasselbe. 2. Bd. 1. Hft. gr. 8. Ebd. 894. n. 2. 60
Die Strassburger Diöcesansynoden. Von Max Sdralek. (XII, 168 S.)

— Strassburger theologische. Hrsg. v. Alb. Ehrhard u. Eug. Müller. 2. Bd. 2.—4. Hft. gr. 8. Freiburg i/B., Herder. n. 5. 80 (2. Bd. kplt.: n. 8. 40)

2. Die Strassburger Reformatoren u. d. Gewissensfreiheit. Von Nic. Paulus. (XII, 106 S.) 895. n. 1. 80
3. Die moderne Moral u. ihre Grundprincipien. Krit. beleuchtet v. C. Didio. (IX, 103 S.) 896. n. 2. —
4. Die Wunder Jesu in ihrem inneren Zusammenhange betrachtet. Von D. Florenz. (V, XII, 106 S.) 897. n. 2. —

— dasselbe. 3. Bd. 1. Hft. gr. 8. Ebd. 898. n. 2. 80
Kaspar Schatzgeyer, e. Vorkämpfer d. kathol. Kirche gegen Luther in Süddeutschland. Von Nik. Paulus. (X, 152 S.)

— Strassburger theologische. Hrsg. v. Albert Ehrhard u. Eug. Müller. III. Bd. 2.—5. Hft. gr. 8. Freiburg i/B., Herder. n. 9. 20; (III. Bd. kplt. n. 12. —)

2. 3. Der Prolog des hl. Johannes, e. Apologie in Antithesen. Von Karl Weiss. (XII, 208 S.) 899. n. 3. 80
4. 5. Die Eucharistielehre des hl. Johannes Chrysostomus, des Doctor Eucharistiae Von Aug. Naegle. (XIII, 308 S.) 900. n. 5. 40

— dasselbe. IV. Bd. 5 Hfte. gr. 8. Ebd. n. 12. 20

1. Frobenius Forster, Fürstabt v. St. Emmeram in Regensburg. Ein Beitrag zur Litteratur- u. Ordensgeschichte des 18. Jahrh. Von Jos. Ant. Endres. (IX, 114 S.) 900. n. 2. 40
2. Geiler's v. Kaysersberg „Ars moriendi" aus dem J. 1497. Nebst e. Beichtgedicht v. Hans Folts v. Nürnberg. Hrsg. u. erörtert v. Alex. Hoch. (XIII, 111 S.) 901. n. 2. 40
3. Die Anfänge der Irregularitäten bis zum ersten allgemeinen Konzil v. Nicäa. Eine kirchengeschichtl. Untersuchung. Von Camill Bichert. (IX, 116 S.) 901. n. 2. 40
4. 5. Die Gottheit des hl. Geistes nach den griech. Vätern des 4. Jahrh. Eine dogmengeschichtliche Studie. Von Thdr. Schermann. Gekrönte Preisschrift. (XII, 245 S.) 901. n. 5. —

— dasselbe. 1. Suppl.-Bd. gr. 8. Ebd. 900. n. 15. —
Die altchristl. Litteratur u. ihre Erforschung von 1884—1900. Von Alb. Ehrhard. 1. Abtlg. Die vornicän. Litteratur. (XII, 644 S.)

— dasselbe. V. Bd. 1. Hft. gr. 8. Ebd. 902. n. 2. 70
Die Inspirationslehre des Origenes. Ein Beitrag zur Dogmengeschichte. Von Aug. Zöllig. Diss. (IX, 130 S.)

— Strassburger theologische. Hrsg. v. Alb. Ehrhard u. Eug. Müller. V. Bd. 2.—4. Hft. gr. 8. Freiburg i/B., Herder. n. 7. 20 (V. Bd. vollst.: n. 9. 90)

2. Die Beweise f. die Unsterblichkeit der Seele aus allgemeinen psycholog. Tatsachen. Neu geprüft. Von Philipp Kneib. (V, 106 S.) 903. n. 2. 40
3. 4. Die Erziehungslehre der drei Kappadozier. Ein Beitrag zur patrist. Pädagogik. Von Karl Weiss. (V, XI, 242 S.) 903. n. 4. 80

Studien, Strassburger theologische. Hrsg. v. Alb. Ehrhard u. Eug. Müller. VI. Bd. 5 Hefte. gr. 8. Freiburg i/B., Herder. n. 11. 40

1. 2. Die übernatürliche Lebensordnung nach der paulinischen u. johanneischen Theologie. Eine dogmat.-bibl. Studie. Von Arnold Rademacher. (VIII, 256 S.) 903. n. 5. —
3. 4. Jakob Balde. Ein religiös-patriot. Dichter aus dem Elsass. Zu seinem 300jähr. Geburtsjubiläum. Von Jos. Bach. (XI, 160 S.) 904. n. 4. —
5. Der sakramentale Charakter. Eine dogmat. Studie. Von M. J. Lucian Farine. (V, XIV, 95 S.) 904. n. 2. 40

— dasselbe. VII. Bd. 4 Hefte. gr. 8. Ebd. n. 9. 40

1. Die christlich-arabische Literatur bis zur fränkischen Zeit (Ende des 11. Jahrh.). Eine literar-histor. Skizze. Von Geo. Graf. (XI, 74 S.) 905. n. 2. —
2. 3. Ueber die Notwendigkeit der guten Meinung. Untersuchungen über die Gottesliebe als Prinzip der Sittlichkeit u. Verdienstlichkeit. Von Joh. Ernst. (XI, 247 S.) 905. n. 5. —
4. Die Lehre des hl. Paulus von der natürlichen Gotteserkenntnis u. dem natürlichen Sittengesetz. Eine biblisch-dogmat. Studie. Von Jos. Quirmbach. (V, X, 93 S.) 906. n. 2. 40

— dasselbe. VIII. Bd. 1. u. 2. Heft. gr. 8. Ebd. n. 5. —
1. 2. Die Persönlichkeit Gottes u. ihre modernen Gegner. Eine apologet. Studie. Von Josue Uhlmann. (XII, 237 S.) 906. n. 5. —

— Strassburger theologische. Hrsg. v. Alb. Ehrhard u. Eug. Müller. VIII. Bd. 3. u. 4. Heft u. IX. Bd. 4 Hefte. gr. 8. Freiburg i/B., Herder. 17. 20

Eggersdorfer, Frz. Xav., der hl. Augustinus als Pädagoge u. seine Bedeutung f. die Geschichte d. Bildung. (V, XIV, 238 S.) 907. (VII. Bd. 3. 4. Heft.) 5. —

Pfättisch, Jos. Maria. O. S. B., die Rede Konstantins des Grossen an die Versammlung der Heiligen auf ihre Echtheit untersucht. (V, XI, 117 S.) 908. (IX. Bd. 4. Heft.) 3. 60

Scharnagl, Ant., das feierliche Gelübde als Ehehindernis. In seiner geschichtl. Entwicklg. dargestellt. (VIII, 221 S.) 908. (IX. Bd. 2. 3. Heft.) 5. 60

Schmid, Jos., die Osterfestberechnung in der abendländischen Kirche vom I. allgemeinen Konzil zu Nicäa bis zum Ende des VIII. Jahrh. (IX, 111 S.) 907. (IX. Bd. 1. Heft.) 3. —

Studien, Strategische. Von J. v. Th. Stuttg. u. Tüb. 1817. V: *Theobald, Jos. von.* (Ky) (Pr) (MGT)

Studien, strategische, von v. Th(eobald). 8. Tübing. 817. v. Cotta. 1 ℛ

Tactische Studien auf den Gefechtsfeldern der letzten Jahre. Mit 1 Terrainskizze. Besonderer Abdruck aus der Allgemeinen Militärzeitung. Darmstadt. 1852. 8°
[Zwischent.:] Die Schlacht bei Idstedt am 24. u. 25. Juli 1850.

— tactische, auf den Gefechtsfeldern der letzten Jahre. Mit 1 (lith.) Terrainskizze (in Fol.) [Abdr. aus der Allgemeinen Militärzeitung.] 8. (VIII u. 133 S.) Darmstadt 852, Leske. n. ½ ℳ

— Theokrit'sche. 1. Theokrit's 15. Idyll: „Die Syrakuserinnen" übers. von J. P. Hebel. — 2. Ebendesselben 3. Idyll: „Des Ziegenhirten Liebesklage" oder: „Amaryllis" metrisch übertragen, u. Anmerkgn. zu Idyll 15. beigegeben von Fr. Weissgerber. Freiburg im Br. 858. (Diernfellner.) 8. (28 S.) n. 6 ngr.

— zur praktischen Theologie, in Verbindung m. Karl Eger u. Mart. Schian hrsg. von Carl Clemen. I. Bd. 4. Heft; II. Bd. 3. Heft; III. Bd. 4 Hefte u. IV. Bd. 1. u. 2. Heft. gr. 8. Gießen, A. Töpelmann. Subskr.-Pr. 29.25; Einzelpr. 34. 95

Boehmer, Jul., Dorfpfarrer u. Dorfpredigt. Fragestellungen u. Antwortversuche. (VII, 193 u. II S.) 909. (III. Bd. 4 Hefte.) Subskr.-Pr. 4.50; Einzelpr. 5. 20

Clemen, Carl. zur Reform der praktischen Theologie. (IV, 80 S.) 907. (I. Bd. 1. Heft.) Subskr.-Pr. 1.50; Einzelpr. 1. 80

— Der Religions- u. Moralunterricht in d. Vereinigten Staaten v. Nordamerika. (VI, 54 S.) 909. (III. Bd. 2. Heft.) Subskr.-Pr. 1.40; Einzelpr. 1. 75

Eger, Karl, die Vorbildung zum Pfarramt der Volkskirche. Besteht die derzeit. theologisch-wissenschaftl. Vorbildg. zum volkskirchl. Pfarramt grundsätzlich zu Recht, u. ist sie ausreichend? (IV, 72 S.) 907. (I. Bd. 2. Heft.) Subskr.-Pr. 1.40; Einzelpr. 1. 70

Fritze, Geo., die Evangelisationsarbeit der belgischen Missionskirche. (III, 58 S.) 908. (II. Bd. 3. Heft.) Subskr.-Pr. 1.30; Einzelpr. 1. 60

Haupt, Hans, die Eigenart d. amerikanischen Predigt. (II, 46 S.) 907. (I. Bd. 3. Heft.) Subskr.-Pr. 1.—; Einzelpr. 1.20

— Staat u. Kirche in den Vereinigten Staaten v. Nordamerika. (IV, 76 S.) 909. (III. Bd. 3. Heft.) Subskr.-Pr. 1.75; Einzelpr. 2. 20

Kirchenkunde des evangel. Auslandes. I. Stuckert, Carl, Kirchenkunde der reformierten Schweiz. (IV, 180 S.) 910. (IV. Bd. 2. Heft.) Subskr.-Pr. 4.40; Einzelpr. 5. —

Liebster, Geo., Kirche u. Sozialdemokratie (III, 128 S.) 908. (II. Bd. 1. Heft.) Subskr.-Pr. 2.50; Einzelpr. 3. 20

Matthes, Heinr., Aussichten u. Aufgaben der evangelischen Landeskirchen in der Gegenwart. (III, 96 S.) 909. (III. Bd. 1. Heft.) Subskr.-Pr. 2.25; Einzelpr. 2. 60

Rohden, G. v., Probleme der Gefangenenseelsorge u. Entlassenenfürsorge. (VIII, 144 S.) 908. (II. Bd. 2. Heft.) Subskr.-Pr. 2.90; Einzelpr. 3. 60

Schian, Mart., die evangelische Kirchengemeinde. (II, III, 114 S.) 907. (I. Bd. 4. Heft.) Subskr.-Pr. 2.25; Einzelpr. 2. 70

Schubert, Ernst, unsere Predigt vom auferstandenen Heiland. Streiflichter u. Richtlinien. (VI, 85 S.) 910. (IV. Bd. 1. Heft.) Subskr.-Pr. 2.10; Einzelpr. 2. 40

Studien, theologische. Hrn. Wirkl. Oberkonsistorialrath Professor D. Bernhard Weiss zu s. 70. Geburtstage dargebracht v. C. R. Gregory, Ad. Harnack, M. W. Jacobus, G. Koffmane, E. Kühl, A. Resch, O. Ritschl, Fr. Sieffort, A. Titius, J. Weiss, Fr. Zimmer. gr. 8. (III, 357 S.) Göttingen 897. Vandenhoeck & Ruprecht. n. 11. —

— theologische. Martin Kähler zum 6. I. 1905 dargebracht v. Frdr. Giesebrecht, Rud. Kögel, Karl Bornhäuser, Karl Müller, Carl Stange, Mart. Schulze, Wilh. Lütgert, Paul Tschackert. (V, 197 S.) gr. 8. Leipzig 905. A. Deichert Nachf. n. 3. 60

Hieraus einzeln:

Bornhäuser, Karl, die Versuchungen Jesu nach dem Hebräerbriefe. (18 S.) — 60

Giesebrecht, Frdr., die Degradationshypothese u. die alttestamentliche Geschichte. (34 S.) — 60

Kögel, Jul., der Begriff τελειοῦν im Hebräerbrief im Zusammenhang m. dem neutestamentlichen Sprachgebrauch. (34 S.) — 60

Lütgert, Wilh., die Furcht Gottes. (24 S.) — 60

Müller, Karl, Beobachtungen zur paulinischen Rechtfertigungslehre. (24 S.) — 60

Schulze, Mart., Religion u. Sittlichkeit. (28 S.) — 60

Stange, Carl, Religion u. Sittlichkeit bei den Reformatoren. (24 S.) — 60

Tschackert, Paul, Lorenz v. Mosheims Gutachten über den theologischen Doktorat vom 9. VIII. 1749. (11 S.) — 40

Studien, theologische. Theodor Zahn zum 10. X. 1908 dargebracht von N. Bonwetsch, Wilh. Caspari, R. H. Grützmacher, A. Hauck, A. Hjelt, L. Ihmels, H. Jordan, A. Klostermann, E. F. K. Müller, E. Nestle, H. Ohl, E. Riggenbach, W. Sanday, R. Seeberg, E. Sellin, G. Wohlenberg. (V, 426 S.) gr. 8. Leipzig 908. A. Deichert Nachf. 9. —

Hieraus einzeln:

Bonwetsch, Nathanael, der Schriftbeweis f. d. Kirche aus den Heiden als das wahre Israel bis auf Hippolyt. (22 S.) — 60

Caspari, Wilh., die Bundeslade unter David. (24 S.) — 60

Grützmacher, R. H., die Haltbarkeit des Kanonbegriffes. (22 S.) — 60

Hauck, Alb., die angeblichen Mainzer Statuten v. 1261 u. die Mainzer Synoden des 12. u. 13. Jahrh. (21 S.) — 60

Hjelt, Arth., Mikail Agricola, der erste finnische Bibelübersetzer. (16 S.) — 50

Ihmels, Ludw., das Verhältnis der Dogmatik zur Schriftwissenschaft. (26 S.) — 60

Jordan, Herm., das Alter u. die Herkunft der latein. Übersetzung des Hauptwerkes des Irenaeus. (60 S.) 1. 40

Klostermann, Aug., Schulwesen im alten Israel. (40 S.) — 90

Müller, E. F. Karl, Beobachtungen zum neutestamentl. Sühneglauben. (18 S.) — 50

Nestle, Eberh., die zwei Namen Kapernaum u. Kaiphas. (20 S.) — 60

Ohl, Herm., die rechte evangelische Lehre v. d. Busse. Eine Prüfg. d. Lehre Herrmanns v. der Busse. (18 S.) — 60

Riggenbach, Eduard, der Begriff der διαθήκη im Hebräerbrief. (28 S.) — 70

Sanday, W., the apostolic decree aets XV. (20—29.) (22 S.) — 60

Seeberg, Rhold., zum dogmatischen Verständnis der Trinitätslehre. (30 S.) — 80

Sellin, Ernst, die Schiloh-Weissagung. (22 S.) — 60

Wohlenberg, G., ein alter lateinischer Kommentar üb. die 4 Evangelien. (36 S.) — 80

—— und Kritiken, theolog., eine Zeitschr. f. d. gesammte Gebiet d. Theologie, in Verbind. mit Gieseler, Lücke u. Nitzsch, hrsg. v. C. Ullmann u. F. W. C. Umbreit. 1—8. Jahrg. 1828—35. à 4 Hfte. gr. 8. Hamburg, Fr. Perthes. à J. Jahrg. 1828 u. 29., hrbgf. Pr. à 2 Thlr. 12 Gr.

—— und Kritiken, theolog., e. Zeitschrift f. d. gesammte Gebiet d. Theologie, in Verbind. mit Gieseler, Lücke u. Nitzsch, hrsg. v. C. Ullmann u. F. W. C. Umbreit. 9—15. Jahrg. 1836—42. à 4 Hfte. gr. 8. Hamburg, Fr. Perthes. à J. *

— dass. Register für d. Jahre 1828—1837. gr. 8. Ebd. 839. ½ ℳ

—— u. Kritiken, theolog., eine Zeitschrift f. d. gesammte Gebiet der Theologie, in Verbindung mit Gieseler, Lücke u. Nitzsch hrsg. von C. Ullmann u. F. W. C. Umbreit. 16—21. Jahrg. 1843—47. à 4 Hfte. gr. 8. Hamburg, Friedr. Perthes. à J. *

—— und Kritiken, theologische. Eine Zeitschrift für das gesammte Gebiet der Theologie, in Verbindung mit Gieseler, Lücke und Nitzsch, hrsg. von C. Ullmann und F. W. C. Umbreit. 22—26. Jahrg. 1848—52. à Jahrg. 4 Hefte. (à Heft ca. 17 Bog.) gr. 8. Hamburg, F. A. Perthes. à Jahrg. * 5 —

—— und Kritiken, theologische. Eine Zeitschrift für das gesammte Gebiet der Theologie, in Verbindung mit J. Müller, Nitzsch und Rothe hrsg. von C. Ullmann und F. W. C. Umbreit. Jahrg. 1853—57. à Jahrg. 4 Hefte. gr. 8. Gotha, F. A. Perthes. à Jahrg. *

— — Register für die Jahrg. 1848—1857. Ebend. 858. gr. 8. (118 S.) n. 16 ngr.

—— —— theologische. Eine Zeitschrift für das gesammte Gebiet der Theologie, in Verbindung mit J. Müller, Nitzsch und Rothe hrsg. von C. Ullmann und F. W. C. Umbreit. 31—33. Jahrg. 1858—60. à Jahrg. 4 Hefte. gr. 8. (à Heft ca. 200 S.) Gotha 858—60, F. A. Perthes. à Jahrg. *

—— —— dass. — In Verbindung mit C. J. Nitzsch, J. Müller, C. B. Hundeshagen hrsg. von C. Ullmann und R. Rothe. 34. und 35. Jahrg. 1861 und 1862. à Jahrg. 4 Hefte. gr. 8. (à Heft ca. 200 S.) Ebendas. à Jahrg. * 5 —

—— und Kritiken, theologische. Eine Zeitschrift für das gesammte Gebiet der Theologie, in Verbindung mit C. J. Nitzsch, J. Müller, C. B. Hundeshagen hrsg. von C. Ullmann und R. Rothe. 36. und 37. Jahrg. 1863 und 1864. à Jahrg. 4 Hefte. gr. 8. (à Heft ca. 200 S.) Gotha, F. A. Perthes. à Jahrg. *

—— dass. — In Verbindung mit C. J. Nitzsch, J. Müller, W. Beyschlag hrsg. von C. Ullmann, C. B. Hundeshagen und E. Riehm. 38. Jahrg. 1865. 4 Hefte. gr. 8. (à Heft ca. 200 S.) Ebendas. *

—— dass. — In Verbindung mit C. J. Nitzsch, J. Müller, W. Beyschlag hrsg. von C. B. Hundeshagen und E. Riehm. 39. und 40. Jahrg. 1866 und 1867. à Jahrg. 4 Hefte. gr. 8. (à Heft ca. 200 S.) Ebendas. à Jahrg. *

— — Ergänzungsheft zu 1867. Ebend. gr. 8. (III, 179 S.) n. 20 ngr.

— — Register für die Jahrg. 1858—67. Ebend. gr. 8. (75 S.) n. 16 ngr.

—— dass. — Begründet von C. Ullmann und F. W. C. Umbreit und in Verbindung mit C. J. Nitzsch, J. Müller, W. Beyschlag hrsg. von C. B. Hundeshagen und E. Riehm. 41. Jahrg. 1868. 4 Hefte. gr. 8. (à Heft ca. 200 S.) Ebendas. *

—— und Kritiken, theologische. Eine Zeitschrift für das gesammte Gebiet der Theologie, begründet von C. Ullmann und F. W. C. Umbreit und in Verbindung mit C. J. Nitzsch, J. Müller, W. Beyschlag, J. Köstlin hrsg. von C. B. Hundeshagen und E. Riehm. 42.—45. Jahrg. 1869—1872. à Jahrg. 4 Hefte. gr. 8. (à Heft ca. 200 S.) Gotha, F. A. Perthes. à Jahrg. *

—— dass. — und in Verbindung mit J. Müller, W. Beyschlag, Gust. Baur hrsg. von E. Riehm und J. Köstlin. Jahrg. 1873—1875. à Jahrg. 4 Hefte. gr. 8. (à Heft ca. 200 S.) Ebendas. à Jahrg. *

—— und Kritiken, theologische. Eine Zeitschrift für das gesammte Gebiet der Theologie, begründet von C. Ullmann und F. W. C. Umbreit, und in Verbindung mit J. Müller, W. Beyschlag, Gust. Baur hrsg. von E. Riehm und J. Köstlin. Jahrg. 1876—1879. à Jahrg. 4 Hefte. gr. 8. (à Heft ca. 200 S.) Gotha, F. A. Perthes. à Jahrg. *

— dasselbe. Register für die Jahrgänge 1868—1877. gr. 8. (188 S.) Ebend. 878. n. 4. —

—— —— dass. — begründet von C. Ullmann und F. W. C. Umbreit und in Verbindung mit G. Baur, W. Beyschlag, J. A. Dorner und J. Wagenmann hrsg. von J. Köstlin und E. Riehm. 53. Jahrg. 1880. 4 Hefte. gr. 8. (à Heft ca. 200 S.) Ebendas. *

Studien und Kritiken, theologische. Eine Zeitschrift für das gesamte Gebiet der Theologie, begründet von C. Ullmann und F. W. C. Umbreit und in Verbindung mit G. Baur, W. Beyschlag, J. A. Dorner und J. Wagenmann hrsg. von J. Köstlin und E. Riehm. 54.—57. Jahrg. 1881—1884. à Jahrg. 4 Hefte. gr. 8. (à Heft ca. 200 S.) Gotha, F. A. Perthes. à Jahrg. *

—— und Kritiken, theologische. Eine Zeitschrift für das gesamte Gebiet der Theologie, begründet von C. Ullmann und F. W. C. Umbreit und in Verbindung mit G. Baur, W. Beyschlag und J. Wagenmann hrsg. von J. Köstlin und E. Riehm. 58.—61. Jahrg. 1885—1888. à Jahrg. 4 Hefte. gr. 8. (à Heft ca. 200 S.) Gotha, F. A. Perthes. à Jahrg *

— — dasselbe. Register f. die Jahrg. 1878—1887. gr. 8. (105 S.) Ebd. 889. n. 1. 60

— — dasselbe. Hrsg. v. J. Köstlin u. E. Kautzsch. 62. u. 63. Jahrg. 1889. 1890. à 4 Hfte. gr. 8. (à Hft. ca. 208 S.) Ebd. à Jahrg. n. 15. —

— u. Kritiken, theologische. Eine Zeitschrift f. das gesamte Gebiet der Theologie, begründet v. C. Ullmann u. F. W. C. Umbreit u. in Verbindg. m. E. Achelis, W. Beyschlag, P. Kleinert u. H. Schultz hrsg. v. J. Köstlin u. E. Kautzsch. 64.—68. Jahrg. 1891—1895. à 4 Hfte. gr. 8. (à Hft. ca. 212 S.) Gotha, F. A. Perthes. à Jahrg. n. 15. —

— u. Kritiken, theologische. Eine Zeitschrift f. d. ges. Gebiet d. Theologie, begr. v. C. Ullmann u. F. W. C. Umbreit u. in Verbindg. m. E. Achelis, W. Beyschlag, P. Kleinert, F. Loofs u. H. Schultz hrsg. v. J. Köstlin u. E. Kautzsch. 69. u. 70. Jahrg. 1896—1897. à 4 Hfte. (à ca. 12 Bog.) gr. 8. Gotha, F. A. Perthes. à Jahrg. n. 15. —

— — dasselbe. Register f. d. Jahrgänge 1888—1897. gr. 8. (58 S.) Ebd. 898. n. 2. —

— — dasselbe. 71. u. 72. Jahrg. 1898—1899. à 4 Hfte. (à ca. 10 Bog.) gr. 8. Ebd. à Jahrg. n. 16. —; einz. Hfte. n. 4. 50

— u. Kritiken, theologische. Eine Zeitschrift f. das gesamte Gebiet der Theologie, begründet v. C. Ullmann u. F. W. C. Umbreit u. in Verbindg. m. Achelis, P. Kleinert, F. Loofs u. H. Schultz hrsg. v. E. Kautzsch u. E. Haupt. 73.—76. Jahrg. 1900—1903. à 4 Hfte. gr. 8. (662, 690, 696 u. 653 S.) Gotha, F. A. Perthes. à Jahrg. n. 16. —
Die Jahrgge. 73—75 sind v. J. Köstlin u. E. Kautzsch hrsg.

— u. Kritiken, theologische. Eine Zeitschrift f. das gesamte Gebiet der Theologie begründet v. C. Ullmann u. F. W. C. Umbreit u. in Verbindg. m. E. Achelis, P. Kleinert u. F. Loofs hrsg. v. E. Kautzsch u. E. Haupt. Jahrg. 1904—1907. (Oktbr. 1903—Septbr. 1907.) à 4 Hefte. (1904—06. 633, 643 u. IV, 644 S.) 8. Gotha, F. A. Perthes. à Jhrg. n. 16. —

— u. Kritiken, theologische. Eine Zeitschrift f. das gesamte Gebiet der Theologie, begründet v. C. Ullmann. u. F. W. C. Umbreit u. in Verbindg. m. E. Achelis, P. Drews u. P. Kleinert hrsg. v. F. Kattenbusch u. F. Loofs. Jahrg. 1908—1911. (Oktbr. 1907—Septbr. 1911.) à 4 Hefte. (1907—09. IV, 640; IV, 636 u. IV, 642 S.) 8. Gotha, F. A. Perthes. à Jahrg. 16. —

Studien, theologische, der Leo-Gesellschaft. Hrsg. v. Alb. Ehrhard u. Frz. M. Schindler. 1—4. gr. 8. Wien, Mayer & Co. n. 13. 20

1. Die Feindesliebe in der antiken Welt u. im Christenthum. Eine historisch-eth. Untersuchg. Von Mich. Waldmann. Von der theolog. Facultät der Universität München gekrönte Preisschrift. (VIII, 183 S.) 902. n. 2. 80
2. Das ewige Gesetz in seiner Bedeutung für die physische und sittliche Weltordnung. Von Ernst Seydl. (VII, 98 S.) 902. n. 1. 80
3. Die Gotteslehre von Immanuel Hermann v. Fichte. Ein Beitrag zur Würdigg. der neueren Philosophie in ihrem Verhältnis zur Theologie. Von Carl Christoph Scherer. (XVI, 199 S.) 902. n. 3. 20
4. Hohelied-, Proverbien- u. Prediger-Catenen, untersucht v. Mich. Faulhaber. (XV, 176 S.) 902. n. 5. 40

— theologische, der Leo-Gesellschaft. Hrsg. v. Alb. Ehrhard u. Frz. M. Schindler. 5.—15. gr. 8. Wien, Mayer & Co. n. 45. —

Dölger, Jos., das Sakrament der Firmung. Historisch-dogmatisch dargestellt. Von der theolog. Fakultät in Würzburg gekrönte Preisschrift. (XVIII, 228 S.) 906. (Bd. 15.) n. 4. 20

Döller, Johs., geographische u. ethnographische Studien zum III. u. IV. Buche der Könige. Gekrönte Preisschrift. (XL, 355 S. m. 1 farb. Karte.) 904. (Bd. 9.) n. 8. 40

Grabmann, Mart., die philosophische u. theologische Erkenntnislehre des Kardinals Matthäus v. Aquasparta. Ein Beitrag zur Geschichte des Verhältnisses zwischen Augustinismus u. Aristotelismus im mittelalterl. Denken. (VIII, 176 S.) 906. (Bd. 14.) n. 3. 60

Haring, Joh., die Schadenersatzpflicht des Erben f. Delikte des Erblassers nach kanonischem Rechte. Unter Berücksicht. der Bestimmgn. des röm. u. german. Rechtes dargestellt. (VII, 67 S.) 903. (Bd. 6.) n. 3. —

Hirsch, Karl, die Ausbildung der konziliaren Theorie im XIV. Jahrh. (VII, 90 S.) 903. (Bd. 8.) n. 2. 40
Kneib, Philipp, die „Heteronomie" der christlichen Moral. Eine apologetisch-moraltheolog. Studie. (VII, 71 S.) 903. (Bd. 7.) n. 2. —
— die „Lohnsucht" der christlichen Moral. Ein Beitrag zur Apologie d. christl. Sittenlehre. (VII, 66 S.) 904. (Bd. 11) n. 1.20
Naegle, Aug., Ratramnus u. d. hl. Eucharistie. Zugleich e. dogmatisch-histor. Würdigg. des ersten Abendmahlsstreites. (XX, 315 S.) 903. (Bd. 5.) n. 5. —
Schmid, Jos., die Osterfestfrage auf dem ersten allgemeinen Konzil v. Nicäa. (XV, 151 S.) 905. (Bd. 13.) n. 4. —
Schulte, Jos., Theodoret v. Cyrus als Apologet. Ein Beitrag zur Geschichte der Apologetik. (VIII, 169 S.) 904. (Bd. 10.) n. 3. 60
Struckmann, Adf., die Gegenwart Christi in der hl. Eucharistie nach den schriftlichen Quellen der vornizänischen Zeit. Eine dogmengeschichtl. Untersuchg. (XXII, 332 S.) 905. (Bd. 12.) n. 7. 60
1.—4. Ebd. 902. n. 13. 20.

— theologische, der Leo-Gesellschaft. Hrsg. v. Alb. Ehrhard u. Frz. M. Schindler. 16.—18. gr. 8. Wien, Mayer & Co. 13. 70
Engert, Jos., der naturalistische Monismus Haeckels, auf seine wissenschaftliche Haltbarkeit geprüft. Von der theolog. Fakultät der Universität Würzburg gekrönte Preisschrift. (XV, 352 S.) 907. (17.) 4. 50
Minges, Pat. Parthenius, O. S. F., der Gottesbegriff des Duns Scotus, auf seinen angeblich exzessiven Indeterminismus geprüft. (XI, 173 S.) 907. (16.) 4. 20
Seipel, die wirtschaftsethischen Lehren der Kirchenväter. (XVI, 325 S.) 907. (18.) 5. —
1—15. Ebd. 902—06. 58. 20

— u. Skizzen, theologische, aus Ostpreussen, hrsg. v. A. Klöpper, C. Cornill, F. Zimmer u. C. Franklin Arnold. Einzelausg. 1. Bd. od. 1.—5. Hft. gr. 8. Königsberg 887. Hartung. n. 5. —; in Heften n. 7. 50

1. Der Galaterbrief im altlateinischen Text, als Grundlage f. e. textkrit. Apparat der Vetus Latina. Von F. Zimmer. (81 S.) n. 2. —
2. Paulinische Studien. Von A. Klöpper. I. Das Sittengesetz der Heiden. Erläuterung v. Röm. 2, 13—16. II. Erklärung d. ethischen Abschnittes d. Galaterbriefes Kap. VI, 1—11. (33 S.) n. 1. —
3. Das Gebet nach den Paulinischen Schriften. Von F. Zimmer. (58 S.) n. 1. 50
4. Das Aposteldekret. [Act. XV.] Entstehung, Inhalt u. Geschichte seiner Wirksamkeit in der christlichen Kirche. Von J. G. Sommer. (54 S.) n. 1. 50
5. Studien zur Geschichte der Plinianischen Christenverfolgung. Von C. F. Arnold. (57 S.) n. 1. 50

— — dasselbe. 2. Bd. oder 6.—11. Hft. gr. 8. Ebd. 889. n. 5. —; in Heften n. 7. 60

6. Die siebzig Jahrwochen Daniel's. Von C. H. Cornill. (32 S.) n. 1. —
7. Zum Buche Hiob. Von H. Preiss. (40 S.) n. 1. 20
8. Der 2. Brief an die Thessalonicher, erläutert u. kritisch untersucht v. A. Klöpper. (68 S.) n. 1. 80
9. Das Aposteldekret. [Act. XV.] Entstehung, Inhalt u. Geschichte seiner Wirksamkeit in der christl. Kirche. Von J. G. Sommer. II. (104 S.) n. 2. 50 (I. u. II.: n. 4. —)
10. Das Gebet im Alten Testament, im Lichte d. Neuen betrachtet. Von Theel. (14 S.) n. — 50
11. Zur Hebung des Kirchengesanges. Aus d. Referate von F. Zimmer auf der am 20. Jan. 1887 geh. Synodalkonferenz der Diöcese Schloss-Königsberg. (19 S.) n. — 60

— theologische, aus Württemberg. Unter Mitwirkung von Braun, Häring, Knapp, Müller, Nestle hrsg. von Thdr. Hermann u. Paul Zeller. 1—3. Jahrg. 1880—1882. à 4 Hfte. (ca. 5 B.) gr. 8. Ludwigsburg, Neubert. à Jahrg. n. 8. —

— theologische, aus Württemberg. Unter Mitwirkg. v. Braun, Häring, Rud. Kittel etc. hrsg. v. Thdr. Hermann u. Paul Zeller. 4—7. Jahrg. 1883—1886. à 4 Hfte. (ca. 5 B.) gr. 8. Ludwigsburg, Neubert. à Jahrg. n. 8. —

— theologische, aus Württemberg. Unter Mitwirkg. v. Braun, Kirn, Knapp etc. hrsg. v. Th. Hermann u. P. Zeller. 8.—10. Jahrg. 1887—1889. à 4 Hfte. (ca. 5 B.) gr. 8. Ludwigsburg, Neubert. à Jahrg. n. 8. —

Die theologischen Studien in Österreich und ihre Reform. Eine theologisch-historisch-politische Monographie. Wien, Gerolds Sohn, 1872, gr. 8°, 149 S., 3,60 Mk.

Studien, Die theologischen, in Österreich und ihre Reform . . . Wien 1873. V: *Ginzel, Joseph Augustin.* (Strakosch-Grassmann, Bibliogr. z. Gesch. des öst. Unt.wesens. Wien 1902, II, 55) (ADB) (Erman & Horn, Bibliogr. d. dtsch. Univ. i. Leipz. u. Berl. 1904.)

— die theologischen, in Oesterreich u. ihre Reform. Ein theologisch-historisch-polit. Monographie. gr. 8. (149 S.) Wien 873. Gerold's Sohn. n. 3. 60

—— über die Tonkunst zur Förderung richtiger Erkenntniß ihres hohen Zweckes und Benützung ihrer Macht. gr. 8. (101 S.) Wien 871, Mayer und Comp. *

Studien für Tonkünstler und Musikfreunde . . . fürs Jahr 1792 in zwei Theilen herausgegeben von F. Ae. Kunzen und J. F. Reichardt. Berlin 1793.
[Die einzelnen Nummern tragen den Kopftitel: „Musikalisches Wochenblatt"]

— Tübinger, f. schwäbische u. deutsche Rechtsgeschichte. Mit Unterstützung der Freiherrlich v. Gremp'schen Stiftg. hrsg. v. Frdr. Thudichum. I. Bd. 1.—3. Heft. (Nr. 1—3.) gr. 8. Tübingen, H. Laupp. Subskr.-Pr. 7. —; Einzelpr. 9. —

1. Die Stadtrechte v. Tübingen 1388 u. 1493. Anh. 1. Die Rechtssprache als Hilfe zur Ausmitteig. der alten Grenzen der deutschen Stämme. 2. Die ehemal. deutschen Reichsarchive. Von Frd. Thudichum. (VIII, 79 S.) 906. Subskr.-Pr. n. 1. 60; Einzelpr. n. 2. 20
2. Die Diözesen Konstanz, Augsburg, Basel, Speier, Worms nach ihrer alten Einteilung in Archidiakonate, Dekanate u. Pfarreien. Von Frdr. Thudichum. (V, 125 S.) 906. Subskr.-Pr. n. 2. 40; Einzelpr n. 3. 20
3. Geschichte der Stadt Berlin. Von Frdr. Holtze. Mit 1 Abbildg. (IX, 146 S.) 906. Subskr.-Pr. n. 3. —; Einzelpr. n. 3. 60

— Tübinger, f. schwäbische u. deutsche Rechtsgeschichte. Hrsg. v. Frdr. Thudichum. I. Bd. 4. Heft u. II. Bd. 1. 3. Heft. (Nr. 7.) gr. 8. Tübingen, H. Laupp. Subskr.-Pr. 9.70; Einzelpr. 13. —
Meyer, Christian, Geschichte der Burggrafsch. Nürnberg u. der späteren Markgrafschaften Ansbach u. Bayreuth. (VIII, 184 S.) 908. (II. Bd. 1. Heft. Nr. 5.) Subskr.-Pr. 3.60; Einzelpr. 4. 80
— Geschichte der Stadt Augsburg. (III, VIII, 130 S.) 907. (I. Bd. 4. Heft Nr. 4.) Subskr.-Pr. 2.50; Einzelpr. 3. 20
Nehlsen, Rud., Geschichte v. Dithmarschen. (X, 104 S.) 908. (II. Bd. 2. Heft. Nr. 6.) Subskr.-Pr. 2.— ; Einzelpr. 2. 80
Wentzcke, Paul, Geschichte der Stadt Schlettstadt. — Müller, Karl Otto, zur Geschichte des peinlichen Prozesses in Schwaben im späteren Mittelalter. Ellwanger Halsgerichtsordng. v. 1466. (VIII, 79 S.) 910. (II. Bd. 3. Heft. Nr. 7.) Subskr.-Pr. 1.60; Einzelpr. 2. 20

Studien über den Umbau und die Einrichtung von Güterwaggons zu Sanitätswaggons. Wien 1875. V: *Mundy, Jaromir Freiherr von.* (Verz. d. Büchersamml. d. Friedr.-Wilh.-Inst. Berlin 1890.) (Kat. d. Bibl. der Techn. Hchsch. Berl. 1900.)

— über den Umbau u. die Einrichtung v. Güterwaggons zu Sanitätswaggons. Mit 9 (lith.) Taf. (in qu. Fol. u. gr. Fol.) Als Mscr. gedr. gr. 8. (X, 94 S. m. 1 Tab. in qu. gr. 4.) Wien 875. Seidel & Sohn. n. 7. —

—— über allgemeines und speciell ungarisch-österreichisches Unionsrecht. Über den Grundgehalt vom öffentl. Recht des Königr. Ungarn. Und über die Fundamentalrechte des Königs. Mit Bezug auf die polit. Situation der Gegenwart und in Hinblick auf eine Verständigung mit der Krone etc. 3 Hefte. gr. 8. (240 S.) Pest 863, Geibel. à Heft * 20 Ngr. +

— zum ausländ. Unterrichtswesen, s. a. Zeitschrift, deutsche, f. ausländ. Unterrichtswesen.

Studien zum Ausländischen Unterrichtswesen. (Leipzig: R. Voigtländer 1896.) (67 S.) 8°
(Zeitschrift, Deutsche, f. ausländ. Unterrichtswesen. Jg. 1, Beih.)

— der Vereinigung f. internationale Hilfssprache zu Berlin. 1. Heft. 8. Steglitz-Berlin, O. Kunze. — 60
Universal oder Esperanto? Der Kampf zweier Weltsprachen um die Vorherrschaft. Vortrag, geh. am 17. II. 09 vor der Vereinigg. f. internationale Hilfssprache v. deren Vizepräsidenten A. Seidel. (24 S.) 909.

— dasselbe. 2. Heft. 8. Berlin, Märkische Verlagsanstalt. 1. —
Katechismus f. Weltsprachler aller Systeme. In Deutsch u. Ile. Im Anh.: Abriss der Grammatik e. internationalen Weltsprache. Von A. Seidel. (68 S.) 910.

Studien des Göttingischen Vereins Bergmänn. Freunde. Im Namen desselben herausgeg. v. J. Fr. L. Hausmann. 1r Bd. Mit 2 Steindruckt. gr. 8. Gött. 824, Rosenbusch. (Lauffer in L.)

—— des Göttingischen Vereins Bergmännischer Freunde. Im Namen desselb. hrsg. v. J. Fr. L. Hausmann. 2. Bd. M. 1 petrogr. Charte. gr. 8. (30½ B. u. 2 Tab.) Göttingen 828, Vandenhoeck u. Ruprecht.

—— dies., hrsg. v. dems. 3. Bd. gr. 8. (21¼ B., 1 Stnt. gr. 4., u. 1 Tab. qu. gr. Fol.) Göttingen 833, Dieterich.
1. Bd. Göttingen 1824. [Leipzig, Lauffer.] 2 Thlr. 16 Gr.

—— des götting. Vereins bergmänn. Freunde. Im Namen dess. hrsg. v. Joh. Friedr. Ludw. Hausmann. 4. Bd. (3 Hfte.) gr. 8. (25¼ B., 4 Tab. u. 2 Stnt.) Göttingen 837—41, Dieterich'sche Buchh. *

—— des göttingischen Vereins Bergmännischer Freunde. Im Namen desselben hrsg. v. Joh. Friedr. Ludw. Hausmann. 5. Bd. 1. u. 2. Hft. gr. 8. Göttingen, Dieterichsche Buchh. [1. Hft. (6½ B. 1 Stnt. u. 1 geognost. Karte.) 842. * 25 Ngr., 2. (7½ B.) 44. * 20 Ngr.] *

—— des göttingischen Vereins bergmännischer Freunde. Im Namen desselben hrsg. von Joh. Friedr. Ludw. Hausmann. 5. Bd. 3. Heft und 6. Bd. 1. und 2. Heft. gr. 8. Göttingen, Dieterich'sche Buchh. [5. Bd. 3. Heft. (IV und S. 221—348. mit 1 Stnt. in qu. 4.) 849. * 20 Ngr., 6. Bd. 1. und 2. Heft. (S. 1—258. mit 1 lithogr. und ill. geognost. Karte in Imp.-Fol.) 852. * 1 Thlr. 20 Ngr.] *
1—5. Bd. 1. und 2. Heft. Ebendas. 1824—44. * 10 Thlr. 17½ Ngr.

—— des göttingischen Vereins bergmännischer Freunde. Im Namen desselben hrsg. von Joh. Friedr. Ludw. Hausmann. 6. Bd. 3. Heft. gr. 8. (IV und S. 259—428.) Göttingen 854, Dieterichsche Buchh. *

—— dass. — 7. Bd. 1. Heft. gr. 8. (S. 1—112.) Ebds. 856. *
1—5. Bd. und 6. Bd. 1. und 2. Heft. Ebendas. 1824—52. * 10 Thlr. 27½ Ngr.

Studien des göttingischen Vereins bergmännischer Freunde. Im Namen desselben hrsg. von Joh. Friedr. Ludw. Hausmann. 7. Bd. 2. Heft. gr. 8. (S. 113—222.) Göttingen 858, Dieterich'sche Buchh. *
1—5. Bd., 6. Bd. 1—3. Heft und 7. Bd. 1. Heft. Ebendas. 1824—56. * 12 Thlr. 11½ Ngr.

— u. Versuche zur neueren Geschichte. Max Lenz gewidm. v. Freunden u. Schülern. (Umschlag: Lenz-Festschrift. Studien u. Versuche zur neueren Geschichte. Max Lenz zum 60. Geburtstage gewidmet v. Freunden u. Schülern.) (VII, 480 S.) gr. 8. Berlin 910. Gebr. Paetel. 12.—; geb. in Halbfrz. 14.—

Studien, volkswirthschaftl., üb. Konstantinopel. Wien 882.

— über Vorposten. Von e. k. u. k. Generalstabsoffizier. (110 S. m. 12 farb. Taf.) gr. 8. Wien 905. L. W. Seidel & Sohn. n.n. 9.—
Sonderabdruck aus: „Organ d. militärwiss. Ver."

—— im Walde. Zeichnungen für Künstler und zum Selbstunterricht. 27 Radirungen nach Original-Zeichnungen. 1. Lfg. gr. Fol. (5 Kpfrt. mit 7 S. Text.) Leipzig (861)62, [W. Baensch.]

—— im Walde. Zeichnungen für Künstler und zum Selbstunterricht. 27 Radirungen nach Orig.-Zeichnungen. 2.—6. (Schluss-)Lfg. gr. Fol. (22 Kpfrt.) Leipzig 862, Baensch. à Lfg. 15 Ngr.
1. Lfg. Ebendas. 1862. 15 Ngr.

Studien über den oberen, mittleren und unteren Wasgau u. die benachbarten Gebiete. Bearb. im k. b. Generalstabe. T. 1. 2. (Autogr.) München 1875.
T. 1. Haag, H. Studie über d. oberen Elsaß, d. oberen u. mittleren Wasgau.
T. 2. Neureuther, K. Studien über d. unteren Wasgau und die benachbarten Gebiete.

Studien zu einem neuen Wehrgesetz. Wien 1910. V: *Kreschel*, *Edler von Wittigheim*, *Thomas*. (EB)

Studien zu e. neuen Wehrgesetz. (V, 43 S.) gr. 8. Wien 910. L. W. Seidel & Sohn. 1.20
Sonderabdruck aus: „Danzer's Armee-Zeitg."

Weidenauer Studien. 1. Heft. Gr.-8°. (289 S.) † K 11.—
Wien: Buchh. Reichspost 1906.

Weidenauer Studien. Hrsg. von d. Professoren d. f.-b. Priesterseminars in Weidenau (Oest. Schlesien). H. 1. Wien: Leo-Gesellsch. 1906. 8° [illegible] 2

— dasselbe. Hrsg. in Verbindg. m. der Leo-Gesellschaft v. den Professoren des f.-b. Priesterseminars in Weidenau (Österr.-Schlesien). 2. u. 3. Bd. (465 u. 329 S.) gr. 8. Wien 908. 09. A. Opitz Nachf. à 6.—

—— Wiener. Zeitschrift für classische Philologie. Suppl. der Zeitschrift für österreich. Gymnasien. Redact.: W. Hartel, K. Schenkl. 1. Jahrg. 1879. 2 Hefte. gr. 8. (à Heft ca. 160 S.) Wien, Gerold's Sohn. *

—— Wiener. Zeitschrift für class. Philologie. Suppl. der Zeitschrift für österr. Gymnasien. Redact.: W. Hartel, K. Schenkl. 2.—6. Jahrg. 1880—1884. à Jahrg. 2 Hefte. gr. 8. (à Heft ca. 160 S.) Wien, Gerold's Sohn. à Jahrg. *

—— Wiener. Zeitschrift für classische Philologie. Suppl. der Zeitschrift für österr. Gymnasien. Redact.: W. v. Hartel, K. Schenkl. 7. Jahrg. 1885. 2 Hefte. gr. 8. Wien, Gerold's Sohn. [* M 10.—.] à Heft * M 3.—. *
Inhalt:
Hauler, E., textkritische Bemerkungen zu Theokrits Φαρμακεύτριαι. — Beer, R., de nova scholiorum in Iuvenalem recensione instituenda. — Goldbacher, A., Liber ΠΕΡΙ ΕΡΜΗΝΕΙΑΣ. — Kubitschek, W., die Erdtafel des Julius Honorius. — Stowasser, J. M., Satura. — Hartel, W., Analecta. — Wessely, K., die Faijumerreste einer Thukydides-Handschrift. — Wessely, K., neue griechische Papyri aus This und Panopolis. — Wessely, K., Analekten. — Huemer, J., aus alten Bücherverzeichnissen. — Zycha, J., Gebrauch von ἐπεί, ἐπείπερ; ἐπειδή, ἐπειδήπερ. — Baran, A., zur Chronologie des Euböischen Krieges. — Thumser, V., Untersuchungen über die attischen Metöken. — Szanto, E., Anleihen griechischer Staaten. — Petersen, E., Scaenica. — Krall, J., zu Herodot II, 4. — Goldbacher, A., P. Terenti Phorm. v. 175. — Goldbacher, A., Tibulli eleg. I 3, 17. — Schenkl, K., zur Consolatio ad Liviam. — Schenkl, H., Handschriftliches zu lateinischen Dichtern. — Stowasser, J. M., zu des Prudentius Psychomachie. — Petschenig, M., Scoběrc. — Huemer, J., ein Bücherverzeichnis aus dem XIII. Jahrhundert. — Hirschfeld, O., zum Monumentum Ancyranum. — Kubitschek, W., Epigraphisches. — Wachsmuth, C., und H. Schenkl, zur Geschichte des attischen Bürgerrechtes. (IV, 346 S. mit 2 Taf.)

—— dass. — 8. Jahrg. 1886. 2 Hefte. gr. 8. Ebendas. [*ℳ 10.—.] à Heft *ℳ 3.—. *

Inhalt:

Sternbach, L., Beiträge zu den Fragmenten des Aristophanes. — Hilberg, I., kann Theodoros Prodromos der Verfasser des Χριστὸς πάσχων sein? — Kohm, J., kritisch-exegetische Studien zu Antiphon. — Baar, A., Beobachtungen über Lucians Sprachgebrauch. — Schwarz, A., zur Kritik der Smyrna-Reden und der Rede Ἀπολλᾶ γενεθλιακός des Aelius Aristides. — Schenkl, H., Pythagoreersprüche in einer Wiener Handschrift. — Hauler, E., ein neues Palimpsestfragment zu Sallusts Historien. — Kubitschek, W., die Persiushandschrift der Peterskirche in Rom. — Wotke, K., über alte Formen bei Vergil. — Zingerle, A., zur Kritik und Erklärung des Hilarius von Poitiers. — Magirus, K., griechische Papyri im ägyptischen Museum in Berlin. — Wessely, K., Bemerkungen zu den griechischen Papyri im ägyptischen Museum in Berlin. — Wessely, K., Bericht über griechische Papyri in Paris und London. — Wessely, K., neue griechische Ostraka. — Stolz, F., zu den lakonischen Inschriften. — Stolz, F., gibt es wirklich gar keine Spuren einer älteren Betonung des Lateinischen? — Szanto, E., Anleihen griechischer Staaten. (Schluss.) — Rzach, A., zu Apollonios Rhodios. — Zahlfleisch, J., zu Aristoteles' Rhetorik I 14, 1375a, 15. — Drechsler, F., zu Cicero de divinatione II 59, 121. — Jurenka, H., zu Cornelios Nepos Milt. 5, 3. — Burkhard, C., de perfecti tertiae personae pluralis formis in (ē)runt et ēre exeuntibus, quae in panegyricis Latinis inveniuntur. — Schenkl, K., zur Anthologia latina c. 683 R. (Bährens Poet. lat. min. III 245.) — Schenkl, H., Handschriftliches zu lateinischen Dichtern. — Beer, R., der Codex 'Budensis' des Juvenal. — Schenkl, K., ein pompejanisches Räthsel. — Schenkl, H., ein Bücherkatalog aus dem XII. Jahrhunderte. (IV, 346 S. mit 3 Taf.)

—— dass. — 9. Jahrg. 1887. 2 Hefte. gr. 8. Wien, Gerold's Sohn. à Heft *ℳ 3.—. [*ℳ 10.—.] *

Inhalt:

Sternbach, L., die gnomologio Vaticano inedito. — Hilberg, L., textkritische Beiträge zu Georgios Pisides. — Wessely, K., griechische Papyri des British Museum. — Hauler, E., die Orléaner Palimpsestfragmente zu Sallusts Historien. — Reisch, E., Properz-Studien. — Gottlieb, Th., Randbemerkungen des Codex Bernensis 363. — Stowasser, I. M., die Luxemburger Pergamen. — Beer, R., ein alter Katalog und eine junge Fälschung. — Huemer, I., iter Austriacum I. — Bauer, A., die Inschriften auf der Schlangensäule und auf der Basis der Zeusstatue im Olympia. — Simon, I., zur zweiten Hälfte der Inschrift von Gortyn. — Stolz, F., Beiträge zur lateinischen Grammatik und Etymologie. — Szanto, E., Hypothek und Scheinkauf im griechischen Rechte. — Domaszewski, A. v., Verwaltung der Provinz Mesopotamien. — Bauer, A., Kleandridas und Gylippos. — Hilberg, I., zum Christus patiens. — Kornitzer, A., zu Cicero acc. in Verrem l. IV, c. 42, §. 90. — Tschiassny, M., Cic. pro L. Corn. Balbo XIV, 33. — Burkhard, C., ad panegyricos Latinos. — Hartel, W. v., aus spanischen Handschriften. (IV, 330 S.)

—— dass. — 10. Jahrg. 1888. 2 Hefte. gr. 8. Ebendas. à Heft *ℳ 3.—. *

Inhalt:

Rzach, A., die neuen Papyrusfragmente des Hesiodos. — Hilberg, I., die Verstechnik des Ephraëmios. — Wotke, K., und H. Usener, Epikurische Spruchsammlung. — Gomperz, zur Epikurischen Spruchsammlung. — Burkhard, K., die handschriftliche Ueberlieferung von Nemesius περὶ φύσεως ἀνθρώπου. — Sternbach, L., de Gnomologio Vaticano inedita. — Fleischmann, H., ad Propertium. — Hauler, E., Beiträge zur Geschichte und Lesung des Vatikanischen Fragments zu Sallusts Historien. — Maixner, Fr., über den sogenannten Gebrauch von unus als unbestimmten Artikel in der älteren Latinität. — Swoboda, H., über griechische Schatzverwaltung. — Miscellen: Schenkl, Karl, die Astragalistai des Alexandros Aitolos. — Elter, A., die Anordnung der Oden des Horaz. — Sedlmayer, H. St., epistula Phaonis et Sappho. — Petschenig, M., zu Claudius Marius Victor. — Hilberg, I., zu Orientius. — Hartel, W. v., aus spanischen Handschriften. — Huemer, I., verlegene Formen. — Stolz, Fr., Nachtrag zu Studien IX, 300 und 302. — Osthoff, H., und Fr. Stolz, lat. sublestus. (IV, 330 S. mit 1 Taf.)

— dasselbe. 10.—12. Jahrg. 1888—1890. à 2 Hfte. gr. 8. (à Jahrg. ca. 330 S.) Ebd. à Jahrg. n. 6. —

— Wiener. Zeitschrift f. class. Philologie. Suppl. der Zeitschrift f. österr. Gymnasien. Red.: W. v. Hartel, K. Schenkl. 13.—16. Jahrg. 1891—1894. à 2 Hfte. gr. 8. (à Hft. ca. 160 S.) Wien, C. Gerold's Sohn. à Jahrg. n. 6. —

Studien, Wiener. Zeitschrift f. class. Philologie. Suppl. d. Zeitschrift f. österr. Gymnasien. Red.: W. v. Hartel, K. Schenkl, F. Marx. 17.—20. Jahrg. 1895—1898. à 2 Hfte. (à ca. 10 Bog.) gr. 8. Wien, C. Gerold's Sohn. à Jahrg. n. 6. —

— Wiener. Zeitschrift für class. Philologie. Suppl. d. Zeitschrift für österr. Gymnasien. Red.: K. Schenkl. 21. Jahrg. 1899. 2 Hfte. gr. 8. (IV, 322 S.) Wien, C. Gerold's Sohn. n. 6. —

— dasselbe. Red.: E. Hauler, H. v. Arnim. 22.—24. Jahrg. 1900—1902. à 2 Hfte. gr. 8. (IV, 320; IV, 340 u. IV, 604 S. m. 3 Taf.) Ebd. à Jahrg. n. 10. —

— Wiener. Zeitschrift f. klass. Philologie. Suppl. der Zeitschrift f. die österr. Gymnasien. Red.: E. Hauler, H. v. Arnim. 25.—28. Jahrg. 1903—1906. à 2 Hefte. (306, 346, 334 u. 334 S.) gr. 8. Wien, C. Gerold's Sohn. à Jahrg. n. 10. —

— Wiener. Zeitschrift f. klass. Philologie. Suppl. der Zeitschrift f. die österr. Gymnasien. Red.: E. Hauler, H. v. Arnim, L. Radermacher. 29.—32. Jahrg. 1907 bis 1910. à 2 Hefte. (1907—09. IV, 334; IV, 344 u. IV, 322 S.) gr. 8. Wien, C. Gerold's Sohn. à Jahrg. 10. —

— Wiener staatswissenschaftliche, hrsg. v. Edm. Bernatzik u. Eug. v. Philippovich. 1. Bd. 1. u. 2. Hft. gr. 8. Freiburg i/B. 898. Tübingen, J. C. B. Mohr. Subskr.-Pr. à n. 2. 50; Einzelpr. à n. 3. 20

1. Ueber d. Lage d. Handwerks in Oesterreich. Von Eman. Adler. (III, 130 S.)
2. Geschichte u. Statistik d. Zahlenlottos in Oesterreich. Von Rud. Sieghart. (VII, 115 S.)

— Wiener staatswissenschaftliche, hrsg. v. Edm. Bernatzik u. Eug. v. Philippovich. I. Bd. 3. u. 4. Hft. gr. 8. Tübingen, J. C. B. Mohr. Subskr.Pr. n. 6. 50; Einzelpr. n. 8. 80; (I. Bd. kplt. Subskr.-Pr. n. 11.50; Einzelpr. n. 15. 20)

3. Die Entwertung der österreichischen Valuta im J. 1893 u. ihre Ursachen. Von Ph. Kalkmann. Mit 7 lith. Taf. (III, 64 S.) Freiburg i/B. 899. n. 2. —; bezw. n. 2. 80
4. Die Wirtschafts- u. Verwaltungspolitik des aufgeklärten Absolutismus im Gmundner Salzkammergut. Auf Grund archival. Quellen dargestellt. Von Vict. Fel. v. Kraus. Mit e. Anh., enth. Tabellen u. 2 lith. Taf. (III, VII, 167 S.) Freiburg i/B. 899. n. 4. 10; bezw. n. 6. —

— dasselbe. II. Bd. 3 Hfte. gr. 8. Ebd. Subskr.-Pr. 11.80; Einzelpr. n. 14. 70

1. Die Entwicklung des gewerblichen Unterrichtswesens in Oesterreich. Von Rud. Frhr. v. Klimburg. Mit e. Anh., enth. Tabellen. (VIII, 240 S.) 900. n. 6. —; bezw. n. 7. —
2. Die Gablonzer Industrie u. die Produktivgenossenschaft der Hohlperlenerzeuger im polit. Bez. Gablonz. Von Max v. Tayenthal. (IV, 90 S.) 900. n. 2. 40; bezw. n. 3. 20
3. Die Lage der Lehrlinge im Kleingewerbe in Wien. Von Joh. Pollitzer. (III, 132 S.) 900. n. 3. 40; bezw. n. 4. 50

— dasselbe. III. Bd. 4 Hfte. gr. 8. Ebd. Subskr.-Pr. n. 9. —; Einzelpr. n. 11. 80

1. Preussisch-österreichische Verhandlungen üb. d. Crossener Zoll u. üb. e. General-Commerz-Tractat zur Zeit Karls VI. Von Ludo M. Hartmann. (V, 86 S.) 901. n. 2. 40; bezw. n. 3. 20
2. Der Getreidehandel u. seine Technik in Wien. Von Vict. Heller. (VIII, 168 S.) 901. n. 3. 60; bezw. n. 4. 80
3. Die Staatsform als Gegenstand der Verfassungsgesetzgebung u. Verfassungsänderung. Eine Studie aus der allgemeinen Staatslehre. Von Rud. Herrmann v. Herrnritt. (VIII, 59 S.) 901. n. 1. 60; bezw. n. 2. —
4. Das Problem der verhältnismässigen Vertretung. Ein Versuch seiner Lösg. Von Siegfr. Geyerhahn. (V, 50 S.) 902. n. 1. 40; bezw. n. 1. 80

— dasselbe. IV. Bd. 1. u. 2. Hft. gr. 8. Wien, F. Deuticke. Subskr.-Pr. n. 10. 50; Einzelpr. n. 13. —

1. Die Frauen im österreichischen Staatsdienst. Von Hans Nawiasky. (VIII, 246 S.) 902. n. 6. 50; bezw. n. 8. —
2. Die Entwicklung des gutsherrlich-bäuerlichen Verhältnisses in Galizien (1772—1848). Von Ludw. v. Mises. (VI, 144 S.) 902. n. 4. —; bezw. n. 5. —

— Wiener staatswissenschaftliche, hrsg. v. Edm. Bernatzik u. Eug. v. Philippovich. IV. Bd. 3. Heft. gr. 8. Wien, F. Deuticke. Subskr.-Pr. n. 3. 60; Einzelpr. n. 4. 60; (IV. Bd. vollst. n. 14. 10)

Die Anfänge der merkantilistischen Gewerbepolitik in Oesterreich. Von Max Adler. (IX, 121 S.) 903.

— dasselbe. V. Bd. 3 Hefte. gr. 8. Ebd. Subskr.-Pr. n. 9. 60; Einzelpr. n. 12. 20

1. Das Ausgedinge. Eine agrarpolit. Studie. Mit besond. Berücksicht. der böhm. Länder. Von Cyrill Horáček. (VI, 96 S.) 904. Subskr.-Pr. n. 2. 40; Einzelpr. n. 3. —
2. Der Lohnschutz des gewerblichen Arbeiters nach österreich. Recht. Von Karl Přibram. (V, 152 S.) 904. Subskr.-Pr. n. 4. —; Einzelpr. n. 5. —
3. Kinderarbeit u. gesetzlicher Kinderschutz in Oesterreich. Von Siegm. Kraus. (III, VI, 203 S.) 904. Subskr.-Pr. n. 3. 20; Einzelpr. n. 4. 20

Studien, Wiener **staatswissenschaftliche,** hrsg. v. Edm. Bernatzik u. Eug. v. Philippovich. VI. Bd. 3 Hefte. gr. 8. Wien, F. Deuticke.
Subskr.-Pr. n. 10. —; Einzelpr. n. 12. 50
1. Studien zum österreich. Friedhofsrecht. Von Fritz Hawelka. (IX, 75 S.) 904. Subskr.-Pr. n. 2. —; Einzelpr. n. 2. 50
2. Studien üb. die Landarbeiterfrage in Ungarn. Von Jos. Graf Mailáth. Mit 1 (farb.) Karte. (XV, 150 S.) 905. — Subskr.-Pr. n. 4 —; Einzelpr. n. 5. —
3. Die Staatslehre des Dante Alighieri. Von Hans Kelsen. (IV, 152 S.) 905. Subskr.-Pr. n. 4. —; Einzelpr. n. 5. —

Studien, Wiener **staatswissenschaftliche,** hrsg. von Edm. Bernatzik u. Eug. von Philippovich. VII.—IX. Bd. à 3 Hefte. gr. 8. Wien, F. Deuticke. 43. 50
Cronbach, Else, die österreich. Spitzenhausindustrie. Ein Beitrag zur Frage der Hausindustriepolitik. (VI, 211 S.) 907. (VII. Bd. 1. Heft.) Subskr.-Pr. 5.—; Einzelpr. 6. —
Fellner, Frdr., die Zahlungsbilanz Ungarns. Ein Beitrag zur Lehre v. der internationalen Zahlungsbilanz im Allgemeinen. (III, 162 S. m. 5 Taf. Tabellen.) 908. (VIII. Bd. 1. Heft.) Subskr.-Pr. 5.—; Einzelpr. 6. —
Garr, Max, die Inseratensteuer. (III, 73 S.) 909. (IX. Bd. 2. Heft.) Subskr.-Pr. 2.—; Einzelpr. 2. 50
— Parlament u. Presse. Ein Beitrag zum Prinzip der parlament. Öffentlichkeit. (75 S.) 908. (VIII. Bd. 2. Heft.) Subskr.-Pr. 2.—; Einzelpr. 2. 50
Hawelka, Fritz, die Rechte an öffentlichen Wegen in Österreich. (III, XI, 160 S.) 910. (IX. Bd. 3. Heft.) Subskr.-Pr. 5.—; Einzelpr. 6. —
Laun, Rud. v., das Recht zum Gewerbebetrieb. (III, V, 212 S.) 908. (VII. Bd. 3. Heft.) Subskr.-Pr. 5.—; Einzelpr. 6. —
Lemberger, Hedwig, die Wiener Wäsche-Industrie. (VI, 235 S.) 907. (VII. Bd. 2. Heft.) Subskr.-Pr. 5.—; Einzelpr. 6. —
Mildschuh, Wilib., Mietzinse u. Bodenwerte in Prag in den J. 1869—1902. Mit e. Einleitg. üb. die Theorie der städt. Grundrente von Frdr. Freih. v. Wieser. (XLV, 211 S.) 909. (IX. Bd. 1. Heft.) Subskr.-Pr. 6. 50; Einzelpr. 8. —
Wilfling, Aug., der administrative Waffengebrauch der öffentl. Wachorgane u. des Heeres. Unter besond. Berücksicht. der Rechte Österreichs, Preussens, der deutschen Mittelstaaten, Englands, Frankreichs und Italiens rechtsvergleich. dargestellt. (III, VIII, 282 S.) 909. (VIII. Bd. 3. Heft.) Subskr.-Pr. 8.—; Einzelpr. 10.—

— u. **Mittheilungen,** wissenschaftliche, aus dem Benedictiner-Orden, mit besonderer Berücksichtigung der Ordensgeschichte u. Statistik. Zur bleib. Erinnerung an das Ordensjubiläum begründet u. hrsg. von Mitgliedern, Freunden u. Gönnern des Benedictiner-Ordens. Haupt-Red.: Maurus Kinter. 1—3. Jahrg. 1880—1882. à 4 Hfte. gr. 8. (à Hft. ca. 238 S.) Brünn. Würzburg, Woerl in Comm. à Jahrg. n.n. 7. —
Fortges. u.d.T.: Studien u. Mitteilungen aus dem Benedictiner- u. Cisterzienser-Orden.

Studien zur romanischen Wortschöpfung. Leipzig 1876. V: *Michaelis de Vasconcellos, Carolina.* (EB)

Studien, Würzburger, zur Geschichte des Mittelalters u. d. Neuzeit. Hrsg. v. Ant. Chroust. 1. u. 2. Heft. gr. 8. Leipzig, Quelle & Meyer.
Subskr.-Pr. 7.20; Einzelpr. 8. 90
Burger, Willy, die Ligapolitik d. Mainzer Churfürsten Johann Schweikhard v. Cronberg in den J. 1604—1613. (VIII, 98 S.) 908. (Heft 1.) Subskr.-Pr. 2.80; Einzelpr. 3. 40
Günther, Leo., der Übergang d. Fürstbist. Würzburg an Bayern. Das Ende der alten u. die Anfänge der neuen Regierg. (VII, 173 S.) 910. (Heft 2.) Subskr.-Pr. 4.40; Einzelpr. 5. 50

— im Zeichnen u. Illuminiren der Thiere, in colorirt. u. schwarzen Blättern. 6 Hfte. 4. Ulm, Jak. Ebner. 4 ℳ 12 ℛ

— üb. das Zeitungswesen. Prof. Dr. Adolf Koch, dem Begründer u. Leiter des journalist. Seminars d. Universität Heidelberg anlässlich der Vollendg. des 20. Seminar-Semesters gewidmet v. seinen Schülern u. Freunden. (V, 299 S.) gr. 8. Frankfurt a/M. 907. Heidelberg, Dr. J. F. Meissner. 6. —
Fortsetzg., s.: Beiträge zur Geschichte des Buch- u. Zeitungswesens.

— zoologische. Festschrift, Wilhelm Lilljeborg zum 80. Geburtstag gewidmet v. schwed. Zoologen. Hrsg. m. Unterstützung Sr. Maj. d. Königs Oscar II., des letzterstedt. Vereins u. mehrerer Freunde d. Wissenschaft. (Auch m. schwed. Titel.) gr. 4. (IX, XII, 360 S. m. 1 Bildn., 1 Tab. u. 18 z. Tl. farb. Taf.) Upsala 896. Akadem. Buchh. Kart. n. 45. —

— zoologische. Professor T. Tullberg zum 65. Geburtstage gewidmet. Hrsg. v. der zoolog. Sektion d. naturwissenschaftl. Studentenvereins zu Uppsala. (XI, 342 S. m. Abbildgn., 1 Bildnis, 10 Taf. u. 1 Tab.) Lex. 8. Uppsala 907. (Berlin, R. Friedländer & Sohn.) nn 20. —

Studien, Züricher volkswirtschaftliche, s.a. unter dem jeweiligen Verfasser der einzelnen Stücke.

Studien, Züricher **volkswirtschaftliche.** Hrsg. v. Heinr. Herkner. 1. u. 2. Hft. gr. 8. Zürich, A. Müller's Verl. n. 7. —
1. Zur Entwicklung des englischen Depositenbankwesens. Von Ed. Schnapper. (X, 71 S.) 900. n. 2. —
2. Kritische Betrachtungen üb. das schweizerische Notenbankwesen m. Beziehung auf den Pariser Wechselkurs. Von Paul Gygax. (XIII, 405 S.) 901. n. 5. —

Studien, Zürcher **volkswirtschaftliche.** Hrsg. v. Heinr. Herkner. 3.—9. Heft. Zürich, Rascher & Co. n. 28. 60
Anrooy, Josephine van, die Hausindustrie in der schweizerischen Seidenstoffweberei. [Aus: „Ztschr. für schweiz. Statistik".] (192 S.) 904. (Hft. 5.) n. 2. 50
Bloch, Sigfr., die Entwicklungstendenzen u. Betriebsformen im Tuchhandel der Stadt Zürich. Ein Beitrag aus der Gegenwart. (VII, 189 S. m. 1 Taf.) 904. (Hft. 4.) n. 5. 20
Braude, Bernh., die Grundlagen u. die Grenzen des Chamberlainismus. Studien zur Tarifreformbewegg. im gegenwärt. England. (VI, 144 S.) 905. (Hft. 6.) n. 2. —
Naef, Eduard, Tabakmonopol u. Biersteuer. Ein Beitrag zur schweizerischen Wirtschafts- u. Finanzpolitik. (XXXV, 360 S.) 903. (Hft. 3.) n. 6. 50
Nüscheler, Heinr. Eduard, die Zürcher Kantonalbank 1870—1904. (XII, 204 S) Lex.-8. 906. (Hft. 9.) n. 6. 50
Roesle, Alex., die Entwicklung der Schweizerischen Kreditanstalt (A.-G.) in Zürich. (228 S. m. 1 Tab.) gr. 8. 905. (Hft. 8.) n. 2. 80
Steinmann, Arth., die ostschweizer. Stickerei-Industrie. Rückblick u. Ausschau. Eine volkswirtschaftlich-soziale Studie m. e. Anh. üb. die sanitär. Verhältnisse in der ostschweizer. Stickerei-Industrie. (VIII, 209 S.) 905. (Hft. 7.) n. 2. 80

— Zürcher volkswirtschaftliche. Hrsg. v. Heinr. Herkner. 10. u. 11. Heft. gr. 8. Zürich, Rascher & Co. 9. 50
Just, Rob., die Gemeinde Arosa. Ihr Wirtschaftsleben vor u. seit dem Fremdenverkehr. (VIII, 168 S.) 908. (11. Heft.) 5. 50
Mettler, Alfons, der Splügen als ostschweizerische Alpenbahn. Verkehrspolitische Untersuchgn. (VIII, 287 S.) 907. (10. Heft.) 4. —
9. Heft. Ebd. 906. Erm. Pr. 4. —.

Studien über die Zusammensetzung und Wirkung der Feuergase . . . [Berlin] 1878. V: *Seger, H.* (Kat. der Bibl. d. Techn. Hochsch. Berlin 1900.)

— cytologische, aus d. Bonner botan. Institut v. Ed. Strasburger, W. J. V. Osterhout, Dav. M. Mottier, H. O. Juel, Bronislaw Dębski, R. A. Harper, D. G. Fairchild u. Walt. T. Swingle. [Aus: „Jahrbb. f. wissenschaftl. Botanik".] gr. 8. (IV, 268 S. m. 2 Holzschn. u. 18 lith. Taf.) Berlin 897. Gebr. Borntraeger. n.n. 27. 50

Studien-Abende üb. die Berechtigung e. magisch-wissenschaftlichen Naturlehre in Anbetracht der neuesten Forschungsergebnisse auf exakten Wissensgebieten u. e. daraus etwa folgende Lebensreform. (Fortsetzung der Blavatsky-Abende.) Hrsg. v. Rob. Wihan. 2. Jahrg. 1906. 6 Nrn. (à ca. 32 S.) 8. Eger. (Lorch, K. Rohm). 2. 40
Erscheint nicht mehr.

Studien-Arbeiten, architektonische, aus d. akadem. Atelier v. Constantin Lipsius, weil. Baurat u. Professor an d. Akademie d. bild. Künste in Dresden. Ausgew. v. Wallot. Hrsg. v. Ausschuss f. Veröffentlichg. v. Arbeiten d. weil. Lipsius'schen Ateliers. gr. Fol. (85 Lichtdr.-Taf. m. 2 Bl. Text.) Dresden 898. Gewerbe-Buchhandlg. E. Schürmann. In Mappe n. 36. —

Studienausgabe österreichischer Gesetze, veranstaltet v. Alex Löffler. I.—III. Bd. 8. Leipzig, [C. L. Hirschfeld]. Wien, Manz. n. 19. —; geb. n. 23. —

I. 1. Das Strafrecht. Von Alex. Löffler. 1. Hälfte. Die materiellen Strafgesetze. (XIII, 457 S.) 904. n. 3. 20; geb. n. 4. —
2. Dasselbe. 2. Hälfte. Die Strafprozessgesetze. (XII, 354 S.) 905. n. 2. 50; geb. n. 3. 30
II. 1. Das bürgerliche Recht. Von Rob. v. Mayr. 1. Hälfte. I. Das allgemeine bürgerl. Gesetzbuch für das Kaisert. Oesterreich. II. Nebengesetze u. Novellen zum allgem. bürgerl. Gesetzbuche. (XIV, 565 S.) 905. n. 3. 80; geb. n. 4. 60
2. Dasselbe. 2. Hälfte. III. Das Grundbuchsrecht. IV. Das Immaterialgüterrecht. (IX, 504 S.) 905. n 3. 50; geb. n. 4. 30
III. Die österreichischen Verfassungsgesetze. Von Edm. Bernatzik. (10, 772 S.) 906. n. 6. —; geb. n. 6. 80

Studienausgabe österreichischer Gesetze, veranstaltet v. Alex. Löffler. IV. Bd. u. Suppl.-Bd. 8. Wien. Manz. 11.20; geb. 12. 80

Adler, Karl, das Handels- u. Wechselrecht. (XX, 918 S.) 909. (IV. Bd.) 6.80; geb. n 7. 60.
Mayr, Rob. v., das bürgerliche Recht. Suppl.-Bd. Nebengesetze u. Novellen zum allgemeinen bürgerl. Gesetzbuche f. das Kaisert. Oesterreich. (VIII, 641 S.) 907. 4.40; geb. n 5. 20

Kempins Studienblatt der Handelswissenschaftlichen Rundschau von Walter Kempin hrsg. f. d. Mitglieder d. 'Vereins Kaufmannsbildung'. Jahr 5, Reihe 1, Nr 1. Düsseldorf 1909: Jumpertz. 8°

Anf. s. Handelswissenschaftliche Rundschau.

Studienblätter, eine Sammlung, verschiedener Gegenstände nach dem Leben gezeichnet u. in Kupfer gestochen v. J. E. Markus. 7 Hefte. gr. 4. Amsterdam, Buder und Sulpke. (à 3 Rthlr. 8 gr.)

— eine Samml. verschied. Gegenstände, nach d. Leben gezeichnet u. in Kupfer gestochen von J. E. Markus. 9 Hfte. Mit 54 Kpf. gr. 4. Amsterd., Sülpke. 30 ß

Studien-Blätter nach J. M. W. Turner's Aquarellen in der „National-Gallery" u. dem „Kensington-Museum" zu London. qu. gr. 16. (16 Chromolith.) Leipzig 885. (Baldamus Sep.-Cto.) n. 4. 50

— architectonische. Hrsg. vom Verein „Architectura" am eidg. Polytechnicum in Zürich. 1. Hft. Rathaus Zürich. gr. Fol. (12 autogr. u. photolith. Taf.) Zürich 883. Orell Füssli & Co. Verl. n. 6. —

Studienblätter, Architektonische — Aufnahmen u. Entwürfe, hrsg. vom Akademischen Architekten-Verein der Herzogl. Technischen Hochschule Carola-Wilhelmina zu Braunschweig. Braunschweig 1893-98. Heft 1-IX. Fol.

Studienblätter, architektonische. Aufnahmen u. Entwürfe, hrsg. vom akad. Architekten-Vereine der herzogl. techn. Hochschule Carola-Wilhelmina zu Braunschweig. Unter Leitg. v. Herm. Pfeifer. 15. Heft. (28 S.) Lex. 8. Berlin (906). E. Wasmuth. 3. —

— dasselbe. Schriftleitung: G. Lübke. 16. Heft. (28 S. m. Abbildgn.) Lex. 8. Ebd. (908). 3. —

Studienblätter, mittelalterliche u. spätere Baukunst, Kunstgewerbe, Malerei etc. f. Architekten, Bildhauer, Maler, Kunstfreunde u. s. w. Photograph. Orig.-Aufn. v. German Wolf, unt. d. Protektorat Sr. königl. Hoh. d. Grossherzogs Friedrich v. Baden. 1. Serie. 1. Lfg. Fol. (20 Bl. m. 2 Bl. Text.) Konstanz 896. Leipzig, P. Schimmelwitz & Co. In Mappe n. 40. —

Studienblätter, deutsche. Organ f. die Studirenden höherer Lehranstalten. 1. Jahrg. 1876. 12 Hfte. (2 Bg.) gr. 4. Leipzig 876. Webel. n. 4. —

Studienblätter, deutsche. Organ für die Studien höherer Lehranstalten. 2. Jahrg. 1877. 12 Hfte. (2 B.) gr. 8. Leipzig, Webel. à Hft. n. — 40

— dasselbe. Organ für Literatur u. Kunst. Red: Rich. Roltsch. 3. Jahrg. 1878. 26 Nrn.) B.) gr. 8. Ebend. 6. —

Studienblätter aus dem Gebiete der „darstellenden Geometrie". Entworfen und autographirt v. Schülern der III. Classe Gewerbe der aargauischen Kantonsschule. Jahrg. 1890/91. 1. u. 2. Lfg. Fol. (Bl. 1—18 u. Text 6 autogr. Bl.) Aarau, (Christen's Sort.). à Lfg. ** 1 —

Studienblätter aus dem Gebiet der „darstellenden Geometrie". Entworfen und autographiert von Schülern der dritten Klasse Gewerbe der Aargauischen Kantonsschule. Jahrg. 1890/91. Heft 1 u. 2 à 9 Taf. (in-fol.) mit 12 S. autogr. Text (in-4°.) In-4°. Aarau, Emil Wirz, vorm. J. J. Christen's Sort. 1891. à — 80

Studien-Blätter für Landschafts-Zeichner. 1. u. 2. Heft. qu. 4. (à 6 Bl. in Kupferst.) Nürnberg 844, Serz u. Co. 1/2 ß

Studienblätter nach verschiedenen alten Meistern, Raphael, Andr. Del Sarto rc. 16 bis 35 Heft. gr. Fol. Breslau 825, Grüson u. C.

Studienblätter nach verschied. alten Meistern: Raphael, Andr. Del Sarto rc. 16—36 Heft. gr. Fol. Bresl. 825. (Hentze). 2 ß 12 ℛ

— für Portraitphotographen. [Aus: „Das Atelier des Photographen".] I. Sammlg., enth. 48 (Lichtdr.-) Taf. hoch 4. Halle 896. W. Knapp. In Leinw.-Mappe n. 9. —; f. Abonnenten d. „Atelier d. Photographen" n. 7. —

— dasselbe. II. Sammlung, enth. 48 Taf. hoch 4. (1 Bl. Text.) Ebd. 898. In Leinw.-Mappe n. 9. —; f. Abonnenten d. „Atelier d. Photographen" n. 7. —

Studienblätter, 16, für Pferdezeichner, gezeichnet von A. F. Winkler, gestochen von Capieux, Rosmäsler rc. Fol. Leipzig, Seeger. 819. 2 —

Studienblätter f. Thierzeichner, in 10 radirten Blättern von Samuel Gränicher. gr. 4. Pirna, Friese. 815. -

Studien-Blätter für Thierzeichner, nach Berghem, Fyt, P. de Laar du Jardin, Rubens, F. Snyders u. a. niederländ. Meistern radirt v. Sam. Gränicher u. Karl Beyer. 2e verm. Ausg. (13 Blätter.) 4. Dresden 833. Friese. 2/3 ß

—— aus den Uebungen im Entwerfen und Konstruiren in der Abtheilung für Bau-Ingenieurwesen der königl. technischen Hochschule in Berlin. [Eisenbahnbau, Wasserbau, Brückenbau, Eisenhochbau, Tunnelbau, Straßenbau.] 1. Jahrg. 1880: Statik der Baukonstruktionen und Brückenbau. 29 Lichtdr.-Taf., dabei 1 Doppeltaf. 2. Ausg. Fol. (1 Bl. Text.) Berlin, Polytechn. Buchhandlung. In Mappe **
—— dass. — 2. Jahrg. 1881. 29 Lichtdr.-Taf., dabei 1 Doppeltaf. 2. Ausg. Fol. (1 Bl. Text.) Ebendas. In Mappe **

Nicht weiter erschienen.

Studien-Erinnerungs-Fest, das, in Warmbrunn u. auf d. Kynast am 21. u. 22. Aug. 1839. gr. 8. (5 1/4 B. u. 3 ill. Stnt.) Liegnitz 840. (Hirschberg, Nesener.) •

Studienfreuden. Leipzig: Zangenberg & Himly (überstemp.: A. Schmidt) 1894. (22 S.) 8°

Studienfreund, der. Zeitschrift für die deutschen Mittelschüler. Hrsgbr.: M. Ornstein, A. Klein. 1. Jahrg. 1873. 24 Nrn. (à 1—1½ Bog.) gr. 4. Wien, Perles. *

Studienfreund, der. Zeitschrift zur Belehrung u. Unterhaltung für Gymnasiasten u. Realschüler, sowie f. Zöglinge anderer höherer Lehranstalten. Red.: Max Vogler. 1. Jahrg. 1877. 26 Nrn. (B.) Imp.-4. Leipzig, G. Körner. n. 4. —

—— der. Illustrirte Zeitschrift zur Belehrung und Unterhaltung für Gymnasiasten und Realschüler, sowie für Zöglinge anderer höherer Lehranstalten. Chef-Redact.: Max Vogler. Unter Mitwirkung von J. Alsleben, Wilh. Cappilleri, Fel. Dahn 2c. 2. Jahrg. 1878. 52 Nrn. (Bog. mit eingedr. Holzschn.) Mit 12 musikalischen Gratisbeilagen. gr. 4. Ebendas. *

—— der. Zeitschrift zur Belehrung und Unterhaltung für Schule und Haus, insbesondere für Zöglinge höherer Lehranstalten. Redact.: Max Vogler. Unter Mitwirkung von J. Alsleben, Geo. Büchmann, Wilh. Cappilleri 2c. 3. Jahrg. 1879. 12 Hefte. (à 2 Bog.) gr. 8. Ebendas. à Heft ** 50 Pf. **

Studienfreund, der. Monatsschrift zur Unterhaltg. u. Belehrg. für Gymnasiasten u. Realschüler, sowie f. Seminaristen u. Zöglinge anderer höherer Bildungsanstalten. 1.—3. Jahrg. 1888—1890. à Jahrg. 12 Hefte. (à Heft 4 Bog.) 8. Lpz., G. Körner. à Jahrg. ** 4 —
Nicht weiter erschienen.

Studienhaus, das Bonner. Ein Gedenkblatt f. seine Freunde u. Wohlthäter. gr. 8. (20 S.) Duisburg 899. J. Ewich. n. — 30

Studienhefte, Technische. Hrsg. von Carl Schmid. Stuttgart
H. 1. Schmid, C: Brenzbrücke bei Heidenheim. Eine Plattenbalkenbrücke aus Betoneisen nach System Luipold. 1903
H. 2. Schmid, C: Statik und Festigkeitslehre nebst vielen Beispielen und einer Aufgabensammlung für Festigkeitslehre. 4. Ausg. (1904)
H. 3. Schmid, C: Holzbalkenbrücken. 1904
H. 4. Schmid, C: Kalweit-Träger. Eine Studie über den Ersatz der gewalzten Träger und über die Tragfähigkeit der Trägerkreuze und der Trägerroste zum Gebrauch für die Baupraxis. (1904)
H. 5. Asphalt, Teer, Öl im Straßenbau. (1905)
H. 6. Schmid, C: Feldweg- und Waldwegbau. Feldbereinigung. Stuttgart (1906)
H. 7. Kunststein-Treppen. 1908. (Ms. gedr.)
H. 8. Donaubrücken für das Wasserwerk der Stadt Ulm. Kastenträgerbrücken mit Pfahlgründungen aus Eisenbeton und Aachbrücke bei Wurzach. (1908)
H. 9. Gugenhan, M: Wasserwerksanlagen. Vorträge. (1909)

Studienhefte, technische. Hrsg. v. Carl Schmid. 9. Heft. Lex. 8. Stuttgart, K. Wittwer. 5. —
9. Wasserwerks-Anlagen. Vorträge. Von Max Gugenhan. (Als Mskr. gedruckt.) Mit 269 Abbildgn. im Text u. 8 Taf. (72 S.) (909.)
Vergl.: Schmid, Carl.

Studienkalender, für die Jahre 1881—1885. Hrsg. v. Reinold Kapff. Grosse Ausg. 12. (20 S. auf Carton.) Nürtingen 881. Kapff. geb. n. 1. 10 u. 1. 20; Ausg. f. 2 Jahre n. — 90 u. n. 1. —

— dasselbe. Mittlere Ausg. 12. (18 S.) Ebend. 881. geb. n. 1. — u. n. 1. 10; Ausg. f. 2 Jahre n. — 80 u. n. — 90

— dasselbe. Kleine Ausg. 12. (16 S.) Ebend. 881. geb. n. — 85 u. n. — 95; Ausg. f. 2 Jahre n. — 60 u. n. — 70

Studienkalender für die J. 1881—1885. Hrsg. von Reinold Kapff. Grosse Ausg. [2. Aufl.] Erweit. Aufl. 1886—1888. 12. (166 S.) Nürtingen 887, Dr. R. Kapff. geb. *
Mittlere Ausg. (144 S.) *
Kleine Ausg. (128 S.) *

Studienkalender, bayerischer. Notiz- u. Nachschlagebuch unter besond. Berücksicht. der bayer. Verhältnisse f. Studierende an Mittel- u. Hochschulen. Schulj. 1891/92 u. Schulj. 1892/93. 1. u. 2. Jahrg. gr. 16. (IV, 242 S. m. 1 Portr.; IV, 262 S. m. 2 Portr.) Münch., C. Gerber. à Jahrg. geb. — 75

Studienkalender, bayerischer. Notiz- u. Nachschlagebuch unter besond. Berücksicht. der bayer. Verhältnisse f. Studierende an Mittel- u. Hochschulen. Schulj. 1894/95. IV. Jahrg. gr. 16. (258 S.) München, C. Gerber. Geb. in Leinw. n.n. — 65

Studienkalender, bayerischer. Notiz- u. Nachschlagebuch unt. bes. Berücksicht. d. bayer. Verhältnisse f. Studier. an Mittel- u. Hochschulen. Schulj. 1898/99. Hrsg. v. Osk. Steinel. VIII. Jahrg. gr. 16. (258 S.) München, C. Gerber. Geb. in Leinw. — 75

Studienkalender, bayerischer. Notiz- u. Nachschlagebuch unter besond. Berücksicht. der bayer. Verhältnisse f. Studierende an Mittel- u. Hochschulen. Schulj. 1902/1903. XII. Jahrg. gr. 16. (271 S. m. 1 Stammtaf.) München, C. Gerber. Geb. in Leinw. — 75

Studienkalender, bayerischer. Notiz- u. Nachschlagebuch unter besond. Berücksicht. der bayer. Verhältnisse für Studierende an Mittel- u. Hochschulen. Schulj. 1906/07 XVI. Jahrg. (294 S. m. 1 Stammtaf.) 16. München, Buchdr. u. Verlagsanstalt C. Gerber.
Geb. in Leinw. n. — 75

Studienkalender, bayerischer. Notiz- u. Nachschlagebuch unter besond. Berücksicht. der bayer. Verhältnisse f. Studierende an Mittel- u. Hochschulen. Schulj. 1908/1909. XVIII. Jahrg. (306 S. m. Stammtaf.) 16. München, Buchdr. u. Verlagsanstalt C. Gerber. Geb. in Leinw. — 75

Studienkalender f. katholische Töchter höh. Lehranst., Pensionate 2c. f. d. J. 1899. Hrsg. v. E. M. Hamann 1. Jahrg. 16. (146 S. m. Titelbild.) Stuttgart, J. Roth Geb. in Leinw. n. — 50

— für katholische Töchter höherer Lehranstalten, Pensionate 2c. f. d. J. 1900. Hrsg. von E. M. Hamann. 2. Jahrg. gr. 16. (173 S. m. Titelbild.) Stuttgart. München, J. Roth. Geb. in Leinw. n. — 50

Studienköpfe, ideale. 8. (4 Farbdr.) Berlin (899). W. Schultz-Engelhard. 1. 50

— moderne. 8. (3 Farbdr.) Ebd. 899. 1. 25

Studienköpfe in Umrissen nach alten und neuen Malern. 1—3. Heft. gr. Fol. (à 12 Stnt.) Carlsruhe 852, Veith. à Heft * 1 Thlr. 10 Ngr. *

Studienköpfe in Umrissen nach alten und neuen Malern. 4. und 5. Heft. gr. Fol. (à Heft 12 lithogr. Blatt.) Carlsruhe 857. 60, Veith. à Heft 1 Thlr. 10 Ngr.
1—3. Heft. Ebendas. 1852. * 4 Thlr.

Studienmappe f. d. keramische Industrie. Hrsg v. hervorrag. Fachmännern durch Chr. Wittmann u. Reinh. Seidel. Fol. (à ca. 8 z. Tl. farb. Taf.) 12 Hfte Plauen 897. Ch. Stoll. n. 24. —; einz. Hfte. n. 2. —

— dasselbe. Hrsg. unt. Mitwirkg. hervorrag. Fachmänner v. Chr. Wittmann u. Reinh. Seidel. Fol. II. Jahrg 12 Hfte. (à ca. 8 z. Tl. farb. Taf.) Ebd. 898. n. 24. —; einz. Hfte. n. 2. —

Studienmappe f. die keramische Industrie. Hrsg. unter Mitwirkg. praktisch thät. Fachmänner v. Chr. Wittmann u. Reinh. Seidel. III.—VI. Jahrg. à 12 Hfte. Fol. (à Jahrg. 48 z. Tl. farb. Taf.) Plauen 899—902. Ch. Stoll. à Jahrg. n. 20. —

Studien-Mappe f. d. keramische Industrie. Hrsg. unter Mitarbeit praktisch thät. Fachmänner v. C. Wittmann u. Reinh. Seidel. VII. u. VIII. Jahrg. à 6 Hefte. (à 8 z. Tl. farb. Taf.) Fol. Plauen 903—904. Ch. Stoll
Erscheint nicht mehr. à Jhrg. n. 20. —

Studienordnung, Disciplinargesetze und Hausordnung der Kgl. polytechnischen Schule zu Dresden. Vom 13. 2. 1871. *Bc*

Studien- und Disziplinarordnung, nebst dem Gesetze über die Kollegien-Gelder für die an der k. k. Universität zu Pesth studierende akademische Jugend. Ofen, 1855. Gedruckt in der k. k. Universitäts-Buchdruckerei. (Ein deutsches und ein ungarisches Exemplar.) (44, 44 S. 8.)

Studienmappe, Willingshäuser. 12 Orig.-Arbeiten. 2 Bl. Text. 49,5×39,5 cm. Marburg (906). N. G. Elwert's Verl. In Mappe 10.—; erh. Pr. 20. —

— des Verbandes deutscher Musterzeichner. gr. 4. (16 Taf.) Dresden (900). Leipzig, Gilbers. n. 6. —

Die Studienordnung der Gesellschaft Jesu. M. e. Einl. v. Bernhard Duhr S.J. Freiburg i. Br.: Herder 1896. (VIII, 286 S.) 1 Bd 8°
(Bibliothek d. katholischen Pädagogik. [Bd] IX.)

Studienordnung der Kgl. Sächs. Technischen Hochschule. Vom 30. 9. 1910. [Folgt:] Gebührenordnung. 1910.

[*Kopft.*] Medicinische **Studienordnung** (hrsg. von der medicinischen Fakultät der Rheinischen Friedrich-Wilhelms-Universität]. (*Am Ende:* Bonn, d. 28 Dec. 1881.) (Bonn, Univ.-Buchdr. v. C. Georgi) [1882]. 6 S. 8.

[*Kopft.*] **Studienordnung** für die Medicin-Studirenden. (*S. 4:* Bonn, d. 28ten April 1851. Die Königl. med. Fak. d. Rheinischen Friedrich-Wilhelms-Universität *etc.*) (Bonn, gedr. bei C. Georgi) [1851]. 5 S. 4.

[*Kopft.*] **Studienordnung** für die Medicin-Studirenden. (*S. 4:* Bonn, d. 28ten Apr. 1851. Die Königl. med. Fak. d. Rheinischen Friedrich-Wilhelms-Universität *etc.*) (Bonn, Druck v. C. Georgi) [1863]. 5 S. 4. ¶ Wohl Neudruck d. Ausg. v. 1851.

[*Kopft.*] **Studienordnung** für die Medicin-Studirenden. (*S. 4:* Bonn, d. 12ten Apr. 1867. Die med. Fac. d. Rheinischen Friedrich-Wilhelms-Universität *etc.*) (Bonn, Druck v. C. Georgi) [1867]. 5 S. 4.

[*Kopft.*] **Studienordnung** für die Medicin-Studirenden. (*S. 4:* Bonn, 12ten April 1867. Die med. Fac. d. Rheinischen Friedrich-Wilhelms-Universität *etc.*) (Bonn, Univ.-Buchdr. v. C. Georgi) [1878]. 5 S. 4. ¶ Wohl Neudruck d. Ausg. v. 1867.

Studienordnung des Polytechnikums zu Dresden. Dresden 1878

Studien-Ordnung für die Praktikanten des Pharmazeutischen Instituts der Kgl. Universität Berlin. (Berlin [1904]: L. Simion Nf.) (2 Bl.) 8° [Kopft.]
(Nicht für den Austausch)

Studienordnung für die Studirenden auf dem Kgl. Polytechnikum Dresden (v. 24. 7. 1878).

Studienordnung für die Studierenden der Kgl. Sächs. Technischen Hochschule (v. 14. 8. 1890). Ausg. vom Jahre 1890. *Dr**

Studienordnung für das Studium der Landwirtschaft an der Universität Breslau S.S. 1905; W.S. 1905/06; S.S. 1906; W.S. 1906/07; S.S. 1907; W.S. 1907/08; S.S. 1908; S.S. 1909; W.S. 1909/10; S.S. 1910. [Nachträglich geliefert. Vgl. U 09. 446.] (Breslau 1905—10: Grass, Barth & Co.) Je 2 Bl. 8° [Kopft.]
(Nicht für den Austausch, lag nicht vor) [U 10. 444

Studienordnung für das Studium der Landwirtschaft an der Universität Breslau beginnend mit dem W.-S. 1908/09. (Breslau 1908: Grass, Barth & Co.) 2 Bl. 4° [U 09. 446
(Nicht für den Austausch)

Studien-Plan, akademischer, für Mediciner, nebst den gesetzlichen Vorschriften für die medicinischen Prüfungen. 2. Aufl. 8. (34 S.) Jena 881. Deistung. n. — 60

Studien-Plan, akademischer, f. Mediciner, nebst den neuen gesetzl. Vorschriften f. die medicin. Prüfgn. im Deutschen Reich. 3. Aufl. 8. (32 S.) Jena 883. Deistung. n. — 60

Studien-Plan, akademischer, f. Mediciner, nebst den neuen gesetzl. Vorschriften f. die medicin. Prüfgn. im Deutschen Reich nach amtl. Quellen. 4. Aufl. 8. (32 S.) Jena 887. Rudolstadt, Dabis. n. — 60

Studien- u. Erziehungsplan für die Universität Breslau. Fol. Bresl. 801. Barth. 14 gr

Studienplan der Juristischen Fakultät. (München 1910: Kastner & Callwey.) 2 Bl. 8° [Kopft.] [U 11. 3525
(Nicht für den Austausch)

Universität Freiburg (Schweiz). Studienplan der juristischen Fakultät. (Freiburg i. d. Schw.) o. J. 2 S. 8°.
Nicht zur Versendung bestimmt.

[*Kopft.*] **Studienplan** der philosophischen Facultät [in Bonn. Vom 1 Okt. 1837]. [Bonn, gedr. bei C. Georgi 1837.] 19 S. 4. ¶ Wieder abgedr. bei Koch, Preuss. Univ. II 1840 S. 249 ff.

[*Kopft.*] **Studienplan** der Philosophischen Facultät [in Bonn]. [Bonn, gedr. bei C. Georgi 1842.] 19 S. 4. ¶ Wohl Neudruck d. Ausg. v. 1837.

[*Kopft.*] **Studienplan** der Philosophischen Facultät [in Bonn]. (Bonn, gedr. bei C. Georgi) [1847]. 19 S. 4. ¶ Wohl Neudruck d. Ausg. v. 1837.

[*Kopft.*] **Studienplan** der philosophischen Facultät [in Bonn]. (Bonn, gedr. bei C. Georgi) [1851]. 19 S. 4. ¶ Wohl Neudruck d. Ausg. v. 1837.

[*Kopft.*] **Studienplan** der Philosophischen Facultät [in Bonn]. (Bonn, gedr. bei C. Georgi) [1854]. 19 S. 4. ¶ Wohl Neudruck d. Ausg. v. 1837.

[*Kopft.*] **Studienplan** der Philosophischen Facultät [in Bonn]. (Bonn, gedr. bei C. Georgi) [1857]. 19 S. 4. ¶ Wohl Neudruck d. Ausg. v. 1837. — Im J. 1859 erklärt sich d. Ministerium einverstanden mit d. einstimmig gestellten Antrag d. phil. Fak., in Zukunft von d. Verteilung eines Studienplans an die ihr angehörigen Studierenden absehen zu dürfen.

Studienplan der veterinär-medizinischen Fakultät in Bern. Bern, den 12. Dezember 1905. 4 S. 8°.
Bern. Univ.-Schr. 1905/1906.
Nicht zur Versendung bestimmt.

Studienplan für die Fortbildungskurse der Vereinigung für staatswissenschaftliche Fortbildung. Winter-Halbjahr 1904/1905 und 1907/08. Berlin

[Studienplan.] Vereinigung für staatswissenschaftliche Fortbildung zu Berlin. Studienplan für die Fortbildungskurse im W.-H. 1909/10. Berlin 1909. 4°.

Studienplan für das kaiserliche katholische Fundationsgymnasium in Wetzlar. Wetzl. 1804. H: *Ullheimer, Joseph von.* (MGT) (BB)

Juristischer **Studienplan** aus der durch Verfügung des Ministeriums der geistlichen, Unterrichts- und Medicinalangelegenheiten vom 30. Sept. 1851 genehmigten Anleitung der Juristenfacultät zu Bonn vom 8. October 1851 ausgezogen unter Berücksichtigung der besonderen Verhältnisse der Universität Halle-Wittenberg nebst einem Anhange von Verfügungen die erste juristische Staatsprüfung betreffend. Halle [1852]: Hendel. 11 S. 8° (4°) [Kopft.]

— — Halle [1858].
Ein Exemplar nicht nachweisbar.

Juristischer **Studienplan.** Gesetz vom 6. Mai 1869 über die juristischen Prüfungen und die Vorbereitung zum höheren Justizdienste und Regulativ des Justizministers vom 29. December 1869. Halle 1870: Waisenhaus. 16 S. 8°

— — Halle 1873: Hendel. 16 S. 8°

Juristischer **Studienplan.** Gesetz vom 6. Mai 1869 über die juristischen Prüfungen und die Vorbereitung zum höheren Justizdienste und Regulativ des Justizministers vom 6. December 1875. Halle 1878: Hendel. 14 S. 8°

Juristischer **Studienplan.** I. Studienplan. II. Gerichtsverfassungsgesetz vom 27. Jan. 1877. III. Gesetz vom 6. Mai 1869. IV. Regulativ vom 22. Aug. 1879. V. Allgemeine Verfügung vom 20. März 1880. VI. Gesetz, betr. die Befähigung f. den höheren Verwaltungsdienst. Vom 11. März 1879. VII. Regulativ vom 29. Mai 1879. Halle a. S. 1880: Karras. 26 S. 8°

Juristischer **Studienplan.** Halle a. S. 1882: Hendel. 16 S. 8°

Juristischer **Studienplan** der Universität Halle-Wittenberg. Halle a. S. 1908: Pritschow. 28 S. 8° [U 10. 1054
(Nicht für den Austausch)

Hochschule Bern. Studienplan für die Kandidaten der Journalistik. (12. Januar 1903.) 5 S. 8. Bern, Gottfr. Iseli, 1903.

Studienplan für die Kandidaten des höheren Lehramts in den Fächern der Mathematik, Physik und Chemie an der Universität Greifswald. [Nebst] Stundenplan. *(Greifswald 1903: F. W. Kunike.)* (9 S.) 8° [Kopft.]
(Nicht für den Austausch)

Studienplan für die Candidaten des höheren Lehramts der Mathematik und Physik an der Universität Greifswald. [Nebst Stundenplan.] (Greifswald 1900: F. W. Kunike.) (9 S.) 8° [Kopft.]
(Nicht für den Austausch)

Studien-Plan für die k. k. Kriegsschule. gr. 8. (48 S.) Wien 873, Seidel und Sohn. *

Studienplan für Mathematik. Universität Gießen, Wintersemester 1905/6. (1905.) (2 Bl.) 8° (Kopft.]

Studienplan für Mathematik. Vorlesungen im Sommersemester 1906. [Gießen] 1906: [v. Münchow.] (2 Bl.) 8° [Kopft.]

Studienplan für Mathematik. Vorlesungen im Wintersemester 1906/7. [Gießen] 1906: [v. Münchow.] (2 Bl.) 8° [Kopft.]

Studienplan für Mathematik. Universität Gießen. Sommersemester 1907. [Gießen] 1907: [v. Münchow.] (2 Bl.) 8° [Kopft.]

Studienplan für Mathematik. Universität Gießen. Wintersemester 1907/8. [Gießen] 1907: [v. Münchow]. (2 Bl.) 8° [Kopft.]

Studienplan für Mathematik. Universität Gießen. Wintersemester 1907/8. [Gießen] 1908 [v. Münchow]. (2 Bl.) 8° [Kopft.]

Studienplan für Mathematik. Universität Gießen. Sommersemester 1908. [Gießen] 1908 [v. Münchow]. (2 Bl.) 8° [Kopft.]

Studienplan für Mathematik. Universität Giessen. Wintersemester 1908/9. [Gießen] (1908): [v. Münchow]. 2 Bl. 8° [Kopft.] [U 09. 1075

Studienplan für Mathematik. Universität Giessen. Sommersemester 1909. [Gießen] (1909): [v. Münchow]. 2 Bl. 8° [Kopft.] [U 09. 1076

Studienplan für Mathematik. Universität Giessen. Sommersemester 1910. [Gießen] 1910: [v. Münchow]. 2 Bl. 8° [Kopft.] [U 10. 1107

[Studienplan für Mediziner.] (dat.: Breslau, den 13. März 1863.) 4° [Z.] *[Ein vollständiges Exemplar nicht nachweisbar; in den Akten der Fakultät nur ein Bruchstück des letzten Blattes, woraus das Datum ersichtlich.]*

[Studienplan für Mediziner. Ausg. von 1875.] *[Ein Exemplar nicht nachweisbar.]*

Studienplan für Mediciner (dat.: Breslau, im Juli 1882). (Breslau 1882.) (2 Bl.) 4° [Kopft.] *[Auch in: Breslauer ärztliche Zeitschrift. Jg. 4. 1882.]*

— für **Mediziner.** Empfohlen v. der medizin. Fakultät der königl. Ludwig-Maximilians-Universität München. Im Anh.: Die Bekanntmachgn. d. Bundesraths vom 2. Juni 1883 betr. die ärztl. Prüfg. u. die ärztl. Vorprüfg., sowie die k. b. allerh. Verordng. betr. die Prüfg. f. den ärztl. Staatsdienst. gr. 8. (32 S.) München 883. Rieger. n. — 60

—— für Mediziner. Empfohlen von der medicin. Fakultät München, nebst den gesetzl. Prüfungsordnungen vom 2. Juni 1883 und der Prüfungsordnung für den Bayer. Staatsdienst vom 6. Febr. 1876. 2. Aufl. kl. 8. (32 S.) München 887, Rieger'sche Universitäts-Buchh. *

Studienplan für Mediziner. Empfohlen v. d. medizin. Fakultät d. Universität München. Im Anh.: Die Bekanntmachgn. d. Bundesraths v. 2. Juni 1883, betr. die ärztl. Vorprüfg., sowie die k. b. allerh. Verordng., betr. die Prüfg. für den ärztl. Staatsdienst. 3. Aufl. gr. 8. (32 S.) Münch. 891, Rieger. * — 60

Studienplan f. Mediziner. Empfohlen v. der medizin. Fakultät der königl. Ludwig-Maximilians-Universität München. 4., veränd. Aufl. m. Anh.: Die Bekanntmachgn. des Bundesraths vom 2. Juni 1883 betr. die ärztl. Prüfung in der neuen Fassung vom 25. Apr. 1887 u. die ärztl. Vorprüfg. nach der Aenderg. vom 17. Jan. 1888, die k. b. allerh. Verordng. betr. die Prüfg. f. den ärztl. Staatsdienst im Königr. Bayern vom 6. Febr. 1876, sowie die Bestimmgn. üb. die Doctorprüfgn. an der medizin. Fakultät der Universität München. gr. 8. (34 S.) München 895. M. Rieger. n. — 60

— f. **Mediziner.** Empfohlen v. der medizin. Fakultät der königl. Ludwig-Maximilians-Universität München 5. veränd. Aufl., m. Anh.: Bekanntmachung des Bundesrats vom 28. V. 1901 betr. die Prüfungsordng. für Aerzte, k. b. allerh. Verordng. vom 6. II. 1876, betr. die Prüfg. f. den ärztl. Staatsdienst im Königr. Bayern, sowie Bestimmgn. üb. die Doktorprüfgn. u. Habilitationen an der medizin. Fakultät der Universität München. (57 S.) gr. 8. München 904. M. Rieger. n. 1.—

Medizinische Fakultät der Georg-Augusts-Universität zu Göttingen. **Studienplan** für Mediziner. (Göttingen, im Juni 1908.) (11 S.) 8° [Kopft.]
(Nicht für den Austausch)

Studienplan, der neue baierische, aus d. religiös., pädagog. u. rechtl. Standpunkte betrachtet u. mit einig. finanziellen Andeutungen begl. von e. Katholiken. 2 Hfte. 8. Augsb. 825. Doll. 8 gr.

Studien-Plan, Provisorischer, für sämmtliche Schulen der k. k. österreichischen Artillerie, mit Rücksicht auf die neue Organisation derselben. (Mit 3 Tabellen auf 2 Tafeln.) 4. Wien 1850.

Studienplan für das 1.—5. medizinische Semester. [Aufgestellt von d. Med. Fak. d. Universität Greifswald.] (Greifswald [1902]: J. Abel.) (2 Bl.) 4° [Kopft.]
(Nicht für den Austausch)*)

Studienplan für das 1.—5. medizinische Semester. (Greifswald [1910]: Abel.) 2 Bl. 4° [Kopft.] [U 10. 1491
(Nicht für den Austausch)

Studienplan für die Studierenden des Lehramtes an der Hochschule Bern (22. März 1898). Bern 1898. 8 S. 8°.

Studienplan für die Studierenden des Lehramtes an der Hochschule Bern. 12. Dezember 1906. Bern 1906. 8 S. 8°
Bern, Univ.-Schr. 1906/1907.

Studienplan f. Studierende der Medizin an der Albert-Ludwigs-Universität zu Freiburg im Breisgau. Semester 1—6. 2. Abdr. (4 S.) gr. 8. Freiburg i/B. 904. Speyer & Kaerner. n. — 10

Studien-Plan für Studierende der Medizin an der Landes-Universität Gießen. Gießen 1907: v. Münchow. (10 S.) 8° [F.]

Studienplan für die Studirenden der Medicin auf der Königlichen Friedrichs-Universität Halle-Wittenberg. [Am Ende:] Die medicinische Facultät der Königl. vereinigten Friedrichs-Universität Halle-Wittenberg. (Halle a. S.) [1844]: (Hendel). 4 S. 4° [Kopft.]

Studienplan für die Studierenden der Medizin auf der Königlichen Friedrichs-Universität Halle-Wittenberg. [Am Ende:] Die medizinische Fakultät der Königl. vereinigten Friedrich-Universität Halle-Wittenberg. (Halle) [1868]: (Hendel). 4 S. 4° [Kopft.]
Auch abgedr. im: Centralblatt f. d. ges. Unterrichts-Verwaltung in Preussen, Berlin 1869, Nr. 1 v. 28. 12. 1868, S. 44—48.

Studienplan für die Studierenden der Medizin auf der Königlichen Friedrichs-Universität Halle-Wittenberg nebst den Vorschriften über die ärztlichen Staatsprüfungen. (Halle a. S. [1910]: Waisenhaus.) 13 S. 4° [Kopft.] [U 10. 1655
(Nicht für den Austausch)

Studien-Plan für die Studierenden der Medizin an der Großherzoglich Hessischen Ludwigs-Universität zu Gießen. Gießen 1909: v. Münchow. 10 S. 8° [U 09. 1077

Studienplan für die Studirenden der Medizin auf der Königlichen Universität zu Breslau (dat.: Breslau, den 16. Juni 1844). [Breslau 1844.] (8 S.) 4° [Kopft., F. u. Ant.]

Fakultätsbeschluss vom 28. November 1907. Studienplan für die Studierenden der Pharmazie an der Kgl. Universität München. [München] (1910): [Kastner & Callwey]. 2 Bl. 8° [Kopft.] [U 11. 3529
(Nicht für den Austausch)

Studienplan für die Studirenden der Rechtswissenschaft auf der Königlichen Universität zu Breslau (vom April 1865). Breslau [1865]. (7 S.) 4°

Studien-Plan für die Studirenden der Rechtswissenschaft auf der Königlichen Universität zu Breslau. (Breslau) [um 1880.] (4 S.) 4° [Kopft.]

Studien-Plan für die Studirenden der katholischen Theologie auf der Universität zu Breslau. [Breslau 1851.] (1 Bl.) 4° [Kopft., F.] *(Ohne Druckervermerk; Seite 2, Zeile 7 von unten: „Praktische Theologie".)*

Studien-Plan für die Studirenden der katholischen Theologie auf der Universität zu Breslau. [Breslau um 1860.] (1 Bl.) 4° [Kopft., F.] *(Am Ende: „Druck von Graß, Barth und Comp."; Seite 2, Zeile 7 von unten: „Practische Theologie".)*

Studien-Plan für die Studirenden der katholischen Theologie an der Königlichen Universität zu Breslau. [Breslau 1872.] (4 S.) 4° [Kopft.] *[Auch abgedr. in: Centralblatt für die gesammte Unterrichts-Verwaltung in Preußen. Jg. 1873. S. 130-132.]*

Studienplan für die Studierenden der Veterinärmedizin an der Universität Gießen. Gießen 1904: v. Münchow. (7 S.) 8° [F.]

Studien- und Stundenplan für die Hauptvorlesungen und Uebungen an der medicinischen Facultät Breslau in den ersten fünf Semestern ... (Breslau [1902]: Bresl. Genoss.-Buchdr.) (25 S.) 8°
(Nicht für den Austausch)

Studien- und Stundenplan für die Hauptvorlesungen und Übungen an der medizinischen Fakultät Breslau ... (Breslau [1905]: Bresl. Genoss.-Buchdr.) (45 S.) 8°
(Nicht für den Austausch)

Studien- und Stundenplan für die Hauptvorlesungen und Übungen an der medizinischen Fakultät Breslau ... (Breslau [1905]: Bresl. Genoss.-Buchdr.) (45 S.) 8° ¶[Durch Aufkleben von Deckstreifen berichtigte Ausg.]
(Nicht für den Austausch)

Studien- und Stundenplan für die Studierenden der Medizin in Kiel aufgestellt von der medizinischen Fakultät. (Kiel 1909.) 14 S. 8° [Kopft.] [U 10. 2109
(Nicht für den Austausch)

Studien-Pläne, akademische, für die der Theologie, Jurisprudenz, Medicin, Cameral- u. Naturwissenschaften, Mathematik, Pharmacie, Landwirthschaft, Philologie u. Pädagogik Beflissenen. 860. — 2. Aufl. Jena 861. Suckow. (Halle, Schmidt's Verlag.) gr. 8. (20 S.) n. 4 ngr.

Kgl. Technische Hochschule zu Aachen. Studienpläne für wirtschaftswissenschaftliche Ausbildung und (1910/1911 ff.: Spezialstudienpläne) für Feuerversicherungsingenieure. Studienj. 1908/1909—1912/13. 1908—12.

Studienpläne für das Bergfach an der Kgl. Technischen Hochschule zu Aachen nebst Erläuterungs-Bericht 1880/81. *A*

Studienpläne für das Kgl. Polytechnikum Dresden (v. Juli 1882). 1882. *Dr**

Studienpläne der Kgl. Sächs. Technischen Hochschule. 1890. — [Dasselbe.] [1892.] 22 S. — [Dasselbe mit Änderungen.] 1892. 1894. 1896. 1897. — [Dasselbe mit Änderungen. 1899.] 18 S.

Studien- und Prüfungspläne für das höhere Lehramt in Fächern der I. und II. Sektion der philosophischen Fakultät. (Vom Erziehungsrat erlassen am 22. November 1899.) 14 S. 8°.

Königl. Techn. Hochschule zu Berlin. Studienreise der Abteilung für Bauingenieurwesen nach Dänemark, Schweden und Norwegen. 17. Juli bis 3. Aug. 1910. Als Ms. gedr. o.O. (1910). 32 S., 25 Bl. Taf. 8°

Studienreise, die 3. alpwirtschaftliche, steirischer Landwirte in die Schweiz 1906. Im Auftrage d. steiermärk. Landes-Ausschusses hrsg. v. Rud. A. Thallmayer, m. Beiträgen v. F. G. Stebler, F. Reber, Thommen u. a. (VI, 152 S. m. 33 Abb.) Lex. 8. Bruck 907. (H. Smrczek.) 3. —

Studienreise, eine forstliche, im Gebirge und Flachland der Prov. Schlesien. Veranstaltet von der königl. Forstakademie zu Neustadt-Eberswalde. gr. 8. (IX, 151 S. mit 8 Orig.-Fig. in eingedr. Holzschn., 1 lithogr: Felsbilde und 1 geolog. lithogr. Uebersichtskarte in qu. 4.) Berlin 875, Springer. *

Eine forstliche Studienreise auf den Sr. Kaiserl. Hoheit dem Durchlaucht. Herrn Erzherzog Albrecht gehörigen Domänen Teschen und Friedeck in K. K. Schlesien. Ausgeführt in der Zeit vom 6. -15. Juni 1875. - o. O. 1875. 38 S.

Studienreise, Forstliche, auf den . . . Domänen Teschen und Friedeck. [Wien 1875.] V: *Newald, Joh.* & *Frz Grossbauer.* (Tübz 27, 21)

Studienreise, Forstwissenschaftliche, nach der Erzherzoglich Albrechtschen Kammer Teschen. Wien 1893. V: *Weisshaupt, G.* (EB)

Studienreise, Die, der baltisch-litthauischen Kartell-Kommission in den Viehzucht-Bezirken der Niederlande und Ost-Preussens 1904. Berlin 1904. V: *Wolff, Jos. Baron.* (Berl)

Die *Studienreise* d. baltisch-litthauischen Kartell-Kommission in den Viehzucht-Bezirken d. Niederlande u. Ost-Preussens 1904. Dorpat 1904. 39 S. 2 Kt. P.

Studienreise, die, der baltisch-litthauischen Kartell-Kommission in den Viehzucht-Bezirken der Niederlande u. Ost-Preussens. 1904. (39 S. m. 1 Karte.) gr. 8. Jurjew (905). (Berlin, Puttkammer & Mühlbrecht.) n. 1. 20

Studienreise eines jungen Staatswirths in Deutschland am Schluss des vorigen Jahrhunderts. Beiträge und Nachträge zu den Papieren des Ministers und Burggrafen von Marienburg Theodor von Schön. 1879. V: *Ewald, Rudolf.* (DBiblGes II, S. 281)

— s.a. Studienreisen...

Studienreisen e. jungen Staatsmanns in England am Schlusse d. vorigen Jahrhunderts. Beiträge u. Nachträge zu den Papieren des Ministers u. Burggrafen v. Marienburg Theodor v. Schön, m. Nachwort v. e. Ostpreußen u. 1 Lithogr. gr. 8. (XIV, 511 S.) Berl. 891, L. Simion. * 10 —

Studienreisen eines jungen Staatswirths in Deutschland am Schlusse des vorigen Jahrh. Beiträge u. Nachträge zu den Papieren des Ministers u. Burggrafen v. Marienburg Theodor v. Schön. Von einem Ostpreußen. Mit einer Lith. gr. 8. (X, 677 S.) Leipzig 879. F. Duncker. n. 14. —

— s.a. Studienreise...

Studien-Stiftungen. 2. neue Folge v. Urkunden, hrsg. v. dem Verwaltungsrathe der Gymnasial- u. Stiftungs-Fonds zu Köln. gr. 8. (III, 80 S.) Köln 889. Du Mont-Schauberg. n. 1. 50 (1. u. 2. Folge: n. 3. 50)

Studien-Stiftungen, die Kölnischen. Neue Folge urkundl. Nachrichten. Im Anschlusse an die Sammlg. in der v. Bianco'schen Schrift „Die ehemal. Universität 2c." Thl. II. actenmäßig fortgesetzt v. dem Verwaltungsrathe der Gymnasial- u. Stiftungsfonds zu Köln. gr. 8. (VI, 141 S.) Köln 874. Du Mont-Schauberg. n. 2. —

Studien-Taschenbuch, Eichstätter, f. Mittelschüler u. Töchterschülerinnen auf d. Schulj. 1908/9 (15. IX. 1908 bis 31. XII. 1909). Mit Musikbeigaben. Von Ludw. Eid u. H. Dhom. (II, 144 S. u. Schreibkalender.) kl. 8. Eichstätt, Ph. Brönner. Geb. in Leinw. — 60

Studienwerke f. die Mittelschullehrerprüfung. (8 S.) 8. Breslau (907). (Priebatsch.) — 20

Studienwesen, Das höhere und niedere, im Grossherzogthume Baden . . . Konstanz 1846. V: *Meck, W.* (EB)

Studienzeit. Aus Johann(es) Zellers St'. Njbl. s. [Bluntschli, Johann Caspar].

Studier, botaniska, tillägnade F. R. Kjellmanden 4. XI. 1906. (Red.: R. Sernander, N. Svedelius, C. O. Norén.) [In deutscher Sprache.] (287 S. m. 10 Abbildgn., 9 Taf. u. 1 Karte.) Lex.-8. Uppsala 906. (Berlin, R. Friedländer & Sohn.) n. 11. —

Studirenden, die, der preuss. Universitäten. (Statistik.) Hrsg. vom kön. preuss. Statist. Bureau. Berlin. Jährl. 1 Band. circa

Studierstube, die. Theologische u. kirchl. Monatschrift. Hrsg.: Jul. Boehmer. 1.—4. Jahrg. 1903—1906. à 12 Hefte. (576, 768, 768 u. 740 S.) gr. 8. Leipzig, Verlag der Studierstube. 1903 n. 6. 40;
Erschien bis 1905 in Stuttgart. 1904—06 à n. 8. —

Studierstube, die. Theologische u. kirchl. Monatsschrift. Hrsg.: Jul. Boehmer. 5. u. 6. Jahrg. 1907 u. 1908. à 12 Hefte. (XII, 748 u. XIV, 768 S.) gr. 8. Langensalza, J. Beltz. à Jahrg. 8. —
Erscheint jetzt bei R. Dietmar, Langensalza.

Studierstube, homiletische, v. allerh. raren und wohl elaborirten Predigten u. disponirten Texten, so wohl auf Sonn- u. Festtage u. alle vorkommende Fälle. 14 Eröffnungen. 8. Rudolstadt. 723.

Studies, four, of roses for panels. schmal gr. Fol (4 Farbdr.) Berlin 898. W. Schultz-Engelhard. n. 3.—

Studies of landscapes. qu. schmal Fol. (4 Farbdr.) Berlin 899. W. Schultz-Engelhard. 4. 80

Studies from life. s. Collection of British Authors.

— semitic, in memory of Rev. Dr. Alexander Kohut Ed. by Geo. Alex. Kohut. With portrait and memoir gr. 8. (XXXV, 615 S.) Berlin 897. S. Calvary & Co. In Leinw. kart. n. 20. —

Studio, de, decori juventuti scholast. max. commendando. 8. Cöthen, Aue. 796. — 4

Studio auf einer Reis' oder das Loch im Staate. Bierdrama in drei Akten. Lüben i. Schl. [1893]. V: *Schauder, Rudolph.* (Berl) (Erman & Horn. Bibliogr. d. dtsch. Univ. 1. Leipz. u. Berl. 1904.)

Studiophili, J. L., katechet. Tabellen üb. die latein. Grammatik &c. 8. Götting. 774. Dieterich. 3 gr

Studiosus, Nicotianae ab usu, deductus, oder durch einen Missionnarius Societatis Jesv aufgehobene Tobackrauchen . . . München 1756. V: *Lampart, Joseph Ignaz.* (Jes) (So)

Studiosus devotus seu libellus precum et hymnorum idiomatis latini et germanici. In usum studiosae juventutis imprimis caes. reg. gymnasii Cibiniensis concinnatus. Cibnii 864. (Hermannstadt, Steinhaussen's Buchh.) 16. (VIII, 195 S.) geb. n. 15 ngr.

Studium, üb. d., d. Botanik, als e. d. nützl. u. angenehmst. Beschäft. f. alle Stände. 8. Dresden, Pinther. (Arnold.) 803. — 6

Studium, Das ernste, der edelerzogenen Jungfrau in seiner Würde und Wichtigkeit. . . . Berlin 1844. V: *Schubart, Friedrich.* (Ky)

Studium, das ernste, der edelerzogenen Jungfrau in seiner Würde u. Wichtigkeit. Eine Erziehungsrede. (Von Director Schubart.) 12. Berlin 844, Reichardt u. Comp. 3 ngr

Studium, Das, der Frauen. [Pfäffikon 1889.] V: *Schoch, Gustav.* (Cat. d. Stadtbibl. Zürich. Zürich 1864—97.)

Studium, Ein gründliches, der alten Klassiker ist ein kräftiges Gegenmittel gegen die Schwärmerei unserer Tage, s. Dinter, Gustav Friedrich

— das höhere u. niedere, im Großherzogthume Baden, dargestellt in einer Sammlung d. über Volks-, Gewerbe-, höhere Bürgerschulen, die polytechnische Anstalt &c. gr. 8. Konstanz 846, Meck. n. 5/6 Thlr

— üb. d., d. Homers, s. A. H. Schott.

— über das, des Homer in niedern u. höh. Schulen, (v. A. H. Schott). 8. Leipz. 783. (W. Vogel). 20 gr

Studium, das, der Landwirtschaft an der Universität Königsberg i. Pr., zusammengestellt v. Albert, s.: Berichte des landwirtschaftl. Instituts d. Universität Königsberg i. P. VIII.

Studium, Das, der Landwirtschaft an der Universität. [Breslau 1896.] V: *Rümker, Curt von.* (Erman & Horn Bibliogr. d. dtsch. Univ. 1. Leipz. u. Berl. 1904.)

— u. Leben. Blätter f. die studier. Jugend. Unter Mitwirkg. hervorrag. Fachmänner hrsg. v. Baum. Neue Folge des „Aufwärts". Jahrg. 1907. 12 Hefte. (à ca. 64 S. m. 2 Taf.) gr. 8. Luzern, Baeßler, Drexler & Co. 6. —
Vergl.: Aufwärts. — Firma erloschen.

— Lipsiense. Ehrengabe, Karl Lamprecht dargebracht aus Anlass der Eröffng. des königl. sächs. Instituts f. Kultur- u. Universalgeschichte bei der Universität Leipzig v. Schülern aus der Zeit seiner Leipziger Wirksamkeit Fr. Arens, H. Barge, H. Beschorner u. a. (VI, 409 S. m. 1 Taf.) Lex. 8. Berlin 909. Weidmann. 14. —

Studium, das philologische, in Bonn. Von einem rheinischen Schulmanne. Köln 865. J. G. Schmitz'sche Buchh. gr. 8. (27 S.) 6 ngr.

— üb. d., d. Kantischen Philosophie. 8. Frankf. Andreä. 794.

—— das römische, nach den Statuten Leo's XII. Erlassen den 28. Aug. d. J. 1824. gr. 8. (4¼ B.) Schaffhausen 844, Hurtersche Buchh.

Zum **Studium** der Schulpolitik. E. Literaturnachweis, zsgest. von d. Vereinig. f. Schulpolitik zu Berlin. (Leipzig u. Berlin 1908.) 8°.
(Broschüren z. Schulpolitik. Nr 1.)

Über das Studium der deutschen Sprache an den österreichischen ausserdeutschen Gymnasien. 12 S. 8°.– Bochnia, Progr. 1850.

Vom **Studium** und vom Studenten. Ein Almanach. Hrsg. vom Akad. Verband f. Lit. u. Musik in Wien. (Vorr.: Dr. Max Sokal.) 2. Aufl. Berlin: B. Cassirer 1910. XI, 309 S. 8° [11. 393]

Zum Studium der Taktik. Von F. C. v. H. Zwei Theile. Gr.-8. (814 S. mit Beilagen) 7.

I. Theil. Inh.: Einleitung und Infanterie. II. Theil. Inh.: Artillerie. Cavallerie. Vom Gefecht. Sicherungs- und Aufklärungsdienst.
Wien: Seidel 1891.

Zum Studium der Taktik von F. C. v. H. II. ergänzte Auflage. 2 Thle. Gr.-8. (I. Thl. Einleitung u. Infanterie. 442 S. u. Beilagen. II. Thl. Artillerie. — Cavallerie. - Vom Gefechte. Sicherungs- u. Aufklärungsdienst. 938 S. u. Beilagen.) In Comm. 7.—
Wien: Seidel 1894.

Zum Studium der Taktik. Von F. C. v. H. (nicht identisch mit: C. v. H.) 3. durchgesehene und ergänzte Auflage. 2 Theile. I. Theil: Einleitung und Infanterie. II. Theil: Vom Gefecht. — Sicherungs- und Aufklärungs-Dienst. Als Entwurf gedruckt. Wien. 1898—1899. Kreisel & Gröger. In Comm. Seidel & Sohn. Gr.-8°. Paginirt S. 1—550, I—VI und S. 558—1110 mit 30 Tafeln. fl. 8.—

— über das, der ökonom. Wissenschaften. 8. Erfurt 789. Keyser. 3 gr

Studium-Behelf u. **Anhaltspunkte** f. Stabsofficiers-Aspiranten d. Truppe, Corps- u. Kriegsschul-Aspiranten aller 3 Waffen, nebst e. Sammlung takt. Aufgaben sammt Lösgn. von „L". Graphische Darstellung der formellen Durchführg. e. Infanterie-Angriffes, Kriegsspiel-Entwürfe, 42 Annahmen zu applicator. Besprechgn., Durchführung u. Leitung derselben, takt. Übungsritte bei der Truppe u. Entwürfe f. Regiments-Übgn. Hiezu 13 Beilagen, u. 35 Skizzen im Texte. (328 S.) Lemberg 902. (Wien, L. W. Seidel & Sohn.) n. 8. —

Stüdl, J., Wanderungen in der Glockner-Gruppe, s. Hofmann, K.

Stüdle, Alph., de processionibus divinis. Diss. gr. 8. (149 S.) Freiburg (Schweiz) 895. Universitätsbuchh. n. 2. 5C

Studler, R., unter der Dorflinde, s.: Mürset, H.

Studler, Rud., das Lehrlingswesen im Kanton Bern. Bericht an die kant. Handels- u. Gewerbekammer m. e. Vorwort u. e. das Gesetz, die Verordngn., Reglemente etc. üb. die Förderg. der Berufsbildg., die Bundesbeschlüsse u. die bisher erschien. Lehrlingsgesetze u. Gesetzesentwürfe anderer Kantone enth. Anh. (272 S.) 8. Bern 907. (A. Francke.) 2. 40

Studler, Rud[olf]. Das Lehrlingswesen im Kanton Bern. Bericht an die Kant. Handels- und Gewerbekammer, mit einem Vorwort und einem das Gesetz, die Verordnungen, Reglemente etc. über Förderung der Berufsbildung, die Bundesbeschlüsse und die bisher erschienenen Lehrlingsgesetze und Gesetzesentwürfe anderer Kantone enthaltenden Anhang. [Mit 1 Tabelle.] 272 S. 8. Bern, Rösch & Schatzmann, 1907. [fr. 2. 80]

Studler, R[udolf]. Das Rechnungswesen der schweizerischen Postverwaltung. Vortrag, gehalten am 17. Februar 1910 im Verband schweiz. Postbeamter, Sektion Bern. Separatabdruck aus der Schweiz. Post- und Telegraphen-Zeitung. Jahrg. 1910, Nr. 10—14. 56 S. 8. Burgdorf, ⟨S. Haller⟩, 1910. [fr. —. 40]

Studniarski, Johann von: Ueber die Verteilung der magnetischen Kraftlinien im Anker einer Gleichstrommaschine. 1905. 36 S. 4⁰ ¶ Mit Änderungen in: Mitteilungen über Forschungsarbeiten auf d. Gebiete d. Ingenieurwesens. H. 32. 1906; kurzer Ausz. in: Zeitschrift d. Vereines deutscher Ingenieure. Bd 50. 1906, Halbj. 2.
Hannover, Dr.-Ing.-Diss. v. 11. 1. 1905

Studniarski, Max. v., über den Fürstentag in Łuck am 6. Januar des Jahres 1429. Posen 865. (Jagielski.) gr. 4. (12 S.) n. 10 ngr.

Studniarský, M., gramatyka francuzka z przykładami do tłumaczenia i wyborem opracowana podług metody Ploetza. Część etymologiczna. Posen 859. Zupański. gr. 8. (2 Bl., 274 S.) n. 20 ngr.

Studnička, Alois, Alphabete. Eine Sammlung v. gangbaren alten u. neueren Schriftarten f. Schriftenmaler, Graveure, Steinmetzer, Baumeister, Künstler u. für techn. Schulen. Zusammengestellt u. in grösserem Maassstabe durchgeführt. qu. Fol. (23 Steintaf.) Prag 877. (Rziwnatz.) n. 10. —

Studnička, Alois, Anfangsgründe der gewerblichen Schriftenmalerei. Zum Selbststudium und für gewerbliche Anstalten. 86 Blatt in einem Umschlage und einer Mappe Selbstverlag, 1891.

Studnička, Alois, **Grundlagen der schönen Form. Prakt.** Aesthetik. 12. (III, 252 S. m. 125 Abbildgn.) Sarajevo 898. J. Studnička & Co. 2. 50

Studnicka, Alois. Principes du beau. Esthétique populaire par Alois Studnicka (**Umschlag*: Studnička)... . Traduit par les soins de Léon Genoud, directeur du Technicum.., de Fribourg ⟨Suisse⟩. [Avec 106 figures.] 121 p. 8. St-Gall, Impr. Honegger, 1901 (**Umschlag*: Lausanne, Payot & Co., éditeurs, 1902). [fr. 3. —]

Studnička, Alois, Schattenlehre, s.: Taschenbibliothek „Quelle". Nr. 5. 6.

Studnička, Alois, Schattenschule. Für höhere Klassen der Bürger- u. Töchterschulen u. f. die unteren Klassen der Real- u. Gewerbeschulen zusammengestellt u. durchgeführt. qu. Fol. (2 S. u. 12 Steintaf.) Prag 871. Dominicus in Comm. n. 3. —

—— Schule der krummlinigen Ornamentik. 1. Heft. qu. Fol. (12 Stnt.) Prag 869, Rziwnatz.) *

Studnička, E. J., s. Studnička, Franz Josef

Studnička, Franz Josef

Studnička, F. J., Algorismus Prosayous Magistri Christani anno fere 1400 scriptus. [Aus: „Sitzungsber. d. k. böhm. Gesellsch. d. Wiss."] gr. 8. (17 S.) Prag 898. (F. Řivnáč.) n. — 32

Studnička, F. J. Ueber einige Analogieen zwischen der Ludolfine u. der Laisantine. gr. 8. (S. 250—256 m. 1 Fig.) Prag 892, (Řivnáč). * — 20

— üb. einige Analogieen zwischen der Ludolfine u. der Laisantine. [Aus: „Sitzungsber. d. k. böhm. Gesellsch. d. Wiss."] gr. 8. (S. 250—256 m. 1 Fig.) Ebd. 892. n. — 20

Ueber ein Analogon der Euler'schen Zahlen. Von Dr. F. J. Studnička. Separatabdruck aus den Sitzungsberichten der kön. böhm. Gesellschaft der Wissenschaften. (Mathematisch-naturwissenschaftliche Classe 1900.) Prag. 1900. [In Comm. Řivnáč.] Gr.-8°. 8 S. K —.16

Studnička, F. J., üb. d. Bedeutung d. sogen. Wärmosumme in d. florist. Phaenologie. [Aus: „Sitzungsber. d. k. böhm. Gesellsch. d. Wiss."] gr. 8. (8 S. m. 1 Fig.) Prag 895. (F. Řivnáč.) n. — 16

Studnička, F. J., Eine neue Bedingung der Konvergenz unendlicher Reihen. Separatabdruck a. d. Sitzungsber. d. k. böhm. Gesellschaft d. Wiss in Prag 1902. Gr.-8°. (4 S.) † K —.10
Prag: Řivnáč in Komm. 1902.

— Beitrag zur Quaternionenlehre. [Aus: „Sitzungsber. d. k. böhm. Gesellsch. d. Wiss."] gr. 8. (10 S.) Ebd. 893. n. — 20

— neuer Beitrag zur Quaternionenlehre. [Aus: „Sitzungsber. d. k. böhm. Gesellsch. d. Wiss."] gr. 8. (18 S.) Ebd. 894. n. — 36

Neuer Beitrag zur Theorie der Determinanten. Von Prof. Dr. F[rantišek] J. Studnička. *Prag: Böhm. Ges. d. Wiss. 1896.* (5 S.) 8°
= Sitzungsberichte d. k. böhm. Gesellsch. d. Wiss. Math.-naturw. Cl. 1896, 6.

— Beitrag zur Theorie der Potenz- u. Kombinations-Determinanten. [Aus: „Sitzungsber. d. böhm. Gesellsch. d. Wiss."] gr. 8. (20 S.) Ebd. 896. n. — 24

Beitrag zur Theorie der Potenz- und Kombinations-Determinanten. Von F[rantišek] J. Studnička. *Prag: Kgl. böhm. Ges. d. Wiss. 1897.* (20 S.) 8.
= Věstník Král. Č. Společnosti Náuk. Třída math.-přírodovědecká. 1897. [No] 1.

— neuer Beitrag zur Theorie d. Potenz- u. Kombinations-Determinanten. [Aus: „Sitzungsber. d. k. böhm. Gesellsch. d. Wiss."] gr. 8. (16 S.) Ebd. 897. n. — 24

— Beitrag zur Theorie der gemischten Reihen. [Aus: „Sitzungsber. d. k. böhm. Gesellsch. d. Wiss."] gr. 8. (S. 98—104.) Ebd. 892. n. — 20

Einige Bemerkungen über die sogenannten Euklidischen Zahlen. Von Dr. F. J. Studnička. Prag. 1899. Verlag der königl. böhmischen Gesellschaft der Wissenschaften. In Comm. Řivnáč. Gr.-8°. 4 S. * fl —.05

Studnička, F. J., Bericht über die mathematischen und naturwissenschaftlichen Publikationen der königl. böhm. Gesellschaft der Wissenschaften während ihres 100jähr. Bestandes. [Ein Beitrag zur Geschichte der Mathematik und der Naturwissenschaften.] 2 Hefte. gr. 8. Prag, (Calve'sche Universitäts-Buchh.) [1. Heft. (IV, S. 1—124 mit Illustr.) 884. *ℳ 1,80.; 2. Heft. (IV, S. 125—351 mit Illustr.) 885. *ℳ 3.] *

Sitzungsberichte der königl. böhmischen Gesellschaft der Wissenschaften. Mathematisch-naturwissenschaftliche Classe. 1899. XXXIX.

Enthält:

STUDNIČKA, F. J.

Bericht über die vom Custos J. Truhlář in der Prager Universitätsbibliothek entdeckte Sinus-Tafel Tycho Brahe's. Von Dr. Fr. J. Studnička. Prag. 1899. Königl. böhmische Gesellschaft der Wissenschaften. In Comm. Řivnáč. Gr.-8°. 4 S. fl. —.06

Bericht über die astrologischen Studien des Reformators der beobachtenden Astronomie Tycho Brahe. Weitere Beiträge zur bevorstehenden Saecularfeier der Erinnerung an sein vor 300 Jahren erfolgtes Ableben. Von Prof. Dr. F. J. Studnička. Prag. 1901. Verlag der kön. böhm. Gesellschaft der Wissenschaften. [In Comm. Řivnač.] Gr.-8°. 54 S. K 1.50

Studnička, F. J., Über äußere und innere Bipolardreiecke eines Systems von drei Kreisen. Separatabdruck a. d. Sitzungsber. d. k. böhm Gesellschaft d. Wiss. in Prag 1902. Gr.-8°. (8 S.) †
Prag: Řivnáč in Komm. 1902.

Bis an's Ende der Welt! Astron. Causerien von F[ranz] J[osef] Studnička, Prof. 2. erg. Aufl. ⟨Mit zahlr. Ill.⟩ *Prag: Selbstverl. 1896.* (212 S.) 8° [93. 48. 11

Studnička, Dr. F. J., Bis ans Ende der Welt. Astronomische Causerien. 2. ergänzte Aufl. Mit zahlreichen Illustrationen. 8. (212 S.) 1.50
Prag: Řivnáč 1896.

Studnička, F. J., bis an's Ende der Welt! Astronomische Causerien. 3. Aufl. Gewidmet zur Feier des 100. Geburtstages Christian Dopplers. Auctors des gleichnam. physikal. Princips. (IV, 216 S. m. Abbildgn.) 8. Prag 903. (F. Řivnáč.) n. 3. —

Studnička, F. J., A. L. Cauchy als formaler Begründer der Determinanten-Theorie. Eine literarischhistor. Studie. [Aus: „Abbandl. d. k. böhm. Ges. d. Wiss."] gr. 4. (40 S) Prag 876. (Calve.) n. 2. —

— Ueber e. neue Eigenschaft v. Zahlen in 2n-ziffrig. Systemen. [Aus: „Sitzungsber. d. k. böhm. Gesellsch. d. Wiss.] gr. 8. (10 S.) Ebd. 896. n. — 20

Studnička, F. J., Über die charakteristischen Eigenschaften der sogenannten gleichseitigen Ellipse. Separatabdruck a. d. Sitzungsber. d. k. böhm. Gesellschaft d. Wiss. in Prag 1902. Gr.-8°. (ill. 4 S.) † K —.10
Prag: Řivnáč in Komm. 1902.

Studnička, Dr. F. J., Einleitung in die Theorie der Determinanten. Für Studirende an Mittelschulen und technischen Anstalten. 1871. gr. 8. (IV u. 66 S.) Prag, Calve'sche U.-B. (O. Beyer.) 80 kr.

— üb. Funktionen e. quaternionalen Variablen. [Aus: „Sitzungsber. der k. böhm. Gesellsch. d. Wiss."] gr. 8. (8 S.) Ebd. 894. n. — 20

Studnička, F. J., Grundzüge einer Hyëtographie des Königr. Böhmen, s. a. Archiv für naturwissenschaftliche Landesdurchforschung des Königr. Böhmen.

Studnička F. J.: Grundzüge einer Hyëtographie d. Königreichs Böhmen ... Prag 1887. 88 S. Fig. 1 Kt. (Særtr.). 4°.

Studnicka F. J.: Über die Identität der Licht- und Wärmestrahlen von gleicher Brechbarkeit. S. 44. II 289 . . . . Ngr.
Separatabdruck

Studnička, F. J., Lehrbuch der Algebra f. die oberen Klassen der Mittelschulen. Mit 11 Fig. in Holzschn. gr. 8. (VIII, 212 S.) Prag 878. Grégr & Valečka in Comm. n. 3. —

—— dass. — 2. veränd. Aufl. gr. 8. (212 S. mit 11 eingedr. Fig. in Holzschn.) Prag 879, (Calve'sche Universitäts-Buchh.) *

— neue Lehrsätze, Summen v. Quadratzahlen betr. [Aus: „Sitzungsber. d. k. böhm. Gesellsch. d. Wiss."] gr. 8. (8 S.) Ebd. 894. n. — 20

— eine neue analytische Lösung des Axenproblems der Kegelschnitte. gr. 8. (4 S.) Ebd. 902. n. — 10
Sonderabdr. a.: „Sitzungsber. d. böhm. Gesellsch. d. Wiss."

— über Potenzdeterminanten u. deren wichtigste Eigenschaften. [Aus: „Sitzungsber. d. k. böhm. Gesellsch. d. Wiss."] gr. 8. (8 S.) Ebd. 896. n. — 16

—— Resultate der während der Jahre 1877 und 1878 in Böhmen gemachten ombrometrischen Beobachtungen. gr. 4. (VIII. 60: VIII. 104 S.) (Ebendas.) 879. à *
aus: Abhandlungen der k. böhm. Gesellschaft der Wissenschaften, besonders abgedruckt.

Studnička, F. J., Dr., Resultate der ombrometrischen Beobachtungen in Böhmen während der Jahre 1878—81. (Abhandl. der k. Böhm. Ges. der Wissensch.) Prag 1879—82. (Titel und Text von 1880, 81 auch in tschechischer Spr.)

Studnička, F. J., Resultate der ombrometrischen Beobachtungen in Böhmen während des J. 1882. (Böhmisch und deutsch.) gr. 4. (XV, 104 S.) Prag 883, (Calve'sche Universitäts-Buchh.) *
Aus: Abhandlungen der k. böhm. Gesellschaft der Wissenschaften, besonders abgedruckt.

—— dass. — 1883. gr. 4. (XVI, 104 S.) (Ebendas.) 884. *

Studnicka, F. J., Dr., Resultate der ombrometrischen Beobachtungen in Böhmen während 1886. Prag 1887.

—— Resultate der ombrometrischen Beobachtungen in Böhmen, s. a. Abhandlungen der mathematisch-naturwissenschaftlichen Classe der k. böhm. Gesellschaft der Wissenschaften.

—— Resultate der während des Jahres 1876 in England gemachten ombrometrischen Erfahrungen. gr. 4. (VIII, 52 S.) Prag 877, (Grégr und Dattel.) **

Prager Tychoniana. Zur bevorstehenden Säcularfeier der Erinnerung an das vor 300 Jahren erfolgte Ableben des Reformators der beobachtenden Astronomie Tycho Brahe. Gesammelt von Prof. Dr. F. J. Studnička. Prag. 1901. Verlag der kön. böhm. Gesellschaft der Wissenschaften. In Comm. Řivnač. Lex.-8°. 69 S. K 3.—

Ueber die independente Zerlegung von gebrochenen algebraischen Functionen in Partialbrüche durch sphenoidale Derivationsdeterminanten. Von Dr. F. J. Studnička. Separatabdruck aus den Sitzungsberichten der königl. böhm. Gesellschaft der Wissenschaften in Prag. 1901. Verlag der königl. böhmischen Gesellschaft der Wissenschaften. In Comm. Řivnáč. Gr.-8°. 5 S. K —.10

Studnička, Franz Karl

Studnička, F. K, Die Analogen der Protoplasma-Faserungen der Epithel- und Chordazellen mit Bindegewebefasern. Separatabdr a. d. Sitzungsber. d. k. böhm. Gesellschaft d. Wiss. Gr.-8°. (9 S. mit 1 Tafel.) †, K —.40
Prag: Řivnáč in Komm. 1902.

Studnička, F. K., zur Anatomie d. sog. Paraphyse d. Wirbelthiergehirns. [Aus: „Sitzungsber. d. k. böhm. Gesellsch. d. Wiss."] gr. 8. (18 S. m. 2 Fig. u. 1 Taf.) Ebd. 895. n. — 60

Ueber die erste Anlage der Grosshirnhemisphären am Wirbelthiergehirne. Von Dr. F. K. Studnička. Mit 11 Textfiguren. Separatabdruck aus den Sitzungsberichten der königl. böhm. Gesellschaft der Wissenschaften in Prag. 1901. Prag. 1901. Verlag der königl. böhmischen Gesellschaft der Wissenschaften. In Comm. Řivnáč. Gr.-8°. 33 S. K —.48

Studnička, F. K., über e. neue Anwendung des Abbe'schen Kondensors. Vorläufige Mitteilg. (4 S.) Lex.-8. Prag 905. (F. Řivnáč.) n. — 20

Sitzungsberichte der königl. böhmischen Gesellschaft der Wissenschaften Mathematisch-naturwissenschaftliche Classe. 1899. XXXIII.
Enthält:
STUDNIČKA, F. K.
Über den feineren Bau der Parietalorgane von Petromyzon Marinus L. Von Dr. F. K. Studnička. Mit 1 Tafel und 2 Textfiguren. Prag. 1899. Königl. böhmische Gesellschaft der Wissenschaften. In Comm. Řivnáč. Gr.-8°. 17 S. fl. — 24

— e. Beitrag zur vergleich. Histologie u. Histogenese d. Rückenmarkes. (Ueb. d. sog. „Hinterzellen" d. Rückenmarkes.) [Aus: „Sitzungsber. d. k. böhm. Gesellsch. d Wiss."] gr. 8. (32 S. m. 3 Taf.) Ebd. 895. n. 1. 20

— Beiträge zur Anatomie u. Entwickelungsgeschichte des Vorderhirns der Cranioten. 1. Abth. [Aus: „Sitzungsber. d. k. böhm. Gesellsch. d. Wiss."] gr. 8. (42 S. m. 7 Taf.) Ebd. 895. n. 2. —

— dasselbe. 2. Abth. [Aus: „Sitzungsber. d. k. böhm. Gesellsch. d. Wiss."] gr. 8. (32 S. m. 4 z. Tl. farb Taf.) Ebd. 896. n. 1. 44

Beiträge zur Kenntniss der Ganglienzellen. 1. Ein neuer Befund von Centrosomen; die intracellulären Kanälchen. Von Dr. F. K. Studnička. Separatabdruck aus den Sitzungsberichten der kön. böhm. Gesellschaft der Wissenschaften in Prag. 1900. Prag. 1900 [In Comm. Řivnáč.] Gr.-8°. 6 S. K —.20

Beiträge zur Kenntnis der Ganglienzellen. II. Einige Bemerkungen über die feinere Structur der Ganglienzellen aus dem Lobus electricus von Torpedo marmorata. Von Dr. F. K. Studnička. Mit 1 Tafel. Separatabdruck aus den Sitzungsberichten der königl. böhm. Gesellschaft der Wissenschaften in Prag. 1901. Prag. 1901. Verlag der königl. böhmischen Gesellschaft der Wissenschaften. Řivnáč. Gr.-8°. 15 S. K —.48

— Beiträge zur Kenntniss der Ganglienzellen. III. Ueber endocelluläre u. pericelluläre Blutkapillaren der grossen Ganglienzellen v. Lophius. (12 S. m. 1 Abbildg. u. 1 Taf.) gr. 8. Ebd. 903. n. — 40

Studnička, F. K, Einige Bemerkungen zur Histologie der Hypophysis cerebri. Eine vorläufige Mittheilung. [Aus Sitzungsber. d. k. böhm. Gesellsch. d. Wiss.] (7 S.) †
Prag: Řivnáč in Komm. 1902.

Sitzungsberichte der königl. böhmischen Gesellschaft der Wissenschaften. Mathematisch-naturwissenschaftliche Classe. 1899. XLV.
Enthält:
STUDNIČKA, F. K.
Ueber das Ependym des Centralnervensystems der Wirbelthiere. Von Dr. F. K. Studnička. Prag. 1899. Königl böhmischen Gesellschaft der Wissenschaften. In Comm. Řivnáč. Gr.-8°. 7 S. fl. —.10.

Studnička, F. K., Exoplasma od. Metaplasma? (10 S.) Lex. 8. Prag 908. (F. Řivnáč.) — 20
Sonderabdr. aus: „Sitzungsber. d. böhm. Gesellsch. d. Wiss."

Sitzungsberichte der königl. böhmischen Gesellschaft der Wissenschaften. Mathematisch-naturwissenschaftliche Classe. 1899 XXXVI.
Enthält:
STUDNIČKA, F. K.
Der „Reissner'sche Faden" aus dem Centralkanal des Rückenmarkes und sein Verhalten in dem Ventriculus (Sinus) terminalis Von Dr. F. K. Studnička. Prag. 1899. Königl. böhmische Gesellschaft der Wissenschaften. In Comm. Řivnáč. Gr.-8°. 10 S. mit 7 Textfiguren. fl. —.12

Ueber verknorpelte Fasern im Bindegewebe einiger Thiere. Von F. K. Studnička (in Prag). *Prag: Kgl. böhm. Ges. d. Wiss. 1897.* (7 S.) 8.
= Věstník Král. Č. Společnosti Nauk. Třída math.-přírodovědecká. 1897. [No] 65.

Sitzungsberichte der königl. böhmischen Gesellschaft der Wissenschaften. Mathematisch-naturwissenschaftliche Classe. 1 99. XYXV.
Enthält:
STUDNIČKA, F. K.
Ueber Flimmer und Cuticularzellen mit besonderer Berücksichtigung der Centrosomenfrage. Von Dr. F. K Studnička. Prag. 1899. Königl. böhmische Gesellschaft der Wissenschaften. In Comm. Řivnáč. Gr.-8°. 22 S. mit 4 Figuren im Texte und 1 Tafel. fl. —.36

Ueber eine eigenthümliche Form des Sehnerven bei Syngnathus acus. Von Dr. F. K. Studnička. (Mit 4 Textfiguren.) Separatabdruck aus den Sitzungsberichten der königl. böhmischen Gesellschaft der Wissenschaften. In Comm. Řivnáč. 1901. 9 S. K —.20

— über e. neue Konstruktion des Praeparier-Mikroskopes. (4 S. m. 1 Abbildg.) Lex -8. Ebd. 905. n. — 20
Sonderabdr. a.: „Sitzungsber. d. böhm. Gesellsch. d. Wiss."

— zur Kritik ein. Angaben üb. d. Existenz e. Parietalauges bei Myxine glutinosa. [Aus: „Sitzungsber. d k. böhm. Gesellsch. d. Wiss."] gr. 8. (4 S.) Prag 898. (F. Řivnáč.) n.n. — 10

Über einige Modificationen des Epithelgewebes (Schmelzpulpa der Wirbelthier-Zahnanlage, die Hornzähne der Cyclostomen, die Epidermis von Ophidium barbatum etc.) Von Dr. F. K. Studnička. Prag. 1899. Verlag der königl. böhmischen Gesellschaft der Wissenschaften. In Comm. Řivnáč. Gr.-8°. 22 S.
Sitzungsberichte der königl. böhmischen Gesellschaft der Wissenschaften. Mathematisch-naturwissenschaftliche Classe. 1899. XIV.

Studnička, F. Ch., sur les organes pariétaux de Petromyzon Planeri. [Aus: „Sitzungsber. d. k. böhm. Gesellsch. d. Wiss."] gr. 8. (50 S. m. 3 Taf.) Prag 893. (F. Řivnáč.) n. 1. 60

Die Parietalorgane. Von Dr. F[ranz] K[arl] Studnička, Brünn. Mit 134 Textabb. u. 1 lith. Taf. *Jena: G. Fischer 1905.* (VI, 254 S.) 4°(8°.
— Lehrbuch d. vergleichenden mikroskop. Anatomie d. Wirbeltiere, Hrsg. von A. Oppel. T. 5.

Studnička, F. K., die Parietalorgane, s. Oppel, Alb., Lehrbuch der vergleich. mikroskopischen Anatomie der Wirbeltiere.

— üb. d. terminale Partie d. Rückenmarkes. [Aus: „Sitzungsber. d. k. böhm. Gesellsch. d. Wiss."] gr. 8. (8 S. m. 1 Taf.) Ebd. 895. n. — 40

— über Stachelzellen u. sternförmige Zellen bei Epithelien. gr. 8. (9 S. m. 2 Taf.) Ebd. 902. n. — 60
Sonderabdr. aus: „Sitzungsber. d. böhm. Gesellsch. d. Wiss."

Über die Structur der sog. Cuticula und die Bildung derselben aus den intercellularen Verbindgn in d. Epidermis. Von F. K. Studnička (in Prag). *Prag: Kgl. böhm. Ges. d. Wiss. 1897.* (11 S., 1 Taf.) 8.
= Věstník Král. Č. Společnosti Náuk. Třída math.-přírodovědecká. 1897. [No] 59. [06. 4008

— üb. d. intercellularen Verbindungen, den sog. Cuticularsaum u. d. Flimmerbesatz d. Zellen. [Aus: „Sitzungsber. d. böhm. Gesellsch. d. Wiss."] gr. 8. (66 S. m. 1 Fig.) Ebd. 898. n. 1. —

Studnicki, Ladisl., die Wahrheit über Sibirien. Studien nach der Natur 8. (IX, 162 S.) Berlin 899. F. Rüde. n. 3. —

Studniczka, Franz

Studniczka, Frz., zur Ara Pacis, s.: Abhandlungen der königl. sächs. Gesellschaft d. Wissenschaften. Philol.-histor. Klasse XXVII. 26.

Studniczka Franz: Beiträge zur Formenlehre und Geschichte der griechischen Tracht in Kunst und Leben. D: Abhandlung des Archäolog.-epigraph. Seminars in Wien 1886.
1882 PN 243 Diss. Wien, Univ.

Studniczka, Franz. Beiträge zur Geschichte der altgriechischen Tracht. Abhandlungen des archäologisch-epigraphischen Seminares der Universität Wien. Herausgegeben von O. Benndorf und E. Bormann. Heft VI Teil 1 . . . Wien, Carl Gerold's Sohn 1886. VIII + 143 S. m. 47 Abb. 8°.

Studniczka, Frz., Beiträge zur Geschichte der altgriechischen Tracht, s. a. Abhandlungen d. archäologisch-epigraphischen Seminars der Universität Wien.

Studniczka, Franz: Das Bildnis des Aristoteles. Mit 3 Taf. in Hochätzung. Lipsiae 1908: (Edelmann). S. 1—35. 4°
Leipzig, Verz. d. Promotionen in d. philos. Fak. 1907—1908 [U 09. 3105

— Ueb. die Bruchstücke e. Vase d. Sophilos. S.-A. 1898. 8 S. m. 2 Fig.

— Die bemalten Deckziegel. S.-A. 1887. 8 S. 4°.

— Herakles b. d. Leichenspielen des Pelias auf d. Kypseloslade. S.-A. 1891. 4 S. 4°.

— Zum Hydragiebel. S.-A. 1886. 8 S. 4°.

— Das archäolog. Institut u. seine Zeitschrift. S.-A. 1899. 11 S.

Kalamis. Ein Beitrag z. griech. Kunstgeschichte von Franz Studniczka. Leipzig: B. G. Teubner 1907. (104 S.) 4°(8°)
= Abhandlungen d. K. Sächs. Gesellschaft d. Wiss. Philol.-hist. Kl. Bd 25, No 4. [07. 8137

Studniczka, Franz. Krobylos und Tettiges.
S. 248—291 m. 36 Abb. 4°.
Aus: Jahrbuch des Kaiserlich Deutschen Archäologischen Instituts. Bd. XI. 1896. H. 1

Studniczka, Frz., Kyrene, eine altgriechische Göttin. Archäologische u. mytholog. Untersuchgn. gr. 8. (XI, 224 S. m. 38 Abbildgn.) Leipzig 890. Brockhaus. n. 9. —

— Myrons Ladas. Ak. 1898. 22 S.

— Ein Opferbetrug des Hermes. S.-A. 1891. 5 S. m. Abb. 4°.

Studniczka, F., Attische Porosgiebel. S.-A. 20 S. u. 1 Taf.

— Ueb. d. Schild d. Heracles. S.-A. 1896. 84 S. m. Abb. 4°.

Die Siegesgoettin. Entwurf d. Geschichte e. antiken Idealgestalt von Franz Studniczka. Akad. Antrittsrede geh. 1898 im Skioptikon-Hoersaal d. Univ. Leipzig in erw. Bearb. Leipzig: B. G. Teubner 1898. (27 S.) 4°
Aus: Jahrbücher f. d. class. Altertum. [Bd 1. 1898.] [07. 7769 11

Studniczka, Frz., die Siegesgöttin. Entwurf d. Geschichte e. antiken Idealgestalt. Akadem. Antrittsrede, geh. am 16. I. 1898 im Skioptikon-Hörsaal d. Universität Leipzig, in erweit. Bearbeitg. Lex.-8. (V, 27 S. m. 59 Fig. auf 12 Taf.) Leipzig 898. B. G. Teubner. n. 2. —

— Archaisches Thonrelief der Sammlung Santangelo. S.-A. 1891. 5 S. u. 1 Abb.

Tropaeum Trajani. Ein Beitrag z. Kunstgeschichte d. Kaiserzeit von Franz Studniczka. Mit 86 Textfig. *Leipzig: B. G. Teubner 1904.* (x, 152 S.) 4°
= Abhandlungen d. K. Sächs. Gesellschaft d. Wiss. Philol.-hist. Kl. Bd 22, No 4. [04. 9433

— Vermutungen zur griechischen Kunstgeschichte. Lex.-8. (45 S.) Wien 884. Konegen. n. 3. —

Studnitz, Arthur von

Studnitz, v. Amerikan. Arbeiterverhältn. Berlin 1877.

Studnitz, Arth. v., nordamerikanische Arbeiterverhältnisse. gr. 8. (XXVI, 426 u. Beilagen 119 S.) Leipzig 879. Duncker u. Humblot. n. 14. —

Studnitz Av, unsere Binnenschiffahrt. (Zeitfragen, Volkswirtschaftl. 29) Berlin 1882

— unsere Binnenschiffahrt, s. a. Zeitfragen, volkswirthschaftliche.

— Die nordamerikanische Frauenarbeit. 8°. Berlin 1877.

Studnitz Av, d. Gewerbethätigkeit im Kgr. Sachs. nach Rangstufen. 4° Dresden (187?)

Studnitz, A. v. Die gesetzliche Regelung des Feingehaltes von Gold- und Silberwaaren. Berlin 1870?

Studnitz, Arthur v., die gesetzliche Regelung d. Feingehaltes v. Gold- u. Silber-Waaren. Nebst e. Sammlung der Bestimmgn. sämmtl. zivilisirten Staaten u. e. tabellar. Uebersicht üb. die Feingehalts-Gesetzgebg. 2. gänzlich umgearb. u. verm. Aufl. gr. 8. (VIII, 139 S.) Pforzheim 875. Riecker. n. 3. —

Studnitz, A. v., Statistik der Wasserstraßen. Dresden, 1881. 13 S.

von Studnitz, Arthur: Umschau auf dem Gebiete der statistischen und volkswirthschaftlichen Litteratur. ([S.-A.] Zeitschrift des Königlich Sächsischen Statistischen Bureaus. Jahrg. 23. 1879. S. 210—232.) (Dresden 1879.) 23 S. 8°. [C 5186

Studnitz Av, d. Vergiftung d. Wasserläufe. Ein Mahnruf aus England. II. (Berlin 1875)

Studnitz, C. W. W. S. v., chronolog.-synchronist. Uebersicht u. Andeutungen f. d. Kriegsgeschichte, s. a. Handbibliothek f. Offiziere, XII. Bd. 1. Abthl.

v. Studnitz, S. C. W. W. und F. Rödlich. Chronologisch-synchronistische Uebersicht und Andeutungen für die Kriegsgeschichte. 2 Thle. I. 1980 v. Chr. bis 1299 n. Chr. (37½ B.) II. 1300—1832. (60 B.) 8. Berlin 1830—33. 19,25

Studnitz, F. v., grüne Husaren in Frankreich. Dem Husaren-Regiment Graf Götzen (2. Schlesisches) Nr. 6 zur Erinnerg. an den Feldzug 1870/71 gewidmet. gr. 8. (III, 95 S.) Berlin 893. E. S. Mittler & Sohn. n. 2. —; geb. in Leinw. n.n. 3. —

Studnitz, Clara v., s.: Fürs Haus.

Studnitz, S. C. W. W. von, s. Studnitz, C. W. W. S. von

v. Studnitz, Wilh., s. Bundesblüthen.

Kultusminister [Konrad] v. **Studt** und die geistliche Schulaufsicht. Stenographischer Bericht d. Situngen d. Preuß. Abgeordnetenhauses am 15. u. 16. März 1907. Berlin: Buchh. d. Nationallib. Partei [1907]. (127 S.) 8°
= [Schriften, Nationalliberale. No 4.]

Studt, Bernhard: **Bismarck** als Mitarbeiter der 'Kreuzzeitung' in den Jahren 1848 und 1849. *Blankenese 1903: J. Kröger.* (VI, 63 S.) 8° [F.]
Bonn, Phil. Diss. v. [7. März] 1903

Studt, C.(Bearb.), s. Herrfurth, L.: Finanzstatistik der Kreise des preussischen Staates ...

Studt, C., Plan von Breslau nach den neuesten Veranderungen. 3. verm. Aufl. Fol. Lith. Breslau 849. Kern. ½ ℛ

Studt, C., **neuester Plan von Breslau. In grösserem Maassstabe gez. und lithogr. von C. Diebison. Chromolithogr. qu.-Fol. (8 S. Text.) Breslau 866, Kern's Verlag.** In Carton. *

Studt, Hans Hinrich

Studt, H. H., s.: Baumgarten, Professor Dr. theolog. Michael.

— der treue evangelische Zeuge Prof. Dr. Baumgarten. Vorträge gehalten vor der christlichen Gemeinde seiner Heimath. Nebst einem Anh. Altona 866. Leipzig, Mentzel. br. 8. (III, 231 S.) n. 24 ngr.

Studt, H. H., die materialistische Erkenntnißlehre. Dargestellt und beurtheilt zur Orientirung für Gebildete. gr. 8. (155 S.) Altona [Leipzig] 869, Mentzel. *

Studt, H. H., der deutschen Jugendbildung Grundlage, Ziel u. Weg. gr. 8. (II, 49 S.) Kiel 891. [C. Homann.] H. Eckardt. n. 1. —

Studt, Hans Hinrich: P r e d i g t e n , gehalten in der festlichen Hälfte des Kirchen-Jahres. Elmshorn. 1859. 8°

Studt, H. H., offenes Zeugniß, daß Bekenntniß Gottes, des Sohnes, nicht sei Verleugnung Gottes, des Vaters; gegen Dr. Lüdemann, Kirchenrath ꝛc. in Kiel. Altona 862. Wendeborn. gr. 8. (37 S.) n. 6 ngr.

Studt, Konr. v., die neuen preuß. Verwaltungsgesetze, s.: Brauchitsch. M. v.

Studte, Herm., **über Beziehungen der Thermo- u. Triboelektrizität zur Elektrophysiologie. (48 S. m. Fig.) gr. 8. Berlin-Charlottenburg 908. [H. Kurtzig.] Berlin, L. M. Barschall.** 1. 20

Studte, Herm., Polenblut. Eine kujaw. Tragödie in 3 Akten m. e. Vorspiel. (107 S.) 8. Berlin (908). L. M. Barschall. 2. —

Polenblut. Eine kujaw. Tragödie in 3 Akten mit 1 Vorspiel von Hermann **Studte**. Berlin-Charlottenburg: H. Kurtzig (1908). (107 S.) 8° [08. 1918]

Studtmann, Otto: U n t e r s u c h u n g e n über die natürliche Beleuchtung in den städtischen Schulen zu Göttingen. . . . (Aus: Arch. f. Hygiene. Bd 11.) München: Druck v. R. Oldenbourg 1890. 34 S. 8°
Göttingen, Med. Fak., Inaug.-Diss. v. [5. Jun.] 1889

Geometrie der Dynamen. Die Zusammensetzung von Kräften u. verwandte Gegenstände d. Geometrie bearb. von E[duard] **Study**. Mit 44 Fig. u. 1 Taf. *Leipzig: B. G. Teubner (1901–)1903.* (XIII, 603 S.) 8° [03. 1778]

Study, Edward: Ueber die Geometrie der Kegelschnitte insbesondere deren Charakteristikenproblem .... Leipzig, Druck v. B. G. Teubner, 1885; 48 + 1 S. 8°.
Leipzig, Phil. Fak., Hab.-Schr. v. 27. Okt. 1885.

Study, Eduard: Ueber die M a s s b e s t i m m u n g extensiver Grössen. 1885. 8°. Diss. München

Study, E., **üb. die Massbestimmung extensiver Grössen. Lex.-8. (38 S.) Wien 885. (Gerold's Sohn.)** n. — 60

Study, E., **über die Massbestimmung extensiver Grössen. Lex.-8. (38 S.) Wien 885, (Tempsky.)** *
Aus: Sitzungsberichte der k. Akademie der Wissenschaften, besonders abgedruckt.

Study, E., **Methoden zur Theorie der tertiären Formen. Im Zusammenhang m. Untersuchgn. anderer dargestellt. Lex.-8. (XI, 210 S.) Leipzig 889. Teubner.** n. 6. —

Study, E., sphärische Trigonometrie, orthogonale Substitutionen u. elliptische Functionen. Eine analytisch-geometr. Untersuchg. [Aus: „Abhandlgn. d. k. sächs. Gesellsch. d. Wiss."] Lex.-8. (148 S. m. 16 Fig.) Leipzig 893. S. Hirzel. n. 5. —

Study, Karl Beitrag zur Geschichte des Coburger Gymnasiums. 16 S. Progr. G. *Coburg* 1884.

Study, C., De prolepsis grammaticae usu Homerico. I. Pr. 1865. 24 S. 4°.

Study-series, Semitic, ed. by Rich. J. H. Gottheil and Morris Jastrow jr. Nr. 1. 8. Leiden 902. Buchh. u. Druckerei vorm E. J. Brill. n.n. 2. —
Selection from the annals of Tabari, ed. with brief notes and a selected glossary. By M. J. de Goeje. (XII, 73 S.)

Study-series, Semitic, ed by Rich. J. H. Gottheil and Morris Jastrow jr. Nr. II—VI. 8. Leiden, Buchh. u. Druckerei vorm. E. J. Brill. n.n. 17. —
II. The annals of Ashurbanapal (V Rawlinson Pl. I—X). By Rob. J. Lau, M. A. Autographed text. With a glossary in English and German and brief notes by Steph. Langdon, B. D. (XI, 68 u 45 S.) 903. n.n 5. —
III. Text, the Hebrew, of the book of Ecclesiasticus, edited with brief notes and a selected glossary by Israel Lévi. (XIII, 85 S.) 905. n.n. 3. —
IV. Ibn Khaldûn, Prolegomena. A selection with notes and English-German glossary by Duncan B. Macdonald. (VI, 111 S.) 905. n.n 2. 50
V. The Abu Habba Cylinder of Nabunai'd (V Rawlinson Pl. 64). Autographed text by Rob. J. Lau, M. A. with an introduction and a glossary in English and German by J. Dyneley Prince. (X, 40 S.) 905. n.n. 3 50
VI. Al-Buhârî: Selections from the Ṣaḥîḥ, edited with notes by Charles C. Torrey. (XI, 108 S.) 906. n.n. 3. —

Study-series, Semetic, ed. by Rich. J. H. Gottheil und Morris Jastrow jr. Nr. VII—XIII. 8. Leiden, Buchh. u. Druckerei vorm. E. J. Brill. nn 23. 50
Goeje, M. J. de, selections from Arabic geographical literature, ed. with notes. (X, 114 S.) 907. (Nr. VIII.) 3. —
Gottheil, Rich. J. H., a selection from the Syriac Julian romance, ed. with a complete glossary in English and German. (XII, 100 S.) 906. (Nr. VII.) 3. —
John, bishop of Ephesus, extracts from the ecclesiastical history, ed. with grammatical, historical and geographical notes in English and German by Jessie Payne Margoliouth. (VII, 109 S.) 909. (Nr. XIII.) nn 3. —
Maimonides, selections from the Arabic writings, ed. with introduction and notes by Israel Friedlaender. (XXIII, 130 S.) 909. (Nr. XII.) nn 4. —
Misnah treatise, the, Sanhedrin, ed. with an introduction, notes and glossary by Sam. Krauss. (XIII, 61 S.) 909. (Nr. XI.) nn 2. 50
Ungnad, Arth., selected Babylonian business and legal documents of the Hammurabi period. (XVI, 48 u. 42 S.) 907. (Nr. IX.) 4. —
· Selected business documents of the Neo-Babylonian period. (XI, 74 S.) 908. (Nr. X.) nn 4.
Nr. I—VI. Ebd. 902—06. 19.—.

v. Studzieniecki, Felix, Aphorismi de enervatione, specimen dissertationis inauguralis. 8 maj. Viennae 843, Ueberreuter. (Fr. Beck.) n. 1/3 ℛ

Studzieniecki, Nobil. Stanislaop, Fel. v., die Cornification und die Lues cornificativa (Plica polonica). gr. 8. (XI und 176 S.) Wien 854, Gerold's Sohn.

— das Ei des Columbus oder: Wie kann man scheu gewordene Pferde aufhalten? Mit 1 Steinabdrucke. gr. 8. Wien 845. (Fr. Beck.) n. 2/3 ℛ

Studziński Cirillus: Ein Bild des geistigen Lebens Kleinrußlands im 16. und 17. Jahrhundert mit besonderer Hervorhebung der Kalenderfrage.
II. 1894 PN 824 Diss. Wien, Univ.

Stuer, Bernhard C(onrad): Beiträge zur Reaktion zwischen Ammoniak und Sulfurylchlorid. Würzburg 1904: H. Stürtz. (34 S.) 8°
Würzburg, Phil. Diss. v. 1904

Stüer, Joseph [aus Wiedenbrück]: Eine ungewöhnliche Geschwulst der Ellbogengelenksgegend ... Würzburg, Etlinger's Buchdr., 1893; 23 S., 1 Taf. 8.
Würzburg, Med. Fak., Inaug.-Diss. v. 1893

de Stuers, F. V. A., Mémoires sur la guerre de l'Ile de Java de 1825 à 1830. Avec Atlas (in Imp.-Fol. mit 12 Karten u. Ansichten). (Mit 1 ill. Karte u. 3 Portraits.) Roy.-4. Leyde 833. Luchtmans. (Leipzig, Weidmann.) n. 28 ℛ — bei T. O. Weigel n. 24 1/2 ℛ

Stufen, Die, des menschlichen Alters. Zürich 1759—62. V (männliche Stufen): *Werdmüller, Joh. Rud.* V (weibliche): *Zachariae, Frdr. Wilh.* (Cat. d. Stadtbibl. Zürich. Zürich 1864—97.)

Stufen, die drei. Ueberlegung, Entschluß, Handlung. Notizen e. Ansprache, in Kasernen geh. [Aus dem Engl. übers.] 16. (16 S.) Barmen 882. (Wiemann.) n. — 10

Stufen, Die vier, des menschlichen Alters ... Zürich 1755. Ü: *Waser, Heinrich.* (ML) (Ky) Zürich 1753. V: *Werdmüller, Joh. Rud.* (Cat. d. Stadtbibl. Zürich. Zürich 1864—97.)

Stufen, die 4, des menschl. Alters; übers. (v. Hnr. Waser). 8. Zürich 755. Orell. 2 gℛ

Stufenalter, das, des Menschen. 8. (10 ill. Stnt. mit Text.) Stuttgart 856, (Gebr. Scheitlin.)

[Umschlagt.:] Die **Stufenbahn** nach amerikanischem System (D. R.-P. No. 57766.) Patent-Inhaberin The Multiple Speed a. Traction Co. in Chicago ... Generalbevollmächtigter f. Europa: Friedrich Thiel, Charlottenburg ... Als Ms. gedr. *Leipzig: Dr. v. F. M. Geidel 1896.* (19 S.) 1 Bd 4. [96. 5060

Stufenbahn, die, nach amerikanischem System. (D. R.-P. No. 57 766) Patent-Inhaberin The multiple Speed and Traction Company in Chicago, 65 Portland Block. Fol. (19 S. m. Abb.) Leipzig 896. (Charlottonburg, F. Thiel.) — 50

Stufenfolge, Weise, in der Natur. [Dresden 1797.] V: *Faselius, Johann Adolph Leopold.* (MGT)

Stufengang zum Leseunterricht nach der Lautir-Methode. 4te verbesserte Auflage. Brünn, 1857. Druck von Karl Winiker. (23 S. 8.)

Stufengang, praktischer, zur Gründung und Bildung zweck- und zeitgemäßer Synagogenchöre, zugleich als theoretisch-prakt. Gesanglehre für höhere israelit. Lehranstalten und Volksschulen, mit einer großen Auswahl ein- und mehrstimm. deutscher und hebr. Gesangstücken, verbunden mit stufenweis fortschreitenden Uebungen im Treffen, Taktiren, Pausiren und Schönsingen bearb. vom Hrsg. der liturg. Zeitschrift (Herm. Ehrlich.) 4. (57 S.) Meiningen 859(61), (Brückner und Renner.) *

Stufengang zu prakt. Stylübungen für Volksschulen. Vom Verf. der kleinen Raumlehre. 2. verb. Aufl. 12. Zürich 843, Schultheß. 2 gℛ

Stufengang der Sünde. Eine Erzählung von einem kathol. Geistlichen über das 9te und 10te Gebot. 8. Sulzbach 839, v. Seidel. 1/10 ℛ

Stufengang f. den Zeichen-Unterricht in der Volksschule. 1. u. 2. Hft. [I. u. II. Klasse.] Ausg. f. den Lehrer m. allgemeinen u. besonderen Weisgn. 4. (à 20 S. m. Fig.) München 885. Exped. d. kgl. Zentral-Schulbücher-Verlags. à n.n. — 60

Stufenjahre, Die weiblichen: Der Sammler. Wien 1814. Nr. 2/9. V: *Zschokke, Joh. Heinr. Daniel.* Nachdruck aus dessen »Erheiterungen«. Jg. 1813. 2, S. 319 ff. (DARP)

Stufenleiter, die erste, des Unterr. im Zeichnen f. Schulen u. z. Selbstunterr. in 94 Vorlegebl. Breslau 827, Grüson u. C.

Stufenleiter, die erste, des Unterrichts im Zeichnen, f. Schulen u. zum Selbstunterricht; in 94 Vorlegeblättern, welche auf eine leichte Weise vom Leichten zum Schweren führen u. als Eingang zu allen Arten des Zeichnens dienen können. 8. Bresl. 827. 3e A. 831. (Hentze). 8 gℛ

STUFENLEITER der Flagellationskunst. 3 Teile. (Aus d. Engl.) O. O. u. J. (Budapest 1909). I. Teil: Maud Cameron und ihr Vormund (Charles Howard). 2 Bde. 240 S. (Mk. 20—.) II. Teil: 2 wollüstige Abenteuer des Meister Howard. Zeitgemässe Darstellungen bisher unbekannter Lüsternheiten bei jungen Mädchen. Demütigung u. Züchtigung. (Ebd. 1909.) (Mk. 10—.) 106 S. III. Teil: Mister Howard geht mit seiner Yacht auf Reisen u. unterwirft seinen wollüstigen Launen junge Mädchen, die er erbeutet u. an Bord einsperrt. (Ebd. 1909.) 122 S. (Mk. 12—.)

STUFENLEITER, Die, der Wollust oder die Kunst, die Vergnügungen der Liebe auf 30 verschiedene Arten zu genießen. (Motto: Prüfet Alles / Und das Beste behaltet!) (Kl. Ornament mit Devise: Je maintiendrai.) Bukarest. Verlag von Sam. Hecht. O. J. (c. 1895). 8°. Büttenpap. (3 Mk. e. böhmische Firma, 1901.)
53 S. u. 1 S. (Verz. 5 weiterer Sotadica.) Antiquasatz. Der Inhalt der 30 Ueberschriften nicht wiederzugeben. — Verboten v. L.-G. Wien, 21. IV. 1896. § 516.
— — 30 Illustrationen hierzu, Originalphotographien, Visitformat, Mk. 15—, Cabinetformat Mk. 50—. Schwerlich noch cplt. aufzutreiben.

STUEFER, JOH(ANN) MATH(IAS): Unserem Oberhirten Herrn Anton von Török, Bischof von Csanád, zur hohen Weihe und zum feyerlichen Antritte seines Bisthums, den 30. Juni 1830. Temesvár 1830. Gedr. bey Jos. Klapka.

Stuff, Wilhelm, a. Beukenbeul: Wärme und Energie von Kondensatorfunken. Paderborn 1907: T. Hense. (23 S.) 8° [F.]
Münster, Phil. Fak., Ref. Heydweiller, Diss. v. 28. März 1907
[Geb. 23. März 79 Beukenbeul, Kr. Olpe; Wohnort: Paderborn; Staatsangeh.: Preußen; Vorbildung: Gymn. Attendorn Reife O. 99; Studium: Münster 1, München 1, Münster 5 S.; Rig. 7. Jan. 07.]

Stuff, Wilhelm: Wärme und Energie von Kondensatorfunken.
23 S., 1 Taf. 8. Kgl. Gymn. Theodorianum *Paderborn* 1907 (440).
Progr.

Stuffer, Ernst *Heinrich* [Dr. phil. aus Baden '(Baden)']: Ueber toxische Aphonie ... Berlin, gedr. bei L. Schumacher, 1897; 36 S., 2 Bl. 8.
Berlin, Med. Fak., Inaug.-Diss. v. 20. Juli 1897

Stuffer, Ernst [aus Baden (Baden)]: Ueber die Spaltbarkeit der Sulfone. . . . Freiburg i. B., Buchdr. v. Chr. Ströcker, 1890; 45 S., 1 Bl. 8°
Erlangen, Phil. Fak., Inaug.-Diss. v. 1890

Stuffken, J. H., Dissertat. de Theodosii magni in rem christianam meritis. 8maj. (12 B.) Lugduni Batav. 828. (Lipsiae, Weigel.)

STUFFLER, Maximilian Joseph (Schönsee): De hydrophobia et rabie canina.- Monachii: Pössenbacher 1839. 22 S.
8.6.1839 - Urk: F 64
Diss.Ingolst.-Landsh.-Mchn.

Stuffler, Wenz. Urban Ritter von

—Hirtenbrief; hrsgg. v. Dn. Fr. Kinsky. gr. 8. Brünn 817.

— Passionspredigten, gehalt. im J. 1820 in d. Pfarr- u. Filialkirche zu Brünn. 8. Brünn 820. Gastl. 1 fl. 4 kr.

v. Stuffler, Ritter Wenz. Urban, Predigt bei Gelegenheit des 50jähr. Priesterthums d. Hrn. Othomar Karl Konrad, Probst zu Raigern. 8. Brünn 803. Gastl. 1 kr.

Stufler, Joh., S. J., die Heiligkeit Gottes u. der ewige Tod. Eschatologische Untersuchgn. m. besond. Berücksicht. der Lehre des Prof. Hermann Schell. (IV, 431 S.) gr. 8. Innsbruck 903. F. Rauch. n. 4.—

— die Theorie der freiwilligen Verstocktheit u. ihr Verhältnis zur Lehre des hl. Thomas v. Aquin. Erwiderung auf die Replik Prof. Kiefls: „Die Heiligkeit Gottes u. der ewige Tod" in der Passauer „Theologisch-prakt. Monatsschrift" März u. April 1905. (73 S.) 8. Ebd. 905. n. — 75

Die Verteidigung Schells durch Prof. Kiefl. Erwiderung auf d. Abhandlung Prof. Kiefls: 'Herman Schell u. die Ewigkeit d. Hölle' in d. Passauer 'Theol.-prakt. Monatsschrift' Aug. 1904. Von Johann **Stufler** S. J. Innsbruck: F. Rauch 1904. (59 S.) 8° [F.]
= [**Zeitschrift** f. kath. Theologie. 29, Beil. 1.] [c6. 5397

Stugau, Carl, philosophische Briefe an eine Frau. 8. (VI, 327 S.) Leipzig 879. Haessel. n. 5.—

Stugau, Carl [C. Aug. v. Schmidt auf Altenstadt], das Buch vom Lebensglück. 8. (IV und 363 S.) Wien 865, Schönewerk. [Troppau, Kolck.]

—— das Buch vom Lebensglück. 8. (IV, 363 S.) [Wien 865, Schönewerk.] Leipzig, Brauns. *

Stugau, Carl: Das Buch vom Lebensglück. 2. Aufl. 8°
(IV u. 363 S.) Wien: Ferd. Klemm's Sep.-Conto 1865.

Stugau, C., [C. Aug. v. Schmidt], das Buch vom Lebensglück. Billige Aufl. 8. (IV, 363 S.) Wien 876. Hügel. n. 2. —

Stugau, Carl, Durch Nacht zum Licht. Großer historischer Roman aus den J. 1846—1866. 1.—15. Lfg. gr. 8. (1. Bd. 482 S.; 2. Bd. S. 1—240.) Troppau 870. Kolck. à Lfg. 50 Pf.

—— unbegreifliche Geschichten. 8. (820 S.) Wien 863, Typographisch-literarisch-artistische Anstalt. *

—— dass. — Neue Folge. 8. (281 S.) Ebendas. 864. *

—— Die Kunst des Lebens froh zu werden. Ein Beitrag zur Diätetik der Seele. Allen Nicht-Glücklichen gewidmet. 16. (217 S.) Wien, Tendler & Comp. (C. Fromme.) 1762. 1 fl.

—— die Kunst des Lebens froh zu werden. Ein Beitrag zur Diätetik der Seele. Allen Nicht-Glücklichen gewidmet. 1. Aufl. 1862. und 2. Ausg. 16. (III und 217 S.) Wien 864, Schönewerk. [Troppau, Kolck.]

— Pius IX. u. seine Zeit. Historischer Roman. (In ca. 40 Liefgn.) 1—6. Liefg. Ebend. 868,69. gr. 8. (S. 1—288.) Jede Liefg. 5 *ngr.*

— Pius IX. u. seine Zeit. Historischer Roman. 7—20. (Schluß-)Lfg. gr. 8. (1. Bd. IV u. S. 289—482 u. 2. Bd. 478 S.) Troppau 871. Kolck. à — 50

Stugau, Carl, des Freimann's Töchterlein. Roman aus den Zeiten der ersten Belagerung Wien's durch die Türken. Wien 862. Typograf.-literar.-artist. Anstalt. 16. (263 S.) n. 1 Thlr.

Stuhetz J.: Über die Einwirkung von Natriumhypobromit auf einige Aminoverbindungen.
S. 115. Hb. 94 . . . . vgr.
Separatabdruck

Stuhl [Sachliches OW]

Stuhl, der apostolische, u. der heilige Geist des Hrn. Moufang. Ein Epilog zur 25. Generalversammlung deutscher Katholiken in Würzburg. Vom Verf. der „Päpstin Johanna u. ihre Namensvettern". Mit einer statist. Uebersicht u. vielen Quellen-Nachweisungen. gr. 8. (46 S.) Würzburg 877. Stahel in Comm. — 90

Stuhl, d. endlich in d. heil. Schr. gefund. päbstliche. 8. Amsterdam. 741.

Stuhl, der leere, od. Zigeunerrache. Ein harmloses Schaustück in 3 Aufzügen f. die Volksbühne. 12. (16 S.) Cöthen 889. Schriften-Niederlage d. Evangel. Vereinshauses. n. — 20

— d., Petri, wie er bis ans Ende d. Tage feststehen wird. 8. Riga, (Hartknoch in Leipz.) 785.

Stuhl, der römische, und die Kölner Angelegenheit, Erörterungen von Katholiken, welche festhalten an dem Grundsatze des H. Augustinus: „In necessariis unitas, in dubiis libertas, in omnibus charitas." (Von B. A. Pflanz. Aus den „Freimüthigen Blättern für Theologie u. Kirchenthum" bes. abgedruckt.) 2e verm. Aufl. gr. 8. Stuttgart 838. Neff. 3/4 Thlr.

Stuhl, Der Römische, . . . 1838. 2. Aufl. 1838. H: *Pflanz, Bened. Alois.* (Mitth. Geh. Ober-Rgrt Dr. Adam-Stuttgart.)

Stuhl, Der römische, und die Kölner Angelegenheit . . . 2. Aufl. Stuttgart 1838. V: *Pflanz, Bened. Andr.* (Winer) (Wa) (Ky)

Stuhl [Verfasser]

Stuhl, *Franz Philipp* Carl *Heinrich Ludwig Friedrich* [aus Ulm]: Anwendung der hohen Zange in der königl. Universitäts-Frauenklinik zu Berlin für die Zeit vom 1. Jan. 1800 bis zum 31. Dez. 1805 ... Berlin, Druck v. E. Ebering, 1897; 37 S., 1 Bl. 8.
Berlin, Med. Fak., Inaug.-Diss. v. 1. Juni 1897

Das altrömische Arvallied, ein urdeutsches Bittganggebet. Von Dr. K[aspar] **Stuhl**. Würzburg: J. Kellner 1908. (78 S.) 8° 108. 17740

Stuhl, K., das altrömische Arvallied e. urdeutsches Bittganggebet. (VII, 78 S.) gr. 8. Würzburg 909. J. Kellner. 3. —

Stuhl, *Kaspar* Neue Pfade auf dem Gebiete der indogermanischen Sprachforschung. Vergleichende Studien im Anschlusse an griechische und deutsche Orts- und Personen-Namen. 8 (49 S.).
Progr. Kgl. Studien-Anst. *Burghausen* 1891.

Stuhl, Casparus, Kleineibstadtiensis: **Quibus** condicionibus Tacitus ellipsim verbi admiserit et qua ratione excoluerit. *Frisingi 1900: Fellerer.* (29 S.) 8°
Würzburg, Phil. Diss. v. 1900

Stühle, Winold, der weise Jurist, od. über d. Einfluß der Philosophie auf die Jurisprudenz. 8. Gött. 777. Dieterich. 3 gr

— über Marktheilungen u. die dabei vorkomm. Hauptrücksichten. 2 Thle. gr. 8. Münst. 801. Waldeck. (Theissing). (1r Thl. 20 gr, 2r Thl. 9 gr) 1 Rthlr 5 gr

Stühle, Winold: „Ueber Marktheilungen und die dabey vorkommenden Hauptrücksichten. Nebst einer besonderen Abhandlung der Frage: Sind nach getheilter Mark die einzelnen Theile mit Steuern zu belegen und was ist Rechtens in Ansehung derjenigen Grundstücke, womit adlich freye Güter aus der Mark abgefunden worden?" Münster 1801, 1802 (Waldeck). — Vorh.: Bibl. des Kammergerichts Berlin — Ec. 1309 — und des Oberlandesgerichts Celle — Md. 737.

— über Möser u. dessen Verdienste ums Vaterland, nebst verschied. Bemerkk. üb. Staatsverfassung. 8. Osnabr. 798.

Stühle, W.: „Ueber den Ursprung des Leib-Eigenthums in Westfalen, nebst verschiedenen Bemerkungen über die Pflichten der Leibeigenen und die Rechte der Gutsherren", Münster und Leipzig (Waldeck) 1802. — Vorh.: Bibl. des Oberlandesgerichts Celle — 1 an Md. 737.

— üb. den Wirkungskreis u. die Pflichten der Friedensrichter. 8. Hannov. 811. Hahn. 5 gr

Stuhleck [Schlagwort]

Stuhleck, s.: Wiener Ausflugskarten.

Leitfaden für Krankenpfleger und Krankenpflegerinnen bei der Pflege von ansteckenden Kranken in Krankenhäusern und in der Wohnung. Hrsg. im amtl. Auftr. d. Kgl. Reg. zu Arnsberg von Dr. August **Stühlen**, Kreisarzt. Berlin: R. Schoetz 1905. (65 S.) 8° [F.] 106. 300

Stühlen, August [app. Arzt aus Essen]: Aus dem Laboratorium d. pharmakognost. Sammlung in Kiel. Über Pikrotoxin und Pikrotoxinin ... Kiel, Druck v. A. F. Jensen, 1892; 23 S. 8.
Kiel, Med. Fak., Inaug.-Diss. v. [27. Apr.] 1892

Ueber die Verbreitung von Krankheiten durch Milch und deren Produkte, sowie über die Massregeln gegen d. Verbreitg vom sanitätspoliz. Standpunkt. Von Dr. med. A. Stühlen in Hannover ... *Leipzig: A. Felix 1895.* (32 S.) 8.
= Vorträge, Thiermedizinische. Bd III. H. 7. 109. 7071

Stuehlen, Karl: Die Drainage des Peritoneums bei Peritonitis ... Würzburg: Druck d. Ferdinand Röhrl'schen Buchdr. 1890. 122 S., 7 Bl. 8°
Strassburg, Med. Fak., Inaug.-Diss. v. 1890

Stühlen, P., s. Ingenieur-Kalender für Maschinen- u. Hüttentechniker.

Stühlen's Ingenieur-Kalender für Maschinen- und Hüttentechniker. 1886. Eine gedrängte Sammlung der wichtigsten Tabellen, Formeln und Resultate aus dem Gebiete der gesammten Technik, nebst Notizbuch. Unter Mitwirkung von R. M. Daelen und Ludw. Grabau hrsg. von Friedr. Bode. 2 Thle. (2. Thl.: Bode's Westentaschenbuch als Ergänzung.) 21. Jahrg. gr. 16. und 32. (VIII, 255; XII, 336 S. mit 3 chromolithogr. Eisenbahnkarten.) Essen, Bädeker. geb. *
In Brieftaschenform *
Bode's Westentaschenbuch allein geb. *

Stühlen's Ingenieur-Kalender für Maschinen- und Hüttentechniker. 1887—1889. Eine gedrängte Sammlung der wichtigsten Tabellen, Formeln und Resultate aus dem Gebiete der gesammten Technik, nebst Notizbuch. Unter Mitwirkung von R. M. Daelen und Ludw. Grabau hrsg. von Friedr. Bode. 3 Thle. (2. Thl.: Bode's Westentaschenbuch; 3. Thl.: Sozialpolitische Reichsgesetze als Ergänzung.) 22.—24. Jahrg. gr. 16. und 32. (VIII, 239, XII, 333, 60; VIII, 231, XII, 324, 60; VIII, 239, XII, 333, 60 S. mit je 3 chromolithogr. Eisenbahnkarten.) Essen, Bädeker.
geb. à Jahrg. *
In Brieftaschenform à Jahrg. *

—— dass. — 1889. **Eine gedrängte Sammlung der wichtigsten Tabellen, Formeln und Resultate aus dem Gebiete der gesammten Technik, nebst Notizbuch. Unter Mitwirkung von R. M. Daelen und Ludw. Grabau hrsg. von Friedr. Bode. Besondere Ausg. für Oesterreich-Ungarn. 3 Thle. (2. Thl.: Bode's Westentaschenbuch; 3. Thl.: Die Gewerbe-Ordnung.) 24. Jahrg. gr. 16. und 32. (VIII, 239; XII, 333; 60 S. mit 3 chromolithogr. Eisenbahnkarten.) Ebendas. geb. ***
In Brieftaschenform *

Stühlen's, P., Ingenieur-Kalender für Maschinen- u. Hüttentechniker. 1891. Eine gedrängte Sammlg. der wichtigsten Tabellen, Formeln u. Resultate aus dem Gebiete der gesammten Technik, nebst Notizbuch. Unter Mitwirkg. v. R. M. Daelen u. Ludw. Grabau hrsg. v. Frdr. Bode. 3 Thle. (2. Thl.: Bode's Westentaschenbuch; 3. Thl.: Sozialpolitische Reichsgesetze als Ergänzg.) 26. Jahrg. gr. 16. u. 32. (VIII, 162 S.; Schreibkalender, 16, XII, 348 u. 102 S. m. Illustr. u. 1 Karte.) **Essen 890.** Baedeker. geb. in Ldr. n. 3. 50;
in Brieftaschenform n. 4. 50

— dasselbe. Ausg. f. Oesterreich-Ungarn. **Hierzu als** Ergänzung: Bode's Westentaschenbuch **u. die Gewerbe-**Ordnung. gr. 16. (VIII, 162 S.; **Schreibkalender, 16,** XII, 348 u. 11 S.) Ebd. geb. **in Ldr. n. 3. 50;**
in Brieftaschenform n. 4. 50

Stühlen's, P. Ingenieur-Kalender für Maschinen- u. Hüttentechniker. 1893. Unter Mitwirkg. v. R. M. Daelen u. R. Proell hrsg. v. Friedr. Bode. 3 Thle. (2. Thl.: Bode's Westentaschenbuch; 3. Thl.: Sozialpolitische Gesetze d. neuesten Zeit.) 28. Jahrg. gr. 16°. u. 32°. (VIII, 160 S.; Schreibkalender, 12, XII, 348 u. 101 S. m. Illustr. u. 1 Karte.) Essen, Baedeker. geb. in Ldr. * 3 50; in Brieftaschenform * 4 50; Ausg. f. Oesterreich zu gleichen Preisen.
25.—27. Jahrg. 1890—92. Ebd. zu gleichen Preisen.

Stühlen's, P., Ingenieur-Kalender f. Maschinen- u. Hüttentechniker. 1895. Eine gedrängte Sammlg. der wichtigsten Tabellen, Formeln u. Resultate aus dem Gebiete der gesammten Technik, nebst Notizbuch. Unter Mitwirkg. v. R. M. Daelen, G. Heim, J. Hermanuz hrsg. v. Frdr. Bode. 3 Thle. (2. Thl.: Bode's Westentaschenbuch; 3. Thl.: Sozialpolitische Gesetze der neuesten Zeit, nebst den Verordngn. etc. üb. Dampfkessel. Gewerblicher u. literar. Anzeiger.) 30. Jahrg. gr. 16. u. 32. (VIII, 160 S.; Schreibkalender, 12, XII, 340 u. 94 S. m. Illustr. u. 1 Karte.) Essen, G. D. Baedeker. Geb. in Ldr. n. 3. 50; in Brieftaschenform n. 4. 50; Ausg. f. Oesterreich-Ungarn. (VIII, 160 S.; Schreibkalender, 12, XII, 340 u. 11 S. m. Illustr. u. 1 Karte.) Geb. in Ldr. n. 3. 50; in Brieftaschenform n. 4. 50

Stühlen's, P., Ingenieur-Kalender f. Maschinen- u. Hüttentechniker. 1899. E. gedrängte Sammlg. d. wichtigsten Tabellen, Formeln u. Resultate aus dem Gebiete d. ges. Technik, nebst Notizbuch. Unt. Mitwirkg. v. E. F. Dürre, G. F. Heim, J. Hermanuz u. Kühlmann hrsg. v. Frdr. Bode. 3 Thle. (2. Thl.: Bode's Westentaschenbuch; 3. Thl.: Sozialpolit. Gesetze d. neuesten Zeit, nebst d. Verordngn. etc. üb. Dampfkessel m. d. gewerbl. u. literar. Anzeiger u. Beilagen.) 34. Jahrg. 12 u. 32. (VIII, 159 S.; Schreibkalender, 10, XII, 360 u. 74 S. m. Illustr., 1 Tab. u. 1 Karte.) Nebst Beilage: Zuckerfach betr. 12. (7 Bl.) Essen, G. D. Baedeker. Geb. in Ldr. n. 3. 50; in Brieftaschenform n. 4. 50; Ausg. f. Oesterreich-Ungarn zu gleichen Preisen.

Stühlen's, P., Ingenieur-Kalender für Maschinen- u. Hüttentechniker. 1903. Eine gedrängte Sammlg. der wichtigsten Tabellen, Formeln u. Resultate, aus dem Gebiete der gesammten Technik, nebst Notizbuch. Hrsg. v. C. Franzen u. K. Mathée. 38. Jahrg. 2 Theile. 12. (VIII, 206 S., Schreibkalender u. VIII, 197 S. m. Fig. u. 3 farb. Karten.) Essen, G. D. Baedeker. Ausg. A, geb. in Leinw. u. geh. n. 2. 80; Ausg. B, geb. in Ldr. u. geh. n. 3. 50; Ausg. C, geb. in Ldr., in Brieftaschenform u. geh. n. 4. 50; Ausg. f. Oesterreich-Ungarn zu gleichen Preisen.

Stühlen's, P., Ingenieur-Kalender für Maschinen- u. Hüttentechniker. 1907. Eine gedrängte Sammlg. der wichtigsten Tabellen, Formeln u. Resultate aus dem Gebiete der gesamten Technik. Hrsg. v. C. Franzen u. K. Mathée. 42. Jahrg. 2 Tle. (VII, 214 S., Schreibkalender u. VII, 166 S. m. Fig.) kl. 8. Essen, G. D. Baedeker. Geb. in Ldr., in Brieftaschenform u. geh. n. 4. —

Stühlen's, P., Ingenieur-Kalender f. Maschinen- u. Hüttentechniker. 1911. Eine gedrängte Sammlg. der wichtigsten Tabellen, Formeln u. Resultate aus dem Gebiete d. gesamten Technik, nebst Notizbuch. Hrsg. v. C. Franzen u. K. Matthée. 46. Jahrg. 2 Tle. (VIII, 229 S., Schreibkalender u. VII, 194 S.) kl. 8. Essen, G. D. Baedeker. Geb. in Ldr., in Brieftaschenform u. geh. 4. —

Stühlen, Peter

Stühlen, P., deutsche Feierklänge in Frieden und Krieg. Zum Gebrauche für höhere und niedere Schulen, Seminare, Kriegervereine und für die Familie gesammelt und ausgewählt. 8. (XVII, 597 S.) Jena 886, Costenoble. * geb. **

Stühlen, P., deutsche Feierklänge in Frieden u. Krieg. Zum Gebrauche f. höhere u. niedere Schulen, Seminare, Kriegervereine u. f. die Familie gesammelt u. ausgewählt. 2. (Titel-)Aufl. 8. (XVII, 597 S.) Jena 890. Costenoble. n. 3. —; geb. n. 4. —

Stühlen, Peter Zur orthographischen Frage. 17 S. *Forbach* 1883. Progr.

Stühlen, Peter: Das Haus im Verhältniss zur Schule. Schleid. 1867. Schul-/Univ.-Schrift

Stühler, Josef. Freischärlers Wanderschaften. Brooklyn: Leser, 1868. UC

Die altchristliche Elfenbeinplastik v. Georg **Stuhlfauth**. M. 5 Taf. u. 8 Abb. im Text. *Freiburg i. B. & Leipzig: J. C. B. Mohr 1896.* (IV, 211 S., 5 Taf.) 1 Bd 8.

Stuhlfauth, Geo., d. altchristl. Elfenbeinplastik, s. a. Studien, archäologische, zum christl. Altertum u. Mittelalter.

Stuhlfauth, Georg [aus Mussbach (Rheinpfalz)]: Die Engel in der altchristlichen Kunst ... [Erschien vollst. als Heft 3 von: Archäol. Stud. z. christl. Altert. u. Mittelalt. hrsg. v. J. Ficker.] Freiburg i. B., Buchdr. v. C. A. Wagner, 1896; 40 S. 8.
Strassburg, Phil. Fak., Inaug.-Diss. v. 1896

Die Engel in der altchristlichen Kunst v. Georg **Stuhlfauth**. M. 2 Abb. *Freiburg i. B., Leipzig & Tübingen: J. C. B. Mohr 1897.* (VIII, 264 S.) 1 Bd 8.
= **Studien**, Archäolog., z. christlichen Altertum u. Mittelalter. H. 3. [97. 5619

Stuhlfauth, Geo., Gott zur Ehr'. Evang. Predigten. (126 S.) 8. Heidelberg 904. Ev. Verlag. Geb. in Leinw. n. 1. 25

Stuhlfauth, Geo., Kritik e. Kritik. Ein kleiner Beitrag zur christl. Archäologie. gr. 8. (14 S.) Leipzig 898. Buchh. G. Fock. n. — 50

Stuhlfüße, die. 8. Salzb. 783. Duyle. 1¼ ℛ

Stühlingen [Schlagwort]

Stühlingen, s.: Deutschland. Kürschner-Pelp.

Stüblinger, Ludwig, pract. Arzt aus Reinheim: Aus d. med. Poliklinik u. d. physiol. Institut in Jena. Über die Einwirkung einiger antipyretischer Mittel auf den Wärmehaushalt gesunder und kranker Thiere. *Leipzig 1899: J. B. Hirschfeld.* (28 S.) 8°
Jena, Med. Diss. v. (5. Sept.) 1899

Stuhlmann, A., der Kaufmannsstand u. die soziale Frage in materieller u. sittlicher Beziehung, s.: Sammlung theologischer u. sozialer Reden u. Abhandlungen.

Stuhlmann, Adolf

Stuhlmann, A., Begründung der Methode des Zeichenunterrichts, Neubearbeitg., s. Böhling, W., Begründg. u. Lehrgang der Hamburger Methode.

Begründung und Lehrgang der Hamburger Methode des Zeichenunterrichts. Neubearbeitung von Dr. A[dolf] **Stuhlmanns** 'Begründung d. Methode' durch W[ilhelm] Böhling. Mit 21 Taf. *Stuttgart, Berlin, Leipzig: Union [1902].* (77 S.) 8° [F.] [04. 8000

Gewerbeschulwesen zu Hamburg. Bericht von A Stuhlmann über das Schuljahr 1897-98. Hamburg 1898

Stuhlmann, A., Entgegnung auf eine Kritik des Werkes: Der Zeichenunterricht in der Volks- u. Mittelschule. gr. 8. (69 S. mit 1 Steintaf.) Hamburg 877. Nestler & Melle. n. 1. 50

Hasselpoggen. Rimels un Vertelln in holsteensch Mundart von Adolf **Stuhlmann**. Hamburg: C. H. A. Kloß 1906. (112 S.) 8° [F.] [06. 7009

Stuhlmann, Adf., Sünte Jürgen, de heemliche Ridderorden v. Lohusen. In holsteensch Mundart kibbelig vertellt. (VIII, 138 S.) kl. 8. Leipzig 908. O. Lenz. 1.60; geb. n 2. 60

Stuhlmann, A., Leitfaden f. den Zeichenunterricht in den preußischen Volksschulen m. drei od. mehr aufsteigenden Klassen. Im Auftrage d. königl. Ministeriums der geistl., Unterrichts- u. Medizinal-Angelegenheiten, sowie d. königl. Ministeriums f. Handel u. Gewerbe. 1.—3. Tl. m. Abbildgn. gr. 8. Berlin 890. Spemann. cart. n. 3. 40
1. Netzzeichnen [2. u. 3. Schulj.]. (IV, 35 S.) n. 1. —. — 2. Freies Zeichnen ebener Gebilde [4., 5. u. 6. Schulj.]. (IV, 46 S.) n. 1. 10. — 3. Freies Zeichnen nach körperlichen Gegenständen [7. u. 8. Schulj.]. (IV, 71 S.) 889. n. 1. 30.

— **Wandtafeln** zum II. Teil d. Leitfadens f. den Zeichenunterricht in den preußischen Volksschulen. Reihe A, B, C. Einfache Ausg. gr. Fol. (30, 30 u. 27 farb. Taf.) Ebd. 890. In Mappe. n. 28. —

Stuhlmann, A., Leitfaden f. d. Zeichenunterricht in d. preuß. Volksschulen m. 1 Lehrer u. m. 2 Lehrern. gr. 8. (47 S. m. Fig.) Stuttgart 898. Union. Kart. n. 1. 10

— dasselbe. Wandtafeln dazu. Reihe A. u. B. gr. Fol. Ebd. 898. In Mappe n. 32. 80
A. (12 Taf., 8 Papptaf. u. 3 Holzleisten.) n. 14. 80
B. (16 Taf. m. 1 Holzleiste.) n. 18. —

Stuhlmann, Adolf: Die von einem Punkte gleicherleuchteten Linien und Flächen. 1864. 4°. Diss. Göttingen

Stuhlmann, A. Stickmuster f. Schule u. Haus. Entworfen u. m. e. Anleitg. zum Entwerfen versehen. I u. II. 4°. Berl., W. Spemann. In Mappe à * 6 —; * 12 —
I. 74 Taf. mit 260 Mustern für Leinenstickerei in Kreuzstich u. Halbstich. (16 S. Text.) 890.
II. Muster f. Holbeinstickerei. 75 Taf. m. 207 Mustern u. 104 Textfig. (22 S. Text m. Abbildgn.) 893.

Stuhlmann, A., 24 Wandtafeln für den elementaren Unterricht im Freihandzeichnen. Lithogr. Hamburg 866. Grüning. qu. Fol. n. 2 ℛ 15 ngr.

— — Erläuterung dazu. Begleitet mit einem Vorworte von Otto Jessen. Ebend. 866. 8. (16 S. mit 24 lithogr. Figg. auf 4 Taff.) 7½ ngr.

Stuhlmann, A., 40 Wandtafeln für den ersten Unterricht im freien Zeichnen. Ein Lehrmittel für Volksschulen. 3. Aufl. 1872, und 4. Aufl. Lithogr. gr. Fol. Hamburg 874, Nestler und Melle. In Mappe. *

Stuhlmann, A., 40 (lith.) Wandtafeln f. den ersten Unterricht im freien Zeichnen. Ein Lehrmittel für Volksschulen. 5. unveränd. Aufl. gr. Fol. Hamburg 875. Nestler & Melle. In Mappe. n. 5. 40

Stuhlmann A, 40 Wandtaf. f. d. ersten Unterr. im freien Zeichnen. 6. A. Hamburg 1879

Stuhlmann, A., 40 lithogr. Wandtafeln für den ersten Unterricht im freien Zeichnen. Ein Lehrmittel für Volksschulen. 6.—8. Aufl. gr. Fol. [Hamburg 880—83, Nestler und Melle.] Berlin, Spemann. In Mappe *

— 40 (lith.) Wandtafeln für den ersten Unterricht im freien Zeichnen. Ein Lehrmittel für Volksschulen. 7. Aufl. gr. Fol. Ebend. 881. In Mappe. n. 5. 40

Stuhlmann, A. Zeichenhefte, s. Spemann-Stuhlmann.

Stuhlmann, A., Zeichenunterricht und Formenlehre in der Elementarclasse. 2. durchgeseh. Aufl. gr. 8. (33 S. mit 22 lithogr. Taf.) Hamburg 870, Nestler und Melle. *

—— der Zeichenunterricht in der Volks- und Mittelschule. Ein methodisch geordneter Lehrgang. 1.—5. Thl. gr. 8. Ebendas. 875. *

Inhalt:

Thl. 1. Begründung der Methode. (61 S.) *ℳ 1.
» 2. Das gebundene Zeichnen ebener Gebilde. (32 S. mit 20 lithogr. Taf.) *ℳ 2.
» 3. Das freie Zeichnen ebener und flacher Gebilde. (44 S. mit 15 lithogr. Taf. und 1 Lichtdr.-Taf.) *ℳ 2.
» 4. Das freie Zeichnen nach körperlichen Gegenständen. (68 S. mit 20 lithogr. Taf. und 1 Lichtdr.-Taf.) *ℳ 2,75.
» 5. Das Zeichnen und Entwerfen von Stickmustern. (42 S. mit 20 lithogr. Taf.) *ℳ 2.

—— der Zeichnenunterricht in der Volks- und Mittelschule. Ein methodisch geordneter Lehrgang. 5 Thle. gr. 8. Ebendas. cart. *

Inhalt:

Thl. 1. Begründung der Methode. 2. Aufl. (57 S.) 1876; 3. Aufl. (III, 61 S.) 879. *ℳ 1.
» 2. Das gebundene Zeichnen ebener Gebilde. 2. Aufl. (32 S. mit 20 lithogr. Taf.) 1876; 3. Aufl. (31 S. mit 20 lithogr. Taf.) 879. *ℳ 2.
» 3. Das freie Zeichnen ebener und flacher Gebilde. 2. und 3. Aufl. (47 S. mit 17 lithogr., zum Theil farb. Taf. und 1 Lichtdr.-Taf.) 876,79. *ℳ 2.
» 4. Das freie Zeichnen nach körperlichen Gegenständen. 2. und 3. Aufl. (68 S. mit 20 lithogr. Taf. und 1 Lichtdr.-Taf.) 876,79. *ℳ 2,75.
» 5. Das Zeichnen und Entwerfen von Stickmustern. 2. und 3. Aufl. (43 S. mit 20 lithogr. Taf.) 876,79. *ℳ 2.

—— der Zeichnenunterricht in der Volks- und Mittelschule. Ein methodisch geordneter Lehrgang. 1.—4. Thl. gr. 8. Ebendas. cart. *

Inhalt:

Thl. 1. Begründung der Methode. 4. Aufl. (61 S.) 883. *ℳ 1.
» 2. Das gebundene Zeichnen ebener Gebilde. 4.—6. Aufl. (43 S. mit 20 lithogr. Taf.) 880—85. *ℳ 2.
» 3. Das freie Zeichnen ebener und flacher Gebilde. 4. und 5. Aufl. (47 S. mit 17 lithogr., zum Theil farb. Taf. und 1 Lichtdr.-Taf.) 880,85. *ℳ 2.
» 4. Das freie Zeichnen nach körperlichen Gegenständen. 4. Aufl. (68 S. mit 20 lithogr. Taf. und 1 Lichtdr.-Taf.) 886. *ℳ 2,75.
5. Thl. Ebendas. 1879. cart. *ℳ 2.

— Zirkelzeichnen zum Gebrauche an Gewerbeschulen, Schulen für Bauhandwerker u. polytechn. Vorbildungsanstalten. Allgemeiner Theil mit 12 lith. Taff. Ebend. 869. qu. 16. (IX, 12 S. Text.) n. 15 ngr.

—— Zirkelzeichnen zum Gebrauche an Gewerbeschulen, Schulen für Bauhandwerker und polytechn. Vorbildungsanstalten. Allgemeiner Thl.
2. umgearb. und verm. Aufl. mit 13 lithogr. Taf. qu. 16. (IX, 13 S. Text.) Ebendas. 874. *
—— dass. — Ergänzungsheft für Bauhandwerker. qu. 16. (VII, 12 S. mit 12 lithogr. Taf.) Ebendas. 870. *
—— dass. — Ergänzungsheft für Klempner etc. gr. 16. (VII, 12 S. mit 12 lithogr. Taf.) Ebendas. 872. *

—— Zirkelzeichnen zum Gebrauche an Gewerbeschulen, Schulen für Bauhandwerker und polytechn. Vorbildungsanstalten. Allgemeiner Theil. 3. Aufl. qu. gr. 16. (24 S. mit 13 lithogr. Taf.) Ebendas. 876. cart. *

—— dass. — Ergänzungsheft für Bauhandwerker. 2. verb. Aufl. qu. gr. 16. (12 S. mit 12 lithogr. Taf.) Ebendas. 876. cart. *

Stuhlmann, A., Zirkelzeichnen zum Gebrauche an Gewerbeschulen, Schulen für Bauhandwerker und polytechn. Vorbildungsschulen. Ergänzungsheft für Maschinenbauer, Schlosser, Mechaniker etc. qu. gr. 16. (12 S. mit 12 lithogr. Taf.) Hamburg 876, Nestler und Melle. cart. *

Stuhlmann, A. Zirkelzeichnen. Allgemeiner Theil. 4. A. Hamburg 1878. 12.

Stuhlmann, Dr. A., Zirkelzeichnen zum Gebrauch an Gewerbschulen, Schulen für Bauhandwerker und polytechnischen Vorbildungsanstalten. Allgemeiner Theil. 4. Aufl. Mit 16 lith. Tfln. Hamburg 1880. 8°.

—— Zirkelzeichnen zum Gebrauche an Gewerbeschulen, Schulen für Bauhandwerker und polytechnischen Vorbildungsanstalten. (1.) Allgemeiner Thl. 5. Aufl. qu. 12. (24 S. mit 16 lithogr. Taf.) Hamburg 881, Nestler und Melle. cart. *
2.—4. Thl. Ebendas. 1872—76. à *ℳ 1,50.

Stuhlmann, A., Zirkelzeichnen zum Gebrauche an Gewerbeschulen, Schulen für Bauhandwerker und polytechnischen Vorbildungsschulen. Allgemeiner Theil. 9. Aufl. qu. 12. (26 S. mit 18 lithogr. Taf.) [Hamburg 887, Nestler und Melle's Verlag.] Dresden, Kühtmann. cart. *

—— Zirkelzeichnen zum Gebrauche an Gewerbeschulen, Schulen für Bauhandwerker u. polytechnischen Vorbildungsanstalten. Allgemeiner Thl. 12. u. 13. Aufl. qu. 12. (18 lithogr. Taf. m. 26 S. Text.) Dresd. 890,91, Kühtmann. cart. * 1 20

— Zirkelzeichnen zum Gebrauche an Gewerbeschulen, Schulen f. Bauhandwerker u. polytechnische Vorbildungsanstalten. Allgemeiner Thl. 14. Aufl. qu. 12. (11 S. m. 18 lith. Taf. u. 15 S. Erklärgn.) Dresden 891. G. Kühtmann. Kart. n. 1. 20

— Zirkelzeichnen u. Projektionslehre z. Gebrauche an Gewerbe- u. Bauschulen, gewerblichen Fortbildungsschulen u. s. w. Allgemeiner Tl. 15., umgearb. Aufl. qu. 4. (10 S. m. 19 Taf. u. 19 Bl. Erläuterg.) Ebd. 893. Kart. n. 1. —

— Zirkelzeichnen u. Projektionslehre zum Gebrauche an Gewerbe- u. Bauschulen, gewerbl. Fortbildungsschulen u. s. w. Allgemeiner Tl. 21. Aufl. qu. kl. 4. (9 S. u. 19 Taf. m. Text auf der Rückseite.) Dresden (901). G. Kühtmann. Kart. n. 1. —

— dasselbe. Ergänzungsheft f. Klempner u. s. w. 2., veränd Aufl. qu. kl. 4. (4 S. u. 12 Taf. m. Text auf der Rückseite) Ebd. (901). Kart. n. 1. 50

— dasselbe. Ergänzungsheft f. Maschinenbauer, Schlosser, Mechaniker u. s. w. 2., veränd. Aufl. qu. kl. 4. (12 Taf. m. Text auf der Rückseite.) Ebd. 901. Kart. n. 1. 50

Stuhlmann, A., Zirkelzeichnen u. Projektionslehre zum Gebrauche an Gewerbe- u. Bauschulen, gewerblichen Fortbildungsschulen u. s. w. Allgemeiner Tl. 23. Aufl. (9 S. u. 19 Taf. m. Text auf der Rückseite.) qu. 16. Dresden 904. Leipzig, H. A. L. Degener. Kart. n. 1. —
Der Preis d. Erg.-Hefte ist auf à — 80 ermäss.

Stuhlmann, A., Zirkelzeichnen m. Projektionslehre zum Gebrauche an Gewerbe- u. Bauschulen, gewerblichen Fortbildungsschulen usw. Allgemeiner Tl. 27. Aufl. (9 S. u. 19 Taf. m. Text auf der Rückseite.) 15×20,5 cm. Leipzig 907. H. A. L. Degener. Kart. 1. —

Stuhlmann, B. Die Differential-Prämien des Entwurfes der Hamburger Feuerkassen-Ordnung. Gerechtfertigt aus der Anzahl und Art der Feuerfälle in Hamburg in den Jahren 1850—1861. Hamburg 1865.

Stuhlmann, C. C. [aus Hamburg]: Beitrage zur Kenntniss des Amarins . . . . (Aus. Ztschr. f. Krystallographie u. Mineralogie. Bd 13.) Freiburg, *Druck v. Breitkopf & Hartel in Leipzig*, 1887; 1 Bl + 25 S. + 1 Bl 8°
Freiburg i. B., Phil Fak., Inaug. Diss. v. 1887

Stuhlmann, Carl Wilhelm, s. Stuhlmann, Karl Wilhelm.

Stuhlmann, Cäsar Wilhelm

Stuhlmann, C. W., Erzählungen aus Norddeutschland. (In 2 Bdn.) 1. Bd. gr. 16. (V und 287 S.) Rostock 867, Hinstorff'sche Hofbuchh.

Stuhlmann, C. W., Erzählungen aus Norddeutschland. 2. Bd. gr. 16. (III, 344 S.) Rostock 870, Hinstorff's Verlag. *
1. Bd. Ebendas. 1867. *M. 3.

Stuhlmann, Caesar Wilhelm
Gott steuert die Bäume, daß sie nicht in den Himmel wachsen. Erzählung. Von Cäsar Wilhelm Stuhlmann. Stuttgart 1867.
In: Hausblatter. Bd 3.

Stuhlmann, Caesar W., Grundzüge der Hydrotherapie. gr. 12. (XII u. 245 S.) Hamburg 850, Erie. n. 1 [illegible] 6 ngr

Stuhlmann, Caesar Wilhelm
Herztrost. Geschichte aus Norddeutschland. Von Cäsar Wilhelm Stuhlmann. Stuttgart 1864.
In: Hausblätter. Bd 2.

Stuhlmann, Cäsar W., zwei Lustspiele. (Als Mscr. für Bühnen gedr.) 4. (122 S.) Kiel 859, [Homann.] *

—— Novellen und Erzählungen. 1. Bd.: Aus dem Patrimonialstaate. Novellen. 8. (V, 232 S.) Hamburg 870, Richter. *

Stuhlmann, Franz

— **Beiträge zur Kenntnis der Tsetsefliege** (Glossina fusca u. Gl. tachinoides). (83 S. m. 28 Abb. u. 4 Taf.) Lex. 8. Berlin 904. J. Springer. 10. —
Sonderabdr. aus: „Arbeiten a. d. kais. Gesundheitsamte".

Stuhlmann, Franz: Beiträge zur Kulturgeschichte von Ostafrika. Allg. Betrachtungen u. Studien über d. Einführung u. wirtschaftl. Bedeutung d. Nutzpflanzen u. Haustiere mit besond. Berücks. von Deutsch-Ostafrika. Berlin: D. Reimer 1909. XXIII, 907 S. 4°
(Deutsch-Ost-Afrika. Bd 10.)

Stuhlmann, s.: Bericht üb. das 1. Studienjahr des hamburgischen Kolonialinstitutes.

Stuhlmann, Deutsch-Südwestafrika, s.: Eckenbrecher, Margar. v.

Stuhlmann, [Franz]: Wirtschaftliche Entwickelung Deutsch-Ost-Afrikas m. 3 Kt. u. 6 Abb. Vortrag . . . Berlin: D. Reimer 1898. (101–158 S., 3 Kt.) 8°
= Deutsche Kolonial-Gesellschaft. Abt.: Berlin-Charlottenburg. Verhandlungen 1897/98. H. 4.

— zoologische Ergebnisse e. in den J. 1888 — 1890 m. Unterstützg der kgl. Akademie der Wissenschaften zu Berlin in die Küstengebiete v. Ost-Afrika unternommenen Reise. 1. Bd. (Zusammengestellt aus dem „Jahrbuch der hamburg. wissenschaftl. Anstalten".) Lex.-8. (IV, 88; 27, 37, 49, 9, 16, 55, 72, 14 u. 11 S m. 2 Holzschn. u. 16 Taf.) Ebd. 893. n. 22. —

Stuhlmann, Frz., zoologische Ergebnisse einer in den J. 1888—1890 m. Unterstützung der kgl. Akademie der Wissenschaften zu Berlin in die Küstengebiete v. Ost-Afrika unternommenen Reise. 2. Bd. (Zusammengestellt aus dem „Jahrbuch der hamburg. wissenschaftl. Anstalten".) Lex.-8. (13, 9, 4, 56, 23, 27, 15, 12, 19, 22, 6, 23, 29, 8, 8, 38, 13, 12, 124, 26, 18 u. 73 S m. Abb. u. 21 Taf.) Berlin 901. (D. Reimer.) n. 40.—
1. Bd. Ebd. 893. n. 22. —.

Handwerk und Industrie in Ostafrika. Kulturgeschichtl. Betrachtungen von Dr. Franz **Stuhlmann** nebst e. Anh.: Die Gewinnung d. Eisens bei d. -Nyamwezi von R. Stern, (Missions-Superint.). Mit 77 Abb, 4 Kärtchen u. 2 Taf. Hamburg: Friederichsen 1910. XIV, 163 S. 4°(8°)
(Abhandlungen d. Hamburg. Kolonialinstituts Bd 1) [10. 15848

Stuhlmann, Frz., zur Kenntnis des Ovariums der Aalmutter [Zoarces viviparus Cuv.]. gr. 4. (48 S. mit 4 Taf. und 4 Bl. Erklärungen.) Hamburg 887, Friederichsen und Comp. *
Aus: Abhandlungen aus dem Gebiete der Naturwissenschaften, besonders abgedruckt.

Stuhlmann, Frz., mit Emin Pascha ins Herz v. Afrika. Ein Reisebericht m. Beiträgen v. Emin Pascha, in seinem Auftrage geschildert. Im amtl. Auftrage der Kolonial-Abtheilg. des Auswärt. Amtes hrsg. Mit 2 Karten v. R. Kiepert u. F. Stuhlmann, 2 Portraits u. 32 Vollbildern (5 Heliograv., 17 Lichtdr., 1 Buntlichtdr., 11 Autotypien), sowie 275 Textabbildgn. (Autotypie u. Phototypie) nach Photographien u. Skizzen des Verf. v. W. Kuhnert, Sütterlin u. A. m. 2 Thle. in 1 Bd. Lex.-8. (XXII, 901 S.) Berlin 894. D. Reimer. Geb. in Leinw. n. 25. —; in 2 Halbfrzbdn. n. 30. —; Prachtausg. in 2 Halbfrzbdn. n. 40. —

Stuhlmann, Franz: Mit Emin Pascha ins Herz von Afrika. Ein Reisebericht mit Beiträgen von Dr. Emin Pascha in seinem Auftrage geschildert. Im amtlichen Auftrage der Kolonial-Abtheilung des Auswärtigen Amtes herausgegeben. Th. 1, 2. Berlin 1894. 1 Bd. XXII, 901 S. 31 Tf. 2 Krt.
= Deutsch Ost-Afrika. Bd 1. 4° [I 6867

Dr. F[ranz] **Stuhlmann**: Notizen über die Landwirtschaft auf 'La Réunion'. Mit 3 Abb. *Berlin: Tropenpflanzer 1901.* (29 S.) 8°
= **Tropenpflanzer**, Der. Beihefte. Bd 2, No 1. [04. 3. 23

Stuhlmann, Franz: Die Reifung des Arthropodeneies nach Beobachtungen an Insekten, Spinnen, Myriapoden und Peripatus ... Freiburg i. B.: Verl. v. J. C. B. Mohr (Paul Siebeck) 1886. VIII, 112 S. 8°
Freiburg i. B., Phil. Fak., Inaug.-Diss. v. 1886

—— die Reifung des Athropodeneies nach Beobachtungen an Insekten, Spinnen, Myriapoden und Peripatus. gr. 8. (128 S. mit 2 Abbild. im Text und 6 lithogr. Taf.) Freiburg i. Br. 886, Mohr. *

Aus: Berichte der naturforschenden Gesellschaft zu Freiburg i. Br., besonders abgedruckt.

Reg.Rat Dr. [Franz] Stuhlmann: Studienreise nach Niederländisch- und Britisch-Indien. *Berlin: Tropenpflanzer 1903.* (58 S.) 8°
— Tropenpflanzer. Beihefte. Bd 4, No 1.

Stuhlmann, H., s. S t u h l m a n n, Adolf

STUHLMANN, JOHANN. Beiträge zur Kenntniss des Kaffeins. Marburg, 1856.

Stuhlmann, Johann Heinrich (Altona) A. S. 61/28

De dominio per contractum aestimatorium ante solutionum pretii in accipientem non translato specimen augurale.
Göttingen (Schulz) 6. I. 1770. 44 S.

Gew.: Heinrich Gf. von Holstein, Christian Detlev Friedrich und Johann Ludwig Gfn. von Reventlow.
33995

Stuhlmann, Johann Heinrich (Treysa)
U. S. Erfurt 1732/1

Dissertatio inauguralis juridica de restitutione in integrum liberis contra parentes denegata.
Erfurt (Hering) 14. I. 1732. 24 S. 33994

Stuhlmann, Karl Wilhelm

Stuhlmann, C. W., Nachrichten üb. die Dreieinigkeits-Kirche zu Allermöhe, im Billwärder. Nebst 1 Bild von dieser Kirche, u. 6 Beilagen. gr. 8. Hamburg 811. (Herold'sche Buchh.) n. 1/2 ℛ u. 2/3 ℛ

Stuhlmann, Carl Wilh., das heilige Ostermahl Jesu Christi. Sechs Predigten, nebst einer Confirmations- u. Beichtrede, in den Fastenwochen gehalten. Eine Ostergabe für junge Christen, bei ihrem Eintritt in die Gemeinde. gr. 8. (VIII u. 77 S.) Hamburg 849, Herold. n. 1/3 ℛ

Stuhlmann, Matth. Hnr., († d. 8 Sept. 1822.) öffentl. Antwort auf einen öffentl. Angriff. 8. Hamb. 815. Nemnich.

Stuhlmann, M. H., Hiob, e. religiöses Gedicht, aus dem Hebräischen übersetzt. 8. Hamb. Perthes. 804.
Vgl. H i o b .

— über Kirchenbücher u. Civilstandsregister. 8. Hamb. 814. Nemnich. 8 gr

— Predigten. 2 Bde. gr. 8. Hamb. 806—808. Perthes u. B. 1 ℛ

— Predigten. 2 Bde. gr. 8. Ebend. 806–10. (à 1 Rthlr.)

— zwei Predigten bei d. Wiedereinweihung d. Katharinen-Hauptkirche. 8. Hamb. 814.

— Probe einer Psalmenübersetzung m. Anmerk. v. Gurlitt. 4. Hamb. Hoffmann. 807.

— Probe einer Psalmenübersetzung, mit Anmerkk. v. Jh. Gurlitt. 4. Hamb. 807. (A. Campe). 10 gr

— die Psalmen aus d. Hebräischen übersetzt. 8. Hamb. Perthes u. B. 812.
Vgl. P s a l m e n .

STUHLMANN, MICH. CHR. (autor), Diss. inaug. med. sistens examen remediorum in febribus putridis adhiberi solitorum. Goettingæ. 1773. 4. P.

Stuhlmann, Robert, Referendar in Hamburg: Der Fahrlässigkeitsbegriff des bürgerlichen Gesetzbuches. Unter besonderer Berücksichtigung des § 839. Melle i. Hann. 1908: F. E. Haag. (V, 52 S.) 8°
Rostock, Jur. Fak., Ref. Bernhöft, Diss. v. 25. Mai 1908
[Geb. 17. Mai 83 Hamburg; Wohnort: Hamburg; Staatsangeh.: Hamburg; Vorbildung: Realgymn. d. Johanneums Hamburg Reife M. 01; Studium: Göttingen 2, München 2, Berlin 1, Göttingen 2 S.; Rig. 28. Sept. 07.]

Stuhlmüller, K. F. Auch ein freimüthiges Wort über Handel und Zollgesetze. 8°. München, Finsterlin, 1827.

Stuhlmüller, F. Versuch eines Entwurfes eines Bayerns Staatsverhältnissen angemessenen Zollsystems. 8°. s. l. 1826.

S t u h l m ü l l e r, K. F.: „Versuch einer bedingten Gewerbsfreiheit, in besonderer Beziehung auf Bayerns Staatsverhältnisse", Culmbach 1825.

Stuhlmüller, Karl (k. bayer. Polizei-Commissair, Vorstand d. Zwangsarbeitshauses zu Plassenburg), vollständ. Nachrichten über eine polizeyliche Untersuchung gegen *jüdische, durch ganz Deutschland u. dessen Nachbarstaaten verbreitete Gaunerbanden.* Eingeleitet u. bis jetzt geführt zu Plassenburg im Ober-Mainkreise d. Kgrs. Baiern. O. O. 1823. 8°. Die ersten Bll. stark stockfl. u. beschrieb. Eleg. Hpgmtb.
XXXVIII S., 1 Bl., 331 S. — Avé-Lallemant I. p. 260 bezeichnet das Buch als eine d. wichtigsten u. bedeutendsten Erscheinungen in d. Gaunerliteratur. — Wagner no. 54.

S t u h l m ü l l e r, Samuel. Zur Glosius-Feier. Eine Rede gehalten im Schulsaale am 12. Mai 1853. — 8. (24 S.) Pesth, Landerer und Heckenast 1853.

Stuhlmüller, Samuel. Ein Wort an die evangel. Gemeinde A. C. zu Pest. 8. (15 S.) Pest 861, [Gebrüder Lauffer.]

Stuhlweissenburg [Schlagwort]

Stuhlweissenburg, s.: Europa. Liebenow.

Stuhm [Schlagwort]

— s. a.: Forstkarten. — Marienwerder, Reg.-Bez.

— s. a.: Preussen. Messtischblätter.

Stuhm. Karte des Kreises Stuhm im Reg.-Bez. Marienwerder. Hrsg. v. der kartogr. Abteilg. der kgl. preuss. Landesaufnahme 1905. Aufgenommen vom königl. preuss. Generalstab 1862—76. Einzelne Nachträge bis 1904. 1 : 100,000. 36,5×45 cm. Farbdr. Berlin (R. Eisenschmidt). n.n. 2. — ; ermäss. Preis n.n. 1. 50

Stuhm, Kreis. Spezialkarte vom Kreise Stuhm. Rev. v. den zuständ. Behörden. 1 : 100,000. 33×39,5 cm. Farbdr. Lissa (908). O. Eulitz. — 50; auf Leinw. 1. —

Stühmer, Alfred: Aus d. chir. Klinik zu Breslau. Ueber die Hernien der Bauchwand seitlich der Mittellinie unter besonderer Berücksichtigung der Hernien der linea semilunaris ⟨Spiegelii⟩. Tübingen 1910: Laupp. 23 S. 8° ¶ (Aus: Beiträge z. klin. Chirurgie. Bd 60, H. 1.)
Breslau, Med. Diss. v. 19. Febr. 1910, Ref. Küttner
[Geb. 28. Febr. 85 Magdeburg; Wohnort: Magdeburg; Staatsangeh.: Preußen; Vorbildung: König-Wilhelms-Gymn. Magdeburg Reife O. 03; Studium: Jena 1, München 5, Breslau 4 S.; Coll. 14. Febr. 10; Approb. 4. Febr. 10.] [U 10. 588

Stühmke, Paul Johannes, Referendar in Chemnitz: Die stille Gesellschaft nach dem Handelsgesetzbuche vom 10. Mai 1897. Borna-Leipzig 1908: R. Noske. (VIII, 54 S.) 8° [F.]
Leipzig, Jur. Fak., Diss. v. 6. Juni 1908
[Geb. 15. Dez. 79 Dresden; Wohnort: Chemnitz; Staatsangeh.: Sachsen; Vorbildung: Wettiner Gymn. Dresden Reife O. 99; Studium: Tübingen, Leipzig, zus. 8 S.; Rig. 4. Aug. 04.]

Stühner, Karl Gottfried

Stühner, Karl Gf., philosoph.-theolog. Betrachtt. über die Furcht vor dem Tode. Mit e. Vorrede v. Jh. Fr. Burg. 8. Leipz. 753. Hilscher. 4 Gr.

— d. d. Bibel begeist. Bramine, ausgef. v. e. Missionair zu Trankebar. 8. Ebend. 752.

— Abhdl. v. d. wahren Glückseligkeit. 8.
Leipz.: Hilscher 1752.

— Betrachtt. üb. den zukünftigen Zustand der Menschen in der Ewigkeit. 8. Sorau 750. Hebold.

— Sendschr. v. d. künft. Zustande d. Menschen in d. Ewigkeit. 8. Sorau, Hebold. 750.

Stuhr, A. F., über d. Abfindung d. Hutungsberechtigten in d. Forsten. In forst-, land- u. staatswirthschaftl. Beziehung. 8. (7½ B.) Quedlinburg 834, Basse. Thlr.

STUHR, A. F.: Über die Abfindung der Hutungsberechtigten in den Forsten. In forst-, land- und staatswirthschaftlicher Beziehung. Allen Forstbesitzern und Hutungsberechtigten gewidmet. - Quedlinburg, Leipzig 1834. IV, 116 S.

Stuhr, A. F., die Ablösung d. Zehnten mit ihren Vortheilen u. Nachtheilen dargestellt. 8. (7⅓ B.) Quedlinburg 835, Basse.

Stuhr, A. F., die Dreifelder-, mecklenburgische Schlag- und Wechselwirthschaft, ihren hauptsächl. Grundsätzen nach dargestellt. 8. Quedlinburg 834. Basse. ⅔ ʄ

Stuhr, A. F.: „Ideen über Abschätzung des Ackers, der Wiesen und der Hutung oder Weide, behufs des Verkaufs, der Verpachtung und Gemeinheitstheilung", Quedlinburg 1834 (Basse).

Stuhr, Friedrich *(Wilhelm August Heinrich)*: Die Organisation und Geschäftsordnung des Pisaner und Konstanzer Konzils. . . . Schwerin: Druck d. Bärensprungschen Hofbuchdr. 1891. 78 S., 1 Bl. 8°
Berlin, Phil. Fak., Inaug.-Diss. v. 2. Mai 1891

Stuhr, Friedr. Die Organisation u. Geschäftsordnung d. Pisaner u. Konstanzer Konzils. Diss. gr. 8. (78 S.) Schwerin 891. (Lpz., G. Fock.) 1 50

Stuhr, Friedrich, Archivar Dr.: Geschichtlicher Rückblick auf die verflossenen 350 Schuljahre. *(Schwerin i. M. 1903: Bärensprung.)* (S. 3—29.) 8°
Schwerin, großh. G Fridericianum, [Festschrift] 1903

Stuhr, Jürgen: Über die Bestimmung des Äquivalenzwertes verschiedenfarbiger Lichtquellen nach der Methode der Flächenhelligkeit, Sehschärfe und Flimmerphotometrie. Kiel 1908: Müller. 52 S. 8°
Kiel, Phil. Diss. v. 19. Okt. 1908, Ref. Weber
[Geb. 1. Sept. 81 Kiel; Wohnort: Kiel; Staatsangeh.: Preußen; Vorbildung: Oberrealsch. Kiel Reife O. 02; Studium: Berlin Techn. Hochsch. 3, Kiel 4, München 1, Kiel 5 S.; Rig. 20. Juni 08.] [U 09. 2343

Stuhr, Peter Feddersen, s.a. Feod. Eggo

Stuhr, Pt. Feddersen, Abhandll. üb. nord. Alterthümer. gr. 8. Berl. 817. Maurers B. 3 (a. Heinemann in Stolp.)

—Deutschland u. d. Götterfriede. Sendschreiben an Görres gegen seine letzte Schrift, mit Auszügen aus derselben. gr. 8. Berl. 820. Maurers B. 1 ʄ 12 Gr.

Stuhr, P. F., Professor an der Kgl. Friedrich-Wilhelms-Universität zu Berlin. Die drei letzten Feldzüge gegen Napoleon, kritisch-historisch dargestellt. (2 Bde.) 8. Lemgo 1832.

—die drei letzten Feldzüge gegen Napoleon, krit.-historisch dargestellt. 1r Bd. gr. 8. Lemgo 832. Meyer. 2 ʄ

Stuhr, Pet. Feddersen, die 3 letzten Feldzüge gegen Napoleon. 2r Bd. gr. 8. Lemgo 833. Meyer. 3 ʄ

Stuhr, Pet. Feddersen, Forschungen u. Erläuterungen üb. Hauptpunkte der Geschichte des siebenjährigen Krieges. Nach archivalischen Quellen. 2 Thle. gr. 8. (54¾ B.) Hamburg 842, Friedr. Perthes.

Stuhr, P. F. Forschungen u. Erläuterungen über Hauptpunkte der Geschichte des 7jährigen Krieges. 2 Bd. (54¾ B.) 8. Hamburg 1844. 13,00.

—allgemeine Geschichte der Religionsformen der heidnischen Völker. 1r Thl. Die Religionssysteme der heidnischen Völker des Orients. gr. 8. Berlin 836 Veit u. Comp. 2⅔ ʄ — 2r Thl. A. u. d. T.: Die Religions-Systeme der Hellenen in ihrer geschichtl. Entwickelung dargestellt bis auf die makedonische Zeit. gr. 8. Ebd. 838. 2⅓ ʄ

—Geschichte des preuß. Heeres. 1r Thl. (A. u. d. T.: Brandenburg.-preuß. Kriegsverfassung z. Zeit Friedrich Wilhelms d. Großen, Kurfürsten v. Brandenburg). gr. 8. Berl. 819. Maurers B. 2 ʄ 8 Gr.

—— die Geschichte d. See- u. Kolonialmacht d. großen Kurfürsten Friedrich Wilhelm v. Brandenburg in d. Ostsee, auf d. Küste von Guinea u. auf d. Inseln Arguin u. St. Thomas, aus archival. Quellen dargestellt. gr. 8. (11¼ B.) Berlin 839, Hayn.

—von d. Glauben, d. Wissen u. d. Dichtung d. alten Skandinavier. 8. Kopenh. 815. Bonnier. 8 Gr.

—— der siebenjähr. Krieg in seinen geschichtl., polit. u. allgemeineren militär. Beziehungen dargest. gr. 8. (15½ B.) Lemgo 834, Meyer.

Stuhr, P. F. Der 7jähr. Krieg in seinen geschichtl., polit. u. allgemein milit. Beziehungen. Lemgo 1834. 239 S.

Stuhr, Dr. P. F. Die brandenburg.-preuß. Kriegs-Verfassung zur Zeit Friedrich Wilhelms, des Großen Kurfürsten. Berlin 1819. 453 S.

Stuhr, Peter Feddersen, s. Nachrichten, Freie, aus d. Reiche der Wissenschaften u. schönen Künste.

Stuhr (Peter Feddersen). Die Phantasien des Herrn Gervinus und seiner Freunde über die Geschichte und die Verfassung Preußens beleuchtet. Berlin, Dümmler 1847. VIII, IV 335 S. 8.

—— die chines. Reichsreligion u. d. Systeme d. indischen Philosophie in ihrem Verhältniß zu Offenbarungslehren, mit Rücksicht auf d. Ansichten v. Windischmann, Schmitt u. Ritter betrachtet. gr. 8. (7¼ B.) Berlin 835, Veit u. Comp.

— Sendschreiben an Gust. Aug. Stenzel. gr. 8. Berl. 820. Maurers B. 4 gr

— die Staaten des Alterthums u. die christlichere Zeit, in ihrem Gegensatz. 8. Heidelberg, Mohr und Winter. 811.

— die Staaten d. Alterthums u. der christlichen Zeit, in ihrem Gegensatz. 8. Heidelb. 812. Mohr. 2 ß

— vom Staatsleben nach platonischen, aristotelischen u. christlichen Grundsätzen. Eine staatswissenschaftliche Abhandlung. 1. Thl. gr. 8. (XII u. 327 S.) Ebd. 850. n. 1½ ß

—— Untersuchungen üb. d. Ursprünglichkeit u. Alterthümlichkeit d. Sternkunde unter d. Chinesen u. Indiern, u. üb. d. Einfluß d. Griechen auf d. Gang ihrer Ausbildung. gr. 8. (12 B.) Berlin 831, Laue.

—— über Urgeschichte und Mythologie, s. Schelling's, v., relig. Ansicht.

— die Preußische Verfassungsfrage vom weltgeschichtl. Standpunkte aus betrachtet. 8. (XII u. 156 S.) Berlin 847, Schneider & Co. n. ⅔ ß

— das Verhältniß der Ostsee u. des Rheins zu einander, wie es in der Natur gegründet ist, u. in der Geschichte seit Jahrhunderten sich bewährt hat, dargestellt in zweien auf der hohen Schule zu Berlin gehaltenen Vorlesungen. 8. 820. Halle, Coldit'sche Buchh. ⅓ ß

— das Verhältniß der christl. Theologie zur Philosophie und Mythologie nach dem heutigen Standpunkte der Wissenschaft. gr. 8. Berlin 842, Schröder. ⅙ ß

Stühr, Phil., über Sohleimdrüsen, s.: Festschrift f. Alb. v. Kölliker.

Stuhran, J(ohann). Über die Notwendigkeit oder die Nichtnotwendigkeit des Krieges. Ein Beitrag zur wissenschaftlichen Lösung der Kriegsfrage. II + 66 S. 8. Leipzig (*Aufdruck 1905:* Zuerich), A. Wehner, [1902]. [M. 1. 20]

Stuhrmann, Fr., Gesetzesvorschriften f. Gast- u. Schankwirthe. Als Anh.: Die preußische Gesindeordng. m. Erläuterg. 16. (84 S.) Worbis 889. Müller. n. 1. —

Stuhrmann, F., Krankenversicherungsgesetz in seiner neuesten Fassung. (Gesetze vom 15. VI. 1883, m. den abänd. Gesetzen vom 10. IV. 1892, 30. VI. 1900 u. 25. V. 1903.) 2. Aufl. Mit Wortregister. (83 S.) 12. Hannover 903. C. Meyer. Kart. n. 1. —

Stuhrmann, Fr., Sammlung der im Reg.-Bez. Erfurt geltenden Polizei-Vorschriften. Ein Handbuch f. Behörden, Beamte, Rechtsanwälte, Gewerbetreibende u. s. w. Neu bearb. u. hrsg. gr. 8. (510 S.) Erfurt (Große Arche 10) 899. J. G. Cramer's Buchdr. Geb. in Halbleinw. postfrei n.n. 5. —

— Sammlung der geltenden Polizeivorschriften im Reg.-Bez. Merseburg. Ein Handbuch f. Behörden, Beamte, Rechtsanwälte, Gewerbetreibende u. s. w. gr. 8. (624 S.) Sangerhausen 899. A. Schneider. n. 6. —

Stuhrmann, [Heinrich]: Die besondere Aufgabe der kirchl.-sozialen Frauen in der modernen Frauenbewegung. Mit einem Anhang: Die Aufgabe und Pflicht der Frau als Konsument. Von Elisabeth von Knebel-Doeberitz. — Berlin: Vaterl. Verlags- u. Kunstanstalt 1907. 44 S. 8° (Hefte d. Freien kirchl.-sozialen Konferenz. 40.)

Stuhrmann (Hrsg.), s. Aufwärts

Stuhrmann, Heinr., die religiösen Bewegungen der Gegenwart. Was haben unsere Jünglingsvereine v. ihnen zu lernen? (32 S.) 8. Elberfeld 905. Barmen, Westdeutscher Jünglingsbund. — 25

— Die religiösen Bewegungen der Gegenwart. Was haben unsere Jünglingsvereine v. ihnen zu lernen? 2. Aufl. (3.—4. Taus.) (32 S.) 8. Elberfeld 906. Westdeutscher Jünglingsbund. p — 25

— Die beiden Briefe an den Timotheus. Der Brief an den Titus. Der Brief an den Philemon, s.: Wort, das, des Heils.

— Die erste Christenheit u. der Sozialismus. Ein Charakterbild aus der Vergangenheit f. die Gegenwart. (32 S.) 8. Berlin 905. Barmen, Westdeutscher Jünglingsbund. — 25

Die erste Christenheit und der Sozialismus. Ein Charakterbild aus d. Vergangenheit f. d. Gegenwart. Von Heinrich **Stuhrmann**, Pastor. Berlin: P. Pittius 1905. (32 S.) 8° [F.]

— Fort m. dem Religionsunterricht aus der Schule!? Ein Appell an die deutsche evangel. Christenheit. (18 S.) 8. Berlin (907). F. Zillessen. — 30

— Paul Gerhardt. Der Psalmist des neuen Bundes. Ein Christ u. Dichter v. Gottes Gnaden. Ein Denk- u. Dankbüchlein zum Gedächtnis an seinen 300. Geburtstag f. große u. kleine Leute. 1.—100. Taus. (16 S. m. Abb.) 8. Berlin 907. Emil Richter. — 10

— Getreu u. Getrost! Eine Mitgabe f. das Leben. (143 S. m. Titelbild.) gr. 8. Barmen (908). Westdeutscher Jünglingsbund. Geb. in Leinw. m. Goldschn. (Urspr. Pr. 2. 80)

— Grund u. Ziel unserer Arbeit nach der Pariser Basis. Vortrag, geh. auf der 58. Jahresversammlg. des Westdeutschen Jünglingsbundes am 4. VIII. 1906. (26 S.) 8. Barmen 906. Westdeutscher Jünglingsbund. n. — 25

Stuhrmann, Heinr., ein Hallelujah unter Tränen. Ein Glaubenszeugnis aus schwerer Stunde f. schwere Stunden. Predigt üb. Jesaias c. 12. gr. 8. (11 S.) Wehlau 902. C. A. Scheffler. n.n. — 25

Stuhrmann, Heinr., Heil unserm Kaiserpaar! Ein Silberhochzeits-Büchlein zum 27. II. 1906 f. große u. kleine Leute. (24 S. m. Abbildgn.) 8. Berlin 906. Emil Richter. n. — 15

Heil unserm Kaiserpaar! Ein Silberhochzeits-Büchlein z. 27. Febr. 1906 f. große u. kleine Leute. Von Heinrich **Stuhrmann**, Pastor. (126.–150. Taus.) Berlin: E. Richter 1906. (24 S.) 8° [Umschlagt. F.] [06. 13802

Stuhrmann, Heinr., das moderne Jungmännerproblem u. seine Lösung. (58 S.) 8. Barmen 908. Westdeutscher Jünglingsbund. — 80

Das moderne Jungmännerproblem und seine Lösung. Von Dir. P[astor] Heinrich **Stuhrmann**. 4. Taus. Barmen: Westdeutscher Jünglingsbund 1909. 58 S. 8° [09. 18259

— Unser Kampf um das Glaubens-Bekenntnis unserer evangel. Kirche, e. Kampf um ihre Existenz. (16 S.) gr. 8. Berlin 905. Barmen, Westdeutsch. Jünglingsbund. — 20

Unser Kampf um das Glaubens-Bekenntnis unserer evangelischen Kirche, ein Kampf um ihre Existenz. Von Heinrich **Stuhrmann**, Pastor. Berlin: Die Wacht 1905. (16 S.) 8° [F.] [07. 1970

— Luise, Preußens edle Königin. Ein Gedenkbüchlein f. Deutschlands Volk u. Jugend zur Wiederkehr ihres 100jähr. Todestages. 1.—106. Tauf. (Je 32 S. m. Abb.) 8. Barmen 910. Westdeutscher Jünglingsbund. — 15

— die Missionsaufgabe unserer Vereine. Vortrag, geh. auf der Konferenz des ostdeutschen Jünglingsbundes in Berlin am 8. VI. 1903. (24 S.) 8. Berlin 903. Buchh. des ostdeutschen Jünglingsbundes. n. — 20

— Die Mitarbeit der männlichen Jugend am Gemeindeleben, s.: Bausteine zum Aufbau des evangel. Gemeindelebens.

— der Psalter, erklärt, s.: Bibelerklärung, praktische.

— Rankende Rosen. Ein schlichter Blütenkranz. (86 S. m. 5 Farbdr.) Lex.-8. Berlin (906). Emil Richter. Geb. in Leinw. m. Goldschn. n. 5. —

Ⓑ — Rankende Rosen. 906. (KBL. 34.) Jetzt: Barmen, Westdeutscher Jünglingsbund.

Schwert und Kelch. Bunte Bilder f. ernste Leute u. solche, die es werden wollen. Von Heinrich **Stuhrmann**, Pastor. [1.] N. F. Letzte Folge. Berlin: P. Pittius (Neue u. Letzte F.: E. Richter) 1905–06. 3 Bde 8° [F.] [1.] 1905. N. F. Mit d. Bildn. d. Verf. 1906. Letzte F. 1906. [06. 13800

— Schwert u. Kelch. Bunte Bilder f. ernste Leute u. solche, die es werden wollen. (I—III.) 8. Ebd. à n. 2. 50; geb. in Leinw. à n. 3. —; m. Goldschn. à n. 3. 50
I. 2. verm. Aufl. (4.–6. Tauf.) (VI, 307 S.) 907.
II. Neue Folge. (III, 384 S. m. Bildnis.) 906.
III. Letzte Folge. (III, 338 S.) 906.

— Schwert u. Kelch. Bunte Bilder f. ernste Leute u. solche, die es werden wollen. Neue Folge. 2. Aufl. (4.—6. Tauf.) (IV, 384 S. m. Bildnis.) 8. Berlin 907. [E. Richter.] Barmen, Westdeutscher Jünglingsbund. 2.50; geb. 3.—; m. Goldschn. 3. 50

— s.: Taschenbuch f. Vorsteher, Sekretäre u. Mitglieder evangel. Männer- usw. Vereine.

Ein heiliges Vermächtnis. Abschiedspredigt über Matth. 28, 16–20, geh. zu Berlin 1906 von Pastor Heinrich **Stuhrmann**. Berlin: E. Richter 1906. (16 S.) 8° [F.] [06. 13803

Ⓑ — Ein hl. Vermächtnis. 906. — Vorwärts! Aufwärts! Heimwärts. 906. (KBL. 34.) Jetzt: Barmen, Westdeutscher Jünglingsbund.

— Vorwärts! Aufwärts! Heimwärts! Biblisch-erweckl. Ansprachen u. Andachten f. evangel. Männer- u. Jünglings-Vereine im Rahmen des Kirchenjahres. gr. 8. (VIII, 248 S.) Gotha 901. Hamburg, G. Schloeßmann. n. 3. 40; geb. n. 4. 40

Vorwärts! Aufwärts! Heimwärts! Biblische Weckrufe f. d. junge Mannesvolk von P. Heinrich **Stuhrmann**. 2. umgearb. Aufl. Berlin: E. Richter 1906. (VIII, 319 S.) 8° [F.] [06. 13804

— Welche Aufgaben erwachsen den positiven Kreisen unserer Landeskirche aus den religiösen Beweggn. der Gegenwart?, s.: Kirchlich-positiv. 4. Heft.

— Moderne Weltanschauung u. junge Männerwelt. (58 S.) 8. Barmen 907. (Westdeutscher Jünglingsbund.) — 80

Heinrich **Stuhrmann**. Moderne Weltanschauung und junge Männerwelt. Barmen: Nationalvereinigung d. Ev. Jünglingsbündnisse Deutschlands 1907. 58 S. 8° [09. 18331

— Wie werden unsere Vereine ihrer Missionsaufgabe besser gerecht?, s.: Steine zum Bau. 1. Heft.

Stuhrmann, Johann

Stuhrmann, J., die Idee und die Hauptcharaktere der Nibelungen. gr. 8. (79 S.) Paderborn 886, F. Schöningh. *

Stuhrmann, J., die Idee u. die Hauptcharaktere der Nibelungen. 2. Aufl. (91 S.) gr. 8. Paderborn 904. F. Schöningh. n. 1. 20

Die Idee und die Hauptcharaktere der Nibelungen. Von Dr. J[ohannes] **Stuhrmann**, Gymn.Dir. 3. Aufl. Paderborn: Schöningh 1910. 109 S. 8° [11. 3248

[F.] **Stuhrmann,** Johann [Dir. Dr.]: Das Mitteldeutsche in Ostpreussen '(1. Tl)' (m. 1 Karte). Deutsch-Krone, Druck v. F. Garms, 1895; 3—25 S., 1 Kt. 4.
Deutsch-Krone, k. G, P 1895 (26)

[F.] **Stuhrmann,** Johann [Dir. Dr.]: Das Mitteldeutsche in Ostpreussen '(2. Tl)'. [Forts. d. P-Beil. 1895.] Deutsch-Krone, Druck v. F. Garms, 1896; 33 S. 4.
Deutsch-Krone, k. G, P 1896 (25)

Stuhrmann, Johann: Das **Mitteldeutsche** in Ostpreussen ⟨3. T.⟩. *Deutsch-Krone 1898: F. Garms.* (19 S.) 4° ¶(Fortsetzung d. P-Beilagen 1895. 96.) [F.]
Dt. Krone, k. G, P 1898 (25)

Stuhrmann, Johann: Viride. Eine Ortsnamenstudie. S. 3—14. 4.
Progr. Kgl. Gymn. *Dt. Krone* 1904 (31).

Stuhrmann, Joannes, de vocabulis notionum philosophicarum in Epicteti libris. Diss. Jena 1885, G. Neuenhahn. 8°. 60 S.

Stuhrmann u. Grossmann, Wie ist das Lateinische in Obersekunda u. Prima am Gymnasium zu betreiben? S.-A. 1896. 28 S.

Stuhrmann, Johannes Die Wurzeln der Hegelschen Logik bei Kant. 4 (22 S.). **Progr.** G. *Neustadt i. Westpr.* 1887 (38).

Stuht, Gustav, approb. Arzt aus d. Prov. Pommern: **Ein Beitrag** zur Differentialdiagnose der multiplen Sclerose. *Greifswald 1903: H. Adler.* (27 S.) 8°
Greifswald, Med. Diss. v. 26 Febr. 1903

Stuht, Walther, Referendar: Die Leibrente. Greifswald 1910: Abel. 55 S. 8°
Greifswald, Jur. Diss. v. 21. Sept. 1910, Ref. Frommhold
[Geb. 8. April 85 Altefähr; Wohnort: Stargard i. Pom.; Staatsangeh.: Preußen; Vorbildung: Pädag. Putbus Reife O. 04; Studium: Berlin 2, München 1, Berlin 1, Greifswald 3 S.; Rig. 7. Juli 08.] [U 11. 1616

Stuke, Karl, a. Hildesheim (Prov. Hannover.): Geschichte der Verfassung der Stadt Hildesheim von den letzten Zeiten der fürstbischöflichen bis zum Ende der preußischen Herrschaft 1802—1806. 1. T. Hildesheim 1906: A. Lax. (51 S.) 8° [F.]

Münster, Phil. Fak., Ref. Erler, Diss. v. 2. Juni 1906

[Geb. 15. Febr. 83 Hildesheim; Wohnort: Münster; Staatsangeb.: Preußen; Vorbildung: Gymn. Josephinum Hildesheim Reife O. 02; Studium: München 1, Münster 2, Berlin 2, Münster 3 S.; Rig. 23. Febr. 06.]

Geschichte der Verfassung der Stadt Hildesheim von den letzten Zeiten der fürstbischöflichen bis zum Ende der preußischen Herrschaft 1802 – 1806. Von Dr. Karl **Stuke.** Hildesheim: A. Lax 1906. (95 S.) 8° [F.]
— **Beiträge** f. d. Geschichte Niedersachsens u. Westfalens. Jg. 1, H. 3. (4. 8)

Stuker, J., selbstverfaßte Gespräche u. ausgewählte Gedichte zu dramatisch-deklamatorischen Aufführungen f. Schule u. Haus. 1. Hft. 8. (VII, 157 S.) Langnau 887. (Bern, Nydegger & Baumgart.) n. 1. —

Stukowenkoff u. Nikolski. Die Reglementierung des Prostitutionswesens in Kiew. Genf 1859. Gr. 8°. 54 S.

Stukowenkoff u. **Nikolsky.** Die Reglementierung d. Prostitutionswesens in Kieff. Genf 1859.

Stulc, Václav, besedy katolické. Sbírka spisův zábavných a vzdělavatelných v duchu katolickém. Díl I. Svazek 1. 2. Prag 860, 61. Kober. 8. (VIII, 191 S.; VIII, 192 S.) Jedes Heft n. 12 ngr.
Inhalt: Cesty milosti Boží. Svazek 1. 2.

Stulc, Wenceslaw, Erinnerungs-Blumen auf dem Wege des Lebens. Aus dem Neuczechischen übertragen von Jos. Wenzig. 8. Prag 846, Ehrlich. n. 2/3 ß

Stülcken, Alfred: Athanasiana. Litterar- u. dogmengeschichtl. Untersuchungen. Leipzig: J. C. Hinrichs 1899. (VIII, 150 S.) 8°
= Texte u. Untersuchungen z. Geschichte d. altchristl. Literatur. Bd 19, H. 3.

Stülcken, Alfred, Pastor in Lübeck: **Beiträge zur Athanasius-Frage.** *Leipzig 1899: A. Pries.* (48 S.) 8° ¶ (Erscheint vollst. in: Texte u. Untersuchungen zur Geschichte d. altchristl. Literatur, N. F. Bd 4, H. 4.)
Kiel, Theol. Diss. v. [20. Juni] 1899

Stülcken, Alfred, Pastor an St. Lorenz in Lübeck: **Thesen ... behufs Erlangung der Würde eines Licentiaten der Theologie.** *Kiel 1899: Schmidt & Klaunig.* (2 Bl.) 4°
Kiel, Theol. Thes. v. 20. Juni 1899

Stülcken, Emil, aus Lübeck: Periderivate des Naphtalins. Kiel 1906. IV + 52 + 2 S. 8°. [30. XI. 05.]
Basel. Phil. Diss. 1905/1906.

Stülcken, Emil. Periderivate des Naphtalins. Diss. Phil. Basel. IV + 53 S. 8. Kiel, H. Fiencke, 1906.

Stüler, Anleitung f. Fleischbeschauer, nebst e. Anh., die wichtigsten Gesetze u. Verfüggn. f. die Fleischbeschauer der Prov. Brandenburg enth. 8. (31 S. m. 4 Holzschn.) Berlin 886. Nicolai's Verl. cart.

Stüler, Ad.

Stüler, A., amtl. Bericht über die in England erwachte Thätigkeit, für Vermehrung rc. der kirchl. Anstalten, s. v. Gerlach, O.

Stüler, A., Entwurf einer Normal-Erklärung v. Luthers kleinem Catechismus. Ausg. A. 8. (99 S.) Berlin 878. Schleiermacher. n. 1. —

— Geschichte des Reiches Gottes. Ein bibl. Lesebuch f. Schulen. Nach neuen Grundsätzen bearb. 8. (XVI, 293 S.) Ebend. 879. n. 1. 60

Stüler, A., Luther's kleiner Catechismus mit den 80 Kirchenliedern und einem Spruchbuch. [Ausg. B. der „Normalerklärung von Luther's kleinem Catechismus".] 3. Aufl. 8. (72 S.) Berlin 880, Schleiermacher.

Stüler, A., Normal-Erklärung von Luthers kleinem Catechismus. Ausg. A. 2., verb. Aufl. 8. (72 S.) Berlin 879. Schleiermacher. n. — 60

— das Reformationsfest u. der Gustav-Adolf-Verein. Vortrag. gr. 8. (19 B.) Ebend. 879. n. — 50

Stüler, Ad., Schriftlehre und Naturwissenschaft. Neun Vorlesungen, im Winter 1868 gehalten. gr. 8. (XVI, 224 S. mit eingedr. Holzschn.) Berlin 869, Nicolai's Verlag. *

— Spruch- u. Liederbuch zu der Normal-Erklärung v. Luthers kleinem Catechismus. Ausg. B. 2., verb. Aufl. 8. (72 S.) Ebend. 879. — 30

— **Vaterlandskrieg** u. Christenthum. Vortrag. Ebend. 870. gr. 8. (15 S.) 2½ ngr.

Stüler, Arthur [app. Arzt aus Gotha]: Organismus und Fremdkörper. E. krit. Skizze ... Jena, Univ.-Buchdr. G. Neuenhahn, 1894; 72 S. 8.
Jena, Med. Fak., Inaug.-Diss. v. [19. Apr.] 1894

Stüler, August

Stüler, Aug., die **Abtei-Kirche** zu Werden an der Ruhr. Text von Ludw. Lohde. gr. Fol. (8 S. mit 7 Taf., wovon 4 in Kpfrst., 2 lithogr. und 1 chromolithogr.) Berlin 857, Ernst und Korn. *
Aus: Zeitschrift für Bauwesen, besonders abgedruckt.

—— **Knoblauch, Salzenberg etc., architektonisches Album,** s. **Album.**

Stüler, Aug., Anlagen v. Brunnen u. Fontainen für Berlin u. Potsdam. Fol. (6 Steintaf.) Berlin 872. Ernst & Korn. n. 8. —

Stüler, A(ug.), Bauwerke. 1. Abthl. 6. Lfg. und 2. und 3. Abthl. gr. Fol. Berlin, Ernst und Korn. *
Inhalt:
Abthl. 1. 6. Lfg. Das Neue Museum in Berlin. (1 in Kpfrst. gest. und 3 chromolithogr. Taf. mit 1 Bl. Text.) 862. * 5 Thlr. 10 Ngr.
» 2. Das neue Universitäts-Gebäude zu Königsberg. (7 Kpfrt. und 4 S. Text.) 865. In Mappe. * 4 Thlr. 20 Ngr.
» 3. Die Burg Hohenzollern. (10 Kpfrt. und 4 S. Text.) 866. cart. * 6 Thlr. 20 Ngr.
Das Neue Museum in Berlin, Lfg. 1—5, Ebendas. 1850—60, einzeln à Lfg. * 4 Thlr., complet in Mappe * 17 Thlr. 10 Ngr.

Stüler, August: Entwurf zu einem neuen Dom in Berlin. Berlin. (1858.) Fol.

—— und J. H. Strack, **Entwurf zum Gesellschafts-Local** d. Eisenbahn-Anlage v. St.-Petersburg nach Pawlowsk, s. **Album,** architect., 1. Hft.

Stüler, A., Sammlung architektonischer Entwürfe. Das neue Museum in Berlin. 1. Lfg. gr. Fol. (4 lithochrom., 1 in Kpfr. gest. Bl. und 2 S. Text.) Potsdam 850, Riegel's Verlag. *

Stüler, (A.), das neue Museum in Berlin. 1. Abthl. 2—4. Lfg. gr. Fol. (6 in Kpfr. gest. und lithochrom. Taf. mit 4 S. Text.) Potsdam, Riegel's Verlag. [2. und 3. Lfg. 853. à * 3 Thlr. 10 Ngr., 4. 855. * 4 Thlr.] Thlr. *
1. Lfg. Ebendas. 1850. * 3 Thlr. 10 Ngr.

Stüler, A., das Neue Museum in Berlin. 5. u. 6. Liefg. Berlin 860, 62. Ernst & Korn. gr. Fol. (4 Kpfrtaf. u. 4 lith. Taf. in Farbendr. mit 2 Bl. Text.) 5.: n. 4 ß; 6.: n. 5 ß 10 ngr; complet jetzt n. 17 ß 10 ngr.

Stüler, A., und Schadow, die St. Petri- u. Pauli-Kirche zu Nicolscoë bei Potsdam, s. Album, architect., 4. Hft.

— E. Prosch u. H. Willebrand, das Schloss zu Schwerin. Auf Befehl Se. k. Hoh. des Grossherzogs bearb. u. hersg. (In 3 Abthlgn.) 1. Abthl. Ebend. 866. Imp.-Fol. (6 Chromolithogr., 7 Kpfrtaff. u. 4 S. Text mit eingedr. Holzschn.) In Mappe. n. 22 ₰ 20 ngr. Pracht-Ausg. 33 ₰ 10 ngr.

Stüler A, E Prosch und H Willebrand, das Schloss zu Schwerin. (17 Bl 40 T) grfol Berlin 1869

Stüler, August u. J. H. Strack

—— —— Vorlege-Blaetter f. Moebel-Tischler. I—IV. Hft. qu. ½ Roy.-Fol. (à 6 Blätt., Kpfr.- u. Stnst., z. Theil farbig gedr.) Berlin 835—40, (Gropius'sche Buchh.) à *

Stüler, A., u. J. H. Strack, (Prof.), Vorlege-Blätter für Möbel-Tischler. 1.—4. Hft. (à 6 Taf.) Neue Ausgabe. qu. Roy.-Fol. Potsdam 843, 44. — Neue Aufl. qu. Fol. (24 Kupfertafeln, worunter 1 color., u. Text.) Potsdam 846, Riegel. n. 2⅔ ₰

Stüler, Aug., über die Wirksamkeit Königs Friedrich Wilhelm IV. in dem Gebiete der bildenden Künste. Vortrag gehalten am Schinkelfeste den 13. März 1861. gr. 8. (25 S.) Berlin 861, Ernst und Korn. Thlr. *

Stüler, Chr. Benj., 37 Predigten über das 5., 6. u. 7. Cap. Matthäi, gehalten in Berlin im Jahre 1828 u. 1829. Mit einem Vorwort vom Bischof Dr. Dräseke. gr. 8. Halle 843, Mühlmann. n. 1⅓ ₰

Stüler, Friedr. Die natürlichen Anschauungsgesetze d. perspektivischen Zeichnens. Neues System der einfachsten perspektiv. Darstellungsweise m. besond. Berücksicht. d. Unterrichts an Gymnasien, höheren Bürger-, Gewerbe- und Handwerker-Forthildungsschulen etc. 2 Hefte. gr. 8. (122 S. m. 26 Taf. u. 13 Doppeltaf.) Bresl. 892, Woywod. à Heft * 3 —; * 6 —

Stüler, F., Schule d. Linear- u. Ornament-Zeichnens. 1. Lfg. gr. 4. (13 S. m. 11 Steintaf.) Breslau 874. Trewendt & Granier. In Mappe. n. 4. 50

Stüler, Gottfried Wilhelm, s. Hehn, F.: Homöopath. Kochbuch.

Stüler, G. W., die Homöopathie u. d. homöopath. Apotheke in ihrer wahren Bedeutung dargest. Mit Vorr. e. Nicht-Arztes. gr. 8. (6¼ B.) Berlin 834, Enslin'sche Buchh.

Stueler, Godofred[us] Guihelm[us]: De vitae indole maxime universali iisque, quae inde prodeunt, phaenomenis maxime necessariis Halae (1823): Schimmelpfennig. 42 S. 8°

Halle-Wittenberg, Med. Diss. v. 11. Jan. 1823

Geb [Mühlhausen (Thür.) 3. 7. 1798] vorh. Marburg UB

Stüler, Carl, Referendar in Suhl: Die Aufgabe des Eigentums an Grundstücken und ihre Wirkungen. Heiligenstadt ⟨Eichsfeld⟩ 1907: Brunn. (IX, 73 S.) 8°

Halle, Jur. Fak., Ref. Rehme, Diss. v. 15. Mai 1907

[Geb. 14 Dez. 83 Wippra a. H.; Wohnort: Suhl; Staatsangeh.: Preußen; Vorbildung: Gymn. Heiligenstadt Reife O. 03; Studium: München 1, Berlin 2, Freiburg i. B. 1, Halle 2 S; Rig. 18. März 07.]

Stullebner, Ruep

Des ehemahligen Saltzburgischen Superintendenten, und Kunst-reichen Schmid zu Hüttau, Ruep Stullebner, In dasigem Gebürg gehaltene und in einer Volck-reichen Versammlung abgelegte Controvers-Predigen, Zu welchen, wegen Abgang einer Gloggen, das Zeichen mit Drommeln, Muszqueten-Schusz, Küh-Hörner ... gegegeben worden: Mit sonderbar-curieuser Mühe und Nachforschung gesammlet, zusammen geklaubt und in etwas bessere Ordnung gebracht... von einem Hochwohl-gebohrnen Mit-Glid der Hochwürdigsten Catholischen Geistlichkeit in Ober-Teutschland ... Anno 1733.

Stuller, Julius *(geb. Leubus in Schles. 21 9 1832)*: De mensibus eorumque vitiis. Vratislaviae (1858). (32 S.) 8°

Breslau, Med. Diss. v 3. Nov 1858

Stulli, Joach., Lexicon Latino-Italiano-Illyricum ditissimum, ac locupletissimum, in quo adferuntur usitatiores, elegantiores, difficiliores earundem linguarum phrases, loquendi formulae ac proverbia. V Voll. Ofen u. Ragusa 801—10. 18 ₰ —. id. lib. 4maj. Ofen 801. Typogr. Soc.

Stuelp, Otto [aus Strasburg (Westpr.)]: Über entzündliche Erkrankungen der Tuben und über Tuboovarialtumoren. . . . Würzburg, Becker's Univ.-Buchdr., 1890; 32 S 8°

Würzburg, Med. Fak., Inaug.-Diss. v. 1890

v. Stülpnagel. Grundriss von Erfurt mit der nächsten Umgebung. Erfurt 1826. 1 Bl. f.

Stülpnagel, A., durch die Blume, s.: Liebhaber-Bühne, neue.

Stülpnagel, Friedrich von

Stülpnagel, Fr. v., Atlas der Eisenbahnen in Deutschland, Belgien, Elsass, der Schweiz und Ober-Italien. 13. Aufl. 859. — 14. Aufl. 860. — 15. verm. u. vervollständigte Ausg. für 1861 von Herm. Berghaus. 15 (in Kpfr. gest. u. color.) Blatt (in 4. u. Fol.). Gotha 861. J. Perthes. (Mit 12 S. Text.) n. 1 ₰

Vgl. Stülpnagel: Eisenbahnatlas v. Deutschland,...

Stülpnagel, Fr. von, und J. C. Bär, Deutschland, Kgr. der Niederlande, Kgr. Belgien und die Schweiz, nebst Theilen der angränzenden Länder, nach A. Stieler's Entwurf in 1836. Besonders zum Reisegebrauch eingerichtet .. Gotha 1840

— u. J. C. Bär, Deutschland, Königreich der Niederlande, Königreich Belgien u. die Schweiz nebst Theilen der angrenzenden Länder. Nach Adf. Stieler's Entwurf. Zum Reisegebrauch eingerichtet u. mit Bezeichnung der Eisenbahnen, Chausséen etc., unter Mitwirkung von F. M. Diez gemeinschaftlich gezeichnet. Nebst Uebersicht der Hauptverbindungsstrassen durch ganz Europa zu Lande u. zu Wasser. Kpfrst. Fol. (4 col. Bl. u. 8 Karten in 4.) Ebd. 847. — (Neue Ausg.) Fol. (4 col. Bl. u. 15 Karten in qu. gr. 4.) Ebd. 848. — (Neue Ausgabe.) Fol. (4 col. Bl. u. 15 Karten in 4.) Ebd. 849. — Ebd. 850. — Ebd. 851. — Mit 16 in Kpfr. gest. Karten in 4. Ebd. 852. 2½ ₰ Auf Leinw. in Engl. gr. 8. Carton. 3 ₰

Stülpnagel, F. v., und J. C. Bär, Deutschland, Königr. der Niederlande, Königr. Belgien und die Schweiz nebst Theilen der angränz. Länder. Zum Reisegebrauch eingerichtet und mit Bezeichnung der Eisenbahnen, Chausséen, Eilwagen- und Extrapost-Routen, unter Mitwirkung von F. M. Diez, gemeinschaftlich gezeichnet. Nebst Uebersicht der Hauptverbindungsstrassen durch ganz Europa zu Lande und zu Wasser und mit Gratis-Zugabe des Eisenbahn-Atlas in 16 (in Kpfr. gest.) Karten (in gr. 8. und qu. gr. 4.) Kpfrst. und ill. Imp.-Fol. Gotha 854, J. Perthes.

Stülpnagel, F. v., u. J. C. Bär, Deutschland, Königreich der Niederlande, Königreich Belgien und die Schweiz nebst Theilen der angrenzenden Länder. Zum Reisegebrauch eingerichtet und mit Bezeichnung der Eisenbahnen, Chausséen, Eilwagen-Routen unter Mitwirkung von ... F. M. Diez gemeinschaftlich gez. Nebst Übersicht der Hauptverbindungsstrassen durch ganz Europa. Neue Ausg. Gotha, J. Perthes, 1856, Imp.-Fol. 3 Bll. Kupferst. u. kolor. (5 M. 60 Pf.)
——, —— .... 1859. . . . . (Br. Mus.)
——, —— Neue Ausg. Ebenda 1860. Imp.-Fol. 4 Bll. Kupferst. u. illum.
——, —— Neue Ausg. Ebenda 1862. Imp.-Fol. 4 Bll.
——, —— Neue Ausg. Ebenda 1863. Imp.-Fol.
——, —— .... 1864. . . . . (Br. Mus.)

Stülpnagel, F. v., u. J. C. Bär, Deutschland, Königreich der Niederlande, Königreich Belgien und die Schweiz nebst Theilen der angrenzenden Länder. Zum Reisegebrauch eingerichtet und mit Bezeichnung der Eisenbahnen, Chausséen, Eilwagen-Routen unter Mitwirkung vom ... F. M. Diez gemeinschaftlich gez. Nebst Übersicht der Hauptverbindungsstrassen durch ganz Europa. Neue Ausg. Gotha 1868. Imp.-Fol. 4 Bll. Kupferst. u. kolor.
——, —— .... 1868. . . . . (Br. Mus.

—— und J. C. Bär, Deutschland, Königr. der Niederlande, Königr. Belgien und die Schweiz nebst Theilen der angrenzenden Länder. Zum Reisegebrauch eingerichtet und mit Bezeichnung der Eisenbahnen, Chausséen, Eilwagen-Routen unter Mitwirkung von F. M. Diez gemeinschaftlich gezeichnet. Nebst Uebersicht der Hauptverbindungsstrassen durch ganz Europa. (Neue Ausg.) 4 Bl. Fol. Ebendas. 870.
In Carton. * M 5,60; aufgez. in Carton * 8 —
Mit Stäben * M 11.; lackirt * 12 —

Stülpnagel, F. von, und J. C. Bär, Eisenbahn-Atlas von Deutschland, Belgien, Elsass und dem nördlichsten Theile von Italien. In 10 Specialkarten und 1 Uebersichtskarte. Entworfen und gezeichnet ... Gotha 1846—47. gr. 4. . . . . . . (HC.; MaA.)
——, —— 4. Aufl. Ebda. 1850. 8. . . . . (D.)
——, —— 5. Aufl. Ebda. 1851. 8. Mit 16 Specialkarten u. 1 Uebersichtsk. . . (D.)
——, —— 6. verm. Aufl. Ebda. 1852. 8.
——, —— 7. verm. Aufl. 16 Specialkarten auf 13 Blatt (in gr. 4.), nebst 1 Uebersichtskarte (in Fol.) In Kupferstich ausgeführt. Gotha, J. Perthes, 1853. gr. 8.
——, —— 8. verm. Aufl. Ebda. 1854. gr. 8.
——, —— 9. verm. Aufl. Ebenda 1855.
——, —— 10. verm. Aufl. Ebenda 1856.

— — Eisenbahnatlas von Deutschland, Belgien, Elsass u. dem nördlichsten Theile von Italien. In 10 Specialkarten (4.) u. 1 Uebersichtskarte. (Fol.) Entworfen u. gez. von F. v. Stülpnagel u. J. C. Bär. gr. 8. (4 S. Text.) Ebd. 847. n. 28 ngl — Nr. 11 u. 12. Eisenbahnen zwischen Leipzig-Cassel-Frankfurt u. Leipzig-Nürnberg. Eisenbahnen zwischen Köln, Hannover, Bremen u. Cassel. qu. gr. 4. (2 Bl. in Kpfrst. u. col.) Ebd. 847. à n. 2 ngl — 2. verm. Aufl. Mit 12 (in Kpfr. gest. u. col.) Specialkarten (in qu. gr. 4.) u. 1 (in Kpfr. gest. u. col.) Uebersichtskarte (in Fol.) Lex. 8. (2 Bl. Text.) Ebd. 847. n. 1 ℔ — 3. verm. Aufl. gr. 8. (12 in Kpfr. gest. Bl. in gr. 4. u. 1 Uebersichtskarte in Fol.) Ebd. 849. n. 1 ℔ — 5. Aufl. gr. 8. (3 S. 12 in Kpfr. gest. Bl. in gr. 4. u. 1 Uebersichtskarte in Fol.) Ebd. 851. n. 1 ℔ — 6. verm. Aufl. gr. 8. (4 S. 13 in Kupfer gest. Bl. in gr. 4. u. 1 Uebersichtskarte in Fol.) Ebd. 852. n. 1 ℔

Stülpnagel, F. v., und J. C. Bär, Eisenbahn-Atlas von Deutschland, Belgien, Elsass und dem nördlichsten Theile von Italien in 16 Specialkarten auf 13 Bl., nebst einer Uebersichtskarte (in Fol.). In Kupferstich ausgeführt. 7—12. verm. Aufl. Gotha 853—58. J. Perthes. gr. 4. n. 1 ℔;
einzelne Karten à n. 2 ngr;
die Uebersichtskarte n. 5 ngr

Stülpnagel, Fr. v., und J. C. Bär, **Eisenbahn-Atlas** von Deutschland, Belgien, Elsass und dem nördlichsten Theile von Italien in 16 Specialkarten auf 13 Blatt (in qu. gr. 4.), nebst einer Uebersichtskarte (in Fol.) In Kpfrst. ausgeführt. 11. Aufl. 1857. und 12., verm. Aufl. Lex.-8. (4 S. Text.) Gotha 858, J. Perthes. *
Die spätern Aufl. erschienen unter nachstehendem Titel:
Atlas d.Eisenbahnen in Dtld.,...

— u. J. C. Bär, Europa u. der Orient. Karte von Europa in vier Blättern nebst einem Erweiterungsblatt bis zur Vorderindischen Halbinsel reichend. Roy.-Fol. Gotha 841, J. Perthes. n. 2½ ℔

v. Stülpnagel, F., Europa u. der Orient. In Kupfer gest. u. col. (5 Bl. in gr. Fol.) nebst 1 Bl. Text: Allgemeine statistische Uebersicht der Grundmacht der Europäischen Staaten nach ihrem politischen Range u. der Volksmenge geordnet von H. Berghaus. gr. Fol. 2. verm. Aufl. Gotha 847, J. Perthes. n. 2½ ℔ Auf Leinw. in gr. 4. cart. n. 3¼ ℔

Stülpnagel, Friedr., Frankreich in 4 Bl., gestochen von C. Poppey. 1: 1,850,000. (Ausg. 1870.) Fol. Gotha, J. Perthes. 2 40
aufgez. in Carton. * 4 20

—— und J. C. Bär, Karte von Europa und dem mittelländischen Meere. Mit 5 Nebenkarten: Die Dichtigkeit der Bevölkerung Europa's. — Die ethnograph. Verhältnisse Europa's. — Die kirchl. Verhältnisse Europa's. — Die Telegraphenlinien von Europa. — Specialkarte des Sues-Canals. 1:1,000,000. 6. Aufl. 1871, und 7. Aufl. von A. Petermann. Fol. Ebendas. 874. * M 6.; aufgez. in Mappe *

Stülpnagel, F. v., und J. C. Bär, **Karte von Europa und dem mittelländischen Meere.** Mit 5 Nebenkarten: Die Dichtigkeit der Bevölkerung Europa's. — Die ethnograph. Verhältnisse Europa's. — Die kirchl. Verhältnisse Europa's. — Die Telegraphenlinien von Europa. — Specialkarte des Sues-Canals. 1:1,000,000. 8. verb. und verm. Aufl. durch A. Petermann. 4 Bl. Lithogr. und color. qu. gr. Fol. Gotha 877, J. Perthes. * 6 —
Auf Leinw. in Mappe * 7 60
Mit Stäben und Ringen * M 10,60.; lackirt u. mit Stäben * 12 —

v. **Stülpnagel,** F. Karte von der Moldau und Bessarabien. 1:1 250 000. Gotha 1855. 1 Bl. c. L. Ff.

—— Karte des Deutschen Reichs und seiner Nachbarländer, mit Angabe der polit. Eintheilung. M. 1:1 000 000. 5. Aufl. Ebda. 1875. 9 Bll. Fol.

v. Stülpnagel, F., Palästina nach den zuverläss. alten u. neuen Quellen, s. v. Raumer, K.

v. Stülpnagel, F., Schul-Wandkarte von Deutschland nach politischer Eintheilung kolorirt. 9 Sectionen. Gotha, J. Perthes, 1855.

Stülpnagel, Friedr. v., **Schul-Wandkarte des Deutschen Reichs und seiner Nachbarländer, mit Angabe der politischen Eintheilung. 1:1,000,000. 5. Aufl. 9 Bl. Fol. Gotha 875, J. Perthes.** * 4 —
aufgez. in Mappe * 9 60
Mit Stäben * M 13.; lackirt * 16 —

— [Schul-Wand-Karte.] Europa mit politischer Begränzung der einzelnen Staaten. (9 lith. u. col. Bl. in Fol.) Ebd. 852. n. 1 ℔; auf Leinw. u. in Mappe n. 2⅓ ℔

Stülpnagel, Fr. v., Schul-Wandkarte von Europa mit Angabe der politischen Eintheilung. 1:4,000,000. 2. Aufl. 9 Bl. Gotha 875, J. Perthes. * 3 60
aufgez. in Mappe * M 8.; mit Stäben * M 11,60.; lackirt * 14 60

v. **Stülpnagel,** F. Spanien und Portugal. Mit Benutzung von Berghaus Karte von 1829. Gotha 1839. 1 Bl. c. K. Ff.

—— Politische Übersicht von Deutschland. (Schulwandkarte...) 2. Aufl. M. 1:1 000 000. Ebda. 1862. . . . . (Br. Mus.)
——, —— 3. Aufl. Ebda. 1865.
——, —— Gotha [1867?]

Stülpnagel, F. v., Politische Übersicht von Deutschland. M. 1:1 000 000. 9 Bll. 2. Aufl. Nürnberg, Beyerlein, 1863. Imp.-Fol.
——, —— 3. Aufl. Gotha, J. Perthes. 1865. Imp.-Fol.
——, —— 4. Aufl. Ebenda 1867.
——, —— 5. Aufl. Ebenda 1871.

Stülpnagel, F. v., **Wandkarte von Europa.** Zur Übersicht der staatl. Verhältnisse. 3. Aufl. Neu gezeichnet von V. Geyer. 9 Bl. 1:4,000,000. Lithogr. und color. Imp.-Fol. Gotha 880, J. Perthes. * M 3,60.; auf Leinw. in Mappe *
Auf Leinw. mit Stäben * M 11,60.; lackirt *

Stülpnagel, F. v., Wandkarte von Europa zur Uebersicht der staatlichen Verhältnisse. 4. Aufl. Neu gezeichnet von V. Geyer. 9 Bl. 1:4,000,000. Lithogr. und color. Imp.-Fol. Gotha 884, J. Perthes. *
Auf Leinw. in Mappe *
Auf Leinw. mit Stäben * M 11,60.; lackirt *

Stülpnagel's, Fr. v., politische Wand-Karte des Deutschen Reichs und seiner Nachbarländer. 1:1,000.000. 9 Bl. in Farbendr. gr. Fol. (zusammengesetzt 1,46 × 1,42 m.) Gotha 881, J. Perthes. * 4 —
Aufgezogen in Mappe * 9 60
Aufgezogen mit Stäben * M 13.—; lackiert * 16 —

Stülpnagel, Hedwig von

Stülpnagel, H. v., deutsche Frauen-Mission im Orient. Rundschau über die Arbeit des morgenländ. Frauen-Vereins. (III, 286 S. m. Abbildgn.) gr. 8. Berlin 904. M. Warneck. n. 2. –

— der morgenländ. Frauen-Missionsverein. 1842 bis 1906. Vortrag bei dem 1. Frauen-Missionskursus in Berlin, geh. am 10. V. 1906. (32 S. m. Abbildgn.) gr. 8. Berlin (906). (Buchh. des ostdeutschen Jünglingsbundes.) n. — 50

Stuelpnagel, Conr. v., Heisse Tage. Meine Erlebnisse im Kampfe gegen d. Hereros. M. Bild. nach Aufnahmen d. Verf. Berlin [1905]. 8°.

Heiße Tage. Meine Erlebnisse im Kampf gegen d. Hereros von Conrad v. **Stülpnagel,** Oberlt. Mit Bild. nach Aufnahmen d. Verf. Berlin: R. Eckstein Nachf. [1906]. (126 S.) 8° [Fr.] [06. 7533

Stülpnagel, Paul, s.: Hebemaschinen u. Transport-Vorrichtungen.

Stülpnagel, P[aul]: Die Maschinenelemente und die gebräuchlichsten Werkzeuge. Mit 823 Abb. u. zahlr. Formeln. München & Berlin: Oldenbourg 1906. IV, 403 S. 8°
(Illustrierte technische Wörterbücher. Bd 1.)

Stülpner, Karl, der kühne Wildschütz im sächs. Erzgebirge. 12. (48 S.) Chemnitz 895. C. A. Hager. — 25

Stülpner, Karl, der verwegene Wildschütz im sächsischen Ober-Erzgebirge. Mügeln 865. (Leipzig, Senf.) 8. (32 S.) 3 ngr.

Stülpner, Karl, der verwegene Wildschütz im sächsischen Ober-Erzgebirge. 8. (32 S.) Mügeln 872. (Leipzig, Senf.)

Stülpner & Karaseck, die verwegenen Wildschützen, s.: Fels, Guido v.

Stülpner's, Karl, merkwürdiges Leben u. Abenteuer als Wildschütz im sächs. Hochgebirge, so wie dessen erlittene Schicksale während seines unter verschiedenen Kriegsperioden u. Nationen gethanen 25jähr. Militairdienstes. Von ihm selbst der Wahrheit treu mitgetheilt, u. herausg. von Karl Heinr. Wlh. Schönberg. Mit Stülpner's Bildniß u. 1 Ansicht von Scharfenstein. 8. Zschopau 835. (Leipzig, Reclam.) n. 3/4 ₰

Stulz, Bruno, Referendar: Verpfändung und Pfändung des Geschäftsanteils einer Gesellschaft mit beschränkter Haftung. Neumünster 1910: Hieronymus. 62 S. 8°
Heidelberg, Jur. Diss. v. 21. April 1910, Ref. Heinsheimer
[Geb. 26. Febr. 87 Frankfurt a. M.; Wohnort: Frankfurt; Staatsangeh.: Preußen; Vorbildung: Goethe-Gymn. Frankfurt Reife O. 05; Studium: Marburg 4, München 2 S.; Rig. 22. Febr. 10.] [U 10. 2039

Stulz, Eugen: Die Deklination des Zahlwortes zwei vom XV. bis XVIII. Jahrhundert. Strassburg: K. J. Trübner 1901. (35 S.) 8° (Aus: Zeitschrift f. deutsche Wortforschung, 2.)
Freiburg i. B., Phil. Diss. v. 1901

Stulz, Eug., neuhochdeutsche Schulgrammatik, s.: Blatz, Frdr.

Stulz, Otto, „nervös". Moderne Gesichtspunkte f. die Behandlg. der sogenannten Nervosität, dargestellt f. Ärzte, Patienten u. deren Umgebg. (99 S.) 8. Berlin (909). Herm. Walther. 1. 20

Stulz, Otto [app. Arzt aus Wittlich (Mosel)]: Über die Kocher'sche Radicaloperation der Hernien ... Würzburg, Becker's Univ.-Buchdr., 1897; 23 S., 5 Tab. 8.
Würzburg, Med. Fak., Inaug.-Diss. v. 1897

Stülz, Jodok

Stülz', J., Lebensbild, s. Pailler, W.

— historische Abhandlung (Propst Gerhoch I. v. Reichersberg), siehe: Denkschriften der K. Akademie der Wissenschaften. Philosophisch-historische Classe. 1. Bd.

Stülz, Jodok: Anmerkungen zu dem Aufsatz: „Geschichte der Herrschaft Windeck und Schwertberg im Lande ob der Enns" von Julius Strnadt.
Separatabdruck aus: Archiv für Kunde österr. Geschichtsquellen. Bd. 17. S. 205.

Stülz, Jodok., Ausschusstag der fünf niederösterreichischen Lande in Wien 1556. [Aus dem Archiv für österreichische Geschichtsquellen.] Lex. 8. (19 S.) Wien 852. (Braumüller.) n. 4 ngr

Stülz, Jod., Ausschusstag der fünf niederösterreichischen Lande in Wien 1556. Lex.-8. (19 S.) Wien 852, (Gerold's Sohn.) *

Stülz, Jodok: Einige Bemerkungen zu dem Aufsatze Tangels, betreffend die Grafen, Markgrafen und Herzoge aus dem Hause Eppenstein.
Separatabdruck aus: Archiv f. Kunde österr. Geschichtsquellen. Bd. 4. S. 643.

— Bericht über den Aufruhr der Anhänger Wiclifs gegen Kaiser Heinrich V. von England. S. 5. 6 [illegible] . . . vgr.
Separatabdruck

Stülz, Jodok: Bericht des Landeshauptmannes Siegmund von Dietrichstein an den Erzherzog Ferdinand über den Überfall zu Schladming am 3. Juli 1525.
Separatabdruck aus: Archiv f. Kunde österr. Geschichtsquellen. Bd 17. S. 131.

—— Zur Charakteristik des Frhrn. Georg Erasmus v. Tschernembl und zur Geschichte Oesterreichs in den J. 1608—1610. Lex.-8. (58 S.) Wien 853, (Gerold's Sohn.) *
Aus: Archiv für Kunde österreich. Geschichtsquellen, 9. Bd., besonders abgedruckt.

Stülz, Jod. Ein Fragment aus der Chronik des ehemaligen Stiftes regulirter Chorherren zu Ramshofen am Inn. 8. (36 S.) Linz, Joseph Wimmer. (Auf Kosten des Museum Franc. Carolinum) 1853.

Stülz, Jodok, Geschichte d. regulirten Chorherrn-Stiftes St. Florian. Ein Beitr. z. Gesch. d. Landes Oesterreich ob der Enns. gr. 8. (21½ B.) Linz 835, Haslinger.

— Zur Geschichte der Herren und Grafen von Schaunberg. Sitzgsber. d. Akad. d. Wiss. Philos.-histor. Classe. 39. Bd. Wien 1862. gr. 8. Auch S.-A.

Stülz, Jodok, zur Geschichte der Herren und Grafen von Schaunberg. (Aus den Denkschr. der k. Akad. der Wiss.) Wien 862. Gerold in Comm. gr. 4. (224 S.) n. 3 ₰ 10 ngr

—— Geschichte d. Cistercienser-Klosters Wilhering. Ein Beitr. z. Landes- u. Kirchengeschichte Oberösterreichs. gr. 8. (39 B.) Linz 840, Haslinger.

— Über die Gewalttätigkeiten, welche sich ein Herr von Sinzberg [illegible] erlaubt hat (im XIV. Jahrhundert). S. 5. 18 . . . vgr.
Separatabdruck

Stülz, Jodok: Des Propstes Gerhoch von Reichersberg Abhandlung: "De Inuestigatione Antichristi." Codex Mscpt. im Stifte Reichersberg.
Separatabdruck aus: Archiv f. Kunde österr. Geschichtsquellen. Bd. 20. S. 127.

Stülz, Jodok: Die J u g e n d - und Wander j a h r e des Grafen Franz Christoph von Khevenhiller nach seinen eigenenen Aufzeichnungen.
Separatabdruck aus: Archiv f. Kunde österr. Geschichtsquellen. Bd. 4. S. 331.

—— das Leben des Bischofes Altmann von Passau. Fol. (71 S.) Wien 853, (Gerold's Sohn.) *
Aus: Denkschriften der k. Akademie der Wissenschaften, 4. Bd., besonders abgedruckt.

—— über den Grafen Ulrich v. Schaunberg, den angeblichen Erzieher des Herzogs Rudolf IV. von Oesterreich. Lex.-8. (9 S.) Wien 852, (Gerold's Sohn.) *
Aus: Archiv für Kunde österr. Geschichtsquellen, besonders abgedruckt.

Stülz Jodok: Die ältesten Urkunden des Klosters Gleink. Ar. 3. 8° . . . . vgr.
Separatabdruck

Stümbke, Wilhelm, a. Bad Salzdetfurth: Das schmückende Beiwort in Otfrids Evangelienbuch. Greifswald 1905: F. W. Kunike. (71 S.) 8°
Greifswald, Phil. Fak., Ref. Reifferscheid, Diss. v. 3. Aug. 1905
[Geb. 24. Okt. 78 Bad Salzdetfurth i. Hann.; Wohnort: Greifswald; Staatsangeh.: Preußen; Vorbildung: Kais. Auguste Victoria-Gymn. Hannover-Linden Reife O. 99; Studium: Leipzig 3, Berlin 1, Leipzig 3, Greifswald 4 S.; Rig. 5. Aug. 04.]

Stümbke, Wilh., das schmückende Beiwort in Otfrieds Evangelienbuch. Diss. (69 S.) Lex.-8. Greifswald 905. (L. Bamberg.) n. 2. —

Stümcke, Ferdinand: Studien zu Shakespeares King John. Otterndorf, C. Bremer (1889); S. 3—10; 4°
Otterndorf, k. RPG, OP 1889 (327)

Stümcke, Heinrich

Stümcke, Heinr., s.: Blätter, neue litterarische.

Stümcke, Heinr., Michael Georg C o n r a d. Eine litterar. Skizze. [Aus: „Neue litterar. Blätter".] gr. 8. (16 S.) Bremen 893. J. Kühtmann. — 30

Stümcke, Heinr., s.: Fortsetzungen, Nachahmungen u. Travestieen, die, v. Lessings „Nathan der Weise".

Stümcke, Heinrich: Die Frau als Schauspielerin. — Leipzig: Rothbarth [1905]. 114 S. 8° (Die Frau. Ser. 1, Bd 5.)

— die Frau als Schauspielerin, s. Frau, die. 5. Bd.

Stümcke, Heinr., zwischen den Garben. Essays. 8. (233 S.) Leipzig 899. P. Friesenhahn. n. 1. 50

Montenegrinische Heldenlieder. Dichtungen von Petar II., Mirko u. Nikolaus I., Petrowitsch-Njegosch. Deutsch nachgebildet von H e i n r i c h **Stümcke**. *Berlin: E. Ebering 1897.* (8 Bl.) 2° [Umschlagt.] [03. 4419 6

Hohenzollernfürsten im Drama. Ein Beitrag z. vergleichenden Litteratur- u. Theatergesch. von H e i n r i c h **Stümcke**. *Leipzig: G. Wigand 1903.* (XV, 305 S.) 8° [F.] [03. 13065

Iffland und das Berliner Königliche Nationaltheater. (Zur 150. Wiederkehr von August Ifflands Geburtstag, 19. April 1909.) Gedenkrede, gehalten in der Festsitzung der Gesellschaft für Theatergeschichte am 18. April 1909 im Königlichen Schauspielhause zu Berlin von HEINRICH STÜMCKE. (Separat-Abdruck aus Bühne und Welt, Zeitschrift für Theaterwesen, Literatur und Musik (Jahrg. XI. 15.) Herausgeber: Dr. HEINRICH STÜMCKE, Berlin. Leipzig. Verlag: Georg Wigand. Druck: Otto Elsner, Berlin. 8°.

— die Frau Majorin, s.: Spažinsky.

— Präludien. Gedichte. 8. (VIII, 91 S.) München 893. Dr. Albert & Co., Sep.-Cto. n. 2. —; geb. n. 3. —

Praeludien. Gedichte von H e i n r i c h **Stümcke**. 2. Aufl. *München: E. Albert & Co. [1893].* (91 S.) 8° [F.]

— s.: Rundschau, westöstliche.

Stümcke, Heinrich (Hrsg.), s. S c h m i d t , Friedr. Ludw.: Ein Gedicht an seine Gattin.

Stümcke, Heinrich (Red.), s. S c h r ö d e r , Friedrich Ludw. u. Sophie Schröder: Vergilbte Blätter. 3 Briefe ...

Stümcke, Heinrich (Hrsg.), s. S c h r ö d e r , Sophie: Briefe.

Stümcke, Heinrich (Hrsg.), s. S c h r ö d e r , Sophie: Testament.

Corona Schröter. Von Heinrich **Stümcke**. Mit 5 Kunstdr. Bielefeld & Leipzig: Velhagen & Klasing 1904. (X, 165 S.) 8° [F.]
= **Frauenleben.** 5. [04. 3001

— litterarische Sünden u. Herzenssachen. 8. (62 S.) Berlin 894. E. Rentzel. n. — 60

Berliner Theater von Dr. Heinrich **Stümcke**. Leipzig: Verl. f. Lit., Kunst u. Musik 1907. (40 S.) 8° [F.]
— **Beiträge** z. Literaturgeschichte. H. 41. [08. 3797

Modernes Theater. Eindrücke u. Studien von Heinrich **Stümcke**. Berlin: Deutsche Bücherei [1907]. (186 S.) 8° [F.]
— **Bücherei,** Deutsche. Bd 82. 83. [08. 2287

— die vierte Wand. Theatralische Eindrücke u. Studien. (X, 408 S.) gr. 8. Leipzig 904. G. Wigand. n. 6. —; geb. n. 7. —

Stümer, Eitel Wilh. v., aber die Liebe ist die grösste unter ihnen . . . Gedichte. (116 S.) 8. Leipzig 910. Modernes Verlagsbureau. 2. —

Aber die Liebe ist die größte unter ihnen ... Geschichte von Eitel Wilhelm v. **Stümer**. Berlin-Leipzig: C. Wigand 1910. 115 S. 8° [10. 13966

[F.] Willibald v. **Stuemer**. Funken. *Magdeburg: A. Rathke [1895].* (100 S.) 1 Bd 8.
= **Stuemer,** W. v.: Plaudereien. Bdch. 1.

Stumfall, Balthasar, a. Wasserburg a. Inn: Das Märchen von Amor und Psyche in seinem Fortleben in der französischen, italienischen und spanischen Literatur bis zum 18. Jahrhundert. Naumburg a. S. 1907: Lippert & Co. (36 S.) 8°
¶ (Erschien vollst. als: Münchener Beiträge z. roman. u. engl. Philol. H. 39. 1907.)
München, Phil. Fak., Ref. Breymann, Diss. v. 7. März 1906
[Geb. 10. Dez. 79 Wasserburg a. Inn; Wohnort: Magdeburg; Staatsangeh.: Bayern; Vorbildung: Gymn. Freising Reife Juli 99; Studium: Lyzeum Freising 2, München 7 S.; Rig. 7. März 06.]

Das Märchen von Amor und Psyche in seinem Fortleben in der französischen, italienischen und spanischen Literatur bis zum 18. Jahrhundert. Von Dr. Balthasar **Stumfall**. Leipzig: A. Deichert Nachf. 1907. (XVI, 205 S.) 8°
— **Beiträge**, Münchener, z. roman. u. engl. Philologie. H. 39. [07. 7316

Stumfall, Joachim

Burg Scheyern wird Kloster. Dramatisches Bild in 4 Akten zur Centenarfeier der Geburt Sr. Majestät König Ludwigs I., des hochherzigen Wiederherstellers des Klosters. — Von P. Joachim S t u m f a l l. — 1888, Freising, Fr. P. Datterer. — S. 3—44.
Progr. Scheyern (Oberbayern), Lateinschule

—— König Ludwig I. und der hl. Benedikt (Katalog-Anhang). — 1888, Pfaffenhofen, Herzogs Wwe. — S. 22—24.
Progr. Scheyern (Oberbayern), Lateinschule

Nekrolog auf Abt Rupert II Mutzl und P. Prior Pius Bayer. (Beigabe zur Chronik der Anstalt.) — Von P. Joachim Stumfall, O. S. B., I. Präf. — 1896, Freising, Dr. Fr. P. Datterer. — P. 21—23.
Progr. Scheyern, Privatlateinschule

Der Seminarist oder Für Gott, Fürst und Vaterland. Dramatische Lebensbilder in vier Aufzügen. — Von P. Joachim Stumfall. — 1890, Freising, Dr. Fr. Datterer. — S. 3—46. (Jubiläumsgabe zur 50jährigen Gedächtnisfeier der Errichtung des hiesigen Instituts.)
Progr. Scheyern, Kgl. Lateinschule

Der Student. Dramatisches Lebensbild in 5 Aufzügen. — Von P. Joachim Stumfall. — 1892, Freising, Dr. Fr. Datterer. — S. 5—51.
Progr. Scheyern, Kgl. Lateinschule

Stumm, Alfred: Masernähnliches Exanthem nach Morphingebrauch. . . . Erlangen: Druck v. W. W. (Ed.) Klambt in Neurode 1888. 29, 1 S. 8⁰
Erlangen, Med. Fak., Inaug.-Diss. v. 31. März 1888

Stumm, Anton, Medizinalprakt.: Aus d. psychiatr. u. Nervenklinik in Kiel. Zur Statistik und Symptomatologie der progressiven Paralyse beim weiblichen Geschlecht. Kiel 1908: Schmidt & Klaunig. 14 S. 8°
Kiel, Med. Diss. v. 16. Aug. 1909, Ref. Siemerling
[Geb. 18. Sept. 82 Boppard; Wohnort: Boppard; Staatsangeh.: Preußen; Vorbildung: Gymn. Koblenz Reife O. 03; Studium: Freiburg i. B. 1, Würzburg 4, Straßburg 2, Berlin 1, Kiel 2 S.; Coll. 4. Juni 08; Approb. 1. Aug. 09.] [U 10. 2481

Stumm, Ferdinand Frh. von

Stumm, F., meine Erlebnisse bei der englischen Expedition in Abyssinien. Januar bis Juni 1868. gr. 8. (VI, 162 S. mit 1 chromolithogr. Karte von Abyssinien in gr. Fol. und 1 lithogr. Plane von Magdala.) Frankfurt a. M. 868, (Jügel.) *

Die Eingeborenen-Armee Indiens. Von [Friedrich Frh.] v. Stumm, Oberlt. im Husarenreg. No 15. *Berlin: E. S. Mittler & Sohn (1900).* (S. 321—335.) 8° [F.]
— **Militär-Wochenblatt.** 1900. Beih. 7, [2.] [04. 3793

Stumm, v., die Eingeborenen-Armee Indiens, s. a. Beiheft zum Militär-Wochenblatt. 1900. Hft. 7.

Stumm, Hugo, aus Chiwa. Berichte. Mit 5 color. (lith.) Karten. (in Lex.-8. u. qu. 4.) Lex.-8. (VI, 129 S.) Berlin 873. Mittler & Sohn. n. 4. —

—— der russische Feldzug nach Chiwa. 1. Thl.: Historische und militair-statist. Uebersicht des russ. Operationsfeldes in Mittelasien. Eine militair-geograph. Studie. gr. 8. (XVI, 376 S. mit 3 lithogr. Karten in Buntdruck in gr. 8., Fol. und Imp.-Fol.) Ebendas. 875. * 1

Stumm, Hugo v., Narciss. Bescheidene Gedichte e. jungen Träumers. (Mit Bildnis des Verf. v. Carl Reiser.) (77 S. m. Abbildgn.) gr. 8. München 907. H. Jaffe. Geb. in Leinw. 14. —
Vergriffen.

Stumm-Halberg, Freiherr v., u. d. evang. Geistlichen im Saargebiet. E. Beitrag zur Zeitgeschichte, hrsg. im Auftr. d. Saarbrücker evangel. Pfarrkonferenz. 1. u. 2. Aufl. gr. 8. (92 S.) Göttingen 896. Vandenhoeck & Ruprecht. n. — 60

— u. d. **Sozialdemokratie.** Stenograph. Bericht über die Verhandlgn. d. deutschen Reichstags am 10. u. 12. Febr. 1892, betr. d. Maßregelg. sozialdemokrat. Arbeiter in d. Staatsbetrieben. gr. 8. (30 S.) Berlin 892. Buchh. Vorwärts. n. — 10

Stumm-Halberg, Karl Ferdinand Frh. von

[F.] Die Herrenhaus-Junker und die Arbeiter. Reden geh. v. [Robert] v. **Puttkamer** u. [Karl] v. Stumm in d. Sitzg d. Preuss. Herrenhauses am 24. Juni 1897. Nach d. stenogr. Bericht. *Berlin: Vorwärts 1897.* (16 S.) 1 Bd 8. [58 5444

Stumm, v., Rede, s. a. Herrenhaus-Junker, die.

Stumm-Halberg, Karl Ferd. Frh. v.], Die Reden des Freiherrn Carl Ferdinand von **Stumm-Halberg.** Hist.-krit. Gesamtausg. besorgt von Alex. *Tille.* Bd 1—6. Berlin 1906—1910. 8⁰.
1: D. selbstherrl. Zollpolitik d. Deutschen Zollver. u. d. Deutschen Reiches 1868—1898. 1906.
2: D. Vernehmungen d. Sachverständigen durch d. Eisenenquetekommission d. Deutschen Reiches vom 5.—29. Nov. 1878. 1906.
3: D. Handelsvertragspolitik d. Deutschen Reiches 1891—1899. D. Zollgesetzgebung d. Deutschen Reiches 1879—1898 u. d. Steuergesetzgebung Preussens 1868—1883, d. Norddeutschen Bundes 1869 u. d. Deutschen Reiches 1878—1896. 1908.
4: Handel u. Handwerk i. Norddeutsch. Bunde 1868—70, i. Deutsch. Reiche 1880—1900 u. i. Königr. Preussen 1896—1897. 1909.
5: D. Eisenbahnwesen d. Norddeutschen Bundes 1870, d. Deutschen Reiches 1872—1899 u. d. Königreichs Preussen 1880—1901. 1910.
6: D. Wasserstrassenpolitik d. Königreichs Preussen 1883—1901. D. Postwesen d. Deutschen Reiches 1880—1891. 1910.

Stumm-Halberg, Frhr. Carl Ferd. v., Reden. Historisch-krit. Gesamtausg., besorgt v. Alex. Tille. (In 12 Bdn.) 1.—5. Bd. 8. Berlin, O. Elsner. Geb. in Leinw. à 6. —
1. Die selbstherrliche Zollpolitik des deutschen Zollvereins u. des Deutschen Reiches 1868 bis 1898. (XV, 539 S.) 906.
2. Die Vernehmungen der Sachverständigen durch die Eisenenquetekommission des Deutschen Reiches vom 5. bis 29. XI. 1878. (XI, 542 S.) 906.
3. **Die Handelsvertragspolitik des Deutschen Reiches 1891—1899. Die Zollgesetzgbg. des Deutschen Reiches 1879—1898 u. die Steuergesetzgebg. Preußens 1868—1883, des Norddeutschen Bundes 1869 u. des Deutschen Reiches 1878—1896.** (XIII, 450 S.) 908.
4. Handel u. Handwerk im Norddeutschen Bunde 1868—1870, im Deutschen Reiche 1880—1900 u. im Königr. Preußen 1896—1897. (XIV, 544 S.) 909.
5. Das Eisenbahnwesen des Norddeutschen Bundes 1870, des Deutschen Reiches 1872—1899 u. des Königr. Preußen 1880—1901. (XIII, 471 S.) 910.

Stumme [Sachliches OW]

Stumme, der,. Lstsp. in 5 A. n. d. Frz. v. de Brüyes. 8. Lpz. Dyk.

Stumme, Der, ein Lustspiel in fünf Aufz. nach d. Franz. [des de Bruyes]. Leipzig [17??]. Ü: *Schmid, Johann Friedrich.* (Ml.) (Ky)

Stumme Liebe. Lstsp. v. Ziegler. 8. Wien, Wallishäußer.

STUMME, Die, von Portici. (187*.) (Mk. 2—.)

Stumme, Die von Potsdam. (187*.) 12⁰. Zahm. (1/4 Rthl. Fischhaber etc.)

STUMME, Der redende. Eine moralisch-satyrische Wochenschrift (hrsg. von Benj. Gottlob Lorenz Boden). 4 Thle. Leipzig, Jacobäer, 1771—72. 8⁰. (Theil 1—3 = Stück 1—36 in München.) Stellenw. derb u. frei. Nicht häufig. (4 Kr. Mindestgebot, Jahrg. 1771, Franz Malota's Wiener Novbr.-Auction 1909, no. 95.)

Stumme, d. redende, eine moral.-satyr. Wochenschrift, (v. B. G. L. Boden), 4 Thle. 8. Leipz. 772, (Aue in Altona). 2 ß

Stumme [Verfasser]

Stumme, Hans

Stumme, H., s.: Abhandlungen f. die Kunde des Morgenlandes.

Arabisch, Persisch und Türkisch in den Grundzügen der Laut- u. Formenlehre, f. d. Privatstudium sowohl als f. akad. Vorlesungen ... ohne Anwendung d. arab. Schrift. dargest. von Dr. Hans **Stumme**, Prof. Leipzig: J. C. Hinrichs 1902. (62 S.) 8° [07. 1764] 11

Stumme, Hans, tripolitanisch-tunisische Beduinenlieder. gr. 8. (X, 153 S.) Leipzig 894. J. C. Hinrichs' Verl. n. 5. —

— der arabische Dialekt der Houwāra des Wād Sūs in Marokko, s.: Socin, Alb.

Stumme, Hans [Dr.]: Dichtkunst und Gedichte der Schluḥ. Leipzig, J. C. Hinrichs'sche Buchh., 1895; VI, 86 S. 8.
Leipzig, Phil. Fak., Hab.-Schr. v. 18. Juli 1895

Stumme, Hans, s.: Diwan aus Centralarabien.

Stumme, Hans. Über die deutsche Gaunersprache und andere Geheimsprachen. Vortrag. 28 S. 8. Leipzig, Dr. Seele & Co., 1903. (M. —. 30)
(Hochschul-Vorträge für Jedermann. Heft 32.)

Stumme, Hans, über die deutsche Gaunersprache u. andere Geheimsprachen, s.: Hochschul-Vorträge f. Jedermann. 32. Hft.

— Grammatik des tunisischen Arabisch, nebst Glossar. gr. 8. (VIII, 183 S.) Ebd. 896. n. 9. —

— Handbuch des Schilḥischen v. Tazerwalt. Grammatik — Lesestücke — Gespräche — Glossar. gr. 8. (VI, 249 S.) Leipzig 899. J. C. Hinrichs' Verl. n. 12. 80

Märchen der Berbern von Tamazratt in Südtunisien. Von Dr. Hans Stumme, Prof. zu Leipzig. *Leipzig: J. C. Hinrichs 1900.* (72 S.) 4° [00. 3793]

— Märchen u. Gedichte aus der Stadt Tripolis in Nord-Afrika. E. Sammlg. transkribierter prosaischer u. poet. Stücke im arab. Dialekte der Stadt Tripolis, nebst Uebersetzung, Skizze des Dialekts u. Glossar. 2 Tle. in 1 Bd. (I. Einleitg., Texte u. Übersetzg. — II. Skizze d. Dialekts u. Glossar.) Lex.-8. (X, 317 S.) Ebd. 898. n. 16. —

Maltesische Märchen, Gedichte und Rätsel in deutscher Übers. von Dr. Hans Stumme, Prof. Leipzig. *Leipzig: J. C. Hinrichs 1904.* (XVI, 102 S.) 8°
= Studien, Leipziger semitistische. 1, 5. [04. ...]

Stumme, Hans, Märchen d. Schluḥ v. Tāzerwalt. gr. 8. (XII, 208 S.) Leipzig 895. J. C. Hinrichs' Verlag. n. 15. —

— tunisische Märchen u. Gedichte. Eine Sammlg. pros. u. poet. Stücke in arab. Dialecte der Stadt Tunis, nebst Einleitg. u. Übersetzg. 2 Bde. gr. 8. Leipzig 893. J. C. Hinrichs' Verl. n. 6. —
1. Transcribierte Texte, nebst Einleitg. (LX, 118 S.)
2. Übersetzung. (VIII, 157 S.)

Nordwestafrika. Vortrag geh. von Dr. H[ans] **Stumme**, Privatd. Leipzig: Seele 1898. 22 S. 8°
(Hochschul-Vorträge f. Jedermann. H. 7.) [11. 13103]

Stumme, H., Nordwestafrika, s.: Hochschul-Vorträge f. Jedermann, 7. Hft.

— neue tunisische Sammlungen (Kinderlieder, Strassenlieder, Auszählreime, Rätsel, Aröbis, Geschichtchen u. s. w.) [Aus: „Zeitschr. f. afrikan. u. ocean. Sprachen".] Lex.-8. (48 S.) Berlin 896. (D. Reimer.) n. 2. —

Maltesische Studien. Eine Sammlung prosaischer u. poet. Texte in Maltesischer Sprache nebst Erl. von Dr. Hans Stumme. Prof., Leipzig. *Leipzig: J. C. Hinrichs 1904.* (124 S.) 8°
= Studien, Leipziger Semitistische. 1, 4. [04. ;63]

— **Maltesische Volkslieder,** s.: Studien, Leipziger semitistische. III. 6. (Ilg. B.)

— s.: **Zeitschrift der deutschen morgenländischen Gesellschaft.**

Stumme, Karl: Die Form des gemeinschaftlichen Testaments nach dem Bürgerlichen Gesetzbuche. (Hamburg 1908: Persiehl.) 75 S. 8°
Rostock, Jur. Diss. v. 15. Dez. 1908, Ref. Matthiaß

Stummel, Helene, die Paramentik vom Standpunkte des Geschmackes u. Kunstsinnes. (76 S. m. 10 Abbildgn.) 8. Kevelaer (905). J. Thum. n. 1. 50

Stummer's Ingenieur. Internationales Organ für das Gesammtgebiet des techn. Wissens und Repertorium der hervorragendsten ausländ. Fachjournale. Hrsgbr. und Redact.: Jos. v. Stummer-Traunfels. 2. und 3. Jahrg. 1875 und 1876 oder 3.—6. Bd. à 26 Nrn. (à 2 Bog. mit eingedr. Holzschn.) Wien, Fromme. à Jahrg. *
Vgl. Engineering.
—— dass. — 4. Jahrg. 1877 oder 7. und 8. Bd. à 26 Nrn. (à 2—3 Bog. mit eingedr. Holzschn.) Imp.-4. Wien, Administration. *
Nicht weiter erschienen.

Stummer, Studienatlas für das Kartenzeichnen. Ausgabe A. Flußnetzkarten. Ausgabe B. Geländekarten. Ausgabe C. Fluß- und Geländekarten. Fol. à * K 1.50
Wien: Freytag & Berndt 1907.

Stummer, Adam. Über den Artikel bei Homer. 8 (63 S.)
Progr. Studienanst. *Münnerstadt* 1886

Stummer, Angelus, O. Min. Cap., Manuale theologiae fundamentalis usui scholari et privato accomodatum. (XXV, 563 S.) gr. 8. Innsbruck 907. Wagner. n. 6. —

Stummer Dr. Eduard: Arbogastes. 23. Römerstadt R 901.
Progr.

Stummer Dr. Eduard: Zum Geographieunterrichte an der Realschule. 12. Römerstadt R. 02.
Progr.

Stummer Eduard: Die Niederschlags- und Abflußverhältnisse des Marchgebietes.
H. 1897 PN 1057 Diss. Wien, Univ.

Stummer, Joseph —. Bildliche Darstellung der Geschichte der ausschl. priv. Kaiser-Ferdinands-Nordbahn, von dem Zeitpunkte der Eröffnung im Jahre 1838 bis zu Ende des Jahres 1853. Entworfen und ausgearbeitet von — —. Lithografie und Farbendruck von Hermann Engel. Wien. 1855. Druck von Keck und Pierer. (Text 8 S. 8 Taf. 1 Titelblatt und 2 Bl. Fol.)

STUMMER, MARIAN: Aufrufspredigt zum Ehrwürdigen Soldatenstande. Gehalten über das Evangelium des 4ten Fastensonntags zur Zeit des französischen Krieges. Pesth 1800. Gedr. bey Franz Joseph Patzko. 22 S. - 8°

STUMMER, MARIAN: Buß- / und / Jubiläums-Predigten des P. Marian Stummer. Gehalten im Jahre 1795. Pesth 1795. Gedr. mit Patzkoischen Schriften. 4 f. 206 S. - gr. 8°

Stummer, Marian; Buß- u. Jubiläums-Predigten, gehalten im Jahre 1795. 8. Pesth 799. Eggenberger. 16 gr

STUMMER, MARIAN: Fastenpredigten von Glaube, Hoffnung, Liebe nach der Mode. Gehalten in . . . Ofen in Ungarn im Jahre 1794. Pest 1794. Gedr. mit Franz A. Patzkolschen Schriften. 2 f. 154 S. - 8°
- Dass. Ofen 1799: Patzko (4) 154 S. - 206 mm

— Fasten-Predigten v. Glaube, Hoffn. u. Liebe. 8.
Pest: Eggenberger 1799.

STUMMER, MARIAN: Lobrede auf den Heiligen Bernhard von Clairvaux. Wien 1807. o. Dr. 23 S. - 190 mm

STUMMER, MARIAN: Predigt von der wahren und falschen Philosophie oder sogenannten Aufklärung. Vorgetragen am letzten Sonntage des Jahres 1794 in der Pfarrkirche zum heil. Petrus von Alkantara der königl. Freystadt Pest in Ober-Ungarn vom P. Marian Stummer. Pest 1794. Gedr. mit Franz Patzkoischen Schriften. 24 S. - 4°

STUMMER, MARIAN: Predigt von den Unterthanenpflichten. Am 19. Sonntage nach Pfingsten vorgetragen in der Pfarrkirche zum heil. Petrus von Alkantara der königl. Freystadt Pest in Oberungern von P. Marian Stummer. Pesth 1798. Gedr. bey Franz Aug. Patzko. 18 S. - 200 mm

STUMMER, MARIAN: Predigt von der Verehrung Mariä Als ein wohl edler, löbl. Rath, und die gesammte ehrsame Bürgerschaft der königl., ungarischen Haupt- und Freystadt Ofen das erste Jahrhundert der gnadenreichen Bildniss Mariä zum Blut genannt, in der neuerbauten Pfarrkirche der Christinenstadt den 5ten August 1800 begangen hat. Pesth 1800. Gedr. mit Franz Joseph Patzkoischen Schriften. 17 S. - 4°

STUMMER, MARIAN: Predigten. 3 Bände. Marien-Au / Wieselburg.

STUMMER, MARIAN: Primiz-Rede von der Würde des Priesterthumes bey Gelegenheit da Franz Gianone sein erstes Meßopfer in Gran den 15. Sonntag nach Pfingsten den 6. September 1801 dargebracht hat. Tyrnau (1801): W. Jelinek. 18 S. - 8°

STUMMER, MARIAN: Rede bei Gelegenheit, da wegen erlangten Friedens das feyerliche »Herr Gott, Dich loben wir« zu Raindorf nächst der Mariahilfer Linie in Nieder-Oesterreich abgesungen wurde. Gehalten am Dreifaltigkeitssonntage. Wien 1806: Sulzer. 22 S. - 8°

STUMMER, MARIAN: Rede an dem Tage der Feyerlichen Armen- und Krankenübersetzung aus dem Alten in das Neuerbaute Spital der Königl. Freystadt. Pest 1798.

STUMMER, MARIAN: Rede über Gottes wunderbare Vorsicht bey Gelegenheit, da Franz der II. Röm. Kaisor auch die erhabene Würde eines erblichen Kaisers von Österreich angenommen hat. Gehalten den 16. Sept. 1804. Tyrnau 1804. Gedr. bey Wenzel Jelinek. 14 S. - 8°

STUMMER, MARIAN: Rede von der Würde und Nutzen des h. Messopfers bey Gelegenheit, da der Wohlerwürdige Herr Johann Becker des hochlöbl. Graner Erzbisthums das erstemal selbes . . . in Pesth . . . 1804 etc. feyerlich dargebracht hat. Pesth 1804. Godr. bey Franz J(OSEPH) Patzkó. 19 S. - 8°

STUMMER, MARIAN: Sonntagspredigten von den Göttlichen Vollkommenheiten, zur Nachahmung der Christen wider die Falschaufgeklärten des 18ten Jahr-Hunderts. Pest 1799. Gedr. mit Franz Joseph Patzkoischen Schriften. 200 mm
1. Thl. 1799 (10) 308 S.
2. Thl. 1799 8, 394 S.

— Sonntags-Predigten v. göttl. Vollkommenheit. u. s. w. 8.
Pest: Eggenberger 1799.

Stummer von Tavarnok, Amalie, eine kleine Geschichte. 8. (84 S.) Wien 881. Konegen. n. 1. 60

Stummer v. Tavarnok, Amalie, ereignißvolle 24 Stunden und eine Erzählung. 12. (82 S.) Wien 882, Konegen. *

Stummer Ritter von Traunfels, Jos., praktische Anleitung zum Traciren der Eisenbahnen. Weimar 867. B. F. Voigt. gr. 8. (XII, 170 S. mit 4 Tabb. in gr. 4. u. gr. Fol. u. 4 Steintaff. in qu. Fol., enth. 34 Abbild.) 1 rthl 10 ngr.

Stummer-Traunfels, Josef von (Hrsg.), s. Zeitschrift für das gesammte Ingenieurwesen.

Stummer-Traunfels, Rud. Ritter v., Beiträge zur Anatomie u. Histologie der Myzostomen, s.: Arbeiten aus dem zoolog. Institut zu Graz. VI. 8.

Stummer-Traunfels, Rud. Ritter v., tropische Polycladen, s.: Arbeiten aus d. zoolog. Institut zu Graz.

Stummer-Traunfels, Rud. Ritter v., vergleichende Untersuchungen üb. die Mundwerkzeuge der Thysanuren u. Collembolen. [Aus: „Sitzungsber. d. k. Akad. d. Wiss."] Lex.-8. (20 S. m. 2 Taf.) Wien 891. (F. Tempsky.) n. 1. 30

Stümmer, Rudolf: Über die Kondensationsprodukte von Karbazol und von Biphenylenoxyd mit Phtalsäureanhydrid. Diss., Prag 1906/1907.

Stümmer Rudolf: Über die Kondensationsprodukte von Karbazol und von Biphenylenoxyd mit Phtalsäureanhydrid. S. 116. 116. . . . . vgr.
Separatabdruck

Stump, F. ., von Erbverzichten adelicher Töchter nach gem. deutschen Rechten. 8. Freiburg 798. Wagner. 6 gr

Stump [Gli. Frdr.] v.: Ueber den Werth der in Württemberg bestehenden Einrichtung der Amtskörperschaften und Amtspflegen. Stuttgart: Steinkopf, May 1827.

Stump, Jakob

Stump, J., Abstinenz od. Mäßigkeit? Nehmen wir Lehrer in der Frage Stellg. od. nicht? Vortrag. 5.—6. Tausend dieser Ausg. 8. (20 S.) Basel (900). Schriftstelle des Alkoholgegnerbundes (durch F. Reinhardt). n. — 08

Stump, J[acob]. **Abstinenz oder Mässigkeit? Nehmen wir Lehrer in der Frage Stellung oder nicht? Vortrag. 5.—6. Tausend dieser Ausgabe. 24 S. 8. Basel, Schriftstelle des Alkoholgegnerbundes, [1901]. fr. —. 10**
Alkoholgegnerbund. ⟨Internationaler Verein zur Bekämpfung des Alkoholgenusses.⟩ [Flugschriften.] Nr. 34.

Stump, J., Abstinenz od. Mäßigkeit? Nehmen wir Lehrer in der Frage Stellg. od. nicht? Vortrag. 9.—10. Tauf. (20 S.) 8. Basel (907). Schriftstelle des Alkoholgegnerbundes. — 10

Stump, J[acob], und Willenegger, Robert. Graphische Tabellen mit Begleittext Zur Alkoholfrage. Bearb. von J. St', Lehrer am Seminar Hofwil..., und R' W' in Zürich; unter Mitwirkung von: Dr. Herm[ann] Blocher ... in Basel; Jos[eph] Bregenzer ... in St. Gallen; Prof. Dr. ... G(ustav) v[on] Bunge in Basel; Prof. Dr. Aug(uste) Forel in Yvorne; Dr. R[obert] Hercod ... in Lausanne; Wilhelm Jost ... in Bern; Dr. J[oseph] König, ... Münster in Westfalen; Dr. M Legrain, Médecin en chef des asiles d'aliénés de la Seine...; Harald Marthaler, Pfarrer in Bern; Dr. jur. Hermann M Popert, ... Hamburg; Friedrich Reinitzer, ... Graz; Ernst Trösch ... in Münsingen. [Mit 55 graphischen Tabellen, 37 Porträt-Tafeln mit Begleittext und 4 Kunst-Beilagen.] 1. Tausend. XVI[+4]+228 S. quer-4. Zürich, Rob. Willenegger, (1907). [geb. fr. 37.50]

Stumpe. Plan der Stadt **Liegnitz** nebst ihren Hausnummern und öffentlichen Gebäuden. Liegnitz 1826. 1 Bl. c. L.

Stumpe. Plan der Stadt **Liegnitz** nebst ihren Vorstädten und nächsten Umgebungen. Liegnitz 1825. 1 Bl. c. L. Ff.

Stumpe, Ferd., *erst. techn. Präparanden & Lehrer d. Physik etc. zu Rakovac.* Leichtfassliche Naturlehre für jene Grenzjünglinge, welche sich von diesem Zweige der Naturkunde die nothwendigsten Elementarbegriffe eigen machen wollen. Auf viele leichte Versuche gestützt, mit in den Text gedruckten Figuren. *Agram* 1858. *C. Albrecht.* 1. Heft. 96 S. 8°.

Stumpe, Carolus: De Lygdami, qui vocatur, elegiis. Halis Saxonum (1867): Schmidt. 24 S. 8°
Halle-Wittenberg, Phil. Diss. v. 13. Aug. 1867
Geb. Frankfurt a. d. O. 5. 11. 1844. V.
Das Ms. der vollst. Arbeit umfaßt 71 S. 4° (2°)

Stumpe, Oscar [aus Hirschberg i./Schles.]: Über die Bewegung des Sonnensystems. . . . (Aus: Astr. Nachr. Bd. 125.) Kiel, Druck v. C. Schaidt, 1890; 1 Bl., Sp. 385–426, 1 Bl. 4°
Bonn, Phil. Fak., Inaug.-Diss. v. 16. Okt. 1890

Stumpen, St., Märchen u. Erzählungen aus Tausend u. e. Nacht, s.: Jugend- u. Volksbücherei (illustrierte). 4. Bd.

Stumper, Jean Pierre: B e r i c h t des ständigen Ausschusses der Grossh. Weinbau-Commission über die im Jahre 1888 an der Obermosel in Bezug auf Rebenschädlinge, namentlich über das Auftreten und die Verbreitung der Rebenperonospora gemachten Beobachtungen und Erfahrungen, erstattet in der Sitzung vom 11. Mai 1889. Luxemburg: Bück 1889.

Stumper, Jean Pierre: B e r i c h t des ständigen Ausschusses der Grossherzogl. Weinbaukommission, erstattet in der Sitzung vom 12. Januar 1888, über die Ergebnisse der im Jahre 1887 zur Bekämpfung der Rebenperonospora angestellten Versuche. Luxemburg: Bück 1888.

Stumper, Jean Pierre: Die B u c h e l m a s t und ihre ökonomische Bedeutung. (Extr.: Annalen des Acker- und Gartenbau-Vereins.) Luxemburg: Jos. Beffort 1893. 20 S. 8°

Stumper, Jean Pierre: Die R e b e n - P e r o n o s p o r a . Ein Mahnwort im Auftrag der Grossherzoglichen Weinbaukommission gerichtet an die Winzer des Landes. Luxemburg: Bück 1887. 30 S. 12°

Stumper, Jean Pierre: Der W e i n b a u im Grossherzogtum Luxemburg. Luxemburg: J. Beffort 1891. 12 S. 12°

Stümper, Franz, Rechtspraktikant a. Dillingen a. D.: Die kirchenrechtlichen Ideen des Febronius. Aschaffenburg 1908: G. Werbrun. (VI, 201 S.) 8°
Würzburg, Jur. Fak., Ref. Meurer, Diss. v. 29. Febr. 1908
[Geb. 16. Juni 81 Dillingen; Wohnort: Dillingen; Staatsangeb.: Bayern; Vorbildung: Gymn. Dillingen Reife Juli 03; Studium: München 3, Berlin 1, Würzburg 4 S.; Rig. 25. Juli 07.]

(S t u m p f. Johannes St.) Njbl. s. [V ö g e l i n, Salomon].

Stumpf. Über den Begriff der mathematischen Wahrscheinlichkeit. München 1892.

Nekrolog auf den K. Gymnasialrektor und Oberstudienrat Dr. Andreas Deuerling. — Von Dr. phil. Stumpf, G.-R. — Jahresbericht p. 36.
Progr. Burghausen, K. Gymn.

(**S t u m p f**,) üb. d. Unentbehrlichkeit d. Düngers, s. Ueber.
Vgl. S t u m p f f .

Stumpf, A., u. R. Bruckmayer, zur Dienstbotenfrage. Die soziale Lage der weibl. Dienstboten. Von St. — Welches ist die geeignete Form der Organisation f. die Dienstmädchen? Von B. (29 S.) 8. Essen 908. Fredebeul & Koenen. —50
Sonderabdruck aus: „Soziale Revue".

Stumpf, Andreas Sebastian

Stumpf, Andr. Sebast. (Dr. philos., kurfürstl.-pfalzbayer. Archivar zu Würzburg, d. k. preuss. Akad. d. Wiss. zu Erfurt Mitgl.), *historisches Archiv für Franken.* Heft 1—2 (in 1 Bde.). (Soviel erschienen.) Bamberg u. Wirzburg, bey Jos. Ant. Göbhardt, 1804. 8°. Papier- u. wasserfleckig. Ppb.

Stumpf, Andr. Sebst., († d. 16. April 1820.) histor. Archiv f. Franken. 1s u. 2s Hft. gr. 8. Bamb. 804. (Frankf., Wesché). 1 Rthl. 14 gr.

— diplomat. Beitrag zur deutschen u. europ. Staatengeschichte, v. westphäl. Frieden bis Ende d. 17n Jahrhund. gr. 8. Nürnb. 818. Riegel u. W. 21 gr.

— diplomatische Beyträge z. G e s c h i c h t e d. Landesberger Bundes. gr. 8. Bamberg, Göbhard. 804.

— d. diplomat. Beitrag zur Geschichte d. Landesberger Bundes. gr. 8. Bamb. 804. (Frkf. a. M., Wesché). 22 gr.

— D e n k w ü r d i g k e i t e n d. deutsch. bes. fränk. Geschichte. 1s 2s Stck. 8. Erfurt, Rudolphi. 802. (à 16 gr.)

— Denkwürdigkk. der deutschen, besonders fränkischen Geschichte. 1s—3s Stck. 8. Erfurt u. Bamb. 802—807. Rudolphi. (à 16 gr.) 2 Rthl.

Stumpf, Andreas Sebastian, s. D e u t s c h l a n d s Wiedergeburt, Über.

— Baierns polit. Geschichte. 1r Bd. 1e u. 2e Abtheil. gr. 8. Münch. 816. (Nürnb., Riegel u. W.) 2 Rthl.

S t u m p f, S., Baierns politische G e s c h i c h t e. 1r Bd. 1ste 2te Abth. sammt Urkundenbuch. gr. 8. München, (Nürnberg, Riegel und Wießner in Comm.) 817.

[**Stumpf**, Andreas Sebastian:] Diplomatische G e s c h i c h t e der teutschen Liga im siebenzehnten Jahrhunderte. Mit Urkunden. Erfurt. 1800. 8° (Vgl. G e s c h i c h t e, . . .)

— kurze Geschichte d. Landstände des jetz. Großherzogth. Würzburg. 8. Bamb. 808. (Leipz., Barth). 6 gr.

— Geschichte des hohen Kurhauses Pfalzbaiern im Grundrisse zu akadem. Vorlesungen. 8. Würzb. 804.

— N a c h r i c h t e n v. merkwürd. Gelehrten d. Hochstifts Würzburg. 8. Würzb. Stahel. 794.
Vgl. N a c h r i c h t, Biogr., . .

— Prüfung der histor. Bemerkk. des Hrn. v. Schultes üb. den successiven Länderzuwachs des Hochstifts Würzburg. 8. Würzburg 799.

— s. S c h n e i d e r s Eulog., Leben.

— T o p o g r a p h i e des Würzburg. Amtes Bischofsheim. 8. Würzb. Köl. 796.

— s. W o r t e, Hochwichtige, über Deutschlands höchstes Interesse.

S t u m p f, C. J., Sammlung auserles. Fabeln f. Kinder, mit 53 K. neue Aufl. gr. 4. Würzb. Stahel. 811.

Stumpf, Carl, s. S t u m p f , Karl.

Stumpf, Caspar, s. S t u m p f , Kaspar.

Stumpf, C. J. G., das **Alter** der Menschheit. 12. (144 S.) Heidelberg 902. G. Stumpf. 1. 60

— der **Traum** u. seine Deutung, nebst erklärten Traumbeispielen. gr. 8. (188 S.) Leipzig 899. O. Mutze. n. 4. —; geb. n. 5. —

Stumpf, F., der Linnenschrein der deutschen Hausfrau sonst u. jetzt. gr. 8. (95 S.) Bielefeld 883. Velhagen & Klasing. — 75

Stumpf, Ferdinand, Rechtspraktikant a. Eisingen: Über den Begriff der Gemeindeanstalt nach bayerischem Gemeinderecht. Nördlingen 1907: C. H. Beck. (04 S.) 8° [F.]

Würzburg, Jur. Fak., Ref. Piloty, Diss. v. 26. März 1907

[Geb. 31. Mai 83 Eisingen b. Würzburg; Wohnort: Würzburg; Staatsangeh.: Bayern; Vorbildung: Gymn. Würzburg Reife Juli 01; Studium: Würzburg 8 S.; Rig. 19. Dez. 07.]

Stumpf, *Franz*: Kleine Erlebnisse aus grofser Zeit. I. Abteilung: Bis zur Kapitulation von Metz und dem Beginn des Vormarsches nach dem Nordwesten. 4 (S. 3–47). Städt. Prg. *Lötzen* 1899 **Progr.**

Stumpf, F[ranz]: Kleine Erlebnisse aus großer Zeit. II. Abteilung: Vom Beginn des Vormarsches nach dem Nordwesten bis zum Beginn des Rückmarsches von Rouen. 30 S. 4.
Progr. Progymn. (Gymn. i. E.) *Lötzen* 1903 (10).

Stumpf, Franz: Ueber eine M i s c h g e s c h u l s t der Mamma, ein Cystosarkom mit Plattenepitheleinsprengungen. Leipzig 1903: B. Georgi. (31 S.) 8°
Leipzig, Med. Diss. v. (15. Dez.) 1903

Stumpf, F., die **Nützlichkeit** e. Umgestaltung der wirthschaftlichen Interessen-Vertretung. Denkschrift, nach den Beschlüssen u. im Auftrage der Gewerbekammer f. den Reg.-Bez. Osnabrück ausgearb. gr. 8. (20 S.) Osnabrück 890. (Rackhorst.) n. — 60

Stumpf Dr. Franz: Uber divergente Potenzreihen. 25. Mödling 01.
Progr.

Stumpf, Frz., der volkswirthschaftliche Senat. Antwort auf Nr. 8 der Publicationen der volkswirthschaftlichen Gesellschaft in Berlin. [Aus: „Norddeutsche Allg. Zeitg."] gr. 8. (27 S.) Berlin 880. Norddeutsche Buchdruckerei u. Verlagsanstalt. — 25

Stumpf, Frid. Guil. (geb. Potsdam 24. 6. 1797): De glaciei usu medico. (Berolini 1822.) (32 S.) 8°
Berlin, Med. Diss. v. 20. März 1822

Stumpf, G., s.: Bau-Industrie-Adressbuch, Berliner.

— **Vademecum** von Verordnungen u. Bekanntmachungen der Bau-, Gewerbe-, Strassen- etc. Polizei für die Stadt Berlin u. das platte Land der Provinz Brandenburg. Enth. die Bau-Polizei-Ordnung für die Stadt Berlin in ihrer heutigen Gestalt. gr. 8. (XVI, 238 S.) Berlin 879. Polytechn. Buchh. n. 3. —

Stumpf, Georg, gest. 30. Mai 1798, s. S t u m p f , Johann Georg.

Stumpf, Georg [app. Arzt aus Mainz]: Zur Casuistik des primären Lungencarcinoms ... Giessen, C. v. Münchow, Univ.-Buch- u. Steindr., 1891; 29 S. 8.
Giessen, Med. Fak., Inaug.-Diss. v. 1891

Stumpf, Heinrich (Hrsg.), s. A u f n a h m e n der ersten Klasse der Landesbaugewerkschule Darmstadt.

Stumpf, Herm., Kreuznach, Münster a. Stein u. das Nahethal, s.: Schneegans, W.

Bad Kreuznach, Münster a. Stein und Umgebung. Kleiner Führer von Hermann **Stumpf**. Mit 1 Karte von Kreuznach u. Münster a. Stein. *Kreuznach: K. Scheffel 1904.* (37 S.) 8° [04. 16882

Stumpf, Herm., die Badeorte Kreuznach, Münster a. Stein u. Umgebung. Kleiner Führer. Mit 1 (farb.) Karte v. Kreuznach u. Münster a. Stein u. 60 Abb. 2. Aufl. (52 S.) kl. 8. Kreuznach 910. K. Scheffel. — 80

Stumpf, J., Unterrichts-Briefe zum Selbsterlernen des praktischen Rechnens, der einfachen Buchführung rc., mit Rücksicht auf den Gewerb- und Handelsstand, wie auf die Geschäfts- und Landleute, nebst einem Anhang von Geschäftsbriefen, Gesuchen an Behörden und Regierungen, Verträgen, Vollmachten in deutscher, engl. und französ. Sprache rc. 1. Lfg. gr. 8. (16 S.) Mainz 882, Selbstverlag. *
Nicht weiter erschienen.

Stumpf's, Johs., Lobsprüche auf die 13 Orte, s. Neujahrsblatt, hrsg. v. der Stadtbibliothek in Zürich.

Neujahrsblatt, hrsg. von der Stadtbibliothek in Zürich auf das J. 1890: Johannes Stumpf's Lobsprüche auf die 13 Orte, nebst einem Beitrag zu seiner Biographie. Mit 14 Facsim. Gr. in-4°. 16 S. Zürich, Orell Füssli & Co. 2 20

Stumpf, Johs., Reisebericht von 1544, s. Quellen zur Schweizer Geschichte.

Stumpf, Johannes. Reisebericht von 1544 *s.* Türst, Conrad. Conradi T' De situ Confœderatorum Descriptio. Basel 1884.

Stumpf, Johannes. Was J' St'... in seiner Schweizer-Chronik ... von der Stadt Zürich Anfängen und Geschichte erzählt. ⟨Für den Zweck der Jugendlektüre bearbeitet.⟩ (1. Njbl. Knabenges. Zürich.) 8. (Zürich 1860.)

Stumpf, Johann Georg

Stumpf, Jh. Geo., († d. 30. Mai 1798.) drei Abhandll. üb. die physikal. Beschaffenheit einiger Districte u. Gegenden in Böhmen rc.; (hrsgg. von d. königl. böhm. Gesellsch. d. Wissensch. in Prag). 4. Dresd. 786. Walther. 12 Ӽ

Stumpf, Jh. Geo., Almanach f. Landwirthe auf d. J. 1786. 8. Prag u. Wien.

— allgem. Bauernkalender f. 1791. 4. Leipz. Schwickert. 791.

— allgem. Bauernkalender f. 1791. 4. Leipz. 792. Schwickert. 4 Ӽ

Stumpf, Johann Georg: „Biographie, und Schicksale des ökonomischen kameralistischen Instituts zu Jena" mit den nöthigsten Dokumenten. Jena 1794 (Akademische Buchhandlung). — Vorh.: UB Bonn. — Signatur: Ab 1923.

— Biographie u. Schicksal des ökonom. Cameral-Instituts zu Jena. 8. Jena 794. (Hennings in Neisse). 16 Ӽ

[Bitte] den såmmtlichen Sehr Ehrw. St. Johannes Logen Deutschlands ehrfurchtsvoll gewidmet vom Hrsg. [d. i. Georg **Stumpf**]. [Greifswald 1794.] 2 Bl. 8⁰ [Umschlagtit.]
Bitte des Verfs an die Brr Frmr, ihn bei einem Werk üb. Landwirtschaft mit schriftlichen Beiträgen zu unterstützen. 193.

Stumpf, G. (Hrsg.), s.a. B ü r g e r - u. Bauern- K a l e n d e r.

— **Bürger- u. Bauernkalender auf die J. 1792 u. 1793. Mit Kpf. 4. Erfurt 792, 93. Keyser. (à 3 gr.) 6 gr.**

— **Geschichte der Futterkräuter. 8. Leipz. 786.**

— **Grundsätze der deutschen Landwirthschaft f. Prediger auf dem Lande. 8. Prag 790. (Hennings in Neisse). 20 gr.**

Stumpf, Johann Georg, s. G u g e m u s : Ökonom. Schriften.

Stumpf, Johann Georg: Die Hordtenfütterung der Schafe in Gröbzig seit dem Jahr 1783. Leipzig 1785. 63 S.

— **die Hordenfütterung der Schafe in Gröbzig, vom J. 1783. 8. Prag 786. 3 gr.**

— allgem. ökonom. J a h r b u c h f. d. Bürger u. Landmann f. 1792–93. 4. Erfurt, Keyser. (à 3 gr.)

Stumpf, Joh. Gg., neuester Kern d. Land- u. Gartenschatzes. 8. Heidelberg, 1795. (Carlsruhe, Braun.) 1. —

— **Lehr- u. Handbuch der gesammten Feld- u. Hauswirthschaft für Bürger u. Bauern, Prediger u. Schullehrer. 2 Thle. 8. Frkf. a. M. 793, 94. (Fr. Fleischer in Leipz.) 1 rthlr. 12 gr.**

— **die Lehre von Leeden. 1r Thl. 8. Jena 790. 12 gr.**

— **Nachrr. u. Bemerkk über die Landwirthschaft Böhmens. 2 Thle. gr. 8. Prag 787. Calve; (a. Hennings in Neisse). 1 rthlr. 18 gr.**

S t u m p f, G.: „Nachrichten und Bemerkungen über die Landwirthschaft Böhmens", 2 Teile, Prag 1797 (Calve).

— **Neujahrsgeschenk f. deutsche Landwirthe, besteh. in 100 Vortheilen, wie man sich durch Landwirthschaft ein größeres Vermögen erwerben könne. 2 Thle. 8. Frankf. a. M. 795, 96. Gebhardt u. K. 1 rthlr. 4 gr.**

— **über Pflug- u. Getreidearten u. über Ackerbausysteme oder 50 neue Vortheile, sich durch d. Landwirthschaft ein größeres Vermögen zu erwerben. 8. Dresd. 804. Richter. (W. Nauck in Leipz.) 18 gr.**

— üb. P f l u g - u. Getreidearten, u. üb. Ackerbausysteme od. 50 neue Vortheile, sich d. d. Landwirthschaft e. größ. Vermögen zu erwerben. 8. Dresden, Richter. (Sommer in Leipzig.) 804.

Stumpf G.: Über Pflug- u. Getraidearten u. üb. Ackerbau-Systeme . . . Neue Ausg. Leipz. 1804. 371 S.

STUMPF, Joh. Georg: De Robiniae Pseudo-Acaciae praestantia et cultura. - Gryphiswald 1796. 2 Tl.

— **Prodromus der böhm. Schafzucht. 8. Leipz. 786.**

S t u m p f, G. (Herausgeber): „Monatliche ökonomisch-kameralistische Reise durch Städte, Dörfer und Forste Deutschlands, nach Arthur Youngs Manier", 3 Stücke, Gotha 1794 (Hennings).

— monatl. ökonom. cameralist. R e i s e n durch Städte ꝛc., s. R e i s e n.

– s. S c h ö n f e l d , G. v.: Die Landwirthschaft.

Stumpf, Johann Georg: Der Herr v. Schubart u. Holzhausen, oder neueste Nachrichten über den Erfolg der eingeführten Stallfütterung der Schafe auf dem Fürstl. Anhalt-Dessauischen Amte zu Gröbzig. Leipzig 1785. 139 S.

— **Herr v. Schubart u. Holzhausen, od. neueste Nachr. üb. den Erfolg der eingeführt. Stallfütterung der Schafe zu Gröbzig. 8. Prag 786. 9 gr.**

— **Stallfütterung u. Hordenfütterung; zwei entgegengesetzte Dinge, wider d. Baron v. Lüttwitz. 8. Prag 785.**

—— Taschenkalender auf das Jahr 1791 für Cameralisten, Gutsbesitzer, Pächter und Forstwirthe, in Verbindung mit einigen Kammerräthen und Gutsbesitzern herausgegeben. - Weißenfels 1791. 318 S.

— T a s c h e n b u c h f. Cameralisten, Gutsbesitzer, Pächter und Forstwirthe, m. K. 12. Weißenfels, Severin. (Bose.) 791.

— **Taschenbuch f. Cameralisten, Gutsbesitzer, Pächter u. Forstwirthe. Mit Kpf. 12. Weißenf. 791. Severin. 16 gr. 2e A. 12. Jena 812. Voigt. 12 gr.**

S t u m p f, Georg, Taschenbuch f. Forstwirthe, Gutsbesitzer, Kameralisten u. Pächter. 2te Aufl. mit K. 12. Jena, Voigt. 812.

—— Versuch einer pragmatischen Geschichte d. Schäfereien in Spanien, u. d. spanischen in Sachsen, Anhalt-Dessau etc. Leipz. 1785. 156 S.

— **Versuch e. pragmat. Geschichte der Schäfereien in Spanien u. der spanisch. Schafe in Sachsen ꝛc. 8. Leipz. 786. Müller. (Joachim). 8 gr.**

—— Dreimal sieben Vortheile in der Bienenzucht m. 60 Beispielen für Ober- u. Niedersachsen. Rostock u. Leipz. 1795. (16) 119 S.

— **3mal sieben Vortheile in der Bienenzucht. 8. Rostock 795. Stiller. 8 gr.**

— **Widerlegung des A. W. zu Pr. oder neueste Nachrr. über den Erfolg der Stallfütterung der Schafe zu Gröbzig. 8. Prag u. Leipz. 785.**

Stumpf, Joh. Ludwig (Stipendiatenmajor)
De divisione rubri maris miraculosa, schediasma academicum, quo Nova e de re Joh. Clerici sententia expenditur.
Giessae Hass. 6. März [1706]: Henning Müller. 24 S. 4°
pro Facultate publice praesidendi et privilegiis annexis.

Stumpf, Johannes, s. S t u m p f, Johann.

Stumpf, Jos. Karl, s. Lambruschini, kleine geistl. Schriften.

Stumpf, Jul., über ein zuverlässiges Heilverfahren bei der asiatischen Cholera sowie bei schweren infektiösen Brechdurchfällen u. die Bedeutung des Bolus (Kaolins) bei der Behandlung gewisser Bakterienkrankheiten. (V, 62 S. m. 1 Taf.) Lex.-8. Würzburg 906. C. Kabitzsch. n. 1. 90

Über ein zuverlässiges Heilverfahren bei der asiatischen Cholera sowie bei schweren infektiösen Brechdurchfällen und über die Bedeutung des Bolus (Kaolins) bei der Behandlung gewisser Bakterienkrankheiten. Von Dr. Julius **Stumpf**, Prof., Würzburg. Mit 1 Taf. Würzburg: A. Stuber 1906. (62 S.) 4°(8°) [06. 13371

Stumpf, Carl, Anleitung zum Waldbau. Mit in den Text eingedruckten Holzschn. gr. 8. (XII u. 383 S.) Aschaffenburg 850, Pergay. 2 1/6 ₰

Stumpf, Carl, Anleitung zum Waldbau. Mit in den Text eingedr. Holzschn. 2. verm. u. verb. Aufl. Aschaffenburg 854. Krebs. gr. 8. (XII, 377 S.) n. 1 ₰. 20 ngr.

Stumpf, Carl, Anleitung zum Waldbau. Mit in den Text gedr. Holzschn. 3. verm. u. verb. Aufl. Aschaffenburg 863. Krebs. gr. 8. (XIV, 393 S.) n. 1 ₰ 27 ngr.

Stumpf, Carl (I.), Anleitung zum Waldbau. 4. verm. und verb. Aufl. gr. 8. (XIV, 398 S. mit in den Text eingedr. Holzschn.) Aschaffenburg 870, Krebs. [Berlin, Wiegandt, Hempel und Parey.] *

Stumpf, Carl. Die Berliner Aufführungen klassischer Musikwerke für den Arbeiterstand. (S.-A. aus den Preussischen Jahrbüchern. Band 100, Heft 2.) Berlin 1900.

Stumpf, Carl, s.: Beiträge zur Akustik u. Musikwissenschaft.

Zur Einteilung der Wissenschaften. Von C[arl] **Stumpf**. Berlin: Akad. d. Wiss. 1907. (94 S.) 4°
Aus: Abhandlungen d. Kgl. Preuss. Akad. d. Wiss. v. J. 1906. [07. 7213

— Zur Einteilung der Wissenschaften. (94 S.) Lex. 8. Berlin 907. G. Reimer. 3. 50

Stumpf, Carl: Ueber die Elektrolyse der Estersalze der $\Delta_{2,6}$ Dihydro- sowie der Δ_2 Tetrahydro-Phtalsäure mit fettsauren Salzen. 1910. 62 S. 8°.
München, Dr.-Ing.-Diss. v. 30. 11. 1910

Stumpf, C[arl]: Der Entwicklungsgedanke in der gegenwärtigen Philosophie. Festrede, geh. am Stiftungstage d. Kaiser Wilh.-Akad., 2. Dez. 1899. Berlin (1899): O. Lange. (32 S.) 8°

— der Entwicklungsgedanke in der gegenwärtigen Philosophie. Festrede, geh. am Stiftungstage d. Kaiser-Wilhelms-Akademie f. das militärärztl. Bildungswesen, 2. XII. 1899. gr. 8. (32 S.) Leipzig 900. J. A. Barth. n. — 80

— Erscheinungen u. psychische Funktionen. (40 S.) Lex. 8. Berlin: Reimer 1907. 1. 50
Sonderabdruck a.: „Abhandlgn. d. preuss. Ak. d. Wiss."

Stumpf, Carl, die Gedächtnißfeier des Christen nach des Herrn Worten: „Dieß thut zu meinem Gedächtniße." Mit allen den üblichen Weisen wie der Christ auch sonst zu seinem Gott betet. 5. Aufl. Mit 1 Titel-Stahlst. Regensburg 864. Pustet. 8. (416 S. m. Holzschn.) 15 ngr.
Vgl. Stumpf, Ludwig.

Stumpf, Carl, die Gedächtnißfeier der Christen nach des Herrn Worten: „Dies thut zu meinem Gedächtnisse." Mit allen den übl. Weisen, wie der Christ auch sonst zu seinem Gotte betet. 5. Aufl. Regensburg 868. Pustet. gr. 16. (528 S. mit eingedr. Holzschn., 1 Stahlst. u. 1 Farbendr.) 15 ngr.

— Geschichte des Consonanzbegriffes. 1. Tl. [Aus: „Abhandlgn. d. k. b. Akad. d. Wiss."] gr. 4. (78 S.) München 897. (G. Franz' Verl.) n. 3. —

— Konsonanz u. Dissonanz, s.: Beiträge zur Akustik u. Musikwissenschaft, Hft. 1.

— Leib u. Seele. Der Entwicklungsgedanke in der gegenwärtigen Philosophie. 2 Reden. 2. Aufl. 8. (72 S.) Ebd. 903. Kart. n. 1. 80

— Leib u. Seele. — Der Entwicklungsgedanke in der gegenwärtigen Philosophie. Zwei Reden. 3. Aufl. (62 S.) 8. Leipzig 909. J. A. Barth. 1. 80

— Neueres über Tonverschmelzung. (S.-A. aus: Zeitschr. f. Psychologie u. Physiologie der Sinnesorgane. Bd. XV.) Leipzig (1897).

— die pseudo-aristotelischen Probleme über Musik. [Aus: „Abhandlgn. der Akad. d. Wiss. zu Berlin".] gr. 4. (85 S.) Berlin 897. (G. Reimer.) n. 3. 50

Stumpf, Carl. Psychologie und Erkenntnistheorie. gr. 4. (52 S.) Münch. 891, (Franz' Verlag). * * 1 50
Aus: Abhandlgn. d. k. bayer. Akad. d. Wissensch., besonders abgedruckt.

Philosophische Reden und Vorträge. Von Carl **Stumpf**. Leipzig: Barth 1910. 201 S. 8° [10. 2487

Stumpf, Carl: Vom ethischen Skeptizismus. Berlin 1908: G. Schade. (22 S.) 4°
Berlin, Rede zur Gedächtnisfeier Friedrich Wilhelms III. 1908

— Vom ethischen Skeptizismus. Rede, geh. in der Aula der Berliner Universität am 3. VIII. 1908. (30 S.) 8. Berlin: Reimer 1909.

Stumpf, Carl, Tafeln zur Geschichte der Philosophie. 4 Taf. auf 3 Blatt in Fol. Berlin 896. Speyer & Peters. In Futteral n. — 80

— Tafeln zur Geschichte der Philosophie. Graphische Darstellg. der Lebenszeiten seit Thales u. Übersicht der Litteratur seit 1440. 2. umgearb. u. verm. Aufl. Fol. (4 Taf. m. III, 18 S. Text in gr. 8.) Berlin 900. Speyer & Peters Geb. in Leinw. u. in gr. 8. n. 1. 60

— u. P. **Menzer,** Tafeln zur Geschichte der Philosophie. Graphische Darstellg. der Lebenszeiten seit Thales u. Übersicht der Literatur seit 1440. 3. verb. u. verm. Aufl. (26 S. m. 4 Taf.) gr. 8. Berlin 910. Speyer & Peters. Geb. in Leinw. 1. 50

Stumpf, Carl, Tonpsychologie. 1. Bd. gr. 8. (XIV, 427 S.) Leipzig 883. Hirzel. n. 7. 50

Stumpf, Carl, Tonpsychologie. 2. Bd. gr. 8. (XIII, 582 S.) Leipzig 890. Hirzel. n. 12. —
(1. u. 2.: n. 19. 50)

— u. K. L. **Schaefer,** Tontabellen, enth. d. Schwingungszahlen der 12-stuf. temperirten u. der 25-stuf. enharmon. Leiter auf C innerhalb 10 Octaven in 3 Stimmgn. gr. 8. (III, 10 S. m. 9 Tab.) Leipzig 901. J. A. Barth. n. 2. 50
Sonderabdruck aus: „Beitr. z. Akustik u. Musikwissensch."

Stumpf, Carl über den psychologischen Ursprung der Raumvorstellung. gr. 8. (VIII, 324 S.) Leipzig 873, Hirzel. *

—— Verhältniß des Platonischen Gottes zur Idee des Guten. gr. 8. (V, 110 S.) Halle 869, Pfeffer. *
Aus: Zeitschrift für Philosophie 2c., besonders abgedruckt.

Stumpf, Carl: Die Wiedergeburt der Philosophie. Berlin 1907: G. Schade. (28 S.) 4°
Berlin, Rede zum Antritt des Rektorates 1907

— Die Wiedergeburt der Philosophie. Rede zum Antritte des Rektorates der königl. Friedrich-Wilhelms-Universität in Berlin am 15. X. 1907. (38 S.) 8. Berlin: Reimer 1908.

Stumpf, Karl Friedrich, s. Stumpf-Brentano, Karl Friedrich

Stumpf, [Caspar]. Leichen-Rede, gehalten ... zu Weinfelden ... den 7ten April 1807. bey der Beerdigung Frauen Oberrichterin, Anna Catharina Reinhard .... 8. *o. O.* 1807.

Stumpf, Ludwig

Stumpf, L., über Alkoholgenuss in der Jugend. Vortrag, geh. im ärztl. Verein München am 11. I. 1899. gr. 8. (16 S.) München 899. J. F. Lehmann's Verl. n. — 20

Stumpf, Ludw., die Gedächtnißfeier des Christen nach den Worten des Herrn: „Dieß thut zu meinem Gedächtnisse." Mit allen den üblichen Weisen, wie der Christ auch sonst zu seinem Gotte betet. Mit 1 Stahl- u. 40 Holzst. 8. (399 S.) Regensburg 852, Pustet. 1/2
Vgl. Stumpf, Karl.

STUMPF, Ludwig (München): Ueber Reflex-Krämpfe.- München: Mühlthaler 1871. 37 S.
20.7.1870 - Urk (Titel: De spasmiis reflectoriis.); F 72; Chr 1870/71,13
Diss. Ingolst.-Landsh.-Mchn.

Stumpf, Mart., Beiträge zur Kenntnis der Säuren d. Naphtalins. Inaugural-Dissertation. gr. 8. (50 S.) Tübingen 876. (Fues.) n. — 80

Stumpf, (Max), gerichtliche Geburtshülfe. (VI u. S. 279—683 m. 35 Abbildgn.) Lex. 8. Wiesbaden 907. J. F. Bergmann. 12. —
Sonderabdruck aus: „Handbuch d. Geburtshülfe, hrsg. von F. v. Winckel".

Stumpf, Max, zur Casuistik u. Therapie der Extrauterinschwangerschaft. [Aus: „Festschrift der Gesellsch. f. Geburtshilfe u. Gynäkol."] gr. 8. (18 S. m. 1 Taf.) Wien 894. A. Hölder. n. 1. 20

STUMPF, Max (München): Untersuchungen ueber die Wirkung der Herba jaborandi.- Leipzig: Hirschfeld 1875. 1 Bl., 50 S.
11.3.1876 - Urk (Titel: De effectu herbae jaborandi.); Chr 1875/76,16
Diss. Ingolst.-Landsh.-Mchn.

Stumpf, Phil.

Stumpf, P., De Nesiotarum republica commentatio. Diss. 1881. 32 S. u. 1 Kte. 1.20

Stumpf, Phil. De Nesiotarum republica commentatio. 32 S. u. Karte. 8. Progr. Max. G. *München* 1881.

Stumpf, Bleickard, Bayern. Ein geographisch-statistisch-histor. Handbuch des Königreiches. Für das bayer. Volk bearbeitet. Mit 300 Illustr. (in eingedr. Holzschn.) 13 Lfgn. gr. 8. (VIII u. 1088 S.) München 852. 53. (Finsterlin.) (à n. 12) n. 5 6

Stumpf, Bleickhard, denkwürdige Bayern. Kurze Lebensbeschreibungen verstorbener verdienter Männer, die in dem Ländergebiete des jetzigen Königr. Bayern geboren oder durch längern Aufenthalt ihm angehörig waren. München 865. Rieger'sche Universitäts-Buchh. gr. 8. (XVI, 480 S.) 2

Stumpf, Richard

Stumpf, R., d. Geschichte d. Ehelebens, d. Geburtshilfe, d. körperl. u. geist. Erziehung d. alten Römer. Vom medizin. Standpunkt aus bel. auf Grund d. alten Schriftsteller. [Aus: „Deutsche Medizinal-Zeitung".] 8. (III, 97 S.) Berlin 895. E. Grosser. n. 1. —

Stumpf, Richard, a. Stuttgart: Über Icterus neonatorum und Nabeleiterung. Stuttgart [1907]: Christl. Verlagshaus. (53 S.) 8°
München, Med. Fak., Ref. v. Winckel, Diss. v. 21. Jan. 1908
[Geb. 30. Aug. 79 Stuttgart; Wohnort: Stuttgart; Staatsangeh.: Württemberg; Vorbildung: Karls-Gymn. Stuttgart Reife Juli 98; Studium: Freiburg i. B. 3, Berlin 1, Freiburg i. B. 2, München 4 S.; Coll. 21. Jan. 08; Approb. 31. Dez. 07.]

Stumpf, Rich., das Medicinalwesen in dem römischen Heere. Nach den Berichten der alten Autoren bearb. [Aus: „Allg. med. Central-Zeitg."] gr. 8. (23 S.) Berlin 894. O. Coblentz. n. 1. —

Stumpf, Rudolph A. S. 1368/43

Dissertatio physico-mathematica de triangulorum resolutione primario matheseos ad physicam applicatae fundamento, cum annexis thesibus physicis.
Präs. Johann Gesner.
Zürich (Gessner) II. 1757. 28 S.

10 Resp. 34000

Stumpf, Sebastian, s. Stumpf, Andreas Sebastian

Stumpf, Theodor

Stumpf, Thdr., die sociale Frage in Vergangenheit u. Gegenwart. Ein Vortrag. Bonn 868. Henry. gr. 8. (31 S.) n. 6

Stumpf, Thdr., die Franzosen kommen. Ein deutsches Volksspiel. (Den Bühnen gegenüber Mscr.) 16. (52 S.) Koblenz 861, (Hergt.) *

— die Franzosen kommen. Ein deutsches Volksspiel. 2. Aufl. Köln 866. Bachem. 8. (48 S.) 10

Stumpf, Th.: Die politischen Ideen des Nikolaus von Cues. 31 S.–Coblenz, Progr. 1864

— die politischen Ideen des Nicolaus von Cues. Ein Beitrag zur Geschichte der deutschen Reformbestrebungen im 15. Jahrh. Ebend. 865. gr. 8. (120 S.) 12

Stumpf, Thdr., die freie Kirche im freien Staate. Vortrag geh. in Crefeld am 16. Febr. 1872. gr. 8. (34 S.) Bonn 872. Weber's Verl. n. — 60

Stumpf, Thdr., drei Reimspiele des katholischen Gesellenvereins zu Coblenz. Für ein Gesellenhospiz daselbst herausg. Coblenz 857. Hergt in Comm. 16. (80 S.) 7½ ngr

— Reimspiele des Gesellenvereins zu Coblenz. Für ein Gesellenhospiz herausg. 2. Bdchn. Mit 8 (lith.) Federzeichngn. Ebend. 859. 16. (99 S.) n. 10 ngr

—— Reimspiele des Gesellenvereins zu Coblenz. Für ein Gesellenhospiz hrsg. 3. Bdchn. 16. (80 S.) Coblenz 862, (Hergt.) * * –

1. und 2. Bdchn. (Ebendas.) 1857,59. * 17½ Ngr.

Stumpf, Wilhelm. Ekkehard. Zehn Zeichnungen zu Victor v. Scheffel's Ekkehard. IV S. + 10 Bl. 4. Berlin, Fischer & Franke, [1903].

Teuerdank. Fahrten und Träume deutscher Maler. 29. Folge. (Im Abt. M. 1.50, einzeln [M. 2. —])

Stumpf, Wilh., Ekkehard, s.a. Teuerdank. 29.

Stumpf, Wilh., aus der grossen Stadt. Ein Bilderbuch f. kleine Schulkinder. Hrsg. vom Lehrerverein. (16 S. z. Tl. farb. Abbildgn.) 21,5×29 cm. Leipzig (908). J. Klinkhardt. — 80

Stumpf, Wilh., Waldgeister, s.: Teuerdank. 16.

Stumpf-Brentano, Karl Friedrich (Hrsg.), s. A c t a imperii inde ab Heinrico I ad Heinricum VI usque adhuc inedita.

Stumpf, Carl Friedr., Acta Maguntina seculi XII. Urkunden zur Geschichte des Erzbisth. Mainz im 12. Jahrh. Aus den Archiven und Bibliotheken Deutschlands zum erstenmal hrsg. Lex.-8. (XLVIII und 180 S. mit 1 Chromolithogr.) Innsbruck 863, Wagner'sche Universitäts-Buchh. *

Stumpf-Brentano, Karl Friedrich (Hrsg.), s.a. A c t a Maguntina seculi XII.

Stumpf-Brentano, Karl Friedr., die Wirzburger Immunitaet-Urkunden des X. und XI. Jahrhunderts. Ein Beitrag zur Diplomatik. gr. 8. (76 S. mit 3 lithogr. Facsimile-Taf. in 4. und Fol.) Ebendas. 874. *

Stumpf-Brentano, Karl Friedr., die Wirzburger Immunität-Urkunden des 10. und 11. Jahrh. 2. (Schluss-)Abhandlung: Eine Antikritik. gr. 8. (76 S.) Innsbruck 876, Wagner'sche Universitäts-Buchh. *

1. Bd. Ebendas. 1874. *M. 4.

Stumpf, Carl Friedr., zur Kritik deutscher Städte-Privilegien im XII. Jahrhundert. Lex.-8. (38 S.) Wien 860, (Gerold's Sohn.) * *

Aus: Sitzungsberichte der k. Akademie der Wissenschaften, Jahrg. 1859, besonders abgedruckt.

Stumpf, Carl Friedr., die Reichskanzler vornehmlich des 10., 11. u. 12. Jahrhunderts. Nebst einem Beitrage zu den Regesten u. zur Kritik der Kaiserurkunden dieser Zeit. 1. Bd. 1. Abthl. 2. Bd. 1—3. Abthl. u. 3. Bd. 1. u. 2. Abthl. Innsbruck 865, 69. Wagner'sche Universitäts-Buchh. gr. 8. [1. Bd. 1. Abthl. (VIII u. S. 1—128.), 2. Bd. 1. Abthl. (XVI u. S. 1—150; 3. Bd. 1. Abthl. S. 1—40.), 2. Bd. 2. Abthl. (S. 151—274; 3. Bd. 2. Abthl. S. 41—86.), 2. Bd. 3. Abthl. (III u. S. 275—468) n. 4 *ß* 13½ ngr

Stumpf-Brentano, Karl Frdr., die Reichskanzler vornehmlich d. X., XI. u. XII. Jahrh. Nebst e. Beitrage zu den Regesten u. zur Kritik der Kaiserurkunden dieser Zeit. 2. Bd. 4. (Schluss-) Lfg. Die Kaiserurkunden d. X., XI. u. XII. Jahrh. Chronologisch verzeichnet als Beitrag zu den Regesten u. zur Kritik derselben. gr. 8. (VIII u. S. 469—723.) Innsbruck 883. Wagner. n. 6. — (I. 1, II., III.: n. 36. —)

Das Werk ist nun complet, da der 1. Bd., von dem nur das 1. Hft. erschienen ist, nicht fortgesetzt wird.

Stumpf-Brentano, Karl Frdr., die Reichskanzler vornehmlich d. 10. 11. u. 12. Jahrhunderts. Nebst e. Beitrage zu den Regesten u. zur Kritik der Kaiserurkunden dieser Zeit. 3. Bd. 3. u. 4. Abth. Acta imperii adhuc inedita. gr. 8. (S. 81—601.) Innsbruck 873. Wagner. n. 10. 15 (I. 1. II. 1—3. III. 1—4. n. 23. 50)

Die 1. u. 2. Abth. d. 3. Bds. ist der 1. u. 2. Abth. d. 2. Bds. beigeheftet gewesen.

Stumpf-Brentano, Karl Frdr., die Reichskanzler vornehmlich des X., XI. u. XII. Jahrh. Nebst einem Beitrage zu den Regesten u. zur Kritik der Kaiserurkunden dieser Zeit. 3. Bd. 5. [Schluss-]Abth.: Acta imperii adhuc inedita. Indices. gr. 8. (XXXV u. S. 601—887.) Innsbruck 881. Wagner. n. 6. 48 (I. 1. II. 1—3. u. III.: n. 30. —)

Stumpfe, Emil

Die Besiedelung der deutschen Moore mit bes. Berücks. d. Hochmoor- u. Fehnkolonisation von Dr. E. **Stumpfe**. Mit 4 Karten-Beil. u. zahlr. Tab. *Leipzig & Berlin: G. H. Meyer 1903.* (X, 469 S.) 8° [F.] [03. 10366 10

Stumpfe, E., die Besiedlung der deutschen Moore m. besonderer Berücksicht. der Hochmoor- u. Fehnkolonisation. Mit 4 Karten-Beilagen u. zahlreich. Tab. (XI, 469 S.) gr. 8. Berlin 903. F. Wunder. Subskr.-Pr. n. 10. —; geb. n. 12. —; Ladenpr. n. 12. —; geb. n. 14. —

Der landwirtschaftliche Gross-, Mittel- und Kleinbetrieb. Eine Darstellung s. privat- u. volkswirtschaftl. Vor- u. Nachteile auf Grund des von d. preuss. Landwirtschaftskammern gesamm. Materiales. Von E[mil] **Stumpfe**. *Berlin: P. Parey 1902.* (287 S.) 4°
= Jahrbücher, Landwirtschaftliche. Bd 31, Erg.Bd 1. [02 ... 3

[F.] **Stumpfe,** (*Bruno Hugo*) Emil [aus Buchwald]: Der kleine Grundbesitz und die Getreidepreise ... [Erschien vollst. als Heft 2 d. 3. Bds von: Staats- u. socialwiss. Beitr. hrsg. v. A. v. Miaskowski.] Leipzig, Duncker & Humblot, 1897; 1 Bl., 41 S. 8.

Leipzig, Phil. Fak., Inaug.-Diss. v. [22. Mai] 1897

[F.] Der kleine Grundbesitz und die Getreidepreise. Von Dr. Emil **Stumpfe**. *Leipzig: Duncker & Humblot 1897.* (3 Bl., 130 S.) 8.
= Beiträge, Staats- u. socialwissenschaftliche. Bd 3. H. 2. [97. 3494

Innere Kolonisation insbesondere im Osten Deutschlands. Vortrag von Dr. E[mil] **Stumpfe**, Reg.R. Nebst Diskussion. Berlin: Heymann 1910. 72 S. 8°
(Volkswirtschaftliche Streitfragen. Reihe 1, H. 4.)
(Schriften d. Deutschen Volkswirtschaftlichen Verbandes. Bd 3, H. 4.) [10. 7083

— Polenfrage u. Ansiedelungs-Kommission. Darstellung der staatl. Kolonisation in Posen-Westpreussen u. krit. Betrachtgn. über ihre Erfolge. Mit 1 Übersichtskarte üb. das Nationalitätenverhältnis sowie üb. die Verteilg. der neuen Kolonien. gr. 8. (VIII, 262 S.) Berlin 902. D. Reimer. n. 4. —

Die Sesshaftmachung der Landarbeiter. Beispiele u. Erfahrungen nebst Vorschlägen z. Arbeiteransiedelung auf d. preuss. Domänen. Von Dr. E. **Stumpfe**. Hierzu 3 Anh.: 1. Die wichtigsten Gesichtspunkte... Von... Noack... 2. Die Arbeiteransiedelung in den 3 nord. Königreichen. Von Dr. [Anton H.] Hollmann... 3. Die Arbeiteransiedelung in England. Von Dr. (B.) Skalweit. Berlin: P. Parey 1906. (123 S.) 4° (8°)
= **Jahrbücher**, Landwirtschaftliche. 35, Erg.Bd 3. [06. 10804 4

— Der Windmotor als Betriebskraft f. Gemeindewasserversorgungsanlagen. f.: Stegert, ländliche Gemeindewasseranlagen.

Stumpff, ..., f. Unentbehrlichkeit, die, des Düngers.
Vgl. S t u m p f .

Stumpff, Adalb., bunte Bilder aus dem Kriege flüchtig entworfen. 16. (50 S.) Colberg 871. Post. n. — 50

— bunte Bilder aus dem deutsch-französischen Kriege, flüchtig entworfen. 8. (36 S.) Philadelphia 871. (Schäfer & Koradi.) n. 1. —

Stumpff, Armin. Alb(ert.) Aug(ustus) (geb. Stassfurt 26. 1. 1813): De aneurysmatibus arteriarum cerebri. Berolini (1836). (S. 9-33) 4°
Berlin, Med. Diss. v. 27. Jan. 1836

Stumpff, Emil: Das lateinische Suffix **-osus** im Französischen. ⟨T. 1.⟩ *Schöneberg b. Berlin (1900): W. Gronau.* (30 S.) 4°
Schöneberg, Hohenzollern-S ⟨G nebst R⟩, OP 1900 (67)

Stumpff, Emil: Das lateinische Suffix -osus im Französischen. (II. Teil.) S. 33–52. 4.
Hohenzollernschule (Gymn. nebst Realschule mit gemeinsamem Unterbau) *Schöneberg* 1901 (89). **Progr.**

Stumpff, Frid. Guil. Albert. (geb. Stassfurt 8. 4. 1817): Historia nervorum cerebralium ab antiquissimis temporibus usque ad Willisium nec non Vieussenium. Berolini (1841). (31 S.) 8°
Berlin, Med. Diss. v. 28. Mai 1841

Stumpff, Karl von

Stumpff, v., Geschichte des großherzogl. oldenburg. Artillerie-Korps u. der Teilnahme seiner ehemal. Batterien an dem Feldzuge gegen Frankreich 1870/71. (VI, 380 S. m. eingedr. Kartenskizzen, 4 Taf., 1 Bildnis u. 1 Tab.) gr. 8. Oldenburg (905). G. Stalling's Verl. n. 8. 50; geb. n. 10. —

Stumpff, v., Geschichte des Feldartillerie-Regiments General-Feldzeugmeister (1. Brandenburg.) Nr. 3. Auf Befehl des königl. Regiments bearb. Mit Skizzen, Karten u. Plänen. gr. 8. (X, 696 S.) Berlin 900. E. S. Mittler & Sohn. n. 13. 50; geb. in Leinw. n.n. 15. —

Stumpff, Otto [aus Seelow]: Ueber Refrakturen der Patella durch Muskelzug ... Berlin, C. Vogts Buchdr., *1894;* 30 S., 1 Bl. 8.
Berlin, Med. Fak., Inaug.-Diss. v. 4. Mai 1894

Stumpff, Viktor, aus Wiesbaden, Referendar am Kgl. Landgericht zu Wiesbaden: Die rechtliche Bedeutung des von einem unbevollmächtigten Stellvertreter abgeschlossenen Vertrags. *Wiesbaden 1900: R. Bechtold & Co.* (91 S.) 8°
Erlangen, Jur. Diss. v. 4. Nov. 1899

STÜMPFLI, Jakob (ps.?). Ein Kraftmenfch. Roman. Erfter (und zweiter) Band. Zürich, Mayer & Schulz (fingiert!), 1903. Kl. 8°. I.: Titelblatt und 188 Seiten; II.: 181 S. und 3 Seiten weiß. Auf Dünnpapier mit lateinifchen Lettern.

Stümpke, Gustav, Volontärarzt d. (dermatolog.) Abteilung (d. Rudolf Virchow-Krankenhauses in Berlin): Aus d. dermatolog. Abteilung d. Rudolf Virchow-Krankenhauses in Berlin ⟨Dirigierender Arzt: Professor Dr. Buschke⟩. Arteriitis cerebralis im Frühstadium der Syphilis. Leipzig 1908: B. Georgi. (33 S.) 8°
Leipzig, Med. Fak., Ref. Marchand, Diss. v. 18. Mai 1908
[Geb. 23. Dez. 82 Braunschweig; Wohnort: Berlin; Staatsangeh.: Braunschweig; Vorbildung: Gymn. Braunschweig Reife M. 01; Studium: Tübingen 2, Kiel 2, München 1, Berlin 4, Tübingen 1 S.; Coll. 29. Mai 08; Approb. 18. Febr. 08]

Stumpp, s. S t u m p

Stumvoll, Rudolf

— Der Magdeburger Dom in Sage u. Geschichte. (46 S. m. 16 Abb.) 8. Magdeburg 908. J. Neumann. — 50

— Es ist die letzte, höchste Not —. Erzählung aus der Zeit der westfäl. Herrschaft. (III, 92 S. m. Titelbild.) 8. Magdeburg 909. Creutz. 1. 60

— aus Magdeburgs Sage u. Geschichte, f.: Leinung, W.

— Vater hat's erzählt. 12 neue Kindermärchen. Mit Bildschmuck v. Ernst Liebermann. (VIII, 84 S.) 8. Stuttgart (910). Loewe. Geb. in Leinw. 2. —

Stumvoll, R., 15 Wandlesetafeln zum ersten Lesebuch v. Warmholz u. Kurths. (Schreibschrift.) à 56×84 cm. Magdeburg (901). (Creutz.) n.n. 7. 50

Stumvoll, Rudolf (Hrsg.), s. W a r m h o l z , Fr.: Erstes Lesebuch.

Stündchen, Das eingebrachte, oder Gellert im Schlafrock. Originallustspiel in einem Acte. [Breslau u. Berlin 1831.] V: *Bernstein, Caroline.* (GGr)

Stündchen, ein, unter den sog. protestant. Freunden od. Rüge u. Widerlegung der am 31. October 1844 als am Reformationsfeste auf dem Börsensaale zu Magdeburg gehaltenen öffentl. Vorträge zweier evangel. Pastoren der Herren K. u. D. E. Nebst einer darin enthaltenen Würdigung der kirchl. Lehrfreiheit u. einer Vertheidigung des Hauptreformators D. M. Luther aus seinen Schriften gegen die ihm von Hrn. Pastor D. E. gemachten Beschuldigungen. gr. 8. Magdeburg 845, Falckenberg u. Co. 6 ngl

Stündchen, ein, in fröhl. Gesellschaft, od.: Karten- u. Taschenspielerkünste; Räthselfragen; Pfänderspiele u. Pfandauslösungen; Blumensprache; Kunst d. Kartenschlagens; einfaches Mittel Hausdiebe zu entdecken. 8. (1 B.) Erfurt 839. (Arnstadt, Meinhardt.) *

Stündchen, ein, in fröhlicher Gesellschaft. Zur Unterhaltung für die langen Herbst- und Winterabende von Alfr. Kurzweil. 24. (70 S.) Suhl 854, Gebhardi's Buchh.

Stündchen, ein, in fröhlicher Gesellschaft. Zur Unterhaltung für die langen Herbst- u. Winterabende von Alfr. Kurzweil. 14. Aufl. Erfurt 863. C. Gebhardi. 32. (63 S.) 3 ngr

Stündchen, ein, in der Kaserne, f.: Bloch's, Ludw., Militär-Festmappe.

—— ein, zum Lachen, f. Bergson's Eisenbahnbücher.

Stündchen, ein, in der Leihbibliothek. Komische Scene mit Gesang. 8. (24 S.) Leipzig 887, Kalb. **

Stündchen, e., im Schillerhaus. Gelegenheitsspiel in 1 Akt v. S. W. (24 S.) 8. Frankfurt a/M. 903. (Berlin, H. Seemann Nachf.) n. 1. —

Stündchen, ein, Verwirrung, f. Both's, L. W., Bühnen-Repertoir des Auslandes.

Stündchen, e., im Circus. gr. 4. (12 S. m. farb. Abbildgn.) Nürnberg (899). Th. Stroefer. 1. 50

Stunde, eine, vor dem allerheiligsten Altarsakramente oder vor meinem Kreuze. Ein Gebet aus dem Engl. übers. von C. K. Vorwort und Anhang von Gallwey. 16. (24 S.) Amberg 877, Habbel. *

Stunde, eine, vor dem allerheiligsten Altarssakramente oder vor meinem Kreuze. Ein Gebet, aus dem Engl. übers. von C. K. Vorwort u. Anh. von Gallwey. 2. Aufl. 16. (24 S.) Amberg 881. Habbel. n. — 10

Stunde, eine, vor dem allerheiligsten Altarsakramente oder vor meinem Kreuze. Ein Gebet, aus dem Engl. übers. von C. K. Vorwort und Anhang von Gallway. 3. Aufl. 16. (24 S.) [Amberg 886.] Regensburg, Habbel. *

Stunde, e., vor dem allerheil. Altarssakramente od. vor meinem Kreuze. E. Gebet, aus d. Engl. übers. v. C. K. Vorwort u. Anh. v. Gallwey, S. J. 3. Aufl. 16. (24 S. m. 1 Abb.) Regensburg 895. J. Habbel n. — 10

Stunde der Andacht vor dem allerheiligsten Altars-Sakramente u. der allzeit unbefleckten Jungfrau Maria. Nach Alphons Maria v. Liguori. 8. (48 S.) Olmütz 871. Grosse. n. — 30

Stunde, die wohl benutzte. Eine Erzählung f. die Jugend. Aus d. Engl. 8. (11½ B. u. 1 ill. Ttlkpfr.) Leipzig 844, Teubner. eleg. geb.

Stunde, eine, in Betrachtung u. Anbetung vor dem hochwürdigsten Gute. Nach dem Franz. hrsg. von L. Jung. Ein Missions-Andenken. 12. (X u. 243 S.) Münster 852, Regensberg. n. 1/4 ℛ

Stunde, die XI., mit dem Anti-Christ oder Entsiegelung von Daniel XI. mit Hereinziehung von Offenbarung XIII. u. XVII. u. einem Anhang allgemeine Skizzen über die Offenbarung Johannis enth. Schaffhausen 859. Schalch in Comm. 8. (VI, 340 S.) n. 24 ngr.

Die elfte Stunde hat geschlagen! Ein Mahnruf an Deutschlands Fürsten u. Völker. Mit besonderem Bezug auf das „Diotmund'sche Programm." Dresden 861. Burdach in Comm. gr. 8. (14 S.) 3 ngr.

'Zur frohen **Stunde**'. Sechzig allbekannte u. beliebte Studenten- u. Volkslieder. Düsseldorf: L. Schwann 1896. (80 S.) 8°

Stunde, Die, der Geburt, eine Poesie auf Herzog Karl von Würtemberg Geburtstag. O. O. 1788. V: *Schubart, Christian Friedrich Daniel.* (GGr)

— die goldene, oder die gut angewendete Zeit. Ein Lehr- u. Gebetbuch für jeden seines Heiles beflissenen Christen. Von e. kathol. Religionsfreunde. 6. verb. Aufl. 12. (326 S. m. 1 Lith.) Innsbruck 847. (Wagner.) 9 ngr.

Stunde, Eine, in der Gräberstadt Pompeji. Vortrag . . . Düsseldorf 1898. V: *Jost, H. E. Walter.* (Berl)

Stunde, die gute, im Pfarrgarten, s. Schriften, kleine, zur Beförderung d. christl. Glaubens ꝛc. No. 3.

Stunde, die gute, im Pfarrgarten. (No. 3. Der kleinern Schriften zur Beförder. des christl. Glaubens u. Lebens.) 8. Nürnb. 828. Raw. 3 ₰

Stunde, die gute, im Pfarrgarten. 2e Aufl. 8. Nürnberg 833. Raw. 1/12 ℛ

Stunde. – Zur guten Stunde, s. Tageblatt für Schaffhausen.

Stunde, eine halbe, vor dem allerheiligsten Sakramente. In-24°, 16 S. Einsiedeln, Benziger & Cie. 1888. 100 Exemplare 5 —

— eine halbe, vor dem heiligsten Sacramente. 16. (16 S.) Dülmen 876, Laumann'sche Verlagsh.

— eine halbe, vor dem heiligsten Sacramente. 16. (16 S.) Dülmen 878. Laumann. — 6

Eine HALBE Stunde vor dem heiligsten Sakramente. Preßburg (1899): Kath. Lit. Actiengesellschaft. 29 S. - 145 mm

Die HEILIGE Stunde. Verschiedene Arten, die Todesangst unsers Herrn Jesus Christus im Oelgarten zum größten Nutzen unserer Seelen zu verehren. Aus dem Französischen übersetzt. Güns 1838. Druck und Verlag von Carl Reichard in Güns. XXXII, 220 S. - 150 mm

Stunde, die heil., verschied. Arten, die Todesangst uns. Herrn Jesus Christus im Oelgarten z. größten Nutzen uns. Seele zu verehren. A. d. Franz. übers. 12. (10½ B. u. Ttlkpfr.) Güns 838. (Wien, Mechitaristen-Congregat.-Buchh.)

— **die heilige, od. Andacht zum leidenden Herzen Jesu, nebst e. Anh. einiger frommen Uebgn.** 16. (36 S.) Regensburg 871. Manz. n. — 20

— die heilige. Andachtsübung zum hl. Herzen Jesu. Früher f. uns v. Trauer u. Todesangst befallen im Garten v. Gethsemane, jetzt verkannt, beleidigt, m. Undank getränkt im allerheiligsten Sacrament des Altars, hier wie dort v. s. Feinden verfolgt, v. s. Freunden verlassen 12. (31 S. m. 1 Stahlst.) Frankfurt a/M. 898. P. Kreuer. n. — 40

— die heilige, zur Ehre des göttlichen Herzens Jesu. Ein Büchlein für alle fromme u. innige Verehrer Desselben; enthaltend für diese Anbetungsstunde besonders ausgewählte Betrachtungen, Gebete und Anmuthungen, sammt Litanei, Tagzeiten und geistl. Liedern. Mit dem Bildnisse des göttlichen Herzens. 12. Landshut 839. Attenkofer. (Thomann.) 1/6 ℛ

STUNDE, Eine, zum Lachen! (Humoristica III.) Leipzig. J. A. Bergsohn-Sonenberg. O. J. (18**). 8°. 112 S. (In Berlin, Magistratsbibl.)

Stunde, die letzte, des Concils. Aus dem Französ. übersetzt. Mit Vor- u. Nachwort. München 870. Lindauer. gr. 8. (VIII, 15 S.) 4 ngr.

In letzter Stunde. *(Hamburg-Borgfelde: Trakt.-Ges. [um 1900].)* (6 S.) 8°
[Kopft. J.]
= [Traktate d. Christl. Traktat-Gesellschaft.] Neue Serie. No 98.
[02. 11579 4

Stunde, meine schönste. Mal-Buch. (6 schwarze u. 4 farb. Bl.) gr. 8. Hannover (903). A. Molling & Co. — 50

Stunde, Missolunghi's letzte, oder der Sieg im Tode. . . . Augsburg 1846. V: *Ambach, Eduard von.* (Ky)

—— eine, vor dem heiligsten Sakramente. Aus dem Französ. übers. von Anton Meitinger. 32. (23 S.) München, F. Oppen's Kunstverlag. *

In später Stunde, Einzelne Töne letzter Noahpredigt, v. N. v. M.
1. Die Sendung des wegbereitenden Engels, 2. Aufl., Berlin 1897, 19 S., 8°.
2. Wie entgehen wir der sozialen Lebensnot? Berlin 1896, 50 S., 8°.
3. Was nennt die Heilige Schrift „Milch“ und was „starke Speise“? Berlin 1897, 36 S., 8°.
4. Wozu sind wir Christen erlöst und teuer erkauft, Berlin 1897, 36 S., 8°.

— die stille, oder die rechte Gebetskunst. Aus dem Engl. 8. (100 S.) Cleveland, O. 879. (Philadelphia, Schäfer & Koradi.) geb. n. 2. —

Stunde, Tausend und Eine, worinnen allerhand seltzame Peruanische Geschichte, wunderbare Begebenheiten, artige Liebes-intriguen etc. sehr anmuthig erzählet werden. Leipz. 1735. V: *Gueullette, Thomas Simon.* (BGE VII³, 478)

Stunde, tausend u. e., Peruanische Gesch. 2 Thle. 8. Leipz. Weidmann. 735.

Stunde, die, der Vergeltung. Ritterschspl. in 5 A. 8. Wien 801. Wallishausser. 6 gr

Stunde, Die, der Vergeltung, ein Ritterschauspiel in fünf A. Wien 1807. V: *Schuster, Joseph Anton.* (GGr)

Stunde, Die, der Versuchung, die kommen wird über den ganzen Weltkreis. O. O. 1782. V: *Wilker, Johann Matthias.* (ML)

Stunde, Die, der Weltschöpfung ein Beitrag zur Katechese ... Neu bearbeitet ... und herausgegeben vom Verfasser der »Hundertdreiundzwanzig periodische Kometen«. Bozen 1905. V: *Kunisch, Josef Barnabas.* (Margr)

— die, der Weltschöpfung, ein Beitrag zur Katechese. Mit e. Anh. Neu bearb. (u. zwar nur auf Grund astronom. Erscheingn.) u. hrsg. vom Verf. der „123 period. Kometen B(arnab.) K(unisch). (53 S.) 8. Bozen 905. Buchh. „Tyrolia“. n. 1. 50

Stunde. In der zwölften St. An die Angehörigen des deutschen Bundes. Von dem Verfasser des „Skalden“. 8. Schaffhausen 1860.

Stunde. In der zwölften. Aus und an Oesterreich. 8. Leipzig 1866.

Stündeck, Andreas

Stündeck, Andr., histor.-jurist. Abhandl. üb. die Abschaffung der Lehnsverfassung in Frankreich ꝛc. gr. 8. Crefeld 805. ter Meer. 18 gr

Stündeck, Andr. Histor.-jurist. Abhandlung über die Steuerverfassung in deutschen Reichslanden, mit besonderer Hinsicht auf die Steuerfreiheit der Klerisei und des Ritterstandes. 8°. Duisburg (Bädeker) 1794.

Stündeck, Andr.: Historisch-juristische Abhandlung über die Steuerverfassung in den deutschen Reichslanden, mit besonderer Hinsicht auf die Steuerfreyheit der Klerisey und des Ritterstandes", Duisburg 1794 (Helwing). — Vorh.: Bibl. des Kammergerichts Berlin — Je. 2824.

Stündeck, C., s. Thom. v. Kempis, das Lilienthal.

Stuendeck, Victor (geb. Münster in Westf. 13. 4. 1845): De jure metallorum quod vocant Bergwerkseigenthum. Berolini (1868). (VIII, 102 S.) 8°
Berlin, Jur. Diss. v. 10. Juli 1868

Stunden der Anbetung des allerheiligsten Sakramentes d. Altars. A. d. Franz. übers. von ***. Zum besond. Gebr. d. Bruderschaft z. allerheiligsten Sakrament. gr. 12. (3 B.) Coblenz 839, Hölscher.

Stunden der Anbetung des allerheiligsten Sakramentes des Altars. Aus dem Französ. übersetzt von ***. Zum besondern Gebrauche der Bruderschaft zum allerheiligsten Sakrament. 2. Aufl. gr. 12. Coblenz 843, Hölscher. 1/6 ß

— der Anbetung des allerheiligsten Sakramentes des Altars. Aus dem Franz. übers. von ***. Zum besondern Gebrauche der Bruderschaft zum allerheiligsten Sakrament. 3. Aufl. 12. (84 S.) Coblenz 851, Hölscher. 4 ngr

Stunden der Andacht: 1835.
„Zur Beförderung wahren Christenthums und häuslicher Gottesverehrung. Wöchentlich herausgegeben von Fr. Stahl in Allentaun, L. C. Penns. Preis. Einen Thaler für den Jahrgang, enthaltend 52 Nro. 9.2×6."
Allentown, PA

— der Andacht. Eine Sammlung der vorzüglichsten religiös. Dichtungen. Lex.-8. Jena 841, Hochhausen. n. 3/4 ß

— der Andacht. Ein Gebet- u. Erbauungsbuch für die kathol. Jugend. 12. (Mit 3 Kupfern.) Carlsbad 843, Gebr. Franieck. 18 ngr

Stunden der Andacht. Ein Erbauungsbuch für die häusliche Gottesverehrung. Hrsg. von mehreren evangel. Predigern und Theologen. 1. Lfg. gr. 8. (1. Bd. S. 1—56 mit 1 Stahlst.) Berlin 854(55,) Preußisches Literatur-Comtoir. *

Stunden der Andacht. 16. (128 S. m. Bildern.) Leipzig 888. Baldamus, Sep.-Cto. cart. m. Goldschn. n. — 75

— d. Andacht f. das jugendl. Alter beiderlei Geschlechts. 2 Thle. 8. Nürnb. 826, Monath u. K.

Stunden der Andacht zur Beförderung wahren Christenthums und häuslicher Gottesverehrung. Aarau 1807—13. 18. Ausg. Aarau 1835. 25. Aufl. 1847. H: *Zschokke, Johann Heinrich Dan.* (ZU) (BrMm) & *Gg Keller.* (GGr)

Stunden der Andacht, z. Beförd. wahren Christenthums u. häuslicher Gottesverehrung. 1r-3r Jahrg. gr. 8. Aarau, Sauerländer. 809-11. (à 2 Rthlr. 16 gr.)

— — dasselbe 4r, 5r, 6r u. 7r Jahrg. gr. 8. Ebendas. 812—15. (à 2 Rthlr. 16 gr.)

— — derselben 4r Jahrg. 2te Aufl. gr. 8. Ebend. 816.

Stunden der Andacht, zur Beförder. wahren Christenthums u. häusl. Gottesverehrung. (Angebl. von G. V. Keller u. A.) 1r—8r Jahrg. gr. 8. Aarau 809—16. (1r, 2r u. 8r Jahrg. 2e Aufl. 812, 16.) Sauerländer. (à 2 ℛ 16 ℊ) 21 ℛ 8 ℊ — Dieselb. in 8 Bden. 4e Aufl. gr. 8. Ebd. 819. 6 ℛ 16 ℊ Weiß Drckp. 8 ℛ 12 ℊ Schweiz. P. 18 ℛ 8 ℊ Die Theile einzeln unt. folg. Titeln: 1r — 4r Bd. Andachtsbuch einer christl. Familie. 4 Bde. Mit Jesu Bildn. gr. 8. Weiß Drckp. 4 ℛ 12 ℊ Ordin. P. 3 ℛ 16 ℊ 5r Bd. Andachtsbuch f. die erwachsene Jugend. gr. 8. Weiß P. 1 ℛ 6 ℊ Ord. P. 1 ℛ 6r Bd. Gott in der Natur, in Betrachtt. der Werke des Schöpfers. gr. 8. Weiß P. 1 ℛ 6 ℊ Ord. P. 1 ℛ 7r Bd. Der Christ u. die Ewigkeit, e. Andachtsbuch zur Beruhigung im Leiden u. zur Befestigung im Glauben an Unsterblichkeit u. Wiedersehen. gr. 8. Weiß Drckp. 1 ℛ 6 ℊ Ord. Drckp. 1 ℛ 8r Bd. Das Reich Jesu auf Erden, Betrachtt. üb. die Schicksale unserer Religion. gr. 8. Weiß Drckp. 1 ℛ 6 ℊ Ordin. Drckp. 1 ℛ 8 Bde. 5e Orig.-Aufl. Mit Kpf. 8. Aarau 820. Sauerländer. 3 ℛ 16 ℊ Weiß Druckp. 5 ℛ 12 ℊ 8 Bde. 6e Aufl. gr. 8. Ebd. 821. Grober Druck 5 ℛ 12 ℊ Weiß P. 6 ℛ 16 ℊ 8 Bde. 7e Aufl. 12. 822. Feiner Druck 3 ℛ 16 ℊ Weiß P. 5 ℛ Velinp. 6 ℛ 16 ℊ 8e Aufl. 8 Bde. gr. 8. 823. 4 ℛ Weiß P. 5 ℛ 9e Aufl. 2 Bde. gr. 8. 824. 2 ℛ 16 ℊ Weiß. P. 3 ℛ 16 ℊ 10e Aufl. 4 Bde. gr. 8. 825. Grober Druck 4 ℛ 12e Aufl. 8 Bde. gr. 8. 826. Grober Druck 5 ℛ 12 ℊ Weiß P. 7 ℛ 8 ℊ Schrbp. 11 ℛ 9r u. 10r Bd. A. u. d. T.: bibl. Feierstunden f. gebild. Gottesverehrer ꝛc. (Mit Vorrede von E. Zimmermann). gr. 8. Darmst. 829. Leske. 2 ℛ 8 ℊ in 8. Ebd. 829. 1 ℛ 18 ℊ 13e Aufl. 12 Thle. 16. Aarau 829. Sauerländer. 4 ℛ Weiß P. 5 ℛ 8 ℊ 14e Aufl. 8 Bde. Mit grob. Schrift. schmal Lexic.-8. Ebd. 831. 5 ℛ Weiß P. 6 ℛ 15e Aufl. in 1 Bde. gr. 4. Ebd. 831, 32. 2 ℛ 12 ℊ 16e Aufl. in 1 Bde. gr. 4. Ebd. 832 u. ff. 2 ℛ 12 ℊ (Vergl. G. V. Keller.)

Stunden der Andacht, zur Beförder. wahren Christenthums ꝛc. für kathol. Christen. 12 Thle. 11e Aufl. 16. Aarau 828. Sauerländer. 4 ℛ Weiß P. 5 ℛ 8 ℊ

—— dies. 9. u. u. 10. Bd — A. u. d. T.: Bibl. Feierstunden ꝛc. 2 Bde. 1. Aufl. 829. 1 Thlr. 18 Gr., neue wohlf. Ausg. (à 43 B.) 8. Ebds. 829.
Diese beiden Bände reihen sich nur dem Titel nach an das vorhergehende, in sich abgeschlossene Originalwerk.

—— dies. 9. u. 10. Bd. — A. u. d. T.: Biblische Feierstunden f. gebild. Gottesverehrer aller christl. Bekenntnisse. Ein Erbauungsbuch f. d. Haus v. J. P. Hundeiker. 2 Bde. 1. Aufl. 829. 2 Thlr. 8 Gr., neue wohlf. Ausg. (à 43 B.) gr. 8. Darmstadt 834, Leske.

Stunden d. Andacht zur Beförderung wahren Christenthums u. häusl. Gottesverehrung. (Von Geo. Vict. Keller?) 13., vollständ. u. unveränd. Orig.-Ausg. 12 Theile. 16. … Aarau 829, [Sauerländer, Vrlsh.] 4 Thlr., wß. Pap.

—— dies. 15. u. 16., vollständ. u. verb. Orig.-Aufl. 2 Abthln. od. in einem Bde. (12 Lfgn.) gr. 4. … Ebds. 831. à

— der Andacht zur Beförderung wahren Christenthums und häusl. Gottesverehrung. 8 Bde. 17e vollständ. u. verb. Original-Ausg. gr. 8. Aarau 833. Sauerländer. 5 ℛ — Druckvelinpap. 6 ℛ

—— der Andacht z. Beförd. wahren Christenthums u. häusl. Gottesverehrung. (Von Heinr. Zschokke.) 18., vollständ. u. verb. Orig.-Ausg. In 1 Bde. (2 Abthl. od. 6 Lfgn.) Schmal gr. 4. (144½ B.) Aarau 835, 36, [Sauerländer, Vrlsh.]
(18.) Neue verb. Orig.-Taschenausg. in 12 Thln. gr. 18. (127 B.) 837, 38.
(18.) Wohlfeilste Ausg. In 1 Bde. (8 Lfgn.) gr. Lex.-8. (155 B.) 838, 39.
19. vollst. u. verb. Orig.-Ausg. größt. 12. (… B.) 837. 5⅓ Thlr., Drckvlnp.
20. vollst. u. verb. Orig.-Ausg. größt. 12. (165¼ B.) 840. 5⅓ Thlr., weiß Pap.
21. Aufl. 1 Bd. od. 2 Abthl. gr. Lex.-8. (172½ B.) 840, 41. 3 Thlr., weiß Pap.
Zwölf Stahlstiche zu d. Stunden d. Andacht, nach Orig.-Gemälden u. Orig.-Zeichnn. gest. v. d. ersten Künstlern uns. Zeit. 4 Nrn. (à 3 Blatt.) 8. Darmstadt 839, 40, Lange. * 20 Gr., chin. Pap. * 1 Thlr. 16 Gr. Ausg. in gr. 8. * 1 Thlr., chin. Pap. * 2 Thlr. — Ausg. in Lex.-8. * 1 Thlr. 8 Gr., chin. Pap. * 2 Thlr. 16 Gr.

Stunden der Andacht zur Beförderung wahren Christenthums u. häuslicher Gottesverehrung. 22. Originalaufl. 6 Bde. gr. 12. (127¾ B.) Aarau 843, Sauerländer, Vrlgsh. Thlr.
23. vollständ. Ausg. in 1 Bde. Imp. 4. (74 B.) Ebds. 843.
24. vollständ. Originalaufl. gr. 12. 6 Bde. (127¾ B.) Ebds. 844. 4 Thlr. 20 Ngr., weiß Pap.
25. Aufl. in 1 Bde. gr. Lex.-8. (128⅞ B.) Ebds. 846.
26. vollständ. Aufl. 8 Bde. gr. 12. (182¼ B.) 846.
Vgl.: Stahlstiche.

— der Andacht zur Beförderung wahren Christenthums u. häuslicher Gottesverehrung (von Heinr. Zschokke). 25. Aufl. in 1 Bd. in 2 Abtheilgn. gr. 4. (1376 S.) Aarau 847, Sauerländer. --

— dies. 26 Aufl. In 8 Bdn. gr. 12. Ebd. 847. — 27. vollständ. Orig.-Ausg. 8 Bde. gr. 12. Ebd. 848. 5⅓ ℛ Velinpap. 6⅔ ℛ

—— der Andacht zur Beförderung wahren Christenthums und häusl. Gottesverehrung. (Von Heinr. Zschokke.) Taschen-Ausg. in 10 Thln. gr. 16. (4488 S.) Aarau 847, Sauerländer, Vrlgsh.
Vlnp.
27. Aufl. 8 Bde. gr. 12. (3867 S.) Ebds. 848.
28. Aufl. in 1 Bd., in 2 Abthlgn. hoch 4. (1256 S.) Ebds. 849.
29. Aufl. 6 Bde. gr. 8. (…. S.) Ebds. 852.
Neue, wohlf. Ausg. 2 Abthlgn. gr. 4. (1078 S.) Ebds. 852(53.)

Stunden der Andacht zur Beförderung wahren Christenthums und häuslicher Gottesverehrung. (Von Heinr. Zschokke.) Neue wohlf. Ausg. in 1 Bde. Aarau 853. Sauerländer. 4. (537, 541 S.) 3 ℛ.

— — (Neue) Vollständige Orig.-Ausg. in 8 Bdn. Aarau 858. Sauerländer. gr. 8. (456; 444; 444; 452; 490; 476; 475; 536 S.) 5 ℛ. 18 ngr.; Velinp. 8 ℛ.

— dass. Supplementband Dichtungen. 1e—4e Lfrg. gr. 4. Leipzig 839, 40. (Polet.) (à ⅙ ℛ) ⅔ ℛ

—— dass. — Supplementbd. Dichtungen. (4 Lfgn.) 1. Aufl. (13 B.) 839—41. ⅔ Thlr., neue Ausg. gr. 4. (13¼ B. u. 1 Stahlst.) Leipzig 842, Polet.

—— der Andacht zur Beförderung wahren Christenthums u. häuslicher Gottesverehrung in Dichtungen. Neue Ausg. gr. 4. (13¼ B. m. Stahlst.) Leipzig 842, Polet.

—— christkathol. Andacht. Hausbuch zur täglichen Erbauung in Gebeten, Betrachtungen, Liedern u. Predigten f. Katholiken jeden Standes. Gesammelt u. hrsg. durch einen Verein von kathol. Geistlichen. 2 Bde. gr. 8. (74¼ B. u. 2 Stahlst.) Stuttgart 845, Cast'sche Buchh.

— christkatholischer Andacht. Hausbuch zur tägl. Erbauung f. katholische Christen jeden Standes. Gesammelt u. hrsg. durch einen Verein von kathol. Geistlichen. Neue verm. Aufl. 1. Bd. 1. Lfg. Mit 1 Stahlst. gr. 8. (VIII S. u. S. 1—224.) Stuttgart 851, Cast. 8 ngl.

—— christl. Andacht. (Bearb. v. ein. Gesellschaft Theologen.) 1. Bd. 1. Lfg. gr. Lex.-8. (8 B.) Barmen 840, 41, [Castrop,] Falkenberg'sche Buchh.

Stunden christlicher Andacht für Katholiken. Zur Beförderung wahrer Frömmigkeit und häuslichen Glückes. Neue billige Volksausg. 15 Hefte. 8. Mit Abbildungen in Gold- und Farbendruck. Berlin 872, Verlags-Comptoir. à Heft 50 Pf.

Stunden, Die, der Andacht in logisch geordneten Entwürfen in öffentlichen Vorträgen. Leipzig 1826--29. V: *Wiessner (Wiesner), Amadeus.* (Ky) »1827—28« (winer)

— d. Andacht, die (Aarauer), in logisch geordneten Entwürfen in öffentl. Vorträgen (v Dr. A. Wießner.) 1s—6s H. 8. Leipz. 826—27, Lauffer. à 12 gr.

—— der Andacht, die (Aarauer), in logisch geordn., extemporirbaren Entwürfen zu öffentl. Vorträgen. 7. u. 8. Hft. 8. (30 B.) Leipzig 828, Lauffer. à

—— dies. — Hauptregister. Die in allen 8 Hftn. behandelt. Materien, in alphab. Ordn. u. mit Angabe d. Bandes u. d. Nummer enthalt. 8. (3 B.) Ebds. 829.
1—6. Hft. Ebendas. 1826, 27. à 12 Gr.

— der Andacht an den hohen Festen der christl. Kirche u. andern dem frommen Christen heil. Tagen, zur Privat-Erbauung. 8. Marb. 824. Krieger. 14 gr

— der Andacht in poetischer Form, mit Originalbeiträgen von Tiedge, Hohlfeldt, Agnes Franz, Friederike Beckert, W. Förster, Manitius, Julie v. Großmann u. A. m. dargeboten von Karl Geißler. Ausgabe mit 6 Stahlst. 8. Leipzig 841, Schumann; T. O. Weigel. 2¼ ß

– der Andacht, s. Karl Geißler.

—— der Andacht f. d. weibl. Geschlecht. Aus e. weibl. Feder. Zur Beförder. wahren Christenthums u. häusl. Gottesverehrung. 8. (11 B.) Kitzingen 838. [Nürnberg, Lotzbeck.]

— der Andacht für das weibl. Geschlecht. Aus einer weibl. Feder. Zur Beförderung wahren Christenthums u. häusl. Gottesverehrung. 8. Kitzingen 838. Köpplinger. 7/12 ß — 2e unveränd. Ausg. 8. Ebd. 840. 5/8 ß

— der Andacht oder Morgen- u. Abendgebete für das weibl. Geschlecht zur Beförderung des wahren Christenthums u. häuslicher Gottesverehrung. 2. Aufl. 8. (Mit 1 Stahlst.) Nürnberg 843, Zeh'sche Buchh. ½ ß

— der Andacht zur häuslichen Gottesverehrung, oder Gebetbuch für christliche Familien auf alle Wochen- u. Feiertage des ganzen Jahres, so wie in allen Ständen u. Angelegenheiten nützlich zu gebrauchen. Zusammengetragen von einem Vereine des Christenthums. 2. Ausg. (Mit Titelbild.) gr. 8. Schaffhausen 842, Brodtmann'sche Buchh. n. ⅔ ß

— der Andacht für Greise, die sich nach dem Frieden sehnen, den die Welt nicht geben kann. 1s Bdchen. 8. Neuhaldensleben 830. Eyraud. 6 gr

Stunden der Andacht für Greise. Neuhaldensleben 1845. V: *Müller, Heinrich August.* (zu)

— der Andacht für Greise. kl. 8. Neuhaldensleben 845, Eyraud. ⅙ ß

— der häusl. Andacht für kathol. Familien. Von e. Landgeistlichen. 2 Thle. gr. 8. Leipzig 843, Gebr. Schumann. 1⅔ ß

— der häuslichen Andacht für kathol. Familien. Von einem Landgeistlichen. 2 Thle. 2. Aufl. Mit einem Bilde des heil. Abendmahls nach Leonardo da Vinci in Stahlst. gr. 8. (XIV u. 768 S.) Stuttgart 850, Metzler. 1 ß

—— der Andacht f. Israeliten, zur Beförderung religiös. Lebens u. häusl. Gottesverehrung. Bearb. v. S. W. Rosenfeldt. 4 Bde. 8. (119½ B.) Dinkelsbühl 833, Walthr.

— der Andacht für Israeliten, zur Beförderung religiösen Lebens u. häusl. Gottesverehrung. Bearbeitet von S. W. Rosenfeld. 1r—4r Bd. 8. Dinkelsbühl 834. Walthr. (Leipzig, Central-Comptoir.) 4 ß

—— der Andacht f. Israeliten, z. Beförder. religiösen Lebens u. häusl. Gottesverehrung. 5. Bd. — A. u. d. T.: בית אל Tempel d. Herrn f. Israeliten. Eine Samml. v. Gebeten auf alle Zeiten u. Verhältnisse, d. häusl. Andacht gewid. v. J. Heidegger. 8. (20 B.) Dinkelsbühl 838. Walthr'sche Buchh.
1—4. Bd. Ebendas. 1833. 4 Thlr.

— der Andacht f. Kranke u. Leidende. A. u. d. T.: die Bibel f. Kranke u. Leidende. 8. Ulm 825. Stettin. 12 gr

— der Andacht u. des Nachdenkens über Religion, für Israeliten, wie sie auch immer denken. Vom Verfasser der patriotischen Gedanken eines Israeliten über die Erziehung der jüdischen Jugend. 3 Thle. in 1 Bd. gr. 8. Halle 826, Coldit'sche Buchh. 1⅓ ß

STUNDEN, Die, der Andacht im Nonnenkloster zu M . . . . . kitzel. Humoristisch-satyrische Lebensbilder vom Verfasser der Meßraritäten. Mit 4 obscönen Lithographien. August 1849. Quer-8⁰. (In Wien, Stadtbibl.: Secr. A 110.) (2 Mk. 50 Pfg. Theod. Ackermann, München, vor 1885, jetzt wohl mit 20 Mk. bez.)
Schwerlich noch zu erlangendes Sotadicum schlimmster Art.

— der wahren Andacht zur Belehr. u. Erbauung. (Von J. P. Silbert.) 1r Bd. in 2 Abtheill. 8. Wien 831, 32. Mechitaristen-Congreg.-Buchh. 1 ß 8 gr

Stunden der wahren Andacht zur Belehrung und Erbauung. Wien 1831—43. H: *Silbert, Johann Peter.* (Ky) (Kalemkian) »1831—35« (Th) (schmal)

—— der wahren Andacht zur Belehrung u. Erbauung. (Von J. P. Silbert.) I. u. 2. Bd. (od. 4 Abthln.) 8. . . . . Wien 831—34, Mechitaristen-Congregat.-Buchh. à Abthl.

— der wahren Andacht zur Belehrung u. Erbauung. 3. Bd. 1. u. 2. Abth. 8. Wien 843, Mechitaristen-Congreg.-Buchh. 1⅓ ß (1—3: 4 ß)

— die, der Andacht, ein Werk des Satans. Mit Anmerkk. von e. röm.-kathol. Geistlichen der Diöcese Constanz. 1s—3s Hft. 8. Solothurn 820 u. 21. Schwäller. (Münch., Giel). (Müller in Mainz). 1 ß 16 gr

Stunden --- , Andächtige // Stunden, // Welche // Bey seinen Schildwacht-stehen, // um sein Gemüthe in Ruhe zu erhalten, // Dem // Höchsten GOTT // gewidmet, // Und zu Erweckung seiner Cameraden // durch den Druck bekand gemacht, // Ein Königlich-Preußischer Soldate // Kalcksteinischen Regiments. // Ps. XXXI. 13. 15. 16. // Ich bin gantz ins Vergessen geratnen, wie // ein Todter: Ich bin geschätzt worden, wie // ein Gefäß das zu nichts nutz ist. Gleich- //wol aber, o ewiger GOtt, bleibt mein // Vertrauen auf Dich fest gesetzt; Ich habe // gesagt : Du bist mein Gott ! Keine // Zeit steht in deinen Händen. // Berlin, druckts Samuel König. - 1735. - 16 S.

Angenehme Stunden: no. 1–13, Apr.? —Sept. 8, 1887?
Irregular, the first three numbers undated. Sub-title: Ein für Sonntagsschulen und zur allgemeinen Vertheilung bestimmtes Tractatblättchen. Organ of The Mennonite Church. Quarto, each issue 4 pages; illustrated. Edited by J. F. Funk, and published by Mennonite Publishing Co.
Elkhart, IN

—— am Arbeitstische. Schweizerische Frauen-Zeitung. Hrsg. von H. Kalenbach-Schröter. 4. Jahrg. 1874. 12 Nrn. mit mit Arbeits- und Schnittmusterbogen. (à 1/2 Bog.) Lex.-8. Basel, Schwabe. *

—— am Arbeitstische. Schweizerische Frauen-Zeitung. Hrsg. von N. Kalenbach-Schröter. 5.—9. Jahrg. 1875—1879. à Jahrg. 12 Nrn. mit Arbeits- und Schnittmusterbogen. Lex.-8. Basel, Schwabe. à Jahrg. *

Stunden, am Arbeitstische. Schweizerische Frauen-Zeitung. Hrsg. von N. Kalenbach-Schröter. 10.—14. Jahrg. 1880—1884. à Jahrg. 12 Nrn. (à Nr. 1/2—1 Bog.) Mit Arbeits- und Schnittmusterbog. Lex.-8. Basel, Schwabe. à Jahrg. *

Stunden am Arbeitstische. Schweizerisches Familienblatt und Frauen-Zeitung. Hrsg. von N. Kalenbach-Schröter. 15.—18. Jahrg. 1885—1888. à Jahrg. 24 Nrn. (Bog.) Mit Arbeits- und Schnittmusterbogen. gr. 4. Basel, Schwabe. à Jahrg. *

— am Arbeitstische. Schweizerisches Familienblatt u. Frauen-Zeitung. Hrsg. v. N. Kalenbach-Schröter. 17.—19. Jahrg. 1887—1889. à 24 Nrn. (B.) Mit Arbeits- u. Schnittmusterbogen. gr. 4. Basel, Schwabe. à Jahrg. n. 3. 20
Wurde von 1890 ab mit: Hauszeitung, Schweizer, (Zürich, Meyer & Zeller) vereinigt.

Stunden am Arbeitstische. Schweizer Hauszeitg. Familienblatt f. Belehrg. u. Unterhaltg. Red.: J. Würthner. Mit Gratisbeilagen: Arbeits- u. Schnittmusterbögen. Saisonbilder der neuesten Pariser-Moden. Praktische Hausfrau. — Kinderstube. — Gemeinnützige Schweizerin. — [Officielles Organ d. schweizer. gemeinnütz. Frauenvereins.] 21. Jahrg. Oktbr. 1890—Septbr. 1891. 52 Nrn. (2 1/2 Bog. m. Abbildgn.) gr. 4. Zürich, (Meyer & Zeller). n. 6. 80
s.: Hauszeitung, Schweizer.

— dreißig, oder Geschichte des französ. Freiheitskampfes während des 22., 23. u 24. Febr. 1848, aus dem Franz. übertr. von einem Mainzer Bürger. gr. 12. (108 S.) Mainz 848, Wirth. 1/4 ₰

In einsamen Stunden. Ein Betrachtungsbuch. Kl.-8. (456 S u. Register) 1.—
Wien: St. Norbertus 1889.

Stunden der Einsamkeit. Leipzig u. Aurich 1760. V: *Schumann, Carl.* (MGT) (Ky)

— der Einsamkeit, (v. K. Schumann). 8. Leipz. u. Aurich 760. Luschky. 6 ℊ.

STUNDEN meiner Einsamkeit. Aufklärern und Obscuranten gewidmet. Vom Verf. des Waldbruders im Eichthale und der Scenen aus Fausts Lebens *(Alois Wilh. Schreiber)*. Altona (Frankfurt, Behrens) 1799. 8°. Tit. u. 208 S. (incl. 1 Bl. Inh.). (4 Mk., wasserfl., Jos. Baer & Co., 1894.)
Enth. histor. Erzähl., Anekdoten, Miscellen, Gedichte etc., zus. 47 Nrn., sämmtlich zahm.
Vorher ersch. mit d. Titeln: „Launen" . . . . 1793, und „Paragraphen" . . . . 1796. — Weller, fing. Dr.
Anon.-Lex. IV. p. 131 (nach Meusel, Kehrein, Weller u. dem Neuen Nekrolog).

— meiner Einsamkeit, Aufklärern u. Obscuranten gewidmet, s. a. Launen u. Träume e. Mannes ꝛc.

Stunden, Emiliens, der Andacht und des Nachdenkens; für erwachsene Töchter . . . Leipz. 1808. V: *Spieker, Christian Wilhelm.* (Ky) (MGT)

— der Erbauung u. Andacht zur Kräftigung eines lebendigen Glaubens u. zum Trost u. zur Stärkung in allen Verhältnissen u. Lagen des menschl. Lebens. Ein Haus- u. Handbuch f. alle Stände, f. jedes Geschlecht u. Alter. gr. 8. (239 S.) Berlin 851, Schnitzer. 2/3 ₰

—— christlicher Erbauung. Predigten und Reden von Arndt, Bachmann, Dräseke ꝛc. Hrsg. von Arthur Franke. gr. 8. (379 S.) Berlin 847, Literatur- und Kunst-Comtoir. —

ERDMANNS müßige Stunden. 3 Theile. Leipzig und Cöln. (?) 1780.
Weller, fing. Druckorte. — Rar!

— z. Erholung, eine angenehme Lectüre. 8. Leipz. Schödel. 809.

— — dies. 8. Ebend. 810.

Stunden, Ernste. Andachtsbuch für Frauen, von einer Frau. Berlin 1846. V: *Danckelmann, Karoline Bar. von.* (Brü I, 461) (Zeitschr. f. Büch. N. F. 15, 1923, S. 123)

— ernste, Andachtsbuch für Frauen von einer Frau. 8. Berlin 846, A. Duncker. 1/2 ₰

—— ernste. Andachtsbuch für Frauen von einer Frau. 2. Min.-Ausg. (VI und 134 S.) 1851. und 3. Min.-Ausg. 16. (VI und 139 S.) Berlin 852(53,) A. Duncker.

—— ernste. Andachtsbuch für Frauen von einer Frau. 4. Min.-Ausg. 16. (130 S.) Berlin 854, A. Duncker.

— ernste. Andachtsbuch f. Frauen v. e. Frau. 7. Aufl. (VI, 138 S.) Berlin 871. Gebr. Pätel. geb. m. Goldschn. 2. 70

Stunden, Ernste, für junge Mädchen. Herausgegeben von Clara Rheinau . . . 2. Aufl. [1902]. V: *Sainte-Foi, Charles.* (Berl)

— die ernsten, eines Jünglings. Aus dem Französ. 18. Münster 843, Deiters. 1/3 ₰

—— die ernsten, eines Jünglings. Aus dem Französ. von A. C. Perger. 2. Ausg. 32. (VI und 242 S.) Münster 849, Deiters.

Stunden der Feyer. Göttingen 1819. V: *Spitta, Hnr. Helmer Ludw.* (GGr)

— freie. Zeitschrift für Laubsägerei u. Einlegearbeit. Red. von F. Carpentier. In zwanglosen Hftn. 1. Jahrg. 1878. 1—3. Hft. gr. 4. (16 S. mit 7 Steintaf. in Imp.-Fol.) Metz, G. Lang in Comm. à n. — 50

—— freie. Zeitschrift für Laubsägerei und Einlegearbeit. Redig. von F. Carpentier. In zwanglosen Heften. 1. Jahrg. 1878. 1.—6. Heft. gr. 4. (24 S. mit 7 Stnt. in Imp.-Fol.) Metz, (Deutsche Buchh.) à Heft * 50 Pf. * Einzelne Hefte à *
Nicht weiter erschienen.

—— freie. [Sonntagsbeiblatt der „Tribüne".] Hrsg. von Heinr. Homberger. 1. Jahrg. 1882. 52 Nrn. (Bog.) gr. 4. Berlin, Exped. der „Tribüne". *
Nicht weiter erschienen.

—— freie. Ein illustr. Volks- und Familien-Blatt. Hrsg. von Hartwig Köhler. 1.—3. Jahrg. 1882—1884. à Jahrg. 52 Nrn. (à Nr. 1½ Bog. mit eingedr. Holzschn.) gr. 4. Altenburg, Expedition. à Jahrg. *

Stunden: In freien Stunden
① Illustrierte Familienzeitung (2. 1. 1915—31. 3. 1928). Illustrierte Familienzeitschrift mit aktueller Beilage (19. 10. 1940 cont.) ⑤ 27. 6. 1908 (cont.) ⑥ 4° ⑦ Wochenblatt ⑧ Zürich: V. Conzett & Cie. (27. 6. 1908—24. 3. 1928), V. Conzett & Huber (31. 3. 1928—16. 1. 1943), Conzett & Huber (23. 1. 1943 cont.) ⑨ Illustrierte Rundschau (6. 4. 1946 cont.); übrige Beilagen nicht aufgenommen ⑩ die Drucker ⑪ Verena Conzett (Gründerin) (27. 6. 1908—13. 11. 1947) ⑫ ursprünglich sozialistisches Familienblatt ⑬ Verena Conzett: Erlebtes und Erstrebtes (Zürich 1929), p. 371—384, 426—428 ⑭ Be: L ⑮ Das erste Heft erscheint noch unter dem in den Prospekten angekündigten Titel «Nach der Arbeit», dessen Änderung im gleichen Hefte angekündigt wird.

—— der Freude, die, e. Samml. erles. Lieder f. fröhl. Gesellschafter. Gesammelt u. hrsg. v. A. M. Fröhlich. 8. (7 B.) Hersfeld 829, Indust.-Compt.

Stunden: Frohe Stunden
v. Der freie Solothurner.

Stunden, frohe. Unterhaltungsblätter für Jedermann. Sammlung der neuesten und besten Romane und Novellen unserer beliebtesten Schriftsteller der Gegenwart. 1. Jahrg. 1876/77. 52 Nrn. (à 2 Bog.) gr. 4. Dresden, Nadelli.
—— dass. — Unterhaltungsblätter für Jedermann. 2. Jahrg. 1878. 52 Nrn. (à 2 Bog.) gr. 4. Ebendas.
Nicht weiter erschienen.

— frohe. Erinnerungen an unsere Dichter m. Mottos v. Goethe, Lessing, Herder u. A. qu. 8. (30 Bl. m. z. Tl. farb. Illustr.) Leipzig 891. Leipziger Kunstdruck- u. Verlags-Anstalt. Geb. in Leinw. m. Goldschn. n. 2.50

Stunden, frohe. gr. 4. (12 farb. Taf. m. eingedr. Text auf Pappe.) Stuttgart (891). G. Weise. Kart. 2. —

Stunden, frohe u. ernste. Texte zu Gesängen f. die reifere weibl. Jugend, zusammengestellt vom Königsberger Volksschullehrerinnenverein. 16. (73 S.) Königsberg 902. (Gräfe & Unzer, Buchh.) n. — 20

Frohe und ernste Stunden. Texte zu Gesängen f. d. reifere weibl. Jugend, zsgest. vom Königsberger Volkschullehrerinnenver. Königsberg i. Pr.: Hartung 1902. (73 S.) 8°

STUNDEN, Frohe, vor dem Schlafen gehen. (Kleine zahme Romane u. Erzählgn.) 4 Bdchn. Mit 4 TKpfrn. von Renard. Wien (Gerold) 1811. 12°. Zahm.
1: 2 Bll., 177 S., 1 S. Inh.: 1. Hartmann, A. Th., die Zwillingsbrüder. Morgenländ. Geschichte. 2. Schmidtgen, J. G. D., Mutter Anne. 3. (Bouterwek) Die künstliche Prüfung. Vom Vf. des Grafen Donamar. 4. (Benzel-Sternau, Graf. v.) Ja u. Nein. Vom Vf. der Lebensgeister.
2: 2 Bll., 178 S., 1 S. Inh.: 1. Lafontaine, Aug., die Wirkungen der selbstsüchtigen Grundsätze. 2. Forster, J. N., Launen d. Schicksals. 3. Hedwig, od. Pflicht u. Liebe, nach einer schwed. Geschichte unter König Gustavs III. Regierung.
3: 2 Bll., 184 S., 1 S. Inh.: 1. Becker, Der Mahler. 2. Lafontaine, Die Versöhnung, e. Geschichte. 3. Justus Werthmann, ein Muster männlicher Vollkommenheit, von G.
4: 2 Bll., 174 S., 1 S. Inh.: 1. Weisser, Fr. Chr., Die Wunderlampe. Ein Mährchen aus 1001 Nacht. 2. Kotzebue, A. v., Die Rache. 3. Bonafandi (!), C., Zufall u. Liebe. E. wahre Geschichte.

Stunden, frohe, vor dem Schlafengehen, mit Titelk. 4 Bde. 12. Wien, Gerold. 812.

— fröhliche. E. neues Bilderbuch f. uns. lieben Kleinen. gr. 4. (16 S. m. z. Tl. farb. Abb.) Konstanz 897. E. Hirsch. Kart. 1. —

— fröhliche. Ein neues Bilderbuch f. unsere lieben Kleinen. gr. 8. (16 S. m. z. Tl. farb. Abbildgn.) Konstanz (902). E. Hirsch. — 25

Stunden, fröhliche. Malbuch. (20 S. m. z. Tl. farb. Abbildgn. ohne Text.) qu. 16. Hannover (904). A. Molling & Co. — 15

— fröhliche, im Bildersaal. 25 illustr. Geschichten f. unsere Kinder. gr. 4. (48 S.) Basel 885. Spittler. cart. n. 2. 40

— die gefährlichen, von K. G. Cramer, mit Kpfrn. 2 Thle. 8. Weißenfels, Severin. (Böse.) (Hinrichs in Leipz.) 811. (à 1 Rthlr.)

Stunden, f. d. Ewigkeit gelebt, v. Vrf. Hallo's glückl. Abend, (C. F. Sintenis.) m. K. 2 Thle. 8. Berlin, Maurer. 791. Schreibp.

STUNDEN für die Ewigkeit gelebt. Vom Verf. von Hallo's glücklichen (!) Abend (von *Chrn. Friedr. Sintenis*). 2 Thle. Mit 2 Titelkpfrn. Berlin, Maurer, 1791—92. 8°. Zahm. (In Berlin: Yv 9806.)
Anon.-Lex. IV. p. 131 (nach Engelmann, Kayser, Ersch, Meusel, Schmidt).

Stunden, die gesegneten und glücklichsten, im Leben. Neues, vollständiges und umfassendes Gebetbuch für heilsbedürftige Christen aller Stände. 8. Aufl. 8. (607 S. mit 1 Stahlst. und 1 Widmungsblatte in Farben- und Golddruck.) St. Gallen 868, Altwegg-Weber.
geb. in Halbleinw. 1 Thlr. 17 Ngr.; eleg. geb.

—— gesellige. Eine Sammlung von ernsten und heiteren Vorträgen. 1. und 2. Bdchn. 8. Leipzig 888, Werther's Verlag. à Bdchn. *
Inhalt:
Bdchn. 1. Zusammengestellt von Friedr. Roscius. (IV, 164 S.)
" 2. Eine Sammlung humoristischer Vorträge, ausgewählt und zusammengestellt von Aug. Bäbchen. (IV, 156 S.)

— der geweihten oder canonischen, Alter, Geist u. Wesen. 2e umgearb. Aufl. gr. 8. Landshut 835. Thomann. ¼ ₰

— glückliche. Unzerreißbares Bilderbuch m. 12 Farbendr.-Bildern v. F. Lipps. gr. 4. Stuttgart 884. G. Weise. geb. 3. —

—— glückliche. 8. (12 S. m. farb. Bildern.) Stuttg. 892, Loewe. * — 40

— dasselbe. 12. (8 S. m. z. Tl. farb. Bildern.) Ebd. 893. — 15

Stunden, glückliche, aus der Kinderzeit. 10 feine Farbendr.-Bilder mit Versen von Frz. Bonn. gr. 4. (10 Bl. Text.) Eßlingen 877. Schreiber. cart. n. 4. —

— m. Goethe. Hrsg.: Wilh. Bode. 1.—3. Bd. à 4 Hefte. (1. u. 2. Bd. IV, 368 u. VI, 356 S. m. Abbildgn. u. Taf.) 8. Berlin 904—906. E. S. Mittler & Sohn. à Bd. n. 4. —

Stunden m. Goethe. Hrsg.: Wilh. Bode. 4.—7. Bd. à 4 Hefte. (à ca. 80 S. m. Abb. u. Taf.) kl. 8. Berlin (907—10.) E. S. Mittler & Sohn. à Heft 1. —

— dasselbe. Sonderhefte. 8. Ebd.
Bauer, Karl, Goethes Kopf u. Gestalt. Mit Abbild. im Text u. 32 Bildnistaf. (XI, 62 S.) 908. 1.80; geb. 2.55; Einzelpr. 2.40; geb. 3.40
Delle, Ebold., Goethe als Freimaurer. (XI, 337 S.) 908. 3.—; geb. 3.75; Einzelpr. 4.—; geb. 5.—

— Gott geweihte. Ein köstl. Erbauungsbuch f. alle Christen v. Verstand u. schönem Gefühle. 3e verb. u. stark verm. Ausg. Mit 1 Kpf. 8. Dinkelsbühl 824. (Nürnb., Monath u. K.) 1 ℛ

Stunden der Andacht, gottgeweihte, für heilsbegierige Christen. Vollständiges kathol. Gebetbuch mit allen gebräuchl. Andachten, nebst Gebeten auf die hohen Festtage des Herrn, der Gottes-Mutter Maria und der Heiligen Gottes. gr. 16. (445 S. mit 3 Stnt.) Einsiedeln 875, Eberle, Kälin und Comp.

Stunden, heil., ein. Jungfrau bei u. nach d. Feier ihrer Confirmation. Ein Beitr. z. häusl. Andacht. (Von Friedr. Wilh. Opitz.) gr. 12. (5⅝ B. u. Ttlkpfr.) Leipzig 838, Weinedel. Thlr.
2., verb. Aufl., vgl. Opitz, F. W.,

— heilige, eines Jünglings bei und nach der Feier seiner Confirmation. Ein Beitrag zur häusl. Andacht, vom Verf. der heil. Stunden einer Jungfrau (Fr. Wilh Opitz). Mit 1 Stahlstich. gr. 12. Leipzig 839. Weinedel. 1 ℛ

— die heil., des Leidens Jesu, des Sohnes Gottes u. Erlösers d. Welt, vom Grün-Donnerstag Abend bis Charfreitag Abend. Zum Trost für Kranke u. andere Leidende. 12. Münst. 825. Theissing. 2 ℊ

— heitere, von St. Schütze. 1r Thl. enth.: 1) die Nachbarskinder. 2) die Prügelsuppe. 3) der verliebte Postmeister. 4) erste Liebe, treue Liebe. 8. Dresden, Arnold. 821.

— heitere. Neues Taschenbuch f. gesell. Vergnügn. 16. (IV, 104 S.) Naumburg 874. Regel. n. 1. —

—— heitere. Neuestes Taschenbuch für gesellige Vergnügungen. Enth. die beliebtesten Gesellschaftsspiele im Freien und im Zimmer, dramat. und pantomim. Darstellungen von Sprüchwörtern ꝛc. sowie verschiedene Tanztouren. 2. Aufl. gr. 16. (VI, 101 S.) Naumburg 877, Regel's Verlag. *

—— heitere. 20 Bl. Farbdr.-Bilder nach Aquarellen von F. Lipps. Mit begleitendem Text von Frau Albrecht. gr. 4. Stuttgart 888, Süddeutsches Verlags-Institut. geb. *

— heitere. schmal 8. (12 S. m. Abb. u. 1 Farbendr.) Eßlingen 896. J. F. Schreiber. n. — 25

Heitere Stunden am häuslichen Herd. Berlin: Kosmos [1905]. (62 S.) 8° [F.] (Kosmos-Bibliothek.)

— heitere, f. Reise u. Haus. Allerlei Humoristisches in Wort u. Bild. 4 Hfte. (Ausg. m. Umschlag v. 4 Nrn. v. „L. Meggendorfer's humorist. Blättern".) gr. 4. (64 S.) Eßlingen 893. J. F. Schreiber. à — 40

Stunden, Hundert, auf der Ostsee. [Koburg 1801.] V: *Krüger, Wilhelm Georg.* (R-N)

Jörg's müssige Stunden, bestehend in *Gedichten, Satyren u. Briefen.* (Ornament.) Landshut 1773. Verlegts, (!) Maximilian Hagen, Landschaffts- u. Stadt-Buchdrucker. 8°. Etw. wurmst. Ppb. (aus Föringer's Bibl.).
116 S. (incl. Tit. u. 2 Bll. Vorber., dat.: München im Weinmonathe (!) 1771).
Darin auch Sinngedichte (S. 7—14); fingirte komische Büchertitel, 9 an der Zahl (S. 49—51); Anhang zum gerichtlichen Stylus (S. 109—116). — Selten!

Stunden, Kochems hypochondrische, im Reiche der Todten. O. O. 1782. V: *Braun, Johann Adam.* (MGT)

Stunden, letzte, des hochwürdigsten Denis Auguste Affre Erzbischofs von Paris verwundet an der Barrikade St. Antoine, gest. am 27. Juni 1848. Nach dem Bericht seiner beiden Capitular-Generalvikare. Nebst einer Schilderung des Aufstandes der Arbeiter von Paris vom 23. bis 26. Juni 1848. gr. 8. (30 S.) Stuttgart 848, Köhler. 3½ nℊ — Mit dem Portr. des Erzbischofs 7 nℊ

— letzte, Friedrichs d. Großen, in Briefen d. Grafen v. *** gr. 8. Brünn, Bauer. 778.

— letzte, Friedrichs des Großen, in Briefen des Grafen v. ***. gr. 8. Brünn 778. (Leipz., Wienbrack). 3 ℊ

— letzte, D. Bernhard Hartungs zwiefachen Giftmordes angeklagt, schuldig erklärt von dem Königl. Schwurgericht zu Magdeburg am 3. u. 4. März 1853, hingerichtet am 2. Decbr. 1853. Von Einem seiner Jugendfreunde. Magdeburg 853. Quednow in Comm. gr. 8. (16 S.) 1½ nℊ

Stunden, Letzte, und Leichenbegängniss Friedrichs des Zweiten Königs von Preussen. Potsdam 1786. V: *Knetschke* [?]. (BrMm)

Stunden, Letzte, und Leichenbegängniss Friedrichs II. . . . Potsdam 1786. V: *Kneischke.* (stadtbiblberlin XII, S. 167)

— letzte, u. Leichenbegängniß König Friedrichs II. v. Preußen. 3 Stcke. Mit Kpf. 4. Potsd. 786. Horvath. 12 ℊ

— letzte, Bernhard Matters, mit der auf der Richtstätte bei Lenzburg von Herrn E. Zschokke, Pfarrer, gehaltenen Standrede. Als Anhang zu seiner ausgegebenen Lebensgeschichte. Aarau 854. Martin. 8. (8 S.) 1¼ nℊ

Stunden, Letzte, eines Maurers. Leipzig 1794. V: *Henning, Frdr.* (Tt) (SJL)

— letzte, e. Maurers. Mit 2 Kpf. 8. Leipz. 794. (Wienbrack). 2 ℛ 4 ℊ

Letzte Stunden Johann Reinholds v. Patkul. 8. Coeln 1711.

Stunden und Reden, Letzte, grosser Herren und vornehmer Standespersonen . . . Dresden u. Leipzig 1758. V: *Ludwig, Johann Christoph.* (Ky)

— letzte, Tod u. Begräbniß d. hochwürd. Herrn Pfarrers Wilh. Löhe in Neuendettelsau. gr. 8. (22 S.) (Nürnberg 872. Löhe.) n. — 40

Stunden, Die letzten, unserer Bürgergarde. Ein militärischer Scherz. Nach Schiller's Wallenstein's Lager von einem Hamburger. Hamburg 1874. V: *Wulff, Friedrich Willibald.* (Eckart, Hdb. z. Gesch. d. plattd. Liter. 1911, S. 321) (Zeitschr. f. Büch. N. F. 15, 1923, S. 123)

— die letzten, unserer Bürgergarde. Ein militär. Scherz. Nach Schiller's Wallenstein's Lager v. e. Hamburger. 8. (32 S. m. 6 Holzschntaf.) Hamburg 874. Richter. n. — 60

— die letzten, John Cowpers. 8. (16 S.) Barmen 882. (Wiemann.) n. — 8

Stunden, Die letzten, des grossen Churfürsten Friedr. Wilhelms von Brandenburg, als eine Probe, daß der gröste Geist auch ein guter Christ seyn könne. Frankfurt u. Leipzig 1753. V: *Pfeil, Joh. Gebh.* (Baumgarten, Nachrichten v. merkw. Büchern. Halle 1752—57. 4, 371.)

Stunden, Die letzten, Ihro Majestät der hochseligen Königin von Dänemark Caroline Mathilde . . . [Leipzig] 1775. 3. Aufl. 1776. V: *Lehzen, Joachim Friedrich.* (MGT) (Adel) (Ky) (Wr) (BrMm)

— d. letzten, d. Königin Mathilde v. Dänemark. 8. London, Schulze. (Linke in Leipz. in Commiss.) 775.

— die letzten, der Königin Karoline Mathilde v. Dänemark, (v. J. F. Lehzen). 8. o. O. 775. 3e A. 776. (Schulze in Celle). 4 gr.

Stunden, Die letzten, Ihro Majestät der hochseligen Königin von Dänemark, Caroline Mathilde, in einem Briefe an A . . . M . . . Esq. in London. 3. Aufl. O. O. 1776. 8°. Selten! (4 Mk. Derselbe.)

Stunden, Der Jugend liebste. Neue Märchen und Geschichten für Knaben und Mädchen von dem Verfasser von »Zimmermann's malerische Reisen«, »Diesseits und Jenseits des Oceans«, »Unterm Lindenbaum« etc. Wesel o. J. V: *Zastrow, Carl.* (Russell XI, 533)

— meine müßigen, n. d. Franz. d. v. Arc. 12. Helmstädt. 759.

— die, der Muße, ein belehr. und unterhaltendes Bilderbuch. 16. (213 S. und 5 ill. Stnt.) Neu-Ruppin 847. (Leipzig, Thomas.)

— müßige, oder deutsche Gedichte eines Engländers, s. J. K. Mellish, Gedichte.

— f. Müßige. 8. Coburg, Ahl. 777.

Stunden, für müßige, Vierteljahrsschrift. Herausgegeben von F. L. Bührlen, Friedr. de la Motte und Caroline de la Motte Fouqué, J. C. und C. Hohnbaum, C. W. Justi, A. Lafontaine, G. Reinbeck, Fr. Reimar, Fr. Sickler, K. Schmidt und Andern. 1s 2s Bändchen. 8. Hildburghausen, Kesselring. 817. (1s 1 Rthlr. 8 Gr. 2s 1 Rthlr. 10 Gr.)

— dieselben. 3s bis 8s Bändchen. 8. Jena, Schmid. 818 — 821. (3s 1 Rthlr. 12 Gr. 4s 1 Rthlr. 9 Gr. 5s bis 8s à 1 Rthlr. 12 Gr.)

Stunden, für müßige; hrsgg. v. Bührlen, Fouqué u. A. 1r u. 2r Bd. 8. Hildburgh., Kesselring. 2 Thlr 18 gr — 3r—7r Bd. 8. Jena 818—21. Schmidt. 6 Thlr (5r—7r Bd. A. u. d. T.: Karol. von Fouqué, Heinrich u. Marie. 3 Thle. Hbg. Pr. 1 Thlr 12 gr

Stunden, Müssige, eines Frauenzimmers. Kempten 1784. V: *Ehrmann, Marianne geb. von Brentano.* (Ky) (ML) (GGr)

— müßige, eines Frauenzimmers; (von Mar. Ehrmann). 8. Kempt. 784. Typ. Soc.

— müßige, in Stuttgart, Tübingen u. a. d. Lande. 8. Frankf. u. Leipz. 760.

Stunden, Müssige, in Stuttgart, Tübingen und auf dem Lande. Ulm 1761. V: *Haug, Balthasar.* (Ky)

— des einsamen Nachdenkens, siehe a. Sintenis, Chr. Fr.

Stunden des einsamen Nachdenkers im Schoosse der schönen Natur. . . . Leipzig 1810—11. H: *Sintenis, Christian Friedrich.* (StAt) (MGT) (BrMm) (Winer) (Cat. d. Stadtbibl. Zürich. Zürich 1864—97.)

— die, der Nacht in Bildern für Kinder nebst einer Zugabe für das jugendliche Alter. 8. (Mit 10 col. Kupf.) Neu-Ruppin 845, Kühn. (Leipzig, Thomas.) geb. n. 1/4 Thlr

— neue, der Andacht. Zur Beförderung wahrer Religiosität. Ein Buch zur Erbauung u. Belehrung für denkende Christen (von Heribert Rau). 4 Thle. gr. 8. (1: XII u. 363 S. 2: IV u. 343 S. 3: IV u. 320 S.) 4. Thl. A. u. d. T.: Religiöse Lieder f. denkende Gottesverehrer. 3 Lfgn. (IV u. 528 S.) Leipzig 850—52, O. Wigand. (I—III: à 1 Thlr IV, 1—3: à 1/2 Thlr) 4 1/2 Thlr

— neue, der Andacht. Zur Beförderung wahrer Religiosität. Ein Buch zur Erbauung u. Belehrung für denkende Christen. (Von Herib. Rau.) 3 Thle. in 1 Bde. 2., verb. u. verm. Aufl. Berlin 855. Besser's Verlhdlg. gr. 8. (2 Bl., 1112 Sp.) n. 2 Thlr.

Stunden der Rast, s. Unterhaltungs-Bibliothek für Eisenbahn-Reisende.

Stunden der Rast. Buch für Unterhaltung u. geistige Anregung. Mit 7 Stahlstichen u. 6 Illustrationen in Holzschnitt. kl. 8 (178 S.) Wien 1864, Markgraf. 40 kr.

— der Rast. Miscellen der Unterhaltung u. des Wissens für junge u. alte Soldaten. Hrsg. von Eug. Klutschak. 1. Bd. 8 Hfte. (2 B.) gr. 8. Aussig a/E. Wien 879. Seidel & Sohn in Comm. n. 2. —

Stunden, Seelige letzte, einiger dem zeitlichen Tode übergebener Missethäter . . . [Ebersdorf] 1740. Leipz. 1742—45. V: *Moser, Johann Jacob.* (ML)

— sonnige. (8 S. m. Abbildgn. u. 6 farb. Taf.) Lex.-8. Eßlingen (905). J. F. Schreiber. Geb. 1. 80; auf Leinw. 2. 40

— sorgenlose, im Kreise beliebter Erzähler. Hrsg. von F. W. Hackländer. 1. und 2. Jahrg. à 15 Hefte. 4. (à Heft ca. 30—40 S. mit eingedr. Holzschn.) Stuttgart 873,74, Kröner. à Heft à Jahrg.

—— sorgenlose, im Kreise beliebter Erzähler, hrsg. von F. W. Hackländer. 3. und 4. Serie. à 25 Hefte. 4. (à Heft ca. 32—40 S. mit eingedr. Holzschn.) Stuttgart 875,76, Gebr. Kröner. à Heft 40 Pf.
Nicht weiter erschienen.

[F.] Stille Stunden. E. Krankenb. Hrsg. v. Evangel. Trostbunde. *(Berlin: Christl. Zeitschriftenver. [1898]).* (106 S., 1 Bl., 1 Bildert.) 1 Bd 8.
[98. 5405

Stunden, Stille, Lieder christlichen Glaubens für Bekümmerte und Verzagte ... Berlin [1901]. V: *Müller, Carl Julius.* (Berl)

— stille. Lieder christlichen Glaubens f. Bekümmerte u. Verzagte. Von e. Freund der Armen. 8. (VIII, 60 S.) Berlin (901). L. Frobeen. n. 1. —; geb. n. 1. 50

— stille halbe, für die Passionszeit. Nach Jos. Jac. Rambach bearb. von F. A. Mit einem Vorwort von Gerh. v. Zezschwitz. 8. (VIII, 211 S.) Gütersloh 879. Bertelsmann. n. 2. —

— stille halbe, f. die Passionszeit. Nach Joh. Jak. Rambach bearb. v. F. A. Mit e. Vorwort v. Gerh. v. Zezschwitz. 2. (Titel-)Ausg. 8. (VIII, 211 S.) Gütersloh 894. C. Bertelsmann. n. 1. 20; geb. n. 1. 60

STUNDEN, Vergnügte, oder mußige, und zerstreute Gedanken von dem mächtigen Reiche der Liebe, durch ein Mitglied der gelehrten Societät der Wissenschaften im mächtigen Reiche der Liebe. Frankf. und Leipz. 1740. 8⁰.
So im Wiener Cat. (1774) verbotener Bücher. — Ungemein rar!

— d. vergnügten, 6 Stck. a. d. Franz. d. Julien-Scopon. 2 Thle. 8. Hamb. König. 739.

STUNDEN, Die vergnügten. Erstes Stück. Leipzig, Gessner, 1745. 8⁰. 288 S. Rar! (5 Mk. B. Liebisch, Lpz., 1908.) Folgende Serie wohl Fortsetzung:

STUNDEN, Vergnügte, oder curieuse Nachrichten, Historien und Begebenheiten. 6 Stücke. Leipzig 1746. 8⁰. Rar!

— d. vergnügten, in Begebenheiten. 4. Nürnb. 750.

Stunden, der Wahrheit und Tugend ... Bayreuth 1795. V: *Sintenis, Christian Friedrich.* (Ky) (MGT)

STUNDEN der Wahrheit und Tugend oder einer glücklichen Ehe gelebt. 2 Thle. Mit 2 Kpfrn. Bayreuth, o. J. (1795). 8⁰. Zahm. (2 Mk. 50 Pfg. Südd. Antiqu., München, 1907.)
l. c. (nach Kayser u. Meusel).

— der Wahrheit u. Tugend, od. eine glückliche Ehe gelebt, (von Chr. Fr. Sintenis). 2 Thle. 8. Bayr. 795. (Grau in Hof.) 1 ℛ 16 ℊ Liebeskind in Leipz.) 1 ℛ

— f. Wahrheit u. Tugend, od. einer glücklichen Ehe gelebt. 2 Thle. m. K. 8. Bayreuth, Lübeck. 795.

— zwey. auf Reisen, u. die Vaterpflicht. Zwey Erzähl. v. Fr. Laun. 8. Berlin, Schüppel. 821.

Stundenblumen der Gegenwart. Eine Sammlung anziehender Novellen und Erzählungen. 2. Folge. 4 Bde. gr. 12. (1132 S.) Kronstadt 845, (Nemeth.) *

Stundengebete zur Verehrung der heiligsten Herzen Jesu u. Mariä. 16. (48 S. m. 1 Farbendr.) Augsb. 891, Literar. Institut v. Huttler. * — 20

Stundengebet - Predigten, Zwanzig. Salzburg 1810. V: *Reiter, Matthäus.* (Hr)

Stundenplan der Kgl. Bau-Akademie zu Berlin pro W.-S. 1876-77; pro S.-S. 1877; für das Jahr 1877-78; für das Studienhalbj. 1878-79.

Stundenplan für die am Unterricht der Mediziner beteiligten Dozenten in Kiel unter Verteilung aller für Mediziner angekündigten Vorlesungen etc. auf die vorgeschriebenen 10 Studiensemester aufgestellt von der medizinischen Fakultät im Februar 1909. [Kiel] (1909). 17 S. 8° [U 10. 2410

Kgl. Technische Hochschule zu Danzig. **Stundenplan** (für das Studienj. 1907-1908 — 1909-1910). 1907—09. [Für die vorhergehenden u. die folgenden Jahre im Programm]

Stundenplan der Polytechnischen Schule in München für das W.-S. 1868-69. S.-S. 1869 [usw.]—W.-S. 1872/73. 1868—72.

Specieller **Stundenplan** der Polytechnischen Schule in München für das Sommersemester 1870. 1870.

Kgl. Sächs. Technische Hochschule zu Dresden. **Stundenpläne** für das S.-S. 1893. W.-S. 1893/94 [usw.]—S.-S. 1899.

Stunden-Rufer, Der geistliche. Basel 1754. V: *Annone, Hier. d'.* (Cat. d. Stadtbibl. Zürich. Zürich 1864—97.)

Die Stunden-Uhr oder Der christliche Wanderer im Pilgerthal. Kurze Betrachtungen, Gebete u. Lieder f. d. 12 Stunden d. Tages. Berling: Deutsche Ev. Buch- u. Tract.-Ges. [1901]. (16 S.) 8⁰
(Für Dich! No 24.)

Stunden-Uhr, die, od. der christl. Wanderer im Pilgerthal, s. a. Für Dich.

Stunden-Uhr, biblische. Denkverse, wie sie fromme Christen beim Stundenschlage beten können. gr. 4. (1 Bl.) Schneeberg 888, (Unger.) *

Stundenuhr, Geistliche — oder: Gebete zum leidenden Erlöser um Erlangung eines seligen Todes. 12. Innsbruck, Dr. Felician Rauch 1852.

Stundenweiser, geistl., od. erbaul. Betrachtt. auf alle Stunden des Tages. 8. Hannov., Helwing. 1 ℛ

Stundenzeiger für die Berechnung der Umzugsgebühren. 1864. 1 Bl.

Stundenzeiger für Berechnung der Umzugsgebühren. München 1868. 8°

Stundgebet-Predigt, Eine, in der Domkirche ... Salzburg 1873. V: *Englmayr, Matthias.* (Hr)

Stündt, Karl: Empfiehlt sich die Übernahme der gesamten Feuerversicherung auf das Reich zur Unterstützung der Reichsfinanzen? Nürnberg 1910: Tümmel. 140 S. 8°
Erlangen, Phil. Diss. v. 14. Dez. 1910, Ref. v. Eheberg
[Geb. 9. Okt. 86 Nürnberg; Wohnort: Nürnberg; Staatsangeh.: Bayern; Vorbildung: Neues Gymn. Nürnberg Reife 04; Studium: Handelshochschulen Leipzig 1, Cöln 2, Berlin 2, Univ. Erlangen 4 S.; Rig. 28. Juli 10.]
[U 11. 1003

Stünkel, C. H. und **Weinschenk,** B. Bemerkungen auf einer hüttenmännischen Reise nach der Mark, Schlesien, Sachsen, Böhmen, Oesterreich, Steiermark etc. Rothehütte, 1794.

Stünkel, C. H. und **Quantz.** Tagebuch einer Reise von Rothehütte nach den in der Herrschaft Schmalkalden und anderen am Thüringer Wald belegenen Eisen- und Stahlwerken im Jahre 1798. Rothehütte, 1799.

Stünkel, E., Friedrich Wilhelm v. Seydlitz, der Held von Roßbach. Mit Titelbild nach dem Gemälde v. Werner Schuch, e. Übersichtskarte u. 2 Schlachtplänen. (120 S.) gr. 8. Leipzig 907. F. Hirt & Sohn. Geb. 2. —

Stünkel, Johann Georg

Stünkel: Beobachtungen auf einer Fußreise, s. Blumhof, Johann Georg Ludolph.

Stünkel, Jh. Geo., Beschreib. der Eisenbergwerke u. Eisenhütten am Harz. gr. 8. Götting. 803. Dieterich. 1 ß 6 gr

Stünkel, Carl, I. über die Einwirkung von Benzoylchlorid auf o-Amidophenol u. Abkömmlinge vom Benzoyl-o-Amidophenol. II. über die Einwirkung von Salpetersäure auf Pikrinsäurebenzoat. Inaugural-Dissertation. 8. (41 S.) Göttingen 880. (Vandenhoeck & Ruprecht.) n. 1. —

Stünkel, Ludwig

Stuenkel, Ludov., de Varroniana verborum formatione. gr. 8. (79 S.) Strassburg 875. Trübner. n. 1. —

Stünkel, L[udwig]: Ein Geschichtlicher Streifzug in die Umgegend von Metz. *Metz (1898): P. Even.* (55 S.) 4°
Metz, L, MP 1898 (537)

— Verhältniss der Sprache der Lex Romana Utinensis [od. Curiensis] zur schulgerechten Latinität in Bezug auf Nominalflexion und Anwendung der Casus. [Aus: „Jahrbb. f. class. Philol. 8. Suppl.-Bd."] gr. 8. (61 S.) Leipzig 876. Teubner. n. 1. 60

Stünzer, W., Ilius Pamphilius, s. Ilius Pamphilius.

Stunzer, Johann Nep. Kaspar

Stunzer, Jh. Nep. Ksp., üb. die goldene Ader. 8. Wien 783. N. A. mit Zusätzen v. Jh. Jos. Mastalier. 8. Ebd. 788. Hörling. 8 gr

Stunzer, Johann Kaspar: Uiber die goldene Ader für Unerfahrne in der Arzneiwissenschaft. Vermehret, und mit einem Anhange von der Entstehungsart; von den unmittelbaren Ursachen der goldenen Ader; von den einfachen, und zuverlässigen Mitteln derselben vorzubeugen, und sie nebst einigen Zufällen gründlich zu heilen, von Joseph Johann Mastalir. 172 S., gbd., Abb.

Wien: Hörling 1788

Stunzer, Johann Kaspar: Ueber das Betragen in Nervenkrankheiten für Unerfahrne in der Arzneiwissenschaft. 128 S., gbd.

Wien: Gerold 1781

Stunzer, Johann Kaspar: Ueber das Betragen in Nervenkrankheiten für Unerfahrne in der Arzneiwissenschaft. 2.Aufl. 128 S., gbd.

Wien: Gerold 1783

—üb. die Pocken u. die Einpfropf. f. Unerfahrne in der Arzneiwissenschaft. gr. 8. Wien 784. Hörling. 10 gr

[Stünzi, Heinrich.] Aktengemässe Darstellung der vor 100 Jahren ‹am 29. Januar 1798› erfolgten Amnestie über die Unruhen auf der Zürcherischen Landschaft in den Jahren 1794 und 1795, sowie die am 30. Januar 1798 erfolgte Entlassung der bestraften Patrioten .... 8. Wytikon-Zürich (1898).

Stünzi, Robert. **Beitrag zur Kenntnis der Diacidotetramminkobaltiake. Diss. Phil. [II.] Univ. Zürich. [Mit Figuren.] 64** S. 8. **Basel, Franz Wittmer, 1901.**

Stünzner, Karl August (Eilenburg) A. S.89/1

Disputatio de iure transactionis super controversis ex testamento non cognitis tabulis.
Präs. Johann August Bach.
Leipzig (Langenheim) 16.III.1752. 29 S.

Gew. : Johann Tobias Stünzner (Vater).
W. v. : Präs. 33975

Stünzner, Kurt [aus Charlottenburg]: Die Schrift des Monardes: „Simplicium Medicamentorum ex novo orbe delatorum, quorum in medicina usus est, historia" übs. ins Deutsche u. m. Commentar versehen. E. Beitr. z. Geschichte d. Arzneimittel. M. 14 facs. Original-Holzschn. ... [Erschien vollst. 1895 bei M. Niemeyer in Halle u. d. T.: Monardes Schrift über d. Arzneimittel Americas, nach d. latein. Übertragg d. Clusius aus d. J. 1579 '(simplicium ... historia)'. Übs. ...] Halle a. S., Druck d. Buchdr. d. Waisenhauses, 1895; 2 Bl., 32 S., 1 Bl. 8.
Halle, Med. Fak., Inaug.-Diss. v. 28. März 1895

Stupan, Emanuel: De jure amicitiae, s. Hess, Emanuel (Praes.)

Stupan, Emanuel: De statu hominum, s. Brandmüller, Jakob (Praes.)

Stupan, Emanuel: Theses juridicae, s. Iselin, Joh.Rudolf (Praes.)

Stupan, Johann Rudolf

Stupanus, Diss. de cardialgia spasmodica cum ictero alternante. Bas. 4°.
1748

Stupan, Joh.Rudolf: Specimen philosophicum. (Resp.: Joh. Jakob Socin). 8 S.–
Basel, Jur. Diss.v. 3.März 1749.

Stupannopulos, E., Entwurf einer griechisch-orientalischen Kirche, s.: Studien aus der Special-Schule von Th. R. v. Hansen.

Stupar, Antheus, Lehrbuch der astronom. Navigation. Im Auftrage des k. u. k. Reichskriegsministeriums, Marinesektion, verf. (XVI, 275 S. m. Fig., 2 Taf. u. 2 Diagr.) gr. 8. Fiume 908. (Wien, C. Gerold's Sohn.) Geb. in Leinw. 6.—

Stupar, Antheus, Lehrbuch der terrestrischen Navigation. Im Auftrage des k. u. k. Reichskriegsministeriums, Marinesektion, verf. (XIII, 242 S. m. 159 Fig. u. 1 Taf.) gr. 8. Fiume 905. (Wien, C. Gerold's Sohn.) Geb. in Leinw. n. 6.—

Stupel, Roman: Der Harnstoffquotient und seine Variation beim Kaninchen. Würzburg: Mönnich 1910. 40 S. 8°
Würzburg, Med. Diss. v. 18. März 1910, Ref. v. Frey
[Geb. 13./25. Sept. 84 Telschi; Wohnort: Würzburg; Staatsangeh.: Rußland; Vorbildung: Alexander-Gymn. Riga Reife Juni 03; Studium: Berlin 3, Würzburg 8 S.; Rig. 9. März 10.] [U 10. 4368

Stupfel, ..., s. 1) Deckel v. d. Hasen. 2) Oberherrschaft.

Stupnicki, F[erdinand], E[dmund], Arzt aus Burgdorf: Beiträge zur Kenntnis der Frakturen und Luxationen im Handgelenk. ⟨Aus der chirurg. Abteilung des Engeriedspitals Bern. Chefarzt Dr. Steinmann.⟩ [Mit 18 Illustrationen im Text.] Burgdorf 1910. 87 S. 8°. [21. I. 10.]
Bern. Med. Diss. 1909/10.

Stupnicki, Hipolit —. Das Königreich Galizien und Lodomerien sammt dem Großherzogthume Krakau und dem Herzogthume Bukowina in geographisch-historisch-statistischer Beziehung von — —. Mit einer Karte. 8. (152 S. 1 Tab.) Lemberg. Gedruckt bei Peter Piller. 1853.

Stupnicki v. Saturnus, Jul., das Wesen der Scrophelkrankheit auf Grundlage der strengwissenschaftlichen Medicin nebst der gründlichen rationellen Behandlungsweise derselben, leicht fasslich dargestellt. Lemberg 859. (Wild.) 8. (2 Bl., 33 S.) n. 8 *ngr.*

Stupnicki, Jul. Ritter v. Saturnus, das Wesen der Scrophelkrankheit auf Grundlage der strengwissenschaftlichen Medicin nebst der gründl. rationellen Behandlungsweise derselben, leicht fasslich dargestellt. 8. (III und 33 S.) Lemberg (859)63, (Wild.) *

Stupp, Hermann Josef

Stupp, Herm. Jos., Die päpstlichen Legaten Commendone u. Cappacini in Berlin u. der Pfarrer Prisac zu Rheindorf. Sendschreiben an Herrn Dr. W. Binder, den Verf. der „Geschichte des philos. u. revolutionären Jahrhunderts“ u. des „Protestantismus in seiner Selbstauflösung“. Anpreisung mehrer Entdeckungen, welche der Verf. des Buches „Katholische Zustände der Gegenwart“ gemacht hat. Solingen, Amberger, 1847, VIII, 69 S., 8°, 1 Mk.
Vgl. W. Prisac, Die päpstl. Legaten Commendone u. Cappacini in Berlin u. ihre Aufgabe. Neuß (jetzt Düsseldorf), Schwann, 1846, IV, 258 S., 8°. Dazu Ztschr. f. Phil. u. k. Theol. 1847 N. F. Heft 3 S. 133 f. — u. Kathol. Zustände der Gegenwart, mit bes. Rücksicht auf Deutschland u. die Schweiz. Schaffhausen, Hurter, 1846. — Zu der Stuppschen Schrift: A. a. O. 1847 N. F., Heft 3 S. 133—49.

Stupp, Herm. Jos., Die letzten Hermesianer. Ein Beitrag zur Kirchengeschichte des 19. Jahrh. Siegen u. Wiesbaden, Friedrichs Verlag, 1844, 8°, 3. Aufl.
Dagegen: Zur Beurteilung der „letzten Hermesianer“. Ein Sendschreiben an Herrn Stupp, kgl. preuß. Justizrat 2c. in Köln. Mit einer Beilage. Aus dem Katholiken abgedr. Mainz, Kirchheim, 1844, gr. 8°, 50 Pf. Katholik 1844, S. 73—5. — Die „letzten Hermesianer“ noch einmal. (Résumé der ganzen Angelegenheit.) Katholik 1844, S. 405—7, 409—12 u. 413—5.
—— Dasselbe, 2. Heft, oder: Licht u. Schatten. Würdigung der Flugschrift: Die letzten Hermesianer u. ihr Anwalt.
Ebendas. 1844, 8°, 2. Aufl.
—— Dasselbe, 3. Heft. A. u. d. T.: Anti-Nellessen oder 15 Artikel gegen u. für die letzten Hermesianer, abgedruckt aus der Aachener u. Kölner Zeitung. Nebst einem Vorwort über die hermesische Frage. Köln, Lengfeld, 1845, gr. 8°, XLII, 138 S., 2 Mk.
Die beiden Aachener Pfarrer Nellessen u. Kloth hatten das arrogante Benehmen der letzten Hermesianer gerügt u. einzelne Sätze des hermes. Systems einer öffentl. Kritik unterzogen. Vgl. auch Stupps „Sendschreiben an d. Pfarrer Herrn Nellessen in Aachen, u. Kloth contra Kloth in Sachen des Hermesianismus“. Köln, Lengfeld, 1846, gr. 8°.
—— Dasselbe, 4. Heft. Auch u. d. T.: Der Renegat, das ist der Verfasser des Gewissens der letzten Hermesianer
Siegen u. Wiesbaden, Friedrichs Verlag, 1845, gr. 8°.
—— Dasselbe, 5. Heft. Auch u. d. T.: Winkelzüge des Verf. der Beleuchtung meiner Schrift „Licht u. Schatten“. Ebendas. 1845, gr. 8°.
Vgl. Beleuchtung der von d. Herrn Justizrat Stupp herausgeg. Schrift „Licht u. Schatten“. Von dem Verf. der Flugschrift: „Die letzten Hermesianer u. ihr Anwalt“. Neuß, Schwann, 1844, 12°.

—— Pius IX. u. die kath. Kirche in Deutschland mit besonderer Berücksichtigung des Hermesianismus. Solingen, Amberger, 1848, gr. 8°, XVI, 140 S., 1,80 Mk.
Dagegen ließ R. Pesch erscheinen: Pius IX. ein Hermesianer, oder Beleuchtung der Schrift „Pius IX. u. die kath. K. in Deutschland“ 2c. Koblenz, Hergt, 1849, gr. 12°, 64 S., 50 Pf.
Über Stupps litterar. Thätigkeit im Dienste des Hermesianismus u. sein Verhältnis zu Prof. Braun s. Kessel, Kirchenlex. V, 1896.

— Sendschreiben an den Pfarrer Hrn. Nellessen in Aachen; u. Kloth contra Kloth in Sachen des Hermesianismus. gr. 8. Cöln 846. (Lengfeld.) n. 3 *ngl*

Stupp, M., das Berggesetz für das Königr. Bayern vom 20. März 1869 mit Erläuterungen. 8. (VIII, 436 S.) München 879. Th. Ackermann. n. 8. —

Stupp, M., Handbuch der Unfallversicherung. Beschlüsse und Entscheidungen, sowie Verordnungen, Bekanntmachungen und sonst. Publikationen auf diesem Gebiete bis Ende 1885. Nebst ausführl. Sachregister hierzu. 1. Jahrg. gr. 8. (IV, 252 S.) München 887, Franz' Verlag. cart. *

—— dass. — Verordnungen, Bekanntmachungen, sowie Beschlüsse und Bescheide auf diesem Gebiete, nebst einer Sammlung der wichtigeren Rekurs-Entscheidungen des Reichsversicherungsamtes. Mit ausführl. Sachregister hierzu. 2. und 3. Jahrg. 1886 und 1887. 8. (VIII, 181; 168 S.) Ebendas. 887,88. cart. à Jahrg. *

Stupp. Reiner.: De fatis bonorum possessionum sub imperatoribus post jureconsultos in Pandectis excerptos. Progr. Bonnae 1793.

Stupper, K(arl) L(udwig): Medicinisch-pharmaceutische Botanik oder Beschreibung und Abbildung sämmtlicher in der neuesten k.k. österr. Landes-Pharmacopöe vom Jahre 1836 aufgeführten Arzneipflanzen in naturhistorischer, phytographischer, pharmakognostischer und pharmakodynamischer Beziehung, mit besonderer Rücksicht auf die botanisch-pharmaceutischen Synonyme und Verfälschung oder Verwechslung der abgehandelten Arzneistoffe. Zum Gebrauche für angehende und ausübende Aerzte und Pharmaceuten zusammengestellt. Bd 1 - 2, gbd., Abb.

Wien: Strauss 1841 - 1843

Stupper, C. L., medicin.-pharmaceut. Botanik, od. Beschreib. u. Abbild. sämmtl. in d. neuesten k. k. österr. Landes-Pharmacopöe v. J. 1836 aufgeführten Arzneipflanzen; in naturhistor., phytograph., pharmakognost. u. pharmakodynam. Bezieh., mit besond. Rücksicht auf d. botan.-pharm. Synonyme u. Verfälschung od. Verwechselung d. abgehand. Arzneistoffe. 1. Bd. gr. 4. (16 B. u. 60 f. col. Stnt.) Wien 841, (Gerold's Vrlsh.) *

Stupper, C. L., medicinisch-pharmaceutische Botanik, oder Beschreibung u. Abbildung sämmtlicher in der neuesten k. k. österr. Landes-Pharmacopöe v. Jahre 1836 aufgeführten Arzneipflanzen; in naturhistor., phytograph., pharmakognost. u. pharmakodynam. Beziehung, mit besond. Rücksicht auf die botanisch-pharm. Synonyme u. Verfälschung oder Verwechselung der abgehand. Arzneistoffe. Mit ganz getreu gezeichn. u. fein ill. Abbild. 2. Bd. gr. 4. (16½ B. mit Einfassung u. 60 Stnt.) Wien 843, (Gerold, Verl.) *
1. Bd. Ebendas. 1841. * 10 Thlr.

Stur, Dionys

Stur, D., über die Ablagerungen des Neogen, Diluvium und Alluvium im Gebiete der nordöstl. Alpen und ihrer Umgebung. Lex.-8. (63 S.) Wien 855, (Gerold's Sohn.) *
S.-A.aus:Sitzungsberichte d.k.Akad. d.Wissensch.zu Wien.Bd.16.

Stur. D. Die neogenen Ablagerungen im Gebiete der Mürz und Mur. Wien 1864.

Stur, Dionys: Die neogen-tertiären Ablagerungen von West-Slavonien. (Aus d. k. k. geol. Reichsanst.) Wien. 1862. 4°

Stur, D., Beitrag zur Kenntniss der Flora des Kalktuffes und der Kalktuff-Breccie von Hötting bei Innsbruck. Imp.-4. (28 S. mit 2 Lichtdr.-Taf. und 2 Zinkotyp.) Wien 886, (Hölder.) *
Aus: Abhandlungen der k. k. geologischen Reichsanstalt, besonders abgedruckt.

Stur. D. Beiträge zur Kenntniss der geologischen Verhältnisse der Umgegend von Raibl und Kaltwasser. 1868.

Stur, Dionys: Beiträge zu einer Monographie des Genus Astrantia (mit 1 Karte).
Separatabdruck aus: Sitzungsber. d. k. Akad. d. Wissensch. in Wien Bd. 40. S. 469.

Stur, Dion. Bericht über die geologische Uebersichts-Aufnahme des südwestlichen Siebenbürgens im Sommer 1860. (Aus d. Jahrb. d. k. k. geol. Reichsanstalt.) Wien. 1863. 4.

—— Die geologische Beschaffenheit des Enns-Thales. (Aus d. Jahrb. d. k. k. geol. Reichsanst.) Wien. 1853. 4.

Stur. D. Die geologische Beschaffenheit der Central-Alpen zwischen dem Hoch-Golling und dem Venediger. (Aus d. Jahrb. der k. k. geolog. Reichsanst.) Wien. 1854. 8.

—— die Carbon-Flora der Schatzlarer-Schichten. 1. Abthl.: Die Farne. [Beiträge zur Kenntniss der Flora der Vorwelt. 2. Bd.] [Abhandlungen der k. k. geolog. Reichsanstalt. XI. Bd. 1. Abthl.] Imp.-4. (418 S. mit 49 lithogr. und phototyp. Doppeltaf., 48 Zinkotyp. und 49 Bl. Erklärungen.) (Ebendas.) 885. *

—— dass. — 2. Abthl.: Die Calamarien. [Beiträge zur Kenntniss der Flora der Vorwelt. 2. Bd. 2. Abthl.] [Abhandlungen der k. k. geolog. Reichsanstalt. XI. Bd. 2. Abthl.] Imp.-4. (240 S. mit 43 Zinkotyp., 1 vierfachen und 25 Doppeltaf., nebst 26 Bl. Erklärungen.) (Ebendas.) 887. *

Stur, D. Die Cephalopodenführenden Kalksteine von Hörnstein. (Aus d. Jahrb. d. k. k. geol. Reichsanst.) Wien. 1851. 4.

Stur, D., die Culm-Flora des mährisch-schlesischen Dachschiefers. [Beiträge zur Kenntniss der Flora der Vorwelt I.] Imp.-4. (IV, 106 S. mit 17 lithogr. Taf. in Imp.-4. und qu. gr. Fol. mit 17 S. Tafelerklärungen und 4 eingedr. Holzschn.) Wien 875, (Hölder.) *
Aus: Abhandlungen der k. k. geologischen Reichsanstalt, besonders abgedruckt.

Stur, D., die Culm-Flora der Ostrauer u. Waldenburger Schichten. Mit 27 lith. [4 einfachen, 23 Doppel-]Taf., 59 Zinkogr., ferner einer Revierskarte u. den zugehörigen Profilen in Farbendr. [Beiträge zur Kenntniss der Flora der Vorwelt 2. Hft.] [Abhandlungen der k. k. geolog. Reichsanstalt. 8. Bd. 2. Hft.] Imp.-4. (XXII, XIV, 366 S.) Wien 877. Hölder in Comm. n. 80. —

—— die Culm-Flora der Ostrauer- und Waldenburger Schichten, s. Abhandlungen der k. k. geolog. Reichs-Anstalt.

— über den Einfluss des Bodens auf die Vertheilung der Pflanzen. Als Beitrag zur Kenntniss der Flora von Oesterreich, der Geographie u. Geschichte der Pflanzenwelt. I. u. II. (Heft.) (Aus den Sitzungsberichten der k. Akad. d. W.) Wien 856, 57. Gerold in Comm. gr. 8. (79; 75 S.) I.: n. 15 ngr.; II.: n. 12 ngr.

Stur, Dionys: Über zwei neue Farne aus den Sotzka-Schichten von Möttnig in Krain. 1870.

Stur, Dionys: Flora des Kalktuffes, s. Abhandlungen der k.k. geolog. Reichsanstalt. Bd. 12.

— die obertriadische Flora der Lunzer Schichten u. d. bituminösen Schiefers v. Raibl. Lex.-8. (11 S.) Wien 885. (Gerold's Sohn.) n.n. — 25

—— die obertriadische Flora der Lunzer-Schichten und des bituminösen Schiefers von Raibl. Lex.-8. (11 S.) Wien 885, (Tempsky.) **
Aus: Sitzungsberichte der k. Akademie der Wissenschaften, besonders abgedruckt.

Stur (D.). Flora des Suesswasserquarze . . . im Wiener und Ungarn Becken. Wien, 1867. 8°.

Stur, Dionys: Flora der Vorwelt, s. Abhandlungen der k.k. geolog. Reichsanstalt. Bd. 11.

Stur. D. Funde von untercarbonischen Pflanzen der Schatzlarer Schichten am Nordrande der Centralkette in den nordöstlichen Alpen. 1883.

— Geologie der Steiermark. Erläuterungen zur geolog. Uebersichtskarte d. Herzogth. Steiermark. Graz 1865. Im Auftrage d. geognostisch montanist. Vereines f. Steiermark geschrieben in den J. 1866 bis 1871. Hrsg. v. der Direction d. geogn.-mont. Vereines f. Steiermark. hoch 4. (XXXI, 655 S. m. 1 Tabelle in gr. Fol., eingedr. Holzschn., 2 Steintaf. in hoch 4. u. qu. Fol. u. e. geolog. Uebersichtskarte in 4 chromolith. Bl. in gr. Fol.) Graz 871. Leuschner & Lubensky.) n.n. 36. —; Text apart ohne geolog. Karte n.n. 15. —

Stur, D. Der Grossglockner und die Besteigung desselben. (Aus d. Jahrb. der k. k. geol. Reichsanst.) Wien. 1855. 4.

Stur, Dionys: Geologisches Gutachten anläßlich der Versorgung der Landeshauptstadt Czernowitz mit gutem Trinkwasser. Czernowitz: Selbstverl. d. Magistrats 1889.

—— Das Isonzo-Thal von Flitsch abwärts bis Görz, die Umgebungen von Wippach, Adelsberg, Planina und die Wochein. (Aus dem Jahrb. der k. k. geol. Reichsanst.) Wien. 1858. 4.

— Die liasischen Kalksteingebilde von Hirtenberg und Enzersfeld. (Aus d. Jahrb. der k. k. geol. Reichsanst.) Wien. 1851. 4.

—— Geologische Karte der Umgebungen Wiens von Czjzek, nach den Arbeiten der k. k. geol. Reichsanstalt und der Herrn Dir. Dr. M. Hörnes, Prof. E. Suess, F. Karrer, K. A. Paul u. a. rectificirt und neu aufgenommen. Wien. 1861. Folio.

— zur Morphologie der Calamarien. [Mit 1 (Lichtdr.-) Taf. u. 16 Textfig.] [Aus: „Sitzungsber. d. k. Akad. d. Wiss."] Lex.-8. (64 S.) Wien 881. (Gerold's Sohn.) n. 2. 40

——— Zur Morphologie und Systematik der Culm- und Carbonfarne. (Stzgsber. d. k. Akademie d. Wissensch. zu Wien, Bd. 88. Jahrg. 1883.) 8. Mit 44 Textfig.

Stur, Dr., Zur Morphologie u. Systematik d. Culm- u. Carbonfarne. (S.-A.) gr. 8. (214 S. mit 44 Textfig.) Wien, *Carl Gerold's Sohn. 2 fl. 1883

— Notiz zur Karte der Neogen-, Tertiären-, Diluvial- und Alluvial-Ablagerungen im Gebiete der nordöstlichen Alpen. (Aus den Sitzungsb. d. k. Akad.) Wien. 1855. 8.

Stur, Dionys: N o t i z über die „Geologische Übersichtskarte der neogen-tertiären Diluvial- und Alluvialablagerungen im Gebiete der nordöstlichen Alpen von Österreich, Salzburg, Kärnten, Steiermark und Tirol, verbunden mit einer Darstellung der Verbreitung des tertiären Meeres und dessen Festlandes zur Zeit der Schotterablagerung, nach den Aufnahmen der k.k. geolog. Reichsanstalt reduziert und entworfen im April 1855 von Stur". 1856.
Separatabdruck aus: Sitzungsberichte d. k. Akad. d. Wissensch. in Wien. Bd. 20. S. 274.

Stur, D. Fossile Pflanzenreste aus dem Schiefergebirge von Tergove in Croatien. 1867.

Stur (D.), Reiseskizzen. (Pflanzenpaläontol. Inhalts.) (Verhandl. der k. k. geolog. Reichsanst. 1874.) 8.

— — über die Kössener Schichten im nordwestlichen Ungarn. Lex.-8. (21 S. mit eingedr. Holzschn.) Wien 860, (Gerold's Sohn.)
aus: Sitzungsberichte der k. Akademie der Wissenschaften, Jahrg. 1859, besonders abgedruckt.

— die Silur-Flora der Etage H—h_1 in Böhmen. [Mit 5 Lichtdr.-Taf.] [Aus: „Sitzungsber. d. k. Akad. d. Wiss."] Lex.-8. (62 S.) Ebend. 881. n. 4. 50

Stur, D. Sphenophyllum als Ast auf einem Asterophylliten. 1878.

Stur, D., Momentaner Standpunkt meiner Kenntnis über die Steinkohlenformation Englands. Wien, 1889. 20 S.

——— Momentaner Standpunkt meiner Kenntniss über die Steinkohlenformation Englands. (Jahrb. d. k. k. geol. Reichsanst. 1889.) 8.

——— Ueber Steinkohlen-Pflanzen von Llanelly und Swansea in South Wales Englands. (Verhandl. d. k. k. geol. Reichsanst. Jahrg. 1884.) 8.

Stur, D. Studien über die Altersverhältnisse der nordböhmischen Braunkohlenbildung. 1879.

——— Studien über die Steinkohlenformation in Oberschlesien und in Russland. (Sep.-Abdr. a. d. Verhandl. d. k. k. geol. Reichsanst. 1878.) 8.

Stur, Dion. Geologische Uebersichtsaufnahme des Wassergebietes der Waag und Neutra. (Aus d. Jahrb. d. k. k. geol. Reichsanst.) Wien. 1860. 8.

Stur D. Geologische Uebersichtskarte der Neogen-Tertiären Diluvial- und Alluvial-Ablagerungen im Gebiete der nordöstlichen Alpen von Oesterreich, Salzburg, Kärnten, Steiermark und Tirol, verbunden mit einer Darstellung der Verbreitung des tertiären Meeres und dessen Festlandes zur Zeit der Schotter-Ablagerung, nach den Aufnahmen der k. k. geolog. Reichsanstalt reduzirt und entworfen von April 1855 von — —.
1 Bl. 19½" hoch, 27" br., lithogr. Farbendruck von Reiffenstein und Rösch in Wien. Eigenthum der Verlagshandlung Artaria & Komp. 1855. Maßstab von 8 österreichischen Postmeilen = 1/576000 der Natur, d. i. = 7" 11''', mit Gradeintheilung, der Grad in 12 Theile getheilt, nebst einer Farben-, einer Zeichen- und Schrifterklärung. Diese Karte hat eine für ihre Größe sehr ausführliche Terrainzeichnung.

Stur. D. Die geolog. Verhältnisse der Thäler der Drau, Isel, Möll und Gail in der Umgebung von Linz, ferner der Carnia im Venetianischen Gebiete. (Aus d. Jahrb. d. k. k. geol. Reichsanst.) Wien. 1856. 4

— Versuch einer Aufzählung der phanerogamischen Nutzpflanzen Oesterreichs und ihrer Verbreitung. Wien. 1857. 8.

Stur, Dionys: V o r k o m m e n ober-silurischer Petrefacte am Erzberg. Wien 1865.

Stur Johann: Die slawischen Sprachelemente in den Ortsnamen der deutsch besiedelten Alpenländer Oesterreichs zwischen der Donau und der Drau.
H. 1909 PN 2650 Diss.Wien, Univ.

Stur J., Dr.: Die slawischen Sprachelemente in den Ortsnamen der deutsch-österreichischen Alpenländer zwischen Donau und Drau. Eine historisch-philologische Untersuchung über die Siedlungen der mittelalterlichen Alpenslawen mit einem Abriß ihrer allgemeinen Geschichte. S. 176'6 . . . . , 2.80
Separatabdruck

v. Stur, Carl Edler, praktische Andeutungen in Bezug auf das erfolgreichste Verfahren am Krankenlager, nebst jatrochem. u. einigen homöopath. Notizen für Aerzte u. Patienten. gr. 8. (XVI u. 191 S.) Wien 852, Heubner in Comm. n. 1⅙ ß

Stur, Colomannus a s. Radegunde, Dissertatio de s. Scriptura cum adnexis thesibus ex universa theologia historico dogmatica. Wildberg, 1745, 8°.

Stúr, L., o národních písních a pověstech plemen slovanských, s. Bibliotheka, novočeská.

Stur, Ludw., das neunzehnte Jahrhundert u. der Magyarismus. Eine Rechtfertigungsschrift. 8. (2⅓ B.) Wien 845, Benedikt'sche Buchh. Thlr. *

Stür, Leo v. Der Bürgermeister v. Zürich. Historische Erzählg. 16. (119 S.) Berl. 887, Gergonne u. Comp. geb. m. Goldschn. * * 2 50

Stür, Leo v., aus alter Zeit. Zwei Erzählungen in Versen. [Linda. — Der Stein im Gebirg'.] 8. (94 S.) Hagen 883, Risel und Comp.

Sturany, Rudolf

Sturany, Rud., Beitrag zur Kenntnis der kleinasiatischen Molluskenfauna. gr. 8. (18 S. m. 2 Taf.) Wien 902. (C. Gerold's Sohn.) n. — 90
Sonderabdruck aus: „Sitzungsber. d. k. Akad. d. Wiss."

Sturany, Rudolf: B e s t i m m u n g s l i s t e der von Herrn Dr. Konrad Natterer auf S. M. Schiff „Taurus" im Marmara-Meere gedredschten Mollusken.
Separatabdruck

Sturany, Rudolf: B r a c h i o p o d e n , s. B e r i c h t e d. Commission f. Erforschg. d. östl. Mittelmeeres. 5. Reihe.

S t u r a n y, Rud. Die Coxaldrüsen der Arachnoideen. gr. 8. (22 S. m. 2 Taf.) Wien 891, A. Hölder. * 6 —
Aus: Arbeiten d. Wiener zoolog. Instituts, besonders abgedruckt.

Sturany, Rud., über d. v. Dr. H. Rebel in Bulgarien 1896 gesammelten Gehäuseschnecken. [Aus: „Annalen d. k. k. naturhistor. Hofmuseums".] Lex.-8. (8 S. m. 1 Taf.) Wien 897. A. Hölder. n. 1. 40

STURANY, Rudolf
C a t a l o g der bisher bekannt gewordenen südafrikanischen Land- und Süsswasser-M o l l u s k e n mit besonderer Berücksichtigung des von Dr. P e n t h e r gesammelten Materiales von Dr. Rudolf S t u r a n y. Mit 3 Tafeln Besonders abgedruckt aus dem LXVII. Bande der Denkschriften der mathem.-naturw. Classe der kaiserl. Akademie der Wissenschaften. W i e n. 1898. In Comm. Gerold's Sohn. 4°. 106 S. fl. 3.70

Sturany, Rudolf, u. A. J. Wagner: Über schalentragende L a n d - m o l l u s k e n aus Albanien und Nachbargebieten (mit 18 Taf. und 1 Karte).
Separatabdruck aus: Denkschriften d. k. Akad. d. Wissensch. in Wien. Bd. 91. S. 20.

Sturany, Rudolf: Mollusken, s. Berichte d. Commission f. Erforschg. d. östl. Mittelmeeres. 5. Reihe.

STURANY, Rudolf
W. A. Obrutschew's **Mollusken-Ausbeute** aus Hochasien. Bearbeitet von Dr. Rudolf Sturany. (Mit 4 Tafeln.) Besonders abgedruckt aus dem LXX. Bande der Denkschriften der mathematisch-naturwissenschaftlichen Classe der kaiserlichen Akademie der Wissenschaften. Wien. 1900. In Comm. Gerold's Sohn. 4°. 32 S. K 5.20

— zur **Molluskenfauna** d. europ. Türkei. Nebst e. Anh., betr. d. Nacktschnecken v. H. Simroth. [Aus: „Annalen des k. k. naturhistor. Hofmuseums".] Lex.-8. (26 S. m. 3 lith. Taf.) Wien 894. A. Hölder. n. 4. —

v. Sturbin, Marq. Gustav; e. Klostergeschichte. 8. Leipz, 783. Wendler. 6 ℳ

Sturch, John. Nachricht von der Insel Wight, in Briefen an seinen Freund; a. d. Engl. Leipzig 1781. Ü: *Wichmann, Christian August.* (Ky)

Sturch, Jh., Nachr. von der Insel Wight, in Briefen an seinen Freund; aus d. Engl. (v. Chr. A. Wichmann). 8. Leipz. 781. Breitkopf u. H. 6 ℳ

Stüroke, Hermann (Eduard), aus New-York: Vom Carnauba-Wachs. [Auch in: Liebig's Annalen der Chemie u. Pharm., Bd 223, S. 283—314]. Zür. Zürcher u. Furrer Dr. 1883. 1 Bl., 41 S. 8°.
Zürich, Phil. Diss. [v. 9. März 1883].

Stürckow, Alice C., der Herr v. Zaluur. Roman. 8. (480 S.) Stuttgart 895. Deutsche Verlags-Anstalt. n. 4. —; geb. n.n. 6. —

Stürckow. Alice C., der Herr v. Zalaur. Roman. (Neue [Titel-]Ausg. 8. (430 S.) Stuttgart [895]. 900. Deutsche Verlags-Anstalt. n. 1. 50; kart. n. 1. 75

Sturdza, Alexander: Die russische Münze Sadogóra. Czernowitz: Pardini 1898.

La question du pétrole en Roumanie. Par D[imitrie Alessandru] Sturdza [**Sturza**]. Berlin: Puttkammer & Mühlbrecht 1906. (90 S.) 4°. [06. 98]

Sturdza, D., la question des Portes de fer et des cataractes du Danube. Avec des documents et une carte du Danube aux Portes de fer. gr. 8. (284 S.) Berlin 899. Puttkammer & Mühlbrecht. n. 7. —

Recueil de documents relatifs à la liberté de navigation du Danube publ. par D[imitrie A.] Sturdza [Sturza], Secr. gén. de l'Acad. Roumaine. Avec 8 cartes et diagrammes. *Berlin: Puttkammer & Mühlbrecht 1904.* (XXXIV, 933 S.) 8° [04. 774]

Sturdza, Dimitrie C. [Hrsg.], s. Actes et documents relatifs à l'histoire de la régéneration de la Romaine.

Sturza, Demetrius Constantin (Skeia i.d. Moldau)
De 13 § 5 de usufructu.
[lt. Dekanatsbuch nur handschriftlich eingereicht.]
Dr. jur. Giessen 1860.

Sture, das edle Haus. s. Haus.

Stürenberg, s. Stürenburg

Stürenburg, Bernhard, Referendar: Die Bestrafung konkurrierender Verbrechen. Borna-Leipzig 1908: Noske. VII, 104 S. 8°
Leipzig, Jur. Diss. v. 24. Sept. 1908
[Geb. 5. April 83 Leipzig; Wohnort: Großschönau; Staatsangeh.: Sachsen; Vorbildung: Kreuz-Gymn. Dresden Reife O. 02; Studium: Freiburg i. B. 1, Leipzig 2, Berlin 1, Leipzig 4 S.; Rig. 23. Jan. 07.] [U 09. 2703

Stürenburg, C., Lehrbuch der mikroskopischen Photographie, s. **Reichardt, Osc.**

Stürenburg, Caspar, s. Stürenburg, Kaspar

Stürenburg, Cirk Heinr., ostfriesisches Wörterbuch. Lex.-8. (XII und 356 S.) Aurich 857, [Spielmeyer.] *

Stürenburg, Heinrich *Albert Julius*: Die Bezeichnung der Flufsufer bei Griechen und Römern. 4 (45 S.).
Progr. G. z. heil. Kreuz *Dresden* 1897
Auch in Festschrift der 44. Versammlung deutsch. Philol. u. Schulmänner dargeboten v. d. öffentl. höh. Lehranstalten Dresdens. 4 (S. 287—331).

Stürenburg, Heinr., die Bezeichng. d. Flussufer bei Griechen u. Römern. Progr. gr. 4. (45 S.) Dresden 897. (v. Zahn & Jaensch.) n.n. 1. 20

Stürenburg, Heinr. De cladibus trasumenna et cannensi. (Adiecta est tabula geographica.) 20 S. **Progr.** Thom. *Leipzig* 1883.

Stuerenburg, Heinr., de Romanorum cladibus Trasumenna et Cannensi. [Adiecta est tabula geographica (lith.).] gr. 4. (20 S.) Leipzig 883. (Hinrichs' Sort.) n. 1. 20

Stürenberg, Heinrich, Dresden und die Leibesübungen, E. Sedanbetrachtung, Dresden 1903, 15 S., 8°.

Stürenburg, Heinrich, Rekt. Prof. Dr.: Die **Errichtung** eines Anbaues und der Umbau des bisherigen Schulhauses. *Dresden 1900: Lehmann.* (S. 9—19.) 4°
Dresden, G zum heiligen Kreuz, OP 1900 (571)

Stürenburg, Heinr., Erziehung zur Wehrhaftigkeit. 8. (75 S.) Leipzig 878, Strauch. *
Aus: Deutsche Turn-Zeitung, besonders abgedruckt.

Stürenburg, Heinrich, Militärische Jugenderziehung? 4 S., 8°.

Stürenburg. H., De carminis Lucretiani libro primo. I. Diss. 1874. 42 S.

Stürenburg, Heinrich [Konrekt. Prof. Dr.]: Zu den Schlachtfeldern am Trasimenischen See und in den Caudinischen Pässen (mit Karte). Leipzig, Druck v. A. Edelmann, 1889; 1 Bl., 17 S., 1 Kart. 4°
Leipzig, Thomas-S, OP 1889 (515)

Stürenburg, H., zu den Schlachtfeldern am Trasimenischen See u. in den caudinischen Pässen [m. Karte]. gr. 4. (17 S.) Leipzig 889. (Hinrichs' Sort.) n. 1. —

Stürenburg, Heinrich, Turnkunst (Aus „Meyers Konversat.-Lexikon", 1907), 8 S., Gr.-8°.

Stürenburg, Heinrich [Prof. Dr., Rektor]: *Verzeichnis der den Jahresberichten der Anstalt in den letzten 10 Jahren beigegebenen Abhandlungen.* Dresden, Lehmannsche Buchdr., 1897; 1 S. 4.
Dresden, G z. heiligen Kreuz, OP 1897 (554)

Stürenburg, Heinrich: [Verzeichnis der den Jahresberichten der Anstalt in den letzten 10 Jahren beigegebenen Abhandlungen.] *Dresden 1898: Lehmann.* (1 S.) 4° ¶ [Vgl. P-Beilage 1897.]
Dresden, G z. heiligen Kreuz, OP 1898 (558)

Stürenburg, Heinrich, Rekt. Prof. Dr.: [Verzeichnis der den Jahresberichten des Gymnasiums zum heiligen Kreuz in den letzten 10 Jahren beigegebenen wissenschaftlichen Arbeiten.] *Dresden 1900: Lehmann.* (S. 2.) 4° ¶ [Vgl. Progr. 1897. 98.]
Dresden, G zum heiligen Kreuz, OP 1900 (571)

Stürenburg, Heinrich, Rekt. Prof. Dr.: [Verzeichnis der den Jahresberichten des Gymnasiums zum heiligen Kreuz in den letzten Jahren (seit 1888) beigegebenen wissenschaftlichen Abhandlungen.] *Dresden 1901: Lehmann.* (S. 2.) 4° ¶ [Vgl. Progr. 1897. 98. 1900.]
Dresden, G zum heiligen Kreuz, OP 1901 (580)

Stürenburg, Heinrich, Rekt. Prof. Dr.: [Verzeichnis der den Jahresberichten des Gymnasiums zum heiligen Kreuz in den letzten Jahren (seit 1885) beigegebenen wissenschaftlichen Abhandlungen.] *Dresden 1902: Lehmann.* (S. 2.) 4° ¶ [Vgl. Progr. 1897. 98. 1900. 1901.]
Dresden, G zum heiligen Kreuz, OP 1902 (594)

Stürenburg, Heinrich, Rekt. Prof. Dr.: [Verzeichnis der Programm-Abhandlungen 1885—1901.] *Dresden 1903: Lehmann.* (S. 2.) 4°
Dresden, G zum heiligen Kreuz, Pr.

Stürenburg, Dr., Heinrich, Oberlehrer am Thomas-Gymnasium zu Leipzig und Secondlieut. der Landwehr 67. Reg. Wehrpflicht und Erziehung. 116. Heft der „Deutsche Zeit- und Streit-Fragen". 8. Berlin 1879.

— **Wehrpflicht u. Erziehung,** s. a. Zeit- u. Streit-Fragen, deutsche.

STÜRENBURG, Karl (Aurich): Ueber Enteroanastomose.- München: Ernst 1898. 31 S.
14.7.1898 - Chr 1898/99.12; Jv 1898/99,221
Diss. Ingolst.-Landsh.-Mchn.

Stuerenburg, Car. (geb. Hildburghausen 18. 11. 1842): Quaestiones Sophocleae. Berolini (1864). (65 S.) 8°
Berlin, Phil. Diss. v. 15. Dez. 1864

Stuerenburg, Car., Quaestiones Sophocleae. gr. 8. (66 S.) **Berlin 864, Nicolai'sche Sortimentsh.** *

Stürenburg, Kaspar

--and Steiger, Ernst (comps and eds). Auskunft u Rat, für Dt-aner in den wichtigsten Fragen des öffentlichen Rechts-, Geschäfts- und Privat-Lebens. NY, 1888.

--and Steiger, Ernst (comps and eds). --II. Teil: Lexikon der Hauswirtschaft, einfache Recepte, erprobte Hausmittel u praktische Winke ... nebst einem dt-eng Verzeichnisse chemisch-technischer u vieler anderen Kunstausdrucke. NY, 1888.

Stürenburg, Caspar. Alte Bekannte aus d N Yorker Dten Viertel. NY, 188-[?].

--Bilder aus der Mietskaserne im N Yorker Dten Viertel. NY, 188-[?].

--Freudvoll u Leidvoll. Bilder aus d N Yorker Dten Viertel. NY, 188-[?].

Stürenburg, C., Klein-Deutschland, s. a. Bilder aus dem amerikanischen Leben.

Stürenburg, C., Klein-Deutschland. Bilder aus d. New-Yorker Alltagsleben. New-York 1886. (Auch m. d. Titel: Bilder aus d. Amerik. Leben von Deutschen in Amerika. Bd. II.) 8°. Zahm. (Mk. 2—.) (1 Mk. 20 Pfg., Beck, Nördl., 1891.)

Stürenburg, C. Klein-Deutschland, Skizzen. 3. Aufl. New York, 1889. UC

Stuerenburg, Rud., s. Ciceronis de officiis libr.

Stürenburg, Rud., s. **Cicero oratio pro A. Licinio Archia Poeta.**

Stürenburg, R., Samnitica. Diss. 1881. 38 S. 4°. 1.20

Stürer, Heinr., Fürst u. Sänger. Orientalische Parodie m. Gesang in 1 Aufzuge. Musik nach bekannten Meistern. (32 u. Musikbeilage 4 S.) 8. Mannheim (904). A. Schenk. n. 1.50

Stürer, Heinr., Doktor Krampel. Schwank in 1 Aufzuge. 8. (27 S.) **Mannheim (900). A. Schenk.** 1.50

(Sturge, Joseph, Elihu Burrit u. Frederik Vheeler:) Dänemark und die Herzogthümer. An die Mitglieder des zu Frankfurt a.M. gehaltenen Friedenscongresses. Hamburg. 1850. 4°

Sturhahn, Aug.

Sturhahn, A., kurzgefaßte biblische Glaubenslehre. gr. 8. (VI, 78 S.) Barmen 894. (H. Klein.) n. 1.20

— **die Rechtfertigungslehre nach J. T. Beck m. Berücksicht. v. Ebrard's Sola. gr. 8. (36 S.) Leipzig 890. Fr. Richter.** n. — 50

Sturhahn, A[ug.]: Zur systematischen Theologie des Johannes Tobias Becks. Gütersloh: C. Bertelsmann 1903. (50 S.) 8°
(Beiträge z. Förderung christl. Theologie. Jg. 7, H. 6.

Sturhahn, C., von Herodes dem Großen bis zum Kriege mit den Römern. Bilder aus dem jüd. Volke zur Zeit Jesu Christi und seiner Apostel. gr. 8. (IV, 211 S.) Detmold 887, (Schenk.) *

Sturhan, Hermann, Oberveterinär a. Darmstadt: Aus dem Pharmakologischen Institut in Gießen. Ueber die Bindung des Chloroforms im Blute. M. 1 Abbildung. Gießen 1907: O. Kindt. (26 S.) 8°
Gießen, Veterinär-Med. Koll., Ref. Geppert, Diss. v. 25. Juni 1907
[Geb. 22. Mai 73 Dielingen (Westf.); Wohnort: Darmstadt; Staatsangeh.: Preußen; Vorbildung: Gymn. Minden Reife O. 92; Studium: Tierärztl. Hochsch. Berlin 7 S.; Rig. 6. März 07.]

Stürken, Alfr., Reisebriefe aus dem persischen Golf u. Persien. (56 S. m. 28 Abb. auf 20 Taf.) gr. 8. Hamburg 907. L. Friederichsen & Co. 4. —
Sonderabdr. aus: „Mittlgn. d. geogr. Gesellsch. in Hamburg".

Stürken, Nicolas, metaphysische Essays. 2 Hfte. gr. 8. (XI, 175 u. III, 172 S.) Hamburg 882. Mauke Söhne. n. 6. —

Stürler, ... Architecture Suisse, s. Graffenried.

Stürler, Alb. v., e. Beitrag zur Lehre v. der Probe-Laparotomie. Diss. gr. 8. (71 S.) Bern 891. (H. Koerber.) n. 1.20

[Stürler, August von.] Die Ereignisse in Messina am 6. und 7. September 1848. Von einem Augenzeugen des vierten Schweizer-regiments. ⟨SA.⟩ 8. Bern [1848].

(Stürler, August von.) Die Ereignisse in Messina am 6. und 7. September 1848. Von einem Augenzeugen des vierten Schweizer-regiments. 2. Aufl. 8. Bern [1848].

(v. Stürler, A.) Die Ereignisse in Messina am 6. u. 7. Sept. 1848. Von e. Augenz. d. 4. Schweizerregiment. 2. Aufl. (18.) 8. Bern 1849. 0.20.

v. Stürler, A., s. Ereignisse, die, in Messina.

[Stürler, August von.] Der Feldzug in Sizilien, im April 1849. Von einem Augenzeugen des vierten Schweizerregiments. ⟨SA.⟩ 8. Bern [1849].

Stürler, Moritz von (Hrsg.), s. Actenstücke zur Geschichte der französischen Invasion in die Schweiz im Jahre 1798.

Stürler, Moritz von. Die Gedenktage von Fraubrunnen. Vortrag des Herrn Moriz von St'... an der Hauptversammlung des historischen Vereins, den 10. Juli 1864. [SA.] 8. [Bern 1867.]

Stürler, Moritz von. Die Gesellschaft von Obergerberen in Bern. Mit 2 Abbildungen in Farbendruck. SA. 8. Bern 1863.

Stürler, M. v.: Gutachten des Staatsarchivariats über die konzessionierten Wirtschaften 8°. 20 S. (November.) Bern. 1870.

(Stürler, M[oritz] v[on].) Die Jahrzeitbücher von Jegistorf. Eine Erinnerung an die Jahresversammlung des hist. Vereins des Kantons Solothurn von 1871, vom bernischen hist. Verein. [SA.] 8. Bern 1871.

Stürler, M[oritz] von. Der Laupenkrieg 1339 und 1340. Kritische Beleuchtung der Tradition, als Beitrag zur Läuterung der ältern Bernergeschichte, von M. von St'.... ([Hrg. von] G[ottlieb] Berger.) 8. Bern 1890.

Stürler, M. v., der Laupenkrieg 1339 u. 1340. Kritische Beleuchtung der Tradition als Beitrag zur Läuterung der ältern Bernergeschichte. gr. 8. (89 S.) Bern 890. (Huber & Co.) n. 1. 80

[Stürler, Moritz von.] Ueber das Schicksal des bernischen Staatsschatzes und der bernischen Staatskassen, sowie über die Plünderungs- und Kontributionsverhältnisse im Jahr 1798. Skizzen aus dem Raubkriege der Franzosen und der Franzosenhelvetik. [SA.] 8. Bern 1851.

(Stürler, M[oritz] von.) Die Staatspolitik Berns gegenüber Genf, vom Burgunderkriege bis zur Freiwerdung der Genfer durch die Bernerwaffen 1536 (als kritische Beleuchtung der zwei ersten Bücher des ersten Bandes von Prof. F[riedrich] W[ilhelm] Kampschulte's Werk: Joh. Calvin, seine Kirche und sein Staat in Genf...). [A.] 8. [Bern 1871.]

Stürler, Moritz von, s. Urkunden d. Bernischen Kirchenreform.

Stürler, Moritz von. Vertrauliches aus meinen Erinnerungen an Herrn Eduard von Wattenwyl von Diesbach, als Historiker. Aus dem Nachlasse von Moriz von St'. SA. 8. [Bern 1889.]

Stürler, M[oritz] v[on]. Die Volksanfragen im alten Bern. Dem historischen Vereine vorgetragen von M. v. St'.... [SA.] 8. Bern 1869.

Sturlunga, Sagaedr Islendinga Saga minnkla. Tom. I—IV. 4. Kopenh. 817—19. Bonnier. 6 ₰ 20 ℊ

Sturluson (auch Sturleson u. Sturlason), Snorre, s. Snorre.

Sturluson, Snorri, das Leben König Olofs des Heiligen, s.: Schull, Ferd.

Snorri Sturluson's Weltkreis (Heimskringla) übers. u. erläutert v. Ferdinand Wachter. Bd. 1—2. Leipzig. 1835—36. 8°.

Sturm [Sachl. OW]

Sturm, Der,

— — oder der Sommernachts-Traum von Shakespeare. 8. Mannh. Schwan.

— der, oder d. bezauberte Insel. Schspl. in 2 A. 8. Leipz. 780. Barth. 5 ℊ

— der, Schsp. v. Shakespeare, bearbeit. v. Tiek. 8. Berlin. (Sommer in Lpz.) 796.

Sturm, Der, oder die bezauberte Insel; ein Singspiel nach Shakespeare von J. W. D. Cassel (nicht München) 1798. B: *Döring, Johann Wilhelm.* (GGr VI, 439) (Zeitschr. f. Büch. N. F. 15, 1923, S. 123)

— — dasselbe. 8. Cassel, Griesbach. 798.

— der, oder die bezauberte Insel; e. Singspl. nach Shakspeare v. J. W. D. (Frz. Xav. v. Caspar). 8. Münch. (Cassel) 798. (Luckhardt). 6 ℊ

Sturm, der, Oper in 2 Aufz. v. Hensler. 8. Ebend. 798.

STURM, Der, oder die Liebe im Thale. Leipzig, Joachim (c. 1800). 8°. (2/3 Rthl.) Selten!

Sturm, der, oder d. Liebe im Thale; e. Gemälde rührender Scenen a. d. menschl. Leben, m. K. 8. Lpz. Joachim.

Sturm. (Gedichte.) In-8°, 91 S. Zürich, Verlagsmagazin (J. Schabelitz). 1888. 1 25

Sturm. 2. Aufl. Zürich 1890. V: *Mackay, John Henry.* (Cat. d. Stadtbibl. Zürich. Zürich 1864—97.)

Sturm. 2. Aufl. In-12°. XII, 115 S. Zürich, Verlags-Magazin (J. Schabelitz). 1890. 1 20

Sturm! Zeitschrift f. öffentl. Leben u. Kunst. Hrsg.: F. Schmid. Red.: Frz. Hoeller. Jahrg. 1901. 36 Nrn. gr. 8. (à ca. 16 S.) München. Wien, Verlag „Sturm". n. 4.—
Erscheint nicht mehr. Firma erloschen.

Der **Sturm**. Wochenschrift f. Kultur u. d. Künste. Hrsg. u. Schriftleiter: Herwarth Walden. Jg. 1, Nr. 1. Berlin-Halensee: Homeyer 1910. 2° [10, 5303]

Sturm, der. Wochenschrift f. Kultur u. die Künste. Hrsg. u. Schriftleiter: Herwarth Walden. 1. Jahrg. März 1910—Febr. 1911. 52 Nrn. (à ca. 8 S.) 39×29 cm. Berlin-Halensee, Verlag „Der Sturm". 5.—

Sturm, Der, von Boxberg, ein pfälzisches Original-Schauspiel in drei Aufz. Mannheim 1778. N. A. 1785. V: *Maier, Jacob.* (MI.) (Ky) (Adel) (GGr)

Sturm, der, von Boxberg. Schspl. (von Jak. Maier). 8. Manh. ... 2e A. 785. Schwan u. G. 5 ℊ

— d., v. Boxberg. Schsp. 8. Mannh. Schwan. 786.

Sturm und Drang; ein Schauspiel. Berlin 1777. V: *Klinger, Friedrich Maximilian.* (MGT)

— u. Drang. Schsp. v. Klinger. 8. Berl. Decker. (Rottmann.) 777.

Sturm, Emeran, der Findling. Scenen aus dem Leben des Räuberhauptmanns Lorenz Lorenzo des Unerschrockenen. Würzburg 1828. V: *Scharfenberg, August.* (KY) (HS) (GGr)

Sturm, der, auf England, aus d. Briefen e. fränkischen Correspondenten übers. 8. Leipz. 804. Compt. f. Lit. 6 gl.

Vor dem Sturm und andere Geschichtchen von F. F. *Witten u. d. R.: Stadtmission [1900].* (16 S.) 8° [F.]
— Blütenzweige. No 3.

Sturm und Kompass. Leipz. 1858. V: *Lindner, Christ. Albertine.* (Asher, A. Schopenhauer. Berlin 1871.) (Lindner »Ein Wort der Vertheidigung« S. 41 ff.)

Sturm und Kompass. Ein Roman. Leipzig 1858. V: *Lindner, Ernst Otto & Christ. Albertine Lindner.* (Zeitschr. f. Büch. N. F. 15, 1923, S. 123)

Sturm und Compaß. Ein Roman in 2 Bdn. Berlin 859. Guttentag. 8. (494 S.) 2 ₰ 15 ngr

Sturm, der, d. Lebens. Frei nach dem Engl. v. R. R. 12. (75 S.) Hamburg 896. Evang. Buchh. n. — 20

— der, von Leipzig im Oct. 1813. 8. Leipz. 813. (Rein). 4 gl.

Sturm, Der, von Magdeburg. Ein vaterländisches Schauspiel in fünf Aufzügen. Magdeb. 1799. V: *Schmidt, Friedrich Ludwig.* (GGr)

— d., v. Magdeburg. E. vaterländisches Schsp. in 5 Akten von F. L. Schmidt. 8. Magdeb. Heinrichshofen. 799.

Sturm von Missolunghi, der, Trauerspiel in 3 Aufzügen, von einem Freunde der heldenmüthigen Griechen. 2e Aufl. Mit 1 Kpfr. u. 1 Musikbeil. gr. 12. Hersfeld 826, Ind.-Comptoir. Rthlr.

Sturm u. Drang, neuer. Berlin 894. Horn & Rasch. Angekündigt, aber vom Verf. nach der Drucklegung zurückgezogen.

Sturm, der, auf dem Rhein. Vier Unterhaltungen mit Schiffern üb. d. Frage: Welche sind d. wahren Freunde u. Feinde d. kathol. Kirche? gr. 8. (4 B.) Leipzig 838, Rein'sche Buchh.

Sturm u. Stern, Gedichte v. Julia Virginia. (132 S. m. Bildnis.) kl. 8. Berlin 905. Schuster & Loeffler. n. 3. —; geb. n. 4. —

Sturm [Verfasser]

Auctions-Katalog der von Herrn Sturm hinterlassenen werthvollen Kupferstichsammlung. Berlin 1881. 8°.

Sturm, über Geld und Banken, s. Bildungs-Blätter für unser Volk.

Sturm's Gustav-Adolf-Hefte. Nr. 5. gr. 8. Dresden, F. Sturm & Co. à n. — 10
Gemeinden, die neuen evangelischen, in Böhmen. Uebersicht üb. die Erfolge der Los v. Rom-Bewegg. nach dem Stande v. 1903. Dem deutsch-evangel. Volke gewidmet vom sächs. Gustav-Adolf-Boten. (16 S. m. Abbildgn.) (904.)
Die Hefte 1—4 erschienen u. d. T.: Gustav-Adolf-Hefte, sächsische.

Sturm, Monhaupt's auf allen Welt- u. Landesausstellungen preisgekrönte Orig.-Citronensaftkur m. „Citromon", ihre Anwendg. u. Wirkg. gegen die harnsaure Diathese bei Rheumatismus, Gicht, Gallenstein, Leber-, Magen-, Nierenleiden, Fettleibigkeit, Zuckerkrankheit, Neigg. zu Schlaganfällen u. Hautunreinigkeiten. 12. (78 S.) Berlin (901). (Berolina-Versand-Buchh.) — 20

Sturm, A.: „Regulae oeconomicae; oder nützliche Haushaltungsregeln", Leipzig 1712.

Sturm, A.-J., recueil des lois, règlements, ordonnances, tarifs etc. sur le service médical, dans le grand-duché de Luxembourg, depuis 1839 à 1869. Luxemburg 869. (Bück.) gr. 8. (160 S.) 1 ₰

Katalog der Bibliothek der Loge Friedrich Wilhelm zum eisernen Kreuz. Or.·. Bonn. [Zsgest. von A. W. Sturm.] [Nebst Nachtr.] Bonn 1900—[1903]: Georgi. 8° [Umschlagtit.]
Verz. 18 S. 1900; [Nachtr.] 2 Bl. [1903].

Sturm, Adolph. (Ferd. Kunibertus) (geb. Berlin 27. 12. 1822): De graviditate extrauterina. Berolini (1840). (38 S.) 8°
Berlin, Med. Diss. v. 31. Aug. 1849

Sturm, Adolphus Eduardus (*geb. Kalisch in Pol. [29.10.]1833*): De organo auditus cum organo visus comparato. Vratislaviae (1857). (28 S.) 8°
Breslau, Med. Diss. v. 21. Nov. 1857

Adolf Eduard Sturm

De Ulceribus artificialibus. Berolini (1821:) Brueschcke. 46 S. 8°
Berlin, Med. Diss. v. 13. März 1821

Sturm, Albert

Sturm, Alb., Culturbilder aus Budapest. gr. 8. (VI, 313 S.) Leipzig 876. Fues. n. 5. —

Sturm, Prof. Albert. Im Manöver-Kaiserzelt. Sonderabdruck aus dem Jubiläums-Prachtwerke „Franz Joseph I. und seine Zeit". 4. Budapest 1899.

Sturm, Albert, aus Rüdesheim am Rh.: Der spezifische elektrische Widerstand und dessen Temperaturkoeffizient bei Aluminium-Zink-Legierungen von verschiedenem Mischungsverhältnis. *Aachen [1904]: La Ruelle.* (38 S.) 8°
Rostock, Phil. Diss. v. [21. März] 1904

Sturm Dr. Alexander: Die Anfänge der Habsburger in Österreich und der Widerstand der Adeligen und Wiener. 28. Wien III. R. 91. **Progr.**

STURM, Alexander: Die Aufstände der österreichischen Herren und der Wiener unter Rudolf I. und Albrecht I. Albrechts Vergiftung. (1276 bis 1296). — 1880. 20 S. Diss. Graz, Univ.

Sturm, Alexander Eine Ferienreise durch Bosnien und die Hercegowina. 8 (44 S.). **Progr.** K. k. Staats-G. *Ried* 1894.

Sturm Dr. Alexander: Festgedicht zur Feier Grillparzer's hundertjährigem Geburtstage. Wien III. R. 91. **Progr.**

Sturm, Alexander: Im Gebiete der hohen Tauern.
8 (31 S.). **Progr.** K. k. Staats-G. *Ried* 1900.

Sturm, Alex. Gedichte f. die reifere Jugend. 12. (96 S.) Cilli 892. (Graz, Wagner.) * 1 20

Sturm, Alex., Gedichte. 2., umgeänd. Ausg. 12. (III, 96 S.) Cilli 893. D. Hribar (durch Sallmayer & Co. in Wien). n. 1. 20

Sturm, Alexander Die Geschichte des Postwesens in Österreich. Für die Jugend zusammengestellt. 8 (S. 29—42).
Progr. K. k. Staats-G. *Cilli* 1892.

— historische Novellen u. Erzählungen. I. Bd. Nach deutschen, französ., italien. u. ungar. Quellen gesammelt u. hrsg. 12. (III, 100 S.) Ebd. 893. n. — 80

Sturm, Alex., deutsche Vers- u. Tropenlehre, m. e. Anh. üb. die Dichtungsarten. Zum Gebrauche an Mittelschulen u. Bürgerschulen f. Knaben u. Mädchen. gr. 8. (35 S.) Wien 890. Hölder. n. — 60

Sturm, Alex., deutsche Vers- u. Tropenlehre, m. e. Anh. üb. die Dichtungsarten. Zum Gebrauche an Mittelschulen u. Bürgerschulen f. Knaben u. Mädchen. 2. Aufl. (30 S.) gr. 8. Wien 905. A. Hölder. n. — 56

Sturm, Ambros

— Geschichte der Mathematik. (152 S) (Sammlg. Göschen 226) 16° Leipzig 1904

Geschichte der Mathematik von Ambros **Sturm**. Mit 7 Fig. Neudr. Leipzig: Göschen 1906. 152 S. 8°
(Sammlung Göschen. 226.) A 12. 1187 11

Sturm, Ambros., Geschichte d. Mathematik, s. a. Sammlung Göschen.

Sturm Ambros. Das delische Problem. 59. 11. 49. Seitenstetten 1895—97.
Progr.

Sturm, Anton

Sturm, Ant., ABC- u. Lesebuch nach einer einfachen u. schneller zum Zweck führenden Methode. Mit 5 ill. Kpf. 12. Wien 819. Müller. 1 fl 8 kr

— der kleine Aesop, oder: 100 sechsversige Fabeln f. die Jugend gewählt, eingerichtet u. gedichtet. Mit 100 fein color. Vign. u. 1 Titelkpf. 16. Wien 825. Müller. 2 fl 20 kr

— die ersten Blätter zum Unterrichte der Kinder von 3 bis 6 Jahren, enthalt. kurze Gedanken, in Gesprächform u. Erzähll. Mit 12 ill. Kpf. 8. Wien 821. Müller. 20 kr

— Herzensergießungen (Le Language du coeur). Ein Buch, um theuern Personen bei allen feierl. Gelegenheiten, Liebe, Erkenntlichkeit, Hochachtung u. Verehrung (in Prosa u. in Versen) zu bezeigen. Deutsch u. französ. Mit 2 fein ill. Vign. gr. 12. Wien 825. Müller. 18 kr

— Flora's lieblichste Kinder, nebst Allem, was von ihnen zu wissen noth u. wohl thut. Ein Doppel-Alphabet von Blumen. Taschenform. Wien, Müller. illum. 2 fl 20 kr

— der kleine Mußedieb. Eine Auswahl interessant. Gesellschafts-spiele zur Erheiterung f. Personen beiderlei Geschlechts; aus d. Französ. Mit Kpf. 12. Wien 821. Müller. 1 fl 8 kr

— erste Reise in das Gebiet der Geographie. Ein Spiel für die Jugend. Mit 16 Landkart. u. 36 ill. Kpft. 16. Wien 818. Müller. 2 fl 8 kr 2e verb. Aufl. Mit 16 Landkart. u. 36 ill. Kpf. 16. Ebd. 829. 1 fl 16 kr

— gründl. Schule der Zeichenkunst, f. Anfänger. Mit viel. Abbildd. qu. 4. Wien 825. Müller. 1 fl 10 kr

— Taschen-Globus, od. d. bequemste Vorrichtung, mit 2 Zügen aus einer platt zusammengelegten Kugel, eine sphärische zu bilden. Zum Elementar-Unterricht. gr. 8. (1 B. Text) Wien 823, Müller.

Sturm, Ant., Taschen-Globus, oder die bequemste Vorrichtung, mit zwey Zügen aus einer platt zusammengelegten Kugel eine sphärische zu bilden; bestimmt zum Elementar-Unterrichte für die Jugend. 2e Aufl. Mit 2 color. Kpfrtaf. gr. 8. Wien 839. Müller. In verziert. Etui 5/6 fl

— Treue besteht, Falschheit vergeht; od. Begebenheiten aus der Familie von Lilienstadt, lebhaft, treu u. faßl. für die Jugend erzählt. Nach d. Französ. der Mad. de Saint-Maurice „Les quatre amis réduit à trois." Mit 8 illum. Kpf. qu. gr. 8. Wien 825. Müller. 1 fl 10 kr

Sturm, August

Sturm, Aug., deutsche Balladen. Ein Weihnachtsbuch f. den deutschen Winter. (VI, 106 S.) kl. 8. Leipzig 904. C. F. Amelang. n. 1. 50; geb. in Leinw. n. 2. —

—— nach dem Balle, s. Wallner's allgemeine Schaubühne.

Die Bedeutung der Mehrheit in der Rechtsgebung und in der Rechtsprechung. Ein wissenschaftl. Beitrag z. Lösung d. Frage nach d. Besetzung d. Richterstellen ... von Justizrat Dr. August **Sturm**, Rechtsanw. Halle a. S.: Waisenhaus 1908. (40 S.) 8° [F.] 08. 13163

—— Beiträge zum römischen Recht unter Berücksicht. d. Entwurfs f. das bürgerliche Gesetzbuch. gr. 8. (VII, 115 S.) Naumb. 891, Schirmer's Verlag. * 1 50

Sturm. Die wichtigsten Bestimmungen d. Arbeiterschutzgesetzes vom 1. Juni 1891, unter Berücksicht. der f. das Fürstenth. Reuß j. L. erlassenen Ausführungsverordngn. zusammengestellt. gr. 8. (24 S.) Schleiz 892, Lämmel. ** — 25

Sturm, Aug. die Brautschau, s. Wallner's allgemeine Schaubühne.

Sturm, Aug. Donat. Historisches Drama in 4 Akten. Der neueren Dichtgn. 2. Bd. gr. 8. (IX, 116 S.) Hamb. 891, Verlagsanstalt u. Druckerei, A.-G. * 3 —

(B) — Donat. 891. (KBL 28.) Jetzt: Dresden, R. Kraut. Erm. Pr. 1. 50

Sturm, A[ugust], Tierarzt aus Frankfurt a. M.: Ueber Dottertumoren und Eikonkremente bei Hühnern in ihren Beziehungen zu Eileiter und Eierstock. ⟨Aus dem Senckenbergischen patholog. Institut zu Frankfurt a. M. Professor Fischer.⟩ Berlin 1910. 36 S. und eine Tafel. 8°. S.-A. aus dem Archiv f. wissensch. und prakt. Tierheilkunde. Band 36. 1910. [11. VI. 09.]
Bern. Vet.-med. Diss. 1909/10.

Sturm, A[ugust]. Ueber Dottertumoren und Eikonkremente bei Hühnern in ihren Beziehungen zu Eileiter und Eierstock. Aus dem Senckenbergischen patholog. Institut zu Frankfurt a. M. .... Diss. Vet.-Med. Bern. Mit 5 Abbildungen auf 2 Tafeln. (Sonder-Abdruck aus dem Archiv f. wissensch. u. prakt. Tierheilkunde. Band 36. 1910.) 36 S. 8. Berlin, L. Schumacher, 1910.

Sturm, Aug., die Einbringung v. Sachen bei Gastwirthen nach dem Rechte des bürgerl. Gesetzbuchs. Eine Abhandlg. f. Theorie u. Praxis. gr. 8. (44 S.) Leipzig 900. (P. M. Blüher.) 1. —

Die Einbringung der Sachen bei Gastwirthen nach dem Rechte des Bürgerlichen Gesetzbuchs. Eine Abh. f. Theorie u. Praxis von Dr. jur. A[ugust] **Sturm**, Notar in Naumburg a. S. [Aufgekl.:] *Köln a. Rh.: Internat. Ver. d. Gasthof-Besitzer 1900.* (44 S.) 8° [F.]

Sturm, das neue Einkommensteuergesetz für das Fürstent. Reuß j. L. vom 16. Juni 1890. Vortrag. 8. (20 S.) Schleiz 890. Lämmel. n. – 15

Sturm, Aug., auf Flügeln d. Gesanges. Ein deutsches Liederbuch. 8. (VI, 90 S.) Neuhaldensleben 883. Besser. n. 1. 50; geb. m. Goldschn. n. 2. —

— Auf Flügeln des Gesanges. Lieder. 2., sehr verm. Aufl. (118 S.) kl. 8. Leipzig 907. C. F. Amelang. Geb. in Leinw. 1.—; in Ldr. 2. —

— Die Form des Rechts. Ein Beitrag zur allgemeinen Lehre vom System des bürgerl. Gesetzbuchs u. des internationalen Friedensrechts u. e. Beitrag zur besonderen Lehre v. der Bereicherungsklage. (VIII, 176 S.) gr. 8. Hannover 911. Helwing. 5.—; geb. 6. —

— Reinhart Frei. Schauspiel aus der Gegenwart. Der neueren Dichtgn. 4. Bd. 8. (V, 98 S.) Naumburg a/S. 893. A. Schirmer's Verl. n. 2. —

(B) — Reinhart Frei. 893. (KBL 28.) Jetzt: Dresden, R. Kraut.

Sturm, Aug., Kaiser Friedrich d. Edle. Ein deutsches Heldenlied. Der neueren Dichtgn. 9. Bd. 12. (53 S.) Naumburg 896. A. Schirmer, Verlag. n. — 60

— Gedichte. 16. (199 S.) Gütersloh 877. Bertelsmann. 1. 50

—— Gedichte. Der neueren Dichtgn. 1. Bd. 8. (XII, 280 S.) Hamb. 889, Verlagsanstalt u. Druckerei, A.-G. * 3 —; geb. ** 4 —

— heitere Geschichten. Humoresken in Versen. 16. (69 S.) Rudolstadt 884. Hofbuchdruckerei. cart. n. 1. 20

— im Gewitter. Lustsp. aus d. deutschen Alpen. Der neueren Dichtgn. 8. Bd. 8. (VII, 82 S.) Ebd. 895. n. — 75

—— Gewohnheitsrecht und Irrthum. Ein Beitrag zur allgemeinen Rechtsgeschichte, nebst einem rechtsphilosoph. Anhang: Die monist. Grundlage des Rechts. gr. 8. (48 S.) Ebendas. 884. *

—— s. Glaube, der alte u. der neue.

— Die psycholog. Grundlage des Rechts. Ein Beitrag zur allgemeinen Rechtslehre u. zum heut. Friedensrecht unter Benutzg. der vom auswärt. Amt zur Verfügg. gestellten Rechtsquellen. (VIII, 531 S.) gr. 8. Hannover 910. Helwing. 15.—; geb. in Halbfrz. 17. —

Sturm, Aug., das Grundprincip der negotiorum gestio u. das Recht der positiven Institute. Eine Abwehr gegen E. Ruhstrat u. ein Reformvorschlag für Lehrbücher u. Gesetzbücher. gr. 8. (47 S.) Berlin 882. Puttkammer & Mühlbrecht. n. 1. 20

—— Die Haftpflicht der Gastwirthe nach römischem Recht, nach dem Entwurf f. das bürgerliche Gesetzbuch u. nach dem allgemeinen preuß. Landrecht. gr. 8. (45 S.) Naumb. a. S. 892, A. Schirmer's Verlag. * 1 —

—— klingende Herzen. Erzählende Dichtungen. 16. (VIII, 149 S.) Ebendas. 883. * geb. mit Goldschn. *

— auf der Höhe. Neue Lyrik. 8. (166 u. VIII S. m. Bildnis.) Hamburg (902). Verlagsanstalt u. Druckerei. n. 3. —; geb. n. 4. —

[F.] Hohenzollernsagen. E. Balladenkranz v. August Sturm. *Leipzig: C. Jacobsen 1897.* (1 Bl., 47 S.) 1 Bd 8.
= Sturm, A.: Neuere Dichtungen. Bd 12. [97. 6759 K]

— Hohenzollernsagen. Ein Balladenkranz. 8. (IV, 49 S.) Leipzig 898. E. A. Winkler. Geb. in Leinw. n. 1. 50

—— s. Humor, deutscher, in Wort und Bild.

— der Kampf des Gesetzes mit der Rechtsgewohnheit. Ein Beitrag zur Lehre vom Gewohnheitsrecht. gr. 8. (45 S.) Kassel 877. Wigand. n. 1. —

— die Commissivdelicte durch Unterlassung u. die Omissivdelicte. Dargestellt in ihrer histor. Entwickelg. u. klargelegt an e. Revision der allgemeinen Grundlehren d. Strafrechts. Eine historisch-dogmat. Abhandlg. gr. 8. (VII, 482 S.) Ebend. 883. n. 12. —

—— die Commissivdelicte durch Unterlassung und die Omissivdelicte. Eine Abhandlung. 2. völlig umgearb. Aufl. gr. 8. (VII, 92 S.) Ebendas. 884. *

— der König v. Babel. Ein Epos. (Titelbild von Rud. v. Reifschneider.) 8. (56 S.) Wien (902). Neue Litteraturanstalt. n. 1. —

[F.] Ein Künstlertraum. Modernes Schauspiel in 1 Acte aus d. Reiche d. Naumburger Philosophen Friedrich Nietzsche. Von August Sturm. . . *Naumburg a. S.: A. Schirmer 1897.* (35 S.) 1 Bd 8.
= Sturm, A.: Neuere Dichtungen. Bd 11. [98. 1973]

— d. Lehre v. d. Geschäftsführung ohne Auftrag nach d. bürgerl. Gesetzbuch f. d. Deutsche Reich. E. Abhandlg. gr. 8. (VII, 45 S.) Berlin 897. C. Heymann's Verlag. n. 1. —

Die Lehre von den Testamentsvollstreckern und der Entwurf des bürgerlichen Gesetzbuchs. E. Studie z. neuen Deutschen Reichsrecht u. e. Beitr. z. Lehre f. Theorie u. Praxis v. Dr. jur. A. Sturm, k. Notar . . . in Naumburg a S. *Berlin: C. Heymanns 1896.* (4 Bl., 20 S.) 1 Bd 8. [96. 6814]

[F.] Die Lehre von den Testamentsvollstreckern nach dem Bürgerlichen Gesetzbuch für das Deutsche Reich. Nebst e. Einl.: Das Amt d. Testamentsvollstreckers nach Gem. u. Preuss. Rechte, u. e. Anh.: Das giltige Testament nach Deutschem Reichsrecht. Von Dr. jur. A[ugust] Sturm, Kgl. Notar u. Rechtsanw. . . . zu Naumburg a. S. *Leipzig: Veit & C. 1898.* (VIII, 134 S.) 1 Bd 8. [97. 7343]

Sturm, Aug., die Lehre vom Vergleiche nach gemeinem u. preußischem Rechte unter Berücksicht. d. Entwurfs eines bürgerl. Gesetzbuchs f. das Deutsche Reich. Eine Monographie. gr. 8. (VIII, 96 S.) Berlin 889. v. Decker. n. 2. —

Sturm, Aug., wechselnde Lichter. Sylter Skizzen. Ein Büchlein für die Sommerfrische. 12. (76 S.) Hamburg 887, Verlagsanstalt und Druckerei, A.-G., vorm. J. F. Richter. *

— Die Liebesburg. Eine Liebeskomödie in 4 Akten u. 1 Vorspiel. (76 S.) 8. Dresden 911. R. Kraut. 1. —

Sturm, Aug., Lied u. Leben. Gedichte. Der neueren Dichtgn. 1. Bd. 8. (XII, 280 S.) Hamburg 889. Verlagsanstalt u. Druckerei, A.-G. n. 3. —; geb. n.n. 4. —

— neue Lieder. Der neueren Dichtgn. 10. Bd. 8. (XV, 112 S.) Hamburg 896. (Verlagsanstalt u. Druckerei.) Geb. in Leinw. m. Goldschn. n. 4. —

— deutsches Liederbuch. 2., veränd. u. verm. Aufl. v. „Pereat tristitia!“ Gedichte. Der neueren Dichtgn. 6. Bd. 8. (XVI, 163 S.) Leipzig 894. C. Jacobsen. Geb. in Leinw. m. Goldschn. 4. —

—— Luther auf der Wartburg. Dramatische Scene. gr. 8. (7 S.) Naumb. a. S. 892, A. Schirmer. * — 20

Über den Menschen. Dramat. Skizze in 1 Akt von August **Sturm**. Naumburg a. S.: A. Schirmer 1904. (30 S.) 8° [F.] 07. 6777

—— Merlin, der Sohn d. Teufels. Ein deutsches Epos. Der neueren Dichtgn. 3. Bd. 8. (VIII, 83 S. m. Abbildgn.) Gera-Untermhaus 892, Köhler. 1 50; geb. * 2 —

— im Morgenroth des Jahrhunderts. Eine Festgabe f. 1900. 3 dramat. Dichtgn. (I. Im Morgenroth des Jahrhunderts. Festspiel. II. Vor den Löwen. Schauspiel aus der Urzeit des Christenthums. III. Ein thüringer Waldmärchen. Symbolisches Märchenstück. [2. unveränd. Aufl.] 8. (166 S.) Naumburg 899. A. Schirmer. n. 2. —

— Im Morgenrot d. Jahrh. 899. (KBL 32.) Jetzt: Dresden, R. Kraut.

— das negotium utiliter gestum. Ein Beitrag zur Beseitigung der Construction der Rechtsinstitute aus Fictionen. gr. 8. (VIII, 152 S.) Weimar 878. Böhlau. n. 2. 60

— pereat tristitia! Liederbuch eines Antipessimisten. 8. (VIII, 119 S.) Rudolstadt 882. Hofbuchdruckerei. n. 1. 50; geb. n. 2. —

— das Rätsel d. Lebens. Dramat. Dichtg. D. neueren Dichtgn. 7. Bd. 8. (VIII, 125 S.) Naumburg 894. A. Schirmer, Verlag. n. 2. —

— Recht u. Rechtsquellen. gr. 8. (III, 198 S.) Kassel 883. Berlin, R. L. Prager. n. 5 —; erm. Pr. 2. 50

—— Recht und Rechtsquellen. Eine Abhandlung. gr. 8. (III, 198 S.) Kassel 883, Wigand. *

— d. Rechtswidrigkeit d. Unterlassung. Eine Abhandlg. gr. 8. (XI, 46 S.) Berlin 895. C. Heymann's Verl. n. 1. —

— Revision der gemeinrechtlichen Lehre vom Gewohnheitsrecht, unter Berücksicht. des neuen deutschen Reichsrechts. gr. 8. (VIII, 291 S.) Leipzig 900. Duncker & Humblot. n. 7. —

— Ritter, Tod u. Teufel. Moderne Dichtgn. (VIII, 109 S.) 8. Ebd. 910. 2. —

— König Laurins Rosengarten. E. deutsches Epos aus d. Tyroler Bergen. 12. (61 S.) Leipzig 897. C. F. Amelang. n. 1. —

— Rübezahl. Ein Sang aus Thüringens u. Schlesiens Bergen. 16. (VI, 144 S.) Jena 884. Mauke. n. 2. —

Sturm, Aug., Schwarz-Roth-Gold. Fest-Dichtg. qu. 8. (10 S.) Jena 890. Mauke. n. — 50

— ein Thüringer-Wald-Mährchen. Zauberstück in 5 Aufzügen. 8. (VIII, 53 S.) Ebend. 882. n. — 80

— Siegfrieds Tod. Dramatische Skizze in 1 Akt. (16 S.) 8. Naumburg 904. Dresden, R. Kraut. 1. —

— die strafbaren Unterlassungen, insbesondere die fahrlässigen Unterlassungen der Aerzte, Heilkünstler, gewerbsmässigen Gesundbeter u. Kurpfuscher. Eine Abhandlg. (VIII, 52 S.) gr. 8. Berlin 905. C. Heymann. n. 1. —

— verschollen. Schauspiel aus der Gegenwart. Der neueren Dichtgn. 5. Bd. 8. (V, 75 S.) Naumburg a/S. 894. A. Schirmer's Verl. n. 1. 50

— Vineta. Eine romant. Dichtg. f. das deutsche Haus. 8. (VII, 118 S.) Rudolstadt 883. Hofbuchdruckerei. n. 1. 50

Sturm, Berthold [wirkl. Name] s.a. Amberg, Bertold [Pseud.]

Sturm, Berth., 's falsche Fensterln od. 's Reserl v. Ehrwald, s.: Theater-Bibliothek, alpine, Nr. 1.

Sturm, Berth., die Räuber in der Sennhütte, s.: Theater-Bibliothek, alpine.

Sturm, Bruno (Burghard Breitner), für die Farben. Ein Akt aus dem Studentenleben. (66 S.) 8. Berlin (904). G. Schuhr. n. 3. 50; kart. n. 5. —

— Josef Lauff, — Wilhelm Scholz, — Guido List, } s.: Randglossen zur deutschen Litteraturgeschichte.

Sturm, Bruno (Burghard Breitner), die Spinne v. Isera. (107 S.) 8. Leipzig 909. Haupt & Hammon. Geb. in Leinw. 3.50; in Samtkalb 9. —

— Treibeis. Ein Schauspiel. (Umschlagbild nach e. Orig.-Aufnahme v. A. B. Wilse.) (IV, 87 S.) 8. Ebd. 909. 1.80

Sturm, Bruno, will's tagen? Soziales Drama in 3 Akten. 8. (159 S.) Leipzig (902). [Baum's Verlagsbuchh.] Berlin, G. Schuhr. n. 2. 50; geb. n. 3. 50

Will's tagen? Soziales Drama in 3 Akten von Bruno **Sturm** [d. i. Burghard Breitner]. *Berlin: G. Schuhr [1903].* (159 S.) 8° [F.] 03. 11096

Sturm, Carl, s. Sturm, Karl

Sturm, C[harles]: Abhandlung über die Auflösung der numerischen Gleichungen (1835) [Mémoire sur la resolution des équations numériques]. Aus d. Franz. übers. u. hrsg. von Alfred Loewy. Leipzig: W. Engelmann 1904. (66 S.) 8°
(Klassiker, Ostwald's, d. exakten Wissenschaften. No 143.)

Sturm, C., Abhandlung üb. die Auflösung der numerischen Gleichungen, s.u. Ostwald's, W., Klassiker der exakten Wissenschaften. Nr. 143.

Sturm, Ch., Lehrbuch d. Analysis (Cours d'Analyse). Übers. v. Thdr. Gross. 1. u. 2. Bd. Lex.-8. (X, 360 S. m. 103 Fig. u. VIII, 351 S. m. 104 Fig.) Berlin, M. Krayn (Fischer's technolog. Verl.). [1897-98] à Bd. n. 7. 50; geb. à n.n. 9. —

— Lehrbuch der Mechanik. (Cours de mécanique.) Übers. v. Thdr. Gross. 1. Bd. gr. 8. (IX, 258 S.) Berlin 899. S. Calvary & Co. n. 6.—; geb. n. 7.—

Sturm, Ch., Lehrbuch der Mechanik. (Cours de méchanique.) Übers. v. Thdr. Gross. 2. Bd. gr. 8. (XXIII, 403 S.) Berlin 900. S. Calvary & Co. n. 8.—; geb. in Leinw. n. 9.—
1. Bd. Ebd. 899. n. 6.—; geb. n. 7.—.

Sturm, Christlieb A. S. 313/7 d

Dissertatio iuridica de reo in processu inquisitorio non convicto in expensas non condemnando.
Präs. Gottlieb Sturm.
In: Sturm, Gottlieb: Dissertationes Jenenses ... Rec.
Jena (Schlomach) o. J. S. 51 - 60.

Diss. 1727. 34003

Sturm, Christoph Christian, s. A b e n d - A n d a c h t e n e. Frauenzimmers.

— Abschiedspredigt in Magdeburg. 8. Halle 778.

Sturm, Christoph Christian, s. A n e k d o t e n zur Bildung d. Sitten.

— Antrittspredigt in Hamburg. 8. Hamb. 778.

— Antrittspredigt am Himmelfahrtstage. 8. Halle 767.

Sturm, Christoph Christian, s. B e m ü h u n g e n der Welt, die christl. Religion anzupreisen.

Sturm, Christoph Christian, s. B e s t i m m u n g der Menschen beim Landleben.

Sturm, Christoph Christian, s. B e t r a c h t t., Heil., e. Kommunikanten.

Sturm, Cph. Chr., († d. 26. Aug. 1786.) Betrachtt. üb. die Werke Gottes im Reiche der Natur u. der Vorsehung. 2 Bde. gr. 8. Halle 772. N. Aufl. 776. 3e Aufl. 786. N. A. 797. Schwetschke u. S. 2 ₰ — Dass. ins Französ. übers. (v. Elisabeth). gr. 8. Haag 777. 2e Aufl. gr. 8. Ebd. 780.

— — dasselbe. 4 Thle. 8. Münster, Aschendorff. 788.

S t u r m, Chr. Chph., B e t r a c h t u n g e n üb. d. Werke Gottes im Reiche d. Natur u. d. Vorsehung. 2 Bde. gr. 8. Halle, Hemmerde u. S. 797.

— — dasselbe. 4 Thle. neue Aufl. 8. Mannh. Löffler. 800.

— Betrachtt. üb. die Werke Gottes im Reiche der Natur u. der Vorsehung f. kathol. Christen; herausgg. von Bern. Galura. 2 Bde. gr. 8. Augsb. 804. J. A. Rieger. 2 ₰ (Frkf. a. M., Wesché). 1 ₰ 16 ℛ

Sturm's, Chph. Chr., Betrachtungen über die Werke Gottes im Reiche der Natur u. der Vorsehung auf alle Tage des Jahres. Ein nützliches u. unentbehrl. Haus- u. Handbuch für jede Familie. Neu bearbeitet u. vermehrt von einem kathol. Geistlichen. 4 Bde. Januar — Dezember. 8. Mainz 838. Kirchheim, Schott u. Thielmann. 1 2/3 ₰ — Verb. u. verm. Ausg. Luzern 840. Anich: Frankfurt a M., Andreäische Buchh. 2 ₰

— Beurtheilung der Gründe des Jh. Geo. Cph. Arnold's, wegen Verlassung der evangel.-luther. Religion. 4. Jena 760.

(S t u r m, C. C.), breviarium antiquitatum ad illustrandam passionis Christi historiam pertinentium. Hal. 1763. 8.
Vgl. B r e v i a r i u m ...

Sturm, Christoph Christian, s. C h r i s t, Der, in der Einsamkeit.

— d. Christ am Sonntage, s. Christ.

Sturm, Christoph Christian (Augsburg) A. S. 605/46

Dissertatio philologico historica quae principium iuris naturae Hobbesianum ex historia Germaniae illustratum exhibet. Präs. Gottlob August Tittel.
Jena (Strauss) 27. IX. 1760. 34 S.

W. v.: Präs. 34004

— erste u. letzte Erklär. in Absicht auf die gewissenhaften Erinnerungen des Hrn. Pastor Göze gegen meine Schrift: Ueber die Gewohnheit, Missethäter 2c. 4. Hamb. 784.

— E r l ä u t e r u n g d. Evangelien und Episteln, s. E r l ä u t e r u n g.

— commentatio de academicorum doctorum apud viros principes existimatione e decimi quinti et demum subsequentium saeculorum annalibus eruta. 4. Jena 760.

F r a u e n z i m m e r,

— —, D a s, i n d e r E i n s a m k e i t (von *Christoph Christian Sturm*). Halle im Magdeburgischen 1763. Gr. 8°. 128 S. Vgl. F r a u e n z i m m e r, ...
N i c h t erotisch. — Anon.-Lex. II. p. 119 hat „1762" (nach Meusel u. Kayser).

— — Dasselbe. Neue verbess. u. vermehrte Auflage. Mit Titelvign. Ebd. 1763. Gr. 8°. 8 Bll. u. 143 S. (2 Mk. 50 Pfg. L. Rosenthal, 1907.)
Dr. Franz Schnitzer's Bibl. München 1902, Nr. 314, Beiband, nennt als Verfasser: M. Gottlieb M e r k e l, Rektor in Liebenwerda.

— — Dasselbe. Neue Aufl. Ebd. 1765. 8°. (In Stuttgart.)

— — Dasselbe. Neue Aufl. Halle, Renger's Erben. 1780. Gr. 8°.
O. M. V. 1780. S. 845; Cat. Monath I. Nürnb. 1782. p. 799.

— Gebete u. Lieder f. Kinder. 8. Halle 771. 2e A. 773. 3e A. 776. 4e A. 779. Schwetschke u. S. 6 ℛ

— G e b e t e und Lieder f. Kinder. 8. Halle, Hemmerde u. S. 777.

— G e s a n g b u c h f. Gartenfreunde u. Liebhaber d. Natur. 8. Hamb. Bohn. 781.
Schreibp.

Sturm, Chph. Christ., G e s a n g b u c h f. Gartenfreunde u. Liebhaber d. Natur. 8. Hamburg, 1781. (Altenburg, Schnuphase.) — 12½

— vollständ. G e s a n g b u c h f. Kinder v. reif. Alter. 8. Halle, Hemmerde u. S. 777.

— vollständ. Gesangbuch f. Kinder von reiferem Alter. 8. Halle 777. Schwetschke u. S. 6 ℛ

— über die Gewohnheit, Missethäter durch Prediger zur Hinrichtung begleiten zu lassen. 4. Hamb. 784. Herold. 3 ℛ

— Handbuch zur Kenntniß der theolog. Schriftsteller unter den Deutschen. 1r Thl. 8. Halle 770. Schwetschke u. S. 8 gr

— Handlexicon f. Prediger u. theolog. Schriftsteller; od. Encyklopädie über mancherlei Sachen, Ideen u. Gegenstände der Welt- u. Gottesweisheit. 3 Thle. gr. 8. Leipz. 790. Baumgärtner. 1 thlr 22 gr

— Handlexicon des neuen Testaments, für Unstudirte zum richtigen Verstehen der neutestamentl. Schriften, besond. d. Uebersetz. Lutheri. gr. 8. Halle 780. (Hahn in Hannov.) 1 thlr 4 gr

Sturm, Christoph Christian, s. Journal, homilet.

— Jugendgeschichte berühmt. Männer, e. Leseb. f. d. Jugend v. reif. Alter. 8. Halle, Hemmerde u. S. 777.
Vgl. Jugendgeschichte...

— Leben u. Charakter v. J. F. Feddersen. gr. 8. Hamburg, Hoffmann. 794.

— — dasselbe. 8. Halle, Gebauer. 790.

— Lieder an den hohen Fest-, Passions- u. Bußtagen. 8. Coburg 796. (Niemann). 8 gr

— Lieder f. d. Herz. 8. Nrnb. Monath u. K. 787.
Vgl. Lieder...

— Lieder u. Kirchengesänge. 8. Hamb. 780. Mit n. Titel. Weißenf. 797. Mit n. Titel. Leipz. 811. Hinrichs. 4 gr

— Lieder, mit Melodien von S. Bach. qu. Fol. Lüneb., Herold u. W. 1 thlr

— Morgen- u. Abendandachten auf jeden Tag in der Woche. 8. Magdeb. 778. 10e Aufl. Mit 1 Bildn. 828. Creutz. 6 gr

— Morgen- u. Abendandachten a. jed. Tag in d. Woche. 8. Magdeb. Creutz. 805.

Sturm, Chr. G., Morgen- u. Abendandachten auf jeden Tag d. Woche. 10., rechtmäß. u. verb. Ausg. 8. (7½ B.) Magdeburg 828, Creutz.

Sturm, Christoph Christian, s. J. L. v. Mosheim: elementa theolog. dogmat.

— Nachrichten v. d. Charakter u. d. Amtsführung rechtschaffener Prediger und Seelensorger. 6 Thle. gr. 8. Halle, Hemmerde u. S. (à 16 gr.)

— Nachrr. von dem Charakter u. der Amtsführung rechtschaffener Prediger u. Seelensorger. 6 Thle. gr. 8. Halle 775—79. Schwetschke u. S. 4 thlr

Sturm, Christoph Christian, s. Nachrr. von d. Leben ... rechtschaff. Prediger ...

— oratio de primordiis Christianae religionis apud Augustanos. 4. Jena 760.

— Predigt zum Gedächtniß d. Reformation. gr. 8. Hamb. 783.

— Predigt von den Hauptursachen des auf der Erde ausgebreiteten Mangels. gr. 8. Hamb. 784. (Campe). 3 gr

— Predigt, die Hoffnung der Frommen, einander in d. Ewigkeit wieder zu sehen. gr. 8. Hamb. 783. A. Campe. 2 gr

— Predigt am Charfreitage. gr. 8. Hamb. 786. (A. Campe). 2 gr

— Predigten üb. e. Familiengeschichten der Bibel. 2 Thle. gr. 8. Hamb. 783—785. Herold. (Voß in Berl.) 1 thlr 4 gr Hbg. Pr. 20 gr

— — dasselbe. 2 Thle. 8. Ebend. 790.

Sturm, C. C., Predigten f. Kinder vom reifern Alter. 2 Theile. 8. Leipzig, Weidmann. 771—73. (à 8 gr.)

Sturm, Chrph. Chrn., Predigten für Kinder von reiferem Alter. Aufs Neue in zeitgemäßer Bearbeitung nebst der Lebensgeschichte des Verf. hrsg. von J. H. R. Biesenthal. 2 Thle. Berlin 866. Rauh. 16. (XXXI, 371 S.) cart. n. 28 ngr
Vgl. Predigten...

— Predigten üb. die Sonntagsepisteln d. ganz. Jahres. 4 Thle. gr. 8. Halle 774—76. (Hahn in Hannov.) 3 thlr 2e Aufl. in 2 Bden. Mit klein. Schrift. gr. 8. Ebd. 776. N. A. 786 u. 809. 2 thlr

— Predigten üb. d. Sonntagsepisteln d. ganze Jahr. 4 Thle gr. 8. Halle, Trampe. (Hahn in Hannov.) 774–76.

— Predigten üb. die Sonntagsevangelien des ganz. Jahres, nach sm. Tode hrsgg. v. F. W. Wolfrath. 5 Thle. gr. 8. Hamb. 792—96. Herold. (Voß in Berl.) (à 18 gr) 3 thlr 18 gr Fein Druckp. (à 21 gr) 4 thlr 9 gr

— — dieselb. 5 Thle. 8. München, Lindauer. 795.

Sturm, Christoph Christian, s. Predigten üb. die Werke Gottes.

— Predigtentwürfe üb. d. Evangelia. 8 Jahrg. gr. 8 Hamb. Hoffmann. 779–86. (à 20 gr.)

— Predigtentwürfe über die Sonn- u. Festtags-Evangelien. 8 Jahrgg. gr. 8. Hamb. 779—786. (A. Campe). (à 20 gr) 6 thlr 16 gr

— Reden b. d. Confirmation d. Kinder. 8. Magdeb. Scheidhauer. (v. Schütz.) 789.

Sturm, Cph. Chr., diatribe de ritu veterum sublatis manibus precandi. 4. Jena 761.

— Samml. geistl. Gesänge üb. die Werke Gottes. gr. 8. Halle 779. Schwetschke u. S. 16 gr

— Samml. auserles. Passionslieder. gr. 8. Halle 775. Trampe. (Hahn in Hannov.) 3 gr

— Tagebuch über Gott, Religion u. d. Welt. 8. Cöthen 789. Glandenberg. 18 gr (NB. Soll nicht von ihm sein.)

— Unterhalt. der Andacht über die Leidensgeschichte Jesu. gr. 8. Halle 771. 3e A. 781. (Hahn in Hannov). 15 gr

— Unterhaltungen mit Gott in den Morgenstunden, auf jeden Tag des Jahres. gr. 8. Halle 768. N. A. 771, 775, 780. 6e Aufl. 2 Thle. 792. 10e verm. Aufl. v. F. P. Wilmsen. 2 Bde. gr. 8. Hannov. 811. Hahn. 1 thlr 12 gr 11e Aufl., s. F. P. Wilmsen, die Anbetung. 3r Thl., s. J. F. Feddersen, Unterhaltungen.

— Unterhalt. mit Gott in d. Morgenstunden, a. jed. Tag d. Jahrs. 2 Thle. gr. 8. Halle, Trampe. (Hahn in Hannov.) 792.

—— Unterhaltungen mit Gott in d. Morgenstunden auf jed. Tag d. Jahrs. Nach d. letzten, v. F. P. Wilmsen besorgten Ausgaben aufs Neue umgearb. v. Herm. Wilh. Böbeker. 2 Thle. 12. Orig.-Aufl. gr. 8. (35 B.) Hannover 835, Hahn'sche Hofbuchh.

Sturm, Eph. Chr., Unterhaltungen mit Gott in den Morgenstunden auf jeden Tag des Jahrs. Aufs neue umgearb. von Herm. Wlh. Bödeker. 2 Thle. 13. Original-Aufl. gr. 8. Hannover 843, Hahn'sche Hofb. 1 1/2 ₰

Sturm, C. C., Unterhaltungen mit Gott in den Morgenstunden auf jeden Tag des Jahrs. 14. Orig.-Aufl. Umgearb. von Herm. Wilh. Bödeker. 2 Thle. Hannover 855. Hahn. gr. 8. (2 Bl., 320; 314 S.) 1 ₰. 15 ngr.

—— Unterhaltungen mit Gott in den Morgenstunden auf jeden Tag des Jahrs. Umgearb. von Herm. Wilh. Bödeker. 2 Thle. 15. Orig.-Aufl. gr. 8. (IV und 556 S.) Hannover 866, Hahn'sche Hofbuchh.

Sturm, C. C. Unterhaltungen m. Gott in den Morgenstunden auf jeden Tag d. Jahrs. Umgearb. v. Herm. Wilh. Bödeker. 16. Orig.-Aufl. gr. 8. (IV, 553 S.) Hannov. 891, Hahn. * 4 —

Sturm, E., der gegenwärtige Stand der Heizfrage insbesondere f. Schulen, Kirchen, öffentliche u. Privatgebäude. Ein Leitfaden f. Interessenten. gr. 4. (35 S. m. 5 Steintaf.) Würzburg 885. (Stuber's Verl.) n. 1. —

Sturm, Ed., Wahn und Wahrheit. Gedichte. 2. Aufl. 8. (VIII, 203 S. mit Portr. in Stahlst.) Leipzig 884, Leuckart. geb. mit Goldschn. *
Die 1. Aufl. war nicht im Handel.

Sturm, Eduard, aus Diez a./d. Lahn: Über die Veränderlichkeit des spezifischen Gewichtes. Leipzig 1905. IV + 94 + 2 S. 8°. S.-A. a. d. Zeitschr. f. anorgan. Chemie Bd. 46, S. 217—310. [27. VI. 05.]
Basel. Phil. Diss. 1905/1906.

Sturm, Eduard. Über die Veränderlichkeit des spezifischen Gewichtes. Diss. Phil. Basel. [Mit 2 Figuren.] ([Sep.-Abdr. aus] der «Zeitschrift für anorganische Chemie», Bd. 46....) IV + 96 S. 8. Leipzig, Metzger & Wittig, 1905.

Sturm's, Ernst Frdr., nachgelassene Gedichte u. Uebersetzungen in Auswahl. gr. 16. (XX, 147 S.) Waldshut 878. Zimmermann. n. 2. —

Sturm, Fr. W., Versuch e. Beschreib. v. Schwenningen in der Baar, am Ursprung des Neckars. gr. 8. Tübing. 823. (Osiander). 9 ℊℊ

Sturm Franz: Romanische Elemente in den slovenischen Dialekten von Innerkrain.
H. 1907 PN 2278 **Diss.** Wien, Univ.

Sturm, Friedrich: Der **Sandstein von Kieslingswalde** in der Grafschaft Glatz und seine Fauna. ⟨Mit Berücks. d. übrigen Glieder d. oberen Kreide im südl. Theile d. Grafschaft Glatz.⟩ (Hierzu Taf. □ XI.) *Berlin 1900: A. W. Schade.* (32 S. -- Ohne die Taf.) 8°
Breslau, Phil. Diss. v. 18. Dez. 1900

Die Schuldarten und der Vorentwurf zu einem deutschen Strafgesetzbuch. Von Dr. jur. Friedrich **Sturm.** Breslau: Schletter 1910. 40 S. 8°
(Strafrechtliche Abhandlungen. H. 122.) (10. 10312 2

Sturm, Friedrich, Referendar: Die strafrechtliche **Verschuldung** *Breslau: Schletter 1902.* (82, IV S.) 8°
Breslau, Jur. Diss. v. 25. Juli 1902

Sturm, Friedrich: Die strafrechtliche Verschuldung. Breslau: Schletter 1902. (IV, 82 S.) 8°
[Erschien zuerst als jur. Diss. Breslau 1902.]
(Abhandlungen, Strafrechtliche. H. 41.)

Sturm, Friedrich Sigismund von (Berlin) A. S. 8/3

Dissertatio juridica de usu practico doctr. Institutionum de nuptiis. Präs. Christian Thomasius.
Halle (Salfeld) 24. IV. 1713. 4 Bl., 94 S.
34006

Sturm, Fritz: Aus d. chemischen Institut d. Universität Breslau. Reaktionen einiger Aldehyde mit o-p-a-Nitrochinaldin. Breslau 1905: H. Fleischmann. (44 S.) 8°
Breslau, Phil. Fak., Ref. Gadamer, Diss. v. 26. Mai 1905
[Geb. 25. Febr. 77 Breslau; Heimatsort: Breslau; Staatsangeh.: Preußen; Vorbildung: Elisabet-Gymn. Breslau Prima Zeugnis O. 97, Gymn. Ohlau Reife O. 03; Studium: Breslau 3, Berlin 1, Graz 1, Breslau 2 S.; Rig. 17. Mai 05.]

Sturm, G. [Pseud.], s.a. Webel, Oskar [wirkl. Name]

Sturm, G., **Anleitung zum Mesmerisieren (Magnetisieren) u. Hypnotisieren. Mit besond. Berücksicht. des Heilmagnetismus, des experimentellen Hypnotismus u. der Suggestion.** (Rev. u. verb. 10. [Umschlag-]Aufl.) 8. (III, 68 S. m. 1 Hypnotic Disc [Metallmarke].) Leipzig (900). Fiser's Verl. n. 1. 80; m. 20 Abbildgn. auf 1 Taf. n. 2. 60

Sturm, G., die Hämorrhoiden, ihr Wesen u. ihre Heilung. Ein zweckmäss. Wegweiser f. Hämorrhoidarier. (12 S.) 8. Zittau (905). (A. Graun.) n. — 25

— Lehrbuch zur Ausführung spiritistischer Experimente, als Tischrücken, Klopf-, Sprech- u. Schreiboffenbarungen, Materialisation von Geistern etc. Auf Grund wissenschaftl. Forschgn. u. reicher Erfahrung leichtverständlich dargestellt. 2. Aufl. 8. (86 S.) Berlin (901). Neufeld & Henius. 1. 50

Sturm, G., Lehrbuch zur Ausführung spiritist. Experimente, als Tischrücken, Klopf-, Sprech- u. Schreiboffenbarungen, Materialisation von Geistern etc. Auf Grund wissenschaftl. Forschgn. u. reicher Erfahrg. leichtverständl. dargestellt. 3. Aufl. (86 S.) 8. Berlin (904). Neufeld & Henius. 1. 50

Sturm, G., Lehrbuch zur Ausführung spiritistischer Experimente als Tischrücken, Klopf-, Sprech- u. Schreiboffenbarungen, Materialisation v. Geistern etc. Auf Grund wissenschaftl. Forschgn. u. reicher eigener Erfahrg. leichtverständlich dargestellt. 4. Aufl. (86 S.) 8. Berlin (910). Neufeld & Henius. 1. 50

Sturm, G., naturalist. u. stilis. Pflanzen m. Vögeln, s.: Vorlagen f. Brandmalerei.

Sturm, G., Tierleben im Ornament. 6 Lfgn. gr. Fol. (à 5 Taf.) Stuttgart 894. 895. J. Hoffmann. à n. 6. -- (kplt. kart.: n. 36. --; in Mappe n. 40. —)

Sturm, G., s.: Tierstudien.

Sturm, Geo., Lektionen für den Anschauungs-Unterricht im 1. und 2. Schuljahre. Methodisch bearb. gr. 8. (XII, 67 S. mit 4 Taf.) Karlsruhe 888, (Braun'sche Hofbuchh.) *

Sturm, Geo., Lektionen f. den Anschauungs-Unterricht im 1. u. 2. Schuljahre. Methodisch bearb. 2., verm. Aufl. gr. 8. (XIV, 139 S.) Karlsruhe 893. G. Braun. n. 2. 60

Sturm, Geo., Lektionen f. den Anschauungs-Unterricht im 1. u. 2. Schulj. Methodisch bearb. 3., verm. u. umgearb. Aufl. gr. 8. (XX, 296 u. 8 S. m. Abbildgn.) Karlsruhe 901. G. Braun'sche Hofbuchdr. Geb. in Leinw. n. 4.20

Sturm, Geo., Lektionen u. Entwürfe f. den Anschauungs-Unterricht. Methodisch bearb. 2 Tle. 8. Karlsruhe, G. Braun'sche Hofbuchdr. Geb. in Leinw. n. 7. 20
1. 4. verm. u. verb. Aufl. (XXIV, 303 S. m. 22 S. Abb.) 3. 40
2. 4. verm. u. verb. Aufl. (VIII, 356 S. m. 11 S. Abb.) 906. 3. 80

Sturm, Geo., Lektionen u. Entwürfe f. den heimatkundlichen Anschauungs-Unterricht. Methodisch bearb. I. u. II. Tl. 8. Karlsruhe, G. Braunsche Hofbuchdr. Geb. in Leinw. 6. 40
I. 5., verb. Aufl. (VII, 246 S. m. 12 Taf.) 909. Geb. 3. —
II. 5., verb. Aufl. (III, 259 S. u. 16 S. Abb.) 910. Geb. 3. 40

Sturm, Georg Reichard [Hrsg.], s. S t u r m, Johann Christoph: Wahrhaffte . . . Vorstellung von der lügenhafften Sternwahrsagerey . . .

Sturm, Gottlieb [Praes.], s. A r n o l d, Christian Gottlieb: De servitute actus ex antiquitatibus illustrata.

Sturm, Gottlieb [Praes.], s. B ü r g e r, Jobus Christian: De spurio herede instituto querelam inofficiosi testamenti fratri excluso non procreante.

Sturm, Gottl. Imperator C. Julius Caesar non imperator. 4. Jenae 1724

Sturm, Gottlieb [Praes.], s. C o b e r, Ludwig Friedrich: De urbano beneficio. Vom Bürger-Lehn.

Sturmius, Gottl.: Dissertationes Jenenses varii et ut plurimum rarissimi argumenti. Denuo rec. Vitembergae (1725—27).

Sturm, Gottlieb [Praes.], s. F i s c h e r, Friedrich August: Ottonem I. Imperium Romanum cum regno Germanico non conjunxisse monstratur.

Sturm, Gottlieb [Praes.], s. H a g e n m e y e r, Georg Gottlieb: De pactis legitimis et condictionibus ex lege merito suspectis.

Sturm, Gottlieb [Praes.], s. H a e h n e l, Jo. Christoph: Justinianus in definiendo jure naturali et distinguendis juribus summus artifex.

Sturm, Gottlieb [Praes.], s. H a u s c h i l d, Salomon Rudolph: De adhaesione minus principali per alterius leuterationis vel appellationis renunciationem non exspirante.

Sturm, Gottlieb (Nöbdenitz) A. S. 834/23

Dissertatio iuridica inauguralis de genuina possessionis indole. Präs. Johann Bernhard Friese. Jena (Werther) III. 1725. 30 S. 34007

Sturm, Gottlieb [Praes.], s. K l o t z s c h, Johann Friedrich: De feudis nobilium et rusticorum in Saxonia.

Sturm, Gottlieb [Praes.], s. K n a u f f, Karl Gottfried: Rusticos neque servos Romanos neque Germanicos esse, quoque pertineant eorum operae monstrans.

Sturm, Gottlieb [Praes.], s. L i e b o l d, Joh. Chr.: Diss. jur. quasi contractus nominatos et innominatos sistentem.

Sturm, Gottlieb [Praes.], s. L u c i u s, Karl Friedr.: De censu Germanico rurali et feudis rusticorum in Saxonia. Vom Bauer-Gülden Und Sächss. Lehns Krügen oder Schultzen-Lehn.

Sturm, Gottlieb [Praes.], s. R o l l, Johann Gottlieb: De personis feuda constituentibus et adquirentibus item de nuptiis et tutela feudali.

Sturm, Gottlieb [Praes.], s. S c h n e i d e r, Johann Gotthelf: Dissertatio juridica praecipua laudemii capita sistens.

Sturm, Gottlieb [Praes.], s. S t u r m, Christlieb: De reo in processu inquisitorio non convicto in expensas non condemnando.

Sturm, Gottlieb [Praes.], s. W e i n l i g, Christian Gottfried: De emtionibus venditionibus sub modo Von Auszug bey Verkauff und Schenckung.

Sturm, Gottlieb [Praes.], s. W i m m e r, Paul Gabriel: De rebus quae in feudum dari possunt (Oder: Von denjenigen Sachen, welche in Lehen gegeben werden können.)

Sturm, Gottlob, s. S t u r m, Gottlieb

Sturm, H., Religion im 18ten Jahrh. 8. Sieghartst. Mösle. 783.

Sturm, H., das Versprechen. Novelle. 8. (161 S.) Weimar 890. Weißbach. n. 2. 50; geb. n. 3. 50

— ein freies Weib, s.: E c k s t e i n ' s illustr. Romanbibliothek, IV. 3.

Sturm, H., eines Mannes Weib. Zwei Ehejahre. 1.—5. Taus. (223 S.) 8. Berlin (903). R. Eckstein Nachf. 2. —; geb. 3. —

STURM, Hans (München): Beobachtungen über den Geburtsmechanismus der Schultern.- München: Kastner & Callwey 1904. 44 S.
25.2.1904 - Chr 1903/04,18; Jv 1903/04,334
Diss.Ingolst.-Landsh.-Mchn.

Der Bluthund der Missouris. Eine Erzählung f. d. Jugend von **Heinrich Sturm**. *Berlin: A. Weichert [1902].* (32 S.) 8° [F.]
= **Indianer- u. Volksbibliothek**. 362. [03. 3634]

Sturm, Herm., Gedenkbuch an den Niederwald. Frankfurt a. M., Aug. Wienecke, o. J (1883). 8°. Cart.*)
16 S. S. 15: Die Enthüllung des National-Denkmals (Freitag d. 28 Septbr. 1883)
Auf d. Umschlag Programm der Feier

Sturm, Hugo, Bonifacius, s. Jugendbibliothek, neue.

Sturm, Hugo, Andreas Hofer u. der Tiroler Freiheitskampf i. J. 1809, s. a. Jugendbibliothek, neue. 8.

Andreas Hofer und der Tiroler Freiheitskampf im Jahre 1809. Ein Geschichtsbild aus d. Zeit deutscher Uneinigkeit. Von **Hugo Sturm**. Ill. von Hans Mützel. 3. Aufl. *Berlin: Neufeld & Henius 1902.* (160 S.) 8° [F.]
— [**Jugendbibliothek, Neue**. Bd 8.] [04. 6553]

Sturm, J. G., Trauerrede auf Maria Theresia. Fol. Freyburg, Wagner. 781.

STURM, J. P. Chr., Evangelisches Zeugnis Wider die Weltübliche Sauff-, T a n z - und Spiel-Lust, Als Dinge, Welche bey dem wahren Christenthum nicht bestehen können. Predigt Franckfurth am Mayn 1745. 8°. 64 S. (5 Mk. G. Priewe, Heringsdorf, 1904.)
Bibl. Kürschner-Eisenach no. 2213. — Rar!

Sturm, Jakob

Sturm's, Jac., Biographie, s.: Baumgarten, H.

— Abbild. zu K. Illigers Uebersetzung von Olivier's Entomologie oder Naturgeschichte der Insektenkäfer. Mit 96 ill. Kpf. 16 Hfte od. 2 Bde. 4. Nürnb. 801—803. Verfass. 20 ₰

Sturm, Jac., **Anophthalmus.** Blindlaufkäfer. Neue Gattung aus der Familie der Caraben. 8. (½ B. u. 1 ill. Taf.) Nürnberg 844. (Leipzig, Hinrichssche Buchh.) •
Aus: Dessen Deutschlands Fauna ꝛc., besond. abgedruckt.

Sturm, Jac., Bryologia Germanica, s. Nees ab Esenbeck, C. G.

—— **Catalog der Käfersammlung**, s. Catalog.

STURM, Jacob, fortges. v. J. H. C. F. STURM: Deutschlands Fauna in Abbildungen nach der Natur mit Beschreibungen. - Nürnberg 1803-1857. 2. Abt.: Vögel. H. 1-3. 1829-1839. - V. Abt.: Insekten. H. 1-9. 1805-1857. - VI. Abt.: Würmer. H. 1-8. 1803-1829

Sturm, Jak., Deutschlands Fauna, in Abbildd. nach d. Natur, mit Beschreib. 2e Abtheil. Vögel. 1s u. 2s Hft. bearb. von J. H. C. F. u. J. W. Sturm. Mit 12 ill. Abbildd. gr. 8. Nürnb. 829, 30. Verf. (Leipz., Hinrichs). 1 ₰ 12 ℊ 3e Abtheil. Amphibien. 1s—4s Hft. Mit ill. Kpf. 16. Nürnb. 797—805. Autor. (Felssecker). 4 ₰ 5e Abtheil. Insekten 1s—7s Hft. Mit ill. Kpf. 16. Ebd. 805—827. (Hinrichs). (à 2 ₰ 16 ℊ) 18 ₰ 16 ℊ 6e Abtheil. Würmer. 1s—8s Hft. (8s Hft. von .. Hartmann). Mit ill. Kpft. 16. Ebd. 803—829. (Ebd.) 6 ₰ 14 ℊ

— — Vte Abth. Insekten. 1s 2s H. m. 52 ill. K. 12. Ebend. 805-7. (à 2 Rthlr. 16 gr.)

Sturm, Jacob, Deutschlands **Fauna** in Abbild. nach d. Natur mit Beschreib. Vte Abthl. Insekten. 3s Hft. mit 21 illum. K. 12. Nürnb. Verf. (Felsecker.) 815.

Sturm, J., Deutschlands **Fauna**, in Abbild. nach der Natur, mit Beschreibungen. 5te Abtheil, die Insekten, Käfer. 4s Bändchen mit 28 illum. Kupfert. kl. 8. Nürnberg, Verfasser. (Felsecker.) 818.

— Deutschlands Fauna in Abbildungen nach d. Natur, mit Beschreib. Abthl. V.: die Insekten. 5s—7s Bdchn. Käfer. Mit ill. Kpfrt 8. Nürnb. 824—27, Verf. (Felsecker, u. Leipz., Hinrichs.) à 2 Rthl. 20 gr.

— — VIte Abth. Würmer. 1s 2s H. m. 32 ill. K. 12. Ebend. 803-6. (à 1 Rthlr.)

— — VIte Abtheil. Würmer. 3s Hft. mit 16 illum. K. 12. Ebend. 814. -

— — dessen 6te Abtheil. die Würmer. 4s Heft mit 16 illumin. Kupfert. 12. Ebend. (Ebend.) Felsecker. 819.

Sturm, Jac., Deutschlands Fauna, in Abbildungen nach d. Natur mit Beschreibn. II. Abthl. 1—3. Hft., V. Abthl. 8. u. 9. Bdchn., u. VI. Abthl. 7. u. 8. Hft. Nürnberg, Verf. (Leipzig, Fr. Fleischer; Voß.) Thlr.
Abthl. II. Die Vögel. Bearb. v. J. H. C. F. u. J. W. Sturm. 1—3. Hft. Jedes m 6 ill. Kpfrt. gr. 8. [1. (1 B.) 829., 2. (1½ B.) 830., 3 (1½ B.) 834. à 16 Gr.] 2 Thlr.
: V. Die Insekten. 8. u. 9. Bdchn. Käfer. 8. [8. (11 B. u. 18 ill Kpfrt.) 834., 9. (8 B. u. 14 ill. Kpfrt.) 835. à 2 Thlr. 20 Gr.] 5 Thlr. 16 Gr.
1—7. Bdchn. 1805—27. à 2 Thlr. 20 Gr.
: VI. Die Würmer. 7. u. 8. Hft. 8. [7. (16 ill. Kpfr. u. so viel Bl Text.) 824., 8. (16 ill. Kpfr. u. 17 Bl. Text.) 829. à 16 Gr.] 1 Thlr 8 Gr.
1—6. Hft. 1803—23. à 16 Gr.
III. Abthl 6 Hfte. Ebendas. 1797—1827. à H. 16 Gr.
— I. u. IV. Abthl. werden noch erwartet.

Sturm, Jac., Deutschlands Fauna in Abbildn. n. d. Natur, mit Beschreibn. V. Abthl. — A. u. d. T.: Die Insecten. 10—14. Bdchn. Käfer. 8. Nürnberg, Verf. (Leipzig, Fr. Fleischer; Voß.) [10. (7¼ B. u. 12 ill. Kpfrt.) 836., 11. (9½ B. u. 16 ill. Kpfrt.), 12. (5¾ B. u. 15 ill. Kpfrt.) 837., 13. (8¼ B. u. 13 ill. Kpfrt.) 838., 14. (8 B. u. 16 ill. Kpfrt.) 839. à * 2⅚ Thlr.] •

Sturm, Jacob, Deutschlands Fauna in Abbildungen nach der Natur mit Beschreibungen. V. Abthl. Die Insecten. 15.—18. Bdchn. Käfer. Mit 41 illum. Kupfertaf. 8. Nürnberg 844—46. (Leipzig, Hinrichs'sche Buchh.) à n. 2⅚ ₰
Hieraus apart:
— **Anophthalmus.** Blindlaufkäfer. Neue Gattung aus der Familie der Caraben. Mit 1 col. Taf. 8. Ebd. 844. n. ⅓ ₰

—— **Deutschlands Fauna** in Abbildungen nach der Natur mit Beschreibungen. V. Abthlg. Die Insecten. 15—18. Bdchn. Käfer. 8. Nürnberg. (Leipzig, Hinrichssche Buchh.) [15. (9½ B. u. 16 ill. Kpfr.) 844. 16. (7⅞ B. u. 16 ill. Kpfrt.) 45. 17. (7½ B., 7 ill. u. 2 schw. Kpfrt.) 46., 18. (6 B. u. 16 Kpfrt.) 47. à * 2 Thlr. 25 Ngr.] •

Sturm, Jac., Deutschlands Fauna. V. Abthl.: Insecten. 19—21. Bdchn. Käfer. 8. Nürnberg. (Leipzig, Hinrichssche Buchh. [19. (VIII und 120 S. mit 16 ill. Kpfrt.) 847., 20. (VI und 103 S. mit 16. ill. Kpfrt.) 849., 21. (VI und 116 S. mit 16 ill. Kpfrt.) 851. à Bdchn. * 2 Thlr. 25 Ngr.] Thlr. *

Sturm's, Jac., Deutschlands Fauna in Abbildungen nach der Natur mit Beschreibungen. Fortges. von J. H. C. F. **Sturm**. V. Abth. Die Insecten. 22. u. 23. Bdchn.: Käfer. Mit 32 illum. Kpfrtaf. Nürnberg 853, 57. (Leipzig, Hinrichs.) 8. (VI, 97; 123 S.) Jedes Bdchn. nn. 2 ₰. 25 ngr.

Sturm's, Jac., Deutschlands Fauna. Fortgesetzt von J. H. C. F. **Sturm**. V. Abthl.: Die Insecten. 22. und 23. Bdchn.: Käfer. Nürnberg. (Leipzig, Hinrichs'sche Buchh.) [22. (VI und 97 S. mit 16 ill. Kpfrt.) 855., 23. (123 S. mit 16 ill. Kpfrt.) 856. à Bdchn. ** 2 Thlr. 25 Ngr.] **

Sturm, Jakob: Deutschlands Flora in Abbildungen nach der Natur mit Beschreibungen. Abth 1--3, Abth. 3 bearb von L. P. F Ditmar. Nürnberg 1798 1862. 12°
[Abth. 1 Phanerogamen. H. 1-96. 1798 1862. Mit 1576 kolor. Taff. –
Abth. 2. Kryptogamen [ohne die Pilze]. H. 1-31. H. 1 6. 1798 1839. Mit 416 kolor. Taff.
Abth. 3. Pilze. Bearb. von A. J. C. Corda und F. W. Th. Rostkovius. H. 35 36, bearb. von C. G Preuß. H. 1 36. 1813-62. Mit 480 kolor Taff.]

— Deutschlands Flora, in Abbildd. nach d. Natur mit Beschreib. 1e Abtheil. 1s—60s Hft. (54s—60s Hft. mit Hoppe u. Funber). Jedes Hft. Mit 16 illum. Kpf. 16. Nürnb. 799—832. Verf. (Leipz., Hinrichs). (1s—40s Hft. à 1 ₰ 41s—60s Hft. à 18 ℊ) 55 ₰ 2e Abtheil. Cryptogamie. 1s—24s Hft. Jedes Hft. mit 16 illum. Kpf. 16. Ebd. 798—832. (Ebd.) (à 18 ℊ) 18 ₰ 3e Abtheil. Die Pilze Deutschlands, v. Dr. L. P. F. Ditmar u. A. J. C. Corda. 1s—12s Hft. Jedes Hft. mit illum. Kpf. 16. Ebd. 813—31. (Ebd.) (à 18 ℊ) 9 ₰

— Deutschlands **Flora**, in Abbild. n. d. Natur m. Beschreib. Ite Abth. 1s—29s H. jed. H. m. 16 ill. K. 12. Ebend. 799-810. (à 1 Rthlr.) :

— Deutschlands **Flora** in Abbild. nach d. Natur mit Beschreib. Iste Abtheil. 30s—39s Hft. jed. Heft mit 16 illum. K. 12. Ebend. 811—15. (à 16 gr.)

— — Deutschlands **Flora**, in Abbild. nach der Natur, mit Beschreib. Iste Abtheil. 40r Heft mit 16 illum. Kupft. und so viel Blättern. Text. 12. Ebend. (Ebend.) 817.

— Deutschlands Flora in Abbildungen nach der Natur, mit Beschreibungen. 1e Abtheil. 41s—49s Heft. 12. Nürnberg 822—27, Felsecker. 41s—43s à 22 gr. 44s—40s à 18 gr.

— — IIte Abth. Cryptogamie. 1s—11s H. jed. H. m. 16 ill. K. 12. Ebend. 798-810. (à 1 Rthlr.)

— — IIte Abtheil. Cryptogamie. 12ß — 14ß Heft. jedes Heft mit 16 illum. Kupf. 12. Ebendas. 811—13. (à 16 gr.)

— — dessen 2te Abtheil. (Cryptogama) 15ß — 17ß Heft mit illum. Kupfert. 12. Ebend. (Ebend.) 818 — 19.

— — IIIte Abtheil. die Pilze Deutschlands, von Dr. L. P. F. Ditmar. 1ß u. 2ß Hft. mit 16 illum. K. 12. Ebendas. 813 u. 14. (à 16 gr.)

— — dessen 3te Abtheil. 3ß 4ß Heft. 12. Ebend. (Ebend.) 819. à 1 Rthlr.

—— Deutschlands Flora in Abbildn. nach d. Natur, mit Beschreibn. I. Abthl. 50—68. Hft., II. Abthl. 18—29. Hft., u. III. Abthl. 5—13. Hft. 16. Nürnberg, Verf. (Leipzig, Fr. Fleischer; Voß.)
Abthl. I. Die Phanerogamen. 50—68. Hft. (à 16 ill. Kpfrt. u. ca. 2—3 B. Text.) 827—35. à 16 Gr.
1—49. Hft. 1798—1827. à 16 Gr.
„ II. Die Cryptogamen. 18—29. Hft. (à 16 ill. Kpfrt. u. ca. 2—3 B. Text.) 829—35. à 16 Gr.
Hft. 19, 20, 22, 23, 26 u. 27 enth.: Deutschlands Jungermannien. Bearb. v. A. J. C. Corda. 1—6. Hft.
1—17. Hft. 1798—1819. à 16 Gr.
„ III. Die Pilze. Bearb. v. A. J. C. Corda u. F. W. Theoph. Rostkovius. 5—13. Hft. (à 16 ill. Kpfrt. u. ca. 2—3. B. Text.) 824—33. à 16 Gr.
1—4. Hft. 1813—19. à 16 Gr.

— dass. II. Abthl. 25ß — 27ß Hft. (Von A. J. Corda.) — 28ß u. 29ß Hft. Die Flechten. Von Dr. Laurer. — 30ß u. 31ß Hft. Deutschlands Algen. Von Corda. 1ß u. 2ß Hft. Jedes Hft. mit 16 illum. Kpfrn. u. Text. Nürnberg 835—39. (Leipzig, Hinrichs; auch Fr. Fleischer.) à n. 3/4 ℛ

—— Deutschlands Flora in Abbildn. n. d. Natur mit Beschreibn. I. Abthl. 69—86. Hft., II. Abth. 30. u. 31. Hft. u. III. Abthl. 14—20. Hft. 16. Nürnberg, Verf. (Leipzig, Fr. Fleischer; Voß.)*
Abthl. I. Die Phanerogamen. 69—86. Hft. (à 16 ill. Kpfrt. u. ca. 2—3 B. Text.) 835—42. à * 16 Gr.
69. Hft. a. u. d. T.:
Caricologia germanica, od. Beschreibn. u. Abbildn. aller in Deutschland wildwachs. Seggen. Zum bequemen Gebr. auf botan. Excurs., zur erleicht. Bestimm. d. Arten u. z. systemat. Anordn. ders. in Herbarien. Von Dav. Heinr. Hoppe u. Jac. Sturm. (7. Hft.) 16. (16 ill. Kpfrt. u. 3 B. Text.) 835.
Die Hfte. 1—6. dies. Werkes werden a. d. Hftn. 47., 50., 53., 55., 57. u. 61. der vorsteh. Abthl. gebildet.
„ II. Die Cryptogamen. 30. u. 31. Hft. Deutschlands Algen. Bearb. v. A. J. C. Corda. 2 Hfte. (à 16 ill. Kpfrt. u. zus. 3¼ B. Text.) 839. à * 16 Gr.
„ III. Die Pilze. Bearb. v. A. J. C. Corda u. F. W. Th. Rostkovius. 14—20. Hft. (à 16 ill. Kpfrt. u. ca. 2—3 B. Text.) 837—41. à * 16 Gr.

—— Deutschlands Flora in Abbild. nach der Natur mit Beschreibungen. I. Abth. 87—92. Hft. 16. (9½ B. u. 72 ill. Kpfrtaf.) Nürnberg 843—47. (Leipzig, Hinrichssche Buchh.) à Hft. * -

—— dass. III. Abth. Die Pilze Deutschlands. 21—24. Hft. Bearb. von Friedr. Wilh. Theoph. Rostkovius. 16. (6¼ B. u. 48 ill. Kupfer.) Ebds. 844. à Hft. * -

— dies. III. Abth.: Die Pilze Deutschlands. 25—32. Hft. 16. 25 u. 26. Hft. Bearb. v. C. G. Preuß. (48 S. m. 24 color. Kpfrtaf.) 27 u. 28. Hft. Bearb. v. Frdr. Wilh. Theoph. Rostkovius. (48 S. m. 24 color. Kpfrtaf.) 29 u. 30. Hft. Bearb. v. C. G. Preuß. (48 S. m. 24 color. Kpfrtaf.) 31 u. 32. Hft. Bearb. v. A. Schnizlein. (48 S. m. 24 color. Kpfrtaf.) Ebd. 848. 49. à n. 3/4 ℛ

—— dass. — III. Abthl.: Die Pilze Deutschlands. 25—32. Heft. Bearb. von C. G. Preuß, Friedr. Wilh. Theoph. Rostkovius und A. Schnizlein. 16. (à Heft 48 S. und 24 ill. Kpfrt.) Nürnberg 848—51. (Leipzig, Hinrichssche Buchh.) à Heft * 22½ Ngr. *

Sturm, Jac., Deutschlands Flora. Fortgesetzt von Joh. Wilh. Sturm. I. Abthl. 93. und 94. Heft. 16. (50 S. und 24 ill. Kpfrt.) Nürnberg 849. (Leipzig, Hinrichssche Buchh.) à Heft ** 20 Ngr. **

Sturm's, Jac., Deutschlands Flora in Abbildgn. nach der Natur mit Beschreibungen. Fortges. von Joh. Wilh. Sturm. III. Abth. Die Pilze Deutschlands. 33. 34. Heft. Bearb. von Friedr. v. Strauß. Nürnberg 853. (Leipzig, Hinrichs.) 16. (48 S. u. 24 color. Kpfrtaf.) Jedes Heft nn. 20 ngr.

—— Deutschlands Flora. Fortgesetzt von Joh. Wilh. Sturm. I. Abthl. 95. und 96. Heft. 16. (48 S. mit 24 ill. Kpfrt.) Nürnberg 855. (Leipzig, Hinrichs'sche Buchh.) à Heft ** 20 Ngr. **

Sturm's, Jac., Deutschlands Flora in Abbildungen nach der Natur mit Beschreibungen. Fortgesetzt von Joh. Wilh. Sturm. III. Abthl.: Die Pilze Deutschlands. 35. und 36. Heft. Bearb. von C. G. Preuß. 16. (IV und 48 S. mit 24 ill. Kpfrt.) Nürnberg 862. (Berlin, Friedländer und Sohn.) à Heft ** 20 Ngr. **

Sturm's, Jac., Deutschlands Flora in Abbildungen nach der Natur mit Beschreibungen. Fortgesetzt von Joh. Wilh. Sturm. III. Abth. Die Pilze Deutschlands. 35. u. 36. Heft. Bearb. von C. G. Preuß. Nürnberg 862. (Leipzig, Hinrichs.) 16. (48 S. u. 24 color. Kpfrtaf.) Jedes Heft nn. 20 ngr.

Sturm, J., u. Ernst H. L. Krause, Flora von Deutschland, s.: Schriften des deutschen Lehrer-Vereins f. Naturkunde.

Sturm's, J., Flora v. Deutschland, 2. Aufl. v. E. Rob. Missbach, Ernst H. L. Krause u. K. G. Lutz, s.: Schriften des deutschen Lehrer-Vereins f. Naturkunde. VI.

Sturm, Jakob, aus Bonn: Die Kirchhoff'sche Formel über Schallgeschwindigkeit in Röhren. *Bonn a. Rh. 1904: S. Foppen.* (33 S.) 8°
Bonn, Phil. Diss. v. 18. [viehn. 19.] März 1904

Sturm, Jac., icones Coleopterorum Germaniae. Abbildungen deutscher Käfer in 424 (Kpfr.-)Taf. mit systemat. u. alphabet. Register. 8. (388.) Berlin 877. Friedländer & Sohn. n. 32. —; Register apart n. 3. —

Sturm, J[akob], Dr.: Die Infinitesimalgedanken in Leibnizens Metaphysik. Briesen 1907: P. Gonschorowski. (11 S.) 4° [J.]
Briesen, k. RPG P 1907 (47)

— Insektenkabinet, nach d. Natur gezeichnet u. gestochen. 1ß—4ß Hft. (ohne Text). Jedes Hft. 25 illum. Kpf. 12. Nürnb. 791, 92. Verf. 2 ℛ

Sturm, (J.,) Catalog meiner Insekten-Sammlung. 1r Thl. Mit 4 ausgem. Kpfrt. gr. 8. Nürnb. 826, Felsecker. Rthlr.

— Kupfersamml. zu Schuberts u. jeder andern Naturgeschichte brauchbar. (In 12 Blatt, nebst ½ Bog. Text. gr. 8. Erlang. 826. Heyder. 1 ℛ illum. 1 ℛ 16 ℊ

(——) Uebersicht d. in J. Sturm's Deutschlands Flora I. Abthl. Hft. 1—75 enthalt. phanerogamischen Pflanzen. Nach Koch's Synopsis Florae Germanicae et Helveticae systemat. geordnet, mit Berichtigung der Nomenclatur u. alphabet. Register. 16. (5¼ B.) Nürnberg 839. (Leipzig, Klinkhardt.) *

— Verzeichniß meiner Insektensamml., od. entomolog. Handbuch f. Sammler u. Liebhaber. Mit 4 ill. Kpf. gr. 8. Nürnb. 796. Autor. (Felsecker). 1 ℛ 800. Ebd. 1 ℛ 10 ℊ

Sturm, Johann

Sturm, Jean: E p i s t o l a e Jo. Sturmii, Hieronymi Osorii et aliorum ad Rogerum Aschamum aliosque nobiles Anglos semel in Germania, cum Aschami epistolis seorsim vero nunquam editae. M. Jo. Henr. Ackerus recensuit et adnotationibus illustravit indicesque plures adjecit. Hanoviae: N. Foerster 1707. 136 S. 8°

Sturm, J., Militärstrafgerichtsordnung, Textausg., s.: Handbibliothek, Leipziger juristische.

— **u. H. Walde, Militärstrafgerichtsordnung f. das Deutsche Reich, s.: Handbibliothek, Leipziger juristische.**

Sturm, J., u. H. Walde, Militärstrafgerichtsordng. f. d. Deutsche Reich, s.: Meinhold's jurist. Handbibliothek.

Sturm, J. u. **Walde**, H.: Militärstrafgerichtsordnung für das Deutsche Reich nebst den Ausführungsbestimmungen. Leipzig. 2 Bde

Bd 1. Militärstrafgerichtsordnung nebst Einführungsgesetz vom 1. Dez. 1898. 1899.
. 2. Richterdisciplinargesetz, Ein- u. Ausführungs-Verordnungen etc., Dienst- u. Geschäftsordnung. 1900.

Sturm, Jean: Johannis Sturmii de Institutione scholastica o p u s c u l a omnia ... Recensuit et desideriis scholasticis auxit Fridericus Andreas Hallbauer. Jenae: C. F. Buchius 1730. 36, 386 S. 8°

Sturm, Jean: Ioannis Sturmii de P e r i o d i s libellus unus cum ejusdem ad B. Siffertum epistola, nunc primum publicata, editus cura F. A. Helbaveri, qui in praefatione praemissa Sturmii merita et laudes attigit. Ieanae 1727. 8°

— de periodis liber. Cura Hallbaueri. Jenae 727. 8. Ib. 733. 8. 3 gr.

Sturm, Jean: Joannis Sturmii Linguae latinae resolvendae r a t i o , iterum edita, accurante M. Io. Ge. Ioch. Ienae: Bielckius 1704. 203 S. 8°

Sturm, Johann Andreas

Sturm, Joh. Andr. In Taciti minorum librorum aliquot locos animadversiones criticae et exegeticae. Part. prior. 14 S.
Progr. Marz. G. *Cöln* 1879.

Sturm, Johann Baptist

Biographisches über Plato aus dem Codex Vaticanus graecus 1898 und die Isagoge des Albinus auf Grund derselben Handschrift herausgegeben – von Dr. J. B. Sturm. — 1901, Erlangen, E. Th. Jacob. — P. 3—43.
Progr. Kaiserslautern, K. Gymn.

Sturm, Johann Baptist: Über die G r u n d a n s c h a u u n g e n der Mathematik. Scheyern 1867.
Schul-/Univ.-Schrift

Sturm, Joh. B. Kirchengesänge f. die katholische Schuljugend. 8. (24 S.) Regensburg 871. Coppenrath. — 15

Sturm, Joh. Bapt. „Die Prinzipien der heutigen Physik im Verhältnisse zu Humboldts Kosmos". pg. 3--8. 4°. Stadtamhof, Joseph Mayr.
Regensburg, Progr. 1860/61

Sturm, J. B., Quae ratio inter tertiam T. Livii decadem et L. Coeli Antipatri historis intercedat. Diss 1883. 54 S.

Sturm, Joh[ann] Bapt[ist]: Rheinwein. Bau, Pflege und Ernte des Weines im Rheingau und Rheinhessen. Mit 2 Weinbergkarten und einem Verzeichniss der Trauben-, Most- und Wein-Einkäufe seit 1874. Frankfurt a. M. 1882: Naumann. 32, 74 S. -- 1.7.121•

Sturm, *Johann Baptist* [Dr.]: Über iterative Satzgefüge im Lateinischen. Speier, Jäger'sche Buchdr., *1891;* 27 S. 8°
Speier, k. StA, P 1891 •

— **Schönschreib-Hefte.** Deutsche Schrift. 8 Hfte. 4. (à 24 S.) Regensburg 875. Manz. pro Dutz. 1. 50

— **dasselbe.** Englische Schrift. 5 Hfte. 4. (à 24 S.) Ebend. 875. pro Dutz. n. 1. 50

— **dasselbe ohne Vorschrift.** Deutsche Schrift. 5 Hfte. 4. (à 24 S.) Ebend. 875. pro Dutz. 1. 50

— **dasselbe.** Englische Schrift. 2 Hfte. 4. (à 24 S.) Ebend. 875. pro Dutz. 1. 50

Sturm, Johann Christian (Calau/Laus.) A. S. 575/69

Specimen continens caput iuris controversum de iurisconsulto nomotheta.
Präs. Christian Heinrich Breuning.
Leipzig (Langenheim) 10.X.1766. 8 S. 34008

Sturm, Johann Christoph

Johann Christoph Sturms Mathesis juvenilis. [Deutsch] d.i. Anleitung vor die Jugend zur Mathesin. Th.1. Nürnberg: Hoffmann & Streck 1702. 8°
Th.1.: 1702.

— Anleit. f. d. Jugend z. Mathesi, m. K. 2 Thle. 8. Nrnb. 714.

Joh[annis] Christoph[ori] Sturmii [Sturm] Kurtzer Begriff der Physic oder Natur-Lehre. Nach den vernünfftigsten Meinungen der heutigen Gelehrten: ... in wichtigen Fragen und gründlicher Antwort vorgestellet... Hamburg: Heyl 1713. 891 S. 8°

Sturm, Ioh. Chr., c o l l e g i u m experimentale curiosum, c. fig. 2 Ptes. 8. Nrnb. Stein. 701.

— p h y s i c a e conciliatricis conamina. 12. Nrnb. Endter. 713.

Sturm, Johann Christoph [Praes.], s. D e g m a i e r , Andreas: De misericordia, cujus praestantiam & dignitatem a contemtu stoicorum.

Joh[annis] Christoph[ori] Sturmii [Sturm] Mathesis compendiaria sive Tyrocinia mathematica tabulis. ... nunc 4.vice, corr. ed. Altdorffii 1703: Meyer. 69 S. 2°

Sturm, Joh. Christoph. Compendiaria mathematica. Coburgi 1707. fol.

Joh. Christophori Sturmii Mathesis Compendiaria, sive tyronica Mathematica tabulis XXXIX. comprehensa quam, sexta vice et juxta b. viri mentem recensuit et auxit aut. filius *Leonh. Christ. Sturm.* fol. Cob. Imp. P. G. Pfotenhaueri. 1714 •

— mathesis compendiaria aucta a L. C. Sturm. fol. Coburg. Endter. 714.

Johann Christoph Sturms [Sturm:Mathesis compendiaria. Deutsch:] Kurzgefasste Mathesis oder Erste Anleitung zu mathematischen Wissenschafften in Tabellen verfasset. Wie dieselbigen zuletzt von... Leonhard Christoph Sturm... hrsg.u.verm.worden,... verteutscht u.mit nöthigen Zusatz u.Verb. auch angefügter kurtzen Hydrostatick u.Hydraulick verm. von Bonifacio Henrico Ehrenbergern[Ehrenberger]. Coburg: Pfotenhauer 1717. 100 S. 4°

— mathesis enucleata, c. fig. 8. Nrnb. Stein. 711.

Joh. Christoph. Sturmii Philos. Nat. et Mathem. P. P. Mathesis juvenilis. Tomus prior Arithmeticam vulgarem cum Algebra, Geometriam cum Trigonometria, Architecturam Militarem et Civilem cum Mechanica continens. Accessit Consilium de mathesi in scholarum trivialium et Gymnasiorum Classes omnes, etiam puerorum legere discentium infimas. Ingenti Juventutis commodo postliminio introducenda. Norimb. c. fig. 8. 1699.

— Tomus posterior, Opticam cum Catoptrica et Dioptrica, Astronomiam cum Usu globorum, Theoria item et Eclipsiographia ludibunda, Chronologia cum Calendariographia seu Computo Ecclesiastico, Horographiam denique seu Gnomonicam complexus. Norimbergae. 8. 1701.

— Editio altera. Tomus prior. Prostat Norimbergae ap. B. Joh. Hoffmanni Viduam et Engelbertum Strackium. c. fig. 8.

— * Editio altera, tomus posterior, ibid. c. fig. 8. 852 S. 1704.

— * Editio tertia multis in locis auctior et correctior. Tomus prior. ib. 8. c. fig. 884 S. 1711.

— Tomus posterior. ibid. 1716.

(1 Rthlr. 16 gr.)

— in das Deutsche übersetzt. Nürnb. bey Hofmann's Witwe und Strack. 8. 1705.

— 8. 1710.

— Nürnb. 8. 2 Theile, m. Kupf. (2 Rthlr.) 1714.

Joh[annis] Christophori Sturmii [Sturm] Mathesis juvenilis. T.2. Norimbergae: Hoffmann & Streck 1701. 8°

T.2: Opticam cum catoptrica & dioptrica, ... chronologiam cum calendariographia ... horographiam denique seu gnomonicam,complexus. 1701.

— Physica electiva sive hypothetica. Tomus I, II. Norimbergae 1697, 1722.

Sturm, Jh. Chr., physica electiva, c. fig. II Tmi. 4. Nürnb. 803. Stein. 6 ℛ

Joh[annis] Christophori Sturmii [Sturm] Praelectiones academicae... Nunc ad satisfaciendum multorum desideriis in vulgus ed., & studiosae praesertim juventuti vindicatae à Davide Algöwero[Algoewer]. Francofurti & Lipsiae; [Ulm:] Bartholomaeus 1722. 207 S. 8°

Jo. Christopher. Sturmii Praelectiones academicae a *Davide Algoewero* editae. Francof. et Lipf. Dan. Bartholomaei. 4. 1 Alph. 4 und ein halber Bog. 2 Kupf. 1722.

(I. De astrologiae divinatricis vanitate.
II. De mathesi universali.
III. De incomprehensibilibus matheseos.
IV. De arithmetica sacra.)

Scientia cosmica sive astronomia tam theorica quam sphaerica.Paucis tabulis...comprehensa...à Joh[anne] Christophoro Sturmio [Sturm] Ed.4.,rev. & em. Noribergae:Endter 1701. 32 S. 2°

Sturm. Joh. Christoph. Scientia cosmica. Norimbergae 1708. fol.

— scientia cosmica s. astronomia tam theoretica quam sphaerica in tab. fol ibid. 719.

Sturm, Johann Christoph [Praes.], s. Seyboth, Johann Wilhelm: De tempestatibus generatim et speciatim de quaestione: utrum sagae easdem ciere possint?

Sturm, Johann Christoph [Praes.], s. Sonnenmayer, Johann Nikolaus: Disputatio physica, qua providentia divina, ex proportionata corporum quantitate demonstranda.

Johann Christoph Sturms [Sturm] Wahrhaffte und gründliche Vorstellung von der lügenhafften Stern-Wahrsagerey...Aus s.hinterlassenen Schrifften ... mitgetheilet von Georg Reichard Sturm nebst e. vom Einfluß derer Planeten handelnden Vorr. Bonif[atius] Heinr[ich] Ehrenbergers [Ehrenberger]. Coburg:Pfotenhauer 1722. 115 S. 8°

— gründl. Vorstellung v. d. lügenhaften Sternwahrsagerey. 8. Coburg, Ahl. 722.

Sturm, Johann Heinrich Chr. Fr.

Sturm, Jh. Hnr. Chr. Fr., s. Gould, J., Monographie der Ramphastiden.

Sturm, J. H. C. F., Leptodirus. Gattung aus der Familie der Scydmaenides. Beschrieben u. abgebildet. [Abgedr. aus dem XX. Bdchn. v. Sturms Deutschlands Fauna.] Mit 1 color. (Kpfr.:) Taf. 8. (8 S.) Ebd. 849. n. 1/2 ℛ

Sturm, Johann Heinrich Chr. Fr. [Forts.], s. Sturm, Jakob: Deutschlands Fauna.

Sturm, Johann Jakob (Altdorf) A. S. 345/19

Theses des principes du blason ou de l'art heraldique. Präs. Johann Christoph Wagenseil. Altdorf (Kohles) 1719. 15 S.

Diss. 1690. 34013

Sturm, Johann Joachim Gotthard

Sturmius, Jo. Joach. Gotth.: Biga meditationum juridicarum: 1. De observanda charitate christiana erga delinquentes et ad mortem condemnatos. 2. De testamentis ad mortem condemnatorum. Rostochii et Wismariae 1755.

Jo. Joach. Gotthard Sturm de eo quod justum est circa anatomen. Rostoch. 1755. 4.

Sturm, Johann Wilhelm

Sturm, Joh. Wilh., enumeratio plantarum vascularium cryptogamicarum Chilensium. Ein Beitrag zur Farn-Flora Chile's. (Abdr. aus den Abhdlgn. der naturhistorischen Gesellsch. zu Nürnberg.) Nürnberg 858. (Leipzig, Hinrichs.) gr. 8. (52 S.) nn. 16 ngr.

Sturm, J. W., Enumeratio plantarum vascularium cryptogamicarum Chilensium. Ein Beitrag zur Farn-Flora Chile's. gr. 8. (52 S.) Nürnberg (858)63. (Leipzig, Hinrichs'sche Verlagsb.) * *
Aus: Abhandlungen der naturhistorischen Gesellschaft zu Nürnberg besonders abgedruckt.

Sturm, Jh. Wlh., s. Gould, J., Monographie der Ramphastiden.

Sturm, Johann Wilhelm [Forts.], s. Sturm, Jakob: Deutschlands Flora . . .

Sturm, Joh. Wilh., u. A. Schnizlein, Verzeichniss der phanerogam. u. kryptogam. s. g. Gefasspflanzen in d. Umgegend von Nürnberg u. Erlangen. 8. (44 S.) Erlangen 847. (Leipzig, Hinrichs.) n. 1/3 ₰

Sturm, J. W., und A. Schnizlein, Verzeichniss der phanerogamen und gefässkryptogamen Pflanzen in der Umgegend von Nürnberg und Erlangen. 2., gänzlich umgearb. Aufl. 8. (XII und 138 S.) Nürnberg 860, W. Schmid. *

Sturm, Johannes, s. Sturm, Johann

Sturm, Josef

Beiträge zur Vita des Humanisten Franciscus Portus (1511–1581). — Von Dr. Jos. Sturm, G.-P. — 1903, Würzburg, H. Stürtz. — P. 3—30.
Progr. Würzburg, K. Neues Gymn.

Sturm, J., Entwicklung der Construction mit πρίν. Diss. 1882. 52 S. 1.

Sturm, Jos., geschichtliche Entwickelung der Constructionen mit πρίν, s.a. Beiträge zur historischen Syntax der griechischen Sprache.

Sturm, Joseph, a. Marktheidenfeld a. M.: Zur Giltigkeit des Tropfölס in Dampf- und Sprayform. Würzburg 1908: F. Staudenraus. (52 S., 1 Tab.) 8°
Würzburg, Med. Fak., Ref. Lehmann, Diss. v. 9. Aug. 1908
[Geb. 9. Nov. 83 Marktheidenfeld; Wohnort: Würzburg; Staatsangeh.: Bayern; Vorbildung: Neues Gymn. Würzburg Reife Juli 02; Studium: Würzburg 10 S.; Coll. 20. Mai 08; Approb. 19. Mai 08.]

[Sturm Josef]: Katalog der Lehrerbibliothek der k. k. Staats-Realschule im VI. Bezirke in Wien nach dem Stande vom 1. Jänner 1900. Zweiter Theil. S. 10—38. 8.
K. k. Staats-Realschule im VI. Bezirke (vormals Gumpendorfer Communal-Oberrealschule) Wien 1901.
Prog.

Sturm Jos.: Der Ostrakismos und seine Bedeutung in Athen 64. Wien R. VI. 78.
Progr.

Das kaiserliche Stadium auf dem Palatin. Mit einer Tafel. — Von Dr. Joseph Sturm, Stdl. — 1888, Würzburg — S. 3—62.
Progr. Würzburg, K. Neues Gymn.

Sturm, Jos., das kaiserl. Stadium auf dem Paladin. Ein Beitrag zur Geschichte der röm. Kaiserpaläste. gr. 8. (62 S. mit 1 Plan.) Würzburg 888, Hertz. *

Sturm, Joseph: Kritische Untersuchungen zum Ligurinus. Freiburg i. B.: Herder 1911. 47 S. 8° ¶ (Vollst. in: Studien u. Darstellungen aus d. Gebiete d. Geschichte. Bd 8, H. 1/2.)
München, Phil. Diss. v. 12. Nov. 1909, Ref. Grauert, v. Heigel
[Geb. 5. Juni 83 München; Wohnort: München; Staatsangeh.: Bayern; Vorbildung: Wilhelms-Gymn. München Reife Juli 03; Studium: München 12 S.; Rig. 12. Nov. 09.] [U 11. 3856

Sturm, Julius

— 1870. Kampf- u. Sieges-Gedichte. Halle 870. Barthel. 16. (39 S.) n. 6 ngr

Sturm, Jul., stille Andachts-Stunden in frommen Liedern unserer Tage. Fremdes u. Eigenes. Der Hausandacht 3. Aufl. Mit Illustr. (Holzschntaf. u. 1 Stahlst.) 8. (IV, 501 S.) Leipzig 876. Amelang. geb. m. Goldschn. 6. —

Sturm, Jul., stille Andachts-Stunden in frommen Liedern unserer Tage. Fremdes und Eigenes. Der Hausandacht 4. und 5. Aufl. 8. (VIII, 501 S. mit Illustr. [13 Holzschntaf. und 1 Stahlst.).] Leipzig 880,83, Amelang's Verlag. geb. mit Goldschn.

Sturm, Jul. Stille Andachtsstunden in frommen Liedern unserer Tage. Fremdes u. Eigenes. Der Hausandacht 7. verm. Aufl. Mit 12 Monatsbildern v. J. Scholtz. 8. (VIII, 502 S. m. 1 Stahlst.) Lpz. 892, Amelang. geb. m. Goldschn. 6 —

Sturm, Jul., stille Andachtsstunden in frommen Liedern unserer Tage. Gesammelt v. St. Neu bearb. von Gust. Gerok. Mit 12 Abbildgn. v. Hans Weißhaar u. 1 Titelbild v. C. Schönherr. (VI, 490 S.) 8. Leipzig 903. C. F. Amelang. Geb. in Leinw. m. Goldschn. 6. —

— Arion, der Töne Meister, s. a. Tschirch, Wilh.

—— Arion, der Töne Meister. Musik v. Wilh. Tschirch. Textbuch. 8. (8 S.) Lpz. 891, C. F. W. Siegel. * — 10

—— Aufwärts! Neue religiöse Gedichte. 8. (X, 270 S.) Leipzig 881, Brockhaus. *
geb. mit Goldschn. *

— bunte Blätter. Vier Bücher neuer Gedichte. 8. (VIII, 181 S. m. Stahlst.-Portr.) Wittenberg 885. Herrosé's Verl. geb. m. Goldschn. n. 5. —

Das Buch für meine Kinder. Märchen und Lieder von Julius Sturm. Mit Holzschnitten nach Original-Zeichnungen deutscher Künstler. Leipzig 1877. Verlag von Alphons Dürr. XII, 148 S. (und Anzeigen) mit vielen großen u. kleineren Bildern nach O. Pletsch, P. Thumann, L. Richter, L. Venus, H. Bürkner u. a. 4.°. Neuerer Halbleinenbd. 22.—
R. 2125. H.-B. S. 396. ★ Erstausgabe eines sehr beliebten und gelungenen Kinderbuchs. S. a. Köster S. 118. Reizend illustriert. — Einige Flecken und leichte Gebrauchsspuren.

—— das Buch für meine Kinder. Märchen und Lieder. Mit (eingedr.) Holzschn. nach Orig.-Zeichnungen deutscher Künstler. 2. verm. Aufl. 4. (XIII, 158 S.) Leipzig 880, A. Dürr. geb. *

Sturm. *Das Buch für meine Kinder.* Märchen und Lieder. 3. Aufl. (c. 1895). M. vielen Holzschnitten nach O. Pletsch, L. Richter u. a. Gr.-8°. Orhlwd. 9.—

—— neues Fabelbuch. Mit (eingedr. Holzschn.-)Illustr. nach Orig.-Zeichnungen von Feodor Flinzer. gr. 8. (IV, 52 S.) Ebendas. 881. cart. *

Sturm, Jul., in Freud u. Leid. Letzte Lieder. 12. (X, 149 S.) Leipzig 896. F. A. Brockhaus. Geb. in Leinw. m. Goldschn. n. 3.

— u. Rich. Hagen, Friedensgruß. Gedenkblatt an den Frieden 1871 dem deutschen Volke zur Erinnerg. Fol. (8 S. m. eingedr. Holzschn.) Gera 871. Kanitz's Verl. — 30

Sturm, Jul., Gedichte. 8. (X u. 242 S.) Leipzig 850, Brockhaus. n. 1 ₰; in Engl. Einb n. 1 1/3 ₰

Sturm, Jul., Gedichte. 2. Aufl. 8. (VIII und 237 S.) Leipzig 854, Brockhaus. *

Sturm, Jul., Gedichte. 3. Aufl. 8. (VIII und 237 S.) Leipzig (861)62, Brockhaus. * 1 Thlr.; geb. Thlr. *

Sturm, Jul., Gedichte. 4. Aufl. 8. (VIII, 237 S.) Leipzig 878, Brockhaus. * ℳ 3.; geb. *

—— Gedichte. 5. Aufl. 8. (VIII, 237 S.) Leipzig 882, Brockhaus. geb. mit Goldschn. *

Gedichte von Julius **Sturm**. 6. Aufl. Leipzig: Brockhaus 1892. VIII, 237 S. 8° [11. 10293 II

—— neue Gedichte. 8. (X und 229 S.) Leipzig 856, Brockhaus. *

— neue Gedichte. 2. Aufl. (X, 229 S.) Ebend. 880. n. 3. —; geb. m. Goldschn. n. 4. —

— neue lyrische Gedichte. 12. (VIII, 200 S.) Leipzig 894. A. Janssen. Geb. in Leinw. m. Goldschn. n. 4. —

—— s. Giacomelli, H., Idylle aus der Vogelwelt.

— Gott grüße dich! Religiöse Gedichte. 8. (IX, 202 S.) Ebend. 876. n. 2. 40; geb. n. 3. —

—— Gott grüße dich! Religiöse Gedichte. 2. Aufl. 8. (IX, 202 S.) Ebendas. 882. geb. mit Goldschn. *

—— Gott grüße dich! Religiöse Gedichte. 3. Aufl. 8. (IX, 202 S.) Leipzig 887, Brockhaus. geb. mit Goldschn. *

—— Gott grüße dich! Religiöse Gedichte. 4. Aufl. 12. (IX, 202 S.) Ebd. 892. geb. m. Goldschn. * 4

Sturm, Jul. Neue Harfenklänge für Israel. Jüdische Poesien. (Ausg. auf besserem Papier.) gr. 8. (79 S. mit Portr.) Lpz. 891, Akadem. Buchh. * 1 50
—— dass. — s. Schriften d. Institutum judaicum in Leipzig.

—— für das Haus. Liedergabe. 8. (XII und 266 S.) Leipzig (861)62, Brockhaus. * 1 Thlr.; geb. *

Sturm, Jul., Hausandacht in frommen Liedern unserer Tage für stille Morgen- u. Abendstunden. Ausgewähltes u. Eigenes. Leipzig 866. Amelang's Verlag. 8. (VII, 191 S. mit Stahlst. von Paul Thumann.) geb. mit Goldschn. 1 ℛ𝓉 20 ngr.

—— Hausandacht in frommen Liedern unserer Tage für stille Morgen- und Abendstunden. Ausgewähltes und Eigenes. Illustr. Ausg. mit Zeichnungen von J. Füllhaas (in eingedr. Holzschn.). br. 8. (XV, 506 S. mit 1 Stahlst.) Leipzig 870, Amelang's Verlag. geb. mit Goldschn.
Gewöhnliche Ausgabe. Ebendas. 1866. ℳ 5.

—— dem Herrn mein Lied. Neue religiöse Gedichte. 8. (VIII, 208 S.) Bremen 884, Heinsius. * ℳ 3.; geb. *

— s.: Jahrbuch religiöser Poesien.

—— Ich bau auf Gott! Eine Festgabe. Neue religiöse Gedichte. 8. (208 S.) Bremen 883, Heinsius. * geb. *

— Immergrün. Neue Lieder. Illustrirt von Paul Thumann. 4. (114 S. m. 12 Holzschntaf.) Leipzig 879. Amelang. geb. m. Goldschn. n. 10. —

Sturm, Jul., Immergrün. Neue Lieder. Illustr. v. P. Thumann. 2. Aufl. 4. (100 S.) Leipzig 888. Amelang. geb. m. Goldschn. n. 6. —

Sturm, Jul., Immergrün. Neue Lieder. Illustriert v. Paul Thumann. 2. Aufl. gr. 8. (100 S.) Leipzig (899). C. F. Amelang. Geb. in Leinw. m. Goldschn. n. 3. —

— Kinderleben in Bild u. Wort, s.: Richter, Ludw.

— Kinderlieder. 4. (VIII, 117 S. m. farb. Bildern.) Nürnberg 893. Verlag der Kinder-Gartenlaube. n. 5. —; geb. in Leinw. n. 6. —

— Kinderlieder f. meine Kleinen. Componirt für Haus u. Schule v. R. Graner. (op. 68) gr. 4. (31 S.) Gera 872. Griesbach. 1. 60; Pracht-Ausg. 3. —

Sturm, Jul., Compendium d. kaufmännischen Rechnens f. Handels-, Gewerbs- u. höhere Bürgerschulen sowie zum Selbstunterrichte. Durchgängig nach neuem Maß u. Gewicht bearb. u. m. circa 1500 Uebungsaufgaben verseh. gr. 8. (IV, 100 S.) Meißen 872. Schlimpert. 1. 25

— stilles Leben, s. Leben, stilles.

— Lieder u. Bilder. Neue Dichtungen. 2 Thle. Leipzig 870. Brockhaus. 8. Jeder Thl. n. 24 ngr.; in engl. Einb. mit Goldschn. n. 1 ℛ𝓉
1. Lieder. (IX, 191 S.)
2. Bilder. (VII, 173 S.)

—— Lieder u. Bilder. Neue Dichtgn. 2 Thle. 2. Aufl. 12. Ebd. 892. geb. m. Goldschn. à * 3 —; * 6 —
1. Lieder. (IX, 189 S.) — 2. Bilder. (VII, 171 S.)

—— fromme Lieder. 1. Aufl. 8. (VIII und 176 S.) 1852. und 2. Aufl. 16. (VIII und 171 S.) Leipzig 855, Brockhaus. *

—— fromme Lieder. 3. Aufl. 1857. und 4. Aufl. 8. (VIII und 171 S.) Leipzig 860, Brockhaus. * 24 Ngr.; geb. *

—— fromme Lieder. 5. Aufl. 1864. und 6. Aufl. 8. (VIII und 171 S.) Leipzig 867, Brockhaus. * geb. mit Goldschn. *

—— fromme Lieder. 1. Thl. 7. Aufl. 1870, und 8. Aufl. 1874, und 2. Thl. 2. Aufl. 8. (X, 178 S.) Leipzig 870, Brockhaus. à Thl. * ℳ 2,40.; geb. mit Goldschn. *

— fromme Lieder. 1. Th. 8. Aufl. (VIII, 170 S.) Leipzig 874. Brockhaus. n. 2. 40; geb. n. 3. —

—— fromme Lieder. 2 Thle. 12. Leipzig, Brockhaus. [1. Thl. 9. und 10. Aufl. (VIII, 170 S.) 880,84; 2. Thl. 3. Aufl. (X, 178 S.) 880.] à Thl. * ℳ 2,40. * geb. mit Goldschn. à Thl. * ℳ 3. *

—— Fromme Lieder. 3 Thle. 12. Lpz., Brockhaus. [1. Thl. 11. Aufl. (VIII, 170 S.) 889; 2. Thl. 4. Aufl. (X, 178 S.) 892; 3. Thl. (X, 190 S.) 892.] geb. m. Goldschn. à Thl. * 3 —; * 9 —

Sturm, Jul., fromme Lieder. 2. u. 3. Thl. 12. Leipzig, F. A. Brockhaus. Geb. in Leinw. m. Goldschn. à n. 3. —
2. 4. Aufl. (X, 178 S.) 891. — 3. (X, 190 S.) 892.

Sturm, Jul., israelitische Lieder, eingeführt von Frz. Delitzsch 2., stark verm. Aufl. von „Israels Weg zur Herrlichkeit." Halle 867. Barthel. 16. (116 S.) n. 12 ngr.; geb. mit Goldschn. n. 20 ngr.

— israelitische Lieder, eingeleitet von Frz. Delitzsch. 3. verm. Aufl. 16. (116 S.) Halle 881, Mühlmann. *
geb. mit Goldschn. *

— neue fromme Lieder und Gedichte. Ebend. 858. 16. (XII, 286 S.) n. 1 ℛ. 10 ngr.

— Märchen. Illustr. Ausg. Bilder von Olga v. Fialka. 8. (IV, 180 S. mit eingedr. Holzschn.) Leipzig 881, Breitkopf und Härtel. geb. *

— Märchen. Illustr. Ausg. Bilder von Olga v. Fialka. 8. (IV, 180 S.) Leipzig 887. Breitkopf & Härtel. cart. n. 3. —

— Nachrichten über Bad Köstritz und seine Curmittel, besonders seine warmen Sand- und Soolbäder. gr. 8. (16 S.) Gera 870, Griesbach. *

— Natur, Liebe, Vaterland. Neue Gedichte. 8. (VIII, 204 S.) Ebend. 884. n. 3. —; geb. m. Goldschn. n. 4. —

— Palme und Krone. Lieder zur Erbauung. 8. (VII, 583 S.) Bremen 888, Heinsius Nachf. *
geb. mit Goldschn. *

— von der Pilgerfahrt. Dichtungen. Ebend. 868. 8. (184 S.) n. 1 ℛ;
in engl. Einb. mit Goldschn. n. 1 ℛ 15 ngr.

— s. Richter, Ludw., biblische Bilder.

— zwei Rosen oder das Hohe Lied der Liebe. 16. (III und 84 S.) Leipzig 854, Brockhaus. *

— Zwei Rosen od. das Hohe Lied der Liebe. 2. Aufl. 16. (III, 84 S.) Ebd. 892. geb. m. Goldschn. * 1 60

Sturm, Jul., stenographisches Shakspeare-Album. Hrsg. vom Gabelsberger Stenographenvereine „Tironia" zu Dresden. gr. 8. (VIII und 88 lithogr. S. mit dem lithogr. Portr. Shakspeare's.) Dresden 864, (Schöpff.) —

— Spiegel der Zeit in Fabeln. 8. (X, 101 S.) Leipzig 872, Brockhaus. *ℳ 1,60.; geb. mit Goldschn. *

— stenographische Vorschriften nach Gabelsberger's System. Zum Gebrauch beim eigenen Unterricht hrsg. 2., umgearb. Aufl. 8. (16 autogr. Blatt.) Dresden 863, (Schöpff.)
In Couvert. *

Sturm, Jul., Israels Weg zur Herrlichkeit. Lieder der Liebe in Israels Herz gesungen, bevorwortet von Frz. Delitzsch. 16. (100 S.) Erlangen 858, Bläsing. *

Sturm, K. F., Maximilian Harden. Beiträge zur Kenntnis u. Würdigg. e. deutschen Publizisten. (87 S.) kl. 8. Leipzig 908. Verlag f. Literatur, Kunst u. Musik. 2. —

Sturm, K. F., Robert Reinick der Kinderdichter, s.: Monographien zur Jugendschriftenfrage.

Sturm, Karl

Sturm, Carl Engelbert, wahrhafte Abhärtung u. deren enormer Einfluß auf die Heilung aller Krankheiten. Eine Warnung vor Verweichlichung u. Abstumpfung. (24 S.) 8. Berlin, Hygien. Verlag. — 80

Sturm, Carl, alle Hämorrhoidalleiden, auch die schwersten Formen, sind heilbar. Nach einem auf den neuesten Forschungen u. eigenen Erfahrungen basir. Naturheilverfahren. In seinen Grundzügen für Aerzte u. Laien dargestellt. gr. 8. (IV, 62 S.) Kissingen 882. Brückner & Renner in Comm. n. 1. 60

Sturm, Carl, Bad Assmannshausen am Rhein. gr. 8. (16 S.) Wiesbaden 887, Bergmann. *
Aus: Die Heilquellen des Taunus, besonders abgedruckt.

Sturm, C., die Behandlung unartiger Kinder. Ein Vortrag aus dem seel. Leben d. Menschen, geh. im Winter-Semester 1887/88. gr. 8. (15 S.) Berlin 887. (J. Bohne.) n. — 30

— General v. Diehl und seine Aerzte. Eine krit. Studie. 5. Aufl. 8. (16 S.) München 883, (Pollner.)

— die Diphtheritis und ihre Heilung. Wissenschaftlich-populär für Aerzte und Laien erörtert. gr. 8. (27 S.) Berlin 884, Senff. *

Sturm, Carl, ein abgebranntes Dorf im Ober-Lahngau. Barmen 868. (Klein.) 8. (14 S.) 3 ngr.

Sturm, Carl, die Einweihung der neuen Gebäude der Kaiser-Wilhelms-Universität Straßburg. Unter möglichster Benutzung der „Straßburger Post" und der „Landeszeitung für Elsaß-Lothringen" geschildert. gr. 8. (VII, 80 S.) Straßburg 884, (Schmidt's Universitäts-Buchh.) *

Sturm, C. Das soziale Elend. 1. Tl. Die Ursachen der unglückl. Eheu. gr. 8. (29 S.) Berl. 890, (Bohne). * — 80

— die Entstehung der Epilepsie, des Veitstanzes, der Hysterie, kurz der Nervenleiden bei den Kindern u. deren naturgemäße Heilung. (24 S.) 8. Ebd. n. — 50

Sturm, Carl: Die Erziehung zur Gesundheit. Das einzige Heil-Mittel d. Nerven- u. Organ-Schwäche, d. Nervosität, Willensgedächtnis-Schwäche u.s.w. (Anh. d. "Psycholog. Nervenkur") [Nebst] Erläuterung u. Erweiterung. Berlin: Hygien. Verl [1904]. (XIV, 57, 3 S.) 8°

Sturm, Carl, die traurigen Folgen einer ungeeigneten Behandlung der geheimen Krankheiten bei Männern. Ein Mahnwort an derartige Leidende. 16. (33 S. Regensburg 882. (München, Franz.) n. — 40

— Gesunde u. krankhafte Geistesbildung. Ein Vortrag, aus dem Geistes- u. Seelen-Leben d. Menschen. 2. Aufl. gr. 8. (24 S.) Ebd. 888. * — 50

Sturm, Carl, Geschichte des Protestantismus in dem österreichischen Kaiserstaat. 1. Bd. 2 Hefte. gr. 8. Leipzig 862,63, O. Wigand. [1. Heft. (X und S. 1—160.) * 25 Ngr., 2. Heft. (S. 161—320.) * 24 Ngr.] *

— die Grundzüge der Naturheilkunde, wissenschaftlich-populär für Aerzte und Laien geschildert. Acht Vorträge. gr. 8. (187 S.) Berlin 884, [Schmidt und Sternaux.] Schmidt's Buchh. *

— Die Grundzüge der Naturheilkunde, wissenschaftlich-populär geschildert. 8 Vorträge. 2. Aufl. 8. (159 S.) Berl. 891, Fussinger. * 2 —

— unsere Heilsysteme. Vortrag, gehalten am 19. Novbr. 1883 zu Berlin. gr. 8. (15 S.) (Ebendas.) 883. *

— die Heilung der Krankheiten durch Beseitigung ihrer Ursachen. Aetiologische Heilmethode. In aphorismenart. Darstellg. erörtert. 1. Bd. d. Lehrbuchs der [Natur-] Heilkunde. gr. 8. (VIII, 178 S.) Leipzig 885. Th. Grieben. n. 2. 40; geb. n. 3. 20

Sturm, C[arl]: Die natürliche Heilweise. Rathgeber f. gesunde u. kranke Menschen z. Selbstbehandlung ohne Anwendung v. Arzeneien. Mit vielen erklär. Taf., sowie zerlegbaren Modellen d. männl. u. weibl. Körpers. Berlin: R. Schwarz [1899]. (VIII, 1466, XI S.) 8°

Sturm, C., die natürliche Heilweise. Ratgeber f. gesunde u. kranke Menschen. Mit vielen Abbildgn. u. erklär. Taf., sowie zerlegbaren Modellen des männl. u. weibl. Körpers u. e. Ergänzg.: Die naturgemäßen Behandlungsmethoden der Krankheiten in systemat. Schilderg. v. G. Lehnert. (Neue Ausg.) gr. 8. (VIII, 1588 S. m. Bildnis.) Stuttgart (900). Deutsche Verlags-Anstalt. Geb. in Leinw. n. 17. —; in 2 Leinw.-Bdn. n. 19. —

Sturm, Karl, die Installation v. Schwachstromanlagen, s.: Stiller, Arth., der Elektroinstallateur.

STURM, Karl (Landshut): De iritide gummosa. (Titel nach der Urkunde) 15.3.1879 – Urk: Chr 1878/79.12
Diss.Ingolst.-Landsh.-Mchn.

Sturm, C., Ist die Cholera ansteckend? Vortrag, gehalten am 4. Aug. 1884 zu Berlin. 8. (19 S.) Berlin 884, [Schmidt und Sternaux.] Schmidt's Buchh. *

—— Ist die jetzige Heilkunde vernünftig? Ein Mahnruf an Gesunde und Kranke. Vortrag, gehalten am 26. Octbr. 1883 im Saale des Handwerker-Vereins zu Berlin. gr. 8. (16 S.) Berlin 883, (Senff.) * —

— ist Syphilis überhaupt heilbar? Der „Männerkrankheiten" 2. Tl. (31 S.) 8. Ebd. 1. —

— die Krebsschäden der modernen Gesellschaft, beleuchtet in „100 Fragen an das aufgeklärte Jahrhundert". Festschrift des Vereins f. naturgemäße Erziehg. u. Entwicklg., hrsg. zu dessen ersten Stiftungsfeste. (47 S.) gr. 8. Ebd. (893). — 50

Sturm, Karl, Rechtsprakt.: Die Landstreicherei. Breslau: Schletter 1909. 108 S. 8° ¶(Ersch. auch als: Strafrechtl. Abhandlungen. H. 105.)
Würzburg, Jur. Diss. v. 15. Aug. 1909, Ref. Oetker
(Geb. 12. Aug. 83 Straubing; Wohnort: Straubing; Staatsangeh.: Bayern; Vorbildung: Gymn. Straubing Reife Juli 03; Studium: Würzburg 4. München 3, Berlin 1 S.; Rig. 1. März 09.) [U 10. 4333

Sturm, Karl: Die Landstreicherei. Breslau: Schletter 1909. 108 S. 8°
(Strafrechtliche Abhandlungen. H. 105.)

— d. Männerkrankheiten, deren Ursachen u. naturgem. Behandlung. 2. (Umschlag-) Aufl. 8. (40 S.) Berlin (897). (H. Steinitz.) n. — 50

— psychologische Nervenkur. Schriftencyklus, bestehend aus folg. Schriften: 1. Warum gehen so viele Nervenkranke u. geistig Ueberarbeitete zu Grunde? Reichstagspetition. (Der „Psycholog. Nervenkur" 1. Tl.) (31 S.) 8. — 2. Die Entstehung (Umschlag: Die Ursachen) der Epilepsie, des Veitstanzes, der Hysterie, kurz der Nervenleiden bei den Kindern u. deren naturgemäße Heilung. (24 S.) 8. — Die wahren Ursachen der Nervosität u. deren psychologische Behandlg. 5. umgearb. Aufl. (30 S.) 8. — 4. Wohlstand f. Alle. (Ueberklebter Umschlagtitel: Die Grundlagen wahren Lebensglückes.) Eine socialhygien. Studie. 1. u. 2. Aufl. (218 S.) gr. 8. Ebd. 5. —

—— Die Nervenschwäche [Nervosität], deren Ursachen, Verhütung u. Heilung. Zugleich 1. Thl. d. Lehrbuchs der naturgemäßen Erziehg. d. Menschen. 2. Aufl. gr. 8. (4, 103 u. Anh. VIII S.) Berl. 889, J. Bohne. * 2 —

—— Pfuscherei und Wissenschaft bei General v. Diebl. Allen vernünftig Denkenden gewidmet. 2. Aufl. 8. (15 S.) München 883, (Pollner.)

— kurze Randglossen zu den anstößigen Artikeln des österreichischen Concordats vom 18. Aug. 1855. Ebend. 861. gr. 8. (76 S.) 15 ngr.

— Salz u. Pfeffer. Arztphilosophische Satyren auf das tägl. Leben. Meinen denk. Mitmenschen gewidmet. (30 S.) 8. Ebd. 1. —

— die Schulung der Körperkraft u. deren enormer Einfluß auf die Verhütung u. Heilung aller Krankheiten. Zugleich fortsetzend „Die Erziehung zur Gesundheit" des Gesamtwerkes „Die naturgemäße Erziehg." 2, Abschnitt. (36 S.) 8. Ebd. (906). 1. —

[S. u. Ant.] Der allein sichere Schutz vor Cholera. Vortr. d. pract. Arztes u. Hygienikers Dr. med. C[arl] Sturm. Geh. am 24. März 1893 auf d. Seuchenkongress hygien. Aerzte in Dresden. *Berlin: C. Sturm 1893.* (24 S.) 1 Bd 8. [93. 866]

—— der sicherste Schutz vor Cholera und die Absurdität des Cholerapilzes. Vortrag, gehalten am 26. Juli 1884 zu Berlin. 8. (19 S.) [Berlin 884, Schmidt und Sternaux.] Schmidt's Buchh.

Sturm, Carl. Monographische Studien über Adoxa Moschatellina L. [Mit Figuren.] IV + 75 S. 8. Zürich, Zürcher & Furrer, 1910.
Mitteilungen aus dem botanischen Museum der Universität Zürich. [Heft] 51.
Ausg. A: Diss. Phil. [II.] Univ. Zürich von K' St'.... (Separat-Abdruck aus der Vierteljahrsschrift der Naturf. Gesellschaft in Zürich. Jahrg. 54 — *d. i.* 55 — 1910, Heft 3/4....)
Ausg. B: Von K' St'. S'-A' aus der V' der Naturforsch. Ges' in Z'. Jahrg. 54 (*d. i.* 55), 1910, (Heft 3/4).

— d. Ursachen d. Nervenschwäche. 3., umgearb. Aufl. gr. 8. (30 S.) Ebd. 898. n. 1. —

—— zur Verhütung der Frauenkrankheiten. gr. 8. (16 S.) Regensburg 881, (Wunderling.) *
—— dass. — 3. verm. Aufl. gr. 8. (28 S.) Kissingen 882, (Brückner und Renner.) *
Die 2. Aufl. erschien im Selbstverlage des Verfassers.

Sturm, C., zur Verhütung der Frauenkrankheiten. Allen vernünftig Denkenden gewidmet. 4. gänzlich umgearb. Aufl. gr. 8. (VII, 43 S. mit 2 Fig.) [Stuttgart 883.] Berlin, Senff. *

— die Verhütung u. naturgem. Heilung der Frauenleiden. 5., umgearb. Aufl. gr. 8. (38 S. m. 2 Abb.) Ebd. 896. n. 1.20

— die Verhütung u. naturgemäße Heilung der Frauenleiden. Allen vernünftig Denkenden gewidmet. 8. umgearb. Aufl. (38 S. m. Abbildgn.) gr. 8. Ebd. 896. 1.20

— warum gehen so viele Nervenkranke u. geistig Ueberarbeitete zu Grunde? Reichstagspetition. (Der „Psycholog Nervenkur" 1. Tl.) (31 S.) 8. Ebd. 1.25

—— Was haben die chronischen Magendarmkatarrhe und Hämorrhoidalzustände in Kissingen zu erwarten? Geschrieben für Gebildete aller Stände. gr. 8. (27 S.) Kissingen 882, (Brückner und Renner.)

—— Was ist das Leben? Was Gesundheit u. Krankheit? Eine Studie üb. die Heilg. der sog. unheilb. Krankheiten. 3. erweit. u. umgearb. Aufl. gr. 8. (III, 45 S.) Ebd. 886. * 1 —

Sturm, C., was ist thierischer Magnetismus? Giebt es e. Heilmagnetismus? Ein Versuch, beide zu erklären. 12. (32 S.) Regensburg (880). (Berlin, H. Steinitz.) n. 1. —

—— Was ist thierischer Magnetismus? Gibt es einen Heilmagnetismus? Ein Versuch, beide zu erklären. 12. (32 S.) Regensburg 882. (München, Franz'sche Buchh.) *

— was muß man v. der Naturheilkunde wissen? gr. 8. (86 S.) Berlin 899. H. Steinitz. n. 1. —

—— das Wesen und die Heilung der Verdauungs- und Hämorrhoidalleiden. 2. umgearb. Aufl. gr. 8. (56 S.) Berlin 884, [Schmidt und Sternaux.] Schmidt's Buchh. *

—— Wie schützt man sich vor Krankheit? Darstellung der Mittel, sich stets gesund zu erhalten. gr. 8. (61 S.) Ebd. 888. * 1 50

Sturm, Carl: Wie sparen wir die Hälfte der Steuern? Soziale Knackmandeln aufgetischt zu Weihnachten 1893. Berlin: Sturm (1893). (16 S.) 8°

Sturm, Dr. Carl. Wie sparen wir die Hälfte der Steuern? Soziale Knackmandeln, aufgetischt zu Weihnachten 1893. gr. 8°. Berlin, J. Bohne in Komm., 1894.

— wie wird der Deutsche deutsch? Arzt-philosoph. Betrachtgn. über die Entwicklg. des deutschen Volkscharakters. Eine Ergänzg. der Schrift „Erziehung zur Gesundheit". „Gesundheit u. Lebensglück". (VIII, 15 S.) 8. Ebd. (903). — 60

—— Wohlstand f. Alle. Eine sozialhygien. Studie. 1. u. 2. Aufl. gr. 8. (218 S.) Ebd. 892. * 2 40

Sturm, Karl August Gottlieb (Gottlob?)

Sturm, K. A. G., 237 geschichtlich geographische Antworten auf nach diesen Antworten zu stellende Fragen der näheren Vaterlandskunde. Mit besond. Berücksicht. der Kreise Merseburg, Weißenfels, Querfurt rc. des Reg.-Bez. Merseburg und der Provinz Sachsen. Zunächst für Volksschulen auf dem Lande. 3. sehr veränd. und verm. Ausg. 8. (20 S.) Weißenfels 868, Prange.

Sturm, Karl Aug. Gli., Beiträge zur thüringisch-sächsischen Geschichte. A. u. d. T.: Chronik der Stadt Weißenfels nach Quellen bearb. 2. Abdr. 8. (Mit 1 Abbild.) Weißenfels 846, Sueß. n. 1½ ℛ

— kleine Chronik der Stadt Weißenfels nach Quellen bearb. Ebend. 869. 8. (208 S.) n. 10 ngr.

Sturm, Karl Aug. Glieb., Führer durch Goseck u. seine Umgebungen, od. Geschichte u. Beschreibung der ehemal. Grafschaft u. nachherigen Benediktinerabtei Goseck. 8. (50 S.) Weißenfels 851, Sueß. n. 1/6 ℛ

Sturm, Karl Aug. Glob., Geschichte und Beschreibung der ehemaligen Grafschaft und Benediktinerabtei Goseck, jetzt gräflich von Zech-Burkersroda'sche Besitzung, an der Saale, nebst Umgegend. Weißenfels 861. (Prange.) 8. (2 Bl., 124 S. u. 1 Lithogr.) n. 9 ngr.

— Goseck u. seine Umgebungen. Geschichte u. Beschreibung der ehemal. Grafschaft u. Benediktinerabtei Goseck an der Saale. gr. 8. (Mit 6 lithogr. Tafeln.) Naumburg 844, Weber. n. 2/3 ℛ

Sturm, K. A. G., die Schlacht bei Roßbach. Eine getreue Darstellung der Ereignisse vor, während und nach dieser Schlacht; zur Secular-Erinnerung an den 5. Novbr. 1857. Weißenfels 857. Prange in Comm. 8. (IV, 45 S. u. 1 Holzschn.) n. 5 ngr.

Sturm, Karl Christoph Gottlieb

Sturm, Karl Cph. Gli. Abriss der Staatshaushaltungskunde. gr. 8°. Giessen 1809. (Leske in Darmstadt.)

Sturm, C., Staatshaushaltungskunde. gr. 8. Gießen, Müller. 809.

Sturm, Karl Cph. Gli., Andeutt. der wichtigsten Racenzeichen bei den verschied. Hausthieren. Mit 3 Kpf. 8. Jena 812. Cröker. 9 gr

Sturm, K. Ch. G.: Andeutungen der wichtigsten Racenzeichen bey den verschiedenen Hausthieren. Mit 3 Kupfertaf. Jena 1812. 49 S.

Sturm, Karl Christoph Gottlieb: „Ankündigung eines Instituts zur Bildung junger Landwirthe und Cameralisten, welches zu Tieffurth bei Weimar errichtet werden und am 1. April 1814 seinen Anfang nehmen soll", Jena 1813.

Sturm, Karl Christoph Gottlieb: „Beiträge zur teutschen Landwirthschaft und deren Hülfswissenschaften mit Rücksicht auf die Landwirthschaft benachbarter Staaten und insbesondere des landwirthschaftlichen Institut's zu Bonn", 5 Bändchen, Bonn 1821 bis 1826 (bey Adolph Marcus). — Vorh.: UB Bonn. — Sign. Kc 35.

Sturm K. C. G.: Bemerkungen üb. einige Mängel d. niederdeutschen Landbaukunst nebst Verschlägen dieselben zu verbessern ... Berl. 1806. 102 S. 4 Tvl.

— Bemerkungen einiger Mängel d. niederdeutschen Landbaukunst, nebst Verbesserungsvorschläge, m. K. gr. 8. Berlin, Hmburg. 806.

— Bemerkk. üb. e. Mängel der niederdeutschen Landbaukunst, nebst Verbesserungsvorschlägen. Mit 4 Kpftaf. gr. 8. Berl. 806. (Reimer). 18 gr

— Einiges über den Kartoffelbau zu Tieffurth u. die Benutzung der Kartoffeln zu Brod. gr. 8. Jena 811. Schmid. 3 gr

Sturm, K. Ch. G., Einiges über den Kartoffelbau zu Tieffurth u. die Benutzung der Kartoffeln zu Brod. gr. 8. Jena, Schmid. 818.

Sturm, Karl Cph. Gli. Grundlinien einer Encyklopädie der Cameralwissenschaft zu Vorlesungen entworfen. gr. 8°. Jena, Frommann, 1807.

— Jahrbuch der thüring. Landwirthschaft u. der damit verbundenen Wissenschaften. 1r u. 2r Bd. u. 3n Bdes 1s Hft. Mit Kpf. 8. Eisenb. 808—10. Schöne. 3 ℛ 18 gr Hfg. Pr. 2 ℛ 12 gr 3n Bdes 2s Hft. u. 4r Bd. 4 Hfte. u. 5r Bd. 16 Hft. Mit Kpf. 8. Jena 810—14. Cröker. 3 ℛ 22 gr
Vgl. Jahrbuch...

Sturm, Karl Chr. Gli.: „Jahrbuch der Thüringischen Landwirthschaft und der damit verbundenen Wissenschaften", 1. und 2. Band und 3. Band 1. Heft, Eisenberg 1808—1810 (Schöne), 3. Band 2. Heft, und 4. und 5. Band, Jena 1810—1815 (Cröker).

Sturm, Karl Christoph Gottlieb, s. Landwirth, Der, in seinem ganzen Wirkungskreise.

Sturm, Karl Cph. Gli. Lehrbuch der Cameralpraxis zu Vorlesungen und zum Privatgebrauch für Cameralisten, Rechtsgelehrte u. Oekonomen. 1. Thl.: Lehre von den Landgütern und Domainen insbesondere. gr. 8⁰. Jena, Cröker, 1810. 2. Thl.: Gemeinheitstheil, Regalien, Steuern. gr. 8⁰. Ebd. 1812.

Sturm, Karl Christoph Gottlieb: „Lehrbuch der Landwirthschaft, nach Theorie und Erfahrung bearbeitet", 2 Bände in 3 Abteilungen, Jena 1819—1823 (Schmid).

— Lehrbuch d. Landwirthschaft, nach Theorie u. Erfahrung bearbeitet. 1r Thl. 1r u. 2r Bd. gr. 8. Jena 819, 24. Schmid. 3 Thlr

Sturm, C., Mineralogie d. Baukunst, od. Beschreib. aller z. Bauen anwendbar. Erd- und Steinarten. 8. Giessen, Tasché u. M. 800.

— Mineralogie d. Baukunst. 8. Gießen, Müller. 810.

— Mineralogie d. Baukunst, od. Beschreib. aller zum Bauen anwendbaren Stein- u. Erdarten. 8. Chemnitz 800. Mit n. T. Gießen 810. (Heyer). 16 gr Hbg. Pr. 12 gr; (auch Webel in Zeitz). 16 gr

Sturm, Karl Chrph. Gottlieb: „Prospectus zu meinen Vorlesungen über die Staatshaushaltungskunde", Gießen 1809. — Vorh.: LB Darmstadt.

Sturm, K. Ch. G.: Über Racen, Kreuzungen und Veredlung der landwirthschaftlichen Hausthiere. Mit 2 Steintaf. Nebst e. allgemeinen Beschreibung d. Skeletts d. Hausthiere von Weber. Elberfeld 1825. 158 S.

— über Racen, Kreuzungen u. Veredlung der landwirthschaftl. Hausthiere. Mit 2 Steintaf. Nebst e. allgem. Beschreib. des Skeletts der Hausthiere, von Dr. Prof. Weber. gr. 8. Elberf. 825. (Schönian). 1 Thlr

— über Raçen, Kreuzungen u. Veredlung der landwirthschaftl. Hausthiere. gr. 8. Elberfeld 825. (Leipzig, Crayen.) 1 Thlr

— üb. die Schafwolle, in natürl., histor., ökonom. u. technischer Hinsicht. Mit 1 Kpf. gr. 8. Jena 812. Cröker. 16 gr

Sturm, Karl Christoph Gottlieb: Über die Schafwolle in naturhistorischer, ökonomischer und technischer Hinsicht. Mit e. Kupfertaf. Jena 1812. XIII, 112 S.

Sturm, Karl Cph. Gli., Ueber den Verfall des Bauernstandes in den meisten deutschen Staaten, und über die Mittel, ihm wieder aufzuhelfen. 8⁰. Jena, Cröker, 1816.

Sturm, Karl Cph. Gli., Versuch eines Cursus der bürgerl. Baukunst. 1r Thl. Physischer Theil der Erdarbeiten. Mit Kupfer. gr. 8. Gießen 809. (Fr. Fleischer in Leipzig.) 3/4 Thlr

Sturm, K. Ch. G., Versuch e. Cursus der bürgerl. Baukunst. 1r Thl. 1r Bd. gr. 8. Gießen, Tasché. 809.

— die Viehracen auf einigen großherzogl. Sächs. Weimarischen Kammer-Gütern, nach d. Natur gezeichnet u. illum. 1s u. 2s Hft. Fol. Jena 818, 19. Schmid. 6 Thlr 16 gr

Sturm K. C. G.: Die Viehraçen auf einigen grossherzoglichen sachsen-weimarischen Kammergütern nach der Natur gezeichnet u. illuminirt. H. (1)-2 (1 Vol.). Jena 1818-19. (18) S. 16 kol. Tvl. Tv.-Fol.

— Vorschlag zur Einführung blechener Schornsteinröhren. Mit 1 Kpft. 8. Berl. 803. (Reimer). 10 gr

Sturm, Karl Engelbert, s. Sturm, Karl

Sturm, Karl Heinrich

Sturm, Karl Heinr., die schwarze Muttergottes in der früh. Stiftskirche, nunmehr Dompfarrkirche Niedermünster zu Regensburg. gr. 16. (31 S. m. 1 Abb.) Regensburg 896. F. Pustet. n. — 20

Sturm, L., Eichenkranz. Eine Gedicht-Sammlg. den heimkehr. Kriegern gewidmet. gr. 8. (97 S.) Glogau 871. Zimmermann in Comm. n. — 75

Sturm, Leo, über eitrige parametritische Exsudate nebst einem Beitrag zur Casuistik derselben. Diss. Würzburg 1887, Stahelsche Univ.-Buchh. 8⁰. 41 S.

Leonhard Christoph Sturm

Die letzte und völlige Abfertigung Bileams oder nochmahliger sonnen-klarer Beweiß, daß die heilige Schrifft nicht vor, sondern wider die Wahrsager-Kunst spreche. In e.Replica auf die 1.Cont.der Vertheidigung des Johann Ludewig Hannemanns... außgef. von Leonhard Christoph Sturm. Braunschweig Gruber 1700. 110 S. 8⁰

Leonh. Chr. Sturms — Vier kurze Abhandlungen, I. Von Geometrischer Verzeichnung der regulieren Viel-ecke; II. Von dem Gebrauch des Proportional-Circuls; III. Von der Trigonometria plana; IV. Von der Mark-scheide-Kunst, als ein Anhang dem kurzen Begriff der gesamten Mathesis beyzufügen. — Frankfurt an der Oder, Verlegts Jer. Schrey und Joh. Chr. Hartmann. In 8. 2 Bl. Titel etc. 72 Seiten, 5 Kupfertafeln. 1710.
Neue Aufl.s.Sturm:Kurze Anweisung...

Sturm, Leonhard Christoph: Gründliche Anleitung zu der Kriegsbaukunst, s. Sturm: Architectura militaris...

Vollständige Anleitung Schiff-Häuser oder Arsenale u. Ausfuhrten oder See-Häfen gehörig anzugeben. Mit Taf. Augsburg 1721. 10 Z. 4⁰

Sturm. Vollständige Anleitung zur Errichtung von Correctionshäusern etc. *Augsburg* 1765

Sturm, Leonh. Christ. Anweisung öffentliche Zucht- und Liebes-Gebäude anzulegen. *fol. Augsburg, Wolff.* 1720

— ausführl. Anweis. d. ganzen Civilbaukunst. 4. Augsb. Kilian. 724.

Sturm, Leonh. Chr., kurze Anweisung 1) z. geometr. Verzeichn. d. regulär. Vielecke; 2) v. Gebr. d. Proportionalzirkels; 3) d. trigonometria plana, 4) Markscheidekunst, m. Fig. 8. Frankf. Braun. 743.
Vgl.Sturm: 4 kurze Abhandlungen.

Sturm, Leonh. Chrph, Topographische Anweisung zur Geographie von Deutschland. Hamburg 1719. 12.

— topologische Anweis. z. Geographie v. Deutschland. 12. Hamb. 719.

— v. Anweis. alle Arten v. regulären Prachtgebäuden zu erfinden. Fol. Augsb. Kilian. 717.

STURM, L. Ch., Vollst. Anweisung gr. Herren-Palläste nach dem Regule d. antiq. Architectur schön u. prächtig anzugeben. Zugleich von Marställen, Zeug- u. Wagenhäusern, Ball- u. Opernhäusern u. fürstl. Lust-Gärten. Mit vielen Kupfertafeln (J. A. Corvinus sc.). Augspurg 1718. Fol.
So bei Bartholomäus p. 22. — Selten!

Sturm, L. C. Architectura civili-militaris. fol. c. fig. Augustae Vindel. 1719.

Sturm, L. Ch. Architectura militaris hypothetica et eclectica, das ist: Eine getreue Anweisung, wie man sich der gar verschiedenen Teutschen ꝛc. Befestigungsmanieren ꝛc. sowohl in der regular- als irregular-Fortification bedienen könne. Mit Taf.
Nürnberg 1702. 159 S.

— Architectura militaris hypothetico-eclectica, oder gründliche Anleitung zu der Kriegsbaukunst, aus den Hypothesen und Erfindungen der meisten und besten Ingenieurs dargestellt. (2. verm. Aufl.) (Mit 1 Portrait und 42 Taf.) 4. Nürnberg 1719.

— (Andere Ausgabe.) 4. Nürnberg 1720.

— architectura militaris. 8. Francf. 722.

— Architectura militaris hypothetico-eclectica, od. Gründliche Anleitung zu der Kriegs-Baukunst. Mit 1 Anh. u. Taf.
Nürnberg 1736. 167 S.

Sturm, Leonh. Christoph. Architectura militaris oder Anleitung zur Kriegsbaukunst. 4. Nürnberg 1729. — ib. 1739. — Wien u. Nürnberg 1755.

Sturm, Lhrd. Chr., (✝ ...) gründl. Anleit. zu d. Kriegsbaukunst, aus d. Hypothesen u. Erfindd. der besten Ingenieurs dargest. Mit 79 Kpf. 4. Wien 755. (Monath u. K. in Nürnb.) 2 ℛ (Brockhaus in Leipz.) 1 ℛ 12 gr

Sturm, Leonh. Christ.: Dissertatio mathematica ... de arte flumina reddendi navigabilia ... quam ... Publicae Disquisitioni ... submittit Christianus Gottlieb Hertel ... Francofurti ad Viadrum 1708

Leonhard Christoph Sturm

Eine Auflösung der höchstwichtigen Aufgabe Longitudinem auf der See zu finden ... Rostock 1714: Weppling. 2 Bl. 4°
[Glückwunschschrift für Georg Ludewig, vielm. Ludwig König in Groß-Brittanien ... Hertzogen zu Braunschweig, vielm. George I. König von England, zu der ... verliehenen Krone, 17. Sept. 1714.]

Kurtzer Begriff der gesambten Mathesis, bestehend in 5 Th... Von Leonhard Christoph Sturm. (Th.1.2) Franckfurt a.O.: Schrey & Hartmann 1707. 1 Bd 8°

— kurzer Begriff d. gesammten Mathesis. 8 Thle. 8. Frkf. 710.

Kurzer Begriff der gesamten Mathesis, bestehend in 5 Theilen mit neuen Anmerkungen, kurz und zu weiterm Nachsinnen untermengt von *Leonh. Chr. Sturm.* Frankf. an der Oder. Jerem. Schrey und J. L. Yärtmann. 8. 1751.

Aufrichtige Entdeckung des zu Aufnahm der Länder und Commercien höchst-nützlichen Nivellirens oder Wasserwägens, Finantzien-Räthen, Beambten, Ingenieurn, Machanicis, Landwirthen, Müllern etc: sehr nöthig zu wissen. Worinnen die auserlesenste bekandte Instrumenta zu verfertigen, und zu verbessern, auch andere neue anzugeben, und beyde zu gebrauchen mit allen Handgriffen aus sicherer Erfahrung getreulich angewiesen wird von *Leonhard Christoph Sturm.* Cum Gratia et privilegio sacrae Caesar. Majest. Augspurg. In Verlegung Jeremiae Wolffens, Kunst-Händlers. Gedrückt bey Peter Detleffen. mit 8 Kpft: 7 Bog: fol. 1715.

— Erklärung etl. Stellen heil. Schr. m. K. 8. Frankf. Monath. 719.

L. Chr. Sturm mathematische Erklärung verschiedener Schriftstellen. Nürnb. 8. 1720.

Sturm, L. Ch. Bescheidene Exception u. Submittirung gegen das Defensions-Echo des Frh. v. Borgsdorff.
Franckfurt a. O. 1704. 55 S.

— Der auserlesenste u. nach den Regeln der antiken Baukunst sowohl als nach dem heutigen Gusto erneuerte Goldmann, als der rechtschaffenste Bau-Meister oder die ganze Civil-Baukunst etc. Augsburg 1765 2 Bde. Fol.

Sturm, Leonhard Christoph: Grundregeln z. Zusammensetzung der 6 Säulenordnungen, s. Sturm: Konstruktion d. 6 Säulenordnungen . . .

Sturm, Leonhard Christoph, Math. in Univers. alma Francos. Prof. Publ. Ord. Introductio ad architecturam militarem, nova plane methodo in usum auditorum suorum conscripta, est ab illa, quam germanico de gallico idiomate secundum Vaubani methodum concinnatum, et Hagae Comitum impressam una edidit, penitus diversa, Cumque previa Institutione arithmetica et geometrica adjectisque in calce libelli oratione de matheseos utilitate aliisque utilissimis auctariis luci publicae exposita. 8. Francofurt 1703.

Sturm, Leonhard Christoph. Construction der VI Ordnungen zur Regulairen Civil-Bau-Kunst. Mit 23 Kupfertafeln. Nürnberg. 8°.

— Construction der 6 Säulenordnungen zur regulären Civilbaukunst. Mit 5 Kpf. 8. Nürnb. 804. Schneider u. W. Neue Ausg. unt. d. T.: Grundregeln zur Zusammensetzung der 6 Säulenordnungen bei der Civilbaukunst. Mit 20 Kpf 8. Nürnb. ... Schneider u. W. 6 gr

— Kriegsbaukunst nach Rümplers Maximen. Fol. Augsburg, Kilian. 718.

Sturm, L. Ch. Neue Manier zu befestigen. Hamburg 1718. 8°. (Verm. Jähns.)

L. Chr. Sturmii mathesis ad sacrae scripturae interpretationem applicatae specimen, quo mare aeneum sive fons saliens Salomonis colosseus ope arithmeticae, geometriae, stereometriae, architecturae civilis, Mechanicae, geographiae, artiumque Hydraulicae, sculptatoriae et fusoriae explicatur. Norib. J. L. Buggelius. 8. 1710.
— Nor. Seiz. 8. (5 gr.) 1725.

Leonh. Chr. Sturms mathesis aulica, d. i. aufrichtige und leichte Unterweisung in allen Stücken politischer Aemter, welche ohne die Wissenschaft der Mathematique nicht können verwaltet werden. 1715.

Vollständige Mühlen-Baukunst, darinnen werden
I. Alle Grundregeln, so zu der praxi nöthig, die doch gar wenigen nicht bekant, treulich angewiesen.
II. Die Vortheile, die man bey Anlegung der Wasser-räder, alle Sorten von Machinen zu treiben, in acht nehmen muss. Auf dèn höchsten Grad der Vollkommenheit gebracht.
III. Was insonderheit an Korn, Graupen, Papier, Oehl-Pulfer, Sag-Steinschneide-Bohr-Schleiff, Sensen, Kessel, Eisendrat, Hächsel- und Dreschmühlen zu verbessern aufrichtig entdecket. Also daß dieses Werk wohl vor eine Entdeckung der alier raresten und vortrefflichsten Mechanischen Vortheile in der Praxi darff angegeben werden. Cammer- und Policey-Räthen, Beamten, Statt-Magistraten, Kauffleuthen, und allen sowohl der grossen Oeconomie als mechanischer Künste Beflissenen zum Nutzen getreulich eröffnet von *Leonhard Christoph Sturm*. Augsburg. Verlegt von Jeremias Wolff, Kunsthändlern. Cum privilegio Sac. Caes. majestatis. fol. 35 S. m. 42 Kupft. 1718.

Sturm, L. C., vollkommene Mühlenbaukunst, nebst andern Maschinen. Neue Auflage, mit 50 K. Fol. Nürnb. Schneider u. W. 815.

Sturm L. C.: Vollständige Mühlen-Baukunst ... 5. Aufl. Augsb. u. Nürnb. 1815. 34 S. 51 Tvl. Fol.

Sturm, L. C., vollständige Mühlenbaukunst, oder praktische Anleitung, alle Gattungen Mühlen rc. zu bauen, auf 51 Kupfertafeln vorgestellt. 5te Aufl. Fol. Nürnberg, Schneider und Weigel. 819.

Sturm, L. C: Vollständige Mühlen-Baukunst. 6. Aufl. Nürnberg 1819. Fol.

— de natura et constitutione matheseos. 8. Francf. Strauss. 706.

Sturm, Leonh. Christ Prodromus architecturae Goldmannianae oder getreue u. grundliche Anweisung, worinnen die wahre Praxis der Civil-Baukunst bestehe etc. Augspurg 1714. Querfol. (6964)

Sturm, Leonh. Chr., prodromus architecturae Goldmanniae, od. getreue Anweis. z. Civilbaukunst, m. K. gr. Fol. Augsb. Wolf. 748. Rthlr.

Project [Projet] de la resolution du fameux problème touchant la longitude sur mer. Par Leonard Christofle Sturm. Nuremberg: Monath 1720. 44 S. 8°

Sturm, Leonhard Christoph. Die unentbährlichste Regel der Symetrie oder des Ebenmaasses. Augspurg 1720. Fol.

— unentbehrl. Regeln d. Symmetrie. Fol. Augsb. 720.

— Durch einen grossen Theil von Teutschland u. den Niederlanden biss nach Paris gemachte architectonische Reise-Anmerkungen, zu der vollständigen Goldmann'schen Baukunst 6. Theil als ein Anhang gethan. Augspurg 1719. Fol.

Sturm, Leonhard Christoph [Hrsg.], s. Sturm, Johann Christoph: Mathesis compendiaria.

— grundl. Unterricht v. d. nöth. Wissenschaft v. Heng- od. Sprengwerken, m. K. 8. Stockholm, (Gleditsch in Leipz.) 726.

Sturm, Leonhard Christoph. Gründliche und praktische Unterweisung, wie man Fangschleussen und Rollbrücken nach der besten heutigen Art von Holz oder Stein etc. bauen solle. Fol. Augsburg 1715.

— Gründliche u. practische Unterweisung, wie man Fang-Schläussen u. Roll-Brücken rc. bauen solle. Mit Taf. Augspurg 1720. 20 S. 4°

Leonhard Christoph Sturm

De matheseos Utilitate per universum scientiarum ambitum longè latèque diffusa. Francofurti (1702): Coepfel. 4 Bl. 8°

Altdorf, Univ.-Schr. v. 23. Juni 1702

Sturm, L. C. Der wahre Vauban od. der von den Deutschen und Holländern verbesserte französische Ingenieur. 8. M. K. Frankfurt a/O. 1703. —

Sturm, Leonhard Christian. Der wahre Vauban, oder der von den Teutschen und Holländern verbesserte französische Ingenieur. Worinnen I. Die Arithmetic. II. Die Geometrie. III. Die Off- und Deffensiv-Kriegs-Bau-Kunst nach den Grundsätzen des berühmten Herrn v. Vauban, deutlich erklärt; nebst einer ganz neuen Methode zur irregulairen Fortification etc. (Mit 22 Taf.) 4. Nürnberg 1737.

— Der wahre Vauban, oder der von den Teutschen u. Holländern verbesserte Ingenieur rc. Mit Anhang: Goulon, v. Bericht von Belagerung u. Vertheidigung einer Vestung. A. d. Franz. Mit Kpf. Nürnberg 1737. 164 u. 60 S.
— Unveränd. Neuausg. 1761.

— wahrer Vauban, oder der von d. Deutschen u. Holländern verbesserte französ. Ingenieur. Mit Kpf. gr. 4. Nürnb. 761. Monath u. K. 2 ß

— Kurtze Vorstellung der gantzen Civil-Baukunst / worinnen die vornehmsten Kunstworter / so drinnen vorkommen / in funf Sprachen erkläret / u. die nöthigsten Reguln deutlich angewiesen werden. Augspurg 1718. Kl. Fol.

— Freundlicher Wett-Streit der Französ., Holländ. u. Teutschen Krieges-Bau-Kunst. Mit Taf. Augspurg 1718. 66 S. 4°

Sturm, L. C. Freundlicher Wettstreit der französ., holland. und deutschen Kriegsbaukunst. fol. M. K. Augsburg 1718. - fol. ib 1740.

Sturm, Leopoldine, s.: Im Zeichen der Myrte.

Sturm, Ludwig

Sturm, L., Beschreibung d. Kreises Goldberg-Haynau. Für Schule u. Haus bearb. 8. (47 S.) Goldberg 889. (Obst.) n. — 50

— Geographische Bilder, s.: Mauer, A.

Führer durch die Stadt Goldberg in Schlesien und ihre Umgebung. Von L[udwig] Sturm. 3. Aufl. Mit Abb. Goldberg i. Schl.: C. Obst 1905. (59 S.) 8° [05. 14430

Sturm, L., Führer durch Schweidnitz u. 120 Ausflüge in die nähere u. weitere Umgebung nach dem Schlesier- u. Weistritz-Tale, Eulen-, Waldenburger- u. Zobten-Gebirge rc. Unter Mitwirkg. zahlreicher Gebirgsvereine. Mit Abbildgn. (4 Vollbildern) u. (eingebr.) Karten. (VII, 69 u. VIII S.) kl. 8. Nebst: Eisenbahn-Fahrplan von Station Schweidnitz. (14 S.) 8. Schweidnitz (909.) L. Heege. — 75

Sturm, L., Geschichte der Stadt Goldberg in Schlesien. 16 Lfgn. 8. (XII, 1007 S.) Goldberg 888, (Obst.) [à Lfg. * 50 Pf.; * M 8.—.] *

— s.: Goldberg, die Stadt, u. ihre Umgebung.

Sturm, L., Goldberg u. seine Umgebung. 2. Aufl. 12. (70 S. m. Abbildgn. u. 1 Taf.) Goldberg i/Schl. 890. Obst. n. — 70

— Die Heimat. Landeskunde der Prov. Schlesien, s.: Heimatkunden des Deutschen Reiches. 6.

— Heimatkunde der Provinz Schlesien. 8. (64 S. m. 2 Karten u. e. Anhang v. Abbildgn.) Breslau 887. F. Hirt. n. — 50

— 25 patriotische Lieder. Für Volks- u. höhere Schulen bearb. 8. (36 S.) Berlin 889. C. Zieger Nachf. n. — 40

— Liederbuch f. die geselligen Vereinigungen deutscher Lehrer. 12. (IV, 143 S.) Goldberg i/Schl. 894. (Breslau, Priebatsch.) — 75

[F.] Liederbuch für die geselligen Vereinigungen deutscher Lehrer. Hrsg. v. L[udwig] **Sturm**. 2. Aufl. *Quedlinburg: Ch. F. Vieweg (1896)*. (2 Bl., 202 S.) 1 Bd 8. [97. 1717

Methodik des erdkundlichen Unterrichts in der Volksschule. Für Seminaristen ... bearb. von L[udwig] **Sturm**, Sem.Lehrer. Langensalza: F. G. L. Greßler 1906. (VI, 152 S.) 8° [F.] [07. 6347 3

Methodik des naturkundlichen Unterrichts in der Volksschule. Für Seminaristen ... bearb. von L. **Sturm**, Sem.Lehrer. Langensalza: F. G. L. Greßler 1908. (V, 244 S.) 8° [F.] [08. 13166

Sturm, L., Mineralienkunde in Einzelbeschreibungen f. Schüler. gr. 8. (52 S.) Goldberg i/Schl. 888. (Breslau, Priebatsch.) n. — 40

— Naturgeschichte f. Volksschulen. In Lebensgemeinschaften bearb. nach dem v. der königl. Regierg. zu Breslau vorgeschriebenen Stoffplane. (Verfügung vom 15. Novbr. 1889.) 2 Tle. gr. 8. Habelschwerdt 893. F. Franke's Verl. n. 1. 80
1. Mittelklasse. (74 S.) n. — 60. — 2. Oberklasse. (152 S.) n. 1. 20.

Sturm, L., Naturgeschichte f. Volksschulen. In Lebensgemeinschaften bearb. nach dem v. der königl. Regierg. zu Breslau vorgeschriebenen Stoffplane. (Verfügung vom 15. XI. 1889.) 2. verm. u. verb. Aufl. 1. Tl. Mittelklasse. gr. 8. (V, 68 u. IV S.) Habelschwerdt 899. Franke. n. — 60

Naturgeschichte für Volksschulen. In Lebensgemeinschaften bearb. nach dem von d. Kgl. Regierung zu Breslau vorgeschriebenen Stoffplane. (Verfüg. v. 15. Nov. 1889.) Von L[udwig] **Sturm**. 2. verm. u. verb. Aufl. T. 1. 2. *Habelschwerdt: Franke 1899–1901.* 2 Bde 8° [F.]
1. Mittelklasse. 1899. 2. Oberklasse. 1901. [01. 1148

Sturm, L., Naturkunde f. einf. Schulverhältnisse, insbes. f. zweisprach. Volksschulen. Naturgeschichte, n. Lebensgemeinschaften geordnet. Naturlehre. gr. 8. (58 S.) Groß-Strehlitz 895. A. Wilpert. n. — 30

— Naturkunde. Ein Lern- u. Wiederholungsbuch f. Schüler. — Naturgeschichte nach Lebensgemeinschaften geordnet. — Naturlehre. Auf Grund der Lehrpläne der königl. Regiergn. hrsg. 2., verm. Aufl. gr. 8. (78 S.) Groß-Strehlitz 899. A. Wilpert. n. — 30

Naturkunde. Ein Lern- u. Wiederholungsbuch f. Schüler. Naturgeschichte nach Lebensgemeinschaften geordnet. Naturlehre. Auf Grund d. Lehrpläne d. Kgl. Regierungen hrsg. von L[udwig] **Sturm**. 3. verb. Aufl. *Groß Strehlitz: A. Wilpert [1903]*. (80 S.) 8° [Umschlagt. F.]

Naturkunde. Ein Lern- u. Wiederholungsbuch f. Schüler. Naturgeschichte nach Lebensgemeinschaften geordnet. Naturlehre. Auf Grund d. Lehrpläne d. Kgl. Regierungen hrsg. von L[udwig] **Sturm**. 4. verb. Aufl. Groß-Strehlitz O.-S.: A. Wilpert 1906. (84 S.) 8° [Umschlagt. F.] [07. 10403 2

— Pflanzenkunde in Einzelbeschreibungen für Schüler. gr. 8. (91 S.) Ebend. 883. n. — 60

— Realienbuch, s.: Hasse, K.

Sturm, L., Tierkunde in Einzelbeschreibungen für Schüler. gr. 8. (60 S.) Goldberg i/Schl. 881. Priebatsch in Comm. n. — 40

— Tierkunde in Einzelbeschreibungen f. Schüler. 2. Aufl. gr. 8. (64 S.) Ebend. 883. n. — 40

— Tierkunde in Einzelbeschreibungen f. Schüler. 3. Aufl. gr. 8. (64 S.) Goldb. 892. (Bresl., Priebatsch). * — 40

— Valentin Trotzendorf u. die lateinische Schule zu Goldberg. Festschrift zur Feier d. 400jähr. Geburtstages Trotzendorf's, geboren den 14. Febr. 1490. Mit dem Bildnisse Trotzendorf's. gr. 8. (164 S.) Goldberg 888. (Obst.) n. 1. 80

— das Volksschulwesen Schlesiens in seiner geschichtlichen Entwickelung. Kurz dargestellt für Lehrer u. Freunde der Schule. 8. (IV, 128 S.) Ebend. 881. n. 1. 25

— Wegweiser für den Gesangunterricht. gr. 8. (64 S.) Leipzig 882. Robolsky. n. — 60

STURM, P. Marcelin (sein Klostername, eigentl. *Nicolaus St.*, ehemal. Augustiner, geb. 9. Juli 1760 zu Rötz im Regenkreise, 1788 zum Priester geweiht, Monatsprediger in München, zuletzt Pfarrprovisor zu Hildersries, † 18** in Folge unglückl. Operation eines Nasengewächses), Lieder zum Theil in baierischer Mundart (f. Singstimme u. Pfte, z. Th. auch f. Guitarre). In Musik gesetzt nach den eigenen Melodien des Verfassers von dem kön. Advokaten Giehrl in Neunburg vorm Walde. O. O. (München, Fleischmann) 1819. 8⁰. (In München: P. o. germ. 1428i; auch in Berlin, Magistrats-Bibl.) (8 Mk. Heinr. Kerler, Ulm, 1891:)
„Seltene erste Ausgabe der Erzeugnisse dieses wüsten Gastes." VIII—143 S., 1 S. Inh. der 23 Nrn., u. a.: Die Faßnacht; der lustige Liebhaber; der Teufel; die reumüthige Beicht; der Guckkasten; die Kirchweih; das Kammerfensterl; der moralisierende Bauer, der rauschige Bauer etc. — Ohne Musiknoten, die wohl apart ausgegeben wurden, da bei keinem Expl.
Goedeke sagt üb. diese Gedichte in s. Grundr. III. 1232: An d. Grenze des Möglichen tritt der ausgelassene Humor des ehemaligen Augustiners Marc. Sturm, der vollkommen befähigt gewesen wäre, die von Goethe unausgeführt gelassene Hochzeit Hans Wursts mit tollster Laune zu vollenden etc.

Sturm, M., Lieder in Baierischer, Oberpfälzischer Mundart; hrsgg. v. Giehrl. Mit Melodien. 8. Münch. 819. Fleischmann. 22 gr Der Text allein 12 gr Die Melod. allein 10 gr

— — Dasselbe. O. O. u. J. Quer-4⁰. 21 Bll. (4 Mk. L. Rosenthal 1886; 8 Mk. H. Kerler, 1886.)

— — Dasselbe. (Neudruck.) O. O. 1819. (c. 1875.) 8⁰ VIII-129 S. (2 Mk. v. Zahn & Jaensch, Dresden, 1896; 5 Mk. Adolf Weigel, 1909.)
Enth. 24 Gedichte, deren Verz. auf Titel-Rückseite. Nicht im Handel.

— — Dasselbe. (Neudruck.) München, Albert Unflad, 1884. 8⁰. (1 Mk. Th. Ackermann, 1885.)

Sturm, Frau Martha, Feldblumenstrauß. (VIII, 102 S.) kl. 8. Berlin 904. Potsdam (Wollner-Str. 15), Frau Rath M. Sturm. Geb. in Leinw. n. 2. —

Sturm, Math., Leitfaden für den Sprachunterricht in der Volksschule. Ein Versuch, den Unterricht in der Muttersprache fruchtbringend zu machen, mit besond. Rücksicht auf das in den österreich. Schulen eingeführte erste Sprach- und Lesebuch. 8. (VI und 198 S.) Wien 852, (Mayer und Comp.) *

Sturms, Max, theatralische Wanderungen, ein Büchlein zur Beherzigung für junge Leute, die sich der Schaubühne zu widmen gedenken, 8. Magdeburg, 788. Creutz. 20 sgl.

Sturm, Max, theatral. Wanderungen; e. Büchlein zur Beherzigung f. junge Leute, die sich dem Theater widmen wollen. 8. Magdeb. 788. Creutz. 6 gr (Ist der „Antiromane" 3s Bdchen.)

Sturm, Nic., der Katechismus Luther's und die übrigen Symbole. Einbeck 862. Ehlers. gr. 8. (46 S.) n. 5 ngr

Sturm, Ottokar, (Fr. Eb. Rambach), die Fürstin. Hofgemälde in 5 A. 8. Berl. 793. Franke. 10 gr

Sturm, Ottok., (F. Eberh. Rambach), romantische Gemälde. Mit Kpf. 8. Halle 793. Fr. Ruff. 1 rthl

— die eiserne Maske. 8. Leipz. 792. Barth. 1 rthl 12 gr

— Ritter, Pfaffen u. Geister, s. H. Lenz.

Sturm, P., Hans Dusel vor dem Standesamt, s.: Theater, kleines.

Sturm, P., Knauser Habrich, s. Theater, kleines.

Sturm, P.: Die Schulprüfung in Schlemmeritz, s. Theater, kleines.

Sturm, Paul, der evangelischen Kirche Kampf gegen Rom. Ein Weckruf an das evangel. Volk. (Als Vortrag in gekürzter Form geh. im Familien-Abende der Martin Luther-Gemeinde, den 10. XI., u. in der Versammlung des Zweigvereins des evang. Bundes zu Dresden, den 29. XI. 1899.) gr. 8. (II, 54 S.) Dresden 900. F. Jacobi. n. — 40

Sturm, P., Lehrgänge in der Kerbschnitzerei, s.: Götze, W., aus der Lehrerbildungsanstalt d. deutschen Vereins f. Knabenhandarbeit.

Schatten und Sonne. Gedichte von Paul **Sturm**. Erlangen: Junge (1910). 44 Bl. 8° [11. 11321]

Sturm, Paul, Leipziger Vorlageblätter f. Thon: Fingerarbeit, Thonziehen, Thonschneiden im Modellierer im Dienste der Knabenhandarbeit. 1. Buch. 16 (autograph.) Taf. à 38,5 × 50,5 cm. Leipzig (Thomaskirchhof 25) (892). Selbstverlag. 2. —

— dasselbe. Lehrbuch dazu, m. e. Anh. üb. Gipsgießen u. Gipsformen. 12. (44 S. m. 1 Abb.) Ebd. (893). — 75

Sturm, Pet., Meister Gottfried, od. Gott segnet das ehrbare Handwerk, — die schönste Nase, od. das Recht gewinnt den Sieg, s.: Theater, kleines.

Sturm, Ph., s. Scenen aus d. Brandenburg. Geschichte.

Sturm, Ph., die Sonndagsnammedags-Bolz, — der Wahlagent, s. Theater, kleines.

Sturm, Reinhold, Referendar in Körlin a. Pers.: Die Unterbrechung der Verjährung. Nach gemeinem Rechte u. d. Rechte d. Bürgerl. Gesetzbuches f. d. Deutsche Reich. *Greifswald 1902: J. Abel.* (45 S.) 8° [F.]
Greifswald, Jur. Diss. v. [17. Juli] 1902

Sturm, Renatus Ehrenfried

— Rechnungsaufgaben in Fragen u. Antworten. 8. Rostock 800.

Sturm, Renat. Ehrfr., leichte u. kurzgefaßte Unterweis. im italien. Buchhalten, mit Fragen u. Antworten. 4. Rost. 796.

Sturm, Rudolf

Sturm, Rudolfus (Otto Fridericus) *(geb. Breslau 6. 1. 1841)*: De superficiebus tertii ordinis disquisitiones syntheticae. Vratislaviae (1863). (43 S.) 8°
Breslau, Phil. Diss. v. 24. Juni 1863

Sturm, Rud., Elemente der darstellenden Geometrie. Mit 12 lith. Taf. (in gr. 8. u. qu. 4.) gr. 8. (VI, 100 S.) Leipzig 874. Teubner. n. 4. —

Sturm, Rud., **Elemente der darstellenden Geometrie.** 2. umgearb. u. erweit. Aufl. gr. 8. (V, 157 S. m. 61 Fig. u. 7 lith. Taf.) Leipzig 900. B. G. Teubner. Geb. n. 5. 60

Sturm, Rud., die Gebilde 1. u. 2. Grades der Liniengeometrie in synthetischer Behandlung. 1. u. 2. Thl. gr. 8. Leipzig, B. G. Teubner. à n. 12. —
1. Der lineare Complex od. das Strahlengewinde u. der tetraedrale Complex. (XIV, 386 S.) 892.
2. Die Strahlencongruenzen 1. u. 2. Ordng. (XIV, 367 S.) 893.

Sturm, Rud., d. Gebilde 1. u. 2. Grades d. Liniengeometrie in synthetischer Behandlg. 3. Thl. Die Strahlenkomplexe 2. Grades. gr. 8. (XXIV, 518 S.) Leipzig 896. B. G. Teubner. n. 18. —
(kplt.: n. 42. —)

Die Lehre von den geometrischen Verwandtschaften von Rudolf **Sturm**. Bd 1–4. Leipzig & Berlin: Teubner 1908–09. 8°
1. Die Verwandtschaften zw. Gebilden erster Stufe. 1908. 2. Die eindeutigen linearen Verwandtschaften zw. Gebilden zweiter Stufe. 1908. 3. Die eindeutigen linearen Verwandtschaften zw. Gebilden dritter Stufe. 1909. 4. Die nichtlinearen u. d. mehrdeutigen Verwandtschaften zweiter u. dritter Stufe. 1909.
(B. G. Teubners Sammlung von Lehrbüchern auf d. Geb. d. math. Wiss. Bd 27, 1–4.) [09. 13044]

Sturm, Rud., die Lehre v. den geometrischen Verwandtschaften, s. Teubner's, B. G., Sammlung v. Lehrbüchern auf dem Gebiete der mathemat. Wissenschaften. XXVII.

— Maxima u. Minima in der elementaren Geometrie. (VI, 138 S. m. 32 Fig.) gr. 8. Leipzig 910. B. G. Teubner. 4.—; geb. in Leinw. 4. 40

Sturm, Rudolf (hrsg.), s. Steiner, Jakob: Einige geometrische Betrachtungen.

Sturm, Rud., synthetische Untersuchungen über Flächen dritter Ordnung. Leipzig 867. Teubner. gr. 8. (XX, 388 S.) n. 2 rthl 20 ngr

Sturm, Ruprecht

Sturm, Rupr., hypocrisis in juventute, in scenam data a Poësi Salzburgensi. 8. Salzb. 774.

— Trauergedicht auf den Tod Marien Theresiens; deutsch u. u. latein. Fol. Salzb. 781.

Sturm, S., Duplessis-Mornay, s. Flammberg, Gottfr.

Sturm, Sigmund. Einer ist euer Meister. Ein historischer Roman aus dem 16. Jahrh. Frankf. a. M. 1856. V: *Ebrard, Joh. Hnr. Aug.* (Klüpfel)

Sturm, Sigm., Einer ist euer Meister. Ein histor. Roman aus dem 16. Jahrh. 4 Thle. 856. (VIII, 199; 245; 209; 216 S.) — 2 Thle. 2. Aufl. Frankfurt a. M. 858. Brönner. 8. (VIII, 416; 400 S.) n. 2 ℛ︁. 24 ngr.

Sturm, W. Panorama von Magglingen (Macolin). Länge 1 m. 54 cm. Breite 22 cm. In-8°. Biel, Ernst Kuhn. 1881.

Sturm, W., Polyhymnia, s. Polyhymnia.

Sturm, Walter, Referendar in Rüdesheim a. Rh.: Die rechtliche Stellung der geschiedenen Ehegatten nach bürgerlichem Recht. Borna-Leipzig 1907: R. Noske. (VI, 33 S.) 8° [F.]
Leipzig, Jur. Fak., Diss. v. 4. April 1907
[Geb. 8. Nov. 78 Rüdesheim a. Rh.; Wohnort: Rüdesheim; Staatsangeh.: Preußen; Vorbildung: Goethe-Gymn. Frankfurt a. M. Reife M. 97; Studium: Lausanne 2, Leipzig 2, Marburg 3 S.; Rig. 7. Juli 03.]

Sturm, Wilhelm

Sturm, Wilh. Die Aussprache der mittelhochdeutschen Schriftsprache für den Gesang. In-8°, 16 S. Biel, W. Gassmann. 1880. — 30

Sturm, Wilh[elm]. Festgesang. Begrüssungslied (Text von E Schenk.) für gemischten Chor [componirt] von Wilh. St'. Op. 135. Partitur *und* Stimmen. 7 *und* 2 + 2 + 4 + 4 S. gr.-8. St. Gallen, Zweifel-Weber, [1904]. Partitur fr. 1. 50, Stimmen *je* —. 25
Fest-Chöre. № 6.

Sturm, Wilh., Gesangstudien f. Mittel- u. Oberschulen in methodisch geordneter Reihenfolge. 2 Thle. 8. Berlin 890. F. Luckhardt. n. 1. 40
1. Theoretischer Thl. f. Lehrer. (48 S.) n. — 60. — 2. Praktischer Thl. f. Schüler u. Lehrer. (82 S.) n. — 80.

Sturm, Wilh., der Katechismus oder die zehn Gebote eines Gesanglehrers u. Vereinsdirectors. Hauptgrundsätze zur Erreichung eines kunstgerechten Gesanges. [Vortrag, geh. während des Berner Gesangsdirectoren-Curses im Octbr. 1879 im Seminar zu Münchenbuchsee.] 8. (VIII, 45 S.) Biel 880. Gassmann. n. 1. 80

—— Liederkreis. Zehn Gesänge für vierstimmigen Männerchor. Partitur-Ausg. Op. 26 und 27. gr. 8. (28 S.) Biel 881, Kuhn. *

Sturm, Wilhelm: Der Apostel Paulus und die evangelische Überlieferung. I, 1. 4 (23 S.). (Fortsetzung.) 4 (39 S.).
Progr. Zweite Rsch. (höh. Bürgersch.) *Berlin* 1897 1900

Sturm, Wilhelm [Dr.]: Der Apostel Paulus und die evangelische Überlieferung. I, 1. Berlin, R. Gaertner, 1897; 23 S. 4.
Berlin, Zweite R '(IIB)', OP 1897 (117)

Sturm, Wilh., der **Apostel Paulus** u. die evangelische Überlieferung. Fortsetzung. Progr. 4. (39 S.) Berlin 900. [R. Gaertner.] Weidmann. n. 1. —

Sturm, Guilelmus: De fontibus Demosthenicae historiae quaestiones duae. Halis Saxonum 1881: (Schumacher in Berlin). 64 S. 8°
Halle-Wittenberg, Phil. Diss. v. 17. Juni 1881
Geb. Berlin 28. 1. 1859. V.

Sturm, Wilhelm. Der Taucher. Parodistische Operette in einem Aufzuge. Klgft., Leon. (ca. 1875). 16 S.

Sturm von Sturneck, St. Jacob. Strasb. 1817. V: *Fritz, Carl Maximilian.* (MGT)

Sturm-Loehr, Ernst *Heinrich* [aus Bautzen]: Über Spondylitis tuberculosa und ihre Behandlung ... Halle a. S., Hofbuchdr. v. C. A. Kaemmerer & C., 1897; 21 S., 1 Bl. 8.
Halle, Med. Fak., Inaug.-Diss. v. 16. März 1897

Sturmangriff, der, der Infanterie u. seine Vorbereitung. Taktisch-techn. Studie v. e. Nicht-Infanteristen. gr. 8. (44 S.) Hannover 888. Helwing's Verl. n. 1. —

Sturmann, Willy [aus Schwetz '(Westpr.)']: Ueber Pachydermia laryngis ... (Erscheint vollst. u. d. T.: „Klinische Gesch. d. Pachydermia laryngis".) Berlin, Druck v. H. Mamroth, *1893*; 30 S., 1 Bl. 8.
Berlin, Med. Fak., Inaug.-Diss. v. 14. Aug. 1893

Sturmann, W., klinische Geschichte der Pachydermia laryngis. Von der Berliner medizin. Fakultät preisgekrönte Schrift. gr. 8. (72 S.) Berlin 894. S. Karger. n. 1. 80

Sturmbund, Marie, die Rahmen- od. Wollknüpf-Arbeit. Mit Text-Illustr. u. 86 Muster-Taf. (80 S.) qu. gr. 8. St. Gallen (903). Buchdr. u. Verl.-Anst. Merkur. (Nur direkt.) In Leinw.-Mappe n.n. 5. 20

Sturmbock, der. (Festschrift der Wiener Abstinentenvereine.) Wien 26. III. 1904. (8 S. m. z. Tl. farb. Abbildgn.) gr. Fol. Wien (904). (München, A. Langen.) — 30

Stürme, die, vom 20. Febr., 25. Juni in 5. Dez. 1879 und der durch dieselben in den Waldungen der Schweiz verursachte Schaden. Bearbeitet u. veröffentlicht im Auftrag des eidgenössischen Handels- und Landwirthschafts-Departements, In-8°, 57 S. mit 3 Kärtchen. Bern, Jent & Reinert. 1880. 2 —

— u. Ueberschwemmungen, die großen, in Deutschland, England, Frankreich, Rußland u. andern Ländern Europa's im J. 1824. 8. Leipz. 825. Fr. Fleischer. 16 gr.

Stürme, Die politischen, Europa's oder flüchtige Skizze der vorzüglichsten Unruhen, welche während des Jahrs 1830 in Europa stattfanden. Leipzig 1831. V: *Becker, Gottfried Wilhelm.* (Ky)

Stürme, die polit., Europas, od. flücht. Skizze d. vorzüglichsten Unruhen, welche während d. J. 1830 in Europa stattfanden. Von *r. (G. W. Becker.) gr. 12. (4¾ B.) Leipzig 831, Fest.

Stürme, Die, des Schicksals oder der Verführer. Berlin [ca 1805]. V: *Kühne, Friederike Henriette.* (Mitth. Dr. Georg Herzfeld-Berlin.)

Stürme, die, des Schicksals, od. d. Verführer; e. Familiengruppe. 2 Thle. 8. Lpz. Joachim.

Sturmer, Jul., durch Nacht zum Licht od. die Geheimnisse v. Stuttgart. Sozialer Sittenroman. 80 Hfte. gr. 8. (1920 S. m. 80 Bild.) Stuttgart 893. Glaser & Sulz. à — 10

STURMER, J. Die Geheimnisse einer Grossstadt. Kriminalroman. 4 starke Bde. mit 4 Illustrationen. Stuttgart, o. J. (189*). Gr. 8⁰. 1920 S. (Mk. 10—.) (3 Kr. 60 H. Bernh. Stern, 1901; 5 Mk. A. Bielefeld, 1905; 3 Mk. Jos. Jolowicz, Posen, 1908.)

Stürmer [Sachl. OW]

Stürmer, der. Halbmonatsschrift f. künstler. Renaissance im Elsaß. Hrsg.: René Schickele. Verantwortlich: Otto Flake. 1. Jahrg. Juli—Dezbr. 1902. 9 Nrn. gr. 8. (à ca. 16 S.) Straßburg, J. Singer. n. 2. 50
Erscheint nicht mehr.

Stürmer u. Dränger, s.: National-Litteratur, deutsche.

Stürmer, Hauptmann, oder die vereitelte Rache. Wien 1805 bei Peter Rehm. 2 Tle. in 1 Bd. V: *Richter, Joseph.* (Verlassenschaftsakt nach J. L. König, Fasc. 2, Nr. 151, ex 1820) (BiblPort) (Hans Viktor Pisk, Josef Richter. Diss. Wien 1927, S. 160/161)

STÜRMER, Hauptmann, oder Die Vereitelte Rache. (Dramatisirter liederlicher Roman.) 2 Thle. Mit 1 TKpf. u. 1 gestoch. Tit. Wien, b. Pet. Rehm's sel. Wwe. 1805. 8⁰. 176 u. 110 S.

Stürmer, Hauptmann, od. die vereitelte Rache. 8. Wien 805. Rehm. (Krappe in Leipz.) 1 ⁄

Stürmer, Hauptmann, oder d. vereitelte Rache. 8. Wien 815. Rehm. 20 K

Stürmer [Verfasser]

(Stürmer). Character-Kostüme auf den beiden königlichen Theatern in Berlin. Berlin 1821. Bei L. W. Wittich.
3 Taf. in kol. Kupferst. 4°

Stürmer: Üb. bestimmte Integrale discontinuirt. Funktionen. Creuzb. 1863.
Schul-/Univ.-Schrift

Stuermer. Alphabet. Zusammenstellung sämtlicher, von dem preuß. Allgem. Kriegs-Departement erlassenen, das Art.- u. Waffenwesen betreffenden, noch giltigen Verfügungen 2c. Geschlossen Ende März 1878. Berlin 1878. 349 S.

Stürmer, A., Cecil, der treue Page. Geschichtliche Erzählg. 8. (64 S.) Hamburg 884. Kramer. — 25

Stürmer, C. v., die Verbreitung der Syphilis etc. in Russland, s.: Petersen, O. v.

Stürmer, C. M., Argumententafel zu den v. P. A. Hansen construirten ecliptischen Tafeln, nebst diesen, theilweise erweiterten ecliptischen Tafeln. gr. 8. (72 S.) Landshut 871. Krüll in Comm. n. 1. 50

Stürmer, C. M., Sonnentafeln, nach Le Verrier's Elementen der Sonnenbahn berechnet. Ein Hilfsbuch f. Chronologie, Astronomie, mathemat. Geographie u. Nautik. gr. 4. (76 S.) Würzburg 875. Staudinger in Comm. n. 4. —

Stürmer, Christoph Wilhelm, s. Stürmer von Unternesselbach, Christoph Wilhelm.

Stürmer, Fel., der Weg zum Edelmenschen. Schrift zur Förderg. wahrer Volksaufklärg. u. gründl. Volksgesundg. (VII, 170 S.) gr. 8. Sprendlingen (909). F. Fasig. Kart. 2. 40

Stürmer, Franz

Stürmer, Frz., die Aufgaben der Sprachwissenschaft, s.: Vorträge, sprachwissenschaftliche. 1. Heft.

Stürmer, **Franz**: Bemerkungen zum lateinischen und griechischen Unterrichte. S. 3—17. 4. **Progr.** Progymn. *Andernach* 1901 (461).
I. Zur Aussprache des Griechischen. II. A. Nomen. 1. Die Anordnung der Genera. 2. Die Anordnung der Kasus. 3. Genusregeln. 4. Die Adjektiva auf v. B. Verbum. 1. Die Nennform der Verba. 2. Die dritte Stammform der lateinischen Verba. 3. Haupt- und Nebentempora. III. Zur Worttrennung im Lateinischen und Griechischen. IV. 1. Opus est cum ablativo. 2. Ὅπως cum indicativo futuri. V. Die lateinischen Klassenarbeiten in Sexta und Quinta.

— **Die Etymologie im Sprachunterricht der höh. Schulen,** s.: Vorträge, sprachwissenschaftliche. 6. Heft.

Die Etymologie im Sprachunterricht der höheren Schulen. Von Franz **Stürmer**, Oberlehrer. Halle a. S.: Waisenhaus 1906. (55 S.) 8° [J.] 1⁰⁶. 1,⁶⁰

— **Griechische Lautlehre auf etymolog. Grundlage.** (30 S.) gr. 8. Halle 907. Buchh. des Waisenhauses. 1. —

Stürmer, Franz: Zur Homerischen Orthographie. *Andernach 1898: C. Weigt.* (3—16 S.) 4°
Andernach, PG, P 1898 (444)

Stürmer, Franz: Wörterverzeichnis zu Ostermann-Müller's lateinischem Übungsbuch für Sexta. Ausgabe A. Nach etymol. Grundsätzen bearb. Weilburg a. d. L. 1908: Zipper. 48 S. 8°
Weilburg a. d. L., k. G OP 1908 (524) [S 08. 477

Stürmer, Franz: Wörterverzeichnis zu Ostermann-Müller's lateinischem Übungsbuch für Sexta Ausgabe A. Nach etymolog. Grundsätzen bearb. T. 2. Weilburg 1909. Cramer. 32 S. 8° ¶ [Forts. d. P-Beil. 1908.]
Weilburg, k. G OP 1909 (544) [S 09. 465

— **Wörterverzeichnis zu den griechischen Übungsbüchern v. Professor Dr. O. Kohl.** Tl. I u. Tl. II (St. 1—30) etymologisch bearb. (80 S.) 8. Ebd. 908. 1. —

Stürmer, Franz: Der Wortschatz der lateinischen Schulschriftsteller ⟨Buchstabe A⟩ nach Wortfamilien geordnet u. etymol. erklärt. Weilburg a. d. L. 1910: Zipper. IV, 70 S. 4°
Weilburg, k. G OP 1910 (549) [S 10. 432

STÜRMER, Fritz (ps.?), Moderner Eheschacher. Kulturstudien aus der Gegenwart. Leipzig, Spohr. 1894. 8⁰. (In Amsterdam, Bibl. Gerritsen.) (1 Mk. 50 Pfg., neu, Frdr. Klüber, München, 1896.)
Verboten v. Kr.-G. Leitmeritz, 17. IV. 1901. § 305.

Stürmer, Fritz, moderner Eheschacher. Kulturstudien aus der Gegenwart. gr. 8. (191 S.) Leipzig 894. M. Spohr. n. 1. 50

Stürmer, G., Geschichte der Eisenbahnen. Entwickelung und jetz. Gestaltung sämmtl. Eisenbahnnetze der Erde. gr. 8. (V, 248 S.) Bromberg 872, Mittler'sche Buchh. *

Stürmer, G., Geschichte der Eisenbahnen. 2. Thl.: Statistische Darstellung der Entwickelung sowie der Verkehrs- und finanziellen Verhältnisse sämmtl. Eisenbahn-Netze der Erde während der J. 1871 bis 1875. gr. 8. (79 S.) Bromberg 876, Mittler'sche Buchh. *
1. Thl. Ebendas. 1872. * ℳ 6.

Stürmer, H., unter dem Rauschen des Gottesbrünnleins. Aus Reden u. Worten des Heimgegangenen gesammelt. 8. (156 S. m. Bildnis.) Bethel bei Bielefeld 902. Buchh. der Anstalt Bethel. Geb. in Leinw. n. 1.50

Stürmer, H. Unter dem Rauschen des Gottesbrünnleins. Aus Reden und Worten des Heimgegangenen gesammelt. [Bethel] 1902. H: *Wilm, H.* (Berl)

Stürmer, H. Buzello- s. Buzello - Stürmer.

v. *Stürmer,* J., s. *Anthologia* Persica.

Stürmer, Johann Christoph, s. Stürmer von Unternesselbach, Johann Christoph.

Stürmer, Ludwig von

Stürmer, L. v. Skizze einer Reise nach Konstantinopel im Jahre 1816. Herausg. von Jos. Golucinowski. Pesth 1817.

v. Stürmer, Frhrr. Ldw., Skizzen e. Reise nach Konstantinopel in d. letzten Monaten des J. 1816; hrsgg. v. Jos. Golu-chowski. 12. Pesth 817. 2e Aufl. Mit ill. Kart. 820. Hartleben. 1 ℔ Hbg. Pr. 18 ℊ

Stürmer, M. „Grundriss der ebenen Trigonometrie". pg. 3—16. 4°. Mit einer Tafel. Ansbach, Brügel.
Schweinfurt, Progr. 1850/51

Stürmer, M. „Grundriss der ebenen Trigonometrie". (Forts. und Schluss des Prgs. vom Jahre 1850/51.) pg. 3—24. 4°. Ansbach, Brügel.
Schweinfurt, Progr. 1851/52

Stürmer, Max [app. Arzt aus Königsberg in Pr.]: Die Reglementsbestimmungen über die Prostitution m. bes. Berücks. derjenigen v. Strassburg i. E. v. sanitären Standpunkt aus betrachtet ... Strassburg i. E., Buchdr. C. & J. Goeller, 1896; 70 S., 1 Bl. 8.
Leipzig, Med. Fak., Inaug.-Diss. v. 22. Juli 1896

Stürmer, P., der kleine Geograph oder Erd- und Weltkunde für die deutsche Schuljugend. In 3 Heften. 1. Heft: Die Heimat und das engere Vaterland. 8. (70 S.) Trier 874, Lintz' Verlag. *

Stürmer, P., der kleine Geograph oder Erd- und Weltkunde für die deutsche Schuljugend. 2. Heft: Deutschland. 8. (125 S.) Trier 875, Lintz'sche Buchh. *
1. Heft. Ebendas. 1874. * 30 Pf.

Stürmer, P., Liederheft, s. a. Beck, C. A.

— u. C. A. Beck, Liederheft. Eine Sammlg. kirchl. u. weltl. Gesänge f. kathol Gesellenvereine u. andere Männer-Gesangchöre. 2., bedeutend verm. Aufl. gr. 16. (VIII, 336 S.) Trier 872. Groppe. 1. 50

Stürmer, P., Liederperlen. Eine Auswahl zwei- u. dreistimmiger Gesänge der berühmtesten Componisten, für katholische höhere Töchterschulen herausg. Trier 861. Braun. 8. (VIII, 88 S.) n. 4 ngr

Stürmer, P., Liederperlen. Eine Auswahl zwei- und dreistimm. Gesänge der berühmtesten Componisten, für kathol. höhere Töchterschulen hrsg. 1. und 2. Heft. 2. verm. und verb. Aufl. 8. Trier 868, Braun's Verlag. [1. Heft. (48 S.) * 30 Pf.; 2. Heft. (96 S.) * 40 Pf.] *

— Liederperlen für Töchterschulen. 1. Hft. Eine Singfibel für die untern Klassen. Zugleich eine Anleitung um auf prakt. Wege vom Gehörsingen zur Notenkenntniß, zu richtigem Treffen u. sicherm Takte, sowie zur nothwendigsten Theorie des Gesanges zu führen. 3. Aufl. 8. (48 S.) Trier 877. Lintz. n. — 30

Stürmer, P., Trauerharfe. Eine Sammlung Lieder zu Leichenfeierlichkeiten für 4stimmigen Männergesang. Trier 863. Troschel in Comm. gr. 16. (48 S.) n. 5 ngr

— Trauerharfe. Eine Sammlg. Lieder zu Leichenfeierlichkeiten f. vierstimm. Männerchor. 12. (48 S.) Trier 873. Paulinus-Druckerei. n. — 50.

— der kleine Volkssänger. 128 ausgewählte, altbewährte ein-, zwei- und dreistimmige Volkslieder für kathol. Knabenschulen. 8. vergrößerte und verm. Aufl. gr. 16. (96 S.) Trier 869, (Lintz' Verlag.)

— der kleine Volkssänger. 153 ausgewählte, altbewährte und neuere ein-, zwei- und dreistimm. Volkslieder. Für die deutsche Schuljugend hrsg. 9.—14. Aufl. (112 S.) 1870—76. ** 25 Pf.; 15.—17. Aufl. gr. 16. (112 S.) Ebendas. 877—79. *

Stürmer's kleiner Volkssänger, in neuer Bearbeitung von A. Wessel. 186 ausgewählte ein- und mehrstimmige Lieder, nach Stufen geordnet, für den Schulgebrauch. 18.—21. Aufl. 8. (136 S.) Trier 884—86, Lintz'sche Buchh. *
cart. *

— dass. — 20. Aufl. Ausg. C. [für evangel. Schulen]. 12. (136 S.) Ebendas. 885. roh * 30 Pf.; geb. **
geb. **

— kleiner Volkssänger in neuer Bearbeitung von A. Wessel. 186 ausgewählte ein- und mehrstimmige Lieder nach Stufen geordnet, für den Schulgebrauch. 22. Aufl. Ausg. A. (für kathol. Schulen). 12. (136 S.) Trier 887, Lintz'sche Verlagsb. roh * 30 Pf.; geb. ** 30 Pf.; geb. **

— dass. — Ausg. B. [für den Reg.-Bez. Coblenz]. 12. (138 S.) Ebendas. 887. * 30 Pf.; geb. ** 30 Pf.; geb. **

— dass. — 195 ausgewählte ein- und mehrstimm. Lieder, nach Stufen geordnet, für den Schulgebrauch. 22. Aufl. Ausg. D. [für die östl. Provinzen]. 12. (144 S.) Ebendas. 887. *
geb. ** 35 Pf.; geb. **

Stürmer's, P., kleiner Volkssänger in neuer Bearbeitung v. A. Wessel. Ausgewählte ein- u. mehrstimmige Lieder nach Stufen geordnet f. den Schulgebrauch. Ausg. A. f. den Reg.-Bez. Trier. 28. Aufl. 16. (136 S.) Trier 891, Lintz. ** — 30; geb. ** — 40
— dass. — Ausg. B. f. den Reg.-Bez. Koblenz. 26. Aufl. 16. (137 S.) Ebd. 891. ** — 30; geb. ** — 40
— dass. — Ausg. D. f. die östlichen Provinzen. 28. Aufl. 16. (136 S.) Ebd. 891. ** — 35; geb. ** — 45

Stürmer's kleiner Volkssänger, in neuer Bearbeitg. von A. Wessel. Ausgewählte ein- u. mehrstimm. Lieder, nach Stufen geordnet f. den Schulgebrauch. Ausg. A, B u. D. 12. Trier, F. Lintz. n.n. — 95; geb. n.n. 1.25
A. 186 Lieder. Für den Reg.-Bez. Trier. 28. Aufl. (136 S.) 891. n.n. — 30; geb. n.n — 40
B. 188 Lieder. Für den Reg.-Bez. Koblenz. 28. Aufl. (137 S.) 891. n.n. — 30; geb. n.n. — 40
D. 188 Lieder. Für die östl. Provinzen. 3. Aufl. (136 S.) 894. n.n. — 35; geb. n.n. — 45
Ausg. C ist vergriffen.

Stuermer, Placidus, Dissertatio de fato et statu theologiae in scholis Catholicorum. Bamberg (?). 1783.

Stürmer, Pl., sublime mysterium Ss. Trinitatis in unitate collatum, annexa de hac celeberrimorum ecclesiae patrum doctrina. 8. Bamb. Göbhard. 773.

Stürmer, Plac.(Bh.), († d. 24. April 1794.) sublime mysterium Ss. trinitatis in unitate collatum. Et. s. t.: dogma scholasticorum de unitate et trinitate; collatum cum celeberrim. Ecclesiae patrum eadem de re doctrina etc. Nova Editio. 8. Bamb. 773. (Wesché in Frkf. a. M.) 16 ℊ (Die 1e Aufl. erschien ohne des Verf. Namen u. ist nicht in den Buchhandel gekommen.)

Stürmer, Theodor

Stürmer, Theod., der letzte ultrahomöopath. Apostat, od. Dr. Trinks u. sein Terrorismus, krit. beleuchtet. gr. 8. (7½ B.) Leipzig 838, Kummer.

—— die Mineralquellen in d. Natur u. in Dr. Struve's Anstalten, d. gewöhnl. Trinkwasser u. mehr. Arzneistoffe. Zur Vermittel. d. Extreme in d. Heilkunde f. Aerzte u. Nichtärzte. gr. 8. (13 B.) Leipzig 839, Kummer.

—— üb. Preisfragen z. Vermittel. d. Extreme in d. Heilkunde. gr. 8. (6½ B.) Leipzig 839, Kummer.

Stürmer, Ritter D. Th., der Tod des Russ. kaiserl. General-Feldmarschalls Grafen Diebitsch Sabalkansky. gr. 8. Berl., Posen u. Bromberg 832. Mittler. 6 √

Stürmer, Theodor: Zur Vermittelung der Extreme in der Heilkunde. 448 S., gbd.

Leipzig: Kummer 1837

Stürmer, Theod. v., zur Vermittelung der Extreme in der Heilkunde. 2. u. 3. Bd. gr. 8. Leipzig, Kummer. [2. (... B.) 840. 2 Thlr. 7½ Ngr., 3. (24½ B.) 43. 1 Thlr. 27½ Ngr.]

—— dass. 4. Bd. A. u. d. Ttl.: Zur Vermittelung der Extreme im Staatsleben durch die Heilkunde. Gegenwart. Beiträge zur Psychologie der Staaten Europas. 2 Thle. gr. 8. (31 B.) Ebds. 844, 45.

—— dass. 5. Bd. A. u. d. Ttl.: Zur Vermittelung der Extreme im Staatsleben durch die Heilkunde. Vergangenheit. Beiträge zur Psychologie der alten Staaten Europa's. 1. Thl. gr. 8. (27¼ B.) Ebds. 845.
1. Bd. Ebendas. 1837. 2 Thlr. 10 Ngr.

Stürmer, W., Gelegenheitsgesänge. Für vierstimm. Männerchor komponiert. Op. 25. gr. 8. (15 S.) Langensalza 888, Schulbuchhandlung.

Stürmer, W., Gelegenheitsgesänge. Für vierstimmigen Männerchor. Op. 25. 2. Aufl. gr. 8. (15 S.) Langensalza 890. Schulbuchhandlg. — 40

Stürmer von Unternesselbach, Christoph Wilhelm

—carmina. 8. Nürnb. 770. Editio altera 773. Ed. III. 775. Felssecker. 4 √

—elegia in Calendas Januarias A. P. C. N. 8. Nürnb. 780.

Stürmer v. Unter-Nesselbach, Cph. Wlh., (+ d. 10. März 1789.) elegia in turbas temporum nostrorum. 8maj. Nürnb. 770. Felssecker. 4 √ Elegiae II in turbas tempor. nostrorum. Editio retractatior et auctior. 8maj. ibid. eod.

Stürmer, Christoph Wilhelm (Nürnberg) A. S. 201/14

Dissertatio inauguralis iuridica de annali rerum immob. praescriptione Germanica et potissimum Norimbergensi.
Altdorf (Meyer) 16. III. 1747. 40 S.

Gew.: Christoph Gottlieb Volkamer, Hieronymus Wilhelm Ebner. 33976

Stürmer von Unternesselbach, Johann Christoph

Stürmer v. Unter-Nesselbach, Jh. Cph., Beschreib. der neulichen Ueberschwemmung, welche Nürnberg betroffen hat. Mit 1 Kpft. 4. Nürnb. 803. Lechner. (v. Ebner). 3 √

Stürmer, Johann Christoph (Unternesselbach)
Diss. Altd. lose jur.

Specimen inaugurale iuridicum de litibus circa quantitatem et stagnationem aquae in alveo molari componendis atque cavendis.
Altdorf (Meyer) 23. IV. 1800. 26 S.

Gew.: Stadt Nürnberg. 33977

—Vorstellung d. großen Sonnenfinsterniß u. der partialen Mondsfinsterniß 1804, auf d. Nürnberg. Meridian u. die benachbarte Gegend entworfen. Mit 1 Kpft. 4. Nürnb. 1803.

Stürmer v. Unter-Nesselbach, Jh. Chr., Vorstellung der großen Sonnenfinsterniß, welche sich den 7. Sept. 1820 ereignet, für Nürnberg entworfen, nebst Beschreib. gr. 4. Nürnb. 804. Fembo. 4 √

Stürmer, Dr. v., Vorstellung der großen Sonnenfinsterniß, welche sich den 7. Sept. 1820 ereignet, für Nürnberg entworfen, nebst Beschreibung. gr. 4. Nürnberg, Fembo. 820.

Sturmfeder (Pseud.), s.a. H a u s l e u t n e r, Fr. W. Hugo

Sturmfeder, e. neuer Faust, s.a. Festspiel-Halle, deutsche.

Sturmfeder: Ein neuer F a u s t. Zur Karnevalsfeier der Hallenser 'Lumpia'. Frei nach Goethes Faust. Erfurt: F. Bartholomäus (übergekl.: Berlin: E. Bloch) [1894]. (1 Bl., 83–111 S.) 8°
(Festspiel-Halle, Deutsche. H. 24.)

STURMFEDER. Carnevalsfeier der Hallenser Lumpia. Frei nach Goethes Fauſt. Mit 4 Federzeichnungen. Leipzig 1843. 8°.

Sturmfeder. Carnevalsfeier der Hallenser Lumpia. Leipzig. Ignaz Jackowitz 1843. 48 S., 4 Taf. 8°

Sturmfeder, Baronin Louise v., die Kindheit unseres Kaisers. Briefe der Baronin v. St., Aja Sr. Maj., aus den J. 1830—1840. Bearb. v. Ant. Weimar. (175 S. m. 12 Vollbildern.) gr. 8. Wien (910). Gerlach & Wiedling. 12.50

Sturmfeder, W. v. Repertorium der deutschen Militär-Journalistik. Kassel 1856. 402 S.

Sturmfeder, W. v., Repertorium der deutschen Militär-Journalistik. Cassel 859. Bertram. (Halle, Barthel.) gr. 8. (XVII, 402 S.) n. 2 √

Sturmfelder, s.: Sonnenlieder.

Sturmfels, August [Dr.]: Ueber den Aufenthalt der Neuphilologen in England. Gießen, C. v. Münchow, Univ.-Buch- u. Steindr., 1890; S. 9–18; 4°
Gießen, großh. RG u. R, OP 1890

Lives of eminent explorers and inventors. Ausgewählt u. mit Anm. z. Schulgebr. hrsg. von Dr. August Sturmfels. Autor. Ausg. [Text nebst] Anh. u. Wörterbuch. Bielefeld & Leipzig: Velhagen & Klasing 1907. 3 Bde 8°
= Sammlung, Velhagen & Klasings, franz. u. engl. Schulausgaben. English authors. Lfg 113 B. [c8. 1337]

Sturmfels, Aug., s.a. Lives of eminent explorers and inventors.

Sturmfels, August [Hrsg.], s. T a i n e, Hippolyte: Les origines de la France contemporaine.

Sturmfels, A. Der altfranzösische Vokalismus im Mittelenglischen bis z. J. 1400. Diss. Giessen 1885. 36 S.

— Krank am Weibe. Eine Streitschrift. Mit e. Geleitwort von Dagobert v. Gerhardt-Amyntor. (124 S.) 8. Dresden (909). M. Seyfert. 1.50; geb. 2.50

Sturmfels, Käthe: Krank am Weibe. Eine Streitschrift. Mit einem Geleitwort von Dagobert v. Gerhardt-Amyntor. 5. Aufl. — Dresden: Seyfert (1909). 124 S. 8°

— Liebe Mädchen. s.: Engelhorn's allgemeine Roman-Bibliothek.

— Die Schwester der schönen Margarete. Aus e. Frauenleben. (420 S.) kl. 8. Stuttgart 908. Greiner & Pfeiffer. 3.50; geb. in Leinw. 4.50

Sturmfels, Käthe (Frau Käthe Becker), was ist der Frau erlaubt, wenn sie liebt? 1.—21. Aufl. (113 S.) 8. Stuttgart (907. 08). Greiner & Pfeiffer. 1.50

STURMFELS, Wilhelm: Ortsnamen Hessens. Etymologisches Wörterbuch der Orts-, Berg- und Flußnamen des Volksstaates Hessen. - Rüsselsheim 1905. - 2. Aufl. Weinheim 1910. IV, 95 S. - 3. verb. u. verm. Aufl. Gießen 1936. 88 S.

Die Ortsnamen Hessens. Etymologisches Wörterbuch d. Orts-, Berg- u. Flußnamen d. Großherzogtums Hessen. Hrsg. von Wilh. **Sturmfels.** 2. verb. u. verm. Aufl. Weinheim & Leipzig: Ackermann 1910. 94 S. 8° [10. 10576

Die große Sturmfluth | und | deren entsetzliche Verheerungen | in | Schönebeck, | wo über 600 Häuser unter Wasser stehen, | und anderer Orte Deutschlands. | (Fig.: *Überschwemmung*, 61 × 77) | Naturgetreu beschrieben und mit einem passenden Liede. | Hamburg. Druck von H. A. Kahlbrock, Hütten 63.
o. J., 4 Bl. n. n., 184 × 112.
LBO Bänkelsängerlit. III, 191.

Sturmfluth, die, vom 13. November 1872. Zusammenstellung aus den bei dem Schleswig-Holsteinischen Central-Comite für die Nothleidenden eingegangenen Berichten. gr. 8. (35 S.) Glückstadt 873. (Kiel, Homann.) *

Die schreckliche | Sturmfluth | und | Wassersnoth, | welche die armen und unglücklichen | Bewohner der Elbufer | so furchtbar heimgesucht hat. | Druck von J. F. Rohr in Vegesack.
o. J., 4 Bl. n. n., 183 × 110.
LBO Bänkelsängerlit. I, 47.

Sturmglocke. Chicago, IL
Edited & published by Max Baginski.

Sturmglocke. Nr. 1. kl. 8. Stettin (Elysiumstr. 21) 907. Fel. Unger. — 03
Die große Ueberschwemmung. Von C. Kohler. (7 S.)

Sturmglocken (Die). Zeitschr. Chicago, 28. März—18. April 1896. 4 nos.

Sturmhoefel, A., Akustik des Baumeisters od. der Schall im begrenzten Raume. gr. 8. (VIII, 88 S. m. 22 Abbildgn.) Berlin 894. Schuster & Bufleb. n. 3. —

Sturmhoefel, A., Akustik d. Baumeisters, od.: Der Schall im begrenzten Raume. 2., durch e. Nachtrag verm. Aufl. gr. 8. (VIII, 100 S. m. 26 Abb.) Dresden 898. G. Kühtmann. Geb. in Leinw. n. 4. —

Sturmhoefel, Aurel, Akustik der Säle, s.: Handbuch der Architektur. 4. I.

— Anlagen zur Erzielung e. guten Akustik, s.: Handbuch der Architektur. 3. VI.

Sturmhoefel, A., Scene der Alten u. Bühne der Neuzeit. Ein Beitrag zur Lösung der Volkstheaterfrage, zugleich e. Versuch zur Raumgestaltg. grosser Zuschauerräume; aus den bisher übl. Theaterformen entwickelt. Mit 15 Abbildgn. gr. 8. (114 S.) Berlin 889. Ernst & Korn. n. 8. —

— Centralbau od. Langhaus? E. Erörterg. d. Schallverhältnisse in Kirchen. [Aus: „Zeitschrift f. Bauwesen".] gr. 8. (46 S. m. 12 Abb.) Berlin 897. W. Ernst & Sohn. n. 2. —

Sturmhöfel, B. Der Schulmeister v. Wusterhausen. Novelle in Versen. gr. 8. (122 S.) Berl. 892, Buchh. der deutschen Lehrer-Zeitg. * 1 20

[S.] König Albert von Sachsen. E. Lebensbild v. Dr. Konrad **Sturmhoefel.** M. 14 ... Abb. *Leipzig: R. Voigtländer 1898.* (122 S., 2 Bl., 2 Portr., 3 Taf.) 1 Bd 8.
= **Volksbücher, Biographische.** No 1—4. [98. 11690

Kurfürstin Anna von Sachsen. Ein polit. u. sittengeschichtl. Lebensbild aus d. 16. Jh. von Konrad **Sturmhoefel.** Leipzig-R.: E. Haberland [1905]. (299 S.) 8°
— **Biographien** bedeutender Frauen. 5. [05. 13569 3

— zu König Georgs Gedächtnis. Ein Abriß seines Lebens. Mit 1 Portr. (93 S.) gr. 8. Dresden 905. W. Baensch. n. 1.50

Sturmhoefel, Konrad [aus Freiberg i/S.]: Gerhoh von Reichersberg über die Sittenzustände der zeitgenössischen Geistlichkeit .... Leipzig, Druck v. Alexander Edelmann, Universitätsbuchdr., 1888; 1 Bl. + 44 S. + 1 Bl. 4°
Leipzig, Phil. Fak., Inaug.-Diss. v. 3. März 1888

Sturmhoefel, K., Gerhoh v. Reichersberg über die Sittenzustände der zeitgenössischen Geistlichkeit. II. Tl. 4. (44 S.) Leipzig 888. (Hinrichs' Sort.) n. 1.60

Sturmhoefel, Konr., illustrierte Geschichte d. Altertums, s.: Volz, B.

Sturmhoefel, Konr., Illustrierte Geschichte der sächsischen Lande und ihrer Herrscher. Mit bes. Berücks. der Kulturgeschichte. Bd 1, Abt. 1. 2. Bd 2, Abt. 1. 2. Leipzig 1898—1908. 8°.

Sturmhoefel, Konrad: Illustrierte Geschichte der sächsischen Lande und ihrer Herrscher. Leipzig
Bd 1. Illustrierte Geschichte der Meißnischen und Thüringischen Lande. 1898
Abt. 1. Von den Anfängen bis zum Tode Friedrichs des Strengen 1381.
Abt. 2. Von der Landesteilung von 1382 bis zum Übergange der Kurwürde an die Albertiner (1547).
Bd 2. Illustrierte Geschichte des albertinischen Sachsen. 1909
Abt. 1. Von 1500 bis 1815.
Abt. 2. Von 1815 bis 1904.

— illustrierte Geschichte d. sächsischen Lande u. ihrer Herrscher. M. bes. Berücksicht. d. Kulturgeschichte. Illustr. v. Hans Mützel. 1.—29. Hft. gr. 8. (III, 1200 S.) Chemnitz 897—898. (Leipzig, Pahl's Verl.)
à Lfg. n. —50 (1. Bd. 1. Abtlg. n. 7.50; geb. in Leinw. n. 9.50; 2. Abtlg. n 6.—; geb. n. 7.50)

[F.] Illustrierte Geschichte der Sächsischen Lande uud ihrer Herrscher. M. bes. Berücks. d. Kulturgesch. Von Dr. Konrad **Sturmhoefel**. Ill. v. Hans Mützel. Bd 1. Abt. 1. 2. *Leipzig: Pahl 1898.99.* 8. [98 11443

Sturmhoefel, Konr., illustrierte Geschichte der sächs. Lande u. ihrer Herrscher. II. (Schluß-)Bd. Illustrierte Geschichte des albertin. Sachsen. 2 Abtlgn. Die Illustr. wurde v. Hans Mützel besorgt. gr. 8. Leipzig (909). Hübel & Denck. Jede Abtlg. 8.50; geb. in Leinw. 10.—
1. Von 1500—1815. (VIII, 855 S.)
2. Von 1815—1904. (V, 812 S.)

Sturmhoefel, Konrad Der geschichtliche Inhalt von Gerhohs von Reichersberg I. Buche über die Erforschung des Antichrists. I. Teil. 4 (24 S.) Gerhoh von Reichersberg über die Sittenzustände der zeitgenössischen Geistlichkeit. II. Teil der vorjährigen Abhandlung. 4 (44 S.).
Progr. Thomassch. *Leipzig* 1887 (504). 1888 (511).

Sturmhoefel, K., der geschichtliche Inhalt v. Gerhoh's v. Reichersberg 1. Buche üb. die Erforschung d. Antichrists. 1. Tl. 4. (24 S.) Leipzig 887. (Hinrichs' Sort.) n. 1.—

Sturmhoefel, Konr. Französische Königsgeschichten aus der Bourbonenzeit. Lex.-8. (VII, 318 S. m. 42 Holzschn.) Lpz. 892, Spamer. * 5 —; geb. ** 6 —

— französische Königsgeschichten aus d. Bourbonenzeit. 2. [Titel-] Aufl. Mit 42 Holzschn. nach Zeichngn. v. A. de Neuville u. a. gr. 8. (VII, 318 S.) Leipzig (892) 899. O. Spamer. 2.—; geb. in Leinw. n. 3.—

— deutsches Nationalgefühl u. Einheitsstreben im 19. Jahrh., s.: Hochschul-Vorträge f. Jedermann. 36.–35. Hft.

Sturmhoefel, [Konrad]: [Rede bei der Gedächtnisfeier für S. M. den König Albert.] S. 26—33. 4.
Progr. Thomasschule — Städt. Gymn. — *Leipzig* 1903 (619).

Sturmhoefel, Konr., s.: Spamer's illustr. Weltgeschichte.

Sturmhoefel, K., Übungsbuch f. den grammatischen Unterricht im Lateinischen, s.: Oehler, W.

— wie wurde Sachsen e. Königreich?, s.: Hochschul-Vorträge f. Jedermann. 83. Hft.

Der Deutsche Zollverein. Ein geschichtl. Rückblick von Prof. Dr. [Konrad] **Sturmhoefel**. Berlin: S. Simon [1906]. (85 S.) 8° [F.]
— **Handel**, Industrie u. Verkehr in Einzeldarstellungen. Bd 1. [08. 1619

Sturmhoefel, M. B., die Nuß. (Ein Traum.) Drama in 7 Bildern. (III, 114 S.) 8. Dresden 905. E. Pierson. n. 1.50

Sturmhoefel, N., Neulatein als Weltsprache. Ein Vorschlag. gr. 8. (24 S.) Berlin 884. Walther & Apolant. n. —50

Sturmhoefel, N., Offenbarungen für Alle. Leipzig 867. Priber. gr. 8. (39 S.) n. 5 ngr.

Sturmhöfel, Nahida, vergessene Lieder. 8. (VIII, 120 S.) Leipzig 888. Fock. n. 1.50; geb. n. 2.50

Sturmhöfel, Otto: Ueber die Eminentia cruciata des Hinterhauptbeines. (Mit 1 Taf.) Königsberg i. Pr. 1903: O. Kümmel. (41 S.) 8°
Königsberg, Med. Diss. v. 23. Juli 1903.

Stürminger, J., die gewerbs- u. sicherheitspolizeilichen Bestimmungen für Wirthe. 16. (48 S.) München 880. Stahl. n. —60

Sturmiusbüchlein, Liobabüchlein. O. O. u. J. V: *Komp, Gg Ign.* (Keiter, Kath. Litt. Kal. IV, 103.)

Wurmisirender Weiber,
Wilder Courtesier-Hummeln,
Haußstürmender Männer,
Galanisirender Jungfern-Knechte,
Sturm-Wurm-Lection- und Affections-Calender, Nach dem Horizont des Reiches der Lebendigen, und genauer Observation des Reiches der Todten, Auf das MDCCXXV. (1725.) Jahr gestellet, Nebst einer noch niemals erlebten Landt-Stadt- Hauß- und Dorff-PRACTICA, Dann einer LISTA Wie die Posten aus dem Reich der Lebendigen in das Reich der Todten spe- und respediret werden, und endlich einem Remarquablen Anhang eines Neu-aufgerichteten Kirchhoffs Bestehend in lustigen und wohl à propos kommenden Grabschrifften. Gedruckt zu Merck drauf, und Sieh dich für, in der in dem Reich der Todten, genant zur stillen Ruh neu-aufgerichteten Remarquen-Druckerey. (1724.) 4°.

Ungemein seltenes Eroticum, auch in Berlin u. München fehlend. 56 num. S. (incl. Tit. in Roth- u. Schwarzdruck, 50. jocoses „Avertissement" u. „Dedication" [letztere in Versen], dann 12 Bll. burlesk-pikantes Calendarium, mit merkw. Wortbildungen, ebenfalls roth u. schwarz [Schlitten-, Masqueraden-, Hahnrey-, Gedult-, Gross-, Mägde-, Kuppel-, Bierzapffen-, Flöh-, Gasterey-Galanisir-, Spinn-Rocken-, Langschläffer-Monat], mit ebensoviel gegenüberstehenden derb-pikanten Gedichten [u. a.: Der fatale Weiber-Wurm nach frembden Manns-Fleische; der Haußhahn attrapiret einen fremden Hahn auf seinen Miste, wird jaloux, und fänget an mit der Sturm-Klocke zu läuten, Galanterie-Ließgen ist zu tief in den Text kommen, und das Sechswochen-Bette beginnet allmählig zu approchiren; Courtesier Seigneur hat sich in den appetitlichen Brust-Kern seiner Amarillis ver-narriret etc.; der in des Mannes Beutel herumschwermende Nasch- Sauff- und Hochmuths-volle Weiber-Wurm; der über das beym Zuckerbecker, im Weinkeller und im Kram-Laden gemachte Weiber-Conto lossbrechende Männer-Sturm; Charlottgen hat Sorge, dass sie allein übrig bleiben und keinen Mann kriegen möchte etc. — Folgen die auf dem Titel angezeigten Stücke u. der Anhang von 43 stellenw. sehr derben Epigrammen.

Sturmlauf. Der St' gegen den Gotthardvertrag. ([Hrg. vom] Aktionskomitee g' den G'.) 16 S. 8. [Bern, Buchdr. des «Berner Tagblatt», 1910.]

Sturmlerner, Friedrich

— Amulet, od. Mittel wider die mündlichen (?) Lüste. Etwas für Alle. 12. Augsb. 812.

Sturmlerner, Fr., Anbetung Gottes u. Verehrung seiner Heiligen in d. gewöhnl. Andachtsübungen. 18. Augsb. 823. Doll. (Landsh., Krüll). 2 Kr

— Andacht aller Andachten. 33 heil. Meßübungen z. Angedenken der 33 Lebensjahre unsers Herrn u. Heilandes Jesu Christi rc. gr. 8. Augsb. 823. Doll. (Landsh., Krüll). 8 Kr

— Andachten von d. hochwürd. Gut, auf alle Tage der Woche u. andere Zeiten des Jahres. 8. Augsb. 800. Kösel in Kempt. 20 Kr

— die gewöhnl. Andachtsübungen u. die besondern auf die Festtage des Herrn. Eine Zugabe zu der Andacht aller Andachten. gr. 8. Augsb. 823. Doll. (Landsh., Krüll). 10 Kr

— kernhafte Andachtsübungen zum allgem. Gebr. für kathol. Christen. gr. 8. Augsb. 824. Doll. (Landsh., Krüll). 10 Kr

— vollständ. Andachtsübungen meist n. d. Schr. u. d. heil. Vätern m. versch. Unterweis. f. alle Feste d. Jahres. 2 Bde. 8. Kempten, Kösel. (Doll in Augsb.) 788.

— vollständ. Andachtsübungen, meist nach d. Schrift u. den heil. Vätern, mit verschied. Unterweiss. für alle Feste des Jahres. 2 Bde. 8. Kempt. 788. 2e A. 794. Kösel. 1 fl

— Auswahl von verschied. Andachtsübungen, meist nach d. Schrift u. den heil. Vätern. 12. Augsb. 794. Doll. 6 kr

— meine Beruhigung bei diesen Zeitläufen, in religiösen Erwägungen. 8. Augsb. 809. Doll. 16 kr

— schriftmäß. Besuchung des hochheil. Altarsakraments, auf alle Tage in der Woche. 12. Augsb. 794. Doll. 6 kr

— d. ächte Christenthum in katechet. Sonntags-Predigten, eine Erläuterung d. berühmten Normalkatechismus d. k. k. Staaten, in 3 Jahrg. u. 12 Thln. 8. Kempten, Hofbuchhandl. (Kösel.) 798-805. (I. Jahrg. 1r-4r Thl. à 12 gr. II. 1r-3r à 12 gr. 4r 19 gr. III. 1r-4r à 1 Rthlr.)

Sturmlerner, Friedrich: Increduli dux ac praeceptor in religione unice salvifica theologiae candidatis et neo-animarum pastoribus in eclectica doctrinarum religionis epitome ac oeconomia pro adiumento memoriae datus. Guenzburgi 1778. 490 pp.

— allergrößte Erbarmung über die Allererbarmungswürdigsten in d. Flammen des Fegefeuers. 8. Kempt. 812.

— Erinnerungen großer Religionswahrheiten u. heil. Begebenheiten ꝛc. Mit 1 Titelkpf. 8. Augsb. 818. Doll. 20 kr

Sturmlerner, F., Erinnerungen großer Religionswahrheiten u. heil. Begebenheiten ꝛc. 8. Augsburg, Doll. 820.

— des guten Vaters lehrreiche Ermahnungen an seine liebe Kinder. 12. Augsb. 816. Doll. 3 kr

Sturmlerner, Friedr., lehrr. Ermahnungen ein. guten Vaters an seine lieben Kinder. Nebst tägl. Andachtsübungen. 2., verb. Aufl. 12. (6 B. u. Ttlkpfr.) Augsburg 838. (Regensburg, Manz.) Thlr.

— die Glückseligkeit des wahren Klosterlebens auch zu dieser Zeit ꝛc. 8. Regensb. 784.

Sturmlerner, Friedr., der bedrängte Gottmensch, s. Gottmensch.

— der bedrängte Gottmensch, auf seinem heil. Kreuzwege. 12. Augsb. 803. Doll. 8 kr

— das andächtige Hausgesinde. 12. Günzburg 778. N. A. Regensburg 782.

— die fromme Haushaltung in ihrer tägl. Andacht u. christl. Unterweisung, zum gemeinschaftl. Gebrauche f. gute Landleute. 8. Augsb. 792.

— nothwendiger Hauskatechismus, was zu glauben u. zu wissen e. jeden kathol. Christen nothwendig ist. 12. Günzburg 784.

— Heiligung der Sonn- u. Feiertage, vor- u. nachmittägigen Andacht. Mit geistigen Abendlesungen begleitet. Mit Kupfer. 12. Dilingen 840. Aulinger. 1/3 fl Velinpap. 1/2 fl

— das leidende Herz Jesu auf d. heil. Kreuzwege nach d. Kalvariberg, zur Betrachtung vorgestellt. 12. Augsb. 821. Doll. (Landsh., Krüll). 2 kr

— die blutige Himmelsstraße unsers Herrn Jesu Christi während jener schmerzvollen Reise nach Golgatha, zur Betracht. in vierzehn Fastenpredigten nach der Ordnung der vierzehn Stationen vorgestellt. 2 Thle. 8. Augsb. 810. Doll. (Landsh., Krüll). 1 fl 8 kr

— der leidende Jesus auf seinem heil. Kreuzwege, alle Tage der Woche anders betrachtet. Roggenburg 785. N. A. 12. Augsb. 803. Doll. 5 kr

— der liebenswürdigste Jesus in dem heiligsten Altarssakramente, auf alle Tage der Woche. 8. Kempt. ... 2e A. 788. Kösel. 16 kr

— — dass. 8. Kempten, Kösel. 796.

— ist denn die Generalbeichte bei dieser so großen Sittenverderbniß so sehr nothwendig? 8. Augsb. 810. Doll. 10 kr

— die Jungfrau in ihrer Unschuld u. Andacht. 12. Augsb. 794. N. A. 830. Doll. (Krüll in Landsh.) 6 kr — Dass. mit einer andern Vorrede, auch u. d. T.: Der Jüngling in seiner Unschuld u. Andacht. 12. Ebd. 794. N. A. 830. (Ebd.) 6 kr

— d. Jungfrau in ihrer Unschuld u. Andacht, e. Gebetbüchl. 12. Ebend. 810. -

— die Jungfrau in ihrer Unschuld und Andacht. 12 Ebend. 819.

Sturmlerner, P. Fr., die Jungfrau in ihrer Unschuld u. Andacht. 1. Aufl. 830., u. neue A. (à 12 B. u. Ttlkpfr.) 12. Augsburg 833. (Regensburg, Manz.) à

Sturmlerner, Fr., die Jungfrau in ihrer Unschuld u. Andacht. Ein Lehr- u. Gebetbuch. 20. verb. Aufl. (Mit 1 Stahlst.) gr. 12. Augsburg 841. (Regensburg, Manz.) 1/4 fl

—— die Jungfrau in ihrer Unschuld und Andacht. Ein Lehr- und Gebetbuch. 23. Aufl. 12. (XXXVI und 204 S. mit 1 Stahlst.) Augsburg 853, Doll.

Sturmlerner, Friedr., die Jungfrau in ihrer Unschuld und Andacht. Ein Lehr- und Gebetbuch. 24. Aufl. gr. 12. (XLIII und 267 S. mit 1 Stahlst.) Augsburg 857, Doll'sche Buchh.

— d. Jüngling in seiner Unschuld u. Andacht, e. Gebetbüchl. 12, Ebend. 810. -

Sturmlerner, Fr., der Jüngling in seiner Unschuld u. Andacht. 12. Augsburg, Doll. 819. Rthlr. -

—— der Jüngling in seiner Unschuld u. Andacht. 1. Aufl. 830., u. neue A. (à 12 B. u. Ttlkpfr.) 12. Augsburg 833. (Regensburg, Manz.) à
Beide Schriften unterscheiden sich nur durch ihre verschiedenen Vorreden von einander.

— der Jüngling in seiner Unschuld u. Andacht. Ein Lehr- u. Gebetbuch. 20. verb. Aufl. (Mit 1 Stahlst.) 12. Ebend. 841. 1/4 fl

—— der Jüngling in seiner Unschuld und Andacht. Ein Lehr- und Gebetbuch. 23. Aufl. 12. (XXXVI und 204 S. mit 1 Stahlst.) Augsburg 853, Doll.

Sturmlerner, Friedr., der Jüngling in seiner Unschuld und Andacht. Ein Lehr und Gebetbuch. 24. Aufl. 12. (XLIII und 267 S. mit 1 Stahlst. und lithogr. Ttl.) Augsburg 856, Doll. Thlr.

—— der Jüngling in seiner Unschuld und Andacht. Ein Lehr- und Gebetbuch. 25. Aufl. 12. (XLIII und 267 S. mit lithogr. Titel und 1 Stahlst.) Augsburg 857, Doll'sche Buchh.

Sturmlerner, P. Fr., der andächtige Katholik während d. 8tägigen Frohnleichnamsfeierlichkeit. 8. Augsburg, Nic. Doll. 815.

— Kirchen- u. Hausbuch z. Andacht u. Belehrung. 8. Ebendas. 812.

— Contrast, od. d. 8 Seligsprechungen d. Erlösers d. Welt, e. Gegenst. z. d. Seligsprechungen dieser Welt. 8. Ebendas. 805.

— mein Gebet wie ein Rauchwerk vor des Herrn Angesicht. Heilige Jahrsandachten auf alle Zeit u. Feste ꝛc. gr. 8. Augsb., (Doll). (Landsh., Krüll). 1 ℛ 6 𝒦

— vollständ. Meß- u. Vespergebete mit christlichen Lebensregeln. 8. Ebend. 819.

— das hochheilige Meßopfer in seiner Vortrefflichkeit u. Allkraft dargestellt. 8. Augsb. 824, Doll. (Landsh., Krüll.

— d. Pflegkind Mariä in s. Andacht ꝛc. 8. Ebend. 794.

— der Pilgram Maria in seiner Andacht und Belehrung. 12. Ebend. 817.

— Sacerdos devotus per preces quotidianas. 8. Kempt. Hofbuchh. (a. Doll, Augsb.) 808.

Sturmlerner, P. F., Die Seele des Menschen in ihrer Geistigkeit und Unsterblichkeit philosophisch und mit Nutzanwendung betrachtet. Kempten, Kösel, 1790, 8°, 36 S., 35 Pf.

—— Spiegel junger Töchter, oder Unterricht, wie eine Jungfrau gottselig leben soll. 23. Aufl. 32. (62 S. mit 1 Stahlst.) Augsburg 855, Doll.

Sturmlerner, Friedr., Spiegel junger Töchter, oder Unterricht, wie eine Jungfrau gottselig leben soll. 24. Aufl. 1865. und 25. Aufl. 32. (64 S. mit 1 Holzschntaf.) Lindau 866, Stettner.

Sturmlerner, Fried., Spiegel junger Töchter oder Unterricht wie eine Jungfrau gottselig leben soll. 26. Aufl. 32. (64 S. mit 1 Holzschntaf.) Lindau 873, Stettner'sche Buchh. geb. *

— Tobias, ein christliches Familienbuch. 2 Bände. 8. (Augsburg, Doll in Comm.) 818.

— d. gründl. Trost in d. leidend. u. trostlos. Jesu, m. e. Anh. v. Gebeten. 12. Günzburg, (Doll in Augsb.) 790.

— vertraul. Unterhaltungen m. Jesu Christo insf. 7 Blutvergießungen. 8. Ebend. 798.

— Verehrung des heil. Herzens unsers Gottes u. Herrn Jesu Christi ꝛc. 8. Augsb. 821, Doll. (Landsh., Krüll.

— mein Vergnügen in d. Andacht, auf alle Sonn- u. Feyertage ꝛc. 8. Ebend. 811.

— d. Vollkommenere in dem neuen Gnadengesetze ꝛc. 8. Augsb. Doll. 805.

— d. größte Vollkommenheit im Kleinen d. rechtschaff. Verrichtung täglicher Werke. 8. Kempten, Hofbuchhandlung. 786.

Sturmlerner, Frdr., Vorbild guter Jünglinge, oder Unterricht, wie ein Jüngling gottselig leben soll. 24. Aufl. Lindau 863. Stettner. 32. (64 S. u. 1 Holzschntaf.) 1½ ngr.

—— Vorbild guter Jünglinge, oder Unterricht, wie ein Jüngling gottselig leben soll. 26. Aufl. 32. (64 S.) Ebendas. 872. geb. *

— Weg des Mannes in seiner Jugend. Unterricht u. Andacht für Jünglinge. 8. Augsb. 819, (Landsh., Krüll.)

— Zierde der Tochter Sion. Neues Jungfrauenbuch. 8. Ebend. 819.

— Zierde d. Tochter Zion. Unterrichte u. Andachten für Jungfrauen. 2e verm. Aufl. 8. Augsb. 824, Doll. (Landsh., Krüll.) 13 gr. Schreibp.

—— Zierde der Tochter Sion. Ein Unterrichts- u. Andachtsb. f. Jungfrauen. 3—5. Aufl. (à 18 B. u. Ttlkpfr.) 8. Augsburg 827, 31, 34. (Regensburg, Manz.) à

—— Zierde d. Tochter Sion. Ein Unterrichts- u. Andachtsb. f. Jungfrauen. 6. u. 7., verb. Aufl. (à 20 B. u. Ttlkpfr.) Augsburg 838, 42. (Regensburg, Manz.) à

—— Zierde der Tochter Sion. Ein Unterrichts- und Andachtsbuch für Jungfrauen. 10. Aufl. gr. 12. (347 S. mit 1 Stahlst.) 855. und 11., verb. Aufl. 12. (XII und 310 S. mit 1 Stahlst.) Augsburg 856, Doll.

— Zierde der Tochter Sion. Ein Unterrichts- u. Andachtsbuch für Jungfrauen. 10. Aufl. 855. (347 S. u. 1 Stahlst.) — 11. verb. Aufl. Augsburg 857. Doll. 12. (XII, 310 S. u. 1 Stahlst.) 12 ngr.; mit 3 Stahlst. u. lith. Titel 15 ngr.

—— Zierde der Tochter Zion. Ein vollständ. Lehr- und Gebetbuch für Jungfrauen. 12. Aufl. 12. (XII und 310 S. mit 1 Stahlst.) Augsburg 864, Doll'sche Buchh. (Lindau, Stettner.) * Feine Ausg. mit 3 Stahlst. — Mit chromolithogr. Titel und 3 Stahlst.

Brüderliche **Sturm- und Dranglieder** an den Ehrw. Mstr v. St. [Stuttgart] o. J.: [Metzler]. 1 Bl. 8° [Kopftit.] 4 Lieder ohne Noten. 430.

Sturmvogel, der, s.: Bibliothek, Europ., 432—434. Bd.

Sturmvogel: Jahrgang 1--2, Nov. 1? 1897--May 16, 1899?
Anarchist semi-monthly. Motto: "Lewwer duad ues Slaav." Large quarto, each issue 4 pages. Edited & published by Claus Timmermann.
New York, NY

Sturmvogel, Ein, der schlimmsten Sorte . . . Bozen 1873. V: *Stock, Norbert.* (Margr)

Sturmvögel. Rheinischer Liederkranz. Speyer 1860. V: *Perthaler, Johann.* (Margr)

Sturmvögel. Rheinischer Liederkranz. Speyer 860. Lang. 32. (95 S.) 4⅓ ngr.

Sturmvögel. Sozialrevolutionäre Lieder und Gedichte. 8⁰. London, Com. Arbeiter-Bildungsverein, 6 Rose St. Soho Squ. W., 1880.

Sturmvögel. Gedichte. 3 Theile. 16⁰. New York 1888.

STURMWALD, Karl. Eine komische Geschichte neuerer Zeiten. Th. (1) Mit 1 Kpf. u. 1 TVign. Leipzig, Schladebach, 1794. — Th. 2. Leipzig, Göthe, 1796. 8⁰.
I: 237 S. (incl. Tit. u. 1 TKpf.) II: Tit., 1 Bl. Dedic. u. 372 S. Zahmen Inhalts. — Kayser, 1827, hat 4 Thle. Ebd. 1794—98."

Christian Nihin, ein dajakkischer Schulmeister. Von Missionar G. Stursberg. *Barmen: (Missionshaus) 1902.* (23 S.) 8° [F.]
= Missionsschriften, Rheinische. No 118. (03. 15380

Stursberg, G., Julius Sandan. Ein Lebensbild aus der Missionsarbeit auf Borneo, s.: Missions-Schriften, rhein. Nr. 131.

— Tju Eng, die erste chinesische Christin d. Kwala Kapuas, s.: Missions-Schriften, rhein. Nr. 128.

Stursberg, Hermann

Stursberg, H., die Bekämpfung der Völlerei insbesondere auf dem Wege der Gesetzgebung. gr. 8. (37 S.) Düsseldorf 877. (Barmen, Klein.) n. — 40

— Luise Hensel u. Frhr. v. Richthofen, s.: Vorträge im Dienste christlicher Wahrheit u. Liebe.

Stursberg, H[ermann]: Die Prostitution in Deutschland und ihre Bekämpfung. Auf Grund des vom Ausschusse d. rhein.-westfäl. Gefängnis-Gesellschaft gesammelten Materials erörtert. 2., verb. Aufl. — Düsseldorf: Rhein.-Westfäl. Gefängnis-Ges.; L. Voß in Komm. 1887. 131 S. 8⁰
1. Aufl. 1886.

— die Vagabundenfrage, erörtert. — Ueber Selbsthülfe u. Staatshülfe bei Bekämpfung des Vagabundenthums. Vortrag von Lütgen. — Ueber die Bestrebungen u. Erfolge des Armen-Unterstützungs-Vereins in Siegen zur Bekämpfung der vagabundirenden Bettelei. Vortrag von P. H. Knops. 2., verm. Aufl. gr. 8. (97 S.) Düsseldorf 882. Voß & Co. in Comm. n. 1. —

Stursberg, H., Die Weltanschauung der Socialdemokratie im Kleide socialdemokratischer Poesie. Vortrag, gehalten im „Christl.-socialen Verein" zu Barmen. gr.-8. Barmen, Wiemann, 1878.

Stursberg, [H.], Die Zunahme der Vergehen und Verbrechen und ihre Ursachen. Auf Grund umfassenden statistischen Materials aus ganz Deutschland. 2. u. 4. Aufl. Düsseldorf 1878. 8. . . . . (M.A.; D.)

Stursberg, Zunahme d. Vergehen u. Verbrechen u. ihre Ursachen. 5. Aufl. Düsseldorf 879.

Stursberg, Hugo: ⟨Aus dem pharmakologischen Institut der Universität zu Bonn.⟩ Ueber die Einwirkung einiger Abkömmlinge des Morphins auf die Atmung. *o. O. (1898).* (325 - 345 S.) 8° ¶(Aus: Archives internationales de Pharmakodynamie, Bd 4.)
Bonn, Med. Diss. v. [4. März] 1898

Stursberg, Johs., Festpredigt bei der 200jährigen Gedächtnisfeier der Kircheinweihung der französisch-reformierten Kirche zu Erlangen, geh. am Sonntag den 26. Febr. 1893. gr. 8. (19 S.) Erlangen 893. F. Junge. n. — 40

Stursberg, Johs., die französisch-reformirte Gemeinde in Erlangen, s.: Geschichtsblätter d. deutschen Hugenotten-Vereins.

Stursberg, Johannes T.: Über Dichlorglycolsäuredialkylaether, Akyloxalsäurechloride und Halborthooxalaether . . . Bonn, Univ.-Buchdr. v. Carl Georgi, 1888; 42 S. 8⁰
Erlangen, Phil. Fak., Inaug.-Diss. v. 28. Nov. 1888.

Stursberg, Julius

— Berufen zur Gemeinschaft Jesu Christi. Ansprache. 1.—5. Taus. (16 S.) 8. Ebd. (910). — 20

— Buija Dubassa, d. Gallahäuptling. E. Geschichte aus d. ostafrikan. Mission, d. Freunden derselben dargebot. [Erweit. Abdr. aus: „Missions- u. Heidenbote."] 12. (32 S. m. 1 Bildnis.) Ebd. 889. n. — 10

Stursberg, J., zwei Christenfrauen auf Borneo, s.: Missions-Traktate, rheinische.

— Dado, der Gallaknabe. E. Lebensbild aus d. ostafrikan. Mission, großen u. kleinen Missionsfreunden dargeboten. 12. (III, 44 S. m. 1 Bildn.) Neukirchen bei Moers 889. Missionsbuchh. Stursberg & Co. — 15

— Vater Embe, d. Uhrmacher v. Surabaya. Eine Geschichte aus d. Anfängen d. Java-Mission, d. Freunden derselben dargeboten. [Aus: „Missions- u. Heidenbote."] 12. (48 S.) Ebd. 889. — 15

— Von der immerwährenden Freude. 1.—5. Taus. (16 S.) 8. Ebd. (910). — 20

— Gedenk-Blätter aus der Geschichte d. Waisen- u. Missionsanst. in Neukirchen. Für d. Freunde d. Werkes aus gedruckten u. ungedruckten Quellen zusammengetragen. 1. Hälfte: Bis z. Heimgang v. Pastor Doll. (23. V. 1883). M. 10 Abb. gr. 8. (VIII, 152 S.) Ebd. 897. n. 1. —

Stursberg, Jul., wir Gottes Kinder. Predigt. 1.—5. Taus. (16 S.) 8. Neukirchen (910). Missionsbuchh. Stursberg & Co. — 20

— Licht in alles Dunkel der Gegenwart u. Zukunft. 1.—5. Taus. (15 S.) 8. Ebd. (910). — 20

— Moses in der heilig-ernsten Zucht seines Gottes am Haderwasser. Predigt. 1.—5. Taus. (16 S.) 8. Ebd. (910). — 20

— d. „alte Philipp", e. Wupperthaler Original. Mitteilgn. aus Philipp Rohde's Leben, nach d. Erinnerg. s. Sohnes u. a. gesammelt u. hrsg. [Erweit. Abdr. aus: „Missions- u. Heidenbote."] 12. (104 S.) Ebd. 888. n. — 40

Stursberg, Jul., der „alte Philipp", e. Wupperthaler Original. Mitteilungen aus Philipp Rohdes Leben, nach der Erinnerg. seines Sohnes u. a. gesammelt u. hrsg. 2. durchgeseh. Aufl. 8. (75 S.) Neukirchen 900. Missionsbuchh. Stursberg & Co. — 60; kart. — 80

— J. Hudson Taylor u. d. China-Inland-Mission. Deutschen Missionsfreunden zur Glaubensstärkung vorgeführt. M. e. Bild v. J. Hudson Taylor u. e. Uebersichtskarte v. China 12. (VI, 233 S.) Ebd. 891. n. — 80; geb. n. 1. 20

[F.] J. Hudson Taylor und die China-Inland-Mission. Deutschen Missionsfreunden z. Glaubensstärkg vorgeführt v. Julius **Stursberg**, Miss.-Insp. M. 1 Bild v. J. Hudson Taylor u. 1 Uebersichtskt. v. China. 2. Aufl., bis auf d. Gegenw. fortgeführt. *Neukirchen: Stursberg & C. 1897.* (VII, 136 S., 1 Taf.) 1 Bd 8. [98. 3645

— J. Hudson Taylor u. die China-Inland-Mission. Deutschen Missionsfreunden zur Glaubensstärkung vorgeführt. Mit 2 Abb. u. 2 Karten v. China. 2. Hälfte der 2. Aufl., m. e. Nachtrag aus d. J. 1909. (VII, 150 S.) 8. Ebd. 897/909. 1.20; geb. 1.80

— die Waisen- u. Missionsanstalt in Neukirchen, Kreis Moers, ihr Entstehen, ihre Grundsätze u. ihre Arbeitsfelder. Im Ueberblick dargest. [Durch ein. Zusätze erweit Sep.-Abdr. aus: „Allg. Missions-Zeitschr."] gr. 8. (24 S.) Ebd. 897. — 20

[F.] Die Waisen- und Missionsanstalt in Neukirchen, Kreis Moers, ihr Entstehen, ihre Grundsätze u. ihre Arbeitsfelder. Im Überblick dargest. v. J[ulius] **Stursberg**, Insp. ... *Neukirchen '(Kr. Moers)': Missionsbuchh. Stursberg & Co. 1898.* (Erweit. SA. a. d. 'Allgem. Missions-Zeitschr.' v. Prof. D. Warneck.) (24 S.) 1 Bd 8. [98. 8996 Ba

Stursberg, Jul., wozu mahnt uns der Ernst unsrer Zeitlage? 1.–5. Taus. (14 S.) 8. Neukirchen (909). Missionsbuchh. Stursberg & Co. — 20

Ferdinand Würtz, Missionar und Missionspionier im Pokomoland in Brit.-Ostafrika. Von Missionsinsp. J[ulius] Stursberg. Neukirchen: Stursberg (1910). 134 S. 8°

Stursberg, O., die Fürsorge f. jugendliche Strafgefangene während der Haft u. nach ihrer Entlassung. Vortrag. [Aus: „Verhandlgn. d. Breslauer Congresses f. innere Mission".] gr. 8. (21 S.) Breslau 886. Dülfer. n. — 20

Stursberg, Otto, a. Bath (England): Das Caitanyacaritāmṛta des Kṛṣṇadāsa Kaviraja. Eine altbengalische Lebensgeschichte Caitanyas. (Berlin 1907: G. Schade.) (54 S.) 8°
Berlin, Phil. Fak., Ref. Pischel, Diss. v. 10. Aug. 1907
[Geb. 24. Febr. 71 Bath (England); Wohnort: Berhampore (Bengalen, Indien); Staatsangeh.: England; Vorbildung: Grammar School Ongar (England) Reife 85, Hackney College London M. A. 92; Studium: Hackney College Academic Course 6, Bonn 2, Berlin 2 S.; Rig. 29. Juli 07.]

Stursberg, Otto, das Caitanyacaritāmṛta des Kṛṣṇadāsa Kavirāja. Eine altbengal. Lebensgeschichte Caitanyas. (Diss.) (54 S.) 8. Leipzig 907. O. Harrassowitz. 2. —

Stursberg, P., Richard Glöckner. Roman. gr. 8. (204 S.) Leipzig 900. P. Kretzschmar. 2. 50; geb. 4. —

Stursberg, P., Jan de Ridder. Erzählg. 8. (174 S.) Bremen 896. Leipzig, M. Heinsius Nachf. n. 2. —; geb. in Leinw. n. 3. —

— seine Schuld. Roman. 8. (307 S.) Jena 896. H. Costenoble. n. 5. —; geb. n. 6. —

Stursberg, P., die Sonne. Roman. 12. (161 S.) Leipzig 900. P. Kretzschmar. 2. —; geb. in Leinw. 3. —

— im Unkraut. Roman. 8. (230 S.) Leipzig 898. C. F. Müller. n. 4. —; geb. n. 5. —

— im Unkraut. Roman. 2. Aufl. 8. (230 S.) Ebd. 900. 2. 50; geb. 4. —

— Freund Vorwärts. Roman. 8. (230 S.) Erfurt 898. Bonn, E. Moos. n. 3. —; geb. n. 4. —

— Freund Vorwärts. Roman. 2. [Titel-]Aufl. 12. (V, 230 S.) Ebd. [897]. 900. Geb. in Leinw. 4. —

Stursberg, P. Wilhelm

Stursberg, P. W., Begrüßungspredigt u. Einführungswort des Pastors F. W. Krummacher gesprochen vor der reform. Gemeinde zu Elberfeld am 1. Febr. 1846. gr. 8. Elberfeld 846, Hassel. 1/12 Thlr.

Stursberg, P. W., das Leben Gerhard Tersteegens. Zur Gedächtnißfeier des 100jähr. Todestages des Entschlafenen, am 3. April 1869, nach M. Göbels „Geschichte des christl. Lebens" mit einigen Abänderungen und Zusätzen hrsg. gr. 8. (133 S.) Mülheim a. d. R. 869. (Leipzig, Bredt.) *

Stursberg, P. Wilh., die Macht der Gnade. Predigt üb. Ev. Lucä 23, 39–43 gehalten zu Gemarke. Nebst e. Vorw. gr. 8. (14 S.) Elberfeld 847, Schmachtenberg in Comm. n. 1/12 Thlr.

Stursberg, P. W., Pilgerlieder, gesammelt und hrsg. 16. (VIII und 160 S.) Mülheim a. d. R. 862. (Leipzig, Bredt.) *

Sturtevant, Haus Beitrag zum methodischen Zeichnen an unseren höheren Schulen. 4. (XIII S.)
Progr. Oberrsch. u. Baugewerksch. *Breslau* 1890 (207).

Sturtevant-Ventilatoren-Fabrik: Haupt-Katalog über Ventilatoren. Berlin (1904?)

Sturtz, J., Land u. Leute in Deutsch-Ost-Afrika. Erinnerungen aus der ersten Zeit d. Aufstandes u. der Blokade. In 83 photograph. Orig.-Aufnahmen v. J. St. u. Schildergn. v. J. Wangemann. qu. 4. (VIII, 88 S.) Berlin 890. Mittler & Sohn. In Mappe. n. 12. 50; in Leinw.-Mappe n.n. 15. —

Sturtz, J., u. J. **Wangemann**, Land u. Leute in Deutsch-Ost-Afrika. Erinnerungen aus der ersten Zeit des Aufstandes u. der Blockade. In 83 photograph. Orig.-Aufnahmen v. J. S. u. Schildergn. v. J. W. 2. Aufl. qu. Lex.-8. (88 S.) Berlin 894. E. S. Mittler & Sohn. In Mappe n. 12. 50; in Leinw.-Mappe n.n. 15. —

Stürtz, B., Beitrag zur Kenntniss palaeozoischer Seesterne. gr. 4. (24 S. mit 7 lithogr. Taf. und 7 Bl. Erklärungen.) Stuttgart 886, Schweizerbart'sche Verlagsh. *
Aus: Palaeontographica, besonders abgedruckt.

Stürtz, B., neuer Beitrag zur Kenntniss palaeozoischer Seesterne. [Aus: „Palaeontographica".] gr. 4. (S. 203—247 m. 6 Taf. u. 6 Bl. Erklärgn.) Stuttgart 890. Schweizerbart. n. 12. —

Stürtz, B., Führer durch das Siebengebirge. Anh.: Godesberg u. Rolandseck. Mit Ansichten u. Karte, hrsg. vom Verschönerungs-Verein f. das Siebengebirge. 8. (212 S.) Bonn 893. A. Henry. n. 1. 25; geb. in Leinw. n. 1. 80

Praktische Anleitung zur Organisation von Fürsorgestellen für Lungenkranke und deren Familien. Für Ärzte, Kommunalbehörden ... u. Arbeitgeber. Von Stabsarzt Dr. [Ernst] **Stuertz** in Berlin. Mit e. Vorw. von Prof. Dr. Friedrich Kraus, Geh. Med.R. in Berlin. *Berlin, Wien: Urban & Schwarzenberg 1905.* (VI, 118 S.) 8° [04-1555>

Stuertz, Ernst [aus Berlin]: Stenose und Obliteration der Aorta an der Einmündungsstelle des Ductus Botalli ... Berlin, C. Vogts Buchdr., *1894;* 32 S., 2 Bl. 8.
Berlin, Med. Fak., Inaug.-Diss. v. 22. Juni 1894

Stürtz-Gebauer, Frau, über Erziehung des weiblichen Geschlechts. gr. 8. (16 S.) Zürich 887, Schröter und Meyer. *

Sturtzel, M[ax]: Die Methode der unbestimmten Koeffizienten, angewendet auf arithmetische Reihen und einige höhere Reihen. Hohensalza (1905): Buchdr. „Kujawischer Bote". (Festschrift z. Feier d. 50j. Bestehens d. Kgl. Gymnasiums zu Hohensalza. — Abt. 2. S. 26—48.) 4° [F.] **

Stury, Frz. Xav., über deutsche Bühnensprache. Vortrag, geh. in der literar. Vereinigg. zu Altenburg. (23 S.) 8. Altenburg (908). O. Bonde. — 30

Sturz [Sachl. OW]

Sturz, der, eine Begebenheit unserer Tage. 8. Leipzig, Bruder u. H. 813.

Sturz, der, in den Abgrund, Drama in 3 Aufz. von F. v. Riesch. gr. 12. Wien, Tendler und v. Manstein. 820. Rthlr.

Sturz, der, d. Cabinets Badeni. Was haben d. Eisenbahner v. neuen Ministerium zu erwarten? Hrsg. v. d. Red. d. „Eisenbahner." gr. 8. (32 S.) Wien 897. (Wiener Volksbuchh.) n.n. — 10

Sturz, Helferich Peter, s.: Koch, M.

Sturz, Mein, im preussischen Staate. Germanien [Altona] 1797. V: *Groset, Ritter von.* (Ky)

Napoleon Bonaparte's zweiter Sturz von dem französischen Throne, durch die alliirten Mächte im Jahre 1815.
8. Nürnberg 1816.

Sturz, der, der Sozialdemokratie od. das Ei d. Kolumbus. A. u. d. T.: Nieder m. der Sozialdemokratie, nur so wäre uns allen geholfen! Eine Sozialreform im großen Stil. Von ***. gr. 8. (40 S.) Berlin 893. E. Renpel. n. — 50

Sturz, der, der Vögte, v. August Klingemann. 2 Bde. 8. Lpz. Joachim. 805.

Sturz [Verfasser]

Sturz, Friedrich Wilhelm

Libellus quo viro summe venerabili ... Christiano *Danieli* Beckio doctori theologiae et philosophiae ... faustum illum diem quo ante hos quinquaginta annos summis amplissimi philosophorum ordinis honoribus rite ornatus est pie gratulantur Societatis Philologicae et Reg. Seminarii Phil. Lipsiensis die XXI. mensis Februarii anni CIƆIƆCCCXXVIII. Insunt FRIDERICI GUIL. STURZII Novae Annotationes in Etymologicon magnum Lipsiae editum et CAROLI FRID. AUG. NOBBII Carmen ad Beckium cum Indice Sodalium et Librorum utriusque societatis. Lipsiae, sumptibus Caroli Cnoblochii. 4°.

Frid. Guil. Sturz progr. circumcisionis a barbaris gentibus ad Judaeos translationem, per se quidem Deo non indignam, sed tamen non vere factam esse. Gerae 1791. 4.

Sturzii, F. G., Progr. de consuetudine commoriendi. Gerae 790. 4. (12 S.)

Sturzii, F. W., de dialecto Alexandrina, ratione simul habita versionis librorum V. T. graecor. Diss. I-IV. Lips. et Gerae 786-94. 4.

Sturz, F. W., De dialecto Alexandrina ratione simul habita. III. Pr. 1798. 12 S. 4°.
— — IV. Pr. 1794. 12 S. 4°.

— De dialecto Macedonica et Alexandrina liber. 1808. XII, 225 S.

Sturz, F. C., de Dialecto Macedonica et Alexandrina liber. 8. Lips. Procl. Weigel. 808.
Schreibp.
(Dies Werk macht d. 2n Thl. v. Mich. Maittaire Werke: Graecae linguae dialecti recognitae aus.)

Sturz, Fr. Wlh., s. Dionis Cassii Cocceiani histor. Romanarum etc.

Sturzii, F. G., Lexicon Xenophonteum. Lips. 801. sq. 4 Vol. 8. 9 rthlr. (Der Verf. hat sich auf dem Titel nicht genannt, aber in der Vorrede.)

Sturzii, F. G., Lex. Xenophonteum. Lips. 801-4. 4 Vol. 8. 13 rthl.

Sturzii, F. W., Progr. III. de nonnullis Dionis Cassii locis. Grimm. 812-14. 3 Progr. 4. (Jedes 16 S.)

Sturz, F. W., De nominibus Graecorum. Gel. 1803/04. 19, 18 S. 4°. à 1.35

Sturz, Frider. Guil., Opuscula nonnulla olim separatim emissa, nunc conjunctim edita, emendat. et aucta. 8maj. (20¾ B.) Lipsiae 825, [T. O. Weigel.] 2 Thlr., Schrbp. 3 Thlr., Vlnp.

Sturz, F. W., Progr. quo nonnullos locos Homeri interpretatur. Gerae 792. 4.

Sturz, Fr. G., Commentatio de utilitate, quam Lutheri doctrina scholis publicis attulit. Grimmae 817. 4. (16 S.)

— Progr. I-III. de vestigiis doctrinae de animi humani immortalitate in Homeri carminibus. Lips. 794-97. 4.

Sturz, F. W., De vocibus animalium. Gel. 1805—1811. 18, 14, 15, 16, 18, 15 S. 4°. à 1.20

Sturzii, F. W., Progr. Zonarae Glossas sacras N. T. interpretari perrexit. Grimmae 820. 4. (16 S.)

Sturz, Helferich Peter: Erinnerungen aus dem Leben des Grafen Johann Hartwig Ernst v. Bernstorff, s. Bernstorff

Sturz, Helfr. Pt., s. Julie, e. Trspl.

Sturz, Pet., Rousseau, s. a. Greßler's, F. G. L., pädagog. Blätter. 4. Heft.

(Johann Jakob) Rousseau. Ein Beitrag zu seiner Charakteristik und Darstellung seines Aufenthalts auf preussischem Gebiet. Von P' St' ⟨1736—1779⟩. Hrg. und mit einigen Anmerkungen versehen von W[alther] Hardt, Rektor.... 32 S. 8. Langensalza, F. G. L. Gressler, 1906. [M. —.50]
Gresslers Pädagogische Blätter. Heft 4.

STURZ, Helferich Peter
Schriften von Helfrich Peter Sturz.
Erste [- Zweite] Sammlung.
Leipzig: Weidmann. 1779 [- 1782]. 8°.
Universitäts- und Stadtbibliothek Köln
Bd. 2 hg. v. Heinrich Christian Boie
Nachdr. 1784, 1785, 2. Aufl. 1786.
Nachdr. v. Bd. 2: Bremen 1782 [Archiv für Litteraturgeschichte, Bd. 7, 1878, S. 68] konnte nicht gefunden werden.

STURZ, Helferich Peter
Schriften von Helfrich Peter Sturz.
Erste [- Zweyte] Sammlung.
Karlsruhe: Schmieder. 1784. 8°.
Universitäts- und Stadtbibliothek Köln
Nachdr. d. 1. Aufl. Leipzig 1779-1782.
Weitere Ausg. 1785, 2. Aufl. 1786.

STURZ, Helferich Peter
Schriften von Helfrich Peter Sturz.
Erste [- Zweyte] Sammlung.
München: Johann Baptist Strobl. 1785. 8°.
Landesbibliothek Oldenburg
Nachdr. d. 1. Aufl. v. 1779-1782
Weitere Ausg. 1784, 2. Aufl. 1786

STURZ, Helferich Peter
Schriften von Helfrich Peter Sturz.
Erste [- Zweite] Samlung.
Neue verbesserte Auflage.
Leipzig: Weidmann. 1786. 8°.
John Carter Brown Library Providence, R. I.
Hg. v. Heinrich Christian Boie
2. Aufl.
1. Aufl. 1779-1782, Nachdr. 1784, 1785

Sturz, Helfrich Peter: Die besten Schriften. Ausgabe letzter Hand. Mit Lebensbeschreibung und Porträt des Verfassers. Th. 1. 2. Hildburghausen u. Amsterdam. 1842. 8°
(Familien-Bibliothek der deutschen Classiker. Eine Anthologie in 100 Bänden. Bd. 21–22.)

Sturz, Helferich Pet., kleine Schriften. Hrsg. u. eingeleitet v. Frz. Blei. (127 S.) 8. Leipzig 904. Insel-Verlag. n. 2. —; geb. n. 3. —

Sturz, Henry: Offener Brief an die in der Provinz Rio Grande do Sul ansässigen Dtn. — (Bln 1867: Grunert). 28 S.

— German emigration to British Colonies. London 1841. Berlin 1860.

— Explanation of the motives and reasons which induce the writer to offer the plan contained in the subjoined paper No. 1, to Her Britannic Majesty's and to the Canadian Governments etc. etc. Berlin 1860.

Sturz, Henry, Die Provinz Rio Grande do Sul als Auswanderungsziel für Deutsche.

Sturz, J. D., Deutschlands Küstenschutz. Vorschläge einer neuen Befestigungsweise der deutschen Nordseeküste besonders auf Neuwerk. (Abdr. aus dem Volksgarten.) Berlin 864. Lemke. gr. 4. (4 S. m. Holzschn.) n. 2⅓ ngr; color. n. 5 ngr.

Sturz, Johann Jakob

Sturz, J. J., Austernbetrieb in Amerika, Frankreich u. England mit Hinblick auf die deutschen Nordseeküsten. Berlin 868. Kortkampf. gr. 8. (48 S.) n. 10 ngr.

Sturz, J. J., die deutsche und die chinesische Aus- und Rückwanderung in ihrer Bedeutung für das deutsche Reich. gr. 8. (23 S.) Berlin 876, Bohne. *

Sturz, J[ohann] J[akob]: Die dt. Auswanderung und die Verschleppung dt. Auswanderer. Mit speciellen Documenten über die Auswanderung nach Brasilien zur Widerlegung falscher Angaben. — Bln: Kortkampf 1868. 30, CX S.

(Sturz, J. J.): „Bericht in Bezug auf deutsche Colonisation und sonstige Auswanderungs-Verhältnisse", in portugiesischer Sprache, Berlin 1858. 4°. — Vorh.: Com. Bibl. Hamburg.

Sturz, J. Vide: Bericht in Bezug auf deutsche Kolonisation...

Sturz, J. J., der Fischfang auf hoher See und rationell betriebener Küstenfischfang als einer der Hauptnahrungszweige des deutschen Volkes und Grundbedingung einer deutschen Flotte. Ein Beitrag zur deutschen Volkswirthschaft bei Gelegenheit der maritimen Revolution dieses Jahres. Berlin 862. Kastner. gr. 8. (96 S.) n. 10 ngr.

Sturz, J. J., des Kindes Gespielen. (Nr. 1.) gr. 16. (32 S. mit eingedr. Chemigraphien.) Berlin 877 (Rauh.) — 10

Sturz, J(ohann) J(akob). Kann und soll ein Neu-Deutschland geschaffen werden und auf welche Weise? I. Ein Vorschlag zur Verwerthung der deutschen Auswanderung im nationalen Sinne. Berlin, Nicolai (G. Parthey) 1862. 51 S. 8.

— die **Krisis** der deutschen Auswanderung und ihre Benützung für Jetzt und Immer. Ein Hebel für deutsche Schiffahrt, deutschen Handel, deutsche Rhederei u. Gewerbe, zur deutschen Flotte u. eine Gewährleistung für deutsche Einigung, Kräftigung u. Selbstachtung diesseits u. jenseits des Weltmeers. Berlin 862. Hickethier. gr. 8. (2 Bl., 262 S. u. 1 Tab. in Fol.) 15 ngr.

— der Nord- und Ostsee-**Kanal** durch Holstein, Deutschlands Doppelpforte zu seinen Meeren und zum Weltmeere. Mit einem Vorschlag zu einer neuen Befestigungsweise der deutschen Strommündungen u. Küsten. Berlin 864. Mitscher & Röstell. gr. 8. (88 S. u. 1 lith. Karte in 4.) n. 15 ngr.

(Sturz, J[ohann] J[akob]): Nothwendigkeit der Bildung eines Dt. Central-Vereins für Auswanderungs-Angelegenheiten aus dringenden nationalen Gründen. (Bln. 1862: Krause). 15 S.

—— **Reden** gehalten bei der Berliner Todtenfeier für den Präsidenten Lincoln von amerikanischen, englischen und deutschen Geistlichen. Ein Ausspruch der Kirche über Sklaverei und freie Arbeit. gr. 8. (39 S.) Berlin 865, Lüderitz' Verlag.

Sturz, J. J., a Review, Financial, Statistical, & Commercial, of the Empire of Brazil and its Resources: together with a suggestion of the expediency and mode of admitting Brazilian and other foreign sugars into Great Britain for refining and exportation. (Mit 1 Tab.) gr. 8. London 837. (Hamburg, Perthes-Besser u. Mauke.) n. $4^2/_3$ ℳ

(Sturz, J. J.): Schafzucht und Wollproduction für deutsche Rechnung in Uruguay als Grundlage für deutsche Ansiedelungen am La Plata-Flussgebiete. Berlin (1863). 18 S. 4°. [M 3872

Sturz, J[ohann] J[akob]: Schafzucht und Wollproduktion für dt. Rechnung in Uruguay als Grundlage für dt. Ansiedelungen im La Plata-Flußgebiete. — Bln: Kühn 1864. 51 S.

[Sturz, J. J.]: Soll und kann Deutschland eine Dampfflotte haben und wie? Mit Hinblick auf Deutschlands Schifffahrt, Handel und Auswanderung besprochen von Germano-Brasilicus. Berlin 1848. 46 S. 8°. [E 2316

Sturz, [Johann Jakob]: Verein zur Unterstützung der in die südl. Provinzen Brasiliens einwandernden Dtn. — (Bln 1846: Unger). 12 S. 4° [Als Ms. gedr.]

— der wiedergewonnene Welttheil, e. neues gemeinsames Indien. Mit e. Anh. bezügl. Erläutergn. 2. Aufl. gr. 8. (III, 85 S.) Ebend. 876. n. 1. —

— der wiedergewonnene **Welttheil**, ein neues gemeinsames Indien. 3. Aufl. Mit einem Anhang bezüglich Erläuterungen u. 1 (zinkotyp.) Kärtchen. gr. 8. (V, 85 S.) Berlin 877. Bohne. n. 1. —

Sturz, Peter, s. Sturz, Helferich Peter

Sturza, s. Sturdza.

Sturza-Tibanyi, Marie Gräfin, s. a.: Tibanyi-Sturza, M.

— Prinzipien über Ehe u. Ehre, s.: Bibliothek, realistische.

Stürzebecher, Hans, u. sein Sohn; ein Beytrag z. Gesch. meiner Zeit. v. K. G. Cramer, m. K. 8. Lpz. B. Fleischer. 798.

Stürzebein, das große Werk des Gustav-Adolf-Vereins, als eine Frucht der Vergangenheit u. eine Bürgschaft für die Zukunft der evangel. Kirche. Festpredigt, gehalten zur Feier des Jahresfestes des Pommerschen Gustav-Adolf-Haupt-Vereins zu Treptow a. R. den 2. Juli 1868. Cöslin 869. (Volger.) 8. (16 S.) n. 3 ngr.

Stürzebein, Jul. Kurze aktenmäſsige Geschichte der höheren Bürgerschule zu Nauen bis zur staatlichen Anerkennung der Anstalt im Mai 1875. 15 S. Progr. *Nauen* 1876.

Stürzelbronn [Schlagwort]

Stürzelbronn, s.: Proussen. Messtischblätter.

Sturzen-Becker, Signe, die Gasentladung u. ihre Abhängigkeit v. der Temperatur. (Archiv for mathematik og naturvidenskab. XXVIII. Bd. Nr. 7.) (69 S. m. Abbildgn.) gr. 8. Christiania (907). A. Cammermeyer. 3. 65

Stürzenbaum, J. F., kurzer Glaubensgrund, bestehend in den wichtigsten Wahrheiten der christl. Glaubenslehre, bewiesen mit den Grundstellen göttl. Offenbar. aus d. heil. Schrift. 8. Nürnberg, Riegel u. W. 821.

Stürzenbaum, Joh., Stichwort-Fibel. gr. 8. (VIII, 107 S. m. Abb.) Regenburg 895. W. Wunderling. Kart. n.n. — 65

Stürzenbaum, Karl, Tabelle über die von dem Einzelnrichter abzuurtheilenden Uebertretungen des Strafgesetzbuches und der fortbestehenden Spezialgesetze zufolge Art. 3 des Einführungsgesetzes. Zum Gebrauche für Einzelnrichter, Staatsanwaltsvertreter, Bezirksämter 2c. 1 Tab. in Imp.-Fol. München 863, Franz'sche Buchh.

Sturzenbecher, O. P., die neuere schwedische Literatur. 8. (179 S.) Leipzig 850, Weber. n. 5/6 Thlr.

Sturzenbecker's gesammelte Schriften. Aus dem Schwed. übers. 1. u. 2. Bd. Leipzig 863. Kollmann. 16. Jeder Bd. 15 ngr.

1. Bd.: In der Veranda. Gewählte Feuilletons. (VIII, 231 S.)
2. Bd.: Schwedische Celebritäten der neuesten Zeit auf dem Gebiete der Belletristik, Tagespresse u. Schaubühne. Aesthetisch-historische Skizzen. (VIII, 238 S.)

Sturzenegger, B., das Heimweh. Eine Abendandacht. 8. (30 Bl.) Heiden 899. (St. Gallen, W. Hausknecht.) n. — 50

Sturzenegger, B. Talent und Beruf. Ein Gleichniss des Herrn, dem Volke und besonders der Jugend dargeboten. In-8°, 50 S. St. Gallen, Werner Hausknecht. 1887. — 70

Sturzenegger, J., siehe: *Kalender, Appenzeller.*

Sturzenegger, Carl, pract. Arzt aus Reute, Appenzell A. Rh.: Beiträge zur Krebsmetastase. Zür. E. Cotti Dr. 1892. 46 S. 1 Bl. 8°. Zürich, Med. Diss. [v. 23. Nov. 1892].

Sturzenegger, Cäthy. Die II. Generalversammlung des Bundes schweizerischer Frauenvereine. Abgehalten am 27. April 1901 im Palmensaale zum «Eidgen. Kreuz» in Bern. Bericht von Cäthy Sturzenegger, Bern. Separatabzug aus den «Schweiz. Blättern für Wirtschafts- und Socialpolitik». Heft 12, Jahrg. 9, 1901. IV + 8 S. 8. Bern, Frl. C. Sturzenegger, 1901. [fr. —. 20]

Sturzenegger, Frl. C[äthy]. Bei den Kranken und Verwundeten in Tokyo. oder Die Liebesthätigkeit des Jap(anischen) Rothen Kreuzes und Volkes. Ein Erinnerungsblatt an den Russ.-Jap. Krieg von Frl. C. St', Schweiz. Corr(espondentin) Tokyo. ⟨Reich illustriert [14 Tafeln und Umschlag-Zeichnung].⟩ IV + 33 S. 8. Yokohama [u. Bremen], Max Nössler (The Fukuin Printing Co. Ltd., Y', Japan), 1906. [M. 1. —]

Sturzenegger, C. Paix sur la terre. Trad. par *A. de Wattenwyl.* In-8°. 40 p. Berne, A. Siebert. — 50 1896.

Sturzenegger, Fräulein C(äthy). Eine Reliquie (aus) ältester Vergangenheit oder Schloss Burg im Berner Jura einst und jetzt. Eine historische Studie. [Mit Illustrationen und 1 Beilage: Postkarte.] IV + 32 S. 8. Bern, Frl. C. Sturzenegger, (1901). [fr. —. 50]

Sturzenegger, C. Kurzgefasste Schweizergeschichte. Von den Uranfängen bis zur Gegenwart. Mit besonderer Berücksichtigung der heutigen Verfassung. Kl. in-8°. 104 S. Bern, Selbstverlag d. Verfasserin (im Buchhd. bei A. Siebert). 1 50 1896.

Sturzenegger, Otto, med. pract. von Trogen, Kt. Appenzell A Rh.: Aus dem pathologischen Institut der Universität Zürich. Ein Fall von Enchondroma scapulae. Zür. Orell Füssli Dr. 1896. 32 S. 8°. Zürich, Med. Diss. [v. 13. März 1896].

v. Stürzer, Jos.: Theor.-prakt. Bemerkungen zum dermaligen baier. Civilgerichtsverfahren, aus dessen Manuscripten-Nachlasse, mit ein. Vorr. v. K. *Jos. v. Mittermaier.* Herausgeg. v. K. Gutsschneider. *München*, Rösl. (Fleischmann.) 838. gr. 8. (3 Thl. 12 Gr.)

v. Stürzer, Jos., theoretisch prakt. Bemerkungen zum dermaligen bayerischen Civilgerichts-Verfahren, aus dessen Manuscripten-Nachlasse, mit e. Vorrede des Geheimenrathes, Prof. 2c. Commandeur Dr. Karl Jos. v. Mittermayer. Herausg. vom K. u. StG.-Protocolisten Karl Gutschneider. gr. 8. München 838. (Fleischmann.) n. 4 Thlr.

— üb. d. Rücksichten, d. d. Gesetzgeber b. Verfass. e. neuen Strafcodex zu nehmen hat; e. polit. jurid. Versuch. 8. Landshut: Krüll 1801.

Stürzer, Jos.: Ueb. d. Zustand d. Criminalwesens in Deutschl., am Anf. d. 19ten Jahrh. *Fb.*, Krüll. 803. kl. 8. (12 Gr.)

Stürzinger, Jakob. aus Wylen (Ct. Zürich): Ueber die Conjugation im Rätoromanischen. Winterthur Bleuler-Hausheer Cie Dr. 1879. 64 S. 8°. Zürich. Phil. Diss. [v. 26. Juli 1879].

Stürzinger, Jak., über die Conjugation im Rätoromanischen. Inaugural-Dissertation. gr. 8. (64 S.) Winterthur 879. (Heilbronn, Henninger.) n. 1. 80

Stürzinger, J., Orthographia gallica, s.: Bibliothek, altfranzösische.

Stuss, Johann Georg (Wildemann) A. S. 1257/3

Dissertatio inauguralis medico-chirurgica de carie ossium. Präs. Georg Wolffgang Wedel.
Jena (Krebs) 10. XI. 1713. 44 S.

Gew.: Bergamt Zellerfeld.
W. v.: Präs., Jo. Jakob Ficke. 34030

Stuss, Johann Georg (Wildemann/Harz) A. S. 1193/9

Dissertatio medica, de saccharo lactis, cum prooemio, de magnesia alba. Präs. Johann Jakob Finck.
Jena (Fickelscherr) VII. 1713. 32 S.

Gew.: Johann Heinrich Melis.
W. v.: Jo. Adolph Wedel, Präs., J. H. Bodecker, Johann Kaspar Gemeinhardt (Opp.), Georg Ernst Rösch. 34029

Stuß, Johann Heinrich

Stuss, Joh. Hnr., Animadversiones in consilium nounominis de idiomate inferioris Saxoniae paulatim abrogando invitationi praemissae. Gothae 1751. 4. . . . . (D.)

Stuss, J. H., de excommunicationis Graecorum miris effectibus. Goth. 1733. 4.

Stuss, Joh. Hein. Programma de Mauritio, eruditissimo Hassiae landgravio. 4. Gothae 1761.

Stuss, I. H., memoria beati Th. Berkelmann acced. H. P. Guden comment. epistolica. 8. Hannover, Helwing. 733.

Stuss, J. H., de mutatione nominum sacra et profana. I—III. Goth. 1735. 4.

Stuß, Johann Heinrich, Sammlung // Auserlesener // Gedichte, // Welche // Als mehrentheils neue Proben // der nach jetzigem Geschmack // Erfahrner Kenner eingerichteten und // rein=fliessenden // Teutschen Poesie // Zum gemeinen Nutzen und Ergötzen, // wie auch der Jugend zu geschickter Nachahmung // in III. Theilen // vorgeleget worden. // Nordhausen, // Verlegts Joh. Heinrich Groß, Buchhändler. Anno 1734. - 16 Blatt (nicht paginiert) Titelkupfer, Titelblatt, Vorrede und Inhaltsverzeichnis. - 352 S. und 352 S. und 208 S. und noch 5 Blatt (nicht paginiert) Nachrede und Anhang einiger Verlagsbücher.
Die Sammlung enthält zahlreiche Gedichte von: Johann von Besser, Barthold Heinrich Brockes, Friedr. Rudolf Frh. von Canitz, Gottlieb Siegmund Corvinus, Juliana Margarethe Cyprian, Joh. Christoph Gottsched, Christian Friedr. Hunold (Menantes), Joh. Joachim Meier, Daniel Georg Morhoff, Benjamin Neukirch, Martin Opitz, Joh. Valentin Pietsch, Johann Jacob Rambach, Michael Richey, Benjamin Schmolcke, Daniel Wilhelm Triller, Johann Matthias Wagner, Christian Friedrich Weichmann, Flamin Weidner, Johann Christoph Wenzel, dem Herausgeber u. a.

Stuss, J. H., de scholis liberalium artium in coenobiis. Ilefeld. 1724. 4.

— de primis coenobiorum scholis. Norimb. 1728. 4.

Stuss, Just. Ch. F.: „Von Archiven, und insbesondere von der Einrichtung eines deutschen reichsständischen Regierungs-Archivs", Leipzig 1799 (Fleischer).

— d. große Privatmann, od. Pomponius Atticus, e. Apologie. 8. Eisenach, Wittekind. (Hinrichs in Lpz.) 798.

Stussius, Justus Christian (Ilfeld) U. S. Göttingen 1745/1

Commentatio de opinatis saecularium ludorum notis in numis Romanarum gentium.
Präs. Johann Matthias Gesner.
Göttingen (Hager) 14. IX. 1745. 40 S.

Gew.: Gerlach Adolph Fhr. von Münchhausen. 34031

Stüsser, L. Ueber einige Derivate des Metacymol's. Freiburg im Breisgau, 1881.

Stüsser, Th. Ueber Metamethylnormalpropylbenzol und einige Derivate. Freiburg i. B., 1880.

Stüssi, Heinrich: Zürcher Almanach für 1879. Zürich. 12°

—— Das Alter bei der Versicherungsnahme: Schweiz. Statist. 1874.

Stüssi, Heinr. Die Altersangaben bei der Volkszählung. 1873. 4.

Stüssi, Heinr. Auszug aus den Verhandlungen der zürcherischen Kommission für das Krankenwesen 1886—90. Zürich 1891.

Stüssi, H. Das neue Baugesetz des Kantons Zürich, mit Anmerkungen. Gr. in-8°. 92 S. Zürich, A. Müllers Verlag. 1893. 2 —

Stüssi, Heinr. Das Baugesetz für Ortschaften mit städtischen Verhältnissen. Zürich 1895.

Stüssi, Heinrich. Das Baugesetz des Kantons Zürich. Kl. in-8°. VIII, 227 S. Zürich, Albert Müller's Verlag. 1895. 3 50

Stüssi, H. Das Baugesetz für Ortschaften m. städt. Verhältnissen des Kantons Zürich nebst den zugehörigen Verordnungen u. den das Bauwesen des übrigen Kantonsgebietes betr. Bestimmungen. Anh.: Die einschläg. Verordngn. der Stadt Zürich. 3. Aufl. In-8°. IV. 308 S. Zürich, Alb. Müller's Verlag. 1898. 4 50

Stüssi, Heinr. Über die Besteuerung der in der Lebensversicherung angelegten Gelder. Stuttgart 1891.

Stüssi, H. Der Bund und das Versicherungswesen. Zürich 1891.

Stüssi, H. Der Bund und das Versicherungswesen. Gr. in-8°. 180 S. Zürich, Albert Müller's Verlag, 1892. 4 —

Stüssi. Einiges üb. Concession u. Gesetzgebg. d. Strassenbahnen. Zür. 877.

Stüssi, Heinr. Fabrikwesen. 1878.

Stüssi, Heinr. Geburt, Ehe, Tod. Ein Nachschlagebuch. Zürich 1878.

Stüssi, Heinr. Die Gesetze und Verordnungen des Kantons Zürich: Unterrichtswesen. Winterthur 1881. 12.

Stüssi, Heinr. Ueber Gruppenversicherung. 4.

Stüssi, H. Die Initative Gujer für eine kantonale obligatorische Fahrhabeversicherung. In-8°, III und 83 S. Zürich, 1879, Druck der Genossenschaftsbuchdruckerei.

Stüssi, Heinr. Die Prämie der einfachen Versicherung auf Todesfall. 4.

Stüssi, H. Referendum und Initiative in den Schweizerkantonen. Dem Schweiz. Grütliverein gewidmet. Gr. in-8°. XII, 187 S. Zürich, Buchh. d. Schweiz. Grütlivereins. 1893. 2 50

Stüssi, H. Referendum und Initiative in den Schweizerkantonen. In-8°. XII, 187 S. Zürich, Verlag d. Buchhandl. d. Schweiz. Grütlivereins. 2 50 1894

Stüssi, Heinr. Ueber die Sterblichkeit der Geistlichen. 1874. 4.

Stüssi, H., Strassenbahnen. Einiges über deren Konzession u. Gesetzgebung. gr. 8. (X, 91 S.) Zürich 877. Orell, Füssli & Co. Verl. n. 3. —

Stüssi, Heinr., Strassenbahnen. Einiges über deren Konzessionen und Gesetzgebung. gr. 8. (X, 91 S.) Zürich 879, Orell, Füssli und Comp. *

Stüssi, H., Ueber die Subvention schweizerischer Bahnunternehmungen. (Separatabdruck aus der schweiz. statist. Zeitschrift.) Zürich, C. Schmidt. 1876, 2. —

Stüssi, H. Ueber die Subvention schweizerischer Eisenbahnunternehmungen. 4°. Bern 1875.

Stüssi, Heinr. Ueber die Wassermessung durch Ueberfälle. 1864. 4.

Stüssi, Heinr., neue Zinseszins-Tabellen. — Tables nouvelles d'intérêt, composé. gr. 8. (124 S.) Zürich 876. Meyer & Zeller. n. 3. 50

— die Zinsrechnung sammt Anwendungen. 1. u. 2. Hft. Zürich 876. Schmidt. n. 5. —

1. Verzinsung e. einmaligen Zahlung. Für die oberen Klassen v. Realschulen u. Gymnasien, f. Handelsschulen u. Seminarien, sowie zum Selbstunterricht. (VII, 116 S.) n. 2. —
2. Die Verzinsung periodischer Zahlungen. (III, 147 S.) n. 3. —

Stüssi, H. Civilstand und Ehe. Eine Zusammenstellung der bezügl. Gesetze, Verordnungen, Beschlüsse, Instructionen, Kreisschreiben, gerichtl. Entscheide u. s. f. Amtl. Ausgabe. VII, 196 S. Gr. 8°. Zürich, Druck v. Zürcher & Furrer. 1878.

Stussius, s. Stuss

Stußlieb, Ernst, Der aufgeblasene Talmudlöwe. Ergötzliche u. lehrreiche Gespräche des Herrn Schochet Isidor Eisenstein mit seinem Sohne Moritz über die unleugbaren Vorzüge u. unbestrittenen Vorteile der Jehudim über die Gojim. Zu Nutz u. Frommen beider Teile ans Licht gestellt. Würzburg, Etlinger, 1892, gr. 8°, VI, 90 S., 1 Mk.

Stußlieb, Ernst, s. a. Talmudlöwe, der aufgeblasene.

Stutbuch des königl. preuss. Hauptgestüts Beberbeck. 2. Bd. Bearb. von Eduard Mieckley. (XXIII, 164 S. m. 1 Taf. u. 19 Tab.) gr. 8. Berlin 905. E. S. Mittler & Sohn. n. 9. —; geb. n. 10. —

Bd. I u. d. T: Oettingen, B. v., Stutbuch etc. Ebd. 895. n. 5. 50; geb. n. 6. 25.

Hannoversches Stutbuch. Hrsg. von d. Stutbuch-Kommission. Bd 1. Hannover: Ver. z. Förderung d. Hannov. Landes-Pferdezucht (1893). 8°

Stutbuch, hannoversches. Hrsg. v. der Stutbuch-Kommission. IV. Bd. (XXVI, 974 S. m. 3 Taf.) gr. 8. Hannover 910. M. & H. Schaper. 4. —; geb. in Leinw. 6. —

Stut- und Heerdbuch für den landwirtschaftlichen Kreis-Verein Münster. Münster i.W. [1901?]: Der Westfale. (79 S.) 8° [Umschlagt.]

Stutbuch, Oldenburger. Einheitliche Registrierg. des Oldenburger schweren Kutschpferdes im Anschluss an d. staatl. Stammregister u. das Oldenburger Gestütbuch, Bd. I u. II. Hrsg. vom „Verbande der Züchter des Oldenburger eleg. schweren Kutschpferdes" Rodenkirchen (Grossherzogth. Oldenburg). III.—VI. Bd. gr. 8. Nebst Beilage zum IV.—VI. Bd.: Alphabet Verzeichnis der in den J. 1893—1902 im nördl. Zuchtgebiet des Herzogth. Oldenburg zur Zucht benutzten Hengste. (32 S.) 8. Rodenkirchen (Oldenburg). Verband der Züchter des Oldenburger eleg. schweren Kutschpferdes. Geb. in Leinw. Einzelpr. à 4. 50 (I—VI, zusammenbezogen: 9. —)

III. Ergänzungen u. Nachträge f. die J. 1892—1901. „Pferdezuchtgesetz f. das Herzogth. Oldenburg vom 9. IV. 1897". Mit 4 nach der Natur aufgenommenen Bildern von E. Volkers. (XLI, 1146 S. m 1 farb. Karte.) (902.)
IV. Mit 4 nach der Natur aufgenommenen Bildern von E. Volkers. (VII, 1056 S. m. 1 farb. Karte.) (902.)
V. Mit 5 nach der Natur aufgenommenen Bildern von E. Volkers. (1032 S. m. 1 farb. Karte.) (902.)
VI. Mit 5 nach der Natur aufgenommenen Bildern von E. Volkers. (VII, 963 S. m. 1 farb. Karte.) (902.)
Vergl.: Gestütbuch, Oldenburger.

— Oldenburger. Einheitl. Registrierg. des Oldenburger eleganten schweren Kutschpferdes im Anschluss an das staatl. Stammregister u. das Oldenburger Gestütbuch Bd. I u. II. Hrsg. v. „Verbande d. Züchter des Oldenburger elegant. schweren Kutschpferdes" Rodenkirchen (Grossherzogt. Oldenburg). VII. u. VIII. Bd. (XXXVI, 938 u. VIII, 1096 S. m. je 2 Photogr.) 8. Rodenkirchen (Oldenburg) (907). Verband der Züchter des Oldenburger elegant. schweren Kutschpferdes. Geb. in Leinw. Einzelpr. 4.50 (I—VIII. zusammenbezogen: 12. —)

Stutbuch, ostfriesisches. Hrsg. vom landwirthschaftl. Hauptverein f. Ostfriesland. 1. Bd. gr. 8. (XVI, 279 S. m. 4 Bildern.) Norden 893. D. Soltau. n. 4. —; geb. n. 5. —

— ostfriesisches. Hrsg. vom landwirtschaftl. Hauptverein f. Ostfriesland. 1. u. 2. Bd. 8. Norden, Landwirtschaftl. Hauptverein f. Ostfriesland. (Nur direkt.) 4. —; geb. 6. —; einz. Bde. 3. —; geb. 4. —

1. II. bericht. u. erweit. Ausg. (XX, 597 S. m. 4 [1 farb.] Taf.) 897. — 2. (V, 616 S. m. 1 Taf.) 905.

Stutbuch, ostpreussisches, f. edles Halbblut Trakehner Abstammg. Hrsg. vom landwirthschaftl. Central-Verein f. Littauen u. Masuren in Insterburg. 1. u. 2. Bd. gr. 8. Berl., Parey. [1. (XXXII, 466 S. m. 2 Tab.) 890. geb. * 10 —; 2. (XXXV, 1080 S. m. 2 Tab. u. 1 Abbild.) 892. geb. * 20 —.] * 30 —

— dasselbe. Suppl. f. 1892 zum 2. Bd. gr. 8. (VIII, 200 S.) Ebd. 893. Geb. in Leinw. n. 3. —

— dasselbe. Suppl. f. 1893 zum 2. Bd. gr. 8. (VII, 209 S.) Ebd. 894. Geb. in Leinw. n. 3. —

Stutbuch, ostpreussisches, f. edles Halbblut Trakehner Abstammung. Hrsg. vom landwirthschaftl. Central-Verein f. Littauen u. Masuren in Insterburg. 2. Bd. Suppl. f. 1894 u. 1895. gr. 8. Berlin, P. Parey. n. 6. —

1894. (VIII, 524 S.) (895.) Geb. in Leinw. n. 4. —
1895. (VII, 155 S.) (895.) Kart. n. 2. —

— dasselbe. 3. Bd. 2 Tle. gr. 8. (XXXII, 1729 S. m. 2 Taf. u. 2 Tab.) Ebd. 897. Geb. in Leinw. à n. 9. —; Suppl. f. 1897 u. 1898. (VIII, 183 S.) 899. n. 2. —; f. 1899, 1900 u. 1901. (VIII, 136; VIII, 138 u. VIII, 112 S.) 900—902; kart. à n. 2. —

— ostpreussisches, für edles Halbblut Trakehner Abstammung. Hrsg. vom landwirtschaftl. Zentral-Verein f. Littauen u. Masuren in Insterburg. IV. Bd. 2 Tle. (LII, III, 2128 S.) 8. Berlin 904. P. Parey. Geb. in Leinw. n. 26. —

— ostpreussisches, f. edles Halbblut Trakehner Abstammung. Hrsg. vom landwirtschaftl. Zentral-Verein f. Littauen u. Masuren in Insterburg. IV. Bd. Suppl. f. 1906—1909. 8. Berlin, P. Parey. Kart. 15. —
1906. (VIII, 149 S.) 906. Kart. 3. —
1907. (VIII, 148 S.) 907. Kart. 4. —
1908. (VIII, 136 S.) 908. Kart. 4. —
1909. (VIII, 139 S.) 909. Kart. 4. —

— schlesisches. 1. Bd. Hrsg. v. der Landwirthschaftskammer f. die Prov. Schlesien. gr. 8. (30 S.) Breslau 902. (W. G. Korn.) n. — 50

Stut-Buch d. königl. preuss. Haupt-Gestüts Trakehnen. Hrsg. v. landw. Central-Verein f. Litthauen u. Masuren. 1. Nachtrag, umfassend die Zeit von 1878 bis 15. Aug. 1882, bearb. v. H. E. v. Nathusius. gr. 8. (XXII, 252 S.) Berlin 883. Parey. geb. n. 7. — (Hauptwerk m. 1. Nachtrag: n. 27. —)

Stut-Buch d. königl. preuss. Haupt-Gestüts Trakehnen. Hrsg. vom landw. Central-Verein f. Litauen u. Masuren. 2. Nachtrag, umfassend die Zeit vom 15. Aug. 1882 bis 30. Septbr. 1887, bearb. von U. Runge. gr. 8. (XI, 198 S.) Berlin 888. Parey. geb. n. 6. — (Hauptwerk m. 1. u. 2. Nachtrag: n. 33. —)

— des königl. preuss. Haupt-Gestüts Trakehnen. Hrsg. v. der Königl. preuss. Gestüt-Verwaltg. IV. Bd. (III. Nachtr.) 30. Septbr. 1887—31. Oktbr. 1892. gr. 8. (IX, 335 S.) Ebd. 893. Geb. in Leinw. n. 8. — (I—IV.: n. 41. —)

— des königl. preuss. Hauptgestüts Trakehnen. Bearb. von Burchard v. Oettingen. 2. Bd. (LIII, 677 S. m. Titelbild, 2 Taf. u. 2 Tab.) Nebst 31 Familientaf. in besond. Mappe. 8. Ebd. 901. Geb. n. 20. —

— des kgl. preuss. Hauptgestüts Trakehnen. Bearb. von Burchard v. Oettingen. III. Bd. (VII, 494 S. m. 1 Taf. u. 2 Tab.) 8. Ebd. 910. Geb. in Leinw. 10. —

— v. Weil, dem Privatgestüt Sr. Maj. des Königs Wilhelm II. v. Württemberg. Bearb. v. der Gestütsleitg. I. Bd. (IV, 175 S.) gr. 8. Stuttgart 908. Schickhardt & Ebner. Geb. in Leinw. 6. —

Westpreußisches **Stutbuch** für edles Halbblut. Hrsg. von d. Stutbuch-Gesellsch. f. d. Prov. Westpreußen. Bd 1. *Danzig: Landwirthschaftskammer 1897.* 8° [04. 1036] 10

Westpreussisches Stutbuch für edles Halbblut. Hrsg. von d. Westpreussischen Stutbuch-Gesellschaft. Bd 4. Danzig 1910.

Stute, C: Fabrik für vollständige Einrichtungen von Dampf-Wasch- und Desinfections-Anstalten. Hannover 1887?

Stute, Eduard (geb. Iserlohn 2. 11. 1820): De typhlitide acuta et chronica. Berolini (1844). (30 S.) 8°
Berlin, Med. Diss. v. 6. Apr. 1844

Stute, Fr., die singulären Verjährungen des preußischen Landrechts. gr. 8. Soest 835. (Paderborn, Crüwell u. Rempel.) 1/3 ℛ (Leipzig, Fr. Fleischer.) 5/12 ℛ

Stute, Friedrich [pr. Arzt. aus Göttingen]: Beiträge zur Lehre von der intermittirenden Albuminurie ... Göttingen, Druck d. Dieterich'schen Univ.-Buchdr., 1892; 25 S. 8.
Göttingen, Med. Fak., Inaug.-Diss. v. [12. Dez.] 1891

Stute, Friedr. Beitrag zur Lehre v. der intermittirenden Albuminurie. Diss. gr. 8. (25 S.) Gött. 892, (Vandenhoeck u. Ruprecht). * — 60

Stute, J. W., Fabeln u. Erzählungen, z. Beförd. prakt. Religion f. Kinder. 8. Cöthen, Aue. 801. -

Stute, Johann Peter (Soest) A. S. 1372/6

Susatum purpuratum vita Iohannis Gropperi cardinalis. Leipzig (Brandenburger) 1713. 38 S.

Gew.: Stadt Soest. 34032

Stute, Johann Wilhelm (Soest) A. S. 1269/14

De morbis ex aliis prodeuntibus.
Präs. Friedrich Hoffmann.
Halle (Henckel) V. 1716. 32 S.

W. v.: Präs., Wilhelm Andreas Kellner, I. D. W. Musculus. 34033

Stute, Otto, Tierarzt: Aus d. hyg. Inst. d. Tierärztl. Hochsch. zu Hannover ⟨Vorstand: Dammann⟩. Beiträge zur Kenntnis der ovoiden Sputumbakterien des Schweines. Berlin 1909: Schumacher. 33 S. 8° ¶ (Aus: Archiv f. wissensch. u. prakt. Tierheilkunde. Bd 35.)
Gießen, Veterinär-Med. Diss. v. 10. Juli 1909, Ref. Olt
[Geb. 24. Okt. 81 Königslutter; Wohnort: Hannover; Staatsangeh.: Preußen; Vorbildung: Realgymn. Braunschweig Reife O. 02; Studium: Tierärztl. Hochschulen Hannover 3, München 1, Hannover 3 S.; Rig. 28. Febr. 08.] [U 09. 1182

Stute, Thom. Lud. (Resp.): De usu nervorum telaeque cellulosae..., s. Buechner, And. El. (Praes.)

Stute, Willy, junge Lieder. Gedichte. (62 S.) kl. 8. Bremen 908. G. Winter, Verl. Kart. 1.50

Stutenhaus. Berghotel u. Pension am Adlersberg in Thür. Sommer- u. Winterkurort. (Aufgestemp.: *Erfurt: C. Villaret [1901].*) (31 S.) 8° [F.] [01. 9815 3

Stuth, Heinrich, appr. Arzt: Zwei Fälle von stielgedrehtem Ovarialfibrom. Greifswald [1910]: Adler. 37 S. 8°
Greifswald, Med. Diss. v. 28. Jan. 1910, Ref. Henkel
[Geb. 20. Jan. 80 Zarrentin b. Loitz; Wohnort: Halle a. S.; Staatsangeh.: Preußen; Vorbildung: Gymn. Greifswald Reife O. 99; Studium: Würzburg 4, Greifswald 8 S.; Coll. 23. Jan. 07; Approb. 1. Okt. 06.] [U 10. 1593

Stüting, A., das Planzeichnen f. den angehenden Landschaftsgärtner. Mit 17 Doppeltaf. in Schwarz- u. Buntdruck. (V, 39 S.) gr. 8. Leipzig 903. H. Voigt. Geb. in Leinw. n. 4. —

Stüting, A., das Planzeichnen f. den Landschaftsgärtner. Mit 4 Textabb., 1 Farbentaf. m. den gebräuchlichsten Aquarellfarben u. 25 Doppeltaf. in Schwarz- u. Buntdr. 2. erweit. Aufl. (IV, 44 S.) gr. 8. Leipzig 909. H. Voigt. Geb. in Leinw. 4.80

Stüting, Leander: Untersuchungen über den roten Teil der Bogenspektren von Nickel, Kobalt und Chrom. Leipzig: Barth 1909. 20 S. 8°
Bonn, Phil. Diss. v. 20. Jan. 1900, Ref. Kayser
[Geb. 14. Febr. 83 Barmen; Wohnort: Bonn; Staatsangeh.: Preußen; Vorbildung: Realgymn. Barmen Reife O. 02; Studium: Bonn 12, Jena 1 S.; Rig. 16. Dez. 08.] [U 09. 436

Stutte, Johs., Complot und Bande. Inaugural-Dissertation. gr. 8. (95 S.) Berlin 886. (Tübingen, Heckenhauer'sche Buchh.) *

(Stutterheim, v.) La bataille d'Austerlitz. Hamburg 1806. 8°.
Dass. deutsch u. d. T.: Die Schlacht bei Austerlitz. Dresden 1806. 8°.
Dass. o. O. 1806.

Materialien zu der Geschichte der Schlacht bei Austerlitz. Gesammelt von einem Militär. (Von v. Stutterheim.) Mit 1 Krt. u. 1 Schlachtpl. Weimar 1806. 132 S.

— Die Schlacht bey Austerlitz, am 2. December 1805. Von einem Officier und Augenzeugen. Aus dem Französischen.

Stutterheim, Alois Ritter von: Kreisschreiben des k.k.galizischen Landesguberniums. Womit die allerhöchst genehmigte neue Pest-Polizei-Ordnung für die k.k.österr.Staaten kund gemacht wird. (Dt.u.Poln.) Lemberg: 1837

s.: **Ferdinand** Erzherzog von Oesterreich-Este

Stutterheim, C. v., s.: Kalender f. preußische Polizeibeamte.

Stutterheim, F. H. von

(Stutterheim.) La guerre de l'an 1809. Entre l'Autriche et la France. Par un officier autrichien. Avec cartes et plans. (In 1 Schuber.) (2 Bde. Text und 1 Bd. Karten.) 8. Vienne 1811.

Stutterheim, F. H. v. Der Krieg von 1809 zwischen Österreich u. Frankreich. Von einem österr. Offizier. Mit Krt. u. Pl. Bd 1. Abschn. 1 u. 1 Krtbd. Wien 1811. 333 S.

Die teilweise Fortsetzung dieses unvollendeten Werkes ist in der österr. milit. Zeitschrift 1849 Bd 1. 2 enthalten. (Katalog d. Bibl. Abt. des k. u. k. Kriegs-Archivs.)

STUTTERHEIM, H. v.: **Über die Vertilgung des Forstschmetterlings oder der höchst schädlichen Blüthenspannraupe. - Altenburg 1820**

Stutterheim, v., s. a. über d. Vertilgung d. Frostschmetterlings.

v. Stutterheim, R., Kriegszüge in Spanien während der J. 1835—1838. Mit 2 lith. u. color. Plänen. gr. 8. (204 S.) Braunschweig 847, J. H. Meyer. n. 1⅓ ₰

Stuttgart [Sachl. OW]

Stuttgart. Plan der Stadt nebst einem Führer für Fremde, s. Brockhaus' Reise-Atlas.

Stuttgart, s.: Woerl's Reisehandbücher.

Stuttgart. (Plan.) gr. Fol. Lith. u. color. Stuttgart 850, Sonnewald. n. 11 ngr; in 16. Carton. n. 13 ngr

Stuttgart. Führer durch die Stadt u. ihre Bauten. Festschrift zur 6. Generalversammlg. d. Verbandes deutscher Architekten- u. Ingenieur-Vereine. Hrsg. vom württemberg. Verein f. Baukunde. Mit 3 Plänen u. 78 Illustr. gr. 8. (IX, 205 S.) Stuttgart 884. Greiner & Pfeiffer. geb. n. 6. —

Stuttgart 1864—89. Festgabe der k. Haupt- und Residenzstadt zur Feier des 25 jährigen Regierungs-Jubiläums S. Maj. des Königs Karl von Württemberg 25. Juni 1889. Stuttgart [1889]. H: *Hartmann, Jul.* (Heyd)

Stuttgart, 1864 — 1889. Festgabe der Königl. Haupt- u. Residenzstadt zur Feier d. 25jähr. Regierungs-Jubiläums Sr. Maj. d. Königs Karl v. Württemberg 25. Juni 1889. Fol. (XII, 98 S. m. eingedr. Illustr. u. 50 Lichtdr.-Taf.) Stuttgart 889. Greiner & Pfeiffer. geb. m. Goldschn. n. 40. —

Stuttgart 1864 -1889. (Die bauliche Entwicklung Stuttgarts in den fünfundzwanzig Jahren 1864 – 1889.) Festgabe zur Feier des Regierungs-Jubiläums. Mit Abbild. Stuttgart: Greiner & Pf. 1889. 2°.

Stuttgart-Cannstatt-Esslingen, s. Wanderbilder, europ. 206-208.

Stuttgart und Cannstatt im Portemonnaie oder in der Westentasche. Mit Winterfahrplan und Kalender für 1880. 64. (144 S.) Stuttgart 879, Lemppenau.

Stuttgart u. Cannstatt im Portemonnaie oder in der **Westentasche. Mit Sommerfahrplan u. Kalender für 1881. 128.** (89 S. mit lith. Ausstellungsplan.) Stuttgart, Lemppenau. — 20

Stuttgart und Cannstatt im Portemonnaie oder in der Westentasche. Mit Sommerfahrplan und Kalender für 1880—1885. 128. (à Jahrg. ca. 80 S.) Stuttgart, Lemppenau. à Jahrg.

Stuttgart mit seiner nahen Gegend u. d. Natur, als Panorama im Umrisse, m. 12 K. gr. 4. Stuttgart, Löfflund. 804.

Stuttgart seit 25 Jahren, s. Wochner, G.

Stuttgart und seine Sehenswürdigkeiten. 16. (III und 27 S. mit 1 chromolithogr. Plan in 8.) Stuttgart 862, Aue. *

Stuttgart mit Umgebung. Hrsg. von d. Kgl. Statist. Landesamt 1906. (Zsgest. aus d. Sektionen d. Neuen Top. Karte No 56, 57, 69, 70. Maßst. = 1:25,000. [Stuttgart: Statist. Landesamt] 1906.) (1 Kartenbl. 78×66 cm mit Legende.) [Kopft. lith.] [kol.] [06. 11064

Stuttgart mit Umgebung. Hrsg. von d. Kgl. Statist. Landesamt 1906. (Zsgest. aus ... d. Neuen Topogr. Karte ... Maßst. 1 : 25,000. [Stuttgart]: Kgl. statist. Landesamt; [H. Lindemann in Komm.] 1906.) (1 Kartenbl. 78×66 cm.) [Kopft. lith.] [kol.] [07. 12134

Stuttgart m. Umgebung. Hrsg. v. dem königl. **statist. Landesamt 1906. Zusammengestellt** aus den **Sektionen der neuen topograph. Karte Nr. 56, 57, 69, 70. 1 : 25,000. 69×81,5 cm. Farbdr. Stuttgart (907). (H. Lindemann.) nn 2. 50**

Stuttgart u. s. Umgebg, s.: Städtebilder u. Landschaften aus aller Welt.

Stuttgart und seine **Umgebung,** oder Erinnerungsblätter für **Einheimische u. Fremde. — Stoutgart et ses Environs, ou Souvenir pour des Wurttembergeois et des étrangers. 1e Lfrg., enthaltend 12 (lithogr.) Ansichten.** qu. gr. 8. Stuttgart 833. Ebner. n 1⅛ ₰

Stuttgart und weitere Umgebung. Mit Bewilligung des Kgl. Statist. Landesamts Stuttgart. Maßst. 1 : 200,000. *Stuttgart: J. Ullrich* (auf d. Umschlag: *E. Zwirner) [1903]; Geogr. Anst. H. Kümmerly & Frey, Bern.* (1 Kartenbl. 48×39 cm.) 8° [kol.]
[Umschlagt.:] Neue Touristenkarte v. Stuttgart u. weiterer Umgebung.

Stuttgart m. weiterer Umgebg. hrsg. v. dem königl. statist. Landesamt. Zusammengestellt aus den Blättern Heilbronn, Hall, Stuttgart u. Ulm der Generalkarte des Königr. Württemberg. 1 : 200,000. 47×64 cm. Photolith. Stuttgart 901. (H. Lindemann). n.n. 1. 20; auf Leinw. n.n. 2. —

Stuttgart m. weiterer Umgebung, hrsg v. dem königl. statist. Landesamt 1909. Zusammengestellt aus den Blättern Heilbronn, Hall, Stuttgart u. Ulm der Generalkarte des Königr. Württemberg i. M. 1 : 200,000. Neue Ausg. 1 : 200,000. 47×64 cm. Farbdr. Ebd. nn 1.20; auf Leinw. nn 2. —

— u. seine Umgebungen. Ein Wegweiser f. Fremde u. Einheimische; mit e. Grundriß d. Stadt u. e. topograph. Umriß d. Umgegend. 8. Stuttg. 827. (Steinkopf). 1 ₰ 12 gr

Stuttgart [Schlagwort]

— s. a.: Alb, schwäb., Generalkarte. — Deutschland, Grundkarte. — Geognost. Karten. — Tourenkärtchen.

— s. a.: Deutschland. Kürschner-Peip. — Radfahrerkarten. Freytag. Strassenprofilkarte. — Touristenkarten. Hopf. —

— s. a.: Deutschland. Karte (Abt. Württemb.). — Geognostische Karten. — Preussen. Messtischblätter. — Württemberg. Generalkarte.

— s. a.: Deutschland. Uebersichtskarte. — Europa. Generalkarte. Liebenow. — Pharus-Städte-Atlas. — Radfahrerkarten. Mittelbach. Strassenprofilkarte. — Württemberg. Höhenkurvenkarte.

— s.: Westentaschen-Sammlung.

Stuttgart-Basel, s.: Automobilkarten. Automobil-Tourenkarte.

Stuttgart-Frankfurt a. M., s.: Automobilkarten. Automobil-Tourenkarte. Pharus-Auto-Strecke.

Stuttgart-München, s.: Automobilkarten. Automobil-Tourenkarte

Stuttgart-Strassburg, s.: Automobilkarten. Automobil-Tourenkarte.

Stuttgart-Würzburg, s.: Automobilkarten. Automobil-Tourenkarte.

Stuttgart-Zürich, s.: Automobilkarten. Automobil-Tourenkarte.

Stuttgart mit seinen Umgebungen, topogr. und geogn. aufgen. von Topogr. Bach. Stuttgart bei Ebner (1849). 15,000. (Uncolorirte Ausg.) 1 Bl.

Stuttgart. Beckmann's neuester Plan v. Stuttgart. 1 : 12,000. 33,5×62,5 cm. Farbdr. Mit Text am Fusse. Nebst Strassenverzeichnis etc. schmal gr. 8. (3 S.) Stuttgart 902. Klemm & Beckmann. — 50

— — Strassenführer v. Stuttgart m. 5 farbigem Stadtplan u. 8 Kunstbeilagen. 1.—10. Taus. schmal gr. 8. (112 S.) Ebd. 902. — 75

Stuttgart. Beckmann-Plan, neuester, v. Stuttgart nach amtlichem Material. 1:11,500. 43×78,5 cm. Farbdr. Mit Strassenverzeichnis usw. (15 S.) 19,5×11 cm. Stuttgart (909). W. Seifert. — 50

— Karte der Haupt- u. Residenzstadt Stuttgart u. Umgebung, bearb. nach den neuesten amtl. Quellen m. Höhenangaben. 1 : 25,000. 94,5×85,5 cm. Steindr. Stuttgart 893. (H. Wildt.) Auf Leinw.

Stuttgart. Karte v. Stuttgart — Pforzheim. 1 : 200,000. [Aus: „Touristenatlas f. Süddeutschland".] 28,5×34 cm. Farbendr. Bruchsal 895. O. Katz. n. — 40; auf Leinw. n. — 60

Stuttgart. Karte von Stuttgart m. Umgebung. Hrsg. vom königl. statist. Landesamt 1889. 1 : 25,000. Chromolith. qu. gr. Fol. Stuttgart 889. (München, Literar.-artist. Anstalt.) n. 2. 50; aufgezogen n. 3. 50

— — v. Stuttgart u. Umgebung. 1:200,000. Lith. gr. Fol. Tübingen 889. Fues. n. 1. 40; auf Leinw. n. 2. —

— — von Stuttgart m. Umgebung. Hrsg. vom königl. statist. Landesamt. 1 : 25,000. 2. Aufl. Chromolith. qu. Fol. Stuttgart 890. (K. Aue.) n.n. 2. 50; aufgezogen n.n. 3. 50

Stuttgart, Stadt. Karte von Stuttgart u. weiterer Umgebung. Hrsg. vom königl. statist. Landesamt. 1 : 50,000. 55×67,5 cm. Kpfrst. Stuttgart 894. (H. Lindemann.) n. — 75; auf Leinw. n.n. 1. 50

Stuttgart. Karte von Stuttgart m. weiterer Umgebg., hrsg. vom königl. statist. Landesamt 1898. Zusammengestellt aus den Blättern Stuttgart, Waiblingen, Böblingen, Kirchheim des topogr. Atlasses v. Württemberg 1 : 50,000. 56×66,5 cm. Photolith. Stuttgart 898. (H. Lindemann.) n.n. — 75

— — v. Stuttgart u. Umgegend. 1 :200,000. Farbendr. 4. Bruchsal 890. Katz. n. — 30; aufgezogen n. — 40

— Metzger, K., Karte v. Stuttgart u. Umgebung. 1:25,000. Photolith. Imp.-Fol. Stuttgart 889. Aue. n. 1. 50

— Monumentalplan der Haupt- u. Residenzstadt Stuttgart. Hrsg. vom Verein f. Fremdenverkehr. Gez. v. Pet. Schnorr. 48,5×73 cm. Farbdr. Mit Register. 8. (4 S.) Stuttgart (899). (H. Wildt.) n. 1. —

— Nachtigal, Terrain-Karte v. Stuttgart u. Umgebg., f. die Oertel- u. andere Kuren bearb. 1 : 25,000. Farbendr. qu. gr. 4. Stuttgart 890. (Lindemann.) n.n. 1. —

— Peip's, Chr., Stuttgarter Ausflugskarte. 1 : 75,000. 43,5×54 cm. Farbdr. Stuttgart 897. Hobbing & Büchle. n. 1.—; auf Leinw. n. 1. 50

— Peip, Chr., Stuttgarter Ausflugskarte. Neubearbeitg. v. W. Paasche. 1 : 75,000. (2. Aufl. 3. u. 4. Taus.) 44×54 cm. Farbdr. Nebst: Stuttgarter Wanderbüchlein. (47 S.) 12. Stuttgart 903. [Hobbing & Büchle.] Holland & Josenhans. n. 1. —

Stuttgart. Peip's, Chr., Stuttgarter Ausflugkarte. Das Gebiet zwischen Ludwigsburg — Leonberg — Kirchheim u. T. u. Schorndorf umfassend. 4. Aufl. 1:74,000. 44×54 cm. Farbdr. Nebst: Stuttgarter Wanderbüchlein. 3. Aufl. (48 S.) kl. 8. Stuttgart (909). Holland & Josenhans. 1.—

— Pharus-Plan. Stuttgart u. Cannstatt. Entworfen v. Cornelius C. Loewe. 1 : 11,000. 43×77 cm. Farbdr. Nebst: Wissenswerte Angaben f. Einheimische u. Fremde m. Hinweis auf den Pharus-Plan Stuttgart. (17 S.) 8. Berlin (904). Pharus-Verlag. n. — 75

Stuttgart. Plan, neuer, der Haupt- u. Residenzstadt Stuttgart. 1 : 10,000. 34×69,5 cm. Farbdr. Nebst Strassenverzeichnis an der Seite. Cannstadt (900). G. Hopf. — 30

— — neuer, des königl. Hoftheaters in Stuttgart, 33×33,5 cm. Farbdr. Ebd. (900). — 30

— — neuester, v. Stuttgart, bearb. vom städt. Tiefbauamt 1892. 1:10,000. Farbendr. 34×75 cm. Mit Strassenverzeichnis am Rande. Ebd. 893. n. — 80

— Plan von Stuttgart. 1891. Bearb. vom städt. Strassenbauamt. 1:10,000. Farbendr. 68,5×80 cm. Stuttgart, (H. Wildt). n.n. 2. 50

— Plan v. Stuttgart 1895. Bearb. vom städt. Tiefbauamt. 1:5000. 2 Blatt à 75,5×76,5 cm. Farbendr. m. Höhenkurven. Stuttgart 895. (H. Wildt.) n. 6. —

— Plan von Stuttgart u. Cannstatt. Stand am 1. I. 1910. Bearb. im Auftrag der Stadt Stuttgart nach den Plänen des städt. Vermessungsamtes. 1:12,000. 35×75 cm. Farbdr. Mit Strassenverzeichnis am Fusse. Stuttgart (910). Paasche & Luz. — 50

— Situationsplan von Stuttgart u. Umgebung. 1:25,000. Stuttgart 889. (K. Aue.) n. 1. 20; aufgezogen n. 2. —

— Stadtpläne, Stuttgarter v. 1640, 1730, 1831. 3 Bl. à 27,5×41 cm. Lith. Nebst Erläutergn. (2 S.) gr. 8. Stuttgart (903). R. Lutz. — 75

Stuttgart. Touristenkarte, neue, Stuttgart u. weitere Umgebung. Mit Bewilligg. des kgl. statist. Landesamts, Stuttgart. 1:200,000. 40×49 cm. Farbdr. Stuttgart (904). P. Mähler. n. 1. 20; auf Leinw. n. 1. 60

— Umbau des Hauptbahnhofs Stuttgart. 3 Übersichtspläne 1:5000. à 50×65,5 cm. Lith. u. Farbdr. Stuttgart 907. K. Wittwer. nn 1. 80

-Stuttgart's nähere Umgebung. Neueste Specialkarte, umfassend das Gebiet im Umkreis v. 25 Kilometer. Gez. v. F. Wagner. 1:80,000. 34,5×38 cm. Farbendr. Cannstatt 896. G. Hopf. n. — 50

— — weitere Umgebung. Neueste Touristenkarte, umfassend das Gebiet vom Wunnenstein bis zum Lichtenstein u. vom Hohenstaufen bis zum Schwarzwald. 1:200,000. 2. Aufl. 37×46,5 cm. Farbendr. Ebd. 896. — 75

-Stuttgart-Cannstatt's nähere Umgebung. Neue Schul- u. Reisekarte, umfassend das Gebiet im Umkreis v. 25 Kilometer. Gezeichnet von F. Wagner. 1:80,000. 34,5×38 cm. Farbendr. Ebd. 896. n. — 35

— Umgebungskarte von Stuttgart. (Zusammengestellt aus den Sektionen der Reichskarte Nr. 573—575, 589—591 u. 604—606. Bearb. vom topograph. Bureau des königl. württ. Kriegsministeriums.) 1 zu 100,000. 86×82 cm. Farbdr. Stuttgart (910). H. Lindemann. 1. —; auf Leinw. 1. 90

— Wagner, F., Ausflugskarte v. Stuttgart-Cannstatt u. Umgebg. (Umschlag: Neue Specialkarte v. Stuttgart's Umgebung, umfassend das Gebiet im Umkreis von 25 Kilometern.) 1:80,000. 2. Aufl. 34,5×38,5 cm. Farbdr. Ebd. (901). n. — 60; auf Leinw. n. 1. —

— Wagner, L. F., Karte v. Stuttgart u. Umgebung. 1:35,000. Chromolith. qu. gr. 4. Stuttgart 888. (Metzler's Sort.) n.n. — 20

— — Stuttgart u. Umgebung. 2 Blatt. 1:10,000. Farbendr. gr. Fol. Ebd. 890. n.n. 8. 50; auf Leinw. m. Stäben n.n. 11. —

— Wagner's, L. Fr., Stadtplan v. Stuttgart. 1:10,000. 2. Aufl. — Umgebungskarte v. Stuttgart. 1:35,000. 3. Aufl. à 25×33 cm. Farbdr. Stuttgart 902. Hobbing & Büchle. n.n. — 25; Stadtplan u. Umgebungskarte allein à n.n. — 25

— Wagner's, L. Fr., Stadtplan v. Stuttgart. 1:10,000. 4. Aufl. — Umgebungskarte v. Stuttgart (auf der Rückseite). 1:35,000. 5. Aufl. 25,5×33 cm. Farbdr. Stuttgart (909). Holland & Josenhans. — 25

— Wegkarte v. Stuttgart u. Umgebg., m. den farb. Weg-Bezeichngn. der Ortsgruppen Stuttgart, Esslingen, Böblingen, Sindelfingen, Vaihingen a. F. u. Feuerbach des schwäb. Albvereins. Hrsg. von der Ortsgruppe Stuttgart des schwäb. Albvereins u. dem Verein f. Fremdenverkehr in Stuttgart. 1:75,000. 39,5×42,5 cm. Farbdr. Mit Text auf der Rückseite. Stuttgart 902. (H. Wildt.) n. — 40; auf Leinw. — 75

— Wegkarte von Stuttgart u. Umgebung m. den farb. Wegbezeichnungen des schwäb. Albvereins, E. V. Unter Mitwirkg. der Ortsgruppen Böblingen, Esslingen a. N., Feuerbach, Häslach, Kirchentellinsfurt, Kirchheim u. T., Metzingen, Plochingen, Sindelfingen, Stuttgart, Tübingen u. Vaihingen a. F. Hrsg. v. der Ortsgruppe Stuttgart des schwäb. Albvereins u. dem Verein f. Fremdenverkehr in Stuttgart. (Neue Ausg.) 1:75,000. 47×57,5 cm. Farbdr. Stuttgart 909. H. Wildt. Auf Leinw. 1. 10

Stuttgart, Oberamt. Wolf, J., Schul- u. Reisekarte vom Oberamt Stuttgart 1:60,000. Farbendr. 44,5×30,5 cm. Esslingen 894. A. Lung. n. — 20

— Zacharias, Max, Plan u. kurzer Führer v. Stuttgart u. Cannstatt. 1:18,000. 26×47,5 cm. Farbdr. Mit Text am Fusse u. auf der Rückseite. Stuttgart (900). H. Mayer. n. — 40

Stuttgarter, der. Eine krit. Wochenschrift. Hrsg.: A. Weller. 1. Jahrg. Juli —Dezbr. 1909. 26 Nrn. (Nr. 1. 16 S.) S. Stuttgart, C. Weber & Co. Je —. 20.

Stuttgarter, der. Ein kritisch-satir. Wochenblatt. Red.: C. Weber. 2. Jahrg. 1910. 52 Nrn. (à ca. 4 S.) 33,5×26 cm. Stuttgart, C. Weber & Co. à Nr. — 10
Erscheint nicht mehr.

Stuttinger, Karl Benj., christl. Lieder. 1r Versuch. 8. Lpzg. 780. W. Vogel. 3 gr

Stuttmann, Ferd., Fata Morgana. Ein Gedicht. Barmen 857. Langewiesche. 16. (56 S.) n. 5 ngr

Stuttmann, Franz Ludwig (Mainz)
Thesen aus der gesammten Heilkunde, welche zur Erlangung der Doctorwürde in der Medicin, Chirurgie und Geburtshülfe auf der Ludwigs-Universität den 6.11.1830 öffentlich vertheidigen wird: Franz Ludwig Stuttmann aus Mainz. Giessen: Lichtenberger 1830. 6 S. vorh. 7.
Dr. med. 6.11.1830.

Stutz. Propst Kaspar Josef St'. Luzern 1909 s. [Zumbühl, Eduard].

Stutz, der Prahler ohne Geld, oder d. betrogene Betrüger. Lstspl. 8. Nürnb. 761. Monath u. K. 2 gr

Stutz, Alfred

Stutz, A. Die Rückversicherung im Transport-Versicherungs-Geschäft. In-8°. IV. 109 S. Zürich, Art. Inst. Orell Füssli. 1893. 6 —

Stutz, Rückversicher. im Transport-Versicherungs-Geschäft. Zürich 894.

Stutz, Arthur. Zur Anwendung der elliptischen Funktionen auf das Poncelet'sche Schliessunasproblem. Diss. Phil. Basel. [Mit Figuren.] 40 S. 8. Basel, Emil Birkhäuser, 1909.

Stutz, Catharina, s. Stutz, Katharina

Stutz, Ernst August

Stutz, E. A., Erzählungen. 2 Thle. 8. Stettin, Kaffke. 789-90.

Stutz, Er. Aug., († 1802.) Erzählungen. 2 Thle. 8. Berl, 789, 90. N. A. 816. Nicolai.

Stutz, Friedrich

Stutz, Fr., und Karl Seegmüller, XXXV sechs- u. siebenzeilige deutsche Vorlegeblätter, als brauchbares Lehrmittel bei dem in den Elementarschulen zu ertheilenden Schönschreibunterrichte, in methodischer Stufenfolge nach sorgfältig geprüften Erfahrungen bearbeitet. Lithogr. von G. Dubois. (4 Blätter Text.) qu. gr. 8. Zweibrücken 838. Keller'sche Buchh. In Etui 5/12 ℛ

Stutz, **Friedr., u. Carl Seegmüller, XXXV sechs- u. siebenzeilige deutsche Vorlegeblätter, als brauchb. Lehrmittel bei dem in d. Elementarschulen zu ertheil. Schönschreibunterr., in method. Stufenfolge nach sorgfält. geprüften Erfahrn. bearb. Lith. v. G. Dubois. qu. gr. 8. (4 Blätt. Text.) Zweibrücken 838, [Wahrburg. ?]**

Stutz, G. Ulrich. Das Wappen und die Siegel der Grafen von Froburg und Homberg. [Mit 6 Tafeln. SA.] 8. (Berlin 1889.)

Stutz, Gottfried (Jauer) **A. S. 359/6**

Iudicium de dubiis Scripturae.
Präs. Gottfried Hoffmann.
Tübingen (Reis) XI. 1718. 136 S.

Gew.: Johann Gregor von Benisch, Christian Frimel, Gottfried Schwerdtner, Theodor Ciesel, Samuel Pirscher, Sebastian Alscher, Christ. Theophil Reusner, Christ. Hulsius, Christ. Benjamin Turkenstein, Adam Gornius, Adam Perschmann, Georg Müller.
W. v.: Johann Wolfgang Jäger, Präs., Johann Theodor Scheffer. **34036**

Stutz, Gustav [aus Crengeldanz]: Aus d. medicin. Klinik zu Bonn. Ueber eosinophile Zellen in der Schleimhaut des Darmkanals ... Bonn, Univ.-Buchdr. v. C. Georgi, 1895; 35 S. 8.
Bonn, Med. Fak., Inaug.-Diss. v. [15. Febr.] 1895

Stutz, Jakob

Stutz, Jak., Briefe und Lieder aus dem Volksleben. 1. Hft. 16. (8 B.) St. Gallen 839, [Scheitlin u. Zollikofer.]

Stutz, Jak., die niedisch Chlefe. Lustsp. in 1 Akt (in zürcher. Mundart). 8. (10 S.) Glarus (893). Schweizer Verlagsanstalt. — 60

— d' Chrutwähe. Lustsp. in 1 Akt (in zürcher. Mundart). 8. (13 S.) Ebd. (893). — 60

Stutz, Jak., du sollst nicht reden, oder: Wie ein krankes Weib gesund wird. Lustspiel in Zürcher Mundart. 10. Aufl. (46 S.) 8. Aarau (906). H. R. Sauerländer & Co. n. — 80

Eifersucht, oder: Wie am Dorfbrunnen die Lügen wachsen. Lustspiel in 1 Aufz. in Zürcher Mundart von Jakob **Stutz**. 9. Aufl. Aarau: H. S. Sauerländer & Co. [1906]. (34 S.) 8° [J.] [06. 10708

Stutz, J., die neue Eva, s.: **Vereins- u. Haus-Theater.**

— dasselbe, s.: **Volksbühne, Schweizer.**

Stutz, Jak., die neue Eva. Lustspiel in 2 Aufzügen. Nach einem Gedicht, die neue Eva, von Langbein. (In zürcher. Mundart.) gr. 8. (24 S.) Bern 878. Jenni's Buchh. n. — 60

— die neue Eva. Lustsp. in 2 Aufzügen (in zürcher. Mundart). Nach e. Gedicht, d. neue Eva v. Langbein. 8. (32 S.) Ebd. (891). — 60

Stutz, Jacob. Die neue Eva. Lustspiel in 2 Aufzügen (in schweizer. Mundart). 2. Aufl. In-12°, 30 S. Bern, Jenni. 1893. **— 60**

[J.] Die neue Eva. Lustp. in 2 Aufz. '(in schweizer. Mundart)' v. Jakob **Stutz**. Nach e. Ged., d. neue Eva, v. Langbein. *Zürich: C. Schmidt [1896?].* (30 S.) 1 Bd 8.
= Sammlung schweizerischer Dialektstücke. No 22.

Stutz, Jacob. Die neue Eva. Lustspiel in zwei Aufzügen ⟨in zürcherischer Mundart⟩ von Jakob St'. Nach einem Gedicht, die neue Eva, von [August Friedrich Ernst] Langbein. (*Umschlag*: 4. Aufl.) 34 S. 8. Glarus, Schweizer Verlags-Anstalt ⟨B. Vogel⟩ (* *Umschlag*: Aarau, H. R. Sauerländer & Co., [1906]). [fr. —.60]
Original-Ausg.: Glarus 1891.

—— **Gemälde aus d. Volksleben, n. d. Natur aufgenommen u. treu dargest. in gereimten Gesprächen zürcher. Mundart. 1—4. Thl. 8. (49 1/8 B. u. 4 Ttlbild.) Zürich 835—40, Schultheß. [1. 2/3 Thlr., 2—4. à 3/4 Thlr.]**

— Gemälde aus dem Volksleben, nach der Natur aufgenommen und treu dargestellt in gereimten Gesprächen Züricherischer Mundart. 1r u. 2r Thl. 2e verb. Ausg. u. 3r Thl. Mit 3 Titelbildern. 8. Zürich 835, 36. Fr. Schultheß. 2 1/6 ℛ (Einzeln 1r Thl. 2/3 ℛ — 2r u. 3r Thl. à 3/4 ℛ)

Stutz, Jac., Gemälde aus dem Volksleben nach der Natur aufgenommen u. treu dargestellt in gereimten Gesprächen zürcherischer Mundart. 5. Thl. gr. 12. (8 2/3 B. u. 1 Stnt.) Zürich 843, Schultheß. -
1—4. Thl. Ebendas. 1835—40. 2 Thlr. 27 1/2 Ngr.

Stutz, J., Gemälde aus dem Volksleben in Zürcherischer Mundart. 6. Bdchn. mit 3 (lith.) Bildern von H. Meyer. Zürich 853. Schultheß. 8. (3 Bl., 215 S.) 27 *ngr.*
1—5. Bdchn. Ebend. 835—43. 3 ℛ. 23 3/4 *ngr.*

Stutz, J., Gemälde aus dem Volksleben in zürcherischer Mundart. 1. und 2. Bdchn. mit je 1 Titelbild (in Stahlst.). 3. verb. Aufl. 8. Zürich, Schultheß. [1. Bd. (144 S.) 873. *ℳ 2,60.; 2. Bd. (207 S.) 874. *ℳ 2,70.] *

Stutz, Jak., Gemälde aus dem Volksleben in zürcherischer Mundart. II. Bdchn. 4. unveränd. Aufl. (VII, 207 S.) 8. **Zürich 911. Schultheß & Co.** 1.20

— Vater Fortschritts Gespräch mit Josli u. Uli in der Appenzeller Mundart. gr. 8. St. Gallen 839. Scheitlin u. Zollikofer. 1/6 ℛ

— d. Gevatterschaft zu Steinhausen. Lustsp. in 1 Aufz. (in zürcher. Mundart). 8. (52 S.) Glarus (892). Schweizer Verlagsanstalt. — 75

[J.] Der Hanneigg muess Götti si. Lustsp. in Zürcher Mundart v. Jacob Stutz, Vf. der 'Gemälde a. d. Volksleben'. *Zürich: C. Schmidt [1896?].* (20 S.) 1 Bd 8.
= Sammlung schweizerischer Dialektstücke. No 23.

— humoristisches u. Gespräche aus d. Volksleben. 2 Hfte. 8. (74 u. 72 S.) Ebd. (882). à — 90

Stutz, Jacob. Sieben Mal sieben Jahre aus meinem Leben. Als Beitrag zu näherer Kenntniss des Volkes, von Jakob Stutz.... [Mit 2 Tafeln.] (5 Lieferungen.) 8. Pfäffikon 1853(-1855).

Stutz, Jacob. Der glorreiche Kriegszug. Lustspiel in drei Abteilungen von Jakob St'. 30 S. 8. Zürich, Caesar Schmidt, 1905. (fr. —. 80)
Sammlung schweizerischer Dialektstücke Nr. 57.

Stutz, Jacob, Lise und Salome die beiden Webermädchen. Eine Erzählung aus dem Volksleben. 8. (148 S.) Zürich 847, Meyer und Zeller.

Stutz, Jacob, Lise u. Salome die beiden Webermädchen. Eine Erzähl. aus d. Volksleben. 8. (148 S.) Zürich 850, Meyer & Zeller. 10½ ngr

Stutz, Jak. Die Luftschlösser, s. Volksbühne, Schweizer.

Stutz, J. Die Luftschlösser. Lustspiel in Zürcher Mundart in einem Aufzug. Neue Ausg. In-8°. 28 S. St. Gallen, F. B. Müller. 1891. — 50
*** Schweizer Volksbühne. Nr. 2.

Stutz, Jakob. Luftschlösser. Lustspiel in 1 Akt in zürch. Mundart. In-8°. 16 S. Glarus, J. Vogel. 1893. — 60

— dasselbe. — Die niedisch Chlefe. Lustsp. in 1 Akt. 8. (26 S.) Ebd. (896). — 60

Stutz, Jacob. De Narr. Lustspiel i zwei Ufzüge von Jakob St'. 22 S. 8. Zürich, Cäsar Schmidt, 1904. (fr. —. 80)
Sammlung schweizer. Dialektstücke Nr. 58.

— nimm dich selber bi der Nase. — Weiberlist. Zwei Lustsp. in 1 Akt (in zürcher. Mundart). 8. (11 S.) Ebd. 894. 75

Stutz, Jac., neue Sammlung v. Gemählden aus d. Volksleben. gr. 12. (10½ B.) Zürich 832, Schulthess.

— s. Schauspiele, vaterländische.

— selber essen macht fett, kann aber auch mager machen, s.: Verein f. Verbreitg. guter Schriften, Bern.

— der verirrte Sohn od. die Räuber auf dem Schwarzwald. Schauspiel in 4 Aufzügen. 3. Aufl. 12. (40 S.) Glarus 885. J. Vogel. — 90

— 's Storchenegg-Anneli ist i der Stadt inne z'Dorf gsi. 8. (72 S.) Ebd. (895). — 90

Stutz, Jakob [Hrsg.], s. Stutz, Katharina: Dichtungen.

— die Waise aus Savoyen od. Gott verläßt die Seinen nicht. Schauspiel in 3 Aufzügen. 2. Aufl. 12. (53 S.) Ebd. 878. — 75

Stutz, Jacob. Die Waise aus Savoyen oder Gott verlässt die Seinen nicht. Schauspiel in 3 Aufzügen von Jakob St'. (2. Aufl.) 44 S. 8. Aarau, H. R. Sauerländer & Co., 1909. [fr. —. 80]

[S.] Weiberlist. Lustsp. in 1 Akt. v. Jacob Stutz. *Zürich: C. Schmidt [1896?].* (16 S.) 1 Bd 8.
= Sammlung schweizerischer Dialektstücke. No 24.

— Winterabende in Schwellbrunn. Eine Sammlung dramatischer Spiele für Kinder u. Erwachsene, in schriftdeutscher Sprache u. Zürcher Mundart. 1. u. 2. Bdchn. Lieder u. Blumen. Die Luftschlösser. Die neue Eva. — Der Weihnachtsabend. Der Sylvesterabend. Die Gevatterschaft zu Scheinhausen. 16. St. Gallen 841, Scheitlin u. Z. à 3/8 ₰

— der Wittfraue Lise ist i d' Stadt ie ge diene. Lustsp. in 1 Akt (in zürcher. Mundart). 8. (21 S.) Glarus (893). Schweizer Verlagsanstalt. — 60

— dasselbe. — D' Chrutwähe. Lustsp. in 1 Akt. 8. (36 S.) Ebd. (895). — 60

Der Wittfraue Lise ist i d'Stadt ie go diene. Lustspiel in 1 Akt. Von Jakob **Stutz**. (3. Aufl.) Glarus: Schweizer Verl.-Anst.; (Aarau: H. R. Sauerländer & Co.) 1907. (32 S.) 8° [S.]
[Sondert.:] D'Chrutwähe. Lustspiel in 1 Akt von J. Stutz. (3. Aufl.) 1907. 17419

Stutz, Johann (Mörchingen) A. S. 776/20

Dissertatio juridica de actore non probante.
Präs. Michael Rhode.
Frankfurt/O. (Zeitler) 17. VI. 1705. 54 S.

Gew.: Philipp de Vigneulle (Onkel), Johann Lorenz Stutz (Vater).
W. v.: Präs., Johann Daniel Löper, Johann Gottfried Baro (Opp.), R. Hombourg (Opp.), E. Wircker (Opp.), J. W. Löper (Opp.). 34037

Stutz, Johann: Die Gesetze der äußeren Kräfte und Momente innerhalb eines belasteten, freitragenden, geradläufigen Steintreppenarmes. – 1904. 74 Bl.
Diss. Graz, TH

Stutz, Joh., zur Theorie der halbringförmigen Balkonträger. (24 S.) gr. 8. Wien 904. Lehmann & Wentzel. n.n. — 60
Sonderabdruck aus: „Ztschr. d. öst. Ingenieur- u. Architektenver."

Stutz, Johann Ernst

— kleiner Beytrag z. Beförderung deutscher Sprachrichtigkeit. 8. Zerbst, Füchsel. 789.

[Stutz, Joh. Ernst] *Frohmanns und Ostlings Familiengeschichte* für Eltern und Kinder. Mit einem Kupfer [Ch. Sambach del., Cl. Kohl sc.]. Breslau, Wilh. G. Korn, 1793. Titel, 558 S. u. 1 weißes Bl. Kl.-8°. Pappbändchen d. Z. mit erneuertem Leinenrücken. — Erziehungsroman. Einz. Fleckchen. 10.—
Vgl. Frohmanns... Familiengesch.

— —, Sommerfeldsche, oder Erziehung mit ihren Früchten (von *Joh. Ernst Stutz*). 2 Thle. Berlin u. Frankfurt a. d. Oder, bei Joh. Andr. Kunze. 1788. 8°.
Ziemlich zahm. I: Tit., 2 Bll. Inh. u. 424 S. II: Tit., 3 Bll. Inh. u. 434 S. — Anon.-Lex. II. p. 87 (nach Meusel u. Kayser).
Vgl. Familiengeschichte,...

FREUDENTHAL, Ludwig, oder die glückliche Retirade des Weisen von edlerm Gelichter (von *Johann Ernst Stutz*). 2 Thle. Liegnitz u. Leipzig, Siegert, 1781. 8°.
Anon.-Lex. II. p. 123 (nach Meusel u. Kayser).
Vgl. Freudenthal, Ludwig.

Stutz, Catalogus d. Lukbaretschen Naturalien u. Kunstcabinet zu Zerbst. 8. Leipz. F. G. W. Vogel.

KLAS, Meister, und sein Sohn Traugott Schester, eine Geschichte aus dem vorigen Jahrhundert (von *Johann Ernst Stutz*.) 2 Thle. Mit 1 TKpf. Leipzig, bey Siegfried Lebrecht Crusius 1780. 8°. (3 Mk. Lehmann u. Lutz, 1884.)
Stellenweise derb. 1: TKpf., VI—460 S. 2: 495 S. — Anon.-Lex. II. p. 363 (nach Kayser u. Meusel). Almanach des Belletristen 1782, 208 ff., nennt Joh. Carl Wezel als Verfasser. (?)
Vgl. Klas, Meister,...

Stutz, Johann Ernst, s. Lankhavel's Kunst- u. Naturalienkabinet.

ENGELHARD'S, Friedrich, unglücklichstes Lebensjahr, oder wenn man will, das glücklichste (von *Johann Ernst Stutz*). Berlin 1782. (Im British Museum.)
Anon.-Lex. III. p. 31 (nach Meusel u. Kayser). Goedeke hat „1783".
Vgl. Engelhard's, Frdr., unglücklichstes Lebensjahr.

Stutz, J. E., Predigten z. Beförd. häusl. Glückseligk. f. nachdenkende Christen. 1r Th. gr. 8. Lpz. Crusius. (Vogel.) 786.

— Predigten f. d. Christen, d. d. Mode nicht liebt. gr. 8. Ebend. 780.

— deutsche Sprachlehre. gr. 8. Potsd. 790. Horvath. 1 ℛ 4 g (2e Aufl. s. H. Bauer, Lehrbuch).

Stutz, J. E., kleine deutsche Sprachlehre. 8. Potsdam, Horvath. 793. Rthlr.

Stutz, Johann Ernst, s. Unger, Fr. H.: Julchen Grünthal.

VOLLMUTH, Peter, am Ende wird er ein ganz anderer Mann: oder Geschichte des Herrn von F** (von *Joh. Ernst Stutz*, 1733—95). 2 Thle. Mit 1 TKpfr. u. 1 TVign. (nach B. Rode von B. Glasbach gest.). Berlin, bey Arnold Wever, 1780—81. Gr. 8°. (6 Mk. Jos. Baer & Co., 1894; 14 Mk. 50 Pfg. Edm. Meyer, Berlin, 1908.) (In Oettingen, Fürstl. Bibl., laut Doubl.-Cat. p. 88.)
Vgl. Volmuth, Peter,...

— Zusätze zum 1sten Theil von Bauers Lehrbuche. gr. 8. Potsdam, Horvath. 811.
Hat auch d. Titel:
Bauer's Lehrbuch d. deutschen Sprache. 3r Bd. 1ste Abtheilung.

Stutz, J[oseph], und Volkart, A[lbert]. Pflanzenkunde und Pflanzenkrankheiten. Leitfaden für den Unterricht an landwirtschaftlichen Schulen, zugleich Lehrbuch für den praktischen Landwirt. Hrg. vom Verband der Lehrer an landwirtschaftlichen Schulen der Schweiz. Verfasst von J. St', ... Sursee, und Dr. A. V', ... Zürich. Mit 99 Abbildungen. VIII + 169 S. 8. Frauenfeld, Huber & Co., 1906. [geb. fr. 2. 50]

Stutz, Catharina. Dichtungen. 2. Aufl. Zürich 1835. H: *Stutz, Jac.* (Cat. d. Stadtbibl. Zürich. Zürich 1864—97.)

Stutz, S., Thetje, der plattdeutsche Eulenspiegel. Lustigen Snack ut dat ohle Hamborg. 12. (VII, 83 S. m. 4 Illustr.) Berlin 889. Frankl. In Leinw. cart. n. 1. —

Stutz, Ulrich (Hrsg.), s. Abhandlungen, Kirchenrechtliche.

Ulrich Stutz: Arianismus und Germanismus. Berlin: Scherl (1909). 42 Sp. 4° [Umschlagt.]
Aus: Internat. Wochenschrift 1909. 10. 755 6

Stutz, U[lrich]. Geologische Beschreibung der Axenstrasse. Mit zwei Tafeln. SA. 8. Stuttgart 1882.

Stutz, Ulrich. Die Contorta-Zone aus der Urschweiz und Terebratula diphya von der Axenstrasse. 1879.

Stutz, Ulrich. Karls des Grossen divisio von Bistum und Grafschaft Chur. Ein Beitrag zur Geschichte der Reichs- und Kirchenverfassung der fränkischen Zeit im allgemeinen und zur Geschichte Churrätiens, sowie des Eigenkirchenrechtes im besonderen. (Sonderabdruck aus der Festschrift zu Professor Dr. [Carl] Zeumers 60. Geburtstage.) 54 S. 4. Weimar, Hermann Böhlaus Nachfolger, 1909. [M. 2. —]

Stutz, Ulr., d. Eigenkirche als Element d. mittelalterlich-germ. Kirchenrechtes. Antrittsvorlesg., geh. am 23. Oktbr. 1894. gr. 8. (45 S.) Berlin 895. H. W. Müller. n. — 80

Stutz, Ulrich. Der Erzbischof von Mainz und die deutsche Königswahl. Ein Beitrag zur deutschen Rechts- und Verfassungsgeschichte. XII + 142 S. 8. Weimar, Hermann Böhlaus Nachfolger, 1910. [M. 4. —]

Stutz, Ulrich: Geschichte des kirchlichen Benefizialwesens von seinen Anfängen bis auf die Zeit Alexanders III. Bd. 1, Hälfte 1. [Mehr nicht ersch.] Berlin: H. W. Müller 1895. 371 S. 8° [Umschlagt.]

Stutz, U., der alte und der neue Glaube oder Christenthum und Naturalismus. An Strauß und den zürcher. Reformen geprüft. gr. 8. (IV, 308 S.) Zürich 874, Hanke. *

Die Grundlagen der mittelalterlichen Verfassung Deutschlands und Frankreichs. Eine Literaturstudie von Ulrich **Stutz**. Weimar: Böhlau 1900. 60 S. 8°
Aus: Zeitschrift d. Savigny-Stiftung. Bd 21. Germanist. Abt. A 12. 5002 5

Stutz, U[lrich]. Das Keuperbecken am Vierwaldstätter See. Mit 12 Holzschnitten. SA. 8. ([Stuttgart] 1890.)

Stutz, U[lrich]. Ueber die Lagern. Ein Beitrag zur Geologie des Kantons Zürich. Mit 1 geol. Karte und 2 Tafeln Profile, sammt einem Anhange über den Bollert und die Lochen. Gedruckt als Neujahrsblatt der Naturforschenden Gesellschaft (auf das Jahr 1864). [Sep.-Ausg. mit Anhang.] 4. Zürich 1864.

— das preussische allgemeine Landrecht u. der Eigentümer des Kirchenguts. (18 S.) gr. 8. Berlin 905. F. Vahlen. — 60
Sonderabdruck aus: „Festgabe f. B. Hübler".

Hugo Loersch. Ein Lebensbild von Ulrich **Stutz**. Weimar: H. Böhlaus Nachf. 1907. (18 S.) 8°
Aus: Zeitschr. d. Savigny-Stift. f. Rechtsgesch. Germ. Abt. Bd 28. 08. 1423 5

Das **Münster** zu Freiburg i. Br. im Lichte rechtsgeschichtlicher Betrachtung. Rede geh. am 24. Sept. 1901 zu Freiburg i. Br. vor d. Hauptversamml. der Deutschen Gesch.- u. Altertumsvereine durch Ulrich **Stutz**, Prof. *Tübingen & Leipzig: J. C. B. Mohr 1901.* (36 S.) 8° [F.] 01. 19031

Stutz, U., Die Naturwissenschaft, der freie Gott **und das Wunder. Eine apologetische Auseinandersetzung auf naturwissenschaftl. Standpunkte. 112 Stn. 8. Zürich, F. Hanke.** 1873. **1. 80**

Stutz, Ulrich. Die Kirchliche Rechtsgeschichte. Rede, zur Feier des 27. Januar 1905 gehalten in der Aula der Universität zu Bonn. 50 S. 8. Stuttgart, Ferdinand Enke, 1905. [M. 1. 20]

Rechtsgutachten in Sachen Max Wunderlin, Fertigungsaktuar, und Genossen in aargauisch Wallbach und Mumpf gegen den Kanton Aargau, betr. d. Recht d. Fischerei im Rhein zwischen Rheinfelden u. Säckingen. Der Klagpartei erstattet von Dr. Ulrich **Stutz**, Prof., Freiburg i. Br. *Freiburg i. Br. 1900: C. A. Wagner.* (28 S.) 4°(2°) [F.] 00. 5189

Die **Rechtsnatur** des Verlöbnisses nach deutschem bürgerlichem Recht. Eine dogmat. Studie von Ulrich **Stutz**. *Tübingen, Freiburg i. B. & Leipzig: J. C. B. Mohr 1900.* (VII, 87 S.) 8° [F.] 00. 4639

Die Rechtsquellen von Höngg. Im Auftr. der vom schweizer. Juristenver. für d. Herausgabe der schweizer. Rechtsquellen bestellten Kommission bearb. v. Dr. Ulrich Stutz, o. ö. Prof. ... a. d. Univ. Freiburg i./Br. *Basel: R. Reich 1897.* (IV, 80 S., 1 Bl.) 1 Bd 4. [97-3717]

Stutz, U., über die Schöpfungsgeschichte nach Geologie und Bibel. Ein akadem. Vortrag gehalten auf dem Rathhause vor einem gemischten Publikum. gr. 8. (47 S.) Zürich 867, Hanke.

Stutz, U., die naturwissenschaftliche Schöpfungsgeschichte im Vergleich m. der biblischen, s.: Sammlung v. Vorträgen.

Stutz, Ulrich. Der neuste Stand des deutschen Bischofswahlrechtes. Mit Exkursen in das Recht des 18. und 19. Jahrhunderts. XIV + 258 S. 8. Stuttgart, Ferdinand Enke, 1909. (M. 9.—)
Kirchenrechtliche Abhandlungen. Hrg. von Dr. Ulrich Stutz.... Heft 58....

—— die Thatsachen des Glaubens. Vorträge über die religiösen Streitfragen unserer Zeit und unsers Ort, eine Laienantwort auf die Rathhausvorlesungen. 8. (VIII und 248 S.) Zürich 865, Hanke. *

Das Habsburgische Urbar und die Anfänge der Landeshoheit. Von Dr. Ulrich Stutz, Prof., Bonn. Weimar: H. Böhlau's Nachf. 1904. (70 S.) 8°
Aus: Zeitschrift d. Savigny-Stiftung f. Rechtsgesch. Bd 25. Germ. Abt. [05. 10931 II

[F.] Stutz, *Georg* Ulrich [aus Zürich]: Die Verwaltung und Nutzung des kirchlichen Vermögens in den Gebieten des weströmischen Reichs von Konstantin dem Grossen bis zum Eintritt der germanischen Stämme in die katholische Kirche. '(Aus d. ersten Buche e. Gesch. d. kirchl. Benefizialwesens von s. Anfängen bis auf d. Zeit Alexanders III.)' ... (Erscheint vollst. bei H. W. Müller in Berlin.) *Naumburg a S., G. Pätz'sche Buchdr., 1892;* 2 Bl., 93 S., 1 Bl. 8.
Berlin, Jur. Fak., Inaug.-Diss. v. 6. Dez. 1892

Stutz, Ulr., das Verwandtschaftsbild d. Sachsenspiegels u. seine Bedeutung f. die sächsische Erbfolgeordnung, s.: Untersuchungen zur deutschen Staats- u. Rechtsgeschichte. 34.

Stutz, Ulrich: Was bedeutet der Uebergang zum Eherecht des Bürgerlichen Gesetzbuchs für die evangelische Kirche, insbes. Badens? Referat, geh. auf d. ev. Diözesansynode zu Freiburg i. Br. 1899. Freiburg i. B.: J. C. B. Mohr 1899. (36 S.) 8°

Stutz, U., über das Wunder vom naturwissenschaftlichen Standpunkt aus, s.: Sammlung von Vorträgen.

Das karolingische Zehntgebot. Zugleich e. Beitrag z. Erklärung von c. 7 u. 13 d. Kapitulars Karls d. Großen von Heristall. Von Dr. Ulrich Stutz, Prof. Weimar: Böhlau 1908. 49 S. 8°
Aus: Zeitschrift d. Savigny-Stiftung f. Rechtsgeschichte. Germanist. Abt. Bd 29. [11. 7267

— s.: Zeitschrift der Savigny-Stiftung f. Rechtsgeschichte.

Stütz, Andreas

Stütz, Andr., († d. 12. Febr. 1806.) physikal.-mineralog. Beschreib. des Golds u. Silberbergwerks zu Szekerembe rc. Mit Kpf. gr. 8. Wien 802. (Beck). 16 gr

Stütz, A.: „Physikalische und mineralogische Beschreibung des Gold- und Silber-Bergwercks zu Szekerembe bey Nagyag in Siebenbürgen", Wien 1803. — Vorh.: Preuss. Oberbergamt Dortmund — E. g. 38.

STUETZ Andreas. Neue Einrichtung der k. k. Naturalien-Sammlung zu Wien von —. o. V. Wien 1793. 1 vol. 16 + 174 S.

— neue Einrichtung der Naturaliensammlung zu Wien. Mit 3 Grundr. gr. 8. Wien 794. Schaumburg u. C. 14 gr

—— (A.), Mineralogisches Taschenbuch, enthaltend eine Oryctographie von Unterösterreich. Herausgegeben von Megerle v. Mühlfeld. Wien und Triest 1807. kl. 8.

— mineralog. Taschenb. enth. e. Topographie v. Unterösterreich. 12. Wien, Geistinger. 807.

— mineralog. Taschenbuch, enthalt. eine Oryctographie von Unterösterreich, z. Gebrauch reisender Mineralogen herausgg. v. J. G. Megerle v. Mühlfeld. 12. Wien 807. (Gerold). 16 gr
Hbg. Pr. 8 gr

— Versuch üb. die Mineralgeschichte v. Oesterreich unter d. Ens. gr. 8. Wien 783. (Beck). 6 gr

Stütz (Kanonikus bei St. Dorotheen in Wien), Versuche über die Mineralgeschichte von Oesterreich unter der Enss. Wien 1783. 8.

Stütz, Ign. Herm., Aufsuchung der Gefässe und Nerven am menschlichen Körper, nebst einer Darstellung der gebräuchlichsten chirurg. Arterien-Unterbindungen. 2., verm. Aufl. gr. 8. (XII und 65 S. mit 2 Stnt.) Wien 852, Gerold's Sohn.

Stütz, Ludwig, Medizinalprakt.: (Aus d. med. Klinik zu Jena.) Ueber den Einfluss von Körperarbeit und Ueberwärmung auf die Zuckerassimilationsgrenze eines gesunden Menschen. Ein Beitr. z. alimentären Glykosurie. Jena 1908: Neuenhahn. 30 S. 8°
Jena, Med. Diss. v. 13. Okt. 1908, Ref. Grober
(Geb. 30. April 83 Jena; Wohnort: Jena; Staatsangeh.: Sachsen-Weimar; Vorbildung: Gymn. Jena Reife O. 03; Studium: Jena 6, Kiel 1, Jena 4 S.; Coll. 22. Aug. 08; Approb. 5. Jan. 10.) [U 10. 2314

Stütz, Vict., Blätter aus dem Buche der Weltgeschichte für die Gegenwart. 1. Serie. 10 Hefte. 8. (à Heft ca. 20 S.) Amberg 873, Habbel.

Stütz, Wenzel Alois

Abhandlung über den Wund-Starrkrampf. Von W[enzel] A[lois] Stütz. Stuttgart: Magazin für Litteratur 1804. X,317 S. 8°

— Abhandl. üb. den Wundstarrkrampf. gr. 8. Stuttg. 804. Sonnewald. 1 ß 18 gr (Andreä in Leipz. 1 ß 16 gr)

Stütz, Wenz. Aloys, († d. 12. Mai 1806.) üb. Medicin u. Chirurgie, in Beziehung auf d. Staat. gr. 8. Stuttg. 803. Löflund. 12 gr

W[enzel] A[lois] Stuetz, Über Medicin [Medizin] und Chirurgie in Beziehung auf den Staat. Nebst e. Anh. eine Skizze der Medicinalpolizei enth. Stuttgart: Löflund 1805. 127 S. 8°

Stütz, W(enzel) A(lois): Schriften physiologischen und medicinischen Inhalts. Bd. 1, 374 S., gbd.

Berlin: Unger 1805

Stütz, W. A., Schriften, physiolog. u. medizin. Inhalts. 1r Bd. 8. Berlin. 805. Jetzt Verlag v. Reimer.

Stutzbart, e. satyr. Sittengemälde. 8. Bresl. W. G. Korn. 786.

Stutzbart, ein satirisches Sittengemälde. Breslau 1787. V: *Bindemann, Ernst Christoph* (?). (Jahresberichte 1894, IV, 3, 19) (Zeitschr. f. Büch. N. F. 15, 1923, S. 123)

STUTZBART ein satirisches Sittengemälde. Mit Titelvignette. Neuschottland in Amerika bey German (Breslau, Korn). 1787. 8⁰. 4 Bl. u. 86 S. (In Berlin, Magistratsbibl.; auch in Warmbrunn.)

Stütze, G., method. geord. Aufgabenbuch im deutsch. Styl, s. **Geppert, G.**

Stütze, G., Beiträge zur würdigen Geburtstagsfeier Sr. Maj. des Königs in der Volksschule. gr. 8. (VIII und 95 S.) Breslau 854, Hainauer. *

— Beiträge zur deutschen Stilistik des 19. Jahrhunderts. In einer Anzahl auffallender Beispiele aus verschied. Zeitschriften entlehnt u. zur Erschütterung des Zwerchfelles gesammelt u. herausgeg. 8. Ebend. 844. 1/4 ℛ

Stütze, G., Beiträge z. deutschen Stilistik. 2. Thl., s. **Knallerbsen.**

— s. Knallerbsen zur Erschütterung des Zwerchfells.

Stütze, G.: Knallerbsen aus der Zeitung, s. Knallerbsen.

— Sammlung von Gebeten für christliche Volksschulen. 8. Breslau 843, Schuhmann. n. 1/3 ℛ

—— Sammlung deutscher Gedichte, s. Sammlung.

Stütze, G., G. Geppert und A. Gutsche, deutscher Stil, s. Geppert, G.

Stützel, Hermann: Studien in der Fluorenreihe. 1909. 43 S. 8⁰ ¶ Mit einigen Änderungen in: J. Liebig's Annalen d. Chemie. Bd 370.
Stuttgart, Dr.-Ing.-Diss. v. 20. 1. 1909

Stützel, Ludwig, aus Windisch-Eschenbach: **Zur Kenntnis der seltnen Erden des Cerits.** *München 1899: V. Höfling.* (43 S.) 8°
München, Phil. Diss. v. 1899

עמודי ישרון oder Stützen des Judenthums. Bücher zur Andacht u. Erbauung, so wie zur Ceremonial-, Ritual- u. Geschichtskunde der Israeliten, für die edlen Frauen u. die Jugend beiderlei Geschlechts. In 3 Abtheil. herausgeg. von Mor. Fränkel u. G. Kleefeld. — 1. Abthl.: Frauen-Machsor. 1.—3. Lfg. gr. 8. Berlin 841, Liebmann u. Co. 3/4 ℛ — Vergl. Frauen-Machsor.

Stutzenbacher, Rob, das Diner. Practische Anleitg. zu dessen Service u. Arrangement, nebst e. Sammlg. hervorrag. Menus. gr. 8. (VIII, 182 S. m. Abbildgn. u. 5 farb. Taf.) Berlin 893. R. Mosse. Geb. in Leinw. n. 4. —

Stutzenbacher, Robert. Das Diner. Practische Anleitung zu dessen Service und Arrangement nebst einer Sammlung hervorragender Menus ... Zweite vermehrte und verbesserte Auflage. Berlin, Druck und Verlag von Rudolf Mosse 1895.
VIII + 200 S. m. 16 Abb.; 4 Taf., davon 2 farb. 8°.
1. Aufl. 1893.

Stutzenberger, Anton: Der Heptateuch des gallischen Dichters Cyprianus. Zweibrücken 1903: A. Kranzbühler. (47 S.) 8⁰
München, Phil. Diss. v. 1903.

Der Heptateuch des gallischen Dichters Cyprianus. — Von Dr. Anton Stutzenberger, G.-A. — 1903, Zweibrücken, August Kranzbühler. — P. 3—47.
Progr. Zweibrücken, K. Gymn.

Stutzer [Sachl. OW]

— der akademische,. Schsp. v. Fielding. 8. Mannh. Schwan u. G.

— der auf gut Glück ausgehende; Lstspl. 8. Bresl. 762. (Gosohorsky). 4 ℊ

— der auf gut Glück ausgehende,. Lstsp. 8. Bresl. Meyer. 762.

Stutzer, der fromme. Nachspl. in Versen. 8. Bresl. 757. Pietsch. 1 ℊ

Stutzer, der galante, od. d. Kunst, sich bei d. schönen Geschlechte beliebt zu machen. Nebst e. Anh., enthalt. mündl. u. schriftl. Heirathsanträge; Liebesbriefe; Neujahrswünsche rc. 1. Aufl. 8. (5 B.) 828., 2. A. 12. (2 1/3 B.) 829. à 6 Gr., 3. A. 8. (6 1/2 B.) 830., 4., verm. A. 12. (4 B.) Nordhausen 833, Fürst. à

Stutzer, Der, nach der Mode oder Nerair und Melhoe. Eine moralische Schrift. Bremen u. Leipzig 1747. V: *Blanes, Henri Barth. de.* (EB)

Stutzer, der, nach der Mode, od. Nerair u. Melhoe, Erzählung u. Geschichte; e. moral. Schrift. 8. Bremen, Jäger. 747.

STUTZER, Der, nach der Mode. Paris (Berlin, Rüdiger) 1765. 8⁰. Selten!
Weller, fing. Dr.

— v. Wiltshire, oder Leben Bernhard, a. d. Engl. 2 Thle. 8. Altenb. Richter. 765.

STUTZER, Der, von Wilthsire, aus d. Englischen (übers. von Friedr. Wilh. Streit). Altenburg 1766.
Anon.-Lex. IV. p. 131 (nach Kayser u. Meusel); „Wilthire" wohl Druckfehler.

Stutzer [Verfasser]

Stutzer, Albert

Stutzer, A., praktische Anleitung zur Berechnung der Futterrationen, f. den Gebrauch v. Landwirten u. zum Unterricht bearb. (61 S.) 8. Berlin 904. P. Parey. n. — 80

Stutzer, Albert (Bearb.), s. Apparate und Transportwagen zur Verwertung und Beseitigung von Tierkadavern und Schlachthofkonfiskaten.

Stutzer, A., die Arbeit der Bakterien im Stalldünger. gr. 8. (28 S.) Berlin 899. P. Parey. n. 1. —

Die Behandlung und Anwendung des Stalldüngers. Von Dr. A[lbert] **Stutzer**, Prof. zu Königsberg. 2., sehr verm. Aufl. von 'Die Arbeit d. Bakterien im Stalldünger'. Mit 19 Textabb. *Berlin: P. Parey 1903.* (VII, 168 S.) 8° [F.] [:4. 8,6

— Die Behandlung u. Anwendung des Stalldüngers. 3., neubearb. Aufl. (VIII, 160 S. m. 30 Abbildgn.) 8. Berlin 909. P. Parey. Geb. in Leinw. 4. —

Berechnung der Futterrationen. Prakt. Anleitung f. d. Gebr. von Landwirten u. z. Unterr. bearb. von Dr. A[lbert] **Stutzer**, Prof. 2., vollst. neu bearb. Aufl. Berlin: P. Parey 1906. (81 S.) 8° [F.] [07. 11497

— Berechnung der Futterrationen. Prakt. Anleitg. f. den Gebrauch v. Landwirten u. zum Unterricht f. Mitglieder v. Rindvieh-Kontroll-Vereinen bearb. 3. vollständ. neubearb. Aufl. (82 S.) kl. 8. Ebd. 910. p 1.—

—— und O. Reitmair, die Beschaffenheit der etc. Trinkbranntweine und die Methoden ihrer Untersuchung auf Fuselöle, s. Centralblatt für allgemeine Gesundheitspflege.

Stutzer, die Bestandtheile der wichtigsten Nahrungsmittel f. Kranke u. Kinder. gr. 8. (26 S.) Bonn 883. Cohen & Sohn. n. — 60

Stutzer, A., s.: Centralblatt f. allgem. Gesundheitspflege.

Stutzer, A., der Chilisalpeter, seine Bedeutung u. Anwendung als Düngemittel. Eine preisgekrönte Schrift. Auf Grundlage der Arbeiten d. Preisrichtercomités, sowie unter theilweiser Berücksicht. der gleichfalls prämiirten Concurrenzschrift v. A. Damseaux bearb. u. hrsg. v. Paul Wagner. 8. (VII, 113 S.) Berlin 886. Parey. n. 1. 20

— Düngerlehre. Kurzgefaßte Angaben üb. die Eigenschaften u. die Anwendg. der in der Landwirtschaft gebrauchten Düngstoffe. 13. neu bearb. Aufl. gr. 8. (XII, 128 S.) Leipzig 901. H. Voigt. n. 2.—; geb. n. 2. 50

Stutzer, A: Düngerlehre. 14. Aufl. Leipzig 1903

— Düngerlehre. In kurzer gemeinverständl. Form f. prakt. Landwirte u. f. Schüler landwirtschaftl. Lehranstalten bearb. 15. verb. Aufl. (XII, 175 S.) 8. Leipzig 906. H. Voigt. n. 2.—

— Düngerlehre. In kurzer gemeinverständl. Form f. prakt. Landwirte u. f. Schüler landwirtschaftlicher Lehranstalten bearb. 17. verb. Aufl. (189 S.) 8. Leipzig 910. H. Voigt. 2.—; geb. in Leinw. n 2.50

Stutzer, A., die Düngung der wichtigsten tropischen Culturpflanzen. Eine kurze Düngerlehre. gr. 8. (IV, 111 S.) Bonn 891. F. Cohen. Kart. n. 3.—

Die Düngung der Wiesen und Weiden. Anleitung zu Düngungs-Versuchen u. Mitteilungen einiger Versuchs-Ergebnisse von Dr. A[lbert] Stutzer, Prof., Königsberg. Mit 12 Textabb. Berlin: P. Parey 1904. (31 S.) 8° [F.] [05. 5670

— Fütterungslehre. In kurzer, gemeinverständl. Form f. prakt. Landwirte u. f. Schüler landwirtschaftl. Lehranstalten bearb. 4. vollst. neu bearb. Aufl. (XII, 166 S.) gr. 8. Leipzig 904. H. Voigt. n. 2.—

Stutzer, Alb., nicht Gold, nicht Edelstein. Novelle. gr. 8. (280 S.) Sondershausen 875. Goebel. n. 3. —

Stutzer, Alb., ist es so leicht?, s.: Weichert's Wochen-Bibliothek.

Stutzer, Albert: Ist es so leicht? Novelle. Mit 3 Vollbildern. Berlin: A. Weichert [1900]. (75 S.) 8° (Wochen-Bibliothek, Weicherts. Bd 95, [1.])

— „des Kampfes werth!" Novellen. gr. 8. (264 S.) Leipzig 874. E. J. Günther. 4. 50

— s.: Kuhmilch, die.

— die zeitweilige Lage der Zuckerindustrie, s.: Bröbermann.

Stutzer: *Lathyrus silvestris*, eine neue Kulturpflanze. 1888. [Rostr. Saml.].

— Leitfaden der Düngerlehre, s.: Unterrichtsbücher, landwirthschaftliche.

Stutzer, A. Leitfaden der Düngerlehre f. praktische Landwirte, sowie zum Unterricht an landwirthschaftl. Lehranstalten. 1.—3. unveränd. Aufl. 8. (VII, 111 S.) Lpz. 890—92, H. Voigt. cart. * 2 —

Stutzer A.: Leitfaden d. Düngerlehre ... 4. vollst. umgearb. Aufl. Zugleich 9. Aufl. d. Schrift »Stallmist u. Kunstdünger«. Leipz. 1893. 140 S.

— Leitfaden d. Düngerlehre f. prakt. Landwirte, sowie zum Unterr. an landwirtschaftl. Lehranst. 6., neubearb. Aufl., zugl. 11. Aufl. d. Schrift „Stallmist u. Kunstdünger." 8. (VII, 131 S.) Leipzig 897. H. Voigt. n. 2.—

— Leitfaden der Düngerlehre f. praktische Landwirte, sowie zum Unterricht an landwirtschaftl. Lehranstalten. 7., neubearb. Aufl. (Zugleich 12. Aufl. der Schrift „Stallmist u. Kunstdünger".) 8. (VIII, 136 S.) Ebd. 899. n. 2.—

— Leitfaden der Fütterungslehre f. praktische Landwirte sowie zum Unterricht an landwirtsch. Lehranstalten. 8. (X, 168 S.) Ebd. 899. n. 2.—

— die Milch als Kindernahrg. u. Vorschläge zu e. neuen, d. Fordergn. d. Hygiene u. d. Volkswirtschaft besser entsprech. Verkaufsweise d. Milch. Vortrag, geh. in d. 25. Generalversammlg. d. niederrhein. Vereins f. öffentl. Gesundheitspflege. gr. 8. (29 S. m 7 Abb.) Bonn 895. E. Strauss. n. 1.—

Stutzer, A., Nahrungs- u. Genussmittel, s.: Handbuch der Hygiene.

Stutzer, Alb., Nahrungs- und Genussmittel. Mit 21 Abbildungen. S.-A. Jena 94. Fischer. M. 4.50, geb. M. 5.40

Stutzer, A., die Rohfaser der Gramineen. Inaugural-Dissertation. gr. 8. (30 S.) Ober-Sickte 875. (Göttingen, Vandenhoeck & Ruprecht.) n. — 80

— drei Städte. Roman. 3 Bde. gr. 8. (238, 205 u. 221 S.) Leipzig 875. R. Schäfer. n. 10. —

—— Stallmist und Kunstdünger. Kurze Anleitung über die richtige Behandlung des Stallmistes und über die rentabelste Verwendung der Kunstdünger. gr. 8. (65 S.) Bonn 888, (Cohen und Sohn.) *

— Stallmist u. Kunstdünger. Kurze Anleitg. üb. die richt. Behandlg. d. Stallmistes u. üb. die rentabelste Verwendg. der Kunstdünger. 4., neu bearb. Aufl. gr. 8. (101 S.) Bonn 889. Fr. Cohen. n. 1. 20

— Stallmist u. Kunstdünger. Kurze Anleitg. üb. die richt. Behandlg. des Stallmistes u. üb. die rentabelste Verwendg. der Kunstdünger. Im Auftrage der Deutschen Landwirthschafts-Gesellschaft (Dünger-Abtheilg.) hrsg. 8. Aufl. gr. 8. (III, 96 S.) Bonn 892. F. Cohen. n. 1. 20
Die 9. Aufl. erschien u. d. T.: Stutzer, A., Leitfaden der Düngerlehre.

— Burri, R. u. E. Herfeldt, Das Verhalten von Bakterien ansteckender Viehkrankheiten gegen Säuren und mit Säure imprägnierter Torfstreu. S.-A. Jena 95. Fischer.

— u. P. Giseviua, der Wettbewerb der dänischen u. der schwedischen Landwirte m. Deutschland. Reise-Erinnergn. (IV, 112 S.) gr. 8. Stuttgart 904. E. Ulmer. n. 2. 60

Stutzer, A., wie erhalten wir viel Milch v. guter Beschaffenheit? E. Anleitg. zur richt. Fütterg. d. Kühe. Für Landwirte u. insbes. f. Mitglieder v. Molkerei-Genossenschaften verf. gr. 8. (IV, 122 S.) Bonn 896. Leipzig, H. Voigt. n.n. 1. —

— dasselbe. 2., unveränd. [Titel-]Aufl. gr. 8. (IV, 122 S.) Leipzig (896) 899. H. Voigt. 1. 50

— die keimtötende Wirkung des Torfmulls, s.: Vogel, F. H.

— Zucker u. Alkohol. Die Eigenschaften von Zucker und Alkohol in physiolog., sozialer u. volkswirtschaftl. Beziehg. gr. 8. (IV, 60 S.) Berlin 902. P. Parey. n. 1. 50

Stutzer, Emil

—: Ansprache [bei der öffentlichen Schlußfeier am 18. März 1902]. S. 3—6 der Schuln. 4. Gymn. Augustum der Stadt *Görlitz* 1903 (221) **Progr.**

Stutzer, E*mil* [Dir. Prof.]: *Aus der Schule für die Schule.* Halberstadt, H. Meyer's Buchdr., *1897;* 3—6 S. 4.
Halberstadt, RG, OP 1897 (270)

Stutzer, Emil: *Bericht über seine Einführung als Direktor der Anstalt, sowie über seinen Lebens- und Bildungsgang.* 4 (S. 18—19). **Progr.** G. der Stadt *Görlitz* 1899

Stutzer, E*mil* [Dir. Prof.]: Bericht über die Feier am 7. und 8. Dezember 1895. Halberstadt, Druck v. C. Doelle & Sohn, *1895;* 1—16 S. 4.
Halberstadt, RG, Festschr. 1896 (267)

Stutzer, Emil, s.: Dittmar, G., Geschichte d. deutschen Volkes.

Stutzer, E[mil]: Über Einrichtung von Reformklassen. S. 2—3. 4. **Progr.** Gymn. Augustum der Stadt *Görlitz* 1908 (250).

— die soziale Frage der neuesten Zeit u. ihre Behandlung in Oberprima. [Aus: „Lehrproben u. Lehrgänge aus d. Praxis d. Gymnasien u. Realschulen" 37. Hft.] gr. 8. (31 S.) Halle 894. Buchh. d. Waisenhauses. n. — 60

Stutzer, E*mil* [Dir. Prof.]: Kurze Geschichte der Anstalt. Halberstadt, Druck v. C. Doelle & Sohn, *1895;* 1—44 S. 4.
Halberstadt, RG, Festschr. 1896 (267)

— **Goethe u. Bismarck als Leitsterne f. die Jugend in sieben Gymnasialreden. (V, 95 S.) 8. Berlin 904. Weidmann. n. 1. 60**

Stutzer, Emil, Grundriß der Geschichte, s.: Andrä, J. C.

Görlitzer Heimatkunde. Unter Mitw. von Prof. Dr. [Richard] Jecht, Zeichenlehrer [Albin] Kühn, Prof. [Oswald] Schmidt, Prof. Dr. [Alwin] Wetzold u. Prof. Dr. [Emil] Zeitzschel. Hrsg. von Prof. E[mil] **Stutzer**, Dir. in Görlitz. 2., umgearb. Aufl., ausgestattet mit 1 Taf. u. 1 Bilderanh. Breslau: F. Hirt 1906. (136 S.) 8° [F.] (07. 3895

Stutzer, Emil, Hilfsbuch für geschichtliche Wiederholungen an höheren Lehranstalten. Mit Zahlenkanon für mittlere Klassen. gr. 8. (VIII, 88 S.) Berlin 885, Weidmann'sche Buchh. cart. *

— Hilfsbuch f. geschichtliche Wiederholungen an höheren Lehranstalten. Mit Zahlenkanon f. mittlere Klassen. 2., neubearb. Aufl. gr. 8. (VII, 92 S.) Berlin 894. Weidmann. Kart. n. 1. 20

Stutzer, Emil, Hilfsbuch f. geschichtliche Wiederholungen an höh. Lehranstalten. **Mit Zahlenkanon f. mittl. Klassen** u. verschied. Anhängen. 3., **verb.** Aufl. gr. 8. (VII, 100 S.) Berlin 902. Weidmann. Kart. n. 1. 20

Stutzer, E[mil], Direktor Prof.: Lehrpläne. H. 3. Zeichnen, Singen und Schreiben. Görlitz 1907: Görlitzer Nachrichten u. Anzeiger. ¶[Forts. d. P-Beil. 1905. 06.] (15 S.) 8°
Görlitz, G Augustum P 1907 (234)

Stutzer, Emil [Prof.]: Lehr- und Lernstoff im Geschichtsunterricht (Umschlagt.: ... der höheren Schulen). **Barmen,** Druck v. Steinborn & C., 1894; 28 S. 4.
Barmen, G, P 1894 (424)

Kleiner Leitfaden für den sprachlichen Unterricht insonderheit f. d. deutschen. Von Prof. Emil **Stutzer,** Dir. 2., umgearb. Aufl. Berlin: Weidmann 1906. (40 S.) 8° (06. 10786

— Lesebuch zur deutschen Staatskunde, s.: Schulausgaben, deut.

Stutzer, E[mil]: Rede bei der Entlassung der Abiturienten 1900. S. 3—7. 4. **Progr.** Gymn. Augustum der Stadt *Görlitz* 1901 (201).
U. d. T.: Einzelpersönlichkeit und Gesamtheit. (Rede bei der Abiturientenentlassung 9. März 1900) auch in des Verf. Goethe und Bismarck als Leitsterne für die Jugend in sieben Gymnasialreden. *Berlin: Weidmannsche Buchh.* 1904. S. 1—12.

Deutsche Sozialgeschichte vornehmlich der neuesten Zeit f. Schule u. Haus dargest. v. Emil **Stutzer,** Realgymnasialdir. in Halberstadt. *Halle a. S.: Waisenhaus 1898.* (X, 272 S.) 1 Bd 8. (97. 8163

— Kleine deutsche Staatskunde. Gemeinverständlich dargestellt. (111 S.) 8. Dresden 910. L. Ehlermann. — 60

— Uebersichten zur preussisch-deutschen Geschichte. Für die oberste Stufe d. Geschichtsunterrichts, sowie zur Selbstbelehrg. zusammengestellt. gr. 8. (XI, 140 S.) Hannover 891. Hahn. Geb. in Leinw. n. 2. —

Stutzer, E*mil* [Dir. Prof.]: Zum deutschen Unterricht. Halberstadt, Druck v. C. Doelle & Sohn, *1896;* 20—22 S. 4.
Halberstadt, RG, OP 1896 (267)

—: Zum deutschen Unterricht. A. Sprachgeschichtliche Belehrungen. B. Stilistische und grammatische Bemerkungen. C. Verbesserungszeichen. D. Aufsatzordnung für die drei oberen Klassen. 4 (S. 1—6). **Progr.** Rg. *Halberstadt* 1897 (270).

Stutzer, Emil, Dir. Prof.: [Vorwort an die Eltern über Erziehung und Verhältnis zwischen Schule und Haus.] *Görlitz 1899: Hoffmann & Reiber.* (S. 3—6.) 4°
Görlitz, G, P 1899 (196)

Stutzer, E[mil], Dir. Prof.: [Vorwort über das Reformgymnasium.] *Görlitz 1900: Hoffmann & Reiber.* (S. 3—6.) 4°
Görlitz, G, P 1900 (199)

Stutzer, F., die Waldservitute, deren Entstehung u. Beseitigung unter Bezugnahme auf die neuesten Gesetze. Für Forstmänner, Cameralisten, Theilungs-Commissaire, Landtags-Abgeordnete u. Servitut-Berechtigte. gr. 8. (VII, 100 S.) Hameln 877. Brecht. n. 2. 75

Stutzer, Fritz, appr. Arzt a. Taucha bei Leipzig: Zur Statistik der genuinen kroupösen Pneumonie unter besonderer Berücksichtigung der Mortalität und des Fieberverlaufs. Taucha 1905: E. Porzig. (38 S.) 8°
Leipzig, Med. Fak., Ref. Curschmann, Diss. v. 1. Dez. 1905
[Geb. 21 Dez. 77 Taucha; Wohnort: Taucha; Staatsangeh.: Sachsen; Vorbildung: Gymn. Rudolstadt Reife O. 99; Studium: Leipzig 10 S.; Coll. 1. Dez. 05; Approb. 9. Juni 04.]

Stutzer, G., Schaue die Güte und den Ernst Gottes! Predigt über Römer 11, 22 am 2. Septbr. 1872 gehalten. gr. 8. (7 S.) Braunschweig [Wolfenbüttel] 872, Zwißler.

Stutzer, Gustav

Stutzer, G., Blumenau in Süd-Brasilien als Ziel der deutschen Auswanderung. 8. (15 S.) Goslar 886. Koch. — 15

Stutzer, Gust., das Flussgebiet der Ribeira de Iguape im Süden des Staates S. Paulo (Brasilien). (III, 120 S. m. Abb. u. 5 [3 eingedr.] Karten.) 8. Berlin 910. W. Süsserott. 2. 50

Stutzer, G., das Itajahy-Thal u. die Kolonie Blumenau in Süd-Brasilien, Prov. Santa Catharina. Mit 1 Karte der Kolonie. gr. 8. (VII, 144 S.) Goslar 887. Koch. n. 2. —

Stutzer, G., das Itajahy-Thal u. das Municipium Blumenau in Süd-Brasilien, Staat Santa Catharina. 2., vom „Culturvereine" in Blumenau durchgeseh. Aufl. gr. 8. (VIII, 144 S. m. 1 Karte.) Goslar 891. L. Koch. Kart. n. 1. 50

— Ursache, Organisation u. Ziel der deutschen Auswanderung. Vortrag, auf Veranlassg. d. conservativen Vereins in Dresden geh. am 26. Febr. 1891. gr. 8. (30 S.) Ebd. 891. n. — 25

Stutzer, *Hermann Georg* [aus Bonn]: Aus d. chirurg. Klinik zu Bonn. Beiträge zur Aetiologie und Prognose des Zungencarcinoms ... Bonn, Druck v. E. Heydorn, *1894*; 42 S. 8.
Bonn, Med. Fak., Inaug.-Diss. v. [10. März] 1894

Stutzer, Otto: Geologie der Umgegend von Gundelsheim am Neckar. Königsberg i. Pr. 1904: O. Kümmel. (60 S.) 8°
Tübingen, Naturwiss. Diss. v. 1904.

Stutzer, Robert

Stutzer, R., das Fahlberg'sche Saccharin. [Anhydroorthosulfaminbenzoësäure.] gr. 8. (V, 67 S.) Braunschweig 890. Vieweg & Sohn. n. 1. 80

Stutzer, Therese, geb. Schott, ein Jahr in der Haide. Novelle. gr. 16. (131 S.) Braunschweig 877. Grüneberg. 1. 50

Stutzer, Therese, geb. Schott, deutsches Leben am Rande d. brasilianischen Urwaldes. Novellen. 8. (VIII, 187 S.) Gotha 889. F. A. Perthes. geb. n. 4. —

Stützer, A., das Rechnen der Volksschule, s.: Wilk, E.

Stützer, Arnold, a. Heyerode (Ober-Eichsfeld): Vergleichende Temperaturmessungen zu Marburg a. d. L. und seine barometrische Meereshöhe. Marburg 1906: R. Friedrich (07 S.) 8°
Marburg, Phil. Fak., Ref. Richarz, Diss. v. 20. Juni 1906
[Geb. 5. Dez. 81 Heyerode; Wohnort: Marburg; Staatsangeh.: Preußen; Vorbildung: Gymn. Heiligenstadt Reife O. 01; Studium: Marburg 1, Berlin 1, München 1, Marburg 6 S.; Rig. 19. Juli 05.]

Stützer, Feodor Alex., die Bürgerknabenschule zu Delitzsch nach ihren inneren u. äußeren Verhältnissen beleuchtet. gr. 8. Leipzig 845, Klinkhardt. n. 8 ngl

Stützer, F. A., Regeln für den Unterricht in der Orthographie nebst einem Verzeichnisse der schwierigeren Wörter nach sprachl. und method. Grundsätzen entworfen und für sechs-, vier- und dreistuf. Schulen geordnet. 8. (48 S.) Eilenburg 872, Offenhauer. geb. *

Stützer, F. A., Regeln f. den Unterricht in der Orthographie nebst e. Verzeichnisse der schwierigeren Wörter nach sprachl. u. method. Grundsätzen entworfen u. f. 6-, 4- u. 3stuf. Schulen geordnet. 2. Aufl. 8. (48 S.) Delitzsch 873. Pabst. — 37

Stützer, Friedrich

Stützer, Fr., die größten, ältesten od. sonst merkwürdigen Bäume Bayerns in Wort u. Bild. (Mit Lichtdr. v. F. Bruckmann A.-G. nach photograph. Naturaufnahmen.) 1—3. Bd. hoch 4. (132 S. m. Abbildgn. u. 34 Taf.) München 900—902. Piloty & Loehle. n. 9. 50

Stützer, Fr., die größten, ältesten od. sonst merkwürdigen Bäume Bayerns in Wort u. Bild. (Mit Lichtdr. v. F. Bruckmann A.-G. u. C. Kuhn nach photograph. Naturaufnahmen.) 4. Bd. (S. 133—223 m. Abb. u. 11 Taf.) Lex.-8. München 906. Piloty & Loehle. 3. 50
(1.—4.: Erm. Pr. 11. 50; in 1 Bd. geb. 12. —)

STÜTZER, Friedrich: Die größten, ältesten oder sonst merkwürdigen Bäume Bayerns in Welt und Bild. - München 1900-1905. 4 H. insges. 223 S., m. Abb., 11 Taf. - H. 1: 1900. - H. 2: 1901. - H. 3: 1902. - H. 4: 1905. - Fortgeführt u. bearb. v. Johann Rueb. ebd. 1922. 43 S., m. Kt.-Ausschn.

Stützer, W., rationelle Körper- u. Seelen-Diätetik als Mittel zur Erreichung v. Gesundheit, Verhütung v. Krankheiten u. Verlängerung der Lebensdauer. (96 S.) 8. Strassburg 908. J. Singer. 2. —

Stutzergallerie, Wiener. Erste Reihe. Wien 1781. V: *Hoffmann, Leopold Alois.* (Gustav Gugitz, Wertherfieber, S. XVI) (BiblPort)

Stutzerlist, die; ein Lstspl. in 3 Aufz. Aus d. Engl. von Jh. Leonhardi, für d. deutsche Bühne übersetzt. 8. Berl. 782. Maurers B. 7 gr

Stuziade, Die, oder der Perükenkrieg. Strassburg 1801. 1804. V: *Schaller, Gfr. Jac.* (GGr) »1802« (Ky)

Stutziade, die, od. d. Perückenkrieg, (v. G. J. Schaller). 3 Bde. 8. Straßb. 802. Mit n. Titelbl. 804. Silbermann. Treuttel u. W. (Brockhaus in Leipz.) (à 1 ℛ) 3 ℛ

Stutziade, die, od. d. Perrückenkrieg. 3 Bde. 8. Straßburg, Silbermann, (Treuttel u. W.) (Gleditsch in Leipzig.) 808. (à 1 Rthlr.) Rthlr.

Stutzin, Joseph, appr. Arzt a. Kontowzy (Rußland): Aus d. Universitäts-Augenklinik zu Gießen. Über die typische Pigmentdegeneration der Netzhaut an der Hand von 46 Fällen. Gießen 1905: v. Münchow. (21 S.) 8°
Gießen, Med. Fak., Ref. Vossius, Diss. v. 11. Okt. 1905
[Geb. 31. Aug. 78 Gut Kontowzy; Wohnort: Kontowzy; Staatsangeh.: Rußland; Vorbildung: Gymn. Fridericianum Schwerin Reife M. 98; Studium: Berlin 8, Gießen 2 S.; Coll. 1. April 05; Approb. 28. März 05.]

Stützing, Johann Friedrich (Halle) A. S. 268/25

Dissertatio juridica inauguralis, de aequitate cerebrina l. II. c. de rescind. vendit. et ejus usu practico. Präs. Christian Thomasius.
Halle (Salfeld) 5. VIII. 1706. 78 S. 33981

Stützing, Johann Friedrich (Halle) A. S. 58/15

Dissertatio juridica inauguralis, de equitate cerebrina l. II. c. de resoind. vendit. et ejus usu practico.
Präs. Christian Thomasius. Rec.
Halle (Salfeld) 1713. 78 S.

Diss. 5. VIII. 1706. 33982

Stützing, Johann Friedrich (Halle) A. S. 352/26

Dissertatio juridica inauguralis, de aequitate cerebrina l. II. c. de rescind. vendit. et ejus usu practico.
Präs. Christian Thomasius. Rec.
Halle (Salfeld) 1730. 78 S.

Diss. 5. VIII. 1706. 33983

Stuetzing, Johann Friedrich (Halle) U. S. Halle 1749/5

Tractatio iuridica de aequitate cerebrina l. 2. cod. de rescindenda venditione eiusque usu practico Von der Ungegründeten Billigkeit, dass ein Kauff wegen Verletzung über die Helffte aufgehoben werden könne.
Präs. Christian Thomasius. Ed. nova corr.
Halle (Hendel) 1749. 80 S.

Diss. 1706.
Der Name des Resp. ist nicht genannt. 33984

Stützing, Johann Gottfried A. S. 768/24

Dissertatio inauguralis iuridica de inefficaci mulierum renunciatione. Präs. Heinrich Bode.
Halle (Gruner) 15. IV. 1711. 34 S.

W. v.: Präs., Justus Henning Böhmer, Johann Friedrich Stüzing (Vetter), Johann Christian Rabe, Gustav Friedrich Gerbet. 33986

Stutzke, A. Der deutsch-französische Krieg 1870/71 unter vorzugsweiser Berücksicht. der Verluste der deutschen Armeen. Nach amtl. Quellen bearb. Mit 38 Verlust- bezw. Gefechtstabellen u. 1 Karte. gr. 8. (156 S.) Gumbinnen 891. (Sterzel). * 1 60

Stutzke, Fritz, Die Preussengängerei russisch- und galizisch-polnischer Arbeiter. gr. 8⁰. Neudamm, J. Neumann, 1903. (93 S.)

Stutzke, Fritz, aus Ostpreußen: Innere Wanderungen, die Ursachen des Arbeitermangels in der preußischen Landwirtschaft und des Zuzugs ausländischer Wanderarbeiter. *Berlin 1903: A. Gertz.* (93 S.) 8°
Heidelberg, Phil. Diss. v. 1903

STÜTZLE, Anton (Mergentheim): Ein Fall von Sectio Caesarea bei Osteomalacie.- Stuttgart: Schweizerbart 1881. 19 S.
6.7.1880 - Urk (Titel: De sectione caesarea in osteomalacia facta.); Chr 1880/81,13
Diss.Ingolst.-Landsh.-Mchn.

Stützle, G., Gesangbuch für Schulfeste ꝛc., s. Gesangbuch.

Stützle, Johann Nepomuk

Stützle, Joh. Nep., der katholische Christ in seiner Fest- und Gnadenfeier oder das kathol. Kirchenjahr in seinen heil. Bildern, Gebeten, Lehrstücken und Gesängen nach dem röm. Missale und Brevier. Ein vollständ. Gebet- und Erbauungsbuch für alle Stände. 1. Thl. 1. Bd.: Der Christ im Advent. 8. (XVI und 328 S. mit 1 Stahlst.) Augsburg 852, [Lampart und Comp.] (Leipzig, Hübner.)

Stützle, Joh. Nep., der katholische Christ in seiner Fest- u. Gnadenfeier od. das kathol. Kirchenjahr in seinen heil. Bildern, Gebeten, Lehrstücken u. Gesängen nach dem röm. Missale u. Brevier. Ein vollständiges Gebet- u. Erbauungsbuch f. alle Stände. 1. Thl. 1. Bd.: Der Christ im Advent. Mit 1 Stahlst. 8. (XVI u. 328 S.) Augsburg 852, Schmid in Comm. 1/2 Thlr.

Stützle, Joh. Nep., der katholische Christ in seiner Fest- und Gnadenfeier oder das katholische Kirchenjahr in seinen heiligen Bildern, Gebeten, Lehrstücken und Gesängen ꝛc. Ein vollständiges Gebet- u. Erbauungsbuch für alle Stände. 1. Thl. 2. Bd. A. u. d. T.: Der katholische Christ in der Epiphanie. Ein vollständiges Gebet- u. Erbauungsbuch ꝛc. Mit 1 Stahlst. Augsburg 854. Lampart u. Co. 8. (XX, 418 S.) 1 Thlr.

— — 1. Thl. 3. Bd. u. 2. Thl. 6. Bd. Augsburg 857, 58. Schmid's Verlag in Comm. 8. n. 3 Thlr. 10 ngr.
1. Thl. 3. Bd.: Der katholische Christ in der heil. Fastenzeit. Mit 1 Stahlst. (XX, 592 S.) n. 2 Thlr.
2. " 6. Bd.: Der katholische Christ am Weihaltare oder die Weihungen der katholischen Kirche. Ein liturg. Handbuch für Priester u. Volk in 3 Abthlgn. 2. Abth. Die bischöfl. Sachen-Weihungen. Mit 1 Stahlst. (XVI, 400 S.) n. 1 Thlr. 10 ngr.

Stützle, Joh. Nep., der katholische Christ in seiner Fest- und Gnadenfeier oder das kathol. Kirchenjahr in seinen heil. Bildern, Gebeten, Lehrstücken ꝛc. Ein vollständ. Gebet- und Erbauungsbuch für alle Stände. 1. Thl. 3. Bd. und 2. Thl. 6. Bd. 8. Augsburg, (Schmid'sche Verlagsbuchh.) **

Inhalt:
Thl. 1. Bd. 3. Der katholische Christ in der heil. Fastenzeit. (XX und 592 S. mit 1 Stahlst.) 857. * 2 Thlr.
" 2. " 6. Der katholische Christ am Weihaltare oder die Weihungen der katholischen Kirche. Ein liturg. Handbuch für Priester und Volk in 3 Abthlgn. 2. Abthl.: Die bischöflichen Sachen-Weihungen. (XVI und 400 S. mit 1 Stahlst.) 859. * 1 Thlr. 10 Ngr.

STÜTZLE, Johann Nepomuk (Dürnau): Zur Diagnostik der malignen Neubildungen im Knochen.- München: Gradinger 1882. 29 S.
27.3.1882 - Urk (Titel: De neoplasmatibus ossium malignis.); Chr 1881/82,6
Diss. Ingolst.-Landsh.-Mchn.

— biblische u. kirchliche Erzählungen f. die lieben Kleinen. Ein Lesebüchlein f. die drei ersten Jahrgänge der deutschen Elementarschulen. Mit 1 Stahlst. 12. (VI u. 96 S.) Augsburg 850, Kollmann. 1/12 Thlr.

— geistlicher Feldzug gegen das Laster der Sabbatschändung in 6 Betrachtgn. 12. (120 S.) Ebd. 848. n. 1/6 Thlr.

Stützle, Jh. Nep., geistlicher Feldzug gegen das Laster der Trunkenheit in neun Betrachtungen. 12. Augsburg 846, Kollmann'sche B. 1/8 Thlr.

Stützle, Jh. Nep., die heilige Firmung oder des Christen Rüstung zum Glaubenskampfe. Nebst e. Beicht-, Communion- u. Meß-Andacht für Kinder u. Firmlinge. Ein Lehr- u. Gebetbüchlein. Aus bewährten liturg. Schriften gesammelt. Mit Titelbild. 12. Augsburg 840. Matth. Rieger. 1/6 Thlr.

— Gebete und Gesänge bei der heil. Firmung. Gesammelt u. zusammengestellt. 4. Aufl. Kempten 853. Kösel. 12. (24 S.) 1 ngr.

Stützle, Joh. Nep., Biblische Geographie für katholische Volksschulen. In Fragen und Antworten. Regensburg, Manz, jetzt Verl.-Anst., 1844, 8°. 40 Pf.

—— Handbuch zum römisch-katholischen Religionsunterrichte nach dem apostol. Symbolum und in Harmonie mit der Geschichte bearb. 1. und 2. Bd. gr. 8. Augsburg. (Zürich, Woerl.) *

Inhalt:
Bd. 1. I. Hauptstück. (VIII und 147 S.) 866. * 13 1/2 Ngr.
" 2. II. Hauptstück. (293 S.) 868. * 27 Ngr.

Stützle, Joh. Nep., Handbuch zum römisch-katholischen Religions-Unterrichte nach dem apostol. Symbolum u. in Harmonie m. der Geschichte bearb. 3. Bd. 3. Hauptstück. Von Gott dem heiligen Geiste, unserm Heiligmacher. 1. Abth. 8. Glaubensartikel. gr. 8. (VIII, 464 S.) Augsburg 871. Schmid in Comm. n. 3. 60 (1—3.: n. 7. 65)

—— der egyptische Joseph. Ein dramat. Gedicht in 5 Abthlgn. Für Deutschlands Jugend und Volk bearb. Zum Lesen und zur Aufführung gleich geeignet. 8. (148 S.) Augsburg 854, Lampart und Comp. (Leipzig, Hübner.)

Stützle, Joh. Nep., der egyptische Joseph. Ein Schauspiel in 3 Abthlgn. Für Deutschlands Jugend und Volk. 2. Aufl. 8. (140 S. mit 1 Stahlst.) Augsburg 857. (Leipzig, Matthes. — Zürich, Woerl.) *

— der egyptische Joseph. Ein Schauspiel in 3 Abtheilgn. Für Deutschlands Jugend u. Volk bearb. 3. m. e. Stahlst. gezierte Aufl. gr. 8. (144 S.) Ellwangen 874. Schwäbische Buchhdlg. n. 1. 50

Stützle, Joh. Nep., Katechismus für die lieben Kleinen. Ein Handbüchlein beim katholischen Religionsunterrichte f. die drei ersten Jahrgänge der teutschen Elementarschule. 3. Aufl. 12. (54 S.) Augsburg 850, Kollmann. n. 2 ngr

Stützle, Jos. Nep., das große illustrirte Leben u. Leiden unsers Erlösers Jesu Christi, s. Schanzenbach, A.

Stützle, Joh. Nep., das Leben des heiligen Ulrich, Bischofs und Patrons des Bisthums Augsburg. Nach bewährten Quellen bearb. u. mit kirchlichen Andachten zu dem Heiligen versehen. Mit 1 Stahlst. Augsburg 860. Schmid's Verlag. 12. (118 S.) n. 4 ngr

Stützle, Joh. Nep., das Leben des heil. Ulrich, Bischofs u. Patrons des Bisth. Augsburg. Nach bewährten Quellen bearb. u. mit kirchlichen Andachten zu dem Heiligen versehen. Mit 1 Stahlst. 2. Aufl. 8. (115 S.) Augsburg 880. Schmid's Verl. n. — 40

—— Melodieen-Sammlung zu dem Buche: Der singende Schüler oder Gesänge für kathol. Landschulen, gesammelt und geordnet nach dem Schul- und Kirchenjahre. 8. (64 S.) Augsburg 851, Kollmann'sche Buchh.

—— die heil. Oelung, od. d. Christen Rüstung z. Reise in d. Ewigkeit. Ein Lehr- u. Gebetbüchl. f. kathol. Christen, insbesond. f. Kranke, deren Freunde u. Wärter. Aus bewährten liturg. Schriften gesammelt. gr. 12. (6 B. u. 1 Stahlst.) Augsburg 840, Rieger'sche Buchh.

— das große Opfer, oder die heilige Messe in ihren Gebeten u. Ceremonien. Mit einer Beicht- u. Kommunion-Andacht für Erwachsene. Ein Lehr- u. Gebetbuch für gebildete kathol. Christen, insbesond. für angehende Priester. Aus bewährten liturg. Schriften gesammelt. Nebst 1 Stahlst. gr. 12. Augsburg 841, Kollmann'sche B. 5/12 rℬ

—— die heilige Priesterweihe ꝛc., s. Wittmann, Mich.

Stützle, Jh. Nep., Lorenz Benedikt Schlichting zu Dillingen in seinem Leben u. Wirken. Ein Denkmal kindl. Liebe u. Dankbarkeit. Mit dem (lith.) Bildnisse des Seligen. gr. 8. Ebend. 845. 1/2 rℬ

— der betende Schüler. Ein Gebetbüchlein f. die kathol. Schuljugend, aus d. Anh. des Augsburger Diözesan-Katechismus zusammengest. Nebst 1 Stahlst. 12. (48 S.) Ebd. 849. 3 ngr

— der singende Schüler, od.: Gesänge f. kathol. Landschulen, gesammelt u. geordnet nach dem Schul- und Kirchenjahre. 12. (IV u. 87 S.) Ebd. 851. 3 ngr

— Stunden der Andacht für Katholiken nach dem kathol. Kirchenjahre geordnet u. als Ergänzungswerk zum Leben u. Leiden unsers Erlösers Jesu Christi u. der jungfräulichen Gottesmutter Mariä. (In 40 Heften.) 1—10. Heft. Troppau 869,70. Kolck. gr. 4. (S. 1—400.) Jedes Heft 7½ ngr

— Stunden der Andacht f. Katholiken nach dem kathol. Kirchenjahre geordnet u. als Ergänzungswerk zum Leben u. Leiden unseres Erlösers Jesu Christi u. der jungfräul. Gottesmutter Mariä. 11—14. Hft. gr. 4. (S. 401—560.) Troppau 872. 73. Kolck. à — 75

—— Stunden der Andacht für Katholiken nach dem katholischen Kirchenjahre geordnet und als Ergänzungswerk zum Leben und Leiden unsers Erlösers Jesu Christi und der jungfräulichen Gottesmutter Mariä. 1.—14. Heft. gr. 4. (S. 1—560.) Troppau 869—72, Kolck. [Ratibor, Wichura und Comp.] à Heft 75 Pf.

—— die heil. Taufe, od. d. geist. Wiedergeburt. Ein Lehr- u. Gebetbüchl. f. kathol. Christen, insbesond. f. Kinder, deren Eltern u. Taufpathen. Aus bewährten liturg. Schriften gesammelt. 16. (4¼ B. u. 1 Kpfrt.) Augsburg 840, Kollmann'sche Buchh. Thlr.

—— Versuch einer Harmonisirung der Welt und Kirchengeschichte und einer Parallelisirung des alten und neuen Bundes oder der israelitischen und christlichen Kirche. gr. 8. (52 S.) Zürich [Würzburg] 868, Wörl.

—— Vitus, Modestus und Crescenz. Eine Legende aus dem Anfange des 4. Jahrh. für das christl. Volk neu erzählt. 8. (V und 25 S. mit 1 lithogr. Landkärtchen in 4.) Augsburg 855, Kollmann'sche Buchh.

Stützle, Joh. Nep., der Wallfahrer auf d. Calvarienberg. Ein Erbauungs- u. Andachtsb. f. christl. Wallfahrer, insbesond. f. Verehrer d. göttl. Schmerzenmutter. gr. 12. (7¼ B. u. 1 Ttlkpfr.) Augsburg 840, Rieger'sche Buchh. •

Was ist Wahrheit? Ein offenes Sendschreiben an die Irvingianer in Deutschland, zunächst in Hürben, kgl. Bezirksamt Krumbach, von einem Freunde der Wahrheit (Joh. Nep. Stützle). Augsb., Kollmann (jetzt Regensb. Verlagsanst.), 1864, gr. 8°, 67 S., 75 Pf.

— s. Wittmann, Mch., die heil. Priesterweihe.

Stützle, *Karl* Das griechische Orakelwesen, und besonders die Orakelstätten Dodona und Delphi. (I. Abteilung.) 4 (35 S.).
Progr G. *Ellwangen* 1887 (545)

Stützle, *Karl* Das griechische Orakelwesen, und besonders die Orakelstätten Delphi und Dodona. (II. Abteilung.) 4 (83 S., 1 S. unp.) **Progr**. Kgl. G. *Ellwangen* 1891 (579)

Stützle, K., Das griechiiche Orakelweien, besonders die Orakelstätten Dodona u. Delphi. Ellwangen 1887 u. 1891, 4°, 35 u. 83 S., 2 Programm-Abhandlungen des Gymn.

Recenss. von Flunk, (Innsbr.) Ztschr. f. kath. Theol. 1888, S. 579—80. Merkle, Hist.-pol. Bl. Bd. 109, S. 688—91. — Bouché-Leclercq, Histoire de la divination dans l'antiquité. Paris 1879 ss., 4 vols.

STÜTZLE, Karl (Mergentheim): Ueber Sclerose grosser Venen besonders der Pfortader und der Hohlvenen.- München: Kastner & Callwey 1908. 41 S.
16.12.1908 - Chr 1908/09,25; U 09.3410

Diss. Ingolst.-Landsh.-Mchn.

Stützle, Karl: Die Sibyllen und Sibyllinen (Erster Teil) 1904. 51 S. 4. II. Teil. S. 2—42. 4.
Progr Kgl. Gymn. *Ellwangen* 1903 (671). 1909 (795)
Erste Abteilung: Begriff, Zahl und Zeit der Sibyllen und speziell der sibyllinischen Bücher in Rom. Zweite Abteilung: Die noch existierende Sibyllinensammlung, ihr Inhalt und ihre Entstehung.

Stutzmann, Johann Josua, s.a. Machiavelli d. Jüngere [Pseud.]

Stutzmann, Joh. Jos., Betrachtungen über Religion und Christenthum. 8. Stuttgart, Magazin für Literatur. 804.

Stutzmann, Jh. Josua, († d. 18. Sept. 1816.) Betrachtt. üb. Religion u. Christenthum. 8. Stuttg. 804. (Sonnewald).

— systemat. Einleit. in die Religionsphilosophie. 1r Th. 8. Gött. Dieterich. 804.

— Geist u. Charakter d. hebr. Prophetismen, als Einleit. z. Erklär. d. Propheten d. alt. Testaments. 8. Carlsruhe, Müller. 806.

Stutzmann, J. J., Grundsätze des Standpunktes, Geistes u. Gesetzes d. universellen Philosophie, u. die Aufforderung an die Bearbeitung u. das Studium dersel- ben. 8. Erlang. Palm. (in Comm.) 811.

— tract. de rerum publicarum veteris Graeciae ingenio atque indole. P.I. 4. Erlang. Breuning. 807.

— tractatus de rerum publicarum veteris Graeciae ingenio atque indole. P. I. 4. Erlang. 807. Ed. II. 818. (Heyder). 8 gl.

— Commentatio de linguarum in orbe terrarum nexu. 4. Erlang. Palm et Enke. (in Comm.) 1815.

Stutzmann, J. J., Commentatio de linguarum in orbe terrarum nexu. Erlang. 816. 4. 6 gr.

Stutzmann, J. J., Observationes criticae in nonnulla veter. Graecorum loca. Progr. Erlang. 814. 4. (23 S.)

— Philosophie d. Geschichte d. Menschheit. gr. 8. Nürnb. Campe. 808.

J. Josua **Stutzmann's** Philos. d. Universums, Vers. e. neuen Organisat. d. gesammt. philos. Wissens. *Erl.*, Heyder. (806.) 2e A. 818. 8° 16 gl

— Philosophie d. Universums, Versuch e. neuen Organisation d. gesammten philosoph. Wissens. gr. 8. Erlang. Breuning. 807.

Stutzmann, Johann Josua, s. Plato: De philosophia.

Stutzmann, Johann Josua, s. Plato: De republica . . .

Stutzmann, Johann Josua: „System der Politik und des Handels von Europa. Ein Handbuch für Staatsmänner, Statistiker, Kameralisten und Kaufleute . . .", Nürnberg 1806 (Campe). — — Vorh.: Com. Bibl. Hamburg und StB Nürnberg.

— System d. Politik u. d. Handels v. Europa. gr. 8. Nürnb. Campe. 807.

Stützner, K. H., Höhen-Karte vom Königr. Sachsen. Imp. Fol. Lith. (Mit 8 S. Text in 8.) Buchholz 851, Adler. n. 2/3 ℛ

Stützner, Conr., Leitfaden bei Erklärung des Luther. Katechismus für Oberklassen evangel. Volksschulen bearb. 1. Aufl. 1865. n. 4 ngr. u. 2. u. 3. verm. Aufl. Plauen 866,69. Neupert. 8. (120 S.) cart. n. 5 ngr.

Stützner, Conr., Leitfaden bei Erklärung d. Luther. Katechismus f. Oberklassen evangel. Volkschulen bearb. 4. verm. Aufl. 8. (110 S.) Plauen 873. Neupert. n. — 50; geb. n. — 60

Stützner, Conr., Leitfaden bei Erklärung des Luther. Katechismus für Oberklassen evangel. Volksschulen. 6., verb. u. nach der Bekanntmachung des kgl. Ministeriums des Cultus u. öffentl. Unterrichts vom 19. Septbr. 1877 veränderte Aufl. mit den Sprüchen des „Religiösen Memorirstoffes". 8. (IV, 123 S.) Plauen 880. Neupert. cart. n. — 60

Stutzperücke, Die, eine deutsche Geschichte. Leipzig 1785. V: *Walder, C. W.* & *Chn. Wilh. Roch* (nicht *Koch*). (Zeitschr. f. Büch. N. F. 15, 1923, S. 123)

Stutzperücke, Die, eine deutsche Geschichte. Leipzig 1785. V: *Walder, Carl Wilhelm* & *Christian Wilhelm Koch.* (EE) (Ky) (MGT) »ein komisches Heldengedicht« (Adel)

Stutzperücke, die, eine deutsche Geschichte, mit 1 Kupf. (von K. W. Walder) 8. Leipzig, 785. Dyck 25 fgl.

De Stüürhandel. Es G'spräch vo zwee Nachbere. In Truck g'geh von Eim wo gloset und nahgschriebe händ. 8. Zürich, Zürcher & Furrer. —. 40 1873.

Stuurman, Willem. Zur Identität der Menschen- und Rindertuberkulose. Diss. Vet.-Med. Bern. Mit 5 Tafeln. VIII + 75 S. 8. Leiden, G. L. van den Berg, 1903.

Stuve (O.-L.-Ger.-Referendar), Das industrielle Eigenthum und die Nachbildung. gr. 8°. Elberfeld (Becker) 1843.
Vgl. S t ü v e .

Stuve, E. E.

— Verzeichniß und Beschreibung einiger Handschriften aus der Bibliothek des Gymn. Erste Forts. (Ueber eine Handschrift des 14. Jahrh. la guerra di Troja.) 17 S. . . . *
Görlitz, Progr. 1837

— — Zweite Fortsetzung. 10 S. . . . .
Görlitz, Progr. 1839

— Verzeichniß und Beschreibung einiger Handschriften der Milichschen Gymnasial-Bibliothek. 12 S. . . . . *
Görlitz, Progr. 1841

Joh. **Stuve'ns,** vormaligen Professors in Braunschweig, Abhandlung über den Einfluss geheimer Gesellschaften auf das Wohl der Menschheit, neu hrsg. von Friedr. Mossdorf, nebst einem Anh. des Hrsg. F. d. Brr Frmr. Freyberg: Gerlach i. Comm. 1811. 366 S. 8°
Kl. 2971. Zur Unterscheidung von Logen u. Frmrei. Der Letzteren Einfluss auf die Entwickelung der Menschheit durch Erziehung des Einzelnen. Der Anh. S. 69 bis 352 enth. eine aktenmässige Darstellung des vormaligen Verhältnisses Mossdorfs zu der Loge zum goldnen Apfel in Dresden.

Stuve, Jh., Abhandlung über den Einfluss geheimer Gesellschaften auf das Wohl der Menschheit. Herausg. von Fr. Mossdorf. Nebst einem Anhange des Herausgebers. gr.-8°. Freiburg, Craz u. G., 1812.

Stuve, Joh., üb. Aufruhr u. aufrühr. Schriften, 8. Brschw. Schulbuchh. 793.

(—) üb. die Erziehung; nebst e. Nachr. von d. Neu-Ruppinischen Schule. gr. 8. Berlin u. Leipz. 779.

— üb. die körperl. Erziehung. gr. 8. Züllichau. (Frommann in Jena.) 781.

— Lehrbuch des menschl. Körpers u. d. Gesundheitslehren, von Chr. R. W. Wiedemann. (Zur allgem. Schulencyklopädie gehörig). 8. Braunschw. 790. 2e verb. Aufl. 805. Schulbuchhandl. 14 gr.

— Lehrbuch d. menschl. Körpers u. d. Gesundheitslehre, von C. T. W. Wiedemann. (zur allgem. Schulencyklop. gehörig) 8. Brschw. Schulbuchh. 805.

— fortgesetzte Nachr. von d. gegenwärt. Zustande. d. Neuruppin. Schule. 8. Berl. 779.

— Nachr. v. d. Neuruppin. Schule v. J. 1783. gr. Züllichau. (Frommann in Jena.) 783.

Stuve, Jh., üb. die Nothwendigkeit, Kindern zu anschauender u. lebend. Erkenntniß zu verhelfen, aus d. allgem. Revisionswerk besond. abgedr. herogg. v. J. H. Campe. 8. Braunschw. 788. Schulbuchhandl. 12 gr.

— kleine Schriften gemeinnütz. Inhalts; herausgg. von J. H. Campe. 2 Thle. 8. Braunschw. 793. Schulbuchh. 1 Thlr. 12 gr.

— üb. das Schulwesen. gr. 8. Züllichau 783. Frommann in Jena. 10 gr.

— Tagebuch d. Seereise von Stade nach Quebeck. gr. 8. Braunschweig 777. Schulbuchh. 3 gr.

— Vorstellungen an Eltern, die ihre Kinder in öffentl. Schulen schicken. gr. 8. Berl. 786. Unger. 2 gr.

— üb. d. Wichtigkeit d. Unterrichts d. Lehre v. Menschen. gr. 8. Berl. Unger. 786.

Stüve, Das Ministerium, und der erste hannoversche Landtag von 1849. Hann. 1849—50. V: *Göttling*, *C.* (Loewe, Bibl. d. Hann. u. Braunschw. Gesch. Hann. 1908. S. 151.)

Stüve, (Staatsr.,) s. Bemerkungen über die Competenz in Polizei-Straffachen.

—— das industrielle Eigenthum u. die Nachbildung. gr. 8. (8 B.) Elberfeld 843, (Becker.)
Vgl. Stuve.

Stueve, Bernardus Albertus: De dysenteria, adjecta historia morbi. Halis Saxonum (1858): Endermann. 21 S. 8°
Halle-Wittenberg, Med. Diss. v. 10. März 1858
Geb. Borgentreich (Westf.; Kr. Warburg) 30. 8. 1832. V.

Stüve, (C. G. A.,) Leitfaden f. den Unterricht in d. Weltgeschichte, besonders in unteren Gymnasial-Classen. 2e neu bearbeitete Aufl. 8. Jena 825, Frommann.

Stüve, C. G. A., Leitfaden f. den Unterr. in d. Weltgeschichte f. d. unteren u. mittl. Gymnasial-Classen. 3., verb. Aufl. (9 B.) 830., 4., verb. A. (9½ B.) 8. Jena 833, Frommann.

Stüve, C. G. A., Leitfaden f. d. Unterricht in d. Weltgeschichte, f. d. unt. u. mittl. Gymnasial-Classen. 5., u. 6. verb. Aufl. 8. (10 u. 9 B.) Jena 837, 41, Frommann. à

—— dass. (Ausg. f. Katholiken.) 8. (10 u. 9 B.) Ebds. 837, 41. à *

Stuve, C. G. A., Leitfaden f. den Unterricht in der Weltgeschichte f. die unteren u. mittleren Gymnasial-Classen. 7., verb. Aufl. 8. (9 B.) Jena 844, Frommann.

Stüve, C. G. A., Leitfaden f. den Unterr. in d. Weltgeschichte f. die untern u. mittlern Gymnasial-Classen. 8. verb. Aufl. 8. (X u. 132 S.) Jena 848, Frommann. — 1. Cursus: Für die unteren u. mittleren Gymnasial-Classen. 9. sorgfältig verb. Aufl. 8. (VIII u. 134 S.) Ebd. 851. ¼ Thlr. — 2. Curs. Für die obern Gymnasial-Classen. 8. (XVIII u. 333 S.) Ebd. 848. ⅔ Thlr.

— Leitfaden für den Unterricht in der Weltgeschichte. 1. Cursus. Für die unteren u. mittleren Gymnasial-Classen. 10. sorgfältig verb. Aufl. Jena 855. Frommann. 8. (X, 134 S.) 7½ ngr.

— — 2. Cursus. Für die obern Gymnasialclassen. 2., mehrfach umgearb. Aufl. Jena 857. Frommann. 8. (XVI, 298 S.) 20 ngr.

Stüve, C. G. A., Leitfaden für den Unterricht in der Weltgeschichte. 1. Cursus. Für die unteren und mittleren Gymnasial-Classen. 11., sorgfältig verb. Aufl. 8. (X und 134 S.) Jena 860, Frommann.

Stüve, C. G. A., Leitfaden für den Unterricht in der Weltgeschichte. 1. Cursus. Für die unteren u. mittleren Gymnasial-Classen. 12. sorgfältig verb. Aufl. Jena 863. Fr. Frommann. 8. (VIII, 136 S.) 7½ ngr.

Stüve, C. G. A., Leitfaden für den Unterricht in der Weltgeschichte. 1. und 2. Cursus. 8. Ebendas.
Inhalt:
Curs 1. Für die unteren und mittleren Gymnasial-Classen. 13. sorgfältig verb. und verm. Aufl. (VIII, 138 S.) 869. 75 Pf.
" 2. Für die oberen Gymnasial-Classen. 3. sorgfältig durchgeseh. und verb. Aufl. (XVI, 308 S.) 870. * M. 2.

— Leitfaden für den Unterricht in der Weltgeschichte. 1. u. 2. Curs. 8. Ebend. 878. n. 2. 75; geb. n. 3. 40
1. Für die unteren u. mittleren Gymnasial-Classen. 14., sorgfältig verb. u. verm. Aufl. (VIII, 136 S.) — 75; geb. n. 1. —
2. Für die obern Gymnasialclassen. 4. Ausg., fortgeführt bis 1877. (XVI, 316 S.) n. 2. —; geb. n. 2. 40

Stueve, C. G. A., de ordine trium Olynthicar. orat., s. Fortlage, J. H. B.

Stüve, Carl, s. Stüve, Karl

Stüve, C. W., und C. Stüve, Geschichte d. Stadt Osnabrück, s. Geschichte 2c.

[F.] Stüve, Ernst August Bertram [aus Osnabrück]: Zur Prozesslegitimation des Testamentsvollstreckers, insbes. gegenüber Ansprüchen der Intestaterben ... Greifswald, Druck v. J. Abel, 1897; 30 S. 8.
Greifswald, Jur. Fak., Inaug.-Diss. v. 1897

Stüve, Gust., Johann Carl Bertram Stüve nach Briefen u. persönlichen Erinnerungen. 2 Bde. gr. 8. Hannover 900. Hahn. n. 9. —; geb. n. 11. —
1. 1798—1848. (VII, 376 S. m. 1 Bildnis.)
2. 1848—1872. (III, 446 S.)

Stüve, Gustav [Hrsg.], s. Stüve, Joh. Karl Bertram: Briefwechsel zw. Stüve u. Detmold in d. Jahren 1848—1850.

Stüve, Johann Eberhard

Stüve, J. E., Beschr. u. Gesch. d. Hochstifts Osnabrück. 8. Hannov. Helwing. 790.

Stüve, Johann Heinrich Christian A. S. 572/26

Exercitatio ad titulum Institutionum de rerum divisione et adquirendo earum dominio.
Göttingen (Schulz) 1763. 28 S.

Gew.: Otto Wilhelm von Wersebe, Johann Heinrich Pratie. 33989

Stüve, J. H. Ch., exercitatio ad titulum institut. de rerum divisione et adquirendo earum dominio. 4. Götting. 763. Vandenhöck u. R. 4 gr

Stüve, Johann Karl Bertram

(Stüve, Joh. K. Bertram), Deutschlands Bedürfnisse. Sendschreiben an einen Frankfurter Reichstagsdeputirten. I. Jena, Frommann, 1850. 45 S. 8°.

Stüve, C., Bemerkungen üb. d. Artikel 165, 166 u. 167 d. Entwurfs zum Strafgesetzbuch f. d. Königr. Hannover. gr. 8. (1 B.) Lüneburg 830, Herold u. Wahlstab.
Aus der „Jurist. Zeitung f. d. Königr. Hannover" abgedruckt.

— Bericht üb. den jetzigen Stand des Gustav-Adolph-Vereins, s. Versammlung, die, der Deputirten rc. des Osnabrücker Gustav-Adolph-Vereins.

Briefwechsel zwischen (Johann Karl Bertram) **Stüve** und (Johann Hermann) Detmold in den Jahren 1848 bis 1850. Hrsg. von Gustav Stüve mit Einl. von Georg Kaufmann. *Hannover & Leipzig: Hahn 1903.* (XLIX, 599 S.) 8° [F.]
— Quellen u. Darstellungen z. Geschichte Niedersachsens. Bd 13. [03-13499

(Stüve, J. K. B.), Das Bündniß der drei Königreiche Preußen, Sachsen und Hannover vom 26. Mai 1849. Ein Wort zur Beherzigung und Verständigung von A. E. Leipzig, F. A. Brockhaus, 1849. 94 S. 8°.

Stüve, Joh. Carl Bertram, für Bürger u. Bauer. Kleine populäre Aufsätze. Ausgewählt v. Gust. Stüve. (XIV, 306 S.) 8. Hannover 904. Hahn. n. 2. —

Stüve, C., actenmäß. Darlegung d. Ergebnisse des wider d. Magistrat in Hannover eingeleit. Untersuchungs-Verfahrens, s. Staatsarchiv, 1. Bd.

Geschichte des Hochstifts Osnabrück von C[arl] **Stüve**. Th. [1]–3 [nebst] Reg. Jena: F. Frommann (Reg.: Osnabrück: J. G. Kisling) 1853–1906. 4 Bde 8° [F.]
[1.] Bis zum Jahre 1508. 1853. 2. Von 1508 bis 1623. 1872.
3. Von 1623 bis 1648. Hrsg. v. Oberl. Dr. C[arl] Stüve in Osnabrück aus d. Nachl. d. Verf. 1882. Reg. bearb. von Prof. Dr. Julius Jaeger. 1906.
Reg. — Mitteilungen d. Ver. f. Gesch. u. Landeskunde von Osnabrück. Bd 30, Beih. [07. 9170

—— Geschichte des Hochstifts Osnabrück bis zum J. 1508. Aus den Urkunden bearb. gr. 8. (XII und 484 S.) Jena 853, Frommann.

—— Geschichte d. Hochstifts Osnabrück. Aus den Urkunden bearb. 2. Thl. 2 Lfgn. Von 1508–1623. gr. 8. (LII, 880 S.) Jena 872. Fr. Fromann. n. 12. — (1. u. 2.: n. 19. —) Subscr.-Pr.: n. 9. — (1. u. 2.: n. 15. —)

—— Geschichte des Hochstifts Osnabrück. 3. (Schluß-) Thl.: Von 1623 bis 1648. Aus den Urkunden bearb. Hrsg. von C. Stüve aus dem Nachlaß des Verf. gr. 8. (335 S.) Jena 882, F. Frommann's Verlag. *
1. und 2. Thl. Ebendas. 1853,72. *M 19.

—— Geschichte d. Stadt Osnabrück, s. Geschichte rc.

—— über d. gegenwärt. Lage d. Königr. Hannover. Ein Versuch Ansichten aufzuklären. gr. 8. (12 B.) Jena 832, Frommann.

—— über d. Lasten d. Grundeigenthums u. Verminderung ders., in Rücksicht auf d. Königr. Hannover. gr. 8. (13½ B.) Hannover 830, Hahn.

Stüve, C., s.: Rost, Maurus, Iburger Klosterannalen.

Stüve, (C. B.), ein Schreiben an seine Wähler in Osnabrück. 2., unveränd. Abdr. gr. 8. (18 S.) Hannover 848, Hahn'sche Hofbuchh. *

Stüve, (Carl Bertram). Ein Schreiben an seine Wähler in Osnabrück. 2. Abdr. Hannover, Hahn 1849. 48 S. 8.

—— kurzgef. Unterricht üb. d. Ablösungsordnung v. 28. Juli 1833 f. d. Osnabrückischen Landmann. gr. 8. (1½ B.) Osnabrück, Rackhorst. 1833.

—— Untersuchungen über die Gogerichte in Westfalen und Niedersachsen. gr. 8. (VIII, 151 S.) Ebendas. 870. *

—— Wesen und Verfassung der Landgemeinden und des ländl. Grundbesitzes in Niedersachsen und Westphalen. Geschichtliche und statist. Untersuchungen mit unmittelbarer Beziehung auf das Königr. Hannover. gr. 8. (XXIII und 321 S.) Jena 851, Frommann. Thlr. *

Stüve, Karl, Politiker u. Historiker, 1798–1872, s. Stüve, Johann Karl Bertram

Stüve, Karl

Stüve: J.Ch. Strodtmann's Rectors des Gymnasiums zu Osnabruck, Historie des Schulwesens und der Akademie zu Osnabrück, von ihrem ersten Anfang an bis auf die gegenwärtige Zeit. 37 S. - Osnabrück Raths.-G., Progr. 1869.

Stüve, Karl [Oberl. Dr.]: Über einige zu Anfang des 15. Jahrhunderts in Osnabrück cursierende fremde Münzen. Osnabrück, Druck v. J. G. Kisling; 1889; S. 1—17; 4°
Osnabrück, Rats-G, OP 1889 (303)

Stüve, Karl (Hrsg.), s. Rost, Maurus: Annales monasterii S. Clementis in Iburg ...

Stüve, Karl [Hrsg.], s. Stüve, Johann Karl Bertram: Geschichte d. Hochstifts Osnabrück. Th. 3.

Stüve, Karl Bertram, s. Stüve, Johann Karl Bertram

Stüve, *Carl Friedrich August Ludwig* Rudolf [app. Arzt]: Nephrotomie und Nephrectomie. E. Zusammenstellg sämtlicher v. Prof. Dr. Küster behandelter Fälle ... Marburg, Univ.-Buchdr. '(C. L. Pfeil)', 1892; 69 S. 8.
Marburg, Med. Fak., Inaug.-Diss. v. [3. Sept.] 1892

Stüve, R., die Tuberkulose als Volkskrankheit u. ihre Bekämpfung. In gemeinverständl. Darstellung. gr. 8. (V, 61 S.) Berlin 901. A. Hirschwald. n. 1. 60

Die Zuckerkrankheit und ihre Behandlung. Von Dr. med. R[udolf] Stüve in Frankfurt a. M. 1.–5. Taus. *Berlin: R. Eckstein Nachf. [1893].* (66 S.) 8°
— Hausbibliothek, Eckstein's Medizinische. Bd 4. 03. 11634

Stüve, R., d. Zuckerkrankheit u. ihre Behandlung, s. a., Eckstein's medizin. Hausbücher, Bd. 4.

Stüve, Wilhelm

Stüve, Guilelmus [Suerinensis Megalopolitanus]: Ad Ciceronis De fato librum observationes variae ... Kiliae, ex offic. H. Fiencke, 1895; 2 Bl., 57 S., 1 Bl. 8.
Kiel, Phil. Fak., Inaug.-Diss. v. [5. Nov.] 1895

Stüve, Wilh. Fr., Diss. inaug. med. de haemorrhagia uteri. 4. Götting. 780. Dieterich. 4 gr.

Ode an den Durchlauchtigsten Herzog und Herrn Herrn Ferdinand, Prinzen zu Braunschweig-Lüneburg etc. unterthänigst überreicht, durch **v. Stuven.** Braunschweig 1763: Keitel. 4 Bl. 4⁰ [Umschlagtit.]
Selten. „Noch einen Helden muss ich singen . . .“ Üb. Ferdinand s. Allgem. Deutsche Biographie Bd. 6 1877 S. 682 bis 690 (Lippe). 65.

Rede, in der sehr ehrw. Frey-Maurer-Loge Jonathan zu Braunschweig, gehalten, den 20. Okt. 1761. [Unterz.:] **v. Stüven.** Wolfenbüttel: Meissner [1761]. 16 S. 4⁰ [Umschlagtit.]
[Beigedr.:] Stüven v.: D. Befreyung Braunschweigs. 1761. 4 Bl.
Kl. 842. Sehr selten. Rede zum Preise des Prinzen Friedrich August, der Braunschweig befreite. 194. 215.

Stüven, H., die Landschaft Moorburg in der Franzosenzeit u. die Kämpfe um die Moorburger Schanze. Zwei Vorträge, am 6. u. 13. XII. 1908 geh. Nebst e. Beigabe v. Adf. Peters u. 1 (farb.) Abbild. aus Knötels Uniformenkunde. (63 S.) gr. 8. Hamburg 909. Weitbrecht & Marissal. 1. —

Stüven, Heinrich, Referendar in Hamburg: Die Höchstbetragshypothek ⟨B.G.B. § 1190⟩. Hamburg 1907: G. Diedrich & Co. (XII, 100 S.) 8° [F.]
Leipzig, Jur. Fak., Diss. v. 8. Juni 1907
[Geb. 4. Sept. 84 Moorburg b. Hamburg; Wohnort: Moorburg; Staatsangeh.: Hamburg; Vorbildung: Gelehrtensch. d. Johanneums Hamburg Reife O. 03; Studium: Jena 1, Leipzig 3, Rostock 1, Leipzig 1 S.; Rig. 16. Juli 06.]

Stüven, Heinrich Jakob (Lüneburg) A. S. 1272/4

Dissertatio medica de catarrho suffocativo.
Präs. Georg Wolffgang Wedel.
Jena (Krebs) X. 1717. 20 S.

Gew.: Christian Timmermann.
W. v.: Präs. 33990

Stüven, Heinrich Jakob (Lüneburg) A. S. 1288/2

Clysteres nutritii et frigidi. Dissertatio publica.
Präs. Johann Jakob Fick.
Jena (Fickelscherr) X. 1718. 23 S. 33991

Stüven, Heinrich Jakob, resp. Ge. Phil. Spangenberg: Phrenitis et paraphrenitis. Jen. 1724. 32 S. 4⁰

Stüven, Heinrich Jakob (Lüneburg) A. S. 1281b/11

Dissertatio inauguralis medica de variolis.
Präs. Johann Adolph Wedel.
Jena (Ritter) 17. V. 1721. 24 S.

Gew.: Stadt Lüneburg. 33992

Stüven, Herm., Darstellung u. Kritik der Grundsätze d. Materialismus. Ein Beitrag zur Bewahrg. u. Erneuerg. d. deutschen Geisteslebens. gr. 8. (66 S.) Hamburg 885. Seippel. n. — 75

Stueven, Hermine, Fremde u. Heimat. (VII, 143 S.) 8. Dresden 905. E. Pierson. n. 2. 50; geb. n. 3. 50

Stueven, Joh. Frdr. Dissertatio historico-critica de vero novi orbis inventore. 8. Francofurti 1714.

Stüwe, Friedrich

Stüwe, Fr., die Handelszüge der Araber unter den Abbassiden durch Afrika, Asien u. Osteuropa. Eine von der Königl. Societat der Wissenschaften zu Göttingen im Januar 1836 mit Auszeichnung gekrönte Preisschrift. Mit 1 Karte. gr. 8. Berlin 836. Duncker u. Humblot. 2 1/3 rf

Stüwe, Wilhelm: Phytoplankton aus dem Nord-Atlantik im Jahre 1898 und 1899. Mit 1 Übersichtskarte u. 1 Doppeltaf. Leipzig: W. Engelmann 1909. 78 S. 8° ¶(Aus: Botan. Jahrbücher f. Systematik, Pflanzengesch. u Pflanzengeogr. Bd 43, H. 4.)
Greifswald, Phil. Diss. v. 8. Juli 1909, Ref. Schütt
[Geb. 7. Juli 75 Gellershagen; Wohnort: Boitzenburg; Staatsangeh.: Preußen; Vorbildung: Gymn. Kreuzburg (O.-S.) Oberprima-Zeugnis O. 97; Studium: Greifswald 10 S.; Rig. 5. Mai 09.] [U 09. 1571

STUWER, S. G.: Erklärung deren Vorstellungen, welche bey Gelegenheit der feyerlichen Handlung, da . . . Graf Franz Zichy von Vásonkö, nach zurückgelegten 50 Jahren Dero Priesterthums, des hochheil. Meßopfer neuerdings entrichtet an einem herrlichen Kunstfeuer angebracht worden. Raab o. J. (1774). Gedruckt bey Greg. Joh. Streibig. 2 f. - 2⁰

Stüwert, Otto, Referendar aus Steglitz b. Berlin: Das Anerbenrecht bei Renten- und Ansiedlungsgütern nach dem Gesetz vom 8. Juni 1896. *Greifswald 1900: J. Abel.* (43 S.) 8° [F.]
Greifswald, Jur. Diss. v. 1900

Stuz, C. Th., Versuch e. Geographie des Königr. Westphalen, f. den Bürger u. Landmann. gr. 8. Frankf. am M. Gebhardt u. K. 810.

Stuziade, s. Stutziade.

Stuzmann, Julius: Die accessorischen Geschlechtsdrüsen von Mus decumanus und ihre Entwicklung. Mit 1 Doppeltaf. Leipzig 1898. (38 S.) 8⁰
(Aus: Zeitschrift f. Naturw., Bd 71.)
Leipzig, Phil. Diss. v. [4. Jan.] 1899.

[F.] Uebungs-Tabelle zum Betriebe des Turnens und des Bajonettirens der Infanterie. Zsgest. nach d. Entwurf z. Turn-Vorschrift v. J. 1894 u. d. Bajonettir-Vorschrift v. J. 1889, f. die Unteroffiziere. Von E. v. **Stwolinski.** 12. Aufl. *Glogau: C. Flemming 1895.* (42 S., 3 Bl.) 1 Bd 8.
[96. 1969

Stwrtnik, August Freiherr von, Feldmarschall-Lieutenant. Zur Feier des fünfzigjährigen Dienst-Jubiläums des Herrn . . . . Am 8. April 1855. (Donation Liechtenstein.) 4. Milano 1855.

Styckl, Franc., Psalmi vespertini. fol. Augsb. Wolf.

Styffe, Knut, Bericht über die neuesten Fortschritte im Eisenhüttenwesen, gesammelt auf der allgemeinen Industrieausstellnng zu Paris 1867 und einer in diesem Jahre unternommenen Reise durch Frankreich und Preussen. Aus Jernkontorets Annalen für 1867 frei übers. und mit eigenen Bemerkungen verm. von P. Tunner. gr. 8. (V, 79 S. mit 4 lithogr. Taf. in qu. 4. und Fol.) Leipzig 868, Felix. *

—— die Festigkeits-Eigenschaften von Eisen und Stahl. Nach C. Sandberg's engl. Ausg. des Werkes deutsch von C. M. Frhr. v. Weber. Mit einer Einführung von M. M. Frhr. v. Weber. Nebst Atlas, enth. 9 (lithogr.) Planotaf. (in qu. Fol.) gr. 8. (XX, 176 S.) Weimar 870, B. F. Voigt.

Styger, K. Schwyzerisches Obstbüchlein. Bericht über die Obst-Ausstellung in Schwyz 1886. Schwyz 1887.

Styger, Martin

Styger, M., geschichtliche Denkwürdigkeiten v. 1798. Zur 100jähr. Erinnerungsfeier an die Heldenkämpfe der Schwyzer gegen die Franzosen. Der Schuljugend u. dem Schwyzervolk gewidmet v. der Regierg. 1898. 8. (72 S. m. Abbildgn.) Schwyz (Dom. Hicklin). n. — 40

Styger, Martin. Die Schlacht am Morgarten 1315. Eine Quellenstudie über die Lage des Schlachtfeldes und den Hergang der Schlacht, als Antwort auf die Frage des Hrn. Dr. J[oseph] Hürlimann im Zuger Neujahrsblatt pro 1905: «Wo liegt Morgarten?» von M' St', Kantonsschreiber in Schwyz. VIII + 99 S. 8. Schwyz, Caspar Triner & Cie., 1905. [fr. 1. —]

Styger, M[artin]: Das Schützenwesen im Lande Schwyz. Schwyz, 1906.

(S[tyger, Martin].) Die Schweizer-Regimenter in königlich neapolitanischen Diensten in den Jahren 1848/49. SA. 8. Schwyz 1888.

Style, Sydney, u. E. **Bombard**, der Positivismus. 2 Abhandlgn. (32 S.) gr. 8. Leipzig 907. O. Wigand. — 60

Styles, Denkwürdigkeiten aus d. Leben Geo. Cannings. A. d. Engl. v. C. W. Asher. 2 Bde. gr. 8. . . . Berlin 828, Reimer. Thlr.

Styles, D. Denkwürdigkeiten aus dem Leben Georg Canning's Aus dem Englischen von D. C. W. Asher. 1. und 2. Band. 8. Berlin 1828—1829.

Stylo, das Provinzialrecht v. Niederschlesien histor.-krit. erläut. Nebst e. Uebersicht d. Oberschles. Provinzialrechts v. Westarp. 8. (36½ B.) Breslau 830, Leuckart.
Vgl. Provinzialrecht, Das,...

Stylo Adolf: Die Abfertigung der griech. Gesandten von Joh. Kochanowski. (Übersetzt). (26). Krakau Anna G. 01. Progr.

Stylo Adolf: Heine und die Romantik. 39. Krakau, Anna G. 00. Progr.

Stylos, Nicolaos B., über den Acetybrenztraubensäureäther, Acetylacetaldehyd, deren Derivate und über die Homologen des Benzoylacetons. Diss. München 1888, Stahelsche Univ.-Buchh. 8°. 39 S.

Stylproben, allerhöchste. 8. (35 S.) Schwerin 849, Kürschner (jetzt: Hildebrand). n. ⅙ ℳ

Stymmel, Chrph., die Studenten. Ein Lustspiel, s. Meyer, F. Hm., Studentica.

Stymmel, Chr. Die Studenten. Ein Lustspiel. Deutsch v. F. H. Meyer. Leipzig 1857.

Stypmann, Franc.: Tractat. de referendariis et eorum officio in legendis Actis. Acc. alia ejusd. opp juridica et politica. (*Stralsund.* 663. 12.) Edit. noviss. *Nordhus.* 704. 8. — Auct. (*Wetzlar.* 729. 4.)

Stypmann, H., u. C. Mohrmann

—— —— neues Rechenbuch, enth. die sogenannten höheren Rechnungsarten. Für Schulen und für den Selbstunterricht. 8. (VIII, 255 S.) Ebendas. 870. *

Stypmann, H., u. C. **Mohrmann**, neues Rechenbuch für Mecklenburgische Schulen. In methodischer Stufenfolge entworfen. 1. Thl.: Das Rechnen mit ganzen Zahlen. Rostock 868. Stiller. 8. (X, 128 S.) n. 7½ ngr.

Stypmann, H., u. C. **Mohrmannn**, neues Rechenbuch f. mecklenburgische Schulen. In method. Stufenfolge entworfen. 1. Thl. 2. nach dem neuen Maaß- u. Gewichts-System umgearb. Aufl. 8. (X, 128 S.) Rostock 872. Stiller. n. — 75; Antworten dazu. (32 S.) n. — 25

Stypmann, H., und C. **Mohrmann**, neues Rechenbuch für gehobene Volksschulen, Bürgerschulen und die untern Klassen der höhern Lehranstalten. In method. Stufenfolge entworfen. 4 Thle. 8. Rostock, [Stiller'sche Hofbuchh.] Schmidt. *
Auflösungen zum 1.—3. Thl. à Thl. * 30 Pf. *

Inhalt:

Thl. 1. 1. Abthl.: Das Rechnen im Zahlenraum von 1—100. 4. Aufl. (S. 1—56.) 880. — 2. Abthl.: Das Rechnen mit großen Zahlen. 4. und 5. Aufl. (IV, S. 57—128.) 880,83. à Abthl. * 50 Pf.
" 2. 1. Abthl.: Die gewöhnliche Bruchrechnung. (S. 1—58.) — 2. Abthl.: Die Decimalbrüche. 2. Aufl. (S. 59—128.) 876. à Abthl. * 50 Pf.
" 3. Die Verhältniß-, Ketten-, Zins-, Rabatt-, Gesellschafts-, Mischungs-, Münz- und Wechselrechnung. 2. Aufl. (130 S.) 880. * ℳ 1.
" 4. Die Flächen- und Körperrechnung und die Gleichung des ersten und zweiten Grades. 2. Aufl. (VI, 80 S.) 880. * 60 Pf.

Stypmann, Heinr., ausführliche Anweisung z. Lese- u. Schreibunterrichte in Verbindung mit der Orthographie. 8. (10¼ B. u. 1 lith. Tab.) Rostock 843, Leopold. *

Styria ter Felix Religione, fertilitate, deliciis. Graecii 1727. V: *Ritter, Joseph.* (Jes) (So)

Styria religione, opibus, gubernatione, literis inclyta . . . Graecii 1739. V: *Rechtenberg, Wolfgang.* (Jes) »1749« (So)

Styrius, C. B.: De liquidi nervei ratione ad vitam et sanitatem. [Präs.:] Andreas Elias Büchner. Halle 1765. 31 S. 4°

Styrmarck, Rud., polit. Geheimnisse. Die Wahrheit üb. die Finanz-Reform. (Volks-Ausg.) (32 S.) 8. Frankfurt a/M. 909. C. F. H. Bothe. — 30

Styrzel, I. Ch., epistolae quaedam selecta ad Hesychium et Rittershusium. 8. Nürnberg. Bauer et M. (Schmidmer.) 767.

Styrzel, J. Ge., epistolae quaedam selectae ad Hoelichium et Rittershusium. Cum notis et vita auctoris et duabus orationibus Konr. Rittershusii de legibus a G. Ph. Strobel. 8. Nürnb. 767. Bauer u. M. (Schmiedmer). 4 gr.

Styfinski, Bruno, die Entdeckung u. der Entdecker Brasiliens. (Zur 400jähr. Jubiläumsfeier.) gr. 8. (VII, 95 S. m. 1 Bildnis.) São Leopoldo 900. W. Rotermund. n. 1. 50

'Frührotlicht.' Tragödie in 3 Aufz. von Eugen **Styx**. Leipzig: Verl. f. Lit., Kunst u. Mus. [1909]. 98 S. 8°

Styx, Martin Ernst

Styx, Mart. E., Descr. anat. nervi cruralis et obturatorii icone illustrata. 40 pp. c. 2 tab. Jen. 1782. 1784. 4°. A. D. B. LXI, 121. A. L. Z. 85, I, 124. Frkf. Wchbl. 82 u. XXXV, 549. *Gruner*, Krit. III, 55. *Baldinger*, Mag. IV, 470.

Styx, Martin Ernst: Descriptio anatomica nervi cruralis et obturatorii... 40 S., gbd., 2 Taf.

Ienae: Cröcker 1784

— Handbuch der populären Arzneiwissenschaft, für die gebildeten Stände in d. nördl. Provinzen Rußlands 2c. 1r Thl. gr. 8. Riga 802. (Klein in Leipz.) 16 gl

— Handbuch d. popul. Arzneywissenschaft, f. d. gebild. Stände in den nördl. Provinzen Rußlands 2c. gr. 8. Riga, Nord. Com. Handl. (Klein in Lpz.) 803.

Handbuch der populären Arzneiwissenschaft,...von Martin Ernst Styx. 2.,unveränd. Aufl. Riga: Nordische Kommissionshandlung 1805. XVI,212 S. 8°

Styx, Mart. E., Handbuch d. populären Arzneiwissenschaft, ist jetzt Verlag von Klein in Leipzig

— üb. die Heilkräfte d. Wandflechte, als neuentdecktes, inländisches Substitut d. Chinarinde. Mit 1 Kpft. 8. Dorpat 817. (38 S.)

— Ideen üb. populäre Arzneikunde. 8. Dorpat 802. (Kummer in Leipz.) 3 gl

— üb. d. Mißbrauch d. Aderlassens. gr. 8. Riga, Müller. 793.

— Rede üb. den geselligen Verkehr der Studirenden mit den gebildeten Ständen, gehalten bei d. feierl. Rectoratswechsel am 15. Sept. 1814. 8. Dorpat. (18 S.)

Styx, Paul (geb. Berlin 6. 6. 1851): Ueber die Einwände, welche gegen die Einführung der Lister'schen antiseptischen Wundbehandlungsmethode in die Kriegsheilkunde erhoben worden sind. Berlin (1876). (32 S.) 8°.

Berlin, Med. Diss. v. 9. Febr. 1876

SVA VICENNALIA rite peragenda indicit Societas Latina. Ienae 1754. Litteris Schillianis. fol.

Suabedissen, David Theodor August

Suabedissen, Dav. Thdr. Aug., († d. 14. Mai 1835.) Aufsätze pädagog. Inhalts. 8. Marb. 804. Krieger. 18 gl

Suabedissen, Dav. Theod. Aug., von d. Begriffe d. Psychologie, ihrem Verhältnisse zu d. andern, besond. d. verwandten Wissenschaften u. d. Erkenntnißweise, die in ihr Statt findet. Eine Abhandl. gr. 8. (5 B.) Marburg 829. [Cassel, Krieger's Brlsh.]

— die Betracht. des Menschen. 1r u. 2r Bd. Betracht. des Lebens des Menschen im Wirken u. Gefühle. gr. 8. Marb. 815, 16. Krieger. 3 rf 3r Bd. Betracht. des leibl. Lebens des Menschen. gr. 8. Leipz. 818. (Cnobloch). 1 rf 12 gl Alle 3 Bde bei Cnobloch 4 rf 12 gl

— Briefe üb. d. Unterschied in d. Erziehung bei Knaben u. Mädchen. 8. Lübeck 806. Niemann. 16 gl

Suabedissen, D[avid] Th[eodor] A[ugust]: Briefe über den Unterschied in der Erziehung der Knaben und der Mädchen. — Lübeck: Römhild 1806. VIII, 142 S. 8°

— Preisschr. Darstell. d. Resultate philosoph. Forschungen üb. die Natur der Erkenntniß wirkl. Dinge. 8. Marb. 804. Krieger. 1 rf 6 gl

Suabedissen, Th. A., Preisschr. Darstell. d. Resultate philosoph. Forschungen über d. Natur d. Erkenntniß wirkl. Dinge. 8. Marb. Krieger. 805. Rthlr.

Suabedissen, (D. Th. A.) zur Einleitung in die Philosophie. gr. 8. Marb. 827. Krieger u. C.

—— die Grundzüge d. Lehre von d. Menschen. gr. 8. (25 B.) Marburg 829. [Cassel, Krieger's Brlsh.]

Suabedissen, Dav. Theod. Aug., die Grundzüge d. Metaphysik. Aus d. Nachlaß d. Verf. gr. 8. (11¼ B.) Marburg 836. [Elwert'sche Univ.-Buchh.]

—— die Grundzüge d. philosoph. Religionslehre. gr. 8. (17¼ B.) Marburg 831. [Cassel, Krieger's Brlsh.]

—— die Grundzüge d. philosoph. Tugend- u. Rechtslehre. Aus sein. Nachlaß. gr. 8. (13 B.) Marburg 839. [Elwert'sche Univ.-Buchh.]

— Philosophie u. Geschichte. 8. Leipz. 821. (Cnobloch). 6 gl

D. Thdr. Ant. **Suabedissen**'s Resultate d. philosoph. Forschungen üb. d. Natur d. menschl. Erkenntn. v. Plato bis Kant; e. gekr. Preisschr. *Marb.*, akad. B. 805. 8° 1 rf 6 gl

— üb. die innere Wahrnehmung; e. Abhandl., welcher die Berliner Akademie den Preis von 50 Ducaten zuerkannt. gr. 8. Berl. 808. (Herbig). 18 gl

— über d. innere Wahrnehmung, e. Abhandl., welcher d. Berliner Akademie den Preis von 50 Dukaten zuerkannt. gr. 8. Berlin, Unger. (Schade.) 808.

— Wiederherstellung d. Christenthums durch Luther. gr. 8. Berl. 818. Reimer. 5 gl

Suabedissen, Th. A., s. Suabedissen, Dav. Theod. Aug.

Suada Polemica. Viennae 1702. V: *Galler*, *Maximilian*. (Jes)

Suadena, P. Don Placidus, Sendschreiben des Wohlehrwürdigen —, Theatiner-Ordens in Prag, an den Hochehrwürdigen Hrn. Gaßner, Bischöflich-Regensburgischen geistlichen Rath und Hof-Kaplan. Prag 775. 8.

Carl Ferdinand **Suadicani**. Schleswig 1824. 8°

Suadicanus, C. F., de remediis praecipuis ad hernias incarceratas. 4. maj. Gött. Dieterich. 774.

Suau, Pierre, S. J., das heiligste Herz Jesu. Was es ist. Was es verlangt. Was es giebt. Ins Deutsche übers. von Irma v. Szivó. gr. 16. (84 S.) Paderborn 898. Junfermann. n. — 50

– Dass., s.a. Suau.

Suan de Varennes, s. Suau de Varennes

Suanberg, I., Exposition des Opérations faites en Lapponie, pour la Détermination d'un arc du méridien an 1801 — 1802 et 1803. gr. 8. Stockholm. (Kummer à Leipzig.)

Suard, Variétés littéraires, ou Recueil des pièces concernant la philosophie etc. IV Vol. 8. Strasbourg, Treuttel et W.

Suard, J. Bt. Ant., s. *Archives* literar.

Suardon, P., Freund Fritz, s.: Masoagni, Pietro.

Suaresii, Ioh. Maria, Notitia Basilicorum, recens. et observat. auxit, Ch. F. Pohl. 8. maj. Lips. Hinrichs. 804.
Fein P.

Suaresii, **Jos. Maria, notitia Basilicorum, recens. et observat. auxit, Ch. F. Pohl. 8maj. Leipz. 804. Hinrichs. 20 gr Fein Pap. 1 ß**

Suarez, Bornemann und Koch, die 3 Männer des preußischen Rechtes. gr. 8. (82 S.) Berlin 875, C. Heymann's Verlag. *
Aus: Deutsche Monatshefte, besonders abgedruckt.

Suarez, s. Dernburg, Heinrich.

Suarez, Schlußverhandlungen b. d. Abfassung d. allgem. Gesetzbuches in d. preuß. Staaten. gr. 8. (..B.) Berlin 838, [Dümmler's Buchh., Berl.]
Aus: Jahrbücher d. preuß. Gesetzgeb., hrsg. von v. Kamptz, 103. Hft., besond. abgedruckt.

Suarez, B. G., und Goßler Unterricht üb. d. preuß. Gesetze, s. Unterricht.

— Unterweisung f. d. Partheyen, s. Unterweisung.

Suarez, Frz., Josephi-Katechismus. Der heil. Josef, nach seinem Leben, seiner Würde und seiner Heiligkeit geschildert. In deutscher Bearbeitung hrsg. von Frz. Hattler. 2. Aufl. 16. (96 S. mit 1 Bild.) Innsbruck 888, Vereins-Buchhandlung und Buchdr. * — 40

Suares, Frs, Summa de Legibus. 4. Augsb. Wolf.

— Summa de Religione. 4. ibid.

— Theologia summa. II Tmi. fol. Cöln. (Wolf, Augsb.) 732.

— Summa de Virtutibus theologicis. 4. Ingolstadt. (Wolf, Augsb.) 740.

Suárez, Freder. González, Manual del devoto del santisimo sacramento. 3. ed. gr. 16. (XXI, 138 S. m. Titelbild.) Freiburg i/B. 899. Herder. Geb. in Halbleinw. n. — 80; in Leinw. n. 1. —; m. Goldschn. n. 1. 20

— Recuerdos de viaje ó cartas acerca de Roma, España, Lourdes y Colombia. 2. ed. Adornada con el retrato de autor y 42 grabados. 12. (XII, 203 S.) Ebd. 901. n. 1. 60; geb. in Leinw. n. 2. 24

Suarez, Karl Gli., († d. 14. Mai 1798.) s. 1) Bemerkk. üb. die schles. Landschaft. 2) Briefwechsel üb. die Justizreform. 3) Samml. alter u. neuer schles. Provinzialgesetze. 4) Unterricht üb. die preuß. Gesetze. 5) Unterweisung f. die Partheien.

—— amtl. Vorträge bei d. Schlußrevision d. allgem. Landrechts. 8. (..B.) Berlin 833, [Dümmler's Buchh., Berl.]
Aus: Jahrbücher d. preuß. Gesetzgeb., hrsg. von v. Kamptz, 81. Hft., besonders abgedruckt.

SUARGIUR, H. O. P. de (ps.), Tolle Geschichten, oder Armors (sic!) Irrwege zum Tempel der Wollust, von —. Amsterdam, 1884. 8°. 63 S. Lat. Lett. Bereits sehr rar!

***Suasso*, D. L., morborum exanthematicorum descriptionis, tabularum forma ordinatae, IV Spec. Amsterd. 809—15. (Sülpke). 4 ß 8 gr (Specim. I. Variolarum atque vaccinarum decurs. et curat. exhibens. 1 ß 4 gr Specim. II. Varicellae atque scarlatinae decursum et curationem exhibens. 1 ß 4 gr Specim. III. Rubeolarum atque morbillorum decurs. et curat. exhibens. 1 ß Specim. IV. Miliariae atque esserae decursum et curationem exhibens. 1 ß)**

[F.] Das heiligste Herz Jesu ... v. P. Pierre Suau, S. J. ... Ins Deutsche übs. ... v. Irma v. Szivó. *Paderborn: Junfermann 1898.* (84 S.) 1 Bd 8. [98. 8099

– Dass., s.a. Suan.

BRÜSSEL. — Suau de Varennes, Die Geheimnisse von Brüssel. Frei nach d. Französ. des — von Heribert Rau. 2 Thle. Frankfurt a. M., Oehler, 1844—45. 8°. (2 Rthl.) (1 fl. 20 xr. Gilhofer & Ranschburg, Wien, c. 1890.)
— — Dasselbe, deutsch bearbeitet von Ludwig Hauff. 13 Bdchn. Stuttgart 1846—47. 12°. (1 Mk. 50 Pfg. M. Edelmann, Nürnb., 1904; 5 Mk. Ernst Geibel, Hannov., 1907.)
Orig.: Les Mystères de Bruxelles. 5 vols. Francf. 1844. 8°. (2 Mk. Lehmann & Lutz, 1884.)

Suau de Varennes, (ehemal. Seeoffizier,) die Pariser Matrosen. Seeroman. Nebst einem Vorwort von Eugen Sue. Frei übersetzt von Fd. Heine. 3 Bde. 8. Leipzig 843, Kollmann. 3 1/4 ß

— les Mystères de Bruxelles. Tom. I. II. 8. Frankfurt a/M. 844, 45, Oehler. à 2/3 ß

— dass. Deutsch. Frei nach dem Französ. von Heribert Rau. 1. 2. Thl. 8. Ebend. 844, 45. à 1 ß

Suau de Varennes, Mysterien von Brüssel, siehe: Ausland, das belletristische, 801—808. Bdchn.

Subak, Ernst, erotische Ästhetik. Ein Versuch. (79 S.) 8. Berlin 908. E. Hofmann & Co. 1. 80

Subak, Julius: Die Coniugation im Neapolitanischen. 8 (S. 3—22).
Progr. I. Staatsrsch. in dem II. Bezirke *Wien* 1897.

Subak Julius: Zum heutigen Stadtdialekt von Neapel.
H. 1897 PN 1042 **Diss. Wien, Univ.** **2239**

Subak, Julius, aus Trebitsch '(Oesterreich)': Untersuchungen über stereoisomere Methylbenzhydroximsäuren. Uster-Zür. A. Gull Dr. 1894. 30 S., 1 Bl. 8°.
Zürich, Phil. Diss. [v. 8. Oct. 1894].

Subak, Walter: Über Kondensation von Isobutyraldehyd mit *m*-Oxybenzaldehyd und *m*-Äthoxybenzaldehyd. S. 111. IIb. 1123.
Separatabdruck

Subaltern, der, oder: Das Tagebuch eines britt. Officiers. Nach d. Engl. frei bearb. von G. Nagel. 8. Hannov. 829. (Hahn). 1 ß 12 gr

Subaltern-Beamte, der preußische, im Justizdienste. Ein Lehr- u. Handbuch zur Vorbereitung auf das Dienstexamen u. zum Nachschlagen in allen in der Dienstpraxis vorkommenden Fällen. Von einem preuß. Beamten. 1.—10. Hft. gr. 8. Leipzig 845, 46, Naumburg. à 1/2 ₰

Subaltern-Beamte, d. Preußische, im Justizdienste. Ein Lehr- u. Handbuch zur Vorbereitung auf das Dienstexamen u. zum Nachschlagen in allen in d. Dienstpraxis vorkommenden Fällen. Von einem Preußischen Beamten. 11—17. Hft. gr. 8. (3. Bd. S. 353—512. 4. Bd. VI u. 176 S. VI. Bd. 432 S.) Leipzig 847. 48, Naumburg. à 1/2 ₰ (1—17: 8 1/2 ₰)

Subaltern-Offiziant, der Preuß., od. Samml. der die Anstellung, Beförderung, Besoldung, Pensionirung u. übr. Verhältnisse d. höh. u. nied. Subaltern-Beamten betreff., bis zum Monat Juli 1834 bekannt geword. Vorschriften. Von e. Beamten. 1. Aufl. (5 1/4 B.) 832., 2., mit vielen Nachträgen verm. A. (6 1/4 B.) 8. Leipzig 834, Wienbrack.

Subano, E., die Universität zu Prag, Deutschlands erste Hochschule, s.: Zeit- u. Streitfragen, brennende.

Subbotič, J.

— authent. Darstellung der Ursachen, der Entstehung, Entwickelung u. Führungsart des Krieges zwischen den Serben u. Magyaren im J. 1848. 8. (28 S.) Gbd. 849. n. 4 ngl

Subbotić, J., Darstellung der Rechtsverhältnisse der serbischen Nation in Ungarn u. deren Petition vom 1. u. 3. Mai 1848. 8. (32 S.) Agram 849, Suppan. n. 4 ngl

— einige Grundzüge aus der Geschichte der serbischen Literatur. 8. (56 S.) Wien 850, Wenedikt. n. 8 ngl

Subbotic, Dr. Ivan, Srbska citanka za Gymnazie. Ol — —. I. Knjiga za 1 i 2 nižu Klassy. 8. (322 S. 1 Bl.) U Becu. (Serbisches Lesebuch für die Gymnasien. I. Buch für die 1. und 2. untere Klasse.) Preis 37 kr. C. M.
Verlag der Schulbücher-Verschleiß-Administration. 1855.

Subbotic, Dr. Jovan, Cojetnik srbske slovesnosti. Citanka za vyse Gymnazie u Austrii, sastavio — —. I.—II. svezak. 8. (572 und 582 S.) U Becu. 1853. (Blumengarten der serbischen Literatur. Lesebuch für die Ober-Gymnasien in Oesterreich.) Preis eines jeden Theiles 1 fl. 2 kr. CM.
Verlag der Schulbücher-Verschleiß-Administration.

Subbotic, Dr. J., Spomenici stare jugoslavenske knjizenosti. Slozeni po — — 8. (58 S.) U Becu. 1853. (Denkmähler der alten südslavischen Literatur.) Preis 10 kr. C. M.
Verlag der Schulbücher-Verschleiß-Administration.

Subdetul-Chakaik. Sammlung auserwählter Documente aus den türkischen Staats-Archiven. Ein Beitrag zu der Geschichte des russisch-türkischen Krieges von 1877—1878. Deutsch von A. von Drygalski, Prèmierlieut. a. D. gr. 8. Berlin 1880.

Schneidermeister Sube. (Cassel: J. G. Oncken Nachf. [um 1900].) (4 S.) 8⁰
([Traktate d. Christl. Traktat-Gesellschaft.] Neue Serie. No 103.)

Süberkrub, Dem Herrn Johannes, und seiner würdigen Gattinn zum 25jährigen Hochzeitsfeste den 3. Jun. 1824. Hamb. V: *Klefeker, Bernhard.* (schr)

Šubert, F. A., Hans Wierauer. Drama in 5 Aufzügen. Autoris. Uebersetzg. v. Ed. Grün. 8. (VII, 122 S.) Leipzig 887. Wartig's Verl. n. 2. —

Šubert, Fr. Ad., Das Königliche Böhmische Landes- und Nationaltheater in Prag. 8 (31 S.) Prag: Böhm. Nationaltheater 1892. —.20

Subert, Fr. Ad. [Fr. Ad. Schubert.] Das böhmische National-Theater in der ersten internationalen Musik- u. Theater-Ausstellung zu Wien im J. 1892. Lex.-8. (258 S.) Prag 892, (Urbánek). * 3 —

Die Geheimnisse der Inquisition. Von V. v. Féréal [d. i. Mme de Suberwick.] Aus d. Franz. von L. Meyer. Th. 1—8. Leipzig: Wigand 1845. 8⁰
1. 130 S.; 2. 139 S.; 3. 127 S.; 4. 147 S.; 5. 145 S.; 6. 157 S.; 7. 154 S.; 8. 160 S.

Die Geheimnisse der Inquisition und anderer geheimer Gesellschaften Spaniens. Von V. von Féréal [d. i. Mme de Suberwick]. Mit histor. Anmerkungen von Manuel von Cuendias. Aus dem Franz. übers. von A. Diezmann. 3. Aufl. Mit 10 Holzschnitten. Leipzig: Teubner 1862. VI, 698 S., 10 Taf. 8⁰.

Subhádra Bickshu, buddhistischer Katechismus zur Einführung in die Lehre d. Buddha Gáutama. Nach den heil. Schriften der südl. Buddhisten zum Gebrauche f. Europäer zusammengestellt u. m. Anmerkgn. versehen. 8. (88 S.) Braunschweig 888. Schwetschke & Sohn. n. 1. —

Buddhistischer Katechismus zur Einführung in die Lehre des Buddha Gótamo. Von Subhadra Bhikschu. 7. Aufl. — Berlin: C. A. Schwetschke & Sohn 1902. (VII, 85 S.) 8⁰

Subhadra. Buddhistischer Katechismus zur Einführung in die Lehre des Buddha Gotamo. 8.—11. Taus. (VII, 85 S.) 8. Leipzig 908. M. Altmann. 1.—; geb. 1.80

Subhastations-Anzeiger für das Deutsche Reich. Berlin: Voigt 1891—(1902). 8⁰
Red.: Hermann Voigt.

Subhastations-Ordnung

—— die bayerische, vom 23. Febr. 1879, mit der dieselbe abändernden Novelle vom 29. Mai 1886 zu einem Ganzen vereinigt. [Mit erläut. Noten und systemat. Register.] 8. (156 S.) Bamberg 886, Buchner'sche Buchh. 1 20
Aus: Bayerns Gesetze und Gesetzbücher, besonders abgedruckt.

— für das Königreich Bayern. Gesetz, die Zwangsvollstreckung in das unbewegliche Vermögen wegen Geldforderungen betr. vom 23. Febr. 1870. Mit einem Sachregister. 8. (61 S.) Würzburg 879. Stahel. n. — 70

Subhastationsordnung für das Königreich Bayern. 2. und 3. Lfg. 8. Würzburg, Stahel'sche Universitäts-Buchh. — 60
Inhalt:
Lfg. 2. Abänderungen der Bestimmungen über die Zwangsvollstreckung in das unbewegliche Vermögen. Gesetz vom 29. Mai 1886. (S. 63—91.) 886. 40 Pf.
" 3. Vollzugsvorschriften. Bekanntmachungen des k. Justiz-Ministeriums vom 16. Novbr. und 6. Dezbr. 1886. (S. 93—105.) 888. 20 Pf.
1. Lfg. Ebendas. 1879. 70 Pf.

Subhastations-Ordnung. Vom 15. März 1869. gr. 8. (32 S.) Königsberg 869, Hartung'sche Druckerei. * — 20

Subhastations-Ordnung, die, vom 15. März 1869 und das Gesetz, betr. die Zwangsvollstreckung in das unbewegl. Vermögen vom 4. März 1879. 2. Aufl. 8. (36 S.) Berlin 880, v. Decker's Verlag.

—— die preußische, vom 15. März 1869. gr. 8. (26 S.) Königsberg 869, Beyer. — 30

—— dass. — vom 15. März 1869. gr. 8. (31 S.) Berlin 869, v. Decker'sche Geh. Ober-Hofbuchdr. — 15

—— dass. — vom 15. März 1869 nebst Kosten-Tarif ergänzt und erläutert aus den Materialien, der Rechtslehre und der allgemeinen Justiz-Ministerial-Verfügung vom 20. März 1869. gr. 8. (III, 66 S.) Berlin 869, C. Heymann's Verlag. 1 —

—— dass. — für diejenigen Landestheile, in welchen die allgemeine Gerichtsordnung Gesetzeskraft hat, mit Ausnahme der Gebietstheile des vormal. Königr. Hannover vom 15. März 1869. gr. 16. (34 S.) Breslau 869, Kern's Verlag. — 30

Subhastations-Ordnung, die preußische, für die Landestheile der preuß. Monarchie, in welchen die allgemeine Gerichts-Ordnung Gesetzeskraft hat, mit Ausnahme der Gebietstheile des vormal. Königr. Hannover. 1. und 2. Aufl. gr. 8. (31 S.) Elberfeld 869, Lucas. *

— — Königsberg 869. Theile. gr. 8. (26 S.) 3 ngr.

Subhastations-Ordnung f. die Rheinprovinzen, gegeben zu Berlin d. 1. Aug. Aug. 1822. gr. 8. Köln, Du-Mont-Schauberg. 2 gr.

Subhastations-Ordnung, die, der Königl. Preuß. Rheinprovinzen vom 1. Aug. 1822 in Verbindung mit dem Inhalte der sich auf dieselbe bezieh. Entscheidgn. der Königl. Landgerichte, des K. App.-Gerichtshofes u. des K. Revisions- u. Cassationshofes bearb. u. m. Anmerkgn. vers. v. A. Joesten. 16. (56 S.) Crefeld 849, Gehrich & Co. 1/2 rf

Subhastations- u. Kaufgelder-Liquidations-Prozeß, der preuß., in systemat. Zusammenstellung d. gelt. Gesetze u. bis z. J. 1835 erlass. Ministerialrescripte, welche hinter jedem koncernenten Gesetzes-Paragraphen wörtl. extrahirt sind. Von e. prakt. Juristen. 8. (6 1/2 B.) Breslau 836, Leuckart.

Compte-rendu d'une découverte importante en fait de numismatique musulmane publié en langue turque par SUBHI BEY, traduit de l'original par OTTOCAR DE SCHLECHTA. Leipzig 1862. Imprimerie G. Kreysing. (In Comm. bei F. A. Brockhaus' Sortiment.) 8°.

Subic, Simon

Subic, S., physikalische Abhandlung über die Zusammensetzung fortschreitender und drehender Bewegungen und ihre Anwendung zur Erklärung der Aberration des Lichtes, des Foucault'schen Pendelversuches etc. gr. 8. (56 S. mit eingedr. Holzschn.) Pest 860, (Heckenast's Verlag.) Thlr.

Subic, S.: Über den Begriff d. Temperatur. Wien 1864.
Schul-/Univ.-Schrift

Subic, S., über die absolute Grösse der inneren Arbeit, des Aquivalentes der Temperatur, und über den molecularen Sinn der specifischen Wärme. Lex.-8. (24 S.) Wien 863, (Gerold's Sohn.) *
Aus: Sitzungsberichte der k. Akademie der Wissenschaften, besonders abgedruckt.

Šubic, Simon: Über die absolute Größe der inneren Arbeit, des Äquivalentes der Temperatur und über den molekularen Sinn der spezifischen Wärme. S. 48. II. 62.
Separatabdruck

Subic, S., Grundzüge einer Molekular-Physik und einer mechanischen Theorie der Elektricität und des Magnetismus. gr. 8. (XII und 208 S.) Wien 862, Braumüller. *

Šubic, Simon: Grundzüge einer Molekularphysik und einer mechanischen Theorie der Elektrizität und des Magnetismus. S. 46. II. 46.
Separatabdruck

Subič: Der Hebel und die Kräftenpaare. 44 S. 8°. – Wien OR. R., Progr. 1862.

—— Lehrbuch der Physik für die unteren Klassen der Gymnasien und Realschulen. gr. 8. (XI und 276 S. mit eingedr. Holzschn.) Pest 861, Heckenast's Verlag.

—— dass. — Für Ober-Gymnasien und Ober-Realschulen. gr. 8. (XV und 507 S. mit eingedr. Holzschn.) Ebendas. 861.

—— Lehrbuch der Physik für Ober-Gymnasien und Ober-Realschulen. 2., verm. und verb. Aufl. gr. 8. (VIII und 695 S. mit eingedr. Holzschn.) Pest 867, Heckenast's Verlag.

— Lehrbuch der Physik f. Ober-Gymnasien u. Ober-Realschulen. 3. umgearb. u. verb. Aufl. gr. 8. (XVI, 720 S.) Ebend. 874. n. 9. —

Subic, S., Lehrbuch der Physik für Unter-Realschulen. gr. 8. (VIII, 304 S. mit eingedr. Holzschn.) Pest 871, Heckenast.

Šubic, Sim., Manometer-Hygrometer. Lex.-8. (22 S. mit 3 eingedr. Holzschn.) Wien 876, (Gerold's Sohn.) * — 40
Aus: Sitzungsberichte der k. Akademie der Wissenschaften, besonders abgedruckt.

Šubic, Simon: Manometer-Hygrometer (mit 3 Holzschnitten). S. 73. II. 531.
Separatabdruck

Subjekte u. Objekte. Eine öffentl. Anklage wider Professor Dr. Ziemssen u. Andere. 8. (47 S. m. 3 Abbildgn.) Lpz. 892, M. Voigt Verl. — 50
Aus: Natur- u. Volksarzt, besonders abgedruckt.

— dasselbe, 2. Aufl., s.: Koch, ärztliche Versuche an lebenden Menschen.

Subirge, G. E., Choral-Melodien zu den Liedern des Gerhard'schen, des Stolzenburger, als auch des neuen evangelischen Kirchen- u. Haus-Gesangbuches, nebst einem Anhang, enthaltend die evangelische Kirchen-Liturgie u. andere gebräuchliche Responsorien. 2. sehr verm. Aufl. Waldenburg 862. Melzer. gr. 8. (IV, 64 S.) n. 4 ngr.

Subisio, Celsissimo Principi, Insularum Gubernatori. Ode. S. l. 17?? V: *Kauffmann, Nicolaus.* (Jes)

Subke, Alb., Graphic shorthand (System Gabelsberger-Richter), s.: Reuter's Bibliothek f. Gabelsberger-Stenographen.

Subkis, Solomon: Der Einfluss der Koppelung bei langsamen ungedämpften Schwingungen. Leipzig: J. A. Barth 1910. 31 S. 8° ¶ Aus: Jahrbuch d. drahtlosen Telegraphie u. Telephonie. Bd 5. 1911.
Braunschweig, Dr.-Ing.-Diss. v. 29. 7. 1910

Subkow, L., über den Einfluss der Alkalien auf d. zur Ausscheidung gelangende Harnsäuremenge u. die Bedingungen der Harnsäurezersetzung im Säugetierkörper. Experimentelle Untersuchgn. (87 S. m. 1 eingedr. Kurventaf.) gr. 8. Rostock 909. H. Warkentien. 2.—
Sonderabdr. aus: „Sitzungsber. u. Abhandlg. der naturforsch. Gesellsch. zu Rostock".

Submissions-Anzeiger. Centralblatt f. öffentl. Ausschreibgn. Offertenblatt der Maschinen-, Eisen-, Bau- etc. Industrie. Red.: Rob. Gruner. 1. Jahrg. Apr. 1893—März 1894. 104 Nrn. (1/2 Bog.) gr. 4. Leipzig, C. F. Gruner. n. 4.—

Submissions-Anzeiger (mitteldeutscher). Anzeiger u. Offertenblatt f. d. Bau-, Maschinen-, Eisen-, Montan- u. Holz-Industrie, Eisenbahnbedarf, Werkstattsmaterialien etc. Vacanzen-Anzeiger. Red.: Rob. Gruner. 2.—5. Jahrg. 1895—1898. à 104 Nrn. (Bog.) gr. 4. Leipzig, C. F. Gruner. à Jahrg. n. 10.—
Kann auch vierteljährlich bezogen werden.

Submissionsanzeiger, Allgemeiner. Stuttgart: A. Lindheimer 1874–(1902). 8⁰

Submissions-Anzeiger, deutscher, für Eisenbahn-, Post-, Heer-, Marine-, Landbau-, Hochbau-, Wasserbau-, Berg-, Hütten-, Salinen- und Forst-Wesen. Submissions-Organ für Reichs- und Staatsbehörden. Redact.: A. Selle. 1. Jahrg. April 1882 bis März 1883. 52 Nrn. (à Nr. 1—1½ Bog.) Fol. Hagen, Risel und Comp. *
Nicht weiter erschienen.

Strassburger Submissions-Anzeiger für das Deutsche Reich. Strassburg: Steinbrecht (sp. Verlag der Neuesten Nachrichten) 1871–(1900). 4⁰
Red.: F. Leineweber; sp. H. L. Kayser.

Submissions-Anzeiger, Strassburger, f. das Deutsche Reich. Centralblatt öffentl. Ausschreibgn. der Eisenbahn-, Bau-, Forst-, Militär- u. Gemeindebehörden. Red.: F. Leineweber. 18. Jahrg. 1889. 104 Nrn. (2 B.) Fol. Strassburg, Steinbrecht. n. 12.—

— Strassburger, f. das Deutsche Reich. Centralblatt öffentl. Ausschreibgn. der Eisenbahn-, Bau-, Forst-, Militär- u. Gemeindebehörden, Publicationsorgan der südwestl. Baugewerks-Berufsgenossenschaft. Red.: Felix Leineweber. 20. Jahrg. 1891. 10 Nrn. (2 Bog.) Fol. Strassburg i/E., H. Steinbrecht. n. 16.—

— dasselbe. 21. u. 22. Jahrg. 1892. 1893. à 156 Nrn. (2 Bog.) gr. 4. Ebd. à Jahrg. n. 16.—

— Strassburger, f. d. Deutsche Reich. Centralblatt öffentl. Ausschreibgn. der Eisenbahn-, Bau-, Forst-, Militär- u. Gemeindebehörden. Publicationsorgan d. südwestl. Baugewerks-Berufsgenossenschaft. Red.: H. L. Kayser. 24.—26. Jahrg. 1895—1897. à 156 Nrn. (à 2 Bog.) gr. 4. Strassburg, Neueste Nachrichten, A.-G. à Jahrg. n. 16.—

Submissions-Blatt, bayerisches. Central-Organ f. alle öffentl. Verdinggn., Versteigergn., Verkäufe u. Verpachtgn. 1.—3. Jahrg. Juli 1900—Juni 1903. à 52 Nrn. gr. 4. (à ca. 4 S.) München, C. Haushalter. à Jahrg. n. 8.—

Submissions-Blatt, bayerisches. Central-Organ f. alle öffentl. u. privaten Verdinggn., Versteigergn. Rundschau f. das gesamte prakt. Baugewerbe. 4. Jahrg. Juli 1903—Juni 1904. 52 Nrn. (à ca. 4 S.) gr. 4. München [C. Haushalter]. Verlag d. süddtsch. Bauhütte. n. 8.—
Fortsetzg., s.: Bauindustrie, süddeutsche.

Submissionsverfahren, das heutige, u. sein verwerflicher Druck auf die Arbeiterverhältnisse als Ursache der gegenwärtigen Arbeiter-Strikes. Von e. Fachmanne. gr. 8. (23 S.) Hamburg 871. Hoffmann & Campe. Verl. — 25

Suboff, N.: Die Ausziehung der dritten Wurzeln aus Strecken mit Hülfe der Cissoide. (Berlin 1874). 4⁰

Subotić, Duschan, aus Ramaća (Serb.): Die Unterschlagung nach dem serbischen Strafgesetzbuch. Borna-Leipzig 1904: R. Noske. (VIII, 72 S.) 8⁰
Leipzig, Jur. Diss. V. 1904

SUBOTIĆ, Kamenko: I. Über kritische Schriften und Quellen für das erste Jahrhundert der neueren Geschichte der Serben. II. Über die Ursachen und die Zeit der Übersiedlung der Serben unter dem Patriarchen Crnojevis. — 1894. 44, 41 Bl. Diss. Graz, Univ.

v. Subow, Graf Dmiti, Beschreib. der Branntwein-Destillation u. Maische-Bereitung vermittelst der Wasserdämpfe. Mit 4 Kpf. gr. 8. St. Petersb. 819. (Leipz., Fr. Fleischer). 1 ℛ 8 gℊ

Subow, Pet. A., das Handels-, Wechsel-, Konkurs- u. Seerecht Bulgariens, s.: Handelsgesetze, die, d. Erdballs. (Schichmanow, Milan St.)

Subow, Pet. A., das Handels- usw. Recht Bulgariens, s.: Schischmanow, Milan St.

Subow, Wladimir Graf: Düngewirkung des Kochsalzes im Vergleich zu Chlorkalium bei Futterrüben mit besonderer Berücksichtigung der Kali-, Natron- und Chlor-Aufnahme. Halle a. S. 1910: Hohmann. 61 S. 8°
Halle, Phil. Diss. v. 14. Sept. 1910, Ref. Wohltmann
[Geb. 8. Okt. 87 Schaulen; Wohnort: Schaulen; Staatsangeh.: Rußland; Vorbildung: Gymn. Schaulen Reife O. 05; Studium: Halle 4, Berlin 3, Halle 3 S.; Rig. 4. Aug. 10.] [U 11. 1909

Subscription der Freymäurer für das [!] Armuth. Dresden, am 17. Jenn. 1772. [Dresden 1772.] 29 S. 8° [Kupfertit.]
Abgedr. in: Gesammlete Nachrichten von d. Armen-Einrichtungen d. Frmr in Chursachsen. 1775 S. 1—22.
Auszug i. franz. Übers. in: Almanach des francs-massons. 1773 S. 43—48.
Kl. 383. Veranlasst durch die Not im Erzgebirge.

Subsidia miscellanea historiam et jurisprudentiam ecclesiasticam Coloniensem praecipue illustrantia. Bonnae s. a. V: *Hedderich, Philipp.* (KGBerlin I, 1342)

Die drey vollständigen Subsidien-Tractaten, welche zwischen Sr. Großbritannische Majestät eines Seits, und dem Durchlauchtigsten Landgrafen von Hessen-Cassel, dem Durchlauchtigsten Herzoge von Braunschweig und Lüneburg, und dem Durchlachtigsten Erb-Prinzen von Hessen-Cassel, als regierenden Grafen von Hanau, andrer Seits, geschlossen sind.
Englisch und Teutsch.
Frankfurt-Leipzig. 1776. 31 S. 4⁰.
Niedersächsisches Staatsarchiv Wolfenbüttel

Subsidiis (De diversis) publicis, dissertatio. 8⁰. s. l. 1792.

Subsidium Memoriae pro Historia Imperii Orientalis . . . Graecii 1736. V: *Andrian, Carl.* (JES)

Substantial-Inhalt, Epitomirter, des bey höchstpreislichem K. Reichshof-Rath den 6. Juni 1739 ... übergebenen Libelli reuisorii ... O. O. 1739. V: *Schmidt, Johann Lor.* (Holz)

Substanz einer vorläufigen Aeusserung der Chur-Böhmischen Comitial-Gesandtschaft auf den Nachtrag zu der von Ihro Königl. Majestät von Preussen und Churfürstl. Durchlaucht zu Brandenburg d. 3. Juli 1778 an Ihre hohen Mitstände des deutschen Reichs gethanenen Erklärung über die baierische Successions-Angelegenheit nebst einer Defense en revers. Regensburg 1778. 4. 6 S.

Substanz eines Königl. Französ. Circular-Rescripts an die auswärt. Ministros vom 12. Sept. 1756. Nebst Declaration des Hrn. Baron von Kniphausen, Königl. Preuss. Ministers in Paris, im Sept. u. der Declaration des Grfn. von Golofkin, Ambassadeurs Ihr. Maj. der Kayserin, im Haag vom 13. Sept. 1756. 4.

Substitut, Der, des Behemot, oder Leben und Meinungen des kleinen Ritters Tobias Rosemond. ... Bagdad [Hamb.] 1796. V: *Riem, Andreas.* (BGE) (Wr) (Ky) (GGr) (MGT)

Substitut, der, des Behemot, (von Andr. Riem). 3 Thle. 8. Hamb. 796. Herold jun.) 2 ∱ 16 gr (3r Thl. A. u. d. T.: Gräfin Infernale. 1 ∱ 4 gr)

Substitut, der, d. Behemot. 3 Thle. 8. (Vollmer in Hamb.) 796. (1r u. 2r 1 Rthlr. 12 gr. 3r od. Gräf. Infernale 1 Rthlr. 4 gr.)

— der, v. Craman, eine auf wirkliche Begebenheiten gegründete Geschichte. a. d. Engl. 2 Thle. 8. Leipzig, Weidmann. 778.

— der, von Cramann, Geschichte von e. Geistlichen d. englisch. Kirche, der keine Pfarre hat; aus d. Engl. 2 Thle. 8. Leipz. 778. Weidmann. 10 gr

(F) **Substitutionsvollmacht** mit dem neuen Advokatentarif. Verordnung des Justizministeriums vom 3. Juni 1909, RGB. vom 10. Juni 1909, Nr. 82. 16°. (49 S.) geb. K 1
Wien: Schöpperl 1909.

Subtilitaet, Die verarmte, von Franckreich. Worinn angewiesen, daß Franckreich unter Ludwig dem XIV. die gröste Helden-Thaten mit diamantinischen Schwerdtern, silbern Kugeln, und guldenen Eridinischen Aepffeln verrichtet, und dessen Fatum den Spannischen gleich seyn werde. O. O. 1702. 24 S. 4°. Kart. 25.—
Gegen die Politik Ludwigs XIV. S. 22—24 ein Auszug aus dem angeblichen Teufelspakt des Herzogs von Luxemburg. Kippenberg, Luxemburg. Nr. 66. Vgl. Nr. 1628.

Subvention de l'école primaire publique par la Confédération. 8. [Berne, C.-J. Wyss.]
Message du Conseil fédéral. (Du 18 juin 1901.) 28 p. 1901.
Message du Conseil fédéral. (Du 17 mai 1902.) 4 p. 1902.
Arrêté fédéral. (Du 4 octobre 1902.) (2 p.) 1902.

Subvention fédérale au canton de St-Gall pour le parachèvement des canaux d'assainissement de la vallée du Rhin. 8. [Berne, C.-J. Wyss.]
Message du Conseil fédéral concernant l'allocation d'une subvention.... (Du 23 juillet 1901.) [Avec 1 carte.] 18 p. 1901.
Arrêté fédéral allouant une subvention.... (Du 19 décembre 1901.) (3 p.)

Subventionsgesuch des Kantons Bern für die doppelspurige Anlage des Lötschberg-Tunnels (an den schweizerischen Bundesrat. 1906 Dezember 31). II + 25 S. fol. Bern, R. Suter, [1907].

gli ultimi Successi di Alberto di Waldstein narrati degli ambasciatori veneti. Wien 1862.

Successio

Sucessio genealogica Imperatorum et regum Europae ... Graecii 1729. V: *Andrian, Carl.* (Jes)

Sucessio genealogica S. R. I. Principum ... Graecii 1730. V: *Andrian, Carl.* (Jes)

Successio genealogica Principum Italiae... Graecii 1730. V: *Andrian, Carl.* (Jes)

Schleswig-Holstein Succession. Official Documents. o.O. (1864.)

Successions-Ansprüche, die Großherzoglich Oldenburgischen, auf Schleswig-Holstein. Kurzgefaßte Analyse der dem hohen Bundestage vorliegenden Oldenburgischen Denkschrift aus zuverlässigster Quelle. (Abdr. aus der Neuen Halleschen Zeitung.) Halle 864. Fricke. gr. 8. (15 S.) 3 ngr.

Successions-Ansprüche, die großherzoglich Oldenburgischen, auf Schleswig-Holstein. Kurzgefaßte Analyse der dem hohen Bundestage vorlieg. Oldenburg. Denkschrift. 1. Aufl. 1864. und 2., erweit. Aufl. gr. 8. (16 S.) Halle 865, Fricke.

Successionsbewegung, Bayerische. Kopenhagen 1778. V: *Wenzel, Gottfried Traugott.* (Ky) (MGT)

Successionsbewegung, baierische, (v. G. Tr. Wenzel). gr. 8. Kopenh. 778.

Successionsfrage, Die Spanische, s.a. Radowitz, von

Successionsfrage, Die spanische. Frankfurt a. M. 1839. V: *Radowitz, Joseph von.* (Wa) (BrMm)

Successions-Krieg, Der spanische, unter drei Grossmächtigst- Unüberwindlichst und Glorwürdigsten Keysern Leopoldo I., Josepho I. und Carolo VI. innerhalb 14 Jahren etc. glücklich geführt. Herausgegeben von Jeremias Wolffens Erben. (1 Blatt Text und 57 Abbild.) Augsburg 1734. Fol.

Successionsordnung, Die, der Seitenverwandten in Lehn ... Halle 1778. V: *Reichhelm, Carl.* (MGT) (Ky)

Successions-Ordnung, die, der Seitenverwandten in Lehn aus II. T. 50, entwickelt (v. K. Reichhelm). 8. (Halle 798).

Successionsrecht des Herzoglich Schleswig-Holstein-Sonderburgischen Hauses auf das Grossherzogthum Oldenburg. Urkundliche Darlegung der Successionsrechte des Herzoglich Schleswig-Holtein-Sonderburgischen Hauses auf das Grossherzogthum Oldenburg. (Hamburg.) o. J. (Titel fehlt!) 47 Seiten! 4°.
—— Dasselbe mit Titel! 49 Seiten!

[Holstein-Plönische Successions-Sache zwischen Herzog Friedrich Carl zu Schleswig und dem Herzog von Rethwisch. Um 1725.] Fol.
Titelblatt fehlt.

Succincta notatio nonnullorum, quae in aestimandae religionis publicae necessitate, nostro aevo passim neglecta, maxime in censum venire videntur (a Konr. B. Meissner). 4. Neust. a. d. O. 819. Wagner.

Succinto del servizio di sicurezza e d'osservazione per l'I. R. Armata. Estratto dall'istruzione provvisoria per gli esercizj del servizio di campo. Traduzione di G. F. Prag 856. Bellmann. 16. (84 S. u. 2 lith. Taf. in 4.) n. 5 ngr.

Succinto del servizio di sicurezza e d'osservazione per l'i. r. Armata. Estratto dall'istruzione provvisoria per gli esercizj del servizio di campo. Traduzione di G. F. 16. (84 S. mit 2 Stnt. in qu. 4. und qu. Fol.) Prag 857, Bellmann's Verlag. *

Succo, Dan., Predigt zum Gedächtnisse Friedrichs des Zweiten, Königes in Preussen. Stargard 1786. 8.

Succo, Frdr., rhythmischer Choral, Altarweisen u. griech. Rhythmen, in ihrem Wesen dargestellt durch e. Rhythmik des einstimm. Gesanges auf Grund der Accente. (VIII, 405 S.) gr. 8. Gütersloh 906. C. Bertelsmann. n. 7. —; geb. n. 8. —

Succo, Reinhold, das Jahr geht still zu Ende. **Kirchen-Kantate**, f. a. **Breitkopf und Härtel's Text-Bibliothek Nr. 281.**

'Das Jahr geht still zu Ende.' Kirchenkantate f. Sylvester u. Neujahr. Für Solo-, Chor- u. Gemeindegesang mit Orgelbegl. comp. von Reinhold Succo. *Leipzig: Breitkopf & Härtel [1900].* (87 S.) 4°
= Sammlung von Kirchen-Oratorien u. -Kantaten. Bd 7. (Volksausgabe Breitkopf & Härtel. No 905.) [ot. 4070

Succo, Rhold., 10 Psalmen nach d. Melodien d. Psalmtöne zur Einleitg. der Hauptgottesdienste f. verschiedene Zeiten des Kirchenjahres, als Wechselgesänge zwischen Chor (Geistlichem od. Kantor) u. Gemeinde eingerichtet, nebst d. dazu gehör. Vor- (Zwischen-) u. Schlußgesängen hrsg. (Partitur.) Ausg. A zum Gebrauch f. d. Geistlichen, Kantor u. Organisten. hoch 4. (XVII, 74 S.) Gütersloh 895. C. Bertelsmann. n. 5. —

Succow, Ernst Zusammenhängende Uebungsstücke zum Uebersetzen aus dem Deutschen ins Lateinische im Anschluss an Wellers Lesebuch aus Herodot für Quinta. 8 (IV, 42 S.).
Progr. Pädagogium *Putbus* 1888 (128).

[Umschlagt.:] **Succow**, Ernst: Zusammenhängende Übungsstücke zum Übersetzen aus dem Deutschen ins Lateinische im Anschluss an Cornelius Nepos. Für Quarta. 1. Tl. Neustettin, Druck v. R. G. Hertzberg, 1895; 1—21 S. 4.
Neustettin, k. Fürstin-Hedwig-G, OP 1895 (140)

Succow, G.: Descriptio Apophylliti et Coelestini. Jenae 1831. 8°

Succow, G.: De Morphologiae legibus cum Stoechiologiae principiis accurate comparandis. (Diss. inaug.) Jenae 1829. 8°

Succow, Wilhelm [pr. Arzt in Gembitz, Prov. Posen]: Ueber schwere Magen- und Darmerscheinungen beim Scharlachfieber ... Crossen a. Oder, Buchdr. v. R. Zeidler, 1894; 31 S. 8.
Jena, Med. Fak., Inaug.-Diss. v. [29. Jan.] 1895

Sucessio, s. Successio

Sucevan, Eug., curs sistematic de stenografie romana intocmit in 24 lectiuni. Brosura I. 12. (XL, 84 S.) Wien 882. (Steckler.) n. 2. 40

Sucha-Ripa, Theo, Traum u. Irrlicht. Skizzen u. Gedichte. (112 S.) 8. Straßburg 905. P. Singer. n. 2.60

Suchaneck, Jh. Wenzel, s. Suchanek

Suchanek, Eduard: Dyadische Koordination der bis 100.000 vorkommenden Primzahlen zur Reihe der ungeraden Zahlen. S. 103. IIa. 443.
Separatabdruck

Suchanek, Ed., dyadische Coordination der bis 100.000 vorkommenden Primzahlen zur Reihe der ungeraden Zahlen. [Aus: „Sitzungsber. d. k. Akad. d. Wiss."] Lex.-8. (168 S.) Wien 894. (F. Tempsky.) n. 2. 60

Suchanek, Jh. Wenzel

Suchaneck, (J. W.,) Handbuch d. Wechsel- u. Wechsel-Arbitragen-Rechnungen f. Bankiers, Kaufleute u. Comptoristen ꝛc. Mit Erläuterung begleitet v. J. M. Leuchs. gr. 8. Nürnb. 823, Comptoir d. Handl.-Z.

Suchaneck, Jh. Wenzel, Handbuch der Wechsel- u. Wechsel-Arbitragen-Rechnungen, f. Bankiers, Kaufleute u. Comptoristen ꝛc. Mit Erläuter. begleit. v. Jh. M. Leuchs. gr. 8. Nürnb. 829. Compt. d. Handl.-Zeit. 2 1/6 ℛ

Suchanek, Joh. Wenz., Handbuch d. Wechsel- u. d. Wechsel-Arbitragen-Rechnungen f. Bankiere, Kaufleute u. Contoristen. Mit Erläutern. begleit. v. Joh. Mich. Leuchs. 2. Ausg. gr. 8. (34 B.) Nürnberg 837, Leuchs u. Comp.

Suchanek, Karl

Suchanek, Carolus (*geb. Rachowitz in Schles. 12.9.1820*): De helminthiasi. Vratislaviae (1847). (32 S.) 8°
Breslau, Med. Diss. v. [27.] Febr. 1847

Suchanek, Theob., Geschichte d. mähr. Obst-, Wein- u. Gartenbau-Vereines, s.: Křiwanek, Leop.

Suchanek, Theob., s. Geschichte des deutschen Staatsobergymnasiums in Brünn ...

Suchanek Edler v. Hassenau, V., commercielle Berichte üb. e. Reise nach Südamerika, s.: Popper, J.

Suchanka, Franz J.

Suchanka, F. J., das norische Pferd. Historische Studie üb. die Abstammg. u. Zucht des norischen Pferdes, m. besond. Berücksicht. der Zucht des Pinzgauer Pferdes im Lande Salzburg. Mit 1 Titelbilde, 19 Pferdebildern u. 3 hippolog. Karten. (Archiv f. Landwirthschaft. XXXVI.) gr. 8. (XI, 130 S.) Wien 900. (C. Gerold's Sohn. n. 6. —

Das norische Pferd. Hist. Studie über d. Abstammung u. Zucht d. norischen Pferdes mit bes. Berücks. d. Zucht d. Pinzgauer Pferdes im Lande Salzburg. Von F[ranz] J. **Suchanka**, k. k. Landesthierarzt. Mit 1 Titelbild, 19 Pferdebild u. 3 hippol. Karten. Wien: H. H. Hitschmann 1900. (X, 130 S.) 8°
(Archiv f. Landwirthschaft. 36.)

Suchannek, weitere Mittheilungen üb. die acute Rhinitis. [Aus: „Monatsschr. f. Ohrenheilkde."] gr. 8. (10 S. m. Abbildgn.) Berlin 893. O. Coblentz. n. 1. —

Suchannek, Herm., **eine doppelseitige fötale Augenkrankheit**, s. Beiträge **zur pathologischen Anatomie und zur allgemeinen Pathologie.**

Suchannek, Dr. [Hermann], Specialarzt für Rhinologie und Laryngologie: Beiträge zur normalen und pathologischen Anatomie des Rachengewölbes '(pars nasalis pharyngis)'. Mit 4 Tafeln. [S. A. aus: Beiträge z. pathol. Anatomie — Ziegler, Bd III, S. 31—100 m. Taf. III—VI]. Jena G. Fischer 1888. 1 Bl., 68 S., 4 Taf. 8°.
Zürich, Med. Fac., Habilitationsschrift.

Suchannek, Herm., Beiträge zur Kenntniss des Urachus. Inaugural-Dissertation. gr. 8. (29 S.) Königsberg 879. (Hartung.) 1. 20

Suchannek, H.: Die Beziehgn. zwischen Angina und akutem Gelenkrheumatismus, s. Sammlung zwangl. Abhandlgn. aus d. Gebiete d. Nasen-, Ohren-, Mund- u. Halskrankheiten.

– Über Diphtherie der oberen Luftwege, s.a. Sammlung zwangl. Abhandlgn. aus d. Gebiete d. Nasen-, Ohren-, Mund- u. Halskrankheiten.

Über Diphtherie der oberen Luftwege v. Privatdoz. Dr. [Hermann] **Suchannek** in Zürich ... *Halle a. S.: C. Marhold 1898.* (64 S.) 8.
= **Sammlung** zwangl. Abhandlungen a. d. Gebiete d. Nasen-, Ohren-, Mund- u. Halskrankh. Bd II. H. 11. 12. [98. 2332

—— über Nasenleiden und ihren Zusammenhang mit anderen Organleiden, sowie über Reflexneurosen. Habilitationsrede, vorgetragen an der Universität Zürich am 21. Febr. 1888. 8. (32 S.) Zürich 888, Alb. Müller. * — 80

Suchanneck, Pathologie u. Therapie der akuten Entzündungen des Rachenrings, s.a. Sammlung zwangloser Abhandlungen aus dem Gebiete der Nasen- usw. Krankheiten.

Pathologie und Therapie der akuten Entzündungen des Rachenrings. Von Priv.-Doz. Dr. [Herm.] **Suchannek**. Halle: C. Marhold 1906. (56 S.) 8°
— **Sammlung** zwangloser Abhandlungen aus d. Geb. d. Nasen-, Ohren-, Mund- u. Halskrankh. Bd 8, H. 8. [06. 9322 3

Suchannek, Herm., die Reizungszustände u. Dauerentzündungen des Kehlkopfs in ihrem Wesen u. in ihren Beziehungen zu den Erkrankungen der Nase u. des Rachens, s.a. Sammlung zwangloser Abhandlungen aus dem Gebiete der Nasen- etc. Krankheiten. III. 11.

Die Reizungszustände und Dauerentzündungen des Kehlkopfs in ihrem Wesen und in ihren Beziehungen zu den Erkrankungen der Nase und des Rachens. Von Hermann **Suchannek**. Halle a.S.: C. Marhold 1900. (34. S.) 8°
(Sammlung zwangloser Abhandlungen aus d. Geb. d. Nasen-, Ohren-, Mund- u. Hals-Krankh. Bd 3, H. 11.)

– Über Skrofulose, ihr Wesen und ihre Beziehgn. zur ruhenden Tuberkulose der Mandeln, Halslymphdrüsen und benachbarter Organe, s.a. Sammlung zwangl. Abhandlgn. aus d. Gebiete d. Nasen-, Ohren-, Mund- u. Halskrankheiten.

Über Skrofulose, ihr Wesen u. ihre Beziehgn z. ruhenden Tuberkulose d. Mandeln, Halslymphdrüsen u. benachbarter Organe v. Dr. Hermann **Suchannek**, Privatdoz. in Zürich ... *Halle a. S.: K. Marhold 1896.* (45 S.) 8.
= **Sammlung** zwangl. Abhandlungen a. d. Gebiete d. Nasen-, Ohren-, Mund- u. Hals-Krankhtn. Bd 1. [97. 2566

— über Tuberkulose der oberen Luftwege. Nach eigenen u. fremden Erfahrgn. gr. 8. (34 S.) Halle 901. C. Marhold. n. 1. —

Suchannek, Walter, aus Danzig: Über Mesoderivate des Anthracens. Zürich 1907. 54 S. 8°. [24. I. 07.]
Zürich. Phil. Diss. II. S. 1906/1907.

Suchannek, Walter. Über Mesoderivate des Anthracens. Diss. Phil. [II.] Univ. Zürich. 54 S. 8. Zürich, Gebr. Leemann & Co., 1907.

Suchard, Ph., Andenken an die Weltausstellung in Wien. Mit Plan, Illustrationen u. color. Bildern. 40 Stn. 16. Genf, Druck v. J. G. Fick. 1873.

Suchard, Ph., Erinnerung an die schweizerische Landesausstellung Zürich 1883. Mit 80 Illustr. 8. (58 S.) Neuchâtel 883. (Zürich, Orell Füssli & Co.) n. — 50

— souvenir de l'exposition nationale suisse Zurich 1883. Avec 33 illustr. 8. (62 S.) Ebend. 883. n. — 50

S[uchard, Philippe]: Mein Besuch Amerika's im Sommer 1824. Ein Flug durch die Vereinstaaten Maryland, Pensylvanien, New-York zum Niagarafall, und ... zurück. Von (*Umschlag: Nach der französischen Handschrift des Herrn S. v.[on] N[euchâtel]. [Uebersetzt von Heinrich Zschokke.] Aarau 1827. 8°

Sucharda, Ant., üb. die bei e. Gattung centrischer Rückungsflächen der 4. Ordnung auftretende Reciprocität. [Aus: „Sitzungsber. d. k. Akad. d. Wiss."] Lex.-8. (12 S.) Wien 892. (F. Tempsky.) n. — 30

Sucharda, Anton: Über die bei einer Gattung zentrischer Rüchungsflächen der vierten Ordnung auftretende Reziprozität. S. 101. IIa. 585.
Separatabdruck

Sucharda, Anton: Über eine Gattung Rückungsflächen. S. 92. II. 836.
Separatabdruck

Sucharda, Ant., zur Theorie e. Gattung windschiefer Flächen. [Aus: „Sitzungsber. d. k. Akad. d. Wiss."] Lex.-8. (21 S.) Wien 890. (Tempsky.) n. — 40

Sucharda, Anton: Zur Theorie einer Gattung windschiefer Flächen. S. 99. IIa. 549.
Separatabdruck

Suchblatt für Kauf und Verkauf von Büchern zweiter Hand und dahin gehöriger Gegenstände. Anzeigeblatt für den Buch-, Musikalien- und Kunsthandel. Redact.: Wilh. Münter. 1. Jahrg. 1876. 104—156 Nrn. (à ca. 1 Bog.) Lex.-8. Leipzig, Münter. ** 2 40
Nicht weiter erschienen.

Suche Jesum u. sein Licht. 100 Traktate f. die Jugend von M. v. O. (10×10 Nrn. à 4 S.) 8. Schwerin (906). F. Bahn. In Umschlag 1. —

Suche, Franc. Rud. (geb. Puschdorf 8. 11. 1810): De scirrho pancreatis nonnulla. Berolini (1834). (30 S.) 8°
Berlin, Med. Diss. v. 2. Jan. 1834

Sucheckl, Miroslas, essai d'un système facile de sténographie française. Extrait de l'œuvre complète. (4 autogr. S. auf Karton.) 8. Wien 908. (A. Bermann.) — 20

— Essai d'un nouveau système de sténographie française. (VI, 34 S.) gr. 8. Ebd. 905. — 60

Suchen und Finden. Bevorwortet von Hoffmann. 1. und 2. Aufl. gr. 16. (IV und 281 S.) Berlin 861, Wiegandt und Grieben. *

Suchen und Finden. Bevorwortet von Hoffmann. 3. Aufl. 8. (285 S.) Berlin 863, Wiegandt und Grieben. *

Suchen und Finden. Bevorwortet von Gen.-Superint. Dr. Hoffmann. 4. Aufl. 8. (285 S.) Berlin 870, Wiegandt und Grieben. *

— u. Sehnen. Aus der Liebe Land. An der Schönheit Strand. Von d. Lebens Tand. (Von l'homme masqué.) (V, 110 S.) 8. Berlin (908). Marquardt & Co. 2.50; geb. in Perg. 4. —

ZUM SUCHEN UND SINNEN. 110 Bilderräthsel und Räthsel für Kinder. Mit 60 Originalholzschnitten von R. Müller's Atelier für Holzschneidekunst in Zürich. Zürich [ca. 1865]. 32 Bl. mit reizenden Holzschnitten. Kl.-8°. Illustr. Or.-Karton (Rücken erneuert). 15.—
Reizvoll illustriertes Rätselbuch. Teilw. etw. lose und ganz leicht fleckig. Ohne das (sonst lose beigelegte) Auflösungsblatt.

Suchen, das, der Zeit. Blätter deutscher Zukunft, hrsg. v. Frdr. Daab u. Hans Wegener. 1.—4. Bd. (215, 211, 223 u. 220 S.) 8. Düsseldorf 903—906. K. R. Langewiesche. à n. 1. 80

Suchen, das, der Zeit. Blätter deutscher Zukunft. Hrsg. v. Frdr. Daab u. Hans Wegener. 5. Bd. (178 S.) 8. Gießen 909. A. Töpelmann. 2. 50
1.—4. Bd. Jetzt Ebd. 903—08. à 1.80.

SUCHENWIRT, Peter (österr. Dichter, XIV. Jh., 2. Hälfte), Werke aus dem XIV. Jahrhundert. Ein Beytrag zur Zeit und Sittengeschichte. Zum ersten Mahle in der Ursprache hrsg. und mit einer Einleitung, historischen Bemerkungen und einem Wörterbuch begleitet von Alois Primisser. Mit gestoch. Titelblatt. Wien 1827. 8°. (30 Kr., prächtiges Expl. in eleg. Hfrzbd. d. Zeit, Halm & Goldmann, 1907:)

Suchenwirt, P., Werke aus d. 14n Jahrhund., ein Beitr. z. Zeit- u. Sittengeschichte. Zum erstenmale in d. Ursprache rc. Herausgg. v. Al. Primißer. gr. 8. Wien 827. Wallishauser. 3 ₰ 6 ℊ

Sucher, Aristide, Birckenwald. Avec des illustr. par L. de Seebach et L. Blumer, et 10 reproduktions, dont 2 hors texte (8 S.) 4. Strassburg 904. J. Noiriel. n. 2. 80
Sonderabdruck aus: „Revue alsacienne illustrée".

Sucher, Jos., Geschichts-Karte der österreichisch-ungarischen Monarchie, chronologisch-synchronistisch dargestellt. Photolith. u. color. Imp.-Fol. Wien 885. Hölder. n. 1. 80

Sucher, Jos. Chronologisch-synchronistische Karte d. allgemeinen Weltgeschichte. Nach den neuesten Werken frei bearb. 6. verb. Aufl. Farbendr. 91×65 cm. Mit Text am Rande. Wien 892, Graeser. * 2 –

Sucher, Josef, Chronologisch-synchronistische Karte der allgemeinen Weltgeschichte nach den neuesten Werken frei bearbeitet. 7. Auflage. Unaufgezogen in Umschlag 1.— Wien: Graeser 1898.

Sucher, Jos., grafische Zeit-Darstellung zur Weltgeschichte. Nach den neuesten Werken und nach Prof. Strass' Methode frei bearb. 1.—3. verb. Aufl. Lithogr. Imp.-Fol. Wien 875—77, Graeser. * 2 —

Sucher, Jos., nach den neuesten Werken u. nach Prof. Strass' Methode frei bearb. grafische Zeit-Darstellung zur Weltgeschichte. 4. Aufl. Tabelle in Imp.-Fol. Wien 879. Graeser. n. 2. —

Suchet den HErrn, weil Er zu finden ist! Sendschreiben an d. ev.-luth. Gemeinden in Pommern betr. d. Besuch d. Lesegottesdienste von d. Pommerschen Diözesan-Synode 1900. (Cottbus 1900: Gotthold Expedition.) (14 S.) 8°

Suchet der Stadt Bestes. Ein Führer durch d. Berliner Stadtmission. Berlin: Berliner Stadtmission [1909]. 25 S., 26 Taf. quer-8° [Umschlagt.]

Suchet in der Schrift: denn ihr meinet, ihr habt das ewige Leben darinnen; und sie ist's, die von mir zeuget. (Ev. Joh. 5, 39.) Spruchregister über das Alte u. Neue Testament mit Ausschluß d. Apogryphen. (Aus Fr. G. Lisco's Bibel-Ausg. abgedruckt.) hoch 4. Berlin 844, Müller. n. 1/3 ₰

Suchet in der Schrift. Predigten über das alte Testament für die christliche Gemeinde. Württemberg 1897. V: *Mayer, Glieb.* (Berl)

Suchet in der Schrift. Predigten üb. d. alte Testament f. d. christl. Gemeinde. 1. Bd. gr. 8. Wittenberg 897. P. Wunschmann. n. 1. 60
Elias. Ein alttestamentl. Prophetenleben als Spiegelbild f. d. Gegenwart in Predigten dargelegt v. Glob. Mayer. (XI, 143 S.)

— in der Schrift! Wer da suchet, der findet. Anregung zu bibl. Besprechgn. Von M. D., geb. v. D. 8. (104 S.) Berlin 899. (Deutsche ev. Buch- u. Tractat-Gesellschaft.) n. — 75

Suchet in der Schrift. Lehr- u. geistreicher, trostvoller Auszug d. hl. Schrift. Neue Sprüche f. jeden Tag d. Jahres. (V, 426 S.) 16. Straßburg (909). (C. A. Bomhoff.) Geb. in Leinw. 3.—; m. Goldschn. 4. —

Suchet, so werdet ihr finden, Klopfet an, so wird euch aufgethan! New York 1871: Randel & Blömeke. 19 S. 8°
Spricht in der Einl. üb. den Segen der Arbeit, behandelt das Thema: Wer ist Dein Gott? u. beweist die Sympathie der Menschen mit dem Urgeist; Aufgabe der Menschen an sich u. der Mr insbesondere ist die, die Einheit mit dem Urgeist anzustreben.

Suchet vor Allem das Reich Gottes und seine Gerechtigkeit, alles Uebrige wird euch zugegeben werden! Ein Beharrlichkeitskatechismus zum Besten des hiesigen Gesellenvereins. 8. (160 S.) Berlin 855, [Schneider.] *

— was droben ist. Bibelworte u. geistl. Dichtgn. 12. (28 S. m. z. Tl. farb. Abb.) Konstanz 897. C. Hirsch. Kart. n. 1. —

Suchet, was droben ist. Erzählungen f. die Jugend. 1. —7. Hft. 12. Neumünster (899). Vereinsbuchh. G. Ihloff & Co. à n. — 05
1. Familiengottesdienst in dunklen Tagen. Eine wahre Begebenheit aus dem J. 1562. (15 S.)
2. Taub u. blind. Das verlorene Kind. (16 S.)
3. Ferienreise, e. (20 S.)
4. Todeskampf, e. Vollbracht. (16 S.)
5. Rufe Mich an in der Not, so will Ich Dich erretten. Ich will nicht gerettet sein. Behaltet den Stern im Sicht. (16 S.)
6. Freundinnen, zwei treue. (31 S.)
7. Arm, aber doch reich. (16 S.)

Suchet, Herzog v. Albufera, die Belagerungen von Lerida, Mequinenza, Tortosa, Tarragona, Sagunt u. Valencia. A. d. Memoiren ins Deutsche übers. v. W. v. Voigts-Rhetz. gr. 8. (11½ B. u. 6 Pläne.) Koblenz 839, Bädeker.

Suchet, Herzog v. Albufera, Blokade, Belagerung und Eroberung von Tortosa durch das 3. französ. Armeekorps im J. 1810/11, und Vertheidigung von Monzon durch die Franzosen 1813/14. Aus dessen Memoiren in's Teutsche übers. und mit Anmerk. versehen von Franz. X. Rigel. Lex.-8. (VI und 98 S. mit 2 Plänen in gr. Fol.) Mannheim 847, [Götz.] *

Suchet, F X . Géographie du Canton de Fribourg, à l'usage des écoles primaires. Revue et corrigée par J B Wæber.... Nouvelle Ed. 8. Fribourg 1859.

Suchfort, Jh. Andr., f. *Stesichori* fragmenta.

Suchier, die Behandlung des Lupus vulgaris mittels statischer Elektrizität. (48 S. m. 19 Fig.) Lex.-8. Wien 904. Urban & Schwarzenberg. n. 2. —
Sonderabdruck aus: „Wiener Klinik".

— dasselbe, s.a.Klinik, Wiener. 1904. Hft. 9. 10.

JAHRESBERICHT des Hanauer Geschichtsvereins für das Vereinsjahr 1898/99. Inhalt: Erinnerungen an Johann Gottfried Kinkel von Professor Dr. SUCHIER. Vereinsnachrichten. Mitgliederstand am 1. April 1899. Hanau 1899. Druck der Waisenhaus-Buchdruckerei. 8°.

Suchier, der Orden der Trappisten u. die vegetarische Lebensweise. gr. 8. (20 S.) München 902. Verlag der ärztl. Rundschau. n. — 80

— der Orden der Trappisten u. die vegetarische Lebensweise. 2. verm. u. verb. Aufl. (23 S.) gr. 8. München 906. Verlag der ärztl. Rundschau. n. — 60

Suchier, Alfred: Zur Kenntnis der Merkaptane der Anthrachinonreihe. Freiburg i. B. 1910: Parkkoin. 31 S. 8°
Freiburg i. B., Phil. Diss. v. 20. Juni 1910, Ref. Gattermann
[Geb. 24. Nov. 82 Birstein; Wohnort: Freiburg i. B.; Staatsangeh.: Preußen; Vorbildung: Gymn. Freiburg Reife Juli 01; Studium: Freiburg i. B. 14 S.; Rig. 14. Jan. 10.] [U 10. 1092

Suchier, Edmundus: Ueber provenzalische Bearbeitungen der Kindheit Jesu. Halis Saxonum 1834 [vielmehr: 1884]: Karras. 32 S. 8°
Halle-Wittenberg, Phil. Diss. v. [1. März 1885]
Geb. Rinteln 8. 1. 1863. V.
Ersch. vollst. in: Zeitschrift f. roman. Philologie. Bd 8. Halle 1884. S. 522—569.
Verf. erlebte die Diplomerneuerung 1935 als Studiendirektor a. D., Professor in Frankfurt a. M.-Höchst.

Suchier, F. H., Disput. Zosimi et Eusebii, historiarum scriptorum, in Constantini M. imperatoris rebus exponendis fide et auctoritate part. I. Pr. 1856. 26 S. 4°. 1.20

— Qualem Eusebius Constantinum M. imperatorem adumbraverit, paucis exponitur. Pr. 1857. 36 S. 4°. 1.20

Suchier, H. Ueber das niederrheinische Bruchstück der Schlacht von Aleschans. Diss. Leipzig 1871. 28 S.

Suchier, H. F., De Diana Brauronia Diss. 1847. 64 S.

Suchier, Hermann

Suchier, H., s.a. Aucassin u. Nicolete.

Suchier, H., Aucassin u. Nicolete, neu nach d. Handschrift m. Paradigmen u. Glossar. 3. Aufl. gr. 8. (X, 119 S.) Paderborn 889. F. Schöningh. n. 2. 50

Suchier, Herm., s.: Bibliotheca normannica.

— s.: Codi, lo.

Suchier, H., s.: Denkmäler provenzalischer Literatur u. Sprache.

Suchier, Herm., provenzalische Diätetik. Auf Grund neuen Materials hrsg. [Aus: „Festschrift zur 200jähr. Jubelfeier der Univ. Halle".] gr. 4. (26 S.) Halle a/S. 894. M. Niemeyer. n. 1. 20

Suchier, Hermann: Die gekürzte Fassung von Ludwigs Krönung (français 1448). Halle a. S. 1901: Waisenhaus. (S. 1—5.) 4°
Halle, Progr. zur akadem. Preisverteilung 1901.

— u. Adf. **Birch-Hirschfeld**, Geschichte der französischen Litteratur von den ältesten Zeiten bis zur Gegenwart. Mit 143 Abbildgn. im Text, 23 Taf. in Farbendr., Holzschn. u. Kupferätzg. u. 12 Fksm.-Beilagen. gr. 8. (XII, 733 S.) Leipzig 900. Bibliograph. Institut. Geb. in Halbfrz. n. 16. —; auch in 14 Lfgn. à n. 1. —

Geschichte der französischen Litteratur von den ältesten Zeiten bis zur Gegenwart. Von Prof. Dr. Hermann Suchier u. Prof. Dr. Adolf Birch-Hirschfeld. Mit 143 Abb., 23 Taf. u. 12 Faks.Beil. Neuer Abdr. Leipzig & Wien: Bibliogr. Inst. 1905. XII, 733 S. 8°

Suchier, Herm., altfranzösische Grammatik. I. Thl. Die Schriftsprache. 1. Lfg. Die betonten Vocale. gr. 8. (88 S.) Halle a/S. 893. M. Niemeyer. n. 2.—

Suchier, Hermannus: Fünf neue Handschriften des provenzalischen Rechtsbuchs Lo Codi. *Halis 1899: typis Orphanotrophei.* (S. 1—11.) 4°
Halle, Progr. zur akadem. Preisverteilung 1899.

— fünf neue Handschriften des provenzalischen Rechtsbuchs Lo Codi. (Progr.) gr. 4. (11 S. m. 5 Taf.) Ebd. 899. n. 2. —

Suchier, Hermannus: Die Handschriften der Castilianischen Übersetzung des Codi. *Halis 1900: typis Orphanotrophei.* (S. 1—21.) 4° ¶ (Vgl. Progr. zur akadem. Preisverteilung 1899.)
Halle, Progr. zur akadem. Preisverteilung 1900

— die Handschriften der castilianischen Übersetzung des Codi. Progr. gr. 4. (22 S. m. 6 Lichtdr.-Taf.) Halle 900. M. Niemeyer. n. 3. —

— Molières Kämpfe um das Aufführungsrecht des Tartuffe, s.a. Rektorreden, Hallesche. III.

Molières Kämpfe um das Aufführungsrecht des Tartuffe von Hermann Suchier. *Halle a. S.: M. Niemeyer 1903.* (23 S.) 8°
— Rektorreden, Hallische. 3. [03. 15136 S

— s.: Mariengebete, französisch, portugiesisch, provenzalisch.

— über die Quelle Ulrichs v. dem Türlin u. die älteste Gestalt der prise d'Orenge. gr. 8. (44 S.) Paderborn 873. F. Schöningh. n. — 60

— u. **Wagner**, Rathschläge f. die Studierenden des Französischen u. des Englischen an der Universität Halle. gr. 8. (12 S.) Ebd. 894. n.n. — 25

— Reimpredigt, s.: Bibliotheca normannica.

Suchier, Hermann. Die französische und provenzalische Sprache und ihre Mundarten. Nach ihrer historischen Entwicklung dargestellt. 2. verbesserte und vermehrte Aufl. Mit zwölf [*d. i.* 13] Karten [auf 3 Tafeln]. Sonderabdruck aus der zweiten Auflage des 1. Bandes von (Gustav) Gröbers Grundriss der romanischen Philologie. IV S. + S. 712—840 ⟨130 S.⟩. gr.-8. Strassburg, Karl J. Trübner, 1906. (M. 3.50, geb. 4.50)

Suchier, Herm., üb. die Matthaeus Paris zugeschriebene Vie de Seint Auban. gr. 8. (VII, 60 S.) Halle 876. Lippert'sche Buchh. n. 2. —

Suchier, Herm., über die Matthaeus Paris zugeschriebene Vie de Seint Auban. gr. 8. (VII, 60 S.) Halle 876, Niemeyer. * 2 —

Suchier, Hugo Über die ethische Bedeutung der sophokleischen Tragödie Elektra. II. Teil. 26 S. [I: 1875.] Progr. *Rinteln* 1885.

Suchier, Hugo Mitteilungen über die Gymnasialbibliothek und ältere Drucke derselben. 7 S. Progr. *Rinteln* 1878.

Suchier, Hugo Statuta, leges et privilegia illustris et magnificae Holsato-Schawenburgicae in oppido Rintelen ad Visurgim fundatae per illustrissimum principem ac dominum Dn. Ernestum principem Holsatiae Schaumburgi et Stenbergae dominum Gehmae anno MDCXXI. 24 S. II. Hälfte und Schlufs. S. 25—53. *Rinteln* 1879. 1880. Progr.

Suchier, R., Kritisches zu Ovid's Metamorphosen nebst Proben einer Uebersetzung des Werkes. Pr. 1853. 21 S. 4°. 1.20

Wilhelm Ziegler's Leben und Wirken. (Vortrag von R. SUCHIER in öffentlicher Sitzung des Geschichtsvereins am 7. Mai 1878.) (Beilage zum Hanauer Anzeiger. — Ohne bes. Titelblatt.) 4°.

Suchier, R.: Die Camp'sche Münzsammlung des Gymnasiums zu Hanau. 1. Th. 55 S. 2. Th. 50 S.– Hanau, Progr. 1869, 70.

Suchier, R., Trendila. Eine Sage aus dem Sachsengau u. Schwarzwald. Mit Buchschmuck v. F. Greiner. gr. 8. (201 u. II S.) Freiburg i/B. 902. G. Ragoczy. n. 2.80; geb. n. 3.50

Suchier, R., Trendila. Eine Sage aus dem Sachsengau u. Schwarzwald. Mit Buchschmuck v. F. Greiner. 2. [Titel-] Aufl. (201 u. II S.) 8. Freiburg i/B. [902] 907. G. Ragoczy. 2.50; geb. in Leinw. 3.50

— R., De victimis humanis apud Graecos. part. I. Diss. 1848. 48 S. 4°.

Suchier, Rhard., Fundstücke v. Kesselstadt, s.: Wolff, G., das römische Lager zu Kesselstadt bei Hanau.

REINHARD SUCHIER, Die Grabmäler und Särge der in Hanau bestatteten gräflichen und fürstlichen Personen aus den Häusern Hanau und Hessen. Separatabdruck vom Gymnasialprogramm für den Hanauer Geschichtsverein. (Hanau 1879. Waisenhaus-Buchdruckerei.) 4°.

Suchier, Reinhard Die Grabmonumente und Särge der in Hanau bestatteten Personen aus den Häusern Hanau und Hessen. 55 S. u. Taf. Progr. G. *Hanau* 1879.

Suchier, Rhard., die Münzen d. Grafen v. Hanau, beschrieben u. erklärt. M. 20 Lichtdr.-Taf. Z. 300jähr. Jubiläum der Neustadt Hanau hrsg. v. Hanauer Geschichtsverein. gr. 4. (IV, 117 S.) Hanau 897. (G. M. Alberti, Verlag.) n.n. 6.—

[F.] Die Münzen der Grafen von Hanau beschrieben u. erkl. v. Dr. Reinhard Suchier. M. 20 Lichtdrucktaf. Zum dreihundertjähr. Jubiläum d. Neustadt Hanau hrsg. v. Hanauer Geschichtsverein. *Hanau: Selbstv. d. Vereins; Dr. v. G. Heydt 1897.* (2 Bl., 116 S., 1 Bl., 20 Taf.) 1 Bd 4. [97. 4345

Suchier, R., die römischen Münzen, Stempel, Inschriften u. Graffite von Gross-Krotzenburg u. der Umgegend von Hanau, s.: Zeitschrift des Vereins für hessische Geschichte u. Landeskunde, N. F. 8. Suppl.

Suchier, R., Deutschlands Ruhm, dargethan in einer Vergleichung der Deutschen mit den Griechen nebst einem Immortellenkranz für Schleswig. Hanau 860. König's Verlag. 16. (VIII, 58 S.) 6 ngr.

Die Behandlung des Lupus vulgaris mittels statischer Elektrizität. Von Hofrat Dr. [Robert Eduard Otto] **Suchier.** Freiburg i. Br. (Mit 19 Fig.) *Berlin & Wien: Urban & Schwarzenberg 1904.* (S. 269–316.) 8° — **Klinik,** Wiener. 1904. H. 9. 10. [04. 11949

Suchier, Walther, aus Halle a. S.: Über das altfranzösische Gedicht von der Zerstörung Jerusalems (La Venjance nostre Seigneur). Halle a. S. 1899: E. Karras. (38 S.) 8°
(Erscheint vollst. in: Zeitschrift f. roman. Philologie, Bd 24.)
Halle, Phil. Diss. v. 28. Okt. 1899.

Suchier, Walther, Dr. phil.: Das provenzalische Gespräch des Kaisers Hadrian mit dem klugen Kinde Epitus (l'enfant sage). Untersuchung und Texte. Marburg a. L. 1906: (E. Karras, Halle a. S.). (50 S.) 8° ¶ (Einleitung u. erster Abschnitt d. ersten Teils; das Ganze wird später erscheinen.)
Marburg, Phil. Fak., Hab.-Schr. v. 1906

Suchier, Walther: Uteruscarcinom und Schwangerschaft. Freiburg i. B.: Hammerschlag & Kahle 1910. 143 S. 8°
Freiburg i. B., Med. Diss. v. 1910, Ref. Krönig
[Geb. 2. Okt. 85 Herrenalb; Wohnort: Freiburg i. B.; Staatsangeh.: Baden; Vorbildung: Bertholds-Gymn. Freiburg i. B. Reife Juli 03; Studium: Freiburg i. B. 8, Kiel 1, München 1 S.; Coll. 26. Nov. 09.] [U 10. 1010

Suchier, Wolfram, a. Halle a. S., Referendar in Bitterfeld: Geschichte der venia aetatis in Deutschland vor 1900. Halle a. S. 1907: E. Karras. (XII, 164 S.) 8° ¶ (Erscheint vollst. u. d. T.: 'Die Volljährigkeitserklärung (venia aetatis)'.)
Halle, Jur. Fak., Ref. v. Blume, Diss. v. 11. Mai 1907
[Geb. 25. Juli 83 Halle a. S.; Wohnort: Bitterfeld; Staatsangeh.: Preußen; Vorbildung: Gymn. Roßleben Reife O. 03; Studium: Halle 2, Göttingen 1, Halle 3 S.; Rig. 18. März 07.]

Suchinoff, J., zwei Fälle von Tumoren an der Basis cranii. Inaugural-Dissertation. gr. 8. (22 S.) Jena 880. (Neuenhahn.) — 60

Suchland, Ad. L., resp. Ferd. W. **Muehlmann,** De nervorum affectionibus. Regiom. 4°. 1748

Suchland, Johann Bernhard (Heiligenwalde) A. S. 1336/16

Dissertatio inauguralis, exhibens varii generis theses philosophicas. Präs. Friedrich Gentzken. Kiel (Lüders) 23. VI. 1730. 8 S. 34043

Suchland, Johann Kaspar (Mühlhausen/Pr.) 4° Thl. XV, 223/9

Disputatio theologica super verba Christi ad Petrum, Simon, Simon, ecce Satanas expetivit vos, ut cribraret sicut triticum, sed ego ... opposita infallibilitati, sive non errandi privilegio Romani pontificis. Präs. Bernhard von Sanden. Rec. 32 S. Königsberg/Pr. (Reusner) 1703.

Diss. I. 1697. 34044

Suchland, Otto, Widerspiel. Strophen, Lieder, Zeilen, Fragmente. (67 S.) 8. Jauer (908). Glogau, Hellmann. 2.—; geb. 3.—

Suchmann, Friederike, allgemeines Berliner Kochbuch für bürgerliche Haushaltungen. Nebst e. homöopath. Kochbuche u. Anweisungen, für Kranke im Allgemeinen leicht verdauliche, wohlschmeckende Speisen zu bereiten. Als Anhang eine Auswahl der bewährtesten Hausmittel. Ein unentbehrl. Handbuch f. angehende Hausfrauen, Haushälterinnen u. Köchinnen. Aus eigener Erfahrung mitgetheilt. 8. Berlin 837. (Thome.) 1 ₰

Gegründete Nachricht von denen in dem Königreich Preussen befindlichen Längen- und Feld-Maassen, dererselben Ursprunge, Veränderung und jetzigem Gebrauch; imgleichen von ihren Verhältnissen gegen einander in Ruthen, Schuen und Zollen. Wobey zugleich angewiesen wird, wie man nach diesen Verhältnissen die Flächen und Huben, Morgen- und Quadrat-Ruthen berechnen und eins ins andre reduciren solle. Aus authentiquen Documenten und Originalien mit allem Fleisse und nur möglichen Accuratesse herausgesuchet, berechnet und zusammengetragen von *Johann Vladislaus von Suchodoletz*, ehemal. Königl. Preuss. Ober-Teich-Inspeetore. Königsberg bey J. D. Zeisens Wittwe und J. H. Hartungs Erben. 4. 72 S. 1772.

v. Suchodoletz, J. V., Nachr. von d. in Preußen befindl. Länge- u. Feldmaßen. gr. 4. Königsb. 773. Hartung. 8 gr.

Suchomel, V. Die Sage vom ewigen Juden. 2 Teile. Prag, II. St. R., 1882, 1883. 50, 36 S. Progr.

Suchomel, Vincenz (Hrsg.), s.a. Anleitung zur Erklärung und Verwertung der Lesestücke...

Suchomel, Vinc., Anleitung zur Erklärung u. Verwertung der Lesestücke des „deutschen Lesebuches f. allgemeine Volksschulen" (Ausg. für Wien) hrsg. im Vereine m. Rud. Großmann, Hans Lichtenecker u. Adf. Nurrer. 2.—4. Classe. gr. 8. Wien, A. Pichler's Wwe. & Sohn. n. 15. 60; geb. n. 16. 80
2. (275 S.) 899. n. 3. 60; geb. n. 4. —
3. (456 S.) 900. n. 6. —; geb. n. 6. 40
4. (VIII, 398 S.) 902. n. 6. —; geb. n. 6. 40

Suchomel, Vinz., Anleitung zur Erklärung u. Verwertung der Lesestücke des deutschen Lesebuches f. allgem. Volksschulen. (Ausg. f. Wien.) Hrsg. im Vereine m. Rud. Großmann u. Adf. Nurrer. 5. Klasse. (VI, 441 S.) 8. Wien 906. A. Pichler's Wwe. & Sohn. 7. —

Suchomel, Vincenz, über Jugendspiele und Jugendspielplätze, Wien u. Prag 1892, 9 S., 4°.

SUCHOMEL, Vinzenz: Versuch einer Geschichte des fränkischen Reiches unter der Regierung der ersten Merovinger von 486 bis 561. — 1877. 126 S. Diss. Graz, Univ.

v. Suchorowski, M., theoret.-prakt. Anleit. zum gründl. Unterricht in der poln. Sprache nach e. neuen u. ganz eigenthüml. Plane bearbeit. gr. 8. Lemberg 829. Piller. (Leipz., Leich). 1 ℛ 8 gr.

Suchorowski, (Michael), Wieniec pieśni żebrackich z żywotów Świętych i innych podań prawdziwych. (Kranz von Bettler-Liedern und Lebensbeschreibungen Heiliger, sowie anderer wahrer Traditionen.) 8. (67 S.) Lemberg 860. (Leipzig, Brockhaus' Sortiment und Antiquarium.)

Suchotin. Neue Ausbildungsmethoden bei der russ. Kavallerie. Aus d. Russ. von A. v. Drygalski. Berlin 1892. 8°.

Suchsland: Die Bildung eines Verbandes z. Verbesserung d. ländlichen Arbeiterverhältnisse im Kgr. Sachsen. Vortr. Dippoldiswalde 1891. 20 S. P.
(Mittheilungen d. Oekonomischen Gesellschaft im Kgr. Sachsen. 1890–91, 2).

Suchsland. Die Bildung e. Verbandes zur Verbesserung der ländlichen Arbeiterverhältnisse im Königr. Sachsen. Vortrag. gr. 8. (20 S.) Dresd. 892, Schönfeld's Verlag. * — 40
Aus: Mittheilgn. der ökonom. Gesellsch., besonders abgedruckt.

Suchsland, E., systematische Entwickelung der gesamten Algebra. 1. u. 3. Tl. gr. 8. Stolp 881. 82. (Schrader.) geb. n. 1. 10
1. Die vier Species, (III, 51 S.) n. — 60
3. Die Gleichungen I. u. II. Grades, mit Ausschluss der Anleitung zum Lösen von Wortgleichungen. (24 S.) n. — 50
Der 2. Tl. erscheint später.

— Goniometrie u. ebene Trigonometrie. gr. 8. (32 S. mit 1 Steintaf.) Ebend. 881. cart. n. — 60

Suchsland, E., die gemeinschaftliche Ursache der electrischen Meteore u. d. Hagels, erklärt. gr. 8. (IV, 59 S.) Halle 886. Schmidt. n. 1. 20

—— das Zodiakallicht, eine Folge des Baues unseres Planetensystems. 8. (12 S. mit eingedr. Holzschn.) Ebendas. 882. * — 50

Suchsland, Emil

Suchsland, *Karl Heinrich* Emil Altes und Neues über die Schwerkraft in ihrer Bedeutung für das Menschengeschlecht. 4 (6 S.).
Portae scholae provinciali natalem trecentesimum quinquages. celebranti gratulantur rector et collegae latinae scholae *Hulensis* (1893).
Nicht im Tauschverkehr.
Progr.

Suchsland, *Karl Heinrich* Emil Beobachtungen über die Selbsterwärmung des fermentierenden Tabaks. 4 (S. 65—73).
In: Festschrift z. 200jähr. Jubelfeier der Univ. Halle-Wittenb. Lat.
Nicht im Tauschverkehr. Progr. Hauptsch. *Halle a. S.* 1894.

Suchsland, Emil: Bestimmung des Zustandes der von einem Punkt auf einer Kugel erregten Influenzelektricität, wenn die Kugel durch eine sie berührende Ebene abgeleitet wird. Halle a/S. (1875): Plötz. 34 S., 1 Taf. 8°
Halle-Wittenberg, Phil. Diss. v. 12. Nov. 1875
Geb. Viernau (Kr. Schleusingen) 25. 9. 1852. V.

Suchsland, Emil, aus den Höhen u. Tiefen d. Arbeit am rauhen Stein. Sammlung vergilb. Bauzeichngn. in zwanglosen Heften m. je 5 Arbeitsstücken. 1. Heft. (29 S.) gr. 8. Halle 910. K. Warnstorff. 1. 20

Suchsland, E., die Klippen des sozialen Friedens. Ernste Gedanken üb. Konsumvereine u. Warenhäuser. (31 S.) gr. 8. Halle 904. Buchh. des Waisenhauses. n. — 50

Die Klippen des sozialen Friedens. Ernst Gedanken über Konsumvereine u. Warenhäuser. Von Prof. Dr. E[mil] Suchsland, Oberl. zu Halle a.S. 6. Aufl. Halle a.S.: Waisenhaus 1904. (31 S.) 8°

— Die Klippen des sozialen Friedens. Ernste Gedanken üb. Konsumvereine u. Warenhäuser. 13. Aufl. (31 S.) gr. 8. Halle 907. Buchh. des Waisenhauses. — 50

Los von den Konsumvereinen und Warenhäusern! Eine Mahnung u. e. Bitte an alle Vaterlandsfreunde z. Erhaltung d. gewerbl. Mittelstandes in Stadt u. Land, als d. Fundamentes unseres Staatswesens u. unserer Kultur. Von Prof. Dr. E[mil] Suchsland, Oberl. zu Halle. *Halle a.S.: Waisenhaus 1903.* (32 S.) 8° [F.] [03. 11989 3

Los von den Konsumvereinen und Warenhäusern! Eine Mahnung u. e. Bitte an alle Vaterlandsfreunde z. Erhaltung d. gewerbl. Mittelstandes in Stadt u. Land . . . Von Prof. Dr. E[mil] Suchsland, Oberl. zu Halle a. S. 3. Aufl. Halle a. S.: Waisenhaus 1903. (32 S.) 8°

Los von den Konsumvereinen und Warenhäusern! Eine Mahnung u. e. Bitte an alle Vaterlandsfreunde z. Erhaltung d. gewerbl. Mittelstandes in Stadt u. Land . . . Von Prof. Dr. E[mil] Suchsland. 5. Aufl. Halle a. S.: Waisenhaus 1903. (32 S.) 8°

— Los von den Konsumvereinen und Warenhäusern! Eine Mahnung und eine Bitte an alle Vaterlandsfreunde zur Erhaltung des gewerblichen Mittelstandes in Stadt und Land, als des Fundamentes unseres Staatswesens und unserer Kultur. gr. 8⁰. Halle, Buchhdlg. d. Waisenhauses, 1903. 7. Aufl., durch eine Bemerk. erweitert. gr. 8⁰. Halle, 1904. 16. Aufl. gr. 8⁰. Halle 1907.

— **Los v. den Konsumvereinen u. Warenhäusern! Eine Mahng. u. e. Bitte an alle Vaterlandsfreunde zur Erhaltg. des gewerbl. Mittelstandes in Stadt u. Land, als des Fundamentes unseres Staatswesens u. unserer Kultur. 9., durch einige Bemerkgn. erweit. Aufl. (32 S.) gr. 8. Ebd. 904.** n. — 50

Los von den Konsumvereinen und Warenhäusern! Eine Mahnung u. e. Bitte an alle Vaterlandsfreunde z. Erhaltung d. gewerbl. Mittelstandes in Stadt u. Land, als d. Fundamentes unseres Staatswesens u. unserer Kultur. von Prof. Dr. E[mil] **Suchsland**, Oberl. zu Halle a. S., 11., durch einige Bemerkungen erw. Aufl. Halle a. S.: Waisenhaus 1904. (32 S.) 8⁰

— Los v. den Konsumvereinen u. Warenhäusern! Eine Mahng. u. e. Bitte an alle Vaterlandsfreunde zur Erhaltg. des gewerbl. Mittelstandes in Stadt u. Land, als des Fundamentes unseres Staatswesens in unserer Kultur. 16. Aufl. (32 S.) gr. 8. Ebd. 907. — 50

— Notwahrheiten üb. Konsumvereine. Eine Diskussionsrede vom Kampfplatz m. der Sozialdemokratie. 1. bis 35. Taus. (à 30 S.) 8. Ebd. 904. n. — 30

Notwahrheiten über Konsumvereine. Eine Diskussionsrede v. Kampfplatz mit d. Sozialdemokratie. Von Prof. Dr. E[mil] **Suchsland**, Oberl. 46. bis 50. Taus. Halle a. S.: Waisenhaus in Komm. 1906. (31 S.) 8⁰

— Notwahrheiten üb. Konsumvereine. Eine Diskussionsrede vom Kampfplatz m. der Sozialdemokratie. 51.–55. Taus. (Verb. u. verm. Aufl.) (31 S.) 8. Ebd. 906. — 30

*Suchsland, Emil: Über die Notwendigkeit und Möglichkeit der Einrichtung von Privatexaminatorien. Sozial-pädagogischer Vorschlag. S. 9–17. 8.
In: Ehrengabe der Latina. Acht Abhandlungen, ... Wilhelm Fries bei der Gedenkfeier seiner 25jähr. Wirksamkeit als ... Direktor der Franckeschen Stiftungen dargebracht. Lat. Hauptschule *Halle a. S.* 1906.
Progr.

— **Schutz- u. Trutz-Waffen f. den gewerbl. Mittelstand in seiner Notwehr gegen die Konsumvereine u. Warenhäuser. (127 S.) gr. 8. Ebd. 904.** n. 2. 40; geb. n. 3. —

Schutz- und Trutz-Waffen für den gewerblichen Mittelstand in seiner Notwehr gegen die Konsumvereine und Warenhäuser. Von Prof. Dr. E[mil] **Suchsland**, Oberl. 2., durch einige Bemerkungen erw. Aufl. Halle a. S.: Waisenhaus 1905. 127 S. 8⁰

Suchsland, E(mil): Physikalische Studien über Leuchtbakterien. *Halle a. S. 1898: Waisenhaus.* (87—100 S.) 4⁰
Halle, Latein. Haupt-S, Festschr. 1898

Entstehungs-Geschichte u. Organisation des Bundes der Landwirthe von Dr. H. SUCHSLAND. (Entnommen aus dem Jahrgang 1895 des Kalenders des Bundes d. Landw.) Berlin 1895. (o. Dr.) 8⁰.

Suchsland, Heinrich

Suchsland, H., die Bildung e. Verbandes zur Verbesserung der ländlichen Arbeiterverhältnisse im Königr. Sachsen. Vortrag, geh. in der ökonom. Gesellschaft im Königr. Sachsen, Dresden, am 27. Novbr. 1891. [Aus: „Mittheilgn. der ökonom. Gesellsch."] gr. 8. (20 S.) Dresden 892. G. Schönfeld's Verl. n. — 40

Suchsland, Heinr., die Hagelversicherungsfrage in Deutschland, s. a. **Sammlung** nationalökonomischer u. statistischer Abhandlungen.

Suchsland, Heinrich [aus Köln a/Rh.]: Die Hagelversich[erun]gsfrage in Deutschland, betrachtet vom theoretischen, historischen und kritischen Standpunkt; ein Beitrag zur Kritik und Reform des deutschen Hagelversicherungswesens. . . . Halle a/S., 1890; VI S. + 1 Bl. + 98 + 1 S. 8⁰
Halle, Phil. Fak., Inaug.-Diss. v. [4. Aug.] 1890

— **zur Reform d. Hagel-Versicherungs-Wesens in Deutschland. Vortrag, geh. in der Oeconom. Gesellschaft im Königr. Sachsen, Dresden, am 4. Novbr. 1892. gr. 8. (20 S.) Ebd. 893.** n. — 40

—— u. A. Saeuberlich. Verbände ländlicher Arbeitgeber. Referate, geh. in der 17. Generalversammlg. der Vereinigg. der Steuer- u. Wirthschafts-Reformer am 24. Febr. 1892. gr. 8. (29 S.) Berl. 892, Walther. * — 50

— **Vorschläge zur gesetzlichen Neuregelung der ländlichen Arbeiterverhältnisse des Deutschen Reiches. Gesetzentwurf m. ausführl. Begründg. u. e. Uebersicht des bestch. Rechtszustandes des Deutschen Reiches. gr. 8. (VI, 91 S.) Berlin 894. (F. Telge.)** n. 2. —

Das Recht der landwirthschaftlichen Beamten und Arbeiter in allen Bundesstaaten des Deutschen Reiches v. Rechtsanw. Karl **Suchsland**, Halle a. S. ... Berlin: G. Schuhr 1895. (2 Bl., 121 S.) 1 Bd 8⁰
(Bibliothek, Schuhr's Landwirthschaftliche. Bd II.)

– Dass., s. a. Schuhr's landwirthschaftl. Bibliothek. Bd. 2.

Das Recht des Gesindes in allen Bundesstaaten des Deutschen Reiches v. Rechtsanw. Karl **Suchsland**, Halle a. S. ... Berlin: G. Schuhr 1895. (2 Bl., 175 S.) 1 Bd 8⁰
(Bibliothek, Schuhr's Landwirthschaftliche. Bd I.)

– Dass., s. a. Schuhr's landwirthschaftliche Bibliothek. Bd I.

Suchsland, Karl. Die unsichere Rechtslage der Zuckerfabriken in der Form der Aktiengesellschaften nach der Rechtsprechung d. Reichsgerichts u. deren rechtliche Sicherstellung f. die Zukunft. 8. (29 S.) Halle a. S. 891, Tausch u. Grosse. * — 60

Suchsland, Karl Heinrich Emil, s. Suchsland, Emil

Suchsland, Otto, appr. Arzt: Die mongoloide Idiotie. Halle a. S. (1909): Pritschow. 54, IV S. 8⁰
Halle, Med. Diss. v. 30. Juni 1909, Ref. Anton
[Geb. 23. Jan. 83 Dessau; Wohnort: Halle a. S.; Staatsangeh.: Preußen; Vorbildung: Latina Halle Reife M. 02; Studium: Lausanne 1, Halle 4, München 1, Berlin 1, Halle 3 S.; Coll. 13. Juli 08; Approb. 23. Juni 09.]
[U 09. 1623

Suchsland, Paula, die kräftige billige Küche, s.: Storost, Martha.

Suchtelen, Nico van, quia absurdum. Roman. In einzig berecht. Uebersetzg. v. Emile Charlet, m. Buchschmuck v. G. Brender à Brandis. (288 S. m. Bildnis.) 8. Leipzig 907. Maas & van Suchtelen. 5.—; geb. 6. —

Süchting, Fritz, der Elektrotechniker, s.: Buch, das, der Berufe.

Süchting, Heinrich, a. Arfrade (Fürstentum Lübeck): Kritische Studien über das Wirkungsverhältnis von Chilisalpeter und schwefelsaurem Ammoniak. Merseburg 1906: F. Stollberg. (47 S.) 8°
Göttingen, Phil. Fak., Ref. v. Seelhorst, Diss. v. 23. Nov. 1906
[Geb. 11. Mai 80 Arfrade, Fürstentum Lübeck; Wohnort: Bujendorf; Staatsangeh.: Oldenburg; Vorbildung: Gymn. Lübeck Reife O. 99; Studium: Freiburg i. B. 1, Kiel 4. Landw. Hochsch. Berlin 1, Univ. Berlin 2, Marburg 2, Göttingen 3 S.; Rig. 18. Juli 06.]

Suchy, Robert [aus Wien]: Über pyrochemische Daniellketten. Leipzig 1901. 53 S. 8°.
Zürich. Phil. Diss. II. S. 1900/1901.

Suchy, Robert. Über pyrochemische Daniellketten. Diss. Phil. II. Univ. Zürich. [Mit Figuren.] 53 S. 8. Leipzig, Metzger & Wittig, 1901.

Suck, Dr., s. Horaz Oden, 1s Buch.

Suck, Versuche m. der Görlitzer Dampfkreisel-Schneeschaufel. [Aus: „Zeitschr. f. Bauwesen".] gr. 4. (4 S. m. 7 Abbildgn. u. 1 Kpfrtaf.) Berlin 893. W. Ernst & Sohn. n. 2. —

Suck, Chr., Führer durch Ruhla in Thüringen u. s. Umgebung. gr. 16. (87 S. m. 1 farb. Karte.) Ruhla 891. Lierhammer & Schulz. Kart. n. 1. —

Suck, Ernst Johann, aus Livland, Versuch einer generellen psychischen Heilmethode. Diss. Dorpat. 16°. 72 pp.

Suck, Er. Jh., Versuch e. generellen psychischen Heilmethode. Eine academ. Streitschrift. 8. Dorpat 812. (4 unpag. Bl. u. 72 S.)

Suck, Hans, Fürsorge f. die schulentlassene Jugend, s.: Handbuch der Hygiene. IV. Suppl.-Bd.

Gesundheitsfibel. Von Hans Suck. Mit 20 Abb. Berlin: F. L. Dames 1900. (90 S.) 8°

Suck, Hans, Gesundheitsfibel. (Neue [Titel-]Ausg.) gr. 8. (90 S. m. 20 Abbildgn.) Berlin [900.] 902. Wiegandt & Grieben. Geb. n. — 75

— die Hygiene der Schulbank. gr. 8. (74 S. m. 17 Abbildgn.) Ebd. 902. n. 2. —

— Kindererziehung u. Berufswahl, s.: Lexikon der Kinderheilkunde u. Kindererziehung.

— Lüftung u. Beheizung der Schulräume, s.a. Abhandlungen, pädagogische. X. 1.

Lüftung und Beheizung der Schulräume. Von Hans Suck. Bielefeld: A. Helmich [1904]. (15 S.) 8°
(Abhandlungen, Pädagogische. N.F. Bd 10, H. 1.)

Suck, Hans, d. Luftverschlechterg. im Schulzimmer u. ihre Messung, s.a. Abhandlungen, pädagog., 3. Bd. 1. Hft.

[F.] Die Luftverschlechterung im Schulzimmer und ihre Messung. Von Hans Suck, ord. Lehrer ... in Berlin ... *Bielefeld: A. Helmich [1898].* (15 S.) 1 Bd 8.
= Abhandlungen, Pädagogische. N. F. Bd 10. H. 1. [9v 1198]

Suck, Hans, Sozialpolitik u. Schulhygiene, s.a. Abhandlungen pädagogische. XIV. 1. 2.

Sozialpolitik und Schulhygiene. Von Hans **Suck**. [1.] (2.) Bielefeld: Helmich [1909]. 80 S. 8° [Umschlagt.]
(Pädagogische Abhandlungen. N. F. Bd 14, H. 1. 2.) [10. 2370]

— die gesundheitliche Überwachung der Schulen. Ein Beitrag zur Lösung der Schularztfrage. gr. 8. (36 S.) Hamburg 899. L. Voss. n. — 60

— wie kommen wir in der Schulbaukfrage vorwärts? (20 S.) gr. 8. Charlottenburg 904. P. J. Müller. n. — 50
Sonderabdruck aus: „Das Schulzimmer".

SUCK, M. (nicht ps.), Wilhelm Klaus oder der Zauberwald. Ein moralisches Lebensgemälde zur Warnung junger Leute. 8°. (1 Mk. Franz Teubner, Bonn, c. 1885.)

Suck, Walter, aus Frankfurt a. O.: Die geographische Verbreitung des Zuckerrohrs. Mit 1 Karte. Halle a. S. 1900: E. S. Mittler & Sohn, Berlin. (74 S.) 8°
Aus d. Juli-Beiheft des 'Tropenpflanzer'.
Halle, Phil. Diss. v. 7. Juli 1900.

Die Geographische Verbreitung des Zuckerrohrs. Von Walter Suck. Mit 1 Karte. Berlin 1900: E. S. Mittler & Sohn. (S. 123–190.) 8°
(Tropenpflanzer. Beihefte. Bd 1, No 4.)

Suckau, Fr. Wlh., s. Segür, ..., Geschichte Ludwigs XI.

Sucke: Die Stellung des Bundes der Landwirte zum Abschluss neuer Handelsverträge, s. Landes-Versammlung. Bund der Landwirte.

Suckel, Felix, Referendar: Der Einfluß persönlicher Eigenschaften und Verhältnisse auf die Strafbarkeit der Teilnehmer. Grünberg i. Schl. 1910: Weller. 54 S. 8°
Breslau, Jur. Diss. v. 4. März 1910, Ref. Gretener, Fischer
[Geb. 25. März 86 Grünberg i. Schl.; Wohnort: Brieg; Staatsangeh.: Preußen; Vorbildung: Realgymn. Grünberg Reife O. 04; Studium: Berlin 3, Breslau 3 S., Rig. 4. Febr. 10.]

Suckel, Fel., der Einfluß persönlicher Eigenschaften u. Verhältnisse auf die Strafbarkeit der Teilnehmer. (Diss.) (VII. 54 S.) gr. 8. Grünberg 910. F. Weiß. 1. —

Sucker, Car. Frid. Julius (geb. Arklitten in Ostpr. 9. 12. 1838): De medicamentis imponderabilibus. Berolini (1865). (32 S.) 8
Berlin, Med. Diss. v. 31. Juli 1865

Sucker, Ludw., die Fische nebst d. essbaren wirbellosen Thieren d. Adria u. ihre Zubereitg. 3 Abthlgn. in 1 Bde. gr. 8. (XVI, 179 S.) Triest 895. F. H. Schimpff. n. 2. —

Sucker, Osw., die ländliche Arbeiterfrage, ihre Bedeutg. u. die Mittel zur Anwendg. der daraus entsteh. Schäden. gr. 8. (23 S.) Breslau 874. Fiedler & Hentschel. 1. —

Sucker, Oswald, der Nothstand in Oberschlesien u. die Ursachen seiner Entstehung. gr. 8. (15 S.) Breslau 880. Trewendt. n. — 30

— die intensive Wirthschaft, die Bedingung d. jetzigen Landwirthschafts-Betriebes. gr. 8. (34 S.) Breslau 872. Trewendt. — 75

Sucker, Sophie, aus Troitzk (Russland): Ueber ein Teratom des Steissbeins. (Aus dem Kinderspital Zürich.) Zürich 1910. 30 S. und eine Tafel. 8°. [10. VI. 10.]
Zürich. Univ. Med. Diss. 1909/10.

Sucker, Sophie. Über ein Teratom des Steissbeins. Aus dem Kinderspital Zürich. Diss. Med. Univ. Zürich. (Mit zwei Abbildungen [auf 1 Tafel].) 30 S. 8. Zürich, Gebr. Fretz, 1910.

Suckert, Friedrich, aus Oberlangenbielau (Schl.): Über die Zersetzung der Brombernsteinsäure und ihrer Salze in wässeriger Lösung. Freiburg i.B.: Speyer & Kaerner 1904. (72 S.) 8°
Freiburg i.B., Phil. Diss. v. 1904.

Suckert, Frdr., über die Zersetzung der Brombernsteinsäure u. ihrer Salze in wässeriger Lösg. Diss. (68 S. m. 4 Taf.) 8. Freiburg i/B. 904. Speyer & Kaerner. n. 2. —

(Suckow, A. v.) Wo Süddeutschland Schutz für sein Dasein findet? Stuttgart 1869. 8°.

[Suckow, Alb. v.] Rückschau des königl. württembergischen General der Infanterie u. Kriegsministers v. S. Im Auftrag ihrer Exz. der Frau Generalin v. Suckow hrsg. u. bearb. v. Wilh. Busch. (VI, 243 S. m. Bildnis.) 8. Tübingen 909. J. C. B. Mohr. 4.—; geb. 4.80; in Leinw. 5.20

Suckow, C. Ad., s. Suckow, Karl Adolf

Suckow, Carl Friedrich, s. Suckow, Karl Friedrich

Suckow, E. Heinr., die gerichtlich-medicinische Beurtheilung des Leichenbefundes. gr. 8. (XII und 336 S.) Jena 849, Mauke.

Suckow, E. M. von [Pseud.], s.a. Niendorf, Emma

Suckow, E. M. v., [Emma Niendorf], befreite Herzen. Novellen. Berlin 863. Grothe. 8. (VII, 324 S.) n. 1 ₰ 10 ngr.

— spanische Liebesgeschichten. 8. (VII und 272 S.) Berlin 863, Sandrog und Comp.

Suckow, E. M. v. [Emma Niendorff], Ueber diese Geschichten ist Gras gewachsen. Roman. 2 Thle. 8. (418 S.) Berlin 863, Sandrog und Comp. *

Suckow, Edm.: Das Arabergestüt Bábolna-Puszta als Regenerator für Edelpferdezuchten. (Düsseldorf 1910.) 31 S.
Aus: Deutsche landwirtschaftl. Tierzucht. 1910.

Suckow, Edm., die Bedeutung d. kommunalen Kinder- u. Kurmilchanstalten u. die Bedeutung der Tierärzte f. die Leitung dieser Wohlfahrtseinrichtungen. Vortrag, geh. am 17. VI. 1906 in der 5. allgemeinen Versammlg. des Vereins preuß. Schlachthoftierärzte in Berlin. (19 S.) 8. Bergisch-Gladbach (906). (Hannover, M. & H. Schaper.) — 50

Suckow, Edm., Leitfaden zur Errichtung v. Kindermilch-Anstalten. Mit besond. Berücksicht. kommunaler Anlagen. Prakt. Winke, Erfahrgn. u. Erfolge in der Bekämpfg. der Säuglingssterblichkeit. (III, 49 S. m. 8 Taf.) 8. Hannover 906. M. & H. Schaper. Geb. in Leinw. n. 2. —

— Rentable Pferdezucht. Aktuelle Fragen d. Landespferdezucht. Vortrag, geh. am 27. III. 1909 in d. General-Versammlg. d. Düsseldorfer Pferdezucht-Vereins. (57 S.) gr. 8. Berlin 909. R. Schoetz. 1.20

— Über Vererbung u. Aufzucht d. Pferde m. besond. Berücksicht. d. Schrittpferdezucht. Vortrag, geh. am 13. III. 1908 im rhein. Pferdezucht-Verein in d. Königsburg zu Crefeld. (36 S.) 8. Hannover 908. M. & H. Schaper. 1.20

Suckow, Edm. (Express), Vollblut. Skizzen u. Studien aus dem Gestüt u. v. der Rennbahn. Mit 20 Kunstdruck-Abbildgn. berühmter Hengste. 8. (248 S.) Köln (901). P. Neubner. n. 8. —; geb. n. 10. —

v. Suckow, Fr., Nachklang d. Waffen. Mit Vign. 8. Berl. 817. (Nicolai). 16 ℊℊ

Suckow, F., Sundine, s. Sundine.

Suckow, Fr. W. C., s. Suckow, Wilhelm Karl Friedrich

Rede über den Tod. Bei Gelegenheit der Stiftungsfeier der □ Gustav Adolph zu den 3 Strahlen in Stralsund am 14. Nov. 1828 von F[riedr.] J[oachim] P[hil.] v. Suckow. [Stralsund 1828.] 13 S. 8° [Umschlagtit.]
In Versen. KB.

Suckow, Friedrich Wilhelm Gustav, s. Suckow, Gustav Friedrich Wilhelm

Suckow, Friedr. Wilh. Ludw., osteolog. Beschreibung d. Delphin-Schädels, verglichen mit d. Schädel d. Walls. gr. 4. (1½ B. u. 4 lith. Taf.) Mannheim 838, (Löffler.) *

Suckow Fr. Wilh. Ldw., Flora Manhemiensis et vicinarum regionum cis et transrhenanarum. II Ptes cum charta topogr. 12. Manh. 821. Schwan u. G. 2 ₰

SUCKOW, F. Wilhelm L.: Flora Manhemiensis et vicinarum regionum cis- et transrhenanarum. - Mannheim 1822. 2 Tl. X, 244 S. u. 168 S.

Suckow, Friedr. Wilh. Ludw., das Naturalien-Cabinet, od. gründl. Anweis., wie d. Naturfreund bei naturhistor. Excursionen u. bei d. Sammeln, Ausstopfen, Skeletiren rc. der Naturkörper jeder Art, namentl. der Säugethiere, Vögel, Fische, Reptilien, Käfer, Schmetterlinge, Pflanzen, Mineralien, Petrefacte rc. verfährt, wie er sie versenden u. in Sammlungen dauernd schön conserviren kann. gr. 12. (8¼ B. u. 3 Stnt. gr. 4.) Stuttgart 832, Neff.

— Naturgeschichte der Maikäfer (Melolontha vulgaris Fabr.) Mit 3 Steintaf. (Aus d. Verhandll. des großherzogl. bad. landwirthschaftl. Vereins v. Jahre 1823 abgedr.) 8. Karlsr. 824. Marx. 9 ℊℊ

— anatom.-physiolog. Untersuchungen der Insekten u. Krustenthiere. In Bdes 1s Heft. Mit 3 Kpf. gr. 8. Heidelb. 818. Winter. 2 ₰ (A. u. d. T.: Naturgeschichte der Insekten. In Bdes 1s Heft.)

—— Vademecum f. Naturaliensammler, od. vollständ. Unterr., Säugethiere, Vögel, Amphibien, Fische, Käfer, Schmetterlinge, Würmer, Pflanzen, Mineralien, Petrefacte ꝛc. zu sammeln, zu conserviren u. zu versenden. gr. 12. (8½ B. u. 3 Stnt.) Stuttgart 830, Neff.

Suckow, G. Adolf: Berichte über die Cameralschule zu Lautern, s. Medicus, Friedr. Kasimir.

Suckow, Georg Adolph.
Analyses chemicæ aquarum Jenensium. Jenæ, 1772. 4to.

SUCKOW, Georg Adolph: Anfangsgründe der theoretischen und angewandten Botanik. - Leipzig 1786. 2 Tl. 190 S. u. 938 S., 16 Taf.

— Anfangsgründe der theoret. u. angewandt. Botanik. 1r Thl. u. 2r Thl. 1r—3r Bd. Mit Kpf. gr. 8. Leipz. 786. 2e verb. 797. Weidmann. 7 ℛ

— Anfangsgründe der ökonom. u. techn. Chymie. gr. 8. Leipz. 783. 2e A. 789. Weidmann. 2 ℛ Zusätze dazu. gr. 8. Ebd. 798. 14 ℊ

Georg Adolf Suckow

Anfangsgründe der Mineralogie. Von Georg Adolph Suckow. Leipzig: Weidmann 1790. XVI, 447 S. 8°

— Anfangsgründe der Mineralogie nach den neuesten Entdeck. 2 Bde. gr. 8. Leipz. 790. 1r Bd 2e Aufl. 803. Weidmann. 5 ℛ

— Anfangsgründe der theoret. u. angewandten Naturgeschichte der Thiere. 4 Thle. gr. 8. Leipz. 797—801. Weidmann. 12 ℛ Schrbp. 16 ℛ (I. Säugethiere. 1 ℛ 16 ℊ II. 1. Raub- u. Spechtartige Vögel. 2 ℛ 8 ℊ II. 2. Sing- u. Hühnerartige Vögel. 2 ℛ 12 ℊ II. 3. Sumpf- u. Schwimmvögel. 2 ℛ III. Amphibien. 20 ℊ IV. 1. 2. Fische. 2 ℛ 16 ℊ)

Suckow, Georg Adolph: Anfangsgründe der Physik und Chemie nach den neuesten Entdeckungen. Th. 1 - 2, gbd., Abb.

Augsburg u. Leipzig: Stage o.J.

JB 305

— Anfangsgründe der Physik u. Chemie, nach den neuesten Entdeckungen. 2 Bde. Mit 16 Kpf. gr. 8. Augsb. 813 u. 14. v. Jenisch u. St. 6 ℛ Schrbp. 7 ℛ

Bemerkungen über einige chymische Gewerbe. Mannheim, 1791. 8vo.

— Bemerkk. üb. e. chem. Gewerbe. gr. 8. Manh. 791. Schwan u. G. 4 ℊ N. Aufl. gr. 8. Ebd. 809. Löffler. 4 ℊ

— Beschreib. einiger merkwürd. Abdrücke von der Art der sogenannten Calamitäten. Mit 5 Kpf. gr. 4. Münch. 782. (G. Franz). 4 ℊ

— mineralog. Beschreib. d. natürl. Turpets. Mit 1 Kpft. gr. 8. Manh. 782. (Löffler). 4 ℊ

Suckow, Geo. Ad., mineral. Beschr. d. natürl. Turpets, m. K. gr. 8. Mannheim, Schwan. 782.

— — dass. neue Aufl. mit Kupf. gr. 8. Mannheim, Löffler. 809.

SUCKOW, Georg Adolph: Ökonomische Botanik zum Gebrauch der Vorlesungen auf der hohen Kameralschule zu Lautern. - Mannheim, Lautern 1777. 436 S.

Suckow, Geo. Ad., († d. 18. März 1813.) ökonom. Botanik, z. Gebrauch seiner Vorlesungen. gr. 8. Manh. 778. Schwan u. G. 1 ℛ

– (Übers.), s. Cuthberson, John: Beschreib. einer verbess. Luftpumpe . . .

SUCKOW, Georg Adolph: Diagnose der Pflanzen-Gattungen, nach der neusten Ausgabe des Linneischen Sexualsystems. - Leipzig 1792. 423 S.

— Diagnose der Pflanzengattungen, nebst der neuesten Ausg. des Linnéischen Sexualsystems. gr. 8. Leipz. 792. Weidmann. 1 ℛ 8 ℊ

— Geschichte d. öffentl. Samml. der pfälz. staatswirthschaftl. Schule in Heidelberg. gr. 8. Manh. 789. (Löffler). 4 ℊ

— von d. Nutzen d. Chemie z. Behuf d. bürgerl. Lebens u. d. Oekonomie. 4. Manh. 775.

— Plan der Kameralschule zu Lautern. 4. Manh. 777.

— Versuch üb. die Wirkungen verschied. Luftarten auf die Vegetation, u. üb. diejenige Luft, welche Gewächse liefern. gr. 4. Münch. 782. (G. Franz). 6 ℊ

— Versuche üb. die Lohgerbereien u. ihre vortheilhaften Einrichtungen. gr. 8. Manh. 793. Schwan u. G. 8 ℊ Neue Aufl. Mit 1 Kpft. 8. Manh. 809. Löffler. 8 ℊ

— s. Versuche üb. die Platina.

Suckow, Gust., hodegetische Anleitung zum naturwissenschaftl. Studium auf Universitäten. Ein Anhang zu des Verf. systemat. Encyklopädie u. Methodologie der theoret. Naturwissenschaften. gr. 8. (3 B.) Halle 845, Schwetschke u. Sohn. *

— Beiträge zur Kenntniß Skandinaviens. Parallele zwischen dem schwedischen und norwegischen Urgebirge. gr. 8. Jena 841, Mauke. ½ ℛ

—— zur Chemie u. Mineralogie. I. Hft. gr. 8. (4⅓ B.) Leipzig 835, Allg. niederländ. Buchh. (?)

— dass. 2s Hft. A. u. d. T.: Zur Physik, Chemie u. Mineralogie. gr. 8. Leipzig 837. Allgem. niederländ. Buchh. 7/12 ℛ

—— dass. 2. Hft. — A. u. d. T.: Zur Physik, Chemie und Mineralogie. gr. 8. (8 B.) Leipzig 837, [Antiq. Goldacker.]

—— de lucis effectibus chemicis in corpora organica et organis destituta. Commentat. phys. Praem. orn. 4 maj. (13½ B. u. 1 Kpfrt.) Jenae 828, Bran.

—— systemat. Encyklopädie u. Methodologie d. theoret. Naturwissenschaften. gr. 8. (21 B.) Halle 839, Schwetschke u. Sohn.

Suckow, Gust., die bedeutendsten Erz- u. Gesteinlager u. ihre hauptsächl. Begleiter im schwed. Urgebirge. Beschrieben. gr. 8. (6 B.) Jena 831, Cröker.

Suckow, (Prof. Dr.) G., die bedeutendsten Erz- u. Steinlager u. ihre hauptsächl. Begleiter im schwed. Urgebirge. Beschrieben. gr. 8. Jena 831. Cröker. 12 ℊ

Suckow, Gust., die barometrische Hypsometrie. Mit 1 Figurentaf. gr. 8. Darmstadt 843, Leske. 1⅓ ℛ

Suckow, Gust., Lehrbuch der theoretischen und praktischen Chemie. In 2 Abthlgn. gr. 8. (I. Abthl. VIII und S. 1—256 mit 1 Tab. in qu. gr. Fol.) Jena 850, Mauke.

Suckow, Gust., Lehrbuch d. theoretischen u. praktischen Chemie unorganischer Körper. gr. 8. (XVI u. 562 S. m. 1 Tabelle in qu. Fol.) Jena 851, Mauke. 2 ℛ

Suckow, Gust., die Mineralogie. Mit besond. Beziehung auf chemisch-genet. und metamorph. Verhältnisse der Mineralien dargestellt. gr. 8. (XIII und 525 S. mit 1 Tab. in qu. gr. Fol.) Weimar 858, Voigt.

Suckow, Gust., zur Naturwissenschaft. gr. 8. (III und 64 S.) Berlin 863, Wiegandt und Hempel. *

— System der Mineralogie. Ein Grundriß für akademische Vorlesungen. Nebst e. Anhange, enthaltend die Beschreibung einiger Mineralien des Großherzogl. mineralog. Museums in Jena. Mit 2 Figurentaf. gr. 8. Darmstadt 834. Leske. 1/2 ℛ

—— System d. Physik mit Beziehung auf Künste u. Gewerbe. Ein Grundriß f. akadem. Vorlesungen. gr. 8. (..B. u. 54 eingedr. Holzschn.) Darmstadt 840, Leske.

—— Tabelle über die Eintheilung der mineralischen Krystallformen in 6 Krystallsysteme, nach der Zahl, Lage und Grösse der Axen (Dimensionen). gr. Fol. Jena 863, Deistung. *

Suckow, Gust., Tabelle über die mineralischen Krystallformen. 2., verm. u. verb. Aufl. Jena 866. Deistung. Fol. n. 5 ngr.

Drei Tabellen uber das Verhalten der Löthrohrproben gegen Reagentien. Jena, 1832. Fol.

—— drei Tafeln üb. d. Verhalten d. Löthrohrproben gegen Reagentien. Zum Gebr. bei seinen Vorlesn. entworfen. qu. Fol. (2 B.) Jena 832, Cröker.

—— Uebersicht d. Mineralkörper nach ihren Bestandtheilen. In Tafeln entworfen. gr. 4. (9 B.) Darmstadt 831. Leske.

— Uebersicht der mechanischen und chemischen Technologie. Nach empirischen Grundsätzen für akademische Vorlesungen entworfen. Jena 859. Suckow. (Halle, Schmidt's Verlag.) gr. 8. (40 S.) n. 6 ngr.

— die Verwitterung im Mineralreiche. Mit Rücksicht auf Agricultur und Technologie dargestellt. gr. 8. (XII u. 272 S.) Leipzig 848, Baumgärtner. 1 1/2 ℛ

—— die chem. Wirkungen d. Lichtes, dargest. u. erläut. Lex.-8. (8 1/2 B.) Darmstadt 832, Leske.

Suckow, G(ust.) F(erd.) W(ilh.), die wissenschaftliche und künstlerische Form der Platonischen Schriften in ihrer bisher verborgenen Eigenthümlichkeit dargestellt. gr. 8. (VIII und 512 S.) Berlin 855, Dümmler's Verlag. *

Suckow, Gust. Friedr. Wilh., Aufruf an alle protestant. Christen in Schlesien, die unter den gegenwärt. Trübsalen Trost und Hülfe bei Gott finden wollen. gr. 8. (20 S.) Schweidnis 848, Weigmann.

Suckow, Frid. Guil. Gustavus *[geb. Münsterberg in Schles. 25. 3. 1799]*: De Platonis Parmenide. Vratislaviae (1823). (35 S.) 8°
[Im Buchhandel 1823 bei Max & Ko. in Breslau. -- Verf. nannte sich später immer: Gustav Friedrich Wilhelm, vgl. Nr 2825.]
Breslau, Phil. Diss. v. 7. März 1823

Suckow, Gustavus Fridericus Guilelmus: De ratione, qua se habeat Spinozae tractatus theologico-politicus ad ejus ethicam. Vratislaviae (1849). (34 S.) 8°
Breslau, Phil. Fak., Hab.-Schr. v. 2. Aug. 1849

Suckow, Gust. Friedr. Wilh., Sprüche u. Lieder zur Vorbereitung f. die Confirmation, auf der Grundlage des kirchl. Taufbekenntnisses. Als Anhang: der kleine luther. Katechismus nebst dem Hauptstück von der Beichte u. einige kleine Gebethe. gr. 8. (11 1/4 B.) Breslau 846, (Max u. Comp.)

Suckow, G. F. W., Sprüche u. Lieder zur Vorbereitung für die Confirmation auf der Grundlage des kirchl. Taufbekenntnisses. Als Anhang: der kleine luther. Katechismus nebst dem Hauptstück von der Beichte u. einige kleine Gebethe. gr. 8. (178 S.) Breslau 847, Max & Co. 1/4 ℛ

Suckow, G. Fr. Wilh., †(Posgaru,) drei Zeitalter d. christl Kirche, dargest. in e. dreifachen Jahrgange kirchl. Perikopen. 8. (16 1/2 B.) Breslau 850, Max u. Komp.

Suckow, H. v., über zweckmäßige Bühnenleitung. Rostock 863. Stiller. 16. (IV, 42 S.) 7 1/2 ngr.

Suckow, H. v., das Königshaus Wettin. 1089—1889. Mit 1 Stamm-Taf. gr. 8. (32 S.) Dresden 889. (P. Schmidt's Verl.) n. — 30

Suckow, H. E., Kritik des Entwurfes einer neuen, dem Landtage im Großherzogth. Weimar vorgelegten Medicinalordnung. gr. 8. (28 S.) Jena 856, Deistung. *

Suckow, Heinr. Emil, Grundriss d. speciellen Semiotik. N. d. Quellen bearb. gr. 4. (38 1/2 B.) Jena 838, Bransche Buchh. Thlr.

Heinrich Emil Suckow

Henricus Aemilius Succow [Heinrich Emil Suckow]: Commentatio de congestionis sanguineae notione, signis, natura, diagnosi, causis atque effectu. Ienae: Libraria Braniana (1828). 32 S. 8°
Jena, Med. Preisschr. v. 6. Sept. 1828

Heinrich Emil Suckow

Henricus Aemilius Succow [Heinrich Emil Suckow]: Haemorrhagiarum Pathogenia. Ienae (1830:) Schreiber. 29 S. 8°
Jena, Med. Diss. v. 8. März 1830

Suckow, J. v., Nachklang der Waffen. Mit Vignetten. 8. Berlin, Nicolai (in Comm.) 817.

v. Suckow, Joach. Aug. Bhrdt., Beitrr. z. Verwaltung der Landespolizei in d. Mecklenburg-Schwerin. Ländern, mit Rücksicht auf ein zu erbauendes Landarbeitshaus. 8. Rostock 801. Stiller. 1 ℛ (Franzen u. Gr. in Stendal. 20 gl.

Suckow, von, Beyträge z. Verwaltung der Landespolizey in d. Mecklenb. Schwerin. Ländern, mit Rücksicht auf e. zu erbauend. Landarbeitshaus. 8. Rostock, Stiller. 803.

Suckow, Karl v., aus meinem Soldatenleben s. a. Aus vergilbten Pergamenten.

Suckow, Karl v., Aus meinem Soldatenleben. Stuttgart 862. Krabbe. 16. (VIII, 365 S.) 1 ℛ

Suckow, Karl Adolf

Suckow, Carl Ado., A. B. C. evangel. Kirchenverfassung. gr. 8. (25 B.) Breslau 846, Gosohorsky's Buchh.

Suckow, C. Ad., († d. 1. April 1847), Abschied des Propheten. Zur Erinnerung für seine Freunde. (Besond. Abdr. a. d. letzten Hft. d. Propheten.) gr. 8. (48 S.) Breslau 847, Gosohorsky. 1/4 ℛ

Suckow, Karl Ad., Gedenktage d. christl. Kirchenjahres in ein. Reihe Predigten. gr. 8. (11½ B.) Breslau 838, Max u. Komp.

POSGARU (d. i. *Carl Adolph Suckow*, 1802—47), Die Liebesgeschichten. Novelle. Breslau 1829. 8⁰. Zahm.

— s. Prophet, der.

Suckow, Carolus Adolphus: Commentationis historico-criticae de protevangelio Jacobi p. I: De argumento ac indole protevangelii. Vratislaviae (1830). (48 S.) 8° *[Forts. ist d. Breslauer Antr.-Progr. v. 29. 8. 1840, vgl. Nr 2604.]*
Breslau, Ev.-theol. Fak., Hab.-Schr. v. 22. März 1830

– s.a. Protoevangelium Jacobi ...

Suckow, Carol. Adolph.: Protevangelium Jacobi ex cod. ms. Venetiano descripsit, prolegomenis, varietate lectionum, notis criticis instructum edidit. Vratislaviae: Grass, Barth et soc. (1840). (XXVI, 80 S.) 8° *[Forts. zur Breslauer Hab.-Schr. v. 22. 3. 1830, vgl. Nr 2593.]*
[Breslau, Ev.-theol. Fak., Antr.-Progr. als außerord. Prof. v. 29. Aug. 1840]

—— Sendschreiben an den Hrn. Consistorialr. u. Prof. Dr. J. B. Baltzer, zur Berichtigung seiner Streitschrift: Das christliche Seligkeitsdogma. gr. 8. (4½ B.) Breslau 844, Gosohorsky's Bh.

Suckow, Carolus Adolphus *[geb. Münsterberg in Schles. 27. 5. 1802]*: Theses theologicae ... pro licentiati in theologia honoribus rite obtinendis. Vratislaviae (1829). (2 Bl.) 4°
Breslau, Ev.-theol. Liz.-Thesen v. 7. Dez. 1829

— Urtheil üb. die waatländischen Prediger nach genauer Einsicht in sämmtliche Actenstücke. (Besond. Abdr. aus dem letzten Hefte des Propheten v. J. 1846.) gr. 8. (32 S.) Ebd. 846, in Comm. 1/6 ₰

—— Urtheil über die waatländischen Prediger nach genauer Einsicht in sämmtl. Actenstücke. gr. 8. (32 S.) Breslau 847, Gosohorsky's Buchh.

Suckow, Karl Friedrich

SUCKOW, CAR. FRID., Nonnulla de fistula vesico-vaginali et de fistula vesico-uterina rarissima morbi causa. Diss. inaug. med. Kiliæ. 1837. P.

Suckow, Lorenz Johann Daniel (Schwerin) A. S. 331/14

Exercitatio philosophica de adquisitione hereditatis eiusque effectibus secundum naturae.
Präs. Joachim Georg Daries.
Jena (Schill) 26. III. 1746. 34 S. 34047

Suckow L. J. D.: Bezeichnung d. vornehmsten Pflanzen u. ihrer Cultur z. Vortheile d. Oekonomie ... 4. verm. u. verb. Aufl. Jena 1794. 110 S.

— Briefe an das schöne Geschlecht üb. verschied. Gegenstände aus d. Reiche der Natur. Mit Kpf. gr. 8. Jena 770 u. 771. Cröker. 2 ₰ 12 gr

– s. Eckhart, Johann Gottlieb von: Experimental-Oekonomie ...

SUCKOW, Laurenz Johann Daniel: Einleitung in die Forstwissenschaft zu akademischen Gebrauche entworfen. - Jena 1776. 292 S., Abb. - 2. Aufl. 1798

— Einleit. in die Forstwissenschaft. Mit Kpf. gr. 8. Jena 776. Cröker. 20 gr

— Entwurf einer Naturlehre. Mit Kpf. gr. 8. Jena 761. 2e veränd. A. 782. Schmid. 1 ₰

Suckow, Laurenz Johann Daniel: Entwurf einer physischen Scheidekunst. 556 S., gbd., 3 Taf.

Frankfurt u.Leipzig: Göbhardt 1769

JB 304

— Entwurf e. phys. Scheidekunst. Mit Kpf. gr. 8. Frankf. 769. (Wesché). 1 ₰ 16 gr.

Lorenz Johannes Daniel Suckow

Laurentius Ioannes Danielus Succov [Suckow]: De Expansione aeris per ignem,indeque cognoscenda ignis quantitate,ad thermometron chimicum adplicata et meditationem de instrumento geometrico ad lineas in agris mensurandas.[Resp.:] Simon Gottlieb Gamme. Jenae(1746): Schillius. 28 S. 8⁰

Jena,Naturwiss.Diss.v.26.April 1746

Suckow, Lor. Jh. Dn., († d. 26. Aug. 1801.) erste Gründe der bürgerl. Baukunst in einem Zusammenhange; mit vielen Kpf. gr. 4. Jena 751. 2e A. ... 3e A. 781. 4e verm. u. veränd. Ausg. mit 35 Kpf. 799. Stahl; (Schmid). 4 ₰

Suckow, Lor. Joh. Dan.: Erste Gründe der bürgerlichen Baukunst. 2. Aufl. Jena 1763. 4⁰

— erste Gründe d. Kriegsbaukunst, in e. Zusammenhange mit Kupfern. gr. 4. Frankfurt. (Göbhard in Bamberg.) 760.

— erste Gründe der Kriegsbaukunst, in e. Zusammenhange mit Kpf. gr. 4. Frankf. 769. (Wesché). 2 ₰

Suckow, L. J. D. Erste Gründe der Kriegs-Baukunst. Mit Kpf. Bamberg 1803. 158 S. 4⁰

Suckow, Laurenz Johann Daniel: „Die Cameral-Wissenschafften nach dem Grundrisse des Herrn Geheimen Rat Daries zum akademischen Gebrauch". Jena 1768, 2. vermehrte Auflage Jena 1784. — Vorh.: 1. Auflage UB Königsberg (Signatur Da 390); ferner Preußische Staatsbibliothek Berlin (Signatur Fe 1799); 2. Auflage: UB Bonn (Signatur Ka 72).

Suckow, Lor. Jh. Dn. Die Cameralwissenschaften nach Daries Grundriss. gr. 8⁰. Jena 1767. 2. verm. Aufl. 1784 (Schmid).

– (Vorr.), s. Scheyer, Johann Georg: Prakt. ökonom. Wasserbaukunst.

— die Ursachen der Ebbe u. Fluth. gr. 8. Jena 766. 2e verm. Aufl. 782. Cuno. 4 gr

— Verzeichn. d. vornehmsten Pflanzen u. ihr. Cultur, zum Vortheile der Oekonomie. gr. 8. Jena, Akadem. Buchhdl. 794.

— Verzeichniß der vornehmsten Pflanzen u. ihrer Kultur, zum Vortheile d. Oekonomie. gr. 8. Jena ... 4e Aufl. 794. (Hennings in Neisse). 7 gr

Suckow, D. C., offenes Sendschreiben an Herrn C. W. A. Krause, Archidiakonus in Breslau, auf Veranlassung seiner Predigt: „Der Meinungsstreit über die Person Jesu." gr. 8. Magdeburg 846, Falckenberg u. Comp. n. 3 ngr

Suckow, P: Fabrik für patentirte Oel-Gasanstalten. Breslau. (Um 1883)

Suckow, Sigismund *(geb. Breslau [27. 3. 1845])*: Ueber Pflanzenstacheln und ihr Verhältniss zu Haaren und Dornen. Breslau (1873). (32 S.) 8°
Breslau, Phil. Diss. v. 29. Nov. 1873

Suckow, Simon Gabriel [Praes.], s. Schobel, Valentin: Spicilegium animadversionum logico-metaphysicarum in nonnulla ex praecipuis recentiorum argumentis quibus trito illi quod sufficientem rebus et cur sint rationem adsignat principio summam conciliatum eunt universalitatem.

Suckow, W., griechische Schreibvorschriften. 1.—3. unveränd. Aufl. qu. 4. (24 Stnt.) Breslau 873—75, Morgenstern. * — 30
—— dass. — als erste Stufe des griechischen Unterrichts. 4. und 5. verb. und verm. Aufl. qu. 4. (24 lithogr. S.) Ebendas. 877. * — 30

Suckow's, W., griechische Schreibvorschriften als erste Stufe des griechischen Unterrichts. 4.—7. verb. Aufl. qu. 4. (24 lithogr. S.) Breslau 879—82, Morgenstern. * — 30

Suckow's, W., griechische Schreibvorschriften als erste Stufe des griechischen Unterrichts. 9. Aufl. qu. 4. (24 S.) Breslau 887, Morgenstern's Verlag. * — 30

Suckow's, W., griechische Schreibvorschriften als erste Stufe des griechischen Unterrichts. 10. Aufl. qu.-4. (24 S.) Bresl. 890, Morgenstern. * — 30

Suckow's, W., griechische Schreibvorschriften als erste Stufe des griechischen Unterrichts. 11. Aufl. qu. gr. 8. (24 S.) Breslau 893. E. Morgenstern's Verl. n. — 30

Suckow's, W., **griechische Schreibvorschriften als erste Stufe des griech. Unterrichts.** 13. Aufl. qu. gr. 8. (24 S.) Breslau (900). E. Morgenstern, Verl. n. — 30

W. Suckow's Griechische Schreibvorschriften als erste Stufe des griechischen Unterrichts. 15. Aufl. Breslau: E. Morgenstern [1907]. (24 S.) quer-8° (08. 3687

Wilhelm Karl Friedrich Suckow

Guil[elmus] Carol[us] Frid[ericus] Succow [Suckow]: Animadversiones in tracheitidem infantum. P. 2. Ienae (1823:) Schreiber. 8°

P.2: (1823.)
[Einladungsschrift zur Dr. med.- Promotion von Karl August Bona, Jena, 14. Apr. 1823 u. von Gotthelf Adolf Schumann, Jena, 17. Apr. 1823.]

— Diss. inaug. exhibens Toxicologiae theoreticae delineationem. Prs. I. II. 8. Jena 795. Academ. B. 6 gr

Suckow, W. C. Fr., Jahresbericht etc. üb. die im J. 1829 in d. Grossh. Land-Krankenhause etc. behandelt. Krankheiten, s. Stark, J. Chr.

Suckow, W. C. F., Pharmacopöe f. klin. Institute und selbst dispensirende Aerzte. 2 Thle. gr. 8. Jena, Akadem. Buchhd. 805—10. (1r 1 Rthlr. 2r 1 Rthlr. 16 gr.)

Suckow, (Prof.) Wlh. Karl Fr., Pharmacopoe für klin. Institute u. selbstdispensirende Aerzte. 2 Thle. gr. 8. Jena 805—810. (Hennings in Neisse). 2 ₰ 12 gr

Wilhelm Karl Friedrich Suckow

Guil[elmus] Carol[us] Frid[ericus] Succow [Wilhelm Karl Friedrich Suckow]: De Salibus, qui in neutralibus habentur, distributione in ordines pharmacologicos. Ienae (1830:) Schlotter. VI S. 8°

[Einladungsschrift zur Dr. med.- Promotion von Alexander Levin Koelbing, Jena 7. Mai 1830 u. Ernst Eduard Wedel viell. Ernst Eduard Ludwig Wedel, Jena, 3. Juni 1830 viell. 19. Nov. 1830.]

[Unvollst., die Abh. selbst fehlt.]

Suckrow, Fritz, Tierarzt: Aus d. physiol. Inst. d. Univ. Bonn. Die angeblich von Dr. K. Grube behauptete Fähigkeit des Phloridzins, den Glykogengehalt der Leber zu verringern. Bonn 1910: Ludwig. 28 S. 8°
Gießen, Veterinär-Med. Diss. v. 23. Aug. 1910, Ref. Garten
[Geb. 5. Nov. 79 Parchim; Wohnort: Bonn; Staatsangeh.: Mecklenburg-Schwerin; Vorbildung: Gymn. Parchim Reife M. 00; Studium: Tierärztl. Hochschulen Berlin 1, Stuttgart 1, Berlin 6 S.; Rig. 7. März 10.] [U 11. 1329

Sucksdorff, Vict., karelische Gebäude u. ornamentale Formen aus Zentral-Russisch-Karelien, s.: Blomstedt, Yrjö.

Suckstorff, Adolf, approb. Arzt aus Wismar: Lymphangiom des Rachens mit Bildung croupöser Membranen. *Tübingen: H. Laupp 1900.* (14 S.) 8° ¶ (Aus: Beiträge zur klinischen Chirurgie, Bd 27, H. 1.)
Rostock, Med. Diss. v. [11. Juni] 1900

Sucro, s. Sedan-Festreden, sechs.

Sucro, Chr. Jos.: Philos. Gedanken von Gespenstern. Halle 1748. 8°

Sucro, Chrn Jsf, Betrachtungen über die deutsche Sprache ... Coburg 1751. 4. (D.)

Sucro, Christoph Joseph (Königsberg/Nm.)
4° Thl. XV, 270/1

De praestantia religionis revelatae prae naturali.
Präs. Sigismund Jakob Baumgarten. Rec.
Halle (Grunert) 1753. 37 S.

Diss. 17. V. 1743.
Gew.: Christoph Sucro (Vater).
W. v.: Präs. 34048

Sucro, J. C., kleine deutsche Schriften, von Harles. 8. Coburg, Ahl. 770.

Sucro, Cph. Jos., († d. 8. Juni 1756.) kleine deutsche Schriften; herausgg. v. G. Chr. Harles. 8. Coburg 770. (Riemann). 10 gr

Sucro, Friedrich Wilhelm

Sucro, Fr. Wlh. Karl, griech. Formenlehre f. den ersten Unterricht in der griech. Sprache. 8. Magdeb. 818. 2e verm. A. 832. Heinrichshofen. 1 ₰

Sucro, Friedr. Wilh. Carl, griech. Formenlehre, f. d. Gymnasial-Unterr. Nebst e. Anh. üb. d. Accentsetzung u. e. lith. Taf. (qu. Fol.) zur Bildung d. griech. Handschrift. 2., völlig umgearb. u. verm. Aufl. 8. (21½ B.) Magdeburg 832, Heinrichshofen. Thlr.

Sucro, F. W. C. Introductio in Scholas Sophocleas, in usum tironum. P. I—VI. 50, 77, 90, 17, 62 u. 36 S. 8.
Magdeburg, D., Progr. 1825–30

Sucro, F. W. C., Introductionis Sophocleae capitis III. partis II. sectio II. Pr. 1830. 42 S. 1.20

Sucro, Fr. Wlh. Karl, geographischer Leitfaden durch sämmtl. Classen der Gymnasien. 2e berichtigte Aufl. gr. 8. Magdeburg 834. Heinrichshofen. 5/12 ₰

— De tragicae Musae natura generatim, Sophocleae autem imprimis arte atque praestantia. I. Pr. 1855. 11 S. 4°. 1.—
— — II. Pr. 1856. 20 S. 4°. 1.20
Magdeburg.

Sucro, F. W. C. Versuch eines geograph. Lehrplans, zunächst für das Domgymnasium zu Magdeburg. 134 S. 8.
Magdeburg, D., P 1834

Sucro, G. W., Predigten, herâgg. v. G. A. L. Hanstein. gr. 8. Stendal. 794. Franzen u. Gr. 21 gr

Sucro, J. C., s. Sucro, Cph. Jos.

Sucro, J G., Predigt über Jes. 45. v. 6. 7. bey Bekanntmachung des mit Russland geschlossenen Friedens. Magdeburg, Frankfurt u. Leipzig 1762. 8.

Sucro, J. G., Predigt über Jesaiä 52, 7—10. bey feyerlicher Bekanntmachung des zu Hubertsburg geschlossenen gedoppelten Friedens am Sonntage Oculi 1763 im Dom zu Magdeburg gehalten. Magdeburg. Frankfurth und Leipzig. Verlegts und zu finden bey dem Königl. Preuss. Commercien-Rath u. privileg. Buchhändler Daniel Christian Hechtel. 1763. 8. 30 S.

Sucro, J. G., Predigt über Ps. 52 v. 11. am Dankfeste wegen erfolgter Wiedereroberung der Stadt Schweidnitz. Magdeburg, Frankfurth u. Leipzig 1762. 8.

Sucro, J. J., Dankpredigt wegen des bey Zorndorf von Sr. Königl. Maj. in Preussen über die gr. Russ. Armee erfochtenen Sieges. (Berlin 1758) 8.

Sucro, Joh. Geo., die Furcht des Todes, mit Gründen der Vernunft u. d. Glaubens bestritten. 8. Halle, Hemmerde. 746.

— Versuche in Lehrgedichten und Fabeln. 8. Ebend. 747.

Sucro, Jh. Geo., († d. 28. Juni 1786.) Widerlegung d. Meyerschen Gedanken v. Gespenstern. 8. Halle 754.

Sucro, Jo. Joseph (Magdeburg) U. S. Halle 1750/8

Dissertatio philosophica de somno morali.
Präs. Georg Friedrich Meier.
Halle (Fürst) 8. IV. 1750. 21 S.

Gew.: Sigismund Jakob Baumgarten, Christoph Sucro (Vater).
W. v.: Sigismund Jakob Baumgarten, Präs., Jakob Friedrich Hessling. 34049

Sucro, Jh. Josias, († 1760.) üb. die Ahndungen. 8. Brandenb. 759. Halle. 4 gr

— üb. den Epiktet u. seine Lampe. 8. Brandenb. 758. Halle. 3 gr

— Erfahrungen. 4 Thle. 8. Brandenb. 758—60. Halle. 20 gr

— Parallelen. 8. Brandenb. 760. Halle. 6 gr

— Samml. auserlesener Gedichte. 8. Halle, Hemmerde. 747.

Sucro, Joseph (Königsberg/Nmk.) A. S. 1381/12

De praestantia religionis revelatae prae naturali.
Präs. Sigismund Jakob Baumgarten.
Halle (Gebauer) 17. V. 1743. 45 S.

Gew.: Christoph Sucro (Vater).
W. v.: Präs. 34050

Sucro, W., Festpredigt, am 22. März, dem 90. Geburtstage des deutschen Kaisers Wilhelm I., gehalten in der St. Sebald-Kirche in Nürnberg. gr. 8. (8 S.) Nürnberg 887, [v. Ebner'sche Buchh.] Ballhorn. * — 20

—— Gedächtnisrede über I. Petri 5, 6 bei der Trauerfeier zu Ehren Seiner Majestät des deutschen Kaisers Friedrich III. am 18. Juni 1888 gehalten in der St. Lorenzkirche zu Nürnberg. 8. (8 S.) Nürnberg 888, Löhe. * — 20

—— zur Nationalfeier am 2. Septbr. 1887. Festrede an die Schuljugend, gehalten bei der Schulfeier im großen Rathaussaale zu Nürnberg. gr. 8. (8 S.) Nürnberg 887, Raw'sche Buchh. * — 15

—— Predigt, am I. p. Trin. 1886 in der St. Lorenzkirche beim Amtsantritt gehalten über I. Joh. 16—21. gr. 8. (14 S.) Nürnberg 886, von Ebner'sche Buchh. ** — 25

Suczczynski, Josaphat Sylvester, Denkschrift. gr. 8. (54 S.) Königsberg 876. Braun & Weber. n. — 50

Süd, A. W. T., das Haus der Grafen Dwinski. Erzähl. 8. (12¾ B.) Leipzig 832, Hinrichs.

Suda J.: **Historische Schriften des 16. Jahrb. über die Geschichte Böhmens. (12. 15.) Pisek b. R. 76. 77.**
Progr.

Süd-Afrika [Sachliches OW]

Süd-Afrika (der Burenfreund). Schriftleitung: Stef. v. Kotze. 2. Jahrg. 4. Viertelj. April - Juni 1903. 6 Nrn. (à ca. 20 S. m. Abbildgn.) gr. 4. Berlin, Vorlag Continent. n. 3. —

— **dasselbe. Halbmonatsschrift f. deutsche Interessen in Süd-Afrika.** Schriftleitung: Frhr. v. Reibnitz. 3. bis 5. Jahrg. Juli 1903—Juni 1906. à 24 Nrn. (à ca. 16 S.) gr. 4. Ebd. à Jhrg. n. 12. —
Erscheint nicht mehr.

Süd-Afrika, 1866—67. Mit 1 Originalkarte der Transvaal'schen Republik etc. = Petermanns Mittheilungen aus Perthes' geogr. Anst. Ergänzungsbd. 5. Nr. 24. Gotha. 1868. 4°.

Süd-Afrika zur Darstellung der Gebiete der Berliner Missions-Gesellschaft. qu. 4. (8 lithogr. Karten.) Berlin 862. Halle, Fricke. *

Süd-Afrika englisch od. deutsch-holländisch? Von e. Deutschen aus **Süd-Afrika**. gr. 8. (31 S. m. 1 Karte.) Berlin 899. Vita. n.n. — 50

— u. der Handel Deutschlands. (Ein Wegweiser zu neuen Absatzgebieten.) gr. 8. (52 S.) Dresden 900. Steinkopff & Springer. n. 1. —

Südafrika und Madagaskar geschildert durch die neueren Entdeckungsreisenden, s. a. Lorck's, C. B., Hausbibliothek.

—— und Madagaskar geschildert durch die neueren Entdeckungsreisenden namentlich Livingstone und Ellis. Neue (Titel-)Ausg. gr. 8. (XVIII und 416 S.) Leipzig (860)65, Senf.

Südafrika u. Madagaskar geschildert durch die neuen Entdeckungsreisenden namentlich Livingstone u. Ellis. 3. Ausg. gr. 8. (416 S.) Leipzig 874. G. Senf. 2. 50

Süd-Afrika [Schlagwort]

Süd-Afrika, s. a. Afrika. — Kriegsschauplatzkarten. — Missionskarten.

Südafrica — Karte zur Uebersicht der neuesten Entdeckungen (mit geolog. u. ethnogr. Daten) 6,300,000. G. M. 1858.

Sudakewitsch, zur pathologischen Anatomie der Lepra, s. Beiträge zur pathologischen Anatomie und Physiologie.

Sudakewitsch F.: Uebersichtliche Darstellung d. Zustandes d. Milchwirthschaft in Russland. St. Petersb. 1877. 36 S. 4°.

Südamerika [Sachliches OW]

Südamerika. Internationale Briefmarken-Zeitung. Organ f. die gesammten Interessen d. überseeischen Briefmarkenhandels. Vierteljahrsschrift. Hrsgbr.: Herm. Mittelmann. Redact.: Leon Salzmann. 1. Jahrg. 1892/93. 4 Nrn. Imp.-4. (à Nr. ca. 10 S.) Czernowitz, (Pardini). * 1 --; einzelne Nrn. à * - 30

Südamerika, internationale Briefmarken-Zeitung. Organ f. die gesammten Interessen des überseeischen Briefmarkenhandels. Vierteljahresschrift. Hrsg.: Stephenson & Mittelmann. Red.: Herm. Mittelmann. 1.—3. Jahrg. 1892—1894. à 4—6 Nrn. (à ca. 1½ Bog.) Imp.-4. Czernowitz, (H. Pardini). à Jahrg. n.n. 1.—

Süd-Amerika. Organ f. Ansiedlg. u. Landerwerb, Ackerbau u. Viehzucht, Handel u. Statistik, Forschg. u. Expeditionen, Minenwesen, Aus- u. Einwanderg., Verkehrsverhältnisse u. s. w. in den Republiken Argentinien, Bolivien, Brasilien, Chile, Paraguay, Peru u. Uruguay 1.—3. Jahrg. Oktbr. 1903—Septbr. 1906. à 12 Nrn. (à 4 S. m. Abbildgn.) gr. 4. München, Tegernseerlandstraße 55, Verlag d. Südamerika. à Jhrg. 1. 20

Süd-Amerika. (Jg 13ff.: vereinigt mit der Zeitschr. „Der Dt. Siedler". Hrsg. vom „Inst. für Auslandkunde und Auslanddtm." der „Dt. Kulturpolitischen Ges.", Leipzig-Gohlis). Jg 1—15. — Bln: Süsserott (früher: Mchn: Greger; Karlsruhe; Freiburg i. Br.: Stezenbach) 1903/04—1914, 1919—1922. 4°

Süd- und Mittel-Amerika. Halbmonatsschr. für das Dtm und die dt. Interessen in Süd- und Mittel-Amerika und Mexiko. Hrsg. von P[aul] Traeger. Jg [1]—7, Nr 13/14. [Mehr nicht ersch.] — Bln: Süd- und Mittel-Amerika Verl. Braunbeck (früher: Paetel) 1908—1914. 4°
Anf. s.: Dt.-Brasilische Korrespondenz. Nr 526.

Süd- u. Mittel-Amerika. Halbmonatsschrift f. das Deutschtum u. die deutschen Interessen in Süd- u. Mittel-Amerika u. Mexiko. Hrsg. v. P. Traeger unter ständ. Mitarbeit v. Jul. Wolff, H. Faulhaber, W. Kundt. Jahrg. 1908—1910. à 24 Nrn. (Nr. 1. 20 S. m. Abb.) 31×23,5 cm. Berlin, Verlag d. Zeitschrift Süd- u. Mittel-Amerika. à Jahrg. 12.—; m. der Beilage: Die Post aus Deutschland 16.—

Südamerika, wie es war und jetzt ist, oder Ursprung und Fortsetzung der Revolution daselbst bis 1819. Leipz. 1820. V: *Becker, Gottfried Wilhelm.* (Ky) (MGT) (BrMm) »1810« (EngG)

Südamerika, wie es war u. jetzt ist, od. Ursprung u. Fortgang d. Revolution daselbst bis 1816. (Von G. W. Becker). 8. Leipz. 820. Rthlr. 1 ₰ 12 Gr.

Süd-Amerika [Schlagwort]

Süd-Amerika, s.a. Amerika. — Atlanten. Stieler. — Generalkarten.

Süd-Amerika, s.a. Amerika. — Atlanten. Sydow & Habenicht. — Hand- u. Reisekarten. 65.

Süd-Amerika, s.a. Amerika. — Länderkarten.

Süd-Amerika — Karte von — Verfasst von Herrn d'Anville, Geographen des Königs von Frankreich. Nach den neuesten Entdeckungen verbessert herausgegeben von Herrn F. A. Schraembl. Wien, gestochen von Ant. Amon 1786. 1: 6,500,000. 3 Bl.

Süd-Amerika — Charte von — Nach den bewährtesten astronomischen Bestimmungen und den vorzüglichsten Charten, die Grenze zwischen den Spanischen und Portugisischen Besitzungen aber, dem Tractat von St. Ildefonse v. J. 1777 gemäss entworfen von F. L. Güssefeld. Nürnberg bei den Homannischen Erben 1797. 1: 13,000,000.

Süd-America — Die vereinigten Provincen von — Weimar, im Verlage des geographischen Institutes 1823. 1: 10,000,000. 1 Bl.

Süd-America. Geologische Uebersichtskarte von Fötterle. 25,000,000. G. M. 1856.

Sudan [Schlagwort]

Sudan, s.: Hand- u. Reisekarten. 56.

Sudan, aegypt., s.: Nilländer.

Sudan, östl., s.: Afrika, Henrich, A.

Sudan-Pionier, der. S. P. M. gegründet Januar 1900. Centrale Eisenach. „Immanuel = Gott m. uns." Verantwortlich: Ziemendorff. Jahrg. 1903—1906. à 12 Nrn. (à 8 S. m. Abbildgn.) Lex.-8. Wiesbaden. (Kassel, E. Röttger.) à Jhrg. n. 1. 40

Sudan-Pionier, der. Die Sudan-Pionier-Mission. Gegr. 1900. Schriftleitung: Ziemendorff. Jahrg. 1907—1910. à 12 Nrn. (à ca. 8 S. m. Abb.) Lex. 8. Wiesbaden, Sudan-Pionier-Mission. à Jahrg. 1. 40

Sudarski, Nissel (Nissan), a. Wischtinetz (Rußl.): Atresia hymenalis und ihre Folgezustände. Berlin (1907): E. Ebering. (29 S.) 8°
Berlin, Med. Fak., Ref. Bumm, Diss. v. 26. Okt. 1907
[Geb. 19. Dez. 81 Wischtinetz; Wohnort: Wischtinetz; Staatsangeh.: Rußland; Vorbildung: Gymn. Suwalki Reife M. 02; Studium: Heidelberg 5, Bonn 3, Berlin 2 S.; Rig. 24. Okt. 07.]

Valščiaus **sudas.** Parašė Žemaitė. Komedija i veikmėje. Tilžėje 1900: (Schoenke). 19 S. 8°
[Das Amtsgericht. Verf. von e. Schamaitin. Lustspiel in 1 Akt.]
Aus: 'Ukininkas.' (10. 1491) 10

Süd-Atlantischer Ozean [Schlagwort]

Süd-Atlantischer Ozean, s.: Seekarten.

Süd-Australien. Ein Beitrag zur deutschen Auswanderungsfrage. Berlin 1851. V: *Reimer, Rud.* (Ky)

Süd-Australien. Ein Beitrag zur deutschen Auswanderungsfrage (v. Rud. Reimer). gr. 8. (VI u. 50 S.) Berlin 851, D. Reimer. ⅓ ₰

Südbahn [Sachliches OW]

Südbahn, aargauische. Soll sie auf dem Wege des Selbstbaues und des vorliegenden Finanzvertrages oder aber durch Uebergabe an die Bahngesellschaften erstellt werden? (Von Feer-Herzog.) 36 Stn. 8. Aarau, H. R. Sauerländer. —. 30
1872.

Südbahn, die hannoversche, die Halle-Nordhäuser-, Gotha-Mühlhäuser- u. Hahle-Ruhme-Verbindungs-Bahnen. Denkschrift u. Beitrag in Bezug auf deren Bau u. Vereinigung. Nebst e. (lith.) Karte der Bahnlinien (in Fol.) gr. 8. (32 S.) Göttingen 848, Dieterich. n. 1/3 ₰

Südbahn, Die, im Jahre 1880. Wien 1880. V: *Schüler, J.* (WFM) V: *Schüler, Friedrich Julius?* (EB)

Südbahn, die, im J. 1880. Von J. Sch. gr. 8. (63 S.) Wien 880, (Gerold's Sohn.) * 1 20

— la, et son réseau de communications en Autriche-Hongrie. Publié par la société privilégiée imp. et roy. de la Südbahn, avec la collaboration des auteurs et artistes suivants Pet. Rosegger, Vinc. Chiavacci, Thdr. Christomanos etc. Tirages photographiques: Bernh. Johannes, Alois Beer. Accompagné de 197 illustr., 4 cartes et un indicateur de contes les lignes de la société privilégiée imp. et roy. de la Südbahn. 8. (XVIII, 505 u. 45 S.) Ebd. 899. n. 1. 80; engl. Ausg. (XVIII, 489 u. 45 S.) n. 1. 80

Die **Südbahn** und ihr Verkehrsgebiet in Oesterreich-Ungarn. Hrsg. von der K. k. priv. Südbahn-Gesellschaft unter Mitw. ... Mit 197 Ill., 4 Kt. u. 1 Fahrpl. Chefred.: Hugo Bürger. Wien, Brünn, Leipzig: Rohrer [1899]. XVIII, 506 S. 8° [10. 6373

Südbahn, die, u. ihr Verkehrsgebiet in Oesterreich-Ungarn. Hrsg. v. der k. k. priv. Südbahn-Gesellschaft unter Mitwirkg. folg. Autoren u. Künstler: Pet. Rosegger, Vinc. Chiavacci, Thdr. Christomanos etc. Photograph. Aufnahmen: Bernh. Johannes, Alois Beer. Mit 197 Illustr., 4 Karten u. e. Fahrplane f. sämmtl. Linien der k. k. priv. Südbahn-Gesellschaft. 8. (XVIII, 505 u. 43 S.) Brünn (899). [R. M. Rohrer.] Wien, W. Braumüller. n. 1. 20; ungar. Ausg. (XVIII, 470 u. 29 S.) n. 1. 20
Italien. Ausg. s.: Meridionale, la.

Südbahn [Schlagwort]

Südbahn, s.: **Wiener Ausflugskarten.**

Südbahn-Album. Malerische Ansichten in der Nähe der k. k. Staatsbahn von Wien bis Triest. Nach der Natur aufgenommen von Chapuy und Fiedler, und von bewährten Künstlern in Stahl gest. qu. 4. (31 Blatt.) Triest 857, Direction des österreich. Lloyd. *

Südbahn-Album. Folge v. Photographien in Cabinetform. (Nr. 1 bis 65. Ansichten d. Fahrt v. Wien bis Triest. Nr. 66—82. Schneeberg, Raxalpe, Schnee-Alpe. Nr. 83—85. Pitten, Seebenstein u. Türkensturz. Nr. 86—98. Abbazia u. Umgebung. Nr. 99—104. Triest.) Ebds. Cabinetform à 40 kr., Visit à 20 kr., Stereoscop à 40 kr. 1885. Ins 1077

Südbahnführer. Heft 2. Für die Strecke Mürzzuschlag—Triest und die österreichische Riviera. 8°. (III, 200 S. mit 1 Karte) Wien: Schmelzer 1910. K 1.—

Südbahn-Trace-Karte. Mit 26 Ansichten, von allen von der Bahn aus sichtbaren, interessanten Gegenständen. I. Sect. Von Wien bis Gloggnitz. II. Sect. Von Gloggnitz bis Gratz. Wien 844, Rohrmann. In Carton. n. 1 1/6 ₰ — jede Section n. 2/3 ₰

Südbayern [Schlagwort]

Südbayern, s.: **Bayern.**

Südbayern, s.: **Tirol.**

Sudborough, *Joh. Jos.* [aus Birmingham '(Engl.)']: Ueber isomere Umwandlungen in der Stilbenreihe ... Heidelberg, Univ.-Buchdr. v. J. Hörning, 1893; 36 S., 1 Bl. 8.
Heidelberg, Naturw.-math. Fak., Inaug.-Diss. v. [14. Juni] 1893

Südbrasilien [Schlagwort]

Südbrasilien, s.: **Brasilien.**

Süd-California Deutsche Zeitung: Apr. 1887 – 1941?
Independent weekly. Circulation: 1890, 768; 1910, 1000; 1930, 1525; 1940, 1200. Edited & published by Kamman & Klein, 1887; by C. F. Kamman, 1888—97; by German-American Printing Co., 1898; by Bruegmann & Schmüker, 1899; by Bruegmann & Harbs, 1900–02; by J. Harbs, 1903–29; edited by J. Harbs, & published by J. Harbs & Son, 1929—41.
San Diego, CA

Die Süd-California Post: 1860–1864? Anaheim, CA
Weekly. Edited & published by Julius Weyse.

Süd-California Post: July 25, 1874—Aug. 1914.
Independent weekly, supporting Tilden in 1876. Title varies: Süd-Californische Post, 1874—1880? For daily edition, see Tägliche Süd-California Post. Merged with Germania. Circulation: 1880, 1095; 1889, 1950; 1900, 1250; 1914, 1800. Frequently issued a supplement, Sonntagsbeilage, small folio, 4 pages. Edited & published by Conrad Jacoby, 1874—92; by Morlock & Glauch, 1893–1913; edited by Max E. Socha, & published by Germania Publishing Co., 1914.
Los Angeles, CA

Tägliche Süd-California Post: 1888?–1889?
Daily, evening except Sunday, edition of Süd-California Post. Circulation: 1889, 1150.
Los Angeles, CA

Der Süd-Californier: 1891 – 1895?
Weekly. Circulation: 1894, 800. Edited by Otto Vogel, 1891—94; by August Boecklin, 1895; published by Louis Herzog, 1891–92; by Sued Californier Publishing Co., 1893–94; by German-American Publishing Co., 1895.
Los Angeles, CA

Süd-Carolina. Eine Heimath für den arbeitsamen Einwanderer ... Oldenburg 1867. V: *Wagener, Joh. A.* (KY)

Süd-Carolina. Eine Heimath für den arbeitsamen Einwanderer, veröffentlicht von dem Commissionär der Einwanderung. (Von Joh. A. Wagener.) Oldenburg 867. (Schulze'sche Buchh.) gr. 8. (40 S. mit 1 Steintaf. in gr. 4.) 5 ngr.

— — Anh. Nr. 1. Ebend. 867. gr. 8. (24 S.) 3 ngr.

Südchina [Schlagwort]

Südchina, s.: **Missionskarten.**

Süd-China, s.: **Seekarten.**

Süd Dakota Demokrat: 1892? Sioux Falls, SD
Democratic weekly. Edited & published by Süd Dakota Demokrat Co.

Süd Dakota Staats-Zeitung: 1890? Redfield, SD
Weekly. Edited & published by George D. Fischer.

Süd Dakota Staats-Zeitung: Apr. 29, 1891—Dec. 29, 1892. Watertown, SD
Weekly. Edited & published by Wilhelm Klimmek.

Süd-Dalmatien und Montenegro im Jahre 1869. Wien 1870. V: *Zach, Paul.* (KA)

Süddeutsche Staaten [Schlagwort]

Süddeutsche Staaten, s.: **Heimatskärtchen.** 60.

Süddeutschland, über, s. Nürnberg, Stein. 799.

Süddeutschland, Bayern, Würtemberg, Nordtirol, Salzburg u. das Berchtesgadner Land, Giselabahn u. Gastein. (Aus: „*Meyer's* Reisehandbücher".) 3. Aufl. Mit 23 Kart., 17 Plänen, 9 Panoramen u. 64 Ansichten. Ibid. 1877. 8°. Orig.-Lwdb.
XIV S., 2 Bll., 925 S.

Süddeutschland, zunächst Bayern, und der norddeutsche Bund. gr. 8. (17 S.) München 868, L. Finsterlin. *

Süddeutschland mit den anstossenden Gebieten von Oesterreich u. der Schweiz. Ein Führer für Reisende. Mit 33 Karten, Plänen u. Grundrissen. gr. 16. (VIII, 549 S.) Würzburg 880. Woerl's Sep.-Cto. geb. n. 8. —

— im J. 1804, od. Bemerkungen üb. Schwaben, Bayern und Oesterreich. 8. Erlangen, Schubert. 804.
Schrby.

Sud-Deutschland, Nordtirol. Arlbergbahn, Giselabahn, Salzburg-Berchtesgaden, Salzkammergut, Wien, Prag u. die böhmischen Bäder. (*Meyer's* Reisehandb.) 4. Aufl. Mit 21 Karten, 24 Plänen u. Grundr. u. 8 Panoramen. Ibid. 1886. 8°. Orig.-Lwdb.
XII—372 S., 60 S. „Anzeiger" etc.

Süd-Deutschland und Rhein. SA. aus d. 11. Aufl. v. 'Deutschland', bearb. v. Theodor Stromer. M. vielen Kt.-Beil. *Berlin: O. Goldschmidt 1898.* (230 S., 8 Kt., 9 Pl.) 1 Bd 8.
= **Reisebücher**, Griebens. Bd 89. [98. 9894

Süd-Deutschland und Rhein. 12. Aufl., bearb. von J[ulius] I[wan] Kettler. Mit 15 Kartenbeil. Berlin: A. Goldschmidt 1900. (XVI, 230 S.) 8°
(Reisebücher, Griebens. Bd 89.)

Süd-Deutschland und Rhein. Neu bearb. 13. Aufl. Mit 15 Karten. Berlin: A. Goldschmidt 1902–03. (XVI, 229 S.) 8°
(Reisebücher, Griebens. Bd 89.)

Süd-Deutschland und Rhein. 14. Aufl., neu bearb. v. B. Schlegel. Mit 10 Karten. Berlin: A. Goldschmidt 1905–06. (V, 220 S.) 8° [F. u. Ant.]
= **Reiseführer**, Griebens. Bd 89. [06. 5671

Süd-Deutschland und Rhein. 15. neubearb. Aufl. Mit 16 Karten. Berlin: A. Goldschmidt 1907–08. (248 S.) 8°
(Reiseführer, Griebens. Bd 89.)

Süd-Deutschland und Rhein. 16. neu bearb. Aufl. Mit 14 Kt. Berlin: Goldschmidt 1909–10. 250, 28 S. 8°
(Griebens Reiseführer. Bd 89.)

Süddeutschland, Salzkammergut, Salzburg und Nordtirol. 6. Auflage. Mit 28 Karten, 29 Plänen und Grundrissen und 5 Panoramen. 8. (XII, 364 S.) In Lnwd. geb. 2.10
Wien: Bibliograph. Institut 1894.

Süddeutschland, Salzkammergut, Salzburg und Nordtirol. 7. Auflage. Mit 31 Karten, 33 Plänen und Grundrissen und 8 Panoramen. 8. (XII, 384 S.) Lnwdbd. 3.–
Wien: Bibliographisches Institut (Meyer) 1897.

Süddeutschland, Salzkammergut, Salzburg u. Nordtirol, s.a. **Meyer's Reisebücher.**

Süddeutschland, Salzkammergut, Salzburg und Nordtirol. 8. Aufl. Mit 35 Kt., 33 Pl. u. Grundrissen u. 9 Panoramen. Leipzig & Wien: Bibliogr. Inst. 1901. XII, 423, 80 S. 8°
(Meyers Reisebücher.) [10. 6340 10

Sueddeutschland, Salzkammergut, Salzburg und Nordtirol. 9. Aufl. Leipzig u. Wien 1905. 8°.
(Meyers Reisebücher.)
[Dasselbe.] 10. Aufl. Leipzig und Wien 1909. 8°.

Süddeutschland und Theile von Oesterreich-Ungarn. 5. Aufl. Mit 28 Karten, 26 Plänen und Grundrissen und 8 Panoramen. 8. (XII, 419 S.) Geb. 3.—
Wien: Institut, Bibliographisches (Meyer) 1890.

Süd-Deutschland, Tirol u. Vorarlberg, Salzburg u. das Salzkammergut s.: **Meyer's Reisebücher.**

Süddeutschland [Schlagwort]

Süd-Deutschland, s.a. Deutschland. — Eisenbahnkarten. Deutschland. — Verkehrskarten.

Süddeutschland, s.a. Deutschland. — Schulwandkarten.

Süddeutschland — Uebersichts-Karte der gesammten Kirchlichen Amts-Eintheilung von — entw. von W. Kumpfmiller. München 1858. 1,000,000. Selbstverl. Mit einem Nebenkärtchen: Ausbreitung der Kath. u. Prot. Religion in Deutschland. 4 Bl.

Süddeutschland, wo — Schutz für sein Dasein findet? Stuttgart 1869. 8.

Sudeck, Leitfaden d. Krankenpflege, s.: Rumpf.

Sudeck, G., Beleuchtung der Abschätzungs-Verfahren u. -Vorschriften der deutschen Bodenkreditanstalten, s.a. Arbeiten der deutschen Landwirtschafts-Gesellschaft.

Beleuchtung der Abschätzungs-Verfahren und -Vorschriften der deutschen Bodenkreditanstalten. Von G. **Sudeck**. (Vorr.: Dr. H[ugo] Werner.) Berlin 1900: (Gebr. Unger). (55 S.) 8°
(Arbeiten d. Deutsch. Landwirtschafts-Gesellschaft. H. 47.)

Sudeck, P.: Der Arzt als Begutachter ..., s. Windscheid, F.

Sudeck, Paul, chirurgische Erkrankungen, besonders der Bewegungsorgane, s.a. **Handbuch der sozialen Medizin. VIII. 2.**

Chirurgische Erkrankungen, besond. d. Bewegungsorgane. Von Dr. med. Paul **Sudeck**, Hamburg-Eppendorf. Mit 90 Abb. Jena: G. Fischer 1906. (X, 244 S.) 8°
— Arzt, Der, als Begutachter auf d. Geb. d. Unfall- u. Invalidenversicherung. Abt. 2.
— **Handbuch** d. Sozialen Medizin. Bd 8, Abt. 2. [07. 15784

Sudeck, Paul [aus Hamburg]: Ueber Vergiftung durch chlorsaures Kali. ... Würzburg, Druck d. F. Röhrl'schen Buchdr., 1890; 22 S., 1 Bl. 8°
Würzburg, Med. Fak., Inaug.-Diss. v. 1890.

Südeckum, Friedrich: Practische Bemerkungen über die Veredelung der Schafzucht auf Niedersächsischen Schäfereyen, sowohl über deren Hindernisse als Beförderungsmittel. Nebst e. Anh. über d. Verbesserung d. Wiesen... Braunschweig 1800. XVI, 152 S.

Südeckum, Fr., prakt. Bemerkk. üb. die Veredlung d. Schafzucht auf niedersächs. Schäfereien &c. 8. Braunschw. 800. Vieweg. 12 *gr*

Sudek, P., e. Fall v. Tuberkelbildg. im Rückenmark, s.: **Jahrbücher** d. hamburg. Staatskrankenanst.

Südek, P.: Über das V o r k o m m e n von diphtherieähnl. Bacillen in der Luft, s. F e s t s c h r i f t zur Feier des 80jähr. Stiftungsfestes des ärztl. Vereins zu Hamburg.

Südekum, Alb., s.: J a h r b u c h , kommunales.

Südekum, A., s. Jaurès, Aus Theorie u. Praxis.

Südekum, Alb., s.: P r a x i s , kommunale.

Südekum, Albert *Oscar Wilhelm* [aus Wolfenbüttel]: Über das Malthus'sche Gesetz und das Bevölkerungsproblem der kommunistischen Gesellschaft ... Kiel, Druck v. L. Handorff, 1894; 34 S., 1 Bl., 1 Taf. 8.
Kiel, Phil. Fak., Inaug.-Diss. v. [18. Aug.] 1894

— Großstädtisches Wohnungselend, s.a. G r o ß s t a d t - D o k u m e n t e.

Großstädtisches Wohnungselend. Von Dr. Albert **Südekum**. 2. Aufl. Berlin & Leipzig: H. Seemann Nachf. [1908]. (75 S.) 8° [F.]
= **Großstadt-Dokumente**. Bd 45. [08. 14975

— Grossstädtisches Wohnungselend. 3. Aufl. 8⁰. Berlin, H. Seemann Nachf., 1908. (Grossstadt-Dokumente, 45.)

Südekum, Hubert *Friedrich Wilhelm* [Arzt aus Lutter am Barenberge]: Aus d. gynäkolog. Klinik zu Marburg. Ueber den Einfluss der Fibromyome auf das Geschlechtsleben der Frauen ... Marburg, Buchdr. v. J. Hamel, 1897; 24 S., 2 Bl. 8.
Marburg, Med. Fak., Inaug.-Diss. v. 14. Juni 1897

Südekum, Otto, s. R i g n a n o , E.: Generationenfolge.

Südel, Wilhelm: Heine's E i n f l u s s auf Scheffel's Dichtungen. Leipzig-R. 1898: O. Schmidt. (59 S.) 8⁰
Leipzig, Phil. Diss. v. [12. Mai] 1898.

Suden, Herm., Untersuch., was von den Träumen zu halten sey?
In dessen Critico. Lps. 8°. I, p. 1114—1119.

1715

S u d e n, Hn., d. gelehrte Kritikus, üb. 247 curiöse Dubia u. Fragen a. d. Kirchen- Profan- Gelehrten - Historie, d. Iuri publico, d. röm. deutsch. Reichs, d. Geographie, Philologie, Moralität u. Staatspolitik d. meisten Reiche u. Republiken in Europa. 3 Thle. 8. Leipz. Weidmann. 714—17.

Suden, Wilhelm Heinrich [Gut Friedrichsgrund bei Paderborn]: Zur B e s t e u e r u n g des Waldes ... Berlin, Druck v. Emil Dreyer, 1888; 51 S. 8⁰
Tübingen, Staatsw. Fak., Inaug.-Diss. v. 1888.

S u d e n, W i l h e l m H e i n r i c h, zur Besteuerung des Waldes. Diss. Tübingen 1888, Fues' Sort. 8⁰. 51 S.

Der Süden: Jan. 4, 1891 - 1905.
Independent weekly, providing much material in interests of immigration; has some biographical material. Sub-title: Deutsch-Amerikanisches Wochenblatt, Jahrgang 1, no. 1 - 3, Jan. 4 - 18, 1891; 2) Empfohlen durch die Staats-Ackerbaubehörde von Virginien: Deutsch-Amerikanisches Wochenblatt, Jan. 25, 1891 - ? Published as Sunday edition of DIE VIRGINIA STAATS-GAZETTE, Nov. 1891 - 1904. Edited by Hermann Schuricht, & published by German News Co. of Virginia, Jan. - Nov. 1891; edited & published by Moritz Friedrich Richter, Nov. 1891 - 1905. Edited by Burghardt Hassel also.
Richmond, VA

Süden, der. Illustrierte Zeitschrift f. Länderkunde, Seewesen, Handel, Verkehr u. Unterhaltg. Offizielles Organ des Vereines zur Förderg d. volkswirtschaftl. Interessen im Königr. Dalmatien. Beilagen: Handelsrevue u. d. belletrist. Teil. Hrsg. u. Red.: A. Kreutzer. 1. u. 2. Jahrg. 1909 u. 1910. à 24 Nrn. (à ca. 16 S. m. Taf.) Lex. 8. Abbazia (Villa Delfino), Verlag „Der Süden". à Jahrg. 12. —

— der. 3. Bd. 8. Heilbronn, E. Salzer. 3.—; geb. 4. —
3. Schwaben im Osten. Ein deutsches Dichterbuch aus Ungarn v. Otto Alscher, Frz. Feld, Jos. Gabriel u. A. Eingeleitet v. Adam Müller-Guttenbrunn. (333 S.)

[Der **Süden**. Bd 1.] Heilbronn: Salzer 1909. 8° [10. 18337

Im Süden Indiens. Bilder aus Dorf und Stadt nach den Jugenderinnerungen eines Hindu. Aus dem Englischen. In-8⁰, 176 S., mit Illustrationen. Basel, Missionsbuchhandlung. 1 50, geb. 2 50
1888.

Aus dem classischen **Süden**. 150 Lichtdruckbilder nach Orig.-Aufnahmen von J. Nöhring, Lübeck. Text v. d. Theilnehmern d. III. badischen Studienreise. Hrsg. m. Unterst. d. grosshzl. Minist. f. Justiz, Cultus u. Unterr. *Lübeck: J. Nöhring 1896.* (5 Bl., 72 S., Taf. A—K. u. 1—150.) 1 Bd 2. [98. 2242 M

Süden und Norden. ... Stuttg. 1842—43. V: *Sealsfield, Charles (= Carl Postl).* (EF.)

S ü d e n u. **N o r d e n**. Vom Verfasser des Virey, der Lebensbilder aus beiden Hemisphären, des Cajütenbuches ꝛc. (Charles Sealsfield.) 3 Bde. 8. Stuttgart, Metzler'sche Buchh. [1. ($21\frac{3}{4}$ B.) 1 Thlr. 25 Ngr., 2. ($22\frac{3}{4}$ B.) 842. 2 Thlr., 3. ($30\frac{3}{4}$ B.) 43. 2 Thlr. 20 Ngr.] Thlr.

Süden und Norden ... 2. Ausg. Prag 1868. V: *Ludwig Salvator Erzh. von Oesterreich.* (EB)

Sudenburg [Schlagwort]

Sudenburg, s.: Magdeburg.

Südend [Schlagwort]

Südend, s.: **Berlin. Kiessling**.

Südende [Schlagwort]

Südende, s.: Mark.

Sudendorf, Ernst, prakt. Arzt aus Gehrde, Kr. Bersenbrück i. H.: Über quantitative Harnsäurebestimmungen. *Göttingen 1902: L. Hofer.* (23 S.) 8°
Göttingen, Med. Diss. v. [17. Dez.] 1902

Sudendorf, Ernst, über quantitative Harnsäurebestimmungen. Diss. (24 S.) gr. 8. Göttingen 902. (Vandenhoeck & Ruprecht.) n. —80

Sudendorf, G., Geschichte der Herren von Dincklage. Osnabrück u. Hannover 1842—44.

S u d e n d o r f, H., Beiträge z. Geschichte d. Landes Osnabrück, b. z. J. 1400. Mit Urkunden. Hrsg. v. J. Sudendorf. gr. 8. ($10\frac{1}{2}$ B.) Osnabrück 840. (Hannover, Hahn'sche Hof-Buchh.) *

Sudendorf, H., Berengarius Turonensis od. eine Sammlung ihn betreffender Briefe. gr. 8. (XIV u. 239 S.) Hamburg u. Gotha 850, Fr. & A. Perthes. n. 1 Thlr. 2 ngr

— Geschichte der Herren v. Dincklage. Ein Beitrag zur vaterländ. Geschichte. Herausgeg. v. J. Sudendorf. 1. u. 2. Hft. gr. 8. (Mit 2 Lithogr.) Osnabrück 842, 44. (Hannover, Hahn'sche Hofbuchh.) 1. n. 5/8 Thlr. 2. n. 5/6 Thlr.

Sudendorf, H., Commende der Ritter deutschen Ordens in Osnabrück. gr. 12. (3 1/12 B.) Hannover 842, Hahn'sche Hofbh. *–

Sudendorf, H., Regeln über das latein. Verbum in seinen Compositionen u. Anomalien, für den Unterricht zusammengestellt. gr. 8. Leipzig 841. (Fr. Fleischer.) n. 1/3 Thlr.

— s.: Registrum od. merkwürdige Urkunden für die deutsche Geschichte.

Sudendorf, H., s.: Urkundenbuch zur Geschichte der Herzöge v. Braunschweig u. Lüneburg u. ihrer Lande.

— s. Welfen-Urkunden, die.

Sudendorf, J., s. Sudendorf, H., Geschichte der Herren v. Dincklage.

Sudendorf, Theodor, aus Haselünne (Prov. Hann.): Ueber das 1-p-Tolyl-3-methyl-5-chlorpyrazol und die Antipyrin-Bz-carbonsäure. *Rostock 1901: C. Hinstorff.* (49 S.) 8°
Rostock, Phil. Diss. v. [12. Jan.] 1901

Südenhorst, s.: Zwiedinek v. Südenhorst.

Südenhorst, Alois Edler v., die Eisenbahnverbindungen Central-Europas mit dem Orient u. deren Bedeutung für den Welthandels-Verkehr. Erörterung der Grundprincipien für die Fortsetzung des österr.-ungarischen Eisenbahn-Netzes bis zu den Welthandelsplätzen des ägäischen u. schwarzen Meeres. Mit 2 (lith.) Uebersichtskarten. gr. 8. (67 S.) Wien 878. Hölder in Comm. n. 2. 40

Südenhorst, Alois v., ein freies aber wahres Wort üb. die Eisenbahn-Frage Predil- od. Laaker-Linie. Mit e. (chromol.) Uebersichtskarte (in Fol.) gr. 8. (38 S.) Wien 873. Fr. Beck's Verl. 1. 20

Gemeinfaßliche Zusammenstellung der einschlägigen Gesetze und Verordnungen betr. die Fleischbeschauer und Trichinenschauer des Reg.-Bez. Cassel von A[lfred] **Suder**, Kreistierarzt. Hersfeld 1900: Funk. 55 S. 8° [10. 10116 4

Suder, F. A., Dichtungen. (Mit verziert. Anfangsbuchstaben.) kl. 8. Berlin 842. (M. Simion.) n. 1/2 Thlr.

— die Huldigung, oder: Ein deutsches Herz verliert sich nicht. Ein Buch für das jugendliche Alter u. die alte Jugend. (Mit 2 Bildern.) 12. Berlin 841, Wohlgemuth's B. n. 1/3 Thlr.

— die Kartoffeln, s.a. Jugendbibliothek v. G. Nieritz. Neue Ausg. 26 u. 27. Bdchn.

— die Kartoffeln, oder: Alt-Preußen und Alt-England. Eine Doppel-Erzählung. 2 Thle. Erste Erzählung: Alt-Preußen. Zweite Erzählung: Alt-England. 8. Berlin 845, Simion. à 1/3 Thlr.

— der neue Don Quixote. Für d. Jugend. Mit 1 Titelkupf. 8. Thorn 845, Lambeck. n. 1/3 Thlr.

— die Reise nach Afrika, oder Kindesstreben u. Kindeslohn. Eine Jugend-Erzählung. (Aus der Jugend-Bibliothek von Nieritz abgedruckt.) 8. Ebend. 843. 1/3 Thlr. — 2. Aufl. Ebend. 845. 1/3 Thlr.

Suder, F. A., die Reise nach Afrika, oder: Kindesstreben und Kindeslohn. Eine Jugend-Erzählung. 3. Aufl. 8. (172 S.) Berlin 853. [Leipzig, Voigt und Günther.]

Suder, F. A., die Reise nach Afrika, oder: Kindesstreben u. Kindeslohn. Eine Jugend-Erzählung. (Aus der Jugend-Bibliothek von Gust. Nieritz.) 3. Aufl. Berlin (854.) Simion. (Leipzig, Voigt u. Günther.) 8. (172 S.) 10 ngr.

Suder, F. A., Repertorium zum Amtsblatt d. Königl. Regierung zu Posen v. 1816 bis zum 16. Oktbr. 1849. gr. 4. (IV u. 83 S.) Krotoschin 849. (Posen, Gebr. Scherk.) n. n. 1 1/3 Thlr.

Suderburg [Schlagwort]

Suderburg, s.: Preussen. Messtischblätter.

In den **Süderdithmarschen.** (Gehöft des Herrn Hugo Reimers im Kronprinzenkoog.) (Berlin. 1910.) Fol., geb. in 4° Ausschnitt aus: Illustrierte landwirtschaftliche Zeitung. Jg. 30, Nr. 44.

Landschaft **Süder-Dithmarschen.** Auf Veranstaltung der Landschaft aus vorhandenen Croquis zusammengezogen und lithogr. 1863. 1 : 40000. 4 Bl. Imp.-Fol. 62 59 cm. Aufgez. a. Leinen.
Mit 1 Nebenkärtchen: Dorfschaft Fedderingen.
Mit vielen handschriftlichen Eintragungen.

Süderelbe [Schlagwort]

Süderelbe, s.: Elbe.

Suderfrau, H, die Ehre, od. die Föhre, s.: Fastnachts-Bühne. 57.

Suderfrau, H. (Mart. Böhm), Sodom's Ende. Drama in 4 Acten. 12. (39 S.) Berlin (896). M. Böhm. 1. 50

Sudermann, Clara, s. Sudermann, Klara

Sudermann, Herm., das Blumenboot. Schauspiel in 4 Akten u. 1 Zwischenspiel. 1.—12. Aufl. (à 188 S.) 8. Stuttgart 905. J. G. Cotta Nachf. n. 3. —; geb. in Leinw. n. 4. —; in Halbfrz. n. 4. 50

Sudermann, Herm. Die Ehre. Schauspiel in 4 Akten. 3. Aufl. 8. (III, 156 S.) [Berl. 891, F. u. P. Lehmann.] Stuttg., Cotta Nachf. * 2 —; geb. * 3 —
Vgl.: Traumann, Ernst.

Sudermann, Herm., die Ehre. Schauspiel in 4 Akten. 20. Aufl. 8. (160 S.) Stuttgart 898. J. G. Cotta Nachf. n. 2. —; geb. in Leinw. n. 3. —; in Halbfrz. n. 3. 50

Sudermann, Herm., **die Ehre.** Schauspiel in **4** Akten. **22.—28.** Aufl. 8. (à 160 S.) Stuttgart 899—902. J. G. Cotta Nachf. n. 2. —; geb. in Leinw. n. 3. —; in Halbfrz. n. 3. 50

— die Ehre. Schauspiel in 4 Akten. 29.—36. Aufl. (à 160 S.) 8. Ebd. 903—905. n. 2. —; geb. in Leinw. n. 3. —; in Halbfrz. n. 3. 50

Sudermann, Herm., die Ehre. Schauspiel in 4 Akten. 37.—42. Taus. (160 S.) 8. Stuttgart 908—10. J. G. Cotta Nachf. 2.—; geb. in Leinw. 3.—; in Halbfrz. 3. 50

— dasselbe, Fortsetzg., s.: Wiener, Jos., Alma's Ende.

— Sodom's Ende. Trauerspiel in 5 Akten. 12. Aufl. 8. (III, 152 S.) Ebd. 891. * 2 —; geb. * 3 —
1.—11. Aufl. 1891. — 1.—7. Aufl. erschien bei F. u. P. Lehmann in Berlin.

— dasselbe. Drama in 5 Akten. 8.—14. Aufl. 8. (155 S.) Ebd. 892—894. n. 2. —; geb. n. 3. —

— Sodoms Ende. Drama in 5 Akten. 17. Aufl. 8. (155 S.) Ebd. 897. n. 2. —; geb. in Leinw. n. 3. —; in Halbfrz. n.n. 3. 50

— Sodoms Ende. Drama in 5 Akten. 19.—22. Aufl. 8. (à 155 S.) Ebd. 899—901. n. 2. —; geb. in Leinw. n. 3. —; in Halbfrz. n. 3. 50

— Sodoms Ende. Drama in 5 Akten. 23.—26. Aufl. (à 155 S.) 8. Ebd. 901—906. n. 2. —; geb. in Leinw. n. 3. —; in Halbfrz. n. 3. 50

— es lebe das Leben. Drama in 5 Akten. 1.—20. Aufl. 8. (à 172 S.) Ebd. 902. n. 3. —; geb. in Leinw. n. 4. —; in Halbfrz. n. 4. 50

— Es lebe das Leben. Drama in 5 Akten. 21.—23. Aufl. (172 S.) 8. Ebd. 907. 3.—; geb. in Leinw. 4.—; in Halbfrz. 4. 50

— Es war. Roman. 8. (582 S.) Ebd. 894. n. 5. —; geb. n. 6. —

[F.] Es war. Roman v. Hermann Sudermann. 5. Aufl. *Stuttgart: J. G. Cotta 1894.* (3 Bl., 582 S.) 1 Bd 8. [96. 4794

Es war. Roman von Hermann Sudermann. 13. Aufl. *Stuttgart: J. G. Cotta Nachf. 1895.* (582 S.) 8° [F.] [96. 11736 11

Es war. Roman von Hermann Sudermann. 11. Aufl. *Stuttgart: J. G. Cotta 1897.* (582 S.) 8° [F.] [96. 941 6

— es war. Roman. 24. Aufl. 8. (582 S.) Stuttgart 897. J. G. Cotta Nachf. n. 5. —; geb. in Leinw. n. 6. —; in Halbfrz. n.n. 6. 50

— Es war. Roman. 28.—33. Aufl. 8. (à 582 S.) Ebd. 899—902. n. 5. —; geb. in Leinw. n. 6. —; in Halbfrz. n. 6. 50

— Es war. Roman. 34.—40. Aufl. (à 582 S.) 8. Ebd. 902—904. n. 5. —; geb. in Leinw. n. 6. —; in Halbfrz. n. 6. 50

— Es war. Roman. 42.—49. Aufl. (582 S.) kl. 8. Ebd. 907—10. 5.—; geb. in Leinw. 6.—; in Halbfr. 6. 50

— die Geschichte des Erstlingswerks, s.: Franzos, Karl Emil.

Sudermann, H., Geschwister. Zwei Novellen. 8. (359 S.) Berlin 888. F. & P. Lehmann. n. 3. 50; geb. 4. 50

—— Geschwister. Zwei Novellen. 7. Aufl. 8. (V, 346 S.) Ebd. 891. * 3 50; geb. * 4 50

— Geschwister. Zwei Novellen. 18. Aufl. 8. (VII, 346 S.) Ebd. 898. n. 3. 50; geb. in Leinw. n.n. 4. 50; in Halbfrz. n.n. 5. —

— Geschwister. Zwei Novellen. (Die Geschichte der stillen Mühle. — Der Wunsch.) 21.—25. Aufl. 8. (à V, 346 S.) Ebd. 899—901. n. 3. 50; geb. in Leinw. n. 4. 50; in Halbfrz. n. 5. —

— Geschwister. 2 Novellen. 26.—28. Aufl. (à V, 346 S.) 8. Ebd. 903. n. 3. 50; geb. in Leinw. n. 4. 50; in Halbfrz. n. 5. —

— Geschwister. 2 Novellen. 30.—34. Aufl. (VII, 346 S.) 8. Ebd. 907. 3.50; geb. in Leinw. 4.50; in Halbfrz. 5. —

— das Glück im Winkel. Schausp. in 3 Akten. 1.—9. Aufl. 8. (128 S.) Ebd. 896. n. 2. —; geb. in Leinw. n. 3. —

— das Glück im Winkel. Schauspiel in 3 Akten. 11.—13. Aufl. 8. (à 128 S.) Ebd. 900—902. n. 2. —; geb. in Leinw. n. 3. —; in Halbfrz. n. 3. 50

— das Glück im Winkel. Schauspiel in 3 Akten. 14. u. 15. Aufl. (à 128 S.) 8. Ebd. 902—905. n. 2. —; geb. in Leinw. n. 3. —; in Halbfrz. n. 3. 50

— Das Glück im Winkel. Schauspiel in 3 Akten. 17. u. 18. Aufl. (128 S.) 8. Ebd. 907. 2.—; geb. in Leinw. 3.—; in Halbfrz. 3. 50

— Heimat. Schauspiel in 4 Akten. 1.—3. Aufl. 8. (168 S.) Ebd. 893. n. 3. —; geb. n. 4. —

— Heimat. Schausp. in 4 Akten. 20. u. 21. Aufl. 8. (à 168 S.) Ebd. 897. 98. n. 3. —; geb. in Leinw. n. 4. —; in Halbfrz. n.n. 4. 50

— Heimat. Schauspiel in 4 Akten. 24.—30. Aufl. 8. (à 168 S.) Ebd. 900—902. n. 3. —; geb. in Leinw. n. 4. —; in Halbfrz. n. 4. 50

— Heimat. Schauspiel in 4 Akten. 31.—38. Aufl. (à 168 S.) 8. Ebd. 903—906. n. 3. —; geb. in Leinw. n. 4. —; in Halbfrz. n. 4. 50

— Heimat. Schauspiel in 4 Akten. 39.—41. Aufl. (168 S.) 8. Ebd. 909. 3.—; geb. in Leinw. 4.—; in Halbfrz. 4. 50

—— Jolanthes Hochzeit. Erzählg. 8. (110 S.) Stuttg. 892. Cotta Nachf. * 2 —; geb. * 3 —

Iolanthes Hochzeit. Erzählung von Hermann Sudermann. 15. Aufl. *Stuttgart: J. G. Cotta 1892.* (110 S.) 8° [F.] [94. 3334 10

[F.] Jolanthes Hochzeit. Erzählung v. Hermann Sudermann. 16. Aufl. *Stuttgart: J. G. Cotta 1894.* (110 S.) 1 Bd 8. [98. 11130 M4

— Jolanthes Hochzeit. Erzählg. 19. Aufl. 8. (110 S.) Ebd. 897. n. 2. —; geb. in Leinw. n. 3. —; in Halbfrz. n.n. 3. 50

[F.] Jolanthes Hochzeit. Erzählg v. Hermann Sudermann. 20. Aufl. *Stuttgart: J. G. Cotta 1897.* (110 S.) 1 Bd 8. [98. 3647

Jolanthes Hochzeit. Erz. von Hermann Sudermann. 22. Aufl. *Stuttgart: J. G. Cotta 1899.* (110 S.) 8° [F.] [00. 11771 9

— Jolanthes Hochzeit. Erzählung. 23.—25. Aufl. 8. (à 110 S.) Stuttgart 899—901. J. G. Cotta Nachf. n. 2. —; geb. in Leinw. n. 3. —; in Halbfrz. n. 3. 50

— Jolanthes Hochzeit. Erzählung. 26. Aufl. (110 S.) 8. Ebd. 903. n. 2. —; geb. in Leinw. n. 3. —; in Halbfrz. n. 3. 50

— Jolanthes Hochzeit. Erzählg. 28.—30. Aufl. (110 S.) 8. Ebd. 907. 2.—; geb. in Leinw. 3.—; in Halbfrz. 3. 50

— Johannes. Tragödie in 5 Akten u. e. Vorsp. 1.—25. Aufl. 8. (à 158 S.) Ebd. 898. n. 3. —; geb. in Leinw. n. 4. —; in Halbfrz. n.n. 4. 50

— Johannes. Tragödie in 5 Akten u. e. Vorspiel. 26. u. 27. Aufl. gr. 8. (à 158 S.) Ebd. 899. n. 3. —; geb. in Leinw. n. 4. —; in Halbfrz. n. 4. 50

— Johannes. Tragödie in 5 Akten u. 1 Vorspiel. 29. bis 31. Aufl. (à 158 S.) 8. Ebd. 906. n. 3.—; geb. in Leinw. n. 4.—; in Halbfrz. n. 4. 50

Sudermann, Herm., Johannisfeuer. Schauspiel in 4 Akten. 1.—19. Aufl. 8. (à 164 S.) Stuttgart 900—903. J. G. Cotta Nachf. n. 2.—; geb. in Leinw. n. 3.—; in Halbfrz. n. 3. 50

— dasselbe. II. Tl. (Parodie), s.: Nordermann, Herm., Fastnachtsfreuden.

— Johannisfeuer. Schauspiel in 4 Akten. 20.—22. Aufl. (à 164 S.) 8. Ebd. 903. 905. n. 2.—; geb. in Leinw. n. 3.—; in Halbfrz. n. 3. 50

— Johannisfeuer. Schauspiel in 4 Akten. 23.—26. Aufl. (164 S.) 8. Ebd. 908—10. 2.—; geb. in Leinw. 3.—; in Halbfrz. 3. 50

— der Katzensteg. Roman. 3. Aufl. 8. (III, 350 S.) Ebd. 890. n. 3. 50; geb. n. 4. 50

— Der Katzensteg. Roman. 13. Aufl. 8. (III, 350 S.) Ebd. 892. * 3 50; geb. * 4 50
1.—12. Aufl. 1891. — 1.—3. Aufl. erschien bei F. u. P. Lehmann in Berlin.

— der Katzensteg. Roman. 21. Aufl. 8. (352 S.) Ebd. 894. n. 3. 50; geb. n. 4. 50

[F.] Der Katzensteg. Roman v. Hermann Sudermann. 25. Aufl. *Stuttgart: J. G. Cotta 1895.* (352 S.) 1 Bd 8. [98. 5691 Gr

— der Katzensteg. Roman. 34. Aufl. 8. (352 S.) Ebd. 898. n. 3. 50; geb. in Leinw. n. 4. 50; in Halbfrz. n.n. 5.—

— der Katzensteg. Roman. 36.—49. Aufl. 8. (à 352 S.) Ebd. 899—902. n. 3. 50; geb. in Leinw. n. 4. 50; in Halbfrz. n. 5.—

— dasselbe. 50. Aufl. 8. (374 S. m. Bildnis.) Ebd. 902. n. 4.—; geb. in Pergament n. 5. 80

— der Katzensteg. Roman. 51.—65. Aufl. (à 374 S.) 8. Ebd. 903—905. n. 3. 50; geb. in Leinw. n. 4. 50; in Halbfrz. n. 5.—

— Der Katzensteg. Roman. 66.—80. Aufl. (374 S.) 8. Ebd. 907—10. 3.50; geb. in Leinw. 4.50; in Halbfrz. 5.—

— Das Hohe Lied. Roman. 1.—55. Aufl. (635 S.) 8. Ebd. 908.09. 5.—; geb. in Leinw. 6.—; in Halbfrz. 7.—

[F.] Morituri: Teja. — Fritzchen. — Das Ewig-Männliche. Von Hermann Sudermann. 3. Aufl. *Stuttgart: J. G. Cotta 1897.* (156 S., 1 Bl.) 1 Bd 8. [98. 7218 Gr

[F.] Morituri: Teja. — Fritzchen. — Das Ewig-Männliche. Von Hermann Sudermann. 4. Aufl. *Stuttgart: J. G. Cotta 1897.* (156 S., 1 Bl.) 1 Bd 8. [98. 11131 Ma

Morituri: Teja. Fritzchen. Das Ewig-Männliche. Von Hermann **Sudermann**. 10. Aufl. Stuttgart: Cotta 1897. 156 S. 8°

— Morituri: Teja. — Fritzchen. — Das Ewig-Männliche. 11. u. 12. Aufl. 8. (157 S.) Ebd. 897. n. 2.—; geb. in Leinw. n. 3.—; in Halbfrz. n.n. 3. 50

— Morituri. (Teja. Fritzchen. Das Ewig-Männliche.) 15.—17. Aufl. 8. (à 157 S.) Ebd. 901. n. 2.—; geb. in Leinw. n. 3.—; in Halbfrz. n. 3. 50

— Morituri. Teja. Fritzchen. Das Ewig-Männliche. 18.—20. Aufl. (157 S.) 8. Ebd. 907. 2.—; geb. in Leinw. 3.—; in Halbfrz. 3. 50

— drei Reden. 8. (47 S.) Ebd. 900. n. —50

Drei Reden gehalten von Hermann Sudermann. 2. Aufl. *Stuttgart: J. G. Cotta 1900.* (47 S.) 8° [F.] [00. 13047 4

— die drei Reiherfedern. Ein dramat. Gedicht in 5 Akten. 1.—14. Aufl. 8. (à 156 S.) Ebd. 899. 900. n. 3.—; geb. in Leinw. n. 4.—; in Halbfrz. n. 4. 50

— Rosen. 4 Einakter. (Die Lichtbänder. — Margot. — Der letzte Besuch. — Die ferne Prinzessin.) 1. u. 2.—10. Aufl. (Je 192 S.) 8. Ebd. 907. 3.—; geb. in Leinw. 4.—; in Halbfrz. 4. 50

Die Schmetterlingsschlacht. Komödie in 4 Akten von Hermann **Sudermann**. 2. Aufl. Stuttgart: J. G. Cotta 1895. (170 S.) 8°

Die Schmetterlingsschlacht. Komödie in 4 Akten von Hermann **Sudermann**. 3. Aufl. Stuttgart: J. G. Cotta 1895. (170 S.) 8°

Die Schmetterlingsschlacht. Komödie in 4 Akten von Hermann **Sudermann**. 4. (Umschl.: 8.) Aufl. Stuttgart: J. G. Cotta Nachf. 1895 (Umschl.: 1897). (170 S.) 8°

Die Schmetterlingsschlacht. Komödie in 4 Akten von Hermann **Sudermann**. 5. Aufl. Stuttgart: Cotta 1895. 170 S. 8°

— die Schmetterlingsschlacht. Komödie in 4 Akten. 6. Aufl. 8. (170 S.) Ebd. 897. n. 2.—; geb. in Leinw. n. 3.—; in Halbfrz. n.n. 3. 50

Die Schmetterlingsschlacht. Komödie in 4 Akten von Hermann **Sudermann**. 9. Aufl. Stuttgart & Berlin: J. G. Cotta Nachf. 1904. (170 S.) 8°

— die Schmetterlingsschlacht. Komödie in 4 Akten. 10. Aufl. (170 S.) 8. Ebd. 904. n. 2.—; geb. in Leinw. n. 3.—; in Halbfrz. n. 3. 50

— Die Schmetterlingsschlacht. Komödie in 4 Akten. 11. u. 12. Aufl. (170 S.) 8. Ebd. 909. 2.—; geb. in Leinw. 3.—; in Halbfrz. 3. 50

— der Sturmgeselle Sokrates. Komödie in 4 Akten. 1.—14. Aufl. (à 170 S.) 8. Ebd. 903. n. 2.—; geb. in Leinw. n. 3.—; in Halbfrz. n. 3. 50

Sudermann, Herm., Frau Sorge. Roman. 8. (303 S.) Berlin 887, F. und P. Lehmann. *M 5.—; geb. * 6 —

—— dass. — 2. Aufl. 8. (VI, 303 S.) Ebendas. 888. * 3 —; geb. * 4 —

— Frau Sorge. Roman. 3. Aufl. 8. (VI, 303 S.) Ebd. 890. n. 3. 50; geb. n. 4. 50

Sudermann, Hermann

Frau Sorge. Roman. 10. Aufl.
Berlin: Lehmann 1891. 303 S. 8°

— Frau Sorge. Roman. 18. Aufl. 8. (VI, 303 S.) Ebd. 892. * 3 50; geb. * 4 50
3.—17. Aufl. 1890—92.

— Frau Sorge. Roman. 42. Aufl. 8. (VI, 292 S.) Ebd. 898. n. 3. 50; geb. in Leinw. n. 4. 50; in Halbfrz. n.n. 5. —

— Frau Sorge. Roman. 50.—66. Aufl. Mit e. Jugendbildnis des Verf. 8. (à IV, 292 S.) Ebd. 900—902. n. 3. 50; geb. in Leinw. n. 4. 50; in Halbfrz. n. 5. —

— Frau Sorge. Roman. 67.—93. Aufl. Mit e. Jugendbildnis des Verf. (à IV, 292 S.) 8. Ebd. 903—906. n. 3. 50; geb. in Leinw. n. 4. 50; in Halbfrz. n. 5. —

— Frau Sorge. Roman. 94.—99. u. 101.—125. Aufl. Mit e. Jugendbildnis des Verf. (IV, 292 S.) 8. Ebd. 907—10. 3.50; geb. in Leinw. 4.50; in Halbfrz. 5. —

— dasselbe. 100. Aufl. Buchschmuck v. J. B. Cissarz. (IV, 357 S. m. Bildnis.) 8. Ebd. 907. 5.—; geb. in Leinw. 6.—; in Halbfrz. 6. 50

— Stein unter Steinen. Schauspiel in 4 Akten. 1. bis 12. Aufl. (à 162 S.) 8. Ebd. 905. n. 2. —; geb. in Leinw. n. 3. —; in Halbfrz. n. 3. 50

— Strandkinder. Ein Schauspiel in 4 Akten. 1., 2.—5. u. 6.—10. Aufl. (128 S.) 8. Ebd. 910. 2.—; geb. in Leinw. 3.—; in Halbfrz. 3. 50

— die Sturmgesellen. Ein Wort zur Abwehr. (27 S.) gr. 8. Berlin 903. F. Fontane & Co. n. — 60

— Verrohung in der Theaterkritik. Zeitgemäße Betrachtgn. gr. 8. (56 S.) Ebd. 902. — 60

— im Zwielicht. Zwanglose Geschichten. 3. Aufl. 8. (189 S.) Ebendas. 886. * 2 —

— im Zwielicht. Zwanglose Geschichten. 5. Aufl. 8. (III, 189 S.) Ebd. 890. geb. n. 3. —

— Im Zwielicht. Zwanglose Geschichten. 9. Aufl. 8. (189 S.) Ebd. 891. * 2 —; geb. * 3 —
4.—8. Aufl. 1887—91.
Vgl.: Selten, Kurt. Die Revolution in d. Litteratur.

Im Zwielicht. Zwanglose Geschichten von Hermann **Sudermann**. 19. Aufl. Stuttgart: J. G. Cotta 1896. (188 S.) 8° [F.] [illegible] 10

— im Zwielicht. Zwanglose Geschichten. 21. u. 22. Aufl. 8. (à 189 S.) Ebd. 898. n. 2. —; geb. in Leinw. n. 3. —; in Halbfrz. n.n. 3. 50

— im Zwielicht. Zwanglose Geschichten. 24.—28. Aufl. 8. (à 189 S.) Ebd. 899—901. n. 2. —; geb. in Leinw. n. 3. —; in Halbfrz. n. 3. 50

— im Zwielicht. Zwanglose Geschichten. 29.—31. Aufl. (à 189 S.) 8. Stuttgart 901—904. J. G. Cotta Nachf. n. 2. —; geb. in Leinw. n. 3. —; in Halbfrz. n. 3. 50

— Im Zwielicht. Zwanglose Geschichten. 33. u. 34. Aufl. (189 S.) 8. Ebd. 908. 2.—; geb. in Leinw. 3.—; in Halbfrz. 3. 50

Sudermann, Klara

Sudermann, Clara, d. Siegerin. Roman. 8. (148 S. m. Bildn. u. 8 Bild.) Wien 896. Gesellschaft f. graph. Industrie. n. 2. —; geb. in Leinw. n. 3. —

Sudermann, Leonh., Eine Deputationsreise nach Rußland u. Amerika. 95 S. Elkhart, Indiana 1897

Sudermann, L. Eine Deputationsreise v Rußland nach Amerika. Elkhart, Ind. 1897.

Die Südermarsch und die in ihr liegenden Erbpachthöfe mit einander im Streite. Tondern 1835. 8°

Suderode [Schlagwort]

Suderode. Oehlmann, H., Touristen-Karte v. Bad Suderode u. Umgegend, aufgenommen nach amtl. Material u. örtl. Messgn. u. Aufzeichngn. 1 : 45,000. 37,5×60 cm. Farbdr. Aschersleben (899). (O. Bennewitz.) n. 1. 25

Suderow, Ludw., Simon Dach u. der Königsberger Dichterkreis. Ein Gedenkbüchlein zur 300. Wiederkehr seines Geburtstages am 29. VII. 1905. (16 S.) 8. Hamburg (905). G. Schloeßmann. n. — 15

— dasselbe, s.a. Kirchenliederdichter, unsere. 34. Heft.

Suders Reisen u. Lebensbeschreibung. 8. Delitzsch. 754.

Sudeten [Sachliches OW]

Sudeten, die, s. Grieben's Reise-Bibliothek.

Die Sudeten in der Brieftasche. 24. Auf Carton Mähr.-Schönberg: Bode 1896. —.05

Sudeten, die, und ihre Verzweigungen in ihren malerischsten und anziehendsten Stellen dargestellt. 1. Abthl. Riesen- u. Isergebirge mit Umgegend. 1. u. 2. Liefg. Mit à 3 Lithogr. gr. 4. Hirschberg 841, 42, Sachse u. Comp. à 1/3 ℛ

Sudeten [Schlagwort]

Sudeten, s.a. Hand- u. Reisokarten. 14. 27. — Mährisches Gesenke.

— s. a.: Schlesische Gebirge.

Sudeten. Mücke, Jul., Wegekarte des mährisch-schlesischen Sudeten. 84×27,5 cm. Farbdr. Freiwaldau 897. B. Titze. n. — 70

Sudeten. Reisekarte durch die mährisch-schlesischen. Neue verb. Ausgabe. Freiwaldau, Ant. Blažek. 1 fl. 1884. Ins. 916

Sudeten. Reise-Karte durch die mährisch-schles. Sudeten. Neueste verb. Aufl. 1 : 200,000. 57×51,5 cm. Lith. Freiwaldau-Gräfenberg (909). A. Blažek. 1.70; auf Leinw. 2. 50

Sudeten. Rothaug, J. G., Karte der Sudetenländer Böhmen, Mähren u. Schlesien. 1 : 1,500,000. Politische u. physikal. Ausg. à 20,5×34 cm. Wien (895). G. Freytag & Berndt. à n. — 10

— — Schulwandkarte der Sudetenländer. (Physikalisch u. politisch.) 1 : 800,000. à 4 Blatt à 64,5×94 cm. Farbdr. Ebd. (900). à Karte n. 8. 50; auf Leinw. in Mappe à n. 12.50; m. Stäben à n. 14.50

Sudeten. Spezialkarte der mährisch-schlesischen Sudeten m. 1 Carton der Gegend westlich v. Jauernig. 1 : 75,000. Hrsg. vom mähr.-schles. Sudetengebirgs-Verein. Farbendr. 64×62,5 cm. Olmütz 892. E. Hölzel. n. 1. 60; auf Leinw. n. 2. 20

— — der mährisch-schlesischen Sudeten. 1 : 75,000. Hrsg. vom k. u. k. militär.-geogr. Institut in Wien. Mit Bezeichng. der markirten Wege, red. v. R. Lechner's Hof- u. Univ.-Buchh. (Wilh. Müller) in Wien. 74×63 cm. Lith. u. kolor. Wien 893. (R. Lechner's Sort.) n.n. 3. —

— Spezialkarte der mährisch-schlesischen Sudeten. Mit Bezeichng. der markirten Wege. Hrsg. unter Mitwirkg. des mährisch-schles. Sudeten-Gebirgs-Vereines. 1 : 75,000. (Neue Ausg.) 75,5×64 cm. Lith. Wien (902). (R. Lechner's Sort.) n.n. 4. —; auf Leinw. n.n. 5. —

Sudeten. Spezialkarte der mährisch-schlesischen Sudeten. Mit Bezeichng. der markirten Wege. Hrsg. unter Mitwirkg. des mährisch-schles. Sudeten-Gebirgs-Vereines. 1 : 75,000. 75,5×64 cm. Lith. Wien 904. (R. Lechner's Sort.) n.n. 4. —; auf Leinw. n. 5. —

— Wegekarte der mähr.-schles. Sudeten. 1 : 200,000. Mit rother Bezeichng. der markirten Wege. 34×27,5 cm. Lith. Freiwaldau 894. B. Titze. n. — 70; auf Leinw. n. 1. 20

Sudeten-Album, s. a. Koska, F.

Sudeten-Album I—III. qu. 12. (30, 28 u. 30 Bl.) Freiwaldau 896. 97. B. Titze. In Decke à n. 1.25

Der *Sudetenführer*.
Taschenbuch f. Lust- u. Badereisende.
Reiseskizzen aus d. schlesischen Gebirge
in dessen ganzer Ausdehnung.
Von Julius Krebs.
Breslau: Kern 1839.

Südeuropa [Schlagwort]

Südeuropa, s.: Europa.

Süd-Frankreich [Schlagwort]

Süd-Frankreich, s.: Hand- u. Reisekarten. 93.

Südfrüchte; romantische Erzählungen aus Spanien. Dresden 1813. V: *Lindau, Wilh. Adolph.* (NN) (Schr) (Ky)

Südfrüchte, romant. Erzählung aus Spanien, (v. W. A. Lindau). 8. Dresd. 813. Beger. (Leipz., Weygand). 1 ℛ

Südgrenze, Unsere; ein Mahnwort an die schweizerische Eidgenossenschaft. Zürich 1886. V: *Günther, Rheinhold.* (Cat. d. Stadtbibl. Zürich. Zürich 1864—97.)

Südgrenze, unsere. Ein Mahnwort an die schweizer. Eidgenossenschaft. 8. (48 S.) Zürich 886. Schmidt. n. 1. —

Südharz [Schlagwort]

Südharz, s.: Thüringen.

Sudhaus, F.

Sudhaus: De Aeschyli stichomythiis. 12 S. – Treptow a/R., Progr. 1864

Svdhavs, Henricvs (geb. am 24 März 1846 in Blankenstein Westf.): De ratione qvae intercedat inter Zosimi et Ammiani de bello a Ivliano imperatore cvm Persis gesto relationes ... Bonnae, form. C. Georgi (1870). 2 Bl. 8. ¶ Nur Titelbl. u. Thesen.
Bonn, Phil. Fak., Thes. v. 6 Aug. 1870

Svdhavs, Henricvs (geb. am 24 März 1846 in Blankenstein Westf.): De ratione qvae intercedat inter Zosimi et Ammiani de bello a Ivliano imperatore cvm Persis gesto relationes ... Bonnae, form. C. Georgi [1871]. 102 S., 1 Bl. 8.
Bonn, Phil. Fak., nachträgl. ersch. Diss. v. 6 Aug. 1870

Sudhaus, Karl Fr. Zur älteren Geschichte von Treptow. 16 S. **Progr.** *Treptow a. R.* 1876.

— Treptow vor, während und nach dem 30jährigen Kriege. Teil I. 18 S. **Progr.** *Treptow a. R.* 1885.

Sudhaus, Siegfried (Hrsg.), s. Aetna

Sudhaus, S., der Aufbau d. Plautinischen Cantica. (VII, 154 S.) 8. Leipzig 909. B. G. Teubner. 5.—; geb. in Leinw. 6. —

Sudhaus, Siegfried [Pommeranus]: Prolegomena ad Philodemi rhetorica ... (Erscheinen vollst. m. d. Fragm.) Lipsiae, typ. B. G. Teubneri, 1892; 39 S. 8.
Bonn, Phil. Fak., Inaug.-Diss. v. 8. Juli 1892

Sudhoff, Karl (Hrsg.), s. Abhandlungen zur Geschichte d. Medicin.

Sudhoff, Karl, das Amt der Kirche. Eine Rede mit Glossen. gr. 8. (84 S.) Kreuznach 850, Voigtländer. n. ⅓ ℛ

Sudhoff, Carl, Antritts-Predigt gehalten am 7. Sonnt. n. Trin., 25. Juli 1852. 8. (15 S.) Frankfurt a. M. 852, (Völcker.)

Sudhoff, Karl, s.: Archiv f. Geschichte der Medizin.

— s.: Archiv f. die Geschichte der Naturwissenschaften u. der Technik.

— Ärztliches aus griech. Papyrus-Urkunden, s. a. Studien z. Geschichte der Medizin. Heft 5. 6.

Ärztliches aus griechischen Papyrus-Urkunden. Bausteine zu e. med. Kulturgeschichte d. Hellenismus, gesammelt u. bearb. von Karl Sudhoff. Mit 6 Taf. Leipzig: Barth 1909. XV, 296 S. 4⁰(8⁰)
(Studien z. Geschichte d. Medizin. H. 5/6.)

70. Versammlg deutscher Naturforscher u. Aerzte zu Düsseldorf 1898. Historische Ausstellung für Naturwissenschaft und Medicin in den Räumen des Kunstgewerbe-Museums. (Vf.: Dr. Karl Sudhoff). *Düsseldorf: Gedr. b. A. Bagel 1898.* (12, 222 S.) 1 Bd 8. 98. 11676

— Aus dem antiken Badewesen. Medizinisch-kulturgeschichtliche Studien an Vasenbildern. (V, 70 S. m. 61 Abbildgn.) gr. 8. Berlin 910. Allgemeine medizin. Verlagsanstalt. 2. —

— dasselbe. II. Weitere medizinisch-archäolog. Untersuchgn. (40 S. m. Abbildgn.) Lex. 8. Ebd. 910. 1. 20

— Ein Beitrag zur Geschichte der Anatomie im Mittelalter, speziell der anatomischen Graphik nach Handschriften des 9.—15. Jahrh., s.a. Studien zur Geschichte der Medizin. 4. Heft.

Ein Beitrag zur Geschichte der Anatomie im Mittelalter speziell d. anatom. Graphik nach Hss. d. 9. bis 15. Jhs ... von Karl Sudhoff. Mit 3 Abb. u. 24 Taf. Leipzig: J. A. Barth 1908. (V, 94 S.) 4°(8°)
= Studien z. Geschichte d. Medizin. H. 4. [08. 13167]

Sudhoff, Karl (Hrsg.), s. Biologie. – Zur histor. Biol. d. Krankheitserreger.

Sudhoff, Carl, de convenientia, quae inter utrumque gratiae instrumentum, verbum Dei et sacramentum, intercedat, commentatio dogmatico-theologica. Addita est christianorum Aquisgranensium reformatorum confessio de coena Domini conventui Wormatiensi a 1559 proposita et nunc secundum msr. bipont. edita. 8maj. (76 S.) Crucenaci 852, Voigtländer. *

—— Elemente der Geographie. Für Schulen bearb. 2., verm. und verb. Aufl. 8. (110 S.) Kreuznach 850, Voigtländer. *

— Die medizinische Fakultät zu Leipzig im 1. Jahrh. der Universität, s.a. Studien zur Geschichte der Medizin. 8. Heft.

Die medizinische Fakultät zu Leipzig im ersten Jahrhundert der Universität. Jubiläumsstudien von Karl Sudhoff. Mit 16 Taf. Leipzig: Barth 1909. VI, 212 S. 4°(8°)
(Studien z. Geschichte d. Medizin. H. 8.)

—— Geschichte der christlichen Kirche. In Vorlesungen dargestellt. 2 Bde. 2., verb. und verm. Aufl. gr. 8. (XXVIII und 1033 S.) Frankfurt a. M. 861, Sauerländer's Verlag. geb. *

— die Gottseligkeit ist zu allen Dingen nütze u. hat die Verheißung dieses u. des zukünftigen Lebens. [1. Tim. 4, 8.] Predigt gehalt. zu Frankfurt a. M. am 25. Jan. 1852. 8. (17 S.) Frankfurt a. M. 852, Zimmer'sche Sortim.-Buchhandlung. (Völcker.) 3 ngl.

—— fester Grund christlicher Lehre. Ein Hülfsbuch zum heidelberger Katechismus. Zusammengestellt aus deutschen Schriften Kasp. Olevians und eigenen Abhandlungen. 1. Aufl. 1854. * 1 Thlr. 15 Ngr. und 2., verm. wohlf. Aufl. 8. (XVI und 522 S.) Frankfurt a. M. 856, Völcker. *

— fester Grund christlicher Lehre. Ein Hülfsbuch zum Heidelberger Katechismus. Zusammengestellt aus deutschen Schriften Dr. Kasp. Olevians u. eigenen Abhandlungen. 854. (XVI, 492 S.) n. 1 ℳ. 15 ngr. — 2. verm., wohlfeilere Ausg. Frankfurt a. M. 857. Völcker. 8. (XVI, 522 S.) n. 1 ℳ.

—— theologisches Handbuch zur Auslegung des heidelberger Katechismus. Ein Commentar für Geistliche und geförderte Nichttheologen. gr. 8. (XII und 514 S.) Frankfurt a. M. (861)62, Heyder und Zimmer. *

— Historik u. Seuchenforschung, s.a. Zur historischen Biologie der Krankheitserreger. 1. Heft.

Karl Sudhoff. Historik und Seuchenforschung. Georg Sticker. Parasitologie u. Loimologie. Gießen: Töpelmann 1910. 12 S. 8°
(Zur histor. Biologie d. Krankheitserreger. H. 1.) [10. 9226]

Sudhoff, Karl, Iatromathematiker vornehmlich im 15. u. 16. Jahrh., s.a. Abhandlungen z. Gesch. d. Medicin.

Sudhoff, Carl. Iatromathematiker, vornehmlich im 15. und 16. Jahrhundert. Eine Studie von Karl Sudhoff, Ehrenmitglied der Naturforschenden Gesellschaft in Basel. VIII + 92 S. 8. Breslau, J. U. Kern, 1902. [M. 4. —]
Abhandlungen zur Geschichte der Medicin. Hrg. von Professor Dr. Hugo Magnus, Docent Dr. Max Neuburger und Sanitätsrath Dr. Karl Sudhoff. Heft 2.
Darin S. 8. 28f. 32. 44f. 59. 62 betr. Basler Drucke; s. auch S. 31. 47. 53. 77. 90f. etc.

— Deutsche medizinische Inkunabeln, s.a. Studien zur Geschichte der Medizin. 2. 3. Heft.

Sudhoff, Carl. Deutsche medizinische Inkunabeln. Bibliographisch-literarische Untersuchungen von K' S'. Mit 40 Abbildungen im Text. XXIV + 278 S. gr.-8. Leipzig, Johann Ambrosius Barth, 1908. [M. 16. —]
Studien zur Geschichte der Medizin, hrg. von der Puschmann-Stiftung an der Universität Leipzig. Redakteur: Karl Sudhoff. Heft 2/3.
Darin S. 8 ff. 83. 84. 99. 112. 130. 203/5. 214. 218. 243. 251 f. 261 f. etc. die Schweiz und Schweizer, insbes. Drucke von Basel betr.

— der Heidelberger Katechismus zum bessern Verständniß zergliedert durch vollständig abgedruckte Schriftstellen, biblische Beispiele u. Lieder belegt, mit einer Einleitung, einer Haustafel u. einer Uebersicht der Unterscheidungslehren der evangel. u. röm. Kirche versehen. 8. (IV u. 85 S. m. 1 Tab. in Fol.) Kreuznach 852, Voigtländer. n. 1/6 ℳ

Sudhoff, Karl, der Heidelberger Catechismus zum bessern Verständniß zergliedert, durch vollständig abgedruckte Schriftstellen, biblische Beispiele u. Lieder belegt, mit einer Einleitung, einer Haustafel u. einer Uebersicht der Unterscheidungslehren der evangel. u. römischen Kirche versehen. 2. Aufl. Kreuznach 854. Voigtländer. 8. (112 S.) n. 4 ngr.

Sudhoff, Karl, der Heidelberger Katechimus nach den ältesten Ausgaben hrsg. zum besseren Verständniß zergliedert, durch Schriftstellen, bibl. Beispiele u. Lieder belegt, m. e. Einleitg., e. Haustafel u. e. Uebersicht der Unterscheidungslehren der evangel. u. röm. Kirche versehen. 7. rev. Aufl. 8. (VIII, 118 S.) Kreuznach 874. Voigtländer. n. — 60

Sudhoff, Karl, der Heidelberger Katechismus, nach den ältesten Ausgaben hrsg., zum besseren Verständniß zergliedert, durch Schriftstellen, bibl. Beispiele u. Lieder belegt, mit einer Einleitung, einer Haustafel u. einer Uebersicht der Unterscheidungslehren der evangel. u. röm. Kirche versehen. 8., durchgeseh. Aufl. 8. (VIII, 118 S.) Kreuznach 880. Voigtländer's Verl. geb. n. — 60

Sudhoff, K., der Heidelberger Katechismus, nach den ältesten Ausgaben hrsg., zum besseren Verständnis zergliedert, durch Schriftstellen, bibl. Beispiele u. Lieder belegt, m. e. Einleitg., e. Haustafel u. e. Übersicht der Unterscheidungslehren der evangel. u. röm. Kirche versehen. 9., m. der 8. gleichlaut. Aufl. 8. (VIII, 112 S.) Leipzig 888. Voigtländer's Verl. geb. n. — 60

Sudhoff, Karl, der Heidelberger Katechismus, nach den ältesten Ausgaben hrsg., zum besseren Verständnis zergliedert, durch Schriftstellen, bibl. Beispiele u. Lieder belegt, m. e. Einleitg., e. Haustafel u. e. Übersicht der Unterscheidungslehren der evangel. u. röm. Kirche versehen. 11., m. der 8.—10. gleichlaut. Aufl. 12. (II, 110 S.) Leipzig 901. R. Voigtländer. Geb. n. — 60

— der kleine Heidelberger Katechismus zum leichtern Verständniß zergliedert durch vollständig abgedruckte Schriftstellen u. Liederverse so wie durch bibl. Beispiele belegt u. erläutert. Kreuznach 857. Voigtländer. 8. (48 S.) n. 3 ngr.

— s.: Klassiker der Medizin.

— Kommunionbuch. Frankfurt a. M. 857. Sauerländer's Verlag. 8. (VIII, 336 S. u. lith. Titel.) n. 16 ngr.

Sudhoff, Karl, Communionbuch. 2. Aufl. Frankfurt a. M. 859. Sauerländer's Verlag. 8. (VIII, 339 S.) n. 16 ngr.

— s.: Mitteilungen zur Geschichte der Medizin u. der Naturwissenschaften.

——, C. Olevianus und Z. Ursinus, s.a. Leben und ausgewählte Schriften der Väter und Begründer der reformirten Kirche.

Sudhoff, Carl. C(aspar) Olevianus und Z(acharias) Ursinus. Leben und ausgewählte Schriften. Nach handschriftlichen und gleichzeitigen Quellen, von Karl S'.... 8. Elberfeld 1857.
Leben und ausgewählte Schriften der Väter ... der reformirten Kirche. Theil 8.

— Paracelsus-Forschungen, s.: Schubert, E.

Paracelsus-Handschriften gesammelt und besprochen von Karl Sudhoff. Hälfte 1. 2. *Berlin: G. Reimer 1898–99.* 2 Bde 8°
= Sudhoff: Versuch e. Kritik d. Echtheit d. Paracelsischen Schriften. Th. 2.
[co. 1001

— Predigt über 1. Petri 1, 22. gehalten den 17. Septbr. 1851 zu Jeckenbach am Gustav-Adolph-Feste des Oberamtes Meisenheim. 8. (22 S.) Meisenheim 851, Krull. 1 1/2 ngr.

Sudhoff, Karl, Predigten. Zum Druck besorgt von einem Freunde. Aurich 870. Dunkmann. gr. 8. (VIII, 286 S.) n. 20 ngr.

—— christliche Religionslehre. gr. 8. (VI und 140 S.) Frankfurt a. M. 861, Heyder und Zimmer. * -

— In der Stille, s.a. Familien-Bibliothek, Kleine, zur Förderung religiösen Sinnes.

— In der Stille. Tröstein samkeit in Lied und Spruch. Breslau 853. Hirt. 16. (XL, 933 S.) 1 rthl. 20 ngr.

— — 2. verb. Aufl. Frankfurt a. M. 856. Heyder u. Zimmer. 16. (XL, 941 S.) n. 1 rthl. 15 ngr.

—— in der Stille. Poetischer Theil. 3., verb. Aufl. 16. (XL und 918 S.) Frankfurt a. M. 859, Heyder und Zimmer. *
geb. *

Sudhoff, Carl, in der Stille. Prosaischer Thl. 16. (XX und 812 S.) Frankfurt a. M. 860, Heyder und Zimmer. Thlr. *
geb. *

Sudhoff, Karl, In der Stille. Poetischer Theil. 4., verb. Aufl. 16. (XL und 908 S.) Frankfurt a. M. 863, Heyder und Zimmer. *

— in der Stille. Poetischer Thl. 5. verb. Aufl. 8. (XXXII, 712 S.) Frankfurt a/M. 875. Heyder & Zimmer n. 5. —

— in der Stille. Poetischer Thl. 5., verb. Aufl. 8. (XXXII, 712 S.) Frankfurt a/M. 881. Schriften-Niederlage des evangel. Vereins. n. 4. 50;
geb. m. Goldschn. n. 6. —

— Tradition u. Naturbeobachtung in den Illustrationen medizinischer Handschriften u. Frühdrucke vornehmlich des 15. Jahrh., s.a. Studien zur Geschichte der Medizin.

Tradition und Naturbeobachtung in den Illustrationen medizinischer Handschriften und Frühdrucke vornehmlich des 15. Jahrhunderts. Untersuchungen von Karl Sudhoff. Mit 37 Abb. u. 24 Taf. Leipzig: J. A. Barth 1907. (VIII, 92 S.) 4°(8°)
= Studien z. Geschichte d. Medizin. H. 1.
[07. 13004

Sudhoff, Karl, Versuch e. Kritik der Echtheit der Paracelsischen Schriften. I. Thl. gr. 8. Berlin 894. G. Reimer. n. 18. —
Bibliographia Paracelsica. Besprechung der unter Theophrast v. Hohenheim's Namen 1527—1893 erschienenen Druckschriften. (XIII, 722 S.)

Sudhoff, Karl, Versuch e. Kritik d. Echtheit d. Paracelsischen Schriften. II. Thl. 1. Hälfte. A. u. d. T.: Paracelsus-Handschriften, gesammelt u. besprochen. 1. Hälfte. gr. 8. (432 S.) Berlin 898. G. Reimer. n. 12. —

— Versuch e. Kritik der Echtheit der Paracelsischen Schriften. II. Thl. 2. Hälfte. A. u. d. T.: Paracelsus-Handschriften, gesammelt u. besprochen. 2. Hälfte. gr. 8. (VII u. S. 433—815.) Berlin 899. G. Reimer. n. 10. —

—— Vorträge über christliche Kirchengeschichte für Gebildete. 2 Bde. gr. 8. (XXVIII und 951 S.) Frankfurt a. M. 854(55,) Sauerländer's Verlag. *

— Weihestunden, s.a. Weihestunden.

— Weihestunden. Ein Blüthenkranz aus Deutschlands Dichtergarten. 4. Aufl. Illustr. von Paul Thumann. Berlin 865. Grote'sche Verlagsb. 16. (XVI, 320 S. mit 10 Holzschntaff.) geb. mit Goldschn. 1 rthl. 15 ngr.

— — Pracht-Ausg. Illustr. von Paul Thumann. Ebend. 866. 8. (XVI, 320 S. mit 9 Holzschntaff.) geb. mit Goldschn. 2 rthl. 15 ngr.

— Weihestunden. Ein Blüthenkranz aus Deutschlands Dichtergarten. 5. Aufl. Illustrirt durch Paul Thumann. gr. 16. (XVI, 282 S. m. Holzschntaf.) Halle 873. Gesenius. geb. m. Goldschn. n. 4. 50

—— Weihestunden für gebildete Christen, s. Weihestunden.

Sudhölter, Wilh., Beiträge zur Frage: Ist der acute Gelenkrheumatismus e. Infectionskrankheit? gr. 8. (28 S.) Göttingen 883. (Vandenhoeck & Ruprecht.) n. — 80

Süd-Japan [Schlagwort]

Süd-Japan, s.: Korea.

Sudić Ivo: Ein Versuch zur Erläuterung der Allegorie in der „Amorosa Visione" von Giovanni Boccaccio. H. 1910 PN 3025 Diss. Innsbruck, Univ. 2336

Süd Illinois Zeitung: 1876?–1898?
Weekly. Democratic, 1880–82; Republican, 1883; Independent, 1884–95. Circulation: 1878, 400; 1880, 560; 1890, 850. Edited & published by John Ruf, 1876–98. Ruf bought the UNION BANNER of Carlyle and discontinued the ZEITUNG.
Carlyle, IL

Südlausitz [Schlagwort]

Südlausitz, s.a. Lausitz.

Südlausitz. Kramer, R., Schulhandkarte der Südlausitz u. des angrenz. Böhmens. 2. Aufl. 1 : 100,000. 85,5×44,5 cm. Farbdr. Zittau (900). A. Graun. n. — 20

Süd- u. Nordlichter am Horizonte spekul. Theologie, s. Günther, A.

Süd- und Nordlichter am Horizont speculativer Theologie ... Wien 1832. V: *Günther, Anton.* (FrGr)

Sued-Mandschurei, Korea. Nordost-China im einheitl. Masst. von 1 : 2 000 000. Berlin 1904. 2°. *[Umschlagtit.]*
(Russ.-japan. Kriegsschauplatz. Karte 2.)

Südmark-Kalender, s.a. Bote, Kärntner.

Südmark - Kalender auf das Jahr 1898—1920. Ausg. f. Kärnten. Jg 26—47. — Klagenfurt: Heyn (1897—1919).
Anf. s.: Kärntner Bote.
Forts. s.: Kärntner Südmark-Kalender.

Südmark-Kalender auf das Jahr 1899 bis 1922. Ausg. für Steiermark. — Graz: Dt. Vereinsdruckerei (1898—1921).
Forts. s.: Südmark-Jahrbuch.

Südmark-Kalender auf d. J. 1899. E. Jahrbuch f. Stadt u. Land. Geleitet v. K. W. Gawalowski u. Aurelius Polzer. Ausg. für Kärnten als Fortsetzg. des deutschen Kalenders f. Kärnten (vorm. Kärntner Bote). 26. Jahrg. Geleitet v. S. Rieger. gr. 8. (244 S. m. Abb. u. Titelbild.) Klagenfurt (J. Heyn). Kart. n. 1.—

— dasselbe. Ausg. f. Steiermark. gr. 8. (232 S. m. Abb. u. Titelbild.) Graz (Herrengasse 3), Deutsche Vereinsdruckerei u. Verlagsanstalt. Kart. n. — 83

— auf d. J. 1900. Ausg. f. Steiermark. gr. 8. (240 u. IV S. m. Abbildgn. u. Titelbild.) Graz (Herrengasse 3), Deutsche Vereins-Druckerei u. Verlagsanstalt. Kart. 1.—

(F) Südmark-Kalender auf das Jahr 1901 geleitet von K. W. Gawalowski und Aurelius Polzer. Ausgabe für Kärnten herausgegeben von der Männerortstruppe Klagenfurt des Vereines „Südmark". XXVIII. Jahrgang. Klagenfurt. [In Comm. Heyn.] Gr.-8°. 319 S. mit 1 Tafel. Cart. K 1.—

(F) Südmark-Kalender auf das Jahr 1902 geleitet von K. W. Gawalowski und Aurelius Polzer. Ausgabe für Kärnten herausgegeben von der Männerortsgruppe Klagenfurt des Vereines „Südmark". XXIX. Jahrgang. Klagenfurt. [In Comm. Heyn.] Gr.-8°. 335 S. mit 1 Tafel Cart. K 1.—

Südmark-Kalender auf d. J. 1903. Geleitet von K. W. Gawalowski u. Aurelius Polzer. Ausg. f. Kärnten, hrsg. v. der Männerortsgruppe Klagenfurt des Vereines „Südmark". 30. Jahrg. gr. 8. (354 S. m. Abbildgn. u. Titelbild.) Klagenfurt (J. Heyn). Kart. n.n. 1.—

— dasselbe auf d. J. 1906. (Ausg. f. Steiermark.) (190 S. m. Abbildgn.) gr. 8. Graz, Deutsche Vereinsdruckerei u. Verlagsanstalt. Kart. n. — 85

Südmark-Kalender auf d. J. 1907. Ausg. f. Kärnten, hrsg. v. der Männerortsgruppe Klagenfurt des Vereines Südmark. 34. Jahrg. (275 S. m. Abbildgn.) gr. 8. Klagenfurt (J. Heyn). Kart. n. 1.20

(F) Südmarkkalender auf das Jahr 1908. 35. Jahrg. Gr.-8°. (ill. 359 S.) † Klagenfurt: Johannes Heyn 1907. K 1.—

(F) Südmarkkalender für das Jahr 1909. Ausgabe für Kärnten. Gr.-8°. (369 S.) Klagenfurt: Heyn 1908. K 1.—

(F) Südmarkkalender auf das Jahr 1910. 37. Jahrgang. Gr.-8°. (373 S.) Klagenfurt: Heyn 1909. K 1.—

Südmark-Kalender auf d. J. 1911. Ausg. f. Kärnten, hrsg. v. der Männerortsgruppe Klagenfurt des Vereines Südmark. 38. Jahrg. (393 S. m. Abbildgn. u. 1 farb. Plan.) gr. 8. Klagenfurt, (J. Heyn). Kart. 1.40

— auf d. J. 1911. Ein Jahrbuch f. Stadt u. Land, geleitet v. Karl W. Gawalowski. (Ausg. f. Steiermark.) (196 u. XLVI S. m. Abbildgn. u. 1 Taf.) gr. 8. Graz, Deutsche Vereins-Druckerei u. Verlagsanstalt. Kart. nn 1.—

Südmersen, Henry J., aus Brighton, England: From the Institute for the Investigation of Infectious Diseases: University of Bern (Director, Prof. Dr. Tavel). On an infectious Pneumonia of Rabbits, and its Treatment by Anti-serum. Jena 1905. 29 S. 8°. S.-A. a. d. Centralbl. f. Bakteriologie. [27. VII. 05.]
Bern. Phil. Diss. 1904/1905.

Südmersen, Henry J . On an Infectious Pneumonia of Rabbits, and its Treatment by Anti-serum. Diss. Phil. Bern. [Mit Figuren. Sep.-Abdr. aus: Centralblatt für Bakteriologie etc. Abteilung I. Originale. Band 38.] *Kopftitel:* From the Institute for the Investigation of Infectious Diseases: University of Bern ⟨Director, Prof. Dr. [Ernest] Tavel.⟩ II + 30 S. 8. Jena, Gustav Fischer, 1905.

Südnigeria und die englischen 'Menschenfreunde'. Brüssel: J. Lebègue & Co. (1905). (15 S.) 8° [08. 2919

Kursbuch **Südost**. Eisenbahn-Fahrpläne f. Ober-Schlesien u. d. österr. Grenzlande nebst Anschlüssen . . . [1.] Mai—Sept. 1906. Kattowitz: Gebr. Böhm (1906). 8°

Südost-Bayern [Schlagwort]

Südost-Bayern, s.: Bayern. Strassenkarte.

Südost-Europa [Schlagwort]

Südost-Europa, s.: Balkan-Halbinsel, Scheda u. Steinhauser.

Südost-Europa, s.: Europa.

Süd-Ost Missouri Post: 1869? 1870? Cape Girardeau, MO
Editor and Publisher C. M. Daumer

Südost-Thessalien [Schlagwort]

Südost-Thessalien, s.: Thessalien.

Südpolar-Expedition

— **deutsche.** 1901—1903. Im Auftrage des Reichsamtes des Innern hrsg. von Erich v. Drygalski. I. Bd. 1. Heft.; II. Bd. 1. Heft; VI. Bd. 1. Heft; VII. Bd. 1. Heft; VIII. Bd. 1. Heft u. IX. Bd. 1.—3. Heft. gr. 4. Berlin, G. Reimer. Subskr.-Pr. n. 119. 60; Einzelpr. n. 144. —

I. 1. (Technik. Geographie.) 1. Hft. Das Südpolarschiff „Gauss" u. seine technischen Einrichtungen. Von A. Stehr. Mit Taf. I—XIII u. 20 Textabbildgn. (VII—XI u. 96 S.) 905. Subskr.-Pr. n. 15. —; Einzelpr. n. 18. —

II. 1. (Kartographie. Geologie.) 1. Heft. 1 Der Gaussberg, seine Kartierung u. seine Formen. Von Erich v. Drygalski. Mit Taf. I u. 8 Abbildgn. im Text. — 2. Geologische Beschreibg. des Gaussberges. Von E. Philippi. Mit Taf. II—VII u 2 Abbildgn. im Text. — 3. Petrographische Beschreibung der Gaussberg-Gesteine. Von R. Reinisch. Mit Taf. VIII u. 9 Abbildgn. im Text. (87 S. m. 7 Bl. Erklärgn.) 906. Subskr.-Pr. n. 18. —; Einzelpr. n. 22. —

VI. 1. (Erdmagnetismus II. Bd.) Erdmagnetische Ergebnisse der Kerguelen-Station 1901—1903 Von Karl Luyken. 1. Heft. Das Variationshaus auf Kerguelen, seine Einrichtgn. u. Instrumente. Mit Taf. I—V u. 16 Abbildgn. im Text. (74 S.) 906. Subskr.-Pr. n. 10. —; Einzelpr. n. 12. —

VII. 1. (Bakteriologie Hygiene. Sport.) 1. Heft. Proviant u. Ernährung bei der deutschen Südpolar-Expedition 1901 1903. Von Hans Gazert. (73 S.) 906. Subskr.-Pr. n. 6. 20; Einzelpr. n. 7. 50

VIII. 1. (Botanik.) 1. Heft. 1. Die Pilze. Von P. Hennings. 2. Die Flechten. Von A. Zahlbruckner. 3. Die Lebermoose. Von V. Schiffner. 4. Die Laubmoose. Von V. F. Brotherus. 5. Die Gefässpflanzen. Von H. Schenck. 6. Die Vegetation der subantarktischen Inseln. Von E. Werth. Mit 19 Taf. u. 15 Abbildgn. im Text. (177 S.) 906. Subskr.-Pr. n. 40. —; Einzelpr. n 48. —

IX. 1. (Zoologie. I. Bd.) 1. Heft. Die Oligochaeten. Nebst Erörterg. der Hypothese üb. e. früheren grossen, die Südspitzen der Kontinente verbind. antarkt. Kontinent. Von W. Michaelsen. Mit Taf. I. — Leptostraken. Von Joh. Thiele. Mit Taf. II u. 1 Verbreitungskarte. (68 S.) 905. Subskr.-Pr. n. 7. —, Einzelpr. n. 8. 50

2. Dasselbe. 2. Heft. Die Landisopoden. Von G. Budde-Lund. Mit Diagnosen verwandter Arten. — Die Pteropoden. Von Johs. Meisenheimer. (S. 69—153 m. 5 Taf.) 906. Subskr.-Pr. n. 15.—; Einzelpr. n. 18.—

3. Dasselbe. 3. Heft. Die Salpen der deutschen Südpolar-Expedition 1901—1903. Von C. Apstein. Mit Taf. VIII bis X u. 42 Abbildgn. im Text. (III u. S. 159—203.) 906. Subskr.-Pr. n. 8.40; Einzelpr. n. 10.—

Südpolar-Expedition, deutsche, 1901—1903. Im Auftrage des Reichsamtes des Innern hrsg. von Erich v. Drygalski. I. Bd. 2. u. 3. Heft; II. Bd. 2.—6. Heft; III. Bd. 1. Heft; IV. Bd. 1. Heft; V. Bd. 1. u. 2. Heft; VI. Bd. 2. Heft; VII. Bd. 2. Heft; VIII. Bd. 2. Heft; IX. Bd. 4.—6. Heft; X. Bd. 1.—5. Heft; XI. Bd. 1.—5. Heft u. XII. Bd. 1.—3. Heft. 35,5×26,5 cm. Berlin, G. Reimer. Subskr.-Pr. 619.70; Einzelpr. 747.20

I, 2. Geographie. 2. Heft. Zeit- u. Orts-Bestimmungen nebst Erörtergn. üb. die Meer- u. Eisfahrt des „Gauss" von Erich v. Drygalski. Von J. Domke. Mit Taf. XIV u. 18 Abbildgn. im Text. (S. 97—281.) 908. Subskr.-Pr. 23.—; Einzelpr. 28.—

3. Dasselbe. 3. Heft. Schwerkrafts-Bestimmungen der deutschen Südpolar-Expedition 1901—1903 auf São Vicente (Kapverden) auf Kerguelen u. in der Antarktis. Von Erich v. Drygalski u. L. Haasemann. Mit 9 Abbildgn. im Text. (S. 281—363.) 909. Subskr.-Pr. 12.80; Einzelpr. 15.—

II, 2. Kartographie, Geologie. 2. Heft. Aufbau u. Gestaltung v. Kerguelen. Von Emil Werth. Mit Taf. IX—XIV, 3 Karten u. 33 Abbildgn. im Text. — Geologische Beobachtungen auf Kerguelen. Von E. Philippi. Mit Taf. XV—XXII u. 2 Abbildgn. im Text. — Petrographische Beschreibung der Kerguelen-Gesteine. Von R. Reinisch. Mit 6 Abbildgn. im Text. (S. 89—222.) 908. Subskr.-Pr. 40.—; Einzelpr. 48.—

3. Geographie, Geologie. 3. Heft. Geographie v. Heard Eiland. Von E. v. Drygalski. — Geologie der Heard-Insel. Von E. Philippi. — Gesteine der Heard-Insel. Von R. Reinisch. — Tiere u. Pflanzen der Heard-Insel. Von E. Vanhöffen. — Skizze des Klimas der Heard-Insel. Von W. Meinardus. (S. 223—298 m. 13 Abbildgn. u. 1 Taf.) 908. Subskr.-Pr. 8.—; Einzelpr. 9.60

4. Dasselbe. 4. Heft. Geographie der Crezet-Inseln. Von Erich v. Drygalski. Mit Taf. XXIV u. 1 Abbildg. im Text. — Geologische Beobachtungen auf der Possession-Insel (Crozet-Gruppe). Von E. Philippi. Mit Taf. XXV u. XXVI. — Gesteine v. der Possession-Insel (Crozet-Gruppe). Von R. Reinisch. Mit Taf. XXVII. — Die Tiere u. Pflanzen v. Possession-Eiland der Crozet-Gruppe. Von E. Vanhöffen. (S. 299—343 m. 3 Bl. Erklärgn.) 908. Subskr.-Pr. 6.—; Einzelpr. 7.—

5. Dasselbe. 1. Geographie v. St. Paul u. Neu-Amsterdam. Von Erich v. Drygalski. Mit 3 Abbildgn. im Text. — 2. Geologie der Inseln St. Paul u. Neu-Amsterdam im Indischen Ozean. Von E. Philippi. Mit Taf. XXVIII—XXX u. 2 Abbildgn. im Text. — 3. Gesteine von St. Paul u. Neu-Amsterdam. Anh.: Chemische Beziehgn. der Basalte v. St. Paul, Neu-Amsterdam, Kerguelen, Heard- u. Possession-Insel. Von R. Reinisch. Mit 3 Abbildgn. im Text. — 4. Tiere u. Pflanzen v. St. Paul u. Neu-Amsterdam. Von E. Vanhöffen. (S. 345—410.) 909. Subskr.-Pr. 8.—; Einzelpr. 10.—

II, 6. Geographie, Geologie. 6. Heft. Die Grundproben der deutschen Südpolar-Expedition 1901—1903. Von E. Philippi. Mit mineralog. Beiträgen v. R. Reinisch u. chem. Analysen v. J. Gebbing. (III u. S. 415—616 m. 3 farb. Karten.) 910. Subskr.-Pr. 22.—; Einzelpr. 28.—

III, 1. Meteorologie I. 1. Bd. 1. Heft. Meteorologische Ergebnisse der Winterstation des „Gauss" 1902—1903. Von Wilh. Meinardus. Mit Taf. I—XIII u. 3 Abbildgn. im Text. (126 S.) 909. Subskr.-Pr. 18.—; Einzelpr. 22.—

IV, 1. Dasselbe. II. Bd. Tabellen. 1. Heft. Meteorologische Ergebnisse der Winterstation des „Gauss" 1902—1903. Von W. Meinardus. (123 S.) 909. Subskr.-Pr. 24.—; Einzelpr. 29.—

V, 1. Erdmagnetismus. I. Bd. 1. Heft. Der Doppelkompass, seine Theorie u. Praxis. Von Frdr. Bidlingmaier. Mit 18 Abbildgn. im Text. (104 S.) 907. Subskr.-Pr. 11.50; Einzelpr. 14.—

2. Dasselbe. I. Bd. 2. Heft. Erdmagnetische Seebeobachtungen u. anschliessende Untersuchungen. Von Frdr. Bidlingmaier. I. Tl.: Die Grundlagen. Mit Taf. I—IV u. 15 Abbildgn. im Text. (S. 105—310.) 909. Subskr.-Pr. 26.—; Einzelpr. 31.—

VI, 2. Dasselbe. 2. Bd. 2. Heft. Die absoluten erdmagnetischen Beobachtungen der Kerguelen-Station. Von K. Luyken. Mit Taf. VI—XII u. 5 Abbildgn. im Text. (S. 75—187.) 908. Subskr.-Pr. 16.40; Einzelpr. 20.—

VII, 2. Bakteriologie. Chemie. Hygiene. Sport. 2. Heft. Chemische Untersuchungen v. Meeresboden-, Meerwasser- u. Luft-Proben der deutschen Südpolar-Expedition 1901—1903. Von J. Gebbing. Gesammelt v. H. Gazert u. E. Philippi. Mit 19 Abbildgn. im Text. (S. 75—234.) 909. Subskr.-Pr. 18.—; Einzelpr. 22.—

VIII, 2. Botanik. 2. Heft. 1. Die Meeresalgen. Von Th. Reinbold. — 2. Die Lithothamnien. Von M. Foslie. Mit Taf. XX u. 6 Abbildgn. im Text. (S. 177—219.) 908. Subskr.-Pr. 4.80; Einzelpr. 6.—

IX, 4. Zoologie. I. Bd. 4. Heft. Neue Radiolarien (Cytocladus gracilis u. C. maior). Von Olaw Schröder. — Eine gestielte Acanthometride (Podactinelius sessilis Ol. Schr. n. g. u. sp.). Von Olaw Schröder. — Chemische Natur der Skelettsubstanz des Podactinelius u. der Acantharia überhaupt. Von O. Bütschli. — Die Fauna der Moosrasen des Gaussbergs u. einiger südlicher Inseln. Von Ferd. Richters. (S. 205—302 m. 5 Abbildgn. u. 10 Taf.) 907. Subskr.-Pr. 21.—; Einzelpr. 25.—

5. Dasselbe. I. Bd. 5. Heft. Tetraxonia. Von Rob. v. Lendenfeld. — Echinogramma multifenestra nov. gen. nov. spec. Eine neue, zu den Rhabdamminiden gehör. Rhizopodenart. Von Olaw Schröder. — Die Infusorien. Von Olaw Schröder. — Die Meeresmilben. Von H. Lohmann. (S. 303—413 m. 16 Abbildgn. u. 23 Taf.) 907. Subskr.-Pr. 36.—; Einzelpr. 44.—

6. Dasselbe. 1. Bd. 6. Heft. Die Myriopoden. Von C. Gf. Attems. — Die Vögel des Weltmeeres. Die Meeresvögel der östl. Erdhälfte. Von Ant. Reichenow. Zeichnungen v. G. Krause. (XII u. S. 415—567 m. 48 Abbildgn., 6 Taf. u. 1 Karte.) 908. Subskr.-Pr. 24.—; Einzelpr. 29.—

X, 1. Zoologie. II. Bd. 1. Heft. 1. Die Scaphopoden. Von L. Plate. Mit 12 Abbildgn. im Text. 2. Die antarktischen u. subantarktischen Chitonen. Von J. Thiele. Mit Taf. I. 3. Die Lucernariden u. Skyphomedusen. Von E. Vanhöffen. Mit Taf. II u. III u. 12 Abbildgn. im Text. (49 S.) 908. Subskr.-Pr. 11.—; Einzelpr. 13.—

2. Dasselbe. II. Bd. 2. Heft. Die Ostracoden. Von G. W. Müller. Mit Taf. IV—XIX u. 45 Abbildgn. im Text. (S. 51—181.) 908. Subskr.-Pr. 24.—; Einzelpr. 29.—

3. Dasselbe. II. Bd. 3. Heft. 1. Die Radiolarien der Antarktis (m. Ausnahme der Tripyleen). Von A. Popofsky. Mit Taf. XX—XXXVI u. 29 Abbildgn. im Text. — 2. Unbekannte treibende Eier u. Cysten. Von Olaw Schröder. Mit Taf. XXVII u. XXVIII. 3. Sticholonche Zanclea (R. Hertwig) u. Wagnerella borealis (Mereschkowsky). Von Olaw Schröder. Mit 4 Abbildgn. im Text. (S. 183—322.) 908. Subskr.-Pr. 30.—; Einzelpr. 36.—

4. Dasselbe. II. Bd. 4. Heft. 1. Die biologische Bedeutung der Antarktis u. ihrer Faunengebiete m. besond. Berücksicht. der Insektenwelt. Von Günth. Enderlein. Mit Taf. XXXIX u. 2 Abbildgn. im Text. — 2. Die Insekten des antarktischen Gebietes. Von Günth. Enderlein. Mit Taf. XL—LXIII u. 42 Abbildgn. im Text. — 3. Ektoparasiten des Fregattvogels (Fregata aquila). (S. 323—532.) 909. Subskr.-Pr. 58.—; Einzelpr. 70.—

5. Dasselbe. 5. Heft. 1. Die Spinnen der Crozet-Inseln u. v. Kerguelen. Von Günther Enderlein. Mit 7 Abbildgn. im Text. — Spinnentiere v. Süd-Afrika u. einigen Inseln. Von Embrik Strand. — Milben (Acarina). Von P. Speiser. (VII u. S. 533—603.) 909. Subskr.-Pr. 6.—; Einzelpr. 8.—

XI, 1. Zoologie. III. Bd. 1. Heft. Die Echinoiden der deutschen Südpolar-Expedition 1901—1903. Von Th. Mortensen. Mit Taf. I—XIX. (113 S.) 909. Subskr.-Pr. 33.—; Einzelpr. 40.—

2. Dasselbe. 2. Heft. 1. Die Ctenophoren der deutschen Südpolar-Expedition 1901—1903. Von F. Moser. Mit Taf. XX—XXII u. 1 Abbildg. im Text. 2. Die Cirripedien der deutschen Südpolar-Expedition 1901—1903. Von A. Gruvel. Übers. aus dem Franz. v. E. Vanhöffen. Mit Taf. XXIII—XXVI. — 3. Die Amphioxides-Formen. Von Rich. Goldschmidt. Mit Taf. XXVII u. 1 Abbildg. im Text. (S. 115—241.) 909. Subskr.-Pr. 24.—; Einzelpr. 29.—

XI, 3. Zoologie. III. Bd. 3. Heft. Untersuchungen üb. d. Embryonal-Entwicklung der Pinnipedia I. Von Ivar Broman. Über die Entwicklung der äusseren Körperform der Robbenembryonen. Mit Taf. XXVIII—XXXII u. 1 Abbildg. im Text. (S. 243—263.) 909. Subskr.-Pr. 4.20; Einzelpr. 5.—

4. Dasselbe. 4. Heft. Die Hydroiden der deutschen Südpolar-Expedition 1901—1903. Von E. Vanhöffen. — Die Tintinnodeen der deutschen Südpolar-Expedition 1901—1903. Von Hans Laackmann. (S. 271—496 m. 49 Abbildgn. u. 19 Taf.) 910. Subskr.-Pr. 46.—; Einzelpr. 55.—

5. Dasselbe. 5. Heft. Stewardson, die marinen Copepoden: I. Über die Copepoden der Stämme Harpacticoida, Cyclopoida, Notodelphyoida u. Caligoida. Von G. Brady. (VIII u. S. 497—593 m. 69 Abbildgn. u. 12 Taf.) 910. Subskr.-Pr. 21.—; Einzelpr. 25.—

XII, 1. Zoologie. IV. Bd. 1. Heft. Die Hexactinelliden der deutschen Südpolar-Expedition 1901—1903. Von Frz. Eilh. Schulze u. R. Kirkpatrick. — Die Steinkorallen der deutschen Südpolar-Expedition 1901—1903. Von Ferd. Pax. — Zur Kenntnis der heterotrichen Infusoriengattung Folliculina Lamarck. Von Hans Laackmann. (89 S. m. 14 z. Tl. farb. Taf.) 910. Subskr.-Pr. 30.—; Einzelpr. 36.—

2. Dasselbe. 2. Heft. Untersuchungen üb. die Embryonalentwicklung der Pinnipedia. Von Ivar Broman u. Fritz Ask. II. Über die Entwicklg. der Augenadnexe u. speziell des Augendrüsenapparates der Pinnipedia nebst Bemerkgn. üb. die Phylogenese des Augendrüsenapparates der Säugetiere im Allgemeinen. (III u. S. 95—135 m. 8 Abbildgn. u. 6 Taf.) 910. Subskr.-Pr. 7.20; Einzelpr. 8.60

3. Dasselbe. 3. Heft. Die Landnacktschnecken der deutschen Südpolar-Expedition 1901—1903. Von Heinr. Simroth. (S. 137—180 m. 4 Abbildgn. u. 1 farb. Taf.) 910. Subskr.-Pr. 5.80; Einzelpr. 7. — I, 1. II, 1. VI, 1. VII, 1. VIII, 1. IX, 1—3. Ebd. 905. 08. Subskr.-Pr. 119.60; Einzelpr. 144. —

Die Deutsche **Südpolar-Expedition** auf dem Schiff 'Gauss' unter Leitung von Erich v. Drygalski. Bericht über d. wiss. Arbeiten auf d. Fahrt von Kapstadt bis zu d. Kerguelen 27. Nov. 1901 bis 2. Jan. 1902 u. d. Thätigkeit auf d. Kerguelen-Station bis 2. April 1902 ... Mit 5 Abb. u. 2 Beil. *Berlin: E. S. Mittler & Sohn 1902.* (73 S.) 4°(8°)
— **Veröffentlichungen** des Instituts für Meereskunde. H. 2.

Südpolar-Expedition, die deutsche, auf dem Schiffe „Gauss" unter Leitung von Erich v. Drygalski, s.a. **Veröffentlichungen des Instituts f. Meereskunde. 5. Hft.**

Die Deutsche **Südpolar-Expedition** auf dem Schiff 'Gauß' unter Leitung von Erich v. Drygalski. Bericht über d. wissenschaftl. Arbeiten seit d. Abfahrt von Kerguelen bis z. Rückkehr nach Kapstadt 31. Jan. 1902 bis 9. Juni 1903 u. d. Tätigkeit auf d. Kerguelen-Station v. 1. April 1902 bis 1. April 1903 mit Beiträgen von (Friedrich) Bidlingmaier, (Erich) v. Drygalski [u. a.]. Mit 6 Abb. u. 3 Beil. *Berlin: E. S. Mittler & Sohn 1903.* (IV, 181 S.) 4°(8°)
— **Veröffentlichungen** d. Instituts f. Meereskunde. H. 5.

Die geplante deutsche **Südpolar-Expedition**. Bericht über die 1899 abgehaltene Sitzung d. Gesellschaft f. Erdkunde zu Berlin u. d. Abteilung Berlin-Charlottenburg d. Deutschen Kolonialgesellschaft. Berlin 1899: Pormetter. 32 S. 4°
Aus: Verhandlungen d. Gesellsch. f. Erdkunde zu Berlin. Bd 26. 1899, Nr 1.

Südpolargebiete [Schlagwort]

— s. a.: **Erdkarten, Haardt, V. v.**

Südpolar-Gebiete. Friederichsen, L., Orig.-Karte des Dirck Gherritz-Archipels zur Veranschaulichung d. wissenschaftl. Ergebnisse der im Auftr. d. Dampfschiff-Gesellschaft „Oceana" in Hamburg ausgeführt. Reisen des Dampfschiffes Jason, Capt. C. A. Larson. 1:3,750,000. 60 × 77,5 cm. Photolith. Vergrösserg. Hamburg 895. L. Friederichsen & Co. n. 5. —

— Text dazu, s. im Alphabet der Bücher: Petersen, Johs., die Reisen des „Jason" etc.

— Haardt, V. v., Süd-Polar-Karte. 1:10,000,000. 4 Blatt à 75 × 86,5 cm. Farbendr. Wien 896. E. Hölzel. n. 8. 50; auf Leinw. in Mappe 12. 50; m. Stäben 14. 50.

— Herrich, A., neueste Handkarte der Gebiete um d. Südpol. Nach den zuverlässigsten Quellen bearb. Breiten-Massstab der Hauptkarte 1:40,000,000, der Nebenkarten 1:20,000,000. 35 × 42,5 cm. Farbdr. Glogau 897. C. Flemming. n. — 50

Südpolargebiete. Herrich, A., neueste Handkarte der Gebiete um den Südpol. Breiten-Massstab der Hauptkarte 1:40,000,000, d. Nebenkarten 1:20,000,000. Nach den zuverlässigsten Quellen bearb. (2. Aufl.) 35 × 43 cm. Farbdr. Glogau (899). C. Flemming. n. — 50

Süd-Preussen [Schlagwort]

Süd-Preussen — Charte von — Entworfen von F. L. Güssefeld. Nürnberg bey den Homännischen Erben. 1798. 1: 750,000. 1 Bl.

Südpreussen — Special-Karte von — Mit allerhöchster Erlaubniſs aus der königl. grossen topograph. Vermessungs-Karte unter Mitwirkung des Directors Langner, reducirt und herausgegeben vom geheimen Ober-Bau-Rath Gilly. Die Postcourse und Hauptstraſsen sind gezeichnet vom ersten General-Postamts-Registrator Mathias 1802 und 1803. In der Königl. Academischen Landkarten-Handlung der Kaufleute Simon Schropp u. Comp. in Berlin. 1: 140,000. 15 Bl.

Śūdraka

— Mrechakaṭikā id est curriculum figlinum Sūdrakae regis fabula. Sanskrite edidit Adolphus Fridericus Stenzler. Bonnae 1847. 4°.

— Mṛkkhakaṭika, d. i. das irdene Wägelchen, ein dem König Çûdraka zugeschriebenes Schauspiel. Übersetzt von Otto Böhtlingk. St. Petersburg 1877.

Sudre, Alfr., Geschichte des Communismus oder histor. Widerlegung der socialist. Utopien. Nach der 5. Aufl. des von der französischen Akademie preisgekrönten Orig. übers. von Osc. Friedrich. Mit einem ergänzenden Nachtrag von Otto Wenzel. gr. 8. (XIII, 450 S.) Berlin 882. Staude. n. 6. —; geb. n. 8. —

Sudre, Alfrd., Geschichte d. Communismus od. histor. Widerlegg. der socialist. Utopien. Nach der 5. Aufl. d. v. der französ. Akademie preisgekrönten Originals übers. v. Osc. Friedrich. Mit e. ergänz. Nachtrage v. Otto Wenzel. 2. Aufl. gr. 8. (XIII, 450 S.) Berlin 887. Staude. n. 6. —; geb. n. 8. —

Sudre, H[enri]. Les Rubus du Guide du botaniste dans le canton de Fribourg (Suisse), par MM. (M[ichel]) Cottet et F[rançois] Castella (1891. Extrait de l'Académie de géographie botanique). II p. + p. 215—222. 8. Fribourg (Suisse), Fragnière Frères, 1904. fr. —. 50
Mémoires de la Société fribourgeoise des Sciences naturelles... Botanique. Vol. 1, Fasc. 9....

Sudre, Leop., Publii Ovidii Nasonis metamorphoseon libros quomodo nostrates medii aevi poetae imitati interpretatique sint. Thesis. gr. 8. (119 S.) Paris 893. E. Bouillon. n.n. 2. 75

Sudrow, Ed., Martha u. Maria. Soc. Schauspiel in 3 Akten. gr. 8. (91 S.) Bern 898. C. Sturzenegger. n. 2. —

Sudrow, Ed., Schiller. Festspiel m. lebenden Bildern. gr. 8. (16 S.) Bern 898. C. Sturzenegger. n. — 50

Süd-Rußland und die Türkischen Donauländer in Reiseschilderungen von L. Oliphant, Shirley Brooks, Patrick O'Brien u. Warington W. Smyth. Leipzig 854. Lorck. 8. (VII, 286 S.) n. 1 ₰.

Süd-Rußland u. die türkischen Donauländer in Reiseschilderungen von L. Oliphant, Shirley, Brooks, Patrik O'Brien u. Warington W. Smyth. Neue (Titel-)Ausg. Leipzig (854)865. Senf. gr. 8. (VII, 286 S.) 1 ₰

Süd-Rußland u. die türkischen Donauländer in Reiseschilderungen v. L. Oliphant, Shirley Brooks, Patrik O'Brien u. Warington W. Smith. 3. Aufl. gr. 8. (VI, 286 S.) Leipzig 874. G. Senf. ·2 50

Süd-Schleswig. (Karte.) gr. Fol. Lith. Hamburg 849, Hoffmann & Campe in Comm. n. 8 ngl

Südsee [Sachliches OW]

Aus der deutschen **Südsee**. Mitteilungen d. Missionare vom heiligsten Herzen Jesu. Bd 1. Münster i. W.: Aschendorff 1909. 8°

Südsee [Schlagwort]

Südsee, s.a. Australien.

Südsee, s.a. Kolonien.

Südsee. Kiepert, H., Uebersichtskarte der Südsee, Australien mit den Inseln [Neu-Guinea, Neu-Britannien, Neu-Irland etc.]. Ausg. von 1888. Lithogr. u. color. gr. Fol. Berlin, D. Reimer. n. 1. 20

Süd-Tessin [Schlagwort]

Süd-Tessin, s.: Schweiz. Karte.

Süd Texas Post: May 11, 1910–1912? Houston, TX
Weekly. Edited & published by Ulrich von Haxthausen.

Sudthausen's, v., Sprachführer f. d. ärztl. u. pharmaceut. Praxis. 2 Tle. 12. Leipzig 897. A. Georgi. Geb. in Leinw. à n. 2. 40
1. Deutsch-Englisch. (V, 132 S.) — 2. English-German. (IV, 135 S.)

— dasselbe. Deutsch-Französisch. 12. (V, 122 S.) Ebd. 897. Geb. in Leinw. n. 2. 40

Sudthausen, Fr. v.: Schreiben an d. Publ. die vertrauten Briefe ... betr., s. Briefe. – Vertraute Br. üb. d. Fürstentum Bayreuth ...

Südtirol [Schlagwort]

Südtirol, s.: Radfahrerkarten. Freytag.

Südtirol, s.: Tirol.

Südungarn. Durch Süd-U. Von Dr. Adolf Sternberg, Patricius Dragalina, Dr. Cornel Diaconovich, Dr. Johann Sziklay und Athanas Plavsic. Mit 28 Illustrationen von J[ohann] Weber [wovon 3 Tafeln] nebst einer Karte. (Europäische Wanderbilder. № 178. 179.) 8. Zürich ([18]90).
Nach und durch Ungarn. Bändchen 9.

Süd-Usambóa [Schlagwort]

Süd-Usambóa, s.: Afrika. Friederichsen, L.

Aus Südwest-Afrika. Blätter aus d. Tagebuche e. deutschen Frau 1902–1904. Leipzig: Veit 1905. 188 S. 8° [10. 16346 5

Südwest-Afrika deutsch od. britisch? Eine Streitschrift v. e. alten Afrikaner. (47 S.) gr. 8. Leipzig 907. Dieterich. — 75

Südwestbahn [Schlagwort]

Südwestbahn, s.: Wiener Ausflugskarten.

Süd-West-Bayern [Schlagwort]

Süd-West-Bayern, s.: Bayern.

Süd-West-Deutschland [Sachliches OW]

Süd-West-Deutschland. (Gedruckt auf 3 Streifen Tapete, herausg. von der) Tapetenfabrik von W. Seyfarth. Gernsbach. [1872?]
(Wohl die vorige Karte?) . . . . (Br. Mus.)

Süd-West-Deutschland. Karte von Württemberg, Baden, Rh.-Pfalz, Hohenzollern, Elsass und Lothringen. Fol. Stuttgart 874, Wittwer. In Carton *ℳ 3.; aufgez. in Carton * 4 —

Südwest-Deutschland bis zu den Alpen mit Theilen angrenzender Länder in 25 Blättern und einem Übersichtsblatt. Gefertigt im topograph. Bureau des kgl. bayer. Generalquartiermeister-Stabes. Im Maass 1 : 250000. (Heliographirt!) gr. qu.-Fol. Der Terrainstich ... ausgeführt von den Kupferstechern C. Seitz, Martini u. A. München 1867. (45 M.) . . . . (Br. Mus.; D.; RPA.)

Südwestdeutschland [Schlagwort]

Südwestdeutschland, s.a. Bayern. Götz.

Südwestdeutschland, s.a. Deutschland, Koch, W., u. C. Opitz. — Geolog. Karten, Regelmann.

Südwest-Deutschland — Karte von — von Wörl. Freiburg 1840. Herder'sche Kunsth. 200.000. 30 Bl.

Sue, Eugène

— die Marquise v. Alfi, s.: Collection Hartleben, V.

Sue, Eug., die Marquise d'Alfi, s. Lese-Cabinet, belletristisches.

— die Marquise Cornelia d'Alfy, s.a. Ausland, das belletrist., 1070—1072. Bdchn.

Sue, Marie-Joseph-Eugène
Die Marquise Cornelia d'Alfi oder der Annecy-See. Aus dem Franz. von August Zoller.
Stuttgart: Franckh 1853. 195 S. 8°

—— la duchessa d'Alméda ovvero la vendetta d'una creola. 3 Voll. 16. (648 S. mit 3 Holzschnt.) Triest 859, Coen.

— l'art de plaire. Nouvelle éd. 8. (157 S.) Leipzig 873. Wilfferodt. n. 1. 20

—— Atar-Gull, s.a. Kabinetsbibliothek.

Sue, Eugène, Atar-Gull. A. d. Franz. gr. 12. (14½ B.) Leipzig 832, Brockhaus.

Sue, Marie-Joseph-Eugène
s. Ayguals de Izco, Wenceslao: Marie die Spanierin. 1847.

— — Bilder zu den Geheimnissen von Paris. — Illustrations aux mystères de Paris. — Illustrations to the mysteries of Paris. 1—20. (160 Taf.) Stuttgart, Hoffmann, 1844—45. 16⁰. (à Lfrg. 1¾ Ngr.)

— — Dasselbe, übersetzt von Erwin v. Moosthal (d. i. L. Tafel), in Spindler's belletrist. Ausland, Bd. 45—71. Stuttgart, Franckf.

— — Dasselbe, titulo: Pariser Mysterien. Ein Sittengemälde aus der neuesten Zeit. 27 Thle. (incl. des Epilogs „Gerolstein"). Deutsch bearb. von Erwin v. Moosthal. Mit 160 Kpfrn. Stuttgart, Franckh, 1843—44. 12⁰. Vergriffen u. selten! (6 Mk., stark geles., 1 Bl. fehlt. W. H. Kühl, Berlin, 1884.)

— — Dasselbe. übers. (von einem Ungenannten). In: Allg. Unterhaltungsbibliothek f. das deutsche Volk. Potsdam, Stuhr.
Die beiden letzten Uebersetzungen citirt Appell ohne Jahrs- u. Formatsangabe.

— Bilder zum ewigen Juden. In 10 Hften. 1.—4. Heft. 8. Leipzig 844, Pönicke u. Sohn. 16¼ ngl

Sue, Eug., der weibliche Blaubart od. Das Geheimnis des Teufelshügels auf Martinique, s.a. Weltbücherei, moderne.

Der weibliche Blaubart oder Das Geheimnis des Teufelshügels auf Martinique. Hist. Roman von Eugen Sue. Magdeburg: Magdeb. Verl.-Anst. [1908]. 352 S. 8°
(Moderne Weltbücherei. [6.])

Sue, Eug., la casa forte. Romanzo. 3 Voll. Triest 862,63. Coen. 16. (488 S. mit 3 Holzschntaff.) n. 24 ngr.

—— die Cucaracha, s.a. Bibliothek ausgew. Romane.

— dasselbe, s.a. Collection Hartleben.

—— die Cucaracha. A. d. Franz. v. O. L. B. Wolff. 2 Thle. gr. 12. (13¼ B.) Leipzig 833, Allgem. Niederl. Buchh.

Sue, Marie-Joseph-Eugène
Die Curaracha. Deutsch von Johann August Diezmann.
2. Ausg. Bd 1-4.
Leipzig: Wigand 1844. 8°

– Denkwürdigkeiten e. Ehemannes, s. Collection Figaro.

—— die beiden Dianen. Histor. Roman. Deutsch von Louis Fort. 1. Thl. 8. (11 Bog.) Leipzig 847, Berger's Buchh.

—— Henriette Dumesnil. 16. (214 S.) Leipzig 858, A. Dürr.

– Therese Dunoyer, s.a. Ausland, Das belletristische. Bd. 113–117.

– Therese Dunoyer, s.a. Collection Figaro.

Sue, Marie-Joseph-Eugène
Therese Dunoyer. Übers. von Johann August Diezmann.
2. Ausg. Bd 1.2.
Leipzig: Wigand 1845. 8°

— Ferdinand Duplessis oder Memoiren eines Mannes. Geschichte dreier Frauen. Deutsche Original-Ausg. 5 Bde. 16. (185. 180. 177. 178 u. 157 S.) Leipzig 851, Kollmann. (à ⅓ ℛ) 1⅔ ℛ

— Fernand Duplessis, s. a. Ausland, das belletristische, 1712—1720. Bdchn. — Bibliothek, Europäische, 610—612. Bd. — Lese-Cabinet, belletristisches, 486—489. 509—512. Lfg.

— — Fernand Duplessis oder Denkwürdigkeiten einiger Ehemänner. Deutsch von Rödiger. 4 Thle. Pest 1852. 8°. (1 Rthl. 2 sgr.) (1 Mk. 50 Pfg. die Vorigen.)

Sue, Marie-Joseph-Eugène
Fernand Duplessis oder Denkwürdigkeiten eines Ehemanns. Aus dem Franz. von August Zoller. Bdchn 1-4.5-9.10-13. 14-17.
Stuttgart: Franckh 1854. 8°

—— die Familiensöhne, s.a. Ausland, das belletristische.

Sue, Marie-Joseph-Eugène
Die Familiensöhne. Roman. Aus dem Franz. von August Zoller. Bd 1-5.
Stuttgart: Franckh 1856-57. 8°

– Die Fanatiker der Cevennen, s. Ausland, Das belletristische.

—— la femme de lettres. 2 Vols. 16. (332 S.) Paris 856(57), Gerhard.

— le fils de famille. 8 vols. Leipzig 856. Gerhard. 16. (160; 160; 160; 160; 160; 160; 160; 171 S.) 2 ß. 20 ngr.

—— les fils de famille. 8 Tomes. 16. (1291 S.) Paris 856. (Leipzig, Gerhard.)

– Der Fluch der Leidenschaft, s. Collection Figaro.

Sue, Eug., die Geheimnisse eines Hôtel-garni, s.a. Lese-Cabinet, neuestes belletristisches.

Sue, Eugène. Die Geheimnisse eines Hôtel-garni. Deutsch von Dr. Legné. *Pest, Wien u. Leipzig* 1858. *Hartleben's* Verl.-Exped. 1.—6. Theil. 191, 192, 207, 184, 124, 124 S., 8°. 3 fl. 12 kr.
Auch unt. d. Tit.: Neuestes belletristisches Lese-Cabinet der besten und interessantesten Romane aller Nationen in sorgfältiger Uebersetzung. Lief. 54—69.

— die Geheimnisse der Kapelle, s.: Bühnen-Repertoir, Nr. 150.

— die Geheimnisse des Kopfkissens, s.a. Ausland, das belletristische.

Sue, Marie-Joseph-Eugène
Die Geheimnisse des Kopfkissens. Nachgelassener Roman. Aus dem Franz. von Gottlob Fink. Bd 1-3.
Stuttgart: Franckh 1858. 8°

– Die Geheimnisse von Paris, s.a. Collection Figaro.

—— die Geheimnisse von Paris. Drama, s.a. Geheimnisse.

— Geheimnisse von Paris, s. auch: Unterhaltungs-Bibliothek für das deutsche Volk.

— die Geheimnisse von Paris. Uebers. von A. Diezmann. VIII Bde. à 4 Lief. Mit Illustrationen von Hosemann. 8. Berlin 843, 44, Meyer. (à Liefg. ⅙ ℛ) 6 ℛ — Bei Baer in Frankfurt baar 2 ℛ

—— dass. Uebers. v. A. Diezmann. 8 Bde. (Mit Gerolstein.) Mit 38 Illustrationen v. Hosemann. 8. (143½ B.) Berlin 843, 44, [Romolini.]

—— die Geheimnisse von Paris, aus d. Französ. übers. von Wilh. Leu. 11 Bde. 8. (114¼ B.) Grünberg 843, 44, Levysohn. à 10 Ngr. Thlr.

SUE, Eugène (1804—67), Die Geheimnisse von Paris. Deutsch von Dr. A. Diezmann. 20 Bde. Leipzig, Otto Wigand, 1843. Schiller-Format. (3⅓ Rthl.)
Ueber das französ. Original s. die Conversations-Lexx. Ein Nachdruck erschien (laut Appell) 1844 zu Leipzig.

—— dass. Deutsch v. A. Diezmann. 24 Bde. 4., wohlf. Ausg. 16. (120 B.) Leipzig 844, Otto Wigand. à * 2 Ngr. *

—— dass. Deutsch v. A. Diezmann. Nebst Gerolstein. Schluß der Geheimnisse von Paris. Deutsch v. Heinr. Börnstein. 12 Bde. 5., wohlf. Ausg. gr. 16. (101¾ B.) Ebds. 844.

—— dass. Deutsch v. A. Diezmann. Nebst Gerolstein. Deutsch v. Heinr. Börnstein. 11 Bde. 6., wohlf. Ausg. 8. (106½ B.) Ebds. 844.

—— dass. Deutsch v. A. Diezmann. 24 Bde. u. Gerolstein. 7., wohlf. Ausg. 16. (126¼ B.) Ebds. 844.
Vgl.: Unterhaltungs-Bibliothek.

Sue, Marie-Joseph-Eugène

Die Geheimnisse von Paris. Aus dem Franz neu übers. Bd 1.
Potsdam: Gottschick 1844. 318 S. 8°

Die ersten und letzten Seiten fehlen.

—— die Geheimnisse von Paris. Deutsch von A. Diezmann. 10 Thle. 32. (1964 S.) Leipzig 847, O. Wigand.

—— Geheimnisse von Paris. Uebersetzt von Quaglio. Mit 88 Illustr. (in Holzschn.) 1.—25. Heft. gr. 8. (1. Bd. 1070 S. und 2. Bd. S. 1—336.) Brünn 867,68, Buschak und Irrgang. à Lfg. 4 Ngr.

—— Geheimnisse von Paris. Uebersetzt von Quaglio. Mit 88 Illustr. (in Holzschn.). 26.—85. (Schluß-)Heft. gr. 8. (2. Bd. S. 337—908.) Brünn 869, Buschak und Irrgang. à Heft 40 Pf.
1.—25. Heft. Ebendas. 1867,68. ℳ 10.

— Geheimnisse v. Paris. Uebers. v. Quaglio. Mit 88 Illustr. (In 35 Hftn.) 1. u. 2. Hft. gr. 8. (S. 1—112.) Brünn 871. Buschack & Irrgang. à — 40

Sue, Eug., die Geheimnisse von Paris. 15 Thle. in 5 Bdn. 11. Aufl. 12. (96; 105; 89; 94; 84; 98; 88; 99; 92; 87; 105; 88; 93; 111; 131 S.) Leipzig 885, O. Wigand. *

Sue, Eug., die Geheimnisse v. Paris. Sittenroman. (171 S. m. Abbildgn.) schmal 8. Berlin (905). Norddeutsche Verlags-Anstalt L. Hohenstein & Co. n. 2.—

— Die Geheimnisse v. Paris. Sitten-Roman. Vollständig neu ins Deutsche übertr. v. Philipp Wanderer. (684 S. m. Bildnis.) 8. Berlin (908). A. Weichert. (Urspr. Pr. 3.—)

— dasselbe. Illustrierte Ausg. aus dem Franz. übers. v. B. Lietzmann. (396 S.) 8. Berlin (909). Schreiter. 2.—; geb. 3.—

— die Geheimnisse des Volks, s. a. Ausland, das belletristische, 1400—1432. Bdchn. — Bibliothek, Europäische, 281. 287 u. 319. Bd. — Novellen-Bibliothek, 20—31. Bd.

— die Geheimnisse des Volks oder Geschichte einer Proletarierfamilie durch Jahrhunderte. Herausg. v. E. Meyen. 1. Bd. 1—3. Hft. 8. (S. 1—144.) Berlin 850, Literarische Association. (à 3 ngr) 9 ngr

— die Geheimnisse des Volks, oder Geschichte einer Proletarierfamilie durch Jahrhunderte. Aus d. Franz. übers. 1—13. Thl. 8. Leipzig 850—52, Brockhaus. (à n. ⅓ ℛℬ) n. 4⅓ ℛℬ

Sue, Eug., die Geheimnisse des Volks, od. Geschichte einer Proletarierfamilie durch Jahrhunderte. Deutsch v. A. Diezmann. 1—29. Hft. 8. (1. Bd. 200 S. 2. Bd. 208 S. 3. Bd. 172 S. 4. Bd. 217 S. 5. Bd. 189 S. 6. Bd. 208 S. 7. Bd. 224 S. 8. Bd. 166 S. 9. Bd. S. 1—88.) Leipzig 850. 51, Hartung. (à ⅙ ℛℬ) 4⅚ ℛℬ — 1. Bd. 2. unveränd. Aufl. 1. Hft. 8. (S. 1—48.) Ebd. 850. ⅙ ℛℬ

—— dass. — Deutsch von C. E. Roth. 1—49. Lfg. (à Lfg. 8 S.) hoch 4. Leipzig 850—51, [Hunger.] à Lfg. * 1 Ngr. *

—— dass. — Deutsch von Rich. Wagner. 22 Bdchn. oder 5 Bde. 16. (1413 S.) Leipzig 850, [Hunger.) à Bdchn. 3 Ngr.
Vgl.: Ausland, das belletristische. — Bibliothek, europäische. — Novellen-Bibliothek.

— die Geheimnisse des Volks, oder Geschichte einer Proletarierfamilie. Deutsch von Ernst Reinhold. 1—50. Lfg. gr. 16. (1. Bd. 192 S. 2. Bd. 212 S. 3. Bd. 184 S. 4. Bd. 227 S. 5. Bd. 264 S. 6. Bd. 271 S. 7. Bd. 228 S. 8. Bd. 136 S. 9. Bd. 163 S. 10. Bd. 150 S. 11. Bd. 142 S. 12. Bd. 191 S. 13. Bd. 168 S.) Leipzig 850—52, O. Klemm. (à 3 ngr) 5 ℛℬ

— dies. 2. Aufl. 1—9. Bd. 16. Ebd. 851. (à ⅓ ℛℬ) 3 ℛℬ

— die Geheimnisse des Volks. Deutsch von C. E. Roth. Volksausg. 1—55. Lfg. hoch 4. (I. Bd. 306 S. II. Bd. 440 S.) Leipzig 850. 51, E. Kretzschmar. (à n. 1 ngr) n. 1 ℛℬ 25 ngr

— die Geheimnisse des Volks. Deutsch von Rich. Wagner. 1—29. Bdchn. od. 1—6. Bd. 16. (287. 312. 262. 248. 344 u. 420 S.) Ebd. 850. (à Bdchn. 3 ngr) 2 ℛℬ 27 ngr

— die Geheimnisse des Volks oder Geschichte einer Proletarier-Familie. Deutsch von A. Diezmann. 30. u. 31. (letztes) Heft. Leipzig 853. Hartung. 8. (9. Bd.: S. 89—184.) Jedes Heft 5 ngr
Fortsetzung davon s. Ende der Geheimnisse des Volks.

— die Geheimnisse des Weltheilandes oder Leben u. Tod Jesu. Auszug aus seinem Werk: Die Geheimnisse des Volkes. Mit 1 Stahlst. gr. 8. (IV u. 144 S.) Freiburg 852. (Basel, Kolb.) n. 16 ngr

—— die Geheimnisse des Weltheilandes oder Leben und Tod Jesu. [Auszug aus des Verf. Werk: die Geheimnisse des Volkes.] 2. Aufl. gr. 8. (VI und 132 S. mit 1 Prachtstahlst.) Bern 865, Jenni.

— — Gerolstein. Schluß der Geheimnisse von Paris. Von Eugène Sue. Deutsch von Heinrich Börnstein. Supplementband. Berlin 1843 (Meyer und Hofmann). Mit einer Federzeichnung von Hosemann. 8°.
Die Federzeichnung zu Gerolstein ist Brieger unbekannt (trotz des Jahres 1843 auf dem Titel ist sie von Hosemann erst 1844 signiert). [Brieger-Hosemann 93.]

— — Gerolstein (Schluss der Geheimnisse von Paris.) Deutsch von Heinr. Börnstein. 3., correcte u. wohlfeilste Ausg. in Schillerformat. Leipzig, O. Wigand, 1843. (¼ Rthl.)

—— Gerolstein. Schluß der Geheimnisse von Paris. Deutsch v. Heinr. Börnstein. 3. Ausg. (6½ B.) 7½ Ngr. u. 4., wohlf. Ausg. 16. (6¾ B.) Leipzig 844, Otto Wigand. *

— Gilbert u. Gilberte, s. a. Ausland, das belletristische, 1663—1667 u. 1893—1900. Bdchn.

— Gilbert und Gilberte, s.a. Lese-Cabinet, Belletristisches.

Sue, Marie-Joseph-Eugène

Gilbert und Gilberte. Aus dem Franz. von August Zoller. Bdchn 1-5.6-13.
Stuttgart: Franckh 1853. 8°

—— Godolphin, s. Museum. Bibliothek rc., Neue Folge.

—— Hanne und Luise, oder die Familien der Deportirten. 2 Bdchn. 16. (XII und 196 S.) Basel 853, Schabelitz'sche Buchh. *

—— Clémence Hervé. 2 Vols. 16. (427 S.) Leipzig 858, A. Dürr.

Sue, Eug., Der Hirte von Kravan. 2 Bde. I. Gespräche über Republik und Monarchie. II. Demokratische und socialistische Gespräche. 8°. Leipzig, Wigand, 1849.

— histoire de la marine française. 5 Vols. gr. in-8. Paris 836. Brockhaus et Avenarius. 10 ᵲ

— Illustrations au Juif errant dessinées par P. C. Geissler et gravées par Tombleson, Rossmäsler etc. — Illustrationen zum Ewigen Juden. I—XXII. 8. Leipzig 844—46, Naumburg. à n. 1/6 ᵲ

— Johann u. Louise, s. a. Ausland, das belletristische, 1882—1884. Bdchn.

– Dass., s.a. Lese-Cabinet, Neues belletristisches.

Sue, Marie-Joseph-Eugène

Johanne und Louise oder die Familien der Deportirten. Deutsch von Julius Werner.
Stuttgart: Franckh 1853. 161 S. 8°

—— die Familie Jouffroy. Aus dem Französ. übers. von Bierling. 1—3. Bd. gr. 16. (784 S.) Leipzig 854, Naumburg. à Bd. 20 Ngr.

Sue, Marie-Joseph-Eugène

Die Familie Jouffroy. Aus dem Franz. von August Zoller. Bd 1-3.
Stuttgart: Franckh 1854. 8°

—— la famille Jouffroy. 6 Vols. Nouvelle édition. 16. (1424 S.) Leipzig 860, A. Dürr. *

– Der ewige Jude, s.a. Ausland, Das belletristische. Bd. 151–157. 158–174. 392–394.

— der ewige Jude, s. a. Bibliothek, ausgewählte, d. Classiker d. Auslandes, 43.—53. Bd.

— der ewige Jude, s. a. Bibliothek, Europäische, 31 – 40. Bd.

– Der ewige Jude, s.a. Collection, Figaro.

— der ewige Jude, s. a. Europa, das belletristische, 4. Bd. — Martin, das Findelkind, s. Ebend. 13. Bd.

— der ewige Jude. Deutsch v. Fr. Wlh. Bruckbräu. 10 Thle. (1. u. 2. Thl. 2. Aufl.) 12. Augsburg 844, 45, v. Jenisch u. Stage'sche Buchh. (à 1/2 ᵲ) 5 ᵲ

— ders. Ins Deutsche übertragen u. mit Anmerk. versehen von Jh. Bapt. Rousseau. Fortgesetzt von Karl Bender. Mit Illustrationen in Stahlst. 10 Bde. in 39 Liefg. Mit 38 Kupf. Berlin 844—46, Hoffmann u. Comp. (à Liefg. 1/6 ᵲ) compl. 6½ ᵲ

— ders. 10 Bde. kl. 8. Ebend. 845. 3 ᵲ

—— dass. Ins Deutsche übertragen u. mit Anmerkungen versehen v. Joh. Bapt. Rousseau. Mit Illustrationen in Stahlst. 10 Bde. (172⅜ B. u. 38 Stahlst.) Berlin 844, 45, [Romolini.]

—— dass. Uebersetzt nach d. Original im Feuilleton des Constitutionel. 10 Bde. 8. (170¾ B.) Ebds. 845.

—— dass. Roman. Uebersetzt v. Friedr. Funck. 10 Bde. 8. (104⅝ B.) Frankfurt a. M. 844, 45, Osterrieth. à 6¼ Ngr.

—— dass. In's Deutsche übertragen v. Theod. Hell. 10 Thle. 8. (183¼ B. u. 1 Stahlst.) Grimma 844, 45, Verlags-Cmpt. *

—— der ewige Jude. Aus d. Französ. übersetzt. 11 Thle. 8. (131 B.) Leipzig 844, 45, Brockhaus. *

—— dass. Deutsche Originalausg. unter Mitwirkung von Wilh. Ludw. Wesché. (Taschenausg.) 20 Bdchn. 16. (109¼ B.) Leipzig 844, 45, Kollmann. à 5 Ngr.

Sue, Eugen, der ewige Jude. Deutsch v. L. Eichler. Illustr. v. C. Richard. 10 Bde. 8. (192½ B. m. Holzschn. u. 9 Holzschnittaf.) Leipzig 844, 45, Weber. à * 10 Ngr. Thlr. *

—— dass. Uebers. A. Diezmann. (Schillerausgabe.) 24 Bdchn. 16. (183½ B.) Leipzig 844, 45, Otto Wigand. à 5 Ngr.

—— dass. In das Deutsche übertragen v. F. R. Adolphs. Mit Illustrationen. 1—6. Lfg. 8. (22 B. u. 2 Abbild.) Berlin 845, Literatur- u. Kunstcomptoir. à

—— dass. Deutsche Originalausg. unter Mitwirkung von Wilh. Ludw. Wesché. 10 Bde. 8. (293 B.) Leipzig 845, Kollmann.
Vgl.: Ausland, das belletristische. — Bibliothek der Classiker des Auslandes. 43—53. Bd. — Bibliothek, europäische. — Europa, das belletristische. — Gallerie der Charaktere.

—— dass. Supplementband, s. Jesuitenfresser.
Bilder zum Ewigen Juden. 1—4. Hft. 8. (13 Bl.) Leipzig 844, [Gust. Pönicke.]
Illustrationen zum ewigen Juden entworfen v. P. C. Geißler, in Stahl gest. v. Tombleson, Roßmäßler u. A. 22 Hfte. 16. (à 2 Stahlst.) Leipzig 844, 45, Naumburg. à 3¾ Ngr.
Randzeichnungen, komische, zum ewigen Juden. Aus dem Franz. 1. u. 2. Lfg. gr. 8. (à 3 B. m. Holzschn.) Bruxelles 845, Haumann et Comp. à *

—— dass. Aus d. Franz. 1. Hft. Lex.-8. (4 B. u. 2 Holzschnttaf.) Stuttgart 845, (Dittmarsch u. Comp.) *

— der ewige Jude. Volksthümlich bearb. von Dr. Schiff. 10—12 Hfte. mit 42 Stahlst. 1.—5. Liefg. mit 17 Stahlst. 16. Leipzig 846, Naumburg. à n. 1/6 ᵲ

—— dass. Uebersetzt von A. Diezmann. 4. Aufl. 24 Bdchn. 16. (113 B.) Leipzig 846, Otto Wigand.

— der ewige Jude. Volksthümlich bearb. von Schiff. VI—X. Hft. 16. (I. Bd. S. 385—397. II. Bd. S. 1—352 u. 23 Stahlst.) Leipzig 847, Naumburg. à n. 1/6 ᵲ (1—10: n. 1⅔ ᵲ)

— der ewige Jude. Diamant-Ausgabe. (Neue Titelausgabe.) 24 Thle. 16. (2914 S.) Leipzig 848, O. Wigand. 1½ ᵲ

— der ewige Jude. Roman. 5 Bde. Illustr. Ausg. 7. Aufl. gr. 16. (360, 344, 344, 367 u. 383 S. m. 15 Holzschntaf.) Leipzig 869. O. Wigand. 7. 50

Sue, Eug., der ewige Jude. Roman. Aus dem Franz. neu übers. von Walther Paul. 1—46. Lfg. gr. 8. (1104 S.) Berlin 881. 82. Bickhardt. à — 10

Sue, Eug., der ewige Jude. Roman. Deutsch bearb. v. K. Walther. M. 125 Illustr. v. Fritz Bergen. 6 Bde. gr. 8. (226, 220, 224, 237, 208 u. 187 S.) Stuttgart 898. Franckh. à n. 1. 40; in 2 Leinw.-Bdn. n. 11. —
Erschien auch in 42 Hftn. à n. — 20.

— Der ewige Jude. Roman. Aus dem Franz. übers. u. m. Einleitg. versehen v. Philipp Wanderer. (620 S. m. Bildnis.) 8. Berlin (907). A. Weichert. (Urspr. Pr. 3. —)

— dasselbe. Illustrierte Ausg. aus dem Franz. übers. v. Arth. Funke. (440 S.) 8. Berlin (909). Schreiter. 2.—; geb. 3. —

—— le Juif errant. Roman. Edit. originale pour toute l'Allemagne. (20 Livr.) X Vols. 8. (167⅜ B.) Leipzig 844, 45, Kollmann. (à Livr. 10 Ngr.)

—— le même. 2. édit. originale pour toute l'Allemagne, revue et augm. 10 Vols. 8. (178 B.) Le même 846.

— le même. Edit. illustrée par Gavarni. 4 Tmes. 4. Paris 845, 46, Paulin. (Leipzig, Kollmann.) n. 13½ ℛ

— die Kinder der Liebe, s.a. Ausland, das belletristische, 1373—1377. Bdchn.

– Die Kinder der Liebe, s.a. Collection Figaro.

– – s.a. Lese-Cabinet, belletristisches, 301. 302. 307–309. Lfg.

— — Die Kinder der Liebe 2 Bde. Wien, o. J. 8°. (60 Pfg, Orig.-Bde., Schweitzer & Mohr, 1909.)

— die Kinder der Liebe, ein Roman. Deutsche Originalausg. (Taschenausg.) 3 Bde. 16. (186. 194 u. 176 S.) Leipzig 850, Kollmann. (à ⅓ ℛ) 1 ℛ

Sue, Marie-Joseph-Eugène
Die Kinder der Liebe. Aus dem Franz. von August Zoller. Bdchn 1-5.
Stuttgart: Franckh 1850. 360 S. 8°

Collection Hartleben. II. Jahrgang. 13. Band. Inhalt: Eugen Sue, Die Kinder der Liebe. III. Bd. 8. (191 S.) In Lnwd. geb. —.40
Wien: Hartleben 1893.

Collection Hartleben. II. Jahrgang. 14. Band. Inhalt: Eugen Sue, Die Kinder der Liebe. II. Bd. 8. (192 S.) In Lnwd. geb. —.40
Wien: Hartleben 1893.

— Die Kinder der Liebe, s.a. Weltbücherei, moderne.

Die Kinder der Liebe [Les Enfants de l'amour]. Roman von Eugen Sue. Magdeburg: Magdeb. Verl.-Anst. [1908]. 290 S. 8°
(Moderne Weltbücherei. [2.])

– Der Kommandeur von Malta, s. Collection Figaro.

—— Herkules Kühne, s.a. Bibliothek der Belletristiker. 3. u. 4. Bdchn.

——, Herkules Kühne, od. Guyana im J. 1772. A. d. Franz. v. Paul Gauger. 8. (21½ B.) Karlsruhe 841, [Macklot'sche Vrlsbuchh.]

— die Kunst zu gefallen, s.a. Romane, illustrirte. 1. Serie. 1 u. 2. Lfg.

—— die Kunst zu gefallen. Roman. A. d. Franz. übers. v. Karl Ziegler. gr. 12. (6⅛ B.) Lemgo 840, Meyer'sche Hof-Buchh.

—— Latréaumont, s. Kabinetsbibliothek.

Siehe: Lesehalle, romantische. Liefg. 301—303. (311.)

Sue Eug. Siehe: Lese-Kabinet, belletristisches. Liefg. 682—684 od. Bd. 310. (310.)

— der Admiral Levacher. Achille Fillias, s.: Lese-Cabinet, belletristisches, 682—684. Lfg.

— Fabien de Luciole, s.: Bibliothek, Europäische. 762. Bd.

Sue, Eugen, der Malteserkomthur. Aus dem Französ. 2 Bde. 8. Quedlinburg 841, Basse. 1½ ℛ

— Marcin podrzutek, czyli pamiętniki Kamerdynera. 4 Bde. 18. Warschau 846, 47, Orgelbrand. 1⅔ ℛ

— das Mährlein von Fletsch u. Winzelchen, s. Lauter, Frz.

— Martin, l'enfant trouvé, ou les mémoires d'un valet de chambre. Roman en 6 Vols. Edition originale. Vol. I—IV. kl. 8. Leipzig 846, Kollmann. à ½ ℛ

Sue, Eug., Martin, l'enfant trouvé, ou les mémoires d'un valet de chambre. Roman en 8 vols. Edit. originale pour toute l'Allemagne. 5—8. vol. 8. (908 S.) Leipzig 847, Kollmann. à ½ ℛ (1—8: 4 ℛ)

— — Martin das Findelkind, oder Erlebnisse eines Kammerdieners. Deutsch von Theod. Hell 10 Thle. Grimma, o. J. 12°.

— Martin, das Findelkind. Roman. Deutsch von F. W. Bruckbräu. 5—12. Thl. 12. (1234 S.) Augsburg 847, v. Jenisch & Stage. à 12 ngl (1—12: 4 ℛ 24 ngl)

— Martin das Findelkind. Deutsch von Th. Hell. 5—10. Bd. 8. Grimma 847, Verlags-Comptoir. 10 Bde. 1½ ℛ

— Martin das Findelkind, oder Memoiren eines Kammerdieners. Illustr. von Ludw. Löffler. 6—8. Bd. 8. (635 S.) Leipzig 847, Weber. à n. ⅓ ℛ (8 Bde. n. 2⅔ ℛ)

- Martin, der Findling, s.a. Ausland, Das belletristische. Bd. 703–711.

— Martin der Findling, s.a. Ausland, das belletristische, 721—723. 842—844. Bdchn. — Volksbibliothek, allgem. Deutsche. II—IX. Bd.

— Martin der Findling, s.a. Volksbibliothek, allgem. deutsche, 1. Bd.

—— Martin der Findling, oder: Memoiren eines Kammerdieners. Aus d. Französ. übertragen v. Alf. 7 Bde. br. 8. (66¼ B.) Berlin 846, 47, Sacco. à * 7½ Ngr. *]

—— dass. Deutsch von Fr. Wilh. Bruckbräu. 12 Thle. 12. (76½ B.) Augsburg 846, 47, v. Jenisch u. Stage'sche Buchh. à 12 Ngr.

—— dass. Deutsch v. G. Fink. 12 Bdchn. 16. (71¾ B.) Baden 846, 47, Zehnder. à 4 Ngr.

— dass. Deutsch von Dr. Colland. In 1 Bde. (ca. 13 Liefg.) 1. u. 2. Liefg. Lex.-8. Berlin 846, Reichardt u. Co. à 3 ngl

—— dass. Deutsch von Colland. 1. u. 2. Lfg. Lex.-8. (4 B.) Berlin 846, [Leop. Schlesinger.] à

—— dass. Deutsch von Theod. Hell. 10 Bde. 8. (115⅝ B.) Grimma 846, 47, Verlags-Comptoir.

SUE, Eugène (geb. 10 Dez. 1804 zu Paris, † 3. Aug. 1857 zu Annecy), Martin der Findling oder Denkwürdigkeiten eines Kammerdieners. Deutsch von Diezmann. 8 Bde. Leipzig 1846—47. 8°. (2⅔ Rthl.) (3 Mk. Schweizer & Mohr, Berlin, 1909.)
— -- Dasselbe 2 Bde. Baden 1846. 8°. (2 fr. Adolf Geering, Basel, 1896.)

—— dass. Deutsche Originalausg. unter Mitwirkg. von Ludw. Wesché. 16 Bdchn. 16. (146 B.) Leipzig 846, 47, Kollmann. à 3¾ Ngr.

—— dass. 8 Bde. 8. (192⅓ B.) Ebds. 846, 47. à 15 Ngr.
Vgl.: Ausland, das belletristische. — Museum, Bibliothek ic., Neue Folge.
Illustrationen zu Martin der Findling, oder Memoiren ic. 1—7. Lfg. 8. (à L. 2 Stahlst.) Leipzig 846, 47, Naumburg. à L.

—— dass. Illustr. v. Ludw. Löffler. 6 Bde. 8. (83¾ B. mit Holzschn.) Leipzig 846, 47, Weber. à * 10 Ngr. *

— Martin der Findling oder Memoiren eines Kammerdieners. Aus d. Franz. von Alf. 2—7. Bdchn. 8. (476 u. 422 S.) Berlin 847, Sacco. à ¼ Thlr (7 Bdchn. 1¾ Thlr) — 7 Bdchn. (in 2 Bdn.) (Neue Titel-Ausg.) 8. (1047 S.) Frankfurt a. O. (847) 849, Koscky & Co. n. ⅔ Thlr

—— dass. — Deutsch von G. Fink. 13—22. Bdchn. (oder 4—6. (letzter) Bd. gr. 16. (651 S.) Baden 847—48, Zehnder. à Bdchn. 4 Ngr.
1—12. Bdchn. Ebendas. 1846—47. 1 Thlr. 18 Ngr.

—— dass. — Illustr. von Ludw. Löffler. 7. und 8. (letzter) Bd. 8. (... S.) Leipzig 847, Weber. à Bd. * 10 Ngr. *
1—6. Bd. Ebendas. 1846—47. * 2 Thlr.

—— dass. — Aus dem Französ. übers. von A. W. L. Scheel. (Neue Titel-Ausg.) 8 Thle. (in 1 Bd.) gr. 16. (750 S.) Berlin 848, Brandes und Schultze. **
Illustrationen zu „Martin der Findling, oder Memoiren ic. 8—11. Heft. 8. (à Heft 2 Stahlst.) Leipzig 848, Naumburg. à Heft 3¾ Ngr.
1—7. Heft. Ebendas. 1846—47. 26¼ Ngr.

— Martin der Findling oder Denkwürdigkeiten eines Kammerdieners. Deutsch von A. Diezmann. 3. (Titel-) Aufl. 16 Bdchn. 16. (2048 S.) Leipzig 848, O. Wigand. 1 Thlr

—— Martin der Findling oder Memoiren eines Kammerdieners. Aus dem Französ. übertr. von Alf. 7 Bdchn. (in 2 Bdn.) (Neue Titel-Ausg.) 8. (1047 S.) Frankfurt a/O. 849, Koscky und Comp. *

— Miß Mary, s.a. Ausland, das belletristische, 1396—1399. Bdchn. — Bibliothek, Europäische, 515 u. 516. Bd. — Lese-Cabinet, belletristisches, 447—450. Lfg.

– Miß Mary oder die Gouvernante, s. Collection Figaro.

— Miß Mary od. die Erzieherin. Roman. Deutsch v. Wilh. Ludw. Wesché. 3 Bde. 16. (204. 196 u. 160 S.) Leipzig 851, Kollmann. (à ⅓ Thlr) 1 Thlr

Sue, Marie-Joseph-Eugène
(Miß Mary oder die Erzieherin. Übers. von August Zoller.
Stuttgart: Franckh [um 1852]. 304 S. 8°)
Titelbl. fehlt.

—— Miß Mary, die Erzieherin, s.a. Collection Hartleben.

Collection Hartleben. I. Jahrgang. VIII. Band Inhalt: Eugen Sue, Miß Mary die Erzieherin. Roman. II Bd. 8. (173 S.) In Lwd. geb. — .40
Wien: Hartleben 1892.

– Mathilde, s.a. Collection des meilleurs Auteurs français, Tom. 12–14.

—— Mathilde. Drama, s.a. Mathilde.

— Pyat et Dinaux, Mathilde.
s.a. Répertoire du Théâtre franç., 2. Série, No. 34.

— — s.a. Suau de Varennes: Die Pariser Matrosen.

Sue, Eugen, Mathilde. Memoiren einer jungen Frau. Aus dem Französ. 6 Bde. 8. (85¼ B.) Nordhausen 845, Fürst. à 7 Ngr. Thlr.

Sue, Marie-Joseph-Eugène
Mathilde. Erinnerungen einer jungen Frau. Uebers. und eingel. von Johannes Scherr. Bdchn 1-3.4-6.7-9.10-12.13-15.16-18.
Stuttgart: Franckh 1845. 8°

—— Mathilde. Memoiren einer jungen Frau. Aus dem Französ. 2. (Titel-)Ausg. in 1 Bd. hoch 4. (385 S.) Leipzig 854, Hentze.
Vgl.: Ausland, das belletristische. — Bibliothek, europäische. — Lese-Cabinet, neues belletristisches.

— — Mathilde. Memoiren einer jungen Frau. 3 Bde. Illustr. Ausgabe. Leipzig und Wien 1869—70. 8°. (1⅔ Rthl.) (2 Mk. 50 Pfg. die Vorigen.)

— Mathilde. Memoiren e. jungen Frau. 3 Bde. Illustr. Ausg. 4. Aufl. gr. 16. (335, 258 u. 515 S. m. 10 Holzschntaf.) Ebend. 870. 5. —

— — Dasselbe, titulo: Mathilde. Memoiren einer jungen Frau, oder Frauen-Würde u. Buhlerkünste. 4 Bde. Dresden 1882. 8°. 1080 S. (3 Mk. L. M. Glogau Sohn, Hamburg, 1888.)

— — Casanovas Memoiren oder Begebenheiten eines Weltmannes. Seitenstück zu „Martin der Findling". Roman. 4 Thle. Mit 4 Stahlstichen. Leipzig 1847. 12°. (6 Mk. Scheible, 1879; 2 Kr. 40 H. Halm & Goldmann, Wien, 1907.)

Sue, Marie-Joseph-Eugène
Casanova's Memoiren. Seitenstück zu Martin der Findling. Roman. Neue Ausg. Bd 1-4.
Leipzig: Berger 1849. 8°

Sue, Eugen: Die Mohikaner von Paris, s. Dumas, Alexandre.

– Paula Monti od. Hotel Lambert, s. Collection Figaro.

—— les mystères du monde, suite des mystères du peuple. Ou parallèle entre le 18 brumaire coup d'état de Napoléon I. et le 2 décembre coup d'état de Napoléon III. Oeuvre posthume. gr. 8. (393 S. mit Portr. in Stahlst.) Berlin 861, J. Abelsdorff's Verlag. *

— les mystères de Paris, s.a. Collection des meilleurs Auteurs français, Tom. 1—4.

– Les Mystères de Paris. Drama, s.a. Répertoire du Théâtre franç. 2. Série. No. 34. 47.

—— les Mystères de Paris. Suivis de: Gerolstein. Edit. en X Vol. 8. (126⅓ B. u. 12 Stahlst.) Leipzig 844, Gebhardt et Reisland. à *

Sue, E., les mystères de Paris, suivis de Gerolstein. 10 ts. en 4 vols. Leipz. 1856. br. 8. 4. —

— les mystères du peuple ou histoire d'une famille de prolétaires à travers les ages. XIII tomes. 8. Leipzig 850—52, Brockhaus. (à ½ Thlr) 6½ Thlr

– Pariser Mysterien, s.a. Ausland, Das belletristische. Bd. 45–71.

— Pariser Mysterien. Sittenroman. Deutsch bearb. v. K. Walther. M. 125 Illustr. v. Fritz Bergen. 6 Bde. 8. (216, 255, 208, 215, 256 u. 242 S.) Stuttgart 897. Franckh. à n. 1. 40; in 2 Leinw.-Bdn.: n. 11. —
Erschien auch in 42 Hftn. à n. – 20.

— il doppio omicidio. Romanzo. 3 Voll. Triest 863. Coen. gr. 16. (502 S. mit 3 Holzschntaff.) n. 24 ngr

Sue, Eugène, Oeuvres. (Nouvelle Edit.) Tome I—VII. 16. Leipzig 846, Hentze. à 7⅓ Ngr.
A. s. l. Ttrs.:
Tome I—V. Arthur, avec un jugement littéraire par M. Sainte-Beuve. V Tomes. (47 B.)
- VI., VII. Le Salamandre, Roman maritime. Tome I et II.

— les sept péchés capitaux. Edition originale pour toute l'Allemagne. 15 vols. 8. Vol. 1—4. I. partie. L'orgeuil. La duchesse. 4 vols. (210. 236. 206 u. 190 S.) Vol. 5—7. II. partie. L'envie. Frédéric Bastien. 3 vols. (192. 174 u. 157 S.) Vol. 8. 9. III. partie. La colère. Tison d'enfer. 2 vols. (185 u. 153 S.) Vol. 10. 11. IV. partie. La luxure. Madeleine. 2 vols. (131 u. 186 S.) Vol. 12. V. partie. La paresse. Le cousin Michel. (206 S.) Vol. 13. 14. VI. partie. L'avare. Les millionaires. 2 vols. (128 u. 112 S.) Vol. 15. VII. partie La gourmandise. Le docteur Gasterini. (176 S.) Leipzig 847—52, Kollmann. (1—12: à 1/2 Thlr 13 u. 14: 3/4 Thlr 15: 1/2 Thlr) 7 1/4 Thlr

—— Plick u. Plock, s.a. Kabinetsbibliothek.

— Plick und Plock, oder der Zigeuner und der Seeräuber. Aus d. Franz. übersetzt von L. v. Alvensleben. gr. 12. Leipzig 834. Hartlebens Verlags-Exped. 1 1/8 Thlr

– Mademoiselle de Ploueréel, s. Collection Figaro.

— die Prophezeiung, s.a. Ausland, das belletristische, 1562 — 1571. Bdchn.

—— die Prophezeiung. Roman. Deutsch von Wilh. Ludw. Wesché. 5 Bde. 16. (984 S.) Leipzig 851, Kollmann. à Bd. 10 Ngr.

—— Pater Robin, s. Collection Spemann.

Sue's, Eug., Romane. Illustrierte Prachtausg. Die 7 Todsünden. In 26 Hftn. gr. 8. (248, 80, 100, 88, 72, 95 u. 89 S.) Stuttgart (901). Franckh. à n. — 20
kplt. geb. in Leinw. n. 6. 50
I. Der Hochmut [Die Herzogin]. II. Der Neid [Friedrich Bastien]. III. Der Zorn [Der Höllenbrand]. IV. Die Unkeuschheit [Madeleine]. V. Die Trägheit [Vetter Michael]. VI. Der Geiz [Die Millionäre]. VII. Die Völlerei [Doktor Gasterini].

— ausgewählte Romane. Deutsch von F. W. Bruckbräu. 1.—38. Liefg. Der ewige Jude. 10 Bde. 12. Augsburg 845, v. Jenisch u. St. à Liefg. 1/8 Thlr

— dies. 39.—46. Liefg. od. 11. u. 12. Bd. Martin, das Findelkind, oder: Memoiren eines Kammerdieners. 1.—4. Thl. 12. Ebend. 846. à Liefg. 4 ngr

— ausgewählte Romane. Deutsch von Fr. W. Bruckbräu. 47—62. Lfg. oder 13—16. Bd. Martin das Findelkind. 5—12. Thl. 12. (1234 S.) Augsburg 847, v. Jenisch & Stage. à Lfg. 4 ngr (1—62: 8 Thlr 8 ngr)

Sue's, Eug., ausgewählte Romane. 1—30. Lfg. gr. 16. Leipzig 859. 60, O. Wigand. à Lfg. 3 Ngr.
Inhalt:
Lfg. 1—15. Die Geheimnisse von Paris. 10. Aufl. 15 Thle. (1479 S.)
- 16—30. Der ewige Jude. 6. Aufl. 24 Thle. (1821 S.)

Sue, Eugen, ausgewählte Romane. 25 Lfgn. gr. 16. Leipzig 870,71, O. Wigand. à Lfg. 50 Pf. *
Inhalt:
Lfg. 1—15. Der ewige Jude. Uebersetzt von A. Diezmann. 5 Bde. (344; 360 S. mit 2 Holzschntaf.; 344 S. mit 3 Holzschntaf.; 344 S. mit 3 Holzschntaf.; 367 S. mit 3 Holzschntaf.; 383 S. mit 3 Holzschntaf.)
- 16—25. Mathilde. Uebersetzt von A. Diezmann. 3 Bde. (334; 358; 515 S., mit 10 Holzschntaf.)

Sue, Eug. Ausgewählte Romane. 20 Bde. 8. (816, 175, 150, 320, 132, 140, 176, 159, 147, 144, 800 S.) Berl. 892, Gnadenfeld u. Comp. geb. in 4 Bde. 15 —
Die einzelnen Romane, s. Collection Figaro.

— ausgewählte kleine Romane, s.: Bibliothek, Europäische, 786—788. Bd.

—— der Salamander, s.a. Bibliothek ausgew. Romane. — Kabinetsbibliothek.

—— der Salamander. Ein Roman aus d. Seeleben. Deutsch v. L. v. Alvensleben. 8. (20 B.) Leipzig 832, Allgem. Niederl. Buchh.

— die Schicksals-Prophezeiung, s.a. Bibliothek, Europäische, 456—458 u. 471. Bd. — Lese-Cabinet, belletristisches, 369. 370. 376—379. 385. 386. 403 u. 404. Lfg.

— die Schicksals-Prophezeihung. Ein Roman. Aus dem Franz. 10 Hfte. 8. (784 S.) Berlin 851, Schnitzer. (à 1/8 Thlr) 1 1/4 Thlr

—— der Schiffbruch, od. die Opfer. N. d. Franz. frei bearb. v. Geo. Lotz. 8. (19 B.) Hamburg 833, Herold.

—— Schuld und Sühne, s. Both's, L. W., Bühnen-Repertoir.

—— les secrets de l'oreiller. 7 Vols. 16. (1441 S.) Leipzig 858, A. Dürr.

—— les secrets de l'oreiller. Roman posthume. 6 Vols. (Bibliothèque choisie. Vol. 252, 253, 260—263.) 16. (951 S.) Paris 858. [Naumburg, Paetz.] à Vol. 10 Ngr.

— — Roman posthume. 6 vols. Naumbourg 858. Exped. der Bibliothèque choisie. 16. (160; 160; 160; 160; 160; 151 S.) 2 Thlr

—— die Seewarte v. Koat-Ven. Roman a. d. Seeleben 1780 — 1830. Deutsch v. R. Richter. 3 Thle. 8. (61 B.) Leipzig 834, Kayser.

Sue, Marie-Joseph-Eugène
s. Soulié, Melchior-Frédéric: Von Tag zu Tag. 1844.

— die Spanierin oder das Schlachtopfer eines Mönchs. Deutsch von Hnr. Wurmser. 4 Thle. 16. Leipzig 846, 47, Berger. 2 Thlr

— tajnosti Pařížské, s. Tajnosti.

— der Teufel als Arzt, s.a. Ausland, das belletristische, — Lese-Cabinet, neues belletristisches.

Sue, Marie-Joseph-Eugène
Der Teufel als Arzt. Roman. Aus dem Franz. von August Zoller. Bdchn 1-4.5-8.
Stuttgart: Franckh 1855. 8°

Sue, Marie-Joseph-Eugène
Der Teufel als Arzt. Roman. Aus dem Franz. von Gottlob Fink. Bd 3.4.
Stuttgart: Franckh 1857-58. 8°

– Der Teufelshügel, s. Collection Figaro.

— die sieben Todsünden, s.a. Ausland, das belletristische, 1033—1064. Bdchn. — Bibliothek, Europäische, 201—209. Bd. — Lese-Cabinet, belletristisches, 173—180. 183—188. 198—200. 216—218. 223. 224. 467. 468. 475. 570 u. 571. Lfg. — Welt, die belletristische.

— die sieben Todsünden. Nach d. Französ. v. Fr. Lubojatzky. 8 Thle. 8. Grimma 845, 46, Verlags-Compt. à n. 1/2 ℛ

— die sieben Todsünden. Deutsche Orig.-Ausg. 16 Bde. 8. 1—5. Bd. I. Abth. Hoffart. Die Herzogin. 5 Bde. (206. 276. 290. 207 u. 256 S.) 6—8. Bd. II. Abth. Neid. Friedrich Bastien. 3 Bde. (228. 208 u. 315 S.) 9 u. 10. Bd. III. Abth. Zorn. Der Höllenbrand. 2 Bde. (240 u. 208 S.) 11 u. 12. Bd. IV. Abth. Unkeuschheit. Magdalene. 2 Bde. (176 u. 255 S.) 13. Bd. V. Abth. Trägheit. Vetter Michel. (278 S.) 14 u. 15. Bd. VI. Abth. Der Geiz. Die Millionäre. 2 Bde. (200 u. 175 S.) 16. Bd. VII. Abth. Fraß u. Völlerei. Doctor Gasterini. (285 S.) Leipzig 847—52, Kollmann. (à 1/2 ℛ) 8 ℛ

Sue, Eug., die sieben Todsünden. (Taschen-Ausg.) 16 Bde. 16. 1—5. Bd. I. Abth. Hoffart. Die Herzogin. 5 Bde. (213. 216. 184. 196 u. 196 S.) 6—8. Bd. II. Abth. Neid. Friedrich Bastien. 3 Bde. (183. 166 u. 248 S.) 9 u. 10. Bd. III. Abth. Zorn. Der Höllenbrand. 2 Bde. (190 u. 164 S.) 11 u. 12. Bd. IV. Abth. Unkeuschheit. Magdalene. 2 Bde. (145 u. 200 S.) 13. Bd. V. Abth. Trägheit. Vetter Michel. (221 S.) 14 u. 15. Bd. VI. Abth. Der Geiz. Die Millionaire. 2 Bde. (160 u. 140 S.) 16. Bd. VII. Abth. Fraß u. Völlerei. Doctor Gasterini. (224 S.) Ebd. 847—52. (à 1/4 ℛ) 4 ℛ

— die sieben Todsünden. Nach dem Franz. frei bearb. von A. W. E. Scheel. (1. Bd.) gr. 16. (132 S.) Berlin 848, Braune. 1/4 ℛ

— dass. (1 u. 2. Abth. Neue Titel-Ausg.) gr. 16. (Die Hoffart. 461 S. Der Neid. 204 S.) Berlin 848, Brandes & Schultze. baar (1/2 ℛ u. 1/4 ℛ) 3/4 ℛ

— die sieben Todsünden. Deutsch v. F. Beringer. 1. Abschnitt. Die Hoffart. A. u. d. T.: Die Herzogin. 1. Bd. 18 Bog. 2. Bd. 18 Bog. u. 3. Bd. Bog. 1—9. (Beilage zum „Herold f. d. deutsche Volk.") 8. Berlin 848, Cohn & Co. (à Bog. n. 1/4 ngl) n. 3/8 ℛ

— die sieben Todsünden. 1. Abth.: Die Hoffart. Aus dem Franz. übers. von Erwin v. Eckernfeld. 1. Bd. 8. (222 S. m. 1 Holzschn.) Magdeburg 848, Quednow. 3/8 ℛ

Die sieben Todsünden [Les sept Péchés capitaux]. Roman von Eugen Sue. (Neu bearb. von Ph. Ohler.) Magdeburg: Magdeb. Verl.-Anst. [1908]. 312 S. 8°
(Moderne Weltbücherei. [5.])

— aus der Verbannung, s.: Bibliothek, Europäische, 654—658 u. 850. Bd.

— die Verschwörung, oder Ludwig XIV. u. sein Hof, s. a. Ausland, das belletristische, 787—795. Bdchn.

Sue, Marie-Joseph-Eugène

Die Verschworung oder Ludwig XIV. und sein Hof. Deutsch von Johannes Scherr. Bdchn 1-4.5-9.
Stuttgart: Franckh 1847. 8°

— Werke. Diamant-Ausg. Die Geheimnisse v. Paris. Deutsch von A. Diezmann. (10 Thle.) 32. (1964 S.) Ebd. 847. (à 3 ngl) 1 ℛ

—— (Werke. Diamant-Ausg.:) Die sieben Todsünden. (Neue Titel-Ausg.) 28 Thle. (in 6 Bdn.) 16. (2991 S.) Leipzig 852, O. Wigand.

Sue, Eugen, ausgewählte Werke. I. Bd. Mathilde. Memoiren einer jungen Frau. Aus dem Französ. 1.—4. Liefg. 4. Nordhausen 845, Fürst. (à 1/2 ℛ) 2 ℛ

Sue's, Eugen, sämmtl. Werke. 1r—13r Thl. Deutsch von L. v. Alvensleben. A. u. d. T.: Latréaumont. Roman. 7 Bdchn. — Atar-Gull. Roman. 3 Bdchn. — Der Salamander. Roman aus dem Seeleben. 1s – 3s Bdchn. 16. Leipzig 838. Otto Wigand. (à n. 1/6 ℛ) 2 1/6 ℛ

— dass. 14r—18r Thl. A. u. d. T.: Der Salamander. Ein Roman aus d. Seeleben. 4s u. 5s Bdchn. — Plick u. Plock, oder der Zigeuner und der Seeräuber. 1s—3s Bdchn. 16. Leipzig 838. Otto Wigand. (à n. 1/6 ℛ) 5/6 ℛ

— dass. 19r—26r u. 30r – 37r Thl. A. u. d. T.: Arthur. Roman. 16 Bdchn. 16. Ebd. 839, 40. (à n. 1/6 ℛ) 2 2/3 ℛ

— dass. 27r – 29r Thl. A. u. d. T.: Die Berge von la Ronda. Novelle. — Eine glückliche Frau. Der Pariser zur See. Novellen. — Ein Corsar. Da ja. Novellen. 16. Ebd. 840. (à n. 1/6 ℛ) 1/2 ℛ

— dass. 38r—41r Thl. A. u. d. T.: Die Kunst zu gefallen. 4 Bdchn. kl. 16. Ebd. 840. n. 2/3 ℛ

— dass. 42r—55r Thl. A. u. d. T.: Die Fanatiker, oder der Religionskrieg in den Cevennen. Historischer Roman. 14 Bdchn. kl. 16. Ebd. 840. n. 2 1/3 ℛ

— dass. 56r—59r Thl. A. u. d. T.: Die Abentheuer des Hercules Kühn, od. Guyana im J. 1772. Roman. 16. Ebd. 840. n. 2/3 ℛ

— dass. 60r – 62r Thl. A. u. d. T.: Der Oberst von Sürville. Histor. Roman aus der Zeit des Kaiserreiches 1810. kl. 16. Ebd. 840. n. 1/2 ℛ

— sämmtliche Werke. Deutsch von L. v. Alvensleben. 63.—74. Thl. — A. u. d. T.: Der Wart-Thurm von Koat-Ven. Roman aus dem Seeleben 1780—1830. 12 Bdchen. kl. 16. Leipzig 841, Otto Wigand. n. 2 ℛ

— ders. 75.—77. Thl. — A. u. d. T.: Karditi. Novelle. kl. 16. Ebend. 841. n. 1/2 ℛ

— ders. 78.—85. Thl. — A. u. d. T.: Der Comthur von Malta. 8 Bdchen. kl. 16. Ebend. 841. n. 1 1/3 ℛ

— ders. 86.—109. Thl. — A. u. d. T.: Mathilde. Memoiren einer jungen Frau. 24 Bdchen. kl. 16. Ebend. 841. n. 4 ℛ

— ders. 110.—117. Thl. — A. u. d. T.: Der Abenteurer u. der weibl. Blaubart. Deutsch von Fr. Winternitz. 8 Bdchen. kl. 16. Ebend. 842. n. 1 1/3 ℛ

— ders. 118.—125. Thl. — A. u. d. T.: Therese Dunoyer. Uebersetzt von A. Diezmann. 8 Bdchen. kl. 16. Ebend. 842. n. 1 1/3 ℛ

— ders. 126.—137. u. 146.—169. Thl. — A. u. d. T.: Die Geheimnisse von Paris. Uebers. von A. Diezmann. 1.—36. Bdchen. 16. Ebend. 842, 43. (à n. 1/6 ℛ) 6 ℛ

— ders. 138.—145. Thl. — A. u. d. T.: Paula Monti, oder das Hôtel Lambert. Uebersetzt von A. Diezmann. 1.—8. Bdchen. kl. 16. Ebend. 842, 43. n. 1 1/3 ℛ

— ders. 170. u. 171. Thl. Geroldstein. Schluß d. Geheimnisse von Paris. Deutsch von Hnr. Börnstein. 37. u. 38. Bdchen. 16. Ebend. 844. à n. 1/6 ß

— ders. 172.—195. Thl. Der ewige Jude. Uebersetzt von A. Diezmann. 24 Bdchn. 16. Ebend. 844, 45. (à 1/6 ß) 4 ß

— ders. 196.—204. Thl. — A. u. d. T.: Martin der Findling oder Denkwürdigkeiten eines Kammerdieners. Deutsch von A. Diezmann. 1.—9. Bdchn. 16. Ebend. 846. à 1/6 ß

— sämmtliche Werke. (Taschen-Ausg.) 205—277. Thl. 16. 205—211. Martin der Findling. Deutsch v. A. Diezmann. 10—16. Bdchn. 212—233. Die sieben Todsünden. Deutsch v. A. Diezmann. 1—22. Bdchn. I. (Abth.) Die Hoffart. 7 Bdchn. II. (Abth.) Der Neid. 5 Bdchn. III. (Abth.) Der Zorn. 4 Bdchn. IV. (Abth.) Die Wollust. 4 Bdchn. V. (Abth.) Die Trägheit. 2 Bdchn. 234—253. Die Geheimnisse des Volkes oder Geschichte einer Proletarierfamilie im Laufe v. Jahrhunderten. Deutsch von T. Höpfner. 1—20. Bdchn. 254—257. Die Kinder der Liebe. 4 Bdchn. 258—265. Die Prophezeiung. 8 Bdchn. 266—269. Die sieben Todsünden. 23—26. Bdchn. VI. Der Geiz. Die Millionäre. 4 Bdchn. 270—275. Die Geheimnisse des Volkes oder Geschichte einer Proletarierfamilie im Laufe von Jahrhunderten. 21—26. Bdchn. 276 u. 277. Die sieben Todsünden. Deutsch von L. v. Alvensleben. 27 u. 28. Bdchn. VII. Die Gefräßigkeit. Der Doctor Gasterini. 2 Bdchn. Leipzig 847—52, O. Wigand. à 1/6 ß

Sue, Eugène, sämmtliche Werke. Deutsch von L. v. Alvensleben und Andern. (Taschen-Ausg.) 213—277. Bdchn. 16. Leipzig, O. Wigand. à Bdchn. 5 Ngr.

Auch einzeln unter den Titeln:

Bdchn. 213—218. Die sieben Todsünden. Deutsch von A. Diezmann. 2—7. Bdchn. (1. Abthl.) Hoffart. 2—7. (letztes) Bdchn. (812 S.) 848.
" 219—223. Dass. Uebers. von Dems. 8—12. Bdchn. (2. Abthl.) Der Neid. 5 Bdchn. (533 S.) 848.
" 224—227. Dass. Uebers. von Dems. 13—16. Bdchn. (3. Abthl.) Der Zorn. 4 Bdchn. (384 S.) 849.
" 228—231. Dass. Uebers. von Dems. 17—20. Bdchn. (4. Abthl.) Die Wollust. 4 Bdchn. (367 S.) 849.
" 232., 233. Dass. Uebers. von Dems. 21. und 22. Bdchn. (5 Abthl.) Die Trägheit. 2 Bdchn. (232 S.) 849.
" 234—253. Die Geheimnisse des Volkes oder Geschichte einer Proletarierfamilie im Laufe von Jahrhunderten. Deutsch von T. Höpfner. 1—20. Bdchn. (2108 S.) 850—51.
" 254—257. Die Kinder der Liebe. 4 Bdchn. (526 S.) 851.
" 258—265. Die Prorhezeihung. 8 Bdchn. (938 S.) 851.
" 266—269. Die sieben Todsünden. Uebers. von A. Diezmann. 23—26. Bdchn. (6. Abthl.) Der Geiz. Die Millionäre. 1—4. Bdchn. (439 S.) 851.
" 270—275. Die Geheimnisse des Volkes oder Geschichte einer Proletarierfamilie im Laufe von Jahrhunderten. 21—26 Bdchn. (740 S.) 851.
" 276., 277. Die sieben Todsünden. Deutsch von L. v. Alvensleben. 27. und 28. Bdchn. (7. Abthl.) Die Gefräßigkeit. Der Doctor Gasterini. 2 Bdchn. 852.

1—212. Bdchn. Ebendas. 1838—47. 31 Thlr.

— dies. Ausg. in 8. 2. u. 3. wohlf. Ausg. Uebersetzt von L. v. Alvensleben, A. Diezmann, L. Meyer. — Arthur. 4 Bde. — Atar-Gull. 2 Bde. — Der Abentheuerer u. der weibl. Blaubart. 3 Bde. — Der Comthur von Malta. 3 Bde. — Die Cucaracha. 4 Bde. — Therese Dunoyer. 2 Bde. — Die Geheimnisse von Paris nebst Geroldstein. 11 Bde. — Der ewige Jude. 12 Bde. — Die Abentheuer des Hercules Kühne, od. Guyana im J. 1772. — Die Kunst zu gefallen. — Latreaumont. 3 Thle. — Martin der Findling. 1.—4. Bd. — Mathilde. Memoiren einer jungen Frau. 8 Bde. — Paula Monti oder das Hôtel Lambert. 2 Bde. — Der Religionskrieg in den Cevennen. 4 Bde. — Der Salamander. 2 Bde. — Der Obrist von Sürville. — Der Wart-Thurm v. Koat-Vën. 6 Bde. Ebd. 843—46. à 1/3 ß

— sämmtliche Werke: Die Geheimnisse von Paris, aus dem Französ. übers. von Wlh. Leu. 11 Bde. 8. Grünberg 843, 44, Levysohn. (à 1/3 ß) 3 2/3 ß

— dass. 2. (u. 3.), correcte u. wohlfeilste Ausg. 78 Bdchn. 8. (... B.) Ebendas. 843—47. à Bdchn. (m. Ausnahme von Gerolstein.) 10 Ngr.

Inhalt:

Die Geheimnisse von Paris. Deutsch v. A. Diezmann. 10 Bde. 3 Thlr. 10 Ngr.
Gerolstein (Schluß der Geheimnisse von Paris). Deutsch v. H. Börnstein. 7 1/2 Ngr.
Mathilde. Memoiren einer jungen Frau. Deutsch v. L. Meyer. 8 Bde. 2 Thlr. 20 Ngr.
Arthur. Deutsch v. L. v. Alvensleben. 4 Bde. 1 Thlr. 10 Ngr.
Der Religionskrieg in den Cevennen. Deutsch v. L. v. Alvensleben. 4 Bde. 1 Thlr. 10 Ngr.
Die Cucaracha. Deutsch v. A. Diezmann. 4 Bde. 1 Thlr. 10 Ngr.
Die Abenteuer des Hercules Kühn, od. Guyana im Jahre 1772. Deutsch v. L. v. Alvensleben. 2 Thle. in 1 Bd.
Der Oberst von Surville. Histor. Roman aus d. Zeit des Kaiserreichs 1810. Deutsch v. L. v. Alvensleben. 10 Ngr.
Die Kunst zu gefallen. Deutsch v. L. v. Alvensleben. 10 Ngr.
Der ewige Juge. Deutsch v. A. Diezmann. 12 Bde. 4 Thlr.
Der Abenteurer u. der weibliche Blaubart. Deutsch v. A. Diezmann. 3 Bde. 1 Thlr.
Der Comthur von Maltha. Deutsch v. L. v. Alvensleben. 3 Bde. 1 Thlr.
Paula Monti od. das Hotel Lambert. Deutsch v. A. Diezmann. 2 Bde. 20 Ngr.
Therese Dunoyer. Deutsch v. A. Diezmann. 2 Bde. 20 Ngr.
Der Wartthurm von Koat-Ven. Roman aus dem Seeleben 1780—1830. Deutsch v. L. v. Alvensleben. 6 Bde. 2 Thlr.
Atar Gull. Deutsch v. L. v. Alvensleben. 2 Bde. 20 Ngr.
Der Salamander. Ein Roman aus dem Seeleben. Deutsch v. L. v. Alvensleben. 2 Bde. 20 Ngr.
Latréaumont. Deutsch v. L. v. Alvensleben. 3 Bde. 1 Thlr.
Martin der Findling od. Denkwürdigkeiten ein. Kammerdieners. Deutsch v. A. Diezmann. 8 Bde. 2 Thlr. 20 Ngr.

— dass. — 2. (und 3.), correcte und wohlf. Ausg. 79—111. Bdchn. 8. Ebds. 848—52. à Bdchn. 10 Ngr.

Inhalt:

Die sieben Todsünden. Deutsch von A. Diezmann. 14 Bde. (1834 S.)
Die Geheimnisse des Volkes oder Geschichte einer Proletarierfamilie im Laufe von Jahrhunderten. Deutsch von T. Höpfner. 13 Bde. (1648 S.)
Die Kinder der Liebe. 2 Bde. (303 S.)
Die Prorhezeihung. 4 Bde. (526 S.)
Der Hirte von Kravan. Aus dem Französ. von Gust. Franck. (168 S.)

Sue's, Eug., sämmtliche Werke. 2. (und 3.) correcte und wohlf. Ausg. 112—114. Bd.: Der Teufelsdoctor. Roman. Aus dem Französ. übers. von Glob. Fink. 1—3. Bd. 8. (372 S.) Leipzig 855, O. Wigand. à Bd. 10 Ngr.

— dies. 1—4. Bd. Mathilde. Memoiren einer jungen Frau. Deutsch von L. Meyer. 1—4. Bd. 4. wohlf. Ausg. 8. (574 S.) Ebd. 847. (à 1/3 ß) 1 1/3 ß

— dies. 5—48. Bd. 4. wohlf. Ausg. 8. 5—8. Mathilde. Deutsch von L. Meyer. 5—8. Bd. (550 S.) 9—11. Latréaumont. Deutsch von L. v. Alvensleben. 3 Bde. (469 S.) 12 u. 13. Atar-Gull. Deutsch von L. v. Alvensleben. 2 Bde. (196 S.) 14 u. 15. Therese Dunoyer. Uebers. von A. Diezmann. 2 Bde. (327 S.) 16 u. 17. Der Salamander. Deutsch von L. v. Alvensleben. 2 Bde. (298 S.) 18—23. Der Wart-Thurm v. Koat-Vën. Deutsch von L. v. Alvensleben. 6 Bde. (695 S.) 24—26. Der Comthur von Malta. Deutsch von L. v. Alvensleben. 3 Bde. (384 S.) 27 u. 28. Paula Monti oder das Hôtel Lambert. Uebers. von A. Diezmann. 2 Bde. (306 S.) 29—36. Martin der Findling oder Denkwürdigkeiten eines Kammerdieners. Deutsch v. A. Diezmann. 8 Bde. (1263 S.) 37 u. 38. Die Abenteuer des Herkules Kühn oder Guyana im J. 1772. Deutsch von L. v. Alvensleben. 2 Bde. (216 S.) 39. Der Oberst v. Sürville. Deutsch von L. v. Alvensleben. (173 S.) 40. Die Kunst zu gefallen. Deutsch von L. v. Alvensleben. (152 S.) 41—44. Die Cucaracha. Deutsch von A. Diezmann. 4 Bde. (571 S.) 45—48. Der Religionskrieg in den Cevennen. Deutsch von L. v. Alvensleben. 4 Bde. (607 S.) Ebd. 847. à 1/3 ß (1—48: 16 ß)

— dies. 49—59. Bd. Die Geheimnisse von Paris. Deutsch von A. Diezmann. 9. Ausg. 10 Bde. Nebst: Gerolstein. 8. (1685 S.) Ebd. 847. (à 1/3 ß) 3 2/3 ß

— dies. 59—65. Bd. 4. wohlf. Ausg. 8. 59—61. Die Abenteurer u. der weibliche Blaubart. 3 Bde. (372 S.) 62—65. Arthur. Deutsch von L. v. Alvensleben. 4 Bde. (538 S.) Ebd. 847. à 1/3 ß

— dies. 66—77. Bd. 5. wohlf. Ausg. 8. Der ewige Jude. Deutsch v. A. Diezmann. 12 Bde. Ebd. 847. (à 1/3 ß) 4 ß

— dies. Neue Folge. 1 u. 2. Bd. 8. Der Hirte von Kravan. 2 Bde. 1. Bd. Gespräche üb. Republik u. Monarchie. (88 S.) 2. Bd. Demokratische u. sozialistische Gespräche. (80 S.) Ebd. 849. (à 1/3 ℔) 2/3 ℔

—— Zyd wieczny, przełozyl B. W., s. Bibliotheka najnowszych.

— Zyd wieczny tułacz. 10 Bde. Mit 40 Stahlst. 8. Ebend. 845 7 ℔ — dass. ohne Kupf. 5 ℔ 16 1/3 ngl

Jean Joseph Sue
1760-1830

La Sue [Jean Joseph Sue: Essai sur la physiognomonie des corps vivants. Deutsch:] Grundlinien zur Physiognomik aller lebenden Körper vom Menschen bis zur Pflanze. Aus d. Franz. mit nöthigen Zusätzen. - Leipzig: Weygand 1798. 246 S. 8°

Sue, (Jean Joseph): Chirurgisches Lexicon. (Dictionnaire portatif de chirurgie. Dt.) Übers.und mit Anmerkungen und Zusätzen verm. von Johann Georg Krünitz. Th.1-2, 891 S., gbd., 2 Taf.

Berlin u.Stralsund: Lange 1773

JB 3.037

— chirurg. Lexicon 2c.; aus d. Französ. mit Anmerkk. u. Zusätzen von J. G. Krünitz. 2 Thle. Mit Kpf. 8. Berl. 773 (Reimer) 2 ℔

Sue, (Jean Joseph) (Übers.):

s.: Monro, Alexander, (primus): Knochenlehre, nebst der Nervenlehre... (The Anatomy of the human bones, to which are added an anatomical treatise of the nerves... 6th edition. Dt.) Übers.aus der franz. Übersetzung...von Karl Christian Krause. Leipzig: 1761

JB 605

Sue, J. Jos., Physiol. Untersuchungen u. Erfahrungen üb. d. Vitalität, nebst dessen Abh. üb. d. Schmerz nach der Enthauptung u. den Abhdl. der Bürger *Cabanis* u. *Lereille* üb. denselben Gegenstand. A. d. Franz. v. Fr. *Harless*. 148 S. Mit Kpf. Nürnb. 8°.
1799

Sue, J. J., physiolog. Untersuchungen u. Erfahrr. üb. die Vitalität. Nebst dessen Abhandl. üb. d. Schmerz nach der Enthauptung, u. d. Abhandll. Cabinis u. Levcille's üb. denselben Gegenstand; aus d. Französ. mit Anmerkk. u. Zusätzen von J. C. F. Harles. Mit Kpf. 8. Nürnb. 799. Bauer u. R. 12 gl.

Sue, Marie Joseph-Eugène, s. Sue, Eugène

Pierre Sue
1739-1816

[Histoire du galvanisme. Deutsch:] Geschichte des Galvanismus von seiner Entdeckung an bis auf die neuesten Zeiten. Von P[ierre] Sue. Aus d.Franz. übers. u.mit einigen Anm.u.Zusätzen vers. von [Johann Christian] August Clarus. Th.1.2. Leipzig: Dyk 1802-03. 8°

Sue, P., d. Aeltere, Geschichte des Galvanismus, u. aller bis jetzt darüber gemachten Bemerkk.; aus d. Französ. mit Anmerkk. v. J. C. A. Clarus. 2 Thle. gr. 8. Leipz. 802—803. Dyck. 1 ℔ 8 gl. (Bergl. J. Cpb. L. Reinhold).

Sue, Pierre. Gelehrte und kritische Versuche einer Geschichte der Geburtshülfe ... A. d. Franz. Altenburg 1786—87. Ü: *Spohr, Carl Hnr.* (MGT) (Ky) (EngM)

Sue, d. Jüng., gelehrte u. krit. Versuche e. Gesch. d. Geburtshülfe, od. Untersuch. üb. die Gebräuche, Sitten u. Gewohnheiten der Aeltern u. Neuern bei d. Entbindung ihrer Frauen. Aus d. Französ. (v. K. H. Spohr). 2 Thle. gr. 8. Altenb. 786, 87. (Hennings in Neisse). 3 ℔

Sue, d. jüng., gelehrte u. krit. Versuche e. Geschichte d. Geburtshülfe, od. Untersuch. üb. d. Gebräuche, Sitten und Gewohnheiten d. Aeltern u. Neuern b. d. Entbind. ihr. Frauen, a. d. Franz. 2 Thle. gr. 8. Altenb. Richter. (Akadem. Bchhd. in Jena) 786—87.

Suebilius, Olaf, einfältige Erklär. des kl. Katechismus M. Luthers; aus d. Schwed. übersetzt, vorgeredet u. beurtheilt v. L. Th. Kosegarten. 8. Greifsw. 806.

Suechin, C., Epigrammata nonnulla etc. 8. maj. Prag, Schönfeld. 780.

Suechin, G., epigrammata nonnulla etc. 8maj. Prag 786. Schönfeld. 3 gl.

— kleine Geschichte von Mähren f. die Jugend, mit e. Landkarte in Bildern. 8. Prag 783. Schönfeld. 8 gl. — Dieselbe auch in böhm. Sprache. — Urkundenbuch hierzu. Mit Kpf. gr. 8. Prag 784. Schönfeld. 1 ℔

Suedborg, J., De diis Romanorum penatibus. Diss. 1857. 9 S. 4°.

Suedendörffer, s.a. Schwendendörffer

Suedendörffer, Bth. Leonh., de actionibus forensibus, successoriis et feudalibus. IV Ptes. 4. Lips. Martini. 712.

— processus Fibigianus, c. observat. practicis plurimis ac singularibus variisq. formulis et praef. T. I. Reinharth. 4. Lps. et Gött. 740.

Sueberus, G., über Industrialismus u. Armuth. gr. 8. (10 1/2 B.) Charlottenburg 844, Bauer.

Suediauer, s. Swediauer.

Suédois, aux, par un habitant d'Altona. 8. Kopenh. 810. Bonnier. 2 gl.

Suédois, Le exilé, ou lettres curieuses et amusantes ... Frankf. a. M. 1767. V: *Schwan, Christian Friedrich.* (Ky) »Mannheim« (MGT)

Suédois, le, exilé, ou lettres curieuses et amusantes trouvées dans le portefeuille d'un Suédois (par Chr. Fr. Schwan). 8. Frankf. a. M. 767. Esslinger. (Schwan u. G. in Manheim). 8 gl.

J. Suell til sine Velyndere, Venner og Bekiendtere. ⟨Manuskript.⟩ Altona. 1826. 8°

Suensson, Fanny, eine Stiefmutter, s.: Weichert's Wochen-Bibliothek.

Suer, s. Lesuer.

Suerland, W., im Mühlengrunde, s.: Jugendbibliothek, Laumann'sche.

Suerman, Alex. Car. Guil., de calore fluidor. elasticor. specifico etc. Dissert. phys. inaug. 4maj. (14¼ B. u. 4 Stnt.) Trajecti ad Rhen., van der Post, jun. (Lipsiae 836, T. O. Weigel; libr. Weidmann.)

— Specimen historico-medicum de Cholerae asiaticae itinere per Belgium septentrionale, Ao. 1832—1834, tabulis statisticis et geographicis illustrato. (Mit 2 illum. Karten) 8maj. Trajecti ad Rhen. 835. (Natan.) n. 2 ℛ

— de cholerae asiaticae itinere per Belgium septentrionale, ao. 1832—1834, tab. statist. et geograph. illustrato. 8maj. (18 B. u. 2 ill. Kart.) Trajecti ad Rhen. 835, (Natan.?) •

SÜERSEN, J[OH.] F[RIEDR. HERM.], Die Mineralquellen bei Bramstedt im Holsteinischen. Mit einer Situationskarte der Mineralquellen. Hamburg. 1810.

Suersen, J. F., die Mineralquellen bei Bramstedt im Holstein., mit Situationskarte. Mit Kpf. 8. Hamb. 810. Gundermann. (Aue in Altona). 16 gℛ

— De systematibus oryctognosticis eorumque nexu cum progressibus chemiæ quæstio historica. Sectio prima, qvæ complectitur longissimum temporis spatium inde ab origino mineralogiæ usque ad finem ætatis Stahlii 1782. Kiliæ. 1840. 4. P.

— üb. den Verfall des Wohlstandes d. Hansestädte 2c. 8. Hamb. 810. Gundermann. 10 gℛ

Süersen, W., die Wasserheilmethode J. H. Rausse's in Vergleich mit den Heilweisen des Vinc. Prießnitz u. Joh. Schroth. Zugleich als Erwiderung auf die Schrift des Hrn. Dr. Gleich in München: „Ueber die Nothwendigkeit einer Reform der sogenannten Hydropathie 2c." 8. (51 S.) Hamburg 852, Hoffmann & Campe. ¼ ℛ

Süersen, Wilh., Anleitung zur Pflege der Zähne u. des Mundes nebst einem Anh.: Ueber künstl. Zähne. Gekrönte Preisschrift. Hersg. vom Central-Verein deutscher Zahnärzte. 1—5., neu durchgeseh. Aufl. Leipzig 865—67. Keil. gr. 16. (XII, 124 S.) 15 ngr.

Süersen, Wilh., Anleitung zur Pflege der Zähne u. d. Mundes nebst e. Anh.: üb. künstliche Zähne. 6., neu durchgearb. Aufl. 16. (XII, 171 S.) Leipzig 872. Keil. n. 2. —

— — 7., neu durchges. Aufl. Ebd. 1873.

Süersen, sen., Wilh., Anleitung zur Pflege der Zähne u. des Mundes, nebst einen Anh.: Ueber künstl. Zähne. Gekrönte Preisschrift, hrsg. vom Central-Verein deutscher Zahnärzte. 8., neu durchgeseh. Aufl. gr. 16. (XVI, 174 S.) Leipzig 877. Keil. n. 2. —

— — 9., neu durchges. Aufl. Ebd. 1877.

Süersen [sen.], Wilh., Anleitung zur Pflege der Zähne und des Mundes, nebst einem Anhang: Ueber künstl. Zähne. Gekrönte Preisschrift, hrsg. vom Central-Verein deutscher Zahnärzte. 10. neu durchges. Aufl. 8. (XVI, 104 S.) Leipzig 888, Keil's Nachf. *ℳ 2.—; geb. *

Anleitung zur Pflege der Zähne und des Mundes, nebst e. Anh.: Über künstliche Zähne von Dr. Wilhelm **Süersen** (senior). Gekrönte Preisschrift, hrsg. v. Zentralver. deutscher Zahnärzte. 12. Aufl., zeitgemäß durchges. u. hrsg. von Gustav v. Walther-Süersen. Mit 4 Einschalttaf. Stuttgart, Berlin, Leipzig: Union [1905]. (111 S.) 8° [5.] 05. 10677

Süersen (sen.), Wilh., Anleitung zur Pflege der Zähne u. des Mundes, nebst e. Anh.: Ueber künstl. Zähne. Gekrönte Preisschrift, hrsg. vom Zentralverein deutscher Zahnärzte. 13. Aufl., zeitgemäß durchgesehen u. hrsg. v. Gust. v. Walther-Süersen. Mit 4 Einschalttaf. (111 S.) 8. Stuttgart (905). Union. n. 2. —; geb. in Leinw. n. 2. 50

— l'hygiène dentaire mise à la portée des gens du monde. Ouvrage couronné par l'union centrale des médecins-dentistes allemands. Traduction de la 5. éd. allemande. 8. (XII, 215 S.) Berlin 877. Asher & Co. n. 3. —

— über Zahnbildung u. Zahnpflege mit besonderer Berücksichtigung der Kinderzähne. Vortrag, gehalten in dem Verein für Familien- u. Volkserziehung zu Berlin. Berlin 867. A. Hirschwald. 8. (39 S.) n. 8 ngr.

Süerssen, W., s. Süersen

Sues [Schlagwort]

Sues, Umgegend, s.: Aegypten.

Suès [Verfasser]

Suès, S., Gallicismen u. Redensarten aus d. französ. Umgangssprache. 2., verb. u. verm. Aufl. A. u. d. T.: Exercices pratiques sur les gallicismes et locutions usuelles de la langue française avec traduction allemande en regard. 2. éd. revue et augmentée. 8. (VIII, 322 S.) Genf (897). R. Burkhardt. n. 2. 50

Suès, S., Gallizismen u. Redensarten aus der franz. Umgangssprache. 4. verb. Aufl. (VIII, 322 S.) 8. Genf (903). R. Burkhardt. n. 2. 50

Suès, [Mlle] S[ophie]. Exercices pratiques sur les gallicismes et locutions usuelles de la langue française, avec traduction allemande en regard. 5e éd. revue et corrigée. Adopté par le Département de l'Instruction publique des Cantons de Genève et de Berne. — *A. u. d. T.:* Gallizismen und Redensarten aus der französ. Umgangssprache von S. Suès. 5. verbesserte Aufl. Empfohlen vom Erziehungsdepartement der Kantone Genf und Bern.... VIII + 322 p. 8. Genève, R. Burkhardt; Leipzig, C. Cnobloch; Paris, H. Le Soudier, [1906]. [relié fr. 3. 50]

Suès-Du Commun, Marcel. Une promenade dans la vieille Genève. In-12°. 72 p. et 1 vue de Genève. Bâle et Genève. Georg & Co. 1899. 1 —
Extrait du journal „La Suisse", juillet 1899.

Suett, F. Über die auf den König Haraldr Harfagri bezüglichen Gedichtfragmente in der norwegischen Königschronik Fagrskinna. Leipzig 1884.

Sueton, s. Trachmann, Aemilius.

Suetonius Tranquillus, Gaius

— Caj. Jul. Caesar et Caesar Octavian. August. in us. scholar. 8maj. Posen 809. Kühn. 8 gℛ

— chrestomathia philol. illustr. a Jh. Pt. Miller. 8. Berl. 761. Haude u. Sp. 1 ℛ 8 gℛ Hbg. Pr. 10 gℛ

— ex recens. F. Oudendorpii. 12. Leyd. 767.

— de viris illustribus fragmentum, s.: Codices graeci et latini.

Suetonii Tranquilli, C., de grammaticis et rhetoribus libelli ex ejusdem opere de viris illustribus superstites. Ad fidem codd. recensuit et adnotatione critica instruxit Frdr. Osannus. 8maj. (XXXII! und 106 S.) Gissae 854, Ricker. *

Suetonius *s.* Horkel, J[ohannes]. Die Römerkriege.... Berlin [1847–]1849.

— zwölf Kaiser, übers. v. Jh. Frz. Wagner, gr. 8. Lemgo 773. Meyer. 20 ℊ

– Kaiserbiographien, s.a. Bibliothek der Übersetzungen sämtlicher griechischer und römischer Klassiker.

—— Kaiserbiographien, s.a. Haus-Bibliothek griech. und röm. Classiker.

Sueton's Kaiserbiographien, s.a. Volksbibliothek, deutsche, der griechischen und römischen Classiker.

— Kaiserbiographien, verdeutscht von Stahr, s.a. Sammlung, neueste, ausgewählter griech. u. römischer Classiker.

Sueton, Kaiserbiographien. Uebers. von Ad. Stahr. 12 Lfgn. 12. [Stuttgart, Nübling.] Berlin, Langenscheidt'sche Verlagsb. [1. und 2. Lfg. 3. Aufl. (S. 1—96.) 874; 3.—12. Lfg. 2. Aufl. (S. 97—554.) 884.] à Lfg. * 35 Pf. *

[**Suetonius**] Sueton's Kaiserbiographien verdeutscht von Adolph *Stahr*. 2. Aufl. Stuttgart u. Leipzig [um 1893]. 8°
(Langenscheidtsche Bibliothek. 106.)

— Kaiserbiographieen. Verdeutscht von Adf. Stahr. 3., 6. u. 7. Lfg. 3. Aufl. 8. (S. 97—144 u. 241—336.) Berlin (901. 902.) Langenscheidt's Verlag. à n. — 35

Sueton's Kaiserbiographieen. Verdeutscht v. Adf. Stahr. 1. 4. u. 8.—12. Lfg. kl. 8. Berlin-Schöneberg, Langenscheidt's Verl. à n. — 35
1. 4. Aufl. Durchgesehen v. E. A. Bayer. (S. 1—48.) 906. — 4. 3. Aufl. (S. 145—192.) (903). — 8.—10. 3. Aufl. (S. 337 bis 480.) 903. 904. — 11. 12. 3. Aufl. Durchgesehen v. E. A. Bayer. (S. 481—554.) (904.)

— Kaiserbiographien. Deutsch v. Adf. Stahr. 1. u. 2. Lfg. 5. Aufl. u. 3.—12. Lfg. 4. Aufl. (S. 1—554.) kl. 8. Berlin-Schöneberg (907—10). Langenscheidt's Verl. à Lfg. — 35

Sueton Tranquillus, Cajus, das Leben des Cajus Caesar Caligula. Aus dem Latein. übers. u. m. Anmerkgn. versehen v. Ernst Dietze. gr. 16. (XVI, 56 S.) Leipzig 894. J. Milde. — 50

— Leben Cäsar's. Ergänzter lateinischer Text mit deutscher Uebersetzung, einleitenden Abhandlungen u. Erläuterungen von Herm. Doergens. Mit 1 (lith.) Taf. (in Fol.) Leipzig 864. Engelmann. 8. (XV, 183 S.) 15 *ngr.*

—— Lebensbeschreibungen, übers. v. G. F. Schenk, s. Uebersetzungsbibliothek griech. u. röm. Klassiker, IV. Abthl.

Suetonius Lebensbeschreibungen — Übersetzt und mit Anmerkungen begleitet von N. G. Eichhoff. Frankf. 821. Bd. 1. 8.

— Lebensbeschreibb. der 12 ersten röm. Kaiser. Uebersetzt mit Anmerkk. v. N. G. Eichhoff. 8. Frankf. a. M. 788, 89. Hermann. 1 ℛ 12 ℊ 2e Aufl. übers. mit Anmerkk. von N. G. Eichhoff. 2 Thle. 8. Ebd. 823. 2 ℛ 16 ℊ Hbg. Pr. 1 ℛ 18 ℊ (Vergl. Samml. von Uebersetzungen der röm. Prosaiker. 8r Thl.)

— Lebensbeschreib. d. zwölf ersten röm. Kaiser. Uebers. mit Anmerkk. v. N. G. Eichhoff. 2 Thle. 2e Aufl. 8. Frankf. 823, Hermann.

C. Suetonius Tranquillus. Lebensbeschreibungen der zwölf ersten römischen Kaiser, übersetzt von Carl Gottlob Ferdinand Schenk. 5 Bde. Prenzlau 1828—1830. 8°.

— übers. u. mit Anmerkk. v. C. G. F. Schenk. 5 Bdchen. 12 Prenzlau 828—30. Ragoczy. 1 ℛ 6 ℊ

—— Lebensbeschreibungen berühmter Römer in 4 Büchern. Wiederhergestellter latein. Text mit deutscher Uebersetzung und Erläuterungen von Herm. Doergens. 8. (XVI und 176 S.) Leipzig 863, Engelmann.

Suetonius Caj. Tranq., Opera cum animadvers. J. A. Ernesti. 8. Leipz. 748. Ed. II. 775. Fritsch. 1 ℛ 8 ℊ

— ex recens. Frz. Oudendorpii, qui variantes lect. suasque animadvv. adjecit; intermixtis J. G. Graevii et J. Gronovii nec non ineditis Karl Mor. Duckeri adnotationibus. (II Prt.) 8maj. Leyd. 751. Luchtmans. (Leipz., Weigel). 5 ℛ 4 ℊ

— — cum animadvers. I. A. Ernesti. 8. Lips. Fritsch. 755.

— Opera. 8maj. Biponti 783. 16 ℊ Ed. II. emend. et auct. 800. (Treuttel u. W. in Strassb.) 1 ℛ 2 ℊ

— Opera, in usum scholar. ad optimas edit. accurat. expressa. 8. Halae, Waisenh. Buchh. 801. -

Suetonius, C. F., opera, in usum scholarum ad optimas edit. accurat. expressa, 8. Halae, Waisenhausbuchh. 811. .

— Opera, textu ad praestantiss. editt. recogn., cont. comment. illustr., clavem Sueton. adj. D. K. W. Baumgarten-Crusius. III Voll. 8maj. Leipz. 816—18. Er. Fleischer. 9 ℛ

— Opera. In usum scholar. breviore annotatione illustr. C. G. Baumgarten-Crusius. II Voll. 8. Leipz. 820. Er. Fleischer. 1 ℛ 12 ℊ

— Opera. Edit. stereotypa. 16. Leipz. 821 u. 29. Tauchnitz. 10 ℊ Hbg. Pr. 6 ℊ Fein Pap. 14 ℊ

Suetonii Tranq., C., Opera instr. E. Gros, s.a. Bibliotheca nova scriptor. lat.

Suetonius, Tranq. Caj., Opera ed. E. Gros. Vol. I et II. Lex.-8. Leipzig 836, 37. Barth. 2 1/3 ℛ (Vgl **Bibliotheca** nova Scriptorum latinorum. Vol. IV et Vol. XIV.)

Suetoni Tranquilli, C., opera ex recensione Max. Ihm. Vol. I. De vita caesarum libri VIII. Adiecta sunt caesarum imagines selectae et tabulae phototypicae tres. (LXVI, 376 S.) gr. 8. Leipzig 907. B. G. Teubner. 12.—; geb. 15.—

— dasselbe. Vol. I. De vita Caesarum libri VIII. Recensuit Max. Ihm. Ed. minor. (XVIII, 360 S.) kl. 8. Ebd. 908. 2.40; geb. 2.80
(Bibliotheca script. Graec. et Rom. Teubneriana.)

— Opera et Fragmenta, textu ad Cod. Mss. recognito cur. J. A. Ernesti, animadvers. nova cura auct. et emend. Jh. Casauboni comment. ed. F. A. Wolff. Insunt reliquiae Monumenti Aucyrani et Festorum Praenestinorum. IV Voll. 8maj. Leipz. 802. (Hahn). 6 ₰ 16 gr. Pr. 3 ₰ 8 gr.

— — cum notis Minellii a Iunker. 12. Lips. 722.

— — quae extant, Car. Patinus notis et numismatibus illustr. 4. Basel, Thurneisen. 706.

— quae supersunt omnia. 2 Vol. 8. Mannh. Acad. Bchh. (Löffler.) 787. (I., 8 gr. II. 6 gr.)

— quae supersunt omnia. II Voll. 8. Manh. 788. Ed. nova emend. 824. (Löffler). 18 gr. Postp. 1 ₰ 4 gr.

Suetonii, (C. Tranq.) quae supersunt omnia. Accur. expressa. II Vol. Edit. nova emend. 8. Mannh. 824, Löffler.

Suetoni, C. Tranquilli, quae supersunt omnia. Recensuit Carol. Ludov. Roth. 8. (CIV und 357 S.) Leipzig 858, Teubner.

Suetoni, C. Tranquilli, qua supersunt omnia. Recensuit Car. Ludov. Roth. 8. (CIV, 357 S.) Leipzig 875, Teubner.

C[ai] Suetoni Tranquilli quae supersunt omnia. Rec. Carolus Ludovicus Roth, Brisigavus. Ed. ster. *Lipsiae: B. G. Teubner 1898.* (CIV, 357 S.) 8°
(Bibliotheca script. graec. et rom. Teubneriana.)

—— praeter Caesarum libros reliquiae edid. August. Reifferscheid. Inest vita Terenti a Frider. Ritschelio emendata atque enarrata. gr. 8. (XX und 566 S. mit 1 Stnt. in qu. Fol.) Leipzig 860, Teubner.

Suëton, übers. von Ad. Stahr, s. Bibliothek, Langenscheidt'sche, sämmtlicher griechischer und römischer Klassiker.

Suetonius, Caj. Tranq., v. Ostertag. 2 Bde. s. a. Sammlung d. neuesten Uebersetzungen der römischen Prosaiker 8te Abth.

— Übers. mit Anmerk. von Ostertag. Frankf. 788. 89. 2 Bde. 8. 1 rthl. 22 gr. Neu umgearb. von Eichhoff. Ebend. 820. Bd. I. 8.

— — übersetzt und mit erläuternden Anmerkungen von J. P. Ostertag (2 Bde.) 8. Wien 1799.

— de vita caesarum libri VIII, recensuit Leo Preud'homme. (Bibliotheca batava scriptorum graecorum et romanorum, curantibus K. Kuiper, J. S. Speyer, J. van Wageningen.) (XII, 338 S.) 8. Groveningen 906. J. B. Wolters. n. 4.—

Suetonii Tranquilli, C., vita divi Claudii. Commentario instruxit H. Smilda. Diss. gr. 8. (VII, 192 S.) Groningen 896. J. B. Wolters. n. 4.20

– Vitae XII Caesarum.

— — id. lib. cum notis instar Minellii illustr. Iunker. 12. Frcf. Herrmann.

— vitae XII Caesarum. 12. Halle 755, 778, 801, 811. Waisenhaus-B. 7 gr.

— ad opt. editt. edit. 8. Würzb. 781. Stahel 6 gr. Schreibpap. 8 gr.

— Caesarum XII vitae ex rec. Burmanni. 8. Nürnb. 782. Ed. n. 805. Riegel u. W. 12 gr.

— — id. lib. ad optimas editiones editus. 8. Würzb. Stahel. 782.
Schrbp.

Suetonius Tranquillus, C.

Vitae duodecim Caesarum. Editio usui scholarum accomodata. Darmstad. et Gissae 1810. H: *Zimmermann*, *Ernst*. (KY) (MGT)

— Edit. usui scholar. accommodata. Darmst. 810. 8. 20 gr. Ist durch die Weglassung vieler Stellen verstümmelt.

— vitae duodecim Caesarum. Editio usui scholar. adcommodata. (Ed. Ernst Zimmermann). 8. Darmst. et Giessen 810. Heyer. 20 gr.

— Vitae duodecim Caesarum. Editio usui Scholarum accommodata. 8. Giessen, Heyer, 811.

Suetonii, C. Tranquilli, Vitae duodecim Caesarum cum scriptis minoribus et fragmentis. Nova editio stereot. curante C. H. Weise. 16. Leipzig 845, K. Tauchnitz. 1/4 ₰ fein Pap. 3/8 ₰

Suetonii Tranquilli, C., vitae duodecim Caesarum cum scriptis minoribus et fragmentis. Nova edit. ster. C. Tauchnitiana curante C. H. Weise. Nova impressio. Leipzig 868. Holtze. 16. (IV, 388 S.) 7½ ngr.

Suetonii Tranquilli, C., vitae duodecim Caesarum. Ed. C. H. Weise. Ed. ster. C. Tauchnitiana. Nova impressio. 16. (388 S.) Leipzig 874. Holtze. — 90

— vitae XII Imperatorum, erläut. von J. H. Bremi. gr. 8. Zürich 800. Ziegler u. S. 1 ₰ 20 gr. Engl. Druckp. 2 ₰ 8 gr. 2e Ausg. gr. 8. Ebd. 820. 2 ₰ 6 gr.

Suetonius. C[aii] Suetonii Tranquilli vitae XII. imperatorum. Erläutert von Joh[ann] Heinrich Bremi. 2., umgearbeitete und berichtigte Ausg. 8. Zürich 1820.

— vitae XII imperatorum cur. Lünemann. gr. 8. Hannov. 824. Hahn. 10 gr.

—— vitae selectae. In us. scholar. recogn. et illustr. H. Paldamus. 8. (17½ B.) Halae 829. Schwetschke et fil.

Suetons Werke, s. a. Collection Spemann.

Suetonius Tranquillus, Cajus, Werke, s. a. Prosaiker, römische, in neuen Uebersetzungen.

— Werke, übers. von K. Andree. 1.—3. Bdchn. 16. Stuttgart ..., Metzler. Subscr.-Pr. à 1/6 ₰

—— Werke, übers. v. Friedr. Karl v. Strombeck I. — A. u. d. T.: Leben d. C. Julius Caesar. gr. 8. (6 B.) Braunschweig 834, [Vieweg u. Sohn.]

—— Werke, v. K. Andree, s. a. Prosaiker, röm.

C. Suetonius Tranquillus. Werke, übersetzt von Karl Andree und H. Reichardt. 2 Bde. Stuttgart 1834–1855. 8°.

— Werke, übersetzt von K. Andree. 1s—3s Bdchn. 16. Stuttgart 834. Metzler. (à 1/6 ₰) 1/2 ₰

Sueur, H., étude sur la mortalité a Paris pendant le siége. Avec 5 planches en chromolithographie. gr. 8. (112 S.) Paris 872. Sandoz & Fischhaber. n. 4.—

Sueur, J. le, d. abgerissn. Larven, od. d. Privatleben des J. van der Noot, van Eupen 2c. 2 Thle. 8. Hildburgh. Hanisch. 791.

— les Masques arrachés, histoire secrette des révolut. et contrerévolut. du Brabant etc. II Vol. 18. Anvers. (Kupferberg à Mayence.) 791.

— — le même. 2 Vol. 18. Londres. (Sommer, Lpz.) 790.

Suevus, Gottfried [Praes.], s. Börner, Joh. Georg: Utrum in alienatione bonorum pupilli vel minoris necessaria sit subhastatio?

Suevus, Gottfried [Praes.], s. Ehewald, Reichard: De vicariis imperii.

Suevus, Gottfried [Praes.], s. Exs, Johann Heinrich: Observationes forenses.

Suevus, Gottfried [Praes.], s. Fritsche, Johann Gottfried: Judicem circa vitanda perjuria providum.

Suevi, Gfr., Priorität der widerkäufl. Zinsen. 4. Wittenb. 715. Ritblr.

Suevus, Gottfried [Praes.], s. Tielmann, Job: De edicto divi Marci.

Suez [Schlagwort]

Suez, Strasse von, s.: Erdkarten, Herrich, A.

Suez — Bai von —. 140.CC0. G.M. 1861.

Der Suez-Canal. Berlin. 1 Bl. c. L. Sch.

Das Gemeindewahlrecht in Preussen. Zusammenstellung d. gesetzl. u. minist. Bestimmungen f. d. Handgebr. d. Behörden u. Wahlvorsteher von Dr. jur. Ch. **Suffert**. Berlin-Gr.-Lichterfelde: Schulze & Co. 1901. (32 S.) 8°
(Gesetzsammlung, Brandis. No 16.)

Suffert, Ch., bürgerliches Gesetzbuch nebst Einführungsgesetz. Große Volksausg. m. Einleitung, gemeinverständl. Erläutergn., Formularen, den ergänz. Bestimmgn. anderer Reichsgesetze u. ausführl. Sachregister. (Neue [Titel-]Ausg.) 2 Bde. gr. 8. (XXVII, 803 u. VIII, 792 S.) Stuttgart [897]. (900). Deutsche Verlags-Anstalt.
Geb. in Leinw. n. 17. 50; in 1 Leinw.-Bd. n. 15. —

Suffert, Chr., Deutsches bürgerliches Gesetzbuch nebst Einführungsgesetz v. 18. VIII. 1896. Gemeinverständl. erläut. große Volksausg. m. Einleitg., Kommentar u. Sachregister. M. 9 Porträts in e. Gesammtbilde. (In 2 Bdn. od. 50 Hftn.) 1. u. 2. Hft. gr. 8. (1. Bd. S. 1—80.) Hamburg 897. Adf. Meyer. à n. — 30

— das Reichsgesetz betr. die Gewerbegerichte v. 29. VII. 1890 in der Fassung v. 29. IX. 1901. Text-Ausg. m. Hervorhebg. der Neuergn., den ergänz. Bestimmgn. der Gewerbeordnung u. Sachregister. 8. (32 S.) Gr.-Lichterfelde 901. Gesetzverlag Schulze & Co. n. — 50

Suffert, Ernst [pract. Arzt zu Hungen]: Der Einfluss der Antiseptik auf die Häufigkeit des Vorkommens von Mastitis, Ophthalmoblennorhoe, Conjunctivitis und Nabelvergiftung nach den Erfahrungen der Marburger geburtshülflichen Klinik 1867 bis 1887. . . . Marburg, Druck v. Georg Schirling, 1887; 19 S. 8°
Marburg, Med. Fak., Inaug.-Diss. v. [29. Aug.] 1867

Suffert, Ernst, der Einfluss der Antiseptik auf die Häufigkeit des Vorkommens von Mastitis, Ophthalmoblennorhoe, Conjunctivitis und Nabelvergiftung nach den Erfahrungen der Marburger geburtshülflichen Klinik 1887 bis 1887. Diss. Marburg 1887, N. G. Elwertsche Univ.-Buchh. 8°. 19 S.

Süffert, Wilh., der frische Deutschländer in Brasilien od. der Musterreiterembryo. Ein harmloses Gedicht in harmlosen Versen. 2. Aufl. (63 S.) gr. 8. Porto Alegre (901). (St. Louis, Concordia Publishing House.) n. 1. 60

Der frische Deutschländer in Brasilien oder Der Musterreiterembryo. Ein harmloses Gedicht in harmlosen Versen von Wilhelm **Süffert**. 2. Aufl. Porto Alegre: C. Reinhardt; [Leipzig: E. Curelin 1901]. (64 S.) 8°

Sufflay, Milan v., die dalmatinische Privaturkunde. (166 S.) gr. 8. Wien 904. (A. Hölder.) n. 2. 60
Sonderabdruck aus: „Sitzungsber. d. k. Akad. d. Wiss."

Šufflay, Milan von, Dr.: Die dalmatinische Privaturkunde. S. 147/6.
Separatabdruck

Suffraganei Colonienses extraordinarii, sive de sacrae Coloniensis ecclesiae proepiscopis, vulgo Weihbischöfen syntagma historicum. Quod prius instruxit J. H. Heister, nunc renovavit, novis accessionibus auxit et ad nostra usque tempora continuavit Ant. Jos. Binterim. 8maj. (7 B.) Moguntiae 843, [Kirchheim et Schott.]

Suffreni, P. Ioannis, S. I., circus perfectionis sive exercitia spiritualia per aliquot dies decurrenda, cum appendice de confessione generali. Ed. latina III, quae concordat cum I. (XVI, 306 S. m. 1 Stahlstich.) kl. 8. Innsbruck 908. F. Rauch. 1.80; geb. in Ldr. 3.20; in Chagrin m. Goldschn. 3. 80

Suffrian, Aug., Klavierspiel durch Selbstunterricht. Anleitung z. Erlerng. d. Klavierspiels. gr. 8. (17 S. m. 1 Taf.) Hannover 897. A. Suffrian. — 80

Suffrian, E. Eleutheratorum Tremoniensium enumeratio. 26 S.
Dortmund, Progr. 1836

Suffrian, Ludovicus Eduardus: • Urbis Mindae in Guestphalia ad Visurgim sitae longitudinem geographicam ex occultatione stellae fixae a Luna effecta derivatam computavit, simulque formulas ad inveniendam Lunae longitudinem et latitudinem apparentem idoneas addidit. 59 S. 8° (4°)
Halle-Wittenberg, Phil. Diss. v. 22. Dez. 1824
Geb. [Minden a. d. Weser 21. 1. 1805]
Verf. erlebte die Diplomerneuerung 1874 als Geheimer Regierungs- und Provinzialschulrat in Münster, vgl. Anh. Nr. 562.

Suffrian, Friedr., das preußische Königthum in seiner rechtlichen Grundlage und Stellung. 8. (21 S.) Münster 865, (Regensberg.) *

Suffrian, Fr., die Korrealobligation nach den Grundsätzen des heutigen römischen Rechtes. gr. 8. (VI, 37 S.) Brandenburg 876, (Wiesike.) * 1 —

—— das Pactum de mutuo dando nach den Grundsätzen des heutigen römischen Rechtes. gr. 8. (15 S.) Münster 866, (Brunn's Verlag.)

Suffrian, L. E. Problematis dato triangulo rectilineo quadratum inscribendi solutio. 28 S.
Aschersleben, Progr. 1827

Suffrian, L. E. Versuch einer Zusammenstellung der wichtigsten Eigenschaften berührender Kreise. 20 S.
Aschersleben, Progr. 1833

Suffrian, Ludwig Eduard, s. Suffrian, Eduard

Sugár, Nikolaus

Sugár, Nik., methodischer Galop [Behelf zum Rekruten-Reitunterricht]. 8. (38 S.) Teschen 881, Prochaska. * 1 20

—— Gewichtsvertheilung beim Reiten der Seitengänge und beim Einsprengen in kurzen Galop. 8. (45 S.) Ebendas. 882. * 1 40

Sugár, Otto, die Industrialisierung Ungarns unter Beihilfe des Staates u. der Kommunen. Auf Grund urkundl. Materials dargestellt. Mit e. Vorwort v. Jos. Szterényi. (XI, 135 S.) gr. 8. Leipzig 908. Duncker & Humblot. 3. —

Sugenheim, S., Aufsätze u. biographische Skizzen zur französischen Geschichte. gr. 8. (VII, 338 S.) Berlin 872. Oppenheim. n. 4. 50

— Deutschland im spanischen Erbfolge- u. im großen nordischen Kriege, s.: National-Bibliothek, deutsche.

—— Frankreichs Einfluß auf, u. Beziehungen zu Deutschland, seit der Reformation bis zur ersten französ. Staatsumwälzung. (1517—1789) 1. Bd. (Bis zum Tode König Heinrichs IV.) gr. 8. (35 1/8 B.) Stuttgart 845, Hallbergersche Vrlgsh.

Sugenheim, S., Frankreichs Einfluß auf und Beziehungen zu Deutschland seit der Reformation bis zur ersten französischen Staatsumwälzung (1517—1789). 2. Bd. (1610—1789.) Stuttgart 856. Hallberger'sche Verlhdlg. 8. (520 S.) 2 Thlr. 10 ngr.
1. Bd. Ebend. 845. 2 Thlr. 10 ngr.

— Rußlands Einfluß auf, und Beziehungen zu Deutschland vom Beginne der Alleinregierung Peters I. bis zum Tode Nikolaus I. (1689—1855); nebst einem einleitenden Rückblicke auf die frühere Zeit. 2 Bde. Frankfurt a. M. 856. Keller. 8. (XXVIII, 382; XV, 424 S.) Jeder Bd. n. 1 Thlr. 25 ngr.
Inhalt. 1. Bd.: Bis zum Vollzuge der ersten Theilung Polens: 1773. — 2. Bd.: 1773—1855.

—— dass. — (1689—1855); nebst einem einleitenden Rückblicke auf die frühere Zeit. 2. Bd. (1773—1855.) 8. (XV und 424 S.) Ebds. 856. *

— Geschichte der Entstehung und Ausbildung des Kirchenstaates. Von der Königl. Gesellschaft der Wissenschaften zu Göttingen gekrönte Preisschrift. Leipzig 854. Brockhaus. gr. 8. (VIII, 439 S.) n. 2 Thlr. 15 ngr.

Sugenheim, S., Geschichte der Jesuiten in Deutschland, bis zur Aufhebung des Ordens durch Pabst Klemens XIV. (1540—1773.) 2 Bde. 8. (XXIV. 331 u. 391 S.) Frankfurt a. M. 847, Literarische Anstalt. 3 1/4 Thlr.

Sugenheim, S., Baierns Kirchen- u. Volks-Zustände seit dem Anfange des 16. bis zum Ende des 18. Jahrhunderts. Nach handschriftl. u. gedruckten Quellen geschildert. 1. Bd. 16. Jahrhundert. gr. 8. (40 B.) Gießen 842, Heyer's Verlag.

—— dass. 1. Bd.: Besonderer Abdruck der Vorrede. (Preußisch-Baierisch-Kirchliches der Gegenwart.) gr. 8. (3 B.) Ebds. 842.

Sugenheim, S., Deutsches Parlament und Deutscher Bundestag. Frankfurt a. M., C. Horstmann, 1848. 16 S. 8°.

Sugenheim, S., Staatsleben des Klerus im Mittelalter. 1r Bd. gr. 8. Berlin 839. Reimer. 1 5/6 Thlr.

Sugenheim, Samuel: „Geschichte der Aufhebung der Leibeigenschaft und Hörigkeit in Europa bis um die Mitte des neunzehnten Jahrhunderts . . . . Eine von der Kaiserlichen Akademie der Wissenschaften im Jahre 1860 gekrönte Preisschrift", St. Petersburg 1861. — Vorh.: StB Nürnberg.

Sugenheim, Sam., Geschichte der Aufhebung der Leibeigenschaft und Hörigkeit in Europa bis um die Mitte des 19. Jahrh. (Gekrönte Preisschrift.) Lex.-8. (VIII und 544 S.) St. Petersburg 861. Leipzig, Voss. *

Sugenheim, Sam., Geschichte des deutschen Volkes u. seiner Kultur von den ersten Anfängen histor. Kunde bis zur Gegenwart. (In ca. 6 Bdn.) 1—3. Bd. Leipzig, Engelmann. gr. 8. 8 Thlr. 2 1/2 ngr.
1. Bd. Bis zum Ende der Karolingerzeit. (XXIV, 559 S.) 866. 2 Thlr. 7 1/2 ngr.
2. Bd. Von K. Konrad I. bis zum Untergang der Staufer. (XII, 702 S.) 867. 2 Thlr. 27 1/2 ngr.
3. Bd. Vom großen Zwischenreich bis zum Tode Herzog Karl's des Kühnen von Burgund. (XXIV, 708 S.) 867. 2 Thlr. 27 1/2 ngr.

Sugg, Kopenhagen als Sommerfrischen-Station. (15 S.) 8. München (905). Seitz & Schauer. n. — 20

Sugg, Paul: Eine Reise nach Cairo. Gross-Glogau, Druck v. Ed. Mosche Nachf. (G. Binder), 1889; S. 3—14; 4°
Gross-Glogau, k. kath. G, OP 1889 (176)

Regulatoren, die trockenen, Sugg-Friedleben. Frankfurt 1868

Suggestion, s. a. Miniatur-Bibliothek.

Suggestion. Bundesorgan der Gesellschaften u. Vereine f. Hypnotismus, Hypnotherapie, Suggestion, psych. Forschg., Psychologie, Naturwissenschaft etc. Hrsg. v. Otto Siemens. 1. u. 2. Jahrg. 1905 u. 1906. à 12 Nrn. (à ca. 24 S.) 8. Leipzig-Co., O. Siemens. à Jhrg. 3. —
Erscheint nicht mehr.

Suggestion. Gesellschaft f. psych. Naturwissenschaft. „Internationaler Bund der Hypnotiseure". Bundesorgan der Gesellschaften u. Vereine f. Hypnotismus, Hypnotherapie, Suggestion, psych. Forschg., Psychologie, Naturwissenschaft etc. Red.: O. F. Siemens. 3. u. 4. Jahrg. 1907 u. 1908. à 24 Nrn. (à ca. 16 S.) 8. Leipzig, O. Siemens. à Jahrg. 3. —

Sugi, Umesaburo, aus Tokio: Die Reform des japanischen Geldwesens im Jahre 1897. *Göttingen 1901: Dieterich.* (56 S.) 8°
Göttingen, Phil. Diss. v. [9. Mai] 1901

Sugi, Umesaburo, die Reform des japanischen Geldwesens im J. 1897. Diss. gr. 8. (57 S.) Göttingen 901. (Vandenhoeck & Ruprecht). n. 1. 40

Sugier, F., Souvenir, s. Sammlung französischer Lesestücke.

Sugiyama, Gensaku, Dr., a. Japan: Untersuchungen über Sputumdesinfektion mit Ptiophagan. Rostock 1905: H. Winterberg. (29 S.) 8°
Rostock, Med. Fak., Ref. Martius, Diss. v. 25. Nov. 1905
[Geb. 7. Febr. 61 Regierungsbezirk Shidzuoka; Staatsangeh.: Japan; Vorbildung: Gymn. Shidzuoka Reife Jan. 81; Studium: Tokyo 8, Rostock 2 S.; Coll. 17. Okt. 05.]

Suh, Doktraptökersch! [Königsberg i. Pr. 1902.] V: *Reichermann, W.* (Berl)

Suhadja: Schule und Leben, als organisch ergänzende Theile des Menschen. 15 S.– Temesvár, Progr. 1854;

SUHAJDA, Johannes: De sacramento extremae unctionis. — 1847 70 S. 4° (Handschr.) Diss. 70
Diss. Wien, Univ.

Suhl [Schlagwort]

Suhl, s.: Geologische Karten. Karte (Preussen).

Suhl, s.: **Preussen. Messtischblätter. — Thüringen.**

Suhl, s.: **Thüringen. Gräf.**

Suhl [Verfasser]

Suhl, J. D., Erfahrr. üb. den Anbau der Erdmandeln 2c. 8. Bresl. 803. Gehr. 2 gr — Nachtrag hierzu, od. nähere Beschreib. der Erdmandel. 8. Ebd. 803. 3 gr

Suhl, J. D., Erfahr. üb. d. Anbau d. Erdmandeln etc. 8. Breslau, 1803. (Korn.) — 2½
— — Nachtrag hierzu. 8. Ebend. — 3¼

Suhl, Ludwig (Übers.), s. B a y l e, Pierre: Histor.-krit. Wörterbuch im Auszuge.

Suhl, Ludwig (Lübeck) A. S. 1332/1

Dissertatio de commercio animae et corporis rite explicando sententias Cartesii atque Carthesianorum modesto examini subiiciens.
Präs. Philipp David Kraeuter. Rec.
Jena (Marggraf) 1743. 36 S.

Diss. 18. X. 1741. 34070

Suhl, Edw., († d. 3. Jan. 1819.) üb. das El am delphischen Apollotempel. 4. Lübeck 780.

– s. G e s s n e r, J. G.: Verzeichniß der . . . Schriften.

— Irenäus u. Euphron; ein bibl. Gespräch. 4. Dessau u. Leipz. 784.

S u h l, L., P r e d i g t e n. 8. Lübeck, Donatius. (Niemann u. R.) 792.

— zwei Predigten. 8. Lübeck 783.

– s. R e i n e k e de Vos.

— Reynäert de Vos, nach der Delfter Ausgabe von 1485. 8. Dessau, Gel. Buchh. 783.

— das Schiff; e. Allegorie. Lübeck 781.

— der Todten-Tanz, nach einem alten Gemälde in der Marienkirche zu Lübeck, in 8 Fol.-Kupfertaf. mit Erklär. herausgg. Lübeck, Niemann u. R. schwarz 12 gr illum. 1 ₰ 12 gr

Suhl, Edw., üb. dän. Vergleichungscommissionen, franzöf. Friedensgerichte, commissar. u. compromissar. Versuche zum gütlichen Vergleiche, u. der letztern eigenthüml. Vorzüge. 8. Lübeck 809. Niemann. 12 gr

— gewöhnl. Verzierungen der Denkmäler in unsern Kirchen. 4. Lübeck 783.

Suhl, Rütger, a. Hamburg: Beiträge zur Kenntnis des p-Kressol [!] und seiner Derivate. Marburg 1906: Köster & Schell. (58 S.) 8°
Marburg, Phil. Fak., Ref. Zincke, Diss. v. 15. Dez. 1906
[Geb. 3. Okt. 77 Singapore; Wohnort: Hamburg; Staatsangeh.: Hamburg; Vorbildung: Oberrealsch. Hannover Reife O. 02; Studium: T.H. Hannover 6, Dresden 5, Hannover 1, Univ. Marburg 4 S.; Rig. 23. Juni 06.]

SUHLA, Ritter Guido v., oder das warme Händchen Uraninens. Sagen der Feenzeiten. Orig.-Aufl. Mit TKpf. u. gestoch. Tit. mit drastischer Vignette (von V. G r ü n e r). Wien u. Hohenzollern, bey J. B. Wallishausser. 1799. Kl. 8°. 166 S. Zahm.

Suhle: Z. M e t e o r o l o g i e des Arist. Bernb. 1864. 30 S. 40
Schul-/Univ.-Schrift

Suhle, Alb.

— u. F. Klapproth, der Kurrendejunge. Ein Weihnachtsspiel. (20 S.) kl. 8. Stuttgart (907). Holland & Josenhans. n — 30

Suhle, Alb., Kaiser Heinrichs Weihnacht, s.: Klapproth, Ferd.

S u h l e, Berth., A n t i - K o h l. Nachweisung wundersamer Angriffe gegen eine neue griechische Schulgrammatik. 8. Hannover 871, Hahn'sche Buchh.

Suhle, B., Anti-Kohl, Nachweisung wundersamer, aber zweckmässiger Angriffsmittel (eine neue griech Schulgrammatik u Einiges z. griech Formenlehre. Gel. 1871. 16 S. -

—— A n t i - K o h l. 2. Thl.: Der unfehlbare Recensent. Stolp 872. (Ebendas.)

Suhle, Berth., e. neue Erklärung der sogenannten epischen Zerdehnung. 8. (8 S.) Leipzig 872. Hahn. — 15

Suhle, Berthold, Prof. Dr.: Einige **Gedanken** über die weltgeschichtliche Epoche, in der wir leben, und die Stellung, die unser Kaiser darin einnimmt. (Umschlagt.: Rede zur Feier des Geburtstages S. M. des Kaisers und Königs.) *Nordhausen 1900: F. Eberhardt.* (S. 3—8.) 4°
Nordhausen, k. G, OP 1900 (260)

— u. M. **Schneidewin,** übersichtliches griechisch-deutsches Handwörterbuch f. die ganze griechische Literatur m. e. tabellar. Verzeichniss unregelmäss. Verba. Lex.-8. (XX, 1990 Sp.) Ebend. 875. 9. 75

— **übersichtliches Homer-Lexikon** zum Schulgebrauche u. f. reifere Leser. gr. 8. (IV, 139 S.) Ebend. 874. 1. 50

Suhle, Berthold De hymno homerico quarto εἰς Ἀφροδίτην. 29 S. *Stolp* 1878.
Progr.

—— **der Schachcongress zu London im J. 1862 nebst dem Schachcongresse zu Bristol im J. 1861. 1. Thl.: Das grosse Schachturnier zu London im J. 1862. Lex.-8. (VII und 80 S.) Berlin 864, Springer's Verlag.** *

—— **dass. — 2. Thl.: Die Preisprobleme, die Consultationspartieen und das Turnier zu Bristol. Lex.-8. (III und 40 S.) Berlin 864, (Weber.)** *-

— Arthur Schopenhauer und die Philosophie der Gegenwart. Antimetaphysische Untersuchungen mit besonderer Rücksicht auf die Denker des 18. Jahrhunderts. 1. Thl. Ebend. 862. gr. 8. (116 S.) n. 25 ngr.

— griechische Schulgrammatik für alle Klassen auch zum Selbstunterricht. 1. Thl.: Formenlehre. Leipzig 870. Hahn. gr. 8. (VIII, 53 S.) 10 ngr.

— vollständiges Schul-Wörterbuch zu Xenophons Anabasis. Mit e. (lith.) Karte zur Orientirg. (in qu. gr. 4.) gr. 8. (VII, 148 S.) Breslau 876. Kern's Verl. 1. 50

Suhle, Berth., vollständ. Schulwörterbuch zu Xenophons Anabasis. M. e. Karte zur Orientierg. 2., m. Berücksicht. der Rezensionen verb. Aufl. gr. 8. (VIII, 184 S.) Breslau 896. J. U. Kern's Verl. 1. 50

Suhle, Berth., und G. R. Neumann, die neueste Theorie und Praxis des Schachspiels seit dem Schachcongresse zu New-York im J. 1857 übersichtlich dargestellt in 329 auserles., gründlich analysirten Partieen von Anderssen, Barnes, Blackburne etc. aus den J. 1857—1864. Ein vollständ. Cursus der neuesten Spieleröffnungskunst. Lex.-8. (XVI und 464 S.) Berlin 865, Springer's Verlag. *

— griechische verba anomala in alphabetischer Reihenfolge tabellarisch dargestellt. Suppl. zum Handwörterbuch der griech. Sprache v. B. Suhle u. M. Schneidewin u. zur griech. Schulgrammatik v. B. Suhle. Lex.-8. (31 S.) Leipzig 872. Hahn's Verl. — 90

— 155 griechische verba anomala. Tabelle zum Unterricht in Tertia u. zur Repetition für die höheren Klassen. Stolp 869. Eschenhagen. gr. 8. (34 S.) n. 6 ngr.

Suhle, Berth., über die Cäsur und ihre Bedeutung für den Rhythmus. Ein Beitrag zum Verständniß der antiken Versmaße. Berlin 864. Weber & Co. gr. 8. (36 S.) n. 10 ngr.

Suhle, Berth., über die Cäsur u. ihre Bedeutung für den Rhythmus. Ein Beitrag zum Verständniß der antiken Versmaße. 2., verb. Aufl. Berlin 866. Weber. gr. 8. (25 S.) n. 10 ngr.

Suhle, Berth., über die epische Zerdehnung, die Cäsur u. die ursprüngliche Composition d. homerischen Verses. [2. Thl. der im J. 1872 erschienenen „neuen Erklärg. der sogenannten ep. Zerdehng."] gr. 8. (11 S.) Ebend. 875. n. — 20

Suhle, Edgar [aus Coeslin]: Beitrag zur Casuistik der Meningitis tuberculosa und Meningitis cerebrospinalis der Kinder mit besonderer Berücksichtigung der differentiellen Diagnose zwischen beiden Krankheiten ... Berlin, Buchdr. v. Gustav Schade (Otto Francke) (1887); 28 S. + 2 Bl. 8°
Berlin, Med. Fak., Inaug.-Diss. v. 30. Jul. 1887.

Suhle, Edgar, Beitrag zur Casuistik der Meningitis tuberculosa und Meningitis cerebrospinalis der Kinder mit besonderer Berücksichtigung der differentiellen Diagnose zwischen beiden Krankheiten. Diss. Berlin 1887, Mayer & Müller. 8°. 28 S.

Suhle, Eugen: Barbarossas Constitutio de regalibus vom November 1158 und ihre Durchführung ... [= Progr. d. Sophiensch. in Berlin 1893.] Berlin, *Druck v. W. Pormetter*, 1893; 1 Bl., 22 S. 4.
Rostock, Phil. Fak., Inaug.-Diss. v. [28. Febr.] 1893

Suhle, Eugen [Dr.]: Barbarossas constitutio de regalibus vom November 1158 und ihre Durchführung. [= Inaug.-Diss. v. Rostock 1893.] Berlin, R. Gaertner, 1893; 22 S. 4.
Berlin, Sophien-S. OP 1893

Suhle, H., Leitfaden für den Unterricht in der Arithmetik. 2 Hefte. gr. 8. Köthen 877, Schettler's Verlag. [1. Heft. (VII, 94 S.) * ℳ 1,50.; 2. Heft. (VII, 144 S.) * ℳ 2.] * 3 50

Suhle, H., Leitfaden f. den Unterricht in der Arithmetik. 2 Hfte. 2. Aufl. gr. 8. Cöthen 888. Schettler's Erben, Verl. n. 3. 50
1. (VII, 100 S.) n. 1. 50. — 2. (VIII, 147 S.) n. 2. —.

Suhle, H., Psychrometertafeln, welche den Dunstdruck u. die relative Feuchtigkeit für Zehntelgrade beider Thermometer des Psychrometers enthalten. Nach August's Psychrometertafeln berechnet. Cöthen 866. Schettler. gr. 4. (VI, 51 S.) n. 24 ngr.

Suhle, Herm. (geb. Potsdam 7. 1. 1830): De quorundam theoriae numerorum theorematum applicatione. Berolini (1853). (38 S.) 8°
Berlin, Phil. Diss. v. 28. Juli 1853

Suhle, Herm. Beiträge zur Geschichte des Karlsgymnasiums. 49 S.
Progr. G. *Bernburg* 1878.

— Beiträge zur Geschichte der Fürstlichen Schule zu Dessau. I. 1536—1628. 4 (35 S.). II. 4 (29 S.).
Progr. Friedrichs-Rg. u. Vorsch. *Dessau* 1888 (641). 1890 (667).

Suhle, H. [Dir. Prof. Dr.]: Beiträge zur Geschichte der Fürstlichen Schule zu Dessau. II. (Forts. d. P-Beil. 1888.) Dessau, Druck v. L. Reiter, herz. Hofbuchdr., 1890; S. 1—29; 4°
Dessau, herz. Friedrichs-RG u. VS d. Fridericianum, P 1890

Suhle, Herm., die Elemente der geometrischen Analysis. gr. 4. (84 S. mit 1 Stnt.) Bernburg 858, [Reiter.] *

Suhle, *Hermann* Die Errichtung der Nebenklassen (Realklassen) im Jahre 1837. 4 (8 S.). Friedrichs-Rg. u. Vorsch. *Dessau* 1887 (631).
Progr.

Suhle, *Hermann* *Festrede zur Säkularfeier des Gymnasiums und Realgymnasiums.* 4 (S. 11—46). Friedrichs-Rg. *Dessau* 1886 (623).
Progr.

Suhle, *Hermann* [Dir. Prof. Dr.]: Über imaginäre Punkte ebener Kurven. (Soll fortges. werden.) Dessau, Druck v. L. Reiter, Herzogl. Hofbuchdr., 1893; 1—28 S. 4.
Dessau, herz. Friedrichs-RG u. VS d. Fridericianum, P 1893 (670)

Suhle, *Hermann* [Dir. Prof. Dr.]: Über imaginäre Punkte ebener Kurven. II. (Forts. d. P-Beil. 1893.) Dessau, Druck v. C. Dünnhaupt, Herz. Hofbuchdr., 1894; 1—17 S. 4.
Dessau, herz. Friedrichs-RG u. VS d. Fridericianum, P 1894 (684)

Das Recht des Hochstifts Halberstadt auf Aschersleben. Ein Beitrag z. Anhalt. Geschichte von Dr. H[ermann] Suhle, Schulrat. Dessau: C. Dünnhaupt 1907. (68 S.) 8° [F.] 07. 10404

Suhle, Hermann, Dr., Die Resultate der meteorologischen Station zu Bernburg. (Programm-Abhandlung.) Bernburg 1868.

Suhle, *Hermann* [Dir. Prof. Dr.]: Zur Theorie der reellen Kurven einer rationalen Funktion n^{ten} Grades für komplexe Variable. Dessau, Hofbuchdr. v. C. Dünnhaupt, 1896; 1—10 S. 4.
Dessau, herz. Friedrichs-RG u. VS d. Fridericianum, P 1896 (699)

Suhler, L., praktischer Lehrgang für den ersten Unterricht in der französischen Sprache nach Ollendorff's Methode. 1. Cursus. Würzburg 861. — Leipzig, C. L. Fritzsche. 8. (80 S.) 6 ngr.

Suhm, Peter Friedrich

— Erster oder kurzer Auszug aus der Geschichte Dänemarks, s.a. Suhm: Geschichte Dänemarks.

— erst. od. kürz. Auszug a. d. Gesch. Dänemarks, z. Gebr. d. studir. Jug. (a. d. vorher. besond. abgedr.) gr. 8. Ebd. 794.

Suhm, P. F. v. Erster und kürzerer Auszug der Dänischen, Norwegischen und Schleswig-Holsteinischen Geschichte ... Flensburg 1794. B: *Jasperson, Johann.* (Kordes, Schlesw.-holtst. u. eutin. Schriftst. Schleswig 1797.)

— s. Briefwechsel mit Friedrich II.; auch Friedrich II.

Suhm, Peter Friedrich. Seltnes Denkmahl patriotischer Freymüthigkeit ... O. O. [177?]. Ü: *Hellfriedt, Carl Frdr. v.* (Bruun, Bibl. Danica III, 490.)

Suhm, P. F., drey Erzähl., s. Sigrid.

– s. Euphron. Eine Erzählung.

v. Suhm, Pt. Fr., die drei Freunde Sigrid u. Alfsol; aus d. Dän. v. Chr. H. Reichel. 8. Leipz. 791. Müller. 18 gr

Suhm, P. F. v. Geschichte Dänemarks, Norwegens und Holsteins ... [A. d. Dän.] Flensburg 1778. Ü: *Petersen, Jacob.* (ML) Umgearb. Ausg. 1794. H: *Jasperson, Johann.* (CBH) (MGT) (Bruun, Bibl. Danica III, 19.) »1794« (Kordes, Schlesw.-holst. u. eutin. Schriftst. Schleswig 1797.)

— Geschichte Dänemarks, Norwegens, Schleswigs u. Holsteins, z. Gebrauch der studir. Jugend. In zween Auszügen; aus d. Dän. (v. Jak. Petersen). 8. Flensb. 778. Umgearb. (v. Jh. Jasperson). gr. 8. Flensb. 794. Korte. 20 gr (1r Abschnitt auch besond. unt. d. T.: P. F. Suhms erster u. kürzerer Ausz. der dän., norweg. u. schleswig-holstein. Geschichte ꝛc. gr. 8. Ebd. 794. (Hammerich in Altona). 2 gr)

— — Dänemarks, Norwegens, Schleswigs und Holsteins, zum Gebrauch d. studir. Jugend. gr. 8. Flensb. Korte. (Christiani in Schleswig.) 794.

— Geschichte Dänemarks, Norwegens, Schleswigs u. Holsteins, als Lehrbuch f. Schulen, umgearb. u. fortges. v. Fd. Stiller. 8. Hamb. 815. (Herold jun.) 20 gr

— Geschichte Dänemarks, Norwegens, Schleswigs u. Holsteins, als Lehrbuch f. Schulen, umgearbeitet und fortgesetzt von F. Stiller. 8. Hamb. Vollmer. 815.

Peter Friedrich Suhms Geschichte Dänemarks, Norwegens, Schleswigs und Holsteins im Auszug für die wissenschaftlich beflissene Jugend. Nach des verstorbenen Jorgen Kierulf Umarbeitung aufs neue mit Berichtigungen und Zusätzen hrgg. v. Erich Christian Werlauff. A. d. Dän. übertragen, und bis auf die neuesten Ereignisse fortgesetzt v. Heinrich Amberg. Hamburg. 1816. 8°.

Peter Friederich Suhm's Geschichte Dännemarks, Norwegens und der Herzogthümer Schleswig und Holstein, als Lehrbuch für Schulen so wie zum Selbstunterricht gänzlich umgearb. u. bis auf die neuern Zeiten fortgesetzt v. Ferdinand Stiller. Hamburg. (1816.) 8°

— Geschichte Dänemarks, Norwegens, Schleswigs u. Holsteins, im Auszuge; aus d. Dän. übers. u. bis auf die neuesten Ereignisse fortgesetzt von H. Amberg. gr. 8. Hamb. 816. Perthes u. B. 1 Thlr

Suhm, Peter Friedrich v. Geschichte der Dänen. In das Deutsche übertragen von Friedrich David Gräter. (2 Bde.)
8. Leipzig 1803—1804.

— Geschichte d. Dänen, übers. v. F. D. Gräter. 1r Bd. in 2 Abth. (h. a. d. Tit.: Geschichte d. nord. Fabelzeit v. grauesten Alterthum an bis zu Ende des 8ten Jahrh.) gr. 8. Leipz. Gräff. 804.

v. Suhm, Pt. Fr., Geschichte d. Dänen; übers. v. F. D. Gräter. 1r Bd. in 2 Abtheill. (A. u. d. T.: Geschichte der nord. Fabelzeit vom grauesten Alterthume an bis zu Ende des 8n Jahrhund.) gr. 8. Leipz. 804. (Wienbrack). 3 Thlr Velinp. 4 Thlr

– Nordische Kämpferromane, s.a. Suhm: Gesammelte Schriften.

Suhm, P. F. v. Nordische Kämpferromane; a. d. Dän. ... Magdeburg 1797—98. Ü: *Rink, Johann Chn.* (MGT) »1798—99« (Ky)

Suhm, Peter Friedrich von. An den König. O. O. [17??]. Ü: *Hellfriedt, Carl Frdr. v.* (Collin, Anonymer. Kiobenh. 1869.)

Peter Friedrich Suhm's Gesammelte Schriften. Aus dem Dän. Bd. 1. 2. Magdeburg. 1797—99. 8°
Auch u. d. T.:
Peter Friedrich Suhm's Nordische Kämpfer-Romane. Aus dem Dän., mit erl. Zusätzen. Bd. 1. 2. ebd. 1797—99. 8°

Suhm, P. F. v. Gesammelte Schriften; a. d. Dän.... Magdeburg 1798—99. H: *Rink, Joh. Chn.* (Ky) »1797—99« (MGT)

— gesammelte Schriften; aus d. Dän. mit erläut. Zusätzen (v. Jh. Chr. Rink). 1r u. 2r Thl. (A. u. d. T.: Nordische Kämpfer-Romane). 8. Magdeb. 798, 99. Keil. (Heinrichshofen). 2 Thlr 8 gr

— Sigur u. Habor; aus d. Dän. v. Wlh. Ernst Christiani. 8. Leipz. 788. Weidmann. 8 gr

— symbolae ad literaturam teutonicam antiquiorem ex cod. 4. Kopenh. 787. Proft. (Brummer). 1 Thlr 12 gr

— Vers. e. Entwurfs e. Geschichte d. Entstehung der Völker im Allgem., a. d. Dän. 8. Lübeck, Donatius. (Niemann und R.) 790.

— Versuch e. Entwurfs e. Geschichte der Entstehung der Völker im Allgem.; aus d. Dän. 8. Lübeck 790. (Niemann u. R.) 16 gr (Dyck in Leipz.) 1 Thlr 4 gr

Suhm, Ulrich Friedrich von s. Friedrich II, und Suhm, Ulrich Friedrich von.

Sühnel, Johann Christian (Kamenz) A. S. 1343/45

De frigore aestatis et calore hyemis in zona temperata septentrionali, h. e. Von kalten Sommern und warmen Wintern in unsern mitternächtigen Ländern. Präs. Christian Altmann.
Leipzig (Fleischer) 22. IV. 1711. 24 S.

34051

Sühnopfer, das, eine Weihnachtsgabe. gr. 12. Göttingen 839. Vandenhöck u. Ruprecht. 1/6 Rthlr

Sühnopfer, das, oder Skizze eines Frauenlebens. Nach dem Franz. von F. G. S. 8. (418 S.) Stuttgart 847, Verlags-Bureau. 1 Rthlr 6 ngr Velinpap. mit 1 Stahlst. 1 Rthlr 21 ngr

Sühnungs-Offizium zu Ehren d. allerhlst. Sakramentes. Zum Gebrauche b. 40 stünd. Gebete u. bei d. ewigen Anbetg. Hrsg. v. d. General-Direktion d. „Priester d. Anbetung". 30.—50. Tausd. 16. (32 S.) Feldkirch 896. Lindau, J. Lutz. n. — 10; m. d. Eucharist. Stationen-Andacht (64 S.) n. — 20

Sühnungsopfer von Dr F. H. St. Petersburg 1819. V: *Hedenberg, Friedrich Ludwig.* (GGr) (Ky) (R-N)

Sühnungsopfer. (Erster Gesang e. lyrisch. Gedichts, besteh. aus 1754 Versen), von Dr. F— H— (Fr. Ldw. Hedenberg). gr. 8. St. Petersb. 819.

Sühnungsverein, Der Marianische, kanonisch errichtet in der Pfarr- und Wallfahrtskirche »Unserer lieben Frau unter den vier Säulen« zu Wilten bei Innsbruck in Tirol. 3. Aufl. Innsbruck 1884. 4. Aufl. 1886. 7. Aufl. 1899. V: *Mayr, Ambros.* (MargR)

(Suhr, Agathe,) König Christian d. Zweite, s. König.

— s. Christiern d. Zweite.

v. Suhr, Agathe, alt-brittische Erzählungen. 8. Kiel 841. (Leipzig, Gebhardt u. Reisland.) 3/4 Rthlr

v. Suhr, Agathe, Ludwig von Baiern und Friedrich von Oesterreich. Histor. Novelle. 2 Thle. 8. Hamb. 833. Herold. 1 2/3 Rthlr

(——) Ulla, s. Ulla.
Bezeichnet ihren Namen gewöhnlich mit Agathe *** od. Agathe S***.

Suhr, Bloch, Skilles og mødes. Fortælling. 2 Deele. 8. (273 u. 289 S.) Copenhagen 848, Bing. 2 1/2 Rthlr

(Suhr, Christ u. Corn.) Abbildung der Uniformen aller in Hamburg seit den Jahren 1806 bis 1815 einquartirt gewesener Truppen. (Hamburg um 1815—1820.)
Tit.; 157 Taf. in kol. Lithogr. 4°.
Beigebunden zwei Aquarelle und eine Handzeichn., alle drei sign.: Corn. Suhr (Vorlagen zu Taf. 18, 28, 29) und eine aquarell. Nachzeichn.
Dargestellt sind 58 französische, 32 spanische, 35 holländische, 17 deutsche, 4 italienische, 4 dänische u. schwedische u. 7 russische Uniformen.
Sehr seltenes Uniformwerk von dem nur noch zwei weitere Exemplare bekannt sind, in der Hamburger Commerz-Bibliothek und im Staatsarchiv. S. auch Ql 1, in dem Taf. 11 identisch ist mit Taf. 19 des vorliegenden Werkes
Abb. 125

Suhr, Cornel. u. Peter, Ansichten von Hamburg u. der Umgegend. In 60 lithogr. Bl. gr. Fol. Hamb. 831. (Herold). à Bl. 11 gGr, ill. à Bl. 1 Rthlr 8 gGr, in gr. 4. In 120 Bl. à Bl. 6 gGr, ill. à Bl. 12 gGr, in 16. à Bl. 1 1/2 gGr, ill. à Bl. 3 gGr

Der Ausruf in Hamburg. Vorgestellt in 120 col. Blättern. Gezeichnet, radiert u. geätzt von (Christopher) **Suhr.** Mit Erklärgn begleitet ([von] K[arl] J[ohann] H[einrich] Hübbe. Einl. von J. Heckscher.) — (Berlin: Barsdorf 1908); Hamburg 1808. VIII, 146 S., 120 Bl. 8° [Faks.-T.]

Suhr, Chr. Der Ausruf in Hamburg vorgestellt in 120 colorirten Blättern, gezeichnet, radirt und geätzt von Prof. Suhr, mit Erklärungen begleitet. Hamb. 1808. V (Erklärungen): *Hübbe, Carl Johann Heinrich.* (BGE III[a], 49)

SUHR, Chr., Der Ausruf in Hamburg vorgestellt in 120 colorirten Blättern, gezeichnet, radirt u. geätzt von Prof. *Suhr,* mit Erklärungen begleitet (von K. J. H. Hübbe). Hamburg 1808. 8°. Gestoch. Tit. VIII, 146 S. u. 1 Bl. Druckf. (In Berlin: Bibl. Lipperheide, no. 807 m.) (100 Mk. L. M. Glogau Sohn, Hamb., 1879; jetzt wohl das Doppelte werth!; Max Perl's Berliner Febr.-Auct. 1908, no. 619:)

„Hochinteressantes Werk, für Kultur- und Kostümgeschichte von gleicher Bedeutung. Auf 120 prächtigen, künstlerisch colorirten Kupfertafeln gelangen sämtliche Ausrufer Hamburgs in ihren Kostümen und mit den von ihnen feil gebotenen Waren zur Darstellung. Darunter die von ihnen gebrauchten Ausrufe im Hamburger Platt. — Cplt. von größter Seltenheit!

— — Dasselbe. Neudruck mit Einleitung von J. Heckscher. Berlin 1908. 8°. (60 Mk.) (50 Mk. Lipsius & Tischer, Kiel, 1909; 40 Mk. Edm. Meyer, Berlin, 1910.)

„Nur in einer Aufl. von 515 Expl. hergestellter Neudruck des berühmten u. für die Kostümkunde wichtigen Werkes."

Suhr, C., der Ausruf in Hamburg, vorgestellt in 120 color. Blättern, gezeichnet, radirt u. geäzt, m. Erläuterungen begleitet. Hamburg 1808. Neudr. in 10 Lfgn. (VIII, 22 u. 148 S. Text.) gr. 8. Berlin (908). H. Barsdorf. Subskr.-Pr. à 4.—; Japan-Ausg. à 8.—; f. nach dem 30. IX. 1908 subskr. Ex. à 5.—; bezw. 10.—; vollständig, in 1 Leinw.-Bd. 55.—; Perg. 60.—; Japan-Ausg. in Perg. 108.—

Suhr, Christ. Sammlung verschiedener Spanischer National-Trachten und Uniformen der Division des Marquis de la Romana, 1807 und 1808 in Hamburg in Garnison, gezeichnet von Christ. Suhr Prof. Radirt und geätzt von Corn. Suhr. (Hamburg, um 1808.)
Tit., 18 Taf. in kol. Aquatinta. 2°.

Suhr, C., Sammlung verschied. spanischer Nationaltrachten u. Uniformen, von d. Division de la Romana. Fol. Hamb. Hauff. (in Comm.) 811.

(Suhr, C[hrist.] u. P[eter]. Hamburger Trachten Ao. 1800 nach C. und P. Suhr. Hamburg, Conrad Döring um 1880.)
4 Bl. in kol. Photogr. 4°.
Benutzt die vorhergehenden Trachtenbilder

Suhr, C., hamburgische Trachten, s. a. Trachten.

— Hamburgische Trachten, mit deutsch. u. französ. Text. gr. Fol. Hamb. 808. Hauffe. 26 Rthlr

— — Hamburgische Trachten. Gezeichnet und gestochen von *C. Suhr.* O. O. 1815. Folio. Orig.-Ppbd. (Max Perl's Berliner April-Auct. 1911, no. 471:)

„Sehr schöne und seltene Sammlung von 36 kolorierten Tafeln, wovon uns ein grosser Teil Darstellungen aus dem Volksleben zeigt: Dienstmädchen, Vierländer, Brauerknecht, Quartiersleute, Bierführer, Obstverkäuferinnen, Fischer aus Blankenese, Fischweiber, Holsteiner, Torfschiffer, Spazierfahrt auf der Binnenalster, Schlittenfahrt auf der gefrorenen Elbe, etc. — Hinter dem Titel befindet sich eine Tafel mit näherer Beschreibung der Bilder in deutscher und französischer Sprache.
Ein Exemplar in dieser absoluten Vollständigkeit von tadelloser Erhaltung gehört zu den grössten Seltenheiten."

—. Hamburgische Trachten, gezeichnet und gestochen von C. Suhr. Hamburg 1838.
11 Bl. Neudruck (unvollständig) aus verschiedenen Folgen. 4°.
Tit. auch frz. und engl.

— Hamburgische Trachten, gezeichnet und gestochen. — Costumes de Hambourg. — Costumes of Hamburg. Hamburg 1838. (Neue Ausg. m. Einleitg. v. J. Heckscher.) 10 Lfgn. (50 farb. Taf. m. 52 S. Text.) 35,5×24,5 cm. Ebd. (908). 80.—; auf Japan 120.—; geb. in Perg. 92.—; bezw. 130.—; nichtkolor. Ausg. (51 Taf.) 40. —

Suhr, Cornel., s. Suhr, Christ.

Suhr, Ernst [aus Ebstorf]: Kritische Studien über die quantitative Bestimmung des Glycerins ... München, Druck v. R. Oldenbourg, 1892; 1 Bl., 34 S. 8.
Erlangen, Phil. Fak., Inaug.-Diss. v. 18. Juli 1890

Suhr, Ernst, kritische Studien üb. die quantitative Bestimmung des Glycerins. Diss. [Aus: „Archiv f. Hygiene".] gr. 8. (34 S.) München 892. (Leipzig, G. Fock.) n. 1. —

Suhr, F., gründl. Unterricht im Maaßnehmen u. Zuschneiden d. Damenkleider, od.: neue u. leichtfaßl. Anweis., in 12 Stunden u. ohne alle weitere Beihülfe sich die Kunst d. Maaßnehmens, d. Musterzeichnens, d. Zuschneidens u. überh. d. vollständ. Anfertigung v. Damenkleidern jeder Art mit Sicherheit anzueignen, u. dies. erfolgreich u. mit Geschmack auszuüben. 8. (1 B. u. 2 Stnt.) Berlin 840, (Stackebrandt'sche Buchh. ?)

Suhr, F., gründlicher Unterricht im Maaßnehmen, Musterzeichnen und Zuschneiden der Damenkleider, nach einer neuen u. leichtfaßlichen Methode, um sich in sehr kurzer Zeit die Kunst des Maaßnehmens, des Musterzeichnens, des Zuschneidens ꝛc. mit Sicherheit anzueignen und dieselbe erfolgreich u. mit Geschmack auszuüben, gleichzeitig allen in diesem Fache zu Prüfenden zu empfehlen. 4. gänzlich umgearb., verb. u. verm. Aufl. Nebst 1 sachlichen (lith.) Titelbilde (in gr. 4.), das richtige Maaßnehmen darstellend u. 6 lith. Taf. mit 60 Façons in natürlicher Größe ꝛc. (in Fol.). Berlin 853. (Abelsdorff.) gr. 8. (32 S.) n. 2 ⅓ 20 ngr.

Suhr, Geo., Materialien f. den Unterricht in d. allgem. nothwend. Kenntnissen. 1r Bd. 1e u. 2e Abtheil. Enth. anatom.-physiolog. Kenntnisse d. Menschenkörpers. gr. 8. Lübeck 796, 797. Bohn. 2 ß

Suhr, G., Materialien f. d. Unterricht in den allgem. nothwend. Kenntnissen, 1r Bd. 1e 2e Abth. enth. anatom. physiolog. Kenntnisse d. Menschenkörpers. gr. 8. Lübeck, Bohn. (Niemann u. R.) 796-97. (à 1 Rthlr.)

SUHR, GEORG, Die moralischen Vormünder der Menschheit. Berichtigung eines sonderbaren Misverständnisses nebst einem Fragment: über Verstehen und Nichtverstehen. Hamburg. 1794. P.

— die moral. Vormünder der Menschheit; Berichtigung eines sonderbaren Mißverständnisses ꝛc. 8. Hamb. 794. Gundermann. 3 gl

Suhr, H., Leitfaden für den gründlichen Unterricht im Maassnehmen u. Façonzeichnen der Zuschneidekunst für Damen. Bearbeitet zum Selbstunterricht. gr. 8. (16 S. m. 4 Steintaf. in Imp.-Fol.) Berlin 878. Lorenz. n. 6. —

Suhr, H. F. C., der Amateurzauberer. Eine Sammlg. auserlesener, überrasch. Zauberkunststücke m. Münzen, Karten u. anderen Gegenständen, zur Darstellung in privaten Kreisen. 8. (VII, 162 S.) Stuttgart 900. Schwabacher. n. 1. 50

— das goldene Buch der Magie. 2 Tle. in 1 Bde. 8. Ebd. (901). Geb. in Leinw. n. 4. —
1. Der Amateurzauberer. Eine Sammlg. auserlesener, überrasch. Zauberkunststücke m. Münzen, Karten u. anderen Gegenständen, zur Darstellg. in privaten Kreisen. (VII, 162 S.)
2. Mephisto-Scherze. Eine Sammlung neuer effektvoller Zauberkunststücke, welche ohne die geringste Fingerfertigkeit, Uebg. od. Vorkenntnisse in der Magie von jedermann ausgeführt werden können. Mit e. Anh.: Die oriental. Zauberei im Salon. Für Dilettanten verf. u. hrsg. (VII, 155 S.)

Suhr, H. F. C., das große Buch der Zauberkunst (Magie). Eine Sammlg. neuer verschiedenart. u. überrasch. Zauber- u. Kartenkunststücke m. Beschreibg. der wichtigsten mag. Kunstgriffe. Für d. Amateur- u. Berufszauberer. (222 S.) 8. Berlin (903). H. Steinitz. n. 2. —

Suhr, H. F. C., das moderne Hellsehen. Ausführl. u. genaue Anleitg. zur sogen. Hellseherei od. Gedächtniskunst in älterer u. neuerer Form, m. u. ohne Apparate. Nebst e. Anh.: Die Wunderleistgn. der Mrs. Abbott u. deren natürl. Erklärg. F. Dilettanten bearb. 12. (VI, 86 S.) Stuttgart 897. Levy & Müller. n. 1. 50

— Jedermann Zauberkünstler! Anleitung zur Vorführg. der effektvollsten Kunststücke des berühmten Zauberers St. Roman. Mit e. Anh.: Die wichtigsten Kunstgriffe der Magie sowie m. e. Biographie des unerreicht dasteh. Künstlers. 12. (153 S. m. 1 Bildnis.) Stuttgart (899). Schwabacher. n. 1. 50

— der Kartenkünstler. E. Sammlg. neuer, leicht ausführbarer Karten-Kunststücke m. u. ohne Apparate, sow. e. in Vortragsform geh. Karten-Soiree nebst Erklärgn. Für Dilettanten verf. u. hrsg. 2. Aufl. 8. (VIII, 125 S.) Ebd. 896. n. 1. 50

— der Kartenkünstler. Eine Sammlg. neuer, leicht ausführbarer Karten-Kunststücke m. u. ohne Apparate, sowie e. in Vortragsform gehaltene Karten-Soiree nebst Erklärgn. Für Dilettanten verf. u. hrsg. 4. Aufl. 8. (VIII, 125 S.) Stuttgart (902). Levy & Müller. Kart. n. 1.50

— die Magie im Salon. Eine Auswahl neuer, leicht ausführb. Zauber-Kunststücke ohne Apparate für Dilettanten. Nebst e. Anh.: Aus d. vierten Dimension. E. Anzahl antispiritist. Demonstrationen zur Vorführg. in privaten (Dilettanten-) Kreisen. 12. (VII, 104 S.) Ebd. 895. n. 1. 20

— die Magie im Salon. Eine Auswahl neuer, leicht ausführbarer Zauber-Kunststücke ohne Apparate f. Dilettanten. Nebst e. Anh.: Aus der vierten Dimension. Eine Anzahl antispiritist. Demonstrationen zur Vorführg. in privaten (Dilettanten-)Kreisen. 2. Aufl. 8. (VII, 104 S.) Ebd. (902). Kart. n. 1. 50

— Mephisto-Scherze. Eine Sammlg. neuer effektvoller Zauberkunststücke, welche ohne die geringste Fingerfertigkeit, Uebg. od. Vorkenntnisse in der Magie v. jedermann ausgeführt werden können. Mit e. Anh.: Die oriental. Zauberei im Salon. Für Dilettanten verf. u. hrsg. 8. (VII, 155 S.) Stuttgart (900). Schwabacher. n. 1. 50

— magische Tändeleien. Anleitung zur Vorführg. neuer, überrasch. Zauberkunststücke mit u. ohne Apparate, sowie Karten- u. Fesseltrics, welche ohne Handfertigkeit, Uebg. oder Vorkenntnisse in der Magie von jedermann sofort ausgeführt werden können. Für Dilettanten verf. u. hrsg. 12. (VII, 136 S.) Stuttgart (901). Levy & Müller. Kart. n. 1. 50

— Wunder aus der vierten Dimension od. Jedermann Medium. Enthüllung der verschiedenartigsten spiritist. u. verwandten Phänomene, sowie genaue Anleitg. zur Darstellg. derselben in privaten Kreisen durch Dilettanten. (164 S. m. 38 Abbildgn.) kl. 8. Stuttgart (904). Schwabacher. n. 2. —

Suhr, H. F. C., Zauber-Soiree. Ausführliche u. genaue Anleitg. zur Vorführg. v. Zauber-Kunststücken in privaten (Dilettanten-)Kreisen. Zum Vortrage eingerichtete Orig.-Sammlg. v. Experimenten aus dem Gebiete der modernen Salon-Magie m. Erklärgn. Nebst e. Anh.: Die Kunst des Bauchredens u. die oriental. Zauberbühne. 12. (94 S.) Stuttgart 894. Levy & Müller. n. 1.20

Suhr, J. H., Anweisung zur Berechnung einer Zahl, in Zeit von einer Stunde bis auf 20 Ziffern, als Quadrat od. als Quadratwurzel, als Cubus oder als Cubikwurzel, sowohl in Decimal- als Duodecimalzahlen, nebst anderweit. Vergleichungen u. Beispielen. 4. Bremen 840. Schünemann. n. 5/12 ß

v. Suhr, J. N., Beiträge zur Algenkunde, s. Acta nova phys.-med. Acad. Caes. Leopold. Carol. XVIII. Suppl. I.

Suhr, Jh. Hnr., vollständ. Unterr. im Rechnen mit Zahlen u. Buchstaben, u. mit besond. Rücksicht auf d. Theorie zum Gebrauch für Schullehrer u. zur Selbstbelehrung. 1r Thl. gr. 8 Bremen 824. (Heyse). 2 ß 12 gl

Suhr, Johannes, a. Hamburg: Die Algen des östlichen Weserberglandes. Dresden 1905: C. Heinrich. (78 S.) 8°
Göttingen, Phil. Fak., Ref. Peter, Diss. v. 27. Apr. 1905.
[Geb. 4. März 82 Hamburg; Wohnort Hamburg; Staatsangeh.: Hamburg; Vorbildung: Realgymn. Hamburg Reife M. 00; Studium: München 2, Göttingen 7 S.; Rig. 1. Dez. 04.]

Suhr, Johannes: Biologische Modelle. Hamburg 1910: Lütcke & Wulff. 20 S. 8°
Hamburg, R vor d. Lübeckertore P 1910 (1005) [S 10. 433

Suhr, Jürgen, Beschreibung der St. Petri-Kirche zu Hamburg u. ihres Thurmes. Nebst einem chronolog. Verzeichnisse des Kirchen-Collegiums u. der Prediger, sowie 4 erläut. Abbild. gr. 8. Hamburg 842. (Perthes-Besser u. Mauke.) n. 1½ ß

Suhr, P[aul]: Einweihungsfeier des neuen Schulhauses am Hansaplatze. (Umschlagtitel: Bericht über die Feier der Einweihung des neuen Schulgebäudes.) S. 3—14. 4.
Oberrealschule zu St. Petri u. Pauli verb. mit einer Handelsklasse *Danzig* 1905 (48). **Progr.**
†Die Ober-Realschule zu St. Petri und Pauli in Danzig. Ihre Entwickelung und ihr Neubau. 15 S., 2 Abb. 2.
Oberrealschule zu St. Petri u. Pauli verb. mit einer Handelsklasse *Danzig* 1905. **Progr.**
Unterzeichnet: [Rudolf] Damus, Stadtschulrat. [Karl] Fehlhaber, Stadtbaurat. [Karl] Kleefeld, Stadtbauinspektor.

Suhr, Peter. Das „Panorama einer Reise von Hamburg nach Altona und zurück" von Peter Suhr in Hamburg [um 1828]. Erklärt von J. Heckscher. Berlin, Hermann Barsdorf 1909.
8° u. 2°
1 Text: 136 S. m. 7 Abb.
2 Rollbild

Suhr, Rud., Chemie u. Mineralogie in der Volksschule. Ein theoret.-prakt. Handb. f. d. Unterricht in d. Chemie u. Mineralogie auf d. Oberstufe einf. Volksschulen. (IV, 135 S.) 8. Potsdam (907). A. Stein. 1.50; geb. 1.80

Suhr, Thdr., die Damengarderobe. Praktisches Lehr- u. Handbuch der vollständ. eleganten Damenschneiderei. Commentar zu allen Moden-Zeitgn, wie nach jedem in denselben dargestellten neuen Muster das eigene Façon abgepaßt wird. Praktische Lehrmethode üb.: das Maaßnehmen, das Façonmuster-Zeichnen, die Beurtheilg. der Stoffe 2c. Mit 5 Lehrmustertaf. zur Erläuterg. Nach prakt. Feststellgn. d. Verf. hrsg. v. J. H. Grabow. Mit Atlas, enth. 4 Steintaf. im Imp.-Fol. gr. 8. (XV, 138 S.) Hamburg 871. Richter. geb. n. 6. —

Suhr, Wilh., erstes **Lesebuch** f. die Schulen der deutschen Nordmarken, s.: **Lund, Heinr.**

— das „Vaterland" u. die Kritik, s.: Lund, Heinr.

Suhren, E.: Der Unterricht in der deutschen Sprache und Literatur, insbesondere auf Handelsschulen. Hildesheim 1867. 16 S. 4°
Schul-/Univ.-Schrift

Suhren, Frdr., Komplizius Komplizissimus, der kleine Sozialaristokrat. (47 S.) 8. Leipzig 908. (F. Rothbarth.) 1. 50

Familien-Stammbuch. Zur Eintragung aller auf d. Familienstand bezügl. Angaben, insbes. auf d. standesamtl. Eheschliessung, d. kirchl. Einsegnung d. Ehe ... Zsgest. von **Sühring** u. F. W. Becker. *Arnsberg: F. W. Becker [1902].* (24 S.) 8° [F.] 103-7779 6

GESANGBUCH, Römisch-juristisches, durch den poetischen (?) (so!) Knüttel des rothen Apostrophen aus dem Corpus Juris zur respectiven Freude und Aergerniss der Leute glücklich herausgeprügelt. Eine canibalische Witzsünde von diesem Jahre durch die gütige Geburtshülfe des Herrn *Sühring* zu Leipzig den Augen der Welt blossgestellt. Mit einem allegorischen Kupfer (von Disteli). Leipzig 1824. 8°. 354, XIV S. In Orig.-Cart. (10 Mk. Otto Ficker, Lpz., 1904; 8 Mk. Adolf Weigel, 1904; 4 Mk. 50 Pfg. Alfr. Lorentz, Lpz., 1905.)
Satyrische Auslegung des Corpus juris in Knüttelversen. Sehr amüsant.

Sühring, August Heinrich Wilhelm, s. Sühring, Wilhelm

Sühring, H., Aufgaben für den Rechen-Unterricht in den ersten Schuljahren mit besond. Berücksicht. des Kopfrechnens. 3 Hefte. 8. Potsdam 885, Rentel's Verlag. [1. Heft. 15. verb. Aufl. (33 S.) * 15 Pf.; geb. * 25 Pf.; 2. Heft. (33 S.) * 15 Pf.; geb. * 25 Pf.; 3. Heft. (56 S.) * 30 Pf.; geb. * 40 Pf.] * geb. *

Sühring, H., Aufgaben f. das mündliche u. schriftliche Rechnen. 7 Hfte. 12. Potsdam 892. 893. J. Rentel's Verl. n. 1. 30
1. 21. Aufl. (32 S.) n. — 15. — 2. 3. 4. 5. Aufl. (32, 24 S. u. S. 25—58.) à n. — 15. — 5. 6. (40 u. 48 S.) à n. — 20. — 7. (64 S.) n. — 30.

— dasselbe. Ergebnisse zum 3.—6. Hft. 12. Ebd. 892. n. — 75
3/4. (16 S.) n. — 25. — 5. 6. (16 u. 8 S.) à n. — 25.

Sühring, H., Aufgaben f. d. mündl. u. schriftl. Rechnen. 1., 2., 4. u. 7. Hft. 12. Berlin, J. Rentel. n.n. — 75; kart. n. 1. 15
1. Rechenfibel. Zahlenkreis 1—5, 1—10, 1—20 u. 1—100. 26. Aufl. (32 S.) 898. n. — 15; kart. n. — 25
2. 6., verb. Aufl. (II, 33 S.) 897. n. — 15; kart. n. — 25
4. Das Rechnen m. mehrf. benannten Zahlen. 6., verm. Aufl. (40 S.) 898. n. — 20; kart. n. — 30
7. Ergebnisse. (16 S.) 895. n. — 25; kart. n. — 35

[F.] Bilder aus der Jugendzeit des grossen Kaisers Wilhelm I. In 5 Gedichten f. uns. deutschen Kinder v. H. Sühring. *Berlin: E. S. Mittler & Sohn 1897.* (16 S.) 1 Bd 8. 102 1815

— Deutsche Fibel, s. Miekley, W.

Sühring, H., neue Fibel, s.: Miekley, W.

— Deutsches Lesebuch, s. Miekley, W.

Sühring, H., Rechenfibel. Zahlenkreis 1—5, 1—10, 1—20 und 1—100. Hrsg. von einem Vereine von Lehrern. 10. verb. Aufl. 8. (33 S.) Potsdam 883, Rentel's Verlag. * — 15

— Wandfibel, s. Miekley, W.

Sühring, Wilhelm

Sühring, *August Heinrich* Wilhelm [aus Potsdam]: Ueber die pathologische Anatomie der sogenannten Papillome des Larynx ... Berlin, C. Vogts Buchdr., *1895;* 34 S., 1 Bl. 8.
Berlin, Med. Fak., Inaug.-Diss. v. 17. Dez. 1895

Suhrlandt, R., Aphorismen über die bildenden Künste, durch Beispiele erläutert. gr. 8. (6 1/8 B.) Schwerin 841, (Leipzig, Friedr. Fleischer.) * 10 Ngr. Mit 1 Stnt. in Fol. *

Suhrlandt, R., Aphorismen über die bildenden Künste, durch Beispiele erläutert. 2., mit einem Anhang über das Portrait verm. Ausg. gr. 8. (III und 94 S.) Schwerin 856(57,) (Oertzen und Schloepke.) *

Suhrlandt's, Rud., Lebensbild, s.: Portig, G.

Suhrllekha, Brief d. Nāgārjuna an König Udayana. Aus dem Tibet. übers. v. H. Wenzel. gr. 8. (27 S.) Leipzig 886. Voss' Sort. n. 1. —

Suehs, Léonard J.- H.: Lehrbuch des Kirchenrechts. Lieferung 1–4. Luxembourg: Brück 1874. 801 S. 8°

Suehs, Léonard J.- H.: Regeln der Franziskanerinnen zur Hl. Elisabeth im Pfaffenthal. Luxemburg: Heintzé. 51 S. 8°

Sui ginnasi in Austria . . . Vienna [1849]. V: *Alloy, Giov. Batt.* (EB)

Suiadecki, Johann von: Sphärische Trigonometrie in analytischer Darstellung. Mit Anwendung auf die Ausmessung der Erde und auf die sphärische Astronomie. Aus dem Polnischen übersetzt von L. Feldt. Leipzig 1828.

Suicer, Johann Caspar, s. Suicer, Johann Kaspar

Suicer, Johann Heinrich

— compend. physicae Aristotelico - Cartesianae. 12. Frcf. 715.

Suicer, Ioh. Henr., historiam vitae et obitus ed. I. R. Wolphius. 4. Zürich, Orell, F. et C. 748.

Suicer, Johann Kaspar

Suicer, Ioh. Casp., novi Testamenti glossarium graeco-latinum s. sylloge vocum novi foederis. 8. Zürich, Orell, F. et Comp. 744.

— Thesaurus ecclesiast., e patribus graec. ordine alphabet. exhibitus. II Tom. fol. maj. Amsterd. Wettstein. 738.

Suida, Hermann: Beiträge zur Oxydation von Benzolkohlenwasserstoffen. 3. Mitteilung über chemische Lichtwirkungen. S. 121. IIb. 911.
Separatabdruck

– Zur Photooxydation der Aldehydgruppe: I. Terephtalaldehyd. 2. Mitteilung über chemische Lichtwirkungen (mit 4 Textfiguren). S. 121. IIb. 829.
Separatabdruck

Suida, Hermann, jun.: Studien über unsymmetrische aromatische Derivate des Oxamids. 1. Mitteilung. S. 119. IIb. 407.
– – 2. Mitteilung. S. 120. IIb. 57.
Separatabdruck

Suida, W., zur Gewinnung von Indol aus Derivaten des Orthotoluidins, s. Mauthner, J.

Suida, Wilhelm: Über den Einfluß der aktiven Atomgruppen in den Textilfasern auf das Zustandekommen von Färbungen. S. 114. IIb. 43.
Separatabdruck

Suida, Wilhelm: Über die Einwirkung von Oxalsäure auf Karbazol. S. 79. II. 819.
Separatabdruck

Suida, Wilhelm: Über die Einwirkung des Quecksilberäthyls auf Jodide von Kohlenwasserstoffen und eine neue Synthese des Azetylens. S. 82. II. 549.
Separatabdruck

Suida, Wilhelm: Die Genredarstellungen Albrecht Dürers. *Strassburg 1900: J. H. E. Heitz.* (63 S.) 8° ¶ (Erschien vollst. als: Studien zur deutschen Kunstgeschichte, H. 27.)
Heidelberg, Phil. Diss. v. 1900

Suida, Wilh., die Genredarstellungen Albrecht Dürers, s.a. Studien z. deutschen Kunstgeschichte.

Die Genredarstellungen Albrecht Dürers. Von Wilhelm **Suida**. Strassburg: J. H. E. Heitz 1900. (124 S.) 8°
(Studien z. deutschen Kunstgeschichte. H. 27.)

Suida, Wilh.: Genua, s.a. Kunststätten, Berühmte. Nr. 33.

Genua. Von Wilhelm **Suida**. Mit 143 Abb. Leipzig: E. A. Seemann 1906. (205 S.) 8°
= **Kunststätten**, Berühmte. No 33. [06. 3416

— **die Jugendwerke des Bartolommeo Suardi genannt Bramantino, s.a. Jahrbuch der kunsthistor. Sammlungen des allerh. Kaiserhauses 25 Bd. 1. Hft.**

Die Jugendwerke des Bartolommeo Suardi genannt Bramantino von Wilhelm **Suida**. Mit 7 Taf. u. 47 Textill. *Leipzig: G. Freytag 1904.* (71 S.) 2°(4°)
= **Jahrbuch** d. kunsthist. Sammlungen d. Allerhöchsten Kaiserhauses. Bd 25, H. 1. [04. 15189

Florentinische Maler um die Mitte des XIV. Jahrhunderts von Wilhelm **Suida**. Mit 35 Lichtdrucktaf. Straßburg: J. H. E Heitz 1905. (50 S.) 4°(8°)
(Kunstgeschichte, Zur, d. Auslandes. H. 32.)

— **Florentinische Meister um die Mitte des XIV. Jahrh., s.a. Zur Kunstgeschichte des Auslandes. 32. Hft.**

Suida, Wilhelm, und Plohn, S.: Über das Ortho-Äthylphenol. S. 81. II. 245.
Separatabdruck

Suida, Wilh., die Spätworke des Bartolommoo Suardi, genannt Bramantino, s.a. Jahrbuch der kunsthistorischen Sammlungen des Allerhöchsten Kaiserhauses. 26, V.

Die Spätwerke des Bartolommeo Suardi, genannt Bramantino, von Wilhelm **Suida**. Mit 11 Taf. u. 64 Textabb. Wien: F. Tempsky; Leipzig: G. Freytag 1907. (S. 293–372.) 2°
= **Jahrbuch** d. kunsthist. Sammlungen d. Allerhöchsten Kaiserhauses. Bd 26, H. 5. [07. 14817

Suida, Wilhelm: Über das Verhalten von Teerfarbstoffen gegenüber Stärke, Kieselsäure und Silikaten. S. 113. IIb. 725.
Separatabdruck

Wien. Von Dr. Wilhelm **Suida**. Mit Abb. u. 1 Pl. 1. 2. Stuttgart, Berlin, Leipzig: Union (1903–04). 2 Bde 8°
1. Die kaiserl. Gemälde-Galerie. 1903.
2. Die Gemäldegalerie d. k. k. Akad. d. bildenden Künste. Die Sammlungen Liechtenstein, Czernin, Harrach u. Schönborn-Buchheim. 1904.
= **Cicerone**, Moderner. [3.] [05. 21182

— Wien. I u. II. (Moderner Cicerone.) 12. Stuttgart, Union. Geb. in Leinw. à n. 3. —; in 1 Bd. n. 5 50
I. Die kaiserl. Gemälde-Galerie. Mit 105 Abbildgn. u. 1 Plan. (VIII, 210 S.) (903.)
II. Die Gemäldegalerie der k. k. Akademie d. bild. Künste, die Sammlgn. Liechtenstein, Czernin, Harrach u. Schönborn-Buchheim. Mit 99 Abbildgn. (VIII, 196 S.) (904.)

Suidae Varini et Phavorini Glossae sacrae, graece; c. spicil. glossar. sacrar. Hesychii et Etymol. Magni. Congessit, emend. et not. illustr. J. Ch. Gli. Ernesti. 8maj. Leipz 786. Weidmann. 18 ℛ

* Suidae et Phavorini Glossae etc., ist noch beizusetzen: Accessit dissertatiuncula de glossis Sacris Suidae et Phavorini.

Σουιδας — Suidae Lexicon post Ludolphum Kusterum ad codd. mss recens. Thomas Gaisford. III Tom. Fol. Oxonii 834. (London, Black, Young, and Young; Leipzig, Fr. Fleischer.) n. 61¾ ℛ Bei T. O. Weigel n. 56 ℛ (Tomus I. Α—Θ. II. Κ—Ψ. III. Indices tres: 1. Rerum et Nominum. 2. Glossarium. 3. Scriptorum.)

— Suidae Lexicon graece et latine, ad fid. optimor. libror. exactum post Thomam Gaisfordum recens. et annotatt. crit. instruxit Godofr. Bernhardy. Tomi I et II. Fasc. 1—6. 4 maj. Halae 834—39 Schwetschke et fil. (Tom. I. à Fasc. 2 ℛ — T. II. Fasc. 1-3 et 5, 6. à 2 ℛ, Fasc. 4. 1⅓ ℛ) 23⅓ ℛ

Σουιδας. — Suidae Lexicon graece et latine, ad fidem optimor. libror. exactum post Thomam Gaisfordum rec. et annotat. crit. instr. Godofr. Bernhardy. Tom. I. (2 Fasc.) et Tom. II. Fasc. I. 4 maj. (69 B.) Halae 834, Schwetschke et fil. à F.

Σουιδας. — Suidae Lexicon graece et lat., ad fid. optimor. libror. exactum post Thomam Gaisfordum rec. et annotat. crit. instr. Godofr. Bernhardy. Tom. I. Fasc. III—VI. et Tom. II. Fasc. II—VI. 4maj. (197½ B.) Halae 836—40, Schwetschke et fil. à F. *

Tom. I. Fasc. I. II. et Tom. II. Fasc. I. Ibid. 1834. à F. * 1 Thlr. 8 Gr.

Σουίδας. Suidae Lexicon graece et latine. Ad fidem optim. libr. exactum post Thomam Gaisfordum recens. et annotat. crit. instr. Godofr. Bernhardy. Tomi I. Fasc. VII. et Tomi II. Fasc. VII. 4maj. (54½ B.) Halis 843, 45, Schwetschke et filius. Pränum.-Pr. à * 1 Thlr. 25 Ngr., Ladenpr. à *

—— id. Tom. II. Fasc. VIII. 4 maj. (23 B.) Ibid. 847. Pränum.-Pr. * 1 Thlr. 10 Ngr., Ladenpr. *

Tom. I. Fasc. I—VI. et Tom. II. Fasc. I—VI. Ibid. 1834—40. * 23 Thlr., 10 Ngr.

Σουίδας. Suidae lexicon graece et latine. Ad fidem optimor. libror. exactum post Thom. Gaisfordum recens. et annotatione instruxit Godofr. Bernhardy. Tom. II. Fasc. 9. (ultim.) 4maj. (136 S.) Halae 851. [Braunschweig,] Schwetschke et fil. *

Tom. I. et II. Fasc. 1—8. Ibid. 1834—47. * 29 Thlr. 25 Ngr.

Σουίδας. Suidae lexicon graece et latine. Ad fidem optimor. libror. exactum post Thom. Gaisfordum recensuit et annotatione critica instruxit Godofr. Bernhardy. Tomi II. fasc. X. 4maj. (XCVI und 144 S.) Brunsvigiae 853, Schwetschke et fil. *

Tom. I et II. Fasc. I—X. Ibid. 1834—51. * 30 Thlr. 25 Ngr.

—— lexicon ex recognitione Imman. Bekkeri. 8maj. (IV und 1158 S.) Berolini 854, G. Reimer. *

Sujkowski, Johann, appr. Arzt: Ueber einen Fall von Tabes im Jugendalter. Leipzig 1905: B. Georgi. (20 S.) 8°

Leipzig, Med. Fak., Ref. Curschmann, Diss. v. 8. Febr. 1905

[Geb. 13. Mai 75 Briesen, Westpr.; Wohnort: Berlin; Staatsangeh.: Preußen; Vorbildung: Gymn. Culm Reife M. 97; Studium: Berlin 2, Greifswald 2, Berlin 5, Halle 2 S.; Coll. 11. Febr. 05; Approb. 4. Aug. 03.]

Suil Dhuv, der Falschmünzer, u. d. Kartenschlägerin. Romant. Erzähln., a. d. Engl. v. A. Kaiser. 2 Thle. 8. (32 B.) Leipzig 829, (Lehnhold.)

Suin de Boutemard, A., wie sind die Versammlungsabende der Männer- u. Jünglingsvereine auszufüllen, bezw. fruchtbar zu gestalten m. Rücksicht auf Alters- u. Standesunterschiede der Mitglieder? Vortrag, im Auftrag d. Bundes-Vorstandes auf d. 10. Bundesconferenz d. Süd-Ostdeutschen Bundes evangel. Männer u. Jünglingsvereine geh. zu Liegnitz, am 6. IX. 1897. gr. 8. (24 S.) Breslau 897. (Berlin, Buchh. d. Ostdeutschen Jünglingsbundes.) n.n. — 30

Die Auslands-Diaspora. Ein neues Arbeitsfeld d. deutschen evang. Kirche. Von A[rnold] Suin de Boutemard, Pfarrer. Mit Geleitswort von Carl Mirbt. Potsdam: Stiftungsverl. (1909). XVI, 320 S. 8°

Suin de Boutemard, A., die Auslands-Diaspora. Ein neues Arbeitsfeld der deutschen evangel. Kirche. Mit Geleitwort v. Carl Mirbt. (XVI, 320 S. m. Abbildgn., eingedr. Kartenskizzen u. 1 Karte.) gr. 8. Potsdam (909). Stiftungsverlag. 4.—; geb. 5.—

Suin de Boutemard, Carl, s. Suin de Boutemard, Karl

Suin de Boutemard, Ernst [prakt. Arzt aus Brandenburg]: Ueber die Luxatio pedis sub talo .... Greifswald, Druck v. Julius Abel, 1885: 29 S. 8°.

Greifswald. Med. Fak.. Inaug.-Diss. v. 22. Aug. 1885.

Suin de Boutemard, Ernst, über die Luxatio pedis sub talo. Diss. Greifswald 1885, Jul. Bindewald. 8°. 22 S.

Suin de Boutemard, Ern. Aug(ust.) (geb. Rheinsberg 5. 10. 1794): Disquisitio pathologica de erysipelate. (Berolini 1822.) (55 S.) 8°

Berlin, Med. Diss. v. 25. Febr. 1822

Suin de Boutemard, Karl

Suin de Boutemard, Car. (Ern. Guil.) (geb. Rheinsberg 2. 11. 1826): De febris puerperalis natura atque indole. Berolini (1850). (23 S.) 8°

Berlin, Med. Diss. v. 11. Febr. 1850

Suing, Ludger, die philosophische Bedeutung der Trinitätsidee. Paderborn 858. Schöningh. gr. 8. (XIV, 220 S.) n. 24 ngr.

Suing, Ludger, die christliche Lehre von der Erbsünde in ihrer philosophischen Bedeutung. Regensburg 860. Manz. gr. 8. (VIII, 302 S.) 1 ℛ

Suisse [Sachliches OW]

Suisse, la, s.a. Souvenirs de la Suisse.

Suisse, sur la. 12. Zürich 801. Orell. 16 ℛ

Suisse: La Suisse (Be)

① Journal paraissant tous les jours excepté le lundi. Journal politique et littéraire (dès 1. 10. 1858) ⑤ numéro spécimen le 14. 9. 1847; 1. 10. 1847—juin 1866—? ⑥ in-4° (1847—1858); in 2° (1859—1860) ⑦ 6× par semaine ⑧ Berne: Haller (1847—30. 9. 1849), Stämpfli (2. 10. 1849—10. 9. 1853), Stämpfli (G. Hünerwadel) (11. 9. 1853—1866) ⑪ J.-F. Bassy, ancien rédacteur en chef de l'Helvétie, Auguste Cornaz, Hug. Joseph Wyß, Henri Bidaux ⑫ libéral ⑬ BGSZ: 12, 973 ⑭ Be: L (1847—8. 6. 1860).

Suisse, la. Collection de vues pittoresques avec texte historique-topographique par H. Runge. Traduit de l'allemand par J. T. Thévenot. Nr. 1—41. Lex.-8. (Tome 1. 344 S., Tome 2. 303 S. und Tome 3. S. 1—16 mit 123 Stahlst.) Darmstadt 863—66, Lange. à Nr. *
chines. Pap. à Nr. *
chines. Pap. in Imp.-4. à Nr. *

Suisse, la. Collection de vues pittoresques avec texte historique-topographique par H. Runge. Traduit de l'allemand par J. T. Thévenot. Nr. 42—66. (Schluss.) Lex.-8. (Tome III. S. 17—436 mit 75 Stahlst.) Darmstadt 870, Lange. [Basel, Schneider.] à Nr. *
Chines. Pap. à Nr. *
In Imp.-4. à Nr. *
Nr. 1—41. Ebendas. 1863—66. — Complet in 3 Bdn. (*M* 75.) *M* 45.

—— dass. — mit deutschem Text, s. Schweiz, die.

La Suisse. Chamounix, Veltlin et les lacs italiens. Voyages circulaires dans les parties les plus intéressantes. 5e éd. In-12°. VII, 342 p. Avec Panorama, planches et 1 carte. Zürich, C. Schmidt. 1894. Rel. toile 4 —

Suisse. La S'. Chamonix, Savoie et les lacs italiens. Voyages circulaires dans les parties les plus intéressantes. Avec des panoramas, des plans de villes et des cartes de la Suisse. 6e éd. revue et augmentée. 8. Zurich [1898].
Guides Schmidt.

Suisse. La S'. Edité par le Service de Publicité des Chemins de fer fédéraux, à Berne. 1907. ([Album, avec une Introduction, de vues etc. d'après des] Photographies de la Maison Wehrli, A.-G., à Kilchberg près Zurich.) 56 p. 8-obl. (Lausanne, Soc. des Imprimeries Réunies.) [fr. 1. —]

Suisse. La S'. Étude géographique, démographique, politique, économique et historique par MM. Dr A[ugust] Æppli, Zurich; H[einrich] Æppli, Horgen; ... Dr R[udolf] Zeller, Berne. Illustrée de Nombreuses vignettes, plans et diagrammes dans le texte [et un tableau]. (15 Fascicules.) X + 709 p. gr.-8. Neuchâtel, Administration des Publications du Dictionnaire Géographique de la Suisse, En libr. par les soins de Attinger Frères, éditeurs, (1907—1908). (souscr. à fr. 1. 20, *cpl.* 18. —, relié 21. 50; [en libr.:] relié 25. —)
Avec Annexe, v. Atlas Géographique, Économique, Historique de la Suisse....
(Publications du Dictionnaire Géographique de la Suisse.)
(1er Fascicule.... IV p. + p. 1—48. 1907. — 2me—14e Fascicule.... à IV p. + p. 49—672. 1908. — 15e Fascicule.... IV + X p. + p. 673—709 1908.)

— le, bienfaisant, ou le précepteur. 8. Leipz., (W. Nauck) 12 *g*.

Suisse-le, bienfaisant, ou le précepteur. 8. Leipsic, Sommer.

Suisse. La S' Demasquée... *s.* [Valckenier, Peter].

Suisse, la, historique et pittoresque comprenant l'histoire, la géographie et la statistique de ce pays, avec un précis des antiquités, du droit public, de la littérature, des arts et de l'industrie des 22 cantons. 2 Parties. hoch 4. Genève 855. 56. (Leipzig, Hübner.) *
Inhalt:
Part. 1. La Suisse historique par E. H. Gaullieur. Ornée de 80 planches et vignettes gravées. (436 S.)
- 2. La Suisse pittoresque par Ch. Schaub, avec la collaboration de E. H. Gallieur, de Bons, Ed. Mallet et L. Vulliemin. Ornée d'une centaine de planches et vignettes gravées. (584 S.)

Suisse: Le Jaune Suisse
① Supplément de la Gelbe Arbeiter-Zeitung. Zurich (21. 4. 1906). Edition française de la Gelbe Arbeiter-Zeitung, Zurich - Organe des Ouvriers et Syndicats non-socialistes (15. 5. 1906—21. 9. 1907) ⑤ 21. 4. 1906—21. 9. 1907 ⑥ in-2° ⑦ irrégulier ⑧ Zurich: J. F. Kobold-Lüdi, J. Koulen (depuis novembre 1906) ⑩ parti jaune suisse ⑫ idées des jaunes ⑭ Be: I. ⑮ Quelques numéros contiennent aussi des articles en langue italienne (titre: Partito operaio giallo). Le 1er numéro était le supplément de la «Gelbe Arbeiter-Zeitung». Après le mois de septembre 1907 certains numéros de l'édition allemande contiennent une rubrique «Supplément du Jaune Suisse».

Suisse, la, illustrée, s.a. l'Europe illustrée.

Suisse. La S' illustrée. (Vortitel: Das Schweizerland in Bild und Wort.) Vues pittoresques dessinées et gravées sur acier par divers artistes. Études historiques, descriptions, législation, mœurs etc., par MM. F[erdinand] Flocon, les prof. Dr. [Albert] Vouga et A[lexandre] Daguet. 2 Parties. 4. Bâle, London, Paris . . . [1865 - 1868].
1re Partie. [Avec 85 planches.] 2de Partie. [Avec 72 planches.]

— la, illustrée. Vues pittoresques dessinées et gravées sur acier par divers artistes. Etudes historiques, descriptions, législations, moeurs etc. par Vouga. 40 Livrs. Basel 865—68. Krüsi. gr. 4. (152 Stahlst. u. Text 898 Sp.) Jede Livr. n.n. 13 *ngr.*; compl. geb. in 2 Bdn. n. 20 *ℛ*
Dasselbe ist auch in deutscher Sprache erschienen zu gleichem Preise. — Vergl. Schweizerland, das.

Suisse: La Suisse Illustrée
① Journal hebdomadaire pour la Famille - Littérature - Beaux-Arts - Actualités - Fantaisies ③ La Suisse artistique, industrielle et littéraire ⑤ 6. 1. 1872—29. 12. 1877 ⑥ in-4° ⑦ hebdomadaire ⑧ Berne: Stämpfli (6. 1. 1872—28. 12. 1872); Lausanne: Howard-Delisle (4. 1. 1873—2. 1. 1875). Howard-Delisle et F. Regamey (9. 1. 1875—13. 11. 1875). Galempoix et Devaud (20. 11. 1875—29. 12. 1877) ⑩ S. Blanc ⑪ collaborateurs: Juste Olivier, Marc Monnier, L. Favre, William Reymond ⑫ chronique politique mensuelle ⑭ Be: L.

Suisse, la, et les lacs de la Haute-Italie, s. Grieben's Reise-Bibliothek.

Suisse: La Suisse Occidentale
v. Die Westschweiz — La Suisse Occidentale.

Suisse. La S' Orientale et l'Engadine. (St-Gall [1900]) *s.* [Stamm, Heinrich].

Suisse: Le Suisse d'Outre-Mer
v. Der Übersee-Schweizer — Le Suisse d'Outre-Mer.

— petite luxembourgeoise. I. Guide illustrée pour Echternach et ses environs par Henry Lordong. 8. (27 S. m. 4 Bildern u. 1 farb. Karte.) Trier 898. H. Stephanus. n. — 80

Suisse, la, pittoresque. Recueil de cent des plus belles vues de la Suisse, gravées sur acier par les meilleurs maîtres, sous la direction de C. Frommel et de Henri Winkles. Avec un texte explicatif p. Aug. Lewald. Trad. de l'Allemand par Eug. Worms. IV Livr. 16. (100 Taf. u. 5⅜ B. Text.) Carlsrouhe 838, 39, [Nöldeke.] à 1¼ Thlr.

Suisse, le publiciste. Année 1846. 156 Nros. (Bog.) Fol. Bern, Jenni. * 4 Thlr. 15 Ngr., Semesterweise

Suisse. La S' dans la question de Savoie *s.* [Vulliemin, Louis].

Suisse Romande (Vd I)
⑤ 1870—1873 ⑦ hebdomadaire ⑧ Lausanne ⑬ BGSZ: 12, p. 91 ⑮ Il s'agit probablement du journal «La Suisse romande».

Suisse Romande (Fr)
① Feuille d'avis - Gazette populaire illustrée (2. 6. 1900—novembre 1915). Gazette populaire illustrée (4. 12. 1915—24. 2. 1917) ④ Gazette populaire de la Suisse Romande ⑤ 2. 6. 1900—24. 2. 1917 ⑥ in-2° ⑦ hebdomadaire ⑧ Estavayer: H. Butty (2. 6. 1900—1909); Bulle: Imprimerie Commerciale (1910—1915); Fribourg: G. Hodel (1916—1917) ⑨ Supplément illustré (1901: in-2°). La petite Revue populaire suisse (7. 1. 1904—1917: hebdomadaire). La vie champêtre (1912; in-2°, hebdomadaire). etc. ⑩ Henri-Jos. Ding, Estavayer ⑪ Henri-Jos. Ding ⑫ neutre ⑬ BGSZ: 18 ⑭ Be: L.

Suisse. La S' au dix-neuvième siècle. Ouvrage publié par un groupe d'écrivains suisses sous la direction de Paul Seippel.... Avec nombreuses illustrations. 3 Tomes. (36 Livraisons.) gr.-8. Lausanne, Berne 1899 - 1901.

Suisse. La Suisse au dix-neuvième siècle. Ouvrage publié par un groupe d'écrivains suisses sous la direction de Paul Seippel.... Avec nombreuses illustrations. Tome 3e. (Livraisons 25—36.) 598 p. 8. Lausanne, F. Payot; Berne, Schmid & Francke, 1901. [br. fr. 22. —, relié fr. 25. —]

Suisse-Vélo, s.a. Tourenbuch, schweizer. f. Rad- u. Automobilfahrer.

Suisse-Vélo. Itinéraires pour cycles et automobiles. Publié par la Rédaction et l'Administration du Vélosport Suisse . . . Éd. française. [Avec 1 carte et des plans.] 8. Berne et Lausanne s. d. [1898/1900]. 8°

Suisse [Schlagwort]

Suisse — Carte générale de la — oder die Helvetische Republik in XIX Cantone eingetheilt, beschlossen in Paris den 19. Februar 1803. 1 : 500,000. 1 Bl.

Suisse — Carte géologique de la — par M. M. B. Studer et A. Escher de la Linth. 380,000. Winterthur 1853, Wurster & Comp. 4 Bl.

— — 2e édition rev. et corr. par Is. Bachmann. 4 Bl. Nebst 1 Heft Erläut. von Ziegler.

Suisse — Carte d'une Partie très intéressante de la — à l'usage des Voyageurs etc. Levée et dessinée trigonométriquement et géométriquement par I. H. Weiss aux dépens de J. R. M. à Arau. 1796. 1 : 12 ,000. 1 Bl.

Suitbertus-Büchlein. Lebensgeschichte des heil. Bischofes Suitbertus nebst Liedern u. Andachtsübungen zu dessen Verehrung. 2. verm. Aufl. 8. (39 S.) Düsseldorf 849, Kampmann. n. n. 1/12 ℳ

Suite des cures opérées par les membres de la société harmonique de Strasbourg. 8. Strasbourg, Academ. Buchhdl. 787.

Suite d'estampes pour servir à l'histoire des mœurs et du costume des François dans le dix-huitième siècle. Année 1775. A Paris, de l'imprimerie de Prault, imprimeur du roy. MDCCLXXV. (Anastat. Neudruck.) (12 Taf. m. 16 Bl. Text.) 39,5×33,5 cm. Berlin-Steglitz (909). Neue photogr. Gesellsch. In Lw.-Mappe 25.—

Suite d'Estampes pour servir à l'histoire des mœurs et du costume des François dans le dix-huitième siècle. Année 1775. A Paris, de l'imprimerie de Prault, imprimeur du roy 1775. [Facs.Neudr. Berlin-Steglitz: Neue Photogr. Gesellsch. 1910.] 3 gez., 13 ungez. Bl., 12 Taf. 2° [10. 4903

Suite de la Relation, des Operations, de l'Armée du roi, jusqu'au 30. de Juin, 1745.

Suite de la Relation des Operations de l'Armée du Roi en Boheme. Ce 6me de Juillet, 1745.

Suite de la Réponse à l'Histoire des Oracles, Dans laquelle on réfute les objections insérées dans le XIII. Tome de la Bibliothèque choisie, et dans l'Article II. de la République des Lettres du mois de Juin 1707; et ou l'où établit sur de nouvelles preuves le sentiment des SS. Pères touchant des Oracles du Paganisme. A Strasbourg 1708. V: *Baltus, Johann Franz.* (so).

SUITEN, das sind Erzählungen der Suitiers von einem Suitier. Hrsg. von O. v. — e. — Zerbst, 1825. In Commiss. d. Schützischen Buchh. 8°. (In Dresden: Lit. Germ. rec. C 1142 m.)

305 SS. u. 1 S. Inh. Sehr seltenes u. gesuchtes Scandalosum, Berliner Sittenbilder in sehr üppiger Darstellung enthaltend, seiner Zeit confiscirt u. streng verboten. Einige Suiten sind Reiseabenteuer, wovon No. 5 im Kgr. Sachsen spielt. (5 Rthlr. Scheible; 12 Mk. Lesser; 20 Mk. J. Halle, München.)

Suiten, das sind Erzähll. der Suitiers von e. Suitier; hrsgg. v. O. v—e—. 8. Zerbst 825. (Lauffer in Leipz.) 1 ℳ 8 ℊ

Suitens, Rud., Vernunfttrutz an alle Atheisten u. s. w. 8. Luzern. 749.

Suits, G., s.: Literaturen u. Sprachen, die osteuropäischen u. slawischen.

Suittinger, Ioh. Bapt., observationes pract., oder gewisse Gerichtsbräuche. 8. Nürnb. Hause. 713.

Sujûṭî, Ǧalâl al-dîn al-Sujûṭî's al-Šamârîh fî 'ilm al-Ta'rîḫ. Die „Dattelrispen üb. die Wissenschaft der Chronologie". Nach der Tübinger u. den 2 Berliner Handschriften hrsg. v. Chr. Fr. Seybold. gr. 8. (VII, 16 S.) Leiden 894. E. J. Brill. n.n. 1.—

Sujûṭî's Kunjâ-Wörterbüchlein betitelt „Al Munâ fi'l kunâ" ... herausgegeben von Chr. Fr. Seybold. SA. aus dem 49. Bande der ZDMG. Leipzig 1895.

Suizo-Argentino. El S'-A' (*Año 1:* El Dia S' A'). [Illustriert.] Año 1° — Núm 1 u. Año 2° — Núm 2. Solothurn, Junio 21 de 1903 u. Soleura, Julio 10 de 1904. Redacción y administracion: H[einrich] Baer. 4 u. 12 p. fol. (Solothurn, Zepfel.)

Se pública una vez al año ... = Erscheint jährlich ein Mal zum Dia Suizo-Argentino.

Suizo-Argentino. El S'-A'. [Illustriert.] Año 3 — Núm 3. Solothurn, Agosto 6 de 1905. Redacción y administracion: H[einrich] Baer. 14 p. fol. (Solothurn, Zepfel.)

Se publica una vez al año ... = Erscheint jährlich ein Mal zum Dia Suizo-Argentino.

Suizo-Argentino. El S'-A'. Año 4 ... y Año 5.... Solothurn, ... 1906 y ... 1907. Redacción y administracion: H[einrich] Baer. fol. (Solothurn, Zepfel.)

Se publica una vez al año ... = Erscheint jährlich ein Mal zum Dia Suizo-Argentino.

Año 4 — Núm 4. Sol', Julio 9 de 1906. [Illustriert.] 20 p.
Año 5 = Jahrg. 5. Núm 5. Sol', Julio 14 de 1907. [Mit Illustrationen und 1 Tafel.] 28 p.

Suizo-Argentino. El S'-A'. Año 6 = Jahrg. 6. Núm 6 Solothurn, Agosto 2 de 1908. Redacción: H[einrich] Baer & M[oritz] Alemann. [Illustriert.] [32 p.] fol. (Solothurn, Zepfel.)

Se publica una vez al año ... = Erscheint jährlich ein Mal zum Dia Suizo-Argentino.

Suizo-Argentino. El S'-A'. Año 7 = Jahrg. 7. Núm 7. Solothurn, Julio 25 de 1909. Redacción: H[einrich] Baer, Sol'. [Illustriert.] [40 p.] fol. (Solothurn, Zepfel.)

Se publica una vez al año ... = Erscheint jährlich einmal zum Dia Suizo-Argentino.

Suizo-Argentino. El S'-A'. Año 8 = Jahrg. 8. Núm 8. Solothurn, Mayo 25 de 1910. Redacción: H[einrich] Baer, Sol'. [Illustriert.] [40 S.] fol. (Solothurn, Vogt & Schild.)

Se publica una vez al año... = Erscheint jährlich einmal zum Dia Suizo-Argentino.

Suizo-Argentino. El S'-A'. Año 9 = Jahrg 9. Núm. 9. Solothurn, Julio 9 de 1911. Redacción: H[einrich] Baer, Sol'. [Illustriert.] [28 S.] fol. [Solothurn, Vogt & Schild.]

Se publica una vez al año ... = Erscheint jährlich einmal zum Dia Suizo-Argentino.

Suizzera, la famiglia. Opera lirica in tre atti, da rappresentarsi nel teatre cale di Sassonia (v. Gio. Hnr. Ad. Wagner). 8. Dresd. 810.

[Sanskṛ.] Śukabâhattarî. [Ant.] Die Marâṭhi-Uebersetzung der **Śukasaptati.** Marâṭhî u. deutsch v. Richard Schmidt. *Leipzig: In Comm. bei F. A. Brockhaus 1897.* (VIII, 175 S.) 1 Bd 8.
= Abhandlungen f. d. Kunde d. Morgenlandes. Bd X. No 4. [97. 6487

Penkiolikai metų **sukakus.** Ruožai iš 'Ukininko' gyvenimo. Parašė 'Ūkininkas'. Tilžėje: Saunus 1905. 16 S. 8°

[Die 15jährige Jubelfeier. Berichte aus d. Geschichte d. 'Landwirts'.] [10. 7822 10

Śukasaptati

— Vier Erzählungen aus der Çukasaptati. Samskrt und Deutsch. Von Richard Schmidt. Kiel 1890.

— Die Çukasaptati. Textus simplicior. Herausgegeben von Richard Schmidt [AKM. X. Band. No. 1.] Leipzig 1893.

— Die Çukasaptati. (Textus simplicior.) Aus dem Sanskrit übersetzt von Richard Schmidt. Kiel 1894.

Der Textus ornatior der Çukasaptati [**Śukasaptati**]. E. Beitr. z. Märchenkunde v. Richard Schmidt. *Stuttgart: W. Kohlhammer 1896.* (VI, 70 S., 1 Bl.) 1 Bd 8. [96. 6688

— Der Textus ornatior der Śukasaptati. Kritisch herausgegeben von Richard Schmidt. Aus den Abhandlungen der k. bayer. Akademie der Wiss. I. Cl. XXI. Bd. II. Abth. München 1898. 4°.

Die **Śukasaptati.** (Textus ornatior.) Aus dem Sanskrit übers. von Dr. Richard Schmidt. Stuttgart: W. Kohlhammer 1899. (149 S.) 8°

Suke, Chr. Gerh., **Commentatio de recentissimis conatibus monumenta Etrusca explicandi. Lips. 737. 4. (22 S.)**

Suke, Christian Wilhelm (Wien) A. S. 125/28

Exercitatio iuridica quaestionem quale tempus circa genus monetarum in exsolvendis legatis sit spectandum continens. Präs. Friedrich Gottlieb Zoller. Leipzig (Loeper) 18. III. 1777. 16 S.

Gew.: Christoph Gerhard Suke (Vater). 34071

Suke, Lorenz Henning: Ausführung der Wahrheit ..., in: Schriften. Zwo, welche in der Deutschen Gesellschaft ... 1737.

[Russ.] M[ichail Aleksandrovič] **Sukennikov**. Děti. Odnoaktnaja drama. Berlin: Russ. Verl. 1903. 32 S. 8°
[Die Kinder. Drama in 1 Akt.] [11. 4936

Sukennikoff, M., die Kinder. Einaktiges Drama. (In russ. Sprache.) (32 S.) 8. Berlin 903. M. Sukennikoff. n. 1. —

— s.: **Kischinew.**

Sukennikoff, M., erster Kongress russischer Studenten u. Studentinnen, abgehalten im Auslande. (In russ. Sprache.) 8. (44 S.) Berlin 902. J. Räde. n. 1. —

[Russ.] M[ichail] **Sukennikov**. Pervyj kongress russkich studentov i studentok, učaščichsja zagranicej. *Berlin: I. Rěde 1902.* (48 S.) 8°
[Auf d. Umschl.:] M. Sukennikoff, [Der erste] Kongress russ. Studenten [u. Studentinnen, die im Ausland studieren]. [04. 6316

[Russ.] Krestjanskaja revoljucija na jugě Rossii s pis'mami L[’va] N[ikolaeviča] Tolstogo carju. (Verf.: M[ichail Aleksandrovič] **Sukennikov.**) *Berlin: I. Rěde 1902.* (66 S.) 8°
[Auf d. Umschl.:] Tolstoi, Bauernrevolten. [04. 6719

Sukennikowa, Nadeshda: Über einen Fall von Athyreosis congenita. Berlin 1909: G. Schade. 31 S. 8°
Berlin, Med. Diss. v. 13. Aug. 1909, Ref. Orth
[Geb. 26. Mai 79 Kowno; Wohnort: Chomutowo b. Moskau; Staatsangeh.: Rußland; Vorbildung: Mädchengymn. Schitomir Reife M. 94, Ergänzungsprüfung Lat. Moskau M. 08; Studium: Berlin 1, Halle 3, Lausanne 6, Berlin 2 S.; Rig. 11. Aug. 09.] [U 09. 117
2°

Sukhtankar, Vasudev Anant: The teachings of Vedanta according to Ramanuja. Wien 1908: Holzhausen. 79 S. 8°
Bonn, Phil. Diss. v. 12. Aug. 1908, Ref. Jacobi
[Geb. 22. Juni 77 Islampur; Wohnort: Bombay; Staatsangeh.: Ostindien: Vorbildung: Maturitätsprüfung d. Univ. Bombay; Studium: Bombay 8, Oxford 4, Kiel 1, Bonn 3 S.; Rig. 29. Jan. 08.] [U 09. 437

Sukiennikow, Wladimir, aus Odessa: Aus d. Anat. Institute zu Berlin. Topographische **Anatomie** der bronchialen und trachealen Lymphdrüsen. *Berlin 1903: L. Schumacher.* (26 S.) 8° ¶ (Aus: Berliner klinische Wochenschr., 1903, No 14 u. 15.)
Berlin, Med. Diss. v. 2. Apr. 1903

Šuklje Fr.: **Tridesetletna vojska v svojih početkih. 42. Rudolfswert 74. Progr.**

Šuklje, Frz. Die Entstehung und Bedeutung des Verduner Vertrages vom Jahre 843 n. Chr. 26 S. 8. **Progr.** G. *Laibach* 1876.

Suklje, Frz. Zur Geschichte der Septemberereignisse des Jahres 1792. 72 S. 8. **Progr.** G. *Wiener-Neustadt* 1880. 1881.

Sukow, s. Suckow.

Die **Fahnenlieder** der alten Zeit, v. einem alten Soldaten (v. Sukow). Mit 1 Bd Melodien. Stralsund 1839. 71 S.

Sukdorf, Henry F., eine kritische Stunde in der Entwicklungsgeschichte unseres Volkes. gr. 8. (VII, 143 S.) Berlin 900. D. Reimer. 1. 50

Sukdorf, H. F., der Weg zur Größe unseres Volkes. (48 S.) gr. 8. Berlin 903. (Thormann & Goetsch.) n. —60

Sukstorf, praktische Winke für Vormünder, s.: Böger.

Sul: Jahrgang I, no. 1, Aug. 11, 1889 – no. 46, June 30, 1890.
Published by Orgao do Partido Republicano. Publisher: Capitao J.F. Leal. Weekly. Bilingual, last page has German section
Joinville

Sul colera. Cenni pei non medici. Triest 865. (Schubart & Dase.) 8. (21 S.) n. 5 ngr.

Sul diritto matrimoniale, sulla religione dei fanciulli e sui registri dello stato civile (art. di legge XXXI, XXXII e XXXIII del 1894), con le relative ordinanze dei ministri della presidenza, dell' interno, della giustizia e dei culti e istruzione pubblica. Ed. ufficiale. gr. 8. (388 S. m. 17 Formularen.) Budapest 895. (Fiume, A. Reinhard.) n.n. 4. —

Sul poema drammatico Griselda rappres. per la prima volta in Vienna, il 30 dec. 1835. Lettera ad un amico. Vienna 1836. V: *Bolza, Graf.* (Bll. f. Litt., Kunst u. Kritik 1836, 212)

Sul poema dramatico Griselda ... Vienna 1836. V: *Bolza, Giambatt.* (Ky)

Sul poema dramatico Griselda Lettera ad un amico (v. J. B. Bolza.) gr. 8. Wien 836. Volke. 5/12 ℳ

Sultan Soliman des Großen [**Sulaimān** II. al-Qānūnī al-Muḥibbī, Sulṭan der Türkei] Divan [**Dīwān**] in e. Auswahl mit sachl. u. grammat. Einl. u. Erl. sowie e. vollst. Glossar hrsg. von Dr. Georg Jacob, Prof., Erlangen. *Berlin: Mayer & Müller 1903.* (VIII, 107 S.) 8° [04. 2785

Ungarns Kolonie im Somalilande. Offiz. u. Original-Korrespondenzen von Suleyman ibn Inger Abdullah [**Sulaimān Ibn-Inger ʿAbdallah**], Emir d. Derwische. Budapest: (K. Grill) 1904. (XV, 111 S.) 8° [J.] [05. 3398

Suleyman ibn Inger Abdullah, Emir, Ungarns Kolonie im Somalilande. Offizielle u. Orig.-Korrespondenzen. (XV, 111 S.) gr. 8. Budapest 904. Grill. 2. —

Sulaimann des Gesetzgebers (Kanûni) Tagebuch auf seinem Feldzuge nach Wien im J. 935/6 d. H. = J. 1529 n. Chr. Zum ersten Male im türk. Originaltexte hrsg., mit einer deutschen Uebersetzung und mit Anmerkungen versehen von W. F. A. Behrnauer. Lex.-8. (61 S.) Wien 858, Gerold's Sohn. *

Sulami b. 'Abd al-Laṭîf Abû Jaḥjâ. Die Makame von el-Buting. In freier Nachbildung nach dem Arabischen des Sulemi ben Abdallatiph ebu Jahiah. Tübingen 1831.

Sulamith, der, od. eines Kindes Gottes stille Unterredungen mit Gott u. mit sich selbst. 8. Magdeb. 789. (Creutz). 2 ℛ

— eine Zeitschrift zur Beförder. der Cultur u. Humanität unt. d. Israeliten, herausgg. v. Dav. Fränkel u. . . Wolf. 1r—4r Jahrg. gr. 8. Dessau 806—14. (Leipz., Schmidt). (à Jahrg. 5 ß) 15 ß 5r u. 6r Jahrg. à 12 Hefte, hersgg. v. D. Fränkel. gr. 8. Ebd. 817 u. 20. (à 5 ß) 10 ß

Sulamith, eine Zeitschrift zur Beförderung der Cultur und Humanität unter der jüdischen Nation, herausgeg. von David Fränkel. 12 Stck. gr. 8. Dessau. (Bruder in Lpz.) 808.

Sulamith, eine Zeitschrift zur Beförderung der Kultur u. Humanität unter den Israeliten, herausgeg. v. D. Fränkel. 5r u. 6r Jahrg. à 12 Hefte. gr. 8. Dessau. (Leipzig, Schmidt.) 817 u. 820. à 5 Thlr.

—— eine Zeitschr. z. Beförderung d. Cultur u. Humanität unt. d. Israeliten. Hrsg. v. Dav. Fränkel. 1—8. Jahrg. à 12 Hfte. gr. 8. Dessau 830—37. (Leipzig, C. G. Schmidt.) à J. *

Sulamith, ein christl. Taschenbuch zur Erhebung häusl. u. öffentl. Erbauung auf das Jahr 1837 u. 1838, herausg. von Karl Grumbach. 1r u. 2r Jahrg. (Mit Titelbild.) 16. Berlin 836, 837. Fröhlich u. Comp.; Heymann. à n. 1⅓ ß

Sulamith, ein christl. Taschenb. z. Erhebung häusl. u. öffentl. Erbauung auf d. J. 1837 u. 38., hrsg. v. Carl Grumbach. 1. u. 2. Jahrg. 16. Berlin, [Heymann.] 837. (17½ B. u. Titlbild.), 38. (16¾ B. u. 5 Stnt.) à 1⅓ Thlr.]

Sulamith, eine Zeitschrift. Herausgeg. von David Fränkel. 1. Bd. Neue Folge. 1. u. 2. Hft. od. 9. Jahrg. 1. u. 2. Hft. gr. 8. Dessau 845, 46. (Leipzig, Hunger.) à ½ ß

Sulamith, eine Zeitschrift. Hrsg. v. Dav. Fränkel. 1. Bd. Neue Folge. 3. Hft. [9. Jahrg. 3. Hft.] gr. 8. (S. 193—272.) Deßau 848. Leipzig, Hunger in Comm. ½ ß

Sulamith, Der seufzende, oder erbauliche Betrachtungen über Sprüche der heiligen Schrift . . . 4. Aufl. Wernigerode 1765. V: *Ludwig, Joh. Christoph.* (Ky)

— der seufzende, od. erbaul. Betrachtt. üb. Sprüche der heil. Schrift, von e. Liebhaber Jesu Christi. (Jh. Cph. Ludwig). 3 Thle. 16. . . . 4e Aufl. 16. Wernigerode 765.

Sulbach, A., Rénan u. der Judaismus. Frankfurt a. M. 867. Kauffmann. 8. (53 S.) n. 8 ngr.

Sulc, K., Kermincola kermesina n. gn. n. sp., u. physokermina n. sp., neue Mikroendosymbiotiker der Coccideen. — Vejdovský, F.: Bemerkungen zum Aufsatze des Herrn K. Šulc üb. Kermincola kermesina etc. (12 S. m. 3 Fig.) Lex.-8. Prag 906. (F. Řivnáč.) n. — 20
Sonderabdr. aus: „Sitzungsber. d. böhm. Gesellsch. d. Wiss."

Sulc, Karel, „Pseudovitellus" u. ähnliche Gewebe der Homopteren sind Wohnstätten symbiotischer Saccharomyceten. (39 S. m. 18 Fig.) Lex. 8. Prag 910. F. Řivnáč. — 90
Sonderabdr. a.: „Sitzungsber. d. böhm. Gesellsch. d. Wiss."

Šule, P. J., paedagogika všeobecná čili: Navedení k rozumnému vychování dítek. Prag 863. Steinhauser. gr. 8. (96 S.) 18 ngr.

— přírodopis. Soustavný přehled živočišstva čili vypsání nejdůležitějších zvířat, jejich vlastností škodlivých i užitečných. Pro mládež i dospěle. Ebend. 863. 8. (XVI, 134 S. u. 21 lith. Taf.) n. 20 ngr.; color. n. 1 ß

— přírodopis. Soustavný přehled nejdůležitějších rostlin a nerostů jejich vlastností škodlivých i užitečných. Pro mládež i dospělé. S 57 vyobrazeními rostlin a nerostů na 8 tabulkách. Prag 864. Kuranda. gr. 16. (VI, 80 S.) 17½ ngr.

— přírodopis názorný, obsahující vědomosti velmi potřebné a užitečné o nejdůležitějších předmětech ze všech tří přírodních říší. Pro mládež i dospělé. S 20 tabulemi. Ebend. 861. qu. 4. (IV, 40 S.) n. 24 ngr.; color. n. 1 ß 10 ngr.

— přítel dítek poučující e varující. Spisek obrázkový pro mládež. S 8 malovanými obrázky. 2. to změněne vydání „Vzorů pro dítky." Ebend. 863. gr. 4. (30 S.) n. 20 ngr.

— Robinson. Obraz ze života pro mládež i dospělé. S 10 malovanými obrázky. Ebend. 863. 8. (VIII, 168 S.) n. 22½ ngr.

— Robinsonady. Spisek obrázkový pro poučení a zábavu mládeže. S 8 malovanými obrázky. 861. — 2. vydání. Prag 862. Kuranda. qu. 4. (44 S.) n. 20 ngr.

Šule, P. J., Vínek. Sbírka pohádek pro dítky. S 8 malovanými obrázky. 861. n. 18 ngr. — 2. změněne vydání. Ebend. 863. qu. 4. (34 S.) n. 20 ngr.

— vzory pro dítky k poučení a výstraze. S 8 malovanými obrázky. Ebend. 861. qu. 4. (34 S.) n. 18 ngr.

Sulce, Arnosta, okanzlená Růže w češtině od Jos. Kačera. Wydal Jan Purkyně. 8. (6¾ B.) Wratislawi 840, (Hirt's Verl.) *

Sulcerana badensia, s.: Linder, G.

Sulchan-Arukh [Gedeckte Tafel] [Ez. XXIII, 41] oder das Ritual- und Gesetzbuch des Judenthums, bestehend aus folgenden 4 Thln.: 1. Orach-Chajim [Lebenspfad], [Ps. XVI, 11], 2. Jore-Dea [Weisheitslehre], [Jes. XXVIII, 9], 3. Chošen-Mišpat [Rechtsschild], [Exod. XXVIII, 15], 4. Eben-Ezer [Siegesdenkstein], [I. Sam. VII, 12]. Zum ersten Male aus dem Originale frei in's Deutsche übers. und mit Quellenangaben, Erläuterungen und den wichtigsten Bemerkungen aller Commentare versehen von Johs. A. F. E. L. V. v. Pavly unter Mitwirkung hervorragendster Fachgelehrten. (In ca. 25 Lfgn.) 1.—4. Lfg. gr. 8. (1. Bd. S. 1—640.) Basel 888. (Zürch, Verlags-Magazin.) à Lfg. *ℳ 4.—. *

Sulczyński, M.: Über die Wirkung des Alkohols, Chloroforms und Äthers auf den tierischen Organismus. I.-D. 33 S. Dorpat. 1865.

Suleika, Geo., Geheimniß der Zubereitung, mit wenig Kaffee einen starken u. wohlschmeckenden Kaffee zu kochen. Aus der Küche eines Orientalen für alle Kaffeehäuser, Restaurationen u. Familienwirthschaften. Leipzig 865. (H. Schmidt jun.) 16. Verklebt. n. 10 ngr.

Sulejman Efendi, Šejx, Cagataj-osmanisches Wörterbuch, bearb. v. Ign. Kúnos, s.: Publications de la section orientale de la société ethnographique hongroise. I.

Sulek, Bogoslav, deutsch-kroatisches Wörterbuch. — Němačko-hrvatski rěčnik. 2 Bde. gr. 8. (VIII und 1712 S.) Agram 854—60, Suppan. Thlr. *

Suler, Ber, aus Minsk (Russl.): Beiträge zur elektrolytischen Reduktion der Nitrite. *Berlin (1901): E. Ebering.* (69 S.) 8°
Berlin, Phil. Diss. v. 26. Juni 1901

Sulerzyski, Wladisl. v., wer ist Minister bei dem Sacrament der Ehe? Dissertation. gr. 8. (37 S.) Posen 881. (Leitgeber & Co.) n. — 75

Suleyman, s. Sulaimān

Sülflow, [**Gustav**], Referendar: Der Befehl im Strafrecht. Thorn 1910: Dombrowski. VII, 74 S. 8°
Heidelberg, Jur. Diss. v. 5. Sept. 1910, Ref. v. Lilienthal
[Geb. 6. April 85 Stettin; Wohnort: Thorn; Staatsangeh.: Preußen; Vorbildung: Gymn. Thorn Reife O. 05; Studium: Berlin 2, Freiburg i. B. 1, Königsberg 3 S.; Rig. 30. Juni 10.] [U 11. 2150

Sulger, R[udolf]. Ersteigung des Finsteraarhorns von R. S' (1. touristische Besteigung 6. September 1842). [Mit 1 Tafel.] Sonderabdruck aus dem Jahresberichte der Sektion Basel S. A. C. pro 1908. 15 S. 8. [Basel, Birkhäuser & Dubi, 1909.]

Sulger Büel, Emil, von Stein am Rhein: Verfassungsgeschichte der Stadt Stein am Rhein 1005—1457. Frauenfeld 1908. II + 71 S. 8°. Schriften des Vereins für Geschichte des Bodensees und seiner Umgebung. Heft 37. Lindau 1908.
Bern, Jur. Diss. 1908/09.

Sulger-Büel, Emil. Verfassungsgeschichte der Stadt Stein am Rhein. 1005—1457. Diss. Jur. Bern ... von E' S' Büel.... [SA. aus: Schriften des Vereins für Geschichte des Bodensees und seiner Umgebung. Heft 37, 1908.] II + 71 S. gr.-8. Frauenfeld. Huber & Co., 1908.

Sulger-Buel, Konrad, med. pract., gew. II. Assistenzarzt der Frauenklinik (von Stein a. Rh., Kt. Schaffhausen): Zur Casuistik des kyphotisch querverengten Beckens. (Mit 9 Abbildungen). S.A. aus: Archiv für Gynaekologie. Bd 38, S. 523 - 545]. Leipz. A. Th. Engelhardt Dr. 1890. 1 Bl., 24 S. 8°.
Zürich, Med. Diss. [v. 8. Aug. 1890]

Sulger-Gebing, Emil, s.: Abhandlungen, germanistische, Hermann Paul dargebracht.

Sulger-Gebing, Emil, Peter Cornelius als Mensch u. Dichter. (V, 129 S.) kl. 8. München 908. C. H. Beck. Kart. 2. 50

Sulger-Gebing, Emil: Dante in der deutschen Litteratur bis zum Erscheinen der ersten vollständigen Übersetzung der Divina Commedia, 1767—1769. Beiträge z. vergleich. Litteraturgeschichte. I ... (Erscheint vollst. in: Kochs Zeitschr. f. vergl. Litteraturgesch., N. F. Bd. VIII f.) Weimar, *Druck v. A. Haack, Berlin,* 1895; 35 S. 8.
Munchen, Phil. Fak., Inaug.-Diss. v. 1895

— Goethe u. Dante, s.a. Forschungen zur neueren Literaturgeschichte. 32.

Sulger-Gebing, Emil. Goethe und Dante. Studien zur vergleichenden Literaturgeschichte. VIII + 121 S. 8. Berlin, Alexander Duncker, 1907. (Einzelpreis M. 3. —, Subskr. 2. 50)
Forschungen zur neueren Literaturgeschichte. Hrg. von Dr. Franz Muncker.... (Heft) 32....

— Gerhart Hauptmann, s.a. Aus Natur u. Geisteswelt.

Sulger-Gebing, Emil. Gerhart Hauptmann. Mit einem Bildnis G' Hauptmanns [Tafel]. VI + 142 S. 8. Leipzig, B. G. Teubner, 1909. (M. 1. —, geb. 1. 25)
Aus Natur und Geisteswelt. Sammlung wissenschaftlich-gemeinverständlicher Darstellungen. Bändchen 283.

Sulger-Gebing, Emil, Wilhelm Heinse. Eine Charakteristik zu seinem 100. Todestage. (IV, 39 S.) 8. München 903. Th. Ackermann. n. — 80

— Hugo v. Hofmannsthal, s.a. Beiträge, Breslauer, zur Literaturgeschichte. III.

Sulger-Gebing, Emil. Hugo von Hofmannsthal. Eine literarische Studie. [Mit Bibliographie.] VIII + 96 S. 8. Leipzig, Max Hesse, 1905. (M. 2. 50, Subskr. 2. 15)
Breslauer Beiträge zur Literaturgeschichte Hrg. von Prof. Dr. Max Koch und Prof. Dr. Gregor Sarrazin.... (Heft) 3....

Sulger-Gebing, Emil. Hermann Kurz, ein deutscher Volksdichter. Eine Charakteristik. Nebst einer Bibliographie seiner Schriften. Mit einem Bildnis des Dichters [Tafel]. IV + 83 S. 8. Berlin, Georg Reimer, 1904. [M. 1. 20]

Sulger-Gebing, Emil, d. Brüder A. W. u. F. Schlegel in ihrem Verhältnisse zur bildenden Kunst, s.a. Forschungen zur neueren Litteraturgeschichte, III.

Die Brüder A. W. und F. Schlegel in ihrem Verhältnisse zur bildenden Kunst dargest. v. Dr. Emil Sulger-Gebing, Privatd. ... zu München. M. ungedr. Briefen u. Aufs. A. W. Schlegels. *München: C. Haushalter 1897.* (4 Bl., 199 S.) 1 Bd 8.
= Forschungen z. neueren Litteraturgeschichte. [II.] III. [97. 509

Sulicki, Karl Marschall v., der 7jährige Krieg in Pommern u. in den benachbarten Marken. Studien des Detachements- u. des kleinen Krieges. Berlin 867. Mittler & Sohn. gr. 8. (VI, 698 S. mit 2 lith. Plänen in gr. 4.) n. 3 ℛ 15 ngr.

Marschall v. Sulicki, K. Der deutsche Orden und die Schlacht bei Tannenberg. Berlin 1867. 8°.

Sulima, S., Lettres d'un Ukrainien sur la Bosnie russe. gr. 8. (40 S.) Leipzig 861, Gerhard. *

—— la Russie aux Russes comme la Pologne aux Polonais. gr. 8. (32 S.) Leipzig (861)62, Gerhard. *

Sulingen [Schlagwort]

Sulingen, s.a. **Preussen. Messtischblätter.**

Sulioten, die, oder die Uebergabe von Suli. Eine Begebenheit aus den Anfange des Befreiungskrieges der Griechen. Histor. Schauspiel in 3 Aufz. (von P. A. Wallmark.) Aus d. Schwed. gr. 8. (Stralsund, Löffler.) 827.

Sulioten, Die, oder die Übergabe von Suli. ... Historisches Schauspiel in drei Aufzügen. A. d. Schwed. [Stralsund] 1828. V: *Wallmark, Pehr Adolph.* (Ky)

Sulioten, die, oder d. Uebergabe von Suli. Eine Begebenheit aus d. Anfange des Befreiungskrieges d. Griechen. Historisches Schspl. in 3 Aufz. (von P. A. Wallmark). Aus d. Schwed. gr. 8. (Stralf. 828. Löffler). 1 ℛ

Sullam, Angelo, die wirtschaftliche Entwicklg. Italiens im J. 1905. (VIII, 49 S.) Lex.-8. Leipzig 906. B. G. Teubner. n. 2. 80

Sullivan, der Einsiedler von Windermeere; aus d. Engl. von Henriette Schubart. 8. Leipz. 820. Baumgärtner. 16 gl.

Gauss, E. F. L. (tr). Der Mikado; oder, die Stadt Titipu, japanische komische Oper ... v Sir Arthur Sullivan, text von W. S. Gilbert. Tr: E. F. L. Gauss. Chicago, 1887-94.

SULLIVAN, E. C. Studien über einige Jodverbindungen. Leipzig, 1899.

Sullivan, Bar. Sir Edward, Schutz für die heimische Industrie. Aus dem Engl. mit einem Vorwort von F. Stöpel. gr. 8. (XII, 96 S.) Frankfurt a. M. 876, Expedition des Merkur. * 1 50

Sullivan, Eugene C., aus Chicago: S t u d i e n über einige Jodverbindungen. Leipzig: W. Engelmann 1899. (27 S.) 8°
(Aus: Zeitschrift f. physikal. Chemie, Bd 28, H. 3.)
Leipzig, Phil. Diss. v. [15. Apr.] 1899.

Sullivan, J. N., an Sie, s.: Bibliothek der fremden Zungen.

Sullivan, R. L. Uebersicht der neuesten Staatsveränderungen in Ostindien. A. d. Engl. mit Zus. von M. C. Sprengel. 8. Göttingen 1787. 3,75.

Sullivan, Richard

— **Reisen eines morgenländ. Philosophen durch Asien, Afrika u. Europa; od. Sitten u. Meinungen der Menschen unter verschied. Himmelsstrichen; aus d. Engl. mit Anmerkk. 2 Bde. gr. 8. Leipz. 786. Weygand. 1 ℛ 12 𝒢**

Sullivan, Rich., Uebersicht der Natur, in Briefen eines Reisenden, nebst Bemerkk. üb. d. Atheismus u. dessen Verbreitung im neuern Frankreich, nach d. Engl. v. E. B. G. Hebenstreit. 4 Bde. gr. 8. Leipz. 795—800. Dyck. 5 ℛ 8 𝒢 Schrbp. 6 ℛ 12 𝒢

Sullivan, Rich., Uebersicht der neuesten Staatsveränderr. von Ostindien, umgearb. u. verm. von M. Chr. Sprengel. gr. 8. Halle 787. Gebauer. 1 ℛ 6 𝒢

Memoiren der Schwester Angelika (d. i. Susan **Sullivan**), einer entlaufenen Nonne d. Klosters zu Cork. Nach d. Engl. von J. Johnson. *Dresden: H. R. Dohrn [1900].* (123 S.) 8° [F.] 03. 13066 10

Sullivan, W. R. Washington, „die Bibel in Fetzen". Autoris. Uebersetzg. aus dem Engl. v. Helene Riesz. (IV, 78 S.) 8. Wien 904. Moderner Verlag n. 1. 50

Süllwald, A. [in Vlotho]: Ueber die Wirkung von Ammoniumformiat auf Diketone sowie über einige Schwefelverbindungen des Naphtalins .... Göttingen, Druck v. Louis Hofer, 1888; 48 S. + 1 Bl. 8°
Göttingen, Phil. Fak., Inaug.-Diss. v. 24. April 1888

Süllwald, A., über die Wirkung von Ammoniumformiat auf Diketone, sowie über einige Schwefelverbindungen des Naphtalins. Inaugural-Dissertation. gr. 8. (48 S.) Göttingen 888, (Vandenhoeck und Ruprecht's Verlag.) *

Sully, Clifford, A. B., s.: Tales of the present.

Heinrich Sully's Regeln von Sackuhren. Augsburg. 8. (1 Ggr.) 1753.

— nöthige Regeln f. diejenigen, welche Sackuhren haben ꝛc. 8. Augsb. 804. Bürglen. 8 𝒢

Heinr. Sully's Unterricht von der Eintheilung der Zeit, bei den kleinen und grossen Uhren, m. Fig. u. Tabellen. Lemgo. 8. (10 gr.) 1754.

Sully, Hnr., Unterricht von Eintheil. d. Zeit bei großen u. kleinen Uhren. Mit Fig. u. Tabellen. gr. 8. Lemgo ... 2e Aufl. 754. Meyer. 10 𝒢

Sully, James, Handbuch d. Psychologie f. Lehrer. E. Gesamtdarstellung der pädagog. Psychologie f. Lehrer u. Studierende. M. Erlaubn. d. Verf. nach d. 4. Aufl. d. Orig. aus d. Engl. übertr. v. J. Stimpfl. Einz. autoris. Übersetzung. gr. 8. (XIII, 447 S.) Leipzig 898. E. Wunderlich. n. 4. —; geb. n. 4. 80

Sully, J., die Illusionen, s. a. Bibliothek, internationale wissenschaftliche.

Sully, James, die *Illusionen*. Eine psychologische Untersuchung. Mit 7 Abbildgn. in Holzschn. Autorisirte Ausgabe. Leipzig 1884. 8°. Eleg. gepr. Lwdb.
XII—344 S.

U n t e r s u c h u n g e n über die Kindheit [Studies of childhood]. Psycholog. Abhandlungen f. Lehrer u. gebildete Eltern von Dr. James **Sully**, Prof., London. Mit Erlaubnis d. Verf. aus d. Engl. übertr. u. mit Anm. vers. von Dr J[osef] Stimpfl, Lehrer in Bamberg. Einzige autor. Übers. Mit 121 Abb. Leipzig: E. Wunderlich 1897. (VIII, 374 S.) 8°

— Untersuchungen üb. d. Kindheit. Psycholog. Abhandlgn. f. Lehrer u. gebild. Eltern. M. Erlaubnis d. Verf. aus d. Engl. übertr. u. m. Anmerkgn. vers. von J. Stimpfl. Einz. autoris. Uebersetzg. gr. 8. (VIII, 374 S. m. 121 Abb.) Ebd. 898. n. 4. —; geb. n. 4. 80

Sully, James, Untersuchungen üb. die Kindheit. Psychologische Abhandlgn. f. Lehrer u. gebildete Eltern. Mit Erlaubnis des Verf. aus dem Engl. übers. u. m. Anmerkgn. versehen v. Jos. Stimpfl. Einzige autoris. Uebersetzg. 2., verb. Aufl. (VIII, 342 S. m. 128 Fig.) gr. 8. Leipzig 904. E. Wunderlich. n. 4. —; geb. n. 4. 80

Sully, James, Untersuchungen über die Kindheit. Psychol. Abhandlgn. f. Lehrer u. gebildete Eltern. Mit Erlaubnis des Verf. aus d. Engl. übers. u. m. Anmerkgn. versehen von Jos. Stimpfl. Einzige autoris. Übersetzg. 3., verb. Aufl. (VIII, 343 S. m. 130 Abb.) gr. 8. Leipzig 909. E. Wunderlich. 4.—; geb. 4. 80

Sully, Maximilian de Béthune Baron de Rosny, duc de.

— **Denkwürdigkeiten. 7 Bde. Aus d. Französ. 8. Zürich 783—786. Orell. 4 ℛ 16 𝒢 Dies. im Ausz. (v. Mlle d. St. Vast). Aus d. Französ. v. Welk. 8. Warschau 769. Gröll. 1 ℛ.**

Sully, M. de B. B. de R., d. de.

Esprit, ou extract de tout ce qui se trouve dans les Mémoires ... concernant son administration des finances ... Dresde et Varsovie 1768. H: *Thomas, Antoine Léonard.* (BrMm)

Sully, Maximilian de Béthune Baron de Rosny, duc de.

Esprit, oder Auszug aus den Nachrichten ... von dem, was seine Verwaltung der Finanzen ... betrifft ... A. d. Franz. Dresden u. Warschau 1769. Ü: *Welk, Otto Carl Rudolph.* H: *Saint-Vast, Therèse Willems de.* (ML)

— **Geist d. Staatsverwaltung, aus seinen eignen Geständnissen in Hinsicht der wichtigsten Gegenstände dargest. mit beygefügt. Marginalien. 8. Altona 810. Hammerich. 14 𝒢**

v. Sully. Memoiren des Herzogs von Sully. A. d. Französ. 7 Bde. 8. Zürich 1783—86.

Sully, Max., Duc de Bethune, Mémoires, mis en ordre avec des remarq. p. M. L. D. L. D. L. 10 Vol. 12. Berlin, Rottmann.

Sulma, die Albanische,. 8. Lpz. Weidmann. 715.

Sulmis, ein altorientalischer Hochgesang der Liebe. Für meine Freunde. Frankfurt u. Leipzig [= Mannheim] 1806. B: *Bürmann, Johann Heinrich.* (BGE VII², 46)

Sulmis, ein alt orientalischer Hochgesang der Liebe. Mannheim 1806. V: *Bürmann (Burmann, Burmane).* (GGr)

Sulmora, Tochter Cuthullins. Ein Drama in 5 Akten, nach Ossian bearbeit. von Edm. Freyhrn. von Harold. gr. 8. Düsseld. Dänzer. 802.

Sulmuth und Williams, ein kleines Schauspiel mit Gesängen. Leipzig 1778. V: *Berger, Traugott Benjamin* [?]. (ZK X, 95)

Sulmuth u. Williams. Schsp. 8. Lpz. Hilscher. 778.

Sulpiciae eclogae. Recens. explic. Chr. Ludov. Schlaeger. gr. 8. (44 S.) Mitaviae 846. (Reyher.) n. 12 ngr

Sulpiciae satira, s. Juvenalis satirae, ed. Hermann.

Sulpiciae, *Satira*. In usum scholarum ed. C. G. Schwarzius. Altorf. 721. 8.

— — Latine et Gallice. Versib. reddidit notisque illustr. C. Monnard. Ed. altera. Paris. et Francof. 819. 8.

Sulpitiae Satyra cum commentatione Ch. G. Schwarzii; ed. Jh. Gurlittus. 4. Hamb. 819. Campe. 8 gr

Sulpitiae satira, de corrupto statu reipublicae temporibus Domitiani, praesertim cum edicto philosophos urbe exegisset. Gallicis versibus reddita notisque illustrata a C. Monnard. Edit. alt. — Etiam sub titulo gallico: la satire de Sulpicia contre Domitian etc. gr. 8. Parisiis. (Francofurti, Sauerländer.) 820.

Sulpiciae saturae, s.: Persius Flaccus, A.

Sulpicius, J. G. [Pseud.], s. Kulpis, Johann Georg

Sulpicius, Sever, historia sacra, c. not. Minellii. 12. Lps. Fritsch. 711.

— — id. lib. c. notis variorum. 8. Zürich. 708.

Sulpicius Severus, Leben des heil. Martin. 16. Nürnberg 870. Gütersloh, Bertelsmann. * — 40

Sulpicius Severus, Leben des heil. Martin. Erstmalige deutsche Uebersetzung besorgt von F. F. Reinlein. Mit einem schönen Titelbilde (auf einer color. Holzschnitaf.) Nürnberg 870. Löhe. 16. (XII, 68 S.) n. 4 ngr

Leben und Thaten des heiligen Martinus. Aus dem Lat. des Sulpicius übersetzt mit Anmerk. Saarlouis 791. Thl. I. 8. 8gr.

Sulpicii Severi libri qui supersunt, s. Corpus scriptorum ecclesiasticorum latinorum.

Sulpicius Severus. Quae extant opera omnia, in duos tomos distributa . . . Lips. 1709. H: *Schöttgen, Christian.* (Ebert)

— Opera quae extant omnia, c. not. Vorstii et Clerici. 2 Tmi. 8. Lps. Fritsch. 709.

Sulpicii Severi opuscula de S. Martino episcopo Turonensi, s.: Patrum, sanctorum, opuscula selecta.

Sulpicius Severus, ausgewählte Schriften, s.: Bibliothek der Kirchenväter.

S[ulpius] U. v. Erinnerungen an die Campagne 1864. Berlin. J. Hagelberg o. J.
4 Bl. gr 2°.
Lith von R Kospoth Zeichner: U. v. Sulpius

Sulser, (Lehrer d. kaufmänn. Wissenschaften), J., gründl. Unterricht zur Erlernung der doppelten Buchhaltung, dargestellt in d. Geschäften von sechs Monaten. 2 Bde. 4. Zürich 830 u. 831. (Schulthess). 10 ß

Sulser, Jacob, aus Wartau (Kt. St. Gallen): Synthesen einiger Stilbenderivate. Bern 1905. 40 S. 8°. [20. I. 05.]
Bern. Phil. Diss. 1904/1905.

Sulser, Jacob. Synthesen einiger Stilbenderivate. Diss. Phil. Bern ... von Jakob S'.... 40 S. 8. Bern, W. Wälchli, 1905.

Sultan, Peter, s. Peter Sultan.

Sultan d. Türkei, der gegenwärtig regierende, Mahmud II., u. seine Umgebung. Ein biograph. Charaktergemälde Nebst einigen Betrachtn. üb. d. gegenwärt. Krieg. 8. (4 B.) Leipzig 829, Expedit. d. europ. Aufsehers. (?)

Sultan, Geo., Atlas u. Grundriss der Unterleibsbrüche, s.a. Lehmann's medizin. Handatlanten.

Atlas und Grundriss der Unterleibsbrüche von Privatd. Georg Sultan, Assist. in Göttingen. Mit 36 Taf. u. 83 Fig. München: J. F. Lehmann 1901. (XX, 244 S.) 8°
(Handatlanten, Lehmann's medizinische. Bd 25.)

Sultan, Geo., Grundriss u. Atlas der speziellen Chirurgie, s.: Lehmann's medizin. Handatlanten.

Sultan, G., u. E. Schreiber, die erste Hilfe in Notfällen. Für Aerzte bearb. unter Mitwirkg. v. Heermann, Palm, Schieck u. Weber. (V, 365 S. m. 78 Abbildgn.) gr. 8. Leipzig 903. F. C. W. Vogel. Geb. in Leinw. n. 8. —

— s.: Krankheiten, die, des Blutes.

Sultan, Georg [pr. Arzt]: Ueber Lymphangiome . . . Königsberg i. Pr., Druck v. M. Liedtke, 1891; 20 S., 2 Bl. 8.
Konigsberg, Med. Fak., Inaug.-Diss. v. 20. Nov. 1891

Sultan, Geo. Über Lymphangiome. Diss. gr. 8. (19 S.) Königsb. i. Pr. 891, (Koch). * — 80

Sultan, Kurt

Sultan, Curt, prakt. Arzt: Zur **Histologie** der transplantierten Schilddrüse. *Königsberg i. Pr. 1898: E. Rautenberg.* (22 S.) 4°(8°)
Königsberg, Med. Diss. v. 13. Okt. 1898

Sultan-Sirtkow, Sigism. v., der rote Tod im Zarenreich. Impressionistisches Kulturbild aus dem modernen Rußland. (162 S.) 8. Zürich 905. [C. Schmidt.] Schweizer Druck- u. Verlagshaus. n. 2. —

Sultan-Sirtkow, Sigismund von. Vornehmes Verbrechertum. Kultur-Roman aus dem modernen Russland. [Mit illustriertem Umschlag.] 160 S. 8. Zürich, Caesar Schmidt, 1905. [fr. 2. 50]

Sultaninnen, Die beyden, e. türk. Geschichte, ist der Landbibliothek z. angen. u. lehrr. Zeitvertr. 16.

Sultaninnen, Die, von Guzarate oder die Träume wachender Menschen. Lustige Erzehlungen aus Mogol oder der Tausend und Einer Nacht Dreyzehnder, Vierzehnder und Fünffzehnder Theil. Leipzig 1735. V: *Gueulette, Thomas Simon.* (BGE V³, 274)

Sultan-Serail, das, zu Konstantinopel, od. d. weltberühmte kaiserl. Residenzpalast, enthalt.: e. Beschreibung der dazu gehör. Gebäude u. der darin befindl. Schätze u. Merkwürdigkeiten rc., nebst e. Anh., welcher d. Erklärung der in Büchern u. Zeitungen am häufigsten vorkomm. türk. Wörter u. Redensarten enth. 8. (7 B.) Quedlinburg 829, Ernst.

Sultheim, Ludovica. Ein Drama in fünf Aufz. . . . Hamb. 1785. V: *Hanker, Garlieb.* (schr) »Dessau 1785« (Ky)

Sültmann. W(ilhelm): Ueber den Vorzug des Medianschnitts vor anderen Methoden der Steinoperation. Halle a. S. 1881: Plötz. 30 S. 8°
Halle-Wittenberg, Med. Diss. v. 27. April 1881
Geb. Thüritz (Altmark) 22. 11. 1856. V.

Sultzberger, Adolph Rupert (Crostwitz) A. S. 79/26

De precario ad certum tempus dato ad l. XII. princ. D. de precario. Präs. Georg Friedrich Krause. Wittenberg (Eichsfeld) 6. II. 1750. 26 S.

W. v.: Präs. 34073

Sultzberger, Christian Gottfried

SULTZBERGER, Chr. G., Tractatio jurid. de lenocinio conjugum occasione L. Mariti. 29. ff. ad L. Jul. de Adult. Von Verkuppelung der Eheleute. Francof. et Lips. 1715. 4°. 2 Bll. u. 79 S. (3 Mk. Adolf Weigel, 1908.)

Sultzberger, Christian Gottfried A. S. 826/6

Tractatio juridica de lenocinio conjugum occasione l. mariti 29. ff. ad l. Jul. de adult. Von Verkuppelung der Eheleute.
Frankfurt, Leipzig 1725. 79 S.

Diss. Erfurt. 34076

Sultzberger, Johann Wilhelm (Bad Salzungen) A. S. 337/14

Disputatio juridica, qua crimen adulteratorum vinorum ... ventilandum sistit ... Präs. Immanuel Weber. Giessen (Müller) III. 1708. 48 S.

W. v.: Präs., Jo. Georg Liebknecht, Johann Heinrich Meyffart, Leberecht Johann Georg Spiegel. 34078

Weber, Imm. [Präs.] u. Joh. Wilh. Sultzberger (Salzungen, Franken) [Resp.] Disputatio juridica, qua crimen adulteratorum vinorum.
Giessae März 1708: Henning Müller. (1), 48 S.
„publice ventilandum"

Sultzberger, Rupert Traugott (Dresden) A. S. 576/76

Dissertatio inauguralis de iure vini adusti.
Präs. Ferdinand August Hommel.
Leipzig (Langenheim) 12. VII. 1753. 39 S. 34079

Sultze, Carl: Untersuchungen über die Dielektrizitätskonstante flüssiger Kristalle. Halle a. S. 1908: Kaemmerer. 48 S. 8°
Halle, Phil. Diss. v. 12. Dez. 1908, Ref. Dorn
[Geb. 6. Jan. 86 Weißenfels a. S.; Wohnort: Halle a. S.; Staatsangeh.: Preußen; Vorbildung: Oberrealsch. Weißenfels Reife O. 04; Studium: München 3, Berlin Techn. Hochsch. 1, Halle 6 S.; Rig. 11. Nov. 08.]
[U 09. 1713

Sultze, Moritz Andreas (Berlin) A. S. 1192/2

Dissertatio medica inauguralis de periodis acutis, sine criseos eventu, exquisitis.
Präs. Georg Ernst Stahl.
Halle (Henckel) III. 1708. 40 S. 34084

Sultzer, Hieronymus Peter (Frankfurt/M.) A. S. 1116/34

Disputatio inauguralis medica sistens methodum examinandi aquas salubres. Präs. Friedrich Hoffmann. Halle (Henckel) XI. 1703. 33 S.

Gew.: Johann Adolph Rhein, Johann Konrad Sondershausen.
W. v.: Präs., Friedrich Maximilian Humbracht, Friedrich Ernst Schenck. 34085

Sultzer, Hieronymus Peter (Frankfurt/M.) A. S. 840/35

Disputatio inauguralis medica sistens methodum examinandi aquas salubres. Präs. Friedrich Hoffmann. Halle (Zeitler) 1714. 26 S.

Diss. XI. 1703.
W. v.: Präs. 34086

Sultzer, J. C., Garten-Büchlein. 12. Neue Aufl. Zürich, 1772.

Sultzner, Gottlob Ernst (Rudolstadt) A. S. 1328/47

Vitiosus heautontimorumenos seu de poena naturali cujuslibet vitii comite dissertatio.
Präs. Dietrich Hermann Kemmerich.
Halle (Zeitler) IV. 1705. 23 S.

Gew.: Daniel Ludolph Fhr. von Danckelmann, Johann von Lith. 34089

Sulu-Land [Schlagwort]

Sulu-Land, s.: Kolonien.

Sulykos, J., der mathematische Grundbaum m. neuen geometrischen Entdeckgn. Symmetrisch dargestellt. gr. 8. (16 S. m. Fig.) Wien 889. Perles. n. 1. —

Sulz [Sachliches OW]

Sulz am Neccar. Beschreibung derjenigen Jauner, Zigeuner, Mörder . . . welche . . . theils in Schwaben meistentheils aber in der Schweiz . . . herumschwärmen . . . Stuttgart 1784. V: *Schäffer, Georg Jacob.* (Heyd)

Sulz am Neckar. Beschreibung und Geschichte der Stadt und ihres Oberamtsbezirks. Sulz am N. 1835. V: *Köhler, Fr. A.* (Tübz 7, 42)

Sulz [Schlagwort]

Sulz, Oberamt, s.: Württemberg. Bauser, W.

Sulz, s.: Württemberg. Höhenkurvenkarte.

Sulz [Verfasser]

Sulz, Eugen, Volontär an d. v. Rothschildschen öff. Bibl.: Hegels philosophische Begründung des Strafrechts und deren Ausbau in der Deutschen Strafrechtswissenschaft. Berlin & Leipzig: Rothschild 1910. 77 S. 8° ¶(Ersch. auch als: Archiv f. Rechts- u. Wirtschaftsphilos. Beih. 4.)
Erlangen, Jur. Diss. v. 11. Dez. 1909, Ref. Allfeld
[Geb. 6. Mai 84 Oluhausen; Wohnort: Frankfurt a. M.; Staatsangeh.: Württemberg; Vorbildung: Realgymn. Stuttgart Reife Juli 02; Studium: Tübingen 7 S.; Rig. 21. Juli 09.] [U 10. 771

Sulz, Eug., Hegels philosoph. Begründung des Strafrechts u. deren Ausbau in der deutschen Strafrechtswissenschaft, s.a. Archiv f. Rechts- u. Wirtschaftsphilosophie. 4. Heft.

Hegels philosophische Begründung des Strafrechts und deren Ausbau in der deutschen Strafrechtswissenschaft von Dr. jur. Eugen Sulz. Berlin & Leipzig: Rothschild 1910. 77 S. 8°
(Archiv f. Rechts- u. Wirtschaftsphilosophie. Beiheft. [Nr 4.])

Sulza, Martha v. In stillen Stunden. 12. (III, 112 S.) Lpz. 891, Kellner's Verlag. geb. m. Goldschn. 1 50

Sulzbach: Die Pädagogik des Talmud. Frankf. a. M. 1863.
Schul-/Univ.-Schrift

Sulzbach, A., Dichterklänge aus Spaniens besseren Tagen. Auswahl aus den Meisterwerken jüdisch-span. Dichter, metrisch übersetzt und mit Noten versehen. gr. 16. (VIII, 128 S.) Frankfurt a. M. 870, Erras.

Sulzbach, A., Dichterklänge aus Spaniens besseren Tagen. Auswahl aus den Meisterwerken jüdisch-span. Dichter, metrisch übersetzt u. m. Noten versehen. gr. 16. (VIII, 128 S.) Frankfurt a/M. 873. Erras. 2. —

Sulzbach, A., Dichterklänge aus Spaniens besseren Tagen. Auswahl aus den Meisterwerken jüdisch-span. Dichter, metrisch übers. u. m. Noten versehen. 2. verm. u. verb. Aufl. (XV, 144 S.) 12. Frankfurt a/M. 903. J. Kauffmann. Geb. in Leinw. n. 2. —

— das Buch Esther. Uebers. u. m. e. Einleitg. versehen. Mit Illustr. u. dem Abendgebete am Purimfeste. (Hebräisch u. Deutsch.) (68 S.) 8. Rödelheim 904. M. Lehrberger & Co. n. — 40

— Sefer Hachajim, s.: Blogg, S. E.

Sulzbach, A., die vier Münzen. Rede, zum Gedächtnis an Rabb. Samson Raphael Hirsch ז"צל geh. im Vereine Liwjath Chen zu Frankfurt a/M. Sonntag 18. Schewat 5649 [20. Jan. 1889]. Nach stenograph. Aufnahme gedruckt. gr. 8. (16 S.) Frankfurt a/M. 889. Kauffmann. n. — 50

Sulzbach, A., die religiöse u. weltliche Poesie der Juden vom 7. bis zum 16. Jahrh. [Aus: „Winter u. Wünsche, d. jüd. Litt. seit Abschluss d. Kanons".] gr. 8. (V, 216 S.) Trier 893. S. Mayer. n. 3. 75

Sulzbach, A., Rénan und der Judaismus. 8. (53 S.) Frankfurt a. M. 867, Kauffmann. *

Sulzbach, A., Rischuß oder Judenidiosynkrasie. Eine Zeitstudie. gr. 8. (39 S.) Löbau Wpr. 879. Skrzeczek. n. — 60

Sulzbach, A., Koheleth Schelomo, s.: Blogg, S. J.

Sulzbach, A., s.: Thielmann, W., aus d. Synagoge.

— ein alter Frankfurter Wohltätigkeitsverein. Ein Beitrag zur Geschichte der Armenfürsorge in den alten jüd. Gemeinden Deutschlands. Nach Urkunden bearb. (27 S.) gr. 8. Frankfurt a/M. 905. J. Kauffmann.
Sonderabdruck aus: „Jahrb. d. jüd.-lit. Gesellsch." n. 1. —

Sulzbach, A[braham], Prof. Dr.: Zur Geschichte der Schulanstalten (Realschule, Vorschule, höhere Mädchenschule) der Israelitischen Religionsgesellschaft zu Frankfurt a. M. *(Frankfurt a. M. 1903: L. Golde.)* (44 S.) 8°
Frankfurt a. M., R der Isr. Religions-Gesellschaft, Festschr. 1903 (478)

Sulzbach, Abrahamus Isaacus: *De locatione libri Danielis in canone. 83 S. 4°
Halle-Wittenberg, Phil. Diss. v. 18. März 1862
Geb. Hamburg 10. 9. 1838. V.
Verf. erlebte die Diplomerneuerung 1912 als em. Professor an der jüdischen Realschule in Frankfurt a. M..

Sulzbach, F. J., Gedichte. Original-Ausg. 12. Düsseld. 821. (Berl., Enslin). 12 gr.

Sulzbach, H. J., arithmet. Kunsttabellen f. erfahrne u. unerfahrne Rechner rc. 8. Düsseld. 799. Dänzer. 20 gr.

— Tabellen zum bequemen Gebrauch f. erfahrne u. unerfahrne Rechner. 1r Thl. Reduct. des holländ., frankfurter u. köln. Wechselgeldes. 4. Düsseld. 804. Dänzer. 20 gr.

— drei Vergleichungstafeln: 1) Werth der neuen preuß. Silbergroschen in Bergisch-couranten Gelde; 2) des Bergisch-cour. Geldes in neuen preuß. Silbergroschen, u. 3) den der alten preuß. guten Groschen in neuen preuß. Silbergroschen angebend. gr. 8. Düsseld. 821. Schreiner. 4 gr.

Sulzbach-Rosenfeld, D. A., der Geist der Bibel. Moses. (41 S. m. 1 Bildnis.) gr. 8. Wien 905. (Frankfurt a/M., J. Kauffmann.) n. 1. —
Sonderabdruck aus: „Die Wahrheit".

Sulzbacher, A.: Praktische Anweisung zur Erteilung d. Rechenunterrichts in der Volksschule, s. Kauer, L.

Sulzbacher, A.: Aufgaben aus der Kranken-, Unfall-, Invaliditäts- u. Altersversicherung, s. Kauer, L.

Sulzbacher, A., Raumlehre, s.: Terlinden.

— Rechen-Aufgaben, s. a. **Kauer, L.**

— O. **Pfundt u. P. Reinemann**, Rechen-Aufgaben aus der Kranken-, Unfall- u. Invalidenversicherg., nebst kurzen Erläuterungen. [Aus: Rechenwerk f. Volks-, Mittel- u. Fortbildungsschulen".) 3. verb. Aufl. (12 S.) 8. Neuwied 905. Heuser's Verl. n. — 10

Sulzbacher, A., Rechenbuch, s.: **Kauer, L.**

— dasselbe, f. 1- bis 3-klass. Volksschulen, s.: **Terlinden.**

— Rechenfibel, s.: **Kauer, L.**

Sulzbacher, A., Sammlung angewandter Aufgaben für das Kopfrechnen, s. **Kauer, L.**

— O. **Pfund u. P. Reinemann**, welche Anforderungen stellt die neuere Rechenmethodik an die Gestaltung des Rechenbuches?, s. a. **Für die Schule aus der Schule.**

Welche Anforderungen stellt die neuere Rechenmethodik an die Gestaltung des Rechenbuches? Von A. Sulzbacher, O[tto] Pfundt u. P. Reinemann. Neuwied & Leipzig: Heuser 1901. (28 S.) 8°
(Schule, Für die, aus der Schule. H. 90.)

Sulzbacher, Paul, Rechtsprakt.: Die Versicherungs-Aktiengesellschaft insbesondere im Verhältnisse zu der gewöhnlichen Aktiengesellschaft. Fürth 1909: Lion. VIII, 60 S. 8°
Erlangen, Jur. Diss. v. 24. Juli 1909, Ref. Sehling
[Geb. 11. Febr. 86 Fürth i. B.; Wohnort: Fürth; Staatsangeh.: Bayern; Vorbildung: Gymn. Fürth Reife 04; Studium: Erlangen 4, München 2, Berlin 1, Genf 1 S.; Rig. 2. März 09.] [U 10. 772

Sulzbeck, Alois, die Bergmannsbraut oder die Gründung des Ottiliensteins. Romant. Gemälde in 4 Abthlgn., nebst einem Vorspiele. Nach Goedsche's „Sage vom Ottilienstein" u. Schreiber's „Bergmannsbraut" für die Bühne bearb. 8. (96 S.) Suhl 849. Erfurt, Müller'sche Sortim.-Buchhandlung. n. 1/3 Thlr.

Sulzbeck, Frz. Xav., Leben des heil. Gotthard, s. **Schule, die, des geistlichen Lebens.**

Sulzbeck, Fr. Xaver, Leben des h. Korbinian, ersten Bischofs zu Freising. Nach Quellen bearbeitet. 8. Regensburg 843, Manz. 3/8 Thlr.

— dass. s. auch: **Mission, die heilige.**

Sulzbeck, Frz. Xav., Leben des heil. Otto, Bischofs von Bamberg u. Apostels der Pommern. Regensburg 865. Manz. gr. 8. (391 S. mit 1 Stahlst.) 1 Thlr. 3 ngr.

— Leben des heil. Wolfgang, (Bischofs u. Hauptpatrons des Bisthums Regensburg.) Nach Quellen. 8. Regensburg 814. (Manz.) 5/12 Thlr.

Sulzberger. Dr. Emil S' (1807–[1869]). ([Necrolog von] Sp .) 8. *o. O. u. J.* [ca. 1869].

Sulzberger. Karte vom Canton Thurgau. 1:80000. Zürich. 1 Bl. c. K. Fr.

Sulzberger, A., Erklärung der Glaubensartikel u. Hauptlehren der Methodistenkirche. 12. (VIII, 200 S.) Bremen 880. Verl. d. Tractathauses. cart. n. 1. —

Sulzberger, A. Die heilige Geschichte. Ein Lehrbuch zum Verständniß der göttl. Heilsoffenbarung alten u. neuen Testamentes. Mit archäolog. Anmerkungen u. praktischen Anwendungen. Mit mehreren Karten. 2 Tle. 8. Bremen, (Verlag d. Tractathauses). [1. Tl. (XV, 182 S.) 891. in Halb-Lwdbd. * 1 20; in Ganz-Lwdbd. * 1 50; 2. Tl. (XI, 285 S.) 892. in Halb-Lwdbd. * 1 80; in Ganz-Lwdbd. * 2 25.] Zus. in 1 Halb-Lwdbd. * 2 80; in 1 Ganz-Lwdbd. * 3 40

Sulzberger, A., christliche Glaubenslehre vom methodistischen Standpunkt. 1. Thl. gr. 8. (VI, 189 S.) Bremen 872. Verl. d. Traktathauses. n. 3. —

Sulzberger, A., christliche Glaubenslehre. 2. Aufl. Mit e. Vorwort v. W. F. Warren. gr. 8. (XIV, 791 S.) Bremen 889. Verlag d. Tractathauses. geb. in Halbfrz. n. 12. —

—— Leitfaden zur Christlichen Glaubenslehre. 2. Aufl. 8. (64 S.) Ebd. 889. geb. * 1 —

Sulzberger, A., s.: **Sonntagsschul-Magazin.**

Sulzberger, A., siehe: *Wappenkalender.*

Sulzberger, August [aus Konstanz]: Ueber das Phenylbenzochinon und einige neue Derivate des Biphenyls. Basel 1903. 38 S. 8°.
Basel. Phil. Diss. 1902/1903.

Sulzberger, August. Über das Phenylbenzochinon und einige neue Derivate des Biphenyls. Diss. Phil. Basel. 38 S. 8. Basel, Fr. Reinhardt, 1903.

Sulzberger, G. P., Geschichte der Gegenrevolution der Landgrafschaft Thurgau, } s. **Beiträge, thurgauische, zur vaterländ. Geschichte.**

Sulzberger, Huldreich Gustav: Beiträge zur toggenburgischen evangelischen Kirchengeschichte. (Berichtigung und Ergänzung der „kirchlichen Nachrichten über die evangelischen Gemeinden Toggenburgs von Pfr. [Johann Friedrich] Franz." Ebnat 1824.) [SA.] [St. Gallen 1866.] 8°

– Mörihofers Erlebnisse, s. Beiträge, Thurgauische, zur vaterländischen Geschichte.

Sulzberger, H. G., Geschichte der Gegenreformation der Landgrafschaft Thurgau, s. a. **Beiträge, thurgauische, zur vaterländ. Geschichte.**

Sulzberger, H[uldreich] G[ustav]: Geschichte der Gegenreformation der Landgrafschaft Thurgau . . . 2 Theile. Thurg. Beitr. zur vaterl. Gesch. [Heft] 14 u. 15. (Frauenfeld 1874–1875.) 8°

– Geschichte der thurgauischen Kapitel aus den reformirten Synoden, s. Beiträge, Thurgauische, zur vaterländischen Geschichte.

Sulzberger, H[uldreich] G[ustav]. Geschichte der Reformation im Kanton Aargau. (SA.) 8. Heiden 1881.

Sulzberger, [Huldreich Gustav]. Geschichte der Reformation im Kant. Appenzell. (SA.) 8. [Heiden 1873.]

Sulzberger, H. G., Geschichte der Reformation des Kantons Glarus u. des St. Gallischen Bezirks Werdenburg. 8. (44 S.) Heiden 875. (St. Gallen, Huber & Co.) — 60

Sulzberger, H. G., Geschichte der Reformation im Kanton Graubünden. gr. 8. (90 S.) Chur 880. (Kellenberger.) n. 1. —

Sulzberger, [Huldreich Gustav]. Geschichte der Reformation in der Stadt St. Gallen. ‹SA.› 8. Heiden 1874.

Sulzberger, H[uldreich] G[ustav]. Geschichte der Reformation des Kant. Schaffhausen. (SA.) 8. Schaffhausen [1876].

Sulzberger, [Huldreich Gustav]. Geschichte der Reformation im Thurgau. SA. 8. [Trogen 1872.]

Sulzberger, H[uldreich] G[ustav]. Geschichte der Reformation im Toggenburg. ‹SA.› 8. St. Gallen [1873].

Sulzberger, H[uldreich] G[ustav]. Geschichte der Reformation im Kant. Zürich. (SA.) 8. Zürich [1874].

Sulzberger, H. G., Pfr. in Sevelen, Geschichte der Reformation im Kanton Zürich. Zürich, Depot d. evangel. Gesellschaft. br. 8. [1875] **—. 25**

Sulzberger, Huldreich Gustav s. Pupikofer, J[ohann] A[dam]. Geschichte des Thurgaus. Frauenfeld 1886–1889.

– Sammlung aller thurgauischen Glockeninschriften, s.a. Beiträge, Thurgauische, zur vaterl. Geschichte.

Sulzberger, H[uldreich] G[ustav]. Sammlung aller thurgauischen Glockeninschriften sammt einer einleitenden Abhandlung über die Kirchenglocken. Mitgetheilt von H. G. S'.... Thurg. Beitr. zur vaterl. Gesch. [Heft] 12. 8. (Frauenfeld 1872.)

Sulzberger, H(uldreich) Gustav. Biographisches Verzeichniss der Geistlichen aller evangelischer Gemeinden des Kantons Thurgau von der frühesten Zeit bis auf die Gegenwart. Verfasst von H. G' S'.... Hrg. vom thurgauischen historischen Verein. Thurg. Beitr. zur. vaterl. Gesch. Heft 4 und 5. 8. Frauenfeld 1863.

Sulzberger, J., Betrachtungen über die wohlthätigen Wirkungen u. Folgen der Arbeit im Allgem., namentlich der Manufactur-Industrie, mit besonderer Beziehung auf die Schweiz u. ihre derzeitige commerzielle Stellung zum Ausland. gr. 8. (55 S.) Zürich u. Frauenfeld 847, Beyel. 8 ngr

— die Eisenbahnen in der Schweiz u. in Gebirgsländern überhaupt. Vorschlag f. ein verändertes Eisenbahn-Bausystem in Gebirgsländern, u. f. eine Vertheilung der f. die Locomotion der Wagen-Züge nöthigen Zugkraft zwischen Dampf u. Wasser. Nebst einer Beurtheilung dieser Vorschläge durch Karl Dollmátsch. gr. 8. (40 S. mit 1 Lith. in 4.) Bern 850, Jenni Vater. 6 ngr

* *J. Chr. Sulzberger* Diss. med. de Myopia et Presbyopia, Pr. Ge. Christoph. Detharding. Rostoch. 8 Bog. 1 Kupfert. 1756.

Sulzberger, J. L., über Flurgesetze u. ihre Vollziehung. Vortrag an der Hauptversammlung der aargauischen landwirthschaftl. Gesellschaft in Wildegg am 9. Dezbr. 1877. 8. (18 S.) Aarau 878. Christen. n. — 40

Sulzberger, Jo. Aug., De tussi convulsiva et asthmate acuto infantum. Millari. 31 pp. Vitob. 4°.

1798

Sulzberger, Karl, von Winterthur [Kt. Zürich]: Methode zur Bestimmung der Leitungsfähigkeit verdünnter Electrolyte mittelst des Condensators und Untersuchung über die Gültigkeit des Ohm'schen Gesetzes für verdünnte Electrolyte. Uster-Zür. A. Diggelmann Dr. 1889. 79 S., 2 Taf. 8°.
Zürich, Phil. Diss. [v. 24. Juni 1889].

Sulzberger, Nathan, aus New-York: Zur Kenntnis αβ-ungesättigter Lactone: Das αβ-ungesättigte Lacton der Benzoylpropionsäure. *München 1900: Kastner & Lossen.* (34 S.) 8°
München, Phil. Diss. v. 1900

Sulzberger, Sigm., Leitfaden f. den Unterricht in der Handelslehre zum Gebrauche an Handelsschulen u. Handelsabteilungen der Realschulen, sowie zum Selbststudium. gr. 8. (VII, 201 S.) München 893. M. Kellerer. n. 3. 25; kart. n. 3. 50

Sulzberger, Sigm., Leitfaden f. den Unterricht in d. Handelslehre zum Gebrauche an Handelsschulen u. Handelsabteilungen der Realschulen, sowie zum Selbststudium. 2. verm. u. verb. Aufl. gr. 8. (IV, IV, 249 S.) München 900. Th. Ackermann. n. 3. —; geb. n. 3. 40

Sulzberger, Siegmund: Die reellen Transformationsgruppen der Geraden und der Ebene . . . Leipzig-Reudnitz, Druck v. Max Hoffmann, 1889; 49 S. + 1 Bl. 8°
Leipzig, Phil. Fak., Inaug.-Diss. v. 16. Sept. 1889.

Sulzbürg [Schlagwort]

Sulzbürg und Pirbaum — Geographischer Entwurf der beiden Freyen Reichs-Herrschaften — samt ihren auch incorporirten, in anderer Ständen Territorio aber liegenden Dorfschaften und Unterthanen. Levée par Tob. Maier, de la Soc. Géogr. a Norimberg 1748. Seb. Dorn sc. 1: 75,000. 1 Bl.

Sulze, E., Abendmahl und Confirmation. Zwei Predigten. Camenz 858. Krausche in Comm. gr. 8. (27 S.) 3½ ngr

Sulze, E., Antrittspredigt üb. Matth. 5, 4. geh. am 10. Nov. 1872. gr. 8. (14 S.) Chemnitz 872. May. n. — 30

Sulze, E., üb. die Aufgaben der evangelischen Kirche gegenüber den socialen Fragen der Gegenwart. Vortrag. gr. 8. (23 S.) Dresden 884. Höckner. n. — 30

— Lessings Bedeutung für die Entwickelung des deutschen Geisteslebens. Festrede bei der Feier des 150jähr. Geburtstages Lessings am 22. Jan. 1879 im Bürgersaale des Rathhauses zu Kamenz geh. gr. 8. (20 S.) Kamenz 879. Krausche. n. — 40

Sulze, E., Bibel und Bekenntniß. Eine durch die beigefügten Verhandlungen mit dem sächsischen Kirchenregimente veranlaßte Erörterung dieser Lebensfrage der evangelischen Kirche. Göttingen 863. Deuerlich. gr. 8. (IV, 172 S.) n. 16 ngr

— Christus in uns und Christus für uns. Neun Predigten. Ebend. 861. gr. 8. (VIII, 135 S.) n. 15 ngr

— Christus im Leben. Sechs Predigten. 2. Aufl. Osnabrück 861. (Rackhorst.) gr. 8. (XVI, 72 S.) n. 10 ngr

— Ermattung u. Belebung der evangelischen Kirche. 8. (82 S.) Ebend. 886. n. — 30
Aus: Protestantische Kirchenzeitung, besonders abgedruckt.

— Feinde kirchlicher Gemeindebildung. 8. (34 S.) Ebend. 885. n. — 40
Aus: Protestantische Kirchenzeitung, besonders abgedruckt.

— u. Böhmert, die Frage des Patronatsrechts u. die Wahl der Geistlichen durch die Gemeinde. Vorträge, geh. am 14. IV. 1904. (28 S.) gr. 8. Dresden 904. O. V. Böhmert. n. — 50

— der Geist: sein Wesen, seine Forderungen, sein Lohn. Gastpredigt über Röm. 8, 12—17 in der neuen St. Johanniskirche zu Chemnitz om 10. Aug. 1862. gr. 8. (15 S.) Chemnitz 862, May'sche Buchh.

— der Geist: sein Wesen, seine Forderungen, sein Lohn. Gastpredigt üb. Röm. 8, 12—17 in der neuen St. Johanniskirche zu Chemnitz am 10. Aug. 1862 geh. 2. Aufl. gr. 8. (16. S.) Ebend. 872. n. — 30

Sulze, E. Die evangelische Gemeinde, s. Zimmer's Handbibliothek der praktischen Theologie.

— die Hauptpuncte der kirchlichen Glaubenslehre mit den Worten der Bekenntnisse dargestellt u. an der heiligen Schrift u. den Forderungen des Glaubens geprüft. Hannover 862. C. Rümpler. gr. 8. (XVI, 248 S.) n. 27 ngr.

Sulze, E., die Hauptpuncte der christlichen Glaubenslehre in Verbindung mit einer Kritik der wichtigsten Lehren der luther. Kirche übersichtlich dargestellt. 2., vervollständ. u. größten Theils neu bearb. Ausg. Hannover 865. Rümpler. gr. 8. (IV, 248 S.) n. 27 ngr.

— das wahre Heil, das wir in uns tragen sollen. Gastpredigt über Lucä 18, 9—14 gehalten am 18. Mai 1862 in der evangelischen Stadtkirche A. C. in Wien. Wien 862. Tendler & Co. (Gerold.) gr. 8. (14 S.) n. 2 ngr.

— Die Organisation der evangelischen Gemeinde. Vortrag. gr. 8. (23 S.) Lpz. 890, Buchh. d. Evangel. Bundes. * — 20
— dass. — s. Flugschriften d. Evangel. Bundes.
Vgl.: Graue, Paul. Die Erneuerung unseres kirchl. Gemeindelebens.

— Predigt, s. Weihefest, das 200jährige, zu Johanngeorgenstadt.

— Sendschreiben an Baurschmidt, s. Sendschreiben.

Sulze, E., über Büchner's Schrift „Stoff u. Kraft" u. gegen den Materialismus. 32. (32 S.) Dresden 878. Weiß. n. — 25

— die Uebertragung des Religionsunterrichts an die Kirche. Ein Beitrag zur Lösung der kirchlichen Frage. Göttingen 867. Deuerlich'sche Buchh. gr. 8. (IV, 55 S.) 6 ngr.

— die evangelische Union. Ein freundl. Wort vor allem an ihre Gegner in der Provinz Hannover. Ebend. 869. gr. 8. (IV, 60 S.) n. 8 ngr.

— die finanzielle Unselbstständigkeit der sächsischen Landeskirche, ihre nachtheiligen Folgen u. ihre Ueberwindung. Vortrag, am 13. Novbr. 1884 im Protestantenverein zu Dresden geh. gr. 8. (20 S.) Ebend. 884. n. — 50

— die Unterweisung üb. die Lehre v. Gott in Schule u. Haus. [Aus: „die Leuchte."] gr. 8. (40 S.) Chemnitz 874. Focke. n. — 50

— Vereine oder Gemeinden? [Aus: „Protestant. Kirchenzeitg."] 8. (24 S.) Berlin 887. (Dresden, Höckner.) n. — 50

Sulze, E., wie ist dem Mangel e. geordneten Seelsorge in der evangelischen Kirche abzuhelfen? [Aus: „Protestant. Kirchenzeitg."] 8. (24 S.) Berlin 888. (Dresden, Höckner.) n.n. — 50

— Wir predigen Christus, den Gekreuzigten. Gastpredigt über 1. Korinther 1, 21—25 gehalten am 12. Jaur. 1862 in der Gumpendorfer evangelischen Kirche in Wien. Wien, Tendler & Co. (Gerold.) gr. 8. (14 S.) n. 2 ngr.

Sulze, Emil, die Amtsentsetzung des Pastors Weingart in Osnabrück, s.a. Hefte zur „Christlichen Welt". Nr. 42.

Die Amtsentsetzung des Pastors Weingart in Osnabrück. Eine Streitschrift f. d. Frieden von DDr. Emil Sulze, Pastor em. in Dresden. Freiburg i. B.: J. C. B. Mohr 1900. (44 S.) 8°
(Hefte zur 'Christlichen Welt'. No 42.)

— die Beendigung des Kampfes um das Lehrgesetz durch das Erstarken der religiös-sozialen Richtung in d. evangel. Landeskirchen. gr. 8. (32 S.) Breslau 901. Görlitz, R. Dülfer. n. — 50

— der Fortschritt v. der lehrgesetzlichen Kirche zur Kirche der religiösen Lebensgemeinschaft. Ein Beitrag zur Begründg. des Friedens in den evangel. Landeskirchen u. e. Anregg. zur Reform ihrer Verfassg., m. besond. Beziehg. auf die evangelisch-luther. Landeskirche d. Königr. Sachsen. gr. 8. (III, 46 S.) Leipzig 901. O. A. Schulz Verl. n. — 75

Sulze, Emil, Katechismuspredigten, s.: Predigt-Bibliothek, moderne. V. 2.

— nur durch die Ueberwindung des Katholizismus in beiden Kirchen, in der evangelischen u. der katholischen, u. durch die unumwundene Rückkehr zur ursprünglichen Religion Jesu ist die wachsende Macht des Atheismus zu brechen. — Mayer, Eug., der Kampf wider den Atheismus. Vorträge, geh. auf dem 22 deutschen Protestantentage in Berlin. (40 u. 10 S.) 8. Ebd. 904. n. — 80

Nur durch die Überwindung des Katholizismus in beiden Kirchen, in der evangelischen und der katholischen, und durch die unumwundene Rückkehr zur ursprünglichen Religion Jesu ist die wachseude Macht des Atheismus zu brechen. Vortrag auf d. 22. Deutschen Protestantentage in Berlin von D. E[mil] Sulze, Pastor em. Berlin: C. A. Schwetschke & Sohn 1904. (39 S.) 8° [F.]
[Sondert.:] Der Kampf wider den Atheismus. Vortrag beim 22. Deutschen Protestantentag geh. von Eugen Mayer, Stadtpfarrer in Kaiserslautern. [05. 6:50]

Nur durch die Überwindung des Katholizismus in beiden Kirchen, in der evangelischen und der katholischen, und durch die unumwundene Rückkehr zur ursprünglichen Religion Jesu ist die wachsende Macht des Atheismus zu brechen. Vortrag auf d. 22. Deutschen Protestantentage in Berlin von D. E[mil] Sulze, Pastor em. Berlin: C. A. Schwetschke & Sohn 1904. (39 S.) 8° [F.]
— Verhandlungen d. 22. Deutschen Protestantentages. [4.] [06. 8951]

— Der alte u. der neue Protestantismus. Vortrag, zu Osnabrück geh. am 7. X. 1907. (30 S.) 8. Osnabrück 907. (Rackhorst.) — 20

Der alte und der neue Protestantismus. Vortrag geh. 1907 von D. Dr. E[mil] Sulze, pastor em. 2. Aufl. Osnabrück: J. G. Kisling 1907. (30 S.) 8° [F. u. Ant.] [08. 13874 7]

Sulze, E., die Reform der evangelischen Landeskirchen nach den Grundsätzen des neueren Protestantismus dargestellt. (III, 248 S.) gr. 8. Berlin 906. Leipzig, M. Heinsius Nachf. n. 5. —

Die Reform der evangelischen Landeskirchen nach den Grundsätzen des neueren Protestantismus, dargest. von D. Dr. E[mil] Sulze, past. em. in Dresden. Berlin: C. A. Schwetschke & Sohn 1906. (248 S.) 8° [F.] [07. 4679]

— Staat u. Schule, neben den konfession. Kirchen die unentbehrl. Vertreter des nichtkonfessionellen Christentums Christi. (16 S.) Lex. 8. Leipzig 908. M. Heinsius Nachf. — 40

— Die notwendige Umgestaltung der evangel. Glaubenslehre. (IV, 22 S.) Lex. 8. Ebd. 907. — 40

— Das rechte **Verhältnis** des evangel. Staates zur evangel. Schule u. zur evangel. Kirche. Dargelegt mit Rücksicht auf die Erfahrgn., die in dem gegenwärtig im Königr. Sachsen entstandenen Kampfe um den Religionsunterricht d. Volksschule sich ergeben haben. (30 S.) Lex. 8. Ebd. 909. — 60
3 Sonderabdrucke aus: „Protestant. Monatshefte".

— s.: Werde Licht!

— wie ist der Kampf um die Bedeutung der Person u. des Wirkens Jesu zu beendigen, s.a. Hefte zur „Christlichen Welt". Nr. 48.

W i e ist der Kampf um die Bedeutung der Person und des Wirkens Jesu zu beendigen? Zweite Streitschrift f. d. Frieden d. Kirche. Von D.Dr. Emil **Sulze**, Pastor in Dresden. Tübingen & Leipzig: J. C. B. Mohr 1901. (50 S.) 8°
(Hefte z. 'Christlichen Welt'. No 48.)

Sulze, Walter: Über die elektrische Reaktion des Nervus olfactorius des Hechtes auf Doppelreizung. Bonn: Hager 1909. 19 S. 8° ¶(Aus: Archiv f. d. ges. Physiol. Bd 127.)
Leipzig, Med. Diss. v. 29. Jan. 1909, Ref. Hering
[Geb. 4. Dez. 79 Leipzig; Wohnort: Leipzig; Staatsangeh.: Sachsen; Vorbildung: König-Albert-Gymn. Leipzig Reife O. 99; Studium: Tübingen 1, Leipzig 9 S.; Coll. 30. Jan. 09; Approb. 15. Nov. 07.] [U 09. 2888

Sülze [Schlagwort]

Sülze, s.: Preussen. Messtischblätter.

Sulzer. Johann Georg S'. Njbl. Winterthur s.a.[Morf, Heinrich /].

Sulzer, Johann Georg; ein Lebensbild. Winterthur [1863]. V: *Morf, Hnr.* (Cat. der Stadtbibl. Zürich. Zürich 1864—97.)

Sulzer, Johann Jacob, von Winterthur. Winterthur [1836]. V: *Troll, Johann Conrad.* (Cat. d. Stadtbibl. Zürich. Zürich 1864—97.)

Sulzer: Die D a m p f h e i z u n g der Gebrüder Sulzer in Winterthur. Winterthur 1873.

Sulzer: E n t w . d. in Mietau neu gestift. Gymnasii Akad., enth. viele nützl. Anweis. f. Lehrer. Lpz. Sommer. 4°

Sulzer, Gedichte. 8. Bregenz, Brentano.

Sulzer, d. Kopfschmerz, Cephalalgie. Vortrag, geh. in d. Vereinssitzg. Mai 1895. [Aus: „Zeitschr. d. Berliner Vereines homöopath. Aerzte".] gr. 8. (25 S.) Berlin 895. B. Behr's Verl. n. — 50

Sulzer, Gebr., **Mitteilungen üb. Dieselmotoranlagen in der Schweiz. (12 S. m. Abbildgn.) 31,5×24 cm.** Zürich (908). (Rascher & Co.) — 60
Sonderabdruck aus: „Schweiz. Bauzeitg."

Sulzer: Kurze N o t i z e n über das Etablissement der Gebrüder Sulzer in Winterthur. 1873. 4°

Sulzer, Nouv. théorie des plaisirs. Avec des réflexions sur l'origine du plaisir, par *Kaestner*. 363 pp. Berlin 12°.

— s.: **Zeitschrift** des Berliner Vereins homöopath. Aerzte.

Sulzer, A., der Eigenthumserwerb durch Specification. Eine civilist. Abhandlg. gr. 8. (IX, 180 S.) Zürich 883. Orell Füssli & Co. Verl. n. 3. —

Sulzer, David, von Winterthur [Kt. Zürich]. Assistenzarzt der ophthalmol. Universitätsklinik: Die Iridectomie bei primärem Glaucom. Hottingen-Zür. H. Zürcher Dr. 1882. 107 S. 8°.
Zürich, Med. Diss. [v. 9. Aug. 1882].

Sulzer, Dav., die Iridectomie bei primärem Glaucom. gr. 8. (107 S.) Hottingen-Zürich 882. (Wiesbaden, Bergmann.) n. 2. 40

Sulzer, Eduard

Sulzer, Ed., Zur Agrikulturstatistik des Kantons Zürich. Ein Versuch. gr. 8. (VII und 59 S.) Zürich 854, Kiesling's Verlag.

Sulzer, Ed., ein Beitrag zu Lösung einer der wichtigsten Fragen unserer Zeit. gr. 8. (VIII u. 200 S.) Zürich 852, Orell, Füßli & Co. n. 1 1/3 ℛ

Sulzer, Ed., kurze Erdbeschreib. der Eidgenossenschaft. Mit 1 Karte. gr. 8. Zürich 826. Orell. 14 gr ohne Karte. 9 gr

Sulzer, Ed., die Finanzen des Kantons Zürich in den J. 1832 bis 1848. gr. 8. (128 S.) Zürich 851, Orell, Füßli und Comp. *

— Ideen üb. Völkerglück, e. Reihe staatswirthschaftl. Betrachtt. gr. 8. Zürich 828. Geßner. 1 ℛ 12 gr

— Tigurina, od. die Ideale. Einige Versuche in Dichtung u. Wahrheit. Zum Besten der Heimathlosen. Mit 1 Kpf. 8. Zürich 830. Orell. 1 ℛ 16 gr Postp. 2 ℛ Velinp. 1 ℛ 8 gr

Sulzer, Fr. Gabr.

— s. Beschreib. d. hannov. Epidemie.

Sulzer F. G.: Versuch einer Naturgeschichte d. Hamsters. Götting. u. Gotha 1774. 212 S. 5 Tvl. (1 kol.).

Sulzer, Fr. Gabr., († ...) Versuch e. Naturgeschichte d. Hamsters. Mit Kpf. 8. Götting. 794. Dieterich. 1 ℛ

Sulzer, Franz Josef

— Altes u. Neues, od. litterar. Reise d. Siebenbürgen, den Temeswarer Bannat, Ungarn, Oestreich, Bayern, Schwaben, Elsaß rc. 8. Ulm, Wohler. (a. Kaulfuß in Wien.) 782.

Sulzer, Franz Joseph, ehemaliger k. k. Hauptm. und Auditor. Geschichte des t r a n s a l p i n i s c h e n D a z i e n s, das ist: Die W a l a c h e i, M o l d a u und Bessarabiens, im Zusammenhange mit der Geschichte des übrigen Daziens als ein Versuch einer allgemeinen dacischen Geschichte. (3 Bde.) 8. Wien 1781.

Sulzer, Franz Jos., Gesch. d. transalpin. Daciens, d. i. d. Wallachey, Moldau u. Bessarabien. 3 Bde. mit K. gr. 8. Wien, Gräffer. (Sammer.) 781—82.

Sulzer, Franz Joseph: Karte der Bukowina. (50.000 ordinäre Schritte oder 5 teutsche Meilen.) (Beilage zu: F. J. Sulzer, Geschichte des transalpinischen Daziens . . ., Bd 1.) Wien: Gräffer 1781.

Sulzer, Georg. Aufschluss über Spiritismus. Von Georg Sulzer, Kassationsgerichtspräsident [in Zürich]. 77 S. 8. Lorch ⟨Württemberg⟩, Karl Rohm, 1903. (M. 1. —)

Sulzer, Georg. Die Bedeutung der Wissenschaft vom Übersinnlichen für Bibel und Christentum. Von G' S', Kassations-Gerichts-Präsident a. D. (in Zürich). VIII + 354 + *Druckfehler-Berichtigung* 1 S. 8. Leipzig, Oswald Mutze, 1907. [M. 5. —]

Sulzer, Georg. Die Bibelchristen als Bekämpfer des Spiritismus und der christlichen Theosophie. Von G' S', Kassationsgerichts-Präsident [in Zürich]. II + 16 S. 8. Lorch ⟨Württemberg⟩, Karl Rohm; Komm. Joh. Busch Nachf., Bietigheim ⟨Württembg.⟩, 1903. [M. —. 20]

Sulzer, Georg. Bleibet Christen! Ein Mahnruf an alle Spiritisten oder Gedanken über eine neue Reformation des Christentums. VIII + 231 S. 8. Leipzig, Oswald Mutze, 1910. [M. 4. —, geb. 5. 50]

Sulzer, Georg. Die Darwin'sche Deszendenz-Lehre im Lichte des Spiritismus. Ein Vortrag von G' S', Kassationsgerichts-Präsident in Zürich. 40 S. 8. Selbstverlag; Komm. F. E. Baumann, Bitterfeld, und Oswald Mutze, Leipzig.
1. Ausg. [1902.] [M. —. 40]
[2. Ausg.] (*Umschlag:* Verlag Karl Rohm, Lorch ⟨Württbg.⟩, [1905].) (M. —. 40)

Sulzer, Geo., die wirtschaftlichen Grundgesetze in d. Gegenwartsphase ihrer Entwicklg. gr. 8. (XVI, 620 S.) Zürich 895. A. Müller's Verl. n. 10. —

Sulzer, Georg. Moderne Prophetie. Öffentlicher Vortrag, gehalten am 5. Februar 1901 im spiritistischen Verein Zürich von G' S', Kassationsgerichts-Präsident. Mit vom Verfasser genehmigten Vorwort und Nachwort versehen hrg. von C(hristof) F(riederich) L(andbeck). 48 S. 8. Bietigheim a. Enz, Württemberg, Komm. des Neutheosophischen Verlags Joh. Busch Nachf., 1901. (M. —. 25 = fr. —. 30)

Sulzer, Georg. Moderne indische Theosophie und Christentum. IV + 248 S. 8. Leipzig, Oswald Mutze, (1909). [M. 3. 60, geb. 4. 60]

— die kollektive Vertragsschließung zwischen Arbeitern u. Arbeitgebern. gr. 8. (28 S.) Bern 900. Scheitlin, Spring & Co. n. — 30
Sonderabdruck aus: „Schweiz. Blätter für Wirtschafts- u. Socialpolitik".

Sulzer, Geo., Die kollektive Vertragsschliessung zwischen Arbeitern und Arbeitgebern. (Aus: Schweiz. Blätter f. Wirtschafts- u. Sozialpolitik.) gr. 8⁰. Bern, C. Sturzenegger, 1900.

Sulzer, Georg. Wahrheitsforschung und Christentum. Ein Mahnwort an Wahrheitssucher und Kirchenchristen. Von G' S' (Zürich im November 1902). [4 S.] 4. (Lorch ⟨Württemberg⟩, Karl Rohm.) [M. —. 10]

— die Zukunft d. Sozialismus. gr. 8. (VII, 421 S.) Dresden 899. O. V. Böhmert. n. 6. —

Sulzer, Gius. Gio., dell' origine e della natura dei dialetti communemente chiamati romanici messi a confronto coi dialetti consimili esistenti nel Tirolo. Dissertazione esposta e corredata d'un triplice vocabolario sanscrito, celtico, ed osco, d'un poliglotto dell' orazione dominicale in cento lingue, e d'un quadro sinottico d'alfabeti coordinati a seconda del latino. gr. 8. (321 und 16 lithogr. S., wovon 4 mit Abbild.) Trento 855. (Innsbruck, libr. Wagner.) *

Sulzer, Jos., das Weltgericht im Spiegel der Zerstörung Jerusalems, oder: Erklärung der Evangelien am 1. 2. und 3. Sonnt. im Advent. Mit einer Abhandlung über das bürgerl., das Kirchenjahr und den Advent, Vergleichung jener Stellen der Evangelisten, welche sich auf die Zerstörung Jerusalems beziehen, Beschreibung der Stadt Jerusalem rc. Aus dem Ital. von Joh. Daninger. 8. (VII und 128 S.) Salzburg 854, Mayr'sche Buchh.

—— die Zerstörung Jerusalems, oder Erklärung des Evangeliums am 24. Sonnt. nach Pfingsten. Mit einer kurzen Geschichte des jüd. Krieges, Beschreibung des Tempels, der vorzüglichsten jüd. Feste, und des Lebens des jüd. Geschichtschreibers Josephus Flavius. Aus dem Ital. von Joh. Daninger. 12. (74 S.) Salzburg 853, Glonner.

Sulzer, Gottfried von (Augsburg) F,x/12

Dissertatio iuridica de alienatione rei hereditariae prohibita quatenus tacitum fideicommissum inducat. Präs. August Gotthelf Schmuck.
Erlangen (Camerarius) 23. V. 1761. 32 S.
34091

Sulzer, Heinr., Winterthur: Specimen medicum inaugurale de actione cerebri decussata.
Basel; med. Diss. 1753.

Sulzer, Heinr., Bilder aus der Geschichte des Klosters Töß, s.a. Neujahrs-Blatt der Hilfsgesellschaft v. Winterthur. XLI.

Sulzer, Heinrich. Bilder aus der Geschichte des Klosters Töss. [Mit 1 Tafel.] 68 S. 8. Winterthur, Geschwister Ziegler, 1903.
Neujahrs-Blatt der Hülfsgesellschaft in Winterthur ... 1903. [Stück] 41.

Sulzer, Henr., Diss. de naevis maternis infantum. Bas. 4°. 1702

— — s.a. Sulzer, Johann Heinrich

SULZER, Heinr., Der Pater im Beichtstuhl, oder Sündenbekenntniß einiger Stände. — Die Frauenzimmervisite. (Gedichte.) Winterthur 1830. 8⁰. (3 fr. 50 cts. Franz Hanke, Zürich, Cat. 96. no. 1826:)
Selten! Kam nie in den Handel, sondern ist blos als Mspt. f. Freunde gedruckt worden.

— das Dominikanerinnenkloster Töss, s.a. Mitteilungen der antiquarischen Gesellschaft in Zürich. XXVI. 2.

Sulzer, Heinrich. Das Dominikanerinnenkloster Töss. Teil 1: Geschichte. Mit 12 Textillustrationen und 4 Tafeln. S. 81—122. ⟨42 S.⟩ 4. Zürich, Fritz Amberger, Komm. Fäsi & Beer, 1903 (**Umschlag:* 1904). (fr. 4. —)
(Mitteilungen der Antiquarischen Gesellschaft ... in Zürich:)
Ausg. A: (Band 26, Heft 2.)
Ausg. B: ([Neujahrsblatt] 68.)

Sulzer, Jac., das Lob d. heil. Worts Gottes in 9 Predigten a. Ps. XIX, 8 12. 8. Zürich, Orell. 735.

Sulzer, Jeannot, s. Sulzer, Johann Rud.

Sulzer, Jh., s.a. Jh. Rud. Sulzer.

Sulzer, Joh., Winterthur: Dissertatio physico-medica inauguralis sistens aeris absque exhalationibus considerati effectus in corpus humanum.
Basel; med. Diss. 1739.

Sulzer, Johann Anton, s.a. Harzheim, Dn.

Sulzer, Jh. Ant., Abhandl. von d. Pflichten bei der Wahl ei. Standes u. Berufes rc. 8. Augsb. 818. Doll. 5 ℛ

— zwei moralphilosoph. Abhandll. 1) Von d. Pflichten bei den Aeußerungen unsers Gemüthes 2c. 2) Von der sittl. Verbindlichkeit erpreßter Versprechen 2c. gr. 8. Mainz. 825. Müller. 18 gr

Sulzer, Jh. Ant., vollständ. Beruhigung studirender Jünglinge in Deutschland u. in d. Schweiz, welche am Scheidewege zu ihren Brodstudien in Ansehung der Wahl des geistl. Standes noch einige Bedenken auf d. Herzen haben. 8. Sulzb. 827. v. Seidel. 8 gr

—— Fünf ausgewählte Briefe an seinen geistlichen Sohn bei dessen Eintritt in das Seminar. Freiburg, 1824, 8°, 90 Pf.

— 5 ausgewählte Briefe, religiös-moral. Inhalts an seinen geistl. Sohn Karl, sammt e. Zugabe e. Briefes an seine Tochter Marie. gr. 8. Freiburg 825. (Mainz, Müller). 8 gr

– s.a. Briefe über das Cölibat . . .

§ **BRIEFE** über den Cälibat (sic!) unserer katholischen Geistlichen. Von *K-u-r.* und *W-o-g* (von *Joh. Ant. Sulzer.*) Ein Anhang zu den Briefen über das Mönchswesen. Oberhausen (Ulm, Wohler) 1781. 8º. 104 S. (In München 3 Expll.) (1 Mk. 20 Pfg. L. Rosenthal, c. 1888.)
— — Dasselbe. Ed. 2. Ibid. 1782. 8º.

— Einleit. in die Moralphilosophie. 8. Sulzb. 824. v. Seidel. 9 gr

UEBER die Feyertage, die Fasten, und die Priesterehe. In einem Schreiben an den hochwürdigst. Bischof Christoph zu Basel. Eine interessante und merkwürdige Schrift für unsere Zeiten (von *Johann Anton Sulzer*). (Druckerst.) Wien (Basel?) 1782. 8º. 70 S.
Seltene antikathol. Schrift, unterz.: Zu Basel, am Ostermontag, im Jahre 1522 (sic!). — Weller, fing. Druckorte; Anon.-Lex. IV. p. 218 (nach Meusel).

— Fragmente üb. Kultur d. Religion u. Bildung d. Bürger. 12. Freiburg 783. (Anonym). 2e Aufl. 8. Basel 783. Schweighäuser. 4 gr

— religiöse u. vermischte Gedichte. 8. Bregenz 792. Brentano. 16 gr

— Gründe d. Aufmunter. zum geistl. Stande u. der Zufriedenheit in demselben. gr. 8. Constanz 817. Wallis. 8 gr Landsh. 818. Thomann. 12 gr

SULZER, Joh. Ant., Die erheblichsten Gründe für und gegen das katholisch-kirchliche Cölibatgesetz zu nochmaliger Prüfung vorgelegt. Constanz, Wallis, 1820. 8º. (1 Rthl.) (80 Pfg. A. Bielefeld, c. 1890.)
Ersch I. 2. 1822. Sp. 285. No. 2808.

— die erheblichsten Gründe für u. gegen das kathol. Cölibatsgesetz. 8. Constanz 822. (Wallis.)

— kurzgefaßter Inbegriff der nöthigsten Kenntnisse zum nützl. Studium der Geschichte. Für philosoph. Liebhaber derselben. gr. 8. Mainz 825. Müller. 10 gr

— die christl. Offenbar. u. Kirche; e. zweifelnden Jünglinge in e. Sendschreiben histor. dargestellt 2c. 8. Bregenz. 803.

— zwei freundschaftl. Schreiben an Hrn. Al. Henhöfer. 8. Gmünd 824. Seemüller in Konstanz. 4 gr

Sulzer, Joh. Anton, Sendschreiben an drei junge akademische Freunde zur Einrichtung ihres Lebens und Leitung ihrer Standeswahl. Wien, v. Mösle, 1807, 8°, neue Aufl., 1,20 Mk.

Sulzer, Joh. Ant., Wahrheit in Liebe, in Briefen über Katholicismus u. Protestantismus an den Hrn Dr. Joh. Heinr. Jung, gen. Stilling, großherzogl. badischen Geh. Hofrat, wie auch an andere protestantisch-christliche Brüder u. Freunde. Constanz u. Freiburg i. B., 1810, gr. 8°, X, 404 S.

Sulzer, J. A., Wahrheit in Liebe, in Briefen üb. Katholicismus u. Protestantismus, an Hrn. J. H. Jung genannt Stilling. 2te Aufl. 8. Freib. Herder. 813.

Sulzer, Joh. Ant., Wahrheit in Liebe, in Briefen üb. Katholicismus u. Protestantismus an Dr. Joh. Heinr. Jung gen. Stilling 2c., wie auch andere protestant. christl. Brüder u. Freunde. 3. Aufl. gr. 8. (15 B.) Freiburg 840, Herder'sche Vrlsh.

Sulzer, J. A., Wahrheit in Liebe, in Briefen über Katholicismus u. Protestantismus an den Herrn Dr. Joh. Heinrich Jung genannt Stilling, wie auch andere protestant. christl. Brüder u. Freunde. Neue Ausg. Freiburg i. Br. 864. Herder'sche Verlagsh. 8. (240 S.) n. 11 ngr

Sulzer, Johann Caspar, s. Sulzer, Johann Kaspar

Sulzer, Johann Conrad, s. Sulzer, Johann Konrad

Sulzer, Johann Georg

Sulzer, Jo. G., Anm. üb. d. verschiedenen Zustand, worin sich die Seele b. Ausübung ihrer Hauptvermögen, nämlich des Vermögens sich etwas vorzustellen u. des Vermögens zu empfinden, befindet. Brl. 8°.
1763

— Anweis. zur Erziehung seiner Töchter. 8. Zürich 781. Ziegler. 9 gr

Sulzer, Jh. Geo., († d. 27. Febr. 1779.) kurzer Begriff aller Wissenschaften u. anderer Theile der Gelehrsamkeit. 8. Leipz. 745. 2e verm. Aufl. 759. 3e A. 760. 4e A. 774. 5e Aufl. 8. Eisenach 778. (Bärecke). 6 gr

— kurzer Begriff all. Wissenschaften u. and. Theile d. Gelehrsamkeit. 8. Eisenach, Wittekind. 778.

Sulzer's, J. G., Kurzer Begriff aller Wissenschaften. Neue Ausg. Frankf. u. Leipz. 786. 8. Völlig umgearbeitet und mit Litteratur versehen von E. J. Koch. Berlin 793. Th. I. 8. 9 gr. (Dieser Theil auch unter d. Titel: Encyklopädie aller philolog. Wissenschaften.) Noch nicht vollendet.

— — dass. 8. Leipz. Hinrichs. 799.

Sulzer, Joh[ann] Ge[org]. Joh. Ge. Sulzers ... Beobachtungen und Anmerkungen auf einer im J. 1775 u. 76 gethanen Reise Aus Deutschland nach der Schweiz und Oberitalien und Ueber den St. Gotthard zurück nach Deutschland .... Als Fragment aus seinem Tagebuch gezogen. 8. Bern und Winterthur 1780.

(Sulzer, J[ohann] G[eorg].) Ausführliche Beschreibung einer Merkwürdigen Entdeckung verschiedener Antiquitäten: In dem, in der Herschafft Knonau gelegenen Dorff Nider-Lunneren, in dem Jahr 1741. [Mit Anhang und 2 Tafeln.] 4. [Zürich] *o. J.* [ca. 1742].

Sulzer, Joh[ann] Georg. Joh. G'Sulzers Beschreibung einiger Merckwürdigkeiten, Welche er in einer Ao. 1742. gemachten Berg-Reise durch einige Oerter der Schweitz beobachtet hat. [Mit 1 Vignette.] Zürich 1747. 4º

— Betrachtungen üb. d. Werke d. Natur. 8. Berl. 750.

Sulzer, Jh. Geo., s. Cymbeline.

Sulzer, J. G. Descriptio artium et disciplinarum . . . Leipzig 1790. Ü: *Ferber, Frdr. Wilh. Freih. von.* (JL) (Ky)

— descriptio artium ac disciplinarum, latine vertit F. (A.) G. F. (Ferber). Cur. J. G. G. Neide. 8. Leipz. 790. Schwickert. 8 gr

— Entwurf d. Einrichtung des von d. Herzoge v. Curland in Mitau neugestifteten Gymnasii Academici. Fol. Mitau 773. Steffenhagen (71 S.) Ebd. 774. Hinz. 4. (Leipz., W. Rauck). 9 gr

— kurzer Entwurf d. Geographie, Astronomie u. Chronologie. m. K. 8. Berl. Lange. 782.

— kurzer Entwurf der Geographie, Astronomie u. Chronologie. Mit 1 Kpft. 8. Berl. 782. (Reimer). 10 gr

— Gedanken üb. die Art, die klass. Schriftsteller mit der Jugend zu lesen. 8. Berl. 765. 8. Nürnb. 789. Schneider u. W. 4 gr

— Gedanken üb. d. beste Art d. klass. Schriftsteller mit d. Jugend zu lesen. 8. Nrnb. Schneider u. W. 784.

— Gedanken üb. den Ursprung u. die verschied. Dienste der schönen Künste u. Wissenschaften; aus d. Französ. v. F. X. Sonnleithner. 8. Wien 781.

— Gedanken üb. d. Ursprung der Wissenschaften. 8. Königsb. 763. Kanter. 2 gr

(—) Gedanken üb. den vorzügl. Werth d. epischen Gedichte des Hrn. Bodmer. 8. Berl. 754.

— kurzer Inbegriff aller Wissenschaften, umgearb. v. C. J. Koch. (A. u. d. T.: Koch's Encyklopädie aller philosoph. Wissenschaften f. Schulen u. z. Selbstunterricht). 8. Berl. 793. Rauck. 7 gr

Sulzer, Johann Georg (Hrsg.), s. Karschin, Anna Louise: Auserlesene Gedichte.

Sulzer, J. G. Die Schönen Künste, in ihrem Ursprung, ihrer wahren Natur und besten Anwendung betrachtet. Leipzig, Weidmanns Erben und Reich, 1772. Kl.8°. 85 S. Provisor. Umschlag. -- 1. Ausgabe, selten! Etwas fleckig.

Sulzer, Johann Georg. J' George Sulzer's . . . Lebensbeschreibung, von ihm selbst aufgesetzt. Aus der Handschrift abgedruckt, mit Anmerkungen von Johann Bernhard Merian und Friedrich Nicolai. Berlin und Stettin 1809. 8°

— Lebensbeschreib. von ihm selbst aufgesetzt aus d. Handschriften abgedr. mit Anmerkk. v. Jh. Bernh. Merian u. Fr. Nicolai. gr. 8. Berl. 809. Nicolai. 7 gr

— Lobrede auf d. König v. Preußen ꝛc. 8. Berl. 758.

— Merkwürdigkeiten, welche er in einer 1742 gemachten Reise d. einige Orte des Schweizerlandes beobachtet hat. 4. Zürich, Orell. 743.

— s. Noah, ein Heldengedicht.

— brevis notitia artium omnium et eruditionis partium. E german. in latin. vertit L. H. Teucher. 8maj. Halle 790. (Reinicke u. C.) 9 gr

Sulzer, Ioh. Georg, brevis notitia artium omnium et erudit. partium e germ. in latin. vertit L. H. Teucher. 8. Lps. Walther. (Ruff, Halae.) 790.

(—) Pensées sur l'origine et les différens emplois des sciences et des beaux arts. 8. Berl. 757.

— Samml. auserles. wissenschaftl. Aufsätze, sind dess. Vorübungen z. Erweckung d. Aufmerksamkeit ꝛc.

Sulzer, J. G. Vermischte philosophische Schriften . . . Leipzig 1773. Ü: *Zollikofer, Georg Joachim* (ML) »1782—85« (ErschDL) & *Chn Frdr. von Blankenburg.* (ErschDL)

— vermischte philosoph. Schriften, aus d. Jahrbüchern der Akademie der Wissenschaften zu Berlin gesammelt. 1r Thl. gr. 8. Leipz. 773. 2e A. 782. 3e A. 800. Weidmann. 1 Thlr 4 gr 2r Thl., nebst e. Nachr. von seinem Leben u. sämmtl. Schriften, (von Chr. Fr. v. Blankenburg). (A. u. d. T.: Sulzers vermischte Schriften. 781. 2e A. 800.) gr. 8. Leipz., Weidmann. 1 Thlr 8 gr

Sulzer, J. G. Tableau des Beautés de la Nature, ouvrage traduit de l'Allemand. Francf. s. le M. 1755. Ü: *Roques de Maumont de la Rochefoucauld, Jacob Em.* (BrMm)

Sulzer, Jh. Geo., Tagebuch einer von Berlin nach den mittägl. Ländern v. Europa 1775 u. 76 gethanen Reise u. Rückreise. gr. 8. Leipz. 780. Weidmann. 1 Thlr 16 gr

— Tagebuch e. v. Berlin n. d. mittägl. Ländern v. Europa 1775. 76. gethan. Reise u. Rückreise. gr. 8. Lpz. Weidmann. 788.

Sulzer, Johann Georg. Allgemeine Theorie der Künste . . . Altenburg 1786—87. H: *Blankenburg, Christian Friedrich von.* (Ky) (MGT) (JL) (Ebert) (ML)

— allgem. Theorie der schönen Künste. 2 Thle. gr. 4. Leipz. 771—74. N. Abdruck 773, 74. 2e Aufl. 4 Thle. 777 u. 778. (3e) Aufl. mit Zusätzen verm. u. herausgg. (von Chr. Fr. v. Blankenburg). 4 Thle. gr. 8. Leipz. 886, 87. N. A. 4 Thle. mit Register. gr. 8. Ebd. 792—99. Weidmann. 8 Thlr 14 gr Schrbp. 13 Thlr 8 gr — Zusätze, s. auch Chr. Fr. v. Blankenburg. — Nachträge dazu, s. Nachträge.

Nachträge zu Sulzer's allgemeiner Theorie der schönen Künste. Charaktere der vornehmsten Dichter aller Nationen nebst kritischen und historischen Abhandlungen über Gegenstände der schönen Künste und Wissenschaften von einer Gesellschaft von Gelehrten. 2 Bde. Leipzig 1793. 8°.

— Theorie d. Dichtkunst, z. Gebrauch d. Studirenden bearbeit. v. Albr. Kirchmayer. 2 Thle. gr. 8. Münch. 788, 89. Lentner. 1 Thlr 12 gr

Sulzer, J. G., Theorie der angenehmen u. unangenehmen Empfindungen. Brl. 8°.
1762

— Theorie u. Praktik der Beredsamkeit, herägg. v. Albr. Kirchmayer. gr. 8. Münch. 786. Lentner. 1 Thlr

— Theorie u. Praktik d. Beredsamkeit, herausgeg. von Kirchmayer. gr. 8. München, Lentner. 787.

Sulzer, Jo. G., Uebers. üb. d. Ursprung der angenehmen u. unangenehmen Empfindungen. Brl. 1751—2. 8°.

— Unterredungen üb. d. Schönheiten d. Natur. 8. Berl. Haude. 779.

Sulzer, Johann Georg. J' G' Sulzers Untersuchung Von dem Ursprung der Berge.... Zürich 1746 s. Scheuchzer, Johann Jacob. J' J' Scheuchzers... Natur-Geschichte des Schweizerlandes.... Theil 2.

Sulzer, Joh. Georg, Versuch v. d. Erziehung u. Unterrichtung d. Kinder. 8. Zürich, Orell, Füßli u. Comp. 748. Rthlr.

[Sulzer, Joh. G.] Versuch von der Erziehung und Unterweisung der Kinder. Zweyte, stark vermehrte Auflage. Zürich, Orell & Co. 1748. 8°. XXIII, 382 S.

— Versuch e. moral. Gedanken üb. die Werke d. Natur 8. Berl. 745. N. Aufl. unt. d. T.: Unterredungen üb. die Schönheiten der Natur. 8. Berl. 750. 770 auch 774. Haude u. Sp. 6 gr

— Vorlesungen üb. die Geographie der vornehmsten Länder u. Reiche in Europa. Nach d. Verf. Tode bis auf unsere Zeiten fortgesetzt, berichtigt u. hrsgg. v. Karl Dn. Traue. 3 Abthll. 8. Berl. 786, 87. Maurers B. 20 gr

— Vorübungen z. Erweckung der Aufmerksamkeit u. d. Nachdenkens. 8. Berl. 768. 2e A. 771. 3e Aufl. 4 Thle. (umgearb. v. J. H. L. Meierotto). 779—82. N. Aufl. 4 Thle. 816, 17, 24, 25. Nicolai. (1r, f. die untern Klassen. 4 gr 2r, für die mittlern Klassen. 10 gr 3r, für die obern Klassen. 8 gr 4r, z. Gebrauch der Lehrer. 6 gr) 1 ₰ 4 gr

Sulzer, J. G. Vorübungen zur Erweckung der Aufmerksamkeit und des Nachdenkens. 3. Aufl. O. O. 1779—82. H: *Meierotto, Johann Heinrich Ludwig.* (Ky)

— Vorübungen z. Erweckung d. Aufmerksamkeit und des Nachdens. 4 Thle. 8. Berlin, Nicolai (1r f. d. unt. Classen 799. 4 gr. 2r f. d. mittl. Class. 799. 10 gr. 3r f. d. obern Class. 781. 8 gr. 4r z. Gebr. d. Lehrer. 782. 6 gr.)

Zürich: [Gedicht.] Am Einweihungsfeste der St. Johannisloge zur Bescheidenheit im Orient in Zürich; den 19. August 5811. Von Joh. Heinrich Sulzer. Aarau 1812. 8 S. 8°. [Umschlagtit.]
„Heil, dreimal Heil dem neuen Heiligthum . . ."

Sulzer, Joh(ann) Heinrich: Abgekürzte Geschichte der Insecten nach dem Linnäischen System. Th.1—2, gbd., Abb.

Winterthur: Steiner 1776
angeb.: Fueßlin, Joh(ann) Kaspar: Verzeichnis der...Schweitzerischen Inseckten 1775

JB 100

[Johann Heinrich] Sulzers [Sulzer] Abgekürzte Geschichte der Insecten. Nach dem Linnaeischen System. Th.1.2. Winterthur:Steiner 1776. 1 Bd 4°
Th.1: 1776.
Th.2: Welcher 32 ausgemahlte Kupfertaf.enthält. 1776.

Sulzer, Jh. Hnr., († d. 10. Aug. 1814.) abgekürzte Geschichte schweizer. u. ausländ. Insekten nach Linnéischer Form, mit gemalten Abbildd. in 32 Tafeln u. erläuternd. Viguett. 2 Thle. (1r, Text. 2r, Kupfer u. deren Beschreib.) gr. 4. Winterth. 776. (Steiner). 16 ₰ Ziegler in Zürich. 12 ₰ Supplem. dazu 5 Taf. Taf. 33—37. mit d. latein. Text: Genera Insectorum Linnaei et Fabricii iconibus illustrata. 4maj. ibid. 789. 2 ₰ 6 gr

Sulzer, J[ohann] H[einrich]. Die Kennzeichen der Insekten, nach Anleitung des... Karl Linnaeus. durch 24. Kupfertafeln ([von] J[ohann] Rud[olf] Schellenberg) erläutert und mit derselben natürlichen Geschichte begleitet von J. H. S'.... Mit einer Vorrede des Herrn Johannes Geßners.... kl.-4. Zürich 1761.

Johann Heinrich Sulzer

Die Kennzeichen der Insekten, nach Anleitung des Karl Linnaeus durch 24 Kupfertaf. erl.u.mit derselben natürlichen Geschichte begleitet von J[ohann] H[einrich] Sulzer. Mit e.Vorr.des Johannes Geßners [Gesner 1709-1790].[Text u.Taf.-Bd] Zürich: Heidegger 1761. 2 Bde 8°

— die Kennzeichen der Insekten nach Anleit. K. Linné's; durch 24 ill. Kpf. erläut. u. mit derselben natürl. Geschichte begleit. 4. Zürich 761. Ziegler u. S. 6 ₰

— Kennzeichen d. Insekten nach Anleit. Linnés. d. 24 ill. K. erläut. u. m. derselben natürl. Gesch. begleit. 4. Zürich, Ziegler. 776.

Sulzer, J. H., prakt. Lehrgang zur leichten u. schnellen Erlernung der ital. Sprache, nach Ahn's Methode bearb. gr. 8. (Mit 1 Tab.) St. Gallen 846, Scheitlin u. Zollikofer. 1/4 ₰

Sulzer, Joh. Heinr., Winterthur: Dissertatio inauguralis medica de naevis maternis infantum.
Basel; med. Diss. 1701.

— — s.a. Sulzer, Heinrich

(Sulzer, J[ohann Jacob].) Lydia Escher [1858–1891]. Eine historische Schicksalstragödie. Ursprung, Blüthe und Untergang der Escher vom Belvoir. Winterthur 1892. 8°

Sulzer, Joh. Jakob: Unterhaltungen für Jagdfreunde. 1826.

Sulzer, Johann Kaspar

— Goneseos ac devter. compendium. 8. Basel, Imhof. 750.

Sulzer, Ioh. Casp., facies doctrinae syllogisticae. 8. Zürich, Orell. 755.

— Lobrede a. d. Kön. in Preußen. 8. Berlin. 758. in 4.

Sulzer, Johann Konrad

Sulzer, J(oh[ann]) C(onrad, [und]) Hanhart, (Johannes). Die zwey letzten Predigten des sel. Herrn Decan J. C. S' über Joh. XI., den 1ten und 8ten August (1819) gehalten, nebst derjenigen von Herrn Pfarrer H', den 15ten A'.... Auf Ansuchen vieler Freunde... dem Drucke übergeben von seinen Hinterlassenen. 8. Winterthur 1819.

Sulzer, Jh. Konr., († d. 16. Jan. 1819.) Rede üb. den dermal. sittl. u. religiösen Zustand d. Züricherischen Kirche von seiner tröstl. u. bedenkl. Seite. Nebst angehängten Bemerkk. v. Konr. Orell. 8. Zürich 815.

— s. Reden, drei, am Reformationsfeste.

Sulzer, Jh. Rud.

— Beschreib. des Bades bei Waldstadt im Kanton Appenzell Ausserrhoden. 12. St. Gallen 792. Huber u. C. 2 gl

— s. Brelocken aus Allerley der Gross- und Kleinmänner.

— s. Delile, Karl: Ein Handbuch für Knaben.

Sulzer, Joh. R., Knacknüsse, mit u. ohne Kern. No. 1, 2. 8. Winterthur, Steiner. 789.

Sulzer, Jh. Rud., Knacknüsse mit u. ohne Kern. Nr. 1—2. 8. Winterth. 798. Steiner. 3 gl

— s.a. Mädchenwerth und Mädchenglück.

(J. **Sulzer**): Mädchenwerth u. Mädchenglück. *Winterthur*, Steiner. (783.) 791. 2 Thle. 8° 1 ß 8 gl

MÄDCHENWERTH und Mädchenglück (von *Johann Sulzer*). Ersten Bandes erstes Heft. 2. verb. Auflage. Winterthur 1791. — Dasselbe. Ein Neujahrsgeschenk an meine Schülerinnen. Zweites Bändchen, erstes Heft. Winterthur 1790 (so!). 8°. Alles, was erschienen (?). (4 Mk. A. H. Huber, Salzburg.)
Anon.-Lex. III. p. 101 hat „1783. 1791" (nach Ersch, Kayser u. Meusel); „1792—95" (in Zürich, Stadtbibl.) (nach Ersch).
— — Dasselbe. 2. Auflage. 2 Bde. Ebd. 1796. 8°.
Ehestandsalmanach f. 1797, S. 307 u. 309.

SULZER, Jeannot. Mädchenwerth und Mädchenglück. 2 Bde. 2te Aufl. Winterthur 1791—95. 8°. (In Zürich.)

Sulzer, Jh. Rup., Familienpapiere. 1s Bdchen. 8. Winterth. 816. Steiner. 1 ß 16 gl (NB. Ist ein neuer Abdruck der Briefe von Julchen Lerse.)

Sulzer, Josef, s.a. Sulzer, Gius. Gio.

Sulzer, Jos., Ernstes u. Heiteres aus den Erinnerungen e. Wiener Philharmonikers. (III, 93 S.) 8. Wien 910. J. Eisenstein & Co. 1.50

Sulzer, Jos. Geo., die Wiederauffindung der Urne des glorreichen Märtirers Vigilius Bisohofs und ersten Schutzpatrons der Stadt und der Diözese von Trient. gr. 16. (120 S. mit 1 Stnt. in 4.) Trient 863, Seiser. *

Sulzer, Karl, Arzt: Beitrag zur Lehre vom 'Moralischen Irresein'. (Tübingen 1909: Weil.) 31 S. 8°
Tübingen, Med. Diss. v. 6. März 1909, Ref. Gaupp
[Geb. 14. Jan. 83 Heidenheim; Wohnort: Rottenburg a. N.; Staatsangeh.: Württemberg; Vorbildung: Gymn. Rottweil Reife Juli 02; Studium: Tübingen 1, Kiel 1, Tübingen 3, München 1, Berlin 1, Straßburg 3 S.; Coll. 30. Jan. 09; Approb. 1. Jan. 09.] [U 09. 3945

Sulzer, Dr. Karl, Beschreib. eines neuentdeckten Eingeweidewurms im menschl. Körper. Mit 3 Kpf. gr. 8. Straßb. 802. König. 10 gl illum. 18 gl

Sulzer, Karl, neuester Briefsteller. 8. Ausgb. 807. Doll. 9 gl 6e Aufl. 8. Cöln 818. J. G. Schmitz. 8 gl

— dissertation sur un ver intestinal nouvell. découvert et décrit sur le nommé de Bicorne Rude, av. 3 Pl. 4. Strassb. 802. König. 18 gl color. 1 ß

Sulzer, Konrad (Winterthur) A. S. 1381/14
Phytographiae sacrae generalis, pars practica III.
Präs. Johann Gesner.
Zürich (Gessner) II. 1763. 30 S.
8 Resp. 34092

Sulzer, Ludger: Casuistische Beiträge zu den Geschwülsten der Gelenkenden. Halle (1869): Plötz. 38 S. 8°
Halle-Wittenberg, Med. Diss. v. 14. Aug. 1869
Geb. Lippborg (Westf.) 9. 7. 1846. V.

Sulzer, Maximilian [aus Kirchen '(Baden)']: Ueber den Durchtritt corpusculärer Gebilde durch das Zwerchfell ... M. e. Taf. ... (Aus: Virchow's Arch. f. path. Anat. u. Physiol. u. f. klin. Med., Bd 143.) Berlin, *G. Reimer*, 1896; 16 S., 1 Taf. 8.
Heidelberg, Med. Fak., Inaug.-Diss. v. [29. Juli] 1895

Sulzer, Paul [app. Arzt aus Kirchen '(Baden)']: Ein Fall von Spina bifida mit Verdoppelung und Zweitheilung des Rückenmarks ... M. e. lithogr. Taf. Jena, G. Fischer, 1893; 31 S., 1 Taf. 8.
Heidelberg, Med. Fak., Inaug.-Diss. v. [28. Juli] 1892

Sulzer, Salom., Schir Zion, gottesdienstliche Gesänge der Israeliten. 2. Thl. Fol. (VIII und 261 S. mit chromolithogr. Titel.) Wien 866, (Knöpflmacher und Söhne.)

Sulzer, Wolfgang Dieterich: Briefe von W' D' S', weiland Stadtschreiber von Winterthur. Hrsg. von Georg Geilfus ... [Progr.] Winterthur 1866. 4°

Sulzer. Heinrich S'-Steiner, 1837—1906. [Mit 1 Porträt-Tafel.] II + 14 S. 4. [Winterthur, Buchdr. W', 1906.]

(Sulzer-Steiner, H[einrich].) Schweizerische Industrie und Sozialismus. Von einem alten schweizerischen Industriellen für denkende Arbeiter geschrieben. (1906 Februar.) 13 S. 8. (Winterthur, Buchdr. W'.) [fr. —. 30]

Sulzer-Ziegler, E., Haftpflicht und Unfallversicherung. 8°. Zürich 1887.

Sulzer-Ziegler, Eduard

Sulzer-Ziegler, das Institut der Fabrikkommission, s.a. Vereinigung, schweizerische, zur Förderung des internationalen Arbeiterschutzes. 29. Heft.

Sulzer-Ziegler, [Eduard]. Das Institut der Fabrikkommission. Vortrag ⟨nach Stenogramm⟩ gehalten in der Versammlung der Sektion Bern der Schweizerischen Vereinigung zur Förderung des Internat. Arbeiterschutzes ... den 17. März 1909 von Nationalrat Dr. S'-Z', nebst einem Auszug aus der stattgehabten Diskussion. 25 S. 8. Bern, Buchdr. Läderach & Küstli; Komm. der Buchh. des schweizerischen Grütlivereins, Zürich, 1910. [fr. —.50]
Schweizerische Vereinigung zur Förderung des Internationalen Arbeiterschutzes. Heft 29.

-- Verhandlungen der Sektion Bern über die Revision des eidgen. Fabrikgesetzes, s.: Vereinigung, schweizer., zur Förderung des internat. Arbeiterschutzes. (Lang, Otto.)

Sülzer, Otto [app. Arzt aus Celle]: Über den Desinfektionswert einiger Kresolpräparate ... Göttingen, Druck v. L. Hofer, 1897; 35 S. 8.
Göttingen, Med. Fak., Inaug.-Diss. v. [8. März] 1897

Sülzer, Otto, üb. d. Desinfektionswert ein. Kresolpräparate. Diss. gr. 8. (35 S.) Göttingen 897. (Vandenhoeck & Ruprecht.) n. 1. 20

Sulzer's, Prof. Salomon, vierzigjähriges Amtsjubiläum. hoch 4. (8 S.) Wien 866, Herzfeld und Bauer. *

Die Knappschafts-Heilstätte Sülzhayn bei Ellrich im Südharz der Norddeutschen Knappschafts-Pensionskasse zu Halle a. d. Saale 1898-1908. Halle a. d. S. 1909: Waisenhaus. 40 S. quer-8° [o.J. 13084 3

Sulzynski, Marian, Ueber die Wirkung des Alcohols, Chloroforms und Aethers auf den thierischen Organismus. Diss. Dorpat. 8°. 33 pp. 1865.

Sum, A., method. Lehrbuch zum Beybringen sämmtl. Redetheile d. deutschen Sprache. 8. (17½ B.) Wien 829, Ant. Doll.

Sum, Franz von (Hamburg) A. S. 71/31

De carrociis ex jure militari medii aevi.
Präs. Eucharius Gottlieb Rink.
Altdorf (Kohles) VI. ca. 1710. 44 S.

34093

Šuman J.: Die Wurzel „spur" im Slavischen und in den verwandten Sprachen. 34. Wien Ak. 75.
Progr.

Suman, J.: Etymologische Tafeln nach Curtius und Miklosich. S. 33 bis 55. 8°.– Marburg i/St. OG., Progr. 1872.

Suman, J.: Tabellarische Übersicht der regelmässigen Tempusbildung im Griechischen. – Marburg i/St. OG, Progr. 1872.

Suman, Joh., Komentar zum österreichischen Patentgesetze. (Gesetz vom 11. I. 1897, R. G. Bl. Nr. 80, betr. den Schutz v. Erfindgn.) Bei vergleich. Heranziehg. des deutschen u. anderer auswärt. Patentgesetze. I. Tl. (Allgem. Bestimmgn.) (III, 259 S.) Lex.-8. Wien 904. M. Breitenstein. n. 4. 20

Suman, Josef Bemerkungen zu einigen Stellen der Platonischen Apologie des Sokrates. 8 (S. 20—26). — Weitere Bemerkungen zu einzelnen Stellen der Platonischen Apologie des Sokrates. 8 (S. 6—19). **Progr.** K. k. Oberg. *Laibach* 1886. 1887.

Suman, J., die Slovenen, s. a. Völker, die, Oesterreich-Ungarns.

Völker, Die, Oesterreich-Ungarns. Ethnographische und culturhistorische Schilderungen. X. Bd. 1. Hälfte. Inh.: Josef Sumann, Die Slovenen. gr. 8. (183 S.) geh. 1 fl. 80 kr.
Teschen: Karl Prochaska 1881.

Suman, Josip. Slovenska slovnica za srednje šole. V Celovci, St. Hermagoras-Druck., 1884. 216 S.

Sumann, Josef, s. Suman

Sumano [Pseud.], s.a. Stange, Fritz

Sumano, Pabbajja. Der Gang in die Heimatlosigkeit. (32 S.) gr. 8. Breslau 910. W. Markgraf. 1. —

SUMARIPPA, Pietro (Kreta): Die Leber-Entzündung.- München: Roesl 1833. 33 S. 17.8.1833 - Urk (Titel: De hepatitide.); F 61
Diss. Ingolst.-Landsh.-Mchn.

Sumarokow, Alexander. Der erste und wichtige Aufstand der Strelitzen in Moskau im Mai 1682; a. d. Russ. Riga 1772. Ü: *Arndt, Chn Gottlieb.* (Ky)

Sumarokow, A. Der erste wichtigste Aufstand der Strelitzen in Moskau i. J. 1682. A. d. Russ. (88.) 8. Riga 1772.

Sumarokow, Alex., der erste u. wichtige Aufstand d. Strelitzen in Moskwa im Mai 1682; aus d. Russ. (v. Chr. Gli. Arndt). 8. Riga 772. (Hartknoch in Leipz.) 4 gr

Sumarokow, Pt., (od. Paul?) Reise durch die Krimm u. Bessarabien 1799; aus d. Russ. v. Jh. Gf. Richter. 12. Leipz. 802. Hartknoch. 20 gr

Sumatra [Schlagwort]

Sumatra. Dornseiffen, I., en E. de Geest, **Kaart van Sumatra, Bangka en de Riouw-Lingga Archipel.** 1 : 1,000,000. **Blatt 1—6. Farbendr.** 35,5×45,5 cm. Amsterdam 892. **Seyffardt. In Mappe.**
Für 12 Blatt n. 12. 75

Sumavski, Jos. Frant., Cesko-Německý clovník [Böhm.-Deutsch. Wörterbuch.] Szavek 1—6. [A — Přehradim.] gr. 8. (S. 1 bis 768.) Prag 848. 49, Haase Söhne. (à ½ ngr) 3 ngr

Sumavsky, Jos. Franta. Slovník jazyka slovanského šesti hlavních nářečí: ruského, bulharského, starocírkevního, srbského českeho i polského. Cást prvá. Německo-slovanská. (Wörterbuch der slavischen Sprache in den sechs Hauptdialekten: russisch, bulgarisch, kirchenslavisch, serbisch, böhmisch und polnisch. *Prag* 1857. *C. Bellmann's* Druck u. Verl. Erster Theil: deutsch-slavisch. Erste bis vierte Lieferung. S. XVI, 1—320. 8°.

—— kapesní slovník jazyka českeho a německého. Díl českoněmecký. 2. vydání. Přehledl a doplnil Jos. Rank. Taschen-Wörterbuch der böhm. und deutschen Sprache. Böhmisch-deutscher Theil. 2., verm. und verb. Aufl. bearb. von Jos. Rank. 16. (VI und 746 S.) Prag 859, Haase Söhne.

— Slovník všeslovanský s přidanými významy německými. Svazek 1. gr. 8. (S. 1—48). Prag 852. (Kronberger.) n. 8 ngr

Sumavsky, Jos. Franta. Taschen-Wörterbuch der böhmischen und deutschen Sprache. Deutsch-böhmischer Theil. 8. (578 S.) Prag, Gottlieb Haase Söhne, 1853.

Sumavský, Jos. Franta, Taschen-Wörterbuch der böhmischen und deutschen Sprache. Böhmisch-deutscher Thl. A. u. d. T.: Kapesní slovník jazyka českého a německého. Díl českoněmecký. 16. (VIII und 728 S.) Prag 854, Haase Söhne

—— dass. — Deutsch-böhmischer Thl. 1. Aufl. (VI und 578 S.) 853. und 2., verm. und verb. Aufl. A. u. d. T.: Kapesní slovník jazyka českého a německého. Díl německočeský. 2. opravené a rozmnožene vydání. 16. (VIII und 648 S.) Ebds. 855.

Sumavský, Jos. Franta, Wörterbuch der slawischen sprache in den sechs hauptdialekten: russisch, bulgarisch, kirchenslawisch, südslawisch, böhmisch und polnisch. Erster Theil: deutsch-slawisch. 1—4. Lfg. Lex.-8. (1. Bd. XVI und und S. 1—320.) Prag 857—59, Bellmann's Verlag. à Lfg. * 10 Ngr. *
Ist nicht fortgesetzt worden.

Sumavsky, Jos. Fr., vollständ. deutsch-böhmisches Wörterbuch. Uplny německo-cesky Slovnik. 1.—3. Heft. gr. 8. Prag 843. (Kronberger u. Rziwnatz.) à n. 1 ngr

Sumbal Franz: Die Anfänge der Linguistik bei den Slawen.
H. 109 PN 2639 **Diss.** Wien, Univ. 2740

Šumen [Schlagwort]

Šumen, s.: Europa. Generalkarte.

Sumerlaten. Mittelhochdeutsche Glossen . . . Wien 1834. II: *Hoffmann genannt von Fallersleben, August Hnr.* (GGr)

Sumerlaten. Mittelhochdeutsche Glossen aus d. HSS. d. k. k. Hofbibliothek zu Wien. Hrsg. v. (A. H.) Hoffmann v. Fallersleben. Lex.-8. (4¼ B.) Wien 834, Rohrmann u. Schweigerd.

[F.] Die eigenen Offizierpferde in der Armee. Hippologisch-kavalleristische Betrachtgn v. Graf [Stephan] Sumiński, Prem.-Lt.... *Berlin: P. Parey 1896.* (2 Bl., 92 S.) 1 Bd 8. [96. 4098

Sumlocenne ob Samulocenis? Auch ein Wort über die Vindonissa-Regina-Strasse . . . Hildburghausen [1841]. V: *Donop, Wilhelm Glieb Ludwig Freih. von.* (Ky) (Heyd)

Sumlocenne ob Samulocenis? Auch ein Wort über die Vindonissa-Regino Straße. Vom Verfasser des magusanischen Europa u. der deutschen Urzeit (Freiherrn v. Donop). Nebst 1 Karte der Römerstraßen der Ober-Donau. gr. 8. (Mit 1 Tab.) Hildburghausen 841. (Meiningen, Keyßner'sche Hofbuchh.) ½ ₰

Incerti auctoris **summa** de successionibus. Eine systemat. Darstellung d. Erbrechts aus d. älteren Glossatorenzeit. Aus d. Hs d. Nationalbibl. zu Paris No 4603 hrsg. von Dr. Gustav Pescatore. Greifswald: G. Pescatore 1889. (X, 37 S.) 8°
= **Beiträge** z. mittelalterl. Rechtsgeschichte. H. 1. [96. 6119

Summa cancellariae. (Cancellaria Caroli IV.) Ed. Ferd. Tadra. (Vorrede u. Anmerkgn. in böhm. Sprache.) [Aus: „Historický Archiv".] Lex.-8. (XLVIII, 219 S.) Prag 895. (Bursík & Kohout) n. 4. 20

Summa legis Longobardorum. Longobardisches Rechtsbuch aus dem 12. Jh. Nach den Handschriften hrsg. v. August **Anschütz**. Halle: Waisenhaus 1870. 58 S. 4°
(Friedrich **Bluhme** überreicht zum 50jähr. jur. Dr.-Jubiläum am 3. Jan. 1870. Die jur. Facultät der Universität Halle-Wittenberg.)

Summa kathol. Lehre, von Gott, den göttl. Tugenden u. hochheil. Sakramenten, besond. d. Buße u. d. Altars. 8. Augsb. 784. Rieger. 1½ ₰

Summa de literis missilibus etc., s. Fontes rerum Austriacarum.

Summa Mariana. Allgem. Handbuch d. Marienverehrung f. Priester, ... u. gebildete Laien. Hrsg. unter Mitw. von Welt- u. Ordenspriestern von Rektor J[akob] H[ubert] Schütz zu Köln. Bd 1. *Paderborn: Junfermann 1903.* 8° [04. 14361 B

Summa theologiae dogmaticae in usum praelectionum publ. Monach. 1828—29. V: *Buchner, Al.* (schmal)

Summa, E. G., s. Summa, Geo. Erhard

Summa, Eduard: Speiseröhrenstrictur nach Laugenverätzung. Naumburg a. S. 1897: Lippert & C. (18 S.) 8°
Erlangen, Med. Diss. v. 20. Juli 1896.

Summa, Geo. Erhard

Summa, G. E., die Auferstehung unseres Herrn Jesu. Nach ihrem Schriftgrund, ihrer grundleg. Bedeutung u. ihrer pastoralen Verkündigung dargestellt. Erlangen 869. Deichert. 16. (IX, 159 S.) n. 10 ngr.; cart. n. 12 ngr.

— Deine Rechte sind mein Lied in dem Hause meiner Wallfahrt. Predigt über Psalm 119, 54 am Bibelfeste zu Nürnberg in der St. Aegidienkirche den 15. Juni 1864 gehalten. Nürnberg 864. Raw'sche Buchh. gr. 8. (16 S.) n. 2 ngr.

Summa, G. E., zur Erinnerung an den Trauergottesdienst für weil. Se. Maj. König Ludwig II. von Bayern am 25. Juni 1886. 8. (15 S.) Hof 886, Lion. *

Summa, Geo. Erhard, apostolische Forderung an den Prediger des Evangeliums gegenüber dem Unglauben der Zeit. Synodal-Predigt über 2. Tim. 4, 2—4 gehalten bei der Diöcesan-Synode zu Schwabach den 9. Septbr. 1863. Nürnberg 863. Raw. gr. 8. (18 S.) n. 2 ngr.

—— die Freude des Konfirmationstages. Konfirmationsrede über 3. Epist. St. Joh. V. 4, gehalten am Trinitatisfest 20. Juni 1886. 8. (13 S.) Ebendas. 886. *

Summa, G. E. Hab acht auf dich selbst u. auf die Lehre. Synodalreden, geh. bei den Diözesansynoden zu Erlangen in den J. 1882—1891. gr. 8. (VII, 72 S.) Lpz. 892, Deichert Nachf. * 1 20

—— Krankenbesuch und Krankenseelsorge. Vortrag, bei der Diöcesansynode zu Erlangen den 28. Juli 1886 gehalten. 8. (16 S.) Erlangen 886, Deichert'sche Verlagsb. Nachf. *

—— Predigt über Offenbarung St. Joh. 22, 20 beim feierlichen Schlußgottesdienst der vereinigten Generalsynode der evangelisch-lutherischen Kirche Bayerns am Donnerstag, den 1. Oktbr. 1885 gehalten in der St. Gumbertus-Kirche zu Ansbach. 8. (15 S.) Ansbach 885, Junge. *

Summa, Hugo [app. Arzt aus Bayern]: Aus d. patholog.-anatom. Institut zu Freiburg i. B. Über degenerative Veränderungen im Rückenmark bei chronischer Lungenschwindsucht ... Freiburg i. B., Buchdr. H. Epstein, 1891; 1 Bl., S. 5—36. 8°
Freiburg i. B., Med. Fak., Inaug.-Diss. v. 1891.

Summa, Guilelmus: Symbolae criticae ad Senecae tragoedias. Neustadt a. d. H., Buchdr. W. Kranzbühler, 1896; 34 S. 8.
Neustadt a. d. H., k. humanist. G, P 1896*

Summar-Ausweis, statistischer — der Handels- und Gewerbekammer in Olmütz an das k. k. Ministerium für Handel, Gewerbe und öffentliche Bauten für das Jahr 1851. 8. (38 S. mit Tab. und 1 Industriekarte). Olmütz, Frz. Slawik, 1853.

SUMMARIEN ODER GRÜNDLICHE AUSLEGUNG UBER DIE GANTZE HEIL. SCHRIFFT ALTEN UND NEUEN TESTAMENTS, Wie auch Uber die so genannten Apocrypha, Samt nützlicher Unterweisung zum heilsamen Gebrauch im Glauben, Leben und Leiden, Hiebevor so wol zu öffentlicher Kirchen-Andacht, in denen Vesper. Lectionen in dem Hertzogthum Würtemberg und andern Evangelischen Ländern, Als auch auf eines ieden Christlichen Haus-Vaters sonderbahre Haus-Kirche gestellet: Nunmehro aber mit Fleiß übersehen, und mit vielen nützlichen Anmerckungen. vermehret, Durch Die ietztmalige Theologische Facultät bey der Universität zu Tübingen, nebst besagter Facultät neuen Vorrede, Die zweyte Auflage, so zu bequemen Gebrauch in 6. Theile eingerichtet, und mit nöthigen Register versehen worden. Bd 1. 2. - Leipzig: Gleditsch 1709—1721. *(Die Vorrede vom 2. April 1709 ist von Joh. Wolfg. Jäger, Joh. Christoph Pfaff und Andreas Adam Hochstetter unterzeichnet.) T. 1-3: 2. Aufl. 1709; T. 4-6: (3. Aufl.) 1721.*

Summarien --- , SUMMARIEN // Oder // Kurtzer Außzug // aller Capitel // Der gantzen // Heiligen Schrifft // Alten und Neuen // Testaments. // Franckfurth, im Jahr Christi 1723. - 3 Blatt (nicht paginiert) Titelkupfer, Titelblatt und ein leeres Vorblatt. - 408 S.

3. S. T. 8°.24.

Summarien, die Württemberger, das ist: Kurzgefaßte Auslegung der Heiligen Schriften Alten und Neuen Testaments. Neu herausg. von einigen evangelisch-lutherischen Geistlichen Bayerns (Bachmann, Hebart, Heß, Müller). 1. Bd. 1. u. 2. Heft. — 6. Bd. 1—3. Heft. Nürnberg 859—62. Raw. Lex.-8. (1. Bd.: VIII, S. 1—320; 6. Bd.: 501 S.) Jedes Heft n. 12 ngr.

Summarien, die Württemberger, d. i.: Kurzgefaßte Auslegung der ganzen heil. Schrift Alten u. Neuen Testaments. Neu hrsg. von einigen evangelisch-luther. Geistlichen in Bayern. 3. Bd. Das Buch Hiob, der Psalter, die Sprüche, der Prediger u. das Hohelied Salomonis. 1. Hft. Lex.-8. (176 S.) Nürnberg 871. Raw. n. 1. 40
(I, 1. 2. III, 1. VI: n. 7. 40)

— dasselbe. Neue Ausg. 1—38. Hft. Lex.-8. (A. T.: 4. Bd. 900 S.; N. T.: 2. Bd. VIII, 422 S. u. 3. Bd. S. 1—1046.) Gütersloh 878—82. Bertelsmann. à n. — 60

Summarien, die Württemberger, d. i.: Kurzgefaßte Auslegung der heil. Schrift Alten und Neuen Testaments. Neu hrsg. von einigen evangelisch-luther. Geistlichen Bayerns. 39.—51. Heft. gr. 8. (Altes Testament 1. Bd. XII, 795 S.) Gütersloh 886, Bertelsmann. [à Heft * 60 Pf. * ℳ 7.80.] *
2. Bd. noch nicht erschienen; 3.—6. Bd. Ebendas. 1878—82. * ℳ 27.50.

—— dass. — Neue Heftausg. 1. Heft. gr. 8. (A. T. 1. Bd. S. 1—192.) Ebendas. 886. *

Summarien, die Württemberger, d. i.: Kurzgefaßte Auslegung der heil. Schrift Alten u. Neuen Testaments. Neu hrsg. v. einigen evangelisch-luther. Geistlichen Bayerns. Neue Heftausg. 2.—19. Hft. gr. 8. (à ca. 12 Bog.) Gütersloh 886. 887. C. Bertelsmann. à n. 1. 80

Summarien, d. württemberger, d. i.: Kurzgefaßte Auslegg. der hl. Schrift Alten u. Neuen Testaments. Neu hrsg. v. einigen evang.-luther. Geistlichen Bayerns. 52.—66. (Schluß-) Hft. Lex.-8. (A. T. 2. Bd. V, 949 S.) Gütersloh 896—898. C. Bertelsmann. à Hft. n. — 60

— dasselbe. 6 Bde. gr. 8. Ebd. n. 43. —;
in 5 Bde. geb. n. 53. —
1. Altes Testament. 1. Bd. Die 5 Bücher Moses u. das Buch Josua. (XII, 796 S.) 887. n. 7. 50; geb. n. 9. 50
2. Dasselbe. 2. Bd. D. Buch d. Richter bis Buch Esther. (V, 949 S.) 898. n. 8. —; geb. n. 10. —
3. Dasselbe. 3. Bd. D. Buch Hiob, d. Psalter u. d. Salomon. Schriften. (1046 S.) 879. n. 10. —; geb. n. 12. —
4. Dasselbe. 4. Bd. Die Bücher d. Propheten. (900 S.) 882. n. 8. 50; geb. n. 10. 50
5. Neues Testament. 1. Bd. Die 4 Evangelien u. d. Apostelgeschichte. (VIII, 422 S.) 878. n. 4. 20
6. Dasselbe. 2. Bd. D. Episteln u. d. Offenbarg. St. Johannis. 2. Aufl. (532 S.) 883. n. 4. 80;
5 u. 6 in 1 Bd. geb. n. 11. —

Summarien, Würtembergische. I. Das Evangelium Johannes. Neu herausgeg. zum Besten der evangel.-luther. Mission zu Dresden von Karl Graul. gr. 8. Leipzig 846, Dörffling. n. 8 ngr

SUMMARIUM, das ist: Inhalt, deren Ablässen einer Hoch-Löbl. Erz-Bruderschaft Ordens der allerheil. Dreyfaltigkeit von Erlösung gefangener christen. Tyrnau 1764. 8 S. - 8°

SUMMARIUM. Kurzer Inhalt der Constitutionen der Klosterfrauen der Versammlung »Unserer lieben Frau« getreu entnommen aus den besagten Constitutionen. Fünfkirchen 1883: A. Madarász jun. 98, 2 S. - 8°

Summarium des Gutachtens eines guten Freundes von der Gerechtigkeit in Erörterung der Frag: ob der Herr Abbt Anselm in Michelsberg . . . unschuldig so viel leyde? O. O. [174?]. V: *Geissendorfer, Anselmus.* (ZÜRKL)

SUMMARIUM deren Indulgenzen und Ablass der . . . Englischen Erzbruderschaft . . . in der Kirche deren PP. Trinitariern Baarfüssern von Erlösung deren gefangenen Christen zu Pressburg vor dem Michaelthore. Pressburg 1766: Druck. Landerer. (1 f.) - 2°

SUMMARIUM deren Indulgentzen und Ablàss der . . . Erz-Bruderschaft des hochheiligen Scapuliers unter dem Namen der allerheiligsten Dreyfaltigkeit von Erlösung deren gefangenen Christen. Pressburg 1760: Landerer. 1 f. - 2°

Summarium der Journalistik für die unterhaltenden Wissenschaften; eine Central-Zeitschrift für das höher gebildete Publikum. Redig. von Dr. Ad. Schnitzer. 1r Jahrg. 1834. 2 Bde. oder 12 Hfte. gr. 8. Berlin, Hirschwald. 4 ß

— juridicum, s. **Summarium** rc. in der Rechtswissenschaft.

Summarium des Neuesten aus der gesammten Medicin...hrsg.v. Ludolph Herrmann Unger u.Friedrich August Klose.Jg. 1 , Bd 1/2-3, Bd 3; Jg. 2/Bd 1-3, Jg. 3/Bd 1-3, Jg. 4/ Bd 1-3. gbd.

Leipzig: Hartmann 1828-1831

JB 6 .073

—— des Neuesten aus d. gesammten Medicin, e. systemat. geord. Uebersicht aller literar. Erscheinungen in d. ärztl. Wissenschaft u. Kunst, in gedrängt. Auszügen nach d. Journalen, krit. Zeitschriften, Literatur-Zeitungen, klin. Jahrbüchern etc., unter Mitwirkung d. Hrn. Braune, Carus, Alb. Hänel, Hille, O. Kühn, Meissner, Oehler, Radius u. Walther, bearb. u. hrsg. v. H. L. Unger u. Fr. A. Klose. 1. Jahrg. 1828. 12 Hfte. gr. 8. Leipzig, [Lehnhold.]

—— dass., hrsg. v. denselb. 2—4. Jahrg. 1829—31. à 12 Hfte. gr. 8. Leipzig, [Böhme.] à J.

—— dass. — Alphabet. Register zum Jahrg. 1829 u. 30. gr. 8. Ebds. 831, 32. à J.
Hieran schliesst sich:

Summarium des Neuesten aus der in- und ausländischen Medicin. Hrsg.v. Albert Friedrich Haenel u.fortges.v. Wilhelm Friedrich. Bd 1-6. gbd.

Leipzig: Voss 1832-33

JB 6.074

—— des Neuesten aus d. in- u. ausländ. Medicin. Hrsg. v. Fr. L. Meissner u. Alb. Fr. Haenel. (5. u. 6.) Jahrg. 1832 u. 33. 1—6. Bd. à J. 24 Hfte. gr. 8. Leipzig, Voss; Steinacker. à J.

—— dass. — Fortges. v. Wilh. Friedrich. (7.) Jahrg. 1834 od. 7—9. Bd. gr. 8. Ebds.
Jahrg. 1832—34., hrbgs Pr. 6 Thlr. 16 Gr.

—— des Neuesten in d. deutschen u. ausländ. Rechtswissenschaft. Im Vereine mit Mehrern hrsg. v. Emil Kind. 1. Bd. 2 Abthlr. (od. J. 1832.) gr. 8. Leipzig, Baumgärtner.

—— dass., hrsg. v. dems. 2. u. 3. Bd. (od. Jahrg. 1833 u. 18$\frac{34}{35}$.) gr. 8. Leipzig, (Franke'sche Vrls.-Expedit.] à
Der 3. Bd. hat d. T.: Summarium juridicum od. allgem. Zeitschr. f. Rechtswissenschaft u. Gesetzgebung.

— des Neuesten in der deutschen und ausländischen Rechtswissenschaft, in Verbindung mit Dr. Beck, Bopp, Bülau, Dr. Dorn, Dr. Freiesleben, Dr v. Hartitzsch, Dr. Held, Dr. Höpfner, Dr. H. G. Kind, Dr. Th Kind, Dr. Mittermaier, Dr. Otto, Richter in Königsberg u. Rüder, herausg. von Emil Kind. 2r Bd. in 2 Abthll. (oder 12 Lfrgg. in 48 Bog. — Jahrg. 1833.) Nebst 4 Register zum 1n Bde. gr. 8. Leipzig 833. (Franke.) n. 2⅔ ℛ (Der 1e Bd. Leipzig, Baumgärtner 1832 hat gleichen Preis.)

— dass. Jahrg. 1833, oder 2r Bd. gr. 8. Ebd. 834. (Melzer.) n. 2⅔ ℛ — 3r Bd. unt. d. Tit.: Summarium juridicum, od. allgem. Zeitschrift f. Rechtswissenschaft. Herausg. v. Emil Kind. Für die Jahre 1833 u. 1834. 12 Hefte. gr. 8. Leipzig 835. (Franke.) n. 2⅔ ℛ

Summarium des Neuesten und Wissenswürdigsten aus der gesammten Medicin . . . 4.—9. Jg. Leipzig 1835—40. H: *Kneschke, Ernst Heinrich.* (EngM)

— des Neuesten u. Wissenswürdigsten aus der gesammten Medicin, zum Gebrauche prakt. Aerzte u. Wundärzte. Herausg. v. e. Vereine prakt. Aerzte u. Wundärzte. 1r—3r Jhrg. 1832—1834. gr. 8. Leipzig (Steinacker.) ungetrennt n. 6⅔ ℛ — 4r Jhrg. 1835. 24 Hfte. Mit Intelligenzblatt. gr. 8. Ebd. n. 6⅔ ℛ

— dass. Neueste Folge. 5r—9r Jahrg. 1836—1840 à 24 Hefte. gr. 8. Leipzig, Steinacker. à Jahrg. n. 6⅔ ℛ

Summarium des Neuesten u. Wissenswürdigsten aus d. gesammten Medicin, z. Gebr. prakt. Aerzte u. Wundärzte. Hrsg. von einem Vereine prakt. Aerzte u. Wundärzte. Neueste Folge. 1—6. Jahrg. 1835—40. à 24 Hfte. gr. 8. Leipzig, Steinacker. J. *
Die Jahrg. 1836—40. sind in je 3 Bde. getheilt u. bilden demnach der neuesten Folge 1—15. Bd. — Jahrg. 1832—34. jetzt ebenfalls Leipzig, Steinacker, hrbgs. Pr. * 6⅔ Thlr.

—— dass. Hrsg. v. ein. Vereine pract. Aerzte u. Wundärzte. Jahrg. 1841 u. 42. Redig. v. Ernst Heinr. Kneschke. (J. 841. 24 Hfte., 42. in 104 Nro. od. Bog.) gr. 8. Leipzig, Otto Wigand. à J. *

Summarium des Neuesten u. Wissenswürdigsten aus der gesammten Medicin, zum Gebrauche für pract. Aerzte u. Wundärzte. Redact. Ernst Heinr. Kneschke. 1843. 104 Nrn. (Bogen.) gr. 8. Leipzig, Otto Wigand. *

Summarium Philosophiae. Claudiopoli 1723. V: *Foppens, Jos. Franz.* (Myl)

— der Religion. Als vereinigende Grundlage aller Glaubenslehren f. alle Völker d. Erde u. auf ewige Zeiten. gr. 8. Frankf. 812. Varrentrapp. 3 ℛ

Summe, Die, der verlebten achtzehn christlichen Jahrhunderte; in zwey Predigten . . . Landshut 1807. V: *Furtner, Anton.* (MGT) (Kn)

Summer, the solitary, s.: Collection of Brit. authors.

Summer Franz: Die Grätzer Taschenausgabe der Gedichte und Briefe Schillers.
II. 1909 PN 2777 **Diss.** Wien. Univ. 316

Summer, O. und Pringsheim, E., Die Strahlung eines „schwarzen" Körpers zwischen 100° und 1200° Cels. [Sonder-Abdruck aus den Annalen der Physik und Chemie. Neue Folge. Band 63, 1897.] Leipzig.

SUMMER, Stephan (Leopoldsdorf): De epidemia febrium gastrico-nervosarum.- Monachii: Rösl 1835. 8 S.
23.12.1831 - Urk; F 60
Diss. Ingolst.-Landsh.-Mchn.

Summerer, Andreas, aus Hof: Über organische Molekülverbindungen. Borna-Leipzig 1907. VIII + 76 S. 8°. [25. I. 07.]
Zürich. Phil. Diss. II. S. 1906/1907.

Summerer, Andreas. Über organische Molekülverbindungen. Diss. Phil. [II.] Univ. Zürich. VIII + 76 S. 8. Borna-Leipzig, Robert Noske, 1907.

Sümmerer, Christian, 1813, Vaterländ. Schausp. in 3 Aufz., Koburg, 76 S., 8°.

Summermannus, Joh. Henr.: Conjecturarum de origine et progressu testamentorum apud Romanos pariter ac Germanos aliosque populos specimen 1. Berolini 1735.

Summermann, Ioh. Hch., conjecturae de origina et progressu testamentorum apud Romanos pariter ac Germanos aliosque populos spec. 4. Lemgo, Meyer. 746.

Summermann, Ioh. Wilh., comment. juris naturalis de natura servitutum ad L. XV. §. 1. Digest. de servit. 4. Berlin, Rüdiger. 735.

Summt [Schlagwort]

Summt, s.: Mark. — Wanderkarten.

Summula theologiae moralis (Goritiae 1895—97.) V: *Alpi, Domenico.* (EB)

Summum, in quo praeter caetera Genius seculi cum moribus eruditorum copulatur. 8. Ienae, Acad. Buchh.

Sumner, Mrs. George, Reisetage im heiligen Land. Autorisirte Uebertragung aus dem Engl. Mit (eingedr.) Holzschn. 8. (222 S.) Stuttgart 882. J. F. Steinkopf. n. 2. 80; geb. n. 3. 80

Sumner, Th. H., neue sichere Methode, den Standpunkt eines Schiffes auf der See durch Projektion auf Mercator's Karte zu bestimmen. Bearb. und durch Aufgaben und Abbildungen erläutert. Nach der 3. und neuesten Aufl. des engl. Orig. von Henry A. Tobiesen. gr. 8. (78 S. mit 6 Stnt. in 4 und Fol.) Hamburg 855. (Leipzig, Rein'sche Buchh.)

Sumner, William Graham, sociale Pflichten od. was die Klassen der Gesellschaft einander schuldig sind. Autoris. Uebersetzg. v. M. Jacobi. Mit e. Vorwort v. Th. Barth. 8. (VII, 96 S.) Berlin 887. Stande. n. 1. 50

Sumner, Will. Graham, sociale Pflichten, od.: Was die Klassen der Gesellschaft einander schuldig sind. Autoris. Uebersetzg. v. M. Jacobi. Mit e. Vorwort v. Th. Barth. gr. 8. (VIII, 96 S.) Berlin 890. Stande. n. 1. 50

Sumner Press: 1897?--1899?
Free Silver Democratic weekly. Edited by Paul Schroeder & published by Press Printing Co., 1897–99.
Sumner, IA

Sumper, Janez, v. auch: Sernec, Janko.

***Sumper,** Janez. Višarski romar. Molitvene bukvice. V Belaku, Hoffmann, 1860. Duodez.

Sumper, Johann. Der andächtige Luschari-Pilger. Gebetbuch. Villach. Hoffmann, 1860. Duodez. 190 S.

Sumpf, K., Anfangsgründe der Physik. Unter Anlehnung an des Verf. „Schulphysik" für mittlere Schulen bearb. gr. 8. (IV, 104 S. mit 167 in den Text gedr. Abbild.) Hildesheim 883, Lax. * 1 20

Sumpf, K., Anfangsgründe der Physik. In 2 getrennten Lehrstufen. Unter Anlehng. an d. Verf. Schulphysik bearb. 2. Aufl. Mit 185 in den Text gedr. Abbildgn. u. e. farb. Sonnenspektrum. gr. 8. (IV, 111 S.) Hildesheim 885. Lax. n. 1. 20

Sumpf, K., Anfangsgründe der Physik. Anhang. gr. 8. (24 S. m. Fig.) Hildesheim 888. Lax. n. — 30

— Anfangsgründe der Physik. 3., verb. Aufl. Mit 290 in den Text gedr. Abbildgn. u. e. farb. Sonnenspektrum. gr. 8. (IV, 140 S.) Ebd. 889. n. 1. 50; geb. n. 1. 80

— dasselbe. 4., verb. Aufl. Mit 296 in den Text gedr. Abbildgn., darunter e. farb. Sonnenspektrum u. e. Karte üb. Luftdruck- u. Windverhältnisse. gr. 8. (VIII, 143 S.) Ebd. 890. n. 1. 50; geb. n.n. 1. 75

Sumpf, K. Anfangsgründe der Physik. 5. verb. Aufl. Mit 305 in den Text gedr. Abbildgn., darunter e. farb. Sonnenspektrum u. 2 Abbildgn. üb. Luftdruck- u. Windverhältnisse. gr. 8. (VIII, 144 S.) Hildesh. 892, Lax. * 1 50
3. u. 4. Aufl. 1889,91.

Sumpf's, K., Anfangsgründe der Physik. 6., verb. Aufl. Bearb. v. A. Pabst. Mit 305 in den Text gedr. Abbildgn., darunter 1 farb. Sonnenspektrum u. 2 Abbildgn. üb. Luftdruck- u. Windverhältnisse. gr. 8. (VIII, 144 S.) Hildesheim 893. A. Lax. n. 1. 50

Sumpf's, K., Anfangsgründe der Physik. 8. Aufl., bearb. v. A. Pabst. Mit 304 in den Text gedr. Abb., 1 farb. Sonnenspektrum u. 2 Abb. üb. Luftdruck- u. Windverhältnisse. gr. 8. (VIII, 148 S.) Hildesheim 897. A. Lax. n. 1. 50; geb. n.n. 1. 80

Dr. K. Sumpfs Anfangsgründe der Physik. 9. Aufl. bearb. von Dr. A[lwin] Pabst. Mit 304 in den Text gedr. Abb., einem farbigen Sonnenspektrum und 2 Abb. über Luftdruck- und Windverhältnisse. Hildesheim: A. Lax 1899. (VII, 148 S.) 8°

Sumpf, K., Anfangsgründe der Physik. 10. verb. Aufl., hrsg. von A. Pabst. Mit 304 in den Text gedr. Abb., 1 farb. Sonnenspektrum u. 2 Abbildgn. üb. Luftdruck- u. Windverhältnisse. gr. 8. (IV, 148 S.) Hildesheim 901. A. Lax. n. 1. 50; geb. n.n. 1. 80

— dasselbe, Anh., s.: Mittag, M., Chemie u. Mineralogie.

Sumpf's, K., Anfangsgründe der Physik. 12. Aufl., hrsg. v. A. Pabst. Mit 309 in den Text gedr. Abbildgn., 1 farb. Sonnenspektrum u. 2 Abbildgn. üb. Luftdruck- u. Windverhältnisse. (IV, 183 S.) gr. 8. Hildesheim 906. A. Lax. n. 1. 50; geb. n.n. 1. 80

— dasselbe, f. d. Gebrauch an landwirtschaftl. Schulen bearb. Von d. Prov.-Ausschuß d. Prov. Sachsen u. d. Landeskulturrat f. das Königr. Sachsen gekrönte Preisschrift. Hrsg. im Auftr. d. Preisrichterkollegiums durch A. Pabst. gr. 8. (VI, 102 S. m. 203 Abb.) Ebd. 895. Geb. in Halbleinw. n. 1. 50

— dasselbe, für den Gebrauch an landwirtschaftl. Schulen bearb. 3. Aufl. der von dem Prov.-Ausschuß der Prov. Sachsen u. dem Landeskulturrat f. das Königr. Sachsen gekrönten Preisschrift. Im Auftrage des Preisrichterkollegiums hrsg. durch A. Pabst. gr. 8. (IV, 103 S. m. Abb.) Hildesheim 903. A. Lax. Geb. in Leinw. n. 1.50

— dasselbe, f. den Gebrauch an landwirtschaftlichen Schulen bearb. Von dem Prov.-Ausschuß der Prov. Sachsen u. dem Landeskulturrat f. das Königr. Sachsen gekrönte Preisschrift. 4. Aufl., hrsg. v. H. Schilling. (IV, 112 S. m. Abbildgn.) 8. Ebd. 907. Geb. n. 1. 50

— Grundriss der Physik. Mit 424 in den Text gedr. Abbildgn. u. 1 Spektraltaf. in Farbendr. gr. 8. (VIII, 302 S.) Ebd. 888. n. 3. 20; geb. n.n. 3. 60

— Grundriss der Physik. Ausg. A u. B. gr. 8. Ebd. 892. à n. 3. 20; geb. à n. 3. 70
A. Mit beschränkter Anwendung mathematischer Sätze. 3., verb. Aufl. (VIII, 302 S. m. 463 Abbildgn. u. 1 farb. Spektraltaf.) 892. — 4., verb. Aufl., bearb. v. A. Pabst. (VIII, 308 S. m. 461 Abbildgn. u. 1 farb. Spektraltaf.) 894.
B. Ohne mathematische Begründung. (VIII, 290 S. m. 448 Abbildgn. u. 1 farb. Spektraltaf.) 892.

— dasselbe, Anh., s.: Pieper, M., mathematische Erdkunde.

Dr. K. Sumpfs Grundriss der Physik. Ausgabe A. 6. Aufl., bearb. v. Dr. A. Pabst. M. 461 i. d. Text gedr. Abb. u. 1 Spektraltaf. i. Farbendr. . . . *Hildesheim: A. Lax 1897.* (VIII, 312 S., 1 Taf.) 1 Bd 8.

Sumpf's, K., Grundriss d. Physik. Ausg. A. 7. Aufl. bearb. v. A. Pabst. Mit 461 in den Text gedr. Abb. u. e. Spektraltaf. in Farbendr. gr. 8. (VIII, 312 S.) Hildesheim 899. A. Lax. n. 3. 20; geb. n.n. 3. 70

— Grundriss der Physik. Ausg. A. 9. Aufl., bearb. v. A. Pabst. Mit 461 in den Text gedr. Abbildgn. u. e. Spektraltaf. in Farbendr. gr. 8. (VIII, 312 S.) Ebd. 903. n. 3. 20; geb. n.n. 3. 70

— dasselbe. Neue Ausg. B., vorzugsweise f. Realschulen, höhere Bürgerschulen u. verwandte Anstalten bearb. v. A. Pabst u. H. Hartenstein. Mit 407 in den Text gedr. Abbildgn. u. e. Spektraltaf. in Farbendr. gr. 8. (VIII, 216 S.) Ebd. 902. n. 2. 20; geb. n.n. 2. 60

— Grundriss der Physik. Ausg. A. 10. Aufl., bearb. v. A. Pabst. Mit 461 in den Text gedr. Abbildgn. u. e. Spektraltaf. in Farbendr. (VIII, 387 S.) gr. 8. Ebd. 905. n. 3. 20; geb. n.n. 3. 70

— dasselbe. Neue Ausg. B, vorzugsweise f. Realschulen, höhere Bürgerschulen u. verwandte Anstalten bearb. v. A. Pabst u. H. Hartenstein. Mit 465 in den Text gedr. Abbildgn. u. e. Spektraltaf. in Farbendr. 3. Aufl. (VIII, 260 S.) 8. Ebd. 907. Geb. n.n. 2. 70

Sumpf's, K., Grundriss der Physik. Ausg. A. 11. Aufl., bearb. von A. Pabst u. H. Hartenstein. Mit 526 in den Text gedr. Abbildgn. u. e. Spektraltaf. in Farbendr. (VIII, 380 S.) gr. 8. Hildesheim 907. A. Lax. 3.30; geb. n 3. 80

— Lehrbuch der Physik u. Chemie. A. f. höhere Mädchenschulen. Hrsg. v. A. Pabst, H. Hartenstein u. A. Hölscher. (VII, 195 S. m. 251 Abbildgn.) gr. 8. Ebd. 910. Geb. in Leinw. nn 2. 40

— der praktische Lehrer, s.: Magnus, K. H. L.

— Naturlehre. 2. Aufl., als Leitfaden u. Uebungsbuch f. d. Physikunterr. neu bearb. v. A. Pabst. gr. 8. (IV, 68 S. m. 139 Abb.) Ebd. 895. Kart. n. — 80

— Naturlehre. 3. Aufl. Als Leitfaden u. Übungsbuch f. den Unterricht in der Physik, Chemie u. Mineralogie neu bearb. v. O. Goldschmidt u. M. Mittag. (IV, 102 S. m. 188 Abb.) 8. Ebd. 910. Geb. — 80

— kleine Naturlehre. Ein Lern- u. Übungsbüchlein für Volksschulen. Mit 112 in den Text gedr. Abbildgn. gr. 8. (56 S.) Ebd. 887. n. — 65

—— Schulphysik. Methodisches Lehr- und Übungsbuch für den Gebrauch beim Unterrichte an höheren Schulen, elementar bearb. gr. 8. (VIII, 367 S. mit 411 in den Text gedr. Abbild. und 1 Spektraltaf. in Farbendr.) Ebendas. 883. * 4 50

— Schulphysik. Methodisches Lehr- u. Übungsbuch in zwei getrennten Lehrstufen. Mit 465 in den Text gedr. Abbildgn. u. 1 Spektraltaf. in Farbendr. 2. Aufl. gr. 8. (IV, 388 S.) Ebend. 885. n. 4. 50; Einbd. n.n. — 45

— Schulphysik. Methodisches Lehr- u. Übungsbuch in 2 getrennten Lehrstufen. Mit 504 in den Text gedr. Abbildgn. u. 1 Spektraltaf. in Farbendr. 3., verb. Aufl. gr. 8. (VIII, 407 S.) Ebd. 888. n. 4. 50

—— Schulphysik. Methodisches Lehr- u. Uebungsbuch in zwei getrennten Lehrstufen. Mit 529 in den Text gedr. Abbildgn. u. e. Spektraltaf. in Farbendr. 4. verb. Aufl. gr.8. (396 S.) Ebd. 891. * 4 50

— Schulphysik. Methodisches Lehr- u. Übungsbuch f. höhere Schulen in 2 Lehrstufen. 5., verb. Aufl., bearb. v. A. Pabst. Mit 529 in den Text gedr. Abbildgn. u. 1 Spektraltaf. in Farbendr. gr. 8. (XI, 400 S.) Hildesheim 894. A. Lax. n. 4. 50; geb. n.n. 5. —

— dasselbe, Anh., s.: Pieper, M., mathematische Erdkunde.

Dr. K. Sumpfs Schulphysik. Methodisches Lehr- u. Übgsb. f. höhere Schulen in zwei Lehrstufen. 6. Aufl., bearb. v. Dr. A. Pabst. M. 512 i. d. Text gedr. Abb. u. 1 Spektraltaf. i. Farbendr. *Hildesheim: A. Lax 1898.* (VIII, 402 S.) 1 Bd 8. [98. 10873 Co

— Schulphysik. Methodisches Lehr- u. Ubungsbuch für höhere Schulen in 2 Lehrstufen. 7. verb. Aufl., hrsg. von A. Pabst. Mit 512 in den Text gedr. Abbildgn. u. 1 Spektraltaf. in Farbendr. gr. 8. (VIII, 402 S.) Ebd. 901. n. 4. 50; geb. n.n. 5. —

— Schulphysik. Methodisches Lehr- u. Uebungsbuch f. höhere Schulen in 2 Lehrstufen. 8. verb. Aufl., hrsg. v. A. Pabst u. H. Hartenstein. Mit 572 in den Text gedr. Abbildgn. u. 1 Spektraltaf. in Farbendr. (VIII, 456 S.) 8. Hildesheim 906. A. Lax. Geb. n n. 5. —

— Schulphysik. Method. Lehr- u. Übungsbuch f. höhere Schulen in 2 Lehrstufen. 8. verb. Aufl., hrsg. von A. Pabst u. H. Hartenstein. 8. Ebd. 909. Geb. nn 5. 20

1. Ausg. f. höhere Mädchenschulen. Mit 84 in den Text gedr. Abbildgn. (IV, 119 S.) Geb. nn 1. 60
2. Ausg. f. Lehrerinnen-Seminare (Lyzeen.) Mit 488 in den Text gedr. Abbildgn. u. 1 Spektraltaf. in Farbendruck. (V u. S. 120—456.) Geb. nn 3. 60

— dasselbe. 9., verb. Aufl., hrsg. von A. Papst u. H. Hartenstein. Mit 587 in den Text gedr. Abbildgn. u. 1 Spektraltaf. in Farbendr. (VIII, 456 S.) gr. 8. Ebd. 911. Geb. in Leinw. 5. —

Sumpfblumen. Mit zahlr. Orig.-Photogr. u. Ill. *Berlin: 'Kleines Witzblatt' [1902].* (63 S.) 8° [F. u. Ant.]
— Kleine Witzblatt-Bibliothek. Bd 11. [03. 20367

Aus dem Sumpfe der Großstadt. Bd 1. Berlin: Metropolverl. [1907]. 8° [07.16943

Sumpff, Otto: Cäsars Beurteilung seiner Offiziere in den Commentarien vom gallischen Kriege. (Th. 1.) Quedlinburg, Druck v C. Voges, 1892; 1—26 S. 4.
Quedlinburg, k. G, OP 1892 (246)

Sumpff, Otto: Cäsars Beurteilung seiner Offiziere in den Commentarien vom gallischen Kriege. II. [Forts. d. P-Beil. 1892.] Quedlinburg, Druck v. K. Voges, 1893; 1—33 S. 4.
Quedlinburg, k. G, OP 1893 (249)

Sumuleanu, Cornelius, aus Jassy ⟨Rumänien⟩: [1.] **Synthese des Isomethylmorphols.** Ein Beitrag zur Constitutionsfrage d. Morphins u. Codeïns. [2.] Ueber die ortho-Nitroderivate des Vanillins. *Berlin (1901): E. Ebering.* (52 S.) 8°
Berlin, Phil. Diss. v. 16. Febr. 1901

Sun [Wu] [&] Wu [Ch'i]: Ping shu. Das Buch vom Kriege. Der Militär-Klassiker der Chinesen. Verdeutscht von Bruno Navarra. Mit Bildern nach chines. Orig. u. e. Anh.: 'Altchines. Kriegsgesänge'. Berlin: Boll & Pickardt 1910. 80 S. 8° [10. 3863

Sunbeam stories, s.a. Collection of British authors.

Sunbeam stories. A Selection of the tales by the author „A trap to catch a sunbeam." 1. Part. A trap to catch a sunbeam. — Old Jolliffe. 2. ed. 16. (96 S.) Kassel 873. Wigand. — 75

Sund [Sachliches OW]

Der Sund. Hrsg. von der Nautischen Abtheilung des Reichs-Marineamts. 1 : 100 000. (No. 55). 1890. 1 Bl. K.

Sund, der, und die Belte, s. Conversations-Hefte, illustrirte.

Sund [Schlagwort]

Sund, s.: Seekarten.

Sundahl, v., Karte des Kriegsschauplatzes in der Herzegowina. Fol. München 875, Fritsch. *

Hamburg, Deutsche Seewarte. Karte. Die **Sunda-Strasse.** Die durch den Ausbruch auf Krakatau bewirkten Veränderungen. Februar 1884.

14. internat. Kongress f. Hygiene u. Demographie, Berlin, Sept. 1907. Bevölkerungsstatistik Schwedens 1750–1900. Einige Hauptresultate von Gustav **Sundbärg**. Stockholm 1907: Norstedt & söner. (170 S.) 8° [07. 48199

Sundberg, Eman.: Der Sanguineocholericus, s.a. Sanguineocholericus.

Sündberg, Emanuel, der Sanguinocholericus oder Laster und gutes Herz, 8. Breslau, 786. Korn sen. 25 sgl.

Sundby, Thor, s. Albertani Brixiensis liber consolationis.

Sundby, Thor, Blaise Pascal, sein Kampf gegen die Jesuiten und seine Verteidigung des Christentums. Aus dem Dän. übers. von Heinr. P. Junker. gr. 8. (VIII, 90 S.) Oppeln 885, Franck's Buchh. *
Aus: Zeitschrift für neufranzösische Sprache und Litteratur, besonders abgedruckt.

Sundby, Thor. Blaise Pascal, sein Kampf gegen die Jesuiten u. seine Verteidigung d. Christenthums. 8. Oppeln 885. Berl., Gronau. * 1 20

Sunde, Einar, aus Drammen, Norwegen: Über die Reduktion von Nitrokörpern durch Zinnhalogenüre. Freiburg (Schweiz) 1906. 104 S. 8°.
Freiburg i. Schw. Math.-naturw. Diss. 1906/1907.

Sunde, Einar. Über die Reduktion von Nitrokörpern durch Zinnhalogenüre. Diss. Math.-Naturw. Freiburg in der Schweiz. 104 S. 8. Freiburg ⟨Schweiz⟩, St.-Paulus-Druckerei, 1906.

Sünde und Buße. Eine abentheuerliche Geschichte von A. v. Schaden. 2 Bdchn. 8. Berlin, Petri. 821.

Sünde, e., die wie e. Bann auf unserem Volke lastet, ist der unnütze Gebrauch u. der frevelhafte Mißbrauch des göttlichen Namens. 16.—20. Taus. gr. 8. (4 S.) Dresden 896. (O. Hackebeil.) n. — 02

Sünde, üb. die, des Du u. Du zwischen Eltern u. Kindern ꝛc. 8. Görlitz 810. Anton in Halle. 8 Sgr

Sünde und Erlösung. Betrachtungen über das Wesen des Menschen nach seiner ursprünglichen Beschaffenheit u. seiner Entwickelung zum vollkommenen Ziele nach der Schrift; von Theophilus Eusebius. 8. Eisleben 841, Reichardt. n. 1/6 Rthlr

Die **Sünde**, der Innhalt (!) von dreyen Betrachtungen, welche zu München die Congregation der Verkündigung Mariä zur Fastenzeit in dem Adam, u. seinen Nachkömmlingen aufgeführet, in dem J. 1774 . . . Gedr. bey Maria Magdalena Mayrin, verwittibten Stadtbuchdruckerinn. 4°. Nur Betracht. 1–2 (die erste mit Textverlust beschäd.) in 1 Hfte. Cart.
Geistl. Fasten-Dramen in Prosa u. Versen. Sehr selten! – 1: 12 Bll., unpag. „Der wegen der Sünde verbannte unglückliche Adam". 2: 12 Bll., unpag.: „Adam, der wegen der Sünde unglückselige Vater".

Sünde, die, und Strafe der Wollust. Ein Wort der Ermahnung an christliche Jünglinge u. Jungfrauen. Vom Prediger C. B. Schneidemühl 857. Eichstädt. 12. (36 S.) n. 1 ngr.

Sundelin, A., die Instrumentirung f. sämmtl. Militär-Musik-Chöre, od. Nachweisungen üb. alle bei denselben gebräuchl. Instrumente, um dafür wirkungsvoll u. ausführbar komponiren zu können. 4. Berl. 828. Wagenführ. 20 Sgr

—— die Instrumentirung f. d. Orchester. 4. (7 B.) Berlin 828, Wagenführ.

Sundelin, Aug., der Deutsche ꝛc., s. Deutsche.

Sundelin, Karl

— Anleit. zur medicin. Anwend. d. Elektricität u. des Galvanismus. Mit 2 Steintaf. gr. 8. Berl. 822. Reimer. 14 Sgr

Sundelin, Karl (Comm.u.Hrsg.):

s.: Berends, K(arl) A(ugust) W(ilhelm): Handbuch der praktischen Arzneiwissenschaft oder der speziellen Pathologie und Therapie. Bd 1 - 9. Berlin: 1827 - 1829

JB 2.478

Sundelin, Karl (Comm.u.Hrsg.):

s.: Berends, K(arl) A(ugust) W(ilhelm): Handbuch der praktischen Arzneiwissenschaft... Bd 2-9. Wien: 1830-1831

JB 2.479

– s. Berends, K. A. W.: Vorlesungen . . . 9. Bd.

— Darstell. einer gründl. Ansicht von d. Wesen od. der eigentl. Ursache d. Cholera; nebst einer genauen Angabe der Kennzeichen, Erscheinungen, des Verlaufs, der Ausgänge u. der zu entfernenden, die Krankheit erzeugenden Ursachen u. Schädlichkeiten derselben. 8. Berl. 831. Natorff u. C. 6 Sgr

Sundelin, Karl: Handbuch der medizinischen Chemie für studierende und ausübende Aerzte. 324 S., gbd.

Berlin: Reimer 1823

JB 345

Sundelin, (K.,) Handbuch der medizinischen Chemie, für studirende u. ausüb. Aerzte. gr. 8. Berlin 824, Reimer.

Sundelin, Karl, Handbuch der Diagnostik. 1r Bd. gr. 8. Magdeburg 833. Heinrichshofen. 2 1/3 Rthlr

— Handbuch der speciellen Heilmittellehre. Mit Vorwort v. Dr. E. Horn. 2 Bde. gr. 8. Berl. 825. 2e Aufl. 827 u. 828 Rücker. 5 Rthlr

Karl Sundelin

Handbuch der speciellen Heilmittellehre. Von Carl Sundelin. Bd 1.2 [nebst] Suppl. Berlin: Rücker (Suppl.: Enslin) 1828-33. 4 Bde 8°

Bd 1.2: 3., verm.u.verb.Aufl. 1833.
Suppl.[u.d.T.]: Sundelin: Taschenbuch der ärztlichen Rezeptirkunst und der Arzneyformeln. Bdch.1.2. 1828.

—— Handbuch d. speciellen Heilmittellehre. 2 Bde. 3., verm. u. verb. Aufl. gr. 8. (58¾ B.) Berlin 833, [Rücker u. Püchler.]

— Handbuch der allgem. u. speciellen Krankheitsdiätetik. gr. 8 Berl. 826. Rücker. 1 Rthlr 6 Sgr

— Ideen üb. die Lebenskraft, besonders in so fern aus ihrer vikairen Erscheinung in den einzelnen Theilen u. Systemen einige physiolog. Phänomene erklärt werden können. gr. 8. Berl. 817. Nicolai. 4 Sgr

—— das Krankenexamen, e. Taschenb. f. junge Aerzte z. Gebr. am Krankenbette. Schmal 12. (21½ B.) Berlin 833, Th. Enslin.

– Krankheiten einzelner Theile, s. Berends, C. A. W.: Vorlesungen, 8. Bd.

— Pathologie u. Therapie d. Krankheiten mit materieller Grundlage. 2 Bde. gr. 8. Berlin 826, Enslin.

Sundelin, Karl: Pathologie und Therapie der Krankheiten mit materieller Grundlage. Bd 1 - 2, gbd.

Berlin u.Landsberg an der Warthe: Enslin 1827

JB 2.477

—— ärztlicher Rathgeber f. Musiktreibende. N. d. Angaben d. Kgl. Preuß. pens. Kammermusikus Aug. Sundelin zusammengetragen. gr. 8. (4 B.) Berlin (831), Gröbenschütz u. Seiler.

— ärztl. Rathgeber für Musiktreibende. Nach d. Angaben des königl. preuß. pens. Kammermusikus Aug. Sundelin zusammengetragen. gr. 8. Berl. 832. Gröbenschütz u. S. 12 Sgr

—— Steinkrankheit u. Kinderkrankheiten, s. Berends, C. A. W., Vorlesungen, 9. Bd.

Karl Sundelin

Taschenbuch der ärztlichen Rezeptirkunst und der Arzneyformeln, nach den Methoden der berühmtesten Ärzte. Hrsg. von Karl Sundelin. Bdch.1.2. Berlin: Enslin 1828. 8°

6[Sundelin: Handbuch der speciellen Heilmittellehre Suppl.])

Bdch 1: Taschenbuch der ärztlichen Rezeptirkunst.
Bdch.2: Taschenbuch der Arzneyformeln.

—— Taschenbuch d. ärztl. Rezeptirkunst u. d. Arzneyformeln, nach d. Methoden d. berühmtesten Aerzte. Als Supplem. zu d. „Heilmittellehre" dess. Verf. 2 Bdchn. 1. Aufl. (29 B.) 828., 2., verb. u. verm. A. (à 26¼ B.) Schmal 12. Berlin 832, Th. Enslin. à

Sundelin, Karl, Taschenbuch d. ärztl. Rezeptirkunst u. d. Arzneiformeln, nach d. Methoden d. berühmtesten Aerzte. 3., verb. u. verm. Aufl., hrsg. v. J. C. Albers. 2 Bdchn. ½12. (29¼ B.) Berlin 837, Th. Enslin.

Verzeichnis der Büchersammlung der St. Johannis-Loge Zur Stärke und Schönheit im Orient zu Saarbrücken. Aufgest. nach dem Stand am Ende des Maurerjahres 1908/09 von [Karl] Sundelin. Saarbrücken 1910: Hofer. 36 S. 8°.

— Was ist vor der Ankunft eines Arztes bei einem Anfall der Cholera zu thun? Oder: Hülfsmittel sowohl gegen die Vorboten als gegen einen Anfall dieser Krankheit, die Jedermann u. in jedem Augenblick zu Gebote stehen. 8. Berl. 831. Th Enslin. 1 ℛ

Sundelin, Karl, Zehr- u. Destruktionskrankheiten, s. Berends, C. A. W., Vorlesungen, 7. Bd.

Sundelin, Car. Henr. Guil. (geb. Berlin 1791): Dissertatio sistens observationes de usu et effectu mercurii in lue venerea. Berolini (1818). (34 S.) 8°
Berlin, Med. Diss. v. 2. Juni 1818

Sundelin, P. O. W., Wesen und Aufgabe der Geschwornengerichte. [2. Aufl. von „An die deutschen Geschwornen."] gr. 8. (28 S.) Leipzig 868, C. J. Günther. * — 40

– Dass., s.a. Sundelin, V. O. W.

Sundelin, Paul, die Einigung des deutschen Strafproceßrechts auf der Grundlage der neuesten Particulargesetze. gr. 8. (88 S.) Leipzig 861, Barth. *
Aus: Allgemeine deutsche Strafrechtszeitung, besonders abgedruckt.

—— an die deutschen Geschworenen. Ein Beitrag zur Verständigung über ihre Aufgabe in der Gegenwart. (Zugleich Beilageheft für die Zeitschrift „Die Strafrechtspflege in Deutschland" Jahrg. 1869. 1. Heft.) gr. 8. (28 S.) Weimar 859. [Leipzig, Voigt und Günther.] *

Sundelin, Paul, die Habeas-Corpus-Acte und Vorschriften zum Schutz der Person in den deutschen Strafprozeß-Gesetzen. Berlin 862. Lüderitz'sche Verlhdlg. gr. 8. (91 S.) n. 15 ngr.

—— Sammlung der neuern deutschen Gesetze über Gerichtsverfassung und Strafverfahren. Lex.-8. (VIII und 750 S.) Berlin 861, G. Reimer. *

— die Staats-Anwaltschaft in Deutschland. Ihre jetzige Gestalt in den deutschen Gesetzen, ihre Prinzipien u. Bedürfnißfragen. Anclam 860. Krüger. gr. 8. (X, 146 S.) 22½ ngr.

Sundelin, V. O. W., Wesen u. Aufgabe der Geschworenengerichte. [2. Aufl. von „An die deutschen Geschworenen."] Leipzig 868. C. J. Günther. gr. 8. (28 S.) n. 4 ngr.

– Dass., s.a. Sundelin, P. O. W.

Sundell, August Fredrik

— Barometer-Vergleichungen, ausgeführt in den Jahren 1886—1887 an verschiedenen meteorologischen Centralstellen. (Abdr. aus „Acta Societatis Scientiarum Fennicae", Tom. XVI.) Helsingfors 1887.

Ueber das Decrement elektrischer Schwingungen bei der Ladung von Condensatoren. Von A[ugust] F[redrik] Sundell. (Helsingforsiae: Soc. litt. fennica 1899.) (25 S.) 4°
(Acta Societatis scientiarum Fennicae. T. 24, No 11.)

Vergleichungen zwischen Normalbarometern von A[ugust] F[redrik] Sundell. Mit 1 Taf. (Helsingfors: Soc. litt. Fenn. 1907.) (59 S.) 4°
(Acta Societatis scientiarum Fennicae. T. 34, No 2.)

Sundelowitsch, Serg., deutsch-französ. u. französ.-deutsches Wörterbuch f. die Pumpenbranche. (III, 66 S.) kl. 8. Hannover 908. Dr. M. Jänecke. 1.60; geb. 2.—

Sundén, J. M., de lege Licinia de modo agrorum quaestiones. Upsala 858. (Berlin, Calvary & Co.) gr. 8. (66 S.) n. 12 ngr.

Sundén, J. M., de tribunicia potestate a L. Sulla imminuta quaestiones. [Aus: „Skrifter utgifna af k. humanistiska vetenskapsamfundet i Upsala".] gr. 8. (37 S.) Upsala 897. (Leipzig, O. Harrassowitz.) n.n. — 90

Sünden, die, der „Armen" v. e. auch Armen. gr. 8. (XII, 76 S.) Berl. 891, Janke. * 1 —

Sünden, die 325, eines ungezogenen Jungen. Nach d. Franz. bearb. von Theob. Schwalm, aus Thann. gr. 12. Bern 839. Jenni, Sohn.) ⅛ ℛ

SÜNDEN, Die, meiner Ehe, und wie ich zur Ehebrecherin wurde. Berlin, o. J. (c. 1880?). 8°. (60 Pfg. G. Priewe, 1895.)

SÜNDEN, Die, eines Cardinals. Roman von einem ehemaligen Römlinge. Wien 1872. 8°. (1 Kr. 80 Pfg. Carl Greif, Wien, 1908.)

Sünden, Kleine. Hamburg-Borgfelde [ca. 1900]. V: *Spurgeon, Charles Haddon.* (BGE VII[8], 487)

Sünden, Die, des Liberalismus im ersten Jahre des neuen Deutschen Reiches von einem rheinpreussischen Juristen. 2. Aufl. Leipzig 1872. V: *Bachem, Julius.* (cramerBkde S. 113)

Die Sünden des Liberalismus im ersten Jahre des neuen Deutschen Reichs. Von einem rheinpreußischen Juristen [Justizrat Reinhard in Ehrenbreitstein]. Leipzig, Leuckart, 1872, gr. 8°, 1. u. 2. Aufl., 45 (39) S., 1 Mk. (50 Pf.)
Recens. Sion 1872, Littbl. S. 56.

— moderne. I—IV. gr. 8. Berlin, H. Steinitz' Verl. n. 7. 50
I. Die Sünden der Genußsucht. Von Heinr. Lee. 1.—3. Taus. (112 S.) 892. n. 1. 50
II. Die Sünden unserer Civilisation v. Geo. Zepler. (IV, 144 S.) 893. n. 2. —
III. Erwin Kirchhoff. Über das Glauben. (IV, 160 S.) 893. n. 2. —
IV. Die Sünden unserer Gesellschaft. Von Max Hochstädt. (154 S.) 894. n. 2. —

Sünden, Neue. 2. Folge der Tannhäuserlieder ... 2. Aufl. Stolp 1896. V: *Hildebrandt, Hans.* (Ky)

Sünden, neue. 2. Folge d. Tannhäuserlieder v. Gregor VII. (Hans Hildebrandt.) 2. Aufl. gr. 8. (147 S. m. Vignetten.) Nebst Anh.: Das nervöse Jahrhundert. Spiegelbilder v. Gregor VII. gr. 8. (VII, 30 S.) Stolp 896 u. 92. H. Hildebrandt. Geb. in Leinw. n. 3. —

SÜNDEN, Die, der Päpste. Aus dem französischen Hauptwerke „Histoire des Papes" (auszugsweise) deutsch bearbeitet von E. Guereux. Budapest 1903. 8°. (Mk. 3—.) (2 Mk. Bangel & Schmitt, Heidelberg, 1905; 1 Mk. 50 Pfg., M. Edelmann, Nürnb., 1905.)

Orig.: Histoire des Papes. Crimes, meurtres, empoisonnements, parricides, adultères, incestes. Histoire des saints, des martyrs, des pères de l'église, des ordres religieux, des conciles, des cardinaux, des schismes et des grands réformateurs. Crimes des rois, des reines, des empereurs. Magnifique édition, splendidement illustrée de gravures sur acier, exécutées par nos premiers artistes. Paris 1842. Lex. 8°. VIII.

SÜNDEN, Pariser. Student und Grisette. München, o. J. (c. 1870). 8°. (1/4 Rthl. Fischhaber, c. 1872; jetzt theurer!)

— die, Rußlands gegen die katholische Kirche od. die Geschichte d. alten Polen. Nach den Erzählgn. e. geistl. Emigranten. gr. 8. (IV, 243 S.) Mainz 874. Kupferberg. 1. 80

Sünden, Die vier himmelschreienden, katechetische Predigten eines Landpredigers. Augsb. 1782. V: *Weber, Joseph.* (MGT) (Fr) (Ky) »1784« (schmal)

Sünden, die vier himmelschreienden; katechet. Predigten eines Landpredigers, (v. Jos. Weber). 8. Augsb. 782. (Kummer in Leipz.) 6 gr

— der, Widerstreit. Eine geistl. Dichtg. d. 13. Jahrh. Hrsg. v. Vict. Zeidler. gr. 8. (114 S.) Graz 892. Styria. n. 3. 40

Sündenbekenntniß Bonapartes, s. Sarrazin

Sünden-Bekenntniss des Jahrs 1795. Wien 1810. V: *Richter, Joseph.* (EB)

Sündenfall, Der, und Marienklage. Zwei niederdeutsche Schauspiele ... Hannover 1855. V(1): *Immessen, Arnoldus.* (Mn)

Sündenfall, der, und Marienklage. Zwei niederdeutsche Schauspiele aus Handschriften der wolfenbüttler Bibliothek hrsg. von Otto Schönemann. gr. 8. (XV und 180 S.) Hannover 855, Rümpler.

Sündenfall, üb. den, der Menschen u. dessen Folgen. Ein philosoph. Versuch von F. A. S. 8. Halle 782. Waisenhaus-Buchh. 1 gr

Sündenhass und Sündenreue, durch Beyspiele aus der Geschichte ... Augsb. 1805—7. V: *Kiepach, Stanislaus.* (Th) (schmal)

SÜNDENMÄDCHEN, Blutjunge. Aus den traurigen Kapiteln: Verführung, Prostitution, Lebemänner etc. Aus den hinterlassenen Papieren des Polizei-Lieutenants H. Göllnik, hrsg. v. J. Berger. Dresden, o. J. 8°. (1 Mk., Mindestgebot, R. Zinke's Dresdner Sept.-Auct. 1907, no. 1339.)

Sündenregister der Franzosen während ihres Aufenthaltes in Schwaben und Vorder-Oesterreich. I. [einz.] Bd. O. O. 1796; Constanz [Augsburg] 1797; I. Bdchen. O. O. 1797. V: *Armbruster, Joh. Mich.* (BGE II³/402) (BiblPort)

Sünden-Register der Franzosen, während ihres Aufenthaltes in Schwaben und Vorder Östreich. O. O. 1797. V: *Armbruster, Johann Michael.* (Heyd)

Sündenregister der Franzosen in Teutschland. Ein Seitenstück zu der Schrift: Teutschland in seiner tiefsten Erniedrigung. Germanien [1814 Amsterdam]. V: *Armbruster, Joh. Michael.* (BGE II³/402) (BiblPort)

Sündenregister d. Franzosen in Deutschland. Ein Seitenstück zu der Schrift: Deutschland in seiner tiefen Erniedrigung. 8. Germanien 814. (Leipz., Brockhaus). 12 gr

SÜNDENREGISTER, Das, der Frauen. Leipzig, o. J. 8°. (40 Pfg. G. Priewe, 1890.)

Sündenregister, das, der Frauen. Seitenstück zum illustrirten Frauenzimmer. Nach telegraph. Depeschen mit derb würziger Satyre und Wahrheit verfaßt und zusammengestellt vor Lord Mackintosh. 16. (71 S.) Leipzig 854, Pönicke.

—— das, — nicht aber die Tugendliste, nein — der Frauen Vom Rath Picander für diese abermals neue und stärkere Aufl. frisch aus den Akten gezogen und vermehrt mit dem Beweis daß die Frauenzimmer wirklich Menschen sind. Seitenstück zum illustrirten Frauenzimmer des Verf. von 101 Kanonenschuß. 8 (80 S.) Leipzig 855, Poenicke. *

Sündenregister der sächs. Kammern v. 1849. Urkundlich zusammengestellt u. bewiesen v. einem Freunde des Vaterlandes. 8. (IV u. 132 S.) Grimma 849, Verlags-Compt. in Comm. baar n. 12 ngr

— der Könige von Frankreich, s. la Vicomterie.

— d. Königinnen v. Frankreich, s. Prudhomme.

— das, der Medicinheilkunde. Allen Freunden der Gesundheit und eines Gott wohlgefälligen Lebens gewidmet von einem Arzte. 8. (IV u. 129 S.) Leipzig 851, Magazin für Literatur. n. 1/2 rℬ

SÜNDENREGISTER der ehemaligen Regierungen zwischen Maas und Rhein. In der Republik, auf Kosten des geistlichen und weltlichen Aerariums. 1795.
Weller, fing. Dr. p. 162. — Rar!

DALBERG, Carl Theod. v. (Großherzog von Frankfurt, geb. 1744, † 1817). — Sündenregister, Skizzen und Erzählungen aus dem Gebiete der Wahrheit und nach dem Leben gezeichnet. O. O. 1815. 8°. (10 Mk. Jos. Baer & Co., ca. 1895.)
Darin u. a. eine äusserst scharfe Schmähschrift auf Carl v. Dalberg.

Sündenregister, Skizzen und Erzählungen aus dem Gebiete der Wahrheit und nach dem Leben gezeichnet. O. O. [Frankfurt a. M.] 1815. V: *Gaudelius, J. C.* (BGE II[3], 363)

Sunder, Franz, a. Seehausen ⟨Kr. Wanzleben⟩: Das Finanzwesen der Stadt Osnabrück von 1648—1900. Halle a. S. 1904: (Lippert & Co., Naumburg a. S.) (x, 69 S.) 8° ¶(Ersch. vollst. als: Sammlung nationalökon. u. statist. Abhandl. d. staatswiss. Sem. zu Halle a. S., Bd 47.)
Halle, Phil. Fak., Ref. Conrad, Diss. v. 29. Okt. 1904
[Geb. 26. Febr. 78 Seehausen, Kr. Wanzleben; Wohnort: Barmen; Staatsangeh.: Preußen; Vorbildung: Gymn. Weilburg a. Lahn Reife O. 98; Studium: Halle 6 S.; Rig. 14. Juli 04.]

Sunder, Frz., das Finanzwesen der Stadt Osnabrück von 1648 bis bis 1900, s.a. Sammlung nationalökonomischer u. statistischer Abhandlungen. 47. Bd.

Das Finanzwesen der Stadt Osnabrück von 1648—1900. Von Dr. Franz **Sunder**. *Jena: G. Fischer 1904.* (VII, 219 S.) 8°
= Sammlung nationalökon. u. statist. Abhandlungen d. Staatswiss. Seminars zu Halle. Bd 47.
(04. 130)

Sunder, H., kann die weiße Rasse sich in d. Tropen akklimatisieren? s.a. Abhandlungen, koloniale. 16. Heft.

Kann die weiße Rasse sich in den Tropen akklimatisieren? Von Dr. med. H. **Sunder**. Berlin: W. Süsserott 1908. (16 S.) 8° [Umschlagt. F.]
= **Abhandlungen,** Koloniale. H. 16.
(08. 15237)

Sunder, Hermann: Resultat von 1000 Einträufelungen mit 2% Argentum nitricum-Lösung bei Neugeborenen. *München 1897: Kastner & Lossen.* (28 S.) 8°
München, Med. Diss. v. 1897

Aus der Obergrafschaft Lingen. Ibbenbürener Sagen u. Geschichten. Von M. L. **Sunder**. Ibbenbüren: Scholten [um 1907]. 32 S. 8⁰

Sunder, Wilh., auf in den Jugendbund! Schwank in 2 Acten. 12. (35 S.) Zittau 894. W. Sunder (durch Pahl). — 75

Sunder, Wilh., d. gegenwärtige Lage des deutschen Buchhandels. [Aus: „Aus Handel u. Industrie".] gr. 8. (16 S.) Zittau 896. Leipzig, Pahl's Verl. — 50

— Überproduktion u. Unthätigkeit. Ein weit. Beitrag zur gegenwärt. Lage d. deutschen Buchhandels. [Aus: „Aus Handel u. Industrie".] gr. 8. (15 S.) Ebd. 897. — 40

— prakt. Winke f. inserierende Geschäftsleute. Über Inseratwesen u. Annoncen-Expeditionen. gr. 8. (11 S.) Zittau 897. G. W. Sunder. n. — 25

§ **SÜNDER,** Der arme, auf das Jahr 1782. Ein Neumode-Todesurtheil, nebst einer gar erbaulichen Moralrede in Reimen, auf die Verbrechen und Tod des Alphons Razipuz, vulgo Leutschreker-Seppel, Welcher Ao. 1782. den 4ten Jenner im 22sten Jahre seines Alters zu Ipsilonshofen Gerichts Schrekbüchel in Baiern auf nachstehende Art ist hingerichtet worden. Gedruckt im Schwernothsgässel hinter den Mäuern mit hermaphroditischen Schriften, zu finden bey den drey all' in Grosso-Verlegerinnen im Bildkramer- Wasserburger- und Rufinibuchbinderlädchen (in München). (Diese Druckanzeige zwischen 2 Druckerstöcken.) 4⁰. (In München: 4⁰ L. eleg. m. 253, 26; besitzt auch Dr. Gotendorf, Dresden.)

Sünder, der gerührte, od. Communionbuch. 12. Nürnb. 754 Felßecker. 6 gr

— **d. gezüchtigte, u. bekehrte. 12. Halle. 721.**

Der mit rechtschaffenem Hertzen zu seinem Jesu sich nahende **Sünder**, in auserlesenen Buß-, Beicht- und Communion-Andachten . . . benebst denen Morgen- und Abend-Andachten Benjamin Schmolckens. Frankfurt u. Leipzig. 1749. 8° Bei: Flensburgisches Gesang-Buch. Flensburg. 1742. 8°

Sünder, gen. Mahler, Christoph Friedrich
(Staffelstein) A. S. 626/12

Dissertatio juridica inauguralis de causis, in quibus status imperii in partes eunt.
Präs. Johann Adam Ickstatt.
Würzburg (Kleyer) 26. III. 1740. 132 S.
34053

Sünder-Mahler, A. C. F., die Merino-Stamm-Schäferei Peruß auf die Domaine Peruß in Böhmen. gr. 4. (37 S. mit 1 Abbild. in Farbendr.) Prag 860, Calve'sche Universitäts-Buchh.

Sünderfreund, der ... Hamburg. 1840. (Berlin, Wohlgemuth.) 1½ Rthl.

Sünderfreund, der. 70. Aufl. gr. 16. (36 S.) Frankfurt a/M. 850, Brönner. 2 ngr

Sünderfreund, der. Bremen 857. J. G. Heyse in Comm. 8. (32 S.) n. 1 ngr

Sünderfreund, der. 6. Aufl. (Ster.-Ausg.) Barmen 866. (Berlin, E. Beck.) 8. (48 S.) 1½ ngr

Sünderfreund, der. 8. Aufl. Hrsg. v. der Wupperthaler Traktat-Gesellschaft. 8. (48 S.) Barmen 874. Wiemann. — 30

Sünderfreund, der. Hrsg. von der Wupperthaler Traktat-Gesellschaft. 8. (48 S.) Barmen 881. Wiemann. — 15

Sünderfreund, der. 2. Aufl. gr. 16. (64 S.) Berl. 891, Deutsche Evangel. Buch- u. Tractat-Gesellschaft. * — 20

Sünderhauf, E., landwirthschaftliche Zustände und das Dismembrationsgesetz im Königr. Sachsen. 8. (23 S.) Plauen 876, Hohmann. * — 40

Sunderhoff, F. X. S., Anweisung f. Frauenzimmer zur Verfertigung feiner Bäckereien. 8. (3 B.) Lübeck 832, (Aschenfeldt.) Thlr.

Sunderhoff, Mart. Aug., die wirklich erfolgte Auferstehung Jesu Christi aus dem Tode. Eine krit. Forschung. 8. (62 S.) Nordhausen 854, Förstemann.

Sunderhoff, Mart. Aug., das Gottes-Bewußtsein. 8. (16 S.) Nordhausen 850, Büchting. 3 ngr

— die Hoffnung der Unsterblichkeit vom Standpuncte der Natur betrachtet. 8. (23 S.) Nordhausen 853, Förstemann. * 1

Sünderin, die bußfertige. 2. Aufl. 8. (16 S.) Stuttgart 881. Buchh. der Evangel. Gesellschaft. n. — 4

Sünderin, die große. Praktische Auslegg. der Schriftstelle Lucä 7, 36—50. Von e. Geistlichen der Prov. Sachsen. gr. 16. (42 S.) Hermannsburg 876. Missionshausdr. n. — 40

Sünderin, Die schöne. Schauspiel in vier Akten . . . Leipz. 1794. V: *Hesler, Ernst Frdr.*[?]. (Ky) (Stockmayer, D. dtsche Soldatenstück. Weimar 1898. S. 110.) (MGT)

Sünderin, die schöne; Schspl. (von E. F. Hesler). 8. Leipz. 794. Kummer. 8 gr

SÜNDERIN, Eine schöne. (189*.) (1 Mk. W. A. Gabriel, Berlin, c. 1898.)

Sünderinnen, schöne, od. e. neuer Mephisto. Historischer Roman. 3 Bde. od. 24 Lfgn. gr. 8. (400, 288 u. 457 S. m. 24 Holzschntaf.) Wien 874. 75. Hartleben. à Lfg. — 50

SÜNDERINNEN, Schöne, oder ein neuer Mephisto. Historischer Roman. 3 Bde. Mit 24 Illustrationen. Wien 1875. Gr. 8°. Ca. 1100 S. (Mk. 11--.) (3 Mk. M. Glogau jr., Hamburg. 1907.)

Sunderland, L., das Buch der Gesundheit, s. Gesundheit rc.

Sunderland, Laroy, das Buch der Gesundheit. Mit praktischen Bemerkungen über Elternschaft, Kindheit, Nahrung, Diät rc. Aus dem Amerikanischen übertragen von C. W. Neustadt O./S. 860. — Oppeln, Clar. gr. 8. (46 S.) n. 5 ngr.

Sunderlin, Karl: Wodurch ist Johannes der Täufer ein leuchtendes Vorbild für jeden nach Vervollkommnung ringenden Br? o. O. [ca 1904.]
[ArSt. 1 (1904) S. 122.]

Sündermahler, Johann Jakob Joseph [Praes.], s. Bissing, Johann Adam: De potestate judiciaria S. R. I. principum.

Sündermahler, Johann Jakob Joseph A. S. 119/32

Insignis superioritatis territorialis et juris vogtetici differentia. Präs. Philipp Adam Ulrich. Würzberg (Kleyer) 18. V. 1741. 46 S. 34054

Sündermahler, Johann Jakob Joseph [Praes.], s. Hartmann, Michael Anton: De jure capitulandi inter Sacri Romani Imperii electores & principes controverso.

Sündermahler, Johann Jakob Joseph [Praes.], s. Hess, Joachim Albert von: De libertate ordinum imperii ultra justos limites non extendenda quam una cum subjunctis ex universo jure corollariis.

Sündermahler, Johann Jakob Joseph [Praes.], s. Kleinschrod, Karl Joseph: De suspensa jurisdictione ecclesiastica ad illustrandos §. VII. pac. relig. & §. XVI. (48. 49.) art. V. pac. Osnabrug.

Sündermahler, **Jh. Jak. Jos., (✝ d. 21. Jan. 1775.) opuscula selecta juris publici doctrinas illustrantia. 4. Speier 768. Bamb. (Wesché in Frankf.) 1 ⋪ 8 gr**

Sündermahler, I. I. I., Opuscula selectiores juris publici doctrinas illustrantia. 4. Speier (Göbhard, Bambg.) 768.

— Diss. de potestate, jus suum vi et armis persequendi, in Imperio haud permissa, von der Selbsthülfe. 4. Würzb. 752. Nova Edit. 753. Lochner u. Mayr. 3 gr

— de potestate jus suum vi et armis prosequendi, vulgo v. d. Selbsthülfe. 4. Würzb. Lochner u. Mayr. 754.

— de potestate, jus suum vi et armis persequendi, in Imperio haud permissa. Von der Selbsthülfe, qua prior Disp. hujus argumenti contra oppositiones struberianas vindicatur. 4. Würzb. 761.

Sündermahler, Johann Jakob Joseph [Praes.], s. Sartorius, Franz Gallus Heinrich: De formato principis dicasterio non recusabili.

Sündermahler, Johann Jakob Joseph [Praes.], s. Tautphoeus, Friedrich Philipp von: De potestate jus suum vi et armis persequendi in imperio haud permissa, vulgo Von der Selbst=hülff ad illustrandos art. XVI. et art. XVII. j. p. o.

Sündermahler, Jo. Jac. Jos.: Utrum clausula Samt und Sonders in commissione executionis circa causas, quae religionem et diversae religionis asseclas concernunt, locum habeat. Wirceburgi (1750).

Sundermann, Fr., Von Meer und Insel. Liederstrauß zur Erinnerung an Norderney, Sylt, Rügen. 32. (IV, 79 S.) Aurich 869, Dunkmann. cart. * — 75

— Sagen u. sagenhafte Erzählungen aus Ostfriesland. Ebend. 869. 8. (V, 66 S.) n. 6 ngr.

Sundermann, Friedrich

Sundermann, F., Klaus Störtebeker in Sang u. Sage, s.: Frahm, L.

Sundermann, Frdr., der Wolf, s.: Jugendbücherei, deutsche.

Kurzgefasste Niassische Grammatik von H. Sundermann, Missionar zu Dahana. *Moers (1892): F. Vogelsang.* (IV, 110 S.) 8° [01. 3737

Deutsch-Niassisches Wörterbuch. Unter Mitw. von Miss. H. Lagemann (für d. südl. Dialect) zsgest. von H. Sundermann, Missionar zu Dahana. *Moers 1892: J. W. Spaarmann.* (264 S.) 8° [01. 3738

Sundermann, H. J., erstes Kinderbuch für das Leben und aus dem Leben. 2. Aufl. 1848. 2 Ngr. und 3., verb. und verm. Aufl. 16. (32 S. mit eingedr. Holzschn.) Aurich 852, Prätorius und Seyde.

Sundermann, H. J., erstes Kinderbuch für das Leben und aus dem Leben, zum Gebrauche beim Schreiblese-Unterricht. 4., unveränd. Aufl. Leer (856.) Bock. 16. (31 S. m. Holzschn. im Text.) n. 2 ngr.

Sundermann, Heinrich

Sundermann, H., der landwirtschaftl. Arbeitsnachweis, s. a. Schriften der Centralstelle f. Arbeiter-Wohlfahrtseinrichtungen. Nr. 24.

Der landwirtschaftliche Arbeitsnachweis von H[einrich] Sundermann, Berlin-Gr.-Lichterfelde. Berlin: C. Heymann 1904. (145 S.) 8°
(Schriften d. Zentralstelle f. Arbeiter-Wohlfahrtseinrichtungen. No 24.)

Sundermann, Heinr., friesische u. niedersächsische bestandteile in den ortsnamen Ostfrieslands. Ein beitrag zur siedelungsgeschichte der nordseeküste. Lex.-8. (X, 48 S.) Emden 901. W. Haynel. n. 2.—

Sundermann, Herm., unter den Dajakken auf Beto, s.a. Missions-Traktate, rheinische. Nr. 90—93.

Unter den Dajakken auf Beto. Tagebuchblätter von Hermann Sundermann, Missionar. H. 1–4. *Barmen: Missionshaus 1899.* 4 Bde 8° [F.]
1. Tameanglajang. Gründung d. Stadt Beto.
2. Missionars Freud, Leid, Arbeit.
3. Die Macht d. Heidentums unter d. Dajakken.
4. Abschied von Beto; Heimreise; letzte Nachrichten von Beto.
= Missions-Traktate, Rheinische. No 90–93. [01. 5708 6

Sundermann, Herm., getreu bis in den Tod. Ein Blatt der Erinnerung auf das Grab der vor 50 Jahren auf Borneo ermordet. Missionsgeschwister, s.: Missions-Schriften, rhein. Nr. 136.

— Missionar August Lett, e. Blutzeuge des Evangeliums, s.: Missions-Schriften, rheinische. Nr. 138.

Sundermann, Herm., die Insel Nias u. die Mission daselbst, s.a. Missionsschriften, rheinische. Nr. 125.

Die Insel Nias und die Mission daselbst. ⟨Mit Anh.: 'Niassische Literatur'.⟩ Eine Monographie von H[ermann] Sundermann, Missionar. Barmen: Missionshaus 1905. (259 S.) 8° [F.]
= Missionsschriften, Rheinische. No 125. [05. 11136 4

Sündermann, *Alfred:* Aus Molières Dichtung. Berlin, Druck v. M. Oldenbourg, 1891; 1 Bl., 21 S. 4°
Berlin, k. Joachimsthalsches G, P 1891 (58)

Sundermeier, Alfredus [Bremensis]: Quaestiones chronographicae ad Eusebi et Hieronymi chronica spectantes... Bremae, ex offic. Noessleriana, 1896; 2 Bl., 44 S., 1 Bl. 8.
Kiel, Phil. Fak., Inaug.-Diss. v. [9. Mai] 1896

Sundermeyer, Albrechtus, Hohenhamelensis: De re metrica et rhythmica Martiani Capellae. Marpurgi Catt. 1910: Noske Bornensis. 92 S. 8°
Marburg, Phil. Diss. v. 1. Nov. 1910, Ref. Birt
[Geb. 10. Aug. 85 Rautenberg, Kr. Hildesheim; Wohnort: Marburg; Staatsangeh.: Preußen; Vorbildung: Gymn. Klausthal Reife O. 05; Studium: Marburg 2, München 1, Marburg 7 S.; Rig. 27. April 10.] [U 11. 3498

Sundermeyer, Heinr., Lehr- u. Aufgabenbuch f. das Linearzeichnen, s.: Marten, A.

Sundermeyer, Heinr., niedersächs. Lesebuch, s.: Elsner, G.

— das Zirkelzeichnen, s.: Krönke, Emil.

Sunder-Zoll-Rolle, Neurevidirte. Kopenh. u. Leipzig 1803. V: *Marieu, Thom. Ant. de.* (Bruun, Bibl. Danica II, 820.)

Neu revidirte **Sunder-Zoll-Rolle**, nebst Bestimmung aller andern Abgaben für Schiffe und Waaren bey der Durchfahrt durch den Sund . . . Handbuch für Kaufleute und Seefahrer, welche sich mit dem Ostsee-Handel beschäftigen etc. Aus dem Dän. übers. u. verm. v. Johann Andreas Lesser. Kopenhagen u. Leipzig. 1803. 8°

Sundevall, C. J., Conspectus Arachnidum. 8. (2¼ B.) Londini Gothorum 833. (Gryphisvaldiae, Mauritius.)

Sundevall, Carl, methodische Uebersicht der wiederkäuenden Thiere, Linné's Pecora. Aus dem Schwed. übers. von C. Fr. Hornschuch. gr. 8. (140 S. und 2 Stnt.) Greifswald 848, Koch's Vrlgsh.

Sundevall, Carol. J., Conspectus avium Picinarum. Stockholm 866. Samson & Wallin. gr. 8. (XIV, 116 S.) n. 1 ₰

Sundevall, Carl J., methodi naturalis avium disponendarum tentamen. Pars. I. gr. 8. (XLVIII, 72 S.) Stockholm 872. Samson & Wallin. n. 2. 40

Sundevall, Carl J., die Thierarten des Aristoteles von den Klassen der Säugethiere, Vögel, Reptilien und Insekten. Übersetzung aus dem Schwedischen. Stockholm 863. Samson & Wallin. gr. 8. (242 S.) n. 1 ₰ 15 ngr.

Sündfluth, Die. Ein Gedicht. 1. u. 2. Gesang. Zürich 1751. 1753. V: *Bodmer, Johann Jacob.* (GGr) (Bächtold, Litt. d. Schweiz. Frauenf. 1892. S. 186.) »1755« (ML)

Sündfluth, die, ein Gedicht in 5 Gesängen. 4. Zürich 755. Orell, F. u. C. 8 gr N. Aufl. 8. Augsb. 778. v. Jenisch u. St. 2 gr

—die, nebst drei andern der wichtigsten Episoden des Mahâ Bhârata. Aus d. Ursprache übersetzt von Frz. Bopp. 8. Berl. 829. Dümmler. 16 gr

Sündfluth, die kleine. Feurige Kohlen. Gottes Führen u. Regieren. Das zerbrochene Herz. Vier Erzählungen aus dem illustr. Sonntagsblatt „Gotthold". Rev. Sep.-Abdr. 2. Aufl. 8. (52 S.) Cottbus 878. Gotthold-Exped. — 30

Sündfluth und Wiedererschaffung der Menschen aus Steinen . . . [Braunschweig 1783.] V: *Schmidt, Klamer Eberh. Karl.* (MGT)

Sundheim, Karl (Giessen)
N.N. hat eine gedruckte Thesensammlung eingereicht, die bis 1945 i. d. UB Giessen vorhanden war (A 56456/9c).
Dr. jur. Giessen 13.9.1823.

(Sundheim, Carl,) Bemerkungen zu d. Schrift: „Abwehr ɔc.," s. Bemerkungen.

Sundheim, Karl, Geschichte der Gesetzgebung über das Apothekerwesen in Deutschland und der Verhandlungen in d. Großherzogthum Hessen über das Selbstausgeben homöopath. Heilmittel durch Aerzte, nebst jurid. Entwickelung der Rechtsverhältnisse neuer Erfindungen und insbesond. derjenigen des homöopath. Verfahrens. gr. 8. Gießen 834. Ricker. 5/6 ₰

– s. Maasregeln, Über, gegen die Ausübung des homöopath. Heilverfahrens.

(——) über Maasregeln gegen d. Ausübung d. homöopath. Heilverfahrens, s. Ueber.

Sundheim, Karl, üb. Richtigkeitsgründe eines Erkenntnisses in Criminalsachen; mit Beziehung u. Anwend. auf einen, vor den großherzogl. hess. Hofgerichten zu Gießen vorhand. merkwürd. Rechtsfall. 8. Gießen 822. Heyer. 10 gr

Sundheim, Carl: Practische Rechtsfragen untersucht. Giesen 1827.
1. Ueber Schadensstiftung durch Staatsbeamte u. Haftverbindlichkeit des Staats dafür.
2. Ueber Schulverbindung mehrerer Gemeinden u. die rechtlichen Folgen ihrer Trennung

— üb. Schadenstiftung durch Staatsbeamte u. Haftsverbindlichkeit des Staats dafür. gr. 8. Gießen 827. Heyer. 3½ ℛ

— üb. Schulverbindung mehrerer Gemeinden u. die rechtl. Folgen ihrer Trennung. gr. 8. Gießen 827. Heyer. 3 ℛ

Sundheim, Karl Wilhelm (Kassel) A. S. 170/25

Dissertatio inauguralis iuridica de effectu divortii quoad bona inter coniuges communia.
Giessen (Braun) 30. III. 1790. 28 S.

34095

Sundheimer, Heinrich, aus Regensburg: Ueber **Polyphenylensulfid** $(C_6H_4 \cdot S \cdot C_6H_4 \cdot S)_4$. *Heidelberg 1899: J. Hörning.* (29 S.) 8°
Heidelberg, Naturw.-math. Diss. v. [4. März] 1899

Sundheimer, Martin, appr. Arzt a. München: Die Krankheiten der Leber und der Gallenwege auf der 1. medizinischen Klinik und Abteilung des Herrn Prof. Dr. von Bauer in den Jahren 1899–1903 incl. München 1904: Kastner & Callwey. (70 S.) 8°
München, Med. Fak., Ref. v. Bauer, Diss. v. 21. Dez. 1904
[Geb. 24. Jan. 81 Regensburg; Wohnort: München; Staatsangeh.: Bayern; Vorbildung. Luitpoldgymn. München Reife Juli 99; Studium: München 4, Erlangen 1, München 4 S.; Coll. 11. Nov. 04; Approb. 30. Juli 04.]

Sundholm, Alb., Heilungsverhältnisse bei Läsionen u. Ernährungsstörgn. d. Darmwand unt. Omentbedeckg. Experiment. Studien. Diss. gr. 8. (81 S. m. 3 farb. Taf.) Berlin 898. (S. Karger.) n. 2. —

Sundine. Wochenschrift f. Neu-Vorpommern. 1—6. Jahrg. 1827 — 32. à 52 Nrn. (Bog.) Mit Titvign. gr. 4. Stralsund, Löffler. [827—31. à 4 Thlr., 32. 2 Thlr. 12 Gr.]
1—3. Jahrg. redig. v. C. F. A. Rietz, 4—6. J. v. F. Suckow.

SUNDL, Johann: Des hl. Zyprian, Bischofs von Karthago, Stellung im Ketzertaufstreit. — 1907. 96 S. Diss. Graz, Univ.

Schrifft-mässig behauptete Sündlich- und Hessligkeit derer sogenannten Schön-Flecken. Nebst einer Vorrede J. Wincklers. Mit curios. Titelkpfr. Hamburg 1704. 8°. 9 Bogen.
l. c. — Conr. Skopnik, Berlin, Cat. 45. [1909] no. 874, Beibd. 3.

Sundmacher, H. Die altfranzösische und mittelhochdeutsche Bearbeitung der Sage von Flore und Blanscheflur. Diss. Göttingen 1872. 46 S.

Sundmacher, Wilhelm, aus Hildesheim: Zur Kenntniss des m-Amidophenols. Hildesheim 1899: Gebr. Gerstenberg. (40 S) 8°
Rostock, Phil. Diss. v. [27. Mai] 1899.

Sundman, G., finnische Vogeleier, abgebildet. Mit Text von J. A. Palmén. I.—IV. qu. Fol. (S. 1—40 deutscher und engl. Text mit 12 Chromolithogr.) Helsingfors 881—83. (Berlin, Friedländer und Sohn.) à **ℳ 5. ** 20 —

Sundon, Viscounteß, Memoiren, siehe: Bibliothek ausgewählter Memoiren. V. Bd.

Sundstral, Frz., der letzte Kazike. Eine Erzählg. aus der Zeit des Kolumbus. Nach histor. Ueberlieferungen f. die reife Jugend. (419 S.) 8. Leipzig (905). H. Haessel Comm.-Gesch. n. 3. —

— aus dem Lande der Karaiben. Kulturhistor. Fragmente. gr. 8. (63 S.) Berlin 900. W. Simon. 1. 50

Sundstral, Frz., aus dem Reiche der Inkas. Eine kulturgeschichtl. Studie nach den ältesten zuverläss. Quellen. gr. 8. (63 S. m. 10 Abbildgn.) Berlin 902. (Leipzig, H. Haessel, Comm.-Gesch.) n. 2. —

Sundstral, Frz., aus der schwarzen Republik. Der Neger-Aufstand auf Santo Domingo od. die Entstehungsgeschichte des Staates Haïti. (271 S. m. 1 Karte.) gr. 8. Leipzig 903. H Haessel Comm -Gesch. n. 3. —

Untersuchungen über die Ernährung der Landbevölkerung in Finnland von Sigfrid **Sundström.** Helsingfors 1908: Finn. Litt.-Gesellsch. IV, 230 S. 8°
(Bidrag till kännedom af Finlands natur och folk. H. 67, Nr 1.)

Sundukianz, Gabriel

Sundukianz, G., die ruinirte Familie, s. a. Bibliothek, armenische.

Sundukianz, Gabriel: Die ruinirte Familie. Lustspiel in drei Aufzügen. Aus dem Armenischen von Leo Rubenli. [= Armenische Bibliothek. VII.] Leipzig o.J.

Untersuchungen über die attischen Münzen des neueren Stiles. Von J. **Sundwall.** Helsingfors 1908: Simelii. 240 S. 8°
[Umschlagt.]
Aus: Öfversigt af Vetenskaps-Societetens Förhandlingar. 49. 50. 1906–1908.

Sundwall, Johs., epigraphische Beiträge zur sozial-politischen Geschichte Athens im Zeitalter des Demosthenes, s. a. Beiträge zur alten Geschichte. 4. Beiheft.

Epigraphische Beiträge zur sozial-politischen Geschichte Athens im Zeitalter des Demosthenes von Johannes **Sundwall.** Leipzig: Dieterich 1906. (VI, 93 S.) 4°(8°)
= **Beiträge** z. alten Geschichte. Beih. 4. [(6. 3489]

Sundwall, Johs., de institutis reipublicae Atheniensium post Aristotelis aetatem commutatis. (26 S. m. 1 Taf.) Lex. 8. Helsingfors 906. Edlundska bokhandeln. 2. —
Sonderabdr. aus: „Acta soc. scientiarum fennicae".

— Nachträge zur Prosopographia attica. [Aus: „Finska vetenskaps-societetens förhandlingar".] (177 S.) gr. 8. Helsingfors (910). Akadem. Buchh. nn 2. 40

Sundzoll, der, und die Vereinigten Staaten von Amerika. Abdr. aus dem Bremer Handelsblatt. Bremen 854. Schünemann. gr. 8. (27 S.) 5 ngr

— d., u. d. Ver. St. v. Amerika. 2. Aufl. Bremen 854.

— der, und der Welthandel. 2 Hefte. Leipzig 854, 56. G. Mayer. gr. 8. (45; 92 S.) 1.: 7½ ngr; 2.: 10 ngr

Sunem. Ein Archiv alttestamentlicher Schriftauslegungen u. evangel. Forschungen. Herausg. von Paulus Cassel. 1. Heft. Azereth — Pfingsten. Eine alttestamentl. Auslegung. Berlin 869. Heinersdorff. gr. 8. (44 S.) n. 15 ngr

—— Ein Archiv alttestamentl. Schriftausleggn. u. evangel. Forschgn. Hrsg. v. Paulus Cassel. 2. Heft. gr. 8. Berl. 869, [Heinersdorff.] Bibliograph. Bureau. * — 40
1. Mesopotamien als Grenze u. Gegensatz. — 2. Israel, der Ringer. Eine biblisch-theolog. Skizze. (104 S.)
1. Heft. Ebd. 1869. [* 1 —] * — 10.

Sunem. Ein Berliner Wochenblatt für christliches Leben und Wissen. Hrsg. von Paulus Cassel. 1.—4. Jahrg. 1875—1878. à Jahrg. 52 Nrn. (à 1/2 Bog.) gr. 8. Berlin, Beck's Verlag.) à Jahrg. * 4 —

—— dass. — 5. Jahrg. 1879. 52 Nrn. (à 1/2 Bog.) gr. 8. Berlin, (Rothberger und Comp.) * 4 —

Sunem. Ein Berliner Wochenblatt für christl. Leben und Wissen. Hrsg. von Paulus Cassel. 6.—10. Jahrg. 1880—1884. à Jahrg. 52 Nrn. (à Nr. 1/2 Bog.) gr. 8. Berlin, (Ißleib.) à Jahrg. * 4 —

Sunem. Ein Berliner Wochenblatt für christl. Leben und Wissen. Hrsg. von Paulus Cassel. 11. Jahrg. 1885. 52 Nrn. (à Nr. 1/2 Bog.) gr. 8. Berlin, (Ißleib.) * 4 —

—— dass. — 14. Jahrg. 1888. 52 Nrn. (Bog.) gr. 8. Berlin, (Schaeffer.) * 4 —

Sunem. Ein Berliner Wochenblatt für christl. Leben u. Wissen. Hrsg. v. P. Cassel. 14. u. 15. Jahrg. 1888. 1889. à 52 Nrn. (à 1/2—1 B.) gr. 8. Berlin, (Fr. Schulze's Verl.). à Jahrg. n. 4.—

Sunem. Ein Berliner Wochenblatt f. christl. Leben u. Wissen. Hrsg. v. Paulus Cassel. 15.—17. Jahrg. 1889—1891. à Jahrg. 52 Nrn. (à Nr. 1/2—1 Bog.) gr. 8. Berl., (Bibliogr. Bureau). à Jahrg. * 4 —

Suñer y Capdevila, Franc., Gott. Aus dem Span. nebst e. Einleitg. v. Hedwig Henrich. 8. (48 S.) Zürich 872. Verlags-Magazin. n. — 60

Šuñić, Marianus, de ratione depingendi rite quaslibet voces articulatas s. de vera orthographia cum necessariis elementis alphabeti universalis. 8maj. (VI und 74 S.) Viennae 853, libr. Mechitarist.

Sunkel, E., nationalliberal. Ansprache an die nationallib. Jugend Cassels. 1.—3. Aufl. (52 S.) gr. 8. Cassel 907. E. Hühn. — 60

Herr Dr. Horneffer und der Austritt aus der Landeskirche. Eine krit. Betrachtung u. e. prakt. Vorschlag. Von E[rnst] **Sunkel.** Cassel: E. Hühn 1906. (29 S.) 8° [F.] [06. 14333 4

Sunkel, Ernst, das Volksblatt f. Hessen u. Waldeck vom Sommer 1898 bis zum Sommer 1899. Ein Beitrag zur Kenntniß d. deutschen Socialdemokratie. gr. 8. (31 S.) Cassel 899. (F. Keßler.) n. — 10

— wie hat das Volksblatt auf meine Schrift „Das Volksblatt f. Hessen u. Waldeck vom Sommer 1898 bis zum Sommer 1899" geantwortet? gr. 8. (14 S.) Ebd. 899. — 05

Sunkel, Rudolf [pr. Arzt aus Frankenberg (Reg.-Bez. Cassel)]: Aus d. med. Poliklinik zu Marburg. Untersuchungen über den sogenannten Kraftsinn bei Gesunden und Kranken ... Marburg, Buchdr. Fr. Sömmering, 1890; 42 S. + 1 Bl. u. 1 Tab. 8°
Marburg, Med. Fak., Inaug.-Diss. v. [19. März] 1890.

Sunkel, W., Geschichte d. 2. hessischen Infanterie-Regiments Nr. 82, in Verbindg. m. der Geschichte d. kurhess. Stamm-Regiments von seiner Errichtg. bis zu seiner Einverleibg. in die preuß. Armee. Mit 2 (lith.) Plänen (in qu. 4.) gr. 8. (165 S.) Berlin 876. Schneider & Co. n. 3. —

Sunkel, Wilh., Blumen am Wege. Gedichte. M. 52 Silhouetten v. Sophie Mitgau. gr. 8. (V, 120 S.) Braunschweig 896. H. Wollermann. Kart. n. 4. —; geb. in Leinw. m. Goldschn. n. 4. 50

— unter den Menschen. 8. (247 S.) Leipzig 896. Fr. Richter. n. 3. —; geb. in Leinw. n. 4. —

Sunkel, W., der Weg zum Glück. 8. (V, 109 S.) Leipzig 890. Fr. Richter. n. 1. 50; geb. n. 2. 25

— der Weg zum Glück. 2. Aufl. 12. (VII, 131 S.) Ebd. 895. n. 2. —; geb. in Leinw. m. Goldschn. n. 3. —

Sünksen, C.: Das Dannewerk in Geschichte u. Sage, s. Philippsen, H. A. C.

Sünksen, C., Führer durch das Dannewerk, s.: Philippsen, H.

Sunlicht-Roman-Bibliothek. (1.—5. Bd.) schm. 8. Rheinau, Sunlight-Verlag. Geb. in Leinw. à 2. —
1. Der „dritte" Mann. Roman. Von Otto Höcker. Illustr. v. Hans Schulze. (380 S.) (905.) Geb. 2. —; auch in 6 Bdchn. à n.n. — 25
2. Anika's Brautstand. Roman. Von Carola v. Eynatten. (211 S.) (905.) Geb. n. 2. —; auch in 4 Bdchn. à n.n. — 25
3. Jugendfreunde. Roman. Von Max Böttcher. Illustriert v. Carl Zander. (247 S.) (905.) Geb. n. 2. —; auch in 5 Lfgn. à n.n. — 25
4. Feindliche Mächte. Roman. Von Champol. Deutsch von Ludw. Wechsler. Illustriert v. Carl Arriens. (278 S.) (906.) Geb. in Leinw. n. 2. —; auch in 4 Lfgn. à n.n. — 25.
5. Die Favoritin. Roman. Von Ernst Georgy. Illustriert v. Frz. Müller-Münster. (271 S.) (906.) Geb. n. 2. —; auch in 5 Lfgn. à n.n. — 25

Sunlight Calendrier. Nouvelle Edition 1907. Edité par la Savonnerie Helvetia, Olten. [Illustré.] IV + 64 p. 8. [Olten, Impr. par la Savonnerie Helvetia.] fr. —.50
Jusqu'à 1901 v. Almanach du Sunlight Savon. — N'a pas paru de 1902 à 1906.

Sunlight Kalender. Neue Ausgabe 1907. Hrg. von der Seifenfabrik Helvetia, Olten. [Illustriert.] IV + 64 S. 8. [Olten, Druck der Seifenfabrik Helvetia.] fr. —.50
Bis 1901 s. Haus-Kalender der Sunlight-Seife. — 1902—1906 nicht erschienen.

Sünndags-Bladd, plattdütsches. Redact.: Ed. Jürgensen. 1. Jahrg. 1888. 52 Nrn. 4. (à Nr. 6 S.) Berlin, Herm. Arendt's Verlag. * 6 —

Sünndags-Blatt, plattdütsch. 2. Jahrg. 1889. 48 Nrn. (à Nr. 3/4 Bog.) gr. 4. Bielef., Helmich. * 6 —

—— dass. — 3. Jahrg. Jan.—März 1890. 12 Nrn. (à Nr. 3/4 Bog.) gr. 4. Ebd. * 1 50

—— dass. — April—Dezbr. 1890. 18 Nrn. (Bog.) gr. 4. Ebd. * 3 —

Sünndags-Bladd, plattdütsch. Red.: H. Rickers. 4.—7. Jahrg. 1891—1894. à 24 Nrn. (Bog.) gr. 4. Bielefeld, A. Helmich. à Jahrg. n. 4. —

Sünndags-Bladd, plattdütsch. Red.: E. Giesekíng. 8.—11. Jahrg. 1895—1898. à 24 Nrn. (à ca. 6 S.) gr. 4. Bielefeld, A. Helmich. à Jahrg. n. 4. —
Kann auch vierteljährlich bezogen werden.

Sünndags-Bladd, plattdütsch. Schriftleitung: E. Gieseking. 12. Jahrg. 1899. 24 Nrn. gr. 4. (à ca. 6 S.) Bielefeld, A. Helmich. n. 4. —
Fortsetzg. erscheint als Beilage zu „Wanderers Freund".

Sunnegg, M. v., Hatschi-Bratschi's Luftballon, s.: Ginzkey, Frz. K.

Sünner, Alexander: Die rechtliche Stellung des Handlungsreisenden. Borna-Leipzig 1909: Noske. 60 S. 8°
Leipzig, Jur. Diss. v. 31. Aug. 1909
[Geb. 8. Mai 82 Cöln-Deutz; Wohnort: Cöln; Staatsangeh.: Preußen; Vorbildung: Gymn. Trarbach-Reife O. 03; Studium: Freiburg i. B. 1, Genf 2, Berlin 1, Bonn 1, Leipzig 3 S.; Rig. 25. Febr. 07.] [U 10. 2902

Sünner, Paul: Aus d. Inn. Abt. d. Krankenh. d. Barmherzigen Brüder zu Bonn. Chefarzt: Rumpf. Über Schädelbasisbrüche und ihre Folgen nebst Mitteilung von 90 Fällen mit Berücksichtigung ihrer Unfallbegutachtung. Bonn 1910: Ludwig. 86 S. 8°

Bonn, Med. Diss. v. 15. Jan. 1910, Ref. Schultze

[Geb. 11. Juli 81 Cöln; Wohnort: Cöln; Staatsangeh.: Preußen; Vorbildung: Marzellen-Gymn. Cöln Reife O. 03; Studium: München 1, Berlin 1, Straßburg 4, Kiel 1, Berlin 1, Bonn 3 S.; Coll. 21. Juli 09; Approb. 1. Jan. 10.] [U 10. 339

Sünner, Paul (Hrsg.), s. Studien, Psychologische.

Sünninghausen, W., deutsche Stenographie. Beste Grundlage zur Vereinigg. der verschiedenen deutschen Stenographie-Systeme. gr. 8. (II, 24 autogr. S.) Düsseldorf 889. de Haen. n. 1. —

[Umschlagt.:] Deutsche Stenographie bearb. v. W. Sünninghausen. Geeignete Grundlage z. Vereinigg d. verschiedenen deutschen Stenographie-Systeme. Kurze Darstellg 1896. M. Beil.: Beste Schriftformen, Entwickelg d. Schrift, Lautzeichen ... *Wiedenbrück (Westf.): Selbstv. 1896.* (12 Bl.) 1 Bd 8. [Text lithogr.] 19². 4911

Landschäftler Sunntiggrueß
v. Der **Landschäftler** (I).

Sunrise and Sunset. 14 color. Bl. mit Text in quer-Fol. Basel, C. F. Spittler. In Carton 20. —
1873.

Sunstenau v. Schützenthal, Heinrich Freiherr

Sunſtenau v. Schützenthal, Anleit. z. Erkenntniß, Beſchreibung, Zeichnung, freien Aufnahme u. Benutzung des Terrains, durch Beiſpiele u. Plane erläutert. gr. 8. Wien 826, Ulrich.

Sunſtenau v. Schützenthal, H. Anleitung zur Erkenntnis, Beſchreibung, Zeichnung, freien Aufnahme u. Benützung d. Terrains. Mit Pl. Wien 1827. 354 S.

Sunſtenau v. Schützenthal, Anleit. z. Erkenntniß, Beſchreib., Zeichnung, freien Aufnahme u. Benutzung d. Terrains, durch Beiſpiele u. Plane erläutert f. Kavallerie-Officiere. Mit 19 Pl. gr. 8. Wien 827. (Heubner). 3 Th.

v. Sunſtenau v. Schützenthal, Heinr. Freih., Gedanken üb. die jetzigen Leiſtungen d. Kavallerie, ſowohl in Bezug auf den einzelnen Reiter, als auf d. Beſtimmung d. Reiterei überhaupt m. ihrem Geſchütz. [Mit 1 (lith.) Plane.] gr. 8. (47 S.) Olmütz 850, Neugebauer. 9 Ngr.

Sunſtenau, Heinr. v., Grundſätze der Strategie. Mit einem Blicke auf feſte Lager und Befeſtigung überhaupt. 2., unveränd. Aufl. 8. (VIII und 61 S.) Olmütz 852, Neugebauer. *

—— analytiſche Ueberſicht der Kriegsoperationen der kaiſerl. königl. öſterreich. Armee in Italien im J. 1848. 8. (95 S.) Olmütz 853, Neugebauer. *

Süntel [Schlagwort]

Süntel, s.: Deistergebirge.

Süntel, s.: Hannover. Wanderkarte.

Sunter, J. Pauline, 4 (farb.) Kinder-Studien. gr. Fol. Leipzig 893. E. Baldamus, Sep.-Cto. n. 5. —; einzelne Blätter n. 2. —

Suntheim, Erich, Assistenzarzt am Eppendorfer Krankenh.: Aus der neurol. Abt. d. Eppendorfer Krankenh. (Oberarzt Nonne.) Ueber conjugale Tabes und Paralyse. Leipzig 1909: Georgi. 36 S. 8°

Leipzig, Med. Diss. v. 25. Mai 1909, Ref. Curschmann

[Geb. 29. Okt. 80 Brotterode; Wohnort: Hamburg; Staatsangeh.: Preußen; Vorbildung: Gymn. Hamm i. W. Reife O. 01; Studium: Kiel 1, Marburg 3, Kiel 2, Leipzig 4 S.; Coll. 29. Mai 09; Approb. 23. Juni 08.] [U 09. 2889

SUNTHEIM, Klemens (Moosbach): Indikanurie im Kindesalter und ihre diagnostische Bedeutung bei Tuberkulose. (Titel nach der Urkunde)
16.2.1893 - Urk; Chr 1892/93,16

Diss. Ingolst.-Landsh.-**Mchn.**

Suntinger, Karl Frz., Darſtell. der Kultur u. der Humanität des kaiſerl. öſterreich. Hofes. 8. Wien 808. Geiſtinger. 1 Th. 8 Gr.

Suntinger, K. F., Cultur u. Humanität d. öſterreichiſchen Kaiſerhofes, hiſtor. ſtatiſt. dargeſtellt. 2 Thle. gr. 8. Wien, Geiſtinger. 808.

— ſ. Oeſterreich im Schmucke der erblichen Kaiſerwürde, u. ſetze hinzu: (v. K. F. Suntinger).

— Staatsgeſchichte von Inneröſterreich. gr. 8. Wien 810. Geiſtinger. 16 Gr.

— Unterſuchungen üb. die Verhältniſſe des privilegirten Erbadels zu d. Staatsintereſſen in d. Staatengebiete Europens. Ein Beitr. z. europ. Staatsrechte. 2 Thle. 8. Wien 812.

Suolahti, Hugo, die deutsch. Vogelnamen. Eine wortgeschichtl. Untersuchung. (XXXIII, 540 S.) gr. 8. Strassburg 909. K. J. Trübner. 16.—; geb. in Leinw. 17. —

Suomi. – Lebensversicherungs-Aktiengesellschaft Suomi 1890–1900, s.a. Kaslin, Edwin.

Suomi, Lebensversicherungs - Aktiengesellschaft, 1890 —1900. Erinnerungsschrift ... Helsingfors 1900. V: *Kaslin, Edwin.* (Berl)

Supan, Alexander (Georg)

Supan, Alex., Archiv für Wirtschaftsgeographie, s.a. Petermann's, A., Mitteilungen aus Just. Perthes' geographischer Anstalt.

Archiv für Wirtschaftsgeographie v. Alexander **Supan.** I. Nordamerika. 1880—1885. Mit 2 Karten. = Petermanns Mitteilungen aus Perthes geogr. Anst. Ergänzungsbd. 18, Nr. 84. Gotha. 1886. 4°.

Supan, Alex., die Bevölkerung der Erde, s.a. Petermann's, A., Mitteilungen aus Just. Perthes' geograph. Anstalt. 130. u. 135. Erg.-Hft.

Supan, Alex.: Die Bevölkerung der Erde, s.a. Petermann's, A., Mitteilungen aus Just. Perthes geograph. Anstalt. 146. Erg.-Hft.

Supan, Alex., die Bevölkerung der Erde, s.a. Wagner, Herm.

Supan, Alex., die Bevölkerung der Erde. XIII. Europa, s.a. Petermann's, A., Mitteilgn. aus Justus Perthes' geogr. Anstalt. 163. Erg.-Heft.

Die **Bevölkerung** der Erde. 13. Europa. Von Alexander Supan. ⟨Mit 1 Karte im Text.⟩ Gotha. 1909. 4° = Petermanns Mitteilungen. Erg.-Bd. 35, Nr. 163.

Supan, Alex., Charakterbilder zur Länderkunde, s. Kirchhoff, A.

— **die territoriale Entwicklung der europäischen Kolonien. Mit e. kolonialgeschichtl. Atlas v. 12 Karten u. 40 Kärtchen im Text. (XI, 344 S.) Lex.-8. Gotha 906. J. Perthes. n. 12. —; geb. in Leinw. n. 13. 50**

Supan, Alex., allgemeine Erdkunde als Anh. zur deutschen Schulgeographie. gr. 8. (IV, 56 S. m. 17 Fig.) Gotha 898. J. Perthes. Kart. n. — 60

— allgemeine Erdkunde als Anh. zur deutschen Schulgeographie. 3., bericht. Aufl. (IV, 56 S. m. Fig.) 8. Ebd. 904. Kart. n. — 60

Supan, Alexander: Der VII. Internationale Geographenkongress zu Berlin, 28. September bis 4. Oktober 1899. ([S.-A.] Petermann's Geogr. Mitteilungen. 1899. Heft 10, 11 und 12.) Gotha 1899. 6 S. 8°

— **Grundzüge der physischen Erdkunde. Mit 139 Abbildgn. im Text u. 20 Karten in Farbendr. gr. 8. (XII, 492 S.) Leipzig 884. Veit & Co. n. 10. —**

— Grundzüge der physischen Erdkunde. 2., umgearb. u. verb. Aufl. M. 203 Abb. im Text u. 20 Karten in Farbendr. gr. 8. (X, 706 S.) Leipzig 896. Veit & Co. n. 14. —; geb. in Halbfrz. n. 16. —

— Grundzüge der physischen Erdkunde. 3., umgearb. u. verb. Aufl. (X, 852 S. m. 230 Abbildgn. u. 20 farb. Karten.) gr. 8. Leipzig 903. Veit & Co. n. 16. —; geb. in Halbfrz. n. 18. 50

— Grundzüge der physischen Erdkunde. 4., umgearb. u. verb. Aufl. (X, 936 S. m. 252 Abbild. u. 20 farb. Karten.) gr. 8. Leipzig 908. Veit & Co. 18.—; geb. in Halbfrz. 20.50

Supan, A. Geologische Karte von Russland. 1:10000000. Gotha 1895. 1 Bl. c.

Supan, A., Karte der Jahres-Isothermen. Aequatorial-Massstab 1 : 30,000,000. 4 Bl. Chromolithogr. Imp.-Fol. Wien 885, Hölzel. * 10 —
Auf Leinw. in Mappe * *M* 15.—.; mit Stäben * 17 —

Supan, Alex. Geo., die vier letzten Lebensjahre des Grafen Ulrich II. von Cilli mit besond. Berücksicht. der Stände-Revolution in Oesterreich in den J. 1451 u. 1452. Nach den Quellen bearb. Wien 868. Braumüller. gr. 8. (XI, 119 S. mit 1 Tab. in qu. 4.) n. 20 ngr.

Supan, Alex. Geo., Lehrbuch der Geographie nach den Prinzipien der neuern Wissenschaft für österreich. Mittelschulen und verwandte Lehranstalten, sowie zum Selbstunterrichte bearb. gr. 8. (VIII, 292 S. mit eingedr. Holzschn.) Laibach 874, v. Kleinmayr und Bamberg. * 2 40

Supan, Alex. Geo., Lehrbuch der Geographie nach den Principien der neuen Wissenschaft f. österreich. Mittelschulen u. verwandte Lehranstalten sowie zum Selbstunterrichte. 2. verb. u. theilweise umgearb. Aufl. Mit 24 (eingedr.) **Holzschn. gr. 8. (X, 300 S.)** Laibach 875. v. Kleinmayr & Bamberg. n. 2. 40

Supan, Alex. Geo., Lehrbuch der Geographie nach den Principien der neuen Wissenschaft für österreichische Mittelschulen und verwandte Lehranstalten sowie zum Selbstunterricht. 2. verb. und theilweise umgearb. Aufl. (X, 300 S. mit 24 eingedr. Holzschn.) 1875; 3. umgearb. Aufl. gr. 8. (VII, 297 S.) Laibach 878, v. Kleinmayr und Bamberg. * 2 40

—— Lehrbuch der Geographie nach den Prinzipien der neueren Wissenschaft für österreichische Mittelschulen und verwandte Lehranstalten, sowie zum Selbstunterrichte. 4. revid. Abdr. der 3. Aufl. gr. 8. (VII, 296 S. mit 42 eingedr. Holzschn.) Laibach 880, v. Kleinmayr und Bamberg. ** 2 —

—— dass. — 5. Aufl. gr. 8. (VIII, 298 S. mit 48 eingedr. Holzschn.) Ebendas. 883. * *M* 2,40.; geb. * 2 80

—— Lehrbuch der Geographie, nach den Principien der neueren Wissenschaft für österreichische Mittelschulen und verwandte Lehranstalten, sowie zum Selbstunterrichte. 6. Aufl. gr. 8. (VII, 298 S. mit 38 Holzschn.) Laibach 886, v. Kleinmayr und Bamberg. geb. * 2 50

Supan, Alex., Lehrbuch der Geographie nach den Principien der neueren Wissenschaft f. österreichische Mittelschulen u. verwandte Lehranstalten, sowie zum Selbstunterrichte. 7. Aufl. gr. 8. (VII, 298 S. m. 38 Holzschn.) Laibach 890. v. Kleinmayr & Bamberg. geb. n. 2. 50

Supan, Dr. Alex., Lehrbuch der Geographie für österreichische Mittelschulen und verwandte Lehranstalten, sowie zum Selbstunterrichte. 8. Aufl., mit 37 Holzschnitten. Laibach 1893. Ign von Kleinmayr und Ferd. Bamberg. (Min.-Erl. v. 31. August 1893, Z. 19423.) In Lnwd. geb. 1.25

Supan, Dr. Alexander, Lehrbuch der Geographie für die österr. Mittelschulen. 8. Auflage. Laibach 1893. Kleinmayr & Bamberg. (Min.-Erl. v. 30. Juni 1895, Z. 15208.)

— Lehrbuch d. Geographie f. österr. Mittelschulen u. verw. Lehranst., sow. z. Selbstunterr. 9. Aufl. gr. 8. (IV, 312 S. m. 37 Fig.) Laibach 895. J. v. Kleinmayr & F. Bamberg. Geb. in Leinw. n. 2. 40

— Lehrbuch der Geographie f. österreich. Mittelschulen u. verwandte Lehranstalten sowie zum Selbstunterrichte. 10. Aufl. gr. 8. (IV, 301 S. m. Fig.) Laibach 901. J. v. Kleinmayr & F. Bamberg. Geb. in Leinw. n. 2.—

— Lehrbuch der Geographie f. österreichische Mittelschulen u. verwandte Lehranstalten sowie zum Selbstunterrichte. 11. Aufl. Im wesentlichen unveränd., nach der neuen Rechtschreibg. korrigierter Abdr. der 10. Aufl. (IV, 302 S. m. Fig.) 8. Laibach 904. J. v. Kleinmayr & F. Bamberg. Geb. in Leinw. n. 2. 40

Supan, A. (Hrsg.), s. Mitteilungen, Petermann's, aus J. Perthes' geographischer Anstalt.

—— Oesterreich-Ungarn, s. Wissen, unser, v. der Erde.

— Österreich-Ungarn. Mit 3 Karten in Farbendr., 60 Vollbildern u. 121 Textabbildgn. [Aus: „Länderkunde v. Europa", hrsg. v. A. Kirchhoff.] Lex.-8. (VII, 356 S.) Prag u. Wien 889. Tempsky. — Leipzig, Freytag. n. 20. —

— s.: Petermann's, A., Mitteilgn. aus Just. Perthes' geograph. Anstalt.

Supan, Alexander: Unbekannte Polargebiete. Kurze Betrachtungen zur Karte der Grenzen der unbekannten Polargebiete. ([S.-A.] Petermanns Geographische Mitteilungen. 1897. Heft I.) Gotha 1897. 4 S., 1 Kt. 4°

— deutsche Schulgeographie. gr. 8. (VII, 238 S.) Gotha 895. J. Perthes. Geb. in Leinw. n. 1. 60

— deutsche Schulgeographie. 5. Aufl. gr. 8. (VII, 238 S. m. Fig.) Gotha 901. J. Perthes. Geb. in Leinw. n. 1. 60

— deutsche Schulgeographie. 8. Aufl. (VII, 240 S.) gr. 8. Gotha 905. J. Perthes. Geb. in Leinw. n. 1. 60

— Deutsche Schulgeographie. 10. Aufl. (VII, 242 S.) 8. Gotha 910. J. Perthes. Geb. in Leinw. 1. 60

— Statistik der unteren Luftströmungen. Mit 4 (lith. u. chromolith.) Karton u. 3 (eingedr.) Holzschn. gr. 8. (VII, 296 S.) Leipzig 881. Duncker & Humblot. n. 8. —

Supan, Alex. Temperaturkarten von Europa. 1 : 25 000 000. Gotha 1887 1 Bl. c. L. Ff.

Supan, A. G.: Über den geographischen Unterricht an unseren Mittelschulen. S. 14 - 35. 8°.– Laibach OR., Progr. 1873.

Supan, A., Die jahreszeitliche Vertheilung der Niederschläge in Europa, Westasien und Nordafrika. (Sep.-Abdr. aus Peterm. Mitth. 1890. 12.)

— die Verteilung des Niederschlags auf der festen Erdoberfläche, s. a. Petermann's, A., Mitteilungen. 124.

Die Verteilung des Niederschlags auf der festen Erdoberfläche. Von Alexander **Supan**. (Mit 3 Karten.) Gotha. 1890. = Petermanns Mitteilungen, Erg.-Bd. 26. Nr. 124. 4°.

Die Verteilung des Niederschlags auf der festen Erdoberfläche. Von Alexander Supan. M. 2 Kt. u. 2 Sk. im Text. *Gotha: J. Perthes 1898.* (1 Bl., IV, 103 S., 3 Kt.) 1 Bd 4.
= **Mitteilungen**, Petermanns, aus J. Perthes' geogr. Anstalt. Ergzgh. No 124. [98. 3032

Supan (A.), Vorschläge zur systematischen Erdbebenforschung in den einzelnen Ländern. Vortrag. (Petermann's Mittheilungen, 1897, H. 5.) (Ohne Druckort.) 4.

Supan, V. C., Schutz der heimischen Arbeit. Laibach 869. (Lercher.) gr. 8. (IX, 42 S.) n. 10 *ngr.*

Suparnâdhyâyah, Suparni fabula. Ed. Elimar Grube. gr. 8. (XXVI, 52 S.) Leipzig 875. Brockhaus' Sort. n. 3. —

Supellex librorum omnis ordinis, latina aliisque doctioribus linguis conscriptorum etc. Prostant venales Argentori in Bibliopolio A. König. 8maj. Strassb. 789. König. 18 9/

Super dicto veterum Sinensium philosophi Tchang . . . Baruthi 1748. V: *Purrucker, Johann.* (Fiker)

Super I. Corinth. XV, 22 de morte per Adamum, vita per Christum. Jenae 1768—69. V: *Zickler, Friedrich Samuel.* (ML)

Super Castoris epochis populorum θαλασσοκρατούντων. Gottingae 1769. V: *Heyne, Christian Gottlob.* (MGT)

Super jure principis circa mutandos libros quos dicunt symbolicos. Rintelii 1775. V: *Ledderhose, Conrad Wilhelm.* (MGT) (stri)

Super loco Ebr. II. 16. nomine Collegii. Baruthi 1741. V: *Kripner, Sam.* (Fiker)

Super loco Joannis XIX, 34 nonnullis observationibus physicis illustrato. Baruthi 1750. V: *Stöhr, Nicolaus Frdr.* (ML)

Super Psalmo CX. Erlangae 1801. V: *Pfeiffer, August Friedrich.* (Fiker)

Super Quintiliano effato: nemo exspectet ut alieno tantum labore sit disertus. Baruthi 1771. V: *Wanderer, Gottlob Wilhelm Ehrenreich.* (ML) (Fiker)

Super Petri Burmanni in humanitatis studia oratione 1720 habita. Baruthi 1721. V: *Dieterich, Johann Georg.* (Fiker)

Super Virgiliano illo: in tenui labor, at non tenuis gloria ad scholam applicato. Baruthi 1752. V: *Stöhr, Nicolaus Friedrich.* (ML)

Superarbitrierungs-Vorschrift f. d. k. k. Gendarmerie. gr. 8. (VIII, 63 S.) Wien 897. Hof- u. Staatsdruckerei. Kart. n. 1. 20

Superarbitrierungsvorschrift f. die Personen des k. u. k. Heeres v. J. 1885, s.: Taschenausgabe der Militärvorschriften. 6. Heft.

Superarbitrirungs-Vorschrift f. die Personen d. k. k. Heeres. gr. 4. (VI, 86 S.) Wien 885. Hof- u. Staatsdruckerei. n. 1. —

Superarbitrirungs-Vorschrift f. die Personen der k. k. Kriegs-Marine. gr. 4. (VII, 102 S.) Wien 886. Hof- u. Staatsdruckerei. n. 2. —

– für die Personen der k.k. Landwehr. (IV, 76 S.) Ebd. 1887. 4°

Superintendent, der gewissenhafte, od. von d. Schwierigkeit genauer Prediger-Conduiten-Listen. gr. 8. (2 B.) Halle 832, Kümmel.

Superintendenten, die, in der ersten Kammer der Landstände in Kurhessen. Zuerst als Mscr. gedr., nun mit einem Nachwort in Beziehung auf das Gutachten, die neuesten Vorgänge in der evangel. Kirche des Kurfürstenth. Hessen betr., von Richter, Leipzig 1855, hrsg. 8. (34 S.) Cassel 856, Bertram. *

Superintendenten-Wahl, e., in der evangelisch-lutherischen Kirche Oesterreichs. Ein Beitrag zur neuesten Kirchengeschichte v. e. Parteilosen. (Deutsch u. polnisch.) gr. 8. (15 S.) München 890. (Leipzig, A. Lorentz.) n. — 60

Superior Volksfreund: 1888–1901. Superior, WI
Weekly. Edited by W. G. Joerns.

Superior Zeitung: 1890?–1897?
Independent weekly. Dated also at West Superior, Wis. Merged with WISCONSIN WOCHENBLATT (Wausau). Circulation: 1893, 860.
Edited & published by Ernst Mussgang, 1890–92; edited by F. Martin, & published by F. Pietterich & F. Martin, 1893–94; published by Herb-Mussgang, 1897.
Superior, WI

Superrevision, Die von der Hauptritterschafts-Direktion des kur- und Neumärkischen Creditwesens ertheilte, der . . . revidierten Taxe des Gutes Böckenberg . . . Berlin 1789. V: *Arnim, Magnus Wilh. von.* (MGT)

Supersaxo, J. B.: Der Alpenbienenwirth. Herausg. von Chr. Brügger. Zürich 1862.

Superstitieux, **les. Comédie. gr. 8. Helmst. 796. Fleckeisen. 8 gr.**

Superville, Dan. v., rechtschaff. Communicant, oder Unterred. v. d. H. Abendmahl sich zu dessen Gebr. geschickt zu machen. 8. Eisenach, Griesbach. 734.

Superville, Daniel de. Predigten über verschiedene Stellen der heil. Schrift; a. d. Franz. . . . Leipz. 1755. Ü: *Heyde, Johann Daniel* oder *Martini, Georg Heinrich* [?]. (ML)

v. Superville, Dn., (†...) Predigten üb. verschied. Stellen d. heil. Schrift; aus d. Französ. von G. H. Martini. 8. Leipz. 755. Junius. (Knobloch). 8 gr.

— Predigten über auserlesene Texte H. Schrift. 2 Thle. 4. Leipz. 722.

Supf, Friedrich, a. Roth am Sand in Bayern: Synthesen des α-Benzylisochinolins und Versuche, dieses in ein Phenanthrenderivat überzuführen. (Berlin 1905: G. Schade.) (45 S.) 8°
Berlin, Phil. Fak., Ref. Fischer. Diss. v. 9. Dez. 1905
[Geb. 6. Juli 80 Roth am Sand; Wohnort: Roth am Sand; Staatsangeh.: Bayern; Vorbildung: Falkrealgymn. Berlin Reife O. 00; Studium: Genf 1, München 4, Berlin 5 S.; Rig. 30. Nov. 05.]

Deutsch-koloniale Baumwoll-Unternehmungen. Bericht IV (Herbst 1904). Von KARL SUPF. ib. —. (Ohne bes. Titelblatt.)

Deutsch-koloniale Baumwoll-Unternehmungen. Bericht V (Frühjahr 1905). Von KARL SUPF. ib. —. (Ohne bes. Titelblatt.)

Supf, Karl (Hrsg.), s. Bericht über die Deutsch-kolonialen Baumwoll-Unternehmungen.

Kolonial-Wirtschaftliches Komitee. Berlin, den 28. April 1904 ... Bericht III. Deutsch-koloniale Baumwoll-Unternehmungen 1903—1904. (Von KARL SUPF.) Berlin. Gedruckt in der Königlichen Hofbuchdruckerei von E. S. Mittler & Sohn. (Ohne bes. Titelblatt.) fol.

Supf, Karl, deutsche Kolonial-Baumwolle. Berichte üb. die Entwicklg. der Baumwollkultur 1900—1908. Mit 2 Karten, 11 Diagr. u. 21 Abb. (IV, 15, 33, 66, 9, 10, 15, 11, 17, 26, 47, 52 u. 6 S.) gr. 8. Berlin (908). (E. S. Mittler & Sohn.) Geb. in Leinw. 4. —

Neue Maschinenindustriezweige. Deutsche Baumwoll-Erntebereitungsmaschinen, deutsche Palmöl- u. Palmkern-Gewinnungsmaschinen. Ein Beitrag z. Fachausstellung 1909 d. Kolonial-Wirtschaftl. Komitees von Karl **Supf**. Berlin: Kolonial-Wirtschaftl. Komitee (1909). 57 S. 8° [10.1500

Supf, Willi, Gedichte aus e. alten Stadt. (69 S.) kl. 8. Heidelberg 909. C. Winter, Verl. Kart. 1.50

Süpfle, A., französisches Lesebuch für die unteren u. mittleren Klassen der Gymnasien u. höheren Bürgerschulen. Mit e. ausführl. erklär. Wörterbuche. 9. Aufl., verb. u. verm. v. A. Mauron. gr. 8. (XXIV, 264 u. 119 S.) Heidelberg 888. J. Groos. geb. n. 2. 80

Die Aufgaben des Schularztes im Interesse der öffentlichen Gesundheitspflege. Von Dr. Karl **Süpfle**, Priv.-Doz. Rede geh. 1908 vor d. med. Fak. in Freiburg. Freiburg i. Br. & Leipzig: Speyer & Kaerner 1909. (42 S.) 8° [08. 13131

Süpfle, Karl, appr. Arzt, Ass. am hygien. Institut d. Univ. Heidelberg: Beiträge zur Kenntnis der Vaccinekörperchen. Heidelberg 1905: C. Winter. (68 S.) 8°
Heidelberg, Med. Fak., Ref. Knauff, Diss. v. 1905
[Geb. 9. Dez. 80 Metz; Wohnort: Heidelberg; Staatsangeh.: Baden; Vorbildung: Gymn. Heidelberg Reife Juli 99; Studium: Heidelberg 10 S.; Coll. 11. Mai 05; Approb. 1. Aug. 04.]

Süpfle, Karl, Beiträge zur Kenntnis der Vaccinekörperchen. (IV, 67 S.) gr. 8. Heidelberg 905. C. Winter, Verl. n. 1. 50

— **Leitfaden der Vaccinationslehre.** (VII, 171 S. m. 12 z. Tl. farb. Taf.) Lex. 8. Wiesbaden 910. J. F. Bergmann. 5.60; geb. n 6. 60

Süpfle, Karl, Dr. med., appr. Arzt, I. Assist. am Hygien. Inst.: (Aus d. Hygien. Inst. d. Univ. Freiburg i. B.) Die Vaccineimmunität. Eine krit. u. experimentelle Studie. München 1908: Oldenbourg. 68 S. 8° ¶ (Aus: Archiv f. Hygiene. Bd 68.)
Freiburg i. B., Med. Hab.-Schr. v. 1908 [U 09. 1062

Süpfle, Karl Friedr., praktische Anleitung zum Lateinschreiben in Verbindung mit Uebungsbeispielen und zusammenhängenden Aufgaben in 2 Abthlgn. gr. 8. Karlsruhe 862, Groos. [1. Abthl. (VIII und 406 S.) * 1 Thlr., 2. Abthl. (XVIII und 492 S.) * 1 Thlr. 12 Ngr.] *

Süpfle, Karl Friedr., praktische Anleitung zum Lateinschreiben. (In 2 Abthlgn.) 2. Aufl. bearb. von v. Gruber. 1. Abthl. gr. 8. (XIV, 229 S.) Carlsruhe 874, Groos. * 2 40
2. Abthl. Ebendas. 1865. * M. 4,20.

Süpfle, Karl Friedr., praktische Anleitung zum Lateinschreiben. In 2 Abthlgn. 2. Aufl., bearb. von Gruber. 2. Abthlg. gr. 8. (XVI, 319 S.) Karlsruhe 876, Groos. *
1. Abthl. Ebendas. 1874. * M 2,40.

Süpfle, Karl Fr., Aufgaben zu latein. Stilübungen. Mit besond. Berücksichtigung v. Krebs, Anleitung z. Lateinischschreiben u. v. Zumpts latein. Grammatik, u. mit fortlauf. Anmerkn. versehen. 2 Thle. Aufgaben f. unt. u. mittl. Klassen. gr. 8. Karlsruhe, Groos.
Thl. 1. Aufgaben f. untere u. mittlere Klassen. 1., u. 2., verb. Aufl. (10½ u. 12 B.) 835, 39. à 16 Gr.
" 2. Aufgaben f. obere Klassen. 1., u. 2., verb. Aufl. (13⅛ u. 15½ B.) 835. 39. à 18 Gr.

Süpfle, Carl Fr., Aufgaben zu lateinischen Stilübungen. Mit besond. Berücksichtig. von Krebs Anleitung zum Lateinischschreiben u. von Zumpts, Schulzs u. Feldbauschs latein. Grammatiken. 1. Thl. Aufgaben f. untere u. mittlere Klassen. 3. Aufl. $15\frac{1}{4}$ B. 842. $22\frac{1}{2}$ Ngr. u. 4., verb. Aufl. gr. 8. ($16\frac{1}{2}$ B.) Karlsruhe 1846, Groos.

—— dass. 2. Thl. Aufgaben f. obere Klassen. 3. Aufl. ($21\frac{3}{4}$ B.) 843. $27\frac{1}{2}$ Ngr. u. 4., verb. Aufl. gr. 8. ($23\frac{1}{4}$ B.) Ebds. 847.

—— Aufgaben zu lateinischen Stilübungen für die obersten Classen deutscher Mittelschulen. Nebst einer doppelten Beigabe: 1. Lateinische Themata zu Aufsätzen und Reden. 2. Votivtafeln für Fr. Jacobs, G. Hermann und A. Böckh. 1. Aufl. (XII und 298 S.) 1847. und 2., verb. und verm. Aufl. gr. 8. (VIII und 370 S.) Heidelberg 851(52,) Groos'sche Universitäts-Buchh. *

Süpfle, Carl Friedr., Aufgaben zu lateinischen Stilübungen. Mit besond. Berücksicht. von Krebs Anleitung zum Lateinschreiben und von Zumpts, Schulzs und Feldbauschs latein. Grammatiken und mit Anmerkungen versehen. 1. Thl.: Aufgaben für untere und mittlere Klassen. 6., verb. und verm. Aufl. gr. 8. (XVI und 280 S.) Karlsruhe 852, Groos.

—— dass. — 2. Thl.: Aufgaben für obere Klassen. 4., verb. Aufl. gr. 8. (XII und 364 S.) Ebds. 847.

Süpfle, Carl Friedr., Aufgaben zu lateinischen Stilübungen. Mit besond. Berücksichtigung von Krebs Anleitung zum Lateinschreiben und von Zumpts, Schulzs und Feldbauschs latein. Grammatiken und mit Anmerkungen versehen. 1. und 2. Thl. (Aufgaben für untere und mittlere Klassen. — Aufgaben für obere Klassen.) 7., verb. und verm. Aufl. gr. 8. Karlsruhe, Groos. [1. (XVI und 288 S.) 854. * 28 Ngr., 2. (VIII und 392 S.) 855. * 1 Thlr. 3 Ngr.] *

—— dass. — 1. Thl. 8., verb. Aufl. gr. 8. (XVI und 288 S.) Ebds. 856. *

Süpfle, Carl Friedr., Aufgaben zu lateinischen Stilübungen für die obersten Klassen deutscher Mittelschulen. Nebst einer Beigabe von Themata zu latein. Aufsätzen und Reden. 3. Thl. des ganzen Werkes. 3., verb. und verm. Aufl. gr. 8. (VIII und 372 S.) Carlsruhe 858, Groos. *

Süpfle, Carl Friedr., Aufgaben zu lateinischen Stylübungen. Mit besond. Berücksicht. von Krebs Anleitung zum Lateinschreiben und Zumpts, Schulzs und Feldbauschs latein. Grammatiken und mit Anmerkungen versehen. 2 Thle. gr. 8. Carlsruhe 858—60, Groos. Thlr. *

Inhalt:

Thl. 1. Aufgaben für untere und mittlere Klassen. 9—12. Aufl. (XVI und 303 S.) * 28 Ngr.

" 2. Aufgaben für obere Klassen. 8—10. Aufl. (VIII und 432 S.) * 1 Thlr. 3 Ngr.

—— Aufgaben zu lateinischen Stilübungen. Mit besond. Berücksichtigung von Krebs Anleitung zum Lateinschreiben und Zumpts, Schulzs und Feldbauschs latein. Grammatiken und mit Anmerkungen versehen. 2 Thle. gr. 8. Karlsruhe 865,66, Groos. *

Inhalt:

Thl. 1. Aufgaben für untere und mittlere Klassen. 13. Aufl. 1862. und 14., verb. Aufl. (XVI und 303 S.) * 28 Ngr.

" 2. Aufgaben für obere Klassen. 12., verb. Aufl. (VIII und 435 S.) * 1 Thlr. 3 Ngr.

—— Aufgaben zu lateinischen Stilübungen. Mit besond. Berücksicht. von Krebs Anleitung zum Lateinschreiben, K. F. Süpfle's prakt. Anleitung zum Lateinschreiben, sowie Zumpts und Ellendt-Seyfferts latein. Grammatiken und mit Anmerkungen versehen. 3 Thle. gr. 8. Ebendas. 868—74. * 9 40

Inhalt:

Thl. 1. Aufgaben für untere und mittlere Klassen. 15. und 16. verb. Aufl. (303 S.) * M. 2,80.

" 2. Aufgaben für obere Klassen. 13.—15. verb. Aufl. (VIII, 435 S.) (M. 3.30.) M. 3.40.

" 3. Aufgaben für die obersten Klassen. Nebst einer Beigabe von Themata zu latein. Aufsätzen und Reden. 5.—7. verb. Aufl. (VI, 397 S.) (* M. 3.) * M. 3,20.

—— Aufgaben zu lateinischen Stilübungen. Mit besond. Berücksicht. von Ellendt-Seyfferts und Zumpts latein. Grammatiken, sowie K. F. Süpfle's Anleitung zum Lateinschreiben und mit Anmerkungen versehen. 3 Thle. gr. 8. Ebendas. *

Inhalt:

Thl. 1. Aufgaben für untere und mittlere Klassen. 17. vielfach verb. und verm. Aufl. (X, 333 S.) 878. * M. 2,80.

" 2. Aufgaben für obere Klassen. 16. und 17. verb. Aufl. (XII, 433 S.) 876,78. * M. 3,40.

" 3. Aufgaben für die obersten Klassen. 8. und 9. verb. Aufl. (IV, 400 S.) 877,79. * M. 3,20.

— dasselbe. Wörterverzeichniß, s.: Gehring, A.

Süpfle, Karl Friedr., Aufgaben zu lateinischen Stilübungen. Mit besond. Berücksicht. von Ellendt-Seyffert's, Zumpt's und F. Schultz' latein. Grammatiken, sowie K. F. Süpfle's prakt. Anleitung zum Lateinschreiben und mit Anmerkungen versehen. Nebst einer Beigabe von Themata zu latein. Aufsätzen und Reden. 3 Tle. gr. 8. Karlsruhe, Groos. *

Inhalt:

Tl. 1. Für untere und mittlere Klassen. 18. verb. und verm. Aufl. (XII, 342 S.) 882. * M. 2,80.

" 2. Für obere Klassen. 18. Aufl. (XII, 436 S.) 880; 19. verb. Aufl. (X, 430 S.) 884. * M. 3,40.

" 3. Für oberste Klassen. 10. verb. Aufl. (VI, 410 S.) 884. * M. 3,20.

Süpfle, Karl Friedr., Aufgaben zu lateinischen Stilübungen. Mit besond. Berücksicht. von Ellendt-Seyfferts latein. Grammatik, sowie K. F. Süpfles prakt. Anleitung zum Lateinschreiben und mit Anmerkungen versehen. 1. und 2. Tl. Karlsruhe, Groos. * 6 20

Inhalt:

Tl. 1. Aufgaben für untere und mittlere Klassen. 19. verb. Aufl. (XII, 340 S.) 887. * M. 2.80.

" 2. Aufgaben für obere Klassen. 20. verb. Aufl. (X, 430 S.) 888. * M. 3.40.

Süpfle, Karl Friedr. Aufgaben zu lateinischen Stilübungen. Mit besond. Berücksicht. v. Ellendt-Seyfferts latein. Grammatik, sowie K. F. Süpfles prakt. Anleitg. zum Lateinschreiben u. m. Anmerkgn. versehen. 2. u. 3. Tl. gr. 8. Karlsr., Groos. * 6 60

2. Aufgaben f. obere Klassen. 21. verb. Aufl. (XV, 416 S.) 892.* 3 40; geb. * 3 80.
3. Aufgaben f. die obersten Klassen. 11. Aufl. (VII, 424 S.) 890. * 3 20; geb. * 3 60.
1. Tl. Ebd. 1887. * 2 80.

Süpfle, Karl Frdr., Aufgaben zu lateinischen Stilübungen. Mit besond. Berücksicht. v. Ellendt-Seyfferts latein. Grammatik, sowie K. F. Süpfles prakt. Anleitg. zum Lateinschreiben u. m. Anmerkgn. versehen. 2. Tl. Aufgaben f. obere Klassen. 2., verb. Aufl. gr. 8. (XV, 416 S.) Karlsruhe 892. Ch. Th. Groos. n. 3. 40; geb. n. 3. 80

— dasselbe. 2. Tl. Aufgaben f. obere Classen. Für die österreich. Gymnasien nach der 21., approbierten Aufl. m. Verweisgn. auf die Schulgrammatiken v. A. Goldbacher, A. Scheindler u. K. Schmidt (V. Thumser) bearb. v. J. Rappold. gr. 8. (VII, 400 S.) Ebd. 894. n. 3. 50

Süpfle, Dr. Karl, Aufgaben zu lateinischen Stilübungen. II. Theil: Aufgaben für obere Classen, für die österreichischen Gymnasien bearbeitet von J. Rappold. 2. durchgesehene Auflage. Karlsruhe 1897. Groos. (Min.-Erl. v. 23. August 1897, Z. 21569.) Geh. 1.70

Süpfle, Karl Frdr., Aufgaben zu lateinischen Stilübungen. Mit besond. Berücksicht. d. Grammatiken v. Ellendt-Seyffert u. Stegmann, sowie m. Anmerkgn. u. Wörterverzeichnis vers. 1. Tl. 2 Abtlgn. gr. 8. Heidelberg 898. Ch. Th. Groos. n. 4. 60

1. Aufgaben f. Quarta. 20., völlig umgearb. Aufl. (VII, 138 S.) n. 1. 60
2. Aufgaben f. Tertia. 20., völlig umgearb. Aufl. (X, 310 S.) n. 3. —

Süpfle, Karl Frdr., Aufgaben zu lateinischen Stilübungen. Mit besond. Berücksicht. von Ellendt-Seyfferts u. Stegmanns Grammatiken u. Süpfles grammatisch-stilist. Lehrbuch sowie m. Anmerkgn. versehen. 2. Tl. Aufgaben f. Sekunda. 22. verb. Aufl. gr. 8. (XIV, 421 S.) Heidelberg 900. Ch. Th. Groos. n. 3. 40; geb. n. 3. 90

Süpfle, Karl Frdr., Aufgaben zu lateinischen Stilübungen. Mit besond. Berücksicht. der Grammatiken von Ellendt-Seyffert u. Stegmann, sowie mit Wörterverzeichnis u. Phraseologie versehen. I. Tl. 1. Abtlg. II. u. III. Tl. 8. Ebd. Geb. in Leinw. n. 9. 20

I, 1. Aufgaben f. Quarta. 21., gänzlich umgearb. Aufl. v. Gottfr. Süpfle u. Carl Stegmann. (VIII, 197 S.) 904. Geb. n. 2. 20
II. Aufgaben f. Sekunda. 23. verb. Aufl. v. Gottfr. Süpfle u. Carl Stegmann. (XII, 454 S.) 905. n. 3. 60
III. Aufgaben f. Prima. 12., gänzlich umgearb. Aufl. v. Gfried. Süpfle u. Carl Stegmann. (VIII, 310 S.) 906. Geb. n. 3.40

— dasselbe. Mit Anmerkgn. versehen. II. Tl. 8. Wien, R. Lechner & Sohn. — Heidelberg, C. Winter, Verl. Geb. in Leinw n. 8. 60

Aufgaben f. obere Klassen. Für die österreich. Gymnasien nach der 21. Aufl. m. Verweisgn. auf die Schulgrammatiken v. A. Goldbacher, A. Scheindler u. K. Schmidt (B. Thumser) bearb. v. J. Rappold. 3. Aufl. (XII, 436 S.) 904.

— neue Folge von Aufgaben zum Uebersetzen aus dem Deutschen in das Lateinische für die oberen Classen der Gelehrtenschulen. Karlsruhe 857. Groos. gr. 8. (VIII, 168 S.) n. 18 ngr.

— Aufgaben zum Uebersetzen aus dem Deutschen in das Lateinische für die oberen Classen der Gelehrtenschulen. Neue Folge. 2., verb. u. verm. Aufl. Ebend. 866. gr. 8. (VIII, 200 S.) n. 18 ngr.

— neue Folge v. Aufgaben zum Uebersetzen aus dem Deutschen in das Lateinische f. die oberen Classen der Gelehrtenschulen. 3. verb. Aufl. gr. 8. (VIII, 200 S.) Karlsruhe 876. Groos. n. 1. 80

— u. F. S. **Feldbausch,** Griechische Chrestomathie, s.: Feldbausch, F. S.

— s. Ciceronis Cato major. — ejusd. Epistolae selectae. — ejusd. de officiis etc. — Tusculanarum etc. —

— s. Cicero Orationes selectae XVII.

s. Horatii, Fl., Opera.

Süpfle, (Prof.) C. Fr., Materialien zu latein. Stylübungen f. die mittlern Klassen d. Gymnasien u. Lyceen. In 2 Abtheil. I. Zusammenhängende Aufgaben üb. Krebs Anleit. z. Lateinischschreiben; II. Vermischte Aufgaben f. die Vorgerückteren. Mit beständiger Hinweis. auf Zumpts latein. Grammatik u. mit Anmerkk. versehen. gr. 8. Karlsr. 832. Braun. 16 gr.

— Materialien zu latein. Stylübungen rc. gr. 8. Karlsruhe 832. jetzt Groos. 5/12 Rthlr.

—— Uebungsschule der lateinischen Formenlehre in lateinischen und deutschen Uebungsbeispielen. Nebst einer Sammlung leichter latein. Fabeln, Erzählungen und Beschreibungen. gr. 8. (VIII, 146 S.) Ebendas. 871. (*M 1,50.) * 1 60

—— Uebungsschule der lateinischen Syntax. Sammlung von Uebungsbeispielen und zusammenhängenden Aufgaben zum Uebersetzen aus dem Deutschen in das Lateinische in unmittelbarem Anschluß an die Syntax. 1.—3. verb. Aufl. gr. 8. (VIII, 253 S.) Ebendas. 868—74. (*M 1,80.) * 2 —

—— Uebungsschule der lateinischen Syntax. Sammlung von Uebungsbeispielen und zusammenhängenden Aufgaben zum Uebersetzen aus dem Deutschen in das Lateinische in unmittelbarem Anschluß an die Syntax und mit besond. Berücksicht. von K. F. Süpfle's prakt. Anleitung zum Lateinschreiben, sowie Ellendt-Seyffert's, Zumpt's und F. Schultz' latein. Grammatiken. 4. verb. Aufl. gr. 8. (VIII, 263 S.) Ebendas. 878. *

—— Übungsschule der lateinischen Syntax. Sammlung von Übungsbeispielen und zusammenhängenden Aufgaben zum Übersetzen aus dem Deutschen in das Lateinische, in unmittelbarem Anschluß an die Syntax und mit besond. Berücksicht. von Ellendt-Seyffert's latein. Grammatik und K. F. Süpfle's prakt. Anleitung zum Lateinschreiben. 5. verb. Aufl. gr. 8. (VIII, 287 S.) Ebendas. 884. *

– s. Virgilii Opera.

Süpfle, L., englische Chrestomathie für Schulen und den Privatunterricht. gr. 8. (VIII und 427 S.) Heidelberg 851(52,) Groos'sche Universitäts-Buchh. *

Süpfle, L., englische Chrestomathie für Schulen und den Privatunterricht. Mit erläuternden Anmerkungen. 2., verm. und verb. Aufl. gr. 8. (X und 433 S.) Heidelberg 854, J. Groos's Verlag. *

Süpfle, L., englische Chrestomathie für Schulen und den Privatunterricht. Mit erläuternden Anmerkungen. 3. Aufl. gr. 8. (X und 434 S.) Heidelberg 858, J. Groos. *

Süpfle, L., englische Chrestomathie für Schulen und den Privatunterricht. Mit erläut. Anmerkungen. 4. Aufl. 1863. * 20 Ngr. und 5. Aufl. gr. 8. (X und 436 S.) Heidelberg 864, J. Groos' Verlag. *

Süpfle, L., englische Chrestomathie für Schulen und Privatunterricht. Mit erläut. Anmerkungen. 6. Aufl. gr. 8. (XI, 392 S.) Heidelberg 872, J. Groos. * 2 40

Süpfle, L., englische Chrestomathie für Schulen u. Privat-Unterricht. Mit erläut. Anmerkungen. 7. Aufl. gr. 8. (VIII, 392 S.) Heidelberg 878. J. Groos. n. 2. 80

Süpfle, L., englische Chrestomathie f. Schulen u. Privat-Unterricht. Mit erläut. Anmerkgn. u. Wörterbuch. Neu bearb. v. J. Wright. 8. Aufl. 8. (VIII, 431 S.) Heidelberg 893. J. Groos. Geb. in Leinw. n. 3.20

Süpfle, L., englische Chrestomathie f. Schulen u. Privatunterricht. Mit erläut. Anmerkgn. u. Wörterbuch. Neu bearb. von J. Wright. (Methode Gaspey-Otto-Sauer.) 9. [Titel-]Aufl. gr. 8. (VIII, 431 S. m. 2 Karten.) Heidelberg [893.] 901. J. Groos. Geb. in Leinw. n. 3.60

—— französische Chrestomathie für die oberen Klassen von Gymnasien und anderen höheren Lehranstalten. Systematisch geordnet und mit erläut. Anmerkungen versehen. gr. 8. (XI und 656 S.) Heidelberg 855, J. Groos's Verlag. *

—— französische Chrestomatie für die oberen Klassen von Gymnasien und anderen höheren Lehranstalten. Systematisch geordnet und mit erläuternden Anmerkungen versehen. 2. Aufl. gr. 8. (XI und 656 S.) Heidelberg 861, J. Groos. *

—— französische Chrestomathie für die oberen Klassen von Gymnasien und anderen höheren Lehranstalten. Systematisch geordnet und mit erläut. Anmerkungen versehen. 3. Aufl. gr. 8. (XII, 624 S.) Ebendas. 873. * 5 —

— französische Chrestomathie für die oberen Klassen von Gymnasien u. anderen höheren Lehranstalten. 4. Aufl., verb, mit Noten bereichert, nebst „Résumé de l'Histoire de la littérature française“ u. einer „Petit Traité de versification“ von A. Mauron. gr. 8. (XV, 656 S.) Ebend. 880. n. 5. —

— Französisches Lesebuch f. die unteren u. mittleren Klassen d. Gymnasien u. höheren Burgerschulen. Mit einem ausführl. erklarenden Worterbuche. gr. 8. (VIII u. 259 S.) Ebd. 852 n. 2/3 Rthlr.

—— französisches Lesebuch für die unteren und mittleren Klassen der Gymnasien und höheren Bürgerschulen. Mit einem ausführl. erklärenden Wörterbuche. 1. Aufl. 1852. und 2. Aufl. gr. 8. (VIII und 359 S.) Heidelberg 854, J. Groos's Verlag. *

—— französisches Lesebuch für die unteren und mittleren Klassen der Gymnasien und höheren Bürgerschulen. Mit einem ausführl. erklärenden Wörterbuche 3. Aufl. 1857. und 4. Aufl. gr. 8. (XXIV und 360 S.) Heidelberg 860, J. Groos. *

Süpfle, L., französisches Lesebuch für die unteren und mittleren Klassen der Gymnasien und höheren Bürgerschulen. Mit einem ausführl. erklär. Wörterbuche. 5. Aufl. 1864. * 20 Ngr. und 6. Aufl. gr. 8. (XXIV und 360 S.) Heidelberg 868, J. Groos' Verlag. *

—— französisches Lesebuch für die unteren und mittleren Klassen der Gymnasien und höheren Bürgerschulen. Mit einem ausführl. erklärenden Wörterbuche. 7. Aufl. gr. 8. (XXIV, 336 S.) Ebendas. 871. * 2 40

—— französisches Lesebuch für die unteren und mittleren Klassen der Gymnasien und höheren Bürgerschulen. Mit einem ausführl. erklär. Wörterbuche. 8. Aufl., verb. und bedeutend verm. von A. Mauron. gr. 8. (XXIV, 373 S.) Ebendas. 876. *

— französisches Lesebuch für die unteren u. mittleren Klassen der Gymnasien u. Höheren Bürgerschulen. Mit einem ausführl. erklärenden Wörterbuche. 9. Aufl., verb. u. verm. von A. Mauron. gr. 8. (XXIV, 119 S.) Ebend. 881. n. 2. 80

— französisches Lesebuch f. die unteren u. mittleren Klassen der Gymnasien u. höheren Bürgerschulen, sowie zum Privatunterricht. Mit e. ausführl. erklär. Wörterbuche. Neu bearb. v. A. Mauron. 10. Aufl. gr. 8. (VIII, 268 u. 119 S.) Ebd. 893. Geb. in Leinw. n. 2. 80

— französisches Lesebuch f. Schulen u. zum Privatunterricht. Mit e. ausführl. erklär. Wörterbuch. Neu bearb. v. A. Mauron. (Methode Gaspey-Otto-Sauer.) 11. Aufl. gr. 8. (VIII, 119 S. m. 2 Karten.) Ebd. 901. Geb. in Leinw. n. 3. —

— theoretisch-praktische Schulgrammatik der französischen Sprache für Gymnasien und höhere Bürgerschulen. Ebend. 861. gr. 8. (XI, 361 S.) n. 24 ngr.

Süpfle, L., theoretisch-praktische Schulgrammatik der französischen Sprache für Gymnasien u. höhere Bürgerschulen. 2. u. 3., verm. u. verb. Aufl. Ebend. 866, 70. gr. 8. (X, 366 S.) n. 28 ngr.

— theoretisch praktische Schulgrammatik der französischen Sprache f. Gymnasien u. höhere Bürgerschulen. 4. verm. u. verb. Aufl. gr. 8. (X, 385 S.) Ebend. 874. n. 3. —

— theoretisch-praktische Schulgrammatik der französischen Sprache für die unteren u. mittleren Klassen der Gymnasien u. höheren Bürgerschulen. 5. Aufl., verb. u. bedeutend verm. von A. Mauron. gr. 8. (XV, 429 S.) Ebend. 878. n. 3. —

Süpfle, Rob., das badische Enteignungsrecht in systematischer Darstellung m. dem Texte des badischen Enteignungsgesetzes vom 26. VI. 1899. (VIII, 194 S.) 8. Karlsruhe 903. G. Braun'sche Hofbuchdr. Geb. in Leinw. n. 3. —

Süpfle, R., der badische Militärvereins-Verband. Ein Handbuch, insbesondere f. dessen Vereine u. Mitglieder. Im Auftrage des Präsidiums bearb. (VII, 146 S. m. 2 Bildn.) 8. Karlsruhe 908. J. J. Reiff. Kart. 1.50

Süpfle, Rob., das Namenrecht nach d. bürgerl. Gesetzbuche. Lex.-8. (55 S.) Karlsruhe 899. W. Jahraus. n. 1.—

Süpfle, Th., Geschichte des deutschen Kultureinflusses auf Frankreich mit besond. Berücksicht. der litterarischen Einwirkung. 1. Bd. und 2. Bd. 1. Abthl. gr. 8. Gotha, Thienemann. * 11 —

Inhalt:

Bd. 1. Von den ältesten germanischen Einflüssen bis auf die Zeit Klopstocks. (XXII, 359 S.) 886. * ℳ 7.—.

" 2. 1. Abthl.: Von Lessing bis zum Ende der romantischen Schule der Franzosen. (XIII, 210 S.) 888. * ℳ 4.—.

Süpfle, Thdr. Geschichte d. deutschen Kultureinflusses auf Frankreich m. besond. Berücksicht. der litterarischen Einwirkung. 2. Bd. 2. Abtl.: Von der Regierungszeit Louis Philippes bis zu unseren Tagen. gr. 8. (X, 166 S.) Gotha 890, Thienemann. * 3 60

1. Bd. u. 2. Bd. 1. Abtl. Ebd. 1886,88. * 11 —.

Süpfle, de l'H initial dans la langue d'oïl. Gotha 867. (Thienemann.) gr. 4. (12 S.) n. 4 ngr.

— über den Kultureinfluss Deutschlands auf Frankreich. gr. 4. (32 S.) Metz 882. (Scriba.) n. 1. —

Süpfle, Th., Uebungsstücke zum Uebersetzen in das Französische f. obere Classen höherer Lehranstalten. Eine Auswahl v. chronologisch geordneten, besonders auf Frankreich bezügl. Stoffen. gr. 8. (VIII, 207 S.) Gotha 871. Thienemann. n. 1. 60

Süpfle, Th., Uebungsstücke zum Uebersetzen in das Französische für die oberen Classen höherer Lehranstalten. Eine Auswahl von chronologisch geordneten, besonders auf Frankreich bezügl. Stoffen. 2., vielfach verb. Aufl. gr. 8. (VIII, 216 S.) Gotha 877. Thienemann. n. 1. 60

Suphan, Bernhard

Suphan, B., s.: Abriß der deutschen Grammatik.

Suphan, Bernh., Abriß der deutschen Grammatik, s.: Bellermann, L.

— s.: Aus Goethes Archiv.

Suphan, Ludocivus Bernardus: De capitolio Romano commentarii specimen (P. 3.) Halis Saxonum (1866): Ploetz. 40 S. 8°

Halle-Wittenberg, Phil. Diss. v. 24. Dez. 1866

Geb. Nordhausen 18. 1. 1845. V.

Teildr. einer Hall. gekrönten philos. Preisschrift v. 1865. Im Buchhandel Halis Saxonum (Berlin: Calvary) 1867. 43 S. 8°

Suphan, Ludov. Bernh., de capitolio romano commentarii specimen. Dissertatio inauguralis. Halis Saxonum 867. (Berlin, Calvary & Co.) gr. 8. (43 S.) n. 8 ngr.

— Goethe's Elegie September 1823, s.: Schriften der Goethe-Gesellschaft. 15. Bd.

DEUTSCHE GRÖSSE, ein unvollendetes Gedicht Schillers 1801. Nachbildung der Handschrift, im Auftrage des Vorstandes der Goethe-Gesellschaft herausgegeben und erläutert von BERNHARD SUPHAN. Weimar 1902. (o. Dr.) fol.

Klaus Groth im Goethe- und Schiller-Archiv. Zwei Briefe an einen Weimarer Freund (Mai 1906) v. Bernhard Suphan. Weimar. 1906. 8°

—— s. Herder, G. J. v., sämmtliche Werke.

Das neunzehnte Jahrhundert im Spiegel der klassischen Dichtung des achtzehnten. Eine Vorlesung geh. zu Karlsruhe 1906 von Bernhard Suphan. Weimar 1906: Hof-Buchdr. (22 S.) 8° [F.] [07. 2675

Suphan, Bernh., zwei Kaiserreden. Festschrift zu Eduard Simsons 50jähr. Doctor-Jubiläum, 1. Mai 1879, mit einem zwiefachen literarhistor. Anh. gr. 8. (VII, 56 S.) Berlin 879. Weidmann. n. 1. 60

Suphan, B., s.: Lesebuch, deutsches, f. höhere Lehranstalten.

—— deutsches Lesebuch für höhere Unterrichtsanstalten, s. Bellermann, L.

— zum 9. V. 1905, s.: Schriften der Goethe-Gesellschaft. 20. Bd.

Fritz Reuter und Klaus Groth im Goethe- und Schiller-Archiv. Briefe an e. Weimarer Freund mit e. Nachwort über Literatur-Archive von Bernhard **Suphan**. Weimar 1906: Hof-Buchdr. (30 S.) 8° [F.]
Aus: Weimarische Zeitung. 1906, Mai u. Juni. [06 5630

— **Friedrich Rückert.** Vortrag. gr. 8. (32 S.) Weimar 888. Böhlau. — 60

— Hans Sachs, Humanitätszeit u. Gegenwart. Vortrag zur Hans Sachs-Feier in Weimar, nebst zugehör. Aufsätzen. gr. 8. (68 S.) Weimar 895. H. Böhlau's Nachf. n. 1. —

— Hans Sachs in Weimar. Gedruckte Urkunden, zum 400. Geburtstage des Dichters aufs neue hrsg. gr. 8. (44 S.) Weimar 894. H. Böhlau. n. — 70

Suphan, Bernh., **Friedrichs des Großen** Schrift über die deutsche Litteratur. 8. (VII, 111 S.) Berlin 888, Hertz. * 1 80

— s.: Schriften der Goethe-Gesellschaft.

— Xenien 1796, s.: Schriften der Goethe-Gesellschaft.

— allerlei Zierliches v. der alten Excellenz. Paul Heyse zum 70. Geburtstag. Mit dem Fesm. e. Goethischen Handschrift. gr. 8. (51 S.) Berlin 900. Weidmann. n. 1. —

Suphan, Ludwig Bernhard, s. Suphan, Ludwig

Supinator Longus, College Schnepper oder die Höllensteinpupille. Species dramaticae in 2 Aufgüssen für Aerzte, Apotheker u. Naturforscher beider Hemisphären. Berlin 869. Th. Enslin. gr. 8. (64 S.) n. 10 ngr.

Supino, Camillo, s.: **Festgaben** f. Adolph Wagner.

SUPINUS, H., Bruder des Gerundio Zotes (ps.), Rede. 1776.
Weller, Lex. Ps. p. 544.

Süpke, Heinrich Friedrich Wilhelm

— theoretisch-prakt. Anleitung zum Geschäftsstyl. Für höhere Lehranstalten u. angehende Staats- u. Privatgeschäftsmänner. 8. Ebend. 842. 1/3 ₰

Süpke, H. F. W., Beiträge zu einfach-praktischen Prüfungen verschied. Handelswaaren. Lex.-8. Braunschweig 842, Leibrock. 1/4 ₰

Süpke, [Heinrich] Friedrich [Wilhelm] (Braunschweig)
Einleitung in die Handelswissenschaft.
Braunschweig: Meyer 1825. 76 S.
[lt. Promot.-Akten als Specimen anerkannt.]
Dr. phil. Giessen 25.5.1826. vorh. 12.

Süpke, Fr., Einleit. in d. Handelswissenschaft. Ein Leitfaden f. d. Unterricht. 8. Braunschw. 825. Meyer. 8 K

– s.a. Einleitung in die Contorwissenschaft.

(Süpke, F.,) Einleitung in d. Contorwissenschaft, od. in d. Lehre v. d. kaufmänn. Geschäftsführung. Ein Leitfaden f. den Unterr. u. zur Selbstbelehr. gr. 4. (3¼ B.) Braunschweig 827. (Helmstädt, Fleckeisen.)

Supp', Gemüs' und Fleisch. Ein Kochbuch f. bürgerl. Haushaltn. Nebst e. Anh.: vollständ. Kunst d. Einmachen d. verschied. Früchte in kurzer Zeit auf eine sehr leichte Art u. mit wenigen Kosten ohne alle Vorkenntnisse zu erlernen. Ein Hülfsb. f. Köchinnen, Hausfrauen u. Mädchen. 1—3., unveränd. Aufl. (à 8 B.) 839, 40. à 1/3 Thlr., u. 4., verm. u. verb. A. gr. 12. (12 B.) Darmstadt 842, Lange.

Supp', Gemüs' und Fleisch. Ein Kochbuch für bürgerl. Haushaltungen etc. 4. sehr verm. u. verb. Aufl. gr. 12. Darmstadt 842, Lange. 1/2 ₰ — 5. verm. u. verb. Aufl. Mit 1 Stahlst. 12. Ebend. 846. 1/2 ₰

Supp', Gemüs' und Fleisch. Ein Kochbuch für bürgerl. Haushaltungen oder: leicht verständl. Anweisung für Hausfrauen und Mädchen, wie man alle Arten von Speisen und Backwerk wohlfeil und gut zubereiten kann. Nebst einem Anhange: Vollständige Kunst das Einmachen der verschied. Früchte etc. zu erlernen. Ein Hülfsbuch für Köchinnen, Hausfrauen und Mädchen etc. 5. Aufl. (XXX und 372 S.) 1847. und 6., verm. und verb. Aufl. 8. (XXXII und 374 S. mit 1 Stahlst.) Darmstadt 851, Lange.

Supp', Gemüs' und Fleisch. Ein Kochbuch für bürgerliche Haushaltungen, oder: leicht verständliche Anweisung für Hausfrauen und Mädchen, wie man alle Arten von Speisen und Backwerk wohlfeil und gut zubereiten kann. Nebst einem Anhang: Vollständige Kunst das Einmachen der verschied. Früchte etc. zu erlernen. 7. Aufl. 1854. und 8. (Titel-)Aufl. gr. 12. (XXXII und 374 S. mit 1 Stahlst.) Darmstadt 855(56,) Lange.

Supp', Gemüs' und Fleisch. Ein Kochbuch für bürgerl. Haushaltungen oder: leicht verständl. Anweisung für Hausfrauen und Mädchen, wie man alle Arten von Speisen und Backwerk wohlfeil und gut zubereiten kann. Nebst einem Anhang: Vollständige Kunst das Einmachen der verschied. Früchte in kurzer Zeit auf eine sehr leichte Art und mit wenigen Kosten ohne alle Vorkenntnisse zu erlernen. Ein Hülfsbuch für Köchinnen, Hausfrauen und Mädchen etc. 9. Aufl. 1858. und 10., verb. und verm. Aufl. gr. 12. (XXVI und 382 S. mit 1 Stahlst.) Darmstadt 861, Lange. 15 Ngr.; geb.

Supp', Gemüs' und Fleisch. Ein Kochbuch für bürgerliche Haushaltungen, oder leicht verständliche Anweisung für Hausfrauen u. Mädchen, wie man alle Arten Speisen u. Backwerk wohlfeil u. gut zubereiten kann. 10—12. verb. u. verm. Aufl. Mit 1 Stahlst. Darmstadt 861—63. Lange. 8. (XXIV, 398 S.) 15 ngr.

Supp', Gemüs' u. Fleisch. Ein Kochbuch f. bürgerl. Haushaltgn., od. leicht verständl. Anweisg. f. Hausfrauen u. Mädchen, wie man alle Arten Speisen u. Backwerk wohlfeil u. gut zubereiten kann, sowie vollständ. Kunst, das Einmachen der verschiedenen Früchte in kurzer Zeit auf e. sehr leichte Art u. m. wenigen Kosten ohne alle Vorkenntnisse zu erlernen. Ein Hülfsbuch f. Köchinnen, Hausfrauen u. Mädchen, die sich d. Hauswesens selbst annehmen, so wie auch f. angeh. Köche u. f. Gasthalter in Städten u. auf dem Lande. Mit e. Stahlst. 19. Aufl. 8. (XXX, 428 S.) Darmstadt 875. Köhler. n. 1. 50; cart. n.n. 1. 75; geb. n.n. 2. —

Supp', Gemüs' und Fleisch. Ein Kochbuch für bürgerliche Haushaltungen, oder leicht verständl. Anweisung für Frauen und Mädchen, wie man alle Arten Speisen und Backwerk wohlfeil und gut zubereiten kann, sowie vollständ. Kunst, das Einmachen der verschiedenen Früchte in kurzer Zeit auf eine sehr leichte Art und mit wenigen Kosten ohne alle Vorkenntnisse zu erlernen. Ein Hülfsbuch für Köchinnen, Hausfrauen und Mädchen, die sich des Hauswesens selbst annehmen, sowie auch für angehende Köche und für Gasthalter in Städten und auf dem Lande. 113.—118. Tausend. 8. (XXX, 428 S. mit 1 Stahlst.) Darmstadt 875—79, Köhler. ** ℳ 1,75.; cart. ** geb. **

Supp', Gemüs' und Fleisch. Ein Kochbuch für bürgerl. Haushaltungen, oder leicht verständl. Anweisung für Hausfrauen und Mädchen, wie man alle Arten Speisen und Backwerk wohlfeil und gut zubereiten kann, sowie vollständ. Kunst, das Einmachen der verschiedenen Früchte in kurzer Zeit auf eine sehr leichte Art und mit wenigen Kosten ohne alle Vorkenntnisse zu erlernen. Ein Hülfsbuch für Hausfrauen, Mädchen und Köchinnen, die sich des Hauswesens selbst annehmen, so wie auch für angehende Köche und für Gasthalter in Städten und auf dem Lande. 119. bis 129. Tausend. 8. (XXX, 428 S. mit 1 Stahlst.) Darmstadt 881—84, Köhler. *

Supp', Gemüs' und Fleisch. Ein Kochbuch für bürgerl. Haushaltungen, oder leicht verständl. Anweisung für Hausfrauen und Mädchen, wie man alle Arten Speisen und Backwerk wohlfeil und gut zubereiten kann, sowie vollständ. Kunst, das Einmachen der verschiedenen Früchte in kurzer Zeit auf eine sehr leichte Art und mit wenigen Kosten, ohne alle Vorkenntnisse zu erlernen. Ein Hülfsbuch für Hausfrauen, Mädchen und Köchinnen, die sich des Hauswesens selbst annehmen, sowie auch für angehende Köche und für Gasthalter in Städten und auf dem Lande. 131. bis 135. Tausend. 8. (XXXVI, 400 S. mit 1 Titelbild.) Darmstadt 886, Köhler. * ℳ 2.—.; geb. **

Supp', Gemüs' u. Fleisch. Ein Kochbuch f. jede Haushaltung. 136.—140. Tausend. Vermehrt durch Speisezettel. Mit e. Titelbild. 8. (XXXVI, 384 S.) Darmstadt 890. Köhler. geb. n. 2. 50

Supp', Gemüs' u. Fleisch. Ein Kochbuch f. jede Haushaltg. Aufs neue verm. u. hrsg. v. Frau Lina Wolff-Küchler. 141.—145. Taus. Mit e. Titelbild. 8. (XXXIX, 392 S.) Darmstadt 893. C. Köhler. Geb. n. 2. 60

Supp', Gemüs' u. Fleisch. Ein Kochbuch f. jede Haushaltg., oder leicht verständl. Anweisg. f. Hausfrauen u. Mädchen, wie man alle Arten Speisen u. Getränke wohlfeil u. gut zubereiten kann, sowie vollständ. Kunst, das Einmachen d. verschied. Früchte in kurzer Zeit auf sehr leichte Art u. m. wenigen Kosten ohne Vorkenntnisse zu erlernen. Ein Hülfsbuch f. Hausfrauen, Mädchen u. Köchinnen, die sich d. Hauswesens selbst annehmen, sow. auch f. angeh. Köche u. f. Gasthalter in Städten u. auf dem Lande. Aufs neue verm. u. hrsg. v. Frau Lina Wolff-Küchler. 50. Aufl. 146.—150. Taus. Mit e. Titelbild. 12. (XL, 400 S.) Darmstadt 897. C. Köhler. Geb. in Leinw. n. 2. 60

Supp', Gemüs' u. Fleisch. Ein Kochbuch f. jede Haushaltg., od. leicht verständl. Anweisg. f. Hausfrauen u. Mädchen, wie man alle Arten Speisen u. Getränke wohlfeil u. gut zubereiten kann, sowie vollständ. Kunst, das Einmachen der verschiedenen Früchte in kurzer Zeit auf sehr leichte Art u. m. wenigen Kosten ohne Vorkenntnisse zu erlernen. Ein Hülfsbuch f. Hausfrauen, Mädchen u. Köchinnen, die sich des Hauswesens selbst annehmen, sowie auch f. angeh. Köche u. für Gasthalter in Städten u. auf dem Lande. Aufs neue verm. u. hrsg. v. Frau Emma Dähnhardt, geb. Wolff-Küchler. 51. Aufl. 151. bis 156. Taus. Mit e. Titelbild. 12. (XLII, 400 S.) Darmstadt 901. C. Köhler. Geb. in Leinw. n. 2. 60

Supp', Gemüs' u. Fleisch. Ein Kochbuch f. jede Haushaltg., od. leicht verständl. Anweisg. f. Hausfrauen u. Mädchen, wie man alle Arten Speisen u. Getränke wohlfeil u. gut zubereiten kann, sowie vollständ. Kunst, das Einmachen der verschiedenen Früchte in kurzer Zeit auf sehr leichte Art u. m. wenigen Kosten ohne Vorkenntnisse zu erlernen. Aufs neue verm. u. hrsg. v. Frau Emma Dähnhardt, geb. Wolff-Küchler. 52. Aufl. 157.—162. Taus. Mit e. Titelbild. (XLIII, 411 S.) kl. 8. Darmstadt 906. C. Köhler. Geb. in Leinw. n. 2. 60

Supp, F., Vom Glauben. Eine zeitgemäße Studie für glaubenslose und glaubensuchende Christen. Mainz, Kupferberg, 1871, gr. 8°, VI, 103 S., 1 Mk.

Supp, Frz., Bad Homburg. Ein Führer durch die Stadt u. Umgegend, den Taunus [Feldberg, Königstein, Cronberg, Soden], Nauheim, Frankfurt a/M. 4., verm. Aufl. 12. (96 S. m. Stadtplan u. Karte.) Homburg v. d. H. 891. F. Fraunholz. n. 1. 20

Supp, Frz., Bad Homburg. Ein Führer durch die Stadt u. Umgegend, d. Taunus (Feldberg, Königstein, Cronberg, Soden), Nauheim, Frankfurt a. M. M. Stadtplan. 5., verm. Aufl. gr. 16. (110 S.) Homburg 897. F. Fraunholz. n. 1. 20

Supp, Frz., Bad Homburg. Ein Führer durch die Stadt u. Umgegend, den Taunus (Feldberg, Königstein, Cronberg, Soden). 6., verm. Aufl. 12. (114 S. m. Plan u. Karte.) Homburg v. d. H. 901. F. Supp. n. 1. 20

Supp, Frz., Bad Homburg. Ein Führer durch die Stadt u. Umgegend. Zugleich Wegweiser durch den Taunus (Saalburg, Feldberg, Königstein, Cronberg, Soden.) 8. neubearb. u. verm. Aufl. Mit 1 Stadtplan (u. 1 Umgebungskarte.) (138 S.) kl. 8. Homburg 906. F. Supp. n. 1. 50

Supp, Frz., Bad Homburg. Führer durch die Stadt u. Umgegend, zugleich Wegweiser durch den Taunus (Saalburg, Feldberg, Königstein, Cronberg, Soden). 9. neubearb. u. verm. Aufl. Mit 1 Stadtplan (u. 1 Umgebungskarte). (138 S.) kl. 8. Homburg 907. F. Supp. 1. 50

Supp, Friedr., Kasuistik in und außer dem Beichtstuhle. 2 Thle. gr. 8. (978 S.) Mainz 847, Kupferberg.

Inhalt:

Thl. 1. Die Lehre von den 10 Geboten Gottes, den 5 Geboten der Kirche; Censuren, Excommunication; kirchl. Pfründen; Ablässen; Concessionen und kirchl. Begräbniß nebst verschied. Fällen zur Selbstauflösung.

" 2. Die Lehre von den heil. Sacramenten.

Supp, Friedr., Kasuistik in und außer dem Beichtstuhle. 2 Thle. 2., verm. und verb. Aufl. gr. 8. (XXII und 788 S.) Mainz 856, Kupferberg.

Supp, Friedr., Stunden heiliger Weihe in christl. Gedichten. 12. (9⅝ B.) Rottenburg 844, Sack'sche Buchh.

SUPPAN, AUGUSTIN: Lob- und Ehren-Rede auf den grossen . . . Heiligen Vincentius Ferrerius . . . da dessen Fest . . . in Oedenburg feyerlich begangen wurde. Oedenburg 1773: Siess. 36 S. - 200 mm

Suppán, C. V.: Normal-Binnenschiffstyp f. d. Verbandsländer, s.a. Verbands-Schriften d. deutsch-österreichisch-ungar. Verbandes f. Binnenschiffahrt.

Normal-Binnenschiffstyp für die Verbandsländer. Von Kapitän C. V. **Suppán** in Wien. M. 2 Taf. Berlin: Siemenroth & Troschel 1898. (15 S., 1 Taf.) 1 Bd 8°
(Mittheilungen üb. d. ... Schiffbarkeit d. Hauptströme ... H. 6.)
(Deutsch-Oesterr.-Ungar. Verband f. Binnenschiffahrt. Verbands-Schriften. No 39.)

Suppán, C. V.: Schiffbarkeit der Donau u. ihrer Nebenflüsse. s.a. Verbands-Schriften d. deutsch-österreichisch-ungar. Verbandes f. Binnenschiffahrt.

Schiffbarkeit der Donau und ihrer Nebenflüsse. Vorträge v. Kapitän C. V. Suppán-Wien [&] Ing. J. Spacil-Wien. *Berlin: Siemenroth & Troschel 1897.* (84 S., 7 Taf.) 1 Bd 8.
= Mittheilungen üb. d. derzeitige u. angestrebte Schiffbarkeit d. Hauptströme u. ihrer Nebenflüsse. H. 1.
= Deutsch-Oesterreichisch-Ungarischer Verband für Binnenschiffahrt. Verbands-Schriften. No 25. (98. 4618

Suppán, C. V., **Wasserstrassen u. Binnenschiffahrt.** Lex.-8. (XVI, 564 S. m. 309 Abbildgn.) Grunewald-Berlin 902. A. Troschel. n. 18. —; geb. n. 20. —

Suppan, Jh. Joach., die Hypsometrie mittelst physikalischer Beobachtungen, oder theoretisch-praktische Anleitung zur Anstellung der meteorologischen Beobachtungen und zu der barometrischen Höhenmessung, nebst dem Grundrisse der thermometrischen u. botanischen Höhenbestimmung. Mit 1 Kpfrtafel. gr. 8. Innsbruck 834. Wagner. (Augsb., Kollmann.) 1 5/12 ℛ

Suppan, Peter, Kärtner Alpenblüten. 1. Ausg. 60 deutsche und Dialekt-Dichtungen. 16. (80 S.) Klagenfurt 887, v. Kleinmayr. *

Suppan, Peter. Dichtung u. Musik. Klgft., Bertschinger. (1895—1896). Folio. 6 Hefte.

Suppan, Peter. Kärntner Edelweiss. 90 Dichtungen. 2. Ausg. Klgft., Bertschinger, 1892. Duodez. 196 S.

Suppan, Pet., der Klag'nfurter Trambüachldenter. Nach geheimnisvollen eig. Quellen bearb. u. verf. gr. 8. (4 S.) Klagenfurt 897. (A. Raunecker.) — 15

Suppan, Wilh. **Ueber die körperliche Erziehung der Jugend,** s. Dollinger, Jul.

Suppantschitsch, Dr. Ferd. Vortrag über das Rechtsverhältniß der juridischen Fakultät und resp. Societät zur M. A. von Ertl'schen Stiftung, gehalten in der Sitzung des Doktoren-Kollegiums am 21/4. 1853. — 4. (20 S.) Wien, U. Klopf sen. und A. Eurich.

Suppantschitsch, Dr. Ferdinand —. Vortrag an die mit dem Doktoren-Kollegium der juridischen Fakultät an der Wiener Universität verbundene Witwen- und Waisen-Versorgungs-Societät über die Nothwendigkeit der Reform der noch in Wirksamkeit bestehenden Societäts-Statuten vom 24. Mai 1760, und über die Grundzüge der neu zu entwerfenden Statuten von — — als provisorischen Thesaurar der oberwähnten Societat. 4. (18 S.) Wien. 1853. Druck von U Klopf sen. und Alex. Eurich.

Suppantschitsch, J. A., Ergebung in den Tagen der Gefahr, (ein Gedicht). 8. Triest 832. Boerner. 1/12 ℛ

Suppantschitsch, J. A., der Türkensturm auf Marburg im J. 1529. Eine dramatisirte Erzähl. in 4 Abthln. 12. (5½ B.) Grätz 829, Damian u. Sorge.

Suppantschitsch, Richard

Suppantschitsch R., Geometrische Anschauungslehre für die I. Klasse der Gymnasien, Realgymnasien und Realschulen. Wien 1909. Franz Tempsky. Geb. K —.80.

Suppantschitsch Richard, Arithmetik. I. Heft, für die I. Klasse der Gymnasien, Realgymnasien u. Realschulen. Wien 1909. F. Tempsky. Geb. K 1.50.

— — Arithmetik. II. Heft, für die II. **Klasse der Gymnasien, Realgymnasien und Realschulen. Wien 1909. F. Tempsky. Geb K 1.50.**

Suppantschitsch R., Arithmetik. III. Heft. Für die III. Klasse der Realgymnasien. Wien 1909. F. Tempsky. Geb. K 2.—.

Suppantschitsch, Richard: Zur Axiomatik der Methode der kleinsten Quadrate. S. 122. IIa. 3.
Separatabdruck

— Einiges über eine besondere Lage von Flächen zweiter Ordnung. 18. Wien XVIII. R. 05.
Progr.

Suppantschitsch R., Grundriß der Geometrie für Gymnasien und Realgymnasien. II. Heft. Für die III. Klasse. Wien 1909. F. Tempsky. Geb. K 1.70.

Suppantschitsch Richard, Grundriß der Geometrie für Realschulen. II. Heft, für die III. Klasse. Wien 1910. F. Tempsky. Geb. K 1.70.

— Die Interpolationsprobleme von Lagrange und Tschebyscheff und die Approximation von Funktionen durch Polynome. 1. Mitteilung. S. 123. IIa. [illegible] 2.—
Separatabdruck

Suppantschitsch Richard, Lehrbuch der Arithmetik für die IV. und V. Klasse der Gymnasien und Realgymnasien. Wien 1910. F. Tempsky. Geb. K 4.20.

Suppantschitsch, Rich., **Leitfaden der darstellenden Geometrie f. die V. u. VI. Klasse d. Realgymnasien. Mit 212 Fig. im Text u. 204 Aufgaben. (196 S.) gr. 8. Wien 910. F. Tempsky. Geb. in Leinw. 3. —**

— **Leitfaden der Raumlehre f. die IV. Klasse der Realschulen. Mit 98 Fig. im Text u. 146 Fragen u. Aufgaben.** (71 S.) gr. 8. Ebd. 910. Geb. 1. 50

Suppantschitsch, Rich.: Über Oberflächen 4. Ordnung mit Doppelkegelschnitt. 38 S. Prag, III. St. R., Progr. 1904

— **Mathemat. Unterrichtswerk. Arithmetik. Ausgabe f. Realgymnasien. I. u. II. Heft. 8. Ebd.** Geb. 3. —
I. Für die 1. Klasse der Realgymnasien. Mit 481 Fragen u. Aufgaben. (75 S.) 909. Geb. 1. 50
II. Für die 2. Klasse der Realgymnasien. Mit 2 Fig. im Text u. m. 450 Fragen u. Aufgaben. (72 S.) 909. Geb. 1. 50

— **dasselbe. Arithmetik f. Gymnasien, Realgymnasien u. Realschulen. 1.—3. Heft. 8. Ebd. 910.** Geb. 4. 80
1. (I. Klasse.) Mit 481 Fragen u. Aufgaben. (75 S.) Geb. 1. 50
2. Für die II. Klasse. Mit 2 Fig. im Text u. 450 Fragen u. Aufgaben. (72 S.) Geb. 1. 50
3. Für d. III. Klasse. Mit 61 Fig. im Text u. m. 317 Fragen u. Aufgaben. (122 S.) Geb. 1. 80

Suppantschitsch, Rich., **mathemat. Unterrichtswerk. Geometr. Anschauungslehre f. die 1. Klasse der Realgymnasien. (Ausg. f. Realgymnasien.) Mit 77 Fig. im Text u. 221 Fragen u. Aufgaben. (41 S.) 8. Wien 909. F. Tempsky.** Geb. — 80

— **dasselbe. Grundriss d. Geometrie. 2 Hefte. 8. Ebd. 910.** Geb. 2. 90
1. Für Gymnasien u. Realgymnasien. Für die II. Klasse. Mit 117 Fig. im Text u. 206 Fragen u. Aufgaben. (59 S.) Geb. 1. 20
2. Für Gymnasien, Realgymnasien u. Realschulen. Für d. III. Klasse. Mit 153 Fig. i. Text, 3 Taf. u. 393 Fragen u. Aufgaben. (92 S.) Geb. 1. 70

— dasselbe f. Realschulen. I. Heft, f. die II. Klasse. Mit 124 Fig. im Text, 3 Taf. u. 208 Fragen u. Antworten. (68 S.) 8. Ebd. 910. Geb. 1. 40

— dasselbe. Lehrbuch der Geometrie f. Gymnasien u. Realgymnasien. Mittelstufe. Planimetrie u. Stereometrie. Mit 349 Fig. im Text u. 1296 Fragen u. Aufgaben. (340 S.) 8. Ebd. 910. Geb. in Leinw. 4. 50

— dasselbe. Für die IV. u. V. Klasse der Realschulen-Planimetrie u. Stereometrie. Mit 299 Fig. im Text u. 1171 Fragen u. Aufgaben. (302 S.) 8. Ebd. 910. Geb. in Leinw. 4. —

Suppantschitsch, Vict., Album f. Postmarken-Sammler bei erster Anlage v. Sammlungen. Mit 524 Illustr. hoch 4. (64 S.) Lahr 883. Schauenburg. cart. 1. 50

Suppantschitsch, Vikt., grosses illustriertes Briefmarken-Album. gr. 4. (IV, 280 S. mit 559 Markenabbild. in den Feldern.) Lahr 887, Schauenburg. cart. * geb. * ℳ 5.—.; fein geb. *

— kleines illustriertes Briefmarken-Album. gr. 8. (64 S.) Ebend. 884. cart. — 50; geb. — 80 u. n. 1. —

Suppantschitsch V. Briefmarkenkunde. (Weber's Katechismen 152) Leipzig 1895.

Suppantschitsch, Vict., Grundzüge d. Briefmarkenkunde u. d. Briefmarkensammelns. Mit dem Portr. Rowland Hills u. 7 in d. Text gedr. Abb. 12. (VIII, 221 S.) Leipzig 895. J. J. Weber. Geb. in Leinw. n. 3. —

Suppantschitsch, Vict., Leitfaden der Philatelie [Briefmarkenkunde]. Ein unentbehrl. Rathgeber für angehende Philatelisten, sowie für fortgeschrittene Sammler. 8. (IV, 136 S.) Leipzig 880. Wartig's Verl. n. 2. —

Suppantschitsch, Vict., Leitfaden der Philatelie [Briefmarkenkunde]. Ein unentbehrl. Rathgeber f. angeh. Philatelisten, sowie f. fortgeschrittene Sammler. (Neue [Titel-]Ausg.) 8. (IV, 136 S.) Lahr 890. Schauenburg. n. 2. —

—— **patentirtes Permanent-Briefmarkenalbum. 1. Lfg. gr. 4. (25 Bl.) Ebendas. 888.**
Ausg. auf feinem, holzfreiem Halbcarton *
Ausg. auf echt japanes. Pap. *

Suppantschitsch, Vikt. Patentiertes Permanent-Briefmarkenalbum. 2.—18. (Schluss-)Lfg. a) Ausgabe auf Halbkarton. gr. 4. (Bl. 26—450.) Lahr 888/89, Schauenburg. à Lfg. * 2 —; * 34 — b) Ausg. auf japanes. Papier à Lfg. * 4 —; * 68 —
1. Lfg. Ebd. 1888. a) * 2 —; b) * 4 —.

— Welt-Briefmarken-Album. Mit 514 Abbildgn. u. 84 Staatenwappen. gr. 4. (IV, 666 S.) Ebend. 884. geb. n. 10. —

— Welt-Briefmarken-Album. Mit 632 Abbildgn. u. 86 Staatenwappen. 2 Bde. gr. 4. (904 u. XXIII S.) Ebd. 888. geb. in Leinw. n. 14. —

Suppe, Carl, s. Suppe, Karl

Suppe, Ed., dein Wort ist meines Fußes Leuchte. Casualreden. 1. Abth. Tauf-, Confirmations-, Beicht-, Abendmahls-, Trau- u. Leichenreden. gr. 8. (VI, 288 S.) Leipzig 882. Drescher. n. 2. 80; geb. n. 3. 60

Suppe, Ed., Dein Wort ist meines Fußes Leuchte. Casualreden. 2. Abth. Gelegenheitsreden u. Casualpredigten. gr. 8. (VI, 242 S.) Leipzig 882. Frankfurt a/M., Drescher. n. 2. 80; geb. n. 3. 60 (1. u. 2.: n. 5. 60; geb. n. 7. 20)

Suppe, Ed., Clem. **Brockhaus** und Geo. **Merbach,** drei Gastpredigten am 2., 3. und 5. Sonntage nach Epiphanias den 15. und 22. Janr. und 5. Febr. 1865 in der Thomaskirche zu Leipzig gehalten. gr. 8. (53 S.) Leipzig 865, Gebhardt. *

Suppé, Frz. v., Dichter u. Bauer, s.: Silesius, F.

Suppé, F. v., Fatinitza, s.: Theater, neues Wiener.

Suppé, Frz. v. Fatinitza, s. Zell, F.

Suppé, Frz. v., die schöne Galathee, s.a. Universal-Bibliothek.

Die schöne Galathee. Komisch-mytholog. Oper in 1 Aufzug von Franz v. **Suppé**. Text von Poly Henrion [d. i. Leopold F[rh] Kohl v. Kohlenegg]. Vollst. Buch. Enth. auch J[ean] J[acques] Rousseaus Monodrama 'Pygmalion'. Hrsg. u. eingel. von Georg Richard Kruse. Leipzig: Ph. Reclam jun. [1907]. (70 S.) 8° [F.]
(Universal-Bibliothek. 4876.)
= **Opernbücher**. Bd 61. [07. 5190

Das Modell. Operette in 3 Acten von Victor Léon u. Ludwig Held. Musik von Franz v. **Suppé**. [Text.] Leipzig, Wien: J. Weinberger [1895]. (55 S.) 8°

Suppé, F. v., der Teufel auf Erden, s.: Theater, neues Wiener.

Elmar, Karl —. Trommel und Trompete. Posse mit Gesang in drei Akten. Von — —. Musik vom Kapellmeister Franz von Suppé. 8. (42 S.) Wien. Gedruckt bei A. Pichler's Witwe und Sohn. 1854.

Suppe, Karl

Suppe, Carl, Friedlieb Ferdinand Runge, Professor der Gewerbekunde. Ein Gedenkblatt zu seinem 100. Geburtstage am 8. Febr. 1894. gr. 8. (15 S. m. Bildnis u. 1 Abbildg.) Oranienburg 894. E. Freyhoff. — 60

Suppe, Ludwig Ed.

— ach Gott, verlaß uns nicht. Predigt, üb. Jerem. 14, 7—9 am 2. Landesbußtage in der Kirche zu St. Thomä geh. gr. 8. (16 S.) Ebd. 896. n. — 20

Suppe, Ludw. Ed., das Gleichniß vom reichen Mann u. armen Lazarus, e. Warng. vor Seelenschaden. Zeitpredigt üb. Luc. 16, 19—31, am 1. Sonntage nach Trinitatis 1897 in d. Kirche zu St. Thomä geh. gr. 8. (19 S.) Leipzig 897. H. G. Wallmann. n. — 20

—— Gottes Brünnlein hat Wassers die Fülle. 3. Sammlg. v. Casualreden. 6 Hefte. gr. 8. Ebd. 892. à Heft * 1 —; * 6 —
1. Tauf- u. Bescheerungsreden. (104 S.) — 2. Confirmationsreden. (S. 105—192.) — 3. Beicht- u. Abendmahlsreden. (S. 193—280.) — 4. Traureden. (S. 281—392.) — 5. Leichenreden. (S. 393—480.) — 6. Leichen- u. Einweisungsreden. (XII. S. 481—572.)

— der Herr ist mein Licht u. mein Heil. 4. Sammlg. v. Casualreden. 6 Lfgn. gr. 8. Ebd. à Lfg. n. 1. —
1. Tauf- u. Bescherungsreden. (IV, 88 S.) 896.
2. Confirmationsreden. (III u. S. 89—172.) 896.
3. Beicht- u. Abendmahlsreden. (III u. S. 173—256.) 897.
4. Traureden. (III u. S. 257—352.) 897.
5. 6. Leichenreden. (II, X u. S. 353—538.) 897.

— hinauf zu hl. Höhe! Confirmationsrede üb. Phil. 3, 12, als Gedenkblatt f. Confirmanden vom J. 1895 gewidmet. gr. 8. (16 S.) Ebd. 895. n. — 20

Suppe, Ludw. Ed., laß meinen Gang gewiß sein in Deinem Wort! Neue Sammlung von Casualreden. 1.—3. Heft. gr. 8. Leipzig 888, Rother. à Heft *

Inhalt:
Heft 1. Taufreden und Bescheerungsreden. (S. 1—80.)
" 2. Confirmations-Reden. (S. 81—168.)
" 3. Beicht- und Abendmahlsreden. (S. 169—248.)

Suppe, Ludw. Ed. Laß meinen Gang gewiß sein in Deinem Wort. Neue Sammlung v. Casualreden. 4.—6. (Schluß-)Heft. gr. 8. Lpz. 889, Rother. à Heft * 1 —; * 3 —
4. Traureden. (S. 249—336.) — 5. 6. Leichenreden. (X, S. 337—512.)
1.—3. Heft. Ebd. 1888. à * 1 —; compl. geb. * 7 —.

Suppe, Ludw. Ed., laß meinen Gang gewiß sein in Deinem Wort! Neue Sammlung v. Casualreden. 2. Aufl. 6 Lfgn. gr. 8. Leipzig 894. H. G. Wallmann. à n. 1. —
1. Tauf- u. Bescheerungsreden. (IV u. S. 1—80.) — 2. Confirmationsreden. (III u. S. 81—168.) — 3. Beicht- u. Abendmahlsreden. (III u. S. 169—248.) — 4. Traureden. (III u. S. 249—336.) — 5. 6. Leichenreden. (VIII u. S. 337—511.)
Die 3. Sammlung u. d. Titel:

—— Rede, beim Begräbnisse des Prof. D. W. G. Schmidt gehalten, s. Schmidt.

Suppe, Ludw. Ed., Christi Tagewerk u. das Gustav-Adolf-Vereinswerk. Predigt üb. Matth. 9, 35—38 bei der Jahresfeier d. Tauchaer Zweigvereins zur Gustav-Adolf-Stiftung am 23. Juni 1874 in der Kirche zu Engelsdorf. 8. (24 S.) Leipzig 874. (Serig.) — 30

— was d. Herr d. Kirche uns. Confirmanden heute zu sagen hat. Confirmationsrede, Mittwoch nach Palmarum am 14. IV. 1897 in der Kirche zu St. Thomä geh. 8. (19 S.) Ebd. 897. n. — 20

— was wir am Vaterunser haben. Predigt üb. Matth. 6, 9—13, am Sonntage Rogate 1895 in d. Kirche zu St. Thomä in Leipzig geh. gr. 8. (20 S.) Ebd. 895. n. — 20

—— s. Zum Gedächtnis d. frühvollendeten Dr. Rich. Fürchtegott Kühn.

Suppe, Osk., Ausbildungs-Ideen. Ein Versuch, theoret. Fordergn. an die Einzelausbildg. der Infanterie auf die Praxis zu übertragen. [Aus: „Neue militär. Blätter."] gr. 8 (48 S.) Berlin 874. Militaria. n. 1. 20

Suppeck, J. N., ABC-, Buchstabier- u. Lesebuch f. den ersten Unterricht der Jugend. Mit e. Anh. Lehrstücke u. Gebete enthaltend 2c. 8. Erfurt 813. (Otto). 3 gl

Suppeck, J. N. Erfurts Heimathskunde, und die Einleitung zu den geograph. Vorträgen in den beiden unteren Kursen der Gymn. 4 S.
Progr. Erfurt k. 1831

Suppenanstalt, Die Rumfordische, für Seelsorger, oder erläuternde Gedanken der Schrift . . . [Straubingen] 1804. V: *Zenger, Joseph.* (MGT)

Suppenanstalt, d. Rumfordsche, f. Seelsorger, od. erläut. Gedanken üb. d. Flugschrift: über Vertheil. d. Pfarreyen und Besold. d. Geistlichk. in Bayern 2c. gr. 8. Straubing. Helgl. 805. — 16

Suppenköchin, die vollkommene. Sammlung von 181 Recepten zu allen Sorten Suppen. 8. (86 S.) Wien, Geitler. 1870. 24 kr.

Supper, d. Entwicklg. d. Eisenbahnwesens im Königr. Württemberg. Denkschrift z. 50. Jahrestag d. Eröffng. d. ersten Eisenbahnstrecke in Württemberg am 22. Oktbr. 1845. Lex.-8. (VI, 215 S. m. 59 Abb., 1 Bildn. u. 1 farb. Karte.) Stuttgart 895. W. Kohlhammer. n. 8. —; geb. n. 9. 50

Supper, Auguste

Supper, A., da hinten bei uns. Erzählungen aus dem Schwarzwald. 3.—5. Aufl. (Umschlagzeichnung v. Gust. Kampmann, Buchschmuck v. Johanna Naff.) (204 S.) 8. Heilbronn 905. 905. E. Salzer. n. 2. 20; geb. in Leinw. n. 3. —

Supper, Auguste, da hinten bei uns. Erzählungen aus dem Schwarzwald. 6. Aufl. (204 S.) 8. Heilbronn 910. E. Salzer. 2.20; geb. in Leinw. n 3. —

— der schwarze Doktor. Erzählg. aus Würzburgs düsterer Zeit. (Neue [Titel-]Ausg. v. „Unter dem Jesuitenhut".) (217 S.) 8. Ebd. [899]. 906. n. 2. 20; geb. n. 3. —

— Holunderduft. (308 S.) 8. München 910. Süddeutsche Monatshefte. 3.50; geb. in Leinw. 4. 50

Supper, A., unter dem Jesuitenhut, s. a. Wiemann's Hausbibliothek. 5. Bd.

Unter dem Jesuitenhut. Eine Erzähl. aus Würzburgs düsterer Zeit von A. Supper. *Barmen: D. B. Wiemann [1899].* (217 S.) 8° [F.]
= Hausbibliothek, Wiemanns. Bd 5.

— Im Flug durch Welschland. Eine fröhl. Ferienfahrt. (126 S.) 8. Ebd. 908. 1.—; geb. in Leinw. 2. —

— Lehrzeit. Ein Stück aus e. Leben. 1.—3. Aufl. (322 S.) 8. Stuttgart 909. Deutsche Verlags-Anstalt. 4.—; geb. 5. —

— Leut'. Schwarzwalderzählungen. (Umschlagzeichnung v. Ernst Liebermann.) (189 S.) 8. Heilbronn 907. E. Salzer. 2.20; geb. n 3. —

Supper, A., der Mönch v. Hirsau. gr. 8. (239 S.) Stuttgart 898. Greiner & Pfeiffer. Geb. in Leinw. n. 3. 50

— Der Mönch v. Hirsau. 2. Aufl. (VII, 246 S.) 8. Ebd. 907. 2.—; geb. n 2. 80

— s.: Schwaben, sieben.

Supper, Otto: Das deutsche Eisenbahnstrafrecht ... Stuttgart, Druck v. C. Hammer, 1893; 2 Bl., 104 S. 8.
Tübingen, Jur. Fak., Inaug.-Diss. v. 1892

Suppes, Ernst, Dr. jur.: Der Einredebegriff des Bürgerlichen Gesetzbuchs in seiner praktischen Bedeutung. *Leipzig Veit & Co. 1902.* (52 S.) 8° [= Ausgew. Doktordissertationen d. Leipz. Juristenfakultät, No 23.]
Leipzig, Jur. Diss. v. 1902

Suppes, Ernst, der Einredebegriff des bürgerlichen Gesetzbuchs in seiner praktischen Bedeutung. Diss. gr. 8. (VII, 52 S.) Leipzig 902. Veit & Co. n. 1. 60

Suppes, Johanna, Medizinalprakt.: Aus d. Prosektur d. städt. Krankenh. r. d. I. Prosektor: Oberndorfer. Ein Fall von primärem Leberzellcarcinom mit Thrombosen der Venae hepticae und Geschwulstembolien der Arteriae pulmonales. München 1908: Wolf. 20 S. 8°

München, Med. Diss. v. 8. Febr. 1909, Ref. v. Bollinger

[Geb. 2. Juli 74 Dillenburg; Wohnort: Nieder-Lößnitz b. Dresden; Staatsangeh.: Preußen; Vorbildung: Gymn.-Kurse f. Frauen d. Allg. dtsch. Frauenvereins Leipzig, Prüf.-Komm. d. Neustädter Gymn. Dresden Reife M. 02; Studium: Leipzig 4, Freiburg i. B. 1, München 6 S.; Coll. 8. Febr. 09; Approb. 14. Jan. 09.] [U 09. 3411

Suppes, O., Generalregister, s.: Entscheidungen des Reichsgerichts in Strafsachen.

Suppeturner: Dr Suppeturner
v. Solothurner Zeitung (III).

Suppiger, J.: Der Alkoholismus im Kanton Luzern und die Mittel, seine Ausdehnung zu beschränken. Vortr. vor der gemeinnützigen Gesellsch. der Stadt Luzern. 8°. 16 S. Luzern. 1881. (Beilage: Drei Zusammenstellungen über Import alkoholhaltiger Getränke im Kanton Luzern von 1870—1880.)

Suppiger, Joseph, prakt. Arzt. Trieugen, Kt. Luzern: Leptomeningitis otogenen Ursprungs. Bern 1909. 18 S. 8°. [23. VI. 09.]
Bern. Med. Diss. 1908/09.

Suppiger, Joseph. Leptomeningitis otogenen Ursprungs. Diss. Med. Bern. 18 S. 8. Bern, Buchdr. Berner Tagblatt, 1909.

Suppius, Christoph Eusebius

— **Hirtengespräche. 8. Gotha 751. Dieterich in Götting. 8 gl**

HIRTEN-GESPRACHE (Idyllen in Versen, von *Christoph Eusebius Suppius*). Gotha, Mevius, 1751. 8°.

Suppius, Chph. Euseb., (†...) Hylas, e. Hirtengespräch. 4. Gotha 750.

— — Menalk in der Schäfer-Stunde, geschildert von einem Hirten an der Leine. Ebd. 1763. 8°. 11 Bogen.
Cat. Meissner III. p. 518; Koch, Compend. II. p. 192. — Sehr selten!

SUPPIUS, Chp. Eusebius („D. R. C. [Der Rechte Candidat], der Königl. Deutschen Gesellsch. zu Göttingen Mitgl."), Oden u. Lieder, gesammlet von — —. Mit Titelvign. (Landschaft in Barockrahmen, Bernigeroth sc.). Gotha, bey Joh. Chp. Reyher. 1749. 8°. (In Göttingen: P. 3667.) (4 Mk. 50 Pfg. Edm. Meyer, Berlin, 1911.)
8 Bll. Vorst. (incl. Tit., auf dessen Rücks. Erklrg. d. Kupf.-Vign., 1 Bl. Zuschr. an die obige Gesellsch., 5 Bll. Vorr., 1 Bl. Verz.), 367 S.

— **Oden u. Lieder. 8. Ebend. 751.**

— gesammelte **Oden u. Lieder. 8. Gotha 750. Dieterich in Götting. 12 gl**

Suppius, Johann Jakob (Memmingen) A. S. 759/46

Dissertatio inauguralis iuridicam de fallacia spei,
Von Betrüglicher Hoffnung.
Präs. Christian Wildvogel.
Jena (Müller) IV. 1708. 30 S.

Gew.: Stadt Memmingen.
W. v.: Präs. 34097

Supplément
v. Die junge Schweiz -- La jeune Suisse (Be).

Supplement. [Lettres critiques, morales, et politiques ...] Amsterdam [Hanau] 1786. Bern 1786. Bern 1787. Frankfurt a. M. 1802. V: *Lamberg, Maximilian Josef Graf von.* (GGr VII/9, Nr. 2/13) (WBL 14/46) (BiblPort)

Supplement zum Adelsbuch des Königreichs Baiern. 1820. V: *Lang, Carl Hnr. v.* (Gk)

—— zur ersten Aufl. des Staats-Lexicon's, s. Staats-Lexicon.

—— zur 2. Aufl. von W. Th. Richter's Repertorium zur Gesetzgebung des Königr. Sachsen enth. den Nachweis der Gesetzgebung von 1844 — 1848 und Verbesserungen und Nachträge zum Hauptwerke. Lex.-8. (411 S.) Leipzig 848, B. Tauchnitz. *
Richter's Repertorium. 2. Aufl. Ebendas. 1845. * 6 Thlr.

Supplement, zweites, der 2. Aufl. von W. Th. Richter's Repertorium zur Gesetzgebung des Königr. Sachsen. Die Gesetzgebung vom J. 1848 bis 1. Aug. 1856 betreffend. 3 Lfgn. Lex.-8. (322 S.) Leipzig 856, B. Tauchnitz. à Lfg. * 18 Ngr. *

— **zu d. Briefwechsel des verstorb. Hrn. Abts, od. Erläuterr. üb. d. Inhalt dieser Briefe. 8. Lemgo 772. Mayr. 2 gl Französisch 2 gl**

Supplement zum Bürgeretat der Stadt Zürich 1875, bearbeitet von der Stadtkanzlei. Zürich, F. Schulthess. cart. 1. 75
1876.

Supplement zu dem Werke: Christus und die Vernunft. Berlin 1794—95. V: *Riem, Andreas.* (Ky)

Supplement zum Codex des im Königr. Sachsen geltenden Kirchen- u. Schulrechts m. Einschluß des Rechts der frommen Stiftungen u. d. Ehe. Enthaltend die neuere, einschlagende Gesetzgebung seit dem J. 1840 u. Berichtigungen u. Nachträge zum Hauptwerke m. Erläutrgn. aus ungedruckten Verordngn. versehen. Sammt vollständ. chronol. u. alphabet. Registern. Bearb. v. Ed. Schreyer. gr. 4. (VIII u. 352 S.) Leipzig 852, B. Tauchnitz. n. 4 Thlr (complet n. 10 Thlr; vergl.: Codex des im Königreich Sachsen geltenden Kirchen- u. Schulrechts. Kaysers Bücherlexicon 7. Thl. S. 182.)

Supplement zu den **Ergänzungen der preuß. Rechtsbücher**, s. Ergänzungen.

Supplement, erstes, zu den Gesetzen vom 29. Aug. und 10. Novbr. 1848 die Abänderungen des Strafgesetzbuches vom J. 1813 betreffend. gr. 16. (XII und 36 S.) München 849, Franz.
Ausg. in Lex.-8. auf Schrbp. *
Vgl.: Gesetze die Abänderungen des Strafgesetzbuchs betreffend.

Supplement Au Véritable État Du différent élévé entre le Nouce Apostolique & les trois Electeurs Eclcesiastiques ou Lettre A L'Auteur De Ces Ouvrage Avec La Réponse. A Dusseldorff 1787. V: *Feller, Frans Xaver.* (Notices sur la vie et les ouvrages de l'abbé Feller, S. 18) (BiblPort)

—— zu den neuen Gesetzen für das Königr. Bayern erlassen in Folge der Landtage 18$^{49}/_{50}$, $^{51}/_{52}$. 1. und 2. Abthl. (1848—1851.) gr. 16. (S. 1—608.) München 854, Franz. à Abthl. 18 Ngr.

—— dass. — enthaltend die im J. 1853 erschienenen Verordnungen und Vollzugs-Vorschriften. 3. Abthl. A. u. d. T.: Neue Gesetze, Verordnungen ꝛc. für das Königr. Bayern. 3. Bdchn. 3. Abthl. 8. (LVIII und S. 609—701.) Ebds. 855.

Supplement, Dem Prinzen Friedrich von Braunschweig gewidmetes, zum 2ten Stück der Chronika von Berlin, die Anekdote vom Schlächter Teichmann betreffend. **Berlin 1781. V:** *Cranz, August Friedrich.* (schr)

Supplément du Petit Jurassien
v. Le Petit Jurassien.

Supplement zu den bisherigen Kriegs-Spiel-Regeln. Von e. Gesellschaft preuß. Officiere bearb. Mit 1 Kpft. 8. Berl. 828. Mittler. 6 gr

Supplément aux Lettres de Correspondance de feu Mr. Abbt, du Eclaircissemens sur la teneur de ces Lettres concernant cette Ville et cette académie . . . Francf. s. l. M. 1772. V: *Porte, Jacob Andreas.* (ML)

Supplément aux Mémoires p. s. à l'Histoire de Brandebourg, contenant la Vie et l'Histoire de Frédéric Guillaume Roi de Prusse. 8 Berlin 1758.

Supplément aux Mémoires pour servir à l'Histoire de notre tems, par rapport aux affaires des PP. Jésuites de Portugal . . . Francf. et Leipzig 1761. V: *Vattel, Emerich von.* (BrMm)

Supplement des römischen Missale für die Diözese Gurk. Klgft., St. Hermagoras-Druck., (ca. 1875). 40 S.

Supplement mehrerer Pieces, welche dem unter dem Titul: Historische Nachricht vom Nordischen Kriege, zum Vorschein gekommenen Scripto . . . Freystedt [Jena] 1726. V: *Buder, Chn Glieb.* (schles) »1716« (Wr)

Supplément quotidien contenant le compte-rendu détaillé des délibérations des deux conseils
v. L'Helvétie (II).

Supplement aux réflexions pour Maître Linguet . . . V: ***Linguet, Sim. Nic. Henri de.*** (Wilhelm Ludwig Wekhrlin, Chronologen. Frankfurt u. Leipzig 1779. Bd. 9, S. 185) (biblPort)

— zur vollständigen Schnittlehre d. Damen- u. Kinderkleiderverfertigens. Enthaltend 31 (Stein-) Tafeln m. mehr als 50 der neuesten Mäntel u. Mäntelchen ꝛc., nebst bildl. Darstellung jedes einzelnen Gegenstandes ꝛc. Hrsg. v. der Redaktion des Panorama d. Moden [Abth. der Damen-Journale]. qu. Fol. (24 S.) Basel 849, Büreau für technische Literatur. n. 2 ₰ (complet n. 3 ₰)

Supplément au siecle de Louis XIV. Catilina tragedie . . . Dresde 1753. V: *Voltaire, Franç. Marie Arouet de.* (Milchs)

— zu den Statuten d. Bayerischen Hypotheken u. Wechselbank vom 17. Juni 1835 enth. die königl. Entschließungen vom 6. Jan. 1850 [Reg.-Blatt vom J. 1850, Nr. 3, S. 35] u. vom 10. Sept. 1850 [Reg.-Blatt vom J. 1850, Nr. 46, S. 723.] gr. 8. (8 S.) München 850, Franz. 1 ngr

—— zu den Statuten der bayerischen Hypotheken- und Wechselbank vom 17. Juni 1835 enth. die königl. Entschließungen vom 6. Jan. 1850. (Reg.-Blatt vom J. 1850, Nr. 3, S. 35) und vom 10. Septbr. 1850 (Reg.-Blatt vom J. 1850, Nr. 46, S. 723.) gr. 8. (8 S.) München 851, Franz.

Supplement zum Ersten Stück der **Chronika** von Berlin . . . das neue Gesangbuch **betreffend** . . . Berlin 1781. V: *Cranz, August Friedrich.* (BrMm)

Supplement zu dem Werke: České Úlohy Šachové. (Böhmische Schachaufgaben.) kl. 8. (XXXVII S.) Prag, Bursik und Kohout.

Supplement des Versuchs einer pragmatischen Geschichte den teutschen Nationalgeist betreffend . . . Frankfurt 1767. V: *Moser, Friedrich Carl von.* (zuwzür 16, 1912, I, S. 144)

—— zu F. v. Schlegels Werken, s. Schlegel.

Supplementa ad Catalogum dissertationum medicarum Academiae Altorfinae . . . Noremb. 1806. V: *Spies, Christoph David Jacob.* (MGT)

—— zu J. J. R. v. Prechtl's technologischer Encyklopädie, s. Encyklopädie, technologische.

Supplementa ad epistolas Dav. Ruhnkenii et Dan. Wyttenbachii, itemque alia aliorum eruditorum anecdota, edita et annotationibus nonnullis illustr. a Guil. Leonardo Mahne. 8maj. (126 S.) Lugdun. Batav. 847, S. et J. Luchtmans. **

Supplementa litteraria. [Berolini 1818.] V: *Wolf, Frdr. August.* (MGT)

Supplementa et observationes variorum ad G. J. Vossium de historicis Graecis et Latinis. Cum praef. J. A. Fabricii. Hamb. 709. 8. 10 gr.

Supplementband zu den 5 französischen Gesetzbüchern, siehe: Sachregister.

Supplement-Band zu den königl. preuß. Militair-Wochenblättern pro 1848 bis incl. 1854. Hrsg. von G. M. Kletke. gr. 4. (XX und 94 S.) Berlin 855, Huber's Verlag. *

— zu Otto Friedr. Rammler's Universal-Briefsteller oder Musterbuch zur Abfassung aller in den allgemeinen und freundschaftlichen Lebensverhältnissen, sowie im Geschäftsleben vorkommenden Briefe, Documente und Aufsätze. Ein Hand- und Hülfsbuch für Personen jeden Standes. gr. 8. (IV und 216 S. mit eingedr. Holzschn.) Leipzig 854, O. Wigand.

— zu Shakespeare's dramatischen Werken enth. Beiträge und Verbesserungen zum Texte derselben. Bearb. und hrsg. von F. A. Leo. A. u. d. T.: Beiträge und Verbesserungen zu Shakespeare's Dramen nach handschriftl. Aenderungen in einem von J. Payne Collier aufgefundenen Expl. der Folio-Ausg. von 1632 für den deutschen Text bearb. und hrsg. von F. A. Leo. 8. (XXVII und 341 S.) Berlin 853, Asher und Comp. *

Supplementbändchen zu allen Ausgaben von Mac-Culloch's Lexicon für Kaufleute ꝛc., zu Schiebe's Universal-Lexicon, zur Pfennig-Encyclopädie für Kaufleute u. zu Jöcher's Handelsschule. 3 Bde. 8. Leipzig ... (Schmidt; Verlags-Verein.) (à 5/12 ₰) 1 1/4 ₰

Supplemente zur 1. Aufl. des „Preußischen Staatsbürgers." 1—8. Heft. gr. 8. (S. 1—512.) Berlin 853, Preußisches Literatur-Comtoir. à Heft * 5 Ngr. Thlr. *

Supplemente zum Gesetzbuch der Loge zur Harmonie in Chemnitz. 1—7. o. O. u. J. 8⁰ [Kopftit.]

1. Allgem. Aufnahme-Gesetz f. die z. deutschen Grosslogenbunde gehörigen Logen. 8 S. [ca 1883.]
2. Bestimmungen d. Wittwen- u. Waisen-Kasse. S. 9—16. [1885.]
3. Aenderungen des Gesetzbuchs laut Gesetzgebungsconferenzen vom 10. Mai 1885 und 7. Mai 1886, sowie laut der Jahresberichte von 18 8/8 4/5 und 18 8/8 5/6. 1 Bl. [ca 1886.]
4. Abänderungen des Gesetzbuches der Loge zur Harmonie in Chemnitz, bedingt durch die, infolge Erwerbung der Rechte einer juristischen Person festgesetzten Statuten. Beschluss der Gesetzgebungsconferenz vom 10. Mai 1889. 1 Bl. [1889.]
5. Allgem. Gesetz f. die z. deutschen Grosslogenbunde gehörigen Logen (mit Ausnahme d. Grloge z. Sonne in Bayreuth) betr. d. Verfahren b. Verletzung mrischer Pflichten. 6 Bl.
6. 7. Allgem. Gesetz f. die z. deutschen Grosslogenbunde gehörigen Logen betr. d. Zulassung besuchender Brr u. d. Annahme v. Brr Frmrn. 4 Bl. [1891.]
8. Aenderung der Bestimmungen der Unterstützungs-Anstalt für Witwen u. Waisen. (Laut Beschluss der Gesetzgebungs-Conferenz vom 10. Mai 1895.) 1 Bl. [1895.]

Supplemente zu der landwirthschaftlichen Groschenbibliothek von Wilh. Proß. 1—7. Bd. 12. Nordhausen 854—55, Büchting. à Bd. * 10 Ngr. *

Inhalt:

Bd. 1. Der Landwirth der Gegenwart oder zeitgemäße Anregungen und Belehrungen über alle Berufs- und Gewerbsinteressen des Landwirthes ꝛc. Hrsg. von Mor. Beyer und Wilh. Proß. 1. Bd. 1850. (192 S.)

" 2. Desaive, M., über den vielseitigen Nutzen des Salzes in der Landwirthschaft. Nach der französ. Preisschrift deutsch bearb. von Wilh. Proß. 1852. (84 S.) — Dietrich, L., die Kartoffelkrankheit oder Enthüllung des Wesens, der Ursachen und sichern Vermeidung derselben. 1850. (36 S.) — Klencke, die Cultur des Maulbeerbaumes und die Zucht der Seidenraupe. 1849. (35 S.)

" 3. Die höchsten Erträge des Ackerbaues durch eine der Bearbeitung mit dem Spaten gleichkommende Tiefcultur mit dem Pfluge. Von Carl Büchner. 1851. (128 S. mit 1 Stnt.)

" 4. Der Landwirth der Gegenwart oder zeitgemäße Anregungen und Belehrungen über alle Berufs- und Gewerbsinteressen des Landwirthes ꝛc. Hrsg. von Mor. Beyer und Wilh. Proß. 2. Bd. 1851. (192 S.)

" 5. Jedermann sein eigner Gärtner. Von Thom. Mawe und John Abercrombie. Nach der 25. Aufl. des engl. Orig. für deutsche Gärtner und Gartenfreunde bearb. von L. Dietrich. 1852. (102 S.) — Die Natur der Kartoffelpflanze, die wahre Ursache ihres krankhaften Zustandes und die Mittel zur Beseitigung desselben durch ein naturgemäßeres Culturverfahren. Von Wilh. Proß. 1854. (40 S.)

" 6. Wellingtoniana. Anecdoten, Meinungen und Charakterzüge von dem Herzog von Wellington. Zusammengestellt von John Timbs. Aus dem Engl. übers. (191 S.)

" 7. Napoleon im Bivouac, in den Tuillerien und auf St. Helena. Bisher noch ungedr. Anecdoten über die Familie und den Hof des Kaisers. Von Marco de St. Hilaire. Aus dem Französ. (VI und 242 S.)

Supplemente zu Jean Paul, s. Katzenberger's neue Badereise.

Supplemente, judizielle. Hrsg. u. Red.: Paul Gruwe. 1. u. 2. Jahrg. März 1903—Febr. 1905. à 12 Nrn. (à ca. 36 Bl.) 4. Graz, U. Moser. à Jhrg. 4.—; gummiert od. als Zettelkatalog n. 5.—

— dasselbe. 3. Jahrg. März 1905—Febr. 1906. 12 Nrn. (à ca. 72 Bl.) 32×10 cm. Wien, Manz. Gummierte, nicht gummierte Ausg. od. als Zettelkatalog je 6.—

— dasselbe. 4. Jahrg. März 1906—Febr. 1907. 6 Nrn. (à ca. 50 Sp.) 32×9,4 cm. Graz, Styria. Gummierte, nicht gummierte Ausg. od. als Zettelkatalog je 5.—

Supplemente, judizielle. Rechtsquellen, Literatur u. Praxis auf dem gesamten Gebiete d. österreich. Justizgesetzgebg. Hrsg. u. Red.: Paul Gruwe. 5. Jahrg. März 1907—Febr. 1908. 6 Nrn. (à ca. 68 Sp.) 32,5×20 cm. Graz, Styria. 5.—; gummierte Ausg. nn 6.70; Ausg. als Zettelkatalog nn 5.85

— dasselbe. I—IV. Jahrbuch 1903—1906. (Rechtsquellen, Literatur u. Praxis auf dem gesamten Gebiete der österreich. Justizgesetzgebg.) kl. 8. Ebd. Geb. in Leinw. 17.
I—III. 1903—1905. (XI, 968 S.) 908. Geb. 12.—.
IV. 1906. (XII, 440 S.) 907. Geb. 5.—

Supplemente, logarithmische, s. Leonelli.

Supplemente zu Pierer's Universal-Lexikon der Gegenwart u. Vergangenheit od. neuestem encyclopäd. Wörterbuche der Wissenschaften, Künste u. Gewerbe bearb. v. mehr als 300 Gelehrten. 1. Bd. 2—4. Bd. à 2 Hälften. u. 5. Bd. gr. 8. (1.: IV u. 446 S. 2.: ... S. 3.: ... S. 4.: 446 S. 5.: 446 S.) Altenburg 850—52, Pierer. (à Bd. 3/4 ₰) 3 3/4 ₰. Velinp. (à Bd. 1 ₰) 5 ₰

Supplemente zu Pierer's Universal-Lexikon der Gegenwart u. Vergangenheit. 6. Bd. Altenburg 854. Pierer. gr. 8. (514 S.) 22 1/2 ngr.; Velinp. 1 ₰.

Supplementheft, 1. u. 2., zu der 2. Hälfte des Perikopenbuches f. das Königr. Sachsen, d. i. Predigt-Skizzen über den im J. 1844 neu verordneten histor.-didact. Cyclus mit dreifachen Texten. Hrsg. von Ernst Stange. Vom 1. Advent bis mit 26. Sonntage nach Trin. mit Einschluß des 2. Bußtages. 12. (10 1/3 B.) Grimma 843, Verlags-Comptoir.

— dass. 3. u. 4. zu der 2. Hälfte des Perikopenbuches f. das Königr. Sachsen, d. i. Predigt-Skizzen über das Passions-, Reformations-, Kirchweih-, Todten- u. Erntefest. Hrsg. v. Ernst Stange. Mit e. Register sämmtl. bearb. bibl. Stellen. 8. (7 B.) Ebds. 844.

Supplement-Katalog der Karlburger Pflanzenkultur-Anstalt, (vormalige Firma: Emerich Klauzal und Komp.) 8. (14 S.) 1853. (Hajdan Klauzál, Imre társai czim alatti, most Oroszvári növénymivelési intézet toldalék-árjegyzéke).

Supplementtafeln zu Hübners genealog. Tabellen, f. Sb. Hübner.

Supplementum

— Aristotelicum, editum consilio et auctoritate academiae litterarum regiae borussicae. Vol. I. pars 1 et 2. gr. 8. Berlin, G. Reimer. n. 15. —
1. Excerptorum Constantini de natura animalium libri II. Aristophanis historiae animalium epitome, subiunctis Aeliani, Timothei aliorumque eclogis. Ed. Spyridon P. Lambros. (XX, 282 S.) 885. n. 10. —
2. Prisciani Lydi quae extant. Metaphrasis in Theophrastum et solutionum ad Chosroem liber. Ed. J. Bywater. (XIII, 136 S.) 886. n. 5. —

Supplementum Aristotelicum, editum consilio et auctoritate academiae litterarum regiae borussicae. Vol. II pars 1. gr. 8. Berlin 887. G. Reimer. n. 9. —
(I. et II, 1.: n. 24. —)
Alexandri Aphrodisiensis praeter commentaria scripta minora de anima cum mantissa, edidit Ivo Bruns. (XVII, 231 S.)

Supplementum Aristotelicum, editum consilio et auctoritate academiae litterarum regiae borussicae. Vol. II pars II. gr. 8. Berl. 892, G. Reimer. * 13 —
Alexandri Aphrodisiensis praeter commentaria scripta minora. Quaestiones — De fato — De mixtione. Edidit Ivo Bruns. (XLVII, 276 S.)
Vol. I pars 1 et 2, Vol. II pars 1. Ebd. 1885—87. * 24 —.

— dasselbe. Vol. III, pars I. Lex.-8. Ebd. 893. n. 5. —
Anonymi Londinensis ex Aristotelis iatricis menoniis et aliis medicis eclogae. Ed. Herm. Diels. (XX, 116 S. m. 2 Taf.)

Supplementum Aristotelicum. Editum consilio et auctoritate academiae litterarum regiae borussicae. Vol III, pars II. Lex.-8. Berlin, G. Reimer. n. 6 60
Aristotelis res publica Atheniensium. Ed. Frider. G. Kenyon. (XIV, 160 S.) 903.

Supplementum Breviarii monasteriensis jussu reverendissimi DD. Casp. Maximiliani, Episc. Monast. etc. Ad normam Breviarii monast. 1830 editi typis vulgat. 8. ... Monasterii 830, Aschendorff.

Supplementum Breviarii Romani pro dioecesi Gurcensi. Clagenfurti, Leon, 1863. 452 S.

Supplementum breviarii romani Ratisbonae typis G. J. Manz editi testa novissima in universa ecclesia praecepta vel pro aliquibus locis frequentius indulta continens. Regensburg 869. Manz. 8. (80 S.) n. 6 *ngr.*

— ad breviarium romanum, continens officia nova et novissima, quae in editionibus antiquioribus jam ab a. 1740 impressis tam in corpore breviarii quam in ejus appendice desiderantur: Praecedunt psalmi aliaque communia pro horis canonicis in festis per annum etc. Kempten 868. Kösel. 8. (IV, 283 S.) n. 1 *ℛ*

—— ad breviarium romanum, complectens officia a superiori saeculo usque ad hunc diem a s. Sede edita, praemisso officio B. M. V. per annum. Accedunt duae tabulae ex rubricis generalibus reformatis excerptae nec non psalmi aliaque communia ad horas canonicas commodius recitandas. Edit. II. 8. (XII, 380, 87 S.) Kempten 885, Kösel'sche Buchh. *

Supplementum codicis apocryphi. I. Acta Thomae graece partim cum novis codicibus contulit partim primus ed., latine rec., praefatus est, indices adjecit Max Bonnet. gr. 8. (XXVII, 220 S.) Leipzig 883, Mendelssohn. *

Supplementum codicis Austriaci oder chronologische Sammlung aller 1740 —70 in publicis-politicis erlassenen Generalien, Patente ... Wien 1777. H: *Martschläger*, *Matthias Ferdinand Edler von.* (KY) (EngJ)

Supplementum de controversia Heumanniana ad locum de S. coena in Gerhardi Locis theol. T. X. Tubingae 1770. V: *Köstlin*, *Nathanael.* (MGT)

—— ad diurnalis romani editionem Campodunensem majorem, complectens officia recens vel ad altiorem ritum elevata, vel kalendario romano noviter inserta, vel aliquibus dioecesibus concessa. Accedunt officia votiva per annum pro singulis hebdomadae feriis. 8. (28 S.) Ebendas. 885. *

—— idem, ad editionem minorem. 12. (24 S.) Ebendas. 885. *

Supplementum editionis Basilicorum Heimbachianae Libri XV—XVIII. Basilicorum cum scholiis antiquis integris nec non Lib. XIX. Basilicorum novis auxiliis restitutum continens. Edid. prolegomenis, versione latina et adnotationibus illustr. Carol. Ed. Zachariae a Lingenthal. 4 maj. (37 B.) Lipsiae 846, Barth. * 2 Thlr. 20 Ngr. Velinp. *

Supplementum, Ad Claudii La Croix S. J. Theologiam Moralem. Editio noviss. ... Colon. 1757. V: *Busembaum*, *Herm.* (AArK)

Supplementum lyricum. Neue Bruchstücke v. Archilochus, Alcaeus, Sappho, Corinna, Pindar, ausgewählt u. erklärt v. Ernst Diehl, s.: Texte, kleine, f. theologische u. philologische Vorlesungen u. Übungen. 33. 34.

Supplementum Missalis Romani pro Dioecesi Gurcensi continens Missas in festis novissimis ac propriis. Fol. (LVII S.) Klagenfurt 861, Leon's Buchh.

Supplementum Missalis Romani pro Dioecesi Gurcensi. Clagenfurti, Leon, 1862. Folio. 63 S.

Supplementum Missalis Romani et festorum Dioecesi Basileensi propriorum. Fol. (Schwarze u. rothe Schrift.) Campidonae 844, Koesel. ⅔ *ℛ*

— missarum novissimarum. Missae Sanctorum et Beatorum anno 1867 coelitum numero adscriptorum. Regensburg 868. Pustet. Fol. (8 S.) 3 *ngr.*

Supplementum ad monumenta Brixinensia edita Brixinae an. 1765 una cum epitaphiis et inscriptionibus in ecclesiis conterminis et vallis Pustrissae adjectum. 1775. V: *Mayerhofen*, *Stephan von.* (WBL)

Supplementum ad historica Russiae monumenta, s. a. Monumenta historica Russiae.

Supplementum ad historica Russiae monumenta, ex archivis ac bibliothecis extraneis deprompta, et a collegio archaeographico edita. 4maj. (XV und 513 S.) Petropoli 848. (Lipsiae, Voss.) **

—novum ad usum breviarii ordinis praemonstratensis accommodatum. II Ptes. 8maj. Frankf. a. M., Wesché. 8 gr

Supplementum novum ad usum Breviarii Ordinis Praemonstrantis accommodatum. II Part. 8. maj. Bambg. Göbhard. 739.

Supplementum, Onomatologiae forestalis piscatorio-venatoriae, oder Beyträge und Verbesserungen zum vollständigen Fisch- Forst- und Jagdlexikon. Stuttg. 1780. V (1—3): *Otto, Christoph.* (4): *Stahl, Johann Friedrich.* (ML)

— pharmacopoeae Borussicae Hamburgense, sistens medicamina Hamburgensibus usitata et recentiora nonnulla, quae in pharmacopoea Borussica, editionis VII non occurrunt. Auctoritate collegii sanitatis editum. Hamburg 868. Leipzig Mauke. Lex.-8. (231 S.) n. 1 ℛ 24 ngr

Supplementum verschiedener Piéces, welche unter dem Titul: Historische Nachricht . . . zum Vorschein gekommenen Scripto . . . beygefüget werden können. Freystadt [Jena] 1726. V: *Buder, Chn Glob.* (Bruun, Bibl. Danica III, 278.)

—humillimorum Postulatorum et Gravaminum SS. et OO. J. Regni Hungar. Fol. Ofen 801. Typ. Soc. 8 gr

—— proprii Missarum Dioecesis Seccoviensis. Fol. (15 S.) Gratz 861, Kienreich's Buchh.

Supplementum ad proprium missarum Rottenburgense. Jussu et auctoritate episcopi Caroli Josephi. Fol. (8 S.) Rottenburg a. N. 872. Baader. n. — 70

Supplementum, Theatri machinarum, das ist: Zusatz zu J. Leupold's Schau-Platz der Maschinen und Instrumenten . . . Leipz. 1739. V: *Scheffler, Johann Ernst.* (CBH)

Supplementum theologiae moralis de indulgentia . . . Augustae Vind. 1763. V: *Minderer, Sebald.* (Ky)

Humillima **supplicatio** ad Regiam Majestatem in Sachen des Collmarschen Deichgrefen Joh. Schwormstedts und Claus Lüders . . . an einem wider Harm Wohlenberg . . . am andern, auch alle übrige Untergehörige der adel. Güter Collmar, Klein Kollmar u. Neudorf . . . o. O. (1766.) Fol.

Supplicatio, Ad Imp. allerunterthän., pro citatione edictali adversus omnes Creditores defunctorum Comitum Oettingen Wallerstein Antonii Caroli et Joannis Friderici . . . [Nördl.] 1744. V: *Scheid, Georg Friedrich von.* (ML)

Ad thronum humillima **supplicatio** von Seiten der Erben deweil. Gutsbesitzers Friedrich August Niemeyer zu Herberhausen . . wider die Intestaterben des weil. Landsassen Heinrich Conrad Niemeyer auf Brodau in puncto schuldiger Auskehrung des Fideicommißguts Brodau . . . Schleswig. 1828. 4°

Supplicium, Mercurii, in Barometro. Carmen. Graecii 1752. V: *Spindler, Franz Xaver.* (Jes)

Supplik pro mandato de abolendo . . . conclusum statuum die 27. Nov. p. a. in Sachen Canonici Goffaux wider den Herrn Fürsten zu Hildesheim. Wetzlar 1791. V: *Goffaux, Frz Leop.* (Rotermund, Gel. Hannover. Bremen 1823.) (MGT)

Supplik an Max Joseph IV. von unangestellten Exreligiosen, (v. B. Aschenbrenner). 8. Landsh. 805. Krüll. 4 gr

Supplik an Maximilian Joseph IV. . . . Straubingen 1805. V: *Aschenbrenner, Beda.* (MGT) (Ky)

Supplik, Unterthänige, pro clementissima relaxatione Juramenti ad Effect. agendi . . . in Sachen des . . . Reinh. Witken . . . 2. Aufl. Altona 1774. V: *Brandt, Joh. Frdr. Wilh. von.* (Holz)

Der **Supplikant.** Eine Fabel. Hamburg. 1811. 8°.

Supplikation

Supplication und Spruch, An Grossmächt. Kayser Carolum ein, lustig zu lesen. O. O. u. J. V: *Felman, Tylman.* (GGr)

Supplication, Gegen die Grafen von Schönburg von Seiten ihrer Unterthanen eine, pro mandato S. C. de non grauando subditos . . . S. l. 1779. V: *Zwierlein, Chn Jacob von.* (Pütter, Litt. d. Teutsch. Staatsr. Gött. 1773—91. III, 377.)

Supplication und Bitte, Unterthänige, pro clementissime decernendo mandato poenali . . . in Sachen deren gesammten Gräfl. Schönburgischen Steuerbeschockten Unterthanen . . . O. O. 1779. V: *Zwierlein, Chn Jacob von.* (ML) (Holz)

Supplication und Bitte, Unterthänigste, pro clementissime decernendo mandato poenali de Restituendo et Euacuando monasterium Frauenalb . . . Carlsruhe 1772. V: *Preuschen, Georg Ernst Ludwig von.* (Holz)

Untherthänigste nochmalige **Supplication** u. Bitt pro gratiosissima restitutione in integrum adversus sententiam d. 15. Maii 1762 mandatumque exequendi de 23. Dec. 1763. o. O. u. J.

Documentirter **Nachtrag** zur unterthänigst-nochmaligen Supplication. o. O. u. J.

Supplike an Philosophische Damen zur Besänftigung der grossen flammenden Autorschaft ueber die Einsamkeit des Königl. Grossbritannischen Herrn Hofraths u. Leibarzts Zimmermann in Hannover. In drey Aufwartungen v. d. Verf. der Einsamkeit der Weltüberwinder. Leipzig 1785. V: *Oberreit, Johann Hermann.* (BGE VIII[a], 656)

Suppliken der Livländischen & Ehstländischen Ritterschaften an Seine Kaiserliche Majestät Alexander II. ..., nebst Memorial der Livländischen Ritterschaft. [3 Theile.] 8. Bern 1870.
[Theil 1] *u. d. T.:* Supplik der livl' Ritterschaft . . . Landtagsbeschluss vom 14. Januar 1870.

Süpplingen [Schlagwort]

Süpplingen, s.: Preussen. Messtischblätter.

Suppliques des Noblesses livonienne & ehstonienne adressées à Sa Majesté l'Empereur Alexandre II . . . Traduit de l'allemand. [3 parties.] 8. Berne 1870.
[1re partie] *u. d. T.:* Supplique de la Noblesse livonienne ... Décret de la Diète du 14 janvier 1870

Vortrag: Die Stettiner Strassenreinigung im Lichte des gewordenen und werdenden Rechts geh. von Karl **Supply** 1910. Hrsg. u. verlegt v. Stettiner Haus- u. Grundbesitzer-Verein (E.V.). Stettin 1910: Grassmann. 23 S. 8°

Supply, Karl, Turngerätkunde. Ein Lehr- u. Lernbuch f. tät. u. angeh. Turnlehrer. Ein Ratgeber f. Handwerker, Gemeinden u. Vereine. (XV, 190 S. m. üb. 400 Abb.) Lex. 8. Stettin 907. (Leipzig, Fritzsche & Schmidt.) 6. —

Turngerätkunde. Ein Lehr- u. Lernbuch f. tätige u. angehende Turnlehrer. Ein Ratgeber f. Handwerker ... Mit über 400 Abb. ... Karl **Supply**. Stettin: Selbstverl. 1907. (XIII, 190 S.) 4°(8°) [F.] 108. 2,3

[Die Aufhebung der Klöster und die Einziehung ihrer Güter widerstreitet der Gerechtigkeit, franz.] La suppression des convents, et l'incamération de leurs biens sont contraires à la justice. Dédié à l'instruction du peuple par un jurisconsulte chrétien. Trad. de l'allemand. — Fribourg: Schmid 1841. 41,V S. 1:Cf 4028.
8.3596

Supprian, Friedrich Leberecht

Supprian, F. L., praes. Jo. Gttl. **Krüger,** De physiognomia. Hal. 4°.
1744

Friedrich Leberecht Supprian

Programma de utilitate harmoniae praestabilitae in re medica ... Halae Magdeb.: Lyderwald (1747). 22 S. 8°

Halle, Med. Univ.-Schr. v. 1747

Supprian, Johann Wilhelm (Salza) A. S. 1260/6

Disputatio inauguralis medica, de febri quartana.
Präs. Johann Philipp Eysel.
Erfurt (Grosch) 3.IX.1714. 40 (statt: 24) S.

W. v.: Gottlieb Rueff, Georg Ernst Rösch.
34098

Supprian, Karl *Wilhelm* [aus Berlin]: Beiträge zur Kenntnis der Thymelaeaceae und Penaeaceae ... (Aus: Engler's Bot. Jahrb., Bd XVIII Heft 3 u. 4.) Leipzig, W. Engelmann, 1894; 52 S., 1 Bl., 1 Taf. 8.
Berlin, Phil. Fak., Inaug.-Diss. v. 6. Juni 1894

Supprian, Karl, Erziehungs- u. Unterrichtslehre, systemat. Tl., s.: Schorn, Aug., u. Jul. Plath, Handbuch.

Supprian, K., neue Fibel, s.: Gabriel, H.

Supprian, Karl: Frauengestalten in der Geschichte der Pädagogik. Kulturgeschichtl. Skizzen z. Frauenfrage. — Leipzig: Dürr 1897. VI, 298 S. 8° 1: Pb 6580

Supprian, K[arl]: Zur Geschichte der Königlichen Augusta-Schule und des Königlichen Lehrerinnen-Seminars zu Berlin. Festschrift z. Feier d. fünfzigjähr. Bestehens d. Anstalt am 29. April 1882. — (Berlin 1882:) Starcke. IV, 74 S. 8°

Supprian, K., goldener Hausschatz, — deutsches Lesebuch, — Lesestücke, } s.: Gabriel, H.

Supprian, K., Lesestücke aus der Heimatskunde und Geschichte von Pommern. Anhang zu dem „Deutschen Lesebuch mit Bildern" von Gabriel und Supprian. Auf Veranlassung des königl. Provinzial-Schul-Kollegiums zu Stettin und der Regierungen zu Stettin, Köslin und Stralsund bearb. gr. 8. (46 S.) Bielefeld 878, Velhagen und Klasing. *

—— Lesestücke aus der Heimatskunde und Geschichte von Pommern. Anhang zu dem „Deutschen Lesebuch mit Bildern" von Gabriel und Supprian. 2. verm. und verb. Abdr. gr. 8. (47 S.) Bielefeld 879, Velhagen und Klasing. *

— Lesestücke aus der Heimatskunde u. Geschichte von Pommern. Anhang zu dem „Deutschen Lesebuch mit Bildern" von Gabriel u. Supprian. Auf Veranlassung des königl. Provinzial-Schul-Kollegiums zu Stettin u. der Regierungen zu Stettin, Köslin u. Stralsund bearb. 2., verm. u. verb. Aufl. gr. 8. (47 S.) Bielefeld 882. Velhagen & Klasing. n. — 15

—— Lesestücke aus der Heimatskunde und Geschichte der preuß. Rheinlande, s. Gabriel, H.

— **Schreiblesefibel**, s.: Gabriel, H.

— das königl. evangelische Schullehrer-Seminar zu Pyritz, das frühere Otto-Stift, im ersten Halbjahrhundert seines Bestehens. Festschrift zum 50. Stiftungsfeste der Anstalt, am 15. Juni 1877. gr. 8. (VI, 130 S.) Pyritz 877. Backe. n. 1. 20

— **Vorstufe zum deutschen Lesebuch**, s.: Gabriel, H.

Supprian, Karl Wilhelm, s. Supprian, Karl

Suprematie, die, der Kirche, u. die Dienstpflicht der Fürsten in der römisch verkehrten Welt. Anthropologisch beleuchtet v. e. Zweifelnden. gr. 8. (VIII, 40 S.) Leipzig 872. O Wigand. — 75

Supremus honor viro summe ven. ampliss, ac celebr. nunc in beatis M. Wöldicke. 4. Kopenh. 750. Proft. 2 ß

Süptitz, Leonh. Ludw. Gottl.: Ueber den Beweis eines dem Fiduciare vom Testirer mündlich auferlegten Fideicommisses, u. dessen rechtliche Wirkungen; ad L. ult. C. de fideicommissis. Braunschweig u. Helmstedt 1804.

Süptitz, Lh. L. Gli.: Ueber d. Beweis e. dem Fiduciar v. Testirer mündl. auferlegten Fideicommisses u. dessen rechtl. Wirkungen ad leg. ult. Cod. de fideicomm. *Helmst.*, Fleckeisen. 804. 8. (12 Gr.)

Süptitz, Lh. L. Gli.: Lehrb. d. summar. Processe. *Brschw.* u. *Helmst.*, Fleckeisen. 807. gr. 8. (12 Gr.)

— Diss. de Nepotibus ex filio unico avo non in capita sed in stirpes succedentibus. 4. Helmst. 800. Fleckeisen. 5 ß

Sur, s. unt. dem Hauptwort.

Sur l'amour propre, comme principe de Morale. S. l. 1770. V: *Friedrich II. König von Preussen.* (ML)

Sur l'autorité paternelle . . . Berlin 1788. V: *Villaume, Pierre, Chn Frdr. Daunou & Ernst Ferdinand Klein.* (ErGr)

Sur la bibliothèque à Munich, s. Ueber die k. Hof- u. Staats-Bibliothek etc.

Sur l'influence des sciences sur le gouvernement et du **gouvernement** sur le sciences. Berlin 1780. V: ***Herder, Joh.** Gfr. von.* (EB)

Sur la maniere de recevoir le serment et la deposition des Gens de la suite d'un ministre étranger . . . S. l. [17??]. V: *Steck, Joh. Chn Wilh. von.* (Oa)

Sur l'opinion que l'on doit avoir des auteurs de la revolution francoise et des sectes intrigantes de nos jours. O. O. 1781. V: *Windisch-Grätz, Joseph Niclas Graf.* (Fideicomiss-Bibliothek Wien 2/2 302) (BiblPort)

Sur les origines Russes. Extraits de Manuscrits Orientaux, adressée à Mgr. le Comte N. de Romanzoff, dans une suite de lettres depuis l'an 1816 jusqu'à l'an 1825, par J. de Hammer. (Mit d. Text d. Originale.) gr. in-4. (18 B.) St. Pétersbourg 825, 27. (Leipsic, Voss.)

Sur le portrait d'un Comte de Cobenzl à Losa en Carniole. Görz . . . V: *Traunpaur Chevalier d'Ophanie, Alphons Hch.* (Wiener Realzeitung 1779, Bd. 2, S. 606) (BiblPort)

Sur la situation des affaires à traicter au congrès de Soissons. S. l. 1728. V: *Bartenstein, Jos. Chph Freih. v.* (Droysen, Gesch. d. Preuß. Politik. IV. Th., IV. Abth. Leipzig 1870. S. 4.)

Sur le sonet sur l'ouie . . . Berlin 1764. V: *Beltz, Urban Nathanael.* (EB)

Sur la Suisse à la fin de dix-huitième siècle. Luneville [Zürich] 1801. V: *Meister, Leonhard.* (BrMm)

Sur le système continental et sur ses rapports avec la Suède. [Leipz.] 1813. V: *Schlegel, August Wilhelm von.* (BrVV) (Collin, Anonymer. Kiobenh. 1869.) »Hamb. 1817« (CBH)

Sur l'universalité de la langue française . . . Berlin 1784. V: *Rivarol, Ant. Comte de & Joh. Chph Schwab.* (Gi)

Suer, D. L. Der Militarismus hüben und drüben. Ein Mahnwort an die Bürger u Arbeiter dieser Republik. Chicago, 1896.

Surabekoff, Georg: Ueber die Einwirkung von Nitrobenzol auf Monoketone bei Gegenwart von Natriumalkylat. 1909. 38 S. 8⁰
München, Dr.-Ing.-Diss. v. 10. 3. 1909

SURAUER, Alois: Die Pflanzen-Erziehung und deren Kosten, sowie die künstliche Bestandsbegründung insbesondere durch Pflanzung der Fichte, dann die Bestandserziehung. - Weißenhorn 1900. 41 S.

Surawicz, *Salomon* [aus Kowno in Russl.]: Zur Kenntniss der Verbindungen der 5ten Reihe mit asymmetrischem Kohlenstoff und ihre Beziehungen zum Fuselalkohol . . . Berlin, Druck v. H. Itzkowski, *1893*; 52 S., 1 Bl. 8.
Berlin, Phil. Fak., Inaug.-Diss. v. 22. März 1893

Surawitsch, Malka, Wilna (Russland): Aus der Privatpoliklinik für Hautkrankheiten von Herrn Dr. Heuss, Privatdozent in Zürich. Ueber Lymphangioma cutis. Zürich 1906. 22 + 2 S. 8°. [27. VI. 06.]
Zürich. Med. Diss. 1905/1906.

Surawitsch, Malka. Ueber Lymphangioma cutis. Diss. Med. Univ. Zürich. *Kopftitel:* Aus der Privatpoliklinik für Hautkrankheiten von Herrn Dr. [Ernst] Heuss, Privatdozent in Zürich. 23 S. 8. Zürich, Conzett & Cie., 1906.

Surawski, Jan v., aus Lublin (Russisch-Polen): Beiträge zur Physiologie und Technik der Kohlensäurebäder. ⟨Aus der Universitätspoliklinik für physikal. Therapie Zürich. (Hydrotherapeutische Abteilung.) Prof. Sommer.⟩ Zürich 1910. 31 S. und sechs Tafeln. 8°. [15. VI. 10.]
Zürich. Univ. Med. Diss. 1909/10.

Surawski, Jan v[on]. Beiträge zur Physiologie und Technik der Kohlensäurebäder. Aus der Universitätspoliklinik für physikal. Therapie Zürich ⟨Hydrotherapeutische Abteilung⟩.... Diss. Med. Univ. Zürich. [Mit 6 Tafeln.] 31 S. 8. Zürich, Gebr. Leemann & Co., 1910.

Surbeck, Georg [aus Basel]: Die Molluskenfauna des Vierwaldstättersees. Genève 1899. 128 S. 4 Taf. 8°. (Extrait de la Revue suisse de zoologie, tome 6.)
Basel. Phil. Diss. 1898/99.

Surbeck, H., Taschenbuch f. die Färberei u. Farbenfabrikation, s.: Gnehm, R.

Surber, Alfr. (Mitarb.), s. Aufgaben zum Übersetzen ins Lateinische.

Surber, Alfr. Aufgaben zum Übersetzen ins Lateinische, s. Frei, Johs.

Surber, A., Beiträge zur Reform der Schulsyntax des lateinischen Infinitivs, s.: Festschrift der Kantonsschule in Zürich etc.

Surber, A., Beitr. z. e Reform d Schulsyntax d latein. Infinitivs. Gol 1887. 6 S. 4°.

— Grammatik d. lateinischen Sprache, s.: Schweizer-Sidler, H.

Surber, Alfred, von Zürich: Die Meleagersage. Eine historisch-vergleichende Untersuchung zur Bestimmung der Quellen von Ovidi met. VIII. 270—546. Zür. Zürcher u. Furrer Dr. 1880. 127 S. 8°.
Zürich. Phil. Diss. I. S. [v. 6. März 1880].

Surber, Alfr., die Meleagersage. Eine historisch-vergleichende Untersuchung zur Bestimmung der Quellen von Ovidi met. VIII, 270—546. Inaugural-Dissertation. gr. 8. (127 S.) Zürich 880. (Meyer & Zeller.) n. 1. 60

— lateinische Schulgrammatik, s.: Frei, Johs.

([**Surber,**] Heinrich.) Das Wehnthal und ein Wehnthaler. Kleine Studien und flüchtige Erinnerungen. Zürich 1869. 8°

Die Moral in ihren Beziehungen zur Medizin und Hygiene [La Morale dans ses rapports avec la médecine et l'hygiène] von Georg **Surbled** Berecht. Übers. nach d. 10. Aufl. d. franz. Ausg. v. Albert Sleumer (Bd. 3 u. 4: von Dr. med. Wilhelm Wilke). Bd 1–4. Hildesheim: Borgmeyer 1909–10. 8°
1. Das organ. Leben. 1909. 2. Das geistig-sinnl. Leben. 1909. 3. 4. Das geschlechtl. Leben. T. 1. Coelibat u. Ehe. 2. Die Laster u. Krankheiten. Schwangerschaften u. Niederkunft. Das Kind. 1910. [11. 9638 7

Surbled, Geo., die Moral in ihren Beziehungen zur Medizin u. Hygiene. I.—IV. Bd. Berechtigte Übersetzg. nach der 10. Aufl. der französ. Ausg. v. Wilh. Wilke. 8. Hildesheim, F. Borgmeyer. à 2. 50
geb. in Leinw. à 3. —
I. Das organ. Leben. Berechtigte Übers. nach der 10. Aufl. der französ. Ausg. v. Alb. Sleumer. (VIII, 208 S.) 909.
II. Das geistig-sinnl. Leben. Berechtigte Übers. nach der 10. Aufl. der französ. Ausg. v. Alb. Sleumer. (VI, 205 S.) 909.
III. Das geschlechtliche Leben. 1. Tl.: Coelibat u. Ehe. (XV, 209 S.) 910.
IV. Dasselbe. 2. Tl.: Die Laster u. Krankheiten. Schwangerschaft u. Niederkunft. Das Kind. (VI, 202 S.) 910.

Surbthaler: Der Surbthaler
④ Volksblatt für den Bezirk Zurzach ⑤ 1895—1899 ⑥ 2° ⑦ wöchentlich 2× ⑧ Oberendingen: Karl Erni ⑨ Die Abendglocke (1. Nummer: 7. 12. 1894) ⑩ der Drucker ⑬ BGSZ: 12, p. 285.

SURCOUFF, Robert, französischer Pirat im 19. Jahrhundert. Roman aus dem Leben. Bautzen, Gust. Schlüssel, 1844. 8°. 2 Bll. u. 203 S. Zahm.

Sürder, Heinrich, Gerichts-Ref. aus Schlebusch b. Cöln a. Rh.: Der Eigentumserwerb am Schuldschein. *Rostock 1902: C. Hinstorff.* (46 S.) 8°
Rostock, Jur. Diss. v. [25. Nov.] 1902

Suró, O., moderne Frauentreue. Novellen. (114 S.) 8. Dresden 903. E. Pierson. n. 2. —

Sure, T. S., s. Surr

Sureçamatibhadra, die Berechnung der Lehre. Eine Streitschrift zur Berichtigg. d. buddhist. Chronologie, verf. im J. 1591. Aus d. Tibet. übers. v. Emil Schlagintweit. M. e. Textbeilage. [Aus: „Abhandlgn. d. k. b. Akad. d. Wiss."] gr. 4. (82 S.) München 896. (G. Franz' Verl.) n. 3. 60

Suren, *Georg* [cand. med. aus Winterberg '(Westf.)']: Von der Anwendung der Tarnier'schen Achsenzugzange m. bes. Berücks. d. Lagerg d. Kreissenden ... Strassburg i. E., Buchdr. C. Goeller, 1894; 32 S., 2 Bl. 8.
Strassburg, Med. Fak., Inaug.-Diss. v. 1894

Surén, Hans, Surén-Gymnastik, Allgemeine Anleitung f. d. Übungen d. Gymnastik, 12. Aufl., Stuttgart, 60 S., 16°.

Suren. Joan. Anton. (geb. Paderborn 26. 11. 1811): De ossium tuberculis. Berolini (1834). (29 S.) 8°
Berlin. Med. Diss. v. 1. Dez. 1834

Suren, Jos., approb. Arzt aus Winterberg ⟨Westfalen⟩: Kritische Geschichte der Lehre von der Extrauterinschwangerschaft mit vorzüglicher Berücksichtigung der Aetiologie und Pathologie. Strassburg i. E. 1899: C. & J. Goeller. (41 S.) 8°
Strassburg, Med. Diss. v. 1899

Surén, Karl, der Reserveoffizier- u. Reserveoffizier-Aspirant auf dem Truppenübungsplatz. Praktisches Handbuch während des Kommandos nebst e. Anh. f. die Leitg. u. die Lehrer. Nebst: Nachträge u. Deckblätter, unter Berücksicht. der Schießvorschrift f. die Infanterie vom 21. X. 1909 sowie der neuesten Deckblätter zum Exerzier-Reglement f. die Infanterie. (VII, 112 S. u. 7 Bl.) 8. Berlin 909. 10. E. S. Mittler & Sohn. 2. 10

Süren, A., das Licht ist geboren. Eine Jahrhundertgeschichte in 6 Ausschnitten. 8. (148 S.) Dresden 901. E. Pierson. n. 2. —; geb. n. 3. —

Süren, A., bei Ring u. Ding. Erzählung aus german. Urzeit. 8. (181 S.) Dresden 898. E. Pierson. n. 2. 50; geb. n. 3. 50

Süren, L., die Brandenburgisch-Preuß. Geschichte mit steter Berücksichtigung der allgem. Geschichte der Deutschen, von den frühesten Nachrichten bis auf die gegenwärtige Zeit. 1. Thl. gr. 8. Köln 846, Dumont-Schauberg. n. 1 ℛ

Süren, L., die Geschichte d. Brandenburg.-Preuß. Staates, von d. frühesten Nachrichten an bis auf d. neuest. Zeiten. Mit Inbegriff d. Geschichte, d. Religion, d. Sitten, Gebräuche u. d. polit. Verfassung d. Urbewohner jener Länder, so wie mit steter Berücksichtig. d. allgem. deutschen Geschichte. Ein Handb. f. Lehrer, Schüler u. z. Selbstunterr. Mit e. Einleit. v. R. B. Schmitz. 8 Bdchn. Mit lith. Karten. 12. ... Köln 830, (Du Mont-Schauberg.)

Süren, L., die Geschichte des Brandenburg-Preuß. Staates von d. frühesten Nachrichten bis auf die neuesten Zeiten. 8 Bdchen. Mit Karten. 8. Cöln 832. (Gaul u. Tonger.) $1\frac{1}{3}$ ℛ

Süren, L., Preußen u. Deutschland. Eine pragmat. Geschichte Brandenburg-Preußens sowie des gesammten Deutschlands. 2. Thl. gr. 8. (357 S.) Köln 851. (Leipzig, Hübner.) 1 ℛ (2 Bde. 2 ℛ)

Süren, L., Friedrich Süren. Lebensbild e. preuß. Offiziers u. Patrioten. gr. 8. (VI, 122 S.) Berlin 895. E. S. Mittler & Sohn. n. 2. 25

Surentaler: Der Surentaler (I)
① Freisinniges Organ und Anzeigeblatt für die untersurseeischen Gemeinden ⑬ BGSZ: 1028 ⑮ Im September 1905 beabsichtigte die liberale Partei von Triengen unter diesem Titel eine Wochenzeitung herauszugeben. Den Druck sollte die Buchdruckerei Kriens besorgen. Die Zeitung erschien aber nicht.

Surenthaler-Blatt
v. See- und Surenthaler-Blatt (sub 15).

Surer, Thadd., († d. 27. Juni 1803.) s. Frz. Wadler.

Surer (Surrer), Thaddäus, Das Bibellesen in den ältesten Zeiten, ein allgemeines Christenbedürfnis. Ein Fragment aus den Zeiten des Johannes Chrysostomus mit den Zeugnissen vieler andern Väter belegt und mit Anmerkungen herausgegeben. Salzburg, 1784, 8°, 66 S.

Surer, F. Th., d. Bibellesen in d. ältesten Zeiten, ein allgemeines Christenbedürfniß, ein Fragment a. J. Chrysostomus Werken. 8. Salzb. Waisenh. (Duyle) 784. — 5

Sureśamatibhadra, s. Sureçamatibhadra

Surgite! Worte v. den Standesinteressen der deutschen akadem. Techniker. Von e. deutschen Ingenieur (H. Reisner). (57 S.) gr.8. Dresden 909. W. Baensch. 1.—

Surin, Jean Joseph. Anleitung zum innerlichen Leben. ... a. d. Franz. Augsburg 1840. Ü: *Stöger, Johann Nep.* (SO) (JES)

Surin, Joh. Jos., Anleitung z. innerl. Leben. A. d. Franz. übers. 12. ($2\frac{1}{2}$ B.) Augsburg 840, Kollmann'sche Buchh.

Surin, J. J., der vollkommene Christ oder faßliche Anleitung den höheren Weg zur Vollkommenheit in seinen verschiedenen Abstufungen mit Sicherheit zu wandeln. Aus dem Französ. Aachen 861. Hensen. 12. (X, 350 S.) 10 ngr.

Surin, Jh. Jos., geistlicher Katechismus. Ein Seitenstück zur Uebung d. Vollkommenheit v. Alphons Rodriguez. Bearbeit. v. Gallus Schwab, nach dess. Tode herausg. von mehr. Freunden. 2 Bde. gr. 8. Regensb 838. Manz. $2\frac{3}{4}$ ℛ (Vgl. Rodriguez.)

— das geistliche Leben auf Grundlage des Buches der Nachfolge Jesu Christi. Neu durchgesehene u. verb. Ausg. von Brignon. Aus dem Französ. Regensburg 864. Manz. 8. (332 S.) $25\frac{1}{3}$ ngr.

Surin, Jean Jos., üb. die Liebe zu Gott. Aus dem Franz. übers. von Frdr. Mathias Graf v. Spee. 16. (XVI, 176 S.) Mainz 883. Kirchheim. 1. 50

Surin, J. J. Ausgewählte geistliche Zwiegespräche od. Unterricht üb. die christl. Vollkommenheit f. Personen jeden Standes. Aus dem Franz. 8. (VI, 312 S.) Paderb. 892, Bonifacius-Druckerei. * 3 —

Surinam u. seine Bewohner, s. Kunitz.

Suriname, Kolonie. Afbeeldingen betreffende cultuurgewassen, plantages, goudvelden, volkstypen enz. qu.-Fol. (23 Lichtdr.-Taf. m. 1 Bl. deutschem u. holländ. Text.) Haarlem (898). H. Kleinmann & Co. n.n. 10.—

Süring, H., s.: Luftfahrten, wissenschaftliche.

Süring, Reinhard

Süring, R., wissenschaftl. Ballonfahrten, s. a. Sammlung populärer Schriften, hrsg. v. der Gesellschaft Urania zu Berlin, Nr. 36.

Wissenschaftliche Ballonfahrten. Von Dr. R[einhard] Süring in Potsdam. M. Ill. *Berlin: H. Paetel 1895.* (27 S., 2 Taf.) 1 Bd 4.(8.)
= Sammlung populärer Schriften hrsg. v. d. ... Urania. No 36. [96. 319

Süring, R., Beiträge zur Erforschung der Atmosphäre mittels des Luftballons, s.: Assmann, Rich.

— Ergebnisse der meteorologischen Beobachtgn. in Potsdam, s.: Veröffentlichungen des königl. preuss. meteorolog. Instituts.

Süring, (Reinhard), Ergebnisse der Gewitter-Beobachtungen, s.: Veröffentlichungen des königl. preuss. meteorolog. Instituts.

— Ergebnisse der Wolkenbeobachtgn. in Potsdam, s.: Sprung, A.

Süring, Reinhard Joachim [aus Hamburg]: Die vertikale Temperaturabnahme in Gebirgsgegenden in ihrer Abhängigkeit von der Bewölkung ... Leipzig-Reudnitz, Druck v. Max Hoffmann, 1890; 2 Bl. + 34 S. + 2 Bl. 8°
Berlin, Phil. Fak., Inaug.-Diss. v. 25. Apr. 1890

— s.: Zeitschrift, meteorologische.

— u. A. **Mey,** über den Zusammenhang zwischen Gewitterzügen u. Niederschlagsgebieten, s.: Veröffentlichungen des königl. preussischen meteorologischen Instituts.

Suringar, Ger. Conr. Bern., Epitome therapiae generalis in us. discipulor. 8maj. ($10\frac{1}{4}$ B.) Amstelodami 834, Sülpke.

Suringar, Ger. Conr. Bern., institutio de morbis acutis, sive doctrina inflammationis et febrium. Editio II. 8maj. Amstelodami 844, Sulpke. (Lipsiae, Barth.) n. $1\frac{11}{12}$ ℛ

Suringar, Ger. Conr. Bern., Isagoge in doctrinam morbor. chronicor. Ps. I. 8maj. ($14\frac{1}{2}$ B.) Amstelodami 837, Sülpke.

Suringer, G. C. B., de Gallorum chirurgia observationum sylloge. gr. 8. Leyd. 827. (Weigel in Leipz.) 2 ℛ

Suringar, Hugo [aus 's-Gravenhage '(Holland)']: Untersuchungen über verschiedene Bestimmungsmethoden der Cellulose und über den Gehalt der Baumwolle an Pentosan ... Göttingen, Druck d. Dieterich'schen Univ.-Buchdr., 1896; 58 S., 1 Taf. 8.
Göttingen, Phil. Fak., Inaug.-Diss. v. [3. Mai] 1896

Suringar, Hugo, Untersuchungen üb. verschied. Bestimmungsmethoden d. Cellulose u. üb. d. Gehalt der Baumwolle an Pentosan. Diss. gr. 8. (57 S. m. 1 Abb.) Göttingen 896. (Vandenhoeck & Ruprecht.) n. 1. 80

Suringar, W. F. R., algae Japonicae musei botanici Lugduno-Batavi. Haarlem 870. Loosjes' Erben. gr. 4. (39 S. mit 25 Steintaf., wovon 23 in Buntdr. u. 4 Bl. Erklärungen.) n. 4 ℛ 20 ngr

Suringar, W. F. R., musée botanique de Leide. Vol. 1. Fasc. 1—5. gr. 4. (97 S. m. 34 color. Steintaf.) Leide 873. 74. Brill. à Liefg. n.n. 8. 60

Suringar, W. F. R., observationes phycologicae in floram batavam. Cum tab. IV. (lith. u. color.) Leovardiae 857. (Leipzig, Brockhaus.) gr. 8. (3 Bl., XVI, 79 S. u. 4 Bl. Erklärungen.) n. 2 ℛ.

Suringar W. F. R.: Ein Wort üb. den Zellenbau v. *Sarcina*. 1866. [Rostr. Saml.].

Suringar, W. H. D., De Romanis autobiographis. Pr. 1846. 51 S. 4°.

— Programma scholasticum de Romanis autobiographis, sive iis, qui de sua ipsi scripserunt vita. 4m. ibid. 846. n. 24 ngl

Suringar, W. H. D., M. Tullii Ciceronis commentarii rerum suarum s. de vita sua. Accesserunt annales Ciceroniani in quibus ad suum quaeque annum referuntur quae in his commentariis memorantur. II Partes. (Commentarii. — Annales.) 8maj. (XXIV und 864 S.) Leidae 854, Brill. **

Suringar, W. H. D., Erasmus over nederlandsche Spreekwoorden en spreekwoordlijke Uitdrukkingen van zijnen Tijd. Uit 's Mans Adagid opgezameld en uit andere, meest nieuwere Geschriften opgehelderd. gr. 8. (CIV, 595 S.) Utrecht 874. Kemink & Zoon. n. 21. —

Suringar, W. H. D., s. Guarini Veronensis Alda.

Suringar, W. H. D., Historia critica scholiastarum latinorum Pars I—III. 8maj. Lugduni Bat. 834,35. Luchtmans et Cyfveer. (Lipsiae, Weidmann; T. O. Weigel.) n. $5^1/_3$ ℛ ($52^1/_4$ B.)

Suringar, W. H. D., initia lectionis Ciceronianae. In usum scholarum. gr. 12. Lugduni Bat. 842, S. et J. Luchtmans. n. $1^1/_2$ ℛ

Suringar, W. H. D., De mythographo astronomico, qui vulgo dicitur scholiastes Germanici Pr. 1842. 21 S. 4°.

— s. Rufi, M. Caelii, et M. Tullii Ciceronis epistolae mutuae.

Suringar, Willem Hendrik

Suringar, W. H., Ueber das Bedürfniss einer zweckmässigen Armenpflege. 8°. St. Goar s. a.

Suringar, Wilh. Heinr., christliche Besuche im Gefängnisse. Vorträge u. Ansprachen zum Heile der Gefangenen. Aus dem Holländ. frei übersetzt, mit Zusätzen u. e. Einleitung hrsg. von J. R. Müller. gr. 8. (26 B.) Karlsruhe 843. [Mannheim, Bensheimer.] Thlr.

— Betrachtung über Organisation der unteren Klassen der Gesellschaft mit besond. Rücksicht auf Armen-Patronat. 8°. s. l. 1851.

— religiöse und moralische Betrachtungen. Ein Handbuch für Gefangene. Eine von dem niederländ. gemeinnütz. Verein gekrönte Preisschrift. Frei aus d. Holländ. übertragen. gr. 8. Leuwarden 841. (Köln, Eisen.) n. $^5/_6$ ℛ

Suringar, Willem Hendrik. Die Ackerbau-Kolonie Niederländisch-Mettray in Ryszelt bei Zütphen. Nach einer englischen Übersetzung. Von E. P. z. H. S. Oehringen 1858. V: *Hohenlohe-Schillingsfürst, Elise Prinzessin zu.* (KGBerlin II, 2363)

Suringer, Fr. Gul. Nic., Commentatio de mutati Hebraeorum ingenii post reditum e captivitate Babylonica ratione et causis, praemio ornata. Leyd. 820. (Leipz., Weigel). 16 ℊℓ

Suringer, G. C. B., s. Suringar, Ger. Conr. Bern.

Suringer, G. T., Spicilegia crit. ad Petronii carm. de bello civili. Pr. 1812. 18 S. 4°.

Surius, Historiae seu vitae sanctorum juxta optimam Coloniensem editionem nunc vero ex recentioribus et probatissimis monumentis numero auctae mendis expurgatae et notis exornatae, quibus accedit romanum martyrologium breviter illustratum Taurinensi presbytero e congreg. clerr. S. Paulli curante. 13 Vol. Lex.-8. Taurini. (Regensburg, Pustet. — Leipzig, Brockhaus' Sortiment und Antiq.) à Vol. ** *M.* 10. **

Inhalt:

Vol. 1. Januarius. (XVIII, 864 S.; S. 1—100.) 875.
» 2. Februarius. (XI, 755 S.; S. 101—180.) 875.
» 3. Martius. (763 S.; S. 181—284.) 875.
» 4. Aprilis. (763 S.; S. 285—370.) 876.
» 5. Majus. (783 S.; S. 371—488.) 876.
» 6. Junius. (669 S.; S. 489—584.) 877.
» 7. Julius. (707 S.; S. 585—686.) 877.
» 8. Augustus. (783 S.; S. 687—784.) 877.
» 9. September. (816 S.; S. 785—862.) 878.
» 10. October. (772 S.; S. 863—914.) 879.
» 11. November. (756 S.; S. 915—970.) 880.
» 12. December. (642 S.; S. 971—1112.) 880.
» 13. Indices generales. (205 S.) 880.

SURKAU, Dan. Albr., Elegieen. Danzig, Flörke, 1784. 8°. (In Warmbrunn.) Selten!

Surkau, Dn. A., († ...) Elegien. 8. Danzig 784. Flörke. (W. Nauck in Leipz.) 5 ℛ

Surkau, D. A., Elegien. 8. Danzig, Flörke (Sommer in Lpz.) 784.

Suerken, Jacob: Die Flussdichte im östlichen Teile des Münsterschen Beckens. Dresden 1909: Baensch. 58 S. 8°
¶(Aus: Zeitschrift f. Gewässerkunde. Bd 9.)
Münster, Phil. Diss. v. 20. Okt. 1909, Ref. Meinardus
[Geb. 13. Mai 87 Papenburg-Obenende; Wohnort: Papenburg-Obenende; Staatsangeh.: Preußen; Vorbildung: Realgymn. Münster Reife O. 06; Studium: Münster 6 S.; Rig. 29. Mai 09.] [U 10. 3805

Surland, Joh., Predigten, wegen der Michaeliskirche in Hamburg. 4. Hamb. König. 750.

Surland, Johann Julius [Praes.], s. Fenner, Johann Jakob: Juris Germanorum navigandi in Indias prima fundamenta.

Fridericus artium . . . . tutamine Magnus. Oratione . . . . celebratus . . . a Joanne Julio Surland . . . Francofurti ad Viadr. o. J. 4. (39 S.)

Surland, Johann Julius [Praes.], s. Gedicke, Friedrich Wilhelm: De societate criminum ejusque poena.

Surland, Jo. Jul.: Grundsätze d. Europ. Seerechts. *Hannover*, Helwing. 750. 8. (5 Gr.)

— Grundsätze des deutschen Staatsrechts. gr. 8. Frankf. 754. Gäbler. 8 gr

Surland, Johann Julius (Hamburg) A. S. 605/22

De iure commerciorum in bello dissertatio.
Göttingen (Schultz) 21. XII. 1748. 42 S.

Gew.: Gerlach Adolph Fhr. von Münchhausen.
W. v.: N. B. Surland (Bruder). 34099

Surland, Johann Julius [Praes.], s. Lehmann, Bernh. Wolfg.: De vero sensu art. VII. § 2 capitul. nov.

Surland, Jo. Jul.: De iurisconsultis haereticis pauca. Progr. Marburgi Cattor. 1749.

Surland, Jh. Jul., († d. 23. Febr. 1758.) erläutert. Recht der Deutschen nach Indien zu handeln. 4. Kassel 752. Cramer. 8 gr

Surland, Johann Julius [Praes.], s. Ries, Johann Balthasar: In delictis carnis non nisi confessum esse condemnandum.

Surland, Johann Julius [Praes.], s. Schultz, Samuel Ludwig: Ad 1. 1. D. quib. in caus. pign. l. hypothec. tacit. contrahit commentatio.

Surland, Jo. Jul.: Verum sensum cap. 19. X. de usuris et l. 3. C. de nautic. foen. paucis eruit. Progr. Marpurgi 1750.

Surland, Konrad Julius (Hamburg) A. S. 91/15

Disputatio de edicto perpetuo.
Präs. Lorenz Andreas Hamberger.
Jena (Krebs) 1714. 32 S.

Gew.: Konrad Wydow (Grossonkel). 34100

Surläuly, Ed., s.: Lieder, 11, f. vierstimm. Männerchor.

Surleau, Cours élémentaire d'Arithmétique destiné à l'usage de la jeunesse. gr. 8. Basel, Schweighäuser. 781. 1 4

Surleau, nouvelle méthode p. apprendre le françois et l'allemand. 8. Frcf. 754. — 20

Surleau, P.

Surleau, le grand et nouv. Parlement, franç. et allem. 8. Frcf. Brönner. 793. — 8

Surleau, P., le grand et nouv. Parlement, franç. et allem. pour apprendre l'une et l'autre langue sans le secours d'un Maître etc. 8. Frankf. a. M. 794. Nouv. Edit. 800. Brönner. 8 gr

— le petit et nouv. Parlement français. 8. Frankf. a. M. . . . Ed. VII. 793. Brönner. 4 gr

Surmann, Ewald [aus Hamme i. W.]: Ueber Echinococcus Mesenterii. . . . Berlin, Druck v. E. Streisand, 1891; 26 S., 1 Bl. 8°
Berlin, Med. Fak., Inaug.-Diss. v. 14. März 1891

Surmann, Wilhelm, Tierarzt a. Werne: Über Augenkrankheiten der landwirtschaftlichen Nutztiere unter besonderer Berücksichtigung des Einflusses der Boden-, Wasser- und Fütterungsverhältnisse. Mit 2 Taf. Leipzig (1907): Gebr. Gerhardt. (75 S.) 8°
Leipzig, Phil. Fak., Ref. Eber-Kirchner, Diss. v. 27. Sept. 1907
[Geb. 26. Dez. 80 Werne (Westfalen); Wohnort: Werne; Staatsangeh.: Preußen; Vorbildung: Gymn. Höxter a. Weser Reife f. Prima O. 00; Studium: Tierärztl. Hochsch. Hannover 7, Univ. Leipzig 3 S.; Rig. 20. Juni 07.]

Surmin, Duro, Acta Croatica, s.: Monumenta historico-juridica Slavorum meridionalium. VI.

Surmin, Gjuro, meine Antwort auf die Erwiderung des Landesverteidigungsministers H. Georgi betr. den Emil v. Pisačić. (29 S.) gr. 8. Zagreb (Agram) 910. (Šimunić & Co.) nn — 60

Surmon, J., praktisches Handbuch der homöopathischen Thierheilkunde, s.: Gooday, H.

Suermondt, A., Gesellschafts-Rücksichten. 8. (128 S.) Berlin (902). R. Eckstein Nachf. n. 1. 50

Suermondt, Barthold. Museum zu Aachen. Beschreibendes Verzeichniss der Gemälde (gegenwärtig in Berlin). Mit Lichtdrucken. Aachen 1883. 4°.

Suermondt, E., Erfahrung bei der Dressur u. Führung des englischen Field-Trial-Hundes. Vortrag geh. im Aachener Kynologen-Club im Novbr. 1906. (28 S.) kl. 8. Aachen (907). J. Kessels. 1. —

Suermondt, Georg [Referendar am Kgl. Amtsger. zu Prausnitz]: Ist der Urerzeuger '(Landwirth, Viehzüchter, Bergwerksbesitzer)' Kaufmann im Sinne des deutschen Handelsrechtes? . . . Breslau, Druck d. Bresl. Gen.-Buchdr., 1893; 64 S. 8.
Freiburg i. B., Jur. Fak., Inaug.-Diss. v. 1893

Suermondt-Museum zu Aachen, s.: Verzeichniss, beschreibendes, der Gemälde etc.

Surowiecki, Lor., s. P. J. Schaffarik, üb. die Abkunft der Slawen.

Surr, T. S.

— s. Graf Latimore.

Surr, T. S., der Winter in London, s. a. Winter.

SURR, T. S., Ein Winter in London, oder Gemählde aus der großen Welt. Nach d. 5ten Engl. Ausgabe übers. 2 Thle. Emden (Leipzig, Cnobloch), 1815—16. 8°. (2¹/₃ Rthl.)
I: Tit. u. 312 S. II: Tit. u. 326 S. — Zahm.

Surrer, Franz Xaver: Die rechtliche Stellung der Handelsfrau nach dem Handelsgesetzbuche. — München 1893: Ernst. 64 S. 8°
Erlangen, Jur. Diss. v. 1893.

Surrer, Marc., Administrativ-Karte des Reg.-Bez. Oberbayern. Specialkarte, nach amtl. Materiale entw. und bearb. 1 : 175,000. 6 Bl. Fol. Photolithogr. München 885,86, J. A. Finsterlin. à Bl. * 1 —
Mit color. Grenzen à Bl. * 1 20

Surrer, Thaddäus, s. Surer

Surrogat für die aufgehobenen Klöster in Baiern, z. Frommen des Staats u. der Kirche. 8. Münch. 817. Lentner. 5 gl.

Surrogat für die aufgehobenen Klöster in Baiern, zum Frommen des Staats u. der Kirche. 8. München, Lentner. 818.

Surrogate für noch mancherley andere Dinge. [Halberst. 1800.] V: *Fischer, Gottlob Nathanael.* (ML)

Surrogate für den arabischen Kaffee. [Halberst. 1800.] V: *Fischer, Gottlob Nathanael.* (ML)

Surrogate für den Chinesischen Thee. [Halberst. 1800.] V: *Fischer, Gottlob Nathanael.* (ML)

Surrogat- u. Successionsfrage, üb. die sponheimische. Eine krit. Beleucht. d. Schr.: Der sponheim. „Surrogat- u. Successionsstreit zwischen Baiern u. Baden ꝛc. Gießen 1828." gr. 8. Stuttg. 828. v. Cotta. 8 gl

Surrogat- u. Successionsstreit, d. Sponheimische, zwischen Baiern u. Baden. Mit e. Anh., betreff. d. Baier. Territorial-Frage. gr. 8. (11½ B.) Gießen 828, [Heyer, Vater.]

Sürsen, s. Süersen.

Sursilvan: Il Sursilvan (Der Oberländer)
③ Il Patriot ⑤ 6. 1. 1883—29. 12. 1891 ⑥ 4° ⑦ Wochenblatt ⑧ Chur (Cuera): Frars Casanova ⑩ die Männer des »Patriot« ⑪ Prof. Muoth, Alf. Tuor, Maria Ursula Cavelti ⑫ gemäßigt liberal ⑬ BGSZ: 1002, 1009 ⑭ Ch: K; Di: Kb: Be: L.

Sursum corda, s. Bibliothek theologischer Klassiker.

Sursum corda! Katholisches Gesang- und Gebetbuch zunächst für die Diöcese Paderborn. 1.—7. Aufl. 16. (XXI, 560 S.) Paderborn 874,75, Junfermann'sche Buchh. *

Sursum corda! Katholisches Gesang- u. Gebetbuch f. die Diöcese Paderborn. 11. Aufl. 16. (XVI, 560 S.) Paderborn 876. Junfermann. n. 1. —; Melodien dazu. 1. Thl. 3. Aufl. (VI, 151 S.) n.n. — 50

— dasselbe. Ausg. mit großer Schrift. 8. (XVI, 528 S.) Ebend. 878. 1. 50

—— dass. — Melodien dazu. 4. und 5. Aufl. 8. (VII, 159 S.) Ebendas. 881,84. *

Sursum corda! Katholisches Gesang- u. Gebetbuch f. die Diöcese Paderborn. 30. Aufl. gr. 16. (XVI, 592 S.) Paderborn 882. Junfermann. n. 1. —;
Melodieen dazu. 4. Aufl. (VII, 159 S.) n. — 40

Sursum corda! Katholisches Gesang- und Gebetbuch für die Diöcese Paderborn. 23.—39. Aufl. 12. (XVI, 592 S.) Paderborn 884, Junfermann'sche Buchh. *

— dasselbe. Ausg. m. großer Schrift. 12. (XV, 736 S.) Ebend. 884. 1. 50

Sursum corda! Katholisches Gesang- u. Gebetbuch f. die Diöcese Paderborn. 40. Aufl. gr. 16. (XVI, 592 S. m. 1 Stahlst.) Paderborn 885. Junfermann. n. 1. —

Sursum corda! Katholisches Gesang- u. Gebetbuch f. die Diöcese Paderborn. 54. Aufl. gr. 16. (XVI, 592 S.) Paderborn 888. Junfermann. n. 1. —

— dasselbe. Ausg. m. großer Schrift. gr. 16. (736 S.) Ebd. 888. 1. 50

Sursum corda. Gebetbuch f. kathol. Christen. 32. (VIII, 312 S. m. 1 Stahlst.) Regensburg 895. F. Pustet. n. — 80; geb. in Ldr. m. Goldschn. n. 1. 50

Sursum corda! Kath. Gesang- u. Gebetbuch f. d. Diöcese Paderborn. Ausg. mit großer Schrift. Paderborn: Junfermann [1904]. (768 S.) 8° [Ant. u. F.]

Sursum corda! Gebete und Gesänge zum Gebrauche an Mittelschulen. 3. Aufl. Innsbruck 1907. V: *Baldauf, Gebhard & Peter Waldegger.* (MARGR)

Sursum corda! Gebete u. Gesänge zum Gebrauche an Mittelschulen. 3. Aufl. (208 S. m. 1 Farbdr.) 16. Innsbruck 907. Vereinsbuchh. u. Buchdr. Geb. in Leinw. 1. —

(F) **Sursum corda!** (Empor die Herzen.) Gebet- und Gesangbuch. 16°. (170 S.) geb. K 1.20
Graz: Styria 1909.

Surtal [Schlagwort]

Surtal, s.: Geologische Karten. Spezialkarte (Schweiz).

Surtho, Johann Christoph (Störmede) A. S. 265/31

Disputatio inauguralis juridica, canonico-civilis de judiciis publicis. Präs. Johann Philipp Streit. Erfurt (Grosch) 5. XII. 1705. 42 S.

Gew.: Eberhard Fhr. von Plettenberg.
W. v.: Friedrich Christian von Plettenberg, J. A. Brandt, Clamor von Glandorff, Ludwig Busch, Philipp Arnold von Schedelich, J. D. Vequemon, Christoph Bernhard Funcke, Johann Valentin Fratz.
34101

Surtur, Aufhebung des Sozialistengesetzes? Ein Wort zur Taktik der deutschen Sozialdemokratie. 8°. Hottingen-Zürich, Deutsche Volksbuchh., 1882. (1. Flugschrift der auswärtigen Propaganda.)

Surun, A., gekrönte Preisschrift über die monatl. Reinigung des menschlichen Weibes. Aus dem Franz. mit Anmerk. von G. Wendt. 8. Leipzig, Hartmann. 821.

Surun, A., gekrönte Preisschr. üb. die monatl. Reinigung des menschl. Weibes. Aus d. Französ. mit Anmerkk. v. G. Wendt. 8. Leipz. 822. (Lehnhold). 6 gr

Surville, Mme., le compagnon du foyer, s. Bibliothèque française.

de Surville, Jean François: Schiffarth des Schiffskapitains von Sürville, von Pondichery nach Callao in Peru, in den Jahren 1769 und 1770. (Uebersetzt von G. Forster.)
in: Neue Beiträge zur Völker- und Länderkunde Th. 3. S. 207–238. Leipzig 1790. 8°.

Surville, M., die Eisenbahnen als finanzielle Spekulation betrachtet. Aus d. Franz., mit Anmerkk. des Uebersetzers, besond. in Beziehung auf die zwischen Amsterdam u. Köln projektirte Eisenbahn. gr. 8. Köln 835. Pet. Schmitz. 7/12 ℛ

SURY, Wilhelm; Geschichte eines Unglücklichen. Karlsruhe, Müller, 1801. 8°. (2/3 Rthl.) Zahm.

Sury, Wilh., Gesch. e. Unglücklichen, v. K. Malsch. Seitenst. zu Lafontaines St. Julien. 8. Carlsruhe, Müller. 804.

Sury, Curt von, s. Sury, Kurt von

Sury, Joseph von, aus Solothurn: Über die Radioactivität einiger schweizerischer Mineralquellen. Freiburg (Schweiz) 1906. 79 + 2 S. 8°. S.-A. a. d. Mitteilungen der naturforschenden Gesellschaft in Freiburg (Schweiz). Chemie, Bd. 2. Heft 4. 1906.
Freiburg i. Schw. Math.-naturw. Diss. 1906/1907.

Sury, Joseph von. Über die Radioactivität einiger schweizerischer Mineralquellen. [Mit Figuren.] 8.
Ausg. A: Diss. Math.-Naturw. Freiburg in der Schweiz. (Sonderabdruck aus den Mitteilungen der naturforschenden Gesellschaft in Fr' ⟨Sch'⟩ Chemie, Band 2, Heft 4. 1906.) 83 S. Freiburg ⟨Schweiz⟩, Gebrüder Fragnière, 1906 (*Umschlag: 1907).
Ausg. B: II p. + p. 169—241. Friburg ⟨Suisse⟩, Fragnière Frères, 1907. fr. 2. —. — Mémoires de la Société fribourgeoise des Sciences naturelles.... Chimie.... Vol. 2. Fasc. 4....

Sury, Kurt von

Sury, Curt von, Assistenzarzt der pathol.-anat. Anstalt: Aus der pathologisch-anatomischen Anstalt der Universität Basel (Vorsteher: Prof. E. Kaufmann). Beitrag zur Kenntnis der totalen, einfach entzündlichen Magenschrumpfung und der fibrösen Polyserositis (Zuckerguss). Mit vier Abbildungen auf einer Tafel. Berlin 1907. 38 S. 8°. S.-A. a. d. Archiv für Verdauungskrankheiten. Bd. 13.
Basel. Med. Diss. 1906/1907.

Sury, Curt von. Beitrag zur Kenntnis der totalen, einfach entzündlichen Magenschrumpfung und der fibrösen Polyserositis ⟨Zuckerguss⟩. Mit vier Abbildungen auf einer Tafel. Diss. Med. Basel von K' von S'.... (Sonder-Abdruck aus dem Archiv für Verdauungskrankheiten. Bd. 13.) *Kopftitel:* Aus der pathologisch-anatomischen Anstalt der Universität Basel ⟨Vorsteher: Prof. E(d[uard]) Kaufs mann⟩. 38 S. 8. Berlin, S. Karger, 1907.

Sury-Büssy, Charles von, von Solothurn: Das Recht an der Wasserquelle im schweiz. Recht und seinen Grundlagen. Solothurn 1909. IV + 126 S. 8°.
Bern Jur. Diss. 1909/10.

Sury-Büssy, Charles von. Das Recht an der Wasserquelle im schweiz. Recht und seinen Grundlagen. Diss. Jur. Bern. IV + 126 S. 8. Solothurn, Union, 1909.

Surya, G. W. (D. Georgiewits-Weitzer), okkulte Astrophysik od. Kann die Wissenschaft den Lauf der Gestirne erklären? Ein Versuch. (XII, 176 S.) 8. Leipzig 910. M. Altmann. 1.50

— Okkulte Medizin. (40 S.) 8. Ebd. 909. —50

Moderne Rosenkreuzer oder die Renaissance der Geheimwissenschaften. Ein okkult-wissenschaftlicher Roman von G. W. Surya. Leipzig: Altmann 1907. XIII, 365 S. 8°.

Moderne Rosenkreuzer — oder Die Renaissance der Geheimwissenschaften. Ein okkult-wissenschaftlicher Roman von G. W. Surya. Leipzig: Altmann [1907]. XIII, 365 S. 8°
cf. Z. 38 (1907—1908) S. 142 (H. Glücksmann).
Hat nichts mit dem Rosenkreuzertum zu tun. L. G. Rat Fischer, Gera.

– – s.a. Surya, O. W.

— Der Triumph der Alchemie. (Die Transmutation der Metalle.) (33 S.) 8. Ebd. 908. —50

Surya, O. W., moderne Rosenkreuzer od. Die Renaissance der Geheimwissenschaften. Ein okkult-wissenschaftl. Roman. (XV, 365 S.) gr. 8. Ebd. 907. 5.—; geb. n 6.50

– – s.a. Surya, G. W.

— Die Sonne, das Licht u. die Heilkraft des Lichtes, vom geheimwissenschaftlichen Standpunkt betrachtet. (46 S.) gr. 8. Ebd. 907. —80

Surzycki, Stanislaus: Ueber das α-Isobutylpyridylketon. 1892. 41 S. 8°
Karlsruhe, Dipl.-Diss. v. 24. 10. 1892

Surzycki, Stefan: Die landwirtschaftlichen Betriebsmittel in ihrem Einflusse auf den Zustand und die Entwickelung des Grossgrundbesitzes, sowie der Bauernwirtschaften in Galizien. E. Beitr. z. Kenntnis u. Würdigg d. Lage d. Landwirtschaft in Galizien während d. letzten zwei Jahrzehnte ... Leipzig, Druck v. Sellmann & Henne, 1896; 2 Bl., 296 S., 1 Bl., 2 Tab. 8.
Leipzig, Phil. Fak., Inaug.-Diss. v. [5. Juni] 1896

Süs, Fr. Wilhelm, s.a. Süss

Süs, F. W. Das Handlungshaus Ferdinand Flinsch Gedenkbuch zu dessen 50jähriger Jubelfeier am 30. April 1869. Frankfurt a. M. 1869.

Süs, Fr. Wilh., die deutsche [zollvereinsländische] Papier-Industrie und die Freihändler. Ein Wort zur Erwägung. Frankfurt a. M. 862. (Leipzig, Mittler.) gr. 8. (VII, 32 S.) n. 8 ngr.

Süs, Gustav

—— et Tuisca Hartung, Collection d'animaux. 4. (32 S. mit 16 ill. Stnt. in Tondr.) Dresden 857, Meinhold und Söhne.

Süs, Gust., vom häßlichen Entlein. Ein reizendes Mährchen nach Andersen m. 12 Orig.-Zeichngn. (in eingedr. Holzschn. in Buntdr.) 4. (10 Bl.) Stuttgart 871. G. Weise. geb. 1.20

Süs, Gust., Freundschaftsgabe für junge Mädchen. Stuttgart (853.) E. Hallberger. qu. Fol. (6 lith. Bl. in Farbendr.) n. 1 ₰. 6 ngr.

Süs, Gust., Frühlingsbilder. Kindergrüße. gr. 4. (12 Chromolithogr. mit Text.) Düsseldorf 858, [Elkan und Comp.] *

— drollige Geschichten, s.: Buddeus, Th.

—— und Frz. Wiedemann, Goldbronnen. 1. Aufl. 1857. und 2. Aufl. gr. 4. (120 S. mit 8 ill. Stnt. in Tondr.) Dresden 858, Meinhold und Söhne.

Süs, Gust., Hähnchen u. Hühnchen. Ein Mährchen mit Federzeichnungen. 4. (52 S. m. 13 Taf. Abbildgn.) Frankfurt a. M. 847, Brönner. n. 5/6 ₰

— histoire du laid petit canard. 12 dessins pour le charmant conte d'Andersen. 4. (8 Bl. m. eingedr. Holzschn. in Buntdr.) Stuttgart 871. G. Weise. geb. 1. 50

Süs, Gust., Hähnchen Kikeriki! Eine Historia zum Nutzen und Frommen der lieben Jugend. In Bild und Reim. gr. 4. (25 ill. Stnt. in Tondr. mit Text.) Berlin 853, Winckelmann und Söhne.

— das Kind und seine liebsten Thiere. Bilder u. Verse. (854.) — 2. Aufl. (855.) — 3. Aufl. Dresden (858.) Meinhold. gr. 4. (12 Bl. u. 15 color. Lithogr.) 1 ₰.

— das Kind und seine liebsten Thiere. Bilder und Verse. 4. Aufl. Dresden 863. Meinhold & Söhne. (12 Bl. u. 15 color. Lithogr.) 1 ₰

— der Kinder-Engel. Glogau 860. Flemming. 4. (12 Lithogr. m. Text.) 24 ngr.

—— und W. Herchenbach, Kinderhimmel, s. a. Kinderhimmel.

— und W. Herchenbach, Kinderhimmel! In Zeichnungen mit Versen und Reimen ꝛc. Düsseldorf (853.) J. Buddeus. gr. 4. (14 lith. Taf. in Farbendruck mit Text.) n. 3 ₰. 20 ngr.

—— neue Kinderlust. Alte Reime und neue Bilder. 7. verb. Aufl. gr. 4. (32 S. mit 10 Bildern in Oelfarbendr.) Erfurt 871, Bartholomäus.

Süs, Gust., neue Kinderlust. Alte Reime, neue Bilder. 7, verb. Aufl. gr. 4. (32 S. m. 10 Chromolith.) Erfurt 882. Bartholomäus. cart. n. 3. —

Süs. *Die Mähr von Einer Nachtigall,* Mit ihrem Frühlingszauberschall, In dunklen, grünen Zweigen. Bilder und Lied von Gustav Süs. Braunschweig, Fr. Vieweg und Sohn, 1857. 19 S. mit 16 großen, getönten Holzschnitten. Gr.-4°. Hellbrauner, illustr. Or.-Karton. 48.—
R. 2591. ★ Erstausgabe des reizenden Buches. Dichtung wohl von Brentanos Rothkehlchen-Liebseelchen angeregt. Sehr schönes Ex.

— die Mähr von einer Nachtigall, mit ihrem Frühlingszauberschall, in dunklen, grünen Zweigen! Bilder u. Lied. 2. Abdr. Braunschweig 860. Vieweg & Sohn. 4. (19 S. m. Holzschn.) n. 20 ngr.

— Paradiesgarten für fromme, liebe Kinder. Bilder u. Verse. Dresden (858.) Meinhold. gr. 4. (47 S. u. 12 color. Lithogr.) 1 ₰.

Süs, Gust., Paradiesgarten für fromme und liebe Kinder. Bilder und Verse. Mit Text von H. Stiehler. 2. Aufl. Dresden 859. Meinhold & Söhne. gr. 4. (46 S. u. 12 color. Lithogr.) 1 ₰

—— Poesien in Bildern für die Jugend und ihre Freunde. I. II. (à 11 Chromolithogr. mit Text und chromolithogr. Titel.) 4. Düsseldorf 860, Elkan und Comp. à * 24 Ngr. *
Inhalt:
I. Von Gott das Brod.
II. Bete und Arbeite.

Süs, G. *Froschküster Quak.* Eine Historia für Jung und Alt von Gustav Süs. Bleibe im Lande und nähre dich redlich. Glogau, Verlag von C. Fleming [1862]. IX, 185 S. mit 20 reizenden Holzschnitten auf Tafeln und im Text. 4°. Or.-Karton m. illustr. Vorderdeckel u. grauem bedr. Or.-Umschlag. 55.—
R. 2583. KKB 119. ★ Originalausgabe, sehr hübsch gedruckt. Süs erweist sich in diesem lustigen Epos nicht nur als Zeichner, sondern auch als gewandter Dichter. Die Holzschnitte von R. Brend'amour ausgeführt. Schönes Ex.

— Reime u. Bilder für die Kinderstube. Mit 10 Bildern in Oelfarbendr. nach Orig.-Zeichngn. 5. Aufl. gr. 4. (30 S.) Ebend. 882. cart. n. 3. —

—— Reime und Lieder für die Kinderstube. Mit 10 Bildern in Oelfarbendr. Nach Original-Zeichnungen. 4. (29 S.) Ebendas. 870. geb.

Süs. *Swinegels Reiseabenteuer!* Ein lustiges Bildermährchen für fröhliche Kinder von Gustav Süs. Da ich es Jedem recht gemacht, Hat's mich in großes Leid gebracht! — Braunschweig, Fr. Vieweg und Sohn, 1857. 14 S., 1 Bl. (Anzeigen). Mit Titelvignette u. 12 großen Holzschnitten auf getöntem Grund. 4°. Hellbrauner, illustr. Or.-Karton. 48.—
R. 2594 (nennt die Bilder irrtümlich Lithographien). ★ Erstausgabe eines der bekanntesten Süs'schen Bilderbücher. Auch die Verse sind von Süs. — Einige unbedeut. Fleckchen.

— Swinegels Reiseabenteuer. Ein lustiges Bildermährchen für fröhliche Kinder. Braunschweig 858. Vieweg. 4. (14 S. m. Holzschn. im Text.) n. 20 ngr.

— Swinegel's Reiseabenteuer! Ein lustiges Bildermährchen für fröhliche Kinder. 2. Abdr. Braunschweig 860. Vieweg & Sohn. 4. (14 S. m. Holzschn.) n. 20 ngr.

—— Thier-Büchlein! Für Kinder. Bilder und Reime. gr. 4. (16 ill. Stnt. und 32 S.) Dresden 855, Meinhold und Söhne.

— Thier-Büchlein! Für Kinder. Bilder und Reime. (855.) — 2. Aufl. Dresden (857.) Meinhold. gr. 4. (16 Bl. u. 16 lith. u. color. Taf.) 1 ₰.

— Thier-Büchlein! Für Kinder. Bilder u. Reime. 3. Aufl. Dresden 859. Meinhold & Söhne. gr. 4. (32 S. u. 16 color. Lithogr.) 1 ₰

Süs, Gust., Tierbüchlein. Bilderbuch f. artige Kinder. Nach Orig.-Zeichngn. v. G. S. Verse v. W. Emil Stephan. gr. 4. (16 Chromolith. m. eingedr. Text.) Dresden 885. Meinhold & Söhne. geb. 3. —

Süs, G., Tierbüchlein. Bilderbuch f. artige Kinder. Nach Orig.-Zeichngn. v. G. S. Verse v. W. E. Stephan. gr. 4. (16 Chromolith.) Dresden 887. Meinhold Söhne. geb. 3. —

— im Wald, im Hof und Feld. Bilder u. Reime. Mit Text von Frz. Wiedemann. Ebend. 859. gr. 4. (36 S. u. 12 color. Lithogr.) 1 ₰

— der Wandertag. Ein Bildermärchen. Düsseldorf 861. Elkan & Co. (Breidenbach & Co.) gr. 4. (27 lith. u. color. Bl.) n. 1 ₰ 5 ngr.

— Was Nußbäumchen den Kindern erzählt. Ein Bildermärchen. Glogau 860. Flemming. 4. (19 lith. Bl. in Farbendr. m. Text.) 1 ₰

—— het Wettloopen tüschen den Haasen und den Swinegel up de Burtehuder Heid. In (9 lithochrom.) Bildern. gr. 4. (4 S. Text.) Düsseldorf 855, Arnz und Comp. *

Sues S. Gallizismen und Redensarten aus der französischen Umgangssprache.
2. Auflage. (322 S) Genf 1897

Süs, Wilh. Das Milchbrünnlein. Ein Bildermärchen. qu. 4. (24 S. m. farb. Abbildgn.) Elberf. 891, Lucas. cart. * 2 —

Susan Camillo: Die Herzensergießungen eines kunstliebenden Klosterbruders und die Phantasien über die Kunst für Freunde der Kunst.
H. 1894 PN 856 Diss. Wien, Univ. 66

Susan, Camillo Valerian. Friede sei m. Euch! (Gedicht.) 12. (23 S.) Wien 891, Konegen. * — 60

Rosen am Fenster. Erzählungen von C[amillo] V[alerian] **Susan**. Berlin: F. Fontane & Co. 1908. (160 S.) 8° [F.] 07. 16066

Susan, Camillo V., mit bunten Schwingen. Gedichte. (165 S.) 8. München 905. G. Müller. n. 2.50; geb. n. 3.50

Susan, J. A.

— Restauratum Metropolis Salisburgensis Capitulum. Ode. Adnexa sunt XXI chronographica in idem objectum. Mit einer freien rhythmischen Uebersetzung d. Ode. 4. Salzb. 825. Duyle. 1⅓ ℛ

Susan, J. A., Hirten-Klage. Ein Hirten-Gedicht auf das Hinscheiden d. Erzbischofes Aug. Gruber. 4. Salzb. ... Mayr. ⅛ ℛ

— Stanzen. Der für Salzburgs Chronik merkwürd. Tag des Einzuges des Fürsterzbischofs Augustin Gruber, am 25. März 1824. Mit histor. Anmerkk. gr. 8. Salzburg 824. Duyle. 2 ℛ

Susan, J. A., der Juvaver Willkomm an Ihro Königl. Hoheiten d. Kronprinzen u. d. Kronprinzessin v. Baiern, bei d. Ankunft in d. Kreishauptstadt Salzburg am 13. Juni 1811. Eine Ode. 4. Salzb. 811. Duyle. 2 ℛ

Susan, S., Wörter, Sprichwörter u. Redensarten. Mit besond. Rücksicht auf gleichlaut. Wörter u. die Eigenheiten der deutschen u. niederländ. Sprachen. 8. Aufl. Rev. v. J. C. Knoest. 8. (120 S.) Groningen 900. P. Noordhoff. n.n. 1. —

Susan, S., Wörter, Sprichwörter u. Redensarten. Mit besond. Rücksicht auf gleichlaut Wörter u. Eigenheiten der deutschen u. niederländ. Sprachen. 9. Aufl. Rev. v. J. C. Knoest. (120 S.) 8. Groningen 905. P. Noordhoff. n.n. 1. —

Susann, Hermann, s.a. S u s s a n n

Hermann Susann. Kenzingen im 30jährigen Krieg. Nach grössenteils ungedruckten archivalischen Urkunden. I. Teil. S. 1—66. Kenzingen, P 1886

Derselbe. Kenzingen im 30jährigen Krieg. II. Teil. S. 67—128. Kenzingen, P 1887

Susanna, e. Gesch. d. Urwelt, v. J. G. Gruber. 8. Weißenf. Severin. (Merr.) 795.

— eine Geschichte der Urwelt, bearbeitet von M. Gruber, mit 1 Kupf. 8. Weißenfels, 795. Severin. 20 ggl.

Susanna. Ein oberengadin. Drama des XVI. Jahrh. Mit Anmerkgn., Grammatik u. Glossar hrsg. v. J. Ulrich. 8. (VI, 140 S.) Frauenfeld 888. Huber. n. 3. —

SUSANNA i m B a d e. Illustrirt. (190*.) (R. Klinger, Berlin, c. 1905, ohne Orts- Jahrs- u. Preisangabe:)

Susanna, Frau, im Bade, Kaiser Wenzels Retterinn und Geliebte ... Prag 1791. V: *Albrecht, Johann Friedrich Ernst.* (Ky) (BGE) (GGr)

Susanna, Frau, vom Bade, Kaiser Wenzels Retterin und Geliebte, vom Verfasser der Lauretta Pisana, (D. Albrecht) 8. Prag, 791. Neureuter. 1 Rthl. 5 ggl.

– s.a. S u s a n n e . . .

Susanna, Die keusche, ein rührendes Drama in Versen und einem Aufzug. Jerusalem 1783. V: *Büschel, Johann Gabriel Bernhard* (?). (BGE VII*, 493)

Lebens-Abriß und Würdigung der Verdienste Heinrich **Boie**'s durch J. A. S u s a n n a. Nach d. Holländ. Mit dem Bildnis des Verstorbenen und einem Anh. von dem Bruder desselben (F[riedrich] B o i e) mitgetheilter Briefe. — Schleswig 1830(—32): Kgl. Taubst.-Inst. 47. 157 S. 8°

Susanna's Kampf u. Sieg. Frei aus dem Engl. v. J. J. R. 8. (42 S.) Stuttgart 888. Verlag der Evangel. Gemeinschaft. — 20

Susanne

— s. auch Frau.

Susanne, oder die Gefallsüchtige, s. Bibliothek, wohlfeile, von Unterhaltungsschriften. 17s u. 18s Bdchen.

Susanne, od. d. Gefallsüchtige, ohne es zu wissen. A. d. Franz. v. Belmont. 2 Thle. 8. ... Leipzig 828, Klein. Thlr.

Susanne, od. d. Maiköniginn, e. kleine moral. Erzähl. f. Kinder. 12. (5 B., 2 Stndr. u. Titlvign.) Straßburg 830, Levrault.

Susanne, Frau, vom Bade, Kaiser Wenzels Retterin und Geliebte. 2 Bde. 8. Prag, Schönfeld. (Neureuter.) (Hinrichs in Lpz.) 791.

– s.a. S u s a n n a . . .

Susceptible, le,. Com. en 1 Acte p. Picard. 8. Brschw. Pluchart. 806.

Suschen, od. der doppelte Schreck. Lustspiel in 2 Akten, nach Bayard, Dumanoir u. Ennery von L. von Alvensleben. 8. Leipzig 842, Hunger. ½ ℛ

SUSCHEN, D a s s c h ö n e. E i n B e i s p i e l s e l t e n e r H e r z h a f t i g k e i t. (Leipzig, Taubert; c. 1810?) 8°. (2 gr.)
Seltene Volksschrift.

Suschens Aussteuer; e. Gesch. d. Frau v. Genneterre, von ihr selbst erzählt. 8. Bremen, (Willmanns in Frkf.) 799.

— — dasselbe n. d. Titel; Suschen, oder Liebe u. Edelmuth, e. Gesch. a. d. Leben d. Frau v. S. von ihr selbst erzählt. 8. Goslar, Kircher. (Lohmann.) 799.

Suschens Hochzeit. s. die Molkenkur. 2r 3r Theil.

Suschke, Joh. Sigm., dreyerley Kleeblätter bibl. Anmerk. 8. Magdeb. Seidel. 732.

Suschkin, P., s. S u š k i n , Petr Petrovič

Suschmann, H., Das preussische Rentengut. 8⁰. Berlin 1904.

SUSCHNIG, G.
(F) Albert Stiger's Wetterschiessen in Steiermark. Bearbeitet von G. Suschnig. Graz. 1900. Wagner. Gr.-8°. 58 S. mit 11 Tafeln. K 1.–

Suschnig Gustav: Neue Experimente mit Wirbelringen (mit 13 Textfiguren) S. 111. IIa. Sä . . . . —.90
Separatabdruck

Suschnig, Gust., **neue Experimente** m. Wirbelringen. gr. 8. (16 S. m. 13 Fig.) Wien 902. (C. Gerold's Sohn.) n. -- 90
Sonderabdruck aus: „Sitzungsber. d. k. Akad. d. Wiss."

Suse, Hnr. Dietr., (+ 1811.) Susiana ad Symmachum, quatuor programmatis scholasticis edidit Jh. Gurlitt. 4. Hamb. 818.

Karl, Landgraf von Hessen-Kassel: Anrede an die Brüder der vier vereinigten Logen in Hamburg, versammelt in der Loge Absalom zu den drey Nesseln zur frohen Feyer des Geburtsfestes Sr. Hochw. Durchl. des Prinzen Carl, Landgrafen zu Hessen-Cassel etc. etc., gehalten von H[ieron.] J[oh.] B[ernh.] Suse den 19ten Dec. 1776. Mit Genehmigung der Obern. o. O. [1776]. 13 S. 8⁰
Kl. 936. Üb. Landgraf Karl s. Allgem. Deutsche Biographie Bd 15 1882 S. 296—297 (Carstens).

Anrede an die Brüder der vier vereinigten Logen in Hamburg, versammlet in der Loge St. George zur grünenden Fichte, zur frohen Feyer des Geburtsfestes Sr. Hochw. Durchl. Herzogs Ferdinands zu Braunschweig und Lüneburg etc., gehalten von H. J. B[ernh.] Suse den 18ten Jan., 1777. Mit Genehmigung der Obern. Als Ms f. Brr. [Hamburg 1777.] 24 S. 8⁰ [Umschlagtit.]
Kl. 943. Die Frmrei macht zur Übung der bürgerlichen Pflichten geschickt u. tüchtig.

Anrede, bey der beglückten Feyer des Geburtsfestes des Allerdurchlauchtigsten Grossmächtigsten Königes von Dännemark, Norwegen, Christian des 7ten, Herzogs zu Schleswig-Holstein, Grafen zu Oldenburg und Delmenhorst etc. etc. an die ehrwürdige Freymäurer-Loge zum Pelican in Altona gehalten von [H. J. Bernh.] S[use]. Den 29sten Jan. 1773. o. O. [1773]. 16 S. 8⁰ [Umschlagtit.]
Kl. 902.

Lohmann, Hieron.: [Gedichte.] Dem Andenken ihres vollendeten Br. Hieron. Lohmann gewidmet im Namen aller Brüder der drey vereinigten Freymaurer-Logen in Hamburg von [Hieron. Joh. Bernh.] S[use?]. [Hamburg 1774: Bode.] 4 Bl. 2⁰ [Umschlagtit.]
2 Gedichte.

Lied. [Unterz.: Hieron. Joh. Bernh.] S[use]. [Hamburg: 1808.] 2 Bl. 8⁰ [Kopftit.]
Ohne Noten: „Wenn ich einst das Ziel errungen habe, . . ."

Lieder zum Gebrauch der vier vereinigten Logen in Hamburg, gesamm. von dem Br [Hieron. Joh. Bernh. S[use und J. D. Schultze.] Mit Bewilligung der Grossen Provinzial-Loge von Hamburg und Niedersachsen. Als Ms. f. Brr. [Hamburg 1801: Meyn.] 154 S. 4⁰
Kl. 1631. 80 Lieder ohne Noten.

[Anh. u. d. Tit.:]
Erster Anhang zu den Liedern der vereinigten Logen in Hamburg, gesamm. von [Hieron. Joh. Bernh.] S[use]. Als Ms. für Brr. [Hamburg] o. J. 36 S. 4⁰
Kl. 1631. 19 Gesänge. Ohne Noten.

Lieder der vier vereinigten Logen in Hamburg gesammelt von dem B. S. [d. i. Hieron. Joh. Bernh. Suse und I. D. Schultze]. Mit Bewilligung der grossen Provinzial-Loge von Hamburg und Niedersachsen. Als Ms. f. Brr. [Hamburg 1801: Meyn.] 154 S. 8⁰.
W. 39876 gibt als Format 4⁰ an. 21.

Matsen, Nikol.: Lieder, am Tage der Todesfeier des Br. Nicol. Matsen, gesungen von Brůdern die ihn liebten. Hamburg, den 13. Dec. 1794. [Unterz.:] Hieron. Joh. Bernh.] S[use]. [Hamburg 1794]: Meyn. 4 Bl. 4⁰ [Umschlagtit.]

Kl. 1403. 1 Lied ohne — 2 mit Noten von Telonius.

Lieder am Tage der Todes-Feier des Br. Joh. Jac. Petersen gesungen von Brüdern die ihn liebten. Den 28ten May 1812. [Unterz.: Hieron. Joh. Bernh.] S[use?]. [Hamburg] 1812. 7 S. quer 8⁰ [Umschlagtit.]

2 Lieder mit —, 1 ohne Noten. In Kupfer gestochen.

[Lieder zur Trauerloge. Unterz.: Hieron. Joh. Bernh.] S[use]. [Hamburg 1808.] 2 Bl. 8⁰

3 Gesängê ohne Noten.

Maurer-Lied vom Br [Hieron. Joh. Bernh.] S[use]. Hamburg: 1787. 2 Bl. 8⁰

Ohne Noten: „Zum Feur! zum Feur! auf ladet die Kanone, . . ."

Suse, Thdr., Gärten der Träume. In Memoriam u. andere Verse. 12. (VII, 224 S.) Berlin 900. A. Asher & Co. n. 4. 50; geb. in Leinw. n. 5. 50

Suse, Thdr., Gedichte. 8. (V, 201 S.) Hamburg 881. J. F. Richter. n. 3. —

— Merlin. Ein Buch Liebeslieder. kl. 4. (112 S.) Leipzig 901. S. Hirzel. n. 1. 80; geb. n. 3. —

Suse, Thdr., Pygmalion. Lieder aus dem Rosenhag. Symphonien in Rosen u. Marmor. (X, 142 S.) 12. Leipzig 904. S. Hirzel. n. 3. —; geb. n. 4. —

— Salome. Des Narren Traum. Zwei Liederkreise. 12. (VII, 180 S.) Ebd. 901. n. 3. —; geb. n. 4. —

Suse, Thdr., Stimmen des Schweigens. Aus stillen Landen. Verse. (242 S.) kl. 8. Leipzig 909. S. Hirzel. 4.50; geb. 5. 50

Suse, Thdr. Verse. 12. (VI, 301 S.) Berl. 891, Asher u. Comp. * 5 —; geb. * 6 —

— neue Verse. Dithyramben u. Phantasien. 12. (XIII, 111 S.) Ebd. 893. n. 2. 40; geb. m Goldschn. n. 3. 40

Suseka, Goldfitz, oder Erzählung aus dem Leben eines Geizhalses, eine komisch-tragische Geschichte, 8. Leipzig, 788. Lincke. 8 ggl.

Susemihl, A. J., das Eisenbahn-Bauwesen für Bahnmeister u. Bauaufseher gemeinfaßlich dargestellt. 2., völlig umgearb. Aufl. Mit (eingedr.) Holzschn. u. 10 lith. Taf. 8. (VIII, 244 S.) Wiesbaden 880. Bergmann. n. 3. 60; geb. n. 4. —

—— **das Eisenbahn-Bauwesen, für Bahnmeister und Bauaufseher als Anleitung für den prakt. Dienst und zur Vorbereitung für das Bahnmeister-Examen gemeinfaßlich dargestellt. 3. wesentlich verm. Aufl. Nach des Verf. Tod hrsg. von G. Barkhausen. 8. (VIII, 292 S. mit eingedr. Holzschn. und 11 lithogr. Taf.)** Ebendas. 882. *ℳ 4,20.; geb. *

Susemihl, A. J., das Eisenbahn-Bauwesen, f. Bahnmeister u. Bauaufseher als Anleitg. f. den prakt. Dienst u. zur Vorbereitg. f. das Bahnmeister-Examen gemeinfaßlich dargestellt. 4. Aufl. Mit Holzschn. u. 12 lith. Taf. Nach d. Verf. Tod hrsg. v. G. Barkhausen. 8. (VIII, 295 S.) Wiesbaden 886. Bergmann. n. 4. 20

Susemihl's, A. J., Eisenbahnbauwesen, 4. Aufl., Nachtrag I u. II dazu, s.: Schubert, E., die Fortschritte d. Eisenbahnwesens. — Die Sicherungswerke im Eisenbahnbetriebe.

— dasselbe. Fragebuch dazu, s.: Schubert, E., die Prüfung d. Bahnmeisters.

Susemihl, A. J. Das Eisenbahn-Bauwesen, f. Bahnmeister u. Bauaufseher als Anleitg. f. den prakt. Dienst u. zur Vorbereitg. f. das Bahnmeister-Examen gemeinfaßlich dargestellt. 5. wesentlich verm. Aufl. Nach d. Verf. Tode weiter bearb. u. hrsg. v. Ernst Schubert. 2 Abthlgn. in 1 Bd. 8. (VIII, 217; VIII, 210 S. m. 244 Holzschn. u. 7 lithogr. Taf.) Wiesb. 892, Bergmann. * 6 80

Susemihl, A. J., das Eisenbahn-Bauwesen, f. Bahnmeister u. Bauaufseher als Anleitg. f. d. prakt. Dienst u. zur Vorbereitg. f. d. Bahnmeister-Examen gemeinfaßl. dargest. 6., umgearb. Aufl. Nach d. Verf. Tode weiter bearb. u. hrsg. v. Ernst Schubert. 2 Abthlgn. in 1 Bd. gr. 8. (VIII, 187 u. V, 244 S. m. 352 Abb. u. 8 lith. Taf.) Wiesbaden 899. J. F. Bergmann. n. 7. 20

Susemihl, A. J., das Eisenbahn-Bauwesen, f. Bahnmeister u. Bahnmeister-Anwärter, als Anleitung f. den **prakt. Dienst u. zur Vorbereitg.** f. die Bahnmeister-Prüfg. **gemeinfaßlich dargestellt.** Nach des Verf. Tode neu bearb. u. hrsg. **v.** Ernst Schubert. 7. Aufl. Nach den neuesten **Vorschriften umgearb.** durch R. v. Zabiensky. 2 Tle. in **1 Bde. (VIII, 139 u. V, 244 S.** m. 291 Abbildgn. u. **6 lith. Taf.) gr. 8. Wiesbaden 907. J. F. Bergmann.** Geb. in Leinw. n. 8. —

— Gleisberechnungen mit Tabellen u. aus der Praxis entnommenen zahlreichen Beispielen. Mit 57 Fig. auf 5 lith. Taf. gr. 8. (VIII, 103 S.) Berlin 879. Springer. n. 3. —

— Handbuch des Eisenbahn-Bauwesens für Bauaufseher u. Bahnmeister. Mit 225 Fig. (auf 16 Steintaf.). 8. (VI, 311 S.) Stargard 877. Hendeß. cart. n. 4. —

Susemihl, C., s. Histoire naturelle des Oiseaux d'Europe.

Susemihl, Carl Theodor Christian, s. Susemihl, Theodor

Susemihl, D. C. oder D. T.

— über die flache Dachbedeckung und die künstl. Fußwege, wie auch über die billigsten Methoden solcher Ausführungen. 2. verb. u. verm. Aufl. 8. Ebend. 843. n. ¼ ℛ

Susemihl, D. T., über die flache Dachdeckung u. d. künstlichen Fußwege, wie auch über die billigsten Methoden solcher Ausführungen, nach gemachten Erfahrungen. 3. Aufl. gr. 8. (39 S.) Schwerin 847, Kürschner (jetzt: Hildebrand). 1/4 ℛ

Susemihl, D. O., der Senkbrunnen von Felsen, oder über die Anlage der Brunnen, sowohl in den Städten als auf dem Lande, wie auch über die Pumpen der einfachsten Art und über die artesischen Brunnen. Nach gemachten Erfahrungen. Berlin. 1812. 20 Sgr.

Susemihl, D. C., der Senkbrunnen von Felsen oder über die Anlage der Brunnen, sowohl in den Städten, als auf dem Lande; wie auch über die Pumpen der einfachsten Art u. über die artesischen Brunnen. Mit 3 lith. Tafeln. 8. Schwerin 843, Kürschner. (Berlin, Plahn'sche Buchh.) n. 2/3 ℛ

— der Senkbrunnen von Felsen, od. üb. die Anlage d. Brunnen, sowohl in den Städten als auf dem Lande; wie auch über die Pumpen der einfachsten Art u. üb. die artesischen Brunnen. Eine Schrift f. Brunnenmacher ꝛc. Nach gemachten Erfahrgn. 2. Aufl. Mit 3 lith. Taf. (in Fol.) 8. (VIII u. 95 S.) Ebd. 847. 2/3 ℛ

Susemihl, E. (Hrsg.), s. F r i e d r i c h s, Hermine: Lehrbuch für den Handarbeits-Unterricht. 4. verb. Aufl.

Susemihl, Ed., Abbild. d. Vögel Europas s. J. K. Susemihl.

Susemihl, Ed., die Vögel Europas, s. Susemihl, J. C.

Susemihl, Ernst [Übers.]
s. Ainsworth, W.H.: Auriol. 1853.

– (Übers.), s. A i n s w o r t h, William Harrison: Guy Fawkes.

Susemihl, Ernst [Übers.]
s. Ainsworth, W.H.: Die Hexen von Lancashire. 1849.

– (Übers.), s. A i n s w o r t h, William Harrison: Die alte St. Paulskirche.

– (Übers.), s. A i n s w o r t h, William Harrison: Die Tochter des Geizigen.

– (Übers.), s. A i n s w o r t h, William Harrison: Der Tower zu London.

– (Übers.), s. A i n s w o r t h, William Harrison: Schloß Windsor.

– (Übers.), s. B i b l i o t h e k engl. Lustspieldichter. 3.

Susemihl, Ernst [Übers.]
s. Bulwer, E.G.: Sämmtliche Romane. 1845 – 46.

– (Übers.), s. J a m e s, George Payne Rainsford: Rosa d'Albret.

– (Übers.), s. J a m e s, George Payne Rainsford: Heinrich von Cerons.

– (Übers.), s. J a m e s, George Payne Rainsford: Corse de Leon.

– (Übers.), s. J a m e s, George Payne Rainsford: Der falsche Erbe.

– (Übers.), s. J a m e s, George Payne Rainsford: Morley Ernstein.

– (Übers.), s. J a m e s, George Payne Rainsford: Frankreich vor der Revolution.

Susemihl, Ernst [Übers.]
s. James, G.P.R.: Freiheit und Sclaverei. 1856.

– (Übers.), s. J a m e s, George Payne Rainsford: Der Gentleman aus der alten Schule.

– (Übers.), s. J a m e s, George Payne Rainsford: Heinrich von Guise.

Susemihl, Ernst [Übers.]
s. James, G.P.R.: Heidelberg. 1847.

– (Übers.), s. J a m e s, George Payne Rainsford: Der Hugenot.

– (Übers.), s. J a m e s, George Payne Rainsford: Die Jacquerie.

– (Übers.), s. J a m e s, George Payne Rainsford: Die Landstraße.

– (Übers.), s. J a m e s, George Payne Rainsford: Die Leidenschaften.

– (Übers.), s. J a m e s, George Payne Rainsford: Arrah Neil.

– (Übers.), s. J a m e s, George Payne Rainsford: Gesammelte Novellen.

– (Übers.), s. J a m e s, George Payne Rainsford: Die Räuber.

– (Übers.), s. J a m e s, George Payne Rainsford: Robin Hood.

Susemihl, Ernst [Übers.]
s. James, G.P.R.: Agnes Sorel. 1853.

– (Übers.), s. J a m e s, George Payne Rainsford: Die Stiefmutter.

– (Übers.), s. J a m e s, George Payne Rainsford: Arabella Stuart.

Susemihl, Ernst [Übers.]
s. James, G.P.R.: Ticonderoga. 1854.

– (Übers.), s. J a m e s, George Payne Rainsford: Charles Tyrell.

– (Übers.), s. N o r d a m e r i k a, Das malerische u. romantische.

– (Übers.), s. S a n d, George: Gabriel.

– (Übers.), s. S a n d, George: Pauline und die Mississippier.

– (Übers.), s. S a n d, George: Spiridion.

– (Übers.), s. S c o t t, Walter: Ausgewählte Werke. 27–29. 36–40.

Liebknecht, Joh. Georg [Präs.] u. Ernst Wilh. Susemihl (Hofgardo-Alsfeldensis) [Auctor et Resp.]
᾿Αββα ὁ πατήρ, sive compellatio fidelium filialis ac fiducialis, ex Rom. IIX, 15, dissertatio theologica.
Gissae [10.] Nov. 1735: Joh. Müller. (4), 28 S. 4°

Susemihl, Franz

— Die Abfassungszeit des platon. Phaidros. S.-A. 1880. 18 S.

Index scholarum in univ. litt. Gryphiswaldensi per semestre hibernum a. 1885 86 a. d. XV. m. Oct. hab. Insunt Francisci Susemihl analecta Alexandrina chronologica. Gryphiswaldiae, typ. Julii Abel, 1885; XVIII | 18 S. 4°.

Index scholarum in universitate litteraria Gryphiswaldensi per sem. hib. a. 1888-89 a d. XV. m. Oct. hab. Inest Francisci Susemihl analectorum Alexandrinorum chronologicorum particula II. Gryphiswaldiae, typ. Iulii Abel, 1888; XXIX + 19 S. 4°

Susemihl, Frz., analecta Alexandrina chronologica. 4. (18 S.) Gryphiswaldiae 885. (Berlin, Calvary & Co.) n. 1. 60

Susemihl, F., analectorum alexandrinorum chronologicorum particula II. gr. 4. (29 S.) Gryphiswaldiae 888. (Berlin, Calvary & Co.) n. 2. — (I. et II.: n. 3. 60)

Susemihl, Franciscus (Hrsg.), s. Aristoteles: Ethica Nicomachea.

Susemihl, Frz. (Hrsg.), s. Aristoteles: Werke.

Susemihl, F., Neue Bemerkungen zum 1. Buche d. Lucretius. S.-A. 1859. 27 S.

— Bericht üb. die ältesten Akademiker u. Peripatetiker v. 1880—1894. S.-A. 1882 1896.

Susemihl, F., Bericht üb. die in den Jahren 1874 u. 1875 erschienenen Arbeiten ! griech. Philosophie u. griech. Philosophen bis auf Theophrast. S.-A. 1876. 140 S. 1.

Susemihl, Frz., s. a. Bericht üb. Aristoteles u. die ältesten Akademiker u. Peripatetiker.

— Bericht über Aristoteles und die ältesten Akademiker und Peripatetiker für 1893. S.-A. 1894. 40 S. 1.—

Susemihl, F., De carmine Lucretiani prooemio. Pr. 1884. 22 S. 4°. 2.—

— De magnorum moralium codice Vaticano 1342. Pr. 1881. 15 S. 4°.

— de Magnorum Moralium codice Vaticano 1342. gr. 4. (15 S.) Ebend. 881. n. 1. 20

Susemihl, Frz., die genetische Entwickelung der Platonischen Philosophie einleitend dargestellt. 1. Thl. gr. 8. (XVI und 486 S.) Leipzig 855, Teubner. *

Susemihl, Frz., die genetische Entwickelung der Platonischen Philosophie einleitend dargestellt. 2. Thl. 1. und 2. Hälfte. gr. 8. Leipzig 857. 60, Teubner. [1. Hälfte. (XII und 312 S.) 2. (XXVIII und S. 313—696.) à Hälfte * 2 Thlr.] *
1. Thl. Ebendas. 1855. * 3 Thlr.

— De recognoscendis ethicis Nicomacheis dissertatio I. Pr. 1878. 19 S. 4°. 1.—
— — II. Pr. 1879. 19 S. 4°. 1.—

Susemihl, Franc., de Aristotelis ethicis Nicomacheis recognoscendis dissertatio I et II. 4. (à 19 S.) Berlin 878. 79. Calvary & Co. à n. 1. 20

Susemihl, Franc., de Aristotelis ethicis Nicomacheis recognoscendis dissertatio I. 4. (19 S.) Berlin 879, Calvary und Comp. *

Susemihl, F., De fontibus rhythmycae Aristidis Quintiliani doctrina. Pr. 1866. 16 S. 4°. 1.20

— de fontibus rhythmicae Aristidis Quintiliani doctrinae commentatio. Greifswald 866. Koch's Verlag. 4. (16 S.) n. 5 ngr.

Susemihl, F., De Theogoniae Orph. forma antiquissima. Pr. 1865. 21 S. 4°. 1.50

Index scholarum . . . per sem. aest. a. 1890 a d. XV m. Apr. hab. Inest Francisci **Susemihl** de Theogoniae Orphicae forma antiquissima dissertatio. Gryphiswaldiae, typ. Frid. Guil. Kunike, 1890; XXI + 19 S. 4°

— de Theogoniae Orphicae forma antiquissima dissertatio. 4. (XXI S.) Ebd. 890. n. 1. 60

Susemihl, Franz: Neue platonische Forschungen. Stück 1.
Greifswald 1898: F. W. Kunike. (56 S.) 8°
Greifswald, Beil. z. Verz. d. Vorl. f. d. S.S. 1898

— Neue platon. Forschungen I. (Rhetorik vor Platon. — Alkidamas. — Entstehungszeit Phaedros. — Abfassungszeit d. Theaetetos). Pr. 1898. 56 S. 1
— — Die Darstell. d. Erkenntnisslehre d. Protagoras im Theaetetos. S.-A. 18 12 S. —

— neue platonische Forschungen. 1. Stück. gr. 8. (56 S.) Greifswald 898. (Berlin, S. Calvary & Co.) n. 1. 20

Susemihl, F., Platonische Forschungen. S.-A. 1868. 55 S.

—— Geschichte der griechischen Litteratur in der Alexandrinerzeit. 2 Bde. gr. 8. Lpz., Teubner. [1. Bd. (XVI, 907 S.) 891. * 16 —; 2. Bd. (XVI, 771 S.) 892. * 14 —.] * 30 —

Susemihl, F., Die Lebenszeit des Andronikos v. Rhodos. S.-A. 1895. 10 S.

Susemihl, F., D. Lehre d. Aristoteles vom Wesen d. schönen Künste. Gel. 1862. 28 S.

— die Lehre des Aristoteles v. Wesen d. Staats u. d. verschied. Staatsformen. E. Vortrag, im Namen d. Greifswalder Universität zur Feier d. allerhöchsten Geburtstages Sr. Maj. d. Königs am 22. III. 1867 geh. 12. (43 S.) Greifswald 867. L. Bamberg. n. — 60

Susemihl, F., De Aristotelis politicorum libris primo et secundo. Pr. 1867. 18 S. 4°. 1.—

— De Aristotelis politicorum libris tribus prioribus. Pr. 1871. 17 S. 4°. 2.—

— Zur Litteratur von Aristoteles Poetik. (Rezension von 12 Büchern 1857—1861 s. B. v. Bernays, Spengel, Stahr, Geyer, Zell, St. Hilaire, J. Bekker, Vahlen.) S.-A. 1862. 48 S. 1.—

— De recognoscendis magnis moralibus et ethicis Eudemiis. Pr. 1882. 22 S. 4°. 1.—

— de recognoscendis Magnis Moralibus et Ethicis Eudemiis dissertatio. gr. 4. (22 S.) Ebend. 882. n. 1. 20

Index scholarum in universitate litteraria Gryphiswaldensi per sem. aest. a. 1887 a d. XV m. Apr. hab. Inest Francisci Susemihl de Platonis Phaedro et Isocratis contra sophistas oratione dissertatio cum appendice Aristotelica. Gryphiswaldiae, typ. Frid. Guil. Kunike, 1887; XVI + 20 S. 4°.

—— de platonis Phaedro et Isocratis contra sophistas oratione. Adiecta est appendix Aristotelica. gr. 4. (16 S.) Gryphiswaldiae 887. (Berlin, Calvary und Comp.) *
Vgl.: Bullinger, A., zu Aristoteles Nuslehre.

Susemihl, Frz., Prodromus platonischer Forschungen. Eine Greifswalder Habilitationsschrift. gr. 8. (VI u. 105 S.) Göttingen 847, Dieterich. n. 16 ngr.

—— Prodromus platonischer Forschungen. Eine greifswalder Habilitationsschrift. gr. 8. (VI und 105 S.) Göttingen 852, Dieterichsche Buchh. *

— de carminis Lucretiani prooemio et de vitis Tisiae, Lysiae, Isocratis, Platonis, Antisthenis, Alcidamantis, Gorgiae quaestiones epicriticae. gr. 4. (22 S.) Gryphiswaldiae 884. (Berlin, Calvary & Co.) n. 1. 60

Index scholarvm ... per sem. aest. a. 1892 ... habendarvm. — Inest Francisci Svsemihl quaestionvm Aristotelearvm criticarvm et exegeticarvm pars I. Gryphiswaldiae, typ. F. G. Kvnike, 1892; XX, 19 S. 4.

Susemihl, Frz. Quaestionum Aristotelearum criticarum et exegeticarum pars I. gr. 4. (XX S.) Gryphiswaldiae 892. (Berl., Calvary u. Comp.) * 1 50

Index scholarvm ... per sem. aest. a. 1893 ... habendarvm. — Inest Francisci Svsemihl qvaestionvm Aristotelearvm criticarvm et exegeticarvm pars II. [P. I: Ind. schol. Gryphiswald. 1892.] Gryphiswaldiae, typ. F. G. Kvnike, 1893; XX, 20 S. 4.

Index scholarvm in Vniversitate litteraria Gryphiswaldensi per sem. hib. a. 1894—95 ... habendarvm. — Inest Francisci Svsemihl qvaestionvm Aristotelearvm criticarvm et exegeticarvm pars III. [P. I: Ind. schol. 1892; p. II: Ind. schol. 1893.] Gryphiswaldiae, typ. I. Abel, 1894; XVI, 21 S. 4.

Index scholarvm in Vniversitate litteraria Gryphiswaldensi per sem. hib. a. 1895—96 ... habendarvm. — Inest Francisci Svsemihl qvaestionvm Aristotelearvm criticarvm et exegeticarvm pars IV. [P. I: Ind. schol. 1892; p. II: Ind. schol. 1893; p. III: Ind. schol. 1894—95.] Gryphiswaldiae, typ. I. Abel, 1895; XIX, 23 S. 4.

— De Aristotelis politicorum libris primo et secundo quaestiones criticae. Pr. 1867. 18 S. 4°. —.80

Susemihl, Franc., de Aristotelis politicorum libris primo et secundo quaestiones criticae. Gryphiswaldiae 867. (Berlin, Calvary & Co.) gr. 4. (18 S.) n. 8 ngr

— De Aristotelis politicorum libris primo et secundo quaestionum criticarum appendix. Pr. 1869. 21 S. 4°. —.90

Susemihl, Franc., de Aristotelis politicorum libris primo et secundo quaestionum criticarum appendix. gr. 4. (21 S.) Gryphiswaldiae 869. (Berlin, Calvary und Comp.) *

— De Aristotelis politicorum libris tribus prioribus quaestiones criticae. Pr. 1871. 17 S. 4°. —.60

—— dass. — libris tribus prioribus quaestiones criticae. gr. 4. (17 S.) (Ebendas.) 871. *

Susemihl, Frz., de politicis Aristotelis quaestienem criticarum part. III—VII. gr. 4. (17 S.) Gryphiswaldiae 871—75. (Berlin, Calvary & Co.) à n. 1. 20 (I—VIII. u. Appendix: n. 8. 80)
3. (17 S.) — 4. (20 S.) — 5. (18 S.) — 6. Accedit de poeticorum capite XII et de paracataloge commentariolum. (35 S.) — 7. (18 S.)

— De politicis Aristoteleis quaest. crit. IV. Pr. 1872. 20 S. 4°.
— — V. Pr. 1872. 18 S. 4°.
— — VI. Accedit de poeticorum capite XII et de paracataloge commentariolum. Pr. 1873. 20 S. 4°.
— — VII. Pr. 1875. 18 S. 4°.

Susemihl, Frz., de politicis Aristoteleis quaestiones criticae. gr. 8. (128 S.) Leipzig 886. Teubner. n. 2. 40

Susemihl, De vita Aeschyli quaest. epicritticae. Pr. 1876. 16 S. 4°.

— de vita Aeschyli quaestiones epicriticae. gr. 4. (16 S.) Ebend. 876. n. 1. 20

—— kritische Skizzen zur Vorgeschichte des zweiten punischen Krieges. Eine Gratulationsschrift zu der am 29. Septbr. 1853 Statt findenden 300jähr. Jubelfeier des güstrower Domgymnasium. gr. 8. (48 S.) Greifswald 853, Koch's Vrlgsh. *

Susemihl, Dr. Frz. Kritische Studien zur Vorgeschichte des zweiten punischen Krieges. (48) 8. Greifswald 1853. 1,00.

— Oeconomicorum quae Aristoteli vulgo tribuuntur libri primi vetusta translatio latina denuo edita. Pr. 1870. 7 S. 4°. —.75

— Wesen alles Seins. I. Pr. 1907. 31 S.

— II. Pr. 1908. 31 S.

Susemihl, Henr. Guil.: Dissertatio musculorum in extremitatibus Bradypodis tridactyli obviorum descriptionem anatomicam exhibens. Berolini 1815. (29 S.) 8°
Berlin, Med. Diss. v. 16. März 1815

Susemihl, J. H., s. A. B. Decker's Handfibel.

Susemihl, Joach., († d. 14. Mai 1797.) Samml. einiger Predigten, vor seiner Landgemeinde gehalten. gr. 8. Leipz. 797. Göschen. 20 gr

— Samml. e. Predigten b. besond. Veranlass. 8. Kiel, Akadem. Buchhandl. 795.

Susemihl, Joach., Samml. e. Predigten bei besond. Veranlassungen. 8. Kiel. 795. Hesse. 4 gr

Susemihl, Johann Albert (Mecklenburg) A. S. 1332/46

De facultate cogitandi corporibus deneganda dissertatio philosophica materialistis opposita.
Präs. Karl Gotthelf Müller.
Jena (Croeker) VIII. 1742. 20 S.

Gew.: Christoph von Bassewitz. 34102

Susemihl, Jh. Konr., u. Ed. Susemihl, Abbildungen der Vögel Europas, in Stahl gestochen. Text nach Temmink's manuel d'ornithologie und den vorzügl. neuern Schriften und mit Beiträgen von mehreren bewährten Naturforschern, bearbeitet von Dr. Gergens. 1e—4e Lfrg. Tafel 1—6, 7, 8, 10, 12, 16, 17. (col.) Mit Text. Lex. 8. Stuttgart 839, 40. Balz. à n. 2/3 ₰

Susemihl, Jh. Conr., u. Ed. Susemihl, Abbildungen der Vögel Europa's, in Stahl gestochen. Text nach Temminck's manuel d'ornithologie u. den vorzügl. neueren Schriften u. mit Beiträgen von mehreren bewährten Naturforschern, bearbeitet von Dr. Gergens. 5.—31. Liefg. Mit illum. Taf. (color.) gr. Lex.-8. Stuttgart 841—46, Balz, u. Darmstadt. (Leipzig, Fr. Fleischer.) à n. 2/3 ₰ — Quart-Ausg. à n. 11/12 ₰

Susemihl, Joh. Conr. u. Ed., die Vögel Europas. In Stahl gestochen. Text von Schlegel. 12—23. Lfg. gr. Lex.-8. (36 ill. Stnt. u. 3¼ B. Text.) Stuttgart 843—45. [Darmstadt.] (Leipzig, Friedr. Fleischer.) à * 17½ Ngr. Quartausg. à * —

—— dass. 24—34. Lfg. gr. Lex.-8. (33 ill. Stahlst. u. 1 B. Text.) Darmstadt 845—47. (Leipzig, Friedr. Fleischer.) à Lfg. * 17½ Ngr. Quartausg. à * —
1—11. Lfg. Ebendas. 1839—42. à L. 17½ Ngr., Quartausg. à * 27½ Ngr.

Susemihl's, Joh. Conr. und Ed., Vögel Europa's. 35. und 36. Lfg. Lex.-8. (à 3 ill. Kpfrt.) Darmstadt 852. (Leipzig, Fr. Fleischer.) à Lfg. * 17½ Ngr. *
Ausg. in 4. à Lfg. * 27½ Ngr. *
1—34. Lfg. Ebendas. 1839—47. à Lfg. * 17½ Ngr., Ausg. in 4. à * 27½ Ngr.

Liebknecht, Johann Georg [Präs.] u. Joh. Melchior Susemihl (Hoffgardo-Alsfeld.) [Resp.]
Dissertatio inauguralis de ente infinito, quoad infinitesimas considerando, theses exhibens mathematicas, quam occasione definitionis primae Euclidis...
Giessae 16. Dez. 1728: vidua Vulpii. (2), 16, (2) S. 4°
pro summis in Philosophia honoribus consequendis

Liebknecht, Johann Georg u. Joh. Melch. Susemihl [Resp. et Auctor]
Disp. exeg. theologica de meliori justitia praecepti quinti Pharisaeis a Domine nostro Jesu Christo Matth. V, 21. 22. exposita.
Giessae 1728. 4°

Susemihl, (Car.) Theod. (Christian.) (geb. Saal bei Stralsund 20. 10. 1819): De catarrho pulmonum chronico. Berolini (1845). (33 S.) 8°
Berlin, Med. Diss. v. 15. Apr. 1845

Susenbeth, Fr. Balth., Denkwürdigkk. aus Luthers Leben. gr. 8. Frankf. a. M. 817. Körner. 12 gr

Susettens Aussteuer.

—Dass. eine andere Uebersetzung. 8. Frankf. 799. Fr. Wilmans. 20 gr

Susettens Aussteuer, od. Geschichte der Gräfin v. Senneterre, von ihr selbst erzählt; aus d. Französ. v. Dusable, berichtigt von Waders. 8. Goslar 799. Lohmann. 14 gr

—Dass. aus d. Französ. 8. Leipz. 799. Hinrichs. 20 gr

Susettens Aussteuer, od. Geschichte d. Frau v. Senneterre, a. d. Franz. übers. v. L. F. Huber. 8. Lpz. Wolf. (Schmidt.) 799.

Susettens Aussteuer, od. Geschichte der Frau v. Senneterre; aus d. Französ. übers. v. L. F. Huber. 8. Luzern 799. Leipz., Schmidt. 18 gr Neue Aufl. 8. Frankf. 819. Sauerländer. 1 ℛ

Susewind, Alfred [aus Linz] : Aus d. med. Klinik zu Bonn. Ueber Myalgieen bei croupöser Pneumonie . . . Bonn, Univ.-Buchdr. v. Carl Georgi, 1889; 27 + 1 S. + 1 Bl. 8°
Bonn, Med. Fak., Inaug.-Diss. v. [27. Jul.] 1889

Susewind, Frid. Ferd. (geb. Lohe bei Siegen 27. 1. 1799): De graviditate ovaria. Berolini (1820). (40 S.) 8°
Berlin, Med. Diss. v. 21. Okt. 1820

Sušil, Frant., Anthologie z Ovidia, Katulla, Propertia a Muséa. Brünn 861. Nitsch. 12. (XVI, 144 S.) n. 14 ngr.

Susil, Franc., Commentarius in evangelia. Brünn. 1864—1867. 4 Bde.

Sušil, Frant., Hymny církewní. Přewedl a wyložil. 12. (IV u. 216 S.) Brünn 846, Wimmer. n. 16 ngr

— krátká prosodie česká. 2. vyd. 861. (57 S.) n. 6 ngr. — 3. opravené vydání. Ebend. 863. 12. (66 S.) n. 8 ngr.

— sebrané básně. Vydání opravené. Ebend. 862. gr. 8. (232 S.) n. 20 ngr.

Suske, Frz., ausführliche Lösungen zu den Prüfungsaufgaben v. E. Heinold f. Lehrer an Volks- u. Bürgerschulen, u. zwar aus: Rechnen f. Volksschulen u. Mathematik u. Naturlehre f. Bürgerschulen. (VII, 171 S. m. 85 Abb.) gr. 8. Wien 908. A. Pichler's Wwe. & Sohn. 4. —

Suškin, Petr Petrovič

Suschkin, P., Aquila Glitchii, Sov. (Biologische Skizze.) [Aus: „Bulletin de la soc. impér. d. naturalistes de Moscou."] gr. 8. (20 S. m. 2 Taf.) Moskau 896. (Berlin, R. Friedländer & Sohn.) n.n. 2. —

Zur Morphologie des Vogelskeletts von P[etr] P[etrovič] Suschkin [**Suškin**]. 1. (Moscou 1899: Kouchnéreff & Cie.) 4°
= **Mémoires**, Nouveaux, de la Société Imp. des Naturalistes de Moscou. T. 16, Livr. 2. 105. 1088: 4

Zur Morphologie des Vogelskelets. Vergleichende Osteologie d. normalen Tagraubvögel ⟨accipitres⟩ u. d. Fragen d. Classification. T. 1. Grundeinteilung d. Accipitres. T. 2. Falken u. ihre nächsten Verwandten. Mit 4 Taf. Von Dr. P[etr] [Petrovič] Suschkin [**Suškin**]. Moscou 1905: Kouchnéreff & Cie. (IV, 247 S.) 4°
= **Mémoires**, Nouveaux, de la Société Imp. des Naturalistes de Moscou. T. 16, Livr. 4. 105. 1088: 4

Suskind. Voir : *Dunant.*

Süskind, Adf., über die Exstirpation von Strumen. Inaugural-Abhandlung. gr. 8. (61 S. m. 9 Tab.) Tübingen 877. (Fues.) n. 1. 20

Süskind, Carl Friedrich, s. Süskind, Karl Friedrich

(**Süskind, E.**): Die Auswanderung und das dt. Vaterland. Ein Wort an das dt. Volk. -- Ulm: Heerbrandt & Thämel 1845. 44 S.

Süskind, E., Der Volksstaat der neuen Zeit und was die Geschichte hierüber lehrt. Zur Verständigung seinen Mitbürgern gewidmet. Ulm, G. P. Geuß, 1849. 66 S. 8°.

Süskind, Ed.

Süskind, E., Auszüge aus Luther's Schriften, s. Auszüge.

—— die Erde. Ein Lehr- u. Lesebuch f. die Schule u. das Volk. 1. allgem. Theil. Von dem Leben der irdischen Natur. gr. 8. (10½ B. u. 2 Stnt.) Blaubeuren 843, Mangold.

—— dass. 2. besond. Theil. Von den Ländern der Erde u. ihren Bewohnern. 8. (15½ B.) Heilbronn 844, Drechsler'sche Bh. *

Süskind, E., die Erde. Ein Lehr- u. Lesebuch f. d. Schule u. d. Volk. 1. Allgem. Theil. Von dem Leben der irdischen Natur. 2. verb. Aufl. gr. 8. (153 S. m. Holzschn.) Heilbronn 847, Drechsler. n. ⅓ ℛ

— die Gebrechen und Heilmittel der protestant. Kirche in Württemberg. Mit Berücksichtigung d. Schrift: die Zukunft der protestant. Kirche von Carl Wolff 1840. Ein Beitrag zur Beantwortung der Frage: über die Trennung der Kirche vom Staat. gr. 8. Blaubeuren 842, Mangold. ⅙ ℛ

Süskind, Ed., Natur und Menschenwelt. Eine Darstellung der Lebenserscheinungen u. Gesetze im Reiche der Natur und des Geistes. Für Schule u. Haus bearb. Mit 268 Fig. auf 20 (lith. u.) color. Taf. (in 4.) Stuttgart 858. Hoffmann. Lex.-8. (X, 622 S.) 3 ℛ.

Süskind, Ed., der Organismus der protestant. Kirche. Ein Versuch über die kirchlichen Zustände in Württemberg. gr. 8. Blaubeuren 843, Mangold. ⅓ ℛ

—— s. Schwabenkalender. —

—— Vergangenheit und Zukunft, Kirchen-Regiment und Glaubensfreiheit. Zur Beleuchtung der Gegenwart. 8. (91 S.) Ulm 857, Gebr. Nübling.

— s. Volksfreund, der christliche. — Zeitschrift für deutsch-protestant. Kirchen-Verfassung.

Süsskind, F. G., quonam sensu divinam Jesus perbibuerit suam doctrinam? Tubing. 1798. 4; deutsch: ebendas. 1802. 8.

Süskind, Friedrich Gottlieb von

Süskind, Fr. Gtl. v., vermischte Aufsätze, meist theolog. Inhalts. Nach seinem Tode gesammelt u. hrsg. v. seinem Sohne K. Fr. Süskind. gr. 8. (30¼ B.) Stuttgart 831, [Beck u. Fränkel.]

— vermischte Aufsätze, meist theolog. Inhalts. Nach seinem Tode gesammelt u. hrsgg. v. seinem Sohne Diak. M. Karl Fr. Süskind. gr. 8. Stuttg. 831. Löflund u. S. 1 ℛ 16 gr

— s. Bemerkt. üb. d. Singunterricht.

— s. Ph. H. Haab, hebr.-griech. Grammatik.

– Handbuch der Naturlehre, s. Süskind, Johann Gottlob

— in welchem Sinn hat Jesus seine Religion u. Sittenlehre für göttlich ausgegeben? gr. 8. Tübing. 802. v. Cotta. 20 gr

– Dass., s.a. Süskind, Johann Gottlob

Süskind, Friedrich Gottlieb [Praes.], s. Koestlin, Nathanael Friedrich: Symbolas ad illustrandam novi testamenti de divina eaque morali mundi gubernatione doctrinam.

Süskind, Fr. Gtl, Magazin, s. Flatt.

— s. H. Pestalozzi, Methode, üb. die.

Süskind's, Fr. Gtl., Predigten auf alle Sonn- u. Festtage des Jahres. 1. Abtheil. Predigten vom Neujahr bis zum Sonntag Exaudi. gr. 8. Ludwigsburg 844, Nast. (Leipzig, Herbig.) 1 ℛ

— Prüfung d. Schellingischen Lehren von Gott, Weltschöpfung, Freiheit, moralischem Guten u. Bösen. (Aus Flatt's Magazin f. die christl. Dogmatik. 17s Heft besond. abgedruckt.) gr. 8. Tübing. Cotta. 812.

— s. G. Chr. Storr, Bemerkk. u. dessen Sonn- u. Festtagspredigten.

— symbolarum ad illustranda quaedam Evangeliorum loca P. 1. 4. Tübing. 802.

Süskind, G(ust.) A(dph.), Daniel, s. Thesaurus biblicus.

Süskind, G. A., Dispositionen zur heiligen Passion. gr. 8. (VII, 284 S.) Heilbronn 887. Henninger. n. 3. 60

Süskind, Gust. Adph., biblische Gebete f. evangelische Christen während u. nach der Confirmationszeit, gesammelt aus den Kirchenordnungen u. d. Schriften alt. u. neuer Kirchen-Männer, u. geordnet nach d. Reihenfolge des württemberg. Confirmandenbüchleins. 8. (194 S.) Böblingen 850. (Stuttgart, Metzler.) n. 16 ngr

— s. Hand-Ausgabe des Gesetzes über die Volksschulen im K. Württemberg.

Süskind, Gust. Adf.: Handausgabe des Gesetzes über die Volksschulen im Kgr. Württemberg vom 29. September 1836 nebst sämtl. Zusatzgesetzen u. Erläut.-Erlassen. 2 Bde. Stuttgart: Metzler 1845, 60.

Süskind, G. A., Handausgabe des Gesetzes über die Volksschulen im Königreich Württemberg vom 29. Sept. 1836, nebst sämmtl. Zusatz- u. Erläuterungs-Erlassen ält. u. neuerer Zeit. Mit ausführl. alphabet. Sachregister. gr. 8. (31½ B.) Stuttgart 845, Metzler'sche Buchh.

— und G. Werner, Handbuch der Württembergischen Ehe-Gesetze nach dem protestantischen und katholischen Recht. 4 Thle. Stuttgart 854—62. Nitzschke. gr. 8.
1. Thl.: Erfordernisse und Hindernisse. (VIII, 436 S.) n. 1 ℛ 13 ngr
2. Thl.: Das Gesetz vom 1. Mai 1855 über einige Abänderungen des bestehenden Eherechts in Württemberg. (XII, 212 S.) n. 18 ngr
3. Thl.: Das kirchliche Aufgebot. (XII, 198 S.) n. 26 ngr
4. Thl.: Die kirchliche Trauung. (XXIII, 223 S.) n. 1 ℛ

— und G. Werner, Handbuch der württembergischen Ehe-Gesetze nach dem protestantischen und katholischen Rechte. IV. Die kirchl. Trauung. gr. 8. (XXIII und 223 S.) Stuttgart 863, Nitzschke. *
I.—III. Ebendas. 1854—60. * 2 Thlr. 27 Ngr.

Süskind, G. A., der Krieg wider Frankreich 1870—1871 im Lichte d. göttl. Wortes f. Deutschlands Jugend, Volk u. Heer. Eine Gabe aus Süddeutschland. 8. (III, 77 S.) Stuttgart 873. Hofmann & Hohl. n. — 80

Süskind, G. A., Passionsschule. 3 Abthlgn. gr. 8. Stuttgart 873. 74. Hofmann & Hohl. n. 8. 40
1. Der Vorhof. (XIX, 132 S.) n. 2. 80
2. Das Heilige. (208 S.) n. 3. 60
3. Das Allerheiligste. (151 S.) n. 2. —

Süskind, G. A., Passionsschule. 2. Aufl. Lex.-8. (XXIII, 448 S.) Bremen 880. Heinsius. n. 5. 25; geb. n. 6. 50

— dasselbe. 2. Thl. gr. 8. (VII, 358 S.) Ebend. 882. n. 5. 25; geb. n. 6. 50

— Passionsschule. 3. Tl. gr. 8. (VIII, 461 S.) Bremen 885. Heinsius. n. 5. 25; geb. n. 6. 50 (1—3.: n. 15. 75; geb. n. 19. 50)

— Repertorium der Armengesetze in Württemberg. Ebend. 861. Lex.-8. (IV, 420 S.) n. 1 ℛ 22 ngr

– u. G. Werner

—— —— Repertorium der evangelischen Kirchengesetze in Württemberg. (In ca. 8 Lfgn.) 1. Thl. 4 Lfgn. und 2. Thl. 1. Lfg. Lex.-8. Stuttgart 860 — 62, Nitzschke. [1. Thl. (X und 453 S.) 2. Thl. 1. Lfg. (160 S.)] à Lfg. * 20 Ngr. *

—— —— Repertorium der evangelischen Kirchengesetze in Württemberg. 2. Thl. 2.—4. Lfg. und 3. Thl. 4 Lfgn. Lex.-8. (2. Thl. S. 161—670. 3. Thl. 634 S.) Stuttgart 863—67, Nitzschke. [2. Thl. 2. und 3. Lfg. à * 20 Ngr., 4. Lfg. * 24 Ngr., 3. Thl. 1.—3. Lfg. à * 20 Ngr., 4. Lfg. * 22 Ngr.] *
1. Thl. und 2. Thl. 1. Lfg. Ebendas. 1860—62. * 3 Thlr. 13 Ngr.

— die Stellung der Civil-Ehe zu Staat u. Kirche. Philosophisch u. rechtsgeschichtlich entwickelt, m. Folgerungen f. die Staats-Gesetzgebung hinsichtlich d. Ehe. — Die Ehe zwischen Juden u. Christen. Von (Adolph) Süskind. [Abdr. aus d. Monatschrift f. d. Justizpflege in Württemberg. XV. Bd.] gr. 8. (56 S.) Ludwigsburg 849, Nast. ⅙ ℛ

Süskind, G. A., Termingeschäftsübersicht für die württemberg. Volksschule. (1 Tabelle in gr. Fol.) Stuttgart 845, Metzler. 3 ngr

Süskind, G. A., thesaurus biblicus, oder: Die Bibel im Lichte geschichtlicher Thatsachen. 1. Daniel. Stuttgart 856. Ed. Hallberger. gr. 8. (XIX, 117 S.) 15 ngr

– u. G. Werner

—— —— das Verwaltungsedikt für die Stiftungen im Königreich Württemberg vom 1. März 1822 mit sämmtl. Erläuterungs-Erlassen. Handausg. gr. 8. (XII und 201 S.) Stuttgart 865, Nitzschke. *

— Wegweiser zum Confirmandenbuch, bestehend in fortlaufender Beziehung des Spruchbuchs u. der Kinderlehre zu jeder einzelnen Frage. 8. (VIII u. 138 S.) Stuttgart 852, Metzler. n. ½ ß

Süskind, G. A., Zusammenfassung der evangelischen Religions-Lehrbücher für Württemberg. Ein Handbüchlein für alle evangelischen Religionslehrer. Ebend. 863. 8. (54 S.) n. 5 ngr.

Süskind, H., Präparation zu W. Jordans ausgew. Stücken aus d. 3. Dekade d. Livius. 1. Hälfte. gr. 8. (28 S.) Stuttgart 898. P. Neff Verl. n. — 50

Süskind, H., Präparation zu W. Jordans ausgewählten Stücken aus der 3. Dekade des Livius. 2. Hälfte. gr. 8. (25 S.) Stuttgart (900). [P. Neff Verl.] A. Bonz & Co. n. — 50

Süskind, Hermann, Lic. theol.: Der Einfluss Schellings auf die Entwicklung von Schleiermachers System. Tübingen 1909: Laupp. V, 57 S. 8° ¶ (Ersch. vollst. als Buch b. Mohr, Tübingen.)
Tübingen, Phil. Diss. v. 26. Jan. 1909, Ref. Maier
[Geb. 3. Jan. 79 Öhringen; Wohnort: Tübingen; Staatsangeh.: Württemberg; Vorbildung: Gymn. Stuttgart Reife M. 97; Studium: Tübingen 8 S.; Coll. 10. Dez. 08.] [U 09. 3966

Süskind, Herm., der Einfluss Schellings auf die Entwicklung v. Schleiermachers System. (VII, 292 S.) gr. 8. Tübingen 909. J. C. B. Mohr. 7. 60

Süskind, Hermann, Prof.: Geschichte des Klosters Königsbronn zur Zeit des Restitutionsedikts. Stuttgart 1906: C. Liebich. (23 S.) 4°
Stuttgart, Eberhard-Ludwigs-G P 1906 (739)

Süskind, Johann Gottlob

J. Glo. **Süsskind**: Beytr. z. Beantw. der Preisfrage: kann d. moral. Würdig. d. Handl. bei Anwend. e. Strafgesetzes in Anschlag kommen? *Tüb.*, Heerbrandt. 803. 8° 4 gr

Süßkind, Jh. Glo. I., Beitr. z. Beantwort. der Preisfrage d. Berlin. Akademie: Kann die moral. Würdigung d. Handlung mit in Anschlag kommen bei Anwend. des Strafgesetzes ꝛc. 8. Tübing. 803. (Osiander). 4 gr

Suskind, Fr. Gll., Handbuch der Naturlehre, enthalt: das Wissenswürdigste u. Gemeinnützlichste aus derselben, zum Selbstunterricht u. zum Unterrichte Anderer. Mit 7 Kupfert. gr. 8. Stuttg. Steinkopf. 812.

Süskind's, Jh. Glob. H., Handbuch der Naturlehre, oder das Wissenswürdigste u. Gemeinnützigste aus der Physik, nebst einem Abriß der Chemie, zur Selbstbelehrung u. zum Unterricht Anderer. 2e verb. u. verm. Ausg., großentheils neu bearbeitet, mit Nachträgen u. neuen Figuren versehen von G. Chr. Reuß. Mit 8 Steintafeln. gr. 8. Stuttgart 840. Steinkopf. 2½ ß

— in welchem Sinn hat Jesus, s. Religion u. Sittenlehre für göttlich ausgegeben? gr. 8. Tübingen, Cotta. 802.

– Dass., s.a. Süskind, Friedrich Gottlieb von

—von d. Pflicht des Christen, einander, besond. auch zur Zeit d. leibl. Noth, zu dienen. Eine Predigt. 8. Stuttg. 816. Steinkopf. 2 gr

Süßkind, K. Fr., s. Fr. Gli. v. Süßkind's vermischte Aufsätze ꝛc.

Süskind, Karl Friedrich

Süskind, Carl Friedr., kritische Blicke auf die Anfänge einer Presbyterial- und Synodal-Verfassung in der evangelisch-luther. Kirche mit Rücksicht auf Geschichte und Kirchenrecht. gr. 8. (III und 208 S.) Eisleben 853, Reichardt. *

Süskind, Carl Frdr., Predigten über die kirchlichen Pericopen in freier Auswahl aus verschiedenen Jahrgängen. Stuttgart 861. Cammerer. gr. 8. (VIII, 269 S.) 1 ß

Süskind, Meyerus *(geb. Glogau 30. 8. 1834)*: De regione axillari ejusque tumorum diagnosi differentiali. Vratislaviae (1857). (36 S., 1 Taf.) 8°
Breslau, Med. Diss. v. 28. März 1857

Süskind, Otto, die Fleischversorgung der Großstädte u. die genossenschaftliche Viehverwertung in Bayern, s.: Bahnbrecher, Frz. Xav.

Süskind, S., es ist Zeit zum Handeln! Amtsantrittspredigt gehalten am 24. Juni 1843 in der Synagoge zu Weilburg. gr. 8. Weilburg 843. (Lanz.) ⅛ ß

Süskind, S., Leitfaden für den israelitischen Confirmanden-Unterricht. 12. (IV und 24 S.) Wiesbaden 855, Kreidel und Niedner. *

Süskind, S., die Statuten der israelitischen Religionsgesellschaft zu Frankfurt a. M. beleuchtet. gr. 8. (15 S.) Wiesbaden 876, Limbarth. *

Süskind, Siegfried, Referendar: Aus dem Gesinderecht der Provinz Hessen-Nassau. Marburg in Hessen: N. G. Elwert 1908. (VI, 33 S.) 8° [F.] ¶ [Erscheint vollst. u. d. T.: „Das Gesinderecht der Provinz Hessen-Nassau, systematisch dargestellt."]
Marburg, Jur. Fak., Ref. Heymann, Diss. v. 6. Juni 1908
[Geb. 23. Dez. 85 Herborn; Wohnort: Driedorf, Bez. Coblenz; Staatsangeh.: Preußen; Vorbildung: Gymn. Dillenburg Reife O. 04; Studium: Grenoble 1, Berlin 3, Marburg 2 S.; Rig. 21. Nov. 07.]

Süskind, Siegfr., das Gesinderecht der Prov. Hessen-Nassau, s. a. Arbeiten zum Handels-, Gewerbe- u. Landwirtschaftsrecht. Nr. 1.

Das Gesinderecht der Provinz Hessen-Nassau systematisch dargest. von Dr. iur. Siegfried Süskind. Marburg: Elwert 1908. XVI, 154 S. 8°
(Arbeiten zum Handels-, Gewerbe- u. Landwirtschaftsrecht. 1.)

Suslowa, Nadeschda, aus St. Petersburg (Russland): Beiträge zur Physiologie der Lymphherzen. Zür. Zürcher u. Furrer Dr. 1867. 24 S., 1 Bl. Thesen. 8°.
Zürich, Med. Diss. [v. 14. Dec. 1867].

Susman, Margar., neue Gedichte. (95 S.) 8. München 907. R. Piper & Co. 2.50; geb. 4. —

Susman, Margarete, mein Land. Gedichte. gr. 8. (107 S.) Berlin 901. Schuster & Loeffler. 2. —; geb. 3. —

Susmann, Margarete, mein Land. Gedichte. 2. Aufl. (111 S.) gr. 8. Berlin 901. Schuster & Loeffler. n. 2. —; geb. n. 3. —

Das Wesen der modernen deutschen Lyrik. Von Margarete **Susman.** Stuttgart: Strecker & Schröder 1910. 130 S. 8°
(Kunst u. Kultur. Bd 9.) [11. 4850

Susmann, Walt., Gedichte. (96 S.) kl. 8. Stuttgart (906). A. Juncker. n. 1. 50

Suso, Heinrich

Suso, H., s. **Amandus.**

Suso, Heinr., eine Auswahl aus seinen deutschen Schriften, s. **Fruchtschale, die, 14. Bd.**

Heinrich Suso. Eine Auswahl aus seinen deutschen Schriften. Mit d. Einl. von Joseph Görres z. Suso-Ausg. von 1829. Hrsg. von Wilhelm v. Scholz. München & Leipzig: Piper (1906). XCI, 219 S. 8°
(Die Fruchtschale. Bd 14.) [11. 4165

—— Büchlein v. d. ewigen Weisheit. Für alle Heilsbegierigen, nach göttl. Erkenntniß u. Vollkommenheit strebenden Seelen, in etwas verbess. Schriftsprache, doch d. Originaltexte treu, besond. hrsg. v. J. Rauchenbichler. gr. 12. (9⅓ B. u. Ttlkpfr.) Augsburg 832, Kollmann.

Suso, Heinr., das Büchlein von der ewigen Weisheit. Mit einer Zugabe aus Suso's Predigten und Briefen. Neu-Ruppin 861. Oehmigke's Verlag. 16. (XXXI, 224 S. u. 1 Holzschntaf.) n. 12 ngr.

—— Büchlein von der ewigen Weisheit aus dem J. 1841. 8. (XII und 177 S.) Wien 861, Selbstverlag.

Suso, Hch., horolog. aeternae sapient. 8. Nürnberg. 724.

Suso, Heinr., Jesus unser Heil u. unser Versöhnungsopfer. 100 fromme Ausblicke auf das Leiden Jesu Christi, nach der ihm selbst gewordenen Offenbarg. (2. Aufl.) 16. (40 S. m. Bildern.) Wien 893. „St. Norbertus", Verlagsh. n. — 24

Suso's, Heinrich, Leben u. Schriften, s. **Diepenbrock, M.**

Suso, gen. **Amandus, Heinr., Leben u. Schriften.** N. d. ältesten Handschriften u. Drucken mit unveränd. Texte in jetziger Schriftsprache hrsg. v. M. **Diepenbrock.** Mit e. Einleit. v. J. **Görres.** gr. 8. (50 B. u. 1 Stndr.) Regensburg 829, Pustet.

Suso's, H., genannt **Amandus,** Leben und Schriften. Nach den ältesten Handschriften und Drucken mit unverändertem Text in jetziger Schriftsprache herausg. von **Melch. Diepenbrock.** Mit einer Einleitung von J. Görres. 3. Aufl. Augsburg 854. Kollmann. gr. 8. (CXX, 431 S.) 2 *ℳ*.

Suso, Heinrich, des seligen Amandus. Leben u. Schriften. 1.—3. Lfg. 8. Wien, Mayer & Comp. in Comm. 1863.
Inhalt: 1. Lfg. Büchlein von den neun Felsen. (140 S.) 40 kr.
2. Lfg. Büchlein von der ewigen Weisheit. (224 S.) 80 kr.
3. Lfg. Des seligen Amandus, genannt Heinrich Suso, Leben u. Lehren. (279 S.) 1 fl.

Suso's, Heinr., genannt Amandus, Leben u. Schriften. Nach den ältesten Handschriften u. Drucken m. unverändertem Texte in neuerer Schriftsprache hrsg. v. **Melch. Diepenbrock.** Mit e. Einleitg. v. **J. Görres.** 4. Aufl. gr. 8. (616 S.) Regensburg 884. Verlags-Anstalt. 6. —

Suso, Hnr., göttliche Offenbarung über den sündhaften Zustand der Christenheit etc., s. **Sim. Buchfelner,** göttl. Offenbarung.

Suso, Hnr., s. **Offenbarung, göttliche,** — auch: **Mission, die heilige.**

Suso, Heinr., göttliche Offenbarung über den sündhaften Zustand der Christenheit, die bevorstehenden Strafgerichte und den Weg der Rückkehr zu Gott, in einem Gespräche. Von ihm selbst in dem Büchlein von den neuen Felsen auf Gottes Befehl zur Warnung geschrieben und hrsg. mit dem Wesentlichsten aus dessen Leben und mit beigefügten Gedanken eines die wahre Religion suchenden Christen, von Simon Buchfelner. 3., verb. und verm. Aufl. 8. (128 S.) Regensburg 873, Manz. *

Suso, Heinrich. Deutsche Schriften [von] H' Seuse; im Auftrag der Württembergischen Kommission für Landesgeschichte hrg. von Dr. Karl Bihlmeyer. ([Illustriert. Mit] Glossar.) XVIII + 163 * + 628 S. 8. Stuttgart, W. Kohlhammer, 1907. [M. 15. —]

Suso, (Heinrich). Seuse(s »Exemplar«). Ausgewählt und hrg. von Dr. Wilhelm Oehl in Wien. IV + 204 S. 8. Kempten und München, Jos. Kösel, 1910. ([geb.] M. 1. —)
(Sammlung Kösel.) Deutsche Mystiker. Band 1....

Suspension, La, d'armes n'oblige pas à l'evacuation des postes. S. l. [17??]. V: *Steck, Johann Christoph Wilhelm von.* (Oa)

Suspension, Die, von Pfarrer Wagner in Mollis im Jahre 1851. Zürich 1852. V: *Wagner, Joh. Ulr.* (Zuwachsverz. d. Bibl. Zürich 1898 ff. 8.)

Suspension, Die, des Erlanger Wingolfs. Erlangen 1897. V: *Fliedner, Wilhelm.* (Erman & Horn. Bibliogr. der dtsch. Univ. 2. Leipz. u. Berl. 1904.)

Suspiria animae quaerentis Deum. 12. Vien. Tendler. 779.

Der Susquehanna Beobachter, und Luzerne und Columbia County Adverteiser: Apr.? 1826–1830?
Weekly. Edited & published by Henry Held.
Wilkes-Barre, PA

Susquehanna Demokrat: 1835?–1848?
Democratic weekly. Absorbed Die Allgemeine Staats-Zeitung. Edited & published by Wilhelm Schmöle, 1835–? See Der Deutsche Pionier, 1887, p. 307; Philadelphia Demokrat, June 21, 1848, which reports it Democratic.
Wilkes-Barre, PA

Susquehanna Herold: June? 1842–?
Weekly. Edited & published by Julius E. Zoller. Title varies: Amerikanischer Christenbote und Susquehanna Herold.
Williamsport, PA

Susquehanna Zeitung: 1862–1864 **Lewisburg, PA**

Die Susquehanna Zeitung: Aug. 1863?–1888?
Weekly, 1863–74; semi-weekly, 1875; weekly, 1876–88. Independent, 1880–81; Democratic, 1882–85; Independent, 1886–87; Democratic, 1888. Circulation: 1875, 750; 1885, 516; 1887, 536. Edited & published by Karl Volkmar, [with J. Heilbecker for a time], 1863–80; by J. Heilbecker, 1881–84; by Karl Volkmar & Son, 1885–86; by William Volkmar, 1887; by Walter Gerson, 1888.
Williamsport, PA

Susrutas. Ayurvédas. Id est Medicinae systema a venerabili D'hanvantare demonstratum a Susruta discipulo compositum. Nunc primum ex Sanskrita in Latinum sermonem vertit, introductionem, annotationes et rerum indicem adjecit Franc. Hessler. (Tom. I. Sútrast'hána et Nidánast'hána.) Lex.-8. Erlangae 844, F. Enke. n. $4^2/_3$ *ℳ*

Suśrutas. Ayurvédas. Id est medicinae systema a venerabili D'Hanvantare demonstratum a Suśruta discipulo compositum. Nunc primum ex Sanskrita in Latinum sermonem vertit, introductionem, annotationes et rerum indicem adjecit Franc. Hessler. Tom. II. III. Lex. 8. Tom. II. (Sarirast'hána, Chikitsitast'hána et Kalpast'hana.) (VIII u. 248 S. m. 2 Tab.) Tom. III. [Uttaratantra. Id est ultimus tractatus.] Erlangae 847. 50, Enke. II.: n. $4^{2}/_{3}$ ℛ III.: 4 ℛ 21 ngr (I—III.: n. 14 ℛ 1 ngr)

– Alt-Indische Geburtshülfe. Aus Susruta's System der Medicin übersetzt und erläutert von Joh. Aug. Vullers. Aus dem zweiten Hefte der Zeitschrift Janus besonders abgedruckt. Giessen 1846.

SÜSS geträumt. Herzensgeheimnisse in Wort und Bild. 11 pikante Bilder in Farben. (Entkleidungs-Scenen). Mit Text von A. Bonart. Leipzig, Cavael, o. J. (190*). 4°. (Kr. 6—.) (4 Kr., eleg. gebd., Vict. Eytelhuber, Wien, 1904.)

Süß, die Mähr vom Nuckelpeter. Der muntern Jugend erzählt. Poeßneck 860. Thalmann. 16. (36 lith. Bl.) 12 ngr

Süſs. Questionnaire sur la vie et les œuvres de Molière. Introduction à la lecture de ce poète, d'après l'édition des œuvres complètes de Molière par Moland. Partie première. Strehlen, G., 1892. 20 S. 4. Progr.

– Was muß der Versicherungsagent vom deutschen Reichsgesetz über den Versicherungsvertrag wissen? Wien 1901.

Süss, Alfred: Die Gruppen, die mit der allgemeinen projektiven Gruppe der Ebene gleiche Zusammensetzung haben. Dresden 1905: B. G. Teubner. (32 S.) 8°
Greifswald, Phil. Fak., Ref. Engel, Diss. v. 12. Aug. 1905
[Geb. 11. Aug. 81 Werdau i. Sa.; Wohnort: Greifswald; Staatsangeh.: Sachsen; Vorbildung: Real-Gymn. Zwickau Reife O. 01; Studium: Leipzig 6, Greifswald 3 S.; Rig. 15. Juli 05.]

Süß, Aug., s.: Dinter's Grundsätze u. Aussprüche üb. sittl.-religiöse Erziehg.

Süss, Aug., Kurorte u. Sommerfrischen der Rheinpfalz. Illustr. Handbuch für Erholungsbedürftige u. Touristen. gr. 8. (VI, 128 S. m. ca. 60 Abbildgn.) Kaiserslautern 899. Thieme'sche Druckereien. n. 1.—

— Pestalozzi als sittlich-religiöser Erzieher in Theorie u. Praxis, nach ihm selbst u. and. in systemat. u. chronolog. Ordng. quellengemäß dargest. u. erläut. 1. Bd. Theoretischer Tl. 8. (V, 408 S.) Weißenburg 899. R. Ackermann. n. 3. 50

— Pestalozzi als sittlich-religiöser Erzieher in Theorie u. Praxis, nach ihm selbst u. anderen in systemat. u. chronolog. Ordng. quellengemäß dargestellt u. erläutert. II. Bd. Praktischer Teil. A. u. d. T.: Pestalozzi als sittlich-religiöser Erzieher in seinen Anstalten zu Stanz, Burgdorf (München-Buchsee) u. Iferten. 8. (133 S.) Weißenburg 898. R. Ackermann. n. 1.60; (kplt. n. 5.10)

— Sommerfrischen u. Bäder in Elsass-Lothringen. Illustr. Handbuch f. Erholungsbedürftige u. Touristen. 8. (VIII, 159 S.) Ebd. 898. n. 1. —

Süss, Aug., Sommerfrischen u. Bäder im gesamten Vogesengebiet. Illustr. Handbuch f. Erholungsbedürftige u. Touristen. 2. Aufl. (V, 150 S. m. Abbildgn.) 8. Weissenburg 905. R. Ackermann. n. 1. —

Süss, C. Geschichte der kgl. Schlossgarde-Kompagnie zur Feier ihres 50jährigen Bestehens. (14) 8. M. 1 Taf. Berlin 1877. 0,50.

Süß, C. F., Beschreibung e. ganz einfachen u. völlig erprobten Ofeneinrichtung z. Feuerung mit ungeformten Braunkohlen, welche letztere auch z. Schmieden d. Eisens, gleich d. Holzkohlen, gebraucht werden können. 8. (1 B. u. 2 Stnt.) Halle 835, (Anton.)

Süß, Carl, s. Süß, Karl

Süß, Carl Friedrich Julius, s. Süß, Karl Friedrich Julius

Süss, D., s. Süß, Eduard

Süss, Eduard

– Über die Cephalopoden-Sippe Acanthoteuthis R. Wagn. (mit 4 Taf.). S. 51. I. 225.
Separatabdruck

— über die Cephalopoden-Sippe Acanthoteutis R. Wagn. [Aus den Sitzungsber. der k. Akad. der Wiss.] Ebend. 865. Lex.-8. (20 S. mit 4 Steintaff.) n. 8 ngr

– Über Ammoniten. 1. Abteilung. S. 52. I. 71.
Separatabdruck

Suess, Ed., über Ammoniten. (1. Abthl.) Lex.-8. (19 S.) Wien 865, (Gerold's Sohn.)
Aus: Sitzungsberichte der k. Akademie der Wissenschaften, besonders abgedruckt.

– Über Ammoniten. 2. Abteilung. Die Zusammensetzung der spiralen Schale. S. 61. I. 305.
Separatabdruck

Suess, Ed., über Ammoniten. 2. Abschn. Lex.-8. (18 S.) Wien 870, (Gerold's Sohn.)
1. Abschn. Ebendas. 1865. 30 Pf.

Hofrath Bronn's Ansichten von der Entwickelung des Thierreiches. Zwei Vorträge, gehalten am 7. und 14. Jänner 1861. (Aus d. Schrift. d. Ver. z. Verb. naturw. Kenntnisse.) Wien 1862. 8°

Suess, Ed., das Antlitz der Erde. Mit Abbildgn. u. Kartenskizzen. (In 3 Abthlgn.) 1. u. 2. Abth. Lex.-8. (1. Bd. IV, 779 S.) Prag 883. 85. Tempsky. — Leipzig, Freytag. à n. 10. —

Suess, E., das Antlitz der Erde. Mit 42 Text-Abbildgn., 1 Taf. u. 2 Karten in Farbendruck. 2. Bd. Lex.-8. (IV, 704 S.) Wien u. Prag 888. Tempsky. — Leipzig, Freytag. n. 25. — (1. u. 2.: n. 51. —)

—— das Antlitz der Erde. Mit 48 Text-Abbildgn., 2 Vollbildern u. 4 Karten in Farbendr. 1. Bd. 2. unveränd. Aufl. [2.—3. Taus.] Lex.-8. (IV, 779 S.) Prag 892, Tempsky. — Lpz., Freytag. * 26 —

Suess, Ed., das Antlitz der Erde. Mit 23 Text-Abbildgn., 6 Taf. u. 1 Karte der Scheitel Eurasien's. III. Bd. 1. Hälfte. Lex.-8. (IV, 508 S.) Wien 901. F. Tempsky. — Leipzig, G. Freytag. n. 25. —
Bd. I u. II. Ebd. 883—888. n. 51. —.

Suess, Eduard, das Antlitz der Erde. I. Bd. u. III. Bd. 2. Hälfte. (Schluss des Gesamtwerkes.) Lex. 8. Wien, F. Tempsky. — Leipzig, G. Freytag. 76. —
I. Mit 48 Text-Abbildgn., 2 Vollbildern u. 4 Karten in Farbendr. 3., unveränd. Aufl. (3.—4. Taus.) (IV, 779 S.) 908. 26. —
III. 2. Mit 35 Textabbildgn., 3 Taf. in Schwarzdr. u. 5 farb. Karten. Sach- u. Namensregister in Beilage. Bearb. v. Luk. Waagen. (IV, 789 u. 158 S.) 909. 50. —
II u. III. 1. Ebd. 888 u. 901. 50.—.

—— und **A. Oppel**, über die muthmasslichen Acquivalente der kössener Schichten in Schwaben, s. Oppel, A.

– Über die Ä q u i v a l e n t e des Rotliegenden in den Südalpen. 1. Mitteilung (mit 2 lithograph. Taf.) S. 57. I. 230.
Separatabdruck

– – Schluß (mit 1 Taf.). S. 57. I. 763.
Separatabdruck

— über die **Acquivalente** des Rothliegenden in den Südalpen. I. u. II. [Aus den Sitzungsber. der k. Akad. der Wiss.] Ebend. 868. Lex.-8. [I. 48 S. mit 2 lith. Taff. in Fol.) n. 18 ngr. — II. (44 S. mit 1 lith. Taf. in Fol.) n. 10 ngr.] n. 28 ngr.

– Über die A s y m m e t r i e der nördlichen Halbkugel. S. 107. I. 89.
Separatabdruck

– Über den B a u der italienischen Halbinsel. S. 65. I. 217.
Separatabdruck

Suess, Ed., üb. den **Bau** der italienischen Halbinsel. [Aus: „Sitzungsber. d. k. Akad. d. Wiss."] Lex.-8. (5 S.) Wien 872. (Gerold's Sohn.) — 15

– Die B a u m a t e r i a l i e n Wiens. (Aus d. Nat. Verein.) Wien 1863. 8°

– B e i t r ä g e zur geologischen Kenntnis des östlichen Afrika. 4. Teil: Die Brüche des östlichen Afrika (mit 1 Taf. und 4 Textfiguren). D 58. 555.
Separatabdruck

– – 1. Teil, s. H ö h n e l, L. R. von

– – 2. Teil, s. R o s i w a l, August

– – 3. Teil, s. T o u l a, Franz

– B e i t r ä g e zur Stratigraphie Zentralasiens auf Grund der Aufsammlungen von Ferdinand Stoliczka und Karl Bogdanowitsch mit Unterstützung von Professor F. Frech in Breslau, Dr. Edmund von Mojsisovics, Dr. Friedrich Teller in Wien und und Professor Viktor Uhlig in Prag (mit 1 Taf. und 12 Textfiguren). D 61. 431.
Separatabdruck

– Einige B e m e r k u n g e n über die sekundären Brachiopoden Portugals (mit 1 Taf.) S. 42. 589.
Separatabdruck

– Einige B e m e r k u n g e n über die secundären Brachiopoden Portugal's. (Aus den Sitzungsb. d. k. Akad.) Wien 1860. 8°

– B e m e r k u n g e n über die Einführung des geologischen Unterrichtes an unseren Gymnasien. (Aus der Zeitschr. f. österr. Gymnasien.) Wien 1862. 8°

– B e m e r k u n g e n über die Lagerung des Salzgebirges bei Wieliczka (mit 1 Karte). S. 58. I. 541.
Separatabdruck

— **Bemerkungen** über die Lagerung des Salzgebirges bei Wieliczka. [Mit 1 (lith.) Karte (in qu. Fol.)] [Aus den Sitzungsber. der k. Akad. der Wiss.] Ebend. 869. Lex.-8. (7 S.) n. 6 ngr.

– Einige B e m e r k u n g e n über den Mond. S. 104. I. 21.
Separatabdruck

— ein. Bemerkgn. üb. d. **Mond**. [Aus: „Sitzungsber. d. k. Akad. d. Wiss."] Lex.-8. (34 S.) Ebd. 895. n. — 70

Sueß, Ed., **Bemerkungen** über den naturwissenschaftlichen Unterricht an unseren Gymnasien. gr. 8. (16 S.) Wien (861)62, Gerold's Sohn. *

Sueß, Ed., **Bemerkungen** über den naturwissenschaftlichen Unterricht in unseren Gymnasien. Wien 863. Gerold. gr. 8. (16 S.) n. 4 ngr.

– B e r i c h t über den Stand der Thätigkeit im Gebiete der Paläontologie in Oesterreich. (Aus Verein z. Verbr. nat. K.) Wien 1863. 8°

Suess, Ed., der **Boden** der Stadt Wien nach seiner Bildungsweise, Beschaffenheit und seinen Beziehungen zum bürgerl. Leben. Eine geolog. Studie. gr. 8. (VIII und 326 S. mit 21 eingedr. Holzschn. und 1 lithogr. Karte in Farbendr. in Imp.-Fol.) Wien 862, Braumüller. *

– B o d e n - K a r t e der Stadt Wien. (Aus dem gleichnamigen Werke.) Wien 1862. 2°

– Über die B r a c h i a l - V o r r i c h t u n g bei den Thezideen (mit 3 Taf.) S. 11. 991.
Separatabdruck

– Über die B r a c h i o p o d e n der Hallstätter Schichten (mit 2 Taf.). D 9. II. 23.
Separatabdruck

Suess, Ed., über die **Brachiopoden** der Hallstätter Schichten. Mit 2 (lith.) Taf. Aus d. Denkschriften d. k. Akad. d. W. Wien 855. (Gerold.) gr. 4. (10 S.) n. 15 ngr.

– Über die B r a c h i o p o d e n der Kössener Schichten (mit 4 Taf.). D 7. II. 29.
Separatabdruck

— über die **Brachiopoden** der Kössener Schichten. Mit 4 (lith.) Taf. Aus d. Denkschriften d. k. Akad. d. W. Wien 854. (Gerold.) gr. 4. (37 S.) n. 1 ℛ︀. 10 ngr.

– Die B r a c h i o p o d e n der Stramberger Schichten. (Aus F. v. Hauer's Beitrag: zur Paläontographie von Oesterreich.) 1858. 4°

Sueß, E., über die Donau-Regulirung von Passau bis zum Eisernen Thore u. über die religiösen Anschauungen des Volkes, s.: Sammlung der bedeutendsten Reden des österreichischen Parlaments.

– Über E i n z e l h e i t e n in der Beschaffenheit einiger Himmelskörper. S. 116. I. 1555.
Separatabdruck

— **Über Einzelheiten in der Beschaffenheit einiger Himmelskörper.** (7 S.) gr. 8. Wien 907. A. Hölder. — 30
Sonderabdruck aus: „Sitzungsber. d. k. Akad. d. Wiss."

— die **Entstehung** der Alpen. gr. 8. (IV, 168 S.) Wien 875. Braumüller. n. 3. —

Suess, E., die **Entstehung** der Alpen. gr. 8. Wien 875, Halm und Goldmann. * 3 —

– Die E r d b e b e n des südlichen Italiens (mit 3 Taf.). D 34. I. 1.
Separatabdruck

— die Erdbeben d. südlichen Italien. Mit 2 (lith.) Taf. (in qu. Fol.) u. 1 (chromolith. Karte. [Aus: „Denkschriften d. k. Akad. d. Wiss."] gr. 4. (32 S.) Wien 874. Gerold's Sohn in Comm. n. 4. 80

– Die Erdbeben Niederösterreichs (mit 2 Karten). D 33. I. 61.
Separatabdruck

— die Erdbeben Nieder-Oesterreichs. [Aus: „Denkschriften der k. Akad. der Wiss."] Mit 2 (lith.) Karten (in qu. gr. 4.) Lex.-8. (38 S.) Ebend. 873. n. 2. 50

– Die Erderschütterung an der Kamplinie am 12. Juni 1875. S. 72. I. 214.
Separatabdruck

— die Erderschütterung an der Kamplinie am 12. Juni 1875. [Aus: „Sitzungsber. d. k. Akad. d. Wiss."] Lex.-8. (5 S.) Ebend. 875. — 15

—— über den Fortschritt des Menschengeschlechtes. Inaugurationsrede, gehalten am 16. Octbr. 1888. Lex.-8. (30 S.) Wien 888, (Konegen.) *

– Über unterbrochene Gebirgsfaltung. S. 94. I. 111.
Separatabdruck

— üb. unterbroch. Gebirgsfaltung. [Aus: „Sitzgsber. d. k. Akad. d. Wiss."] Lex.-8. (7 S.) Wien 886. (Tempsky.) n. — 20

– Über die Gliederung des Vicentinischen Tertiärgebirges. S. 58. I. 265.
Separatabdruck

— über die Gliederung des Vicentinischen Tertiärgebirges. [Aus den Sitzungsber. der k. Akad. der Wiss.] Wien 868. (Gerold's Sohn). Lex.-8. (15 S.) 3 ngr.

— über böhmische Graptolithen, siehe a. Abhandlungen, naturwissenschaftl., hrsg. v. W. Haidinger. 4. Bd.

Suess, E. Ueber böhmische Graptolithen. (Aus naturw. Abh. herausgeg. von Haidinger.) Wien. 1851. 4.

Suess, Ed., die Heilquellen Böhmens. Vortrag, geh. am 24. März 1878. gr. 8. (16 S.) Wien 879. Hölder. n. — 50

– Über das Inntal bei Nauders. S. 114. I. 699.
Separatabdruck

Suess, Eduard, über das Inntal bei Nauders. (37 S.) gr. 8. Wien 905. (A. Hölder.) n — 80
Sonderabdruck aus: „Sitzungsber. d. k. Akad. d. Wiss."

— — Zur Kenntniss des Stringocephalus Burtini Defrance. (Aus den Verb. d. zoologisch-botanischen Vereins.) Wien. 1853. 8.

—— Classification der Brachiopoden, s. Davidson.

Suess, E. Ueber den Lauf der Donau. (Aus der österr. Revue.) Wien. 1863. 8.

– Über Meganteris, eine neue Gattung von Terebratuliden (mit 3 Taf.). S. 18. 51.
Separatabdruck

— über Meganteris, eine neue Gattung von Terebratuliden. Mit 3 (lith.) Taf. Aus d. Sitzungsberichten d. k. Akad. d. W. Wien 855. (Gerold.) gr. 8. (17 S.) n. 12 ngr.

—— über Meganteris, eine neue Gattung von Terebratuliden. Lex.-8. (17 S. mit 3 Stnt.) Wien 856, (Gerold's Sohn.) *

– Über die Nachweisung zahlreicher Niederlassungen einer vorchristlichen Völkerschaft in Niederösterreich. S. 51. I. 215.
Separatabdruck

– Über die großen Raubtiere der österreichischen Tertiär-Ablagerungen (mit 2 Taf.). Machairodus cultridens. Hyaena hipparionum. Amphycion intermedius. S. 43. I. 217.
Separatabdruck

Süss, E. Über die grossen Raubthiere der österreichischen Tertiärablagerungen. 1861.

— Rede zur Enthüllung des Hasner-Denkmales, geh. im grossen Saale der Wiener Universität am 9. VII. 1899. gr. 8. (21 S.) Wien 899. A. Hölder. n. — 60

– Rede, gehalten in der feierlichen Sitzung der Kaiserlichen Akademie der Wissenschaften am 30. Mai 1897 aus Anlaß der Feier des 50jährigen Bestandes derselben. F.S. 1897.
Separatabdruck

Suess, E., Rede, geh. in d. feierl. Sitzg. d. kaiserl. Akademie d. Wissenschaften am 30. V. 1897 aus Anlass d. Feier des 50jähr. Bestandes derselben. 8. (21 S.) Wien 897. (C. Gerold's Sohn.) n. — 40

– Über das Rotliegende im Val Trompia (mit 2 Taf.). S. 59. I. 107.
Separatabdruck

Suess, Ed., über das Rothliegende im Val Trompia. [Mit 2 (lith.) Taff. (in qu. Fol.)] [Aus den Sitzungsber. der k. Akad. der Wiss.] Ebend. 869. Lex.-8. (13 S.) n. 10 ngr.

—— über die Schulnovelle, s. Sammlung der bedeutendsten Reden des österreichischen Parlaments.

—— die Sintfluth. Eine geolog. Studie. Lex.-8. (74 S.) Prag 883, Tempsky. *
Aus: Das Antlitz der Erde, besonders abgedruckt.

– Über die Spuren eigentümlicher Eruptions-Erscheinungen am Dachstein-Gebirge. S. 40. 428.
Separatabdruck

—— über die Spuren eigenthümlicher Eruptions-Erscheinungen am Dachstein-Gebirge. Lex.-8. (17 S.) Wien 860, (Gerold's Sohn.)
Aus: Sitzungsberichte der k. Akademie der Wissenschaften, Jahrg. 1860, besonders abgedruckt.

– Ueber die frühesten Spuren organischen Lebens. (Aus d. Schr. d. Ver. zur Verbr. naturw. Kenntn.) Wien 1863. 8°

Suess, E. Zur Stratigraphie Central-Asiens. Abdruck. Wien. 1894.

— üb. d. Structur Europas, s. a. Vorträge d. Vereines zur Verbreitung naturwissenschaftl. Kenntnisse in Wien.

Süß, Eduard, Ueber die Structur Europas. Vortrag, gehalten den 6. November 1889. Mit 1 Karte. 8. (21 S.) —.30
Wien: Hölzel 1890.

– Über Terebratula diphya (mit 1 Taf.). S. 8. 553.
Separatabdruck

Suess, Ed., über Terebratula dyphia. Mit 1 (lith.) Taf. (in 4.) [Aus den Sitzungsber. 1852 der k. Akad. d. Wiss.] Lex. 8. (16 S.) Wien 852. (Braumüller.) n. ¹/₈ ₰

—— über Terebratula dyphia. Lex.-8. (16 S. mit 1 Stnt. in 4.) Wien 852, (Gerold's Sohn.) *

Suess, Eduard: Ueberreste von Rhinoceros sp. aus der östlichen Mongolei. Mit Anmerkungen von W. Obrutschew und 5 Holzschnitten im Text. ([S.-A.] Verhandlungen der Kaiserlichen Russischen Mineralogischen Gesellschaft zu St. Petersburg. Ser. 2. Bd. 36. No. 2. S. 171—180.) St. Petersburg 1899. 10 S. 8⁰.

— Untersuchungen über den Charakter der österreichischen Tertiärablagerungen: 1. Über die Gliederung der tertiären Bildungen zwischen dem Manhart, der Donau und dem äußeren Saume des Hochgebirges (mit 2 Taf.). S. 54. I. 87.
Separatabdruck

— — 2. Über die Bedeutung der sogenannten „brackischen Stufe" oder der „Cerithienschichten". S. 54. I. 218.
Separatabdruck

—— **Untersuchungen über den Charakter der österreichischen Tertiärablagerungen. 2 Hefte. Lex.-8. Wien 866, (Gerold's Sohn.)** **

Inhalt:
Heft 1. Ueber die Gliederung der tertiären Bildungen zwischen dem Mannhart, der Donau und dem äusseren Saume des Hochgebirges. (66 S. mit 2 Stnt. in qu. 4. und qu. Fol.) * 20 Ngr.
» 2. Ueber die Bedeutung der sogenannten „brackischen Stufe" oder der Cerithienschichten. (40 S.) ** 6 Ngr.
aus: Sitzungsberichte der k. Akademie der Wissenschaften, besonders abgedruckt.

— Der Vulkan Venda bei Padua (mit 1 Taf.). S. 71. I. 7.
Separatabdruck

— **der Vulcan Venda bei Padua. [Aus: „Sitzungsber. d. k. Akad. d. Wiss."] Lex.-8. (7 S. m. 1 Steintaf. in qu. 4.) Ebend. 875** n.n. — 50

— Ueber die einstige Verbindung Nord-Afrikas mit Süd-Europa. (Aus dem Jahrb. d. geol. Reichsanst.) Wien 1863. 4⁰

— Über die Verschiedenheit und die Aufeinanderfolge der tertiären Landfaunen in der Niederung von Wien. S. 47. I. 306.
Separatabdruck

—— **über die Verschiedenheit und die Aufeinanderfolge der tertiären Landfaunen in der Niederung von Wien. Lex.-8. (26 S.) Wien 863, (Gerold's Sohn.)** *

Suess, Eduard, *erst. Custos-Adjunkt am k. k. Hof-Mineral.-Cab. etc.* Ueber das Wesen und den Nutzen palaeontologischer Studien. — Ein Vortrag, gehalten am 9. Oktober 1857 beim Antritte der ausserordent. Professur für Palaeontologie a. d. Hochschule zu Wien. *Wien* u. *Olmüz* 1857. *Ed. Hölzel's* Verl.-Exp. *Wien.* Buchdr. v. *Friedr. Manz.* 16 S. 8⁰.

— Über die Wohnsitze der Brachiopoden. 1. Abschnitt: Die Wohnsitze der lebenden Brachiopoden. A. Die jetzigen Wohnsitze der einzelnen Arten. B. Geographische Gruppierung der jetzigen Wohnsitze. C. Meerestiefen, in welchen heute Brachiopoden leben. S. 37. 185.
Separatabdruck

— — 2. Abschnitt: Die Wohnsitze der fossilen Brachiopoden. A. Einleitung. B. Über die Wohnsitze einiger paläozoischer und insbesondere silurischer Brachiopoden. S. 39. 151.
Separatabdruck

— **üb. neuere Ziele der Geologie. Vortrag, geh. in der naturforsch. Gesellschaft zu Görlitz. [Aus: „Abhandlgn. d. naturforsch. Gesellsch. zu Görlitz".] gr. 8. (21 S. m. 1 farb. Karte.) Görlitz 893. (H. Tzschaschel.)** n. 1. 50

— **die Zukunft des Goldes. gr. 8. (VI, 389 S.) Wien 877. Braumüller.** n. 8. —

—— Die Zukunft d. Silbers. gr. 8. (IV, 227 S.) Wien 892, Braumüller. * 5 40

SUESS, Emil
Der Gegenstand des Strafschutzes bei dem Verbrechen der öffentlichen Gewaltthätigkeit nach österreichischem Rechte. Von Dr. Emil Suess. [Separat-Abdruck aus der von Hofrath Prof. Grünhut herausgegebenen Zeitschrift für das Privat- und öffentliche Recht der Gegenwart. XXVII. Bd.] Wien. 1900. [In Comm.] Hölder. Gr.-8⁰. 72 S. K 1.80

Suess, Emil, die Stellung d. Parteien im modernen Strafprocesse. E. strafprocessuale Abhandlg. in rechtsvergleich. Darstellg. gr. 8. (VI, 465 S.) Wien 898. Manz. n. 7. 20

Süss, Dr. F.: Textkritische und exegetische Bemerkungen zu Horaz. Od. IV. 2 und 8. 38 S. St. Pölten, Progr. 1883

Süß Dr. F.: Zweck und Methode des altsprachlichen Unterrichtes am Gymn. 42. St. Pölten 81.
Progr.

Süss, Fanny, Röslein im Tal. Gedichte. 1. Bd. (VII, 156 S. m. Bildnis.) 8. Dresden 905. E. Pierson. n. 2. —; geb. n. 3. —

Süss, Fr. Wilhelm, s.a. Süs

Das Handlungshaus Ferdinand Flinsch [Papiergroßhandlung]. Gedenkbuch zu dessen 50jähr. Jubelfeier am 20. April 1869. Von Fr. Wilhelm Süss. — Frankfurt a. M. 1869: Mahlau & Waldschmidt. 96 S. 2⁰

Süß, Frz., d. Feuerbestattg. v. einst u. jetzt, s.a. Sammlung gemeinnütz. Vorträge.

Süss, Dr. Franz. Die Feuerbestattung von einst und jetzt. **Prag. A. Haase.**

Süß, Franz, Referendar: Grundgedanken des deutschen bürgerlichen Übergangsrechts. Borna-Leipzig 1910: Noske. VIII, 70 S. 8⁰
Marburg, Jur. Diss. v. 15. Sept. 1910, Ref. Leonhard
[Geb. 20. Juni 85 Mannheim; Wohnort: Wiesbaden; Staatsangeh.: Preußen; Vorbildung: Gymn. Mannheim Reife M. 04; Studium: München 1, Lausanne 1, Berlin 1, Marburg 3 S.; Rig. 28. Juni 10.] [U 11. 3397

Süß Franz: De Panathenaeis. **Diss.** Wien Univ.
II. 1879 PN 158 1423

Suess, Frz. E., Bau u. Bild der böhmischen Masse, s.a. Bau u. Bild Oesterreichs.

Suess (Franz E.), Bau und Bild der böhmischen Masse. M. 1 Titelbild, 56 Textabb. u. 1 Kt. i. Farbendr. Wien, Leipzig 1903. 322 S. 4⁰
Aus: Bau u. Bild Österreichs von C. Diener [u. a.]

Suess, Frz. E. Beobachtungen üb. den Schlier in Oberösterreich u. Bayern. Lex.-8. (S. 407—429 m. 3 Abbildgn.) Wien 892, Hölder. * 1 20
Aus: Annalen d. k. k. naturhistor. Hofmuseums, besonders abgedruckt.

Sueß Franz Eduard, Dr.: Die moravischen Fenster und ihre Beziehung zum Grundgebirge des hohen Gesenkes. [illegible] 11.90
Separatabdruck

Süß, G. A., s.: Mariaschein u. Umgebung.

Süß, Georg: Abtretung künftiger Ansprüche. München: Schweitzer 1910. XII, 80 S. 8°
Erlangen, Jur. Diss. v. 9. Juli 1910, Ref. Oertmann.

Süß, Geo., Abtretung künftiger Ansprüche. Ein Beitrag zum Problem der Verfügg. üb. künftige Rechte. (VIII, 80 S.) gr. 8. München 910. J. Schweizer Verl. 2.80

Süß, Georg (Hrsg.), s. Elsaß, Das literarische.

Süß, Geo., Theodor Körner. Ein Schulfestspiel f. Deklamation u. Chorgesang m. verbind. Dichtg. (Textbuch.) (14 S.) 8. Berlin-Gr.-Lichterfelde (906). Ch. F. Vieweg. — 30

Süß, Gust., Reime u. Lieder für die Kinderstube. Mit 10 Bildern in Oelfarbendr. Nach Original-Zeichngn. Erfurt 870. Bartholomäus. 4. (29 S.) geb. 1 Rthlr.

Süß, H., Festrede, zur Feier d. 90. Geburtstages Sr. Exc. d. Generalfeldmarschalls Graf v. Moltke geh. in Strehlen. gr. 8. (14 S.) Strehlen 890. Asser. n. — 20

Süss, Heinrich [Oberl.]: Questionnaire sur la vie et les oeuvres de Molière. Introd. à la lecture de ce poète, d'après l'éd. des oeuvres complètes de Molière p. Moland. P. 1. Strehlen, T. Erler's Buchdr., *1892*; 20 S. 4.
Strehlen, k. G, P 1892 (205)

Süss, J., Catulliana I. (Nachklänge catull. Poesie. — Die 2 Widmungsgedichte — Fragmente u. Umfang d. lib. Catulli — 3 Teile d. lib. Catulli). Diss. 1876. 31 S. 2.—

Süss, J., Catulliana. gr. 8. (48 S.) Erlangen 877. Deichert. n. — 80

Süß, Johann Aloys, s.a. Süß, Josef Alois

Süß, Jh. Aloys, Naturscenen in Stunden d. Gefühls u. ländl. Gemälde. 8. . . . 803.

— chem.-physikal. Untersuchung des Rohitscher Sauerbrunnens, mit e. Anleit. zum innerl. Gebrauche desselben v. D. v. Fabry. 8. Grätz 803.

Süß, (Pfarrer) Jh. Jos., Beitr. zur Vereinigung der drei christl. Confessionen der kathol. mit der evangel. Kirche, oder Versuch e. Vereinigung der 28 Artikel der augsburg. Confession mit dem kathol. Lehrbegriffe. gr. 8. Barmen u. Schwelm 833. (832.) Falkenberg'sche B. 18 Sgr.

Süß, Joh. Jos., Beiträge zur Vereinigung der drei christlichen Konfessionen, der kath. mit der evang. Kirche, oder: Versuch einer Vereinigung der 28 Artikel der augsburgischen Konfession mit dem kath. Lehrbegriffe. Barmen u. Schwelm, Falkenberg in Komm., 1833, gr. 8°, XXIV, 137 S.
Recens. (Bonner) Ztschr. f. Phil. u. kath. Theol. 1833, Heft 6 S. 169—83. Die Unionspläne des Pfrs. Süß werden daselbst als verderblich bezeichnet, weshalb dieser später (auf die Angriffe Binterims hin) retraktierte. Vgl. Öffentl. Widerruf einiger Punkte meiner 1833 im Barmen erschienenen Schrift: Beiträge zur Vereinigung &c. Elberfeld 1842, 8°.

Süß, Jh. Jos., Chronik von Belmicke. gr. 8. Olpe 841. (Elberfeld, Becker.) 1/4 Rthlr.

Süß, Joh. Jos., die Neu-Protestanten Czerski u. Ronge, ihre Kniffe, Pfiffe u. Speculation. 2. Aufl. 8. (1 B.) Düsseldorf 845, [Cöln, Roschütz u. Comp.] Thlr.
Aus: Rheinisches Kirchenblatt &c., besond. abgedruckt.

Süß, J. J., der Eid in seiner Würde und Heiligkeit, wie auch der Meineid in seiner Abscheulichkeit. Zum Gebr. bei dem häusl. u. Schul-Unterrichte. 8. Lennep 836. (Cöln 837. Eisen.) n. 5/12 Rthlr. (7 1/2 Sgr.)

— Geschichte des Erzstifts Köln, od. Leben u. Thaten der köln. Bischöfe, Erzbischöfe u. Churfürsten, von Maternus I. bis zu dem jetzt regier. Hrn. Erzbischof Ferdinand August. Zum Gebrauch f. Schulen. gr. 8. Köln 826. P. Schmitz. 16 Gr.

— kurze Geschichte der Bischöfe, Erzbischöfe u. Churfürsten im Erzstifte Köln, von Maternus I. bis zu unserm jetzt regier. hochwürd. Erzbischof Ferdinand II., Grafen Spiegel zum Desenberg &c. gr. 12. Köln 826. Compt. f. Kunst. 8 Gr.

— erster Schuß auf die Beleuchtung der Schrift: Ueber den Frieden unter der Kirche u. den Staaten, von dem Erzbischofe von Cöln, Clemens August Freih. Droste zu Vischering. Nebst einem Beiwagen f. blinde Passagiere. gr. 8. (3 B.) Köln 843, J. u. W. Boisserée.

— Sendschreiben an die Kreissynode Duisburg, ihren Katechismus über die Unterscheidungslehren der evangel.-protest. u. der römisch-kathol. Kirche betreffend. 8. Ebend. 844. n. 1/6 Rthlr.

Süß, Joh. Jos., offenes Sendschreiben an Hrn. v. Beckerath, Abgeordn. b. d. verein. Landtage in Berlin, betr. dessen Amendement: „Soll die Ausübung der ständischen Rechte an keinerlei Art von relig. Bekenntnissen gebunden sein?" 12. (23 S.) Köln 847, Welter. n. 3 ngr

— öffentlicher Widerruf einiger Punkte, meiner 1833 in Barmen erschien. Schrift: „Beiträge zur Vereinigung der drei christl. Confessionen, der kathol. mit der evangel. Kirche" mit Rücksicht auf „meine beiden Sendschreiben an Dr. Binterim, die Haustaufe betreff." 8. Elberfeld 842. (Becker.) 1/2 Rthlr.

Süß, Jos., (sen.) Vorschlag des vorzüglichsten u. einzig trefflichen Surrogats, oder Stellvertreters des Indischen Kaffeh und der Vorbereitungs-Methode desselben zu einem dem Kaffeh ähnlichen Getränke. Nebst e. Anhange zur Aufmunterung des sogenannten Reichskornanbaues in unsern Ländern. 8. Grätz 840. Kienreich. 1/8 Rthlr.

Süß, Josef Alois, s.a. Süß, Johann Aloys

— Natur-Scenen u. ländliche Gemälde. Geschrieben in Stunden des Gefühls. 8. Grätz 803. Verl. v. Kienreich u. d. Pr. 1/2 Rthlr.

Süß, Jos. Alois, (jun.) chemisch-physikalische Untersuchung des Rohitscher Sauerbrunns &c. 8. Grätz 803. Verlag von Kienreich u. d. Pr. 5 Gr.

Süß Josef Hans, Dr.: Leitfähigkeitsmessungen anorganischer Säuren. S. 111. [illegible] vgr.
Separatabdruck

Süß, Karl

Süß, Carl, Notenfibel f. d. Gesangunterr. in Schulen. gr. 8. (16 S.) Frankfurt a/M. 898. M. Diesterweg. n. — 15

— die Praxis des Schulgesangs. gr. 8. (44 S.) Ebd. 898. n. — 60

— Singbuch f. Schule u. Haus, s.: Reiss, Frdr.

Süß, Karl Friedrich Julius

Süss, K. F. J., s.: Haus, Hof u. Feld.

— s.: Hausfrau, praktische.

— s.: Hausmittelschatz.

— s.: Kräuterbüchlein.

Süss, Carl Frdr. Jul., s.: Kräuterheilverfahren, das.

— s.: Mutter u. Kind.

— s.: Schönheitspflege.

Süss, K. F. J., s.: Spezialwaren-Verzeichnis f. Drogen, Chemikalien, Farbwaren etc.

Süß, M., tabellar. Beschreib. des Bisthums Passau. Mit 1 Karte. gr. 8. Passau 828. Ambrosi. 1 ₰

Süss, Maria Vinzenz, Beiträge zur Geschichte der Typographie u. des Buchhandels im vormal. Erzstifte nun Herzogth. Salzburg. 8. (7½ B.) Salzburg 845, Duyle'sche Buchh. *

Süß, Maria Vinzenz, die Bürgermeister in Salzburg von 1433 bis 1840. Mit den Bildnissen derselben aus den noch jetzt in Salzburg lebenden Familien u. des berühmten Sigmund Hafner Edlen v. Ambachshausen. gr. 8. (Mit 8 Bildnissen.) Salzburg 840, Oberer. 1⅓ ₰

Süß, Maria Vinz., salzburgische Volks-Lieder mit ihren Singweisen. 8. (XVI und 372 S.) Salzburg 865, Mayrische Buchh. *

Süß, O., Geschichte der königl. Schloß-Garde-Kompagnie zur Feier ihres 50jährigen Bestehens. Mit einer (lith. u. color.) Uniformtaf. gr. 8. (14 S.) Berlin 879. Mittler & Sohn. n. — 50

Süss, Paul Geschichte des Gymnasiums zu Freiberg (Gymnasium Albertinum). 2 Teile. 68 S. G. *Freiberg S.* 1876. 1877.

Süss, Paul, Handkommentar zum Arzneibuch für das Deutsche Reich, s.: Schneider, Alfr.

Süss, Paul [aus Buchholz in Sachsen]: Chemische Studien über die Fruchtreife der Erdbeeren und deren Farbstoff nebst Berücks. d. Gährungsprodukte d. Erdbeersaftes ... Erlangen, k. b. Hof- u. Univ.-Buchdr. v. F. Junge, 1892; 37 S. 8.
Erlangen, Phil. Fak., Inaug.-Diss. v. 1892

Suess, R.C. (Hrsg.), s. Assekuranz-Jahrbuch.

Süß, Rud., Colomba. Schausp. in 4 Aufzgn. (frei nach e. Novelle v. Prosper Mérimée). 16. (99 S.) Wien 895. J. Eisenstein & Co. n. 1. —

Süss, W., Dresdens Umgebg., s.: Meinhold's Routenführer.

Süss, W., Die Technik der Aristophanischen Komödie. S.-A. 1910. 12 S.

Süss, Wilhelm (Hrsg.), s. Aristophanes: Die Frösche.

Süss, Wilhelm, Dr.: Ethos. Studien zur älteren griechischen Rhetorik. Leipzig 1910: Teubner. 30 S. 8° ¶(Ersch. vollst. als Buch ebd.)
Gießen, Phil. Hab.-Schr. v. 1910 [U 10. 1316

Süss, Wilh., Ethos. Studien zur älteren griech. Rhetorik. (V, 273 S.) gr. 8. Leipzig 910. B. G. Teubner. 8.—; geb. 10. 50

Süß, Wilh., allgemeine Musiklehre u. Chorschule. Ein „ABC-Buch" f. ernste u. strebsame Musik-Schüler, den vaterländ. höheren Lehranstalten, Musikschulen u. Chorvereinen gewidmet. (Op. 14.) (III, 63 S. m. Fig.) Lex.-8. Darmstadt (905). C. M. Kühn. n. 3.—

Süss, Guilelmus, Friedbergensis: De personarum antiquae comoediae Atticae usu atque origine. Bonnae 1905: (S. Foppen.) (133 S.) 8°
Gießen, Phil. Fak., Ref. Bethe, Diss. v. 19. April 1900
[Geb. 9. März 82 Friedberg; Wohnort: Gießen; Staatsangeh.: Hessen; Vorbildung: Gymn. Friedberg Reife O. 00; Studium: München 1, Berlin 2, Gießen 6 S.; Rig. 24. Nov. 04.]

Suess-Rath, Helene, die Frau. Eine Studie aus dem Leben. (54 S.) 8. Wien (904). C. Konegen. n. 1. 80

Suess-Rath, Helene, Die Frau. Eine Studie aus dem Leben. (54 S.) gr. 8. Wien, Österreich. Verlagsanstalt. 1904. 1. 80.

Suess-Rath, Helene, Die Frau. Eine Studie aus dem Leben. (54 S.) 8. Wien '06, C. Konegen. 1. 80.

SUESS-RATH, Helene
Der Londoner Frauen-Congress. Von Helene Suess-Rath. Wien. 1900. In Comm. Gesellschaft für graphische Industrie. 8°. 32 S. K 2.—

Suess-Rath, Helene, Der Londoner Frauen-Congress. gr. 8°. Wien, Ges. f. graph. Künste in Komm., 1900.

Sussann, Hermann, s.a. Susann

Sussann, H., Kenzingen im Bauernkrieg. 8°. Kenzingen 1889.

Sussann, Hermann: Jakob Otter. E. Beitr. z. Gesch. d. Reformation ... Karlsruhe, Druck d. W. Hasper'schen Hofbuch- & Steindr., 1892; 1 Bl., III S., 1 Bl., 70 S. 8°
Freiburg i. B., Phil. Fak., Inaug.-Diss. v. 1892

Sussann, Herm., Jakob Otter. Ein Beitrag zur Geschichte der Reformation. gr. 8. (VI, 70 S.) Karlsruhe 893. (J. Lang.) n. — 75

Süßapfel, [Harry], k. Kreisbauinsp. in Obornik: Beschreibung des neuen Gymnasialgebäudes. (Mit Planskizzen u. Abbildung.) *Cleve 1903: H. Stens.* (S. 3—9.) 4° [J. u. Ant.]
Cleve, k. G., P 1903 (497)

Die Auswüchse der Hydrotherapie in Deutschland. (Motiviert durch d. Mangel e. Lehrstuhles f. Hydrotherapie an d. Berliner Univ.) Vortrag geh. in Budapest 1894. Von San.R. Dr. [Hugo] **Süssbach** in Liegnitz. Wien: L. Bergmann & Co. 1894. (9 S.) 8°
Aus: Wiener Med. Blätter. [97. 910 2

Süßbach, Kneipp-Prießnitz. Eine vergleich. Studie. gr. 8. (37 S.) Berlin 894. C. Duncker. n. — 75

Suessbach, Hugo *(geb. Ratibor 3. 1. 1835)*: De tuberculosi miliari acuta. Vratislaviae (1858). (30 S.) 8°
Breslau, Med. Diss. v. 15. März 1858

Süßbach, Rob., der praktische Destillateur. Ein Lehr- u. Handbuch zum Selbstunterrichte für Destillateure, Kaufleute, Schankwirthe u. Conditoren, um auf die leichteste u. beste Art auf kaltem, wie auf warmem Wege einen guten u. billigen Branntwein zu erzielen, sowie mittels der Rectificir-Maschine aus Kartoffelspiritus alle Sorten doppelte u. einfache Liqueure u. Branntweine, feinen Cognac u. Rum zu bereiten. Dresden 869. Schrag. 8. (VIII, 80 S.) 15 ngr

Süssbach, Siegmund: Der Darm der Cetaceen. *Jena: G. Fischer 1901.* (48 S.) 8°
Breslau, Phil. Diss. v. 1. Apr. 1901

Süssbier, Karl, a. Karlingen: Sprache der Cely-Papers, einer Sammlung von englischen Kaufmannsbriefen aus den Jahren 1475—1488. (Berlin 1905: E. Ebering.) (96 S.) 8°
Berlin, Phil. Fak., Ref. Brandl, Tobler, Diss v 21. Jan. 1905
[Geb. 31. März 81 Karlingen in Elsaß-Lothringen; Heimatsort: Berlin; Staatsangeh.: Preußen; Vorbildung: Wilhelms-Gymn. Eberswalde Reife O. 00; Studium: Berlin 9 S.; Rig. 8. Dez. 04]

Süssbier, Karl, Sprache der Cely-Papers, e. Sammlung v. englischen Kaufmannsbriefen aus den J. 1475 bis 1488. Diss. (96 S.) 8. Berlin 905. E. Ebering. n. 3. —

Sussdorf, Max

— Handbuch der vergleichenden Histologie und Physiologie, siehe: Ellenberger.

Sussdorf, Max, Lehrbuch der vergleichenden Anatomie der Haustiere. Unter besond. Berücksicht. der topograph. Anatomie u. der Methodik in den Präparierübgn. 1.—4. Lfg. gr. 8. (1. Bd. XI, 711 S. m. Abbildgn.) Stuttgart 891—895. F. Enke. à n. 4. —

Sussdorf, Max: Ueber die Lungenseuche des Rindes speciell über den pathologischen Process in der Lunge der daran erkrankten Thiere. Leipzig 1879. 35 S.

— **anatomische Wandtafeln. Taf. 1. 70×104,5 cm. Farbendr. Stuttgart 894. E. Nägele. n. 4. —**
Männliches Pferd. Linke Seitenansicht der Lage der Eingeweide in den grossen Leibeshöhlen.

Sussdorf, Max, anatomische Wandtafeln. Taf. 2—6. Farbendr. Stuttgart, E. Nägele. à n. 4. —
2. Weibliches Pferd. Rechte Seitenansicht d. Lage d. Eingeweide in d. grossen Leibeshöhlen. 70×104,5 cm. 895.
3. Weibliches Rind. Linke Seitenansicht d. Lage der Eingeweide in d. grossen Leibeshöhlen. 70×104,5 cm. 896.
4. Männliches Rind. Rechte Seitenansicht d. Lage d. Eingeweide in den grossen Leibeshöhlen. 70×104,5 cm. 896.
5. Männl. Schwein. Linke Seitenansicht d. Lage der Eingeweide in d. grossen Leibeshöhlen. — Weibl. Schwein. Rechte Seitenansicht d. Lage d. Eingeweide in d. grossen Leibeshöhlen. 105×71 cm. 896.
6. Männl. Hund. Linke Seitenansicht d. Lage d. Eingeweide in den grossen Leibeshöhlen. — Weibl. Hund. Rechte Seitenansicht d. Lage d Eingeweide in d. grossen Leibeshöhlen. 105×71 cm. 896.

— s.: Zeitschrift, deutsche, f. Thiermedicin u. vergleich. Pathologie.

Susse, Brüder, das Ganze der Zeichnen- und Malerkunst. Leichtfaßl. dargestellt zur Selbstbelehrung für Jedermann. Nebst einem Anhange über die Kunst des Modellirens u. der Bildhauerei. Unter Anleitung der ersten Künstler herausgeg. Nach der 2. Aufl. aus dem Französ. übersetzt. kl. 8. Pesth 844, Verlags-Magazin, jetzt: Leipzig, Haendel. 1/2 ₰

Süsse, Johann (Breslau) A. S. 1116/26

Disputatio inauguralis medico-practica de remediis ant-odontalgicis. Präs. Friedrich Hoffmann.
Halle (Zeitler) 29. X. 1700. 39 S. 34055

Süße, Johann Gabriel

— kurze Beifuge zu Gom. Weccel. Mende'ns, gewes. Capellans rc. Nachricht, wie u. durch was f. Mittel u. Wege derselbe z. Gemeinschaft d. kathol. Kirche gebracht worden; nebst Recension e. Schrift des Dr. Er. Sal. Cypriani rc. 8. Dresd. 769. Gerlach. (Beger). 3 Gr.

— **Historie od. Chronik d. Städtchens Königstein a. d. Elbe, als ein Beytrag z. Obersächs. Historie, m. K. 4. Ebendas. (auch Beger.) 755.**

Suesse, J. G., Nachricht von Ch. *Hennings*, Elb-Fischers zu Prossen, Erscheinungen u. Voraussagungen. Zusammt J. *Charlier*, sonst Gerson genannt, Prüfung der Geister. A. d. Lat. von demselben. Dresd. 8°. 1772

Süße, Jh. Gabr., (†...) umständl. Nachr. von dem sogenannten Proßner Mann, Chr. Herings Erscheinungen u. Voraussagungen betreff. 8. Dresd. 772. Gerlach. 8 Gr.

Süsse, Joh. Gabr., Zuverlässige Nachricht, die ausserordentlichen Anzeigen Chrn. Herigs, eines Fischers zu Prossen bey Königstein betr. (Mit Anmerkungen u. Attestat.) (Königstein 1756). 1.

— **Widerleg. v. Mendens Nachricht. 8. Ebend. 769.**

Süsse, Karl, Medizinalprakt.: Zur Frage der konzentrischen Hyperostose der Schädeldachknochen. Würzburg 1908: Verlagsdr. 18 S. 8°
Würzburg, Med. Diss. v. 26. Febr. 1909, Ref. Rieger
[Geb 27. Juni 81 Waltershruck; Wohnort: Würzburg; Staatsangeh.: Preußen; Vorbildung. Gymn. Hersfeld Reife O. 02; Studium: Marburg 2, Berlin 2, Kiel 2, Würzburg 4 S; Coll 5. Febr 08; Approb. 15. Jan. 08.] [U 09. 4145

Süsse, Wilhelm Friedrich Christian (Olbernau)
A. S. 577/20

Quaestio iuris controversi quatenus senectus liberet a contumacia, si citatus non compareat.
Präs. Christian Heinrich Breuning.
Leipzig (Rumpf) 23. IX. 1772. 8 S. 34056

Süssenbach, Christoph (Hirschberg/Schl.) A. S. 1155/6

Dissertatio physiologica de motu ventriculi et intestinorum peristaltico. Präs. Christian Michael Adolphi.
Leipzig (Schedius) 12. IV. 1720. 32 S. 34058

Süssenbach, Christoph (Hirschberg/Schl.) A. S. 1286/11

Dissertatio inauguralis medica, de therapia imaginaria, Von Menschen die aus Einbildung Gesund werden.
Präs. Michael Alberti.
Halle (Hendel) VIII. 1721. 36 S. 34059

Süssenguth, Armin, aus Würzburg: Über die **Behaarungsverhältnisse** der Würzburger Muschelkalkpflanzen. *Würzburg 1904: Stahel.* (51 S.) 8°
Würzburg, Phil Diss v. 1904

Süssenguth, Ludolf, a. Göttingen: Die Folgen der Lues. Statistische Erhebungen über die in der medizinischen Klinik zu Göttingen während der Jahre 1873—82 (inkl.) an Syphilis behandelten Personen. Göttingen 1906: W. F. Kaestner. (42 S.) 8°
Göttingen, Med. Fak., Ref. Ebstein, Diss. v. 25. Sept. 1906
[Geb 1 Dez. 82 Göttingen; Wohnort: Göttingen, Staatsangeh.. Preußen; Vorbildung: Gymn. Göttingen Reife O. 01, Studium: Göttingen 4, München 1, Berlin 1, Göttingen 4 S; Coll. 26 Juli 06; Approb. 30. Jan. 06.]

Süßenguth, Otto

Suessenguth, O. Die Industrie d. Abfallstoffe. Leipzig 1875

Süßenguth, Otto, die Industrie der Abfallstoffe. Darstellung der gebräuchlichsten Methoden zur technischen Verwerthung von Abgängen des Thier-, Pflanzen- u. Mineralreichs. Nach P. L. Simmond's Waste Products and Undevelopped Substances unter Berücksichtigung der neuesten Erfahrungen u. Fortschritte bearb. 8. (III, 314 S.) Leipzig 879. Quandt & Händel. n. 4. —

Süsserott's Kolonialbibliothek. 1.—4. Bd. gr. 8. Berlin, W. Süsserott. Geb. in Leinw. n. 11. —
1. **Deutsch-Neuguinea. Von Ernst Tappenbeck. (178 S. m. Abbildgn. u. 1 farb. Karte.) 901. n. 3. —**
2. **Tropische Gesundheitslehre u. Heilkunde. Von C. Mense. (VI, 208 S.) 902. n. 3. —**
3. 4. **Samoa. Von F. Reinecke. (VIII, 312 S. m. Abbildgn. u. 1 farb. Karte.) (902). n. 5. —**

Süsserott's Kolonialbibliothek. 5.—7. u. 9.—13. Bd. gr. 8. Berlin, W. Süsserott. Geb. in Leinw. n. 26.30
Dove, Karl, Deutsch-Südwest-Afrika. (VI, 208 S. m. Abbildgn. u. 1 Karte.) 903. (Bd. 5.) n. 4.—
Fesca, Max, der Pflanzenbau in den Tropen u. Subtropen. 1. Bd. (VIII, 278 S.) 904. (Bd. 7.) n. 6—
Kolonial-Kochbuch. Hrsg. im Auftrage des kolonialwirtschaftl. Komitees. (XII, 203 S. m. Abbildgn.) (906.) (Bd. 13.) n. 3.—
Pauli, Carl, der Kolonist der Tropen als Häuser-, Wege- u. Brückenbauer. Mit zahlr. in den Text gedr. Abbildgn. u. 4 Taf. (38 S.) 904. (Bd. 9.) n. 1.50
Pommer-Esche, C. v., die Canarischen Inseln. (37 S. m. Abbildgn.) 906. (Bd. 11.) n. 1.50
Ross, Ronald, das Malariafieber, dessen Ursachen, Verhütung u. Behandlung. Winke f. Reisende, Jäger, Militärs u. Bewohner v. Malariagegenden. (Liverpooler Schule f. trop. Heilkunde.) (56 S.) 904. (Bd. 6.) n. 2.50
Salesius, P., O. Cap., die Karolinen-Insel Jap. Ein Beitrag zur Kenntnis v. Land u. Leuten in unseren deutschen Südsee-Kolonien. (X, 173 S. m. Abb.) (906.) (Bd. 12.) n. 4.—
Tappenbeck, Ernst, wie rüste ich mich f. die Tropenkolonien aus? 4.—6. Taus. (69 S.) 905. (Bd. 10.) n. 1.80
Bd. 1—4. Ebd. 901. 902. Geb. 11.—; Bd. 8 erscheint später.

Süsserott's Kolonialbibliothek. 8. 14.—19. u. 21. Bd. 8. Berlin, W. Süsserott. Geb. in Leinw. 25.—
Bongard, Osc., wie wandere ich nach deutschen Kolonien aus? Ratgeber f. Auswanderungslustige. (71 S. m. Abbildgn.) (907.) (Bd. 14.) —60; geb. 1.—
Braemer, Otto, die Tropen-Apotheke. Technischer Ratgeber u. Vademecum f. Kolonisten als Haus-Apothekenbesitzer. (61 S.) (910.) (Bd. 17.) Geb. 2.—
Fesca, Max, der Pflanzenbau in den Tropen u. Subtropen. 2. Bd. (III, 197 S.) 907. (Bd. 8.) Geb. 5.—
Höpfner, W., das Schutzgebietsgesetz u. seine ergänzenden rechtlichen Bestimmungen. Mit Erläutergn. versehen. (XII, 115 S.) 907. (Bd. 15.) Geb. 3.50
Sehrwald, Konr., das Obst der Tropen. (95 S.) (910.) (Bd. 18.) Geb. 3.—
Sembritzki, Emil, Kamerun. Mit Illustr. u. 1 Karte. (VI, 256 S.) (909.) (Bd. 16.) Geb. 5.—
Streitwolf, der Caprivizipfel. (236 S. m. 38 Abb. auf Taf. u. 5 Karten.) 911. (Bd. 21.) Geb. 4.—
Toepfer, R., Liberia. (45 S. m. Abb.) 910. (Bd. 19.) Geb. 1.50
Bd. 20 ist noch nicht erschienen.

— Illustr. Kolonial-Kalender 1911. Mit 1 Titelbild, 12 Kalenderkopfleisten nach Originalen v. Thdr. Crampe, 1 (farb.) Karte v. Afrika u. vielen Illustr. (224 S.) gr. 8. Ebd. 1.—

Süssheim, Karl, aus Nürnberg: Preussische Annexionsbestrebungen in Franken 1791—1797, ein Beitrag zur Biographie Hardenbergs. *Berlin (1902): E. Ebering.* (32 S.) 8°
Berlin, Phil. Diss. v. 5. März 1902

Süssheim, Karl, s.: Muḥammad b. Muḥammad b. Muḥammad b. ʿAbdallah b. al-Nit, ām al-Ḥusainī al-Jadzī, das Geschenk aus der Saldschukengeschichte.

Süssheim, P., Preussens Politik in Ansbach-Bayreuth 1791—1806, s. a. Studien, historische.

Preussens Politik in Ansbach-Bayreuth 1791—1806. Von Dr. phil. K. Süssheim. *Berlin: E. Ebering 1902.* (VII, 430 S.) 8°
= Studien, Historische. H. 33. [illegible] 2

Süssheim, Max, Dr. jur., aus Nürnberg: Das moderne Auktionsgewerbe. *Leipzig: Duncker & Humblot 1900.* (35 S.) 8° [illegible]
¶ (Erschien vollst. im gleichen Verl.)
Erlangen, Phil. Diss. v. 12. Juni 1900

Süßheim, Max, das moderne Auktionsgewerbe. gr. 8. (V, 109 S.) Leipzig 900. Duncker & Humblot. n. 2.40

Süssheim, Max, Dr. jur., Rechtspraktikant aus Nürnberg: Die Begünstigung. (Deutsches Reichsstrafgesetzbuch § 257, 258, 260, 261, 262.) München 1898: F. Bickel. (112 S.) 8°
Erlangen, Jur. Diss. v. 23. Juli 1898

Süssheim, P., s. Süssheim, Karl

Süsskand, Adolf [pr. Arzt in Koeben a/O.]: Zur Kenntnis der Thomsen'schen Krankheit . . . Breslau, Druck d. Bresl. Gen.-Buchdr., 1893; 22 S., 2 Bl. 1 Taf. 8°
Breslau, Med. Fak., Inaug.-Diss. v. 2. Aug. 1893

Süsskand, Adf., zur Kenntnis der Thomsen'schen Krankheit. Diss. gr. 8. (22 S. m. 1 Taf.) Breslau 893. (L. Köhler.) n. 1.—

Süßkind, s.a. Süskind

Süsskind, Elias, a. Krakau ⟨Österreich⟩: Darstellung substituierter tertiärer Alkohole mittels der Grignardschen Reaktion. (Berlin 1907: G. Schade.) (42 S.) 8°
Berlin, Phil. Fak., Ref. Gabriel, Diss. v. 18. Mai 1907
[Geb. 5. Dez. 80 Krakau; Wohnort: Berlin: Staatsangeh.: Österreich; Vorbildung: K. K. Gymn. St. Anna Krakau Reife M. 00; Studium: Berlin T.H. 5, Univ. 6 S.; Rig. 4. März 07.]

Süsskind, Jacob [aus Stuttgart]: Klinischer und anatomischer Beitrag zur Tuberkulose der Thränendrüse . . . Wiesbaden, J. F. Bergmann, 1897; 13 S. 8°
Würzburg, Med. Fak., Inaug.-Diss. v. 1897

Süsskind, Paul Friedrich [Oberamtsarzt in Neuenbürg]: Fünfunddreissig Fälle von Gebärmutter-Polypen . . . Tübingen, Druck v. W. Armbruster & O. Riecker, 1894; 30 S. 8.
Tübingen, Med. Fak., Inaug.-Diss. v. 1894

Süssl, Anton: Die Bedeutung der Albumosen für die Wirksamkeit des Speichelfermentes im Magen. Würzburg 1895: P. Scheiner. (17 S.) 8°
Würzburg, Med. Diss. v. 1895

Sussmann, A.: K. u. k. Infanterieregiment Hoch- und Deutschmeister Nr. 4, s. Veltzé, A.

Sussmann, A., Neuerungen in der Adjustierung beim k. u. k. Heer u. den beiden Landwehren. (18 S. m. Abb. u. 2 Taf.) gr. 8. Wien 908. C. W. Stern. 1.—

Sußmann, (A.,) Uebungen in französ. Briefstiel, s. Uebungen.

— Wechsel-Tabellen f. die 3 Münzsorten Louisdor, Conventions-Münze u. Preuß. Courant. Lexicon 8. Hannover 825, Hahn.

Sussmann, Martin [aus Brody (Galizien)]: Ueber einen Fall von multipler Neuritis mit perverser Temperaturempfindung. . . . Berlin, Buchdr. v. G. Schade, *1891;* 30 S., 1 Bl. 8°
Berlin, Med. Fak., Inaug.-Diss. v. 26. Jul. 1891

Sussmann, Otto, dipl. Bergingenieur aus Massbach: Zur Kenntnis einiger Blei- und Zinkerzvorkommen der alpinen Trias bei Dellach im Oberdrauthal. *Wien 1902: Brüder Hollinek.* (36 S.) 8° ¶ Aus: Jahrbuch d. k. k. geol. Reichsanst., Bd 51, H. 2.
Würzburg, Phil. Diss. v. 1902

Sussmann, Richard [app. Arzt aus Leobschütz]: Ueber das Phänomen der einseitigen unwillkürlichen Lidhebung bei Bewegungen des Unterkiefers . . . München, Buchdr. v. M. Ernst, 1892; 27 S., 1 Taf. 8.
München, Med. Fak., Inaug.-Diss. v. [11. Febr.] 1892

Sussmann, S. L., Vorschriften. III Hfte. Lith. qu. Lex.-8. Bonn 839, Henry u. Cohen.
Hft. I. Vorlegeblätter f. engl. Schrift. 12 Bl. 6 Gr.
- II. — f. deutsche Schrift. 12 Bl. 6 Gr.
- III. — f. die europäischen Schriftzeichen. 14 Bl. 12 Gr.

Sussmann, Stanisl., Das Budget-Privileg des Hauses der Gemeinen. E. Studie aus d. engl. Verfassungsgesch. Mannheim u. Leipzig 1909. 3°.

Sussmann, Stanisl., das Budget-Privileg des Hauses der Gemeinen. Eine Studie aus der engl. Verfassungsgeschichte. (IX, 216 S.) Lex. 8. Mannheim 909. J. Bensheimer's Verl. 5. 50

Sussmann-Hellborn, Ernst, a. München: Ein Beitrag zur Kenntnis der Polarisation des blanken Platins bei Wechselstrom. Tübingen 1908: H. Laupp jr. (34 S., 5 Bl. Taf., 10 Bl. Tab.) 8°
Tübingen, Naturw. Fak., Ref. Paschen, Diss. v. 12. Febr. 1908
[Geb. 24. Aug. 72 Berlin; Wohnort: München; Staatsangeh.: Preußen; Vorbildung: Französ. Gymn. Berlin Reife 93; Studium: Berlin Univ. 3, Techn. Hochsch. 2, München 8 S.; Coll. 12. Febr. 08.]

Sussmann-Hellborn, Louis, Warum wollen die deutschen Künstler folgende Fassung des § 60 des Gesetzes für den Norddeutschen Bund, betr. das Urheberrecht an Schriftwerken etc.: § 60. Als eine verbotene Nachbildung gilt es auch, wenn die Nachbildung eines Werkes der bildenden Künste sich an Werken der Industrie, der Fabriken, Handwerke oder Manufacturen befindet. 2. auf Veranlassung der deutschen Kunstgenossenschaft bewirkter Abdr. gr. 8. (32 S.) Berlin 870, Schroeder. *

Süssmann, Adolf, Referendar in Gleiwitz: Welchen Einfluß hatte und hat der Umstand, daß bei der Entstehung eines Schadens ein Verschulden des Beschädigten mitgewirkt hat? Rostock 1903: C. Hinstorff. (93 S.) 8°
Rostock, Jur. Diss. v. [15. Okt.] 1903
[Nur in beschränkter Zahl für den Austausch]

Süssmann, Artur [app. Arzt]: Beitrag zur Aciditätsbestimmung im Harn ... Breslau, Druck d. Bresl. Gen.-Buchdr., 1896; 21 S., 1 Bl. 8.
Breslau, Med. Fak., Inaug.-Diss. v. 30. Juni 1896

Süssmann, Art., Beitrag zur Aciditätsbestimmung im Harn. Diss. gr. 8. (21 S.) Breslau 896. (Schlotter.) n. — 70

Sussmann, Arthur: Ueber einen neuen Fall von multipler Myelombildung, verbunden mit hochgradiger Albumosurie. Berlin 1897: A. Scharowsky. (32 S.) 8°
Leipzig, Med. Diss. v. 13. Dez. 1897

Süssmann, Art., über Iohthoform. gr. 8. (10 S.) Berlin 901. J. Goldschmidt. n. 1. —
Sonderabdruck aus: „Deutsche med. Presse".

Süßmann, Arthur, Dr. phil.: Die Judenschuldentilgungen unter König Wenzel. 1. Berlin: L. Lamm 1906. (XV, 63 S.) 8° ¶ (Die Gesamtarbeit erscheint als Schrift der „Gesellschaft zur Förderung der Wissenschaft des Judentums".)
Breslau, Phil. Fak., Ref. Kaufmann, Diss. v. 1. Juni 1906
[Geb. 19. Jan. 80 Schweidnitz; Wohnort: Schweidnitz; Staatsangeh.: Preußen; Vorbildung: Elisabeth-Gymn. Breslau Reife M. 00; Studium: Breslau 12 S.; Rig. 26. Juli 05.]

Süssmann, Arth., die Judenschuldentilgungen unter König Wenzel, s. a. Schriften der Gesellschaft zur Förderung der Wissenschaften des Judentums.

Die Judenschuldentilgungen unter König Wenzel. Von Dr. phil. Arthur **Süßmann**. Berlin: L. Lamm 1907. (XV, 203 S.) 8°
= **Schriften** d. Gesellschaft z. Förderung d. Wiss. d. Judentums. [7.] [08. 3193

Süßmann, C. W., frohe, einstimmige Lieder für kleine Singschüler z. Aufmunterung beim ersten Gesangunterricht. 2 Hfte. gr. 8. (Wien .. Braumüller u. Seidel.) (16 S. 1/8 ℔ 26 S. 1/4 ℔) n. 3/8 ℔

Süssmann, Friedrich [aus Hannover]: Der Wigand-Martin-Winckel'sche Handgriff zur Herausbeförderung des nachfolgenden Kopfes ... Göttingen, Druck d. Dieterich'schen Univ.-Buchdr., 1892; 53 S., 2 Tab. 8.
Göttingen, Med. Fak., Inaug.-Diss. v. [2. Juni] 1892

Süssmann, Frdr., der Wigand-Martin-Winckel'sche Handgriff zur Herausbeförderung d. nachfolgenden Kopfes. Diss. gr. 8. (53 S. m. 2 Tab.) Göttingen 892. (Vandenhoeck & Ruprecht.) n. 1. 20

Süssmann, Fritz: *Darstellung und Prüfung der Gründe Kants für die Subjektivität der Raum- und Zeitanschauungen. 26 Bl. 4° (2°)
Halle-Wittenberg, Phil. Diss. v. 3. Aug. 1876
Geb. [Berlin 17. 3. 1853]

Süßmann, Georg

Süßmann, G., die sechsklassige Bürgerschule. Stellung, Aufgabe u. Organisation derselben. Ausführl. Lehrgänge üb. alle Unterrichtsdisciplinen m. besond. Bezeichng. d. Memorirstoffes. In 3 Abthlgn. 1. u. 2. Abth. gr. 8. Hannover 872. Meyer. n. 3. —
1. Stellung, Aufgabe u. Organisation der Bürgerschulen. (VIII, 95 S.)
2. Der Unterrichtsplan f. den Religions-Unterricht u. der religiöse Memorirstoff. (IV, 144 S.)

— der Lehrplan f. den Real-Unterricht in der 6klassigen Bürgerschule. Unter Berücksicht. d. betr. Memorir- u. Uebungsstoffes dargestellt. gr. 8. (IV, 186 S.) Ebend. 875. n. 2. —

Süßmann, G., der Lehrplan für den Real-Unterricht in der sechsklassigen Bürgerschule. Unter Berücksichtigung des betreffenden Memorir- u. Uebungsstoffes dargestellt. 2. (Titel-)Ausg. gr. 8. (VII, 186 S.) Hannover (1875) 878. Meyer. n. 2. —

—— der Lehrplan für den Religions-Unterricht und der religiöse Memorirstoff. 2. (Titel-)Ausg. gr. 8. (VI, 144 S.) Ebendas. (871)75. *

— Memorir- u. Uebungsstoffe f. den weltlichen Sachunterricht. Ein Leitfaden f. mehrklass. Volks-, Bürger- u. Mittelschulen. 1. Tbl. Für die Mittelstufe. [Auch f. die Oberstufe ein- bis dreiklass. Volksschulen.] gr. 8. (XVI, 203 S.) Ebend. 875. n. 1. —; geb. n.n. 1. 25

Süßmann, G., die Stellung, Aufgabe und Organisation der sechsklassigen Bürgerschule. Unter steter Berücksicht. der Volksschulen dargestellt. 2. (Titel-)Ausg. gr. 8. (IV, 95 S.) Hannover (871)75, Brandes. *

— die Stellung, Aufgabe u. Organisation der 6klassigen Bürgerschule. Unter steter Berücksicht. der Volksschulen dargestellt. 2. Ausg. gr. 8. (IV, 95 S.) Ebend. 876. n. 2. —

Süßmann, J., parlamentarische General-Liste sämmtlicher namentlicher Abstimmungen der Abgeordneten d. konstituirenden, d. Norddeutschen u. Deutschen Reichstages, sowie d. Deutschen Zollparlaments von 1867 bis 1876. gr. 4. (64 S.) Berlin 876. (Puttkammer & Mühlbrecht.) n. 3. —; Nachtrag dazu von 1873 bis 1876 (8 S.) n. 1. —

Süßmann, J., Proben kupferner Polytypen, durch die Galvanoplastik erzeugt. Aus dessen galvanoplastisch-typograph. Anstalt. 1. Hft. 12 Blätt. gr. 4. (Mit Text.) Berlin 842, Plahn'sche Buchh. (L. Nitze.) n. 5/12 ℔

Süssmann, Lorenz [approb. Arzt aus Bamberg]: Beitrag zur Casuistik der angeborenen Rechtslagerung des Herzens ... (Aus d. Münch. Med. Wochenschr.) München, Jos. Ant. Finsterlin, 1887; 14 S. 8°
Erlangen, Med. Fak., Inaug.-Diss. v. 1887

Süßmann, Ludwig, Gerichtsassessor in Göttingen: Die Dispache des deutschen Binnenschiffahrtsrechts. Borna-Leipzig 1907: R. Noske. (VIII, 50 S.) 8°
Leipzig, Jur. Fak., Diss. v. 15. Juli 1907
[Geb. 18. Apr. 78 Hohenhameln; Wohnort: Göttingen; Staatsangeh.: Preußen; Vorbildung: Gymn. Josephinum Hildesheim Reife O. 97; Studium: Leipzig 1, Bonn 1, Göttingen 4 S.; Rig. 11. Jan. 07.]

Süßmann, Phil., und Emil **Winckler**, die neuesten Entdeckungen und Erfindungen in der gesammten Färberei und Zeugdruckerei. Auf Grund eigener Erfahrungen u. mit Benutzung der neuesten deutschen, französischen u. englischen Literatur herausg. Dresden 863. Klemm. gr. 8. (XI, 176 S.) 1 ₰

— vollständiges theoretisch-praktisches Handbuch der Färberei mit Einschluß der Farbenwaarenkunde. Unter Berücksichtigung der neuesten Fortschritte u. Erfindungen in der gesammten Kunst- u. Schönfärberei. Ebend. 861. gr. 8. (XXVIII, 364 S.) 1 ₰ 15 ngr.

—— —— vollständiges theoretisch-praktisches Handbuch der Färberei mit Einschluß der Farbwaarenkunde. Unter Berücksichtigung der neuesten Fortschritte und Erfindungen in der gesammten Kunst- und Schönfärberei bearb. gr. 8. (XXVIII und 364 S.) Dresden 863, Klemm's Verlag.

Süßmann, Richard: Aus d. Psychiatr. u. Nerven-Klinik zu Kiel. Beitrag zur Statistik, Ätiologie und Symptomatologie der progressiven Paralyse. Kiel 1910: Fiencke. 22 S. 8°
Kiel, Med. Diss. v. 27. Juli 1910, Ref. Siemerling
[Geb. 7. März 82 Harsum; Wohnort: Hildesheim; Staatsangeh.: Preußen; Vorbildung: Gymn. Josephinum Hildesheim Reife O. 04; Studium: Freiburg i. B. 1, Berlin 1, Marburg 3, Göttingen 1, Kiel 4 S.; Coll. 11. Juni 09; Approb. 1. Juli 10.] [U 10. 2482

Suessmann, Theod. Rich. Emil. (geb. Raudten in Schles. 21. 9. 1842): De stenochoria canalis nasolacrymalis. Berolini (1866). (32 S.) 8°
Berlin, Med. Diss. v. 23. Juni 1866

Süssmann, Wilhelm, aus Florshain ⟨Bez. Cassel⟩: **Forschungen** zur Geschichte des Klosters Hirschau 1065—1105. *Halle a. S. 1903: C. A. Koemmerer & Co.* (46 S.) 8°
Halle, Phil. Diss. v. 1903

Sußmanowitz, I[saak], appr. Arzt aus Garsden: Über Syringomyelie unter dem Bilde der spastischen Spinalparalyse. Mainz 1902: J. Wirth. (27 S.) 8°
München, Med. Diss. v. 1900

Süßmayer, (prakt. Arzt Dr.) ..., Trost und Rathschläge für Brustkranke jeder Art. Nach den neuesten u. bewährtesten Ansichten bearb. gr. 12. Prag 843, Haase Söhne. 2/3 ₰

Süßmayer, Konr., s. Lieder f. die österreichische Jugend.

Süssmayr, Georg [app. Arzt aus Eichstätt]: Ueber die Gesichts-Muskulatur einiger Primaten. (Eine vergleichend-anatomische Studie.) . . . München, k. Hof- u. Universitätsbuchdr. v. Dr. C. Wolf & Sohn, 1888; 38 S. u. 1 Taf. 8°
München, Med. Fak., Inaug.-Diss. v. 1888

Süssmilch, Aug. Fried. Wilhelm, Dank-Predigt wegen des zwischen Sr. Königl. Maj. in Preussen und des Kaysers aller Reussen M. d. 24. April in Petersburg geschlossenen Friedens gehalten. Magdeburg (1762). 8.

Süßmilch, Ernst, Mansfeld'sche kupferschieferbauende Gewerkschaft. [Aus: „Leipz. Tagebl."] 4. (22 S.) Leipzig 898. (P. Del Vecchio.) — 25

Süßmilch, Ernst, Mansfeld'sche kupferschieferbauende Gewerkschaft. gr. 8. (20 S.) Leipzig 900. (J. C. Hinrichs' Sort.) n. — 30
Sonderabdruck aus: „Leipziger Tageblatt".

Süßmilch, Friedr. Aug., August Wilhelm v. Trosky's Leben u. Wirken f. d. Niederlausitz, mit Benutzung sein. hinterlass. autobiograph. Nachrichten geschildert. gr. 8. (4 B.) Leipzig 833, Brockhaus.

Süssmilch, Joh. Pet., Die abermalige Aufforderung zur Verehrung des Herrn durch den Sieg bey Leuthen, in der Danck-Predigt erkläret. Berlin. 4.

— Beweis, d. d. Ursprung d. Sprache v. Gott sey. gr. 8. Ebend. 766.

Süssmilch, Johann Peter (Berlin) A. S. 1319/27

Dissertatio de cohaesione et attractione corporum. Präs. Georg Erhard Hamberger. Jena (Ritter) 26. IV. 1732. 39 S.

W. v.: Jo. Georg Walch, Präs. 34063

Süssmilch, J. P., Danck-Predigt wegen des 1. October 1756. von des Königs von Pr. Maj. über die Oesterr. Kriegsmacht erfochtenen Sieges. Berlin. 4.

Süssmilch, Joh. Peter, Das unvergessliche Denkmal der Wunder So Gott durch die bisherigen siegreichen Unternehmungen Sr. Königl. Majestät von Preussen gestiftet, in der am IV. Sontage des Advents 1745 verordneten Dankpredigt der Gemeinde zu St. Petri in Cölln über Psalm 3. v. 4 erklaret. Berlin 4. (16 Seiten.)

Süssmilch, Joh. Pet., Die Freude über die Güte Gottes an dem Dank-Feste wegen des 1757 bey Freyburg denen K. Preuss. Waffen verliehenen Sieges, in einer Predigt vorgestellet. Berlin. 4.

Süssmilch, Joh. Peter, Das Frolocken der brandenburgischen Lande über dem glücklich geendigten Kriege. In einer Predigt. Nach Anleitung des vorgeschriebenen Textes aus dem 21. Psalm v. 2—4. Berlin 1742. 4.

Süßmilch, Jh. Pt., Gedanken von d. epidem. Krankheiten aus dem größern Sterben des 1757n Jahres. 4. Berl. 758. Haude u. Sp. 4 gr.

Süssmilch, Joh. Pet., Die gewisse Hofnung einer sel. Unsterblichkeit als der Grund des getrosten Muthes der Gerechten im Tode. Leich-Predigt d. Hrn. Christn. Lampen, Königl. Preuss. Inspectoris. Berlin 1752 fol.

— die göttl. Ordnung in d. Veränder. des menschl. Geschlechts. 3 Thle, bericht. v. C. J. Baumann. gr. 8. Berl. 740. 2e A. 761. 3e A. 765. 4e Aufl. verb. v. Chr. Jak. Baumann. 755. 5e A. 788. (Reimer). 5 ₰ — Dass. im Auszuge, s. L. A. G. Schrader, Grundgesetze der Natur.

Süssmilch, Joh. Peter. Die göttliche Ordnung in den Veränderungen des menschlichen Geschlechts, aus der Geburt, dem Tode und der Fortpflanzung desselben. Berlin 1741, 1756, 1761, 1765, neubearbeitet von Baumann, Berlin 1775, verbesserte Ausgabe 1787.

Süssmilch, Johann Peter: „Die göttliche Ordnung in den Veränderungen des menschlichen Geschlechts, aus der Geburt, dem Tode und der Fortpflanzung desselben erwiesen", 2 Teile, Berlin 1740. — 2. Auflage, Berlin 1761, 1762, vorh.: Bibl. des Oberlandesgerichts Celle — Tb. 2² — 3. Auflage, Berlin 1765. — 4. Auflage, verb. und berichtigt von C. J. Baumann, 3 Teile in 3 Bänden (Teil III enthält Anmerkungen und Zusätze zu den beiden ersten Teilen und eine Abhandlung „Über Wittwenverpflegungsanstalten"), Berlin 1775, 1776, vorh.: Preuß. Staatsbibl. Berlin, Bibl. des Kammergerichts Berlin — Qb. 3010 — 5. Auflage, Berlin 1788, vorh.: Com. Bibl. Hamburg.

* Die göttliche Ordnung in den Veränderungen des menſchlichen Geſchlechts aus der Geburt, dem Tode und der Fortpflanzung deſſelben erwieſen von *Johann Peter Süßmilch*, königl. Preuſſ. Oberconſiſtorialrath, Probſt in Cölln, und Mitglied der königl. Akademie der Wiſſenſchaften. Erſter Theil worin die Regeln der Ordnung bewieſen werden, welche Gottes Weisheit und Güte in dem Lauf der Natur zur Erhaltung, Vermehrung und Verdoppelung des menſchl. Geſchlechts, feſtgeſetzet hat, woraus denn die wahren Grundſätze einer vernünftigen Bevölkerung hergeleitet werden. Dritte verbeſſerte Ausgabe. Non temere et fortuito ſati et creati ſumus, et profecto eſt quaedam vis quae generi conſulit humano. Cic. in Quaeſt. Tuscul. L. 1. Berlin Im Verlag der Buchhandl. der Realſchule. 8. 576 S. nebſt 36 Tafeln. 1765.

* ——— Zweiter Theil, worin die Beförderungs- und Hinderungsmittel der Bevölkerung betrachtet, die Christl. Religion wider *Montesquiou* gerettet, die Zahl der Menschen auf der Welt und in einigen alten und neuen grossen Städten bestimmet, und die übrigen Ordnungen in der Fortpflanzung und im Sterben der Menschen nach den Jahren und Krankheiten erwiesen werden. Nebst dreyfachem Anhange und Register über beyde Theile. Dritte und verbesserte Ausgabe. Non temere et fortuito sati et creati sumus, et profecto est quaedam vis, quae generi consulit humano. Cic. in Quaest. Tuscul. l. 1. Berlin. Im Verlag des Buchladens der Realschule. 8. 625 S. nebst 39 Tafeln. 1765.

Johann Peter Suessmilch

Die göttliche Ordnung in den Veränderungen des menschlichen Geschlechts, aus d. Geburt, d. Tode u. d. Fortpflanzung desselben erwiesen von Johann Peter Süßmilch. 3., verb. Ausg. Th. 1.2. Berlin: Buchh. (2: Buchladen) d. Realschule 1765. 8°

Th. 1: Worin die Regeln der Ordnung bewiesen werden, welche Gottes Weisheit u. Güte in d. Lauf d. Natur... vestgesetzet hat...

Th. 2: Worin die Beförderungs- u. Hinderungsmittel d. Bevölkerung betrachtet, die christliche Religion wider Montesquiou gerettet... werden. Nebst dreyfachem Anh. u. Reg.

Johann Peter Suessmilch

Die göttliche Ordnung in den Veränderungen des menschlichen Geschlechts, aus der Geburt, dem Tode u. der Fortpflanzung desselben erwiesen von Johann Peter Süßmilch. Th.1-3. Berlin: Verl.d. Buchh. d. Realschule 1775-76. 8°

Th.1.2: 4.verb.Ausg., genau durchgesehen u. näher berichtigt von Christian Jacob Baumann. 1775.

Th.3: Welcher Anm. u. Zusätze zu den beyden ersten Th. nebst e. Abhandlung von Wittwenverpflegungsgesellschaften enth. Hrsg. von Christian Jacob Baumann. 1776.

Johann Peter Suessmilch

Die göttliche Ordnung in den Veränderungen des menschlichen Geschlechts, aus der Geburt, d. Tode u. der Fortpflanzung desselben erwiesen von Johann Peter Süßmilch. Th. 3. Berlin: Verl.d.Buchh. der Realschule 1787. 8°

Süssmilch, Joh. Petr., Der grosse Sieg bey Zorndorf über das Russ. Kriegsheer, als Ursache der Danckvollst. Freude, nach Ps. 21 zu St. Petri. Berlin 1758. 4.

Süssmilch, Joh. Pet., Der grösste u. herrlichste unter allen bisherigen Siegen, welchen das Königl. Preuss. Heer am 6. May 1757 bey der böhm. Hauptstadt Prag erfochten, nach seinen edlen Früchten und Wirkungen in der verordn. Danck-Predigt vorgestellet. Berlin 1757. 4.

— Dasselbe. ib. 4.

— d. Unvernunft u. Bosheit d. berücht. Edelmanns. 8. Ebend. 748.

— Versuch e. Beweises, daß die erste Sprache ihren Ursprung nicht v. Menschen sondern v. Gott erhalten habe. gr. 8. Berl. 766. Realschulbuchh. 6 gr.

Süfsmilch's Versuch eines Beweises, dafs die erste Sprache ihren Ursprung nicht von Menschen, sondern allein vom Schöpfer erhalten habe. Berl. 767. 8. 6 gr.

Süssmilch, J. P.: „Der königlichen Residentz Berlin schnelles Wachsthum und Erbauung. In zwei Abhandlungen erwiesen", Berlin 1752. 4°.

Süßmilch, Joh. Pet., schneller Wachsthum u. Erbauung d. Stadt Berlin. 8. Berlin, Haude. 752.

Süßmilch gen. Hörnig, Moritz von

Süssmilch gen. Hörnig, M. v., Alpentunnel u. Alpenübergänge. Vorträge, geh. 1881 in der Section Leipzig des deutschen u. österreichischen Alpenvereins. gr. 8 (80 S.) Leipzig 882. Liebeskind. n. 2. —

Süssmilch-Hörnig, Mor. v., historisch-geographischer Atlas von Sachsen und Thüringen. (In 3 Abthlgn.) 1. Abthl.: Geotektonik, Geologie, Hydrographie. Imp.-Fol. (10 lithogr. Karten, wovon 4 ill. und 4 in Buntdr. mit Text: Sachsen und Thüringen. Grundzüge einer Vaterlandskunde. 1. Abthl. VIII und 66 S. in hoch 4.) Dresden 860, v. Boetticher.

—— dass. — 2. Abthl.: Zur Geschichte von Sachsen und Thüringen. Imp.-Fol. (8 lithogr. und ill. Karten.) Ebendas. 861.

Süssmilch-Hörnig, Mor. v., historisch-geographischer Atlas von Sachsen und Thüringen. 2. und 3. Abthl. Dresden, v. Bötticher.

Inhalt:

Abthl. 2. Textheft: Sachsen und Thüringen. Grundzüge einer Vaterlandskunde. 2. Abthl.: Zur Geschichte von Sachsen und Thüringen. hoch 4. (VI und 51 S.) 862. 15 Ngr.

» 3. —— dass. — 3. Abthl.: Zur Geographie und Statistik von Sachsen und Thüringen. hoch 4. (IV und 86 S.) 862. 1 Thlr.

» 3. Industriekarten von Sachsen und Thüringen. Imp.-Fol. (6 lithogr. Karten, wovon 4 in Buntdr. und 2 ill.) 863. 2 Thlr.

Süßmilch, gen. Hörnig, M. v. Auszug aus der Geschichte d. Kgl. Sächs. 2. Husarenregiments Nr. 19. Zum 100jähr. Stiftungsfeste d. Regiments. Grimma den 30. Juli 1891. Mit 1 Farbendr.-Bild. (49 S.) gr. 8. [Lpz. 891, Giesecke u. Devrient.] Grimma, Gensel. — 75

Süßmilch gen. Hörnig, M. v., das Erzgebirge in d. Vorzeit, Vergangenheit u. Gegenwart. 14 Hfte. gr. 8. (VII, 664 S.) Annaberg 889. Graser. à n. — 60 (cplt.: n. 8. 50; geb. n. 10. —)

Süßmilch gen. Hörnig, M. v., das Erzgebirge in Vorzeit, Vergangenheit u. Gegenwart. 2., wohlf. Volks(Titel-) Ausg. gr. 8. (VII, 664 S.) Annaberg 894. H. Graser's Verl. n. 4. 50; geb. in Halbfrz. n.n. 6. —

— **Geschichte des 2. Königl. Sächs. Husaren-Regiments „Kronprinz Friedrich Wilhelm des Deutschen Reichs u. von Preußen" Nr. 19. Als Mscr. gedr. gr. 8. (XII, 524 S.) Leipzig 882. Brockhaus in Comm. n. 9. —; geb. n. 11. —**

Süssmilch-Hörnig, M. v., Karte der weiteren Umgebung Leipzigs. 1 : 250,000. Fol. Leipzig 873, C. H. Reclam sen. * — 25

Süßmilch, gen. Hörnig, M. v., Katechismus f. den Einjährig-Freiwilligen, s. a. Weber's, J. J., illustrirte Katechismen. 74.

— **Katechismus** für den Einjährig-Freiwilligen. 2., durchgesehene Ausg. Mit 52 in den Text gedr. (Holzschn.-) Abbildungen. 8. (XVI, 345 u. Nachträge u. Berichtigungen 7 S.) Leipzig 877. Weber. cart. n. 2. 50

Süssmilch-Hörnig, M. v., Landwehr-Karte vom Königr. Sachsen. Auf Grund der neuesten Materialien des königl. statist., Finanzvermessungs-, Forstvermessungs- und Eisenbahnvermessungs-Bureau's nachgetragen unter Mitwirkung von L. v. Gutbier. 4 Bl. Fol. (Mit 1 Bl. Erläuterungen.) Dresden 869, Burdach. In Mappe *

— die Märsche der Truppen. Eine Studie üb. den Mechanismus der Truppenbewegg. gr. 8. (X, 235 S.) Leipzig 873. Weber. n. 4. —

Süssmilch-Hörnig, Moritz v., Hauptm. im k. s. XII. Infanterie-Bataillon. Sachsen und Thüringen. Grundzüge einer Vaterlandskunde. Zugleich als Erläuterung zum historisch-geographischen Atlas von Sachsen und Thüringen. 1. Abth. Einleitung. Geotektonik. Geologie. Hydrographie. Klima. Flora. Fauna. 2. Abth. Zur Geschichte von Sachsen und Thüringen. 3. Abth. Zur Geographie und Statistik von Sachsen und Thüringen. (In 1 Bd.)
4. Dresden 1860—1862.

— **Specialkarte vom Königreich Sachsen.** Auf Grund der neuesten Materialien d. königl. statist. Finanzvermessungs- u. Eisenbahnvermessungs-Bureau's nachgetragen unter Mitwirkg. v. L. v. Gutbier. 4 Blatt. Chromolith. Fol Dresden 874. Burdach. 3. 50

— dasselbe. Topographische Ausg. Ebend. 874. n. 6. —

Süssmilch-Hörnig, Mor. v., Specialkarte vom Königr. Sachsen. Auf Grund der neuesten Materialien hrsg. 1:250,000. Chromolithogr. Imp.-Fol. Dresden 888, Warnatz und Lehmann. * 2 —
Auf Leinw. in Carton 4 50

—— Specialkarte der sächsischen Schweiz. Maassstab 1:125,000. Chromolithogr. Imp.-Fol. (Mit Notizen für Reisende in der sächsischen Schweiz. 20 S. in gr. 16.) Dresden 857, Kuntze. *

—— dass. — (Mit: Vade Mecum des voyageurs dans la Suisse saxonne 21 S. in gr. 16.) Ebendas. 857. *

v. Süssmilch-Hörnig, M. Specialkarte der Sächsischen Schweiz. 1:125 000. Dresden 1858. 1 Bl. c. L. Sch.

v. Süssmilch-Hörnig, M. Topographische Specialkarte vom Königreich Sachsen. Dresden 1857. 4 Bl. c. L. Sch.

Süssmuth, Adolf [aus Schlesien]: Aus d. Kgl. chirurg. Klinik zu Greifswald. Beitrag zur Casuistik der Uranoplastik ... Greifswald, Buchdr. C. Sell, 1897; 43 S., 1 Bl. 8°
Greifswald, Med. Fak., Inaug.-Diss. v. 4. März 1897

Süßmuth Robert: Die Tassobiographie in Deutschland vor Goethe.
II. 1910 PN 2963 **Diss.** Wien, Univ. 364

Sußnitzki, Joas, Arzt. Aus d. kgl. pharmakol. Universitätsinstitut zu Königsberg i. Pr. Direktor: Geheimrat Prof. Dr. Jaffe. Das **Verhalten** der Hühner gegen Cantharidin. Ein Beitrag zur Frage von d. natürl. Resistenz d. Tiere gegen Gifte. *Königsberg i. Pr. 1903: H. Jaeger.* (57 S.) 8°
Königsberg, Med. Diss. v. 12. März 1903

Sussnitzki, I[saia]: Die Gesellschafts- und Staatslehre David Humes. Strassburg i. E. 1907: J. Singer. (VIII, 111 S.) 8°
Straßburg, Phil. Fak., Ref. Baeumker-Ziegler, Diss. v. 7. Juli 1906
[Geb. 14. Juni 79 Jerusalem; Wohnort: Straßburg; Staatsangeh.: Türkei; Vorbildung: Eller-von-Lämel-Sch. Jerusalem, Realsch. d. isr. Religionsges. Frankfurt a. M.; Studium: Berlin 6, Straßburg 6 S.]

Süßstoff-Ausgabebuch des Apothekers. (12 S.) Fol. Berlin (903). Selbstverlag des deutschen Apotheker-Vereins. n.n. — 70; (24 S.) n. 1. —

Süssstoff-Ausgabebuch des Leiters der Apotheke ... (13 S.) gr. 8. Berlin (909). J. Springer. — 50

Süßstoffgesetz vom 7. Juli 1902 nebst Ausführungsbestimmungen. Berlin: Deutsch. Apotheker-Verein. (10 S.) 8° [Umschlagt.] [03. 7661

Süssstoffgesetz vom 7. VII. 1902 nebst Ausführungsbestimmungen. (10 S.) gr. 8. Ebd. (903). n. — 30

Süßstoffgesetz (v. 7. Juli 1902) nebst Ausführungsbestimmungen. Hrsg. im Reichsschatzamte. *Berlin: R. v. Decker 1903.* (19 S.) 8° [F.] [03. 13478

Süßstoff-Gesetz für das deutsche Reich vom 7. VIII. 1902. Text-Ausg. 8. (8 S.) Flöha 902. A. Peitz & Sohn. — 25

Süßwasser-Aquarium, das, s.: Miniatur-Bibliothek.

Süsswasserfauna, die, Deutschlands. Eine Exkursionsfauna. Bearb. v. Böhmig, Brauer, Collin u. a. hrsg. v. Brauer. Heft 1, 2 A. 3—13, 15 u. 17—19. 8. Jena, G. Fischer. 58.30; geb. nn 66. 10

1. Mammalia, Aves, Reptilia, Amphibia, Pisces. Bearb. v. P. Matschie, A. Reichenow, G. Tornier, P. Pappenheim. Mit 173 Fig. (IV, 206 S.) 909. 5.—; geb. n 5. 50
2 A. Diptera, Zweiflügler. Bearb. v. K. Grünberg. 1. Tl. (IV, 312 S. m. 348 Fig.) 910. 6.50; geb. n 7. 20
3. 4. Coleoptera. Bearb. v. Edm. Reitter. Mit 101 Fig. im Text. (IV, 235 S.) 909. 5.—; geb. 5. 50
5. 6. Trichoptera. Bearb. v. Geo. Ulmer. Mit 467 Fig. im Text. (IV, 326 S.) 909. 6.50; geb. 7. 20
7. Collembola, Neuroptera, Hymenoptera, Rhynchota. Bearb. v. R. Heymons, H. Heymons u. Th. Kuhlgatz. Mit 111 Fig. im Text. (IV, 112 S.) 909. 2.40; geb. 3. —
8. Ephemerida, Plecoptera, Lepidoptera. Bearb. v. Fr. Klapálek, K. Grünberg. Mit 260 Fig. im Text. (IV, 163 S.) 909. 4.—; geb. 4. 50
9. Odonata. Bearb. v. F. Ris. Mit 79 Fig. im Text. (IV, 67 S.) 909. 2.—; geb. 2. 50
10. Phyllopoda. Bearb. v. L. Keilhack. Mit 265 Fig. im Text. (IV, 112 S.) 909. 3.—; geb. n 3. 50
11. Copepoda, Ostracoda, Malacostraca. Bearb. v. C. van Douwe, Eug. Neresheimer, V. Vávra, Ludw. Keilhack. Mit 505 Fig. im Text. (IV, 136 S.) 909. 3.50; geb. 4. —
12. Araneae, Acarina u. Tardigrada. Bearb. v. Frdr. Dahl, F. Koenike u. A. Brauer. Mit 280 Fig. im Text. (IV, 191 S.) 909. 4.—; geb. 4. 50
13. Oligochaeta u. Hirudinea. Bearb. v. W. Michaelsen u. L. Johansson. Mit 144 Fig. im Text. (IV, 84 S.) 909. 1.60; geb. 2. —
15. Nematodes, Mermithidae u. Gordiidae. Mit 155 Fig. im Text. (V, 92 S.) 909. 1.80; geb. n 2. 20
17. Parasitische Plattwürmer. I. Trematodes. Bearb. v. Max Lühe. Mit 188 Fig. im Text. (IV, 217 S.) 909. 5.—; geb. 5. 50
18. Dasselbe. II. Cestodes. Bearb. v. Max Lühe. (IV, 153 S. m. 174 Fig.) 910. 4.—; geb. n 4. 50
19. Mollusca, Nemertini, Bryozoa, Turbellaria, Tricladida, Spongillidae, Hydrozoa. Bearb. v. Joh. Thiele, R. Hartmeyer, L. v. Graff, L. Böhmig, W. Weltner, A. Brauer. Mit 346 Fig. im Text. (IV, 199 S.) 909. 4.—; geb. 4. 50

Heft 2, 14 u. 16 sind noch nicht erschienen.

ŠUST, Johannes: De interpretibus sacrae scripturae quorum mentio sit apud s. Hieronymum in libro „de viris illustribus". — (1865) 138 S. 4° (Handschr.) Diss. 223
Diss. Wien, Univ.

Suft, Theod., Adreß- und Geschäftshandbuch für Breslau, s. Adreß- und Geschäftshandbuch.

Suft, Th., die Vertreter in der Arbeiter-Versicherung u. deren Aufgaben. Zusammengestellt im Auftrage der Generalkommission d. Gewerkschaften Deutschlands. (72 S.) 8. Hamburg 901. Berlin, Generalkommission der Gewerkschaften Deutschlands. n. — 50

Suft, Thdr., das Wissenswertheste aus dem Gesetz üb. die Invalidenversicherung vom 13. VII. 1899. 3. vollst. umgearb. Aufl. gr. 8. (40 S.) Chemnitz (899). A. Langer. — 25

Suft, Thdr., d. Wissenswertheste aus d. Gesetz üb. d. Invaliditäts- u. Alters-Versicherung. Für d. Versicherten zusammengest. u. hrsg. 2. Aufl. gr. 8. (II, 33 S.) Chemnitz 896. A. Langer. n. — 20

Šusta, Josef

Šusta, J., die Ernährung d. Karpfen u. seiner Teichgenossen. Neue Grundlagen der Teichwirthschaft. Mit 2 Taf. Abbildgn. gr. 8. (VII, 252 S. m. 1 Taf.) Stettin 888. Herrcke & Lebeling. n. 7. —

Susta, Jos., die Ernährung des Karpfens u. seiner Teichgenossen. Grundlagen der Teichwirtschaft. Mit 2 Taf. Abbildgn. u. Tab. 2. Aufl. (XII, 251 S.) Lex.-8. Stettin (905). Herrcke & Lebeling. n. 6. —

Susta Josef: Zur Geschichte und Kritik der Urbarialaufzeichnungen. S. 138/8 . . . . . 1.60
Separatabdruck

Šusta, Jos., zur Geschichte u. Kritik der Urbarialaufzeichnungen. [Aus: „Sitzungsber. d. k. Akad. d. Wiss."] gr. 8. (72 S.) Wien 898. (C. Gerold's Sohn.) n. 1. 60

Susta, Jos., fünf Jahrhunderte der Teichwirthschaft zu Wittingau. Ein Beitrag zur Geschichte der Fischzucht m. besond. Berücksicht. der Gegenwart. Mit e. Uebersichtskarte des Wittingauer Teichgebietes. gr. 8. (XI, 232 S.) Stettin 899. Herrcke & Lebeling. n. 7. —

Susta, Jos., die römische Curie u. das Concil v. Trient unter Pius IV. Actenstücke zur Geschichte des Concils v. Trient. Im Auftrage der histor. Commission der kaiserl. Akademie der Wissenschaften bearb. 1. Bd. (XCII, 371 S.) Lex.-8. Wien 904. A. Hölder. n. 12. —

Šusta, Jos., die römische Kurie u. das Konzil v. Trient unter Pius IV. Aktenstücke zur Geschichte d. Konzils v. Trient. Im Auftrage der histor. Kommission der kaiserl. Akademie der Wissenschaften bearb. 2. Bd. (XXVII, 605 S.) Lex. 8. Wien 909. A. Hölder. 17. —
1. Bd. Ebd. 904. 12.—.

Susta, Jos., die landwirthschaftliche Productions-Rechnung auf chemischer Grundlage. Eine Studie. gr. 8. (54 S.) Wien 872. Faesy & Frick. n. 2. —

Sustenpaß [Sachl. OW]

Sustenpass. [Exkursionskarte. Lithographischer Ueberdruck aus den Blättern 389, 390, 403, 393, 394, 407, 397, 398, 411 des Topographischen Atlas Siegfried.] Masstab 1 : 50000. [Hrg. durch die] Schweizerische Landestopographie, Bern. Ueberdruck 1905. 673/792 mm. 1 Bl. quer-fol.
Ausg. A: offen. [fr. 3. —]
Ausg. B: auf Lwd. aufgezogen, 8; *Titelblatt (mit Kartenskizze):* Topographischer Atlas der Schweiz. Überdruck. Sustenpass. 1:50,000. Bern, Schweiz. Landestopographie, *Aufdruck:* 1905. aufgezogen fr. 4.50

Sustenpass [Schlagwort]

Sustenpass, s.: Schweiz. Atlas.

Sustentation, üb. die, der in die Capitels-Pfründen nachrückenden Domizellaren rc. 8. Bamb. 812. Göbhard. (Wesché in Frankf. a. M.) 9 K

— üb. die, der Kammergerichtskanzlei, (von Jh. G. Kranß). 8. Wetzlar 797.

Sustentationsgeschichte der Kaiserlichen und Reichskammergerichts-Kanzley . . . Frankfurt a. M. 1797. V: *Hoscher, Joh. Melchior.* (Schletter, Handb. d. jurist. Litt. Grimma 1843. S. 160.) (co)

Sustentationsgeschichte der kaiserl. u. Reichskammergerichts-Kanzlei. 4. Frankf. 797. Macklot. 22 K

Suster, G., De Plinio Ciceronis imitatore. S.-A. 1889. 15 S.

— S., Nuovi emendamenti al Panegirico di Plinio. S.-A. 1889. 28 S.

Süstermann, Ant. Ulr. Ldw., († d. 22. Oct. 1797.) drei Kasualpredigten vor e. Landgemeine gehalten. 8. Hannov. 795. Ritscher. (Hahn). 6 K

— s. J. H. J. Köppen, Biographie.

Süstermann, A. U. L., Köppen (J. H. J.) Rector des Gymnasiums in Hannover. Hannov. 793. 8. 4 gr.

– Dass., s.a. Süstermann, C.

Süstermann, C., 3 Casualpredigten v. e. Landgemeine gehalten. 8. Hannov. Ritscher. (Hahn.) 795. — 6

– Dass., s.a. Süstermann, Anton Ulrich Ludwig

Susteršič, F. S. Katekizem za katoliške šole v združenih državah ameriških. V Celovcu, St. Hermagoras-Druck., 1899. 132 S.

Sustine et abstine. Prag 1859. (Unterzeichnet: Ein österreichischer Edelmann.) V: *Auersperg, Vincenz Fürst.* (Hdschr. Mitth. von Hofrat Dr. Arthur Goldmann, Wien)

Sustine et abstine. Prag 1859. V: *Auersperg, Vincenz Carl Fürst.* (EB)

Sustmann, Hermann Georg, Untervetorinär und Assistent am pathologischen Institut der Tierärztlichen Hochschule zu Dresden: Untersuchungen über die Agglutination des Rotzbazillus. ⟨Aus dem pathologischen Institut der Tierärztlichen Hochschule zu Dresden. Direktor Med.-Rat Prof. Joest.⟩ Zürich 1908. 106 S. 8°. [27. VIII. 08.]
Zürich. Vet.-med. Diss. 1907/08.

Sustmann, Hermann Georg. Untersuchungen über die Agglutination des Rotzbazillus. Diss. Vet.-Med. Univ. Zürich. Mit 16 Tabellen, 4 Temperaturkurven und 2 schematischen Abbildungen. *Kopftitel:* Aus dem Pathologischen Institut der Tierärztlichen Hochschule zu Dresden.... 106 S. 8. Zürich — Hofbuchdr. J. Beck in Kahla S.-A. — 1908.

Süstmann, Konr., neue Betbibel, darin auf ein jedes Kapitel der ganzen heil. Schrift ein besond. Gebet u. eines jeden Kapitels rechter Verstand den Einfältigen gezeigt wird. 8. Lemgo 790. Meyer. 18 K

Sustschowa, Nadeschda, aus Jaroslavl (Rußland): Untersuchungen über den Einfluß des Alters, Geschlechts und der Kastration auf die Zahl der roten Blutkörperchen und den Hämoglobingehalt bei Rindern, Schweinen und Schafen. Leipzig, Veit & Comp., 1910. 18 S. 8°. S.-A. aus Archiv für Anatomie und Physiologie. 1910. Phys. Abt. [25.XI.10.]
Zürich, Univ. Med. Diss. 1910/11.

Sustschowa, Nadeschda. Untersuchungen über den Einfluss des Alters, Geschlechts und der Kastration auf die Zahl der roten Blutkörperchen und den Hämoglobingehalt bei Rindern, Schweinen und Schafen. Diss. Med. Univ. Zürich. 18 S. 8. Leipzig, Veit & Comp., 1910.
(Diese Arbeit erscheint im Archiv für Anatomie und Physiologie. 1910. Physiologische Abteilung.)

Suszа, Jak., der hl. Martyrer Josaphat Kuncewicz, s. a. Loosshorn, Joh.

[J.] Der heilige Martyrer Josaphat Kuncewicz, Erzbischof von Polozk, aus dem Basilianer-Orden. Nach d. Latein. d. unirten Bischofs Jacob **Susza** aus d. gl. Orden bearb. M. e. geschichtl. Ueberblicke üb. d. unirten Ruthenen in Polen u. Russl. Von Johann Looshorn ... *München: P. Zipperer 1898.* (VI S., 1 Bl., 189 S.) 1 Bd 8. [97. 6239

Susza, Jac., Saulus et Paulus Ruthenae unionis sanguine B. Josaphat transformatus sive Meletius Smotriscius, archiepiscopus Hierapolitanus etc. ex tenebris in lucem prolatus. Editio nova, emendatior et auctior curante Joa. Martinov. gr. 8. (VII und 191 S.) Brüssel 864, (Muquardt's Verlag.) *

Suszczyński, Czeslaus [aus Posen]: Anteflexio uteri ihre Ursache und ihre Behandlung ... Würzburg, Druck d. Bonitas-Bauer'schen Buchdr., 1888; 24 S. 8°
Würzburg, Med. Fak., Inaug.-Diss. v. 1888

Suszczyński, Czeslaus, **Anteflexio uteri ihre Ursache und ihre Behandlung. Diss. Würzburg 1888, Stahelsche Univ.-Buchh. 8°.** 24 S.

Suszczyński, Roman [app. Arzt aus Posen]: Nephrolithotomie. E. Beitr. z. operativen Behandlg d. Nierensteine ... München, Buchdr. Kastner & Lossen, 1895; 1 Bl., 67 S. 8.
München, Med. Fak., Inaug.-Diss. v. 1895

Suszczyński, Wladislaus *(geb. [Koschmin in Pos.] 3. 4. 1846)*: Beitrag zur Casuistik der Resection des Kniegelenkes. Breslau 1872. (30 S.) 8°
Breslau, Med. Diss. v. 27. März 1872

Sustmann, Hermann Georg, Unterveterinär und Assistent am pathologischen Institut der Tierärztlichen Hochschule zu Dresden: Untersuchungen über die Agglutination des Rotzbazillus. ⟨Aus dem pathologischen Institut der Tierärztlichen Hochschule zu Dresden. Direktor Med.-Rat Prof. Joest.⟩ Zürich 1908. 106 S. 8°. [27. VIII. 08.]
Zürich. Vet.-med. Diss. 1907/08

— s. auch Fr. Jos. Haas.

Sutamilli. Decouverte sur le croup ou l'astma synanchicum acutum (a Fr. Jos. Haas). gr. 4. **Moskau 817. N. A. 820.** (Cöln, Bachem; a. Barth in Leipz.) 4 ₰

Sutcliffe, Halliwell, Through sorrow's gates, s.: Unwin's library.

Sutcliffe, J. M., ein Opfer der Justiz, s.: **Kriminal-Romane aller Nationen.**

Suter. Landammann (Josef Anton) S'. Trogen 1884 s.a.[Tschudi, Friedrich von].

Suter, Landammann; Kriminalgeschichte aus Appenzell I.—Rh. 2. Aufl. Trogen 1889. V: ***Tschudi, Friedrich von.*** (zuwzür 1911)

Suter. Jacob S' (1805–1874), Landschaftsmaler.... Njbl. s.a.[Fröhlich, Edmund].

Suter, Jakob, Landschaftsmaler. Leonhard Tanner, Portraitmaler. [Zürich 1875.] V(Suter): *Fröhlich, Edm.* (Tanner): *Buff, Seb.* (Cat. d. Stadtbibl. Zürich. Zürich 1864—97)

Neujahrsblatt der Künstlergesellschaft in Zürich für 1875. Der neuen Reihenfolge 35. Mit 1 Portrait u. 1 Abbldg. 18 Stn. gr. 4. Zür. Typ. J. J. Ulrich.
*** Inh.: Jacob Suter, Landschaftsmaler, von Hottingen u. Zürich. — Leonh. Tanner, Portraitmaler, von Lützelflüh, Ktn. Bern.**

Suter, A., Zivilrechtspflege des Kantons St. Gallen, dargestellt in einer Sammlung von Entscheidungen des Kantonsgerichtes u. der Kassationsbehörde des Kantons St. Gallen von 1831—1866. St. Gallen 866. Altwegg-Weber. gr. 8. (417 S.) 1 ₰ 12 *ngr.*; geb. in Halbleinw. 1 ₰ 20 *ngr.*; eleg. geb. 1 ₰ 24 *ngr.*

Suter, Adolf, von Horgen: Ueber die Augenhintergrundserkrankungen bei erworbener Syphilis. ⟨Aus der kantonalen Augenklinik der Universität Zürich. Direktor: Prof. Haab.⟩ Zürich, Gebr. Leemann & Co., 1910. 50 S. 8°. [29. IX. 10.]
Zürich Univ. Med. Diss. 1910 11.

Suter, Adolf. Ueber die Augenhintergrundserkrankungen bei erworbener Syphilis. Aus der kantonalen Augenklinik der Universität Zürich.... Diss. Med. Univ. Zürich. 49 S. 8. Zürich, Gebr. Leemann & Co., 1910.

Suter, Adolf, lic. jur. von Muotathal (Schwyz): Die Nacherbschaft nach dem schweizerischen Zivilgesetzentwurfe. Freiburg (Schweiz) 1908. VIII + 153 S. 8°.
Freiburg i. Schw. Jur. Diss. 1907/08.

Suter, Adolph. Die Nacherbschaft nach dem schweizerischen Zivilgesetzentwurfe. Diss. Jur. Freiburg i. Ue. VIII + 153 S. 8. Freiburg ⟨Schweiz⟩, St. Paulus-Druckerei, 1908.

Suter, Caspar, s. Suter, Kaspar

Suter, Ed., s. Suter, Heinrich Eduard

Suter, Emil

Suter, E., s.a. Bibel, die. Ihr Einfluß auf die sozialen Verhältnisse rc.

(Suter, E[mil].) Die Bibel. Ihr Einfluss auf die sozialen Verhältnisse der Menschen. Vademecum christlichen Grundsatzes in kurzen Sentenzen mit entsprechendem Nachweis. Resultate fünfzigjähriger Forschung und Erfahrung. Liefg. 1(—7 Teil [1]). 112 S. 8. Zürich, Bibliographischer Verlag, 1901.
Erscheint in Lieferungen à fr. —.25. (*Liefg. 2—7:* Erscheint monatlich; *2/3:* Juni, *4/5:* Juli, *6/7:* September 1901.)

(Suter, E[mil].) Die Bibel. Ihr Einfluss auf die sozialen Verhältnisse der Menschen ... . (Teil [1].)
s. [Correspondenz der schweizer. Sozial-Liga. Jahrg. 9.] 8. Zürich, Bibliographischer Verlag, 1901.
Zu tilgen der entsprechende Titel in Bulletin 1903, S. 146.

[Suter, Emil.] Die Bibel. Ihr Einfluss auf die sozialen Verhältnisse der Menschen. Teil 2. (Liefg. 1. Juli 1905.) 32 S. 8. Zürich, Bibliographischer Verlag, 1905 (In Lieferungen zu 32 S., monatlich ein mal, à fr. —. 25)

[Suter, Emil.] Die Bibel. Ihr Einfluss auf die sozialen Verhältnisse der Menschen. Teil 2. ⟨Jahrg. 10 der Correspondenz der schweizerischen Sozial-Liga⟩.... Liefg. 2. August 1905.... II S. + S. 33—64. 8. Zürich, Bibliographischer Verlag, 1905. In Lieferungen zu 32 S., monatlich ein mal, à fr. —. 25

[Suter, Emil.] Die Bibel. Ihr Einfluss auf die sozialen Verhältnisse der Menschen. Teil 2 ... .
s. ⟨Correspondenz der schweizer. Sozial-Liga. Jahrg. 10.⟩ Liefg. 1 u. 2. 8. Zürich, Bibliographischer Verlag, 1905.
Zu tilgen die entsprechenden Titel in Bulletin 1905, S. 245 u. 338.

Suter, Emil. Die Kohlen der Schweiz. Vortrag. 8.
Ausg. A: Jahresbericht der Schulen von Wohlen, Schuljahr 1905/06. Wohlen, Kasimir Meyer. [Beilage.] S. 51–62.
Ausg. B: Beilage zum J' der Sch' in W' pro 1905/06. 14 S. Wohlen, Kasimir Meyer.

Suter, E., s.: Korrespondenz der schweizer. Sozial-Liga üb. den Einfluß der Bibel auf unsere gesellschaftlichen Zustände.

Suter, Emil. Mroaso. Gedicht. 8. (62 S.) Lpz. 891, W. Friedrich. * 1 —

Suter. Ernst, prakt. Arzt, Horgen: Aus dem pathologisch-anatomischen Institut Zürich. Ueber einen Fall von primärem Plattenzellencarcinom der Lunge mit Verhornung. Zürich 1905. 18 S. 8°. [17. V. 05.]
Zürich. Med. Diss. 1904 1905.

Suter, Ernst. Über einen Fall von primärem Plattenzellencarcinom der Lunge mit Verhornung. Diss. Med. Univ. Zürich. *Kopftitel:* Aus dem pathologisch-anatomischen Institut Zürich. 18 S. 8. Zürich, Berichthaus, 1905.

Suter, F. Über schwefelhaltige Abkömmlinge der Eiweisskörper. In-8°. 21 S. Basel. These. 1895.

Suter, F., s. Ansicht von Zürich.

Suter, F. A. [von Suhr, Kt. Aargau]: Beitrag zur Statistik des Mastdarmcarcinomes und Übersicht über die hauptsächlichsten Operationsmethoden. Zürich-Oberstrass 1900. 136 S. 8°.
Basel. Med. Diss. 1901/1902.

Suter, Fr., die Frau in der christl. Gesellschaft. (Ein Beitrag zur Sozialreform.) 8. (VIII, 142 S.) Frauenfeld 898. (München, G. Schuh & Cie.) n. 1.20

Suter, Fr., Die Frau in der christlichen Gesellschaft. (Ein Beitrag zur Sozialreform.) 8°. Frauenfeld (München, R. Abt) 1899.

Suter, F[ritz] A[nton]. Ueber die operative Behandlung von Zwerchfellwunden. Separat-Abdruck aus Beiträge zur klinischen Chirurgie.... Band 46. Heft 2. *Kopftitel:* Aus der Innsbrucker chirurgischen Klinik. II S. + S. 341–378. 8. Tübingen, H. Laupp, 1905.

Suter, F[ritz] A[nton]. Ueber die operative Behandlung von Zwerchfellwunden. Aus der Innsbrucker chirurgischen Klinik. Separat-Abdruck aus: Beiträge zur klinischen Chirurgie.... Band 47. Heft 2. II S. + S. 403–406. 8. Tübingen, H. Laupp, 1905.
Nachtrag zu der Arbeit im 46. Bande (S. 341) dieser Zeitschrift.

Suter, F[ritz] A[nton]. Diagnostische Irrthümer bei Durchleuchtung mit Röntgenstrahlen, nebst Beitrag zur Kenntniss der Fibulafracturen. Mit 5 Figuren im Text. ⟨Sonder-Abdruck aus dem Archiv für klin. Chirurgie. Bd. 72. Heft 1.⟩ *Kopftitel:* ⟨Aus der Genfer chirurgischen Klinik des Herrn Professor G[ustave] Julliard.⟩ II + 13 S. 8. Berlin, L. Schumacher, 1903.

Suter, F[ritz] A[nton]. Zur Casuistik der Fingertumoren. Mit 1 Tafel. ⟨Sonder-Abdruck aus dem Archiv für klin. Chirurgie. Bd. 75. Heft 3.⟩ *Kopftitel:* ⟨Aus der chirurgischen Klinik der Universität Genf.⟩ 7 S. 8. Berlin, L. Schumacher, 1905.

Suter, F[ritz] A[nton]. Die Knocheneinrichter von Genf und Hoch-Savoyen. [Mit Figuren.] Separatabdruck aus der Schweizerischen « Monatsschrift für Medizin, Chirurgie, ... Hygiene und Chemie » [Nr. 1–3, September–November 1903]. IV + 48 S. 8. St. Margrethen ⟨Ct. St. Gallen-Schweiz⟩, Dr. St. Margrethen, 1903.

Suter, F(ritz) A[nton]. Unter dem Schweizerischen Roten Kreuz im Burenkriege. Von Oberleutnant Dr. med. F. A. Suter, ... gewes. Feldarzt bei ... Assistent Kommandant General Christian Botha. Mit 132 Illustrationen, faksimilierten Briefen und Dokumenten, nebst einer Karte. XII + 342 S. 8. Leipzig, Heinrich Schmidt & Carl Günther, 1901. [geb. M. 10. —]

Suter, F[ritz] A[nton]. Ueber subkutane Nierenverletzungen, insbesondere über traumatische paranephritische Ergüsse und traumatische Uronephrosen. (Hierzu Taf. VII—VIII.) Aus der Innsbrucker chirurgischen Klinik. Separat-Abdruck aus: Beiträge zur klinischen Chirurgie.... Band 47. Heft 2. II S. + S. 349–402. 8. Tübingen, H. Laupp, 1905.

Suter, F[ritz] A[nton]. Über einen autochthonen Paraurethralstein aus phosphorsaurer Ammoniakmagnesia. Diss. Dr. Med. Univ. Genf: These Nr. 27. Von F. A. S', ... Doktor der Medizin ... der Universität Basel. [Mit 1 Tafel. — Sep.-Abdr. aus: Deutsche Zeitschrift für Chirurgie. Band 72, Heft 4—6.] *Kopftitel:* Aus der chirurgischen Klinik der Universität Genf. 23 S. 8. Leipzig, J. B. Hirschfeld, 1904.

Suter, F[ritz] A[nton]. Der Perubalsam als Mittel zur Wundbehandlung. (Hierzu 7 Abbildungen, 34 Kurven und Taf. I—III. Sonderabzug aus Beiträge zur klinischen Chirurgie. Band 53. Heft 3.) *Kopftitel:* Aus der Innsbrucker chirurgischen Klinik. Direktor: Prof. H[ermann] Schloffer. IV + 121 S. 8. Tübingen, H. Laupp Jr, 1907.

Suter, F[ritz] A[nton]. Ueber eine practische Sehnennaht. Mit 23 Figuren. ⟨Sonder-Abdruck aus dem Archiv für klin. Chirurgie. Bd. 72. Heft 3.⟩ *Kopftitel:* ⟨Aus der Genfer chirurg. Klinik des Herrn Prof. [Gustave] Julliard.⟩ II + 13 S. 8. Berlin, L. Schumacher, 1904.

Suter, F[ritz] A[nton]. Lokale, subkutane und subdurale Serumapplikation bei Tetanus nebst Bemerkungen über die Tetanus-Prophylaxe. Aus der Innsbrucker chirurgischen Klinik. Separat-Abdruck aus: Beiträge zur klinischen Chirurgie.... Band 52. Heft 3. II S. + S. 671—701. 8. Tübingen, H. Laupp, 1907.

Suter, F[ritz] A[nton]. Zur Serumbehandlung des Starrkrampfes, insbesondere über Tetanuserkrankungen trotz prophylaktischer Serumtherapie. Mit 4 Figuren im Text. ⟨Sonder-Abdruck aus dem Archiv für klin. Chirurgie. Bd. 75. Heft 1.⟩ *Kopftitel:* Aus der chirurgischen Klinik der Universität Genf. II + 38 S. 8. Berlin, L. Schumacher, 1904.

Suter, F[ritz] A[nton]. Theocin als Diureticum. Separat-Abdruck aus dem Correspondenz-Blatt für Schweizer Aerzte 1904, Nr. 7. [Mit 1 Figur.] *Kopftitel:* Aus der Genfer chirurgischen Klinik des Herrn Prof. G[ustave] Julliard. 12 S. gr.-8. Basel, Schweighauser, 1904.

Suter, F[ritz] A[nton]. Ueber den Verband des Johannes Scultetus. [Mit 10 Figuren.] Separatabdruck aus « Schweizerische Monatsschrift für Medizin, Chirurgie ... und deren Grenzgebiete ». [Jahrg. 1,] Heft 5 und 6, 1904. 18 S. 8. Zürich, Jean Frey, 1904.

Suter, G., Die Konitzer Prozesse. Ein weiteres Wort zur Aufklärg. 8. (101 S.) Konitz, C. Schulz. 1901. 1. —

Suter, Gottlieb, pract. Arzt aus Luzern: Aus der medizinischen Klinik des Herrn Professor Eichhorst, Zürich. Über Polymyositis acuta primaria. Zür. Orell Füssli Dr. 1896. 66 S., 1 Bl. 8°.
Zürich, Med. Diss. [v. 1. Aug. 1896].

[**Suter,** Hans Rudolf.] Beschreibung Über der Stadt Zoftingen Múntz-Gerechtigkeit, Samt deme was von dem hohen Alterthum und etlichen anderen Eigenschafften solcher Múntz kúrztlich eingezogen worden 1721. [Mit 1 Tafel.] fol. *o. O.*

Suter, Heinrich

Suter, H. Die Araber als Vermittler der Wissenschaften u. deren Übergang vom Orient in den Occident. Vortrag. Gr. in-8°. 31 S. Aarau, H. R. Sauerländer & Co. 1895.
⁎ Sep.-Abzug aus „Jahresheft für d schweizer. Gymnasiallehrerverein" 1895.

Suter, H., d. **Araber als Vermittler d. Wissenschaften in deren Übergang v. Orient in d. Occident.** Vortrag, geh. an d. 34. Jahresversammlg. d. Vereins schweiz. Gymnasiallehrer, in Baden am 30. IX. 1894. 2. Aufl. gr. 8. (32 S.) Aarau 897. H. R. Sauerländer & Co. n. 1. —

Suter, Heinrich. Über die im « Liber augmenti et diminutionis » vorkommenden Autoren. Von Heinrich Suter in Zürich. Sonderabdruck aus Bibliotheca Mathematica. III. Folge. (Band) 3. Heft 3 (*d. i.* 4. Ausgegeben am 31. Dezember 1902). S. 350—354. 8. Leipzig, B. G. Teubner.

Suter, Heinrich. Über einige noch nicht sicher gestellte Autorennamen in den Übersetzungen des Gerhard von Cremona. Von Heinrich Suter in Zürich. Sonderabdruck aus Bibliotheca mathematica. III. Folge. (Band) 4. (Heft 1. Ausgegeben am 22. Mai 1903.) S. 19—27. 8. Leipzig, B. G. Teubner.

Suter, Heinr. Der 5. Band des Katalogs der arabischen Bücher der viceköniglichen Bibliothek in Kairo. Aus d. Arabischen übers. Leipzig 1893. 3 Thle.

Suter, Heinrich. Über die Geometrie der Söhne des Mûsâ ben Schâkir. Von Heinrich Suter in Zürich. (Mit 4 Figuren.) Sonderabdruck aus der Bibliotheca Mathematica. III. Folge. (Band) 3. Heft 3. (Ausgegeben am 10. Oktober 1902.) S. 259—272. 8. Leipzig, B. G. Teubner.

Suter, Heinrich, von Hedingen, Ct. Zürich: Geschichte der mathematischen Wissenschaften von den ältesten Zeiten bis Ende des 16. Jahrhunderts. [Erschien auch unter dem Titel: G. d. m. W. I. Theil. Zür. O. F. Cie 1872.] Zür. Orell Füssli Cie Dr. 1871. 2 Bl., 192 S., 2 Tab. 8°.

Zürich. Phil. Diss. [v. 19. Dec. 1871].

Suter, Heinr., Geschichte der mathematischen Wissenschaften. 1. u. 2. Thl. gr. 8. Zürich 872. 75. Orell, Füssli & Co. n. 22. —

1. Von den ältesten Zeiten bis Ende d. 16. Jahrh. (IV, 192 S. m. 2 Steintaf. in qu. Fol.) n. 7. —
2. Vom Anfange d. 17. bis Ende d. 18. Jahrh. Mit 3 lith. Taf. (in qu. 4.) (384 S.) n. 15. —

Suter, H., Geschichte der mathematischen Wissenschaften bis zu Ende des 18. Jahrhunderts. Bd. 1—2. Zürich 1873–76. 8. . . . . (D.)

— dasselbe. 1. Thl. 2. Aufl. Mit 2 lith. Taf. (in qu. 4.) gr. 8. (VI, 196 S.) Ebend. 873. n. 8. —

Suter, H., die **Mathematik** auf den Universitäten d. Mittelalters, s. a. Festschrift der Kantonsschule in Zürich etc.

Suter, Heinrich: Die Mathematik auf den Universitäten des Mittelalters. Zür. Zürcher u. Furrer Dr. 1887. 1 Bl., 58 S. 4°.

Programm der Kantonsschule in Zürich 1887.

Suter, Heinr., die **Mathematiker** und **Astronomen** der Araber u. ihre Werke, s. a. Abhandlungen zur Geschichte der mathemat. Wissenschaften. 10.

Die Mathematiker und Astronomen der Araber und ihre Werke. Von Dr. Heinrich Suter, Prof. in Zürich. *Leipzig: B. G. Teubner 1900.* (IX, 277 S.) 8°
= Abhandlungen z. Geschichte d. mathemat. Wiss. H. 10
= Zeitschrift f. Mathematik u. Physik. Jg. 45, Suppl. [00. 1006]

Suter, Heinrich. Nachträge und Berichtigungen zu « Die Mathematiker und Astronomen der Araber und ihre Werke ». Sonderabdruck aus dem 14. Heft der Abhandlungen zur Geschichte der mathematischen Wissenschaften mit Einschluss ihrer Anwendungen. II S. + S. 155—185. 8. Leipzig, B. G. Teubner, [1902].

Suter, Heinr. Das Mathematiker-Verzeichnis im Fihrist des Ibn Abî Ja'kub an-Nadîm. (Nachtrag). Leipzig 1893.

Suter, Heinrich. Der Verfasser des Buches « Gründe der Tafeln des Chowârezmî ». Von Heinrich Suter in Zürich. Sonderabdruck aus Bibliotheca Mathematica. III. Folge. (Band) 4. (Heft 2. Ausgegeben am 30. Juni 1903.) S. 127—129. 8. Leipzig, B. G. Teubner.

Suter, [Heinrich] E[duard]. Zur Erinnerung an Präsident Heinrich Studer (geboren ... 1815 ...: gestorben 23. März 1890 in Bendlikon). [Mit Porträt-Tafel.] ⟨SA.⟩ 8. Zürich 1890.

Suter, H[einrich] Eduard. Lebensgeschichte des schweizerischen Malers C(aspar) Bosshardt, geboren ... 1823, gestorben den 9. Februar 1887. Beschrieben von Dr. H. E' S'. [Mit 2 Tafeln.] Njbl. Künstlerges. Zürich 1888. 4. [Zürich.]

Suter, [Heinrich] Eduard. Der Weibermörder Johannes Meidel († 1853). Aus der Untersuchung dargestellt von Dr. E' S'.... 8. Zürich & Frauenfeld 1853.

Suter, Ed., der Weibermörder Johannes Meidel. Aus der Untersuchung dargestellt. Zürich 853. Beyel. 8. (VII, 106 S.) 12 ngr.

Suter. Hermann. med. pract. von Zürich: Aus der medizinischen Universitäts-Poliklinik Zürich. Direktor: Herr Prof. Dr. Hermann Müller. Ein Fall von Emphysema præcordiale. Herisau 1905. 45 S. 8°. [14. VI. 05.]

Zürich. Med. Diss. 1904/1905.

Suter, Hermann. Ein Fall von Emphysema praecordiale. Diss. Med. Univ. Zürich. *Kopftitel:* Aus der medizinischen Universitäts-Poliklinik Zürich. Direktor: Herr Prof. Dr. Hermann Müller. II + 45 S. 8. Herisau, Schläpfer & Cie., 1905.

Suter, Hermann. Quartett D dur für 2 Violinen, Viola und Violoncello von H' S' [Basel]. Op. 1. Partitur. II + 38 S. 8. Leipzig, Ernst Eulenburg, [1905]. Partitur M. 1. —, Stimmen 6. —
(Payne's Kleine Partitur-Ausgabe. No. 260.)

Suter, J. Das Volkslied und sein Einfluss auf Goethes Epik. Vortrag. Gr. in-8°. 52 S. Aarau, H. R. Sauerländer & Co. 1897. — 80

Suter, J. J., Festrede an der Schlachtfeier in Sempach, s.: Erni, J.

Suter, J[acob]. Handbüchlein der Pädagogik. 120 S. 8. Aarau, H. R. Sauerländer & Co., 1909. [cart. fr. 1. 80]

Suter, Jacob / [1805–1874] *s.* Kälin, Meinrad, und Suter, Jacob.

Catalog. K' der Bibliothek des Töchterinstituts und Lehrerinnenseminars Aarau. Nachtrag 3 vom Neujahr 1907. [Bearb. von Rektor Jacob Suter.] II + 95 S. 8. Aarau, A. Villiger-Amsler, 1907.

(Suter, J[acob].) Seminardirektor Jakob Keller. ⟨Nekrolog.⟩ Separatabdruck aus dem 32. Jahresheft des Vereins schweiz. Gymnasiallehrer. 4 S. 8. [Aarau, H. R. Sauerländer & Co., 1902.]

Suter, [Jacob]. Die Koch- und Haushaltungskurse der Kulturgesellschaft des Bezirks Aarau in ihren Anfängen und ihrer seitherigen Entwicklung. Dargestellt von Rektor Suter in Aarau. II + 24 S. 8.

Ausg. A: Kulturgesellschaft des Bezirks Aarau. Thätigkeits-Bericht über die Jahre 1897—1901.... Anhang.... Aarau, H. R. Sauerländer & Co., 1902.

Ausg. B: [Separat-Ausgabe.] Aarau. H. R. Sauerländer & Co., 1902.

Suter, J. Homerische Probleme u. Lösungsversuche. A. u. B. Programm des Gymnasiums in Winterthur 1884. In-4°, 28 S.

Suter, Jacob *H* [geb. 1844]. Rudolf Rauchenstein (1798–1879). Lebensbild eines Aargauer Schulmannes, Gelehrten und Patrioten. [Illustriert.] 8. ([Brugg] 1900.)
(Neujahrsblatter für Jung und Alt 1900.)

Suter, J., Die Unfehlbarkeit Homer's u. der Kampf gegen dieselbe. Pr. 1872. 27 S. 4°. Winterthur.

Suter, Johann Jakob

Suter, J. J. Die Fleischvergiftungen in Andelfingen u. Kloten, s. a. **Tagesfragen**, hygienische.

Suter, J[ohann] J[akob], M. Pr. in Altstetten b. Zürich [von Wetzikon, Kt. Zürich]: Die Fleischvergiftungen in Andelfingen und Kloten. [Erschien als N. VI der 'Hygienischen Tagesfragen']. München M. Rieger 1889. 2 Bl., 140 S. 8°.
Zürich. Med. Diss. [v. 11. Mai 1889].

Suter, Johann Jacob. Was das Vaterland war, ist, und wieder werden soll. Dargestellt in einer Rede am 6. Sept. 1821 zu Sirnach. Von J' Jakob S', Caplan. 8. Zürich 1821.

Suter, Johann Rudolf. Helvetiens Flora, worinn alle im Hallerischen Werke enthaltenen und seither neuentdeckten Schweizer Pflanzen nach Linné's Methode aufgestellt sind. Von J' R' S'.... 2 Bændchen. Zürich 1802. – *A. u. d. T.:* Flora helvetica.... Curavit J' R' S'.... 2 Vol. 8. Turici 1802.

Suter, Joh[ann] Rudolf. Helvetiens Flora, enthaltend die phanerogamischen Gewächse Helvetiens. Zuerst bearb. von Joh. R' S'.... Vermehrt hrg. von Joh[annes] Hegetschweiler.... 2 Bændchen. Zürich 1822. – *A. u. d. T.:* Flora helvetica.... Editionem primam curavit Joh. Rodolf. S'.... Alteram edidit et auxit Joh. H'.... 2 Vol. 8. Turici 1822.

Suter, Jh. Rud., Flora Helvetica, exhibens plantas Helvetiae indigenas Hallerianas, et omnes quae nuper detectae sunt ordine Linnaeano. II Voll. Helvetiens Flora, worinnen alle im Hallerschen Werke enthalt. etc. Schweizer-Pflanzen nach Linné's Methode aufgestellt sind. 2 Bde. 12maj. Zürich 802. Orell. 2 ß 16 gl Fein P. 3 ß 8 gl Vermehrt hrsgg. v. Jh. Hegetschweiler. 2 Bde. 12. Zürich 822. Orell. 3 ß

Suter, Josef, s.a. Suter, Josef Heinrich

Suter, Josef, Landwirtschaftslehrer i. Sursee ⟨Schweiz⟩: Die reine Graswirtschaft in der Hügelregion des nordost- und zentralschweizerischen Alpenfusslandes. 1910. 126 S. 4° ¶ Aus: Landw. Jahrbücher. Bd 39.
München, Dr.-Ing.-Diss. v. 30. 12. 1909

Suter, Josef. Die reine Graswirtschaft in der Hügelregion des nordost- und zentralschweizerischen Alpenfusslandes. Diss. Techn. Hochschule München. (Sonderabdruck aus: «Landwirtschaftliche Jahrbücher» 1910.) IV + 127 S. 8. Merseburg, Friedrich Stollberg, 1910.

Suter, Jos., coelestis urbs Jerusalem. Ein kathol. Gebet- u. Erbauungsbuch. Zugleich e. pass. Handbuch f. Geistliche u. Lehrer zum Vorbeten bei der Feier d. Nachmittags-Gottesdienstes. gr. 16. (VIII, 656 S. m. 1 Stahlst.) Kempten 874. Kösel. 2. 70

[Suter, Joseph Anton.] Chronik oder kurzer Auszug der merkwürdigsten Begebenheiten des Appenzellerlandes.... ([Hrg. von] J[ohann] C[onrad] Schäfer.) 8. *o. O.* 1798.

(Suter, [Joseph Anton].) Unpartheiische Geschichte der bekannten Suterischen Streitsache, sammt einigen Bemerkungen, zusammengetragen von einem Freunde der Wahrheit. 8. Trogen 1828.

Suter, Josef Heinrich

— s. Philosophia practica.

(Suter, Jos. Henr.,) Philosophia practica hodiernis discentium usibus accommodata. III Ti. 8. (23 B.) Solodori 816. (Moguntiae, Kirchheim, Schott et Thielmann; Ratisbonae, Manz.)

Suter, Jos. Hnr., Philosophia practica hodiernis discentium usibus accommodata. III Tomi. 8. Solodori 816. (jetzt Landshut, Manz.) n. 1⅙ ß

Jos. Suter: philosophia pract. hodiernis discentium usib. accommodata. *Solothurn.* (*Mainz*, Müller in C.; auch: *Landsh.*, Krüll in C.) 816. 3 T. 8° 1 ß 4 gl

— s. **Philosophia theoretica.**

Jos. Suter: philosophia theoretica hodiernis discentium usibus accommodata. *Solothurn.* (*Mainz*, Müller in C.) 814-15. 3 T. 8° 2 ß Ed. II. auct. et emend. *Eb.* (*Landsh.*, Krüll in C.) 829. 8° 1 ß 14 gl

—— Philosophia theoretica hodiernis discentium usibus accommodata. III Ti. (Edit. II. auct. et emend.) 8. (40¾ B.) Solodori 829. (Moguntiae, Kirchheim, Schott et Thielmann; Ratisbonae, Manz.)

—— Physica recentissimi aevi disquisitionibus et mathesi innixa. In discentium usus typis excudenda cur. II Ti. 8maj. (57 B. u. 7 Stnt. gr. 4.) Solodori 822. (Moguntiae, Kirchheim, Schott et Thielmann; Ratisbonae, Manz.)

Suter, Jos. H., physica recentissimi aevi disquisitionibus et mathesi innixa. In discentium usus typis excudenda curav. II Tomi. Mit 7 Steintaf. 8maj. Solodori 822. (Müller in Mainz). 3 ß 12 gl

— s. **Theses ex universa philosophia.**

Suter, Jos. Hier., Gott erkennbar aus den Geschöpfen, aus der Vernunft, Geschichte und Offenbarung. Ein heilsam tröstliches Buch für Jedermann. Mit 5 (lith.) Bildern. Einsiedeln 858. Benziger. 12. (275 S.) 8 ngr

Suter, Jules, aus Madretsch: Die Philosophie von Richard Avenarius. Darstellung und erkenntniskritische Würdigung. Zürich 1910. 167 S. 8°. [27. VII. 10.]
Zürich. Univ. Phil. Diss. I. S. 1909/10.

Suter, Jules. Die Philosophie von Richard Avenarius. Darstellung und erkenntniskritische Würdigung. Diss. Phil. I. Univ. Zürich. 167 S. 8. Zürich, Gebr. Leemann & Co., 1910.

Suter, Kaspar

Suter, Caspar. Abessinien. Kurze Schilderung von Land und Leuten. 8. Eschlikon 1894.

Suter, Casp., compendium stenographiae latinae, s.: Plaseller, Jos.

Suter, Caspar. Der Geschäftsfreund, enthaltend Anleitung für die Handel- und Gewerbetreibenden zur richtigen Abfassung von Geschäftsaufsätzen und Geschäftsbriefen mit Musterbeispielen gemäss den Vorschriften des schweizerischen Obligationenrechtes. 48 S. 8. Bellinzona-Ravecchia und Leipzig, Verlag «Libertà» B. Beuttner & Comp., 1904. [cart. fr. 1. —]

Kurzer Lehrgang der Gabelsbergerschen Stenographie, deutsche Einheits-Stenographie, einzig staatlich anerkanntes System ... f. d. Schul- u. Privatunterr. bearb. von Caspar **Suter**, Kammerstenogr. 1. Aufl. *Einsiedeln, Waldshut, Köln: Benziger & Co. [1902].* (126 S.) 8° [03.10140

Suter, Caspar. Kurzer Lehrgang der Gabelsbergerschen Stenographie, deutsche Einheits-Stenographie, einzig staatlich anerkanntes System ⟨eingeführt in Bayern, Sachsen ..., in Oesterreich-Ungarn, sowie in der deutschen und österreichischen Armee⟩, für den Schul- und Privatunterricht bearbeitet. 1. Aufl. 127 S. 8. Einsiedeln *etc.*, Benziger & Co. A. G., [1903]. [geb. fr. 2. —]

Suter, L., siehe: *Rundschau.*

Suter, Ludwig. Professor Heinrich Reinhardt (1855—1906. Nekrolog). 18 S. 8.
Jahresbericht für die Höhere Lehranstalt zu Luzern für das Schuljahr 1906/07. Beilagen: IV... . Luzern, J. Schills Erben, 1907.

Suter, Max, aus Suhr (Aargau): Beiträge zur Kenntnis der Nitrocellulosen. [Mit 2 Tabellen.] Zürich 1905. 86 S. 8°. [9. IX. 05.]
Zurich. Phil Diss II S. 1905/1906.

Suter, Max. Beiträge zur Kenntnis der Nitrocellulosen. Diss. Phil. [II.] Univ. Zürich. [Mit 1 Figur und 2 Tafeln.] 86 S. 8. Zürich, F. Lohbauer, 1905.

Suter, Paul. Die Zürcher Mundart in J(ohann) M(artin) Usteris Dialektgedichten. Diss. Phil. [I.] Univ. Zürich. VIII + 141 S. 8. Zürich, Zürcher & Furrer, 1901.

Suter, Paul, die Zürcher Mundart in J. M. Usteris Dialektgedichten, s. a. Abhandlungen, hrsg. v. der Gesellschaft f. deutsche Sprache in Zürich. VII.

Suter, Paul. Die Zürcher Mundart in J(ohann) M(artin) Usteris Dialektgedichten. X + 140 S. 8. Zürich, Zürcher & Furrer, 1901. [fr. 4. —]
Abhandlungen hrg. von der Gesellschaft für deutsche Sprache in Zürich. (Heft) 7

Suter, Robert, aus St. Gallen: Der entgeltliche Auftrag im schweizerischen Obligationenrecht. Bern 1904. 97 S. 8°.
Bern. Jur Diss. 1904/1905

Suter, Robert. Der entgeltliche Auftrag im schweizerischen Obligationenrecht. Diss. Jur. Bern. 97 S. 8. Bern, R. Suter, 1904.

[**Suter, Robert.**] Die Aargauische Brandversicherungsanstalt 1806—1906. Veröffentlicht mit Ermächtigung des Aufsichtsrates der B' vom 13. November 1907. [Verfasst von R' S', Vorsteher des aarg. Versicherungs-Amtes. Mit 9 graphischen Tafeln.] II + 155 S. 4. Aarau, H. R. Sauerländer & Co., [1907].

(**Suter, R**[udolf].) Bau-Beschreibung des neuen städtischen Mädchenschulhauses im Monbijou in Bern. [Mit 1 Ansichts-Tafel.] 20 S. 8. Bern, Gebhardt, Rösch & Schatzmann, 1901.

Suter, R[udolf]. Betrachtungen über die Betriebsverhältnisse der Westsektion der Nationalbahn gegenüber den in der bundesrätlichen Botschaft vom 29. April 1902 enthaltenen Darstellungen. 7 Bl. 4. Zofingen, Francke, Ringier & Cie. A.-G., 1904.

(**Suter, R**[udolf].) Quelques éclaircissements sur la question du chemin de fer National. 49 p. 8. Berne, Ott & Bolliger, 1903.

[**Suter, Rudolf.**] (Eingabe [der] aargauischen Vertreter in der Bundesversammlung, sowie [der] Gemeinderäte der Garantiestädte Baden, Lenzburg und Zofingen) An die Mitglieder der schweizerischen Bundesversammlung (das Gesuch der Garantiestädte [der] Nationalbahn [unterbreitend] um Nachlass der Restschuld). Aarau, den 15. Februar 1904. 9 S. 8. [Bern, Ott & Bolliger.]

[**Suter, Rudolf.**] (Mémoire [de] la députation argovienne à l'Assemblée fédérale et [des] Conseils municipaux des villes garantes du chemin de fer National, Baden, Lenzbourg et Zofingue,) A ... l'Assemblée fédérale ([exposant] leur demande en remise du solde de la dette des villes garantes). Aarau, le 15 février 1904. 9 p. 8. [Berne, Ott & Bolliger.]

Suter, R[udolf]. Rede des Herrn Nationalrat R. S' aus Zofingen, gehalten am 6. Dezember 1904 im Nationalrat bei Anlass der Behandlung des Gesuches der Garantiestädte betreffend Nachlass des Restes der Nationalbahngarantieschuld. ⟨Wiedergabe des amtlichen stenographischen Bulletins (Jahrg. 14, Nr. 29).⟩ II + 22 S. 4. Bern, H. Jent, 1904.

(**Suter, R**[udolf].) Der freihändige Rückkauf der schweizerischen Nordostbahn und die schweizerische Nationalbahn. 41 S. 8. Zofingen, Ringier, 1901.

(**Suter, R**[udolf].) Ein Wort zur Aufklärung über die Nationalbahn-Frage. II + 51 S. 8. Aarau, Buchdr. des «Aargauer Tagblattes», 1903. [fr. —. 30]

Suter, William. Slighted treasures, s. Theatre, modern English comic.

Sutermeister, Arnold, Architekt von Zofingen, Batteriekommandant im amerikanischen Bürgerkrieg. Zofingen 1909. V: *Sauerländer, Remigius.* (BBullschw 16, S. 323)

Sutermeister. Vide: Armennoth (Keine) mehr!

Armennoth (Keine) mehr! (Von Sutermeister.) 8°. Langenthal 1845.

Sutermeister, Eug., s.: Anstaltsleben, das, e. Taubstummen.

Sutermeister, Eugen, und **Kull, Gotthilf.** Kirchliche Fürsorge für die erwachsenen Taubstummen. Separatabdruck aus dem «Organ für Taubstummen-Anstalten [Jahrg. 49,] 1903». [2 Teile.] 29 S. 8. Friedberg ⟨Hessen⟩, (Carl Bindernagel).
[Teil 1,] *S. 3—18, u. d. T.:* K' F' für die e' T'. Vortrag von E' S' aus Bern, gehalten in Zürich im Instruktionskurs für kirchliche Liebestätigkeit den 14. Oktober 1903. Separatabdruck — — 1903». Friedberg ⟨Hessen⟩. — [Teil 2,] *S 19—29, u. d T.:* K' F' für die e' T'. Correferat ... von G' Kull... .

Sutermeister, Eugen. Fürsorge für erwachsene Taubstumme in der Schweiz. Denkschrift und Aufruf an das Schweizervolk ⟨an die Kantonsregierungen, Erziehungs- und Kirchendirektionen, an gemeinnützige Vereine, Menschenfreunde usw.⟩. [Mit 2 Tafeln.] 58 S. 8. Bern, Eugen Sutermeister (Buchdr Stämpfli & Cie.), 1910.

Sutermeister, Eugen. Sechs Jahre bernischer Taubstummenpastoration, 1903 bis 1908 Ein Rückblick. 67 S. 8. Bern, A. Francke, 1910. [fr. 1. 80]

Sutermeister, Eugen. Klänge aus stiller Welt. Gesamtausgabe ⟨2. stark vermehrte Aufl.⟩ der «Lieder eines Taubstummen» 1893 und der «Neuen Lieder eines Taubstummen» 1897. Mit dem Bildnis des Dichters. 208 S. 8. Zürich, Caesar Schmidt, 1901. [fr. 2. 50]

— **neue Lieder eines Taubstummen.** Neue Folge der „Lieder e. Taubstummen v. E. S." 8. (80 S.) Bern 897. Selbstverlag. n. 1. 50 (1. u. 2.: n. 2. 55)

Sutermeister, Eugen. Kurze Predigten für Taubstumme. IV + 64 S. 8. Bern-Münchenbuchsee, Eugen Sutermeister, 1905. [fr. 1. 20]

Sutermeister, Eugen. Neue Predigten für Taubstumme. Bändchen 2. 63 S. 8. Bern, A. Francke, 1909. [fr. 1. —]

[Bändchen 1] s. *Bulletin 1905, S. 187 u. d. T.:* Kurze Pr' für T'. Bern ... 1905: N 3680**

Sutermeister, M. Adressbuch der Kaninchen-Züchter und Kaninchen-Liebhaber der Schweiz, nebst einer Anzahl Adressen in Deutschland, Oesterreich-Ungarn, Frankreich und Belgien. In-8°. Zürich, M. Sutermeister. 1891. 2 —

Sutermeister, M., das Angora-Kaninchen. Beschreibung u. Anleitg. zur Zucht. Nach eigener Erfahrg. u. unter Benutzg. französ. u. engl. Litteratur bearb. Mit 1 Abbildg. d. Kaninchens. 12. (31 S.) Ilmenau 891. A. Schröter. n. 1. —

Sutermeister, M., siehe: *Kaninchen-Zeitung.*

— das flandrische Riesenkaninchen. Beschreibung u. Anleitg. zur Zucht. Nach eigener Erfahrg. u. unter Benutzg. französ. u. engl. Litteratur bearb. 12. (23 S. m. 1 Abbildg.) Ebd. 891. n. — 80

— das graue Silberkaninchen. Beschreibung u. Anleitg. zur Zucht. Nach eigener Erfahrg. u. unter Benutzg. französ. u. engl. Litteratur bearb. Mit e. Abbildg. d. Kaninchens. 12. (60 S.) Ebd. 891. n. 1. 50

Sutermeister, Moriz. Der Esel als Zugthier. Mit zwei Abbildungen. 16 S. 8. Zürich, Caesar Schmidt, 1901. [fr. —. 40]

Sutermeister, Moriz. Die Glocken von St. Jakob in Zürich-Aussersihl. [Mit Abbildung.] 2 Hefte. 8. Zürich.

[Heft 1.] II + 16 S. Zürich, E. Stettler, 1900. fr. —. 30
Heft 2. 22 S. Zürich, M. Sutermeister (* *Umschlag:* Andelfingen, Buchdr. W. Hepting), 1901. [fr. —. 50]

Die Glocken von Zürich. Von Moriz Sutermeister. (H. [1.]) 2. Zürich: Sutermeister 1898–1901. 8°

1. Die Glockengießer, Glocken u. Gießstätten im alten u. neuen Zürich. Mit Bildern. 1898.
2. [u.d.T.:] Sutermeister: Die Glocken von St. Jakob in Zürich-Außersihl. 1901.

Sutermeister, Mor., die Glocken v. Zürich. D. Glockengießer, Glocken u. Gießstätten im alten u. neuen Zürich. gr. 8. (IV, 71 S. m. Bild.) Zürich (III, Bäckerstr. 27) 898. M. Sutermeister. n. 2. —

Sutermeister, Moriz. Die Glocken-Königin der Schweiz gehört in die Stadt Zürich. [Illustriert.] 24 S. 8. Zürich, beim Verfasser, Druck Zürcher & Furrer, 1904. fr. —. 50

Sutermeister, Moriz. Berühmte Menschen. Bändchen 1. Hundert berühmte Mechaniker. Kurze Lebensbeschreibungen. 76 S. 8. Zürich, Cäsar Schmidt, 1901. [fr. 1. —]

Sutermeister, Moriz. Quai-Bürkli. Aus dem Leben des Nationalrat Dr. A(rnold) Bürkli-Ziegler (1833–1894). Schöpfer der Quai-Anlagen in Zürich. Mit Portrait [Tafel]. 8. Zürich 1899.

— Quai-Bürkli. Aus dem Leben des Nationalrat Dr. A. Bürkli-Ziegler, Schöpfer der Quai-Anlagen in Zürich. gr. 8. (III, 40 S. m. 1 Bildnis.) Ebd. 899. n. — 50

Sutermeister, Otto. Im Abendgold. Neue Dichtgn. 12. (232 S.) Frauenfeld 891, Huber. geb. m. Goldschn. * 4 40

Sutermeister, O. Kleiner Antibarbarus, Handbüchlein zur Befestigung im hochdeutschen Ausdruck für die schweizer. Volksschulen und für den Privatgebrauch. In-8°, 55 S. Zürich, F. Schulthess 1880. — 90

Sutermeister, O. Dichten und Lügen. Vortrag, gehalten im Museumssaal in Bern am 28. Jan. 1892. In-12°. 38 S. Frauenfeld, J. Huber's Verlag. 1892. — 80

— Dichtungen in Basler Mundart. Gesammelt. 8. (64, 64, 64 u. 128 S.) Ebend. 885. geb. 6. —

— Dichtungen in Berner Mundart. Gesammelt v. O. S. 8. (192 S.) Ebend. 885. 3. 50

— Dichtungen in Graubündner Mundart. Gesammelt. 8. (64 u. 135 S.) Ebend. 885. geb. 4. —

— Dichtungen in Luzerner Mundart. Gesammelt. 8. (64 u. 112 S.) Ebend. 885. geb. 4. —

— Dichtungen in Thurgauer Mundart. Gesammelt. 8. (63 u. 64 S.) Ebend. 885. geb. 3. 50

—— Dichtungen in Züricher Mundart. Gesammelt. 8. (64, 64, 64, 64, 64, 53 S.) Ebendas. 885. geb.

Sutermeister, Otto, pädagogische Distichen. Zürich 866. (Schultheß.) 16. (VI, 32 S.) n. 6 ngr.

Zweiter Jahresbericht üb. d. Töchterinstitut und Lehrerinnenseminar in Aarau. Beigabe: Sutermeister, O., pädagogische Distichen. 20 Stn. 8. Aarau, H. R. Sauerländer. 1875.

Sutermeister, Otto, pädagogische Distichen. 2., verm. Aufl. Mit dem (phototyp.) Bildnisse des Verf. 8. (60 S.) Rorschach 877. Rummel. n. 1. 60

Sutermeister, O., siehe: *Elternzeitung.*

(Sutermeister, Otto.) Erntesitten in der Schweiz. [A.] 8. (Leipzig 1865.)

Sutermeister, Otto, Erziehungslehre aus Friedrich Rückerts Weisheit des Brahmanen. Zur Belebung u. Förderg. des systemat. Unterrichts zusammengestellt. gr. 8. (29 S.) Zürich 899. Th. Schröter. n. — 80

— Freundesworte. Dem jungen Volk d. Schule. 16. (64 S.) Bern 897. W. Goepper. Kart. n. 1. —

— Gastgeschenke. Neue Spruchdichtungen. [„Welt u. Geist" neue Folge.] 8. (V, 175 S.) Bern 883. Dalp. n. 2. 50; geb. n. 3. 75

—— Gedenkblätter. Neue Lieder und Sprüche. 8. (190 S.) Zürich 886, Schröter und Meyer. *ℳ 2.50.; geb. *

— Gedenkblätter. Neue Sprüche u. Lieder. 3. [Titel-] Aufl. 8. (190 S. m. Bildnis.) Zürich [886.] 901. Th. Schröter. Geb. in Leinw. n. 3. 75

— Gedichte, s.: Nationalbibliothek, schweiz.

Sutermeister, Otto, schweizerische Haussprüche. Ein Beitrag zur epigrammatischen Volkspoesie aus der Landschaft Zürich gesammelt. Zürich 860. Höhr. gr. 8. (XI, 71 S.) n. 12 ngr.

— Humor in der deutschen Grammatik. Vortrag, geh. im Großratssaal in Bern am 24. XI. 1898. 8. (36 S.) Bern 899. K. J. Wyß. n. — 70

Sutermeister, Otto, zwei Igel, s.: Verein f. Verbreitg. guter Schriften. Bern.

SUTERMEISTER, O. *Immergrün*. Sagen und Parabeln, Lehrsprüche und Räthsel von Otto Sutermeister, Professor. Mit 6 Bildern in Ölfarbendruck nach Originalzeichnungen von Professor TH. HOSEMANN. Wesel, W. Düms, 1870. 64 S. 4°. Farbig illustr. Or.-Karton. 33.—

R. 1010. BrHobr. 359. ★ Erstausgabe. Die Illustrationen, aus Hosemanns Spätzeit, sind nicht so kleinformatig wie die meisten seiner Kinderbuchbilder (Größe hier ca. 160 x 120 mm). — Einige Flecken. Einband benutzt u. etwas lose, Rücken durch Leinenstreifen ergänzt.

— Immergrün. Sagen u. Parabeln, Lehrsprüche u. Räthsel. Mit 6 Bildern in Oelfarbendr. nach Orig.-Zeichnungen von Th. Hosemann. 4. (64 S.) Wesel 880. Düms. geb. 2. 50

— Irdisches u. Ewiges. Neue Dichtgn. 12. (160 S.) Leipzig (898). P. Friesenhahn. n. 2.—; kart. n. 3.—

Irdisches und Ewiges. Neue Dichtungen von Otto Sutermeister. Leipzig: P. Friesenhahn Nachf. [1899]. (160 S.) 8°

— s.: Jugendblätter, illustr., zur Unterhaltung u. Belehrung.

Sutermeister, O., siehe: *Kinderfreund.*

— Kinder- u. Hausmärchen aus der Schweiz. Aarau 869. Sauerländer's Verl. 16. (XVI, 120 S.) 12 ngr.

— — Mit Holzschn. nach Orig.-Zeichnungen von J. B. Weißbrod. Ebend. 869. 16. (XIX, 184 S.) cart. n. 26 ngr.

Sutermeister, Otto, Kinder- u. Hausmärchen aus der Schweiz. Mit Holzschn. nach Originalzeichngn. v. J. B. Weißbrod. 2. m. Zusätzen, Erläutergn. u. literar. Nachweisen verm. Aufl. gr. 16. (XV, 241 S. m. eingedr. Holzschn.) Aarau 873. Sauerländer. geb. n. 3. 60

— Kornblumen. Neue Fabeln u. Thiermährchen. Mit 6 Bildern in Oelfarbendr. nach Originalzeichnungen von W. Düms. Wesel 870. Düms. br. 8. (66 S.) geb. 25 ngr.

— Kornblumen. Neue Fabeln u. Thiermärchen. Mit 6 Bildern in Oelfarbendr. nach Orig.-Zeichnungen von W. Düms. 4. (66 S.) Ebend. 880. geb. 2. 50

— Kornblumen. Neue Fabeln u. Märchen. Mit 6 Bildern in Oelfarbendr. 4. (66 S.) Wesel 884. Düms. geb. 1. —

—— „Lebensfrüchte". Sinngedichte. Meinen Schülern gewidmet. 8. (80 S. m. Portr.) Bern 892, Kaiser. * 1 80; geb. * 2 70

— Lebensfrüchte. Der „Pädagog. Distichen" 3., bedeutend verm. Aufl. 12. (79 S. m. Bildnis.) Bern. Leipzig 893. (K. F. Koehler's Sort.) n. 1. 80; geb. in Leinw. n. 2. 70

— Leitfaden der Poetik für den Schul- u. Selbst-Unterricht. Zürich 865. Schultheß. gr. 8. (VIII, 72 S.) 10 ngr.

— Leitfaden der Poetik f. den Schul- u. Selbst-Unterricht. 2. verb. u. verm. Aufl. gr. 8. (VIII, 104 S.) Zürich 874. Schultheß. n. 1. 20

— Leitfaden der Poetik für den Schul- u. Selbst-Unterricht. 3., verb. u. verm. Aufl. gr. 8. (VIII, 102 S.) Zürich 880. Schultheß. n. 1. 40

— O. Leitfaden der Poetik für den Schul- und Selbst-Unterricht. 4. verb. Aufl. In-8°. VIII, 107 S. Zürich, Fr. Schulthess, 1892. 1 60

Sutermeister, Otto, deutsches Lesebuch f. Lehrerseminarien, s.: Utzinger, H.

—— s. Märchenbuch, neues.

Sutermeister, Otto, die Muttersprache in ihrer Bedeutung als das lebendige Wort. Frauenfeld 857. Verlags-Comptoir. gr. 8. (47 S.) n. 6 ngr.

Sutermeister, O., siehe: *Nationalbibl.*

— die Poesie der Schule. Eine Anthologie mit Originalbeiträgen Verschiedener. Aarau 870. Christen. 8. (VIII, 195 S.) 12 ngr.

Sutermeister, Otto, das große Rätselbuch. 2000 Orig.-Rätsel f. jung u. alt. Aus dem Nachlaß hrsg. (232 S.) qu. gr. 8. Bern 903. Berlin, Neufeld & Henius. Geb. in Leinw. 4.—

Sutermeister, Otto. Das grosse Rätselbuch. Zweitausend Original-Rätsel für jung und alt. Aus dem Nachlass hrg. [Mit illustriertem Umschlag.] 8 + 232 S. quer-8. Bern, Eugen Sutermeister; Dresden, Hans Schultze, 1903. [geb. fr. 5.—]

Sutermeister, Otto, das große Rätselbuch. 2000 Orig.-Rätsel f. jung u. alt. Aus dem Nachlaß hrsg. (Neue Aufl.) (VII, 232 S.) 16×23 cm. Berlin 907. Neufeld & Henius. Geb. 4. —

Sutermeister, O. (Prof.) Siehe: „Sammlung deutsch-schweizerischer Mundart-Literatur."

Sutermeister, O., Gegen die jährlichen Schau- und Scheinprüfungen und für die Promotions- und Abgangsprüfungen oder Schlussrepetitorien. Aarau, Lehrerinnen-Seminar 1874.
Progr.

— u. **K. Gehrl**, Schul-Gedenkblätter. Text v. S. Zeichng. v. G. Ausg. A—C. gr. 4. (à 20 Bl.) Bern 895. Schmid & Francke. à n. 1.
A. Sammlg. f. Knaben. — B. Sammlg. f. Mädchen. — C. Sammlg. f. Knaben u. Mädchen.

— der Schulmeister im deutschen Sprichwort. Vortrag, geh. in der Versammlung des internationalen Lehrervereins am Bodensee in Friedrichshafen den 12. Juni 1878. gr. 8. (26 S.) Aarau 878. Sauerländer. n. — 40

— s.a. Schwizer-Dütsch.

— Schwizerdütsch. Sammlung deutsch-schweizer. Mundart-Literatur. Gesammelt u. hrsg. 1—12. Hft. 8. (à 64 S.) Zürich 882. Orell, Füßli & Co. à n. — 50
1. 12. Aus dem Kanton Bern. 1. u. 2. Hft.
2. 9. Aus dem Kanton Basel. 1. u. 2. Hft.
3. Aus dem Kanton Aargau. 1. Hft. (64 S.)
4. Aus den Kantonen St. Gallen u. Appenzell. 1. Hft. (64 S.)
5. Aus dem Kanton Zürich. 1. Hft. (64 S.)
6. Aus den Kantonen Uri, Schwyz, Unterwalden. 1. Hft. (22, 20 u. 18 S.)
7. Aus dem Kanton Glarus. 1. Hft. (64 S.)
8. Aus dem Kanton Luzern. 1. Hft. (64 S.)
10. Aus dem Kanton Schaffhausen. 1. Hft. (64 S.)
11. Aus dem Kanton Solothurn. 1. Hft. (64 S.)

— Schwizer-Dütsch. Sammlung deutsch-schweizer. Mundart-Literatur. 13—38. Hft. 8. (à 64 S.) Zürich 883—86. Orell Füßli & Co. Verl. à n. — 50
13. 23. 24. Aus dem Kanton Basel. 2—4. Hft.
14—17. 25. Aus dem Kanton Zürich. 2—6. Hft.
18. Aus dem Kanton Solothurn. 2. Hft.
19. Aus dem Kanton Graubünden. 1. Hft.
20. 33. Aus dem Kanton Thurgau. 1. u. 2. Hft.
21. Aus den Kantonen Zug, Freiburg, Wallis. 1. Hft.
22. Schlußheft der 1. Serie: Wörterverzeichniß, Nachwort, Berichtigungen u. Ergänzungen. (55 S.)
26—28. Für d'Chinderstube. Poesie u. Prosa in den Mundarten der Schweiz.
29. 30. Bilder aus dem Volksleben d. Vorder-Prättigau's alter u. neuer Zeit v. Mich. Kuoni.
31. 32. Aus dem Kanton Luzern. 2. u. 3. Hft.
34. Aus den Kantonen St. Gallen u. Appenzell. 2. Hft. (55 S.)
35. 36. Aus den Kantonen Uri, Schwyz u. Unterwalden. 2. u. 3. Hft. (104 S.)
37. Aus dem Kanton Bern. 3. Hft. (64 S.)
38. Vier einaktigi Lustspiel, liecht uufz' füehre i Vereine u. Familie. Vo W. F. Niedermann.

Sutermeister, O., Schwizer-Dütsch. Sammlung deutsch-schweizer. Mundart-Literatur. Hft. 38a, 39—52. 8. Zürich 887—890. Orell Füßli Verl. à Hft. n. — 50
38a. Aus dem Kanton Zürich. 7. Hft. Zwei einaktigi Lustspiel. Liecht ufz'füehre i Vereine u. Familie. Vo W. F. Niedermann. (40 S.)
43. 44. — dasselbe. 8. u. 9. Hft. 5 Lustspiele bearb. v. Leonh. Steiner. (80 S.)
46. 47. — dasselbe. 10. u. 11. Hft. „Edelwyß", e. Lustspiel v. Leonh. Steiner. (80 S.)
49. 50. — dasselbe. 12. u. 13. Hft. (56 S.)
51. 52. — dasselbe. 14. u. 15. Hft. Am Sängerfest. Lustspiel in 5 Akten v. Leonh. Steiner. (66 S.)
39. 40. Aus dem Kanton Aargau. 2. u. 3. Hft. (40, 36 S.)
41. 42. 48. Aus dem Kanton Luzern. 4.—6. Hft. (32, 32, 36 S.)
45. Aus dem Kanton Bern. 4. Hft. (40 S.)

Sutermeister, O[tto]. Schwizer-Dütsch. Sammlung deutsch-schweizerischer Mundart-Literatur. Gesammelt und hrg. von Professor O. S'. [Neue, Titel-Ausgabe.] (Nummer 4a und 4b u. 9a und 9b.) 8. Zürich, Orell Füssli, [1906]. ([*je* fr. 1.—,] jede Nummer fr. —. 50)

(Nummer 4a und 4b: Aus den Kantonen St. Gallen & Appenzell. Heft 1, [2 Theile].) (IV + *zus.* 64 S.) — [Theil 1:] Aus dem Kanton St. G'. Heft 1. 32 S.; — [Theil 2:] Aus dem K' A'. Heft 1. 32 S.
(Nummer 9a und 9b:) Aus dem Kanton Basel. Heft 2. IV + 64 S.

— siehe auch: *Senn, Jakob.*

— drei deutsche Sprachen. Literarisch-pädagogische Skizzen. Zürich 859. Orell, Füßli & Co. gr. 8. (78 S.) 12 *ngr.*

— die schweizerischen Sprichwörter der Gegenwart in ausgewählter Sammlung. Ebend. 869. gr. 8. (XI, 152 S.) n. 16 *ngr.*

— Sprüche, s.: Verein f. Verbreitung guter Schriften, Bern.

— Spruchreden für Lehrer, Erzieher und Eltern. Leipzig 863. Brandstetter. 8. (VIII, 96 S.) 10 *ngr.*

— deutsches Stilbuch. Musterbeispiele der deutschen Kunstprosa mit Aufgabenstoffen u. Erörterungen über Stil u. Stilformen zur Förderung des schriftl. Ausdruckes an mittleren u. höheren Schulen. Zürich 868. Schultheß. gr. 8. (VII, 324 S.) n. 1 *Thlr* 6 *ngr.*

Sutermeister, O. Praktische Stil-Schule. Handbuch für den deutschen Unterricht an mittleren u. höheren Schulen. 2. umgearb. Aufl. des „deutschen Stilbuches". 1. Hälfte. In-8°. VII, 160 S. Zürich, Fr. Schulthess. 1890. 2 40

Sutermeister, O. Praktische Stil-Schule. Handbuch für den deutschen Unterricht an mittleren u. höheren Schulen. 2., umgearb. Aufl. des „deutschen Stilbuches". 2. Hälfte. In-8°. (S. 161—344). Zürich, Fr. Schulthess. 1890. 2 60

— Welt u. Geist. Alte u. neue Tagebuchblätter in Spruchdichtungen. 12. (188 S.) Bern 881. Dalp. n. 2. 50; geb. n. 3. 75

— kleines Wörterbuch zur Befestigung im hochdeutschen Ausdruck für die schweizerischen Volksschulen u. für den Privatgebrauch [Zugleich als Suppl. zu dem „Kleinen Antibarbarus" desselben Verf.] gr. 8. (61 S.) Zürich 881. Schultheß. — 90

Sutermeister, Paul

Sutermeister, P., Meta Heußer-Schweizer, s. a. Reben am Weinstock, VIII.

Sutermeister, P[aul]. Meta Heusser-Schweizer (1797—1876). Lebensbild einer christlichen Dichterin. [Mit Porträt-Tafel.] 8. Basel 1898.
Reben am Weinstock. (Bdchn.) 8

Sutermeister, Wern., zur politischen Dichtung der deutschen Schweiz 1830—1848, s. a. Neujahrs-Blatt der literarischen Gesellschaft Bern. 1908.

Sutermeister, Werner. Zur politischen Dichtung der deutschen Schweiz 1830—1848. 80 S. 4. Bern, K. J. Wyss, 1907. [fr. 2. 50]
Neujahrs-Blatt der Litterarischen Gesellschaft Bern auf das Jahr 1908.

Sutermeister, Werner, Metternich u. die Schweiz 1840 — 1848. gr. 8. (94 S.) Bern 896. Schmid & Francke. n. 1. —

Sutherland, Reise durch d. Straße von Gibraltar nach Konstantinopel, nebst den vornehmsten Begebenheiten in d. Kriege der Oestreicher u. Russen mit den Türken bis zu Anfang des Jahres 1789; aus d. Engl. 8. Lübeck 790. (Riemann u. R.) 12 *gr.*; bei Klein in Leipz. 8 *gr.*

Sutherlin, William *Kerner* [aus Mansfield, Louisiana, S. A.]: Über Kystoskopie und Katheterismus der Ureteren Berlin, Buchdr. v. G. Schade, *1897*; 28 S., 2 Bl. 8.
Berlin, Med. Fak., Inaug.-Diss. v. 10. Aug. 1897

Suthmeyer, H., an u. f. Deutsche. 8. Bremen, Heyse. (in Comm.) 814.

Sutiagin. Olga [aus Tiflis. Russland]: Aus dem Zürcher Kinderspitale. Statistisch-klinische Mitteilungen über erworbene Herzklappenaffektionen nach Beobachtungen im Zürcher Kinderspital in den Jahren 1874—1901. Zürich 1904. 56 S. 8°. [30. III. 04.]
Zürich Med. Diss. 1903 1904

Sutiagin, Olga. Statistisch-klinische Mitteilungen über erworbene Herzklappenaffektionen nach Beobachtungen im Zürcher Kinderspital in den Jahren 1874—1901. Diss. Med. Univ. Zürich. *Kopftitel:* Aus dem Zürcher Kinderspitale. 56 S. 8. Zürich, A. Markwalder. 1904.

[Russ.] **Sutki samoderžavnoj bjurokratii.** *Berlin: G. Štejnic (1903).* (29 S.) 8°
[Auf d. Umschl.] Die Komik d. zarischen Bureaukratie. Le comique de la bureaucratie czarienne.
(Sobranie lučšich russkich proizvedenij. Č. 51) [illegible]

[Russ.] Šutki russkoj žizni. Berlin: G. Štejnic (1903). (29 S.) 8°
[Auf d. Umschl.:] Anekdoten über d. russ. Leben . . .
(Sobranie lučšich russkich proizvedenij. Č. 58.)

Sutkowsky, I., das Gesetz der Entstehung des Geschlechts u. das Mittel, das Geschlecht des Individuums zu beeinflussen, s. a. Klinik, Berliner.

Das Gesetz der Entstehung des Geschlechts und das Mittel, das Geschlecht des Individuums zu beeinflussen. Von Dr. I. Sutkowsky in St. Petersburg. Berlin: Fischer 1909. 47 S. 8⁰ [Umschlagt.]
(Berliner Klinik. H. 252.)

Sutnar Jaroslav: Svatopluk Čechs Leben und Werke. Ein Beitrag zur Literaturgeschichte Böhmens.
II. 1896 PN 1028 Diss. Wien, Univ. 2682

Sutnar, Jarosl., Svatopluk Čechs Leben u. Werke. [Aus: „Oesterr.-ungar. Revue".] gr. 8. (94 S.) Wien 897. (Gerold & Co.) n. 2.—

Sutner, A. von, s. Sutner, Karl August von

Sutner, Carl August von, s. Sutner, Karl August von

v. **Sutner**, Geo., Berichtigung der Gesch. der Unruhen bei d Regierungsantritte der Herzoge u. Brüder, Ernst u. Wilhelm v. Baiern-München. 4. Münch. 797. Lindauer. 5 kr

— München während des 30jähr. Krieges. 4. Münch. 796. Lindauer. 6 kr

— über die Verfassung der ältern städtischen Gewerbspolizei in München, von ihrem Entstehen bis zum 16. Jahrhunderte. München, (G. Franz). 15 kr

– -- s.a. Sutner, Johann

Sutner, Johann oder Josef

Sutner, J., die Burgruine zu Wittelsbach. 4. (..B.) München 834. [Augsburg, Jaquet's Brlsbuchh.]

— die Burgruinen zu Wittelsbach. Eine Denkschrift, verfaßt für das bayerische Volksfest der am 25. Aug. 1834 geschehenen Enthüllung des Nationaldenkmales zu Ober-Wittelsbach ꝛc. 4. München, Jaquet. 1/8 rthl

— vermischte Gedichte. Mit 1 Kpf. u. 1 Vign. 8. Münch. 824. Fleischmann. 1 fl 14 kr

Sutner, Jh., Karl der Große, ein Gedicht in 3 Balladen. Mit 1 Kpf. u. 1 Vign. 8. Münch. 823. Fleischmann. 12 kr

Sutner, J., Karl der Große. Ein Gedicht in drei Balladen. Vermehrte Aufl. Mit Titelkpfr. u. Titelvign. 8. München 835. (Jaquet.) 3/8 rthl

—, der *Minnesänger*. Eine Legende mit 20 Liedern. München 1835. Gedr. u. in Commiss. b. Geo. Jaquet. Schmal-8⁰. Orig.-Cart.-Bd. *)
TKpf. (A. Rhomberg inv., Helmsauer sc.), gestoch. Titel mit Vignette (P. Sutner del., C. Schleich sc.), X—76 S., 1 Musikbeilage (comp. f. 1 Singstimme m. Klavierbegleitung von M. Lindmeir) zu dem Liede: „Das Mädchen aus dem Isarthale" (S. 50—51). — Der Gräfin Anna v. Arco-Valley, geb. Gräfin v. Mareschalchi etc., Exc., gewidmet.

—— der Minnesänger. Eine Legende mit 20 Liedern. 8. (5½ B., Titlkpfr. u. 1 Musikbeil.) München 835. (Augsburg, Jaquet's Brlsbuchh.)

Sutner, J(os.), (geb. 18. März 1784 zu Dietramszell, OB., † 18. Novbr. 1835 zu München), *Theodo*. Ein episches Gedicht in 6 Gesängen. Mit TKpf. (*J. M. Mettenleiter* inv. et fec.) u. TVign. (*Gg. Mayr* sc.). München 1825, auf Kosten d. Verf. — *A. E.*: Gedr. b. Jos. Zängl. 8⁰. Ppb. Schönes unbeschn. Expl. auf Velinpap.
TKpf., gestoch. Tit., 198 S. Vorr. dat.: Wildbad Kreuth, am 15. Septbr. 1824. S. 143 ff.: Histor. Anmerkgn.: Note 1. Histor. Darstellung des epischen Thema's nach J. Aventin etc. 2. Geograph. Skizzen von Vindelizien, Norikum u. Rhätien, mit 1 Karte (J. Sutner comp., C. Linsenmeyer sc.). 3. Skizze einer allgem. deutschen Mythologie. 4—12. Verschiedene histor. Anmerkungen.
Von J. Sutner erschien vorher Karl der Grosse, ein Gedicht in 3 Balladen. München 1822. 8⁰. 96 S. Mit Titelkpf. — N. A. Stadtamhof 1823. 8⁰. (Cfr. Brümmer II. p. 414.)

— Theodo. Ein episches Gedicht in 6 Gesängen. Mit 1 Kpf., 1 Karte u. 1 Vign. 8. Münch. 825. Verfasser. (Landsh., Storno). 1 fl 3 kr

Sutner, Jh., Ueber die Verfassung der ältern städtischen Gewerbspolizei in München, von ihrem Entstehen bis zum 16. Jahrhunderte. München (G. Franz).

– – s.a. Sutner, Georg von

Sutner, K. A. v. über das Beschießen von Motorluftschiffen. München 1908. 23 S.

Sutner, Karl August von

Sutner, Carl Aug. v., das Beamtengesetz f. das Königr. Bayern nebst der Gehaltsordnung u. dem Richterdisziplinargesetze, unter Verwertg. der Begründg. zum Gesetzentwurf u. der Kammerverhandlgn. hrsg. (XII, 371 S.) 8. Nürnberg 908. U. E. Sebald. Geb. 3. 30

— Die Bestimmungen üb. das bayerische Gemeindewahlrecht auf Grund der Gemeindeordnungen f. das diesseitige Bayern u. f. die Pfalz, sowie des Gemeindewahlgesetzes vom 15. VIII. 1908; m. Einleitg., kurzen Erläutergn. u. den Vollzugsvorschriften, dann e. Anh. üb. die Kirchenverwaltungswahlen u. Sachverzeichnis zusammengestellt. (VIII, 156 S.) 8. München 909. C. H. Beck. Geb. in Leinw. 1. 80

— Bayerische Gemeindeordnung f. die Landesteile diesseits des Rheins, s.: Weber, Karl.

– Geschichte des 1. Feldartillerie-Regiments Prinz-Regent Luitpold, s. Xylander, Rudolf R[r] von

Sutner, Carl Aug. v., Kommentar zum Polizeistrafgesetzbuch f. das Königr. Bayern, s.: Riedel, Frhr. v.

— Das Staats- u. Verwaltungsrecht des Königr. Bayern, s.a. Bibliothek des öffentlichen Rechts.

Das Staats- und Verwaltungsrecht des Königreichs Bayern. Von Carl August v. **Sutner**, Reg.R. Hannover: Jänecke 1909. VI, 257 S. 8⁰
(Bibliothek d. Öffentl. Rechts. Bd 11.) [09 6861]

— die Verfassungsurkunde des Königr. Bayern, s.: Piloty, Rob.

Kleiner Beitrag zur Feier des zweiundvierzigsten Stiftungs-Festes der ger. u. vollk. Loge zur Ceder im Or. von Hannover, vom Br. **Sutor** und [Adolph] Mack. Den 20sten Sept. 5818. [Hannover 1818.] 2 Bl. 8⁰ [Umschlagtit.]
Kantate ohne Noten. „Dank und reine Freude töne . . ."

Loge zur Harmonie Or. Chemnitz. Gesang zum Johannis-Fest am 25. Juni 1899. Gebet. Gedichtet von [Friedr. Herm.] Geidel. Musik von **Sutor**. [Chemnitz 1899: Tetzner & Zimmer.] 1 Bl. 8⁰ [Kopftit.]
Ohne Noten: „Herr der Welten, der auf's Neue uns den Tag erglänzen lässt, . . ."

Der Johannistag. Eine Cantate, gedichtet vom Br. Wilh. Blumenhagen, in Musik gesetzt vom Br. Sutor, und gesungen in der g. und v. Loge zum schwarzen Bår am 24sten Juni 5820 zu Hannover. [Hannover 1820.] 4 Bl. 8⁰
Abgedr. in: AZ. 4 (1826) S. 107—109; Blumenhagen, W.: Mrischer Nachlass. 1840 S. 419 bis 421.
Ohne Noten: „Von der Eiche brecht die Zweige!"

Maurer-Gesånge in Musik gesezt [!] und den Mitgliedern der ger. und vollk. □ zur Ceder im O∴ zu Hannover brüderlich gewidmet von **Sutor.** Mainz: Schott [1819]. 13 S. 8⁰ (Mrischer Liederkranz. [3.])
Mit Noten.

Sutor, A., die Errichtung des Handels-Gerichts in Hamburg, s. Errichtung, die.

Sutor, Adf., Messe in C-Dur für Sopran, Alt, Bass, 2 Violinen, Contrabass u. Orgel obligat, Tenor u. Violo, Floete, 2 Clarinetten, 2 Hörner, 2 Trompeten u. Pauke ad libitum. Landsberg a/L. 870. Verza. gr. 4. (55 Blatt.) 2 ₰ 22½ ngr.

Sutor, Albert (Wolgast) Altd. Thl. 7/8

Disquisitionis theologicae, de notitia divini sermonis literali, pars posterior.
Präs. Friedemann Andreas Zülich.
Rostock (Schwigerov) 21. VIII. 1715. 44 S.

W. v.: Alb. Joachim von Krakewitz, Jo. Fecht, Präs., Heinrich Wollin. 34103

SUTOR [= SCHUSTER], ANDREAS. Der hundert-Augige blinde Argos, und zwey-Gsichtige Janus, Oder: Latinum Chaos Der andere Bettl-Hafen, Sage: Hönig- oder Glücks-Hafen Aus vilen Bücheren heraus gezogene Nutzlich, Geist- und Weltliche Ehr- und Lehr-Sprüch: Emplemata, Lemmata, seltzame Spruchwörter; . . . Augsburg & München, Rieger 1740. 8⁰. *Frontispiz*, doppelblattgr. Titel, 6 Bl. 1037 S. 1 Bl. *Mit mehreren Figuren im Text.* Etwas beriebenes Ldr. d. Z. mit Rsch. (ohne die Schließen).

FdF. 1142: „A delightful product of Bavarian humor". Bernstein 3657. H.-G. VII, 195: „Enthält viel sehr derbes, in Prosa und Reimen, deutsch und lateinisch". Ein sehr reicher, nach Sachwörtern geordneter Sprichwort-, Redensarten- und Rätselschatz, der auch oft Synonyme bringt und besonders das Humoristische bevorzugt. Am Schluß eine „Synopsis, Oder Inhalt des Buchs, und Lehrreiche Spruch der 7. Weisen in Griechenland" in Knittelversen. Die SS. 215, 435 und 525 sind ausschlagende Doppelseiten. Das Frontispiz zeigt (wie auf einem Kartenblatt) die zwei Gesichter des Janus. Der Herausgeber, Andreas Sutor, bezeichnet sich als Magister der Philosophie und Kandidat der Theologie zu Kaufbeuren, Parochus in Eyrishofen. Eine weitere Ausgabe erschien in Kaufbeuren im gleichen Jahr.

SUTOR, A n d r. — („Phil. Mag. SS. Theol. Cand. Camerarius Ven. Capit. Kauffb. & Parochus in Eyrishofen etc."), D e r h u n d e r t - A u g i g e b l i n d e ARGOS, u n d z w e y - G s i c h t i g e JANUS, oder LATINUM CHAOS, d e r a n d e r e B e t t l - H a f e n, sage: H ö n i g (sic!)- oder G l ü c k s - H a f e n, aus vilen Bücheren heraus gezogene Nutzlich, Geist- u. Weltliche Ehr- u. Lehr-Sprüch: Emblemata, Lemmata, seltzame Sprüchwörter; auch, welche anderst lauten, u. anderst heissen: Rätzl (sehr viele, in V e r s e n, sowohl deutsche wie lateinische): abgekürtzte Sententz, welche in 2. 3. 4. Wort gantze Gesatz, vile Sitten, völlige Predigen anzeigen. Ad illuminandam juventutem exemplis, similitudinibus, sententiis &c. Ad feliciter nunc, & tunc vivendum, virtutes implantandas, ad risum movendum, pungendum, serijs jocum miscendum &c. utilis, exiguus, facilisque parabilis, ære veneo: quid cessas protinus abripere? âb ANDREA SBTORE —. C. LICENTIA SUPERIORUM. Mit Titelkpfr. Gedruckt u. verlegt, von Christian Starck Burger, (!) u. Buchdrucker in Kauffbeyren, Anno 1740. (Tit. in qu.-4⁰.) 8⁰. (12 Mk. Wilh. Koebner, Breslau, v o r 1885; 12 Mk. K. Th. Völcker, Frf. a. M., v o r 1885; 7 Mk. 50 Pfg. Paul Neubner, Cöln, 1892; jetzt theuer!)
7 Bll. Vorst. (incl. 1 Kpf., oben die Reimzeilen gestoch.: „Hast mein ersten Chaos übersehen, / So thu, Lieber! das andere auch durchgehen"), 1037 + 3 S. (index. et errores corrigendi).

Sutor, Andr., Aufklärungen f. die Jugend. 8. Augsb. 777 M. Rieger. 4 gl. 2e A. 8. Wien 786. . . .

— freundschaftl. Briefe f. Jünglinge, mit e. Anweis. nach Gellerts Geschmack. 8. Augsb. 771.

§ **SUTOR** (= *Schuster*), Andreas. — L a t i n u m C h o a s d e, e x, e t p r o o m n i. D. i. E i n t e u t s c h e s d u r c h e i n a n d e r v o n u n t e r s c h i e d l i c h e n S a c h e n. Als wie sehr nutzliche Geist- u. weltliche Ehr- u. Lehr-Sprüch, seltzame Grab-Schrifften, wohldienliche Lebens- Gesundheits-Bauren- u. Hauss-Regeln, artige Schnacken, nachdenkliche u. wohlgerissene, lustige u. kühle Schertz-Reden, kurtzweilige Begebnussen, merkwürdige Geschichten, angenehme u. verdrüssliche Sprich-Woerter, Schimpff- u. Ernst etc. Von *Andrea Sutore* . . . . Cum licentia superiorum. Mit curiosem Titelkpfr. Augspurg, gedruckt und zu finden, bey Joseph Gruber. 1716. 8⁰. (In München: L. eleg. m. 754d.) (7 Mk. 50 Pfg. Paul Neubner, c. 1892; 3 fl. 50 xr. Gilhofer & Ranschburg, Wien, 1897; 10 Mk. 50 Pfg. Frdr. Klüber, 1901.)
7 Bll. Dedicatio u. Praefatio, 1 Bl. Erklärung des Kupfers, 1098 S., 4 Bll. Appendix, 6 Bll. Index u. 1 Bl. Errata, endlich 2 Tabellen.

— latinum c h a o s, (enth. nützliche Ehr- u. Lehrsprüche ꝛc.) 4. Ebend. 740.

— s. F e i e r s t u n d e n zur Aufklärung des Verstandes, u. setze hinzu: (hrsgg. v. A. Sutor).

— Gedanken üb. die Unterweis. der Jugend im Christenthum u. in den Wissenschaften. 8. Salzb. 772.

— Geschichte von d. Feste, dem Markte u. d. Herren zu Au. 8. Münch. 808.

— der Jüngling nach der Mode, mit Anmerkk. 8. Augsb. 773. M. Rieger. 3 gl.

— der Jüngling nach der heutigen Politik. 8. Augsb. 784. M. Rieger. 3 gl.

— d. K i n d e r e r z i e h u n g nach Vernunft und Religion. 8. Landshut, Hagen. 790.

— die Kindererziehung nach Vernunft u. Religion. 8. Landsh. 791. (Storno). 8 gl.

— sittliche Lehren für die Jugend. 8. Salzb. 771.

Sutor, Andr., Lesebuch für Kinder auf d. Lande. 8. Münch. 800. 2e verb. A. 808. Lentner. 8 gl.

— L e s e b u c h f. Kinder a. d. Lande. 8. München, Lentner. 809.

— Lesebuch f. Stadt-Kinder. 8. Münch. 790. Lentner. 9 gl.

— von den Mitteln, dem Sittenverfall abzuhelfen, s. Frhrr. L. **v. Hartmann,** Abhandl. von dem blühend. Zustande der Staaten ꝛc.

— Moral für die Jugend. 8. Landsh. 776. 5e A. 796. Krüll. 4 gl. (Storno). 3 gl.

— Schwelgerei, e. polit.-ökonom. u. moral. Uebel. 4. Münch. 789. (Stein). 5 gl.

— Sittenlehre für Kinder. 8. Münch. 788. 2e A. 801. 3e A. 805. Lentner. 5 gl.

— S i t t e n l e h r e für Kinder. 8. München, Lentner. 804.

— Uebersicht derselben. 8. Ebd. 2 gl

— Vermehrung der Bedürfnisse 2c., s. Frhrr. L. v. Hartmann Abhandl. von den weisen Befehlen guter Regenten 2c.

— Vorkenntnisse zur Sittenlehre u. d. Lesebüchern f. Kinder. 8. Münch. 802. Lentner. 8 gl

— s. W ü n s c h e e. Landpfarrers in Hinsicht auf das Schulwesen.

Sutor, Aug., Darstellung der Aufnahme der ersten Juden in Hamburg. 8. Hamburg 838. Berendsohn. 1/4 ℛ

Sutor, Aug., unsere Löschanstalten und Herr Edw. James Smith. Berichtigungen und Vorschläge. gr. 8. Hamburg 843, Hoffmann u. Campe. 1/4 ℛ

— Hamburgische Reformfrage. I. — A. u. d. T.: Die Supplik vom 8. Juni 1842 und ihre Bedeutung. gr. 8. Ebend. 842. 1/2 ℛ

Sutor, Georg Franz Xaver

— s. 1) Anleit. zum Schweigen. 2) Leben Adams.

Sutor, Geo. Frz. Xav., das einsame Leben; e. Gegenstück zu Zimmermanns Einsamkeit. 8. Augsb. 796. Wolf. 6 gl

Sutor, Gust., der Konitzer M o r d u. seine Folgen. Ein Mahnruf zur Vernunft. 8. (82 S.) Berlin (900). H. Schildberger. n. — 50

Die Konitzer P r o z e s s e . Ein weiteres Wort z. Aufklärung von Gustav Sutor. (2. Aufl.) Konitz: C. Schulz 1900–1901. (101 S.) 8°

— die Konitzer P r o z e s s e. Ein weiteres Wort zur Aufklärg. 8. (101 S.) Konitz (901). Tegel, C. Schulz. n. 1. —

Sutor, J., Janua coeli. Die Pforte zum himmlischen Jerusalem. Ein kathol. Haus- u. Kirchenbuch. Allen heilsbegierigen Christen gewidmet. Prachtausg. Rosenheim 867. Huber. 16. (XVI, 494 S. mit Farbendr.-Titel u. 5 Stahlst.) 20 ngr.; geb. 1 ℛ 9 ngr.; in Leder geb. 1 ℛ 24 ngr.

Sutor's, Jak., künstliches Fechtbuch zum Nutzen der Soldaten, Studenten u. Turner. Neu hrsg. wort- u. bildgetreu nach dem Original v. J. S c h e i b l e. Mit 89 (eingedr.) Holzschn. 4. (VIII u. 104 S.) Stuttgart 849, Scheible. 2 ℛ

Sutor, Johann Eberhard (Kammin) A. S. 122/4

Meditationes de emendanda litium protractione circa sententias interlocutorias.
Präs. Johann Tobias Carrach.
Halle (Grunert) 18. V. 1751. 58 S.

W. v.: Karl Gottlieb Knorre, Sig. Jakob Baumgarten, Präs., Georg Friedrich Meier, Johann Philipp Carrach, O. P. von Beggerow (Opp.), F. G. Sachs von Löwenheim (Opp.), Otto Jo. Anhalt, Johann Arnd Sutor (Neffe). 34106

Sutor, Johann Eberhard (Kammin) A. S. 63/22

De substitutione reciproca eiusque a iure adcrescendi discrimine. Präs. Johann Hartwig Reuter.
Halle (Hilliger) 4. VII. 1750. 46 S.

W. v.: Präs., O. P. von Beggerow (Opp.), Jo. Friedrich Egerland (Opp.), Friedrich Ludav. Reinbeck (Opp.). 34104

Sutor, Johann Eberhard (Kammin) A. S. 63/20

De substitutione reciproca eiusque a iure adcrescendi discrimine. Präs. Johann Hartwig Reuter.
Halle (Hendel) o. J. 38 S.

Diss. 4. VII. 1750. 34105

Sutor, Johann Paul

— electa conclusionum practicabilium ex vario jure. 4. Ingolst. 758.

Sutor, Jh. Paul d. Aeltere, (✝ d. 9. Nov. 1777.) electa juris et fori hodierni, seu conclusionum practicabilium ex jure publico, canonico, civili, feudali et criminali, selectarum centuria. 4. Ingolst. 760. Krüll. 1 ℛ

SUTOR, J. P.: Jus nat. heterodoxorum, nec Deo, nec reipublicae, nec homini suum tribuens. *Ingolst.* 764. 4.

— oratio; jus naturae heterodoxor. 4maj. Ingolstadt 764. Krüll. 4 gl

— triga decadum selecta conclusionum forensium ex quintuplici jure, canonico, civili, publico, feudali et criminali. 4. Ingolst. 758.

Sutor, Jh. Paul d. Jüngere, (✝ 1782.) allgem. prakt. Weltweisheit; e. Versuch f. die Philosophie in Baiern. 8. Jena 774.

Sutor, Jos., ave maris stella! Sei gegrüßt o Meeresstern! Ein vollständ. Gebet- u. Erbauungsbuch f. Katholiken. gr. 16. (XVI, 543 S. m. e. Stahlst.) Innsbruck 871. Vereins-Buchh. 3. —

— liturgia sacra ecclesiae Romanae seu ritus exactus servandus in celebratione missarum, recitatione divini officii et administratione sacramentorum. gr. 8. (XV, 528 S.) Paderborn 872. F. Schöningh. n. 4. 50

Sutor, Otto

— „In Treue fest". Eine Sammlg. v. Prologen, Festreden, Festgedichten, Deklamationen, Trinksprüchen u. Festliedern, leb. Bildern u. patriot. Festspielen f. vaterländ. Feste, insbesondere f. die Festlichkeiten der Kriegervereine des deutschen Kriegerbundes (Kyffhäuserbundes). (Umschlag: Patriotische Vorträge.) (91 S. m. Abbildgn.) 8. Leipzig (910). G. Richter. 1. 20

Sutor, Otto, Radlerfreuden, s.: B i l d e r, lebende.

Sutor, Paul, s. S u t o r , Johann Paul

Sutor, Th., e. Elsaß-Lothring'scher Eisenbahnbeamter. Eine Criminalgeschichte aus unseren Tagen. 8. (VI, 190 S.) Salzwedel 873. Schuster's Wwe. n. 1. —

Sutor, Valentin (Römhild) 4°Thl. I, 209/34

Disputatio XV. Elenchus speciminis Tigurini pro salve, reformatis antehac religiose oblato, rabiose repulso. Präs. Johann Konrad Dannhauer.
In: Dannhauer: Disputationes theologicae ... P. post. Leipzig (Reinhold) 1707. S. 924 - 949 (statt: 929).
34107

Sutoris, Frau Thea, meine Methode. Der Sieg im Kampfe ums Dasein. (48 S.) schmal gr. 8. Hamburg (906). J. Kriebel. n. — 50

Sutorius, Benj. Gli., die Geschichte von Löwenberg, aus Urkunden u. Handschriften gesammelt. 2 Thle. 8. Bunzlau u. Jauer 784, 87.

Sutorius, J. W., neuentdeckte Farbenarkana. gr. 8. Cöln 809. Rommerskirchen. 2 ℔ Hbg. Pr. 12 ℛ

Sutorius, Karl Gottlob

Sutorius, K. Gl., kl. Catechism. Lutheri in 8 Predigten. 8. Breslau, W. G. Korn. 760.

— evangel. kurze Lieder zum Gebr. der Kinder. 8. Jauer 760.

Sutorius, Karl Glo., († ...) 8 Predigten üb. den Katechismus Lutheri. 8. Jauer (Bresl.) 756. W. G. Korn. 8 ℛ

— die Stimme Jesu an 63 eingesegnete Kinder. 8. Jauer 759.

Sutorius, Tobias (Römhild) A. S. 763/16

De legatis primi ordinis Von Gesanten des Ersten Rangs. Präs. Peter Müller.
Jena (Ehrich) 1711. 28 S.

Diss. 12. II. 1692. 34112

Sutro

— Rede, gehalt am 7. Passahtag 5574 (am 11. April 1814) in der Synagoge zu Beverungen üb. den Sieg der Verbündeten u. deren Einzug in Paris. 8. Hörter 814.

Sutro, (Land-Rabbiner), Widerlegung der Schrift des Hrn. H. W. H. Cleve: „Geist des Rabbinismus rc.", aus d. heil. Schrift u. dem Talmud. 8. Hamm 824. Schulz. 3 ℛ

SUTRO, Adolph (Leutershausen): Ueber den Werth der Auscultation in der Geburtshilfe.- München: Hübschmann 1846. 20 S.
6.8.1846 - Urk (Titel: De auscultatione obstetricicea.); r 66
Diss. Ingolst.-Landsh.-Mchn.

Das Heil und die Pflicht der Sozialdemokratie. Von Albert **Sutro**. Goslar & Leipzig: Verl. f. Lebensreform in Komm. 1906. (29 S.) 8° [illegible]

Sutro, Alfr., der Tempel der Wahrheit, s.: Universal-Bibliothek.

Das Doppelwesen des Denkens und der Sprache. Ein Versuch, das eigentl. Wesen unbewußter Vorgänge klar zu erkennen u. in die Ursachen von Erscheinungen einzudringen. Von Emil **Sutro**. ([Berlin: W. Fussinger] 1904.) (XIV, 279 S.) 8°
= **Sutro**: Das Doppelwesen d. menschl. Natur. 2. [illegible]

Das Doppelwesen der menschlichen Natur. (Von Emil **Sutro**.) 1. 2. (Berlin: W. Fussinger 1902–04.) 2 Bde 8° [Vort. F. u. Ant.]
1 = Das Doppelwesen d. menschl. Stimme ... (Übers.: F. H. Schneider.) (1902.)
2 = Das Doppelwesen d. Denken u. d. Sprache ... (1904.) [illegible]

Sutro, Emil, das Doppelwesen der menschlichen Natur. I. u. II. 8. Berliner. Berliner Druckerei- u. Verlags-Gesellsch. à n.n. 3. —; geb. à n.n. 4. –
I. Das Doppelwesen der menschl. Stimme. Versuch e. Aufklärg. üb. das seel. Element in der Stimme. (XIV, 324 S.) (902.)
II. Das Doppelwesen des Denkens u. der Sprache. Ein Versuch, das eigentl. Wesen unbewusster Vorgänge klar zu erkennen u. in die Ursachen v. Erscheingn. einzudringen. (XIV, 273 S.) (905.)
Der III. Tl. erschien u. d. T.:

— Das Doppelwesen der menschlichen Natur als Einführung in die Religion der Vernunft. Hrsg. unter dem Protektorate der Internationalen physio-psych. Gesellschaft. (249 S.) gr. 8. Ebd. (906). n.n. 3. —; geb. n.n. 4. —

Sutro, Emil, das Doppelwesen der menschlichen Stimme. Versuch e. Aufklärg. üb. das seel. Element in der Stimme. 8. (XIV, 324 S.) Berlin (902). Fussinger. n. 3. —; geb. n. 4. —

Das Doppelwesen der menschlichen Stimme (Duality of Voice). Versuch e. Aufklärung über d. seelische Element in d. Stimme von Emil **Sutro**. (Übers.: F. H. Schneider, Gesanglehrer, Berlin-Schöneberg.) Berlin: W. Fußinger [1903]. (XIV, 324 S.) 8°
= **Sutro**: Das Doppelwesen d. menschl. Natur. 1. [illegible]

Sutro, Emil. Gedichte. n. p., 1887. GSP

Sutro, Eugen: Die kaufmännische K r e d i t e r k u n d i g u n g. Heidelberg 1902: (Pierer in Altenburg). (44 S.) 8° [Erschien vollst. 1902 als: Staats- u. socialwiss. Forschungen, Bd 21, H. 2.]
Heidelberg, Phil. Diss. v. 1902

Sutro, Eug., die kaufm. Krediterkundigung, s. a. Forschungen, staats- u. socialwissensch. XXI. 2.

Die kaufmännische K r e d i t e r k u n d i g u n g. Von Eugen **Sutro**. Leipzig: Duncker & Humblot 1902. (X, 89 S.) 8°
(Forschungen, Staats- u. socialwissenschaftl. Bd 21, H. 2.)

Sutro, S., das eheliche Güterrecht in der Provinz Westfalen u. den Kreisen Rees, Essen u. Duisburg, nach dem Gesetze vom 16. April 1860, u. den legislativen Vorarbeiten in Verbindung mit den ergänzenden landrechtlichen Bestimmungen. Münster 861. Brunn. Lex.-8. (64 S.) 12 ngr.

—— und J. M. Gierse, das Provinzialrecht des Münsterlandes, s. Gierse, J. M.

SUTRO, Sigmund (Leutershausen): Ueber die Wirkungen der Blutentziehungen.- München: Hübschmann 1840. 24 S.
29.8.1840 - Urk (Titel: De sanguinis detractionibus.); r 65
Diss. Ingolst.-Landsh.-Mchn.

Sutro-Schücking, Kathinka. Die Erlebnisse einer Schutzlosen. NY. 1882.

--In beiden Hemisphären. Ein Lebensbild ... NY, 1881.

--Umsonst. A novel. Baltimore, 1879.

Sutro-Schücking, K. Doctor Zernowitz, Villa Montrose. Chicago, 1894. UC

SUTSCHÖGEL, Emilius: Ascesis monastica ordinum praeprimis Benedictinorum ab originibus suis ad nostrum usque aevum lustrata in genere & per partes, in relatione sua ad scholam et vitam. — (1861) 44 S. 2° (Handschr.)
Diss. 257
Diss. Wien, Univ.

Sutsos, Hellas im Kampfe gegen die Türkei. Vier Heldengesänge. Aus dem Griechischen in Prosa übers. von L. Karl. Würzburg 860. (Goldstein.) 8. (64 S.) 7½ ngr.

Sutsos, Alex, der Verbannte von 1831. Roman aus Griechenlands neuster Geschichte. Aus d. Neugriech. 8. Berlin 837. Herbig. 1 1/3 ₰

Mémoires du prince Nicolas Soutzo [Sutsos], grand logothète de Moldavie. 1798–1871. Publ. par Panaïoti Rizos [Rhizos]. Vienne: Gerold & Cie 1899. (XII, 434 S.) 8°

Sutta Nipáta or Dialogues and Discourses of Gotama Buddha. Translated from the Páli, with introduction and notes by M. Coomára Swámy. 8. (XXXVI, 160 S.) London 874. (Strassburg, Trübner.) **

Sutta Nipâta, das. Eine Sammlg. v. Gesprächen, welche zu den kanon. Büchern der Buddhisten gehört. Aus der engl. Uebersetzg. v. V. Fausböll ins Deutsche übertr. v. A. Pfungst. 1. Lfg. gr. 8. (X, 80 S.) Strassburg 889. Trübner, Verl. n. 1. 50

Die Reden Gotamo Buddho's aus der Sammlung der Bruchstücke Suttanipāto des Pali-Kanons übers. von Karl Eugen Neumann. Leipzig: J. A. Barth 1905. (XII, 409 S.) 4°(8°) [illegible]

Sutter, A., Schweizer Landschafts- u. Architektur-Bilder. I. u. II. Serie. gr. 4. (à 12 Taf. m. je 1 Bl. Text.) Zürich (897). M. Kreutzmann. à n. 8. —

Sutter, Alfred [med. pract. Appenzell]: Mittheilungen aus dem orthopaedischen Institut von Dr. A. Lüning und Dr. W. Schulthess, Privatdocenten in Zürich. Ueber Unterschiede in der Form der Skoliosen bei männlichen und weiblichen Individuen. Stuttgart 1903. 34 S. 8°.
Zürich. Med. Diss. 1902/1903.

Sutter, Alfred. Über Unterschiede in der Form der Skoliosen bei männlichen und weiblichen Individuen. Diss. Med. Univ. Zürich. *Kopftitel:* Mittheilungen aus dem orthopädischen Institut von Dr. A[ugust] Lüning und Dr. W[ilhelm] Schulthess, Privatdocenten in Zürich. — [Mit Figuren. — Sep.-Abdr. aus: Zeitschrift für orthopädische Chirurgie. Band 11, Heft 2.] II + 34 S. 8. Stuttgart, Union Deutsche Verlagsgesellschaft, 1903.

Sutter, Aloys, Schloss Werben. Roman. (284 S.) kl. 8. Leipzig 907. Verlag f. Literatur, Kunst u. Musik. 3.—; geb. n 4. —

Sutter, Carl, s. Sutter, Karl

Sutter, Conrad, s. Sutter, Konrad

Sutter, Friedrich [cand. med.]: Casuistischer Beitrag zur Lehre der Ophthalmoplegien. . . . Strassburg, Univ.-Buchdr. v. J. H. Ed. Heitz (Heitz & Mündel), 1889; 39 S. 8°
Strassburg, Med. Fak., Inaug.-Diss. v. 1889

Sutter, Frdr. Berth., die weiße u. die rote Rose. Aus dem Nachlaß des Dichters Hanns Joachim Boddus. (59 S.) kl. 8. Frankfurt a/M. 908. [C. F. Schulz.] München, Verlagsgesellschaft München. 2.—; geb. 3.—; Luxusausg., geb. in Perg. 12. —

Sutter, H[ans]. Beitrag zu der Frage von den primären Muskelangiomen. Von Dr H. S', Arzt in Roggwil ⟨Bern⟩. Mit 1 Tafel. ([Sep.-Abdr. aus:] Deutsche Zeitschrift f. Chirurgie Bd. 76.) *Kopftitel:* Aus der chirurgischen Abteilung des Spitales in Chaux-de-Fonds, Oberarzt Dr. F[ritz] de Quervain. 27 S. 8. Leipzig, J. B. Hirschfeld, 1905.

Sutter, H[ans]. Beitrag zur Kenntniss der Metastasen des primären Nieren-Carcinoms. ⟨Aus der chirurgischen Abtheilung von Dr. F[ritz] de Quervain in Chaux-de-Fonds.⟩ ⟨Hierzu Taf. 9.⟩ ⟨Separatabdruck aus Virchow's Archiv für pathologische Anatomie und Physiologie und für klinische Medicin. Band 168. 1902.⟩ II S. + S. 305—341. 8. Berlin, Georg Reimer.

Sutter, Hans [med. pract. von Schiers, Kt. Graubünden]: (Aus der chirurgischen Abteilung von Dr. F. de Quervain in Chaux-de-Fonds.) Beitrag zur Kenntniss der Metastasen des primären Nierenkrebses. (Mit einer Tafel.) (S.-A. aus Virchow's Archiv. 168 Bd. 1902.) Berlin 1902. 41 S. 8°.
Bern. Med. Diss. 1901/1902.

Sutter, Hans. Beitrag zur Kenntniss der Metastasen des primären Nierenkrebses. Diss. Med. Bern. *Kopftitel:* ⟨Aus der chirurgischen Abtheilung von Dr. F[ritz] de Quervain in Chaux-de-Fonds.⟩ — ([Mit 1 Tafel. — Separatabdruck aus Rudolf] Virchow's Archiv [für pathologische Anatomie und Physiologie…,] Bd. 168. [1902.]) 41 S. 8. Berlin, Georg Reimer, 1902.

Sutter, H., die Psychoneurosen der Frau, s. a. Klinik, medizinische. 1907. 7. Beiheft.

Sutter, H[ans]. Die Psychoneurosen der Frau. Von Dr. H. S'... in St. Gallen. II S. + S. 175—206. 8. Berlin, Urban & Schwarzenberg.
Beihefte zur Medizinischen Klinik.... Jahrg. 3, 1907. Heft 7. Für Abonnenten der Med' Kl' ... gratis, für Nichtab' M. 1. —

(Sutter, J[acques].) Die Universal-Zeichnen- und Rechnen-Dreiecke von Carl Müller, Patentbureau, Zürich II ⟨Schweiz⟩. Genauigkeitsuntersuchung. Ausgeführt durch das geod. Bureau J. Sutter in Zürich IV. [Mit Figuren.] 6 S. 4. [Zürich, J. Leemann, 1903.]
Mit Beilage: Universal Zeichnen- und Rechnendreiecke von Carl Müller.... [Prospekt. Mit 6 Figuren.] [4 S.] 4.

Sutter, Joseph. Der gründliche Erfinder, Astronom u Naturforscher.... NY, 1871.

Sutter, Jos., der Sieg über Darwin u. Irrlichter. In 4 interessanten Vorlesungen. gr. 8. (128 S. m. Portr. d. Verf. in Holzschn.) New York 878. (Philadelphia, Schäfer & Koradi.) n. 2. —

Sutter, Isid., († ...) s. a. Lobreden, histor.

Sutter, J., historische Lobreden auf die Feste der Heiligen, wie auch über die Geheimnisse U. H. J. Ch. und Mariä auf das ganze Jahr; aus d. Franz. übers. 4 Theile. gr. 8. Augsburg, Wagner.

— s. Religion, die, der heutigen Welt 2c.

— s. P. Simon, Kanzelreden.

Sutter, K., Hans u. Grete, s. a. Danner's, G., deutsche Jugendbühne. Nr. 18.

Hans und Grete. Weihnachts-Komödie in 1 Akt für 5 Kinder von 6–10 Jahren von K. Sutter. *Mühlhausen i. Th.: G. Danner [1901].* (16 S.) 8° [F.]
— Jugendbühne, G. Danner's Deutsche. No 18. [illegible]

Sutter, Karl

Sutter, Carl [aus Schopfheim i. W.]: Johann von Vicenza und die italienische Friedensbewegung im Jahre 1233. . . . Freiburg i. B., Druck d. F. Wagner'schen Buchdr., 1891; 3 Bl., 186 S. 8°
Heidelberg, Phil. Fak., Inaug.-Diss. v. [3. Nov.] 1890

Sutter, Carl. Johann v. Vicenza u. die italienische Friedensbewegung im J. 1233. gr. 8. (V, 186 S.) Freib. i. Br. 891, J. C. B. Mohr. * 3 60

Sutter, Carl [Dr.]: Aus Leben und Schriften des Magisters Boncompagno . . . Freiburg i.B., F. Wagner'sche Buchdr., 1894; 2 Bl., 128 S. 8°
Freiburg i.B., Phil. Fak., Hab.-Schr. v. 1894

Sutter, Carl, aus Leben u. Schriften des Magisters Boncompagno. Ein Beitrag zur italien. Kulturgeschichte im 13. Jahrh. gr. 8. (V, 128 S.) Freiburg i/B. 894. J. C. B. Mohr. n. 2. —

Sutter, Carl, eine französische Provinzialschule im XVIII. Jahrh. Kunst u. Künstler v. Dijon. Vortrag, geh. am 3. XI. 1904 in der kulturwissenschaftl. Gesellschaft zu Freiburg i/B. (27 S.) 8. Freiburg i/B (904). C. Troemer. n. — 80

Sutter, Konrad

Sutter, Conr., Festzug zum XI. deutschen Bundesschiessen zu Mainz 1894. qu. gr. 8. (11 farb. Taf. m. 1 Bl. Text.) Mainz 894. V. v. Zabern. n. 1. 50

— s.: Festzug d. Mainzer Carneval.

Sutter, Conr., s.a. Gutenberg-Feier Mainz 1900.

Sutter, Conrad. Gutenberg-Feier Mainz 1900. Offizielle Darstellung des historischen Festzuges nach den Originalentwürfen von Conrad Sutter. Verlag von L. Wilckens, Mainz [1900].
Tit., 18 farb. Taf., 1 Bl. Inhalt. 8°.

Sutter, C., Thurmbuch. Thurmformen aller Stile u. Länder. Gesammelt u. gezeichnet. Mit e. Vorwort v. Fr. Schneider. 8 Lfgn. Fol. (80 Taf. m. VIII, 22 S. Text.) Berlin 888. Wasmuth. à Lfg. n. 4. — (cplt. geb.: n. 32. —)

Sutter, Conr., Thurmbuch. Thurmformen aller Stile u. Länder. Gesammelt u. gezeichnet v. S. M. e. Vorwort v. Fr. Schneider. 2. Abth. gr. Fol. (30 Taf. m. 6 S. Text.) Berlin 895. E. Wasmuth. Kart. n. 9. — (kplt. in 1 Bd. kart.: n. 33. —)

— dasselbe. (2., verm. Aufl.) gr. Fol. (VII, 24 S. m. 7 Abb. u. 110 Taf.) Ebd. 895. Kart. n. 33. —

Sutter, L.: Die Düngung der Weinberge. Biebrich 1894. -- [Zit. nach Simon: Bibliotheca vinaria]

[F.] **Sutter,** Ludwig *Isidor:* Die Dominikaner-Klöster auf dem Gebiete der heutigen deutschen Schweiz im dreizehnten Jahrhundert ... Luzern, Buchdr. v. Gebr. Räber & C., 1893; 1 Bl., 115 S. 8.
München, Phil. Fak., Inaug.-Diss. v. 1894

Sutter, Ludw., die Dominikaner-Klöster auf dem Gebiete der heutigen deutschen Schweiz im 13. Jahrh. gr. 8. (115 S.) Luzern 893. (Gebr. Räber & Co.) n. 1. 20

Sutter, P., der Arzt wider Willen, nach Molière, s.: Dilettantenbühne, katholische.

Sutter, P., Bruderliebe u. Brudertreue, s.a. Vereinstheater, neues.

Bruderliebe und Brudertreue. Schauspiel in 2 Akten. Aus d. Franz. übers. von P. **Sutter.** *Essen (Ruhr): Fredebeul & Koenen 1900.* (30 S.) 8° [F.]
= Vereinstheater, Neues. No 24. [o1. 5810 5

Sutter, P., heut ist Pankrazitag od. O weh, meine Ohren!, s.: Dilettantenbühne, katholische. 178. Heft.

— der eingebildete Kranke, s.a. Esser's, J., Sammlung leicht aufführb. Theaterstücke.

Der eingebildete **Kranke.** Lustsp. in 3 Aufz. Nach Molière. Ohne Damenrollen bearb. von V. (vielm. P.) **Sutter.** *Paderborn: J. Esser 1899.* (42 S.) 8°
= **Sammlung, J. Esser's,** leicht ausführb. Theaterstücke. H. 60. [o1. 4398

— s.: Schneiderlein, das, als Hexenmeister.

— ein Studentenstreich, s.a. Vereinstheater, neues.

Ein Studentenstreich. Schwank in 3 Aufz. von P. **Sutter.** Essen ⟨Ruhr⟩: Fredebeul & Koenen 1902. (32 S.) 8°
(Vereinstheater, Neues. No 36.)

— das Testament, s.a. Esser's, J., Sammlg. leicht aufführb. Theaterstücke.

Das **Testament** oder Der bestrafte Geiz. Schausp. in 1 Akt. Aus d. Franz. von V. (vielm. P.) **Sutter.** *Paderborn: J. Esser 1899.* (22 S.) 8° [F.]
= **Sammlung, J. Esser's,** leicht aufführb. Theaterstücke. H. 61. [o1. 4399

— das Testament der Frau Plüschke, s.a. Vereinstheater, neues.

Das Testament der Frau Plüschke. Humoreske in 1 Akt aus d. Franz. Von P. **Sutter.** Essen ⟨Ruhr⟩: Fredebeul & Koenen 1902. (23 S.) 8°
(Vereinstheater, Neues. No 37.)

— der Triumph des Kreuzes od. Kaiser Julians Ende, s.a. Vereinstheater, neues, Nr. 54.

Der Triumph des Kreuzes oder Kaiser Julians Ende. Christl. Drama in 4 Akten. Nach d. Franz. von P. **Sutter.** Essen ⟨Ruhr⟩: Fredebeul & Koenen 1903. (32 S.) 8°
(Vereinstheater, Neues. No 54.)

— der Widerspruchsgeist, s.a. Vereinstheater, neues.

Der Widerspruchsgeist oder Sie will und muss recht haben. Schwank in 1 Akt von P. **Sutter.** Essen ⟨Ruhr⟩: Fredebeul & Koenen 1902. (27 S.) 8°
(Vereinstheater, Neues. No. 48)

— Wie man Erbe wird, nach Regnard, s.: Dilettantenbühne, katholische.

Sutter Rud., unter falscher Flagge. Schwank in 3 Akten m. Benützg. e. engl. Stoffes. 16. (108 S.) München (898). Rubinverlag. n. 1. —

Sutter. Theodor. dipl. Chem. aus Alexandrien: Über die Einwirkung von Natriumamid auf Phenole und einige Substitutionsprodukte. Hildesheim 1906. 52 S. 8°. [7. V. 06.]
Zürich Phil. Diss. II. S. 1905/1906

Sutter, Theodor. Über die Einwirkung von Natriumamid auf Phenole und einige Substitutionsprodukte. Diss. Phil. [II.] Univ. Zürich. 51 S. 8. Hildesheim, August Lax, 1906.

Sutter, V., s. Sutter, P.

Sütterlin, Hans Georg, Dekan u. Ehrendomherr. Sein Leben u. Wirken. (80 S. m. Bildnis.) gr. 8. Liestal 908. (Gebr. Lüdin.) 1. 35

Sütterlin, Adf., Lahr u. seine Umgebung. (VI, 132 S. m. Abbildgn. u. 1 farb. Plan.) kl. 8. Lahr (904). M. Schauenburg. n. 1. —

Sütterlin, Adolf: Laut- und Flexionslehre der Strassburger Mundart in Arnolds Pfingstmontag ... [= Alsat. Stud. 2. Heft.] Strassburg, K. J. Trübner, 1891; VII, 106 S. 8.
Strassburg, Phil. Fak., Inaug.-Diss. v. 1891

Sütterlin, Adf. Laut- u. Flexionslehre der Strassburger Mundart in Arnolds Pfingstmontag, s.: Studien, alsatische.

Laut- und Flexionslehre der Straßburger Mundart in Arnolds Pfingstmontag. Von Dr. Adolf Sütterlin. *Straßburg: K. J. Trübner 1892.* (IX, 106 S.) 8°
Erschien auch als Inaug.-Diss. Straßburg 1891.
= Studien, Alsatische. II. 2. [91. 849

Sütterlin, Adf., s.: Schülerinnenkalender.

— s.: Schülerkalender f. Schüler höh. Lehranstalten.

(Sütterlin, A[lphons].) Hans Georg Sütterlin, Dekan und Ehrendomherr (1826—1907). Sein Leben und Wirken. [Mit Porträt-Tafel.] IV + 80 S. 8. Liestal, Gebrüder Lüdin, 1908. [fr. 1.50]

Sütterlin, G[eorg]. Heimatkunde des Dorfes und (der) Pfarrei Arlesheim, verfasst von G. S', Pfarrer und Dekan, 1904. Mit Nachträgen bis 1907. Hrg. vom Verkehrs- und Verschönerungsverein Arlesheim 1910. VIII + 295 S. 8. Arlesheim, G. Schmidt, (1910). [geb. fr. 3.—]

Sütterlin, Ludw., s.: Abhandlungen, germanistische, Hermann Paul dargebracht.

Sütterlin, Ludwig: Die exspiratorische Betonung in der Heidelberger Volksmundart. 4 (S. 64—70).
Festschrift z. d. 350jähr. Jubelfeier Grofsh. G. *Heidelberg* 1896.
Nicht im Tauschverkehr.
Progr.

Sütterlin, Ludwig: Der Genetiv im Heidelberger Volksmund. Leipzig, Druck v. B. G. Teubner, 1894; 46—60 S. 4.
Heidelberg, grossh. G, Festschr. 1894 (607)

Sütterlin, L., Geschichte der Nomina agentis im Germanischen. gr. 8. (III, 108 S.) Strassburg 887. Trübner, Verl. n. 2. 80

Sütterlin, Ludw. Zur Geschichte der Verba denominativa im Altgriechischen. 1. Tl.: Die Verba denominativa auf -άω, -έω, -όω. gr. 8. (128 S.) Strassb. i. E. 891, Trübner Verlag. * 3 —
Heidelberg, Phil. Fak., Hab.-Schr. von 1890

Sütterlin, Ludw., u. K. Martin, Grundriß der deutschen Sprachlehre f. die unteren Klassen höherer Schulen. 2., unveränd. Aufl. (VIII, 81 S.) 8. Leipzig 909. R. Voigtländer. Kart. 1. —

Sütterlin, Ludw., die Lehre v. der Lautbildung, s.: Wissenschaft u. Bildung.

Die Lehre von der Lautbildung. Von Dr. L[udwig] Sütterlin. Prof. Mit zahlr. Abb. Leipzig: Quelle & Meyer 1908. (VIII, 183 S.) 8° [F.]
— Wissenschaft u. Bildung. 60. [08. 11363

— die deutsche Sprache der Gegenwart. (Ihre Laute, Wörter u. Wortgruppen.) Ein Handbuch f. Lehrer, Studierende u. Lehrerbildungsanstalten. Auf sprachwissenschaftl. Grundlage zusammengestellt. Dazu 1 Taf. m. 12 Abb. gr. 8. (XXIII, 381 S.) Leipzig 900. R. Voigtländer. n. 5. 40; geb. n. 6. —

Die Deutsche Sprache der Gegenwart. (Ihre Laute, Wörter, Wortformen u. Sätze.) Ein Handbuch f. Lehrer u. Studierende. Auf sprachwiss. Grundlage zsgest. von Ludwig Sütterlin, Prof. Dazu 1 Taf. mit 12 Abb. 2., stark veränd. Aufl. Leipzig: R. Voigtländer 1907. (XXVI, 451 S.) 8° [F.] [07. 13272

— Die deutsche Sprache der Gegenwart. (Ihre Laute, Wörter, Wortformen u. Sätze.) Ein Handbuch f. Lehrer u. Studierende. Auf sprachwissenschaftl. Grundlage zusammengestellt. Dazu 1 Taf. m. 12 Abbildgn. 3., verm. u. verb. Aufl. (XXXI, 451 S.) gr. 8. Leipzig 910. R. Voigtländer. 7.—; geb. in Leinw. 8. —

Sütterlin, Ludw., u. Alb. Waag, deutsche Sprachlehre f. höh. Lehranstalten. 2. Aufl. (XII, 186 S. m. 1 Taf.) gr. 8. Leipzig 906. R. Voigtländer. Geb. n. 2. 25

— u. Alb. Waag, deutsche Sprachlehre f. höhere Lehranstalten. 4. Aufl. (XII, 202 S. m. 1 Taf.) gr. 8. Ebd. 910. Geb. in Leinw. 2. 25

Sütterlin, Ludwig [Dr.]: Thesen . . . zur Erlangung der venia docendi an der Ruprecht-Carls-Universität Heidelberg . . . Heidelberg, Univ.-Buchdr. v. J. Hörning, 1890; 2 Bl. 8°
Heidelberg, Phil.-Fak., Thes. v. 21. Nov. 1890
(Nicht für den Austausch)

— das Wesen der sprachlichen Gebilde. Kritische Bemerkgn. zu Wilh. Wundts Sprachpsychologie. gr. 8. (VII, 192 S.) Heidelberg 902. C. Winter, Verl. n. 4. —

v. Suttheim, Ludovica. Drama. 8. Hamb. 785. (Campe). 12 gr

Suttheim, Ludowike von,. Drama. 8. Hamb. Hoffmann. 785.

Sutthoff, Martin, Assist. d. Landwirtschaftskammer f. d. Prov. Sachsen: Die deutsche Milchviehhaltung seit dem Jahre 1873 und ihre Erfolge unter verschiedenen wirtschaftlichen Verhältnissen Mitteldeutschlands. *Königsberg i. Pr. 1903: O. Kümmel.* (111 S.) 8°
Königsberg, Phil. Diss. v. 21. Dez. 1903

Sutthoff, Nicol. Joach., Dissert. inaug. med. sistens vertis Roouhuysiani historiam, fata et usum. 8maj. Götting. 786. Dieterich. 2 gr

Kunst und Leben als Wissenschaft. 1. Corinther XIII. 1. 3. verb. Aufl. [Verf.: W. Sutthoff.] *Leipzig: J. G. Findel in Comm. 1901.* (486 S.) 8° [01. 1 2

Sutthoff, Wilhelm: Zur Kenntnis der sog. stickstofffreien Extraktstoffe in den Futter- und Nahrungsmitteln. Merseburg 1909: Stollberg. 61 S. 8° ¶(Aus: Die landw. Versuchsstationen. Bd 70.)
Münster, Phil. Diss. v. 1. April 1909, Ref. König
[Geb. 27. Juli 83 Greven i. W.; Wohnort: Münster i. W.; Staatsangeh.: Preußen; Vorbildung: Gymn. Rheine Reife O. 04; Studium: Freiburg i. B. 1, München 1, Münster 5 S.; Rig. 23. Dez. 08.] [U 09. 3619

Suttinger, Beschreibung des Rheins, methodisch behandelt. Lübben 1852.
Progr.

Suttinger, vom Drama überhaupt m. besond. Bezieh. auf d. Göthesche Drama Iphig. auf Tauris. Lübben. 1853. 4.
Schul-/Univ.-Schrift

Suttinger, C. B., Progr. I. II. de recte legendo Homero in scholis inferioribus. Lips. 786. 88. 4.

Suttinger, Daniel, Chur-Fürstl. Durchl. zu Sachsen würcklichen Artillerie-Ober-Hauptmann und Ingenieur. Des in Wien todten der Römischen Kayserl. Majestät Weyland Öberst-Lieutenant und Ober-Ingenieur George Rimpler herausgegebener Festung Entsatz und Contra-Attaque auf des Herrn Johann Jacob Werdmüllers Probier-Stein der Ingenieure, hervor gebracht, und denen respective Herren, Herren Generalen und hohen Kriegs-Officierern der Armeen, Commendanten, General-Quartier-Meistern und Ingenieure, auch andern so darzu Belieben haben, zu beliebter Beurtheilung übergeben. (Mit 11 Tafeln.) (Donation Liechtenstein.) Fol. Dresden (zirka 1700).

Suttinger, D. Der in Wien Todte ehrliche Sachs Obristlieut. G. Rimpler, allen Mißgönnern der Rimplerischen Renommée entgegengesetzt. o. O. (1724). 8°.

Suttinger, I. B., Consuetudines Austriae cum Additionibus. 4. Nürnb. Endter.

Suttinger, Karl Benedikt

— christl. Lieder. 1r Versuch. 8. Leipz. 780. (W. Vogel.) 3 gr.

— Nachr. von der seit d. J. 1793 veränd. Einrichtung der Stadt-Schule in Lübben. 8. Lübben 793.

— üb. den Privatfleiß auf Schulen, nebst e. Nachr. von d. Errichtung e. Instituts bei d. Schule ꝛc. 8. Lübben 792.

— älteste Urkunde d. Menschengeschlechts, a. d. Hebr. übers. 8. Leipz. Hertel. 786.

Suttinger, Karl Bdkt., Versuch e. psycholog.-pädagog. Erklär. zweier Erscheinungen, die man zu unserer Zeit an den Studirenden bemerkt. 8. Leipz. 799. Fr. Fleischer. 8 gr.

Suttner, Bertha v., der Frauenweltbund u. der Krieg. 1.—10. Taus. (72 S.) gr. 8. Berlin 905. Vossische Buchh. n. 1. 20

Suttner, Josef Georg, Professor, Generalvikar u. Dompropst in Eichstätt. Ein Lebensbild, entworfen v. e. s. ehemal. Schüler. [Aus: „Eichstätter Pastoralbl."] 12. (III, 67 S. m. Bildn. u. Fksm.) Eichstätt 895. Ph. Brönner. n. — 80

Suttner: Die Psychologie als Bedingung der Staatswissenschaft. 13 S.– Wien, Th., Progr. 1861.

Suttner, Dr.: Über Hegels Rechtsbegriff. S. 2. 265 . . . . vgr.
Separatabdruck

— Welche philosophischen Disziplinen sollen auf unseren Gymnasien gelehrt werden? S. 3. 237 . . . . vgr.
Separatabdruck

Suttner, Arthur Gundaker

Die Adjaren. Roman.
Stuttgart, Leipzig,
Berlin, Wien: Dt. Verl.-Anst. 1890. 376 S. 8°

Suttner, A. G. v. Die Adjaren. Roman. Neue (Titel-)Ausg. 8. (376 S.) Stuttg. 892, Deutsche Verlags-Anstalt. * 1 50; geb. * 1 75
1. Aufl. 1890. * 4 —.

— Anderl. Roman. 2 Bde. 8. (271 u. 235 S.) Dresden 889. Pierson. n. 8. —

— Anderl. Roman. 2. (Titel-)Aufl. 2 Bde. 8. (270; 235 S.) Dresd. 891, Pierson. * 6 —
1. Aufl. 1889. * 8 —.

Suttner, A. G. v., e. Aznaour. Kaukasischer Roman. 8. (309 S.) München 886. Heinrichs. n. 4. 20; geb. n. 5. 20

Suttner, A. v., der Battono. Roman. 8. (295 S.) Stuttgart 886. Deutsche Verlags-Anstalt. n. 5. —

— der Battono. Roman. (Billige Ausg.) 8. (300 S.) Stuttgart 890. Deutsche Verlags-Anstalt. n. 1. —; geb. n.n. 1. 25

Ein Dämon. Ein Roman aus d. Gegenwart von A[rtur] G[undaccar] v. Suttner. Dresden, Leipzig & Wien: Pierson 1895. 326 S. 8° [10. 9494

— Daredjan. Mingrelisches Sittenbild. 8. (263 S.) Ebend. 886. n. 3. 60; geb. n. 4. 60

Suttner, A. Gundaccar v., Daredjan. Mingrel. Sittenbild. 2., durchgearb. u. verb. Aufl. 8. (312 S.) Dresden 896. E. Pierson. n. 4. —

Eine moderne Ehe. Roman von A[rtur] G[undaccar] v. Suttner. Dresden, Leipzig & Wien: Pierson 1895. 328 S. 8° [10 .095

— nichts Ernsthaftes. Kleine Geschichten. 8. (V, 300 S.) Ebd. 895. n. 3. —

— Erzählungen u. Betrachtungen, s.: Zehnpfennig-Bibliothek.

– Gebrandmarkt, s.a. Kürschner's Bücherschatz.

Gebrandmarkt. Roman v. A. G[undaccar] v. Suttner. M. Ill. v. M. Ränike. Berlin, Eisenach, Leipzig: H. Hillger [1898]. (127 S.) 1 Bd 8°
(Bücherschatz, Kürschners. No 104.)

[F.] Der böse Geist. Roman v. A. G[undaccar] v. Suttner . . . (Bd 1. 2.) *Mannheim: J. Bensheimer 1893.* 2 Bde 8.
(1.) (214 S.) (2.) (217—430 S.) [98. 3648

— Gestrandet. Roman. (316 S.) 8. Berlin 904. C. Duncker. n. 3. —

Suttner, A. G. v., Wiener Kalender für Stadt und Land für das Jahr 1895. Mit zahlreichen Illustrationen. Gr.-8. (232 S.) —.40
Wien: Philipp & Kramer 1894.

— Kinder d. Kaukasus. 8. (283 S.) Dresden 890. Pierson. n. 3. —

— Kinder d. Kaukasus. Neue Folge. 8. (III, 316 S.) Dresden 891. E. Pierson. n. 3. —

— auf Leben u. Tod. Roman. 2 Bde. 8. (167 u. 179 S.) Mannheim 896. J. Bensheimer's Verl. n. 6. —

— die Nixe. Roman. (309 S.) 8. Dresden 904. E. Pierson. n. 3. 50; geb. n. 4. 50

Suttner, A. G. v., um jeden Preis! Roman. (352 S.) 8. Dresden 893. [E. Pierson.] Berlin, Verlag Berlin-Wien. 5. —
Auch die übrigen Suttner'schen Schriften aus E. Pierson's Verlag sind an obige Firma übergegangen.

Suttner, A. Gundaccar v., Dory's Roman, s. a. Kürschner's, Jos., Bücherschatz.

Dory's Roman. Von A[rthur] Gundaccar v. Suttner. Mit Ill. von G. Ranzenhofer. *Berlin, Eisenach, Leipzig: H. Hillger [1903].* (128 S.) 8° [F.] = Bücherschatz, Kürschner's. No 330. [04. 936

— Schamyl. Roman. 8. (344 S. m. Abbildgn.) Stuttgart 890. Deutsche Verlags-Anstalt. n. 4. —

— Schamyl. Roman. (Neue Titel-Ausg.) 8. (344 S. m. Abb.) Stuttgart (890) 895. Deutsche Verlags-Anstalt. n. 1. 50; geb. n. 1. 75

Suttner, A. G. v., Scharfeneck, s. a. Kürschner's, Jos., Bücherschatz.

Scharfeneck. Roman von A. G[undaccar] v. Suttner. Mit Ill. von E. Ranzenhofer. Berlin, Eisenach, Leipzig: H. Hillger [1900]. 128 S. 8°
(Bücherschatz, Kürschners. No 220.)

Sie wollen nicht. Zeitroman von A[rtur] Gundaccar v Suttner. Bd 1. 2. Dresden & Leipzig: Pierson 1899. 8° [10 ...

— die Tscherkessen. Roman. 2 Thle in 1 Bd. 8. (448 S.) Dresden 898. E. Pierson. n. 5. —

— sein Verhängnis, s. a. Kürschner's Bücherschatz.

[F.] Sein Verhängnis. Roman v. A. G[undaccar] v. Suttner. M. 25 Ill. v. E. Ranzenhofer. *Berlin, Eisenach, Leipzig: H. Hillger [1897].* (127 S.) 1 Bd 8.
= Bücherschatz, Kürschners. No 44. [97. 6299

— der Pater Verwalter, s.: Zehnpfennig-Bibliothek.

— im Zeichen des Trusts. Roman. (432 S.) 8. Berlin (905). Verlag Continent. n. 4. —; geb. n. 5. 50

Im Zeichen des Trusts. Roman von Gundacar v. Suttner. 2. Taus. Berlin: Continent [1905]. (432 S.) 8° [F.] [07. 12498

Suttner, Bertha v., im Berghause. Novelle. 8. (121 S.) Berlin 893. A. Goldschmidt. n. 3. —; geb. in Leinw. n. 4. —

Suttner, Bertha v., im Berghause, s. a. Goldschmidt's Bibliothek f. Haus u. Reise.

Im Berghause Novelle von Bertha v. Suttner 3 Aufl *Berlin: A. Goldschmidt 1899.* (121 S) 8° [F]
= Bibliothek, Goldschmidts, f. Haus u. Reise. Bd 81. [00. 10147

Suttner, Bertha von, [und] Passy, Frédéric. Johann von Bloch und sein Werk. Gedenkblatt zur Einweihung des Internationalen Kriegs- und Friedensmuseums in Luzern (am 7. Juni 1902). [Mit 1 Porträt-Tafel.] 31 S. 8. Luzern, Buchdr. «Gutenberg» ‹Räber›, 1902. [fr. —.50]
(*Passy's Abhandlung in* Uebersetzung von Dr. Franz Heinemann, Luzern.) — *Franz Ausg* s. Passy, Frédéric, et Suttner, [Bertha] von

— offener Brief, s.: Simon, F., wehrt Euch!

Briefe an einen Toten. Von Bertha v. Suttner. Dresden: E Pierson 1904 (1905). (224 S.) 8° [F.] [07 7619 11

— Briefe an e. Toten. 6. Aufl. (239 S.) 8. Ebd. 905. n. 2. 50; geb. n. 3. 50

Suttner, Bertha v., Chronik der Friedensbewegung v. 1892/1896, s.: Arnoldson, K. P., Pax mundi.

[F.] Doktor Hellmuts Donnerstage. Von Bertha v. Suttner ... *Dresden & Leipzig: E. Pierson 1892.* (2 Bl., 202 S.) 1 Bd 8. [97 1154

— Daniela Dormes. Roman. 8. (315 S.) Ebend. 886. n. 3. —; geb. n. 4. —

— Daniela Dormes. Roman. 2. Aufl. 8. (320 S.) Dresden 900. E. Pierson. n. 5. —; geb. n. 6. —

Einsam und arm. Von Bertha v. Suttner. Bd 1. 2. Dresden, Leipzig & Wien: Pierson 1896. 8°

Einsam und arm. (Roman.) Von Bertha v. Suttner. Dresden: Pierson; (Verl. Berlin-Wien) [1909]. 283 S. 8°
(v. Suttner: Werke in Volksausgaben.)

— s.a. Es müssen doch schöne Erinnerungen sein.

— es müssen doch schöne Erinnergn. sein, s. a. Reuter's Bibliothek f. Gabelsberger-Stenographen.

Suttner, Bertha von. Es müssen doch schöne Erinnerungen sein!.. [Erzählung.] Separatabzug aus «Der Friede».... [Jahrg. 16, 1909, Nr. 15, 16—19 20.] 16 S. 8. [Bern, Haller.] [fr. —.05]

— Franzl u. Mirzl. Langeweile. Ermengildens Flucht, s.: Hesse's, Max, Volksbücherei.

Die Haager Friedensconferenz. Tagebuchblätter von Bertha v. Suttner. *Dresden & Leipzig: E. Pierson 1900.* (VII, 311, LIX S.) 8° [F.] [00. 6530

— Die Haager Friedenskonferenz. Tagebuchblätter. 2. Aufl. (VII, 311 u. LIX S. m. 1 Tab.) 8. Ebd. 901. 2. —

— Frühlingszeit. E. Lenzes- u. Lebensgabe, unseren erwachs. Töchtern zur Unterhaltg. u. Belehrg. gewidmet v. d. deutschen Dichterinnen d. Gegenwart. Hrsg. von v. S. hoch 4. (VII, 289 S. m. Bildn. u. 1 Lichtdr.) Stuttgart 896. Süddeutsches Verlags-Institut. Geb. in Leinw. m. Goldschn. n. 12. —

— Frühlingszeit. Eine Lenzes- u. Lebensgabe. Unsern erwachsenen Töchtern zur Unterhaltung u. Erhebg. gewidmet von den deutschen Dichterinnen der Gegenwart. (Neue Ausg.) (VII, 289 S. m. Abbildgn. u. 1 Titelbild.) Lex.-8. Berlin (906). Globus Verlag. Geb. in Leinw. m. Goldschn. n.n.n. 3. —

— vor dem Gewitter. Roman. 8. (369 S.) Wien 894. Literar. Gesellschaft. n. 4. 20; geb. n. 5. —

— vor dem Gewitter. Roman. 2. Aufl. (399 S.) 8. Dresden 903. E. Pierson. n. 4. —; geb. n. 5. —

— Hanna Roman. 8. (365 S.) Dresden 894. E. Pierson. n. 5. —; geb. n. 6. —

Suttner, B. v. (B. Oulot), High-life. 8. (312 S.) München 886. Heinrichs. n. 4. 20; geb. n. 5. 20

— High-life. 2. Aufl. 2 Tle. in 1 Bde. 8. (349 S.) Dresden 896. E. Pierson. n. 5. —

— High-life. 3. Aufl. 8. (343 S.) Ebd. 902. n. 5. —; geb. n. 6. —

Der Menschheit Hochgedanken. Roman aus d. nächsten Zukunft. Von Bertha v. Suttner. Berlin, Wien, Leipzig: Friedens-Warte (1910). 431 S. 8°

Suttner, B. v. [B. Oulot], Inventarium einer Seele. gr. 8. (392 S.) Leipzig 883. Friedrich. n. 6. —; geb. n.n. 7. —

Suttner, B. v., Inventarium e. Seele. 2., verb. Aufl. 8. (VIII, 366 S.) Leipzig 888. Friedrich. n. 4. —

Suttner, Bertha v. Inventarium e. Seele. 2. Aufl. 8. Lpz. 888. Dresd., Pierson Verlag. * 4 —

— Inventarium e. Seele. 4. neudurchgeseh. Aufl. (VI, 455 S.) 8. Ebd. 904. n. 4. —; geb. n. 5. —

— Inventarium e. Seele. (Volksausg.) (375 S.) 8. Ebd. (908). 2. —; geb. n 3. —

— der Kaiser v. Europa. Nach dem Engl. des F. A. Fawkes. 8. (XVI, 312 S.) Berlin 897. Vita, Deutsches Verlagshaus. n. 2. 50; geb. n. 3. 50

— Ketten u. Verkettungen. Donna Sol, s.: Hesse's, Max, Volksbucherei.

— Martha's Kinder. Eine Fortsetzg. zu „Die Waffen nieder!" 8. (411 S.) Dresden 903. E. Pierson. n. 5. —; geb. n. 6. —

— Martha's Kinder. Eine Fortsetzung zu „die Waffen nieder!" 5.—10. Aufl. (à 440 S.) 8. Dresden (903). E. Pierson. n. 5. —; geb. n. 6. —

— Zur nächsten intergouvernementalen Konferenz im Haag. (16 S.) gr. 8. Berlin 907. W. Süsserott. — 50

— der Krieg u. seine Bekämpfung, s. a. Broschüren-Folge „Continent" Nr. 6.

Der Krieg und seine Bekämpfung von Bertha v. Suttner. Berlin: Continent [1904]. (32 S.) 8°
= Continent, Broschüren-Folge. No 6. [n6. 8993 11

Der Krieg und seine Bekämpfung von Bertha v. Suttner. 3. Taus. Berlin: Continent [1904]. (32 S.) 8°
= Continent, Broschüren-Folge. No 6. [c5. 11400

— Krieg u. Frieden. Erzählgn., Aphorismen u. Betrachtgn. Zusammengest. u. hrsg. v. Leop. Katscher. 8. (IV, 190 S.) Berlin 896. Rosenbaum & Hart. n. 1. —

— Krieg u. Frieden. Vortrag, geh. am 5. II. 1900 im großen Kaimsaale zu München. 8. (45 S.) München (900). A. Schupp. n. — 50

— Ku-i-kuk. Niemals e. Zweite, s. a. Kürschner's Bücherschatz.

Ku-i-kuk. Novelle. Niemals eine Zweite. Von B(ertha) v. Suttner. Mit Ill. von Martin Ränike. Berlin, Eisenach, Leipzig: H. Hillger [1899]. (128 S.) 8°
(Bücherschatz, Kürschners. No 150.)

— Babies siebente Liebe u. Anderes. Neue Folge der „Erzählten Lustspiele". 1.—3. Aufl. (à III, 367 S.) 8. Ebd. 905. n. 3. —; geb. n. 4. —

Babies siebente Liebe und anderes. Von Bertha v. Suttner. 4. Aufl. Dresden: Pierson 1905. 367 S. 8°
(Suttner, v.: Erzählte Lustspiele. Neue Folge.) [10. 8891

Suttner, Bertha v., Es Löwos. Eine Monographie. 8. (139 S.) Dresden 894. E. Pierson. n. 1. 50; geb. n. 2. 50

— erzählte Lustspiele. Neues aus dem High-Life. 8. (265 S.) Dresden 889. Pierson. n. 3. —; geb. n. 4. —

Erzählte Lustspiele von Bertha v. Suttner. [Nebst] Neue Folge. Dresden & Leipzig: Pierson 1895–1905. 8°
Lustspiele. 3. Aufl. 1895.
Neue Folge [u. d. T.:] Babies siebente Liebe u. anderes. 4. Aufl. 1905. [10. 8891

— Ein Manuscript. 8. Ebd. 885. * 4 —

— ein Manuscript! 3. Aufl. 8. (VII, 255 S.) Ebd. 895. n. 3. —; geb. in Halbleinw. n. 4. —

— s.: Maschinenalter, das.

— das Maschinenzeitalter. Zukunftsvorlesgn. üb. uns. Zeit. 3. Aufl. 8. (VIII, 355 S.) Dresden 899. E. Pierson. n. 3. 50

Suttner, Bertha von. Memoiren. Mit drei Bildnissen [Tafeln] der Verfasserin. 553 S. gr.-8. Stuttgart und Leipzig, Deutsche Verlags-Anstalt, 1909. [M. 10.—]
Darin S. 260—269: Die Tage von Bern (Weltfriedenskongress 1892); *s. auch S. 174 f. 178. 227. 270/2. 354. 373 f. 382 f. 385 f. 405. 413 f. 437/9. 521/3 etc.*

— ein schlechter Mensch. Roman. 8. (247 S.) München 885. Heinrichs. n. 3. 60; geb. n. 4. 60

— ein schlechter Mensch. Roman. 2. Aufl. 8. (347 S.) Ebd. 900. n. 5. —; geb. n. 6. —

— Ein schlechter Mensch. Roman. (Volks-[Titel-]Ausg.) (S. 231—343 u. 1—112.) 8. Dresden [907] (909). [E. Pierson.] Berlin, Verlag Berlin-Wien. 2. —

Ein schlechter Mensch. Roman von Bertha v. Suttner. Dresden: Pierson; (Verl. Berlin-Wien) [1909]. S. 231–343. 3–112 [!]. 8°
(v. Suttner: Werke in Volksausgaben.) [11. 10533

— Phantasien üb. den „Gotha". 16. (250 S. m. Bildnis.) Dresden 894. E. Pierson. Geb. in Leinw. m. Goldschn. n. 5. —

— Phantasien üb. den „Gotha". (Volks-[Titel-]Ausg.) (S. 117—328.) 8. Ebd. [907] (909). 2. —

Phantasien über den 'Gotha'. Von Bertha v. Suttner. Dresden: Pierson; (Verl. Berlin-Wien) [1909]. S. 117–327. 8°
(v. Suttner: Werke in Volksausgaben.) [11. 10532

Suttner, Bertha v., Randglossen zur Zeitgeschichte. Das J. 1905. (82 S.) 8. Kattowitz 906. C. Siwinna. n. 1. —

— Randglossen zur Zeitgeschichte. Das J. 1906. (88 S.) 8. Kattowitz 907. Phönix-Verlag. 1. 50

— an der Riviera. Roman in 2 Bdn. 8. (233 u. 256 S.) Mannheim 892. J. Bensheimer's Verl. n. 8. —; geb. 10. —

— Rüstung u. Ueberrüstung. (71 S.) 8. Berlin (909). Hesperus-Verlag. — 70

[F.] Bertha v. Suttner. Schach der Qual. E. Phantasiestück ... *Dresden & Leipzig: E. Pierson 1898.* (2 Bl., 244 S., 1 Bl.) 1 Bd 8. [98. 3649

— Schach der Qual. Ein Phantasiestück. 5. Aufl. 8. (246 S.) Ebd. 899. n. 2. —; geb. n. 3. —

Schach der Qual. Ein Phantasiestück von Bertha v. Suttner. Dresden: Pierson; (Verl. Berlin-Wien) [1909]. 224 S. 8°
(v. Suttner: Werke in Volksausgaben.)

— Schmetterlinge. Novelletten u. Skizzen. 8. (246 S.) Ebd. 897. n. 3. —; geb. n. 4. —

Suttner's, Bertha v., gesammelte Schriften. (In 12 Bdn.) 1. Bd. 8. Dresden, E. Pierson à n. 2. —; geb. à n. 3. — auch in 60 Lfgn. à n. — 40
1. High Life. Roman. Es Löwos. Eine Monographie. (XIX, 357 S. m. 2 Bildnissen.) (906.)

Suttner's, Bertha v., gesammelte Schriften. 2.—12. (Schluß-) Bd. 8. Dresden [E. Pierson]. Berlin, Verlag Berlin-Wien. à 2.—; geb. 3.—; auch in 60 Lfgn. à — 40
2. Eva Siebeck. Roman. (280 S. m. Bildnis.) (907.)
3. Ein Manuskript! — Ein schlechter Mensch. Roman. (343 S.) (907.)
4. Ein schlechter Mensch. Roman. (Schluß.) — Phantasien üb. den „Gotha". (327 S.) (907.)
5. La Traviata. Roman. (343 S.) (907.)
6. Inventarium e. Seele. (375 S.) (907.)
7. Daniela Dormes. Roman. (341 S.) (907.)
8. Schriftsteller-Roman. Ketten u. Verkettungen. (305 S.) (907.)
9. Einsam u. arm. Ariela. Novelle. (283 S.) (907.)
10. Schach der Qual. Ein Phantasiestück. (224 S.) (907.)
11. Die Waffen nieder. Eine Lebensgeschichte. (522 S.) (907.)
12. Die Waffen nieder. Eine Lebensgeschichte. Fortsetzung: Martha's Kinder. (350 S.) (907.)

Auch die Einzelschriften aus E. Pierson's Verlag sind an obige Firma übergegangen.

— Schriftsteller-Roman. 8. (351 S.) Ebd. 888. n. 4. 50; geb. n. 5. 50

— Schriftsteller-Roman. 2. Aufl. 8. (351 S.) Ebd. 898. n. 5. —; geb. n. 6. —

— Schriftsteller-Roman. (Volksausg.) (305 S.) 8. Ebd. (908). 2.—; geb. n 3. —

— Eva Siebeck. Roman. 1. u. 2. Aufl. 8. (396 S.) Dresden 892. 893. E. Pierson. n. 5. —; geb. in Halbleinw. n. 6. —

— Eva Siebeck. Roman. 3. (Titel-) Aufl. 8. (396 S.) Ebd. (893). 895. n. 5. —

— Eva Siebeck. Roman. (Volksausg.) (280 S. m. Bildnis.) 8. Ebd. (908). 2.—; geb. n 3. —

— s.: Stengel's, Herrn Carl Freiherrn v., u. Anderer Argumente für u. wider den Krieg.

— Stimmen u. Gestalten. (VII, 202 S.) 8. Leipzig (907). B. Elischer Nachf. 4.—; geb. in Leinw. 5. 50

Die Tiefinnersten. Roman von Bertha v. Suttner. *Dresden & Leipzig: E. Pierson 1893.* (VII, 354 S.) 8° [F.] [93. 7336

— la Traviata. (Neue umgearb. Aufl. v. „An der Riviera".) Roman. 8. (347 S.) Ebd. 898. n. 5. —

— La Traviata. Roman. (Volksausg.) (343 S.) 8. Ebd. (908). 2.—; geb. n 3. —

— Trente-et-Quarante. Roman. 8. (303 S.) Ebd. 893. n. 5. —; geb. n. 6. —

— Verkettungen. Novellen. 8. (295 S.) Leipzig 887. Friedrich. n. 4. —

Verkettungen. Novellen von Bertha v. Suttner. 2. Aufl. Dresden & Leipzig: E. Pierson 1892. (295 S.) 8°

– (Red.), s. Volkskalender, Illustrierter österreichischer.

— s. a. Waffen, die, nieder.

— dasselbe, dramatisch bearb., s.: Pauli, Karl.

— dasselbe, f. d. reifere Jugend bearb., s.: Pötting, Hedw.

— die Waffen nieder! Eine Lebensgeschichte. 2 Bde. gr. 8. (317 u. 327 S.) Dresden 889. Pierson. n. 8.—; geb. n. 10. —

— dasselbe. 2 Bde. 2. u. 3. Tausend. 8. (341 u. 354 S.) Ebd. 891. n. 8. —; geb. n. 10. —

—— Die Waffen nieder! Eine Lebensgeschichte. 2 Bde. 4.—8. Tausend. 8. (V, 309; V, 324 S.) Ebd. 892/93. * 6 —; geb. * 8 —
1.—3. Tausend. 1889,90. * 8 —; geb. * 10 —.

— die Waffen nieder! Eine Lebensgeschichte. 2 Bde. 4.—11. Tausend. 8. (V, 309 u. V, 324 S.) Ebd. 892—894. n. 6. —; geb. in Leinw. n. 8. —

Suttner, Bertha v., die Waffen nieder! Eine Lebensgeschichte. Volks-Ausg. gr. 8. (300 S.) Dresden 896. E. Pierson. n. 2. —; geb. n. 3. —
Erschien auch in 10 Lfgn. à n. — 20.

— die Waffen nieder! Eine Lebensgeschichte. 2 Bde. 29. Aufl. 8. (V, 309 u. V, 324 S.) Ebd. 899. n. 6. —; geb. n. 8. —

— die Waffen nieder! Eine Lebensgeschichte. 2 Bde. 31. Aufl. 8. (V, 309 u. V, 324 S. m. Abbildgn.) Dresden 901. E. Pierson. n. 6. —; geb. n. 8. —

— die Waffen nieder! Eine Lebensgeschichte. 2 Bde. 32.—37. Aufl. Illustriert v. Ant. C. Baworowski. (V, 309 u. V, 324 S.) 8. Dresden 903—905. E. Pierson. n. 6 —; geb. n. 8. —

— dasselbe. Volks-Ausg. 1.—60. Tausend. (300 S.) gr. 8. Ebd. 905. 906. n. 1. —

— dasselbe. Fortsetzung: Martha's Kinder. Volks-Ausg. 1.—20. Tausend. (350 S.) gr. 8. Ebd. (906). n. 1. —

— Die Waffen nieder! Eine Lebensgeschichte. 2 Bde. 38. Aufl. Illustriert v. Ant. C. Baworowski. (V, 309 u. V, 324 S.) 8. Ebd. (907). 6.—; geb. 8. —

— wohin? D. Etappen d. J. 1895, s. a. Publikationen d. deutschen Vereins f. internat. Friedenspropaganda.

'Wohin?' Die Etappen d. Jahres 1895. Von Bertha v. Suttner. *Berlin: 'Gutenberg' 1896.* (4 Bl., 132 S., 1 Bl.) 1 Bd 8.
= Publikationen d. Deutschen Vereins f. internationale Friedenspropaganda. Bd III. [96. 2339

Suttner, Frohwalt, die Liebe der Geschlechter. (38 S.) 8. Zwickau (910). E. Lorenz. — 50

Suttner, Gundacar von, s. Suttner, Artur Gundaccar von

Suttner, Gust. Frhr. v., die Garelli. Ein Beitrag zur Culturgeschichte d. XVII. u. XVIII. Jahrh. Lex.-8. (VII, 104 S.) Wien 885. Gerold & Co. n. 10. —

Suttner, Gust. Frhr. v., die Garelli. Ein Beitrag zur Culturgeschichte d. XVIII. Jahrh. 2., verm. Aufl. Lex.-8. (XI, 150 S. m. eingedr., z. Thl. farb. Fig.) Wien 888. Gerold & Co. n. 10. —

Suttner, G. Baron, Die Garelli; Beitrag zur Culturgeschichte des 18. Jahrh. 2. Aufl. Wien 1889.

Suttner, Gust. Frhr. v., der Helm von seinem Ursprunge bis gegen die Mitte des 17. Jahrh., namentlich dessen Hauptformen in Deutschland, Frankreich und England. 8 Lfgn. Imp.-4. (48 lithogr. und chromolithogr. Taf. und 32 S. Text.) Wien 877,78, (Gerold's Sohn.) à Lfg. * M 8. *

Suttner, Gust. Frhr. v., Daniel Ritter v. Moser. Georg v. Gurtner. Ein Beitrag zur Geschichte Wiens im XVII. Jahrh. Lex.-8. (25 S. m. 4 eingedr., handkolor. Wappenbildern.) Wien 894. Gerold & Co. n. 14. —

Suttner, Gust. Frhr. v., Reiterstudien. Beiträge zur Geschichte der Ausrüstung der vorzüglichsten Reiterarten im XVI. und XVII. Jahrh. Lex.-8. (IV, 75 S. mit eingedr. Fig.) Wien 880, Gerold und Comp. *

— die Schwandner. Ein Beitrag zur Geschichte Wiens im XVIII. u. XIX. Jahrh. Lex.-8. (49 S. m. eingedr., z. Thl. farb. Wappen.) Ebd. 892. n.n. 16. —

Suttner, H. Camoens, ein philosophischer Dichter, dargestellt nach seinen Lusiaden. Wien, Theres.-G., 1870. 28 S. Progr.

Suttner, Herm. v., lose Blätter würzigen Humors. Aus meiner Sammelmappe. 12. (158 S.) Graz 902. J. A. Kienreich. n. 1. —

Suttner, Joseph Georg

Suttner, J. G., Anrede bei der Feldmesse u. Fahnenweihe d. Kriegervereins Eichstätt auf dem Jesuitenplatze daselbst am 6. Juni 1875. gr. 8. (7 S.) Eichstätt 875. (Krüll.) n. — 20

Suttner, Jos. Geo., Bibliotheca Eystettensis dioecesana. Ein Beitrag zur Herstellung von Annalen der Litteratur des Bisth. Eichstädt. 2 Abthlgn. [Beigabe zum Pastoralblatte des Bisth. Eichstätt.] gr. 4. (103 S.) Eichstätt 866, (Krüll'sche Buchh.) *

Boethius der letzte Römer. Sein Leben, sein christliches Bekenntniß, sein Nachruhm. Von Joseph Georg Suttner, Doz. der Liturgik u. geistl. Beredsaml. u. Custos der k. Bibl. — 1852. Ebend. — S. 1—16.
Progr. Eichstätt

Geschichte des bischöflichen Seminars in Eichstätt. Nach den Quellen bearbeitet von Jos. Georg Suttner, P. der Liturg. u. geistl. Beredſ. und Custos der k. Bibl. — 1859. Ebend. S. 1—150.
Progr. Eichstätt

—— Geschichte des bischöflichen Seminars in Eichstätt. Nach den Quellen bearb. 8. (150 S.) (Ebendas.) 859. *

Schematismus der Geistlichkeit des Bisthums Eichstätt für das Jahr 1480. — Von J. G. Suttner, L. P. — 1879, Eichstätt, Aug. Hornik. — S. II—X, 1—101ᵇ.
Progr. Eichstättt, bischöfl. Lyzeum

Suttner, J. G., Schematismus der Geistlichkeit des Bisthums Eichstätt für das Jahr 1480. gr. 8. (X, 101 S.) Eichstätt 879. Hornik. 1. 50

Suttner, Marie (Louise) von

— ihr Opfer, s.a. Bibliothek kleiner Novellen u. Erzählungen, Nr. 37. 38.

[S.] Ihr Opfer. Novelle v. Marie v. Suttner. (M. d. Bildn. d. Dichterin.) *Lübeck: Novellen-Bibl. [1896].* (47 S., 1 Portr.) 1 Bd 8.
= Bibliothek kleiner Novellen u. Erzählgn v. Dichtern u. Schriftstellern d. Gegenwart. No 37. 38. [96. 5680

Suttner, Maria Louise v., wie es Licht geworden! Roman. 8. (306 S.) Dresden 898. E. Pierson. n. 3. —; geb. n. 4. —

Sutton, Abtey, ist des Lesekabinets z. Nutzen u. Vergnügen 4r.

Sutton, William's Entdeckung. Eine engl. Kriminal-Novelle. Deutsch bearb. v. R. Falken. 8. (IV, 188 S.) Leipzig 873. Hartmann in Comm. n. 3. —

Sutton, E.H.(Bearb.), s. Abbehusen, Conrad Hinrich: The first story-book.

Sutton, J. Bland -, s. Bland - Sutton

Sutton, Thomas. Abhandlung über das Delirium tremens; a. d. Engl. . . . Bremen 1819. Ü: *Heineken, Phil.* (Ky)

Sutton, Dr. T., Abhandl. über das Delirium tremens; aus d. Engl. (v. Ph. Heineken). Mit e. Vorr. v. J. A. Albers. gr. 8. Bremen 819. Kaiser. 15 gr

Thomas Sutton

[Tracts on delirium tremens. Deutsch:] Abhandlung über das Delirium tremens. Von Thomas Sutton. Aus d. Engl. übers. von Philipp Heineken. Mit e. Vorr. hrsg. von S. A. Albers (J[ohann] A[braham] Albers) Bremen: Kaiser 1820. XLII, 74 S. 8°

Sutton, Thom., Beschreibung eines augenblicklichen Trockenverfahrens u. einer neuen Einrichtung zur bequemen Bereitung trockener Platten. Aus dem Engl. von K. de Roth. Braunschweig 865. Neuhoff & Co. 8. (III, 44 S.) 7½ ngr.

Sutton Freie Presse : 1883?—1885?
Weekly. Circulation: 1885, 500. Edited & published by E. Landman & Eberhardt.
Sutton, NE

Sutton News : 1887?—1911?
Republican weekly, published in English and German. Title varies: ADVERTISER, 1887—93?; NEWS, 1894?; ADVERTISER-NEWS, 1895?—Mar. 5, 1903.
Circulation: 1910, 900. Edited & published by W. H. Carson, 1887—1907; by S. A. Fischer, 1908—11.
Sutton, NE

Sutugin, W., Beiträge zum Mechanismus d. Geburt bei Schädellagen, s.: Sammlung klinischer Vorträge.

Sutugin, W., aus der Gebäranstalt d. kaiserl. Erziehungshauses, s.: Bidder, E.

Sutugin, Wassily, Hyperemesis gravidarum. Das übermäss. Erbrochen der Schwangeren. gr. 8. (32 S.) Berlin 883. Grosser. n. — 50

Sutz, Joh[annes]. Zur Erinnerung an unsere liebe Anna Herder von Zürich, 1853—1910. Abdankung gehalten am 13. Juni 1910 von Joh. S', Pfarrer .... [Mit 2 Vignetten.] II + 8 S. 8. (Zürich, J. Leemann, [1910].)

Sutz, Johs., Schweizer-Geschichte, für das Volk erzählt. Illustriert v. E. Stückelberg, A. Anker, P. Robert, Th. Rocholl. Vorwort v. Drucher. gr. 4. (659 S.) La Chaux-de-Fonds (899). F. Zahn. n. 14. —; geb. in Leinw. n. 17. 60; auch in 14 Lfgn. à n. 1. —

Sutz, Johannes. Schweizer-Geschichte für das Volk erzählt. Von J' Sutz. Illustriert von E[rnst] Stückelberg, A[lbert] Anker, P[aul] Robert, Th[eodor] Rocholl. [Mit 117 Tafeln und] Vorwort von Bundesrath (A[dolf]) Deucher. 4. La Chaux-de-Fonds [1900].

Sutz, Johs., wachset in der Gnade u. Erkenntnis Jesu Christi!, s.a. Synodalpredigten. Nr. 9.

Sutz, Johannes. Wachset in der Gnade und Erkenntnis Jesu Christi! Synodalpredigt über 2. Petr. 3,18, gehalten am Vorabend der Zürcherischen Kirchensynode... 14. November 1905... in Zürich. Anhang: Übersicht der zürcherischen Synodalpredigten seit 1834. 26 S. 8. Zürich, Schulthess & Co., 1905. [fr. —.50]
Synodalpredigten. Neue Reihe. Nro 9.

Sutzos, Alexandros. Geschichte der griechischen Revolution; a. d. Franz. Berlin 1830. Ü: *Förstemann, E. Gotth.* (Ky)

Sutzo, A., Geschichte der griech. Revolution; aus d. Französ. (v. ... Förstemann). gr. 8. Berl. 830. Fincke. 1 ₰ 12 gr.

Suum cuique, wo liegt die ursprüngliche östliche Grenze des eigentlichen Königr. Frankreich? 8. Halberst. Büreau f. Liter. u. Kunst. 814.

Suum cuique, wo liegt die ursprüngl. östl. Gränze des eigentl. Königr. Frankreich? 8. Halberst. 814. Vogler in Potsd. 4 gr.

Suum cuique. Kritik und Enthüllung der Plagiaten in der ... neuen practischen englischen Sprachlehre. Hamb. 1830. V: *Marston, James Edward.* (Schr)

Suum cuique! Daß doch endlich einmal dieser Wahlspruch des preuß. Königshauses an den im 17. Jahrh. wider Recht u. Vertrag ihrer Kirchen und Kirchengüter beraubten evangel. Gemeinden Schlesiens zur Wahrheit werden möge! Ein kirchenhistor. u. kirchenrechtl. Versuch von e. evangel. Geistl. Schlesiens. gr. 8. Glogau 846, Flemming. 12 ngr.

Suum cuique. Denkschrift über Preussen. Leipzig 1859. V: *Aegidi, Ludwig Carl James.* (Biogr. Jahrb. VI, 267.) (Scheffer, Die Preuss. Publizistik i. J. 1859. Leipzig 1902. S. 22.)

Suum cuique. Eine Denkschrift über Preußen. Leipzig 859. Engelmann. gr. 8. (75 S.) 12 ngr.

Suum cuique! Ein Beitrag zur Lösung der Verfassungs-Frage 1. und 2. Aufl. gr. 8. (27 S.) Graz 866. (Wien, F. Klemm.) *

Suum cuique. Die Verfassg. der Kirche nach ihrer Trenng. vom Staate. Eine kirchenpolit. Abhandlg. gr. 8. (45 S.) Breslau 872. Korn. n. 1. —

Suum cuique. Vorschläge zur Gewerbe-Gesetzgebung. Hamburg 1875. V: *Ebeling, Th.* (Kat. der Bibl. d. dtsch. Reichstages. Berl. 1882.) (Tübz 26, 27)

Suum cuique! Eine Bitte an die preuß. General-Synode v. 1891 um Gerechtigkeit in Sachen der kirchl. Relikten- u. Emeriten-Fürsorge. gr. 8. (28 S.) Wittenberg 891. P. Wunschmann's Verl. n. — 50

Suum cuique oder L. Blesson, Beleuchtung der Schrift: Der Kriegsminister in der letzten Krisis. Von einem Preußischen Patrioten. Berlin, F. Schneider u. Comp., 1851. 48 S. 8°.

Suum cuique in der deutschen Frage. Berlin 1850. V: *Huber, Victor Aimé.* (BrMm) (Ky)

Suum cuique in der deutschen Frage (v. V. A. Huber). gr. 8. (43 S.) Berlin 850, Hertz. 1/4 ₰

Suum cuique oder: Jedem das Seine. Kurze Darstellung, wie der Kreuser'sche Direktor Hupertz zu Mechernich seinem eigenen Associe Breidenbend ... ein Vermögen von über 10000 Thlr. abgeschwindelt ... Düren 1869. V: *Breidenbend, M.* (StBKöln II, 112)

Suur, H[emmo], Dir.: [Ansprache bei der Einweihung der neuen Turnhalle des Realgymnasiums.] *Iserlohn (1899): F. Dossmann.* (S. 20—21.) 4° [F.]
Iserlohn, RG u. R, P 1899 (391)

Suur, H[emmo], Dir.: [Bericht über die Feier des 50jährigen Dienstjubiläums des Professors Ernst Danz.] *Iserlohn (1900): F. Dossmann.* (S. 17—18.) 4° [F.]
Iserlohn, RG u. R (Reform-A), P 1900 (337)

Suur, Hemmo [Rekt.]: Die Einweihung des neuen Schulgebäudes. Emden, Druck v. T. Hahn Wwe., 1890; S. 3-14; 4°
Emden, Kaiser-Friedrichs-S (HB), OP 1890

Suur, Hemmo, Geschichte d. Häuptlinge Ostfrieslands. gr. 8. Emden 846, Rakebrand. n. 1 ₰

Suur, Hemmo, Geschichte der ehemal. Klöster in d. Provinz Ostfriesland. Ein Versuch. (Mit mehr. bis jetzt ungedr. Urkunden.) gr. 8. (12 1/4 B. u. 2 Stnt.) Emden 838. (Osnabrück, Rackhorst'sche Buchh.) *

Suur, Hemmo: Zur Geschichte des alten Iserlohner Lyceums und seiner Fortsetzung, des mit einer Realschule verbundenen Realgymnasiums, nebst Bericht über die Dreihundertjahrfeier der Anstalt. (Iserlohn 1910: Klingner.) S. 1—16. 4°
Iserlohn, RG u. R OP 1910 (501) [S 10. 434

Suur, H., die Häuptlinge Ostfrieslands. Histor.-romant. Gedicht in 2 Gesängen. gr. 8. Hannov. 826. Hahn. 12 gr.

Suur, H. [Rekt.]: A. Das Wesen und der Lehrplan der höheren Bürgerschulen. B. Die Gründung und die beiden ersten Jahre der Kaiser-Friedrichs-Schule. C. Das neue Schulgebäude. Emden, Druck v. H. Tapper, 1889; S. 3—17, 2 Taf. 4°
Emden, Kaiser-Friedrichs-S (HB), OP 1889 (320)

Süvern, A[lexander]: • Commentationem de exspectatione messiana prophetarum periodi primae necnon enarrationem vaticiniorum Jesajanorum cap 8, 23—9, 6 et cap 11 ... exhibuit. 77 S. 4° (2°)
Halle-Wittenberg, Phil. Diss. v. 11. Jan. 1843
Geb. [Lemgo 1. 11. 1814]
Verf. erlebte das goldene Dr.-Jubiläum 1893 als em. Pfarrer zu Wolteritz (Kr. Delitzsch) in Dresden.

Süvern, Carl, s. Süvern, Karl

Süvern, Johann Wilhelm

Süvern, Ueb. einige histor. u. polit. Anspielungen in d. alten Tragödie. Gel. 1824. 8. 4°.

— s. Aeschylos, Sieben gegen Theben.

Süvern, J. W., Ueber Aristophanes Drama benannt das Alter. Nebst Zusätzen zur Abh. üb. d. Wolken. S.-A. 1827. 47 S. 4°. 2.50

— üb. Aristophanes Drama, benannt das Alter. Nebst Zusätzen zur Abhandl. über die Wolken. gr. 4. Berl. 827. Dümmler. 12 gr.

Süvern, Erinnerung an einige merkwürdige Aeusserungen Friedrichs des Grossen. Berlin 1813. 8.

— Erinnerung an merkwürd. Aeußerungen Friedrichs des Großen. 8. Berl. 814. Dümmler. . . .

Süvern, J. W., Observationes criticae in veterum auctorum loca nonnulla. Elbing. 806. 8.

— s. **Pindari, carmen I.**

Zwei Reden die eine am Johannisfeste den 24sten Junius 1813, die andere am Geburtsfeste Seiner Majestät des Königs [Friedrich Wilhelm III. von Preussen] den 3ten Aug. 1813 gehalten in der hochw. Gr. Nat.-Mutter-Loge zu den drei Weltkugeln von [Joh. Wilh.] S[üvern]. Als Ms. f. Brr. Berlin: Maurer 1813. 39 S. 8°

— s. **Sophocles, Trachinierinnen.**

Aus (Johann Wilhelm) **Süverns** Vorlesungen über Geschichte 1807–1808. *Berlin: Litteraturarchiv-Gesellsch. 1901.* (50 S.) 8°.
— **Mitteilungen** aus d. Litteraturarchiv in Berlin. [14.] 1901. fol. 5796

Süvern, W., üb. Schillers Wallenstein, in Hinsicht auf griech. Tragödie. 8. Berl. Realschulbuchhdl. 800.

Süvern, Jh. Wlh., über Schiller's Wallenstein, in Hinsicht auf griech. Tragödie. 8. Berl. 800. Reimer. 1 Thlr 4 gr.

Süvern, Jh. Wlh., üb. Aristophanes Wolken. gr. 8. Berl. 826. Dümmler. 22 gr.

Süvern, Karl

Süvern, Carl [aus Halle a. S.]: Über die Monosulfosäuren des α-Nitronaphtalins und ihre Derivate . . . Halle a. S., Hofbuchdr. v. C. A. Kaemmerer & C., 1892; 54 S., 1 Bl. 8.
Halle, Phil. Fak., Inaug.-Diss. v. 9. Dez. 1892

Süvern, Carl, die künstliche Seide. Ihre Herstellg., Eigenschaften u. Verwendg. Unter besond. Berücksicht. der Patent-Litteratur bearb. Mit 25 in den Text gedr. Fig. u. 2 Musterbeilagen. gr. 8. (VII, 130 S.) Berlin 900. J. Springer. Geb. in Leinw. n. 7.—

Süvern, Karl, die künstliche Seide. Ihre Herstellung, Eigenschaften u. Verwendg. Unter besond. Berücksicht. der Patent-Literatur bearb. 2. verm. Aufl. Mit 61 Textfig. u. 4 Musterbeilagen. (VII, 247 S.) gr. 8. Berlin 907. J. Springer. Geb. in Leinw. n. 10.—

Süvern, W., s. Süvern, Johann Wilhelm

Suvich v. Bribir, Jos., *Beisitzer des k. k. Urbarial-Gerichtes in Agram.* Commentar zum allerhöchsten k. k. Urbarial-Patente für Croatien und Slavonien vom 17. Mai 1857. Enthalten im R. G. B. Nr. 98. L. R. B. XIX. St. I. Abth. *Agram* 1858. Schnellpressendruck von *C. Albrecht.* 218 S. 8°.

Suvorin, Alexei, am Ende des Jahrhunderts. Roman. Autor. Uebersetzg. aus d. Russ. von Elsa v. Schabelsky. 2 Bde. 8. (600 S.) München 896. A. Langen. n. 4.50

Suworin, Alexei. Ein Frauenjäger [Tatiana Regina]. Schauspiel in 4 Akten. 8. (III, 172 S.) Berl. 892, Freund u. Jeckel. • 2 —

P. Suvoroff [**Suvorov**]. Zur Frage der Gleichberechtigung. Die Lage d. Russen in Finnland u. d. Finnländer im Reich. Übers. nach d. 1907 ersch. russ. Orig. S.-Petersburg 1910: Erlich. 51 S. 8° [11. 6813 11

Suwalki [Schlagwort]

Suwalki, s.: Europa. Liebenow.

Suwalski, Isaak, Chaje-Ha-Jehudi al Pi Ha-Talmud. (Der nach den Vorschriften des Talmud leb. Jude.) Aus den Quellen dargestellt u. erläutert. Enth. 82 Kapitel u. 3223 Citate aus der talmud. Literatur. (In hebr. Sprache.) 2., verm. Aufl. 12. (160 S.) Warschau 893. (Wien, Ch. D. Lippe.) n. 2.60; geb. n. 3.—

Suwarow und die Kosaken in Italien, s. Suworow...

Suworin, s. Suvorin

Suworoff-Rimniksky, s. Suworow-Rimnikski

Suworow, Fürst Alexander, General-Gouverneur von Liv-, Esth- und Kurland 1848—61. Als Manuskript gedruckt. Riga 1862—63. V: *Tideböhl, A. v.* (Winkelmann, Bibliotheca Livoniae historica. 2. Anh. 6289.)

Suwarow, u. d. Kosaken in Italien, v. Verfass. d. Rinaldo Rinaldini, m. K. 8. Lpz. Gräff. 799.

Suworow und die Kosaken in Italien . . . Leipzig 1800. V: *Vulpius, Christian August.* (KY) (MGT)

Suworow u. die Kosaken in Italien; nebst e. kurzen Lebens- u. Thatenbeschreib., e. Charakteristik u. Anekdoten aus d. Leben Suworows, (v. Chr. A. Vulpius). Mit Suworows Portr. u. 4 and. Kpf. 8. Rudolst. 800.

Suworoff-Rimniksky, des k. russ. Generalissimus, Fürsten Italiisky Grafen Alex. Wassiljewitsch, Correspondenz üb. d. russ.-österreich. Kampagne im J. 1799. Aus offic. Quellen u. Orig.-Akten zusammengest., auf kais. russ. Befehl gedr. u. hrsg. v. G. Fuchs. A. d. Russ. übers. v. ein. preuß. Officier. 2 Bde. gr. 8. (43½ B.) Glogau 835. [Berlin, Heymann.]

Suworow-Rimnikski. Leben des Grafen Alexander Wasilowitsch ...... russisch kaiserlichen, kaiserlichen-königlichen und königlich sardinischen Feldmarschalls etc.
8. Frankfurt und Leipzig 1799.

Suyematsu, Baron, Russland u. Japan. Aus dem Engl. übers. v. F. Müller. (32 S.) 8. London '04, Probsthain & Co. --. 80.

Wie Russland den Krieg verschuldete. Eine umfassende geschichtl. Darstellung. Von Bn Suyematsu. Aus d. Engl. übers. von Dr. Franz Müller. London: Probsthain & Co. 1905. (61 S.) 8° [Umschlagt.]
Aus: Nineteenth Century & After. 1904. [cs. 3176 3

Suzanne, P. H., allgem. Grundsätze der Nationalökonomie in Bezug auf Handel u. Gewerbe in der Form von Unterredungen. 8. Mainz 827. Diemer. 12 gr

Schlüssel des Buchs: Irthümer [!] und Wahrheit [von Louis-Claude de Saint-Martin] oder Rückweis der Menschen zu dem allgemeinen Princip der Vernunft, von einem bekannten Schlosser [d. i. Charles de Suze]. Hamburg u. Leipzig: Matthiessen 1790. VIII, 126 S. 8°
cf D. neuesten Religionsbegebenheiten. 13 (1790) S. 625—631.
Kl. 3900.

de Suzor, le Comte, contes historiques. — Histor. Novellen. 8. Leipzig 844, Barth. 24 ngr

— s. Cour, la, de Weimar.

Suzor, J. P. de, nouvelle chrestomathie progressive. Recueil de morceaux gradués, en vers et en prose, — narrations et récits, — exercices de lecture, de diction et de mémoire, pour l'enfance, l'adolescence, la jeunesse, et l'age mûr. Lex.-8. (XVI, 657 S.) St. Pétersbourg 873. Kolessoff & Mihin. n. 8. —

Suzuki, J., medicinisches Wörterbuch, s.: Tanaka, T.

Suzuki, Kazuge, prakt. Arzt aus Tokio (Japan): Ueber die Leber-Tuberculose bei Tuberculose anderer Organe! Würzburg 1899: Memminger. (24 S.) 8°
Würzburg, Med. Diss. v. 1899

SUZUKI, Tadashi (Tokio): Ueber Lungenabscesse.- München: Kastner & Callwey 1910. 37 S.
27.4.1911 - Chr 1910/11,26; U 11.3744
Diss. Ingolst. - Landsh. - Mchn.

Suzuki, Tokujiro, Stabsarzt d. Kais.-Japan. Marine: Über Syphilis im Altertum, speziell in China und Japan. *Rostock 1903: H. Winterberg.* (113 S.) 8°
Rostock, Med. Diss. v. [6. Mai] 1903

Suzuki, Umetaro, Polypeptide der Diaminosäuren, s.: Fischer, Emil.

Sváb, Jul., s.: Bauernhaus, das, in Ungarn.

Svabe, Johann Georg (Merseburg) A. S. 189/4

Dissertatio juridica de fideicommisso nuncupativo minus solenni occas. l. ult. C. de fideic.
Präs. Karl Matthias Daegener.
Leipzig (Schedius) 17. XI. 1725. 20 S.
34113

Svala, Ellen, im Dienste der Pflicht. Erzählung. 8. (144 S.) Berlin 900. Schriftenvertriebsanstalt. Geb. in Leinw. 1. 20

Svala, Ellen, der Weihnachtsstern, s.: Kleinkindergarten.

Įrankis pagerinimui ir sutaisimui šosejų ir paprastųjų kelų. **Svalės** sutaisita. Tilžėje: (Saunus) 1903. 31 S. 8°
[Gerät z. Herstellung von Chausseen u. gewöhnl. Straßen.] [10. 10893

Svāmī, Mahātma, Iñāna Guru Yogi Sabhapatti, die Philosophie u. Wissenschaft des Vedānta u. Rāja-Yoga od. das Eingehen in die Gottheit. Aus d. Engl. übers. v. Frz. Hartmann. (III, 85 S.) 8. Leipzig (909). Jaeger's Verl. 2. —

Katechismus des klösterlichen Lebens für Ordensfrauen. Von Sr. Em. (Dominikus) Kardinal Svampa. Autor. Uebers. aus d. Ital. von e. Ordenspriester. Dülmen: A. Laumann 1906. (66 S.) 8°

Svan, Thekla, a. Stockholm: Zur schwedischen Handelspolitik. ⟨Teildruck.⟩ (Berlin 1908: E. Ebering.) (36 S.) 8° ¶ (Der Rest erscheint in Schmollers „Jahrbuch f. Gesetzgebung, Verwaltung u. Volkswirtschaft im deutschen Reich".)
Berlin, Phil. Fak., Ref. Schmoller, Diss. v. 12. Aug. 1908
[Geb. 28. Nov. 85 Gotenburg; Wohnort: Stockholm; Staatsangeh.: Schweden; Vorbildung: Gymn. Stockholm Reife Mai 04; Studium: Gent 1, Berlin 5 S.; Rig. 18. Juni 08.]

Svanberg, L., siehe: Jahresbericht über die Fortschritte der Chemie.

Svanberger, Johann (Plauen) A. S. 34/21

Disputatio juridica de jure vicinitatis. Vom Nachbar Recht. Präs. Ernst Friedrich Schröter.
Wittenberg (Haken) 1748. 78 S.

Diss. 21. IX. 1664.
W. v.: Präs., Jakob Vogler, Adam Becker.
34116

Švarc, A. fon-, Kais. russ. Oberstlt. 1908
s. Schwarz, A. v. [09. 18761

Svarcer, A., počátkové mechaniky, s. Průmyslová škola.

Svarez. Ein biographisches Fragment. Berlin 1833.
(S.-A. a.: Jahrbücher d. Preuß. Gesetzgeb. H. 81.)

Svarez, Carl Gottl., Biographie, s.: Stölzel, A.

[Svarez, Karl Gottl.]: Sammlung alter und neuer Schlesischer Provinzial-Gesetze zum täglichen Gebrauche für Richter und Advokaten. Breslau: Korn. 3 Bde

Th. 1, Abschn. 1. Sanctiones, rescripta u. Verträge, welche d. ganze Land Schlesien angehen. 1771.
- 2. Provinzial-Gesetze u. Statuten, das Bißthum Breslau u. dazu gehörigen Fürstenthümer u. Districte betr. 1771.
- 2, Abth. 1. Neue Schlesische Provinzial-Gesetze v. J. 1742—4. Aug. 1750. 1772.
- 2. [Desgl.] v. 8. Aug. 1750—20. Aug. 1760. 1773.

S[varez], C. G. u. G[ossler], C.: Unterricht über die Gesetze für die Einwohner der Preussischen Staaten von zwey Preussischen Rechtsgelehrten. Berlin u. Stettin 1793.

S[varez], C. G. u. **G[oßler]**, C.: Unterweisung für die Parteien zu ihrem Verhalten bei Prozessen und andern gerichtlichen Angelegenheiten. Berlin u. Stettin 1796.

Svarmvs spvrca loqvvens. [Wien 1851.] .V: *Karajan, Theodor von.* (cb)

Svatek, J., Prag, s.: Städtebilder u. Landschaften aus aller Welt.

Svátek, J., culturhistorische Bilder aus Böhmen. gr. 8. Wien 879. Leipzig, Greßner und Schramm. * 6 —

Svátek, Jos., culturhistorische Bilder aus Böhmen. gr. 8. (VII, 311 S.) Wien 879. Braumüller. n. 6. —

Svátek, Jos., Giuseppe Garibaldi. Obraz životopisný. Prag 862. Kuranda. 8. (99 S.) n. 7 ngr.

— Napoleon III., císař Francouzův. Obraz životopisný. Dle nejlepších pramenův. Sešit 1. Ebend. 861. 8. (82 S.) 6½ ngr.

Sveaborg. (Ansicht). Wien, Paterno. 1 Bl.

Svedberg, The, über die Bedeutung der Eigenbewegung der Teilchen in kolloidalen Lösungen f. die Beurteilung der Gültigkeitsgrenzen des zweiten Hauptsatzes der Thermodynamik. (10 S. m. 2 Fig.) 8. Uppsala 907. (Berlin, R. Friedländer & Sohn.) nn — 80

— Ueber e. neuen Beweis f. die körperliche Existenz der Moleküle. 1.—3. Mitteilg. (13, 9 u. 10 S. m. 10 Fig.) 8. Ebd. 909. nn 2. —

— Über die Bildung disperser Systeme durch Bestrahlung v. Metallen m. ultravioletten Licht u. m. Röntgenstrahlen. (16 S. m. 2 Abb.) 8. Ebd. 910. nn — 60

— Diffusionsgeschwindigkeit u. Teilchengrösse disperser Systeme. (8 S.) 8. Ebd. 909. nn — 60

— Über die Eigenbewegung der Teilchen in kolloidalen Lösungen. (17 S. m. 6 Fig.) 8. Ebd. 907. nn 1. —

— Zur Kenntnis der Stabilität kolloidaler Lösungen. 1. u. 2. Mitteilg. (8 u. 4 S.) 8. Ebd. (907). nn 1. 40
6 Sonderabdrucke aus: „Arkiv f. kemi, mineralogi och geologi".

— Die Methoden zur Herstellung kolloider Lösungen anorganischer Stoffe. Ein Hand- u. Hilfsbuch f. die Chemie u. Industrie der Kolloide. Mit 60 Abb., zahlr. Tab. u. 3 Taf. (XII, 507 S.) gr. 8. Dresden 909. Th. Steinkopff. 16.— ; geb. in Leinw. 18. —

— Experimentelle Studien üb. e. neues Gleichgewichtssystem: Kolloiden Schwefel + Kristalloidlösung. 1. Mitteilg. (12 S. m. 4 Fig.) 8. Uppsala 909. Berlin, R. Friedländer & Sohn. nn — 80
Sonderabdr. aus: Arkiv f. kemi, mineralogi och geologi.

— Studien zur Lehre v. den kolloiden Lösungen, s. a. Acta. nova, regiae societatis scientiarum Upsaliensis. IV, 2, I.

Studien zur Lehre von den kolloiden Lösungen. Inaugural-Dissertation von The **Svedberg**. Upsala 1907. 4:0. VII + 160 S., 3 pl. (Nova Acta R. Soc. scient. Upsal., Ser. 4: Vol. 2: N. 1.)
Diss. Uppsal. phil.

— Quantitative Untersuchungen üb. die elektrische Kolloidsynthese. (51 S. m. 30 Fig.) 8. Ebd. 907. nn 1.60

— dasselbe. 2. Mitteilg. (9 S. m. 10 Fig.) 8. Ebd. 908. nn — 60
2 Sonderabdrucke aus: „Arkiv f. kemi, mineralogi och geologi".

Über den Bau und die Entwicklung der Florideengattung Martensia. Von Nils **Svedelius**. Mit 4 Taf. u. 62 Fig. Uppsala & Stockholm 1908: Almqvist & Wiksell. 101 S. 4°
(Kgl. Svenska vetenskapsakademiens handlingar. Bd 43, Nr 7.)

Svedelius, Nils, über den Bau u. die Entwicklung der Floridengattung Martensia. (III, 101 S. m. 62 Fig. u. 4 Taf.) 31,5×25,5 cm. Uppsala 908. Berlin, R. Friedländer & Sohn. nn 6. —
Sonderabdruck aus: „Kungl. svenska vetenskapsakademiens handlingar".

Die Juncaceen der ersten Regnell'schen Expedition. Von Nils **Svedelius**. M. 1 Taf. … Stockholm: Kgl. Boktr. P. A. Norstedt & söner 1897. (11 S., 1 Taf.) 8°
(Bihang till K. Svenska Vet.-Akad. Handlingar. Bd 23. Afd. III. No 6.)

Zur Kenntnis der saprophytischen Gentianaceen von Nils **Svedelius**. Mit 11 Textfig. *Stockholm 1902: P. A. Norstedt & söner.* (10 S.) 8°
— Handlingar, K. Svenska Vetenskaps-Akademiens. Bihang. Bd 28, Afd. 3, No 4. [03. 1374]

Svedenborg, s. Swedenborg

Svedenstjerna, Erich Theodor: Ueber den Korund zu Gellivara in Lappland. Uebersetzt von Dr. Hessel. (Aus Leonhard's Taschenb.) Frankfurt a M. 1816. 8°

Svedenstjerna, Erich. Th. Reise durch einen Theil von England und Schottland in den J. 1802 u. 1803, besonders in berg- und hüttenmännischer, technologischer und mineralogischer Hinsicht. Aus dem Schwedischen von Joh. Georg Ludw. Blumhof. Marburg und Cassel. 1811. 8.

Svedenstjerna, Erich Thdr., Reise durch einen Theil von England u. Schottland in d. Jahren 1802 u. 3, besond. in Hinsicht auf Mineralogie, Berg- u. Hüttenkunde; aus dem Schwed. v. J. G. L. Blumhof. gr. 8. Marb. 811. Krieger. 1 ₰

Svederus, G. Schwedens Politik und Kriege in d. J. 1808—1815. Deutsche, vom Verf. gänzl. umgearb. Ausg. A. d. Schwed. von C. F. Frisch. 2 Th. (XX. 811.) 8. Leipzig 1866. 12,00.

Svend: Den farende Svend (Der fahrende Geselle)
① Organ for Skandinaver i Udlandet (Organ für Skandinavier im Auslande). Organ for Skandinaver i C. U. K. (Centralunderstöttelseskassen, seit Oktober 1943) ⑤ 25. 1. 1902 (cont.) ⑥ 8° (1902—1903); 4° (seit 1904) ⑦ Wochenblatt (1902—1903); alle 14 Tage (1904—1914); alle 3 Wochen (1914—1916); Monatsblatt (seit 1917) ⑧ Kreuzlingen: J. H. Welti (25. 1. 1902—2. 9. 1911); Zürich: Genossenschaftsdruckerei (16. 9. 1911—April 1923 und März 1924—Januar 1933); Hamburg (Mai 1923—Februar 1924); Kopenhagen (Februar 1933—Juni 1937 und seit Februar 1951); Birkeröd (Dk) (Juli 1937—Januar 1951) ⑪ P. Jörgensen, Kreuzlingen (1902—1907), Olaf Breuning, Kreuzlingen (1907—1911), H. J. Larsen, Zürich (1911—1929), Hovedbestyrelsen for C. U. K., Zürich (1929—1930), H. A. Hansen, Zürich (1930—1936), H. P. Jensen, Kopenhagen (1936—1937), Wald. Petersen, Hilleröd (seit 1937) ⑬ Den farende Svend v. 3. Dezember 1949 und Januar 1952 ⑭ Kopenhagen: Kgl. Bibliothek; Be: L (1924 Nr. 5).

Svendendörffer, Bartholomäus Leonhard, s. Schwendendörffer

Svendsen C. J.: Ueber ein auf Flechten schmarotzendes *Sclerotium*. 1899. [Rostr. Saml.].

Svendsen, Carl Johan J. B., Apotheker aus Tromsöe (Norwegen): Über den Harzfluss bei den Dicotylen speziell bei Styrax, Canarium, Shorrea, Toluifera und Liquidambar. Kristiania 1905. 84 S. 8°. [26. II. 04.]
Bern. Phil. Diss. 1904/1905.

Svendsen, Carl Johan J B . Ueber den Harzfluss bei den Dicotylen, speziell bei Styrax. Canarium, Shorrea, Toluifera und Liquidambar. Diss. Phil. Bern. ([Mit 32 Figuren. Sep.-Abdr. aus:] Archiv for Math[ematik] og Naturv[idenskab] B. 26. 1905.) II + 84 S. 8. Kristiania, Alb. Cammermeyer, 1905.

... Andante funèbre pour orchestre p. Johan S. Svendsen. Partition d'Orchestre. *Copenhague & Leipzig: W. Hansen 1895.* (13 S.) 1 Bd 4. [96. 2316

Arvid Theodorus Svenske

De rite determinanda aeris fixi in corpus humanum salutari Efficacia. Goettingae (1783:) Dieterich. 38 S. 8°

Göttingen, Med. Diss. v. 7. Juni 1783

Svensken i England. Ny, lätt fattlig metod att genast tala engelska språket utan lärare. Uttalet af orden är noga angifvet. Bonn: C. Georgi [1900]. (25 S.) 8° [Umschlagt.]
= Kuntzé, Méthode Polyglotte. [39.] [05. 210

Svensken i Frankrike. Ny, lätt fattlig metod att genast tala franska språket utan lärare. Uttalet af orden är noga angifvet. Bonn: C. Georgi [1900]. (30 S.) 8° [Umschlagt.]
= Kuntzé, Méthode Polyglotte. [40.] [05. 211

Svensken i Tyskland. Ny, lätt fattlig metod att genast tala tyska språket utan lärare. Uttalet af orden är noga angifvet. Bonn: C. Georgi [1900]. (32 S.) 8° [Umschlagt.]
= Kuntzé, Méthode Polyglotte. [41.] [05. 212

Svensson, A., s.: Echo der schwedischen Umgangssprache.

Svensson, Aron Vilhelm: Zur Kenntniss des ventilirten Psychrometers. Mit einer Tafel. Stockholm 1898. 8:0. 1 bl., 64 s., 1 bl., 1 pl.
Diss. Upsal. phil.

Svensson, Jón, aus Islands alten Schätzen, s. a. Broschüren, Frankfurter zeitgemäße. 28, X u. 29, VIII.

Aus Islands alten Schätzen (Islandsblomster). Von Jón Svensson. Autor. Übers. von Johannes Mayrhofer. Hamm (Westf.): Breer & Thiemann 1909. 40 S. 8°
(Frankfurter zeitgemässe Broschüren. Bd 28, H. 10.)

SVENSSON, Olof.
Über die Integrale gewisser linearer Differentialgleichungen. Lund 1907. 8:o. (45 s.)
Diss. Lund. phil.

Svensson, P., fullständig lärobok i den enkla, lättlärda och praktisk bepröfvade Roller'ska stenografien under medverkan af systemets grundare bearbetad för svenska språket, med afseende på dess praktiska användbarhet äfven för danska och norska språken. gr. 8. (28 S., wovon 12 autogr.) Berlin 887. (Leipzig, Robolsky.) n. 1. 20

Svensson, P., fullständig lärobok i den enkla, lättlärda och praktisk bepröfvade Roller'ska Stenografien under medverkan af systemets grundare bearbetad för svenska språket, med afseende på dess praktiska användbarhet äfven för danska och norska språken. För Sjelfundervisning. gr. 8. (28 z. Tl. autogr. S.) Berlin 887. (Leipzig, J. H. Robolsky.) n. 1. 20

Sverdrup, Otto

Sverdrup, O., neues Land. 4 Jahre in arkt. Gebieten. Mit 225 Abbildgn., darunter 69 Separatbilder u. 9 Karten. 2 Bde. (XII, 576 u. X, 542 S.) gr. 8. Leipzig 903. F. A. Brockhaus. n. 18. —; geb. in Leinw. n. 20. — Erschien auch in 36 Lfgn. à — 50.

Sverdrup, in Nacht u. Eis, s.: Nansen, Fridtjof.

Sverdsjö, Mor. Ad., Diss. inaug. de incidendo Oesophago ad corpora aliena ex ipso removenda. Mit 1 ill. Steindr. 8. Dorpat 830. (31 S.)

Sverdsioei, Alex. Theod., Vindiciae praecepti Bentleiani de genitivo substantivor. in jus et jum desinentium. 8. (5¼ B.) Rigae 832, Frantzen.

Sveriges Historia från äldsta tid till våra dagar. Författad af O. Montelius, O. Alin, R. Tengberg, H. Hildebrand, M. Weibull och J. Hellstenius. Med afbildningar. 1. och 2. delen. 8. (496 u. 518 S.) Stockholm 878. Looström & Komp. n.n. 17. 20

SVETINA, Johann: Naturwissenschaften und Philosophie: Ihr gegenseitiges Verhältnis und die Grenzen der von beiden erreichbaren Erkenntnis. — 1880. 92 S. Diss. Craz, Univ.

Sveti-Rok [Schlagwort]

Sv. Rok, s.: Geologische Karten. Gorjanović.

Světlá, Karol.

— první Ceška, s. Besedy, slovanské.

Světlá, Karol., na úsvitě. Román. Prag 865. Kober. 8. (380 S.) n. 1 ₰ 2 ngr.

Světlá, Karolina, der Kuß, s.: Universal-Bibliothek.

SVĚTLÁ, Karolina
(F) Karolina Světlá. Sylva. Eine Dorfgeschichte. In freier Uebertragung aus dem Böhmischen von Dr. Guido Alexis. Stuttgart und Wien. 1900. Roth. 8°. XI, 220 S. K 3.—

Světlá, Karolina, Sylva. Eine Dorfgeschichte. In freier Übertragg. aus dem Böhm. v. Guido Alexis. 8. (XI, 220 S.) Stuttgart 900. [J. Roth.] München, Allgem. Verlagsgesellschaft. n. 2. 50; geb. n.n. 3. 50

Ⓑ Světlá, K., Sylva. 900. (BBZ 32.) Jetzt: Regensburg, J. Habbel.

Světlik, Rud., Gesetze betr. den Feldschutz. — Gesetze betr. das Forstwesen, s. a. Taschenausgabe der österreichischen Gesetze.

(F) Světlik, R., Gesetze betreffend den Feldschutz nebst allen ergänzenden und erläuternden Verordnungen. 11. Aufl. [Manz'sche Gesetzausgabe. 8. Bd. 2. Abt.] 8°. (XVII, 506 S.)
Wien: Manz 1906. K 4.20, geb. K 5.20

(F) Světlik, R., Gesetze betreffend das Forstwesen nebst allen ergänzenden und erläuternden Verordnungen. 11. Aufl. [Manz'sche Gesetzausgabe. 8. Bd. 1. Abt.] 8°. (XVIII, 916 S.)
Wien: Manz 1906. K 7.—, geb. K 8.—

Světlik, Rud., Gesetze betr. Jagd, Vogelschutz u. Fischerei, s. a. Taschenausgabe, Manz'sche, der österr. Gesetze. 25. Bd.

(F) Svetlik, R., Gesetze betreffend Jagd, Vogelschutz und Fischerei nebst allen ergänzenden und erläuternden Verordnungen mit Hinweisung auf die einschlägigen, aus den Entscheidungen des Verwaltungsgerichtshofes ersichtlichen Rechtsgrundsätze. 4. Aufl. [Manz'sche Gesetzausgabe. 25. Bd.] 8°. (XXI, 1037 S.)
Wien: Manz 1910. K 9.—, geb. K 10.50

Světlik, Wenzel. Kurzgefaßte Methodik d. katholischen Religionsunterrichtes f. Lehramtscandidatinnen. Nach katechet. Vorträgen zusammengestellt. 8. (VIII, 69 S.) Prag 891, Kytka. 1 —

Svetlin Wilhelm: Einige Bemerkungen zur Anatomie der Prostata (mit 1 Taf.) S. 62. L. 78. . . . . — 30
Separatabdruck

Svetlin, Wilh., einige Bemerkungen zur Anatomie der Prostata. [Mit 1 (lith.) Taf.] [Aus: „Sitzungsber. d. k. Akad. d. Wiss."] Lex.-8. (4 S.) Wien 874. (Gerold's Sohn.) — 30

Svetlin, Wilh., 2. Bericht üb. die Privatheilanstalt f. Gemüthskranke auf dem Erdberge zu Wien III., Leonhardgasse 1—5. gr. 8. (V, 146 S. m. 1 Ansicht u. 1 farb. Plan.) Wien 891. Urban & Schwarzenberg. n. 3. —

Svetlin, Wilhelm: Die Frauenfrage und der ärztliche Beruf. — Leipzig u. Wien: Deuticke 1895. 45 S. 8°

Svetlin, Wilh., die Privatheilanstalt f. Gemüthskranke auf dem Erdberge zu Wien, III, Leonhardgasse 3 u. 5. Bericht üb. deren Geschichte u. Thätigkeit, anlässlich d. 50jähr. Bestandes u. der Uebersiedelg. in e. neues Anstaltsgebäude zusammengestellt. gr. 8. (VII, 142 S. m. 2 Ansichten u. 1 chromolith. Plan.) Wien 884. Braumüller. n. 3. —

Svetovid centralnyj list za proswétu, novosti, trgovinu i modu. (Centralblatt für die Bildung. Neuigkeiten. Handel und Mode.) Redakteur und Verleger Alexander Andrić. Druck der Mechitharisten in Wien. Fol. 2spaltig. Erscheint jeden Mittwoch und Samstag Ganzjährig 10 fl, halbjährig 5 fl., vierteljährig 2 fl. 30 kr in loco, ganzjährig 10 fl. 52 kr., halbjährig 5 fl. 26 kr., vierteljährig 2 fl 43 kr. mit Postversendung.
1854.

Svetovid. Centralnyj dnevnik za politiku i beletristiku. (Zentralblatt für Politik und Belletristik.) Redakteur und Verleger: Alexander Andritsch. Druck der Mechitharisten in Wien. Fol. 2spaltig. Erscheint jeden Sonntag, Dienstag und Freitag. Ganzjährig 12 fl., halbjährig 6 fl. 1855.

Svetovid. Centralnyj Dnevnik za Politiku. (Zentralbl..tt für Politik) V. Jahrg. Redakteur: Alexander Andrić. Druck der Mechitharisten. Fol. 2spaltig. Erscheint jeden Sonntag und Donnerstag.
1856.

Svetovid. Verantw. Redakteur, Verleger und Drucker: Alexander Andrić in Wien. Erscheint jeden Sonntag und Donnerstag, einen Bogen stark. 3spaltig. Fol. 1857.

Svetozor. Zabavnyj list. (Zuschauer. Unterhaltungsblatt.) II. Jahrg. Beilage zum Svetovid. Verantw. Redakteur: Alex. Andrić. Druck der Mechitharisten. 4. 2spaltig Erscheint einmal in der Woche. 1856.

Der Grundbesitzwechsel in Russland ‹1861–1908.› Von Prof. Dr. W. v. Swjatlowski [V. **Svjatlovskij**], ‹St. Petersburg›. Leipzig: Duncker & Humblot 1909. VI, 128 S. 8°

Sviatlowsky, Wladimir: Die Geschichte und Entwicklung der altrussischen Geldsysteme ... München, kgl. Hofbuchdr. Kastner & Lossen, 1897; 2 Bl., 80 S. 8.
München, Staatswirtsch. Fak., Inaug.-Diss. v. 1897

Sviluppo. Lo s' dell' idrometria nella Svizzera. Elaborato e pubblicato dall' Ufficio idrometrico federale (Capo: Ing. Dr J[oseph] Epper) per incarico del Dipartimento federale dell' Interno. (Versione dal tedesco di Carlo Ghezzi, Ingegnere....) [Con vignette e figure, 125 tavole, tabelle e carte.] VIII + 81 + *Appendice* 29 p. fol. Berna, Tipogr. Rösch & Schatzmann, 1908. [leg. fr. 40. —]

Pavel von Svin'in

Untrügliches Heilmittel wider den Biss toller Hunde. Aus dem Russ. des Paul von Swinjin [Svin'in] übers. von August Wilhelm Tappe. St.Petersburg: Pluchart 1817. VI,20 S. 8°

SVITAN, Johannes Dominicus: De juribus primatus Romani pontificis. — (1834) 201 S. 4° (Handschr.) Diss. 9
Diss.Wien, Univ.

Svitzer, Erik, Bericht von einem nicht häufig vorkommenden u. einigen noch nicht beobachteten Variationen der Verzweigung der Augennerven u. ihrer Verbindung mit einander. gr. 4. (4¾ B. u. 5 Taf. Abbild.) Kopenhagen 845, Schubothe's Bh. *

—— la Cour de Weimar, s. Cour.

Svoboda, Adalbert (Viktor): Franz von Defregger, s. Bücherei, Deutsche.

Svoboda, Adb., kritische Geschichte der Ideale. Mit besond. Berücksicht. der bild. Kunst. 1. Bd. gr. 8. (IV, 680 S.) Leipzig 885. Th. Grieben. n. 12. 60

Svoboda, Adb., Gestalten des Glaubens. Culturgeschichtliches u. Filosofisches. 1. u. 2. Tl. gr. 8. Leipzig, C. G. Naumann. n. 13. —; geb. n. 16. 75; in 1 Bde. n. 12 —; geb. 15. —
1. (VIII, 310 S.) 896. n. 6. —; geb. n. 8. —
2. (IV, 385 S.) 897. n. 7. —; geb. n. 8. 75

Svoboda, Adb., Gestalten des Glaubens. Culturgeschichtliches u. Filosofisches. 2. verm. u. verb. Aufl. 2 Bde. gr. 8. Leipzig 901. C. G. Naumann. n. 13. —; geb. n. 16. 25; in 1 Bd. n. 12. —; geb. n. 15. —
1. (X, 334 S.) n. 6. —; geb. n. 7. 50
2. (IV, 422 S.) n. 7. —; geb. n. 8. 75

— ideale Lebensziele. Kritisches, Geschichtliches u. Filosophisches. 2 Tle. gr. 8. Ebd. 901. n. 15. 50; geb. n. 18. 50; in 1 Bd. n. 14. —; geb. n. 17. —
1. (VII, 391 S.) n. 6. 50; geb. n. 8. —
2. (VI, 506 S.) n. 9. —; geb. n. 10. 50

Svoboda, Adb., illustrierte Musik-Geschichte. Mit Abbildgn. von Max Frhrn. v. Branca. 1. u. 2. Bd. Lex.-8. Stuttgart, C. Grüninger. à n. 5. —; geb. à n. 6. —
1. (VII, 283 S.) 892. — 2. (331 S.) 893.

Svoboda, Adalb. Vict., die Poesie in der Malerei. Versuch einer aesthet. Abhandlung mit kunstgeschichtl. Belegen. gr. 4. (XX und 204 S.) Leipzig 861, R. Weigel. *

—— P. K. Rossegger, s. Bücherei, deutsche.

Svoboda, B.: Die Poesie in der Malerei, s. Svoboda, Adalbert Viktor

Svoboda Dr. F.: Die Thätigkeit der Schule bedarf der Unterstützung des Hauses. 6. Cilli. 76.
Progr.

Svoboda, Hauptmann Ferdinand. Die französische 75mm Feldkanone. (Hiezu die Tafel 14.) (Sonderabdruck aus den „Mittheilungen über Gegenstände des Artillerie- und Genie-Wesens". Jhg 1902, 3. Heft.) 8. (Wien 1902.)

Svoboda Dr. Fr.: Latein. Gedicht. Cilli 83. Progr.

— Rede, gehalten am 3. December 88. 4. Klagenfurt. 89. Progr.

Svoboda, Franz Anrede, gehalten am 3. December 1888 im Gymnasium zu Klagenfurt anlässlich der Feier des vierzigjährigen Regierungs-Jubiläums Sr. Majestät des Kaisers Franz Josef I. 8 (S. 3—6). Progr. Staats-G. *Klagenfurt* 1889.

Svoboda Friedrich: Zur Entwicklung der Lenorensage in der slawischen Volksüberlieferung.
H. 1906 PN 2044 Diss.Wien, Univ. 2715

Svoboda, H. Das Preisprobemelken mit Futterverbrauchskontrolle vom 30. August bis 5. September 1903. Klgft., v. Kleinmayr, 1903. Quart. 24 S.

Svoboda, Hanno *Franz Adalbert* [aus Graz]: Ueber das Verhalten des basisch essigsauren Bleioxyds zu Zuckerlösungen ... Berlin, Buchdr. „Die Post", 1890; 31 S. 8.
Erlangen, Phil. Fak., Inaug.-Diss. v. 29. Jan. 1890.

Svoboda, Hanno, das landwirtsch. Versuchswesen in Oesterreich u. Deutschland, s.: Sammlung gemeinnütz. Vorträge.

Svoboda, Hans, aus München: Ein Fall von Endotheliom der Portio vaginalis. Würzburg 1903: Drescher & Reichart. (26 S.) 8°
Würzburg, Med. Diss. v. 1903

Svoboda Heinrich: Ein Beitrag zur krainischen Landesgeschichte. 12. Laibach R. 99.
Progr.

Svoboda Dr. Heinrich: Zur Hydrographie des Krainer Karstes. 14. Laibach R. 03.
Progr.

SVOBODA, Heinrich: Die Türkeneinfälle in Krain. (1520—1530). — 1899. 125 S. Diss. Graz, Univ.

Svoboda, Helene, geb. Freiin v. Thüngen, Pulse des Lebens. Gedichte. (144 S. m. Bildnis.) schmal 8. Dresden 904. E. Pierson. n. 2 —; geb. n. 3. —

Svoboda, J. F., billige Bibliothek des prakt. Amateur-Photographen. 1. Bd. Photographische Scherzbilder. Eine Sammlg. Anweisgn. zur Ausführg. solcher Bilder. (89 S. m. Abb.) 8. Leipzig 905. (F. Schneider.) n. 1.20

Svoboda, J. F., der Landwirt im Verkehre m. den Finanzbehörden. Ratgeber f. die Landwirte überhaupt u. Gemeindevorstände insbesondere, Hilfs- u. Lehrmittel f. die landwirtschaftl. Unterrichtsanstalten. Auf Grund der neuesten Gesetze bearb. u. m. vielen Beispielen, Tarifen u. Formularien erläutert. Ausg. f. Böhmen, Mähren u. Schlesien. (VIII, 135 S.) gr. 8. Brünn 904. F. Irrgang. n. 2. 50

Svoboda, J. F: Photographische Scherzbilder. Leipzig 1905 (Billige Bibliothek des prakt. Amateur-Photogr., Bd 1)

Svoboda, Joh., die k. k. Militär-Academie zu Wiener-Neustadt. Mit 16 Taf. in photograph. Glasdr., 19 (eingedr.) Holzschn. u. 1 Plane in Kpfrdr. (in Fol.) gr. 4. (84 S.) Wien 873. Seidel & Sohn. n. 10. —

— — Major und Gruppenvorstand im k. k. Ministerium für Landesvertheidigung. Die Theresianische Militär-Akademie zu Wiener-Neustadt und ihre Zöglinge von der Gründung der Anstalt bis auf unsere Tage. Mit 6 Tafeln in Heliogravure, 15 Tafeln in Lichtdruck, 19 Holzschnitten und 1 Situationsplan. (2 Bde.)
gr. 8. Wien 1894.

Svoboda, Johann, Die theresianische Militär-Akademie zu Wiener-Neustadt und ihre Zöglinge von der Gründung der Anstalt bis auf unsere Tage. Neue Folge. Mit 2 Tafeln in Heliogravuren. Lex.-8. (XI, 342 S.) In Lnwd. geb. 5.—
Wien: Hof- u. Staatsdruckerei 1897.

Svoboda, Johann, Die Zöglinge der Wiener-Neustädter Militär-Akademie von der Gründung des Institutes bis auf unsere Tage. I. Heft. gr. 8. (XIV u. S. 1—96.) Ebds. in Comm. 1870. 80 kr.

SVOBODA, Josephus: Ex libris propheticis anteexilicis demonstretur leges Pentateuchi jam illis temporibus fuisse notas. — (1900) 72 S. 4° (Handschr.) Diss. 822
Diss.Wien, Univ.

Svoboda Josef, Dr.: Über einen abnormalen Verlauf der Michaëlschen Kondensation.
S. III. IIb. 662 . . . . vgr.
Separatabdruck

SVOBODA, Josef: Über einen abnormalen Verlauf der Michael'schen Kondensation. — 1902. 37 S. Diss. Graz, Univ.

Svoboda, M. K., Schritt f. Schritt. Lehrbuch der böhm. Sprache f. Kinder von 6 bis 10 Jahren. Nach dem französ. Lehrbuche „Petit à Petit" v. A. Herding frei bearb. (Einbd.: Mit Abbildgn. aus dem französ. Lehrbuche v. A. Herding.) (IV, 160 S. m. Abb.) 8. Prag (910). A. Haase. Geb. in Halbleinw. 3. —

[Svoboda, Rosa.] Friedrich von Flotow's Leben. Von seiner Wittwe. Leipzig 1892.

Svoboda, S.: Ein kurzer Besuch auf den Nicobaren. (Von der Reise S. M. Corvette „Aurora" nach Ostasien.) ([S.-A.] Mittheilungen der k. k. Geographischen Gesellschaft in Wien. Bd. 31. 1888.) Wien 1888. 26 S., 2 Tf., 1 Krt. 8°.

Svoboda, Th., praktische Berechnung der Leistungsfähigkeit v. Locomotiven. Mit 2 Tab. Lex.-8. (II, 8 S.) Wien 887. (Spielhagen & Schurich.) n. 1. 20

Svoboda, Wilh., Anleitung zur Führung u. Zensur jener Kassa-Journale (Rechnungen), deren Prüfung den Rechnungsdepartements der Finanz-Landes-Behörden obliegt. (161 u. 23 S.) gr. 8. Czernowitz (906). (H. Pardini.) n. 2. —

Svoboda, Wilh., Anleitung zur Führung u. Zensur jener Kassa-Journale (Rechnungen), deren Prüfung den Rechnungsdepartements der Finanzlandesbehörden obliegt; nebst Anh., enth. die Anleitg. z. Führg. u. Zensur der Journale im allgemeinen. 2. verb. u. verm. Aufl. (V, 270 S.) gr. 8. Wien 909. Hof- u. Staatsdruckerei. 1. 80

Svorčik, Constantin, s. Svorčik, Konstantin

Švorčik, P. Franz: Übersichtliche historische Darstellung der Lehre von der Seelenvermögen und Kritik der Einwürfe der herbartischen Schule gegen diese Lehre.
Prag, Phil. Diss. 1894/95

Svorčik, K., Beispiele zur Logik aus der altklassischen Schul- und Privatlektüre. 1907. 39 S

Svorčik, Konstantin

Švorčik Constantin: Die Theorie der Seelenvermögen. 48. Braunau 96.
Progr.

Svoronos, Joannes N.

— die **Funde** v. Antikythera. 20 phototyp. Taf. m. erläut. Text. Deutsche Ausg., besorgt v. W. Barth. (86 S. m. Abbildgn.) 4. Ebd. 903. n. 16. —
Sonderabdruck aus: „S. d. Athener Nationalmuseum".

Svoronos, J. N., s.: **Journal** international d'archéologie numismatique.

— Die **Münzen der Ptolemaeer.** IV. Bd. Deutsche Übersetzg. des I. Bds., Beiträge v. F. Hultsch, K. Regling etc. Ergänzungen. Indices. (LXVIII, 622 u. 80 Sp. m. 4 Taf. u. 1 illustr. Stammtaf.) 35,5×25,5 cm. Athen 908. (Beck & Barth.) nn 28. —

Svoronos, J. N., das **Athener Nationalmuseum.** Phototypische Wiedergabe seiner Schätze. Mit erläut. Text. Deutsche Ausg., besorgt von W. Barth. 1.—8. Heft. (80 Taf. m. illustr. Text S. 1—288.) 4. Athen (903—906). Beck & Barth. n. 59. 60

Svoronos, J. N., das **Athener Nationalmuseum.** Phototypische Wiedergabe seiner Schätze. Mit erläut. Text. Deutsche Ausg., besorgt v. W. Barth. 9.—14. Heft. (Taf. LXXXI—CXL m. illustr. Text. (S. 289—382.) 33,5×26 cm. Athen (908. 10). Griech. Verlagsgesellschaft. nn 43. 70
1.—8. Heft. Jetzt. Ebd. 903—06. 59.60.

Der **S.V.-Student.** Handbuch f. d. Sondershäuser Verband, Kartell-Verband Deutscher Studenten-Gesangvereine. Unter Mitw. von Kartellbrüdern hrsg. von Dr. H. Ude. Hannover: E. Wendenbourg 1903. (191 S.) 8° [F.] [illegible] 9

Kolibri 360 GmbH
Ferdinand-Jühlke-Straße 7
99095 Erfurt, Deutschland
produktsicherheit@kolibri360.de